高等学校生物工程专业教材

"十三五"江苏省高等学校重点教材（编号：2018-2-190）

有机酸工艺学

刘立明　陈修来　主编

中国轻工业出版社

图书在版编目（CIP）数据

有机酸工艺学/刘立明，陈修来主编.—北京：
中国轻工业出版社，2020.06
高等学校生物工程专业教材
"十三五"江苏省高等学校重点教材

ISBN 978-7-5184-2258-6

Ⅰ.①有… Ⅱ.①刘…②陈… Ⅲ.①有机酸发酵—
生产工艺—高等学校—教材 Ⅳ.①TQ921

中国版本图书馆CIP数据核字（2019）第258522号

责任编辑：江 娟 靳雅帅
策划编辑：江 娟　　　　责任终审：张乃柬　　封面设计：锋尚设计
版式设计：砚祥志远　　　责任校对：吴大鹏　　责任监印：张 可

出版发行：中国轻工业出版社（北京东长安街6号，邮编：100740）
印　　刷：河北鑫兆源印刷有限公司
经　　销：各地新华书店
版　　次：2020年6月第1版第1次印刷
开　　本：787×1092　1/16　印张：30.75
字　　数：850千字
书　　号：ISBN 978-7-5184-2258-6　定价：68.00元
邮购电话：010-65241695
发行电话：010-85119835　传真：85113293
网　　址：http：//www.chlip.com.cn
Email：club@chlip.com.cn
如发现图书残缺请与我社邮购联系调换
150584J1X101ZBW

前　言

有机酸发酵是发酵工业的支柱产业之一，虽然国内外学术期刊每年发表大量关于发酵法生产有机酸的研究论文和综述性文章，内容涵盖了菌种选育、代谢工程改造、发酵过程优化和分离提取等，但是，自2000年无锡轻工大学（现江南大学）金其荣教授等主编的《发酵有机酸生产与应用手册》、2015年陈坚教授等主编的《新型有机酸的生物法制造技术》出版之后，国内再没有关于发酵法生产有机酸的专著和本科院校的教材问世，导致生物工程类本科专业无法开设有机酸发酵工艺这门课程。

当前，我国发酵法生产有机酸已形成具有相当规模和技术水平的工业体系，品种齐全，生产水平不断提升。2018年有机酸总产量为232万吨，总产量和总产值继续呈上升趋势。为了总结国内研究和生产的经验、吸收和消化世界先进技术、促进发酵有机酸技术水平的进一步提高、培养青年人才，本书结合发酵法制备有机酸技术的历史经验和最新研究成果、生产进展，介绍了发酵法制备有机酸过程中涉及的菌种筛选、工艺控制、设备类型、提取纯化的基本原理和技术方法。在此基础上，结合发酵/酶法生产柠檬酸、L-苹果酸、丙酮酸、乳酸、衣康酸、2-酮基-L-古龙酸、α-酮戊二酸、醋酸的生产或研究案例，系统介绍了有机酸发酵过程中涉及的关键问题：高产菌株选育、菌种代谢改造、生理功能控制、原位消除工艺、形态控制技术、混菌发酵技术、酶法生产技术以及固态发酵技术，从而便于学生系统理解并掌握有机酸发酵生产中所使用的思路和方法。同时，本书也可以为相关科研人员提供分析和解决问题的思路与方法，并对促进生物技术在我国有机酸生产领域的应用产生积极影响。

作者编写此书主要受益于所在单位（江南大学生物工程学院）拥有发酵工程国家重点学科点，其学科历史可追溯至1952年，在发展过程中积累了发酵法生产有机酸研究与工程实践的丰富经验；同时，受助于作者所在研究室许多年轻的博士生和硕士生，他们和作者一起完成了与本书相关的6项国家级和省部级科研项目，包括863计划、国家科技支撑计划、国家重点研发计划、国家自然科学基金项目和江苏省社会发展项目。本书在编写过程中也参考了近年来在国内外学术期刊、行业期刊、相关专著以及互联网上发表的相关研究论文、综述文章和市场分析等，在此一并致谢。

本书编写人员如下：刘立明、陈修来、陈献忠、徐楠、高聪、郭亮、胡贵鹏、刁文文、刘晖、王金辉、王蕾、童天、丁强、宋伟、侯建屾、伍志伟等。特别感谢中国工程院院士、江南大学生物工程学院陈坚教授的指导，感谢所在研究室的博士生和硕士生给予的帮助。

本书适合作为相关院校生物工程专业的本科教材，也可供相关专业的研究生、科研人员及生命科学专业的师生参考。

作者力图在本书中注重理论性和实践性，突出系统性和科学性，体现前沿性和创新性，但限于作者的学术功底、研究经验和写作能力，书中难免出现不少错误，若蒙赐教，不胜感激。

编者

2019年12月

目　　录

第一章　绪论 (1)
　　第一节　概述 (1)
　　第二节　主要有机酸种类 (3)
　　第三节　有机酸的生产方法 (6)
　　参考文献 (11)

第二章　微生物发酵生产菌株 (12)
　　第一节　有机酸发酵生产菌种 (12)
　　第二节　有机酸高产菌株选育方法 (20)
　　第三节　代谢工程改造方法 (33)
　　参考文献 (42)

第三章　有机酸发酵过程优化与控制 (44)
　　第一节　概述 (44)
　　第二节　分批发酵技术 (45)
　　第三节　流加发酵技术 (54)
　　第四节　高细胞密度发酵技术 (61)
　　第五节　分阶段控制策略 (68)
　　第六节　目标产物原位消除策略 (75)
　　参考文献 (78)

第四章　有机酸生产设备 (80)
　　第一节　概述 (80)
　　第二节　深层发酵设备 (81)
　　第三节　酶催化反应器 (122)
　　参考文献 (127)

第五章　有机酸分析方法与提取工艺 (128)
　　第一节　概述 (128)
　　第二节　有机酸分析方法 (128)
　　第三节　有机酸提取工艺 (138)
　　参考文献 (158)

第六章　柠檬酸发酵生产技术 (159)

第一节　概述 …………………………………………………………………………（159）
　　第二节　柠檬酸发酵机制及代谢调控 ………………………………………………（160）
　　第三节　柠檬酸高产菌株选育与生理特征 …………………………………………（165）
　　第四节　柠檬酸深层发酵工艺 ………………………………………………………（171）
　　参考文献 ………………………………………………………………………………（189）

第七章　苹果酸发酵生产技术 …………………………………………………………（190）
　　第一节　概述 …………………………………………………………………………（190）
　　第二节　苹果酸发酵机理与生产方法 ………………………………………………（191）
　　第三节　代谢工程改造大肠杆菌生产苹果酸 ………………………………………（205）
　　参考文献 ………………………………………………………………………………（228）

第八章　丙酮酸发酵生产技术 …………………………………………………………（230）
　　第一节　概述 …………………………………………………………………………（230）
　　第二节　丙酮酸的发酵机理 …………………………………………………………（231）
　　第三节　丙酮酸发酵生产方法 ………………………………………………………（238）
　　参考文献 ………………………………………………………………………………（284）

第九章　乳酸发酵生产技术 ……………………………………………………………（285）
　　第一节　概述 …………………………………………………………………………（285）
　　第二节　乳酸生产菌种选育与改造 …………………………………………………（286）
　　第三节　乳酸发酵生产技术 …………………………………………………………（297）
　　第四节　乳酸发酵生产方法 …………………………………………………………（307）
　　参考文献 ………………………………………………………………………………（331）

第十章　衣康酸发酵生产技术 …………………………………………………………（333）
　　第一节　概述 …………………………………………………………………………（333）
　　第二节　衣康酸发酵机理及高产菌株选育 …………………………………………（334）
　　第三节　衣康酸深层发酵工艺 ………………………………………………………（345）
　　参考文献 ………………………………………………………………………………（367）

第十一章　2-酮基-L-古龙酸发酵生产技术 …………………………………………（369）
　　第一节　概述 …………………………………………………………………………（369）
　　第二节　2-酮基-L-古龙酸发酵微生物及其机制 ……………………………………（369）
　　第三节　2-酮基-L-古龙酸混菌发酵工艺 ……………………………………………（374）
　　参考文献 ………………………………………………………………………………（414）

第十二章　α-酮戊二酸发酵生产技术 …………………………………………………（415）
　　第一节　概述 …………………………………………………………………………（415）

  第二节 发酵法生产 α-酮戊二酸 …………………………………………（416）
  第三节 生物转化法生产 α-酮戊二酸 ……………………………………（421）
  参考文献 ……………………………………………………………………………（447）

第十三章 醋酸发酵生产技术 ………………………………………………（449）
  第一节 概述 ……………………………………………………………………（449）
  第二节 醋酸发酵机理及菌种 ……………………………………………………（456）
  第三节 醋酸发酵工艺 ……………………………………………………………（461）
  参考文献 ……………………………………………………………………………（483）

第一章 绪 论

第一节 概 述

发酵有机酸工业在世界经济发展中占有一定的地位,它的价值不只在于产物本身,还在于它所创造的社会经济效益,就目前市场占有率和年产量而言,主要以柠檬酸、乳酸和葡萄糖酸为主。2016年以来,我国有机酸工业的变化主要体现在以下几点。

(1)受葡萄糖产量大幅度下降的影响,有机酸产品整体略有下降 在柠檬酸行业,2016年,全年总产量137万吨左右,同比增长2.24%。2014年以来,柠檬酸发酵生产企业共有7家,其中,东部地区6家,西部地区1家。2016年产量生产企业排名顺序稍有变化,宜兴国信协联产量增长较快,排名上升。在乳酸行业,2016年,全年产量预计在13.1万吨左右,同比增长2.34%。产量排名前2位的企业没有变化,2家企业产量占全国总产量的85%以上。山东百盛产量增长很快,逐渐进入第一集团。在葡萄糖酸行业,2016年,全年产量预计在50万吨左右,同比下降16.67%。低品质的葡萄糖酸系列产品出现了过剩,部分企业开始停产、转产。在其他有机酸行业,衣康酸近几年来产量变化不大,2016年,全年产量约5万吨。

(2)柠檬酸生产技术指标持续向好,消耗指标继续进步 近年来,柠檬酸的技术指标每年都在持续进步,但是,进步幅度在不断降低,柠檬酸的技术进步空间在缩小。2016年,柠檬酸行业的平均产酸率为16.35%,同比增长0.49%,行业平均发酵周期为62.36h;行业平均总收率为90.20%,同比增长0.34%。2016年,柠檬酸行业平均成品粮耗为1.748t/t,同比节粮1.08%;平均汽耗为2.97t/t,同比节约1.32%;平均耗电693(kW·h)/t,同比节电5.71%;平均水耗16.81t/t,同比节水1.23%。

(3)柠檬酸、葡萄糖酸、乳酸出口增长 在柠檬酸行业,2016年,柠檬酸产品总进口量3058t,同比增长52.36%;总进口额1163万美元,同比增长20.52%。其中,柠檬酸进口量2030t,进口额655万美元;柠檬酸盐及酯进口量1035t,进口额508万美元。2016年,柠檬酸产品总出口量为100.37万t,同比增长4.70%,总出口额74164万美元,同比下降2.36%。其中,柠檬酸出口84.93万t,同比增长3.13%,出口额61707万美元,同比下降3.74%;柠檬酸盐和酯出口15.44万t,同比增长14.28%,出口额12457万美元,同比增长4.99%。在乳酸行业,2016年,乳酸及其盐和酯进口量6938t,同比下降16.96%;进口额1454万美元,同比下降18.45%。乳酸产品进口量、进口额连续两年大幅上升后,2015年,开始出现进口量增幅减缓,进口额下降,2016年进口量、进口额均出现大幅度的下降。2016年,乳酸及其盐和酯出口量43650t,同比增长17.00%;出口额5772万美元,同比增长13.13%。2011—2015年乳酸出口量持续走低,国际市场份额在不断流失,可喜的是2016年乳酸出口量开始回升,主要原因在于山东百盛正在崛起,急欲抢占市场,把整个市场价格体系打破,市场价格不断下滑,现在乳酸国内市场价格为近年来的最低点，国际进口商没有优势，国内出口占据了优势。在葡萄糖酸行业，2016年，葡萄糖酸及其盐和酯进口量816t，同比增长43.15%；进口额264万美元，同比增长26.28%。2016年，葡萄糖酸及其盐和酯出口量16.10万吨，同比增长12.51%；出口额9852万美元，同比下降5.52%。葡萄糖酸产品出口价格波动较大，但近几年来持续走低，出口价格屡创新低。

（4）乳酸出口价格渐趋理性、柠檬酸有向好苗头、葡萄糖酸出口价格不断走低　在柠檬酸行业，近几年，柠檬酸、柠檬酸盐企业变化不大，柠檬酸酯发展较快。截至2016年，生产柠檬酸的企业共有7家，东部地区集中6家企业，规模较大，开工不足。西部地区1家企业，规模较小，处于"停停打打"半生产状态，开工率很低。2016年6月，柠檬酸的价格降到8年来的最低点，701美元/t，在此之前，基本上逐月走低，至2016年7月，开始逐步走高，到10月达到了750美元/t以上，行业有走出困境的苗头。柠檬酸盐及其酯价格也在6月份后逐步回升，行业有趋好迹象。在乳酸行业，近几年，出口量、出口比例有所减少，但是2016年出现了较大幅度的增长。2012年出口量的降幅在2011年的基础上下降了15%，2013年下降2.33%，2014年下降1.35%，2015年继续下降13.68%，而2016年比2015年增长17.00%，出口额增长13.13%。从2011年以来乳酸出口量持续走低，国际市场份额在不断流失，2016年，乳酸出口量回升，但价格还是比较低。在葡萄糖酸行业，2012—2013年葡萄糖酸发展过快，出现了产能过剩，特别是低品质的葡萄糖酸产品过剩幅度非常大，甚至超过柠檬酸过剩比例。2016年葡萄糖酸平均每吨出口价格比2014年下降了200多美元，而且呈现继续下降趋势，行业发展环境恶化明显。

（5）2016年柠檬酸产品出口出现新动向　第一，出口国别集中度进一步加强，柠檬酸出口前10名国家占比由43.87%增长到55.33%，柠檬酸盐及其酯出口前10名国家占比由47.36%增长到57.13%。第二，出口企业集中度进一步加强，生产企业出口占全国出口比例由2015年的79%左右上升到2016年的83%以上，生产企业市场控盘能力得到了强化。第三，日本、澳大利亚、荷兰、波兰成为出口价格最好的目的地国家。第四，印度、土耳其、韩国、泰国都是出口量较大的目的地国家，但是价格较低。第五，印度、印度尼西亚、俄罗斯、墨西哥继续成为出口大国，这些都是转口国家，价格极低，特别是俄罗斯是我国出口价格最低的国家，这些国家赚取了我国本应得的利润。

（6）行业存在的问题及发展建议　有机酸行业存在的最主要问题还是销售价格问题。国人长期以来的思想是"价格是争夺市场的利器"，近几年出口恶性竞争，使得柠檬酸、乳酸企业已经初步认识到，出口价格即使低下来也不会对出口量有较大促进，价格的下滑只会适得其反，柠檬酸行业过去经过了很多反倾销、反补贴的贸易纠纷，主要就是因为低价竞争使得我们在国际市场竞争中处于弱势，而被反倾销。另外，从这些纠纷的处理结果可以看到，销售价格高的企业反倾销税率低一些，被反倾销后仍具有一定的市场优势，而销售价格低的企业反倾销税率高，失去了市场。欧盟实施反倾销措施的结果是我们作出价格承诺，也就是以不低于双方谈判认可的价格进行销售。目前，转口贸易经墨西哥、印度、泰国、印尼等国家，量很大，价格很低，这些国家利用转口赚了钱，我们躲避了贸易壁垒，似乎使我们增加了出口，但其实是饮鸩止渴。市场本身只有这么多需求，无论我们是否通过这些国家转口，市场需求不变。如果我们所有企业团结起来，共同不做转口，价格问题、市场问题就会得到有效解决。

第二节 主要有机酸种类

一、有机酸的定义和分类

(一) 有机酸的定义

有机酸是指一些具有酸性的有机化合物，多溶于水或乙醇，呈显著的酸性，难溶于其他有机溶剂，有挥发性或无。在有机酸的水溶液中加入 $CaCl_2$ 或 $PbAc_2$ 或 $Ba(OH)_2$ 溶液时，能生成不溶于水的钙盐、铅盐或钡盐的沉淀。最常见的有机酸是羧酸，其酸性源于羧基（—COOH）。在植物的叶、根，特别是果实中广泛分布，如柑橘、苹果、柠檬、乌梅、五味子、覆盆子等。常见的植物中的有机酸有脂肪族的一元、二元、多元羧酸，如酒石酸、草酸、苹果酸、枸橼酸、抗坏血酸（维生素 C）等；也有芳香族有机酸，如苯甲酸、水杨酸、咖啡酸等。除少数以游离状态存在外，一般都与钾、钠、钙等结合成盐，有些与生物碱类结合成盐。脂肪酸多与甘油结合成酯或与高级醇结合成蜡，有的有机酸是挥发性油与树脂的组成成分。

有机酸可与醇反应生成酯。羧基是羧酸的官能团，除甲酸（HCOOH）外，羧酸可看作是烃分子的中氢原子被羧基取代后的衍生物，可用通式（Ar）R—COOH 表示。羧基在自然界中常以游离状态或盐、酯的形式存在。羧酸分子中羟基上的氢原子被其他原子或原子团取代后的衍生物称为取代羧酸。重要的取代羧酸有卤代、羟基酸、酮酸和氨基酸等。磺酸（—SO_3H）、亚磺酸（RSOOH）、硫羧酸（RCOSH）等也属于有机酸，这些化合物中的一部分参与动植物代谢的生命过程，有些是代谢的中间产物，有些具有显著的生物活性，能防病、治病，有些是有机合成、工农业生产和医药工业的原料。

(二) 有机酸的分类

1. 按官能团分类

羧酸的官能团是羧基，除甲酸外，都是由烃基和羧基两部分组成，根据烃基的结构不同，分为脂肪酸和芳香酸，羧基与脂肪烃基相连接者，称为脂肪酸；脂肪酸又根据烃基的不饱和程度分为饱和脂肪酸和不饱和脂肪酸。若脂肪烃基中不含有不饱和键，则称为饱和脂肪酸，脂肪烃基中含有不饱和键，则称为不饱和脂肪酸。烃基与芳香烃基相连者，称为芳香酸。羧酸还可以根据其分子中所含羧基的数目不同，分为一元羧酸、二元羧酸和多元羧酸。把分子中含有两个以上羧基的羧酸统称为多元羧酸。

2. 按用途分类

（1）食品工业用有机酸　用于食品工业的产品，如苹果酸，可用于配制饮料、果汁，也可用于加工果酱、糖果等。

（2）医药工业用有机酸　用于医药工业的产品，如枸橼酸，具有收缩、增固毛细血管，并降低其通透性的作用，还能提高凝血功能及血小板数量，缩短凝血时间和出血时间，具有一定的止血作用。

（3）饲料工业用有机酸　用于饲料工业的产品，如乳酸、延胡索酸（富马酸），作为饲料添加剂使用。

（4）其他工业用有机酸　用于其他工业的产品，如衣康酸，可用于腈纶化纤、树脂涂料等领域。

3. 按原料分类

(1) 谷物原料产有机酸　小麦、玉米、大米、高粱其他谷物。

(2) 非谷物原料产有机酸　木薯、马铃薯、石油植物、秸秆、玉米芯、废糖蜜、其他非谷物。

4. 按生产用菌种分类

(1) 细菌发酵生产有机酸　细菌用石油植物发酵生产柠檬酸，乳酸菌发酵生产乳酸等。

(2) 酵母发酵生产有机酸　光滑球拟酵母发酵生产丙酮酸，解脂亚洛酵母发酵生产α-酮戊二酸。

(3) 真菌发酵生产有机酸　黑曲霉发酵生产柠檬酸等，土曲霉发酵生产衣康酸。

5. 按发酵方式分类

(1) 好氧发酵有机酸　柠檬酸、衣康酸、葡萄糖酸等。

(2) 厌氧发酵有机酸　L-乳酸、乙酸、丁二酸等。

(3) 兼性厌氧发酵有机酸　DL-乳酸、酒石酸、苹果酸等。

6. 按分子结构分类

(1) 一元羧酸　甲酸、乙酸、乳酸、葡萄糖酸、丙酮酸、曲酸、其他有机一元酸。

(2) 二元羧酸　丁二酸、苹果酸、酒石酸、衣康酸、草酸、马来酸、富马酸、柠康酸、其他有机二元酸。

(3) 多元羧酸　柠檬酸、乌头酸、其他有机多元酸。

7. 按碳原子数分类

(1) C1　甲酸。

(2) C2　乙酸、草酸。

(3) C3　丙酸、丙酮酸、丙烯酸、3-羟基丙酸、乳酸。

(4) C4　延胡索酸、苹果酸、丁酸、丁二酸（琥珀酸）、酒石酸。

(5) C5　琥珀酸、衣康酸、α-酮戊二酸。

(6) C6　柠檬酸、抗坏血酸、葡萄糖酸、葡萄糖二酸、草酰乙酸、己二酸、乙酰丙酸、曲酸。

(7) 其他　长链二元酸等。

二、有机酸的性质

（一）有机酸的物理性质

常温下，在饱和一元羧酸中，甲酸、乙酸、丙酸为具有强烈刺激性气味的无色液体，含有4~9个碳原子的羧酸为具有腐败气味的油状液体，癸酸以上为蜡状固体。二元羧酸和芳香酸都是结晶性固体，羧酸的沸点随着相对分子质量的增加而升高，其比相对分子质量相近的醇高，如甲酸和乙醇的相对分子质量相同，甲酸的沸点为100.5℃，乙醇的沸点为78.5℃，这是由于羧酸分子间可以形成两个氢键，而且缔合成双分子二聚体，低级的羧酸甚至在气态下即缔合成二聚体。

一元羧酸随碳原子数增加，水溶性降低。低级羧酸可与水混溶，高级一元羧酸不溶于水,但能溶于有机溶剂。多元羧酸的水溶性大于相同碳原子的一元酸。

(二) 有机酸的化学性质

羧酸的官能团是羧基,是由羰基和羟基(—OH)相连而成。但羧酸的性质并不是羰基和羟基性质的加合,而是具有羧基自身的性质,杂化轨道理论认为羧基中的碳原子是 sp^2 杂化的。碳原子的 3 个 sp^2 杂化轨道,分别与 2 个氧原子、1 个羟基的碳原子或 1 个氢原子形成 3 个 s 键,并处于同一平面上。羧基碳原子上未参与杂化的 p 轨道与羰基氧原子上的 p 轨道从侧面平行重叠形成 π 键。羟基中的氧原子上有一对未共享电子对,可与 π 键形成 p-π 共轭体系。在 p-π 共轭体系中,电子的离域使羟基氧原子上的电子云向羰基转移,导致羟基氧上的电子云密度有所降低,羰基碳上的电子云密度有所增加。因此,p-π 共轭效应导致氧氢间电子云更偏向氧原子,增强了氧氢键的极性,有利于羟基中氢原子的解离,故羧酸表现出明显的酸性,并且羰基碳与其相连的两个氧原子间的键长趋于平均化,其正电性减弱,所以羰基的性质并不明显,不易与亲核试剂(如 HCN、$NaHSO_3$)发生加成反应。根据羧酸的结构特点,羧酸应具有下列主要的化学性质。

1. 酸性

羧酸呈酸性,是由于羧基中的 p-π 共轭效应的影响,使羟基氧原子上的电子云密度降低,从而增强了氢氧键的极性,易于解离出质子。解离后生成羧基负离子,由于氧上的负电荷通过 p-π 共轭而得到分散,使其稳定性增加。

羧酸一般都是弱酸,其酸性强弱可用 pKa 表示,通常酸性的 pKa 在 3~5,比强的无机酸弱,但比酚类(苯酚的 pKa 为 9.96)、碳酸(pKa 为 6.38)要强,因此羧酸能与氢氧化钠、碳酸钠等反应生成羧酸盐,也能与碳酸氢钠反应同时生成 CO_2,而酚则不能发生此反应。

$$R-COOH+NaOH \rightarrow R-COONa+H_2O$$
$$2R-COOH+Na_2CO_3 \rightarrow 2R-COONa+CO_2+H_2O$$
$$R-COOH+NaHCO_3 \rightarrow R-COONa+CO_2+H_2O$$

羧酸的钠盐、钾盐和铵盐一般易溶于水,制药工业中常利用此性质,将水溶性差的药物转变成易溶于水的羧酸盐,以便于制备注射剂使用。例如含有羧基的青霉素 G 的水溶性极差,转变成钾盐或钠盐后水溶性增强,便于临床使用。

2. 取代反应

羧基中羟基在一定条件下可被羟氧基(-OR)、卤素(-X)和酰氧基取代,分别生成酯、酰卤和酸酐等羧酸的衍生物。

羧酸与醇在强酸(如硫酸等)的催化下,生成酯和水的反应,称为酯化反应。该反应是羧酸分子中羧基上的羟基与醇分子中羟基上的氢原子结合生成水,其余部分结合生成酯。酯化反应是可逆反应,其逆反应是水解反应,即酯水解为羧酸和醇。酯化反应的速率很慢,在通常情况下,该可逆反应需要很长时间才能达到平衡。为了加快反应速率、缩短达到平衡的时间,常加入浓 H_2SO_4 等作为催化剂,并在加热条件下进行。羧酸与醇发生酯化反应,生成的酯称为羧酸酯。从结构上分析,酯可以看作是由酰基和羟氧基组成的化合物。酰基是指羧酸分子中去掉羧基上羟基后剩余的部分。羧酸酯根据分子中相应的羧酸和醇来命名,称"某酸某酯"。

羧酸可以和磷的卤化物(如 PCl_5、PCl_3 和 $SOCl_2$ 等)发生反应生成酰卤。

一元羧酸除甲酸外与脱水剂（如 P_2O_5）共热，两分子羧酸间脱去一个分子水生成酸酐。某些二元羧酸加热，也发生分子内脱水，生成较稳定的具有五元或六元环的酸酐。

羧酸分子中的 α-碳原子上的氢原子具有一定的活泼性。但因羧基中羟基与羰基形成 $p-\pi$ 共轭体系，使羧基碳上的电子云密度从羟基氧原子上得到部分补充。因而羧酸 α-氢原子的活性较醛酮的 α-原子弱，发生在该处的取代反应也较醛酮为慢。例如羧酸 α-氢原子的卤代反应常常需在催化剂（如红磷）的存在下才能进行，生成 α-卤代酸，且 α-氢原子是逐步取代的。

3. 脱羧反应

羧酸分子经加热脱去羧基放出二氧化碳的反应称为脱羧反应。通常一元脂肪酸比较稳定，不易发生脱羧反应，但在特殊的条件下，如碱石灰（NaOH 和 CaO 混合物）与乙酸钠共热，则可脱羧生成甲烷。芳香羧酸比较容易脱羧，由于苯环与羧基之间的吸电子作用，有利于羧基与苯环之间的键断裂，尤其是 2,4,6-三硝基苯甲酸更容易脱羧而形成 1,3,5-三硝基苯。脱羧反应在生物体内的许多生化反应中占有重要地位，此反应在生物体内脱羧酶的作用下进行。

4. 热解反应

二元羧酸除可以发生羧基的所有反应外，由于分子中两个羧基的相互影响，具有某些特殊性质。二元羧酸对热不稳定，当加热这类羧酸时，随着两个羧基间碳原子数的不同，可发生不同反应。有的发生脱羧反应，有的发生脱水反应，有的脱羧反应与脱水反应同时进行。

乙二酸、丙二酸受热时，发生脱羧反应，生成少一个碳原子的一元酸。丁二酸、戊二酸加热时分子内不发生脱羧反应而发生脱水反应，生成环状酸酐。

己二酸、庚二酸在 $Ba(OH)_2$ 存在下加热时，则分子内脱水和脱羧生成环酮。含 8 个以上碳原子的二元脂肪酸受热时，不能发生上述反应生成大于六元的环酮，而是分子间脱水生成高分子链状的缩合酸酐。这说明，在可能形成环状化合物的条件下，都有一种形成张力较小的五元环或六元环的趋势。

第三节　有机酸的生产方法

一、化学合成法

（一）醋酸

乙酸的化学合成方法主要有甲醇羰基化法、乙醛氧化法、低碳烷烃液相氧化法、乙烯氧化法和托普索法。目前，75%的工业用乙酸是通过甲醇羰基化法制备。此反应中，甲醇和一氧化碳反应生成乙酸。1963 年，德国巴斯夫化学公司用钴作催化剂，开发出第一个适合工业生产乙酸的工艺。1968 年，铑催化剂的使用大大降低了反应难度。由于催化剂的活性和选择性都比较高，所以反应的副产物很少。甲醇低压羰基化法制备乙酸，具有原料价廉，操作条件缓和，乙酸产率高，产品质量好和工艺流程简单等优势，但反应介质有严重的腐蚀性，需要使用耐腐蚀的特殊材质。1970 年，美国孟山都（Monsanto）公司采用耐腐蚀装置，建立了铑催化甲醇羰基化制备乙酸的工艺，即孟山都法。20 世纪 90 年代后期，英国石油成功地将 Cativa 催化法商业化，此方法采用钌作催化剂，它比孟山都法更加绿色、也有更高的效率。

(二) 乳酸

1963 年，美国孟山都公司开始采用化学合成法生产乳酸。化学合成法生产乳酸可通过多种途径进行，其中具有现实意义的是乳腈法。该法是乙醛与氢氰酸经碱性催化剂作用生成乳腈，这是一个液相反应，在常压下进行，粗乳腈通过蒸馏回收纯化并用浓盐酸或硫酸水解为乳酸，还产生相应的氨基酸副产物，粗乳酸用甲醇酯化得乳酸甲酯，精馏后再水解为乳酸。乳酸的其他一些可行的化学合成法还包括糖的碱性催化水解、丙烯乙二醇氧化、乙二醇的硝酸氧化等。

(三) 丙酮酸

作为一种化工产品，虽然丙酮酸早已实现了工业化生产，但是工业上仍然采用酒石酸脱水脱羧法生产丙酮酸，产率可达到 50%~55%。该法工艺简便易行，是国内生产丙酮酸的主要方法，但是对环境污染比较严重、生产成本高、缺乏竞争力。乳酸乙酯空气氧化法是复旦大学自行开发的，据报道其成本约为 5 万元/t，目前已实现工业化生产。羟基丙酮法国外有工业化报道，用此法可得到丙酮酸的钠盐，收率 70%，但是由于原料羟基丙酮紧缺，没有工业化生产的意义。电化学法，即从乳酸（盐）制丙酮酸（盐），在欧洲一些国家已经工业化。

(四) 苹果酸

用化学合成法只能获得 DL-苹果酸，DL-苹果酸合成技术主要有高温高压水合法、糠醛氧化法、水解法等。1923 年，高温高压水合法被应用于苹果酸的生产，经不断的改进，目前普遍采用的是美国 Veiss 和 Douns 提出的高温高压水合法，该方法由美国的 Allied Chem 公司实现了工业化，日本最大的苹果酸生产企业——扶桑化学工业也采用这一工艺。化学合成法具有反应物浓度高、后处理成本低、技术成熟、市场效益好等优势，是生物合成法最强有力的竞争者。

(五) 衣康酸

化学合成法根据原料的不同一般可分为 2 类：以农产品为化工原料和以石油化工产品为原料的生产方法。化学合成法，尽管已经开发了多种工艺路线，但目前在与发酵法的竞争中还处于不利地位。常见的衣康酸化学合成方法主要有三种：柠檬酸分解法、丁二酸酐或丁二酸酯法、顺丁烯二酸酐法。

(六) α-酮戊二酸

α-酮戊二酸的化学合成方法主要有酰基氰化物水解法、草酸类乙酯水解法等。目前，工业化规模的 α-酮戊二酸化学合成方法主要有：①以丁二酸二乙酯和草酸二乙酯为底物与浓盐酸混合，静置过夜，再通过蒸馏浓缩至 140℃，剩余物冷却结晶，得 α-酮戊二酸，收率为 75%；②以铜为催化剂，借助谷氨酸钠化学氧化乙醛酸，该方法生产的主要副产物是甘氨酸，同时还有其他副产物。这些多步的化学合成过程存在很多缺点，如：合成路线长；有毒化学试剂氯化物的使用；生成有毒废物；合成过程中使用铜等重金属作为催化剂，这些重金属离子往往会增加环境的负担。此外，由于化学合成过程中不具备高特异性选择，往往会生成各种副产物及设备腐蚀严重等问题。

(七) 柠檬酸

19世纪80年代科学家在实验室中首次利用甘油合成柠檬酸，随着化学合成的发展，现在已经有多种不同的柠檬酸合成方法。但是化学合成法大多使用有毒的化学试剂，并且合成步骤烦琐、原料较贵，因此从一开始这种方法便不具有竞争力。比较常见的化学合成法有丙酮合成法、奎尼酸甲酮水溶液合成法、甲醛与异丁烯反应合成法等。

(八) 2-酮基-L-古龙酸

莱氏法是1933年德国化学家Reichstein等发明的最早应用于工业生产维生素C的方法。该法以葡萄糖为原料，经催化加氢制取D-山梨醇，然后用醋酸菌发酵生成L-山梨糖，再经酮化和化学氧化，水解后得到2-酮基-L-古龙酸（2-KLG），再经盐酸酸化得到维生素C。莱氏法生产的维生素C产品品质好、收率高，更兼生产原料廉价易得、中间产物的化学性质稳定等优点，至今仍是许多国外维生素C生产商所采用的主要工艺方法，如Roche公司、BASF/Takeda公司和E. Merck公司等。但是莱氏法也存在不少缺陷，如生产工序多、劳动强度较大、使用大量有毒、易燃化学药品，容易造成环境污染等。

二、微生物发酵法

(一) 醋酸

乙酸制备的生物合成法，即利用细菌发酵生产乙酸，仅占整个世界产量的10%，但是仍然是生产乙酸，尤其是醋的最重要方法，因为很多国家的食品安全法规规定食物中的醋必须是通过生物法制备而来，而发酵法又分为有氧发酵法和无氧发酵法。有氧发酵法，是指在氧气充足的情况下，醋杆菌属细菌能够将酒精转化成乙酸。基于此，Otto Hromatka 和 Heinrich Ebner 在1949年首次提出通过液态的细菌培养基制备醋。在此方法中，酒精在持续的搅拌中发酵为乙酸，空气通过气泡的形式被充入溶液。通过这个方法，含乙酸15%的醋能够在2~3d内制备完成。无氧发酵法，是指部分厌氧细菌，包括梭菌属的部分细菌，能够将糖类直接转化为乙酸而不需要乙醇作为中间体。然而，梭菌属细菌的耐酸性不及醋菌属细菌。耐酸性最大的梭菌属细菌也只能生产不到10%的乙酸，而醋酸菌能够生产20%的乙酸。使用醋酸属细菌制醋比使用梭菌属细菌更经济。因此，尽管梭菌属的细菌早在1940年就已经被发现，但它的工业应用范围较窄。

(二) 乳酸

发酵法生产乳酸是以淀粉、葡萄糖等糖类或牛乳为原料，接种微生物（乳酸菌或霉菌）经发酵生成乳酸。发酵法生产乳酸，可以通过菌种和培养条件的选择而获得具有立体专一性的L-乳酸或D-乳酸或者是两种异构体以一定的比例混合的消旋体。该法因其原料来源广泛、生产成本低、产品光学纯度高、安全性高等优点而成为生产乳酸的重要方法。

(三) 丙酮酸

发酵法生产丙酮酸的研究起始于20世纪50年代，主要是采用代谢控制育种技术切断丙酮酸的进一步代谢途径，解除丙酮酸末端产物对限速酶的反馈调节来选育丙酮酸的高产菌株。发酵法生产丙酮酸研究真正取得进展是在1988年。当时日本东丽工业株式会社（Toray Industries Inc.）的研究人员宫田令子（Miyata Reiko）和米原辙（Yonehaar Testu）选育出一系列的丙酮酸产量超过50g/L的球拟酵母（*Torulposis*）菌株，使得发酵法生产丙酮酸的工业化成为可能。1992年，日本率先实现了发酵法生产丙酮酸的工业化。

(四) 苹果酸

微生物发酵法是利用微生物酶的立体异构专一性的特点，生产单一的 L-苹果酸。微生物发酵法，主要包括直接发酵法和两步发酵法。直接发酵法又称一步发酵法，是指以糖类为原料，用霉菌直接发酵生产 L-苹果酸。Battat 等将黄曲霉 A-114 在 16L 发酵罐转速 350r/min 条件下发酵 192h，获得 113g/L 的 L-苹果酸。周小燕等利用黄曲霉突变株 N1-14′在 5L 发酵罐上发酵葡萄糖 120h，L-苹果酸含量为 105.88g/L，糖酸转化率为 78.43%。刘建军等筛选出一株能直接利用淀粉的高产菌株 HA5800，经诱变、条件优化后，在 7000L 发酵罐中发酵产酸率达 8.68%，糖酸转化率达 83.5%。两步发酵法是指以糖类为原料，采用两种具有不同功能的微生物，先由根霉发酵生成富马酸或富马酸与 L-苹果酸的混合物，再由酵母或细菌等转化生成单一的 L-苹果酸，前一步称为富马酸发酵，后一步称为转化发酵。山西省生物研究所筛选的无根根霉和普通变形杆菌能够混合发酵生产 L-苹果酸，产酸达 54.7g/L，糖酸转化率为 86.7%~91.3%。胡纯铿等采用无根根霉和普通变形菌混合发酵生产 L-苹果酸，产酸达 73.3g/L，糖酸转化率为 65.6%。

(五) 衣康酸

工业发酵法是制取衣康酸的主要方法，国内外大多数生产厂家都采用这种方法来生产衣康酸。该方法主要是采用廉价的淀粉、蔗糖、糖蜜、木屑、稻草等农副产品为原料，选用适当的菌种经生物发酵制得衣康酸。工艺简单、成本较低。在 20 世纪 60 年代，Kobayashi T 提出了固定化技术生产衣康酸。另外，利用包埋法固定土曲霉进行全细胞生产衣康酸的技术研究也比较活跃。1986 年，我国学者居乃虎等人利用多孔转盘式反应器培养固定化土曲霉生产衣康酸的方法，其菌种为土曲霉 NRRLI960，借助连续发酵，衣康酸的产酸速率达 0.73g/L/h。由于衣康酸的发酵基质均为可溶性，所以使用固定化细胞反应器实现衣康酸的连续生产较为容易，但衣康酸的生产能力、产酸率、转化率以及固定化细胞的半衰期等未能达到生产要求。

(六) α-酮戊二酸

目前，发酵法生产 α-酮戊二酸的微生物很多，如细菌中有荧光假单胞菌（$P.\ fluorescens$）、沙雷菌（$S.\ marcescens$）、石蜡节杆菌（$A.\ paraffineus$）和谷氨酸棒状杆菌（$C.\ glutamicum$）等，真菌中有光滑球拟酵母（$T.\ glabrata$）、假丝酵母（$Candida$）和解脂耶氏酵母（$Y.\ lipolytica$）等。通过菌株筛选、代谢调控、过程优化和代谢工程改造，国内发酵法生产 α-酮戊二酸取得了很大进展。刘立明等发现 Ca^{2+} 可以提高 $T.\ glabrata$ 中丙酮酸羧化酶的活力，从而提高 α-酮戊二酸产量，在 7L 发酵罐中分批发酵 64h，丙酮酸浓度降到 21.8g/L，α-酮戊二酸浓度提高到 43.7g/L；然而，发酵法面临着原材料价格昂贵、发酵周期长、副产物（丙酮酸、富马酸和苹果酸）过多等关键问题。为了减少副产物的积累，国内研究者对于菌株 $Y.\ lipolytica$ WSH-Z06 过量积累 α-酮戊二酸做了很多有建设性的研究。Zongzhong Yu 等利用 $Y.\ lipolytica$ WSH-Z06，借助两阶段 pH 控制策略和甘油补加策略，发酵 168h，α-酮戊二酸产量达到了 66.2g/L。但是发酵周期长，副产物过多等问题仍未得到解决，因而目前发酵法还未实现工业化生产。

(七) 柠檬酸

发酵生产柠檬酸是最经济、最普遍的柠檬酸获得方式，世界上 90.0% 以上的柠檬酸是通过发酵获取的。发酵生产柠檬酸的优势在于：操作简易、无复杂操作系统、技术要求低及低耗能。目前报道的产柠檬酸微生物有很多，例如黑曲霉（A. niger）、泡盛曲霉（A. awamori）、热带假丝酵母（C. tropicalis）、解脂耶氏酵母（Y. lipolytica）、地衣芽孢杆菌（B. licheniformis）和棒状杆菌（Corynebacterium）等。在上述微生物中，应用于实验研究与工业化生产的主要是黑曲霉和解脂耶氏酵母。上海工业微生物研究所以黑曲霉628作为出发菌株，经多次 ^{60}Co-γ 射线和硫酸二乙酯等复合诱变，获得了高产柠檬酸菌株黑曲霉Co827。该菌株可直接利用薯干粉发酵，发酵54~64h，产酸达12%~13%，平均转化率为95%。

（八）2-酮基-L-古龙酸

20世纪70年代初，中国科学院微生物研究所和北京制药厂合作，成功研制了"二步发酵法"制备维生素C的新工艺，获得了国家发明二等奖并很快在全国推广使用。该法很大程度上简化了莱氏法的生产程序，并使产品生产成本降低，转化率提高，因此得到了国内外维生素C生产厂家的大力推广。在这一过程中，氧化葡萄糖酸杆菌（G. oxyans）转化D-山梨醇为L-山梨糖，L-山梨糖转变为2-KLG的过程是由一个混菌系统完成的，这一混菌发酵系统由普通生酮基古龙酸菌（K. vulgare）和巨大芽孢杆菌（B. megaterium）组成。我国的研究人员对二步发酵法的研究工作从未间断，在过去的20多年中已经在两菌关系、培养基优化、细胞融合、生态调节等方面进行了大量的工作，进一步提高了二步发酵法的工艺稳定性以及2-KLG的产量和产率。

三、酶转化法

（一）乳酸

乳酸的酶法生产，主要包括：2-氯丙酸酶法转化和丙酮酸酶法转化两种。日本东京大学的本崎等分别从恶臭假单胞菌（P. putdia）和假单胞菌细胞中抽提纯化出L-2-卤代酸脱卤酶（简称为L-酶）和DL-2-卤代酸脱卤酶（简称为D/L-酶），使之作用于底物DL-2-氯丙酸，即可制得L-乳酸和D-乳酸。Hummel等从D-乳酸脱氢酶活力最高的混乱乳杆菌（L. chaos）DSM20196菌体中得到D-乳酸脱氢酶，以无旋性的丙酮酸为底物制得D-乳酸。酶法虽然可以专一性地得到旋光乳酸，但工艺条件复杂，应用到工业上还有待研究。

（二）丙酮酸

酶转化法生产丙酮酸主要是利用某些菌株产生的特殊酶将底物直接转化为丙酮酸。如Cooper利用醋杆菌 Aecotbacter 将 D-(-)-乳酸氧化为丙酮酸，转化率虽然较高，但由于D-(-)-乳酸价格比 L-(+)-乳酸高得多，所以工业化生产仍有困难。由汉逊酵母（Hansenula polymorpha）中乙醇酸氧化酶催化的L-乳酸氧化生产丙酮酸，具有较高的转化率，但是该过程会产生二氧化氢，如果不及时除去，丙酮酸会被进一步氧化为乙酸。许平等从自然界中筛选出一株乳酸氧化酶活力高的菌株——腐生葡萄球菌SM-10#，可以直接将乳酸转化为丙酮酸，此过程无二氧化氢产生，较前述几种酶法具有很大的优越性。但是，由于产物丙酮酸和底物乳酸的性质相近，分离提取较为困难，迄今还未见工业化生产成功的报道。

（三）苹果酸

酶转化法生产苹果酸是指利用微生物的富马酸酶将富马酸转化为L-苹果酸。Yukawa等报道采用黄色短杆菌游离细胞转化富马酸为L-苹果酸，底物转化率为78%；邬敏辰等以文氏曲霉突变株 WM-1 转化富马酸生产 L-苹果酸，发酵 24～36h，L-苹果酸的浓度为 16.4%，转化率最高达 91.1%。Neufeld 等通过在酿酒酵母中表达富马酸酶，并借助琼脂糖固定化方法，反应液中 L-苹果酸的浓度达到 120g/L，转化率为 84%，固定化颗粒的转化反应速率平均在 20～50mmol/（g·h）。

（四）α-酮戊二酸

由于微生物种类繁多、资源丰富，这为生物催化过程中酶制剂的选择提供了丰富的资源，同时生物催化法还有以下优点：（1）生物催化通常是在常温、常压和温和 pH 条件下进行的；（2）生物催化剂一般是由可再生资源生产的、生物可降解的；（3）酶的高度选择性简化了反应操作并提高了产品的产率。目前报道的可以转化 L-谷氨酸生产 α-酮戊二酸的酶有 L-谷氨酸脱氢酶、L-氨基酸氧化酶、L-谷氨酸氧化酶。但是只有 L-氨基酸氧化酶和 L-谷氨酸脱氢酶用于催化生产 α-酮戊二酸。Niu Panqing 等通过在大肠杆菌（BL21）中表达源自链霉菌 ATCC14672 的 L-谷氨酸氧化酶（LGOX），成功获得了具有高效 LGOX 活性的工程菌株 FMME089，通过优化发酵与转化条件，转化 24h，α-酮戊二酸的产量达到 102.4g/L，转化率为 93.7%。

参 考 文 献

［1］楼良旺. 丙酮酸的提取、纯化和浓缩工艺的研究［D］. 天津科技大学，2005.
［2］郝夕祥. 黄曲霉 SFW-7 产 L-苹果酸的研究［D］. 山东农业大学，2011.
［3］林立. 从发酵液中提取衣康酸工艺的研究［D］. 天津科技大学，2002.
［4］牛盼清. 酶法转化 L-谷氨酸生产 α-酮戊二酸［D］. 江南大学，2014.
［5］代真真. 黑曲霉柠檬酸发酵过程研究及其优化［D］. 华东理工大学，2011.
［6］郑建光，李忠杰，项曙光. 柠檬酸生产工艺技术及进展［J］. 河北化工，2006，29（8）：20-24.
［7］高丽丽. 一步单菌发酵生产 2-酮基-L-古龙酸工程菌的构建与优化［D］. 江南大学，2014.
［8］康艳红. 古龙酸发酵伴生菌的选育及其条件优化［D］. 东北大学，2008.
［9］陈坚，周景文，刘龙. 新型有机酸的生物法制造技术［M］. 北京：化学工业出版社，2015.
［10］刘治. 中国食品工业年鉴［M］. 北京：中国统计出版社，2018.

第二章 微生物发酵生产菌株

第一节 有机酸发酵生产菌种

一、醋 酸

食醋酿造微生物主要包括3类：糖化菌、酵母菌和醋酸菌。

（一）常用糖化菌

食醋生产中糖化曲是由曲霉菌分解淀粉质原料生产，曲霉菌有丰富的酶系，因此，糖化曲是水解淀粉质原料的糖化剂，其主要作用是将制醋原料中的淀粉水解为糊精，然后进行酒精发酵。黑曲霉的分生孢子呈炭黑色、褐黑色或紫黑色，因而菌丝呈黑色，但也有显五色的突变株。黑曲霉最适生长温度为30~35℃。霉菌可以为改良食醋的风味提供条件。适宜于酿醋的菌株有甘薯曲霉、邬氏曲霉、黑曲霉等。液体食醋生产常用液化酶和糖化酶作为糖化剂，这也是影响食醋风味的一个因素。

（二）常用酵母菌

酵母菌利用糖化过程中产生的葡萄糖，通过酒精发酵将葡萄糖转化为酒精，完成酒精发酵。除酒化酶系外，酵母菌还有麦芽糖酶、蔗糖酶、转化酶、乳糖分解酶和脂肪酶等。在酵母菌的酒精发酵中，还有少量有机酸、杂醇油、酯类等物质生成，这些物质对丰富食醋的风味成分有一定作用。酵母菌培养和发酵的最适温度为25~30℃，但因菌种不同稍有差异。酿造食品中最常用的酵母为S酵母属（*Saccharomyces*），它有很强的酒精发酵能力，为酵母中最重要的属，是传统以来各类酒、制造酒精、制造面包等所使用的。细胞有球形、卵形或椭圆形，多极出芽。代表种有酿酒酵母 *S. cerevisiae* AS2.300、*S. cerevisiae* AS2.338、*S. cerevisiae* IFFI1295、*S. cerevisiae* IFFI1312 等。

（三）常用醋酸菌

食醋中有机酸的主要成分为醋酸，醋酸发酵阶段主要添加的是醋酸菌，它是一类好氧细菌，革兰染色呈现阴性。细胞的形态从椭圆到杆状，菌体大小在（0.3~0.4）μm×（1~2）μm，单生、成对或成链状排列。菌落呈灰色，大多数无色素，不会液化明胶，产吲哚和酒石酸，氧化乙醇生成产物一般是乙酸。醋酸菌AS1.41和醋酸菌沪酿1.01是我国酿醋长久使用的醋酸菌株。另外，奥尔兰醋酸杆菌是法国酿造葡萄醋的主要菌株，许氏醋酸杆菌是国外有名的速酿醋菌株，也是目前制醋工业重要的菌种之一。

二、乳 酸

自然界中可产生乳酸的微生物有很多，如细菌、真菌、酵母，蓝藻细菌和海藻等（表2-1）。适用于工业生产的乳酸菌种一般要求：①同型发酵，产乳酸能力强，即由EMP途径产生的丙酮酸全部还原形成乳酸；②培养要求简单，降低成本；③产酸迅速，缩短生产周期；④耐高温，减少冷用水的用量。在工业中广泛应用的菌株为根霉属和乳酸菌类。

乳酸菌是最早应用于乳酸生产的菌株。相对于其他乳酸产生菌，乳酸菌可以合成更高浓度的乳酸，而且是同型乳酸发酵，发酵过程不产生二氧化碳。但是乳酸菌合成乳酸的过程中需要中和剂的参与，所产生的乳酸产品光学纯度也不够高。另外，由于乳酸菌往往存在多种营养缺陷型，对于培养基的营养组成要求较高，导致发酵成本偏高。

根霉属中常用的菌种有米根霉、行走根霉、小麦曲根霉和美丽根霉。米根霉发酵可以合成高光学纯度的L-乳酸，而且发酵结束时菌丝体易于分离。米根霉基本不存在营养缺陷型问题，发酵培养过程几乎不需要添加酵母膏等有机营养物质，简单的无机盐培养基即可实现发酵生产。另外，米根霉具有良好的酸耐受性，这对于不添加钙盐的乳酸发酵过程意义显著。但是，整个发酵过程中仍需要添加氨水等中和剂维持中性的发酵环境，而且米根霉发酵过程的高需氧也是制约其广泛应用的主要原因。

（一）L-乳酸发酵菌株

自然界中可产生L-乳酸的微生物很多，但产酸能力强，可应用于工业生产的菌种有霉菌中的根霉属及细菌中的乳杆菌属、链球菌属及芽孢杆菌属。其中，根霉属主要包括：米根霉、行走根霉、小麦曲根霉和美丽根霉等。乳杆菌属主要包括：赫耳维希亚乳杆菌、副干酪杆菌、干酪乳杆菌、嗜热乳杆菌、唾液乳杆菌、清酒乳杆菌、嗜酸乳杆菌、纤维二糖乳杆菌、德氏乳杆菌、鼠李糖乳杆菌、植物乳杆菌等。链球菌属主要包括：嗜热链球菌、唾液链球菌、乳脂链球菌等。芽孢杆菌属主要包括：凝结芽孢杆菌等。

（二）D-乳酸发酵菌株

产光学纯D-乳酸的乳酸细菌主要分布在乳杆菌属、芽孢杆菌属、芽孢乳杆菌属和明串珠菌属4个属。目前国内外研究较多的D-乳酸生产菌主要集中在乳杆菌属和芽孢乳杆菌属。这两类菌都是同型发酵菌，以葡萄糖为碳源，通过糖酵解途径生成丙酮酸，然后丙酮酸经D-乳酸脱氢酶作用生成D-乳酸。乳杆菌属和芽孢乳杆菌属的菌种都是专性或兼性厌氧菌，发酵耗能少，产量高，适合大规模化发酵生产D-乳酸。

表2-1　　　　　　　　　　　　　乳酸发酵生产微生物

		产乳酸微生物	温度/℃	pH	乳酸产量/(g/L)	旋光性(D/L)	得率/(g/g)	底物	时空产率/[g/(L·h)]
细菌	乳酸菌	*L. Helveticus* GRL89	42	5.9	72	L	0.916	乳酸	3.21
		Enterococcus mundtii Qu 25	42	7.0	86.8	L	0.846	木糖	3.42
		Lactobacillus plantarum NCIMB 8826	36	6.0	38.6	D	0.82	阿拉伯糖	1.43
		Lactobacillus bulgaricus Lb-12	37	6.0	40	D	—	乳糖	2.42
		Lactobacillus casei NRRL B-441	41	—	82	L	0.91	葡萄糖	5.6
		Lactobacillus rhamnasus LA-04-1	42	6.25	75	L	0.99	葡萄糖	3.75
		Lactobacillus delbrueckii ATCC 9649	45	6.0	58	D	0.48	葡萄糖	0.72
		Lactobacillus amylovorus ATCC 33622	37	—	93	—	0.52	大麦粉	2.0
		Halolactibacillus halophilus JCM 21694	30	9.0	65.8	L	0.83	蔗糖	0.94

续表

	产乳酸微生物	温度/℃	pH	乳酸产量/(g/L)	旋光性(D/L)	得率/(g/g)	底物	时空产率/[g/(L·h)]
细菌	芽孢杆菌 *Bacillus lichemiformis* BL1	50	7	88	L	0.861	葡萄糖	5.2
	Bacillus sp. WL-S20	45	9	225	L	0.993	葡萄糖	1.04
	Bacillus coagulan 36D1	50	—	92	—	0.77	纤维素	0.96
	Bacillus coagulans DSM 2314	50	6	40.7	L	0.81	小麦秸秆	0.74
	Bacillus sp. 2-6	50	5.6	118	L	0.973	葡萄糖	4.37
	Bacillus coagulans NBRC 12583	50	7	99.6	L	0.98	葡萄糖	5.48
	Bacillus lichemiformis TY7	50	6.2	40	L	—	葡萄糖	2.5
	大肠杆菌 *Escherichia coli* SZ85	37	7.0	45.5	L	0.93	葡萄糖	0.65
	Escherichia coli SZ63	37	7.0	48.5	D	0.98	葡萄糖	0.36
	Escherichia coli RR1	37	7.0	62.2	D	0.9	葡萄糖	1.04
	Escherichia coli W	37	7.0	85	D	0.85	蔗糖	1
	Escherichia coli LA02	37	—	32	D	0.85	甘油	1.5
	C. glutamicum Res 167Dldh/ldhA	30	7	17.92	D	0.82	葡萄糖	1.12
	C. glutamicum ldhA/pCRB204	33	7	120	D	—	葡萄糖	4.0
真菌	*Rhizopus oryzae* HZS6	34	5.8	77.2	L	0.796	玉米芯木糖	0.99
	Rhizopus oryzae TS-61	30	5.4	38.5	L	—	糖蜜	0.92
	Rhizopus oryzae AS 3.819	32	—	94.5	L	0.788	葡萄糖	1.58
	Rhizopus arrhizus DAR 36017	30	5.5	44.3	L	0.96	玉米淀粉废水	1.1
	Rhizopus oryzae KPS106	35	6.0	77.54	—	0.6	葡萄糖	0.99
	Rhizopus oryzae NRRL 395	35	—	49.1	L	0.59	废纸酶解物	1.38
	Rhizopus oryzae R1021	34	5.5	74.92	L	0.742	葡萄糖	2.08
酵母	*Khuyveromyces lactis* BM3-12D (Plaz10)	30	4.5	60	L	0.85	葡萄糖	0.12
	Saccharomyces cerevisiae YIBO-7A	30	—	55.6	L	0.622	葡萄糖	0.77
	Saccharomyces cerevisiae 165R	32	5.2	122	L	0.61	葡萄糖	2.54
	Candida boidinii KY2156	32	7	80.2	L	0.98	甘蔗汁	1.67
	Pichi stipitis idhL	30	—	58	L	0.58	葡萄糖	0.5
	Saccharomyces cerevisiae PB2	30	—	80	L	0.7	木糖	2.8
蓝藻	*Namochlorum* sp. 26A4	35	7.8	26	D	0.7	固定二氧化碳所得淀粉	0.36
蓝细菌	*Synechocystis* sp. SAA017	30	8.0	0.288	L	—	固定二氧化碳所得淀粉	8.75×10^{-4}

三、丙酮酸

微生物发酵是利用微生物，在适宜的条件下，将原料经过特定的代谢途径转化为人类所需要的产物的过程。自20世纪50年代以来，科研人员在利用微生物资源直接发酵丙酮酸的路上不断探索（表2-2）。在20世纪，人们主要在产丙酮酸微生物资源的开发上，发现可发酵产丙酮酸的微生物包括：①酵母菌：德巴利酵母属（*Debaryomyces*）、假丝酵母属

（Candida）、酵母属（Saccharomyces）、球拟酵母属（Torulopsis）等；②细菌和放线菌：不动杆菌属（Acinetobacter）、裂褶属（Schizophyllum）、肠杆菌属（Enterobacter）、肠球菌属（Enterococcus）、埃希菌属（Escherichia）、假单胞菌属（Pseudomonas）等。另外，还有一些担子菌和霉菌。进入21世纪，确定光滑球拟酵母（T. glabrata）是最适合丙酮酸工业化生产的菌种后，该领域主要针对高产丙酮酸菌株的进一步发酵优化和遗传改造。2011年，江南大学的研究人员在30L发酵罐中系统优化并研究了氮源、维生素水平及溶氧水平对 T. glabrata 生产丙酮酸的影响，最终使得丙酮酸产量、得率和生产强度分别为 84.2g/L，0.72g/g 与 1.40g/（L·h），该项成果达到发酵法生产丙酮酸的国际最高水平。

表 2-2　　　　　　　　　　　发酵法生产丙酮酸微生物

年份	微生物	原料	丙酮酸/（g/L）
1955	Pseudomonas fluorescens	葡萄糖	—
1974	Candida maltosa	丙酸	—
1976	Candida lipolytica	葡萄糖	17.9
1982	Debaryomyces coudertii IFO 1381	柑橘果皮	14.6（丙酮酸钠）
1982	Acinetobacter SM-18	1,2-丙二酮	9.7
1982	Schizophyllum commune	葡萄糖，果糖，蔗糖	19
1984	Streptomyces venezuelae	葡萄糖	—
1984	Agaricus campestris AHU 9382	葡萄糖	22~26.5
1985	Streptomyces alboniger	葡萄糖	—
1987	Saccharomyces cerevisiae	葡萄糖	36.9
1989	Enrerobacter aerogenes L-12	葡萄糖	4.7
1992	Enterococcus casseliflavus A-12	葡萄糖酸	16
1994	Escherichia coli	葡萄糖	30
1994	Debaryomyces hansenii	葡萄糖	42
1994	Torulopsis glabrata IFO 0005	葡萄糖	67

四、苹　果　酸

自然界存在的许多微生物，在发酵过程中可以产生一定量的苹果酸，如：黄曲霉（Aspergillus flavus）、寄生曲霉（Aspergillus parasiticus）、米曲霉（Aspergillus oryzae）、出芽短梗霉（Aurebasidium pullulans）、黑根霉（Rhizopus nigricans）、拟青霉（Paecilomyces virioti）、华根霉（Rhizopus chinensis）、无根根霉（Rhizopus arrhizus）、毕赤酵母（Pichia）、短乳杆菌（Lactobacillus brevis）、产氨短杆菌（Brevibactium ammoniagenes）、温特曲霉（Aspergillus wentii）、变形杆菌（Proteus vulgaris）等。

与天然存在的生产菌株相对的是经过人工改造的工程菌，在发酵过程中也可以产生苹果酸，如：经过人工改造的米曲霉 Aspergillus oryzae NRRL 3488、Aspergillus oryzae WS-M-P-PP-C4-MA-PFK；经过人工改造的酵母 S. cerevisiae RWB525、S. cerevisiae W4409、T.

glabrata PMS、Pichia pastoris Pp-PC-MDH1；经过人工改造的细菌 M. araneosus、E. coli WGS-10、E. coli KJ073、E. coli XZ658、E. coli GL2306、E. coli F0931、E. coli B0013-47、E. coli 2040、B. subtilis BSUPM 等（表2-3）。

表2-3　　　　　　　　　　苹果酸生产的自然菌株和工程菌株的比较

微生物	苹果酸 /（g/L）	产率 /（mol/mol）	生产强度 /[g/（L·h）]
A. oryzae FCD 15	109.9	0.62	0.83
A. flavus ATCC 13697	113	1.26	0.59
A. niger ATCC 9142	17	0.60	0.089
S. commune	18	0.48	0.16
Z. rouxii	75	0.52	0.54
A. oryzae NRRL 3488	154	1.38	0.94
A. oryzae WS-M-P-PP-C4-MA-PFK	165	1.24	1.38
M. araneosus	28	0.5	0.23
E. coli WGS-10	9.3	0.56	0.74
E. coli KJ073	69.1	1.44	0.48
E. coli XZ658	34	1.42	0.47
E. coli GL2306	25.9	0.53	0.36
E. coli F0931	21.7	0.48	0.3
E. coli B0013-47	36	0.74	0.6
E. coli 2040	14	0.4	0.47
B. subtilis BSUPML	2.1	0.16	0.029
S. cerevisiae	59	0.42	0.19
S. cerevisiae RW B525	11.8	0.13	0.38
S. cerevisiae W4409	30.3	0.24	0.30
T. glabrata PMS	8.5	0.19	0.18
Pichia pastoris Pp-PC-MDH1	42.3	—	0.44

五、衣　康　酸

能产生衣康酸的微生物种类很多，有土曲霉（A. terrus）、衣康酸曲霉（Hspergillus itaconicus）、假丝酵母（Candida species）、红酵母（Rhodotrorula）、黑粉菌（Ustilago）、桑卷担菌（Helicobasidium mompa）、查尔斯青霉（Penicillum charlesii）和黑曲霉（Aspergillus niger）。但这些微生物并不是都能适合工业化生产，有的仅仅作为科研用的微生物。只有 A. terrus 和 H. itaconicus 有过工业化生产的报道，其中 H. itaconicus 仅适用于早期的表面培养。目前，国内外几乎所有深层发酵生产衣康酸的工厂均采用 A. terrus，它具有产量高、遗传性能稳定等特点。

国外菌种保藏机构收藏的产衣康酸的菌种有 A. terrus AS3.2811、A. terrus NRRL1960、A. terrus ATCC 10020、A. terrus ATCC 10029、A. terrus ATCC 32359、A. terrus ATCC32587、A. terrus ATCC32588、A. terrus ATCC32589、A. terrus ATCC32590、A. terrus ATCC32571、A. terrus ATCC36364 等。国外主要用于工业化生产的衣康酸菌种有 A. terrus NRRL 1960、A. terrus NRRL265、A. terrus K26 等。国内主要用于工业化生产的衣康酸菌种有 A. terreus 54-S-30、A. terreus Lu663、A. terreus WX-1、A. terreus 15-UV-17、A. terreus A9001 等（表2-4）。另外，国内外还报道了一些用于科学研究的基因工程菌株，主要有 E. coli pET-9971、E. coli BW25133、A. niger AB 1.13-C、A. niger AB 1.13-CM、Y. lipolytica CS∷Aco∷CAD、A. terreus A729 等（表2-4）。

表 2-4　　　　　　　　　　　　衣康酸的主要生产菌种

菌种名称	适用原料	研究单位
A. terreus 54-S-30	蔗糖及低脂玉米粉	中国食品发酵工业研究所
A. terreus Lu663	蔗糖	江南大学
A. terreus WX-1	木薯粉	江南大学
A. terreus 15-UV-17	蔗糖及玉米淀粉水解糖	四川食品发酵工业研究设计院
A. terreus A9001	玉米及木薯粉淀粉水解糖	上海市工业微生物研究所
菌种名称	改造基因	产量
E. coli pET-9971	CAD	<1g/L
E. coli BW25133	CAD	4.1g/L
A. niger AB 1.13-C	CAD	0.6g/L
A. niger AB 1.13-CM	CAD、MTT（transporter）	2.2mg/gDCW
Y. lipolytica CS∷Aco∷CAD	CAD、CS、ACO	1.1g/L
A. terreus A729	PFK1	45.5g/L

六、α-酮戊二酸

以葡萄糖为原料，发酵生产 α-酮戊二酸的菌株主要包括：假单胞菌（Pseudomonas）、产气杆菌（Aerobacter aerogenes）、黏质沙雷菌（Serratia marcescens）、大肠杆菌（Escherichia coli）、黏质沙雷菌（Serratia marcescens）、巨大芽孢杆菌（Bacillus megatherium）、纳豆芽孢杆菌（Bacillus natto）等细菌，但是对于酵母菌发酵生产 α-酮戊二酸的报道则非常少。不同菌种发酵生产 α-酮戊二酸如表2-5所示。

直到20世纪60年代末，Tsugawa 等首次发现了解脂耶氏酵母具有过量合成 α-酮戊二酸的能力，并对解脂耶氏酵母发酵生产 α-酮戊二酸的营养与环境条件进行全面研究。由于 α-酮戊二酸在 TCA 循环中的代谢途径是由以维生素 B_1 为辅因子的 KGDH 控制，而 Y. lipolytica 是维生素 B_1 的营养缺陷型菌株，因此可以通过亚适量添加维生素 B_1 使得 KGDH

活性保持较低的水平，从而最终达到过量合成α-酮戊二酸的目的。发酵法生产α-酮戊二酸取得突破是在20世纪90年代末，Finogenva等选育出一株可以利用乙醇为唯一碳源生产α-酮戊二酸的高产菌解脂耶氏酵母N1，同时研究了维生素B_1的浓度、氮源浓度、溶氧以及pH等营养与环境条件对α-酮戊二酸的产量的影响最终使得α-酮戊二酸产量达到49g/L，α-酮戊二酸对乙醇产率系数0.42，实现了α-酮戊二酸的大量积累。

表 2-5　　　　　　　　　　α-酮戊二酸的生产菌株

来源	碳源	产量/（g/L）	收率/（g/g）
P. fluorescens NRRL B-6	葡萄糖	17.0	0.17
S. marcescens NO.18	葡萄糖	18.0	0.25
B. megatherium DE BARY	葡萄糖	13.8	0.16
A. paraffineus ATCC15591	正烷烃	70.0	0.70
C. giutamicum	—	5.0	—
Y. lipolytica	煤油	108.0	—
Candida paludigena BKM Y-2443	乙醇	17.0	—
Pichia inositovora BKM Y-2494	乙醇	22.0	—
T. glabrata CCTCC M202019	葡萄糖	44.0	0.46
Y. lipolytica N1	乙醇	48.0	0.42
Y. lipolytica H222-S4（JMP6）T5	菜籽油	126.0	1.20
Y. lipolytica WSH-Z06	甘油	39.2	0.40

七、柠　檬　酸

在柠檬酸的工业生产中都采用微生物发酵法，优良的菌种对柠檬酸发酵起着决定性的作用。目前报道的产柠檬酸微生物有很多，例如黑曲霉（*A. niger*）、棘孢曲霉（*A. aculeatus*）、炭黑曲霉（*A. carbonarius*）、泡盛曲霉（*A. awamori*）、臭曲霉（*A. foetidus*）、海藻曲霉（*A. phoenicis*）、微紫青霉菌（*Penicillium janthinellum*）、热带假丝酵母（*Candida tropicalis*）、高里假丝酵母（*C. guilliermondii*）、异常汉逊酵母（*Hansenula anamola*）、解脂耶氏酵母（*Yarrowia lipolytica*）、地衣芽孢杆菌（*Bacillus licheniformis*）和棒状杆菌（*Corynebacterium*）等。在上述微生物中，应用于实验研究与工业化生产的主要是 *A. niger* 和 *Y. lipolytica*。由于酵母发酵生产柠檬酸时，会积累大量的异柠檬酸，导致柠檬酸的产率下降，产品纯度较低。因此，在柠檬酸发酵法工业化生产中，*A. niger* 发酵生产柠檬酸占主导地位。对高产柠檬酸菌株 *A. niger* 的选育一直是国内外研究的热点。

表 2-6 所示为近 10 年柠檬酸发酵工艺改进的研究。

表 2-6　　　　　　　　近 10 年柠檬酸发酵工艺改进的研究

菌种	底物	柠檬酸产量	发酵温度/时间
A. niger 11B-A6	甘薯淀粉水解物	45.9±4.2[e]	30℃/264h
A. niger NRRL 567	苔藓泥炭混合葡萄糖	354g[d]	35℃/120h
A. niger CECT-2090	橘皮	53%[a]	30℃

续表

菌种	底物	柠檬酸产量	发酵温度/时间
A. niger NRRL 567	苹果渣	127[d]	30℃/12d
A. niger NRRL 328	菠萝渣	46.4%	6d
A. niger MTCC 282	香蕉皮	~180[d]	28℃/72h
A. niger ATCC 9142	橘皮	193[d]	86h
A. niger NRRL 567	橘皮	57.6%	28℃/6d
A. niger IBO-103MNB	油椰	337.94[d]	32℃/6d
A. niger NRRL 567	泥炭藓	354.8[d]	35℃/72h
Y. lipolytica NRRL YB-423	粗甘油	119[c]	10d
Y. lipolytica NG40/UV7	粗甘油	112[e]	28℃/144 h
Y. lipolytica A-101-1.22	甘油	55.7%	158h
Y. lipolytica N 1	菜籽油	66.6[e]	96h
Y. lipolytica	橄榄渣	28.8[e]	28℃
Y. lipolytica NCIM 3589	菠萝渣	202.35[d]	30℃/6d

注　a 基于糖耗计算；b 基于总糖计算；c 基于脂肪酸计算；d 基于每千克干底物计算；e 单位：g/L。

八、2-酮基-L-古龙酸（2-KLG）

除了少数几种蓝藻（Cyanobacterial），目前已知的原核生物不能直接合成维生素 C，因此微生物发酵生产维生素 C 工作的焦点就集中在寻找/筛选能够合成"莱氏法"中间产物的菌株上，尤其是高产维生素 C 直接前体 2-KLG 的菌株。截止目前，以下菌株都可以 D-山梨醇、D-果糖、L-山梨糖、L-山梨酮、L-古洛糖酸、L-艾杜糖或 L-艾杜糖酸为底物合成"莱氏法"中间产物：醋酸菌（Acetobacter）、产碱杆菌（Alcaligenes）、产气杆菌（Aerobacter）、固氮菌（Azotobacter）、芽孢杆菌（Bacillus）、葡糖杆菌（Gluconobacter）、克雷伯菌（Klebsiella）、微球菌（Micrococcus）、假单孢菌（Pseudomonas）和黄单孢菌（Xanthomonas）等。其中，大部分微生物由于转化率较低或初始底物较难获得而阻碍其发展。目前，2-KLG 的合成途径主要有 2 条：由 D-山梨醇/L-山梨糖经 L-山梨酮生成 2-KLG 的 D-山梨醇途径和由 D-葡萄糖经 D-葡萄糖酸，2-酮基-D-葡萄糖酸和 2,5-DKG 合成 2-KLG 的 2,5-二酮基-D-葡萄糖酸途径（表 2-7）。

表 2-7　　　　　　维生素 C 发酵的微生物

方法	最终产物	底物	微生物法/化学方法	生产特性		
				产量/（g/L）	生产强度/[g/(L·h)]	转化率/%（质量）
莱式法	2-KLG	D-葡萄糖	五步化学反应和一步生物转化	—	—	50

续表

方法	最终产物	底物	微生物法/化学方法	生产特性		
				产量/(g/L)	生产强度/[g/(L·h)]	转化率/%（质量）
生物技术法	2-KLG	葡糖酸	*Gluconobacter oxydans* ATCC 9937 *Corynebacterium* sp. ATCC 31090	9.43	0.13	38
		D-山梨醇	*Gluconobacter melanogenus* Z84	60	0.42	60
			Gluconobacter oxydans NB6939	88	1.22	88
		L-山梨醇	*Gluconobacter melanogenus* U13	60	0.42	60
			Gluconobacter oxydans IGO112 *Bacillus megaterium* IBM302	75.8	1.58	94.8
			Gluconobacter oxydans SCB329 *Bacillus thuringiensis* SCB933	130.92	2.85	90
		L-山梨酮	*Gluconobacter oxydans* U13	32.7	0.2725	83.4
	Ca-KLG	D-葡萄糖	*Erwinia* sp. SHS 2629001 *Corynebacterium* sp. SHS 752001	106.3	1.16	84.6
	L-抗坏血酸	D-葡萄糖	*Xanthomonas campestris* 2286	20.4	0.408	5.1
		D-山梨醇	*Ketogulonigenium vulgare* DSM 4025TP	0.09	0.0038	0.11
		L-山梨糖	*Ketogulonigenium vulgare* DSM 4025TP	0.908	0.045	1.14
		L-山梨酮	*Ketogulonigenium vulgare* DSM 4025TP	1.37	0.34	27.4
		D-半乳糖酸醛	*Candida norvegensis*	1.3	0.027	8.7
		L-半乳糖	*Saccharomyces cerevisiae* *Zygosaccharomyces bailii*	0.1	6.7×10^{-4}	40

第二节　有机酸高产菌株选育方法

一、诱变育种

一般情况下，从自然界分离的野生菌种，不论是在目标有机酸产量还是在品质上，均难达到工业化生产的要求。理想的工业化菌种必须具备遗传性状稳定、纯净无污染、能产生许多繁殖单位、生长迅速、能于短时间内生产所需要的产物、可以长期保存、能经诱变和遗传、生产能力具有再现性、具有高产量和高收率等特性。在有机酸发酵工业中，诱变育种主要有以下作用：提高有效产物产量；改善菌种生产性状，提高抗胁迫能力；减少副产物产生，提高产品品质；简化工艺条件；开发新产品，生产新型有机酸；用于研究推测产物的生物合成途径；与其他育种方法相结合，对菌种进行改良。

微生物的诱变育种，是以人工诱变手段诱发微生物基因突变，改变遗传结构和功能。通过筛选，从多种多样的变异菌株中筛选出产量高、性状优良的突变株，并且找出发挥该突变株优良性状的培养基和培养条件，使其在最适条件下合成有效产物。以人工诱变为基础的微生物诱变育种具有速度快、收效大和方法简单等优点，是菌种选育的一个重要途径。诱变育种已经在包括有机酸在内的发酵工业菌种选育上取得了卓越的成就。迄今为止，国内外有机酸发酵工业中所使用的生产菌种绝大部分是经过人工诱变选育而来的。诱变育种的筛选方法相对简单，是菌种选育的基本、常规和经典方法。特别是对遗传背景不清楚的对象，诱变育种更是必不可少。近年来，随着新诱变因子的不断发现和筛选体系的进一步完善，微生物诱变育种有了长足的发展。

（一）诱变育种的原则

1. 诱变剂的选择

常用的物理诱变剂有非电离辐射类的紫外线、激光以及能引起电离辐射的 X 射线、γ 射线和快中子等，尤以紫外线最为方便和常用。另外，离子诱变技术近年来也得到了广泛应用。化学诱变剂主要有 N-甲基-N'-硝基-N-亚硝基胍（NTG）、甲基磺酸乙酯（EMS）、氮芥、乙烯亚胺和环氧乙烷等，其中效果最为显著的为"超诱变剂"——NTG。

2. 出发菌株的选择

选用合适的出发菌株，可提高育种的效率，出发菌株的选择可参考和依据的做法有：生产中选育过的自发变异菌株；具有有利性状的菌株，如生长速度快、营养要求低以及产孢子早而多的菌株；已发生其他变异的菌株；对诱变剂的敏感性比原始菌株大的菌株等。

3. 单细胞悬液的处理

分散状态的细胞既可以均匀地接触诱变剂，又可以避免长出不纯菌落，所以在诱变育种中，所处理的细胞必须是单细胞、均匀的悬液状态。在实际工作中，要得到均匀分散的细胞悬液，通常可用无菌的玻璃珠来打碎成团的细胞，然后再用脱脂棉过滤。

4. 诱变剂的用量

合适的剂量，需要经过多次试验才能得到，普通微生物突变率往往随剂量的增高而提高，但达到一定程度后，再提高剂量反而会使突变率降低，而且正变较多地出现在偏低的剂量中，而负变则较多地出现于偏高的剂量中，多次诱变更容易出现负变。因此，在诱变育种工作中，比较倾向于采用较低的剂量。紫外诱变中常采用杀菌率为 70%~75% 的诱变剂量。

5. 复合处理的协同效应

诱变剂的复合处理常呈现一定的协同效应，复合处理主要有两种或多种诱变剂的先后使用；同一种诱变剂的重复使用；两种或多种诱变剂的同时使用。

（二）物理诱变技术

物理诱变通常使用物理辐射中的各种射线，包括紫外线、X 射线、γ 射线、α 射线、β 射线、快中子、微波、超声波、电磁波、激光射线和宇宙射线（图 2-1）。近年来，随着重离子束的获得，离子辐照诱变育种也成为诱变育种的一种新方法。

1. 紫外线

紫外辐射诱变的作用机制有很多解释，但较为确定的是紫外辐射使 DNA 分子形成嘧啶二聚体，阻碍碱基正常配对，并可能引起突变或死亡。另外，嘧啶二聚体的形成，还会妨碍双链的解开，因而影响 DNA 的复制和转录。紫外诱变技术是诱变和筛选优良菌株的常规育种方法。由于其设备简单、诱变效率高、操作安全简便等，而被广泛应用。

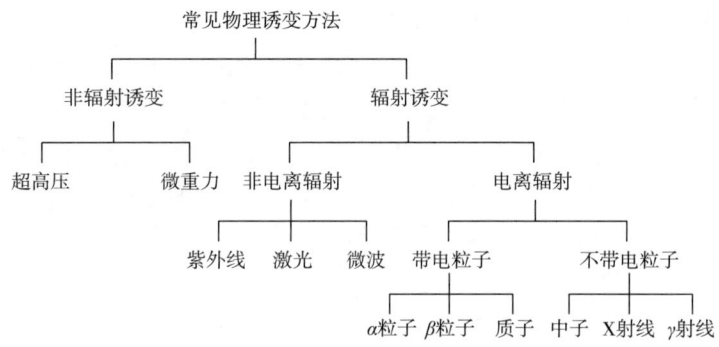

图 2-1 常见物理诱变方法

2. 激光

激光具有能量密度高、靶点小、单色性和方向性好、诱变当代即可出现遗传性突变等特点，因此，在工业微生物育种中得到广泛应用。激光辐射可以通过产生光、热、压力和电磁场效应的综合作用，直接或间接地影响生物有机体，引起 DNA 或 RNA、质粒、染色体畸变效应，酶的激活或钝化以及细胞分裂和代谢活动的改变。关于激光与微生物相互作用的机制，一种普遍认同的解释是光照活化效应。在激光辐射机体时产生光照活化效应，使核仁器抑制机体时产生光照活化效应，使 DNA-RNA-蛋白质系统活性提高、核糖体上蛋白质合成作用的活性增强，从而使机体内的生物合成增强。

3. γ 射线

γ 射线是一种高能电磁波，其诱发的突变率和射线剂量有直接关系，它能产生电离作用，直接或间接地改变 DNA 结构。直接的效应是导致碱基的化学键、脱氧核糖的化学键、糖-磷酸之间的化学键断裂；间接的效应是电力辐射使水和有机分子产生自由基，自由基作用于 DNA 分子，特别是对嘧啶的作用较强，可引起缺失或损伤，造成基因突变，还可引起染色体断裂及倒位、缺失和易位等畸变，从而改变微生物的遗传性状。^{60}Co γ 射线辐射诱变，既能获得较高的突变率和较宽的突变谱，同时还有利于筛选新的突变型。据统计，诱变育种的品种中使用 ^{60}Co γ 射线的占 75.0%~84.2%。

4. 离子束

重离子属带电粒子，能直接引起电离。重离子束与其他辐射（如中子、电子、X 射线、γ 射线）相比，在与生物材料相互作用中具有明显优势，主要表现在以下几点：①重粒子束具有高传能线性密度（Let），且在射程的末端还有尖锐的电离峰（Bragg 峰）。这使得重离子束能在生物介质中产生高密度的电离和激发事件，同时可以对产生的高活度自由基造成间接损伤，从而引起较强的生理生化作用，可引起染色体的重复、易位、倒位、缺失或使 DNA 分子取代、补充、断裂等，从而使遗传物质在基因水平或分子水平上发生改变或缺失，大幅度提高变异的频率。②在峰值范围内，注入离子与生物的相互作用是局部的、不易修复的，因此突变体稳定较快。③重离子诱变参数的多样性，使所获得的突变谱广。这些参数包括：离子种类、离子电荷态、离子具有的能量、剂量及剂量率等。离子注入处理作为一种集物理和化学诱变特性为一体的诱变育种新方法，将在扩大菌种来源、筛选优良菌株及提高诱变效率方面发挥重要的作用。

5. 中子

自1945年采用回旋加速器产生的中子处理青霉素产生菌以来，快中子辐射已经成为微生物诱变育种的一种手段。快中子也是间接电离粒子，快中子在组织内能量损失主要是通过与氢原子核等的弹性碰撞而产生的反冲质子使组织中的原子激发和电离，引起生物分子中化学键的断裂。

6. 微波

微波作为一种高频电磁波，它与生物组织的相互作用主要表现为热效应和非热效应，能刺激水、蛋白质、核酸、脂肪和碳水化合物等极性分子快速振动，这种振动能引起摩擦，能够对氢键、疏水键和范德华力产生作用，因此可以使得单孢子悬浮液内DNA分子间强烈摩擦，胞内DNA分子氢键和碱基堆积化学力受损，使得DNA结构发生变化，从而发生遗传变异。

7. 超高压

超高压导致细胞体积减小，胞内物质浓缩，使得先前互不接触的各种酶、蛋白质及核酸类物质接触，这种接触必然会导致一些不可预测的反应发生，如DNA与核酸内切酶接触而使得DNA发生断裂。研究发现，DNA在长时间高压处理下，DNA合成对压力敏感，压力可以影响到DNA的超螺旋结构，甚至影响DNA母链的解旋，还使得DNA失去紧急修复的应急反应（SOS）机制。在传统诱变剂反复使用，诱变产量提高到极限发生退化的情况下，超高压有望作为一种新型物理诱变育种手段，且具有操作简便、无污染等优点。

8. 等离子体诱变

常压室温等离子体（ARTP）能够在大气压下产生温度在25~40℃高浓度的活性粒子（包括处于激发态的氦原子、氧原子、氮原子、羟基自由基等）等离子体射流。研究表明，等离子体中的活性粒子作用于微生物，能够使微生物细胞壁/膜的结构及通透性改变，并引起基因损伤，进而使微生物基因序列及其代谢网络显著变化，最终导致微生物产生突变。与传统诱变方法相比，采用ARTP能够有效造成DNA多样性的损伤，突变率高，并易获得遗传稳定性良好的突变株；与分子操作手段相比，ARTP进行微生物诱变育种，具有操作简便、成本低、无有毒有害物质参与诱变过程等优点。

与传统的菌株改造手段相比，ARTP具有很多独特的优点：①ARTP具有成本低、操作方便等优点。由于没有很多物理诱变设备（如离子束注入等）所需的离子或电子加速、真空和制冷等附属设备，ARTP的构造非常轻巧，易于运输，且操作简便。②ARTP对遗传物质的损伤机制多样，因而获得突变型多样性的可能性增大，这使得ARTP在应对代谢网络复杂的微生物诱变育种时，显示出独特的优势。③ARTP对环境无污染，保证操作者的人身安全。无论用何种气体放电，其均无有害气体产生。另外，无论用何种气体放电，其放电过程中没有核的聚变和裂变等反应，仅有从十几纳米波长到紫外线或可见光甚至更长波长光线的产生。这种长波的光线与辐射射线不同，其对身体损伤较小。目前，性能稳定、高效的国产ARTP诱变育种设备已经投放市场，且已经在生产中得到应用。

9. 空间诱变

自开始空间探索以来，人们一直效力于研究空间特殊环境中的诱变因素（如微重力、高能粒子辐射等），对微生物的复合影响，其中微重力和空间辐射是主要的诱变因素。在空间特殊条件下，微生物的变异频率较高。DNA和生物膜是射线作用的靶子，DNA结构的损伤主要有单、双链断裂，碱基和糖的损伤，DNA 与 DNA、DNA 与蛋白质交联等。其中，单、双链断裂较为常见，富含胸腺嘧啶的区域易受到破坏，膜损伤有膜结构的改变、膜结合酶活力和膜受体功能降低等。

近年来，随着人们对育种技术的不断探索和追求，有许多新的育种技术相继应用于实践。除前述育种技术以外，还有红外线、双向复合磁场、高能电子流、高温等新诱变技术相继应用于微生物育种中。

（三）化学诱变技术

使用化学物质处理微生物使其遗传性状改变的方法称为化学诱变方法，化学诱变剂往往具有专一性，它们对基因的某部位发生作用，对其余部位则无影响；突变主要为基因突变，并且主要是碱基的改变，其中尤以转换为多数。各种具有诱变作用的化学物质和碱基接触引起化学反应，通过 DNA 的复制使碱基发生改变而起到诱变作用。通常使用的化学诱变剂包括四大类：烷化剂、碱基类似物、移码突变剂和其他化学诱变剂。

1. 烷化剂

烷化剂是诱发突变中一种相当有效的化学诱变剂，这类诱变剂具有一个或多个活性烷基，它们易取代 DNA 分子中活泼的氢原子，使 DNA 分子上的碱基及磷酸部分被烷化，DNA 复制时导致碱基配对错误而引起突变，常用的烷化剂有亚硝基胍（NTG）、乙基硫酸甲烷（又称甲基磺酸乙酯，EMS）、硫酸二乙酯（DES）、乙烯亚胺等。

2. 碱基类似物

碱基类似物是一类与天然的 4 种碱基分子结构相似的物质，其既能诱发正相突变，又能诱发回复突变。这类诱变剂在微生物细胞代谢旺盛时掺入 DNA 分子中，在 DNA 分子复制时由于其本身分子结构的酮式→烯醇式转化引起变异。这类诱变剂对于处于静止或休眠状态的细胞是不适用的。用于诱发突变的碱基类似物有 5-氟尿嘧啶（5-FU）、5-溴尿嘧啶（5-BU）、5-碘尿嘧啶（5-IU）、2-氨基嘌呤（AP）、6-巯基嘌呤（6-MP）等。

3. 移码突变剂

这类化合物的平面三环结构可插入 DNA 双螺旋的临近碱基对之间，使 DNA 链拉长，两个碱基间距离拉宽，造成 DNA 链上碱基的添加或缺失，从而造成碱基突变位点之后的全部遗传密码发生改变，引起菌种性状的较大改变。主要包括吖啶橙、吖啶黄、原黄素（2,8-二氨基吖啶）、ICR-171、ICR-191 等化合物。

4. 其他化学诱变剂

还有一些其他的化学诱变剂，如脱氨剂、羟化剂、金属盐类、秋水仙素和抗生素等。脱氨剂可直接作用于正在复制或未复制的 DNA 分子，脱去碱基中的氨基变成酮基，改变碱基氢键的电位，引起转换而发生变异。羟化剂具有特异诱变效应，专一性诱发 G：C→A：T 的转换。用于诱变处理的金属诱变剂主要与其他诱变剂复合使用，故又被称为助诱变剂，如氟化锂等。秋水仙素是诱发细胞染色体加倍的诱变剂。抗生素一般也与其他诱变剂复合使用。

二、基因组重排育种

基因组重排技术结合了传统诱变技术和细胞融合技术，是一项对整个微生物基因组重排的新型育种技术。基因组重排技术通过多亲本原生质体递归融合，可以使工程菌快速获得多样复杂优良表型,并且无需了解其基因组学、代谢组学等具体背景。基因组重接技术在菌株改造方面表现优异,被认为是菌株选育和代谢工程上的一个重大里程碑。

(一) 基因组重排育种的原理

基因组重排技术的过程主要分为3步:①遗传信息库的构建,即亲本菌株的选择;②原生质体递归融合;③目的表型的筛选,每轮筛选得到的融合子进入下一轮的融合(图2-2)。

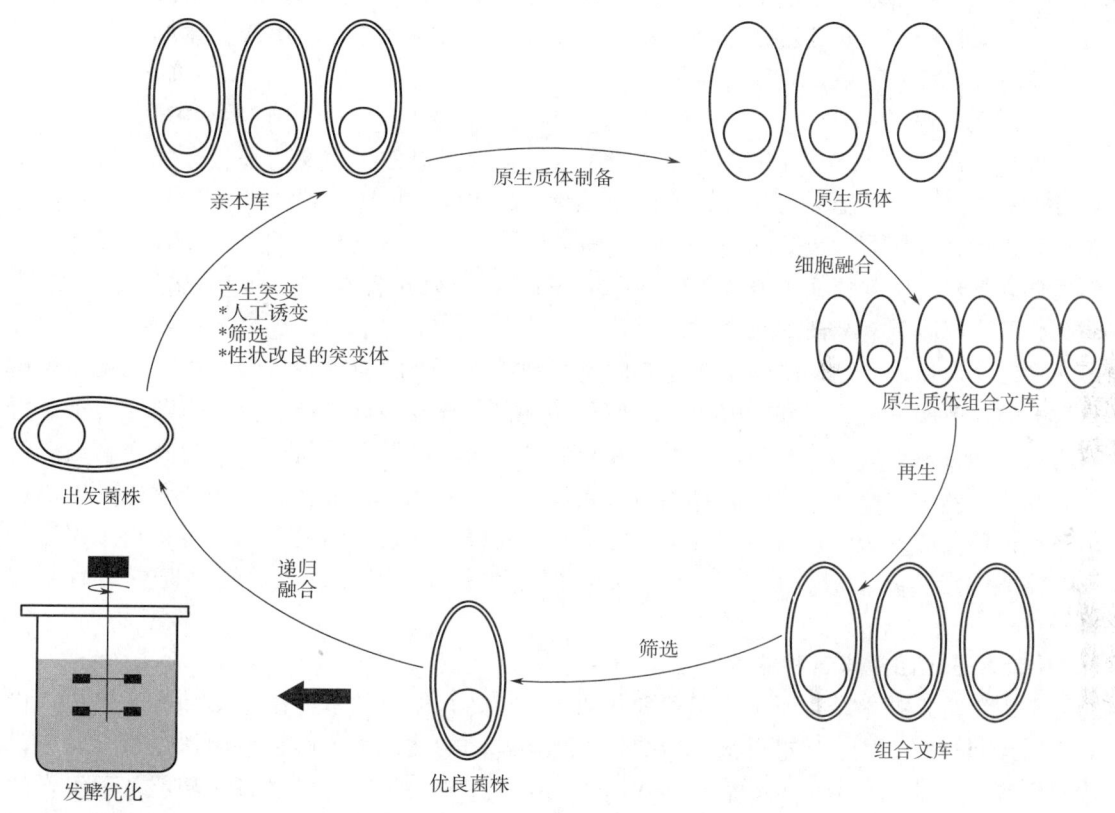

图 2-2 基因重排技术的程序

1. 亲本菌株的选择

亲本菌株基因的多样性可以扩大融合菌的基因型,在递归融合中促使不同优良表型汇集到融合菌中,故基因组重排过程的首要任务是创造亲本基因型的多样性。为了使亲本产生更多基因型,一般采取的手段是传统的诱变育种技术。

筛选亲本菌株的一般准则是亲本菌株必须具有理想的目的表型,如具备特殊环境高耐受力、高产率和高生长率等。菌株的高生长繁殖率是值得关注的问题,在较高浓度的底物或产物等不良环境下,微生物可以通过高生长率来修复不良环境带来的影响。随着研究的深入发展,亲本选择的方式逐渐灵活多样,不同种微生物之间的基因组重排得以实现。例如,将德氏乳杆菌的诱变株和含分泌淀粉酶的解淀粉芽孢杆菌进行基因组重排,获得了能在木薯渣废液中生长并转化乳酸的融合菌。

2. 原生质体递归融合

基因组重排技术是基于原生质体融合技术的多轮递归融合。多轮递归融合确保了不同细胞之间基因的高转移频率，还保持了基因组重排的高效性。在原生质体递归融合过程中，首先要制备原生质体。制备原生质体主要参考的因素有菌龄、酶解浓度、酶解时间及温度、酶的种类、脱壁辅助溶剂的选择、渗透压缓冲剂和再生培养基的设计等。递归融合的要义在于将第一轮融合后筛选得到的融合子作为亲本菌株，进入下一轮融合。

目前，诱导原生质体融合的方法主要有化学法、电处理融合法和生物病毒法。其中，化学法和电处理融合法是最主要的方法。随着科学技术的不断发展，一些新的工具开始应用于诱导细胞融合。如利用激光诱导红发夫酵母进行细胞融合；利用微流体芯片技术平台诱导细胞融合，使得融合效率明显提高。

3. 目的表型的筛选

目的融合子的分离与筛选是整个基因组重排技术流程最为关键的步骤。基因组重排技术用于提高菌株对环境的耐受性，可以设计含有高浓度底物或产物的选择培养基。如为了提高氯酚鞘氨醇杆菌（*Sphingobium chlorophenolicum*）对底物五氯苯酚的耐受性，设计的培养基含五氯苯酚浓度依次为 0.4、3、4、5mmol/L，结果在含有 5mmol/L 五氯苯酚的培养基上获取了耐高五氯苯酚的融合子。

筛选高产目的产物的融合子，经典的方法是依靠产物的物理和化学性质，如在固体培养基上的抑菌圈、透明圈和水解圈等。如利用融合菌直接水解淀粉产生透明圈的大小作为筛选标记，可以得到以淀粉为底物生产乳酸的融合子。产物类似物也可作为高产融合子的筛选方法，如利用羟基柠檬酸的类似物反式环氧乌头酸来筛选融合子。此外，还可以通过添加遗传标记的方法筛选目的融合子，包括营养缺陷型等遗传标记。Zhao 等提出了灭活原生质体的筛选方法。酶标仪等高通量筛选方法的使用，使得融合子的筛选更加简便和高效。

（二）基因组重排育种的优缺点

基因组重排技术结合了细胞工程和代谢工程，通过循环的基因组重排和筛选集多个优势基因于同一细胞，这样可以极大地加快工程菌株的构建进程，减少对菌株进行多基因改造和组合的困难。基于基因组重排的代谢工程虽然刚刚起步，但它必将在功能基因组学的研究、揭示基因型和表型的关系以及工业微生物菌种的改进等方面发挥重要的作用。基因组重排技术的出现是细胞改良中的一个里程碑，相对于传统育种技术，其诸多优势将使其在有机酸生产菌株的选育工作中发挥广泛且高效的应用，更好地服务于生物经济产业。

1. 优点

基因组重排技术作为新型的育种技术，建立在原生质体融合技术基础之上，使不同亲本的基因组发生重排。其主要机制在于：利用原生质体融合达到全基因组水平上的片段交换、重组，经过多轮递归融合后促使正向突变表型聚集。与经典诱变育种、原生质体融合育种相比，基因组重排技术的优势明显。作为新型育种技术，一方面基因组重排技术极大地促进了不同亲本优良性状的积累，加快了菌种选育的速度；另一方面基因组重排技术对微生物的遗传背景没有要求，在代谢网络、调控机制未知的情况下也可以进行。

首先，基因重排技术具有更高的效率。诱变育种具有盲目性、随机性，导致工程量巨大、时间题长、菌株面临回复突变的难题。原生质体融合技术可以扮演类似于有性生殖途径基因信息交流的作用。但是有性生殖途径只允许在双亲本之间的基因重组。基因组重排技术基于多亲本之间的递归融合，具有更大的基因突变来源；递归融合还能使正向突变的表型聚集,多轮融合极大地提高了基因交换的概率。有研究发现,两轮基因重排取得的效果,经典育种需要 20 年才能完成。与传统育种技术相比,扩大菌株的基因型和加速菌株进化是基因组重排的最大优势。

其次,基因组重排技术无需了解相关微生物的代谢途径、关键基因、转录调控等背景,尤其适合微生物代谢途径的遗传改造。尽管 DNA 重组技术可以在多亲本之间发生基因重排,但改变的是基因片段而不是整个基因组。微生物细胞的表型由全基因组水平表达、整体代谢、环境压力等决定,通过几个特定基因的定向改造往往很难达到菌株表型的优化。而基因组重排技术是全基因组工程策略,在无需知道基因组信息及代谢网络信息的情况下,就可以应用于菌株改良。

2. 缺点

由于基因组片段重组的随机性,并不具备定向改造的特点,因此基因组重排技术能否有效地应用于菌种改良,关键在于能否高效筛选目的表型融合子。基因组重排技术目前普遍运用于同种双亲细胞内,对于不同种亲本细胞之间重排的报道很少,同源性越低,重组的概率越低。另外,在笔者所了解的范围内,基因组重排技术在有机酸生产菌株选育工作中的应用案例较少,研究人员只能通过借鉴该技术在其他生产菌株中的应用来指导有机酸生产菌株的选育。

(三) 基因组重排育种的应用

基因组重排技术充分结合了细胞工程和代谢工程的优势,不仅可以进行菌种表型快速高效优化,还可以为不同来源微生物复杂的代谢和调控网络提供信息来源。目前,基因组重排技术主要应用于提高微生物代谢产物产率,增强菌株对环境的耐受性及提高底物利用率和底物范围等。

1. 提高产物产率

在发酵工业中,产物的产量和产率直接决定着经济效益。基因组重排的对象是细胞内整套基因组。使用基因组重排技术,对鼠李糖乳杆菌进行两轮育种后乳酸产量比野生型菌株提高了 71.4%。对刺糖多胞菌 (*Saccharopolyspora spinosa*) 进行了四轮基因组重排后筛选得到了两株高产多杀菌素的融合菌,生产能力比原始出发菌株提高了 201% 和 436%。

2. 提高环境耐受性

微生物在环境中的耐受力水平是极复杂的表型。环境耐受力包括对底物的耐受性、产物及副产物的耐受性、温度的耐受性、pH 和溶氧等因素的耐受性。当前,基因组重排技术已成功应用于提高乳酸菌 (Lactic acid bacteria) 对酸和葡萄糖的耐受性;提高普纳霉素生产菌始旋链霉菌 (*Streptomyces pristinaespiralis*) 对普纳霉素的耐受性;提高酿酒酵母 (*Saccharomyces cerevisiae*) 的热耐受性和乙醇耐受性,使其能够在 55℃ 下正常生长及耐受 25% (体积分数) 的乙醇;提高梭状芽孢杆菌 (*Clostridium diolis*) 对甘油和 1,3-丙二醇的耐受性,且使其 1,3-丙二醇的产量提高了 80%。

3. 提高底物利用率和范围

在菌株改良过程中,底物利用率和范围也是非常重要的目的表型。基因组重排技术同样适用于提高菌株对底物的利用能力。德氏乳杆菌能将葡萄糖转化为乳酸,但是不能利用淀粉作为底物。以德氏乳杆菌和产淀粉酶的枯草芽孢杆菌为亲本,利用基因组重排技术,经过三轮原生质体融合后,筛选得到了能直接将淀粉转化为乳酸的融合菌。结果表明,在

83g/L的木薯废水解液中简单添加外源辅助成分，乳酸的产量可达40g/L。利用基因组重排技术对氯酚鞘氨醇杆菌（*Sphingobium chlorophenolicum*）进行改良，经过三轮基因组重排后，筛选得到的融合菌对底物五氯苯酚的利用率和耐受性均有所提高。

4. 提供目的表型信息

基因组重排技术的另一个重要作用是可以提供代谢网络和调控的信息。在基因组重排过程中，基因组片段的重排可以快速达到改进细胞表型和优化代谢途径的目的。结合代谢工程中的各种分析工具，对重排后所得到的进化产物（酶、代谢途径等）进行比较，可以更好地阐明优化的原因和本质。Gill等提出的一种高通量的并行基因-表型特征作图法（parallel gene-trait mapping，PGTM）用于重排后产生的大量嵌合基因组的比较分析，可以快速确定基因和表型的相关性。此外，Jin等应用多样性片段扩增技术，分析了由基因组重排获得的重组菌株与原始菌株之间的基因差异性。

三、适应性进化育种

适应性进化是一种提高常见工业菌株某种特性（如抑制剂耐受、底物利用、生长温度等）的有效手段，无需了解菌株的遗传机制，只要期望的性状能与生长对应。简单说就是涉及微生物菌株在选择压力下不断地增殖，通常要成百上千代。适应性进化是生物体受群体遗传学、自然进化、代谢网络及生化条件等限制而形成的，遗传表现为因进化所发生的改变以代谢流、代谢途径或分子网络的形式转变为表型的改变。与突变不同，其遗传变异和选择效力在生物体内的保留取决于群体遗传学和统计学时限。生物在特定生存条件下能够引发机体一系列的变化以适应环境的改变，这种现象已由多种微生物实验条件下的适应变化得到证实。例如：细胞遇到压力环境时，细胞会启动自身的压力响应机制，但如果环境压力是短暂的，那么响应也是短暂而快速的，当细胞适应了新的环境后，压力响应可能随之消失。

（一）适应性进化育种的原理

适应性进化又称适应性实验进化（adaptive laboratory evolution，ALE），是利用微生物在特定环境下为适应环境而发生特定突变的现象，将微生物置于一定的环境压力下，通过长期的驯化，获得具有特定生理功能的突变菌株的方法（图2-3）。ALE是一种研究微生物在特定环境下进化过程的有效方法，广泛应用于筛选抗胁迫（如抗高浓度酸、碱、乙醇、抗药性等）的微生物以及拓展微生物底物利用谱、优化或激活特定产物的合成途径来生产特殊生物产品、提高微生物代谢产量等研究。实验室中常用的适应性进化筛选获得目的的表型菌的过程是在培养微生物达到预定的生长指标后，转接一定的培养液入新鲜培养基中，在相同条件下培养至同一预期表型后再次按一定量转接入新鲜培养基中，菌种自身通过改变细胞内的代谢网络、信号网络，甚至是基因组来适应这种外界条件的剧烈变化，反复操作，直至筛选获得预期表型且遗传性相对稳定的突变株。适应性进化由于在未了解微生物遗传性状的基础上就实现了微生物的定向选育，获得了大幅度的正突变的工业微生物菌株，成为了微生物发酵工程菌种选育的有效工具。在丙酮酸高产菌株的选育过程中，适应性进化已被成功地应用于提高光滑球拟酵母的酸胁迫抗性。且由于酸胁迫是有机酸发酵过程中普遍遇到的问题，因此适应性进化将在有机酸高产菌株的选育中发挥越来越大的作用。

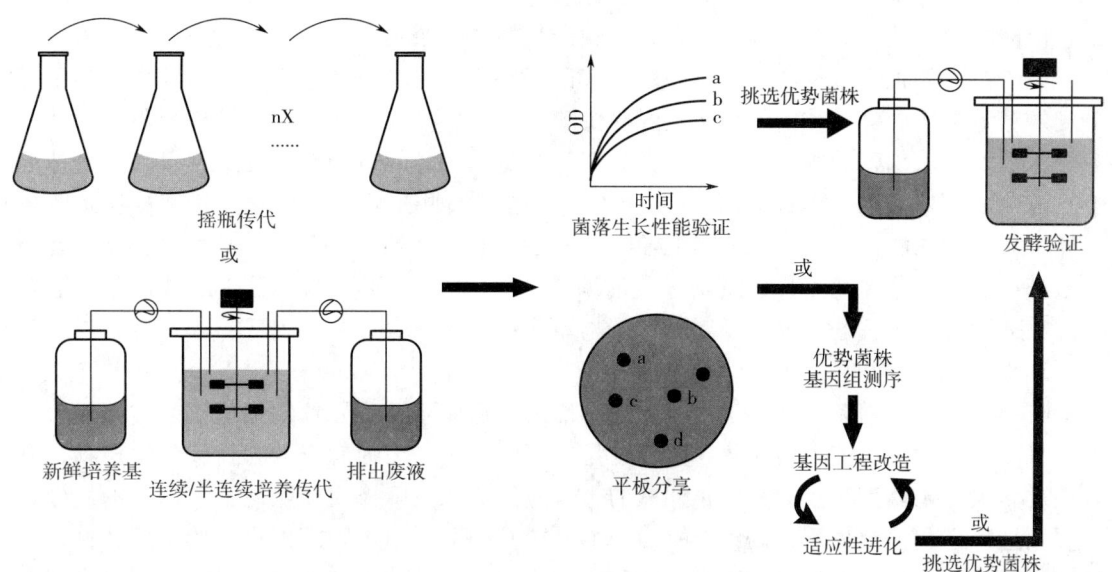

图 2-3 适应性进化的流程图

（二）适应性进化育种的应用

适应性进化育种是利用微生物菌株在选择压力下不断地增殖，引起代谢流、代谢途径或分子网络等改变引起表型的改变，从而筛选获得所需要表型。目前，适应性进化育种主要应用于提高微生物环境适应性、优化微生物细胞表型和激活微生物潜在代谢途径等。

1. 提高微生物环境适应性

工程菌在经过遗传操作之后往往会出现环境适应能力下降的现象，该现象是由于对基因组高强度的修饰引起的辅因子和氧化还原当量失衡或调控系统的重排造成的。为了克服这种现象，可以在培养基中额外添加营养物质以供工程菌生长之需。然而，营养物质的添加会进一步影响工程菌的生理和发酵模式，且增加生产成本。适应性进化可用于消除工程菌对额外营养物质的需求。该方法通常是一步一步地逐渐减少添加物的量，同时将细胞维持在对数生长期。在转接的过程中，新培养基中额外添加营养物质的用量逐渐下降直至最终为零，从而迫使细胞逐渐适应和减少其对额外添加营养物的依赖，最终达到改变其代谢和调控网络的目的，该过程可称为"断奶阶段"。为了使经基因修饰的大肠杆菌菌株在好氧条件下过量生产有机酸，使用该方法对其进行了环境适应性进化。经过短暂的"断奶阶段"，菌株在没有额外添加营养物质的基本培养基上生长良好。这种适应性进化可以简化生产菌株的培养条件，从而极大地简化下游的提取、纯化等操作，提高菌株对底物和产物的耐受性，降低大规模生产的成本。

基因工程菌在放大生产时的培养条件也是需要考虑的重要因素。在实验室条件下，菌株在成分清楚的培养条件下生长，如含有浓度适合的高纯度碳源的基本培养基或成分清晰的复合培养基。然而，在生长条件下菌株则要面对更加粗放的生长环境，如碳源或原料的浓度要高很多，且成分不明或含有未知的杂质。为了保持较高的产量，工程菌必须能够适应高浓度的糖等底物。高浓度底物往往能生产更多的产物，而这两者都能构成对细胞的毒害。因此，工程菌对高浓度底物或产物的耐受性尤为重要。特别是在有机酸生产过程中，工程菌的耐受性几乎成为进一步提高有机酸产量的主要瓶颈。

由于产物的积累过程使得培养基的 pH 不断下降，且为了达到较高的产量往往使用高浓度的糖等，所以酵母和大肠杆菌生产有机酸的过程中存在明显的生长抑制现象，尤其在醋酸、乳酸、琥珀酸的生产中。在对大肠杆菌进行 9 个月的适应性进化后，得到了一株能够在近 40mmol/L 琥珀酸存在的培养基上快速生长的酸胁迫耐受性菌株。该菌株在工业化规模下生产琥珀酸，通过连续培养能够生产和耐受高达 0.5mmol/L 的琥珀酸。在高浓度琥珀酸环境下，该菌株的生长速度是进化前菌株的 13 倍。事实证明，适应性进化非常适合于提高有机酸生产菌株对高浓度底物和产物胁迫的耐受性。

2. 优化微生物细胞表型

有机酸生产工程菌通常经过大量的遗传修饰，这些修饰将导致细胞适应能力的显著下降，且通常这种适应能力的下降伴随着产量的下降。这是因为有机酸为初级代谢产物，有机酸的积累与菌体生物量的积累是偶联的，适应能力的下降极大地阻碍了菌体生物量的积累。适应性进化非常适用于改善有机酸、氨基酸等初级代谢产物的工程菌的生理特性，提高其对环境的适应能力。对乳酸生产工程菌进行适应性进化，其生长速率和乳酸生产速率显著提高，同时减少了副产物的产生。

具体地，在基本培养基上培养工程菌，通过将培养至对数生长期的菌体细胞转入新鲜培养基来防止其进入稳定期。将工程菌株维持在对数生长期约 10^{11} 代可以得到生长速率显著提高的稳定表型。对乳酸生产工程菌进行为期两个月的适应性进化，菌株的生长速率得到不同程度的提高。此外，适应性进化不仅提高了乳酸产量，而且完全消除了进化后菌株副产物的产生。因此，对生长偶联型菌株进行适应性进化，可以使产物积累和菌体生长之间的平衡关系得到优化，从而得到更适合工业生产的菌株。

3. 激活微生物潜在代谢途径

在代谢工程和合成生物学的推动下，越来越多的化合物不断地被生物系统合成，且这些合成过程利用可再生的糖类等资源为底物，从而降低了对于石化资源的依赖程度。有机酸作为发酵工程的主要产品之一，越来越多的具有重要价值的新型有机酸不断地被合成。目前，有机酸的发酵生产都是通过对微生物进行改造，使其能够过积累有机酸，而这些产品都是微生物细胞中本来已经存在的代谢物。然而，合成微生物细胞内本来不存在的外源性化合物是该过程中最具挑战性的问题之一。相对于化学法合成，使用酵母或大肠杆菌合成的有机酸有诸多优势，包括：生产成本低、反应选择性、立体特异性和高效率。然而，设计和构建生物合成途径，尤其是外源性有机酸合成途径通常需要大量的优化。适应性进化非常适合于外源性有机酸合成途径的优化，能够提高代谢工程菌株的适应能力、提高产量和产率。

另外，适应性进化可以积累有益突变，这些突变进一步使代谢途径得到优化（图 2-4）。如以甘油、乳酸或 1,2-丙二醇对大肠杆菌菌株进行适应性进化，进化后菌株所积累的突变效应提高了酶对底物利用的动力学特性。以甘油为碳源的适应性进化，菌株甘油激酶编码基因（$glpK$）发生了突变，使反应效率提高了 51%~130%。除代谢相关酶类外，有益突变还发生在全局性调控因子，如 sigma S 因子（$rpoS$）或 RNA 聚合酶，从而提高了转录速率。

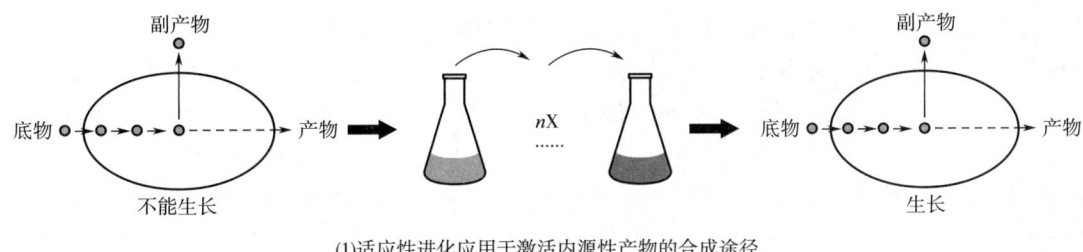

(1) 适应性进化应用于激活内源性产物的合成途径

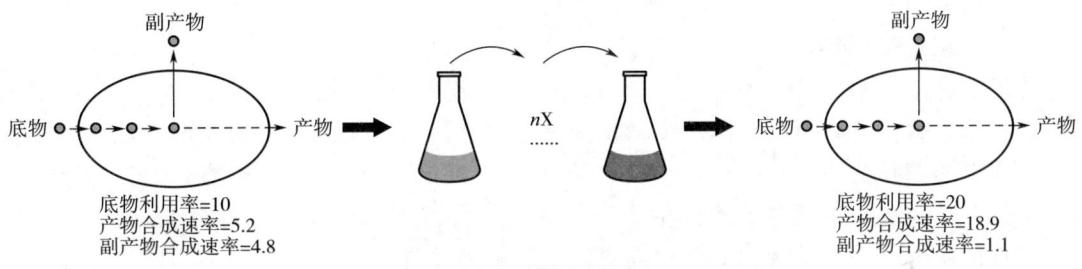

(2) 适应性进化应用于提高底物利用速率

图 2-4 适应性进化应用于潜在代谢路径筛选

例如，通过突变基因上游的核糖开关，可以增加该基因转录的数量。该研究被用于提高硫还原地杆菌（Geobacter sulfurreducens）的生物修复能力。该微生物经过两年的适应性进化，其铁还原速率为出发菌株的 10 倍。总之，适应性进化的应用已经超越了酿酒酵母和大肠杆菌等研究较为透彻的微生物。这些应用不仅可以优化单一酶的特性或单个基因的表达水平，而且能提高整体的细胞功能，这些都为非本源有机酸生产菌株的构建和生产能力的优化提供了新的思路和技术储备。

四、菌种筛选技术

所有的微生物育种工作都离不开菌种筛选。尤其是在诱变育种工作中，筛选是最为艰难的，也是最为重要的步骤。经诱变处理后，突变细胞只占存活细胞的百分之几，而能使生产状况提高的细胞又只是突变细胞中的少数。要在大量的细胞中寻找真正需要的细胞，就像是大海捞针，工作量很大。简洁而有效的筛选方法无疑是育种工作成功的关键。为了花费最少的工作量，在最短的时间内取得最大的筛选成效，就要求采用效率较高的科学筛选方案和手段，如高通量筛选技术等。

（一）传统筛选技术

菌种的筛选分两类：直接筛选和间接筛选。直接筛选含产品分析，可用生物测定或化学测定。例如可以使用含有碳酸钙的平板对产酸菌种进行筛选，根据水解圈的大小与菌落产酸能力的正相关性，即可挑选出产酸能力强的菌株。间接筛选不以产品分析为主，而是测定与产品有关菌种的不同特征。例如 TTC-碳酸钙复合平板法对丙酮酸高产菌株的快速筛选，利用 TTC（2,3,5-三苯基氯化四氮唑）这种显色剂与乙醇脱氢酶（ADH）作用，使 ADH 失活同时产生红色物质的特性，来监测丙酮酸向乙醇的转化，从而筛选出代谢副产物乙醇转化率低的菌株。

传统筛选的最基本方式是用琼脂平板或表面培养，在其上任意排列铺开生长菌落，作微生物的灵敏测试。分析之前，将长出的菌落单个移于琼脂斜面上，并选用摇瓶或其他液体方式培养。液体培养更接近于模拟大规模生产条件。平板筛选常以生物测定和区带直径测定为依据。这种方法是低分辨率的一种筛选法，因为产物效价（如青霉素）和区带直径间是降量指数关系，即当区带直径增大，它的效价增量很小，难以进行检测。传统的平板筛选灵敏度低，但摇瓶筛选工作量大、通量低。但平板选法仍然具有吸引力，因为它对大量分离筛选更加方便、容易；且高通量筛选技术的应用可以使摇瓶和液体培养向着微型化和自动化的方向发展，从而克服大量筛选的困难。

（二）高通量筛选技术

传统的筛选技术工作量大、费时费力，这是因为产量的高低属于数量性状，一次诱变和筛选很难有大幅度的提高，需要多轮诱变筛选才能逐渐积累到一定的高产特性。更重要的是，典型的菌种初筛和复筛都是在没有任何检测参数的摇瓶或试管中进行的，筛选过程中微生物的外在培养环境与工业化生产条件存在巨大差别，很多真正符合实际生产环境、性状优良的菌株往往在筛选初期就被漏筛掉了；菌种筛选和筛选后发酵工艺设计与优化工作是分开、顺序进行的，两者之间缺少技术参数的联系，导致摇瓶筛选到的优良菌株与实际工艺条件产生不对称性，因而许多优良菌株的高产性能很难在工业生产中体现出来。由此可见，在菌种筛选领域，亟须多参数、与发酵工艺过程相结合的高通量菌种选技术。

近几年，用于微生物菌种高通量筛选的装置和相关技术不断发展和成熟。国外发明了多种全自动高通量筛选系统，可以进行培养基灭菌、倒平板、挑取单菌落、分装发酵培养基、接种、抽提、HPLC分析和数据自动采集处理等过程，即组合成一套连续的自动化系统，实现高效自动化筛选，从而大大提高筛选效率（图2-5）。菌种筛选技术正朝着高通量、微型化、自动化和仪器化方向发展。其中生物反应器微型化是当前发展的重要趋势。

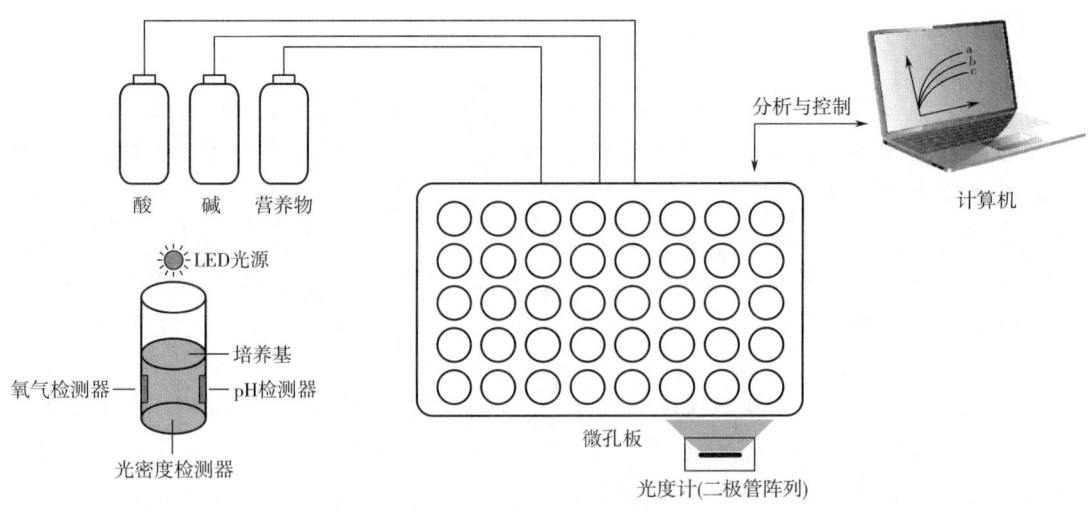

图2-5 基于多孔板与微型检测器的高通量筛选技术

目前，国际上出现的微型生物反应器在结构上大体包括3类：孔板式微反应器、基于现有摇瓶或发酵罐原型微缩化的分体式微反应器和微流控芯片反应器。微型生物反应器虽然形式各异,但都具有以下功能和特点:①多参数在线检测功能,可同时检测 pH、溶解氧(DO)、P_{CO_2}、细胞密度(OD)等重要参数;②高通量分析功能,在一台微反应器上集成的发酵罐数量可达 6、12、24、48、96 个不等;③体积小,其体积一般小于 100mL,有的甚至小至 5μL,微流控芯片为纳升级规模。此外,还有造价低、减少昂贵原材料消耗、降低劳动强度等优势。生物反应器的微型化主要是基于光化学传感技术在发酵中的成功应用。与过去基于电化学原理设计的传感器不同,光化学传感器是一种非接触式传感器,因此最大限度地减少了在线检测对发酵状态的干扰,也解决了染菌问题,且便于缩小反应器。光化学传感器成本低廉,其费用为传统电化学电极的 1/20~1/10。虽然目前尚无国产商业化微型生物反应器,而进口设备价格高昂,但是国内已经积极开展了相关设备的研究开发,相信在不远的将来会有价格适中的高通量微型生物反应装置可供使用。

第三节 代谢工程改造方法

一、底盘生物的选择

设计和构建的生物模块需要植入合适的载体细胞(称为底盘细胞)进行表达。理想的载体细胞应具有最小化基因组,或称最小化细胞。所谓最小化基因组,是指维持细胞生长繁殖所必需的最少基因(必需基因),或称底盘基因组。最小化基因组研究的核心是"删繁就简",即去除现有基因组的非必需基因,确认并保留必需基因。必需基因的集合就构成了底盘基因组。底盘基因组的设计和构建有两种基本途径(图 2-6)。

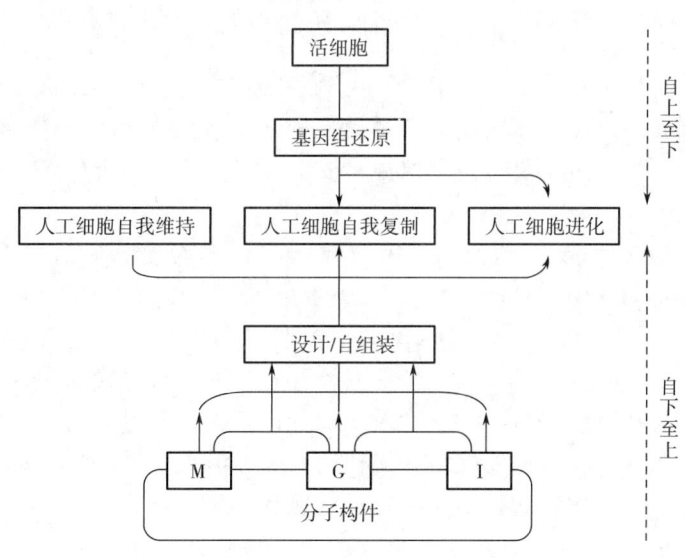

图 2-6 细胞最小化的两种基本途径

(1)自上至下(top-down)途径 自上至下途径是从基因组还原(或简化)入手,去除非必需基因,使基因组达到最小,然后通过筛选和精简的方法将天然生物系统模块化,最终整合成具有新功能的新系统,实现对天然生物系统的再设计。或者通过引入非天然基因和重构基因表达网络（简化复杂的调节网络），构建和再编程细胞以完成设计的功能。

（2）自下至上（bottom-up）途径　自下至上途径是利用系统生物学和生物工程开发的工程工具及数学模型，并利用标准化生物模块，由元件到装置再到系统，实现所设计的功能。该途径是新的元件、装置和系统的设计和构建。

最小化细胞作为载体的优点有：①减少噪声干扰；②降低研究的复杂度；③提高所设计和构建系统的可控性和可操作性；④使 DNA 和蛋白质容易组装在底盘上。大多数宿主机体通过各种防御机制，能够检验、失活和排斥外源 DNA 进入底盘。精简基因组的菌株，去除不需要的功能，不仅能更好地保持外源基因网络，也能更好地耐受引入的各种酶和代谢产物的代谢负担。最近报道的大肠埃希杆菌基因组精简菌株，选择性地消除非必需基因和不需要的功能，大约可以去除基因组的 15%，同野生型菌株相比，生长速率更快，且能以较高的精确性保持重组基因和质粒。

目前，必需基因的研究方法主要有比较基因组学、大规模基因失活实验和基于代谢网络的预测方法等。基因组还原（或简化）的研究方法主要有基于自杀质粒的同源重组、基于线性 DNA 的同源重组、基于专一性重组酶的同源重组和基于转座子的同源重组等方法。

最小基因组机体虽然可以作为潜在的理想底盘，但是目前仍然不存在通用的底盘。目前基本上是以大肠杆菌作为底盘微生物，但仍不理想。现在已经对 14 种细菌进行了最小化基因组实验，共鉴定出 5260 个必需基因。天津大学生物信息中心建立的必需基因库 DEG（Database of Essential Genes），系统收集整理了已发表的必需基因数据并可提供序列比对服务，为底盘基因组的设计和构建提供了重要的基础工作。

二、代谢路径的设计

目前，尽管人们利用微生物生产了大量化学品，但是大部分产品都难以通过菌株自身的代谢路径进行合成。因此，开发新的合成路径对于扩展细胞工厂产物谱是非常重要的。代谢路径设计，采用的方法主要有信息挖掘、模型预测、组学分析和人工设计等。

（一）信息挖掘

通过大量文献查阅和数据库查询，完成改造路径的确定。通过整合文献查阅平台（Pubmed、MEDLINE 和 CiteXplore 等）和文本检索工具（如 Textpresso、PubFinder、PubMatrix、LitMiner and WikiGene、MineBlast 等）所获得的信息，不仅能获取已报道的信息，还能探寻到许多隐藏信息。借助信息挖掘，首先，可以获得代谢路径信息，如路径中间代谢物，关键酶及其激活剂/抑制剂/辅因子信息；其次，获得代谢调控网络信息，如代谢物和蛋白质互作网络、转录调控网络和膜转运系统等信息；最后，还可以获得细胞的表型特征，如底盘微生物的代谢底物谱、环境适应性及生理参数等。

（二）模型预测

随着基因组学的发展，人们建立了大量的微生物代谢网络模型，BIGG 数据库（http：//bigg.ucsd.edu）目前已公布了 134 个代谢网络模型，涉及 78 种微生物。利用这些模型，人们可以建立起基因型和表型之间的桥梁，在指导代谢工程、推进生物学发现、评估表型现象、分析生物网络、研究细菌进化、上下文组学分析、探寻群落关系等方面有重要作用。其中，采用重设约束条件进行代谢靶点预测上，常用的技术手段有以下几种。

(1) 代谢流平衡分析 如 E-flux、FBAwMC、FBAME、Genomic-context analysis、pFBA、MD-FBA、DMMM、Dynamic FBA、SIM、SEM、SMM、PhPP、FBA、Geometric FBA、AOS、FVA、Bayesian FBA、FCF、FFCA 等；

(2) 菌株设计分析 如 FSEOF、GDLS、CiED、OptGene、SA、SEAs、OptORF、OptStrain、OptReg、EMILiO、OptForce、RobustKnock-proxy、RobustKnock、Objective tilting、OptKnock 等；

(3) 热力学约束分析 如 EBA、ll-COBRA、NET analysis、TMFA、Thermodynamic realizability、Flux minimization 等；

(4) 整合控制分析 如 MBA、Shlomi-NBT-08、tFBA、MADE、GIMME、PROM、idFBA、iFBA、GeneForce、SR-FBA、rFBA 等。其中，OptKnock、OptForce、OptORF、OptGene、GDLS、OptStrain、FBA、FVA 等技术应用广泛，操作简单，更适合初学者使用。未来将代谢网络、信号转导及蛋白质互作等模型整合为一个完整的全细胞网络模型，将从系统层面上提升现有的代谢工程模拟，使其更加理性精确。

（三）组学分析

高通量分析技术的进步，使人们能获得大量的组学数据，主要包括：①组成分数据库，涉及基因组学、转录组学、蛋白质组学、代谢组学、糖组学、脂质组学等；②互作数据库，涉及蛋白质-DNA 互作和蛋白质-蛋白质互作等；③功能数据库，涉及通量组学、表型组学、生长特征等。上述组学数据的整合，为表征宿主细胞特征、预测其代谢效率、探索其新的功能基因和代谢路径提供了基础。

其中，常用的组学数据有 EBI、BioGRID、CeCaFDB 等，该数据库能够为计算机生物模型提供全面、充足的细胞信息。组学数据的整合分析主要包括 3 个步骤：①利用生物学算法搭建网络框架，常用的算法有 REDUCE、MODEM、GRAM 等；②利用生物学方法分解网络框架，常用的方法有 SAMBA、SANDY、mfinder/mDraw、Cytoscape 等；③利用生物学工具建立细胞模型与算法，常用的工具有 COBRA method、BioTapestry tool 等。组学数据的整合分析为细胞模型提供了新的代谢特征，提高了模型对宿主细胞的预测效率，为发现新的功能基因和代谢路径奠定了基础。

（四）人工设计

合成生物学一个重要的方面就是根据实际需要进行新路径的人工设计，其具体步骤包括：①使用 BNICE、DESHARKY、FMM、RetroPath 等电脑工具搜寻生产某种特定产品的可能路径；②使用 DESHARKY，RetroPath 等软件进行路径的优先顺序排序；③使用 COBRA、SurreyFBA、CycSim、BioMet、iPATH2、GLAMM 等工具箱建立代谢模型并预测上述路径在宿主菌中的表现；④通过比较目标产品合成路径的代谢通量大小，选择最优路径；⑤采用 RBS Calculator、Gene Designer、GeneDesign、DNAWorks、TinkerCell、GenoCAD、SynBioSS 等工具对选中路径催化效率进行重构优化；⑥通过发酵过程参数的优化实现产品合成的工业化。常用的代谢路径人工设计工具有 BNICE、RetroPath、COBRA toolbox、RBS Calculator、GeneDesign 等。合成生物学在探索生物学系统的合成能力、拓展生物合成路径的范围、创造细胞工程平台等方面起到至关重要的作用。

三、代谢路径的构建

化学品的合成一般涉及多步酶催化反应,在路径设计完成后,需要将这些路径酶组装到一起。传统的酶切连接由于效率较低,已经不能满足合成生物学对路径组装的需求。根据其工作原理,可以将最新出现的 DNA 片段组装技术分为酶切连接组装、同源序列组装、同源重组组装和架桥引物组装等。

(一) 酶切连接组装

借助 Ⅱ 型限制性内切酶和连接酶实现基因的克隆组装,已经成功应用于分子生物学。该组装方法主要包括:BioBrick 标准组装(EcoR Ⅰ、Xba Ⅰ、Spe Ⅰ、Pst Ⅰ)、BglBrick 标准组装(EcoR Ⅰ、Bgl Ⅱ、BamH Ⅰ、Xho Ⅰ)、ePathBrick 标准组装(Spe Ⅰ、Xba Ⅰ、Nhe Ⅰ、Avr Ⅱ)等。另外,还有 Standard European Vector Architecture(SEVA)、HomeRun Vector Assembly System(HVAS)等。上述基于 Ⅱ 型限制性内切酶的组装方法,虽然能够正确的实现 DNA 部件组装,但是受到 DNA 部件内部限制性内切酶位点的限制。为了避免上述缺点,开发了基于 Ⅱ$_s$ 型限制性内切酶为基础的组装方法,主要包括:Golden Gate 组装方法、GoldenBraid 2.0 标准组装、Modular cloning system(MoClo)组装方法和 Methylation-Assisted Tailorable Ends Rational(MASTER)组装方法。由于上述方法识别位点和切割位点不重合,从而实现了无缝组装。

(二) 同源序列组装

同源序列组装利用 DNA 部件之间的同源重叠区域,进行体外组装。该组装方法主要包括:重叠延伸 PCR(OE-PCR)、环形聚合酶延伸法(CPEC)、Gibson 组装等。另外,还有 Sequence and Ligation-Independent Cloning(SLIC)、Nicking Endonucleases for Ligation-Independent Cloning(NE-LIC)、Seamless Ligation Cloning Extract(SLiCE)、Uracil-Specific Excision Reagent cloning(USER)、Serine Integrase Recombinational Assembly(SIRA)、Isothermal Assembly、In-Fusion kit、Gateway kit 等。由于采用同源序列的组装方式,不依赖于限制性内切酶,可以任意选择待组装片段,实现多片段的一步组装。

(三) 同源重组组装

同源重组组装,不受限制性内切酶的约束,依靠宿主自身含有的同源重组机器,进行体内组装。该组装方法主要包括:酵母 DNA 组装技术、枯草芽孢杆菌 DNA 组装技术、大肠杆菌 RecET 组装系统和大肠杆菌 Redαβ 组装系统等。同源重组组装已经用于代谢路径、环状质粒、真核生物染色体、细菌基因组等的组装。该方法简单、有效、适用范围广。

(四) 架桥引物组装

架桥引物组装,以单链搭桥引物为基础,依靠 PCR 反应的变性和退火,实现体外组装。该组装方法主要包括:连接酶链式反应法(LCR)、回形针组装法(Paper Clip)、单链组装法(SSA)、Multigene Pathway Engineering with Regulatory Linkers Method(MPERL)等。其中,LCR 应用最为广泛,这种方法利用嗜热性 Taq 连接酶在高温下修复缺口和连接 DNA 的功能,将首尾相连、重叠杂交的 5′端磷酸化的寡核苷酸片段连接起来,实现多片段的组装。

四、代谢路径的评价

在代谢工程改造中,完成人工设计代谢路径构建后,下一步将会放入底盘微生物细胞中进行验证。但是验证所获得的表型往往不是预期设计的。如何评估路径的有效性,区分实际表型与理想表型之间的差异,鉴定合成路径中潜在的代谢瓶颈。采用的方法主要有模型模拟评价、反向代谢工程评价、多维组学评价、体外代谢工程评价和传感器工程评价等。

(一) 模型模拟评价

现有的大量基因组数据、文献和数据库为综合性理解细胞的生理代谢功能奠定了基础。特别是,模型技术的发展为实现对特定路径的模拟评估提供了有效的途径:①借助基因组尺度代谢网络模型和一些算法,如 FBA、MOMA、OptKnock、OptGene、ROOM 等,实现基因敲除与过量表达,基因表达上调与下调等对应表型的预测;②借助基因组尺度转录调控网络模型和一些电脑工具,如 CARRIE、MEME、TRANSFAC、JASPAR 等,分析代谢路径中可能涉及的关键转录调节子及其与路径酶表达和其他调节子之间的关系;③借助 STRING、DIP、3did 和 BIND 等数据库,构建基因组尺度蛋白质互作网络模型,探寻路径酶的结构、功能、代谢靶点和功能枢纽;④借助整合了多层次组学数据(包括:代谢、环境波动、转录调控、信号转导和生化测试数据)的全细胞网络模型去模拟细胞的代谢状态,预测不同环境和基因改造条件下的表型输出结果。因此,通过进一步整合代谢数据库、高通量技术和精准模拟算法,模型技术将能在不同条件和不同基因型水平上系统的分析细胞表型。

(二) 反向代谢工程评价

生物系统非常复杂,基因型和表型并不是线性关系,所以传统的代谢工程改造过程往往难以获得预期表型。反向代谢工程则是从表型筛选出发,通过比较筛选菌株与出发菌株之间的基因差异,进而指导代谢靶点的选择,这种操作方式大幅提高了改造的成功率。其主要的步骤有:①采用随机突变、基因过表达库、gTME、MAGE、TRMR、核糖体工程、基因组改组等非靶向型的技术手段构建突变菌株库;②采用 pH、生长速率、荧光等指标高通量筛选获得所需要的表型;③采用基因组学、转录组学和蛋白质组学等手段比较筛选菌株与原始菌株之间影响表型差异的遗传信息;④采用点突变、同源重组和 CRISPR/Cas9 基因编辑手段将这种遗传信息转入到待改造菌株中实现预期表型的获得。

(三) 多维组学评价

通过比较分析大量的组学数据,可以大幅推动菌株的改造过程。这种数据分析可以分为以下几个层面:①通过二代测序技术,比较分析基因组学数据,挖掘新的基因和探寻多基因互作的机理;②通过高通量微阵列芯片和 RNA 深度测序技术,分析转录组学数据,获取特定时间和环境条件下总 mRNA 的水平以指导代谢靶点的选择;③通过 2D 蛋白电泳、MS、LC-MS 等检测手段研究蛋白质组,分析在特定合成路径条件下,不同基因改造靶点所引起的蛋白质表达水平的差异及其互作关系;④通过核磁共振、HPLC、MS 等精确检测手段,分析代谢物组数据,以实现中间产物的转运和辅因子供给的平衡;⑤借助同位素标记技术,分析代谢流数据,获得引入代谢波动后量化的代谢流分布情况,以指导下一步的改造。

(四) 体外代谢工程评价

传统的代谢工程在改造与优化工业发酵方面已经取得了突破性的进展。但是，传统的代谢工程仍然面临多方面的挑战，如：关键基因靶点难以确定，许多的代谢工程策略难以达到预期的效果等。为了解决上述问题，科研人员提出了体外代谢工程，其主要技术思路是将多酶路径从胞内转移到胞外微体系中，并系统性地对每种酶在整个多酶催化体系中的贡献进行比较分析，以实现对人工设计路径的催化效率评价。具体分为以下几个步骤：①通过体外路径重建及稳态动力学分析获得合成路径中的限速瓶颈及路径酶之间的最优催化比例；②针对路径瓶颈，通过基因过表达等手段实现体内理性改造；③工程菌表型分析和蛋白质组分析，以评估改造策略的有效性；④引入辅因子工程、模块路径工程及蛋白质工程等多种基因调控手段进一步提高细胞工厂的生产效率。

(五) 传感器工程评价

目前，代谢工程改造细胞工厂生产化学品，需要投入大量的人力和物力成本。为了提高微生物化学品细胞工厂的构建效率，科研人员设计了传感器工程。传感器工程主要包括信号输入模块和信号输出模块，利用这些传感器感应代谢路径中小分子的变化情况可以筛选出宿主细胞内最优的合成路径，获得代谢流的平衡以降低菌体的负荷压力，同时通过构建复杂的闭环控制系统实现化学品合成能力的提高。常见的传感器包括：①RNA传感器，如天然RNA响应调控元件和工程RNA响应调控元件；②蛋白质传感器，如转录激活子传感器、转录因子传感器、酵母三杂交传感器、化学互补传感器等。

五、代谢路径的优化

细胞的代谢活动是严格受控的，外源路径的引入所带来的酶表达量的改变及中间代谢物水平的波动常常会对细胞自身代谢活动产生严重的影响。因此引入外源路径后需要对细胞代谢进行优化，目前的技术手段从调控等级上可以分为以下六级。

(1) DNA水平调控　包括启动子工程手段；
(2) RNA水平调控　包括转录因子工程和合成RNA开关；
(3) 蛋白质水平调控　包括蛋白质工程和辅因子工程；
(4) 路径水平调控　包括结构生物学手段、区间工程和模块路径工程；
(5) 基因组水平调控　包括基因组工程和基因组编辑技术；
(6) 代谢物水平调控　形态工程、转运工程和群落工程。

(一) 启动子工程

利用启动子工程策略，可以实现路径酶的差异表达，实现代谢流的平衡，提高细胞工厂的生产效率。其主要技术方向包括以下几点。

(1) 启动子文库构建　借助已报道的如iGEM、PlantCARE等在线分析工具设计不同强度的合成启动子，实现酶表达水平的大范围调节；

(2) 启动子替换　利用iGEM、CellML等软件选择合适强度的启动子替换合成路径中限速酶自身的启动子，以增加全路径的催化效率；

(3) RBS调控　利用RBS Calculator、RBS Designer等预测软件，控制路径酶的转录起始速率；

(4) 借用GeneSplicer和SplicePort等在线工具预测和改变核糖核酸酶切割位点，构建

mRNA 二级结构库，实现多基因路径间隔区的组合优化及多酶表达水平的优化。

（二）转录因子工程

转录因子是一类由 DNA 结合域、转录调控区、核定位序列构成的特异性蛋白。通过与启动子区的相互作用，转录因子可以实现对目的基因转录速率的调控。常见的转录因子如下。

（1）锌指蛋白转录因子　锌指蛋白转录因子通常具有 TFIIIA、Cys2-His2、Cys4、Cys6、Cys4-His-Cys3 等锌指模块结构，可以特异性结合 DNA、RNA 和蛋白质。因此人们可以利用这种特性对多个转录因子基因进行调控。

（2）MYB 和 bHLH 转录因子　前者包括 MYB 转录因子家族（MYB30、MYB114 和 PAP1），后者包括 bHLH 转录因子家族（MYC2、MYC3 和 MYC4），这两类转录因子之间也可以相互作用实现对代谢的复杂调控。

（3）ORCA 蛋白　主要包括 ORCA、ORCA2 和 ORCA3 蛋白，存在于植物中，可以参与次级代谢调节。

（三）合成 RNA 开关

RNA 分子由于自身可以形成多种二级结构并拥有不同功能，被广泛应用到合成生物学研究中，其中的典型代表就是利用合成 RNA 开关调控代谢流，实现产品的过量积累。主要有如下几种。

（1）核酶开关　通过适配子序列构成了细胞敏感器（感应区），通过核酶序列可以控制胞内代谢物时空波动（执行区）。

（2）核糖开关　由一类如 AdoCbl、FMN、S-腺苷甲硫氨酸和甘氨酸核糖开关等顺式编码的调控 RNA 组成，通过诱导目的基因的转录终止或者抑制转录起始来实现对基因表达的调控，其结合配体可以是胞内代谢物、辅酶和金属离子等，因此应用非常广泛。

（3）反义 RNA 开关　由两部分组成，一部分是识别特定 mRNA 的结合区域，一部分是招募辅助蛋白的支架区域。通过控制 mRNA 降解速率，反义 RNA 开关可以针对多个基因表达进行多尺度的调控。

（四）蛋白质工程

蛋白质改造技术是合成生物学的重要组成部分，通过对酶性质和酶元件的设计，合成生物学可以获得人们所需要的高效合成路径。蛋白质工程主要研究方向如下。

（1）增加酶的活力　不同于传统加大蛋白质表达量的做法（易形成包涵体并加重菌体代谢负荷），采用易错 PCR、点突变和交叉延伸技术改变底物结合口袋和蛋白质编码序列的方式可以实现酶活力的提高。

（2）改变底物和产物的特异性　天然酶由于催化底物谱较窄，难以合成许多非天然化合物。同时某些底物特异性不高的酶在催化反应中，容易催化底物类似物生成副产物，降低了产品的纯度。针对活性位点和结合口袋进行易错 PCR、定点突变、DNA 改组的方式可以调整底物特异性，实现路径催化效率的提高。

（3）修饰调控元件　当产品浓度达到一定阈值时，代谢路径随即启动负反馈调控。通过对转录调控蛋白质进行化学突变、DNA 改组及定点饱和突变，可以降低负反馈调节，提高路径催化效率。

(五) 辅因子工程

辅因子可以作为胞内合成代谢和分解代谢的还原力载体，决定胞内还原力平衡、能量平衡及碳流分布情况。辅因子工程主要涉及两方面的研究内容。

(1) 辅因子特异性的改变　采用酶改造或者酶源筛选的方式改变合成路径中辅因子特异性，如将 NADH 依赖型酶更改为 NADPH 依赖型酶。通过这种辅因子特异性的改变可以实现胞内辅因子的平衡，弥补基因改造所造成的辅因子失衡的负面影响。

(2) 辅因子再生　对于辅因子依赖型的合成路径，利用辅因子的再生可以大幅增加辅因子的供给，提高路径催化效率。如降低糖酵解路径碳流增加戊糖磷酸途径碳流、引入 NADH 转氢酶、NOX、AOX 及 POS5 酶等技术手段均可以实现对胞内 NADH/NADPH 比率的调节。

(六) 结构生物学

代谢途径的中间产物的过量积累可能对宿主细胞产生毒性，而被竞争途径消耗或通过分泌丢失，又会降低产品合成效率。解决这些问题的一个新兴策略是借助脚手架技术在空间上拉近路径酶的距离，构建出多酶复合结构。常用的技术手段有以下几点。

(1) DNA 脚手架技术　利用 DNA 和蛋白质之间可以通过锌指 DNA 结合域结合的原理，将路径酶按照不同的顺序、比例及空间位置在 DNA 链上进行排布，以提高底物浓度，提高路径催化效率。

(2) RNA 脚手架技术　利用 RNA 适配体域与路径酶的结合作用，将路径酶以多维的空间结构组装在一起，提高路径催化效率。

(3) 蛋白脚手架技术　利用蛋白质互作域与特异性蛋白结合的原理，将这些互作域融合到支架蛋白上，招募特定路径酶结合，从而缩短路径酶的距离，提高路径催化效率。

(七) 区间工程

区间工程可以使产物合成路径与胞内自身代谢路径交互影响最小化。将路径酶反应从无限制的胞质环境转换到具有膜结构的细胞器中，降低了底物扩散效应和酶催化的空间距离，提升了细胞工厂合成目标化学品的能力。区间工程主要涉及的改造对象包括以下几点。

(1) 线粒体　包含许多中心代谢路径（如柠檬酸循环、氨基酸合成和脂肪酸代谢），而这些代谢路径能为化学品的生产提供广泛的前体谱。在狭小封闭的线粒体内进行催化反应，会进一步提高底物浓度，进而提高催化反应的速率和产品的生产强度。

(2) 过氧化物酶体　其由一层膜包裹的大量蛋白矩阵构成，区别于其他细胞器的地方在于清空这些膜内蛋白不会影响菌体自身代谢，这种密闭微环境也为合成路径的区间化提供了可能。

(3) 羧酶体　蓝藻细菌固定二氧化碳的主要场所，富含碳酸酐酶和核酮糖 1,5-二磷酸羧化酶/加氧酶，适合进行涉及碳固定的催化反应。

(八) 模块路径工程

在涉及多条路径的优化中，采用逐一路径代谢工程优化的方式往往需要经历多轮的菌株构建、筛选、优化等改造，时间和经济成本非常高。为了解决这一问题，路径模块化这一概念应运而生，采用人为划分的方式，将多条路径划分为多个小模块。通过在转录（如启动子、基因拷贝数）、翻译（如核糖体结合位点）或酶的催化特性等水平对这些途径模块进行调整，对少量条件进行摸索，不需要高通量筛选就可实现途径的优化。根据实际的操作方式，模块路径工程主要划分为三种类型。

（1）生化反应为基础的模块化　以路径中间代谢物浓度等生化指标为模块划分依据，通过优化不同模块的表达强度，降低中间代谢物的过量积累，以避免对菌体产生毒害作用和负反馈调节。

（2）代谢节点为基础的模块化　以分支代谢路径和中心代谢路径为模块，通过优化不同模块的表达强度，控制代谢流在这些路径的分布，实现菌体生长和产品合成的最优协同。

（3）酶转换数为基础的模块化　针对路径中酶催化效率不同的情况，以酶转换数为指标将不同酶促反应划分成不同模块，通过优化不同模块的表达强度，构建最适的底物通道，实现底物转运效率和催化效率的提高。

（九）基因组工程

由于细胞表型往往受多基因控制，因此需要针对多个基因进行遗传修饰，以获得表型优异的突变株。基因组工程主要包括以下几个类别。

（1）全局转录调控机器　通常情况下单个转录因子能够调控多个基因的转录表达。通过易错 PCR 或 DNA 改组（DNA shuffling）的方法对转录因子特别是全局转录因子进行随机突变，结合高通量筛选方法，就能得到表型优异的菌株。

（2）多元自动化基因组工程　基于 λ 噬菌体 Red 重组酶的同源重组系统，通过导入人工合成 DNA 单链，实现在宿主细胞的基因组多位点的修饰（包括插入、替换及删除等），从而获得多种多样的基因突变型菌株。

（3）可追踪多元重组工程　将带标签的双链 DNA 同源重组到宿主细胞的基因组上，构建大量突变菌株进行筛选。该技术最大的优势是可以在非常短的时间内，只需消耗较低成本就可以获得上千个基因敲除或过表达的突变菌株，之后辅助微阵列技术就能对这些文库进行简单快速的追踪，使基因功能研究的通量提高了几个数量级。需要注意的是，利用该技术通常只能对单个细胞进行单个基因修饰。

（十）基因组编辑技术

基因编辑技术的出现，使人类对细胞的改造上升了一个新的台阶。针对不同的产品合成途径，人们实现了对动物、植物和微生物的理性编辑。根据基因编辑技术的工作原理，可以分为三类。

（1）锌指核酸酶编辑技术。

（2）类转录激活因子效应物核酸酶编辑技术。

（3）CRISPR/Cas 编辑技术　尤其是最近非常热门的 CRISPR/Cas9 编辑技术具有多位点、高通量、高效率的基因编辑特征，进一步提高了理性重排生物合成路径和消除代谢负反馈调节的效率，弥补了诸如随机突变、Cre/loxp 同源重组和 Flp/FRT 同源重组等传统基因编辑手段非理性、易留疤的缺陷。

（十一）转运工程

转运工程主要是利用膜转运系统，及时将胞内合成的产物泵至胞外，降低胞内产物的浓度以避免形成产物抑制和生长毒性，同时阻止胞外环境中已积累的产品进入胞内，避免其再次被分解利用。转运工程可以划分两大类。

（1）ABC转运系统　其结构包含两个为胞质水解ATP提供能量的核苷酸结合域，两个跨膜以形成底物运输通道的结构域。根据其不同的工作模式，一种是输出泵，主要负责将胞内积累的产品运输至胞外，阻止其胞内的大量积累。而另一种则是输入泵，增强底物吸收的能力，以促进细胞的生长需要。

（2）第二类输出泵　主要由三种蛋白亚基组成：一个胞质膜输出蛋白，一个周质连接蛋白和一个外膜输出蛋白（依靠质子/钠离子梯度为能量）。第二类输出泵也能有效输出胞内特定成分，增加细胞工厂的生产效率。

（十二）形态工程

细胞形态对于某些化学品的合成非常重要，采用经验主义的发酵过程控制，如pH、搅拌、培养基组分的改变可以获得细胞形态的改变，但是细胞的形态往往受上述条件的组合影响，所以在过程条件-形态-产量三者之间建立关联非常困难。

为了解决上述问题，对于真菌形态控制，目前常用的手段有以下两类。

（1）过程添加微粒　通过添加不同种类、不同粒径、不同浓度的微粒，真菌的形态可以实现从菌球到菌丝的理性控制。

（2）基因操作改变细胞膜的组成　目前已经应用到了淀粉酶和青霉素的生产中。

对于细菌形态控制，目前常用的手段有以下两种。

（1）改变培养基流体力学性质　影响菌球的形成。

（2）基因工程手段改造　如过表达细胞分裂相关基因FtsZ使棒状细胞变成微细胞以实现高密度发酵，过表达细胞二分裂相关基因SulA和MinCD使棒状细胞变为丝状细胞以增加胞内代谢物的积累，改变细胞形态维持蛋白MreB的表达使棒状细胞变为球状细胞增加单细胞的体积。通过理性控制细胞的形态，可以进一步增加细胞工厂的生产效率。

（十三）群落工程

合成生物学正在从设计构建基本功能元件和模块，逐步向着从头设计人工细胞及构建人工生物群落的方向发展，群落工程已经成为未来合成生物学研究的重要方向。其主要研究方向有以下两种。

（1）人工合成群落　微生物之间的交流主要采用两种模式，第一种是接触依赖型的交流，如生物分子和电信号的交换。第二种则是非接触型的交流，例如代谢物和信号分子的释放与接收。目前人工合成群落的研究热点主要包括：①构建同种微生物不同菌株之间的通信系统；②构建可控制时空行为的同种微生物之间的通信系统；③构建单向通信的双菌混合系统；④以代谢物互换或者群体感应为基础构建双向通信系统等。

（2）合成微生物生态系统　该系统主要依靠微生物非接触型交流，如基于群体感应的小分子的释放与接收。通过响应这些小分子物质的种类和浓度，菌株能获得附近菌株种类、菌体浓度等信息，进而调控自身特定基因的表达强度。通过构建合成微生物生态系统，人们可以加深对细胞-细胞间通信对多细胞时空动态行为及群体稳定性等生态理论的认识。

参 考 文 献

[1] Okano K, Tanaka T, Ogino C, et al. Biotechnological production of enantiomeric pure lactic acid from renewable resources: recent achievements, perspectives, and limits [J]. Applied Microbiology and Biotechnology,

2010, 85 (3): 413-423.

［2］Zhang ZY, Jin B, Kelly JM. Production of lactic acid from renewable materials by *Rhizopus fungi* ［J］. Biochemical Engineering Journal, 2007, 35 (3): 251-263.

［3］Miyake C, Michihata F, Asada o. Scavenging of hydrogen peroxide in prokaryotic and eukaryotic Algae: Acquisition of ascorbate peroxidase during the evolution of Cyanobacteria ［J］. Plant and Cell Physiology, 1991, 32 (1): 33-43.

［4］Smirnoff N. L-ascorbic acid biosynthesis ［J］. Vitam Horm, 2001, 61: 241-266.

［5］Isono M, Nakanishi I, Sasajima K, et al. 2-Keto-L-gulonic Acid Fermentation. Part I. Paper chromatographic characterization of metabolic products from sorbitol and L-Sorbose by various bacteria ［J］. Agricultural and Biological Chemistry, 1968, 32 (4): 424-431.

［6］Makover S, Ramsey GB, Vane FM, Witt CG, Wright RB. New mechanisms for the biosynthesis and metabolism of 2-keto-L-gulonic acid in bacteria ［J］. Biotechnology and Bioengineering, 1975, 17 (10): 1485-1514.

［7］Tsukada Y, Perlman D. The fermentation of L-sorbose by Gluconobacter melanogenus. II. Inducible formation of enzyme catalyzing conversion of L-sorbose to 2-keto-L-gulonic acid ［J］. Biotechnology and Bioengineering, 1972, 14 (5): 811-818.

［8］Hancock RD, Viola R. Biotechnological approaches for L-ascorbic acid production ［J］. Trends in Biotechnology, 2002, 20 (7): 299-305.

［9］Hancock RD, Viola R. The use of micro-organisms for L-ascorbic acid production: current status and future perspectives ［J］. Applied Microbiology and Biotechnology, 2001, 56 (5-6): 567-576.

［10］Chen X, Gao C, Guo L, et al. DCEO biotechnology: Tools to design, construct, evaluate, and optimize the metabolic pathway for biosynthesis of chemicals ［J］. Chemical Reviews, 2018, 118: 64-72.

［11］吴学凤. 米根霉半连续高强度发酵生产 L-乳酸研究 ［D］. 合肥工业大学, 2009.

［12］张今. 合成生物学与合成酶学 ［M］. 北京: 科学出版社, 2012.

［13］陈坚, 周景文, 刘龙. 新型有机酸的生物法制造技术 ［M］. 北京: 化学工业出版社, 2015.

第三章 有机酸发酵过程优化与控制

第一节 概　　述

发酵过程通常在一个特定的反应器中进行。由于微生物反应是自催化反应，故而其自身也是反应器，所有要从细胞这个微反应器中出来的物质都必须通过细胞和环境之间的边界线，使得所有在细胞体内（即生物相）所发生的反应都与环境状况（即非生物相）密切联系在一起，实际的生物反应系统是一个非常复杂的三相系统，即气相、液相和固相的混合体，且三相间的浓度梯度相差很大，达几个数量级。要对如此复杂的系统进行优化研究，必须做大量的假设使问题得以简化，因为有关生物反应的单个步骤、进/出胞物质的传递以及反应器内的混合等问题的研究已经相当成熟，如果能通过适当的假设使复杂的反应过程简化至能够进行定量讨论的程度，一般来说就能够实现反应过程的优化。

发酵过程和化工过程最主要的不同之处在于发酵过程有微生物参与进行。微生物作为有生命的一种物质，其行为与化学催化剂相比更加难以控制，因而导致某些发酵过程参数难以检测，过程可控性也比化工过程有所下降。因此，如何把发酵过程模型化的概念和一些微生物生理学的基本问题，包括：①微生物反应原理，如底物的运输、胞内生化反应和产物的排出过程为何？②微生物从培养基中摄取营养物质的情况和营养物质通过代谢途径转化后的去向为何？③不同环境条件如何影响微生物生长和代谢产物分布？结合起来已经成为生化工程学者在进行发酵过程优化研究时的主要问题之一。

为了追求经济效益，发酵工厂的规模不断扩大，由于反应器结构不当或控制不合理引起的投资风险也急剧增加。要规避这种风险，就必须首先在实验室中对发酵过程优化进行研究，特别是对生物反应宏观动力学和生物反应器进行研究。生物反应动力学研究的目的是为描述细胞动态行为提供数学依据，以便进行量化处理。生物反应宏观动力学是发酵过程优化的基础。生物反应器则是发酵过程的外部环境，反应器类型对发酵过程的效率及发酵过程优化的难易程度影响很大。发酵过程优化的目标就是使细胞生理调节、细胞环境、反应器特性、工艺操作条件与反应器控制之间这种复杂的相互作用尽可能地简化，并对这些条件和相互关系进行优化，使之最适于特定发酵过程的进行。发酵过程优化主要涉及以下四个方面的研究内容。

1. 细胞生长过程研究

细胞生长过程的研究是发酵过程优化的重要基础内容。研究细胞的生长过程，不仅要清楚地了解微生物从非生物培养基中摄取营养物质的情况和营养物质通过代谢途径转化后的去向，还要确定不同环境条件下微生物的代谢产物分布。

2. 微生物反应的化学计量

微生物利用底物进行生长，同时合成代谢产物，底物中的含碳物质作为能源和碳源一起促进细胞内的合成反应。理论上，所有投入的碳和氮都可以在生物反应器的排出物——

菌体细胞、剩余底物以及代谢产物中找到；但缺少传感器、在生化系统中进行连续检测的困难，或者由于对微生物的生理特性缺乏深入的认识而导致遗漏了代谢产物，这些都会使得发酵过程的质量衡算很难进行，而对来自工业研究的动力学数据进行质量衡算则更困难。对微生物反应进行化学计量和质量衡算的优越性在于：即使没有任何有关该微生物反应动力学的参考资料，运用基于化学计量关系的代谢通量分析方法，仍可以提出该微生物代谢途径的可能改善方向，为过程优化奠定基础。

3. 生物反应动力学

生物反应动力学是发酵过程优化研究的核心内容，主要研究生物反应速率及其影响因素。发酵过程的生物反应动力学一般指微生物反应的本征动力学或微观动力学，即在没有反应器结构、形式及传递过程等工程因素的影响时，微生物反应固有的反应速率。除了反应本身的性质外，该反应速率只与各反应组分的浓度、温度及溶剂性质有关。在一定反应器内检测到的反应速率（即总反应速率）及其影响因素，属于宏观动力学研究的范畴。根据宏观动力学及其对反应器空间和反应时间的积分结果，可推算达到预计反应程度（转化率或产物浓度）所需要的反应时间和反应器容积，从而进行反应器设计，建立动力学模型的目的就是为了模拟实验过程，对适用性很强的动力学模型，还可以推测待测数据，进而确定最佳生产条件。

4. 生物反应器工程

包括生物反应器及参数的检测与控制。生物反应器的形式、结构、操作方式，物料的流动与混合状况、传递过程特征等是影响微生物反应宏观动力学的重要因素。在工程设计中，化学计量式、微生物反应和传递现象都是需要解决的问题。参数检测与控制是发酵过程优化最基本的手段，只有及时检测各种反应组分浓度的变化，才有可能对发酵过程进行优化，使生物反应在最佳状态下进行。

5. 产物的原位分离技术

有机酸发酵过程中普遍存在发酵产物对于发酵生产的反馈抑制效应，利用原位分离技术及时将发酵产物从反应体系中分离出去，不仅可以解除反馈抑制作用，而且有利于反应向着产物合成的方向进行，提高产量和生产效率。另外，原位分离技术的应用还可以减少代谢副产物的产生，减轻下游产品分离纯化的压力，降低生产成本。

第二节　分批发酵技术

发酵过程设计和优化的指标会随产物不同而变化，对高产量-低附加值类产品，其优化的标准通常完全不同于低产量-高附加值类产品。对于第一类产品，需要考虑的3个最重要的设计参数是：产物对基质的产率、生产强度、产物浓度。对于这一类发酵产物的生产过程来说，由于原料成本占了总生产成本的很大一部分，因而充分利用原料、获得高量的产物对基质的产率非常重要；另外，生产强度也很重要，因为这可以确保充分利用生产能力（如生物反应器），而且随着产品市场的不断扩大，提高其生产强度尤为重要，这可以阻止其他公司进行新的投资；最后，由于产物浓度的高低对于发酵液的进一步处理（如产品纯化）具有重要的影响作用。因而，如果发酵结束时产物浓度很低的话，产品纯化过程的所占成本就会很大。目前为止，有机酸发酵多属于第一类，因此牢记上述3点尤为重要,特别要考虑产品的纯化成本,由于提纯成本(或下游过程)常占生产总成本的90%以上,因而提高发酵结束时产物的浓度显得尤其重要。

一、培养基的设计及优化

一般来讲,培养基的选择首先是培养基成分的确定,然后再决定各成分之间的最佳复配。由于培养基的组分(包括这些组分的来源和加工方法)、配比、缓冲能力、黏度、消毒是否彻底、消毒后营养破坏的程度,以及原料中杂质的含量都对菌体生长和产物形成有影响,但目前还不能完全从生化反应的基本原理来推断和计算出适合某一菌种的培养基配方,只能从生物化学、细胞生物学、微生物学等的基本理论,参照前人所使用的较适合某一类菌种的经验配方,再结合所用菌种和产品的特性,采用摇瓶、发酵罐等小型发酵设备,按照一定的实验设计和实验方法选择出较为适合的培养基。尽管用于发酵工业的培养基配制缺乏一定的理论性,但近百年来发酵工业的不断发展和有关学科的发展,为我们提供了相当丰富的经验和理论依据。

(一) 培养基成分选择的原则

在考虑某一菌种对培养基的总体要求时,在成分选择时应注意以下几个方面的问题。

1. 菌体的同化能力

一般只有小分子能够通过细胞进入细胞体内进行代谢。微生物能够利用复杂的大分子是由于微生物能够分泌各种各样的水解酶类,在体外将大分子水解为微生物能够直接利用的小分子物质。由于微生物来源和种类的不同,所能分泌的水解酶系是不一样的。有些微生物由于水解酶系的缺乏只能够利用简单物质,而有些微生物则可以利用较为复杂的物质。因而,在考虑培养基成分选择的时候,必须充分考虑菌种的同化能力,从而保证所选用的培养基成分是微生物能够利用的。

葡萄糖是几乎所有的微生物都能利用的碳源,因此在培养基选择时一般都优先加以考虑。但工业上由于直接选用葡萄糖作为碳源,成本相对较高,一般采用淀粉水解糖。在工业生产上将淀粉水解为葡萄糖的过程称为淀粉的"糖化",所得的糖液称为淀粉水解糖。

淀粉水解糖中主要的糖类是葡萄糖。因水解条件的不同,糖液中尚有少量的麦芽糖及其他一些二糖、低聚糖等复合糖类,这些低聚糖的存在不仅降低了原料的利用率,而且会影响糖液的品质。除此以外,原料中带来的杂质如蛋白质、脂肪等以及分解物也混于糖液中。因此,为了保证发酵正常生产,水解糖液必须达到一定的品质指标。影响淀粉水解糖品质的因素除原料外很大程度上与制备方法密切相关,目前淀粉水解糖的制备方法分为酸法、酸酶法和双酶法,其中以双酶法制得的糖液品质最好。不同水解工艺所得的糖液品质见表3-1。

表3-1　　　　　　　　不同水解工艺所得糖液品质的比较

项目	酸法	酸酶法	双酶法
葡萄糖值(DE值)	91	95	98
葡萄糖含量/%(干重)	86	93	97
灰分/%	1.6	0.4	0.1
蛋白质/%	0.08	0.08	0.10

续表

项目	酸法	酸酶法	双酶法
羟甲基糖氨/%	0.30	0.008	0.003
色度	10.0	0.3	0.2
葡萄糖得率	—	较酸法高5%	较酸法高10%

对于氮源，许多有机氮源都是复杂的大分子蛋白质。有些微生物，如大多数氨基酸产生菌，缺乏蛋白质分解酶，不能直接分解蛋白质，必须将有机氮源水解后才能利用。常用的有大豆饼、花生饼粉和毛发的水解液。各种蛋白质水解液的氨基酸含量见表3-2。利用无机氮源对于微生物发酵生产具有很大的优势，因为无机氮源成分清楚且价格低。如李寅通过诱变使一株光滑球拟酵母能够利用NH_4Cl，从而避免了成分复杂有机氮源的使用，有助于培养基的优化和产量的提高。

表3-2　　　　　　各种蛋白质水解液的氨基酸含量　　　　　　单位:%

组成	棉籽饼水解液	毛发水解液	血蛋白水解液	味精母液	豆饼水解液
精氨酸	12.12	4.16	4.50	2.10	7.00
组氨酸	2.70	0.33	6.40	0.88	5.60
赖氨酸	4.40	1.32	9.20	0.55	6.60
酪氨酸	1.30	1.08	2.50	2.06	1.20
色氨酸	2.20	—	1.40	—	3.20
苯丙氨酸	5.40	0.98	7.70	1.80	4.80
胱氨酸	1.60	4.96	1.40	—	1.20
甲硫氨酸	1.40	0.45	1.20	—	1.10
丝氨酸	3.90	2.66	8.40	—	5.60
苏氨酸	3.40	2.26	4.40	—	3.90
亮氨酸	5.70	3.25	11.60	4.14	7.60
异亮氨酸	3.60	1.23	2.30	—	5.80
缬氨酸	4.60	1.81	8.30	0.88	5.20
谷氨酸	17.10	4.60	9.30	0.77	18.50
天冬氨酸	10.00	2.41	12.40	0.84	8.30
甘氨酸	3.90	1.33	4.70	0.46	1.90
丙氨酸	4.00	1.73	1.00	3.77	4.50
脯氨酸	3.00	6.29	4.90	3.00	5.40

2. 合适的碳氮比

要获得发酵过程中的高细胞密度，培养基中碳氮比对微生物生长繁殖及产物合成的影响极为显著。氮源过多，会使菌体生长过于旺盛，pH偏高，不利于代谢产物的积累；氮源不足，则菌体繁殖量少，从而影响产量。碳源过多则容易形成较低的pH；若菌体不足则容易引起菌体的衰老和自溶。另外，碳氮比不当还会引起菌体按比例地吸收营养物质，从而直接影响菌体的生长和产物的合成。

微生物在不同的生长阶段,其对碳氮比的最适要求也不一样。一般来讲,因为碳源既作为碳架参与菌体和产物的合成,又作为生命过程中的能源,所以比例要求比氮源高。一般工业发酵培养基的碳氮比为100：（0.2~2.0）。但在谷氨酸发酵中因为产物含氮量较多,所以氮源相对高些。如在谷氨酸生产中取得碳氮比为100：（15~21）；若碳氮比例为100：（0.5~2.0）,则出现只长菌体而几乎不合成谷氨酸的现象。应该指出的是,碳氮比也随碳源及氮源的种类以及通气搅拌等条件而异,因此很难确定一个统一的比值。

3. pH 的要求

微生物的生长和代谢除了需要适宜的营养环境外,其他环境因子也应处于适宜的状态。其 pH 是极为重要的一个环境因子。在有机酸发酵过程中,微生物在利用营养物质后,由于酸性代谢产物的积累造成培养体系 pH 的下降。另外,培养基 pH 的异常波动常常是由于某些营养成分的过多（或过少）而造成的,因此用酸碱虽然可以调节 pH,但不能解决引起 pH 异常的原因,其效果常常不甚理想。

要保证发酵过程中 pH 能满足工艺的要求,合理配制培养基是成功的决定因素。因而在配制培养基选取营养成分时,除了考虑营养的需求外,也要考虑其代谢后对培养体系 pH 缓冲体系的贡献,从而保证整个发酵过程中 pH 能够处于较为适宜的状态。

（二）培养基的优化

应该指出的是,选择培养基的成分、设计培养基配方虽然有一些理论依据,但最终的确定是通过实验的方法获得的。一般来讲,一种培养基的设计过程大约经过以下几个步骤：①根据前人的经验和培养基成分确定一些必须考虑的问题,初步确定可能的培养基成分；②通过单因子实验最终确定出最为适宜的培养基成分；③当培养基成分确定后,剩下的问题就是各成分的最适浓度,由于培养基成分很多,为减少实验次数常采用一些合理的实验设计方法。

作为一个适宜的培养基首先必须满足产物最经济地合成,也就是说所配制的培养基中原材料的利用率要高。考察发酵过程的转化率一般有两个值,一为理论转化率；二为实际转化率。所谓理论转化率是指理想状态下根据微生物的代谢途径进行物料衡算,所得出的转化率的大小。实际转化率是指实际发酵过程中转化率的大小。由于实际发酵过程中副产物的形成,原材料的利用不完全等因素的存在,实际转化率往往要小于理论转化率。因此,如何使实际转化率接近于理论转化率是发酵控制的一个目标。

1. 理论转化率的计算

由于生物反应的复杂性,要给出反应物和产物的代谢总反应方程式,必须对生物代谢过程的每一步反应进行深入的解析。然而,对于很多产品和反应底物要给出定量的代谢总反应方程式,至少在目前来讲是相当困难的,但是这方面的研究一直是发酵控制研究中的重点。

对于一些主要的代谢产物,因为它们的代谢途径比较清楚,所以可以给出它们的代谢总反应方程式,例如在丙酮酸发酵中葡萄糖转化为丙酮酸的理论转化率计算如下。

葡萄糖转化为丙酮酸的代谢总反应衡算式为：

$$C_6H_{12}O_6 + 2ATP + 2ADP + 2Pi + 2NAD^+ \Longrightarrow 2C_3H_4O_3 + 4ATP + 2NADH + 2H^+ + 2H_2 \tag{3-1}$$

因此,葡萄糖转化为丙酮酸的理论转化率为：

$$Y = \frac{2 \times 48}{180} = 0.533 \qquad (3-2)$$

上述得率都是理论转化率,指基质在理想状态下完全转化为产物时的转化率。在实际过程中,确定碳源的数量时还要考虑到用于菌体生长和维持消耗的量。对于前体还要考虑到实际利用率,其他营养物质也有类似或另一些影响因素存在,因而实际的转化率要小于理论转化率。但是理论得率为培养基在浓度确定时提供了重要的参考,而且发酵过程中如何控制实际转化率尽可能地接近理论转化率一直是一个努力的方向。

2. 实验设计

最终培养基的成分和浓度要由实验来确定。一般首先通过单因子试验确定培养基的成分,然后通过多因子试验确定培养基中各成分的适宜浓度。最后,为了精确确定主要影响因子的适宜浓度,也可以进行进一步的单因子实验。

对于多因子实验,为了通过较少的实验次数获得所需的结果,常采用一些合理的实验设计方法,如正交实验设计、响应面分析等。

(1) 正交实验设计　正交实验设计是安排多因子的一种常用方法,通过合理的实验设计,可用少量的具有代表性的实验来代替全面实验,较快地取得实验结果。正交实验的实质就是选择适当的正交表,合理安排实验和分析实验结果的一种实验方法。

(2) 响应面分析法　虽然正交实验设计是多因子实验安排中最常用的实验设计方法,其他实验设计方法还有很多,特别是一些实验方法结合计算机统计分析软件,使实验的安排和对结果的分析较正交设计更加完善和方便。

(三) 分批发酵对环境条件的要求

微生物的生长是一个同外界环境不断进行物质和能量交换的过程。细胞要进行大量的生长繁殖,需要持续地进行合成和分解代谢,而环境因素恰恰影响着代谢的速度和进程。高细胞密度发酵中,要得到高的细胞密度,更是要求在发酵过程中保持适宜的环境条件。有四种主要因素对控制微生物生长起着主要作用,即温度、水的有效利用率、pH 和溶解氧。

1. 温度

温度是影响微生物生长和生存的最重要因素之一。对每一种微生物而言,都存在一个最低温度、一个最适温度和一个最高温度。低于最低温度,微生物不能生长;高于最高温度,微生物也不可能生长;在最适温度下,微生物生长最快。温度可以通过两种相反的方式影响微生物的活动,当温度升高时,细胞内的化学和酶促反应都以较快的速度进行,微生物的生长也会越来越快。但当温度超过一个特定的限度时,蛋白质、核酸及细胞组分会受到不可逆的损害。微生物会因细胞内蛋白质凝固,酶变性失活,代谢停滞而死亡。温度低于下限,会造成微生物细胞内酶的活力降低,新陈代谢活动缓慢,呈休眠状态。

发酵温度的选择要根据不同菌体的特点,发酵过程中往往不止选择用一个最适温度。最适合菌体生长的温度有时未必适合产物的合成。例如黄原胶发酵中,前期生长阶段温度控制在 27℃ 有利于细胞生长,中后期控制在 32℃ 对产物合成有利。温度的选择还应综合溶氧和培养基成分和浓度等其他因素,选择最合适的温度控制条件。

2. 水的有效利用率

水是实物溶剂,水的利用率不仅取决于环境中含水量的多少,还取决于溶解物浓度,如盐、糖或其他能溶于水的物质。这是因为，溶解的物质对水具有亲和力，因此与溶解物结合的水就不能再被生物体所获得。

水对微生物的影响不仅决定于含量，更重要的是可给性。溶液浓度高低和固体表面对水的亲和力都影响水分对微生物的可给性，环境中水的可给性一般以水活度 A_w 来表示。水活度 A_w 是指在一定温度和压力下，溶液的蒸汽压（P）与纯水蒸气压（P_0）之比[式（3-3）]：

$$A_w = \frac{P}{P_0} \tag{3-3}$$

各种环境中 A_w 在 0 和 1 之间。微生物所要求的 A_w 通常在 0.66~0.99，每种微生物都有其最适的 A_w。一般来说，细菌最不耐干燥，细菌最适生长的 A_w 高于酵母。细菌的最适 A_w 一般在 0.93~0.99，大多数酵母的 A_w 在 0.88~0.91。一些丝状真菌和地衣可以在 A_w 低于 0.6 的环境生存。某些能在 A_w 低于 0.73 的环境生长的酵母，称为嗜高渗酵母；嗜盐菌可在 $A_w=0.76$ 的环境中生长。许多微生物不能适应水活度极低的环境，该环境条件会导致微生物死亡、脱水或长期休眠。细菌的芽孢以及放线菌和真菌的孢子，能够在干旱环境长期存活，当环境适宜时再萌发。

一般来说，发酵过程中水分的提供是充足的。培养基的水活度和渗透压应控制在微生物适宜的范围内。对于发酵来说，水源的恒定也是很重要的。因为不同水源中存在的各种因素存在着对微生物发酵代谢的影响。例如，水中的矿物质组成对酿酒工业和淀粉糖化的影响就很大。

3. pH

每一种微生物都有一个 pH 范围，在这个范围内微生物都能生长，但也都有一个最适的 pH。许多自然环境的 pH 都在 5~9，而许多微生物最适 pH 也都在这个范围内。只有少数几个种属的微生物能在 pH 低于 2 或大于 10 的环境中生长。能够在低 pH 环境中生长的微生物称嗜酸微生物。真菌属比细菌更倾向于耐酸。许多真菌最适 pH 为 5 或更低一些，少数几种能在 pH 为 2 左右的环境中很好地生长。也有少数几种嗜酸的细菌，这些细菌中某些是专性嗜酸的，不能在中性 pH 条件下生长。对专性嗜酸菌来说，最重要的因素就是细胞质膜。当环境 pH 升到中性的时候，专性嗜酸菌的细胞质膜就会溶解，细胞也会解体，这就表示膜稳定性实际需要高浓度的氢离子来维持。

发酵过程由于培养基的利用和某些产物的积累，发酵液的 pH 会发生一定的变化。引起发酵液 pH 下降的主要原因是生理酸性盐的消耗和有机酸的积累等；引起发酵液 pH 上升的原因是由于氮源中氨基氮的释放或生理碱性盐的存在。如前所述，pH 的变化会影响各种酶的活力、菌体对基质的利用速率和细胞的结构，从而影响细胞的生长和产物合成。有些时候，pH 的变化可以改变微生物的代谢途径，导致体系能耗的变化或产生不同的代谢产物。因此不仅要控制培养基的初始 pH，而且要对整个发酵过程的 pH 进行控制。选择最适 pH 的原则是：获得最大的比生长速率或菌体量，以期获得最高的产量。

4. 溶解氧

溶解氧（溶氧）是发酵中常用的概念，指发酵液中所溶解的氧的浓度。在微生物的对数生长期，即使发酵液中的溶氧能达到 100% 空气饱和度，若此时终止供氧，发酵液中的溶解氧将在几分钟之内耗尽，从而使溶氧成为发酵的限制因素。溶氧的高低不仅取决于供氧、氧溶解的速率等，还取决于需氧的状况。

发酵液中溶氧的变化是氧的供需不平衡造成的，控制溶氧可从氧的供需两方面考虑。供氧方面可从式（3-4）考虑。

$$dc/dt = K_L a(c^* - c_L) \tag{3-4}$$

式中，dc/dt——单位时间内发酵液溶氧的变化，$mmolO^2/(L \cdot h)$

K_L——氧传质系数，m/h

a——比界面面积，m^2/m^3

c^*——氧在水中的饱和浓度，$mmol/L$

c_L——发酵液中的溶氧浓度，$mmol/L$

凡是能使 $K_L a$ 和 c^* 增加的因素都能改善供氧。

改善搅拌器等设备条件，可提高 K_L 值；增加搅拌功率和增加挡板等，可提 a 值；提高通气速率、通纯氧或富氧和提高罐压等方式，可提高 c^* 值。需氧方面可根据式（3-5）考虑：

$$r = Q_{O_2} X \tag{3-5}$$

式中，r——摄氧率，$mmolO^2/(L \cdot h)$

Q_{O_2}——呼吸强度，$mmolO^2/(g\ 菌体 \cdot h)$

X——菌液浓度，g/L

若发酵液溶氧暂时不变，说明供氧等于需氧。那些改变供需平衡的因子会改变溶氧浓度。表 3-3 列出了影响需氧的因素。

事实上，无论发酵罐的供氧能力提得多高，如果工艺条件不适合，还是会出现氧供不应求的现象。要有效地利用现有的设备条件，就需要适当控制菌的摄氧率。溶氧只是发酵的参数之一，发酵过程中应结合其他条件，综合考虑，进行控制。例如，搅拌对发酵液的溶氧和细胞的呼吸有较大的影响，但分析时还要考虑到它对菌体形态、泡沫形成等其他方面的影响。

表 3-3　　　　　　　　　　　　　影响需氧的因素

项目	影响因素
菌种特性	好气程度 菌龄、数量 菌的聚集状态（絮状或小球状）
培养基的性能	基础培养基组成、配比 物理性质（黏度、表面张力等）
补料或加糖	配方、方式、次数和浓度等
温度	恒温或阶段变温控制
添加物质	消泡剂或表面活性剂等

二、分批发酵过程的模型化研究

微生物分批发酵过程的数学模型主要可以分成 3 种类型，即细胞生长模型、基质消耗模型和产物生成模型。

(一) 细胞生长模型

1. 无抑制的细胞生长过程

无抑制的细胞生长过程可用 Monod 方程来进行描述，见式（3-6）：

$$\mu = \frac{\mu_{max} S}{K_s + S} \tag{3-6}$$

式中，μ_{max} ——最大比生长速率，h^{-1}

K_s ——基质半饱和常数，是细胞比生长速率达到最大 μ_{max} 的 50% 时的基质浓度，g/L

S ——限制性基质浓度，g/L

K_s ——涉及细胞转化基质为生物量的所有反应的总的参数，因此也完全是经验性的，此处要注意 K_s 对细胞生长的影响，K_s 越小，细胞越能有效地在低浓度限制性基质条件下快速生长。在自然环境中，微生物长期进化的结果往往是其 K_s 比它们的限制性基质浓度还要低两个数量级。

用 Monod 方程来描述微生物的生长过程时，基质 S 必须是唯一的限制性基质，但在实际的微生物生长过程中，微生物所处的生长环境非常复杂，例如，当基质浓度过高时，或当有代谢产物产生时，往往也会对细胞的生长产生抑制作用。因而，必须根据具体的情况对 Monod 方程进行适当的修正。

2. 基质抑制

Monod 方程显示，无论基质浓度多高，细胞都会以最大比速生长。但是，高浓度的糖、盐、酸等，会抑制细胞的生长，这是众所周知的基质抑制，在这种情况下，可用一个分母中含 S^2 项的 Monod 方程来表示基质抑制过程，即式（3-7）。

$$\mu = \frac{\mu_m S}{K_s + S + K_i S^2} \tag{3-7}$$

式中，K_i ——基质抑制常数，g/L

其他物理量同前。

3. 产物抑制

细胞的一些代谢产物有时会影响细胞的生长，如酵母在厌氧环境下产生的乙醇积累到一定浓度后会抑制酵母的生长，乳酸菌产生的乳酸会抑制乳酸的生长等。

当不存在临界浓度时，一般的线性关系为式（3-8）：

$$\mu = \mu_{max} \frac{S}{K_s + S}(1 - kP) \tag{3-8}$$

式中，P ——产物液度，g/L

k ——动力学常数

该式也可通过类似于酶动力学的方式进行模拟，见式（3-9）：

$$\mu = \mu_{max} \frac{S}{K_s + S} \times \frac{K_{ip}}{K_{ip} + P} \tag{3-9}$$

式中，K_{ip} ——产物抑制常数，g/L

这个模型曾被用于计算机模拟非连续培养中的生长，是最常使用的模型方程。

(二) 基质消耗模型

在微生物发酵过程中,碳源是细胞和代谢产物的主要组成部分,也是细胞内发生的生化反应的主要能源。碳源主要用于:①以一定速度合成新的细胞物质;②以一定速度提供新细胞物质合成所需的能量;③以一定速度合成所分泌的复杂生化物质;④以一定速率提供分泌型复杂生化物质合成所需的能量;⑤以一定速率提供细胞维持代谢需要的能量。

对于碳源,其消耗速率可以表示为式(3-10):

$$\frac{dS}{dt} = -r_s = -\left(\frac{r_x}{Y_{x/s}} + \frac{r_p}{Y_{p/s}} + m_s X\right) \tag{3-10}$$

式中,r_s——碳源消耗速率,g 碳源/(L·h)

r_x——菌体的生长速率,g/(L·h)

$Y_{x/s}$——菌体对基质的得率系数,g 细胞/g 碳源

r_p——代谢产物的合成速率

$Y_{p/s}$——代谢产物对基质的得率系数,g 产物/g 碳源

m_s——维持常数,g 碳源/(g 细胞·h)

X——细胞浓度,g/L

其中,r_s、r_x 和 r_p 是变量,$Y_{x/s}$、$Y_{p/s}$ 和 m_s 为参数。

对于氮源,其消耗速率可以表示为式(3-11):

$$\frac{dN}{dt} = -r_n = -\frac{r_x}{Y_{x/n}} \tag{3-11}$$

式中,r_n——氮源消耗速率,g 氮/(L·h)

$Y_{x/n}$——菌体对氮源的得率系数,g 细胞/g 氮

这里,r_n 和 r_x 是变量,而 $Y_{x/n}$ 是参数。

(三) 产物生成模型

微生物反应生成的代谢产物非常复杂,涉及范围很广,包括醇类、有机酸、氨基酸、酶、核酸类物质、抗生素、维生素、生理活性物质等,并且由于细胞内生物合成的途径十分复杂,其生物合成途径和代谢调节机制也各具特点。因此,至今为止还没有统一的模型可用来描述产物形成动力学。Gaden 根据产物生成速率和细胞生长速率之间的关系,将产物形成分为三种类型。

1. 偶联模型

偶联模型是指产物的生成与细胞的生长偶联的过程,这类代谢产物通常是主要能源分解代谢的直接结果,因此代谢产物的生成与微生物生长是完全同步的,例如生产醇类、葡萄糖酸、乳酸等产品。其动力学方程可表示为式(3-12)与式(3-13):

$$r_p = Y_{p/x} r_x = Y_{p/x} \mu X \tag{3-12}$$

$$q_p = Y_{p/x} \mu \tag{3-13}$$

式中,$Y_{p/x}$——单位质量细胞生成的产物量,g 产物/g 菌体

其他物理量同前。

2. 部分偶联模型

部分偶联模型是指反应产物的生长与底物消耗存在部分偶联的过程,这类代谢产物通常是在能源代谢中间接生成的,代谢途径较为复杂,例如柠檬酸、氨基酸的生产。此类反

应中代谢产物的生成速率与底物的消耗速率之间虽然存在一定关系，但比前一类型要复杂得多。其动力学方程可表示为式（3-14）：

$$r_p = \alpha r_x + \beta X \tag{3-14}$$

式中，α、β——常数

等号右边第一项与细胞生长有关，第二项仅与细胞浓度有关。

$$q_p = \alpha \mu + \beta \tag{3-15}$$

式（3-15）称为 Luedeking-Piret 方程。服从该方程的微生物反应系统有：葡萄糖转化为乳酸；葡萄糖转化为乙醇；乙醇转化为乙酸；山梨糖醇转化为 D-乳糖；萘转化为水杨酸等。

3. 非偶联模型

非偶联模型指产物的生成与细胞的生长没有直接关系，当细胞处于生长阶段时，并没有产物积累，而当细胞生长停止后，产物却大量生成，例如抗生素、酶、维生素、多糖等次级代谢产物的生产。其动力学方程可表示为式（3-16）与式（3-17）：

$$r_p = \beta X \tag{3-16}$$
$$q_p = \beta \tag{3-17}$$

从图 3-1 和图 3-2 中我们可以对这 3 种类型的动力学特征有一个比较清楚的认识。

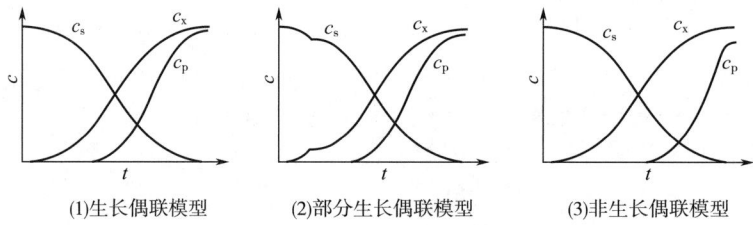

(1)生长偶联模型　　(2)部分生长偶联模型　　(3)非生长偶联模型

图 3-1　三种微生物反应类型中产物、菌体、底物浓度随时间的变化曲线

c_S—底物浓度　c_X—菌体浓度　c_P—产物浓度

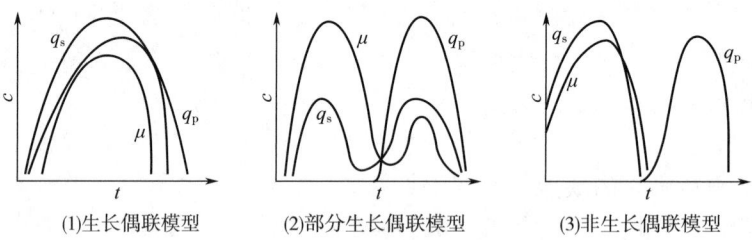

(1)生长偶联模型　　(2)部分生长偶联模型　　(3)非生长偶联模型

图 3-2　三种微生物反应类型中产物形成、菌体生长和底物消耗比速率随时间变化曲线

q_S—菌体生产速率　q_P—产物形成速率　μ—底物消耗比速率

第三节　流加发酵技术

流加发酵是补料分批发酵的俗称，实质是分批培养，只是在分批培养的过程中添加新鲜的培养基或添加剂。流加发酵最初是由酵母生产者在 20 世纪初期提出来的，主要用于

调节面包酵母在麦芽汁分批培养中的生长速度。当时，酵母生产者面临两个问题，一方面，如果提高培养基的麦芽汁浓度，酵母菌就会产生乙醇，其生物量会有所降低；另一方面，如果将麦芽汁浓度保持在最低水平，又会限制酵母的生长。后来，研究者发现，通过控制性进料（一般每小时添加一次）可以使酵母维持在底物限制生长的状态。随着流加培养技术在酵母培养中的成功应用，这一技术在 20 世纪 40 年代得到进一步改进，以后又应用于甘油、丁醇、丙酮及有机酸的生产，即同时获得较高的产品得率和培养基组分的有效利用。

尽管流加培养技术中的补料方法在发酵工业上的应用很普遍，但作为理论研究，在 20 世纪 70 年代之前几乎是空白，直到 1973 年，首次提出"补料分批培养"这个术语，并从理论上推导建立了第一个数学模型后，才进入理论研究阶段。从此以后，对于流加培养的应用、流加方式、各种动力学模型的建立、系统优化、计算机自动控制以及次优化等方面有了大量的研究。

一、流加发酵技术简介

（一）流加发酵的基本概念

流加发酵其实质是补料分批培养（fed-batch culture），又称半分批培养（semi-batch culture），或半连续培养。它是一种介于分批发酵和连续发酵之间的特殊培养模式，它是在微生物的分批培养过程中，向生物反应器中间歇或连续地补加供给一种或一种以上特定限制性底物，但直到反应结束后才排出培养液的操作方式。在培养的不同时间不断补加一定的养料，可以延长微生物的对数生长期和稳定期的持续时间，增加生物量的积累和稳定期细胞代谢产物的积累。

流加培养可以分为两种类型：单一流加分批培养；重复流加分批培养。

在开始时投入一定量的基础培养基，到发酵过程的适当时期，开始连续流加碳源、和（或）氮源和（或）其他必需的基质，直到发酵液体积达到发酵罐最大工作容积后，停止补料，最后将发酵液一次全部放出。这种操作方式称为单一流加分批培养。由于受发酵罐工作容积的限制，培养周期只能控制在较短的范围内。

重复流加分批培养是在单一流加分批培养的基础上，每隔一定时间按一定比例放出一部分培养液，使发酵液体积始终不超过发酵罐的最大工作容积，从而可以延长培养周期，直至发酵产率明显下降，才最终将培养液全部放出。这种操作方式既保留了单一流加分批培养的优点，又避免了它的缺点。

（二）流加培养的特点

补料法发酵就是指在分批发酵过程中，间歇或连续地补加含有限制性营养成分的新鲜培养基。补料一般是在发酵进行至大量生成产物的阶段，因合成产物和维持细胞活动的需要，有选择地补充营养物质。合适的补料工艺能够有效地控制微生物的中间代谢，使之向着有利于产物积累的方向发展。补料发酵的特点有以下几点。

1. 有利于菌体的高密度培养。
2. 降低培养基中有毒底物对菌体生长的抑制。
3. 解除高浓度营养物和分解代谢物引起的阻遏作用。
4. 维持有利的发酵条件。

(三) 流加培养的类型

目前，流加培养技术的类型很多，各个研究者所用的术语又不尽相同，因此分类比较混乱，很难统一起来。就补料方式而言，有连续补料、不连续补料和多周期补料；每次补料又分可为快速补料、恒速补料、指数补料和变速补料；从发酵罐中发酵液体积的变化来看，又可分为变体积和恒体积。从反应器数目分类又有单级和多级之分；从补加的培养基成分来区分，又可分成单一组分补料和多组分补料；也可从物料流入速率和流出速率来分类。表 3-4 所示为按控制方式进行的分类。

表 3-4　　　　　　　　　　　流加培养按控制方式的分类

类别	流加方式
无反馈控制	恒流量流加、指数流加、最优化流加、间歇流加
反馈控制	直接控制流加、间接控制流加、定值控制流加、程序控制流加、最优控制流加

二、流加培养原理

流加培养（发酵）的优点是能够人为地控制流加底物在培养液中的浓度。分批操作中需一次加入的底物可在流加发酵操作中逐渐流加，因而可根据流加底物的流量及其被微生物消耗的速率，将该底物的浓度控制在目标值附近。流加发酵操作的核心是控制底物浓度，操作的关键就是流加什么物质和怎样流加。对于前者，应该流加关键底物，但要寻找这种关键底物，则需要微生物生理学、生物化学以及遗传学等方面的知识。

流加培养可分为两个阶段：菌体生长阶段，即细胞生长到所需浓度的过程；然后进入生产阶段（产物形成阶段），在此阶段，以预定的速度向发酵罐中加入浓度较高的生产用碳源和其他物质。最后，当由于细胞死亡而导致生产速率下降（或发酵罐产生溢流）时，培养就宣告结束。如果微生物对培养条件要求较为粗犷，则可采用重复补料分批培养系统。

流加培养的操作模式较为简单。在单一流加培养过程中，假定细胞不会发生死亡，氧的供给总是处于多余状态，限制性底物是碳源，而且菌体生长或产物形成时所需的所有其他营养物都是足量的，那么，在此过程中所涉及的数学模型可分为生长阶段和生产阶段两部分。

(一) 生长阶段

体积恒定，可用一般的分批培养模型。

细胞平衡见式（3-18）：
$$\frac{dX}{dt} = r_x = \mu X \tag{3-18}$$

碳平衡见式（3-19）：
$$\frac{dS}{dt} = -r_s = -\left(\frac{r_x}{Y_{x/s}} + \frac{r_p}{Y_{p/s}} + m_s X\right) \tag{3-19}$$

式中，r_x——培养基中活细胞的生长速率，g/(L·h)

μ——细胞的比生长速率，h^{-1}

X——培养基中活细胞的浓度，g/L

S——培养基中碳源浓度，g/L

r_s——碳源的消耗速率，g/（L·h）

$Y_{x/s}$——细胞对碳源底物的产量系数，g/g

$Y_{p/s}$——产物对碳源底物（包括用于提供合成能量的碳源）的产量因子，g/g

r_p——产物的形成速率，g/（L·h），在菌体生长阶段如果不合成产物或合成量非常小，可近似为 0

m_s——细胞在碳源底物上的维持系数，g/（g·h）

t——时间，h

（二）生产阶段

在此阶段，由于碳源的加入，发酵液的体积不再保持恒定，并假定生产阶段菌体不再生长，方程式变为以下几类：

细胞平衡见式（3-20）：

$$\frac{d(VX)}{dt} = Vr_x \text{（如果生产阶段菌体不生长，则该式等于0）} \tag{3-20}$$

碳平衡见式（3-21）：

$$\frac{d(VS)}{dt} = -Vr_s + FS_0 \tag{3-21}$$

产物平衡见式（3-22）：

$$\frac{d(VP)}{dt} = Vr_p \tag{3-22}$$

体积平衡见式（3-23）：

$$\frac{dV}{dt} = F \tag{3-23}$$

速度方程见式（3-24）和式（3-25）：

$$r_s = m_s X + r_s / Y'_{p/s} \tag{3-24}$$

$$r_p = \beta X \tag{3-25}$$

式中，V——控制范围内体积，L

S——液体培养基中的碳源浓度，g/L

F——液体流速，L/h

S_0——往发酵罐添加所用料液的碳源浓度，g/L

$Y'_{p/s}$——产物对碳源底物（包括用于提供产物合成用能量所需碳源）的产量因子，g/g

β——非生长偶联产物的形成系数，g/（g·h）

其他符号与上相同。

虽然由于体积的增加而引起发酵液中的细胞浓度确实发生了变化，但发酵罐中的细胞总量并没有变化。

生产阶段的最初情况为：$X = X_b$，$S = 0$，$V = V_0$。除此之外，另一个附加条件是 V 必须小于 V_m（V_m 为发酵罐的最大工作体积）。

生长阶段的方程可通过用一般数学方法对不同的方程进行解析而得到。对于恒定的 S_0 来讲，产物合成阶段可得到如下方程式[式（3-26）~式（3-30）]：

$$X = X_b / (1 + k X_b t) \tag{3-26}$$

$$k = \frac{1}{S}(m_s + \frac{\beta}{Y'_{p/s}}) \tag{3-27}$$

$$P = \beta X \tag{3-28}$$

$$V = k V_0 X_b t \tag{3-29}$$

$$F = kVX \tag{3-30}$$

式中，k——米氏方程中的速度系数，L/(g·h)

P——液体培养基中的产物浓度，g/L

V_0——补料分批培养中液体的初始体积，L

其他物理量意义同前。

细胞的死亡或任何向非生产性形式的转换都会降低产物的产率。为了对这一影响进行模型化描述，细胞平衡可变化为式（3-31）：

$$\frac{d(VX)}{dt} = -k_d X \tag{3-31}$$

式中，k_d——菌体死亡常数

由于合成产物的活细胞总数的减少，因而，必须相应降低进料速率以适应这一变化，这一变化表现为体积-时间曲线不再呈直线。

三、发酵过程中常用的流加策略

由于许多营养物在高浓度下对细胞有抑制作用，而为了达到高的细胞浓度和高的目标产物浓度，又必须供给大量的营养物质。因此，浓缩营养物必须以与其消耗速率相当的速度加入反应器中，为此产生了多种形式的流加策略。它可以简单到线性流加，也可以复杂到利用数学模型计算得出的策略来控制流加速率。具体来说，培养模式的选择主要依赖于以下3种因素：①所培养细胞的具体代谢行为；②利用抑制性底物合成目的产物的潜力；③诱导条件及测量细胞培养各项参数的能力。

（一）流加内容

所谓流加，顾名思义是在发酵过程中补充某些营养成分，以维持菌种的生理代谢活动和合成的需要。流加的内容大致可分为以下4个方面：①补充微生物能源和碳源；②补充菌体所需要的氮源；③加入某些微生物生长或合成需要的微量元素或无机盐；④在补料中加入适量的酶作用底物。

（二）补料的原则

早期的发酵生产是采用一次投料发酵，到放罐结束。这里存在着菌体生长和代谢的调节问题。菌体的生理调节活动和生物合成，除了决定于本身的遗传特性外，还决定于外界的营养、环境条件，其中一个重要的条件就是培养基的组成和浓度。若在菌体的生长阶段，碳源和氮源过于丰富，就会使菌体向大量繁殖菌丝体的方向发展，使营养成分主要消耗在菌丝生长上，因而在产物合成阶段，营养成分便不足以维持正常的生理代谢和合成的需要，从而导致菌丝过早自溶，使产物合成阶段缩短。在补料工艺未采用之前，工业生产的发酵周期一般只能维持在2~5d，并且产量很低，采用补料工艺以后，发酵周期都相应延长了，产品的发酵单位也提高了很多。

因此，补料的原则就在于控制微生物的中间代谢，使之向着有利于产物积累的方向发展。利用中间补料的措施对生产菌的生长条件进行适当调节，使其在产物合成阶段具有足够而又不过剩的养料供给，以满足其进行产物合成和维持正常新陈代谢的需要。所补加的物料可以是单一的营养物，也可以是多种营养物。

（三）补料的控制措施

在流加培养中，营养物的补入速率不一定是恒速的，根据不同的目的要求，它可以被设计成多种方式，诸如周期补料、恒速补料、线性补料、指数补料及对数补料等，以及它们的不同组合。周期补料，又称间断补料，即每隔一定时间补入一次料；恒速补料，是指以一定的速度连续补；线性补料、指数补料及对数补料则是指补料速度分别随时间呈线性、指数或对数关系递增。采用这种变速补料的意图，旨在使营养物的补入能够恰到好处，与发酵各时间的不同需求相配合，以便收到良好的效果。具体的补料时间及补料量可以将实验所得数据代入上述控制理论方程式，并对其进行解析而知。

1. 补糖的控制

在确定补料的内容后，选择适当的补料时间是相当重要的。补料的时间过早或过晚对发酵过程都是不利的。如果补糖过早，会刺激菌体的生长，从而加速糖的利用，在相同的糖耗速度下，发酵产物的产量明显低于加糖时间适当的批次。

补糖的时机不能单纯以培养时间作为依据，还要根据基础培养基的碳源种类、用量和消耗速度，前期发酵条件，菌种特性和种子品质等因素来判断。因此，根据代谢变化如残糖含量、pH、菌丝形态来考虑，比较切合实际。

在确定补糖开始时间后，补糖的方式和控制指标也有讲究。

补糖的方式往往以间歇定时加入为主，但近年来也开始注意用定时连续流加的方式进行补料。连续流加比分批加入的控制效果好，可以避免由于一次性大量加入而引起菌体代谢受到环境突然改变的影响。

除了用还原糖作为控制指标以外，还可用总糖作为控制指标。如在土霉素的补料分批发酵过程中，总糖的补料原则为：前期少量多次，控制总糖 5%～6%；中期保持半饥饿状态，总糖控制在 4%～5%；后期，总糖在 3%～4%；放罐时总糖在 2% 左右。

在有些发酵过程的控制中，还需参考糖的消耗速度、pH 变化、菌丝发育情况、发酵液黏度、发酵罐的实用体积等参数。

2. 补充氮源及无机盐

流加氨水是某些产品发酵生产补料工艺中的有效措施，它起着补充菌体生长所需无机氮源和调节 pH 的双重作用。流加氨水时要做到缓慢加入，并注意泡沫的产生情况。为了避免一次加入过多而造成局部碱性过大的现象，也有把氨水管道接到空气分流管内，借着气流的进入而带入，从而可与培养液进行迅速混合。

在流加操作中应注意以下几个问题：料液配比要适合，浓度过高不利于料液的消毒及输送；过低，则会引起发酵料液体积增大，从而带来一系列问题，如发酵单位稀释、液面上升、消泡剂耗量增加等。由于在发酵过程中经常补加物料，应特别注意加强无菌控制，对设备和操作都必须从严管理；此外，应进行经济核算，注意节约原料，保持培养基的碳氮平衡等。

(四) 常用的流加策略

1. 恒流速流加

采用恒流速流加培养时，可得到如下的物料平衡方程式。

细胞平衡见式（3-32）：
$$\frac{d(VX)}{dt} = V_{r_x} \quad (3-32)$$

碳平衡见式（3-33）：
$$\frac{d(VS)}{dt} = -V_{r_s} + FS_0 \quad (3-33)$$

产物平衡见式（3-34）：
$$\frac{dVX}{dt} = V_{r_p} \tag{3-34}$$

体积平衡见式（3-35）：
$$\frac{dV}{dt} = F \tag{3-35}$$

式中符号定义同前。

恒流速流加过程中的流量 F 的确定可以根据经验来定，按预试验中所得出的流加时刻菌体对所流加基质的消耗速率、发酵液中残留基质浓度及流加后需要控制的发酵液中的基质浓度等指标来确定流加速率。在实际发酵过程中，由于在菌体的对数生长期，基质的消耗速率很大，而在发酵中后期，菌体的生长速率减缓或菌体生长停止，则基质消耗速率会降低，因而必须根据具体的发酵情况来确定流加速率。

恒流速流加时，液体的体积呈直线增加，由此可知，菌体总量也应大致呈直线增加。

2. 指数速率流加

在菌体生长阶段采用指数速率流加法的几点假设如下：①发酵罐内为理想混合；②某一底物（如葡萄糖）为唯一限制性基质；③生长平衡；④菌体对底物的产率系数为常数；⑤菌体生长遵循 Monod 方程。

对底物碳源进行衡算，则按式（3-36）进行：
$$\frac{d(VS)}{dt} = FS_0 - \left(\frac{\mu}{Y_{x/s}} + m_s\right) \cdot VX \tag{3-36}$$

式中，F——体积流加速率，L/h；
S_0——流加液中基质浓度，g/L
$Y_{x/s}$——菌体对葡萄糖的产率系数，g/g
m_s——细胞比维持系数，g/（g·h）
X——菌体浓度，g/L
V——培养液体积，L
μ——菌体比生长速率，h^{-1}

对菌体量的变化进行物料衡算，则按式（3-37）进行：
$$\frac{d(XV)}{dt} = \mu XV \tag{3-37}$$

假定 μ 为常数，则式（3-37）积分可得式（3-38）：
$$XV = X_F V_F e^{\mu(t-t_F)} \tag{3-38}$$

式中，t_F——开始指数速率流加的时间，$t \geq t_F$
X_F 和 V_F——分别为 t_F 时刻的菌体浓度和发酵液体积，L

由式（3-38）可得式（3-39）：
$$V_1 \cdot \frac{ds_1}{dt} + s_1 \cdot \frac{dV_1}{dt} = F_1 s_f - \left(\frac{\mu}{Y_{x_R/c}} + m\right) \cdot V_1 x_R \tag{3-39}$$

由于生长符合 Monod 方程（$\mu = \frac{\mu_m S}{K_s + S}$），$\mu$ 是 S 的函数，要使 μ 恒定，S 必须恒定，则有：
$$\frac{dS}{dt} = 0，又因为 \frac{dV}{dt} = F$$

由式 (3-39) 得式 (3-40)：

$$F \cdot (S_0 - S) = \left(\frac{\mu}{Y_{x/s}} + m_s\right) \cdot VX \tag{3-40}$$

将式 (3-38) 代入式 (3-40) 中得式 (3-41)：

$$F = \frac{1}{(S_0 - S)} \cdot \left(\frac{\mu}{Y_{x/s}} + m_s\right) X_F V_F e^{\mu(t-t_F)} \tag{3-41}$$

通常由于 $S_0 \gg S$，所以有式 (3-42)：

$$F = \frac{1}{S} \cdot \left(\frac{\mu}{Y_{x/s}} + m_s\right) X_F V_F e^{\mu(t-t_F)} \tag{3-42}$$

则 t_F 至 t 的时间间隔内所加入的葡萄糖液体积为：

$$V_s \int_{t_F}^{t} F \cdot dt \tag{3-43}$$

指数流加方法不仅是使限制性基质浓度保持一定的一种适用手段，也能使补料分批培养代替连续培养，用作研究 μ 与其他培养参数间关系的一种实验手段。从发酵初期开始采取这种流加方法往往也比较实用。

3. 底物反馈连续流加

对于受底物抑制的发酵过程，在高浓度底物存在的情况下，细胞生长和代谢会受到抑制，而选择较低的初始底物浓度时，发酵液中目标产品的浓度又会很低。因此需要采用流加发酵工艺来消除底物抑制对发酵的影响。实验结果表明，采用流加工艺对底物抑制的改善具有非常明显的效果。

4. 脉冲流加

脉冲流加是将流加操作分为几个阶段进行。在各个时间段的起始即完成流加，段内其余时间仍是分批发酵。根据微生物生长的特性，又可分为脉冲流加、基于溶氧的脉冲流加、基于恒 pH 的脉冲流加、基于指数关系的脉冲流加等方式。

5. 在线识别流加

多种发酵参数都能反映发酵过程中底物的消耗情况，如培养基中的 pH 和溶氧，尾气中的 CO_2 浓度等。在重组大肠杆菌发酵过程中，一旦葡萄糖耗尽，发酵液中 pH 和溶氧就会上升。因此，可以根据在线的溶氧和 pH 的变化，控制葡萄糖的添加量。

第四节　高细胞密度发酵技术

一、高细胞密度发酵简介

高细胞密度发酵是一个相对概念，一般指发酵液中细胞浓度在 30g/L 以上。在重组药物的生产中，实现高细胞密度发酵，可相应地缩小生物反应器的体积和降低生物量的分离费用，还可缩短生产周期、减少设备投资，从而降低生产成本，达到提高生产效率的目的。

高密度发酵对发酵设备有较高的要求，而且对发酵条件也有非常高的要求。影响高密度发酵的因素非常多，如细菌生长所需的营养物质、发酵过程中生长抑制物的积累、溶氧浓度、培养温度、发酵液的 pH、补料方式及发酵液流变学特性等。

(一) 培养基

细胞密度发酵的生物量有时可达 150~200g/L，为满足细胞快速生长及大量表达基因产物的需要，常需投入 2~5 倍于生物量的基质，加上利用率，实际量远高于此值。大肠杆菌高密度发酵使用的培养基多为半合成培养基，其各组分的浓度和比例对发酵影响很大。如碳源和氮源比例偏小，会导致菌体生长旺盛，造成菌体提前衰老自溶；而其比例偏大，则菌体繁殖数量少，细菌代谢不平衡，不利于产物积累。

(二) 接种量

接种量是指移入的种子液和培养液体积的比例。采用大接种量，由于种子液中含有大量体外水解酶类，有利于对基质的利用，缩短生长延迟期，并使生产菌迅速占领整个培养环境。但过高的接种量也会使菌体生长过快，消耗大量营养物质，反而影响后期的生长。在一定范围内增加接种量有利于菌体的生长，因此，接种时应根据实际情况确定接种量，一般多采用 4%~5% 的接种量。

(三) 生长抑制性物质

大肠杆菌在发酵过程中，会产生一些有害代谢产物，如有机酸、CO_2 等。这些物质的积累可抑制细菌生长的外源蛋白的表达。此外，由于供氧不足，菌体比生长速率过大或碳源供给量高于大肠杆菌所能同化速度时，也会产生乙酸等代谢产物，对菌体生长产生抑制。CO_2 的影响也不容忽视，若发酵液中的 CO_2 超过一定浓度，也能抑制菌体生长，同时会降低发酵液的 pH。

(四) 溶氧浓度 (DO)

溶氧浓度是影响高密度发酵的一个重要参数。大肠杆菌细胞在扩增过程中，需大量的氧参与代谢，因而，饱和氧的供给很重要。溶氧浓度过高或过低，都会影响菌体的生长和产物的生成。特别是在发酵后期，由于菌体密度的急剧扩增，耗氧量极大，发酵罐的各项物理参数均不能满足对氧的供给，使菌体生长变得极为缓慢，外源蛋白表达水平也很差。所以维持较高水平的溶氧浓度，不但有利于菌体生长，还有利于外源蛋白产物的生成。

(五) 温度

培养温度对细菌的生长发育具有很大影响。若培养温度适宜，则会明显促进细菌生长。随着温度的升高，细菌代谢加快，但其生长过程中的代谢副产物也会随着增加，它们会对菌体生长产生一定抑制作用。此外，温度还通过改变发酵液的物理性质间接影响细菌的生长。对于一般细菌的发酵温度，在其最适培养温度范围内是比较合适的。而对于基因工程菌，在不同发酵阶段，其最适温度要综合考虑。

(六) pH

细菌的生长发育及各种能量代谢都要受其环境 pH 影响。特别是在发酵过程中，pH 的改变会直接影响菌体的产量和目的产物的表达。因此，一定要充分考虑细菌的最适 pH 范围，并在发酵过程中保持一定的 pH，及时调节 pH，以避免 pH 激烈变化对细菌生长代谢和目的产物表达的不利影响。

(七) 其他因素

对于重组大肠杆菌，要达到重组产物的最大产率，还要考虑合适的诱导时间和诱导强度。一般可在对数生长中期进行升温诱导表达。另外，在生产中，由于发酵液中存在大量蛋白质、多糖等物质。因此，搅拌时会产生大量气泡。如果泡沫持续过久，除了会降低发酵罐的有效容积外，还会妨碍菌体的呼吸，造成代谢异常而使菌体早期自溶。为此，在发酵生产中，要适当减轻搅拌剧烈程度，同时少加或缓加一些易起泡原料，要用天然油脂和合成消泡剂等消除已生成的泡沫。

二、高细胞密度培养生长环境的优化策略

要提高细胞密度和生产率，首先需要对微生物生长的物理和化学环境进行优化，包括生长培养基的组成，培养物理参数（pH、温度和搅拌）及产物诱导条件。优化这些参数的目的在于保证细胞生长处于最适的环境条件之下，避免营养物过量或不足、防止产物降解以及减少有毒产物的形成。

（一）培养基组成的优化

培养基中含有碳（能）源、氮源，以及微营养物如维生素和微量元素，它们的浓度与比例对实现生产重组微生物的高密度发酵是很重要的。过量的 Fe^{2+} 和 $CaCO_3$ 与相对低浓度的磷酸盐可促进黄曲霉产生 L-苹果酸，链霉菌在 60~80mmol/L CO_3^{2-} 存在下，其丝氨酸蛋白酶生产能力也可提高达 10 倍之多。在重组微生物达到高细胞密度后，限制磷酸盐浓度可使抗生素和异源白介素-1β 的产率显著提高。

（二）特殊营养物的添加

在某些情况下，在培养基中添加一些营养物质能提高生产率。这些营养物可能是作为产物的前体，例如，在培养重组大肠杆菌生产氯霉素乙酰转移酶（一种由许多芳香族氨基酸组成的蛋白质）时添加苯丙氨酸，可将酶的比活力提高大约 2 倍；也有可能防止产物的降解，如在培养重组枯草芽孢杆菌生产 β-内酰胺酶的培养基中添加 60g/L 的葡萄糖和 100mmol/L 的磷酸钾能使重组蛋白的稳定性显著提高。

（三）限制代谢副产物的积累

培养条件的控制对代谢副产物的形成影响甚大。在分批或流加培养中，某些营养物的浓度过高均会导致 Crabtree 效应（即葡萄糖效应）的产生。在这种效应下，酿酒酵母会产生乙醇，大肠杆菌则会产生过量乙酸。大肠杆菌形成乙酸的速度依赖于细胞的生长速度和培养基的组成，一旦生成乙酸，细胞生长及重组蛋白的生产均会受到抑制。已确证，如果在培养基中添加复合营养物（如大豆水解物），则乙酸会积累至较高的浓度。

三、高细胞密度培养的培养模式

由于许多营养物在高浓度下对细胞有抑制作用，而为了达到高细胞密度，又必须供给大量的营养物质。因此，浓缩营养物必须以与其消耗速率成比例地加入反应器中。为此产生了多种形式的补料策略，它可以简单到线性补料，也可以复杂到利用数学模型计算得出的策略来控制补料速率。具体来说，培养模式的选择主要依赖于以下 3 个因素：①所培养细胞的具体代谢行为；②利用抑制性底物合成目的产物的潜力；③诱导条件以及测量细胞培养各项参数的能力。

（一）流加培养的控制

一个好的流加控制系统必须避免两种倾向：一是流加过量；二是流加不足。由于现代计算机技术的帮助，人们能够采用多种生长参数和数学模型来控制流加培养中营养物的添加，从而使复杂的控制系统得以实现。在各种人工智能技术中，模糊推理（Fuzzy reasoning）是应用最广的一种。模糊逻辑控制（Fuzzy logic control）部分依赖于数学生长模型，也采用"语言定义的规则系统"（Linguistically defined rules system）来帮助系统响应发酵过程的非线性和动态行为。Alfafara 等在流加培养酿酒酵母生产谷胱甘肽的研究中，采用一个模糊逻辑控制系统来控制葡萄糖的流加速度，对系统进行优化后谷胱甘肽的比产生速率达到 6.2mg/（g·h）。

（二）细胞循环发酵

从反应器角度来考虑获得高细胞密度，通常采用的是细胞循环生物反应器。它适用于多种机体和生产系统。但它的应用也存在许多限制：作用于进入过滤单元的细胞的剪应力太大、系统的放大存在许多实际困难。

操作细胞循环生物反应器时必须考虑两个因素，一是稀释率；二是循环速率。稀释率的大小影响细胞的生长速率，不同的实验目的对稀释率的要求也不同：高的循环速率可使组分混合均匀，特别适用于细胞容易凝聚或成团的情况。但循环速率过高会导致过滤单元膜的迅速损坏及作用在细胞上的高剪切力。因此，很难同时确定合适的稀释率与循环速率，这也是限制细胞循环技术应用的一个重要因素。

四、最大细胞密度的理论计算

生产和研究中，我们总希望能够根据基质情况直接估算出发酵过程中所能得到的最大细胞密度。如果能做到这一点，就能在研究中有效地选择培养基，也可确定最优培养条件。最大细胞密度的理论值可通过元素平衡方程和得率系数进行计算。

（一）发酵过程的元素衡算方程

对发酵过程进行优化研究，实现高细胞密度发酵，需要深入考察不同微生物发酵过程中各种代谢反应之间的数量关系，研究所有与获取最大转化率（或产率）相关的因素，此时需要用到元素平衡原理。

先来考虑一个无胞外产物的简单发酵过程［式（3-44）］：

$$v_S(C_a H_b O_c N_d) + v_O(O_2) + v_N(NH_3) \rightarrow v_X(C_\alpha H_\beta O_\gamma N_\delta) + v_C(CO_2) + v_W(H_2O) \quad (3\text{-}44)$$

式中，$C_a H_b O_c N_d$ 是通用化的碳源，$C_\alpha H_\beta O_\gamma N_\delta$ 是根据元素分析得出的细胞组成。在特殊情况下，元素硫和磷也可以包括进来。在方程（3-44）给出的通用化学计量方程的基础上，每种主要元素（C、H、O、N，省略 S、P 和灰分）都可写成下列平衡方程。

摩尔 C： $\quad v_S a = v_X \alpha + v_C \quad$ (3-45a)

摩尔 H： $\quad v_S b + 3 v_N = v_X \beta + 2 v_W \quad$ (3-45b)

摩尔 O： $\quad v_S c + 2 v_O = v_X \gamma + 2 v_C + v_W \quad$ (3-45c)

摩尔 N： $\quad v_S d + v_N = v_X \delta \quad$ (3-45d)

通过元素分析能测定细胞和产物的组成，得出 a、b、c、d 以和 α、β、γ、δ。这样在式（3-45a）~式（3-45d）中，若令 v_S 为1，那么还有5个未知数，需要5个方程才能解出。可利用呼吸商的定义式得到第5个方程式（3-46）：

$$RQ = \frac{CO_2 \text{产生速率}}{O_2 \text{消耗速率}} = \frac{v_O}{v_C} \quad (3\text{-}46)$$

RQ 值可通过试验测定。根据上述结果就可以得到方程式（3-46）的化学计量系数。通过计量系数就可以计算细胞的产量了。

再来假设只有一种产物的发酵过程，元素的平衡方程可表示为式（3-47）：

$$v_S(C_a H_b O_c N_d) + v_O(O_2) + v_N(NH_3) \rightarrow$$
$$v_X(C_\alpha H_\beta O_\gamma N_\delta) + v_P(C_{\alpha'} H_{\beta'} O_{\gamma'} N_{\delta'}) + v_C(CO_2) + v_W(H_2O) \quad (3-47)$$

式中，$C_a H_b O_c N_d$ 是通用化的碳源，$C_\alpha H_\beta O_\gamma N_\delta$ 是根据元素分析得出的细胞组成，$C_{\alpha'} H_{\beta'} O_{\gamma'} N_{\delta'}$ 为产物。这个方程比前面无产物的方程增加了一个计量系数，需要增加一个方程，为此要引入还原度的概念。还原度用 γ 表示，某一化合物的还原度定义为该组分中每克碳原子的有效电子当量数。某些关键元素的还原度是：$C=4$，$H=1$，$N=-3$，$O=-2$。元素的还原度等于该元素的化合价。CO_2、H_2O、和 NH_3 的还原度为零。细胞的还原度可以由式（3-48）表示：

$$\gamma_b = 4\alpha + \beta - 2\gamma - 3\delta \quad (3-48)$$

对于许多不同的微生物细胞，即使是使用不同的基质，其还原度 γ_b 的数值也是非常接近的。例如对于细菌和酵母菌，分别采用葡萄糖、乙醇、乙酸和正构烷烃等作为碳源时，细胞还原度的平均值为 4.291 ± 0.172，可视为常数。这样利用式（3-48）中 γ_b 为一常数，就增加了一个方程。根据上述结果就可以得到方程式（3-47）的化学计量系数。

（二）得率系数的计算

发酵过程中的细胞密度可由得率系数进行计算。最简单的表示细胞得率的方法是以 g 细胞/g 基质消耗表示，此无因次系数即得率系数 Y。在基质浓度（g 基质/L）已知的情况下，基质浓度与理论最大得率系数的乘积就是最大的理论细胞密度（g 细胞/L）。

1. 宏观产率系数

宏观产率系数（或称得率系数）$Y_{i/j}$ 是化学计量学中一个非常重要的参数，可用于对碳源等底物形成菌体的潜力进行评价，其中 i 表示菌体，j 表示底物。$Y_{i/j}$ 最初是由 Monod 以质量单位和商的形式定义的，见式（3-49）：

$$Y_{X/S} = -\frac{\Delta X}{\Delta S} = \frac{X_t - X_0}{S_0 - S_t} \approx \frac{dx/dt}{ds/dt} = -\frac{r_x}{r_s} = \frac{dx}{ds} = \frac{\text{细胞形成的质量}(g)}{\text{底物消耗的质量}(g)} \quad (3-49)$$

根据这一定义，可以将发酵过程中消耗的量和形成的量关联起来，定量表示细胞或产物甚至热量的产率。产率的概念同样也能用于定量地表示不同消耗量之间或形成量之间的相互关系。表 3-5 对宏观产率系数的定义进行了总结。

表 3-5　　　　　　　　生物反应过程中宏观产率系数的定义总览

产率系数	组分间的反应或关系	定义
$Y_{X/S}$	$S \rightarrow X$	$Y_{X/S} = -r_X/r_S$
$Y_{X/O}$	$O_2 \rightarrow X$	$Y_{X/O} = -r_X/r_O$
$Y_{P/S}$	$S \rightarrow P$	$Y_{P/S} = -r_P/r_S$
$Y_{C/S}$	$S \rightarrow CO_2$	$Y_{C/S} = -r_C/r_S$
$Y_{P/O}$	$O_2 \rightarrow P$	$Y_{P/O} = -r_P/r_O$
$Y_{C/O}$	$O_2 \rightarrow CO_2$	$Y_{C/O} = -r_C/r_O$

在某些情况下，以 mol 为单位表示产率系数更有利，见式（3-50）：

$$Y_{X/S}^{mol} = \frac{\text{细胞形成的质量}(g)}{\text{底物消耗的物质的量}(mol)} \quad (3-50)$$

表 3-6 列举了以 $Y_{X/S}$、$Y_{X/S}^{mol}$ 表示的典型得率系数,都是最大值。

2. 以电子平均数为基准的得率 $Y_{电子平均}$

这种方法是把不同的基质分解代谢中得到的可利用能量与生长效率关联起来。任何有机基质均可用其电子平均生成值（ave e^-）来表示,即基质完全氧化为 CO_2 和水,所获得的电子平均数。例如葡萄糖完全氧化需要 6 分子 O_2,1 分子 O_2 有 4 个可利用电子,则葡萄糖的 $Y_{电子平均}$ = 90/24 = 3.75。同样可以计算乙醇的 $Y_{电子平均}$ = 23/8 = 2.88。但因为实际代谢过程,可利用的电子数因代谢途径的不同而产生差异,所以 $Y_{电子平均}$ 很难用于理论得率的计算。

表 3-6　　　　　　　　　　不同基质中不同微生物的得率系数

基质	微生物	$Y_{X/S}^{mol}$ /（g 细胞/mol 基质）	$Y_{X/S}$ /（g 细胞/g 基质）
甲烷	Methylomonas methanooxidans	17.5	1.46
甲醇	Methylomonas methanolica	16.6	1.38
乙醇	产朊假丝酵母	31.2	1.30
甘油	肺炎雷克伯菌,产气杆菌	50.4	1.40
	大肠杆菌（好气）	95.0	32
	大肠杆菌（厌气）	25.8	0.36
葡萄糖	酿酒酵母（好气）	90	1.25
	大肠杆菌（厌气）	21	0.29
	产黄青霉	81	1.13
蔗糖	肺炎雷克伯菌,产气杆菌	173	1.20
木糖	肺炎雷克伯菌,产气杆菌	52.2	0.87
乙酸	假丝酵母属	23.5	0.98
	产朊假丝酵母	21.6	0.90
十六烷	解脂假丝酵母	203	1.06

3. 基于产热的得率 Y_{kcal}

基于产热的得率 Y_{kcal} 是用培养过程中产生单位热量所对应的生成细胞量来进行计算的,如式（3-51）。

$$Y_{kcal} = 生成的细胞量 / 释放的热 \quad (3-51)$$

由于 1mol 电子产生的热的平均值为 26.53kcal/mol 有效电子,于是 Y_{kcal} = $Y_{电子平均}$/26.53。这种方法尤其适用于厌氧系统中途径未知的分解代谢过程,因为此时只有热的输出可用来预测生长期间的能量变化。

4. 对能量的细胞得率

异化过程中生成每摩尔 ATP 时增加的菌体质量,即对 ATP 生成的菌体产率 Y_{ATP} 是研究生化途径分子能量学时的重要参数。微生物通过氧化底物,获得菌体合成、物质代谢、物质传递等生命活动所需的能量,但只有氧化反应中以生成 ATP 的形式获得的自由能,才能被微生物所利用,其余能量作为代谢反应热释放到环境中。根据这一观点,Bauchop

以异化代谢中 ATP 的生长量作为菌体产率的基准，定义为式（3-52）：

$$Y_{ATP} = \frac{\Delta X}{\Delta ATP} = \frac{Y_{X/S} M_S}{Y_{ATP/S}} \tag{3-52}$$

式中，M_S——底物的摩尔质量

$Y_{ATP/S}$——相对于能源底物消耗的 ATP 产率，即每消耗 1mol 能源底物生成 ATP 的摩尔数

计算 Y_{ATP}，需要知道作为能源的底物的准确消耗量。

在复合培养基的厌氧培养实验中观察到，不管微生物和环境的性质如何，Y_{ATP} 总是约为 10。该值对微生物生长具有普遍性。在基本培养基中无论是厌氧还是需氧培养，单一碳源中一部分作为能源通过异化代谢分解，其余部分用于同化构成菌体。假设用于同化的这部分碳源与 ATP 生成无关，对于异化代谢的碳源，服从 $Y_{ATP} \approx 10$。那么可得到式（3-53）：

$$Y_{X/S} = 10 \frac{Y_{ATP/S}}{M_S} \tag{3-53}$$

只要能正确计算出 1mol 基质所生成的 ATP 的量，就可算出各种情况下的 $Y_{X/S}$。这时 $Y_{X/S}$ 的计算式为：

$$Y_{X/S} = 10 Y_{ATP/S}/(M_S - 10 Y_{ATP/S} \frac{\delta_X}{\delta_S}) \tag{3-54}$$

δ_X、δ_S 分别表示单位质量细胞和单位质量基质中所含碳原子的质量。

把相似的概念用于重要的常数 Y_{ATP}^C 和 Y_O^C，可表达为式（3-55）与式（3-56）：

$$Y_{ATP}^C = \frac{\text{细胞形成的碳物质的量, mol}}{\text{ATP 形成的物质的量, mol}} \tag{3-55}$$

$$Y_O^C = \frac{\text{细胞形成的碳物质的量, mol}}{\text{氧消耗的物质的量, mol}} \tag{3-56}$$

Y_O^C 值在实践中对推导元素平衡方程很重要，对与氧化磷酸化有关的理论问题也有重要意义。碳摩尔的概念可使产率以摩尔为单位来表达为式（3-57）：

$$Y_S^C = \frac{\text{细胞形成的碳物质的量, mol}}{\text{底物消耗的物质的量, mol}} \tag{3-57}$$

根据式（3-57）的定义，它还可表示除了碳源和氧以外的底物的细胞产率。

5. 产率系数与化学计量系数的关系

由元素平衡方程，能推导出一些重要的得率常数，例如式（3-58a）~式（3-58c）：

$$Y_{X/S} = \frac{M_X \times v_X}{M_S \times v_S} \tag{3-58a}$$

$$Y_{X/O} = \frac{M_X \times v_X}{M_O \times v_O} \tag{3-58b}$$

$$Y_{P/S} = \frac{M_P \times v_P}{M_S \times v_S} \tag{3-58c}$$

式中 M_X、M_S、M_O、M_P 分别为细胞、基质、氧和代谢产物的相对分子质量

v_X、v_S、v_O、v_P 为式（3-44）的计量系数，反过来也可由得率推算元素平衡方程。

6. 实际发酵过程中的得率系数

在实际发酵中，产率是变化的，所以需要对得率系数的概念进行修正。得率系数的值

取决于各种生物和物理参数。虽然得率因子是限定于特定菌株及特定物质的，但它并不仅是底物的函数。通常得率取因素可由式（3-59）表示：

$$Y = f(菌株、底物、\mu、m、S；\frac{t、t_m、OTR、C}{N}，\frac{P}{O})\qquad(3-59)$$

式中，m——混合度

S——底物浓度

$\bar{t}$——平均滞留时间

t_m——混合时间

OTR——氧传递速度

C/N——碳氮比

P/O——磷氧比

Pirt 提出了下列函数式来论证 Y 与比生长速率 μ（在 CSTR 操作中以不同的稀释率 D 来实现，$D=\mu$）及维持系数 m_s 的关系为式（3-60）：

$$\frac{1}{Y_{X/S}} = \frac{1}{Y_{X/S}^{mas}} + \frac{m_s}{\mu}\qquad(3-60)$$

$Y_{X/S}^{mas}$ 是 μ 接近极限时的 $Y_{X/S}$ 值。式（3-61）可用于计算 μ 和 m_s 对 $Y_{X/S}$ 的影响。

$$Y_{X/S} = \frac{\mu \cdot Y_{X/S}^{mas}}{\mu + Y_{X/S}^{mas} \cdot m_s}\qquad(3-61)$$

式（3-61）不能解释为什么当分批培养的指数生长期中 μ 为常数时，得率仍有变化。Papoutsakis 和 Lim（1981）用碳流分支的概念来解释菌体产率变化的原因为式（3-62）：

$$Y_{X/S} = (\frac{M_X}{v_x M_S}) \frac{1}{1 + r_1/r_2}\qquad(3-62)$$

式中，r_1 和 r_2——碳源分支代谢途径 1 和途径 2 的反应速度

M_X 和 M_S——菌体和底物的相对分子质量

v_x——$S \to X$ 反应的化学计量系数

在甲基营养菌中存在两种不同的碳代谢流：同化（r_2）和氧化（r_1）。根据式（3-62），得率只随 r_2 或 r_1 变化。碳源和其他营养物的浓度或温度、pH 等培养条件的任何变化都可能引起 r_2 或 r_1 变化。在适宜条件下，细胞通过反应间的精细调节可导致生成最大的菌体量。

第五节　分阶段控制策略

对分批发酵过程的研究发现，适合微生物生长的温度、pH、剪切和溶解氧浓度往往并不一定适合目标产物的形成，反之亦然。通过分析不同温度、不同 pH、不同搅拌转速（剪切）和不同溶解氧浓度下目标代谢产物的动力学参数及流变学参数的变化特性，提出分阶段溶解氧和搅拌转速控制策略、分阶段温度控制策略及分阶段 pH 控制策略，将环境条件控制在最适合细胞生长或最适合产物合成的水平。

研究表明，在保证产品质量（如透明质酸和生物絮凝剂的相对分子质量）的前提下，应用这些控制策略可有效提高目标产物的产量、转化率和生产强度。

一、分阶段发酵模型的建立

由于发酵过程的非线性、时变性、阶段性和生物传感器的缺乏以及各参数之间的严重关联性，单一的建模方法没有考虑到多操作阶段这一固有特征，因此影响了对整个过程实时的监控和优化控制，用全局建模方法进行建模，不但预测精度难以保证，而且算法复杂度较高。为解决这一问题，一个比较简单的方法是把发酵过程分为不同的阶段，并为每个阶段建立局部模型。发酵过程中某些生物量的变化能够反映发酵阶段的变更，不过根据这些辅助变量的变化人为地直接划分发酵阶段需要丰富的经验而且无法验证。

为了建立精确的微生物发酵过程数学模型，高学金等在标准回归型支持向量机（SVM）的基础上提出了动态 ε-SVM 方法，即不同样本使用不同的 ε。进而，提出了将自组织特征映射聚类（SOFM）和动态 ε-SVM 回归相结合的建模方法。该方法分为 2 个阶段，如图 3-3 所示。第一阶段，利用 SOFM 神经网络将整个输入样本空间划分为若干个相互分离的区域，区域数量根据具体研究对象决定，不同的区域具有不同的特征。第二阶段，各个区域采用不同的动态 ε-SVM 进行回归建模，使用校验样本选择 SVM 参数。此方法的具体实施步骤如下。

样本数据被分为三部分：训练样本被用来建立系统模型；校验样本被用来选择最优的 SVM 参数；测试样本被用来检验模型泛化能力。

①对 3 类样本进行 [0, 1] 归一化处理，并建立与原始样本的对应关系。归一化样本用于 SOFM 神经网络聚类，原始样本用于动态 ε-SVN 建模、选择参数和模型测试。

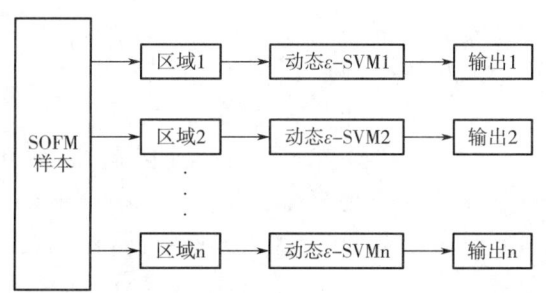

图 3-3　基于 SOFM 和动态 ε-SVN 的建模方法

②使用 SOFM 神经网络把整个训练样本空间划分为预定数目的区域，每个区域内的样本具有相似特征，区域间的样本差异性大。

③使用训练好的 SOFM 网络把校验样本划分为相同数目的区域。

④依据聚类结果和对应关系确定不同区域所包含的原始训练和校验样本。

⑤确定相对误差率 p 和不同区域的动态 ε-SVN 参数，使用不同区域的原始训练样本训练各自的动态 ε-SVN。通过实验的方法使用相应区域中的校验样本选择最优的动态 ε-SVN 参数，使训练误差和校验误差都达到最小。

⑥使用测试样本测试模型的泛化能力，计算预测平均误差率 MER。

二、溶氧的分阶段控制

氧是微生物生长代谢的重要影响因素，不同微生物对氧的需求不同；尽管在发酵过程中通常使用同种微生物，其菌体生长和产物合成对氧的需求也可能不同，且不同溶氧条件下副产物的种类和产量也不同。因此，要实现目标代谢产物产量和品质的最优，通常需要采取分阶段控制溶氧的策略。

(一) 溶氧对微生物发酵的影响

氧是微生物体内的一系列经细胞色素氧化酶催化产能反应的最终电子受体,也是合成某些代谢产物的基质,所以溶氧浓度的大小的影响是多方面的。氧是一种难溶于水的气体,这就决定了大多数微生物深层培养需要适当的通气条件,才能维持一定的生产水平。

不同种类的微生物需氧量不同,一般为 25~100mmol/(L·h)。同一种微生物的需氧量,随菌龄和培养条件的不同而异。菌体生长和产物合成时的耗氧量也往往不同,一般幼龄菌生长旺盛,其呼吸强度大,但是种子培养阶段由于菌体浓度低,总的耗氧量也比较低;但在发酵阶段,由于菌体浓度高,耗氧量大;晚龄菌的呼吸强度则较弱。为了避免发酵过程供氧不足,需要考察每一种发酵产物的临界氧浓度和最适氧浓度,并使发酵过程保持在最适浓度。最适溶氧浓度的大小与菌体和产物合成代谢的特性有关。

(二) 影响溶氧的因素

发酵液中溶氧的任何变化都是氧的供需的不平衡所造成的结果。因此控制溶氧水平与氧的供需两方面因素有关。

供氧方程式为式 (3-63):

$$dC/dt = K_L a(C^* - C_L) \tag{3-63}$$

式中,dC/dt ——单位时间内发酵液溶氧浓度的变化,$mmolO_2/(L·h)$

K_L ——氧传质系数,m/h

a ——比表面积,m^2/m^3

C^* ——氧在水中的饱和浓度,mmol/L

C_L ——发酵液中氧浓度,mmol/L

原则上发酵罐供氧能力无论提高得多高,若工艺条件不适合,还会出现供氧不足的现象。

需氧方面可用式 (3-64) 表达:

$$r = Q_{O_2} X \tag{3-64}$$

式中,r ——摄氧率,mmol/L

Q_{O_2} ——呼吸强度,$mmolO^2/(g·h)$

X ——菌浓度,g/L

(三) 溶氧浓度的控制

正常条件下,每种产物发酵的溶氧浓度变化都有自己的规律。如在发酵前期,菌体大量生长,需氧量不断增大,此时的需氧量超过供氧量,使溶氧浓度明显下降,出现一个低峰,同时菌体的摄氧率出现一个高峰,发酵液的菌浓度也不断上升,并出现高峰阶段。过了生长阶段需氧量有所减少,溶氧经过一段时间的平稳阶段或随之上升后,就开始形成产物,溶氧也不断上升。发酵中后期,对于分批发酵来说,溶氧变化比较小。因为菌体已繁殖到一定浓度,进入静止期,呼吸强度变化也不大。当外界进行补料时,溶氧发生改变,其变化大小和持续时间的长短随补料时的菌龄、补入物质的种类和剂量不同而不同。

调节溶氧的措施包括调节搅拌速率,合理控制培养基的养分供给以及改善发酵液的黏度等。表 3-7 比较了各种控制溶氧可供选择的措施。

表 3-7　　　　　　　　　　　　　溶氧控制措施比较

措施	作用参数	投资	运转成本	效果	对生产作用	备注
搅拌转速	$K_L a$	高	低	高	好	在一定限度内，避免过分剪切
挡板	$K_L a$	中	低	高	好	设备上需改装
空气流量	C^*, a	低	低	低	—	可能引起泡沫
气体成分	C^*	中到低	高	高	好	可能引起爆炸适合小型罐强度
罐压	C^*	中	低	中	好	密封要求高，溶解 CO_2 问题
养分浓度	需求	中	低	高	不肯定	影响较慢，需及早行动
表面活性剂	K_L	中	低	高	不肯定	需试验确定
温度	需求, C^*	低	低	变化	不肯定	不是常有用

在光滑球拟酵母发酵生产丙酮酸的过程中，分批发酵过程前期（1~16h）溶氧迅速下降，且控制较高的 $K_L a$（450h^{-1}）在 1~16h 有利于合成细胞；16h 后细胞耗氧速率基本恒定，且降低 $K_L a$ 可明显提高细胞的丙酮酸合成速率。为了尽可能实现高产量、高产率和高生产强度的相对统一，李寅对发酵过程中溶氧采取了分阶段控制策略，采用 1~16h 控制较高的 $K_L a$（450h^{-1}），16h 后将 $K_L a$ 降低到 200h^{-1} 的方法进行分批发酵。结果表明，分阶段供氧控制模式既能保持较高的产率（0.636g/g），又能保持较高的耗糖速度[1.95g/(L·h)]，发酵 56h 丙酮酸产量就达到了 69.4g/L，生产强度[1.24g/(L·h)]，比 $K_L a$ 恒定为 450h^{-1}、300h^{-1} 和 200h^{-1} 的分批发酵过程分别提高了 36%、23% 和 31%。比较发酵过程的碳平衡可以发现，与 $K_L a$ 恒定为 200h^{-1} 的分批发酵过程相比，采用分阶段供氧模式，16h 后通往细胞合成和丙酮酸积累的碳流平均提高了 35% 和 20% 左右。

三、pH 的分阶段控制

发酵液的 pH 与发酵有极为密切的关系，对菌体的生长繁殖和产物积累都产生极大的影响，因此发酵液的 pH 是一项非常重要的检测参数。与发酵过程中对溶氧需求相同，微生物菌体生长和产物的合成对 pH 的要求也可能不同，在这种情况下就需要采取分阶段控制 pH 的策略。

（一）pH 对菌体生长和代谢产物合成的影响

微生物的正常生长都需要一定的 pH。pH 对微生物的生长和代谢产物形成都有很大的影响，不同种类的微生物对 pH 的要求不同。如果微生物生长的 pH 范围偏低或者偏高，则微生物的生长和产物合成都要受到抑制。并且，控制一定的 pH 不仅是保证微生物正常生长的主要条件之一，还是预防杂菌污染的一个有效措施。

微生物生长的最适 pH 和发酵的最适 pH 往往不一定相同。pH 可以影响菌体的形态和某些生物合成途径。例如丙酮丁醇发酵中，细菌增殖的最适 pH 范围是 5.5~7.0，发酵后期 pH 维持在 4.3~5.3 积累丙酮丁醇，pH 升高则导致丙酮丁醇产量减少，而丁酸、乙酸含量增加。

pH 对微生物生长繁殖和代谢产物形成影响的主要原因：

（1）使微生物细胞原生质膜的电荷发生改变　原生质膜具有胶体性质，在一定 pH 时可以带正电荷，而在另一 pH 时则带负电荷。电荷的改变会引起原生质膜对某些离子渗透性的改变，从而影响微生物对培养基营养物质的吸收和代谢产物的分泌，从而影响新陈代谢的正常进行。

（2）直接影响酶的活力　由于酶需要在其最适 pH 下才能有最高的活力，因此在不适宜的 pH 下，微生物细胞中的一些酶的活力受抑制，最终影响微生物的生长繁殖和新陈代谢。

（3）影响培养基中某些重要的营养物质和中间代谢产物的解离，从而影响微生物对这些物质的利用。

（二）影响发酵 pH 的因素

在发酵过程中，pH 的变化取决于微生物的种类、基础培养基的组成和发酵条件。在微生物发酵过程中，菌体有保持其生长最适 pH 的能力。但是当外界条件发生较大变化时，微生物的生长将受到明显的抑制。在有机酸发酵过程中，如果在不人为控制 pH 的情况下，微生物通过不断产酸而使发酵液 pH 逐渐下降，反过来也会抑制菌体自身的生长。

培养基中的氮源对发酵液的 pH 有较大的影响，而且在发酵中一次加糖或油过多，氧化不完全就会使有机酸积累，造成 pH 下降。此外，通气条件的变化、菌体自溶或污染都可能引起发酵液 pH 的变化。所以发酵液内测得的 pH 变化是各种反应的综合性结果。

（三）发酵过程中 pH 的调节和控制

在通气充足时，糖和脂肪得到完全氧化，产物为二氧化碳和水；在通气不充足时，糖和脂肪的氧化不完全，产生有机酸类的中间代谢产物，这些产物会使培养基的 pH 下降。属于生理酸性盐的铵盐被利用后，与其结合的酸游离，使 pH 下降；属于生理碱性盐的铵盐被利用后，则释放碱使其 pH 上升。一般来说，培养基中的 C/N 值高，则发酵液倾向于酸性，反之倾向于碱性或中性。然而，pH 的变化情况取决于菌体的特性、培养基的组成和工艺条件。

微生物生长最适 pH 与产物形成最适 pH 的相互关系有 4 种情况。第一种情况是菌体的比生长速率（μ）和产物的比生产速率（Q_p）都有一个相似的并且较宽的最适 pH 范围；第二种是 Q_p（或 μ）的最适 pH 范围窄，而 μ（或 Q_p）的范围较宽；第三种是 μ 和 Q_p 有相同的最适 pH 范围，但范围很窄，即对 pH 的变化敏感；第四种是 μ 和 Q_p 都有各自的最适 pH 范围。属于第一种情况的发酵过程比较易于控制，第二、三种情况的发酵 pH 需要严格控制，最后一种情况应该采取分阶段控制 pH 的策略。

控制发酵液的 pH 首先要考虑发酵培养基的基础配方，如 C/N 和缓冲物质等，保证发酵过程中的 pH 在合适的范围内；其次要考虑利用补料策略来控制 pH 的变化，如在补料过程中添加适量的碳源或者氮源或者生理酸性盐、生理碱性盐等；再次考虑发酵的工艺条件，如搅拌速率、通气条件、装液量等。

在微生物发酵的 pH 调节中，一般不直接使用酸碱。如果上述方法调节 pH 仍然达不到要求时，可以采取以下方法。

（1）添加碳酸钙法　如 pH 过小时，可以在培养液中加入 $CaCO_3$ 调节。但是 $CaCO_3$ 的用量甚大，在操作上容易引起染菌。

（2）氨水流加法　氨水可以改变 pH，同时还可以作为氮源。氨水价格便宜，容易得到，但是作用迅速，对发酵液的 pH 波动影响大，应采用少量多次流加，以避免 pH 变化过大，影响菌体生长。

（3）尿素流加法　此法是目前国内味精厂普遍采用的方法。以尿素作为氮源进行流加调节 pH 时，pH 变化具有一定的规律性，且易于操作控制。流加时除主要根据 pH 的变化外，还应考虑菌体生长、耗糖、发酵的不同阶段来采取少量多次流加的策略。

四、温度的分阶段控制

温度是影响有机体生长繁殖最重要的因素之一，任何生化反应过程都直接与温度有关。温度的影响是多方面的，它通过影响菌体生长和代谢最终影响发酵的最终结果。

（一）温度对发酵过程的影响

温度对发酵过程的影响主要是影响微生物细胞的生长、产物形成和发酵液物理性质。

温度通过影响生物体内的各种酶反应而影响整个生物体的生命活动。随着温度的上升，细胞的生长繁殖加快，这是由于生长代谢以及繁殖都是酶促反应。根据酶促反应的动力学来看，温度升高，反应速度加快，呼吸强度加强，必然导致细胞生长繁殖加快。但随着温度的上升，酶失活的速度也越快，菌体衰老提前，发酵周期缩短，很显然这对发酵生产是很不利的。

温度除了影响生化反应的速度和方向外，还通过影响发酵液的物理性质来影响微生物的生物合成。例如温度不同会改变一些溶液的黏度以及一些物质的溶解度，从而对微生物的合成产生影响。

（二）影响发酵温度的因素

发酵热（$Q_{发酵}$）是指引起发酵过程中产生的净热量，它是引起发酵过程中温度变化的原因。发酵热的组成分别是生物热、搅拌热、辐射热和蒸发热。发酵热的通式为式（3-65）：

$$Q_{发酵} = Q_{生物} + Q_{搅拌} - Q_{蒸发} - Q_{辐射} \tag{3-65}$$

生物热（$Q_{生物}$）是指微生物的生长繁殖中，培养基质中的碳水化合物、脂肪和蛋白质被氧化分解为二氧化碳、水和其他物质时释放出的热。这些释放出的热一部分用来合成高能化合物，供微生物合成和代谢活动的需要，一部分用来合成代谢产物，其余部分则以热的形式散发出来。生物热一般与菌株和培养基有关。

在好气发酵中，机械搅拌是增加溶解氧的必要手段。由于机械搅拌带动发酵液做机械运动，造成液体之间、液体与设备之间发生摩擦，因而产生了搅拌热（$Q_{搅拌}$）。搅拌热与搅拌轴的功率有关，计算公式为式（3-66）：

$$Q_{搅拌} = P \times 3601 (kJ/h) \tag{3-66}$$

式中，P——搅拌功率，kW

3601——机械能转变为热能的热功当量，kJ/（kW·h）

蒸发热（$Q_{蒸发}$）是指发酵过程中通气时，引起发酵液水分的蒸发，被空气和水分带走的热量也称汽化热。这部分热量在发酵过程中先以蒸汽形式散发到发酵罐的液面，再由排气管带走。可按式（3-67）计算：

$$Q_{蒸发} = q_m (H_{出} - H_{进}) \tag{3-67}$$

式中，q_m——干空气的质量流量，kg/h

$H_{出}$、$H_{进}$——发酵罐排气、进气的热焓，kJ/kg

辐射热（$Q_{辐射}$）是指由于发酵罐液体温度与罐外环境温度不同，发酵液中的部分热通过罐体向外辐射所产生的热。辐射热的大小取决于罐内外温度差。

发酵热的测定和计算如下。发酵热一般可以通过下列方法进行测定和计算。

①通过测定一定时间冷却水的流量和冷却水的进、出口温度，由式（3-68）计算出发酵热：

$$Q_{发酵} = G c_w (t_1 - t_2)/V \qquad (3-68)$$

式中，G——冷却水的流量，kg/h；

c_w——水的比热容，kJ/（kg·℃）

t_1、t_2——分别为冷却水的进、出口温度，℃

V——发酵液的体积，m^3

②通过发酵罐温度的自动控制，先使罐温达到恒定，在关闭自动控制装置，测定温度随时间上升的速率，按式（3-69）计算发酵热。

$$Q_{发酵} = (M_1 c_1 + M_2 c_2) \cdot S \qquad (3-69)$$

式中，M_1——系统中发酵液的质量，kg

M_2——发酵罐的质量，kg

c_1——发酵液的比热，kJ/（kg·℃）

c_2——发酵罐材料的比热容，kJ/（kg·℃）

S——温度上升速率，℃/h

（三）发酵温度的控制

为了使微生物的生长速度最快和代谢产物的产率最高，在发酵过程中必须根据菌种的特性，选择和控制最合适的温度。当代谢产物的合成与微生物生长所需的最适温度不同时，则需要对发酵温度进行分阶段控制，发酵温度的选择实际上是相对的，还应根据其他发酵条件进行合理地调整，需要考虑的因素包括菌种、培养基成分和浓度、菌体生长阶段和培养条件等（表3-8）。

表3-8　　　　　　　　微生物各生理过程的不同最适温度

菌名	生长温度/℃	发酵温度/℃	累积产物温度/℃
嗜热链球菌	37	47	37
乳酸链球菌	34	40	产细胞：25~30 产乳酸：30
灰色链霉菌	37	28	
北京棒杆菌	32	33~35	—
丙酮丁醇梭菌	37	33	—
产黄青霉	30	25	20

例如在通气条件较差的情况下，最适合的发酵温度也可能比正常良好通气条件下低些。在有机酸生产过程中，采取分阶段控制温度的一般原则是：前期有利于菌体的生长，后期则调整为最适合产物积累的温度。但是往往在这之间并没有一条清晰的界限，需要根

据不同的发酵情况进行相应的探索。

在副干酪乳杆菌素发酵生产的研究中,首先采用恒温发酵的策略,结果显示副干酪乳杆菌的最适生长温度为37℃,而当温度为33℃时产物合成的速率相对于其他温度要快得多,且发酵结束时的产量最高。因此,采用分阶段控制温度的方法:前期37℃的培养温度,可以在较短时间内达到菌体生长的最高值,缩短发酵周期;进入第21h后降低发酵温度至33℃,提高副干酪乳杆菌素的合成速率,从而提高产量和生产强度。

第六节 目标产物原位消除策略

在有机酸生产过程中,普遍存在的问题是随着产物的不断积累,发酵液的酸度不断增加。当pH超出限制范围后对菌体生长和产物合成都造成严重的抑制,表现出典型的酸胁迫效应。在利用大肠杆菌双相法发酵生产琥珀酸的过程中,随着胞内琥珀酸的积累,细胞活力逐渐下降,生物量随之减少;但是当产量超过40g/L时,及时移除琥珀酸,100h的发酵过程中琥珀酸的产量可增加60%以上。为了解除酸胁迫,需要控制发酵体系的pH。传统的方法是添加$CaCO_3$、NaOH、氨水等中和所产生的有机酸,以维持pH在合适的范围内。但是,离子的不断添加导致发酵液渗透压的升高,这又带来了另外一个问题——渗透压胁迫。此外,这些离子的添加为产品的提取和纯化带来了很大的困难,增加了成本。

目前,发酵工程研究的焦点多在菌株改良和发酵培养基调控上,只有少量研究集中在产物抑制的解除和产物分离上。为了解除生物反应过程中的产物抑制现象以实现高效连续的生物合成与转化,一种将生物反应与产物分离耦合的技术——原位分离(或原位消除)技术已经逐渐成为国内外研究的热点。采用原位分离技术可以选择性地将有抑制性、毒性或不稳定性的产物及时从培养基中连续分离出去,这不仅可使反应过程向生成产物的方向进行,同时还能大大降低不稳定产物的自然降解。目前研究的原位分离发酵技术主要包括膜发酵法、电渗析发酵法、提取发酵法和吸附发酵法。

一、膜 发 酵 法

为了提高生产率,有必要使用高细胞密度并及时从反应体系中移除抑制性产物。膜基细胞循环生物反应器可以显著提高发酵过程的生产率。该反应装置将发酵和分离过程相结合,使发酵过程中保持了细胞的高密度,细胞可循环使用;同时有机酸产物可以从发酵罐中及时连续移除。细胞循环可以使用不同类型的膜:渗析(依靠扩散排阻)、电渗析(依靠离子排阻)、微滤和超滤(依靠分子排阻)等(图3-4)。

Xavier等研究了管式超滤膜细胞循环生物反应器中影响乳酸生产的操作模式。长期发酵情况下的乳酸浓度和生产率均高于高细胞密度下的发酵结果,表明了这种结合方式的优越性。这种生物反应器有3个优点:①产物浓度和生产率同时增大;②可在相当高的透过率下长期操作;③机械稳定性好,反应器允许蒸汽灭菌。

Danner等设计了超滤膜生物反应器(MBR)-单极电渗析箱(ED),构成MBR-ED单元操作系统,对从堆肥中筛选出来能利用己糖和戊糖的嗜热脂肪芽孢杆菌BS119进行连续发酵生产乳酸的研究。其研究思路为:①用嗜热细菌(能在65℃以上温度条件下生长),在主原料葡萄糖不必灭菌的条件下进行乳酸发酵,可克服发酵时的染菌问题;②采用与筒

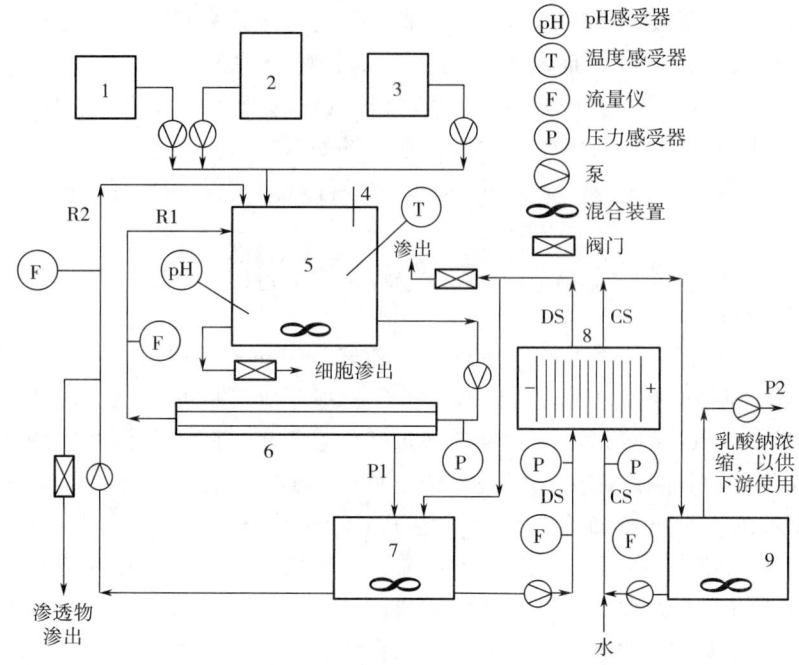

图 3-4 超滤膜细胞循环及集成电渗析产物回收
[膜生物反应器-单极电渗析（MBR-ED）系统在乳酸发酵生产中的应用流程]
1—NaOH 添加瓶　2—底物（葡萄糖）补充瓶　3—添加物补充瓶　4—反应水平感应器
5—反应器　6—超滤管状膜模块　7—滤出物接收器/稀释液　8—单极电渗析装置
9—电渗析浓缩液（产物）　R1—细胞循环流　R2—LA 废弃渗出物循环流
P1—超滤渗出物流　P2—浓缩产物流　DS—稀释流　CS—浓缩流

形陶瓷超滤膜相耦联的 26.5L 生物反应器，在培养过程中使发酵液中的细胞经过错流膜过滤装置得到循环利用，把细胞生长所需的营养物质的补充减至最小，以节省原料；③把发酵与 ED 单元相结合，连续提取乳酸，并初步浓缩和纯化，消除发酵过程中的酸胁迫。MBR-ED 单元操作系统使乳酸浓度达到 115g/L，且在运行 1052h 后并未检测出有杂菌污染。

二、电渗析发酵法

电渗析发酵系统主要由发酵罐、电渗析装置、pH 控制装置、直流电源、精密过滤装置、浓缩液储存罐、循环泵等组成，如图 3-5 所示。

电渗析发酵方法有许多优点：①不用中和剂就可以控制 pH；②降低产物抑制；③浓缩产物；④简化后提取工艺。

在使用电渗析发酵时，一个关键的问题在于防止菌体大量吸附在渗析膜上。这样可能造成生产细胞被杀死，且渗析膜电阻增大，电渗析效率下降。李学梅等将电渗析发酵法应用于米根霉发酵生产 L-乳酸。由于米根霉的菌丝发达，发酵好氧，采用海藻酸钙包埋法固定米根霉，在三相流化床生物反应器中发酵，既可防止菌丝堵塞电渗析器造成膜污染，又能解决传统米根霉发酵中菌素缠绕结团的问题。

三、提取发酵法

提取发酵法是在发酵过程中利用有机溶剂将发酵产物分离出去,以消除产物抑制的耦合发酵技术,具有能耗低、溶剂选择性强和无杂菌污染等优点。十二烷醇、油醇是常用的萃取剂,为了移除发酵液中的乳酸,可以使用叔胺 Alamine336(一种含 8~10 个碳的脂肪族胺)和油醇的混合物来萃取乳酸。因为长链的叔胺与乳酸发生络合反应,从而有效地从发酵液中萃取乳酸。Alamine336 是一种很好的萃取剂,但有轻微毒性。萃取剂与细胞直接接触会

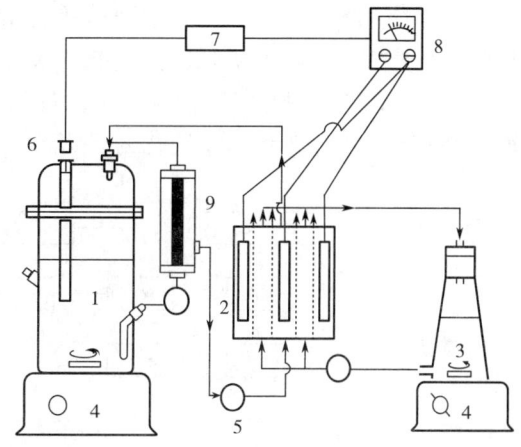

图 3-5 电渗析发酵系统
1—发酵罐 2—电渗析装置 3—浓缩液存储槽
4—磁刀搅拌器;5—循环泵 6—pH 电极
7—pH 控制器 8—直流电源 9—微过滤装置

产生毒害作用,导致细胞活性下降。将细胞固定在 K-卡拉胶中可以减轻溶剂对细胞的毒害。可以用来减轻溶剂毒性的方法有:①使用膜将溶剂和细胞分开;②细胞固定化;③在固定化载体中包埋植物油,如豆油等。

双水相萃取也是行之有效的提取耦合发酵技术之一。双水相体系不会对细胞产生毒害作用,为发酵提供了一种生物相容的环境。有机酸发酵是产物抑制的典型例子。可利用在双水相中发酵而消除产物抑制。

Dissing 和 Kwon 等利用双水相提取法进行乳酸发酵。将聚乙二醇(PEP)水溶液和羟基醚纤维素(HEC)水溶液加入发酵液中,使乳酸和菌体分离。HEC 对德氏乳杆菌的生长无影响,且双水相提取与间歇发酵相比,生产量增加 1.3 倍,乳酸产量提高 15%。Chen 则推荐微孔中空纤维膜(MHF)溶剂提取法,连续原位提取乳酸。发酵菌种使用德氏乳杆菌 NRRL-B445,乳酸发酵原料用 α-纤维素和柳枝稷等物质,硫酸水解预处理。加纤维素酶同时糖化和提取发酵,这种工艺实际是两种工艺的结合——发酵液的同时糖化和发酵结合流经 MHF 的提取工艺。

四、吸附发酵法

吸附发酵过程中常用的吸附剂有活性炭、离子交换树脂等。但是活性炭作为吸附剂有许多缺点:①吸附量小;②吸附选择性差,不但吸附乳酸还吸附一定量的葡萄糖,使发酵受到明显影响;③可重复性差等。

从工业化生产的角度来看,离子交换树脂法以选择性强、交换(吸附)容量大、操作简单、易于自动化控制等优点具有较强的竞争力(图 3-6)。Srivastava 把离子交换树脂 Amberlite IRA-400 用于乳酸吸附发酵过程,其转化率为 92%,产酸速率为 $1.665g/(L \cdot h)$。但其工艺也有缺点:①在提取乳酸前用碱调节 pH,显著影响了树脂的交换容量;②在 pH 为 5.0 时开始提取,造成发酵过程中提取次数过多,发酵液中营养物质和菌体被树脂过多吸附或滞留,从而影响了产酸速率,延长了发酵周期。杨冰等在发酵过程中加入筛选后的

弱碱性阴离子树脂 D301R，进行原位吸附分离发酵可以很好地解决发酵过程的产物抑制，使琥珀酸浓度在发酵液中始终保持较低的水平。相对于葡萄糖分批发酵，该发酵工艺将琥珀酸产量由 36.87g/L 提高到 49.46g/L，转化率由 61.45% 提高到 82.43%。此外，该工艺的应用还减轻了下游产物回收纯化的压力。

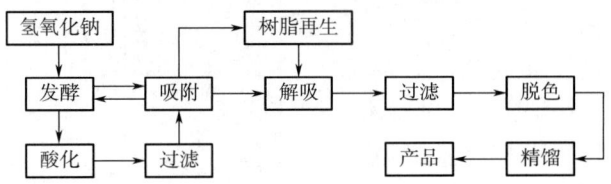

图 3-6　吸附发酵法工艺流程

值得说明的是，国产树脂中已有商品化的 D354（D301）树脂，其因具有吸附量大、选择性好的特点而备受青睐，其分离效果可与 PVP 树脂相媲美。这有助于降低成本，实现吸附发酵的大规模应用。

参 考 文 献

[1] Belmarbeiny M T, Thomas C R. Morphology and clavulanic acid production of Streptomyces clavuligerus: Effect of stirrer speed in batch fermentations.[J]. Biotechnology & Bioengineering, 2010, 37 (5): 456-462.

[2] Braun S, Vecht-Lifshitz S E. Mycelial morphology and metabolite production [J]. Trends in Biotechnology, 1991, 9 (2): 63-68.

[3] Kristiansen B, Sinclair C G. Production of citric acid in continuous culture [J]. Biotechnology & Bioengineering, 2010, 21 (2): 297-315.

[4] Makagiansar H Y, Shamlou P A, Thomas C R, et al. The influence of mechanical forces on the morphology and penicillin production of Penicillium chrysogenum [J]. Bioprocess Engineering, 1993, 9 (2-3): 83-90.

[5] Mattey M. The production of organic acids [J]. Critical Reviews in Biotechnology, 1992, 12 (1-2): 87-132.

[6] Mitard A, Riba J P. Morphology and growth of Aspergillus niger ATCC 26036 cultivated at several shear rates. [J]. Biotechnology & Bioengineering, 2010, 32 (6): 835-840.

[7] Smith J J, Lilly M D, Fox R I. The effect of agitation on the morphology and penicillin production of Penicillium chrysogenum. [J]. Biotechnology & Bioengineering, 2010, 35 (10): 1011-1023.

[8] Thomas C R. Image analysis: putting filamentous microorganisms in the picture [J]. Trends in Biotechnology, 1992, 10 (10): 343-348.

[9] Tucker K G, Kelly T, Delgrazia P, et al. Fully-automatic measurement of mycelial morphology by image analysis [J]. Biotechnology Progress, 1992, 8 (4): 353–359.

[10] Tucker K G, Thomas C R. Mycelial morphology: The effect of spore inoculum level [J]. Biotechnology Letters, 1992, 14 (11): 1071-1074.

[11] Vecht-Lifshitz S E, Magdassi S, Braun S. Pellet formation and cellular aggregation in Streptomyces tendae [J]. Biotechnology & Bioengineering, 2010, 35 (9): 890-896.

[12] 陈坚，堵国成.发酵工程原理与技术 [M].北京：化学工业出版社，2012.

[13] 陈坚,刘立明,堵国成.食品微生物功能调控与优化[M].北京:化学工业出版社,2011.

[14] 董志姚.光滑球拟酵母中NADH代谢对其酵解途径的影响[D].江南大学,2008.

[15] 李寅.微生物过量合成丙酮及代谢网络分析[D].无锡轻工业大学 江南大学,2000.

[16] 梁楠.光滑球拟酵母内乙酰CoA水平调控对其碳代谢流的影响[D].江南大学,2008.

[17] 刘立明.光滑球拟酵母中糖酵解效率与丙酮酸合成的调控研究[D].江南大学,2006.

[18] 徐沙.光滑球拟酵母耐受高渗透压胁迫的生理机制研究[D].江南大学,2011.

[19] 许庆龙,刘立明,堵国成,等.丙酮酸发酵过程中光滑球拟酵母过程功能的强化[J].生物工程学报,2008,24(1):95-100.

[20] 殷晓霞.代谢工程改造解脂亚洛酵母产α-酮戊二酸[D].江南大学,2012.

[21] 余宗钟,堵国成,陈坚,等.基于细胞代谢调控的α-酮戊二酸发酵过程放大[J].工业微生物,2013,43(3):23-28.

[22] 周景文.光滑球拟酵母中ATP的生理功能与作用机制[D].江南大学,2009.

[23] 朱云峰.产酸丙酸杆菌发酵生产丙酸过程优化与控制研究[D].江南大学,2010.

第四章 有机酸生产设备

第一节 概 述

有机酸发酵过程是运用化学工程的原理和方法,以微生物细胞或酶为催化剂将农副产品转化为有机酸的工业工程,具体如图4-1所示。有机酸发酵工程实际上就是研究有机酸发酵过程中共性的特殊工程问题,如大规模的种子培养、大规模培养基和空气灭菌、发酵代谢调控、细胞生长和产物形成动力学、生物反应器的优化操作和设计、有机酸的分离纯化等过程中的工程技术问题。因此,本章重点放在用于大规模生产的生物反应器和与生物反应器相关的设备及分离纯化设备。详细阐述各种设备的工作原理、操作特性、设备计算、放大方法和强化设备性能的途径。

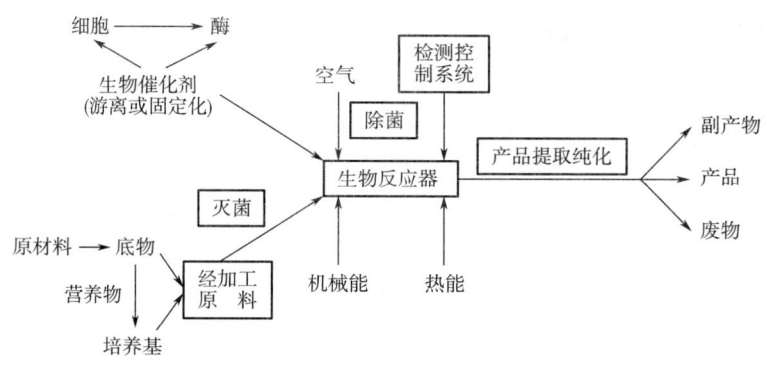

图4-1 有机酸发酵过程

生物反应器是整个生物反应过程的关键设备。所谓生物反应器,若采用活细胞(包括微生物、动物、植物细胞)为生物催化剂时称发酵或细胞培养过程;若采用游离或固定化酶时称为酶反应过程。两者的区别在于生物反应过程中除得到产品外,还可能得到更多的生物细胞;而酶反应过程中,酶不会增长。生物反应器是为特定的细胞或酶提供适宜增殖或进行特定生化反应环境的设备。它的结构、操作方式和操作条件对产品的质量、转化率和能耗都有着密切的关系。在生物反应器中存在气-液-固三相的混合、传热、传质问题,不少发酵液还有非牛顿流体的流变学特性,因此同样存在大量化学工程的问题。若把生物反应器中的每一个细胞都看成一个微型的反应器,并使每一个细胞都处于同一最佳环境下才能使整个生物反应器维持最佳状态。可见生物反应器中的混合、传热、传质是何等的重要。另外,还要考虑搅拌对不同细胞机械剪切力的影响。生物反应器的设计和放大不完全是化学工程问题,它还与细胞的生理特性、繁殖规律、代谢途径等密切相关。总之,生物反应器的设计和放大是一个非常复杂,但又必须研究解决的工程技术问题。

第二节 深层发酵设备

一、原料破碎和预处理设备

（一）薯干粉碎设备

最普遍的薯干粉碎设备是锤片式粉碎机，其结构示意图见图 4-2。

（二）玉米干脱胚粉碎设备

国内玉米粉碎也有用锤片式粉碎机的，但粉碎后的颗粒比较粗。我国从欧洲引进了几套玉米干脱胚粉碎设备，主要有以下几种。

（1）水汽调节器　其功能是利用水蒸气来湿润玉米籽粒，为脱皮脱胚做准备。

（2）玉米破糁机　其功能是将玉米籽粒破碎成若干颗粒并将玉米破脱下来。

（3）提糁提胚设备　筛分子，一般用平筛；重力选胚机：是一种有倾斜角度的平面振动筛，利用胚芽和糁粒的相对密度差，进行分选。

（4）磨粉设备　其功能是依靠磨辊的相对运动和磨齿的挤压、剪切运动使物料破碎。

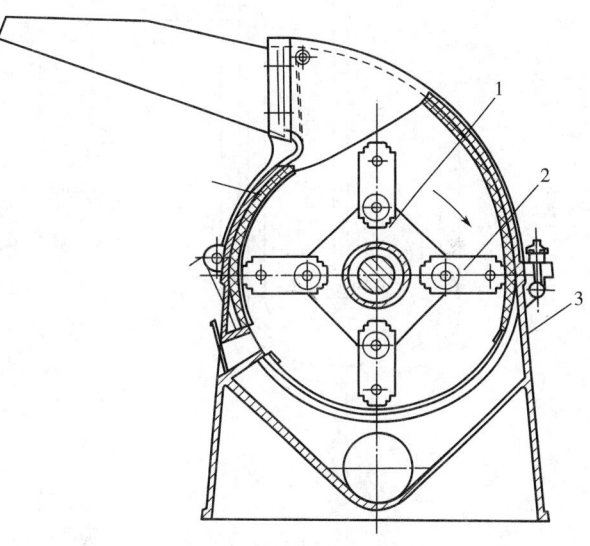

图 4-2　锤片式粉碎机
1—转子　2—锤刀　3—机壳

（5）筛理设备　其功能是对经过磨粉设备的物料筛选分级。

（三）玉米湿法加工设备

玉米湿法加工淀粉并分别提取玉米浆、玉米油、饲料的设备，是一整套完全成熟的设备，可参见淀粉加工设备。

二、发酵培养基灭菌设备

由于杂菌的污染最终影响产物的形成，故在生物反应前必须对培养基进行灭菌。灭菌的方法很多，但生物产业应用湿热灭菌，湿热灭菌中蒸汽灭菌是一种简便、价廉、有效的灭菌方法。

（一）培养基分批灭菌设备

培养基的分批灭菌是将配好的培养基放在发酵罐中，通过蒸汽将培养基和所用设备一起进行灭菌的操作过程，也称为实罐灭菌。培养基的分批灭菌不需要专门灭菌设备，投资少，设备简单，灭菌效果可靠。分批灭菌对蒸汽的要求较低，一般在 0.3MPa（表压）就满足要求，但灭菌过程中蒸汽用量变化大，造成供汽负荷波动大。分批灭菌是中小型发酵罐经常采用的培养基灭菌方法。

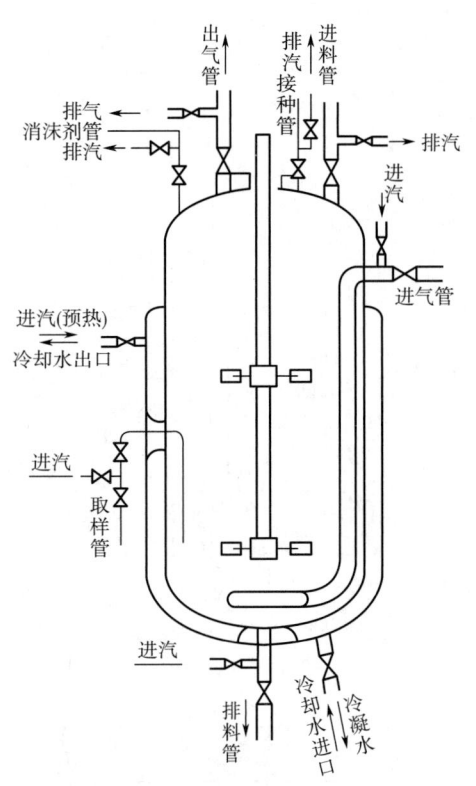

图 4-3 发酵罐的管道布置

在培养基灭菌之前，应先对发酵罐的空气过滤器进行灭菌并用空气吹干。发酵罐的管道布置如图 4-3 所示。开始灭菌时，应放空夹套或蛇管内的冷却水，培养基温度在 121℃，罐压达 0.1MPa 时，调整好各排气阀门，使罐压和温度保持在这个水平上进行，在保温阶段，进口在培养基液面下的各管道以及视镜管都应通入蒸汽，在液面上的其余各管则应排放蒸汽，这样才可保证灭菌彻底、不留死角。保温结束后，依次关闭各排气、进气阀门，待罐内压力低于无菌空气压力时，向罐内通入无菌空气保压，在夹套或蛇管中通入冷凝水，使培养基温度降到所需温度。

分批灭菌的过程包括升温、保温和冷却三个阶段。灭菌主要在保温过程中实现，在升温的后期和冷却前期，培养基的温度很高，也有一定的灭菌作用。

（二）连续灭菌设备

连续灭菌的优点是：①设备利用率高；②高温短时灭菌，培养基的营养成分破坏较小；③蒸汽负荷均衡，容易达到灭菌效果；④劳动强度低，便于自动化控制。液体培养基连续灭菌流程如下。

1. 连消塔加热连续灭菌流程

图 4-4 所示为连消塔加热连续灭菌流程，由配料罐、连消塔（分套管式和液汽混合式）、维持罐和喷淋冷却器组成。

（1）连消塔　图 4-5 所示为典型的套管式连消塔。全塔 2~3m，由蒸汽导管和外套管组成。蒸汽导管上开设有很多小孔，孔径一般为 6mm，小孔分布呈下密上疏，蒸汽可以从小孔中喷出。小孔的截面积等于或小于导入管的截面积。操作时，料液从塔的下部由增压泵进入外套管内，流速约 0.1m/s，蒸汽从塔顶进入蒸汽导管，经

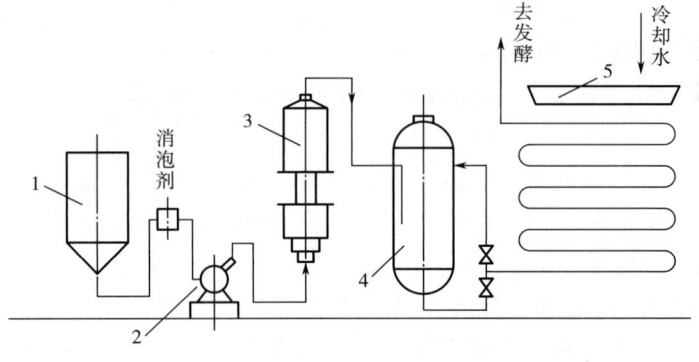

图 4-4 连消塔加热连续灭菌流程

1—料液罐　2—连消罐　3—连消塔　4—维持罐　5—喷淋冷却罐

小孔喷出后，与培养基直接混合加热至110~130℃，培养基在管间高温灭菌停留15~20s。

图4-6和图4-7所示为汽液混合式连消设备。在图4-6中，培养液由下端进入，加热蒸汽由下端侧面进入后环行加热料液，上升的培养液被圆形挡板阻挡，折转向四周上升，随后被蒸汽二次加热。在图4-7中器身为圆筒形，筒下端深入一套管喷嘴，喷嘴上方有圆形的挡板。培养液在筒内维持一段时间后，由筒顶排出。

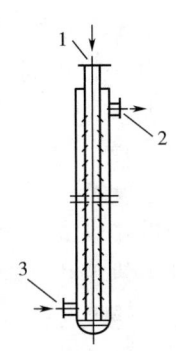
图4-5 套管式连消塔
1—蒸汽 2，3—培养液

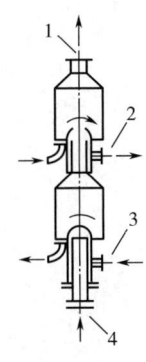
图4-6 混合式连消塔
1，4—培养液 2，3—蒸汽

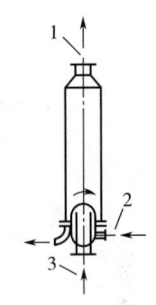
图4-7 连消器
1，3—培养液 2—蒸汽

（2）维持罐 维持罐如图4-8所示，它是长圆形耐压容器，高为直径的2~4倍，主要用于盛装刚经过灭菌的培养液，并能够维持一段温度，以确保灭菌效果。其结构主要由筒体、进料管、出料管、排尽管和测温口组成。

安装无菌呼吸口，以保证外界微生物不能进入维持罐内。维持罐的有效体积应能满足维持时间8~25min的需要，填充系数85%~90%。在这个流程中，维持罐的体积较大，物料流动存在反混现象，从而使培养基受热不均匀而产生局部过热或灭菌不足的现象，影响了培养基的灭菌质量；同时还因为喷淋冷却管道长，易阻塞，因而不适用于黏度大、固含量高的培养基灭菌。

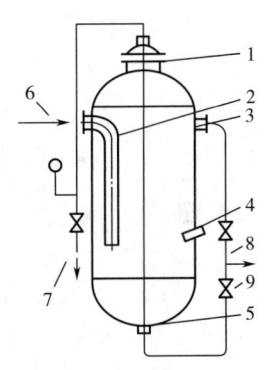
图4-8 维持罐
1—人孔 2—进料管 3—出料管
4—温度计测温口 5—排尽管 6—料液
7—排气 8—去喷淋 9—冷却器

2. 喷射加热连续灭菌流程

图4-9所示为喷射加热连续灭菌流程。它主要由喷射加热器、维持段和真空冷却器组成。当蒸汽从喷嘴中高速喷出时，与生培养基液瞬间混合均匀并将其加热到灭菌温度。培养液进入维持段管道中继续保温灭菌，管道长度可根据培养基性质和灭菌要求确定。灭菌后的培养基经过膨胀进入真空冷却器瞬间冷却。

喷射加热连续灭菌流程是目前常用的培养基灭菌方法，其特点是加热、冷却过程极为短暂，所以将温度升高到140℃而不引起培养基严重破坏。因维持设备是管道，设计合理，则反混程度很小，可保证物料的先进先出，避免培养基在灭菌过程中局部过热或灭菌不充

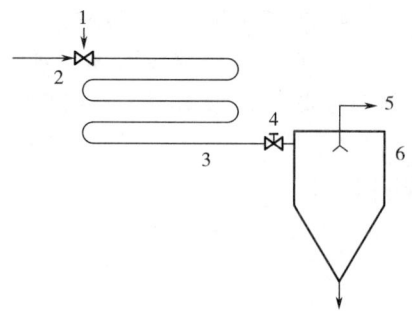

图 4-9 喷射加热连续灭菌流程
1—蒸汽 2—生培养液 3—维持段
4—膨胀阀 5—真空 6—急速冷却

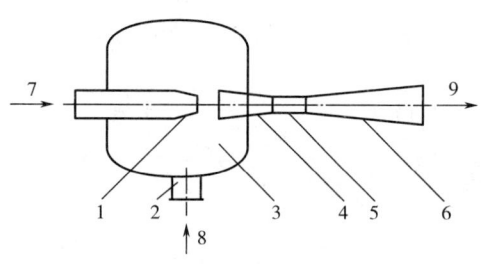

图 4-10 喷射加热器
1—喷嘴 2—吸入口 3—吸入室 4—混合喷嘴
5—混合段 6—扩大管 7—料液 8—蒸汽
9—已加热料液

分的现象发生。

喷射加热器如图 4-10 所示，它的特点是蒸汽和料液迅速接触，充分混合、加热在瞬时完成。当料液以一定压力经渐缩喷嘴 1 高速喷出时，将蒸汽由吸入口 2 经吸入室 3 进入混合喷嘴 4 中，并与料液充分混合，混合段 5 较长，有利于汽液混合。料液在扩大管 6 中动能转成压力能，因此料液被压入与扩大管 6 相连接的管道中。

3. 薄板连续灭菌流程

图 4-11 所示为薄板换热器连续灭菌流程，物料流动过程如图中所示。在此灭菌过程中，培养液在薄板加热器中可以同时完成预热、加热、灭菌、维持及冷却过程，尽管加热和冷却灭菌的时间比喷射式连续灭菌稍长，但灭菌周期较间歇灭菌短很多。如图 4-12 所示，可节约蒸汽和冷却水消耗。

由于薄板换热器的特点是单位体积的热交换面积大，传热系数高，而且可以根据需要很方便地改变换热面积的大小，拆卸清洗和设备维修都很方便，所以近年来得到推广应用，特别在丙酮-丁醇连续发酵和维生素 C 发酵的培养基灭菌中已应用 20 多年。但由于换热器内流体通路较狭窄、对稠厚的培养基流动阻力较大的缺点，限制了它的广泛推广。

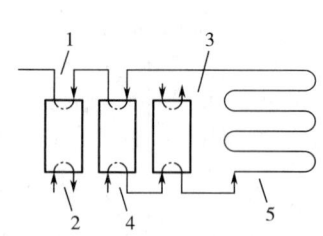

图 4-11 薄板换热器连续灭菌流程
1—灭菌后培养基 2—冷却水
3—蒸汽 4—生培养液 5—维持段

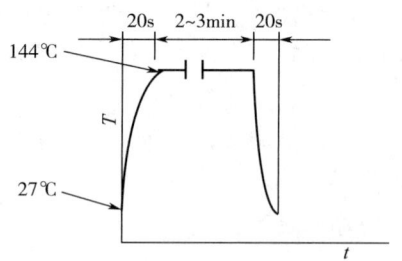

图 4-12 板式换热器连续灭菌
温度-时间关系

三、有机酸发酵设备

有机酸发酵多为好氧发酵,所以采用通风发酵罐,国内以机械搅拌罐为主,近几年半气升和全气升式发酵罐已有成功实例。

我国发酵罐容积已由过去 50、100m^3 发展到 200、250m^3。国外通气式发酵罐已有 1500m^3 的(用于单细胞蛋白发酵)。

一个设计、制作优良的发酵罐应符合下列要求:①有良好的传质、传热效果;②结构合理,附件少,内壁光滑无死角,耐介质腐蚀;③符合压力容器的设计、制造规范;④产生泡沫少和具有有效的消泡设施,以提高罐的装填系数;⑤必要、可靠的检测和控制系统。

(一)机械搅拌通风式发酵罐

常见的机械搅拌通风发酵罐的结构及主要尺寸比例见图 4-13~图 4-15,发酵罐有关参数见表 4-1。

表 4-1　　机械搅拌罐相关参数

公称容积/m^3	直径/mm	直筒高/mm	封头高/mm	有效容积(不计上封头)/m^3	全容积/m^3	搅拌直径/mm	搅拌档数/个	转速/(r/min)	配套电机功率/kW	冷却型式	传热面积/m^2
5	1500	3000	400	5.8	6.3	500	2	160	5.5	夹套	~10
10	1800	4000	500	11.1	12.0	600	2	150	13	内盘管 外盘管	15~18
25	2400	5300	650	27	29	800	2	135	30	同上	32~30
50	3200	6700	850	58.6	63.3	1050	3	100~110	55	内列管	60~65
100	3800	8800	1000	107.5	115.3	1250	3	95~105	115	同上	120~130
200	4600	12000	1200	212.9	226.5	1500	4	80~90	215	同上	220~230

1. 容积的计算

(1) 有效容积 V_0 [式(4-1)]

$$V_0 = \frac{\pi}{4} D^2 \cdot H + V_c + V_b \tag{4-1}$$

式中,V_0——有效容积,m^3

　　　D——罐内直径,m

　　　H——椭圆型封头直边高度,m

　　　V_c——标准椭圆形封头容积,m^3

　　　V_b——发酵罐直筒部分容积,m^3

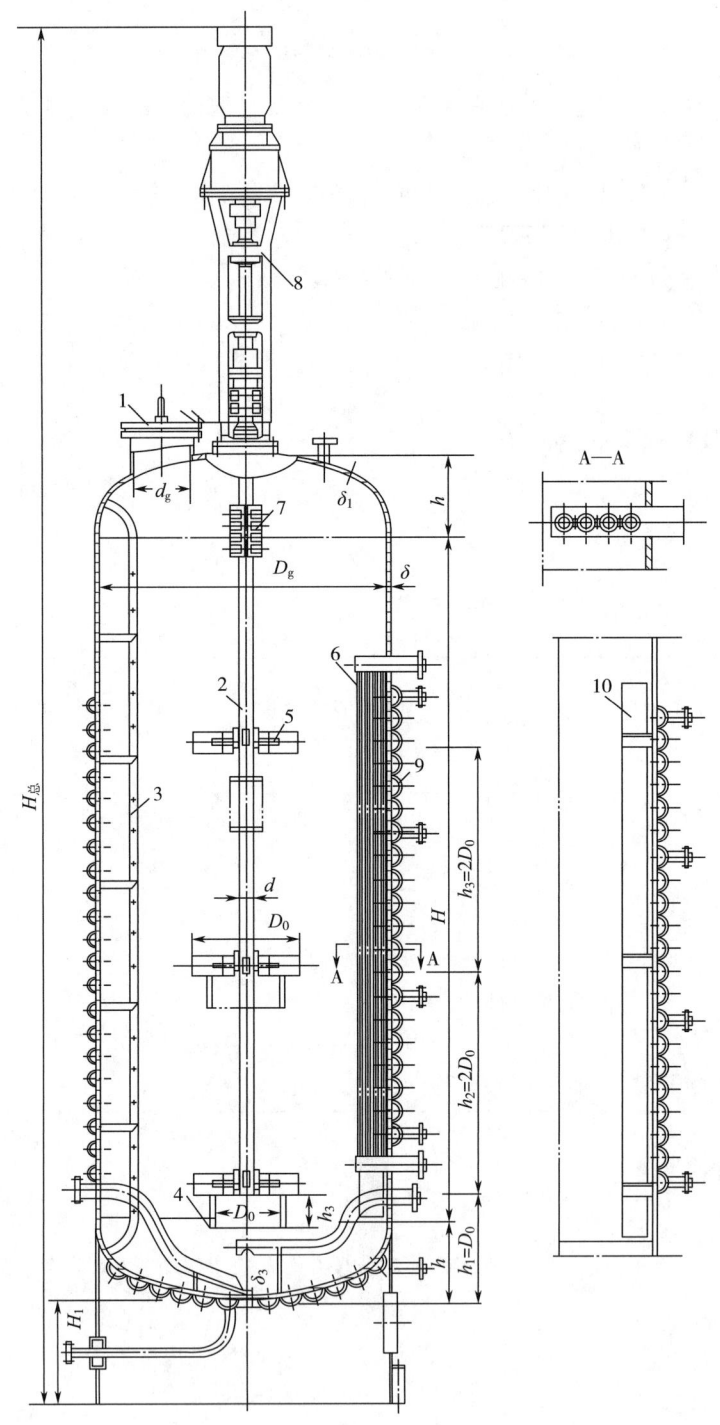

图 4-13 新型发酵罐结构
1—人孔　2—搅拌轴　3—扶梯　4—稳定器　5—搅拌桨　6—挡板Ⅰ（加热式）
7—联轴器　8—立式减速装置　9—半圆管　10—挡板Ⅱ

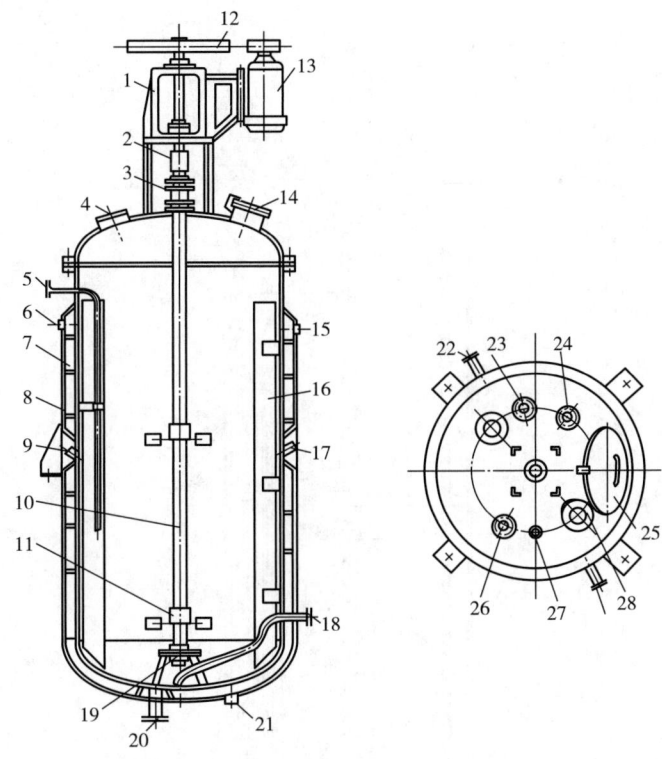

图 4-14 小型通用式发酵罐结构图

1—轴承支座 2—联轴节 3—轴封 4,28—窥镜 5,22—取样口 6—冷却水出口
7—夹套 8—螺旋片 9—温度计接口 10—轴 11—搅拌器 12—三角皮带转动
13—电动机 14,25—手孔 15,27—压力表接口 16—挡板 17—热电偶接口
18—通风管 19—底轴承 20,26—放料口 21—冷却水进口 23—排气口 24—补料口

（2）全容积 [式（4-2）]

$$V = 2(\frac{\pi}{4}D^2 \cdot H + V_c) + V_b \tag{4-2}$$

（3）标准椭圆形封头容积计算公式 [式（4-3）]

$$V_c = \frac{\pi}{4}D^2 + (h_b + H + \frac{1}{6}D) \tag{4-3}$$

式中，V_c——封头容积，m^3

h_b——封头曲面高度，m

标准椭圆形封头的尺寸、内表面积和容积见表 4-2。

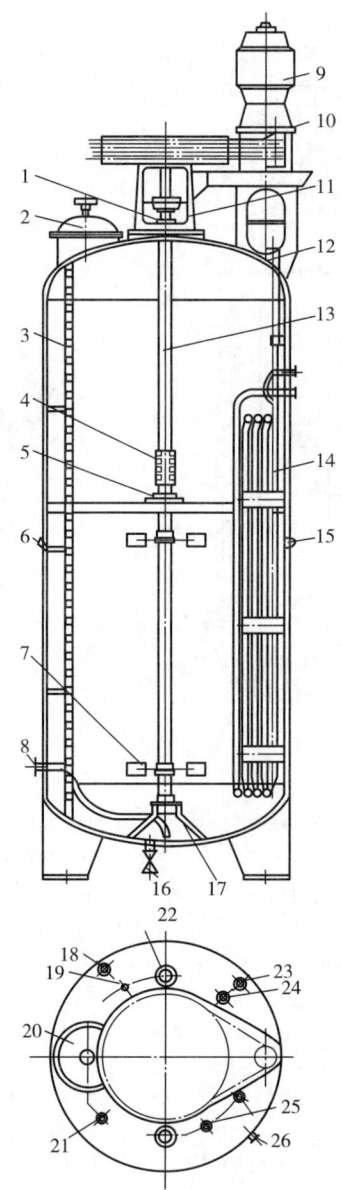

图 4-15 大、中型通用式发酵罐结构图

1—轴封 2，20—人孔 3—梯子 4—联轴节 5—中间轴承 6—热电偶接口
7—搅拌器 8—通风管 9—电动机 10—三角皮带转动 11—轴承座 12，18—取样口
13—轴 14—冷却列管 15—温度计 16—放料口 17—底轴承 19—压力表
21—进料口 22—窥镜 23—回流口 24—排气口 25—补料口 26—空气进口

表 4-2　　以内径为公称直径的椭圆形封头的尺寸、内表面积、容积

公称直径 /mm	曲面高度 /mm	直边高度 /mm	内表面积 /m²	容积 /m³	公称直径 /mm	曲面高度 /mm	直边高度 /mm	内表面积 /m²	容积 /m³
300	75	25	0.121	0.00530	(550)	137	25	0.370	0.0277
(350)	88	25	0.160	0.00802			40	0.396	0.0313
400	100	25	0.204	0.0115			50	0.413	0.0336
		40	0.223	0.0134	600	150	25	0.436	0.0352
(450)	112	25	0.254	0.0158			40	0.464	0.0396
		40	0.275	0.0183			50	0.483	0.0425
500	125	25	0.309	0.0213	(650)	162	25	0.507	0.0442
		40	0.333	0.0242			40	0.538	0.0493
		50	0.349	0.0262			50	0.558	0.0526
700	175	25	0.584	0.0545	1800	450	25	3.64	0.826
		40	0.617	0.0603			40	3.73	0.866
		50	0.639	0.0642			50	3.78	0.889
800	200	25	0.754	0.0796	(1900)	475	25	4.05	0.971
		40	0.792	0.0871			40	4.14	1.01
		50	0.817	0.0921	2000	500	25	4.48	1.18
900	225	25	0.945	0.112			40	4.57	1.20
		40	0.880	0.121			50	4.63	1.31
		50	1.02	0.127	(2100)	525	40	5.03	1.36
1000	250	25	1.16	0.151	2200	550	25	5.40	1.49
		40	1.21	0.162			40	5.50	1.54
		50	1.24	0.170			50	5.57	1.58
(1100)	275	25	1.40	0.198	(2300)	575	40	6.00	1.76
		40	1.45	0.212	2400	600	25	6.41	1.93
		50	1.49	0.222			40	6.52	2.00
1200	300	25	1.65	0.255			50	6.60	2.05
		40	1.71	0.272	2600	650	25	7.50	2.43
		50	1.75	0.283			40	7.63	2.51
(1300)	325	25	1.93	0.321			50	7.71	2.56
		40	1.99	0.341	2800	700	40	8.82	3.12
		50	2.03	0.354			50	8.91	3.18
1400	350	25	2.23	0.398	3000	750	40	10.1	3.82
		40	2.29	0.421			50	10.2	3.89
		50	2.33	0.436	3200	800	40	11.5	4.61
(1500)	375	25	2.55	0.487			50	11.6	4.69
		40	2.62	0.513					
		50	2.67	0.530					
1600	400	25	2.89	0.587	3400	850	50	13.0	5.60
		40	2.97	0.617	3600	900	50	14.6	6.62
		50	3.02	0.637	3800	950	50	16.2	7.75
(1700)	425	25	3.25	0.700	4000	1000	50	17.9	9.02
		40	3.34	0.734					
		50	3.39	0.757					

2. 传动装置

（1）三角带传动　由于三角带传动具有结构简单、制造成本低、维修量少而方便、噪声小等优点，所以，虽然它笨重且传动比较小，但仍为有机酸行业广泛采用。

新标准窄V形三角带具有结构紧凑，传动比可接近10，皮带线速度可达35~45m/s，从而使皮带盘质量大大减轻，且有寿命长及节能的特点，因而发展较快。

有关窄V形三角带的详细技术资料，需要者可参见有关设计手册，如1993年由兵器工业部出版的《非标设备设计手册》第一册。

（2）减速机传动　减速机具有传动功率大、速比大、效率高、结构紧凑等优点，但制造成本高，安装高度高，加上国内制造的产品噪声大和维修频繁，使用实例较少。

3. 搅拌装置

（1）常用的搅拌装置　搅拌器是发酵罐的关键部件。目前最常见的是中央带有较大直径圆盘的涡轮式搅拌器。涡轮式搅拌器叶片的形式有平叶、弯叶和箭叶等，叶片数为4~6片，如图4-16所示。

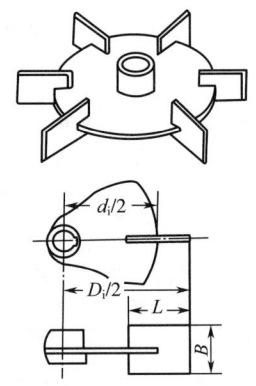
(1)圆盘平直叶涡轮
$D_i : d_i : L : B = 20 : 15 : 5 : 4$

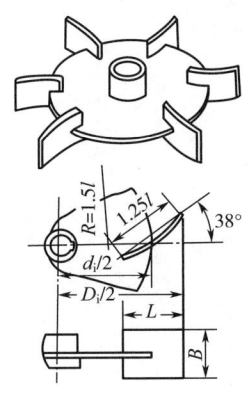
(2)圆盘弯叶涡轮
$D_i : d_i : L : B = 20 : 15 : 5 : 4$

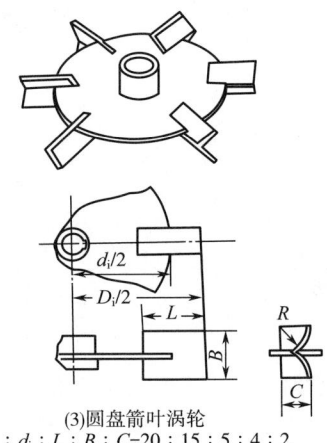
(3)圆盘箭叶涡轮
$D_i : d_i : L : B : C = 20 : 15 : 5 : 4 : 2$
$R = 0.5B$

图4-16　涡轮式搅拌器叶片

涡轮式叶轮的流体流动状态和功率消耗比较如下：

① 液体径向流动：平叶>弯叶>箭叶。
② 液体轴向流动：箭叶>弯叶>平叶。
③ 功率消耗：平叶>弯叶>箭叶。

（2）翼叶式搅拌装置　近年来，翼叶式搅拌桨开始得到应用推广，如图4-17所示。它能使物料在更大范围内得到充分搅匀，而且功耗较小，所以，它一传入国内发酵行业，就得到了充分的重视和应用。翼叶式搅拌的加工和安装要求均较高。

（3）组合式搅拌装置　多档搅拌器中各档搅拌的功能不同，例如底搅拌功能以打碎气泡为主，上搅拌则以使物料再次充分混匀为主。因此组合式搅拌得到了广泛重视和应用。实践证明，组合式搅拌在传热、传质和功率消耗等方面，均优于常规的搅拌形式。

4. 传热装置

（1）外夹套式　外夹套是传统的换热装置，结构简单，易加工，罐内死角少。其缺点是传

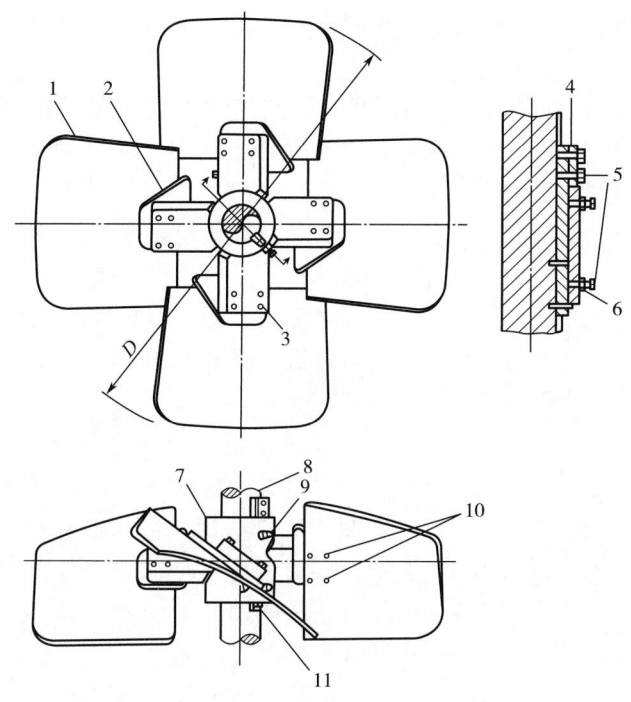

图 4-17 翼叶式搅拌装置
1—叶片 2—叶柄 3,5,9,10—螺栓 4,11—键
6—并帽 7—轴套 8—轴

热系数低［仅 (0.63~1.05) ×10³kJ/ (m²·h·℃)］,仅适用于小型罐（一般不超过 5m³）。

（2）外螺旋半圆管式 具有外夹套式的优点,而且有较高的传热系数,可达 (1.26~1.89)×10³kJ/(m²·h·℃),由于外螺旋管使罐体的刚度大大增加,所以使罐身用材相对减少,其缺点是焊接加工量大。外螺旋管是用 2~4mm 的钢板在专用设备上滚压而成,也可加工成矩形或其他形状。

（3）蛇管（竖式或水平式） 一般以多组形式垂直或水平装于罐内,竖式蛇管可替代挡板。其优点是冷却水在管内流速高,传热系数可达 (1.26~1.89) ×10³kJ/ (m²·h·℃)。其缺点是制造安装要求高,维修量大,蛇管渗漏易造成发酵染菌。

（4）换热面积的计算

① 理论计算［式（4-4）］

$$F = Q/\Delta t \cdot K \tag{4-4}$$

式中，F——传热面积，m^2

Q——取高峰发酵热，kJ/ (m²·h·℃)

Δt——平均温差（算术或对数平均温差），℃

K——传热总系数，小型罐取 (0.63~1.05) ×10³ kJ/ (m²·h·℃),大型罐取 (1.68~2.5) ×10³kJ/ (m²·h·℃)

② 经验估算

北方气温、水温低或产酸速率中等水平以下的,取 1.0~1.2m²/m³ 发酵液;

南方气温、水温高，发酵周期短，产酸速率快的，取 1.2~1.4m²/m³ 发酵液。

5. 机械密封

目前已很少看到垫料密封的发酵罐。机械密封形式很多。在有机酸行业，发酵罐承受压力不超过 0.25MPa，取非平衡式单端面机械密封已足够。其结构如图 4-18 所示。有机酸发酵罐机械密封常用材料的选择有以下几种。

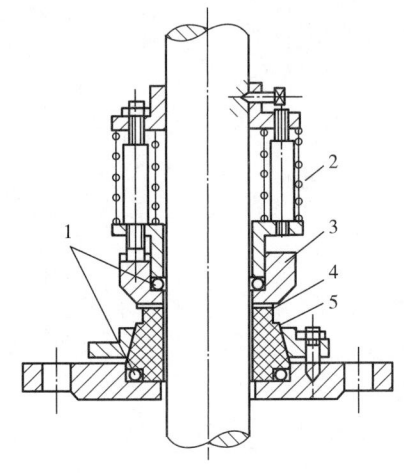

图 4-18 罐顶非平衡式单端面机械密封
1—O 形圈 2—弹簧 3—动环
4—堆焊硬质合金 5—静环

①动环：硬质合金或氧化铝陶瓷；
②静环：酚醛浸渍石墨或单质石墨；
③动环密封圈：氟橡胶或耐热橡胶；
④弹簧：轴径<50mm 用单弹簧；轴径≥50mm 用多个小弹簧。

6. 联轴节

大型发酵罐联轴节常见有三种，其中三分式联轴节（图 4-19）因装拆方便，更便于机械密封的更换维修，但加工精度应有绝对保证，否则会适得其反。

第一只联轴节的安装位置，小型罐可设置在罐顶外机械密封上部，大型罐联轴节因单体质量大而很难在罐顶机械密封很小的空间进行维修操作，所以常常将其放置在罐内机械密封下方，但要求上轴最好采用不锈钢材料。

7. 中间轴承和平衡体

发酵罐搅拌轴为超细长轴，常常设置底轴承和中间轴承来防止轴的摆动，小型罐常采用拉杆调节式，大型罐则采用桁架固定式。滑动轴承的摩擦副材料一般有不锈钢、铜、硬木、四氟石墨等。轴套与轴瓦间隙通常为 $e = (0.005 \sim 0.01)D$，粗料发酵时，宜取大值。

近些年，国外引进设备中使用的轴平衡体已在有机酸发酵罐中得到应用。平衡体的结构如图 4-20 所示。有机酸发酵罐多采用这种形式。它是筒式结构，与搅拌桨连接，有较大的迎液面积，即阻尼较大，轴的稳定性提高。推荐使用搅拌轴平衡体的尺寸如下：

$$D_0/D = 0.65 \sim 0.7$$
$$H_0/H = 1.0 \sim 1.6$$
$$D_0 \cdot H_0/(D \cdot H) = 0.75 \sim 1.0$$

其中 D_0——平衡体筒体外径，m
D——搅拌器直径，m
H_0——平衡器筒体高度，m
H——搅拌叶片高，m

8. 搅拌功率的计算

通气时的搅拌功率 P 按式（4-5）计算：

$$P = 2.25(P_0^2 n D^3/Q^{0.08})^{0.39} \times 10^{-3} \tag{4-5}$$

式中，P、P_0——通气、不通气时的搅拌轴功率，kW
n——搅拌器转速，r/min

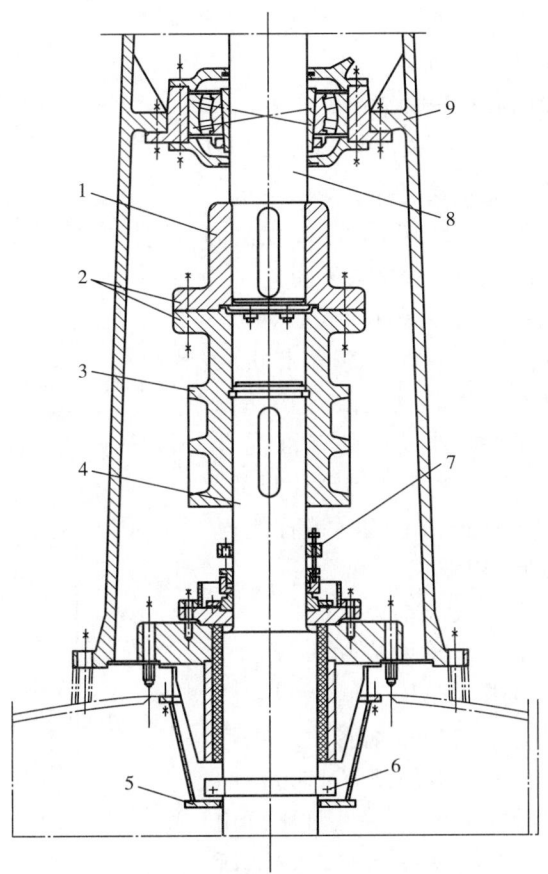

图 4-19 罐顶三分式联轴节

1—上联轴节 2—三分式联轴节 3—剖分式下联轴节 4—搅拌轴 5—轴座架
6—夹箍式搁圈 7—密封装置 8—传动装置出轴端 9—机架

D——搅拌器直径，cm

Q——通气量，mL/min

不通气时的搅拌功率 P_0，按式（4-6）计算：

$$P_0 = N_p D^5 n^3 \rho \quad (W) \tag{4-6}$$

式中，ρ——液体密度，kg/m^3

有机酸发酵罐物料流动均属湍流（$Re_m \geq 10^4$），N_p 可按以下方式取：圆盘六平直叶涡轮：$N_p \approx 6.0$；圆盘六弯叶涡轮：$N_p \approx 4.7$；圆盘六箭叶涡轮：$N_p \approx 3.7$。

（二）节能型发酵罐

发酵部分（包括搅拌、通风、冷却水等）的电耗占有机酸产品总电耗的 1/2～2/3。而搅拌电耗占发酵电耗的 50%～60%。另外，由于发酵罐容积的迅速增加，搅拌装置的增大，在设计、制作、安装上遇到的困难越来越多。近几年行业内对发酵罐搅拌的节能和用空气替代搅拌的研究有较显著的进展。

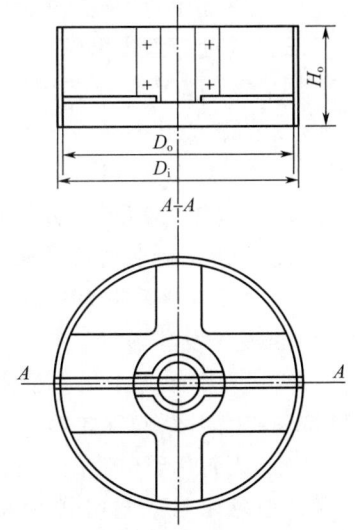

图 4-20 搅拌轴平衡体结构示意图

1. 采用窄 V 形三角带和不同型桨叶组合式发酵罐
（1）窄 V 形三角带替代普通三角带；
（2）轴平衡体替代中间轴承和底轴承；
（3）翼叶式搅拌替代平叶、弯叶、箭叶式搅拌；
（4）组合式搅拌替代统一式搅拌。

通过采用上述技术改造过的 $100\sim200m^3$ 发酵罐，搅拌能耗下降 20%～40%（在通气量不变情况下，视原发酵罐的能耗而效果不同）。

2. 喷环式发酵罐（半气升发酵罐）

喷环式发酵罐是近年来在 100、$250m^3$ 有机酸发酵上获得成功的节能型罐型，其主要结构如图 4-21 所示。无菌空气通过特殊设计的气液混合器，替代 1 组以上的搅拌叶，从而达到节能目的。对于薯干粉发酵，每吨发酵酸总电耗（搅拌用电和空气用电）能节约30%～40%。

3. 无搅拌式发酵罐（全气升式）

有机酸发酵有两种全气升罐的成功实例。一种用于精料发酵，结构如图 4-22（1）所示。其完全像半气升罐，只是完全去掉了搅拌，对喷嘴的设计和安装必须更为合理。国外已有 $1500m^3$ 的工业实例（用于单细胞蛋白生产）。另一种则可用于如薯干类的粗料发酵，结构如图 4-22（2）所示。其原理是首先利用喷嘴使气液充分混匀，然后通过类似静态混合器的传热元件来进一步使气液重新混匀以达到传质与传热效果。这种类型发酵罐在 $50m^3$ 罐验证可节电 10%～15%，而且较适用于冷却水紧张的地区。

（三）其他新型发酵罐

1. 塔式发酵罐

该发酵罐（图 4-23）有较大的高径比，一般 $H/D=4\sim7$，甚至达 12，多点空气分布器装于罐底，罐内装有多级筛板，最多可达十级以上，导流口的设置更有利于气液的重新分布。该罐氧利用率高，发酵电耗下降 30%以上。

2. 自吸式发酵罐

自吸式发酵罐是以高速流体（如气体、液体）通过特殊的喷射结构来带吸入另一种流体（液体或气体），从而达到传质的效果。

（1）（液带气）自吸式发酵罐 发酵液由泵高速（7～10m/s）泵入文氏管内，形成真空，吸入空气。在收缩段中，气液得到充分混匀，使溶氧系数提高，比能耗下降［图 4-24

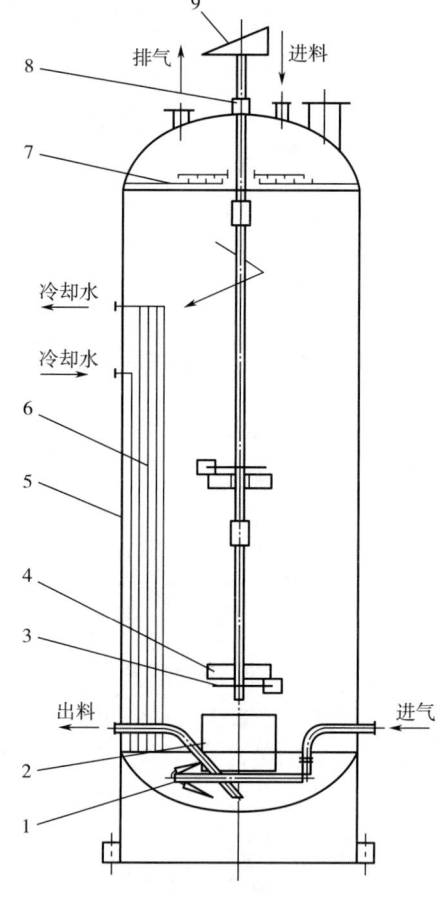

图 4-21 喷环式发酵罐

1—气-液型喷射混合搅拌装置　2—环流反应器
3—机械搅拌器　4—稳定器　5—罐体
6—换热装置　7—高效机械消泡器
8—机械密封　9—传动装置

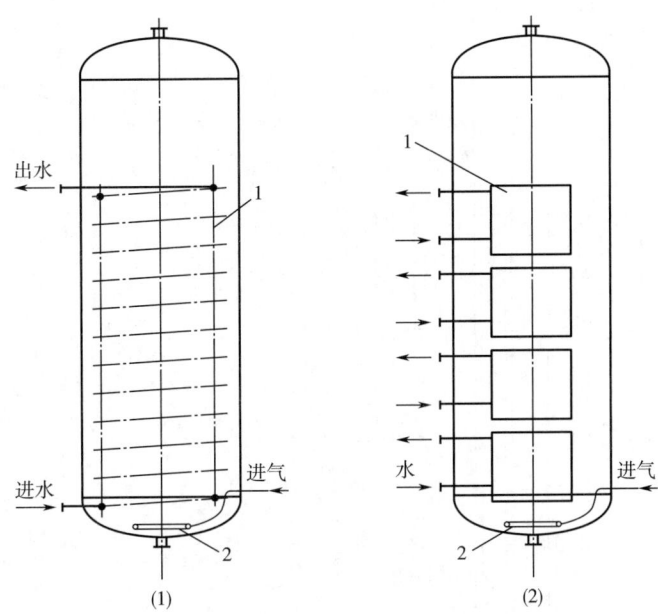

图 4-22 全气升式发酵罐
（1）1—冷却盘管　2—喷嘴　（2）1—带静态混合器的导流桶式冷却器　2—喷嘴

（1）]。这种罐型已有 500m³ 的工业实例。

（2）（气带液）自吸式发酵罐　空气从喷射器喷嘴喷出时同时做旋转运动，带动发酵液旋转，增加混合效果［图 4-24（2）］。

四、有机酸下游处理设备

在生物发酵产业的生产中，微生物发酵液、动植物细胞培养液、酶反应液等，大多数是非均相的固相和液相的混合物，而人们需要的目的产物大多数透过细胞存在于悬浮液中，也有的则存在于细胞之内，有的则是细胞本身。为了获得目的产物，往往要经过四个加工阶段（又称下游加工过程）：①发酵液的预处理和固-液分离；②产品初步纯化（提取）；③产品的高度纯化（精制）；④成品标准化（成品加工）。

（一）发酵液固液分离设备

发酵液属悬浮液，且种类很多，大多数具有黏度大、成分复杂的特点，且悬浮液中的固体粒子具有一定的可压缩性，使分离变得困难。通常对发酵液分离之前，先对发酵液进行预处理（如加热、调 pH、聚凝、絮凝、加入助滤剂等），从而改变发酵液的物理性质，以便达到固-液分离的目的。虽然分离方法较多，但生物发酵产业中最常用的主要是过滤、离心和错流等分离方法。其相应的设备为过滤设备、离心设备

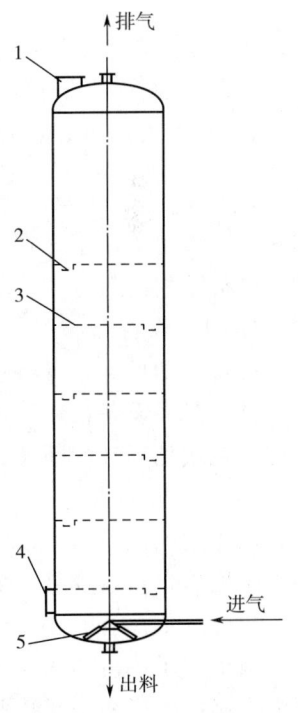

图 4-23　塔式发酵罐
1、4—人孔　2—导流口
3—筛板　5—分配器

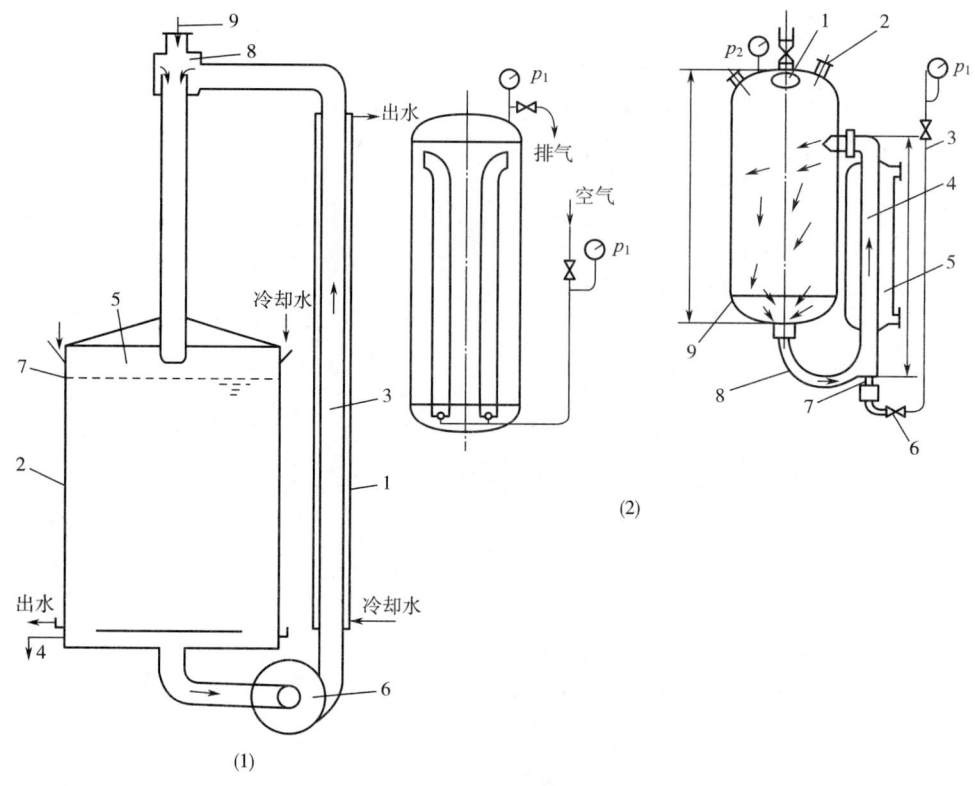

图 4-24 自吸式发酵罐

(1) 1—冷却器 2—罐体 3—循环管 4—放料口 5—分离排气 6—循环泵 7—液面 8—喷射器 9—空气入口
(2) 1—人孔 2—视镜 3—空气管 4—上升管 5—冷却夹套 6—单向阀 7—空气喷嘴 8—带升管 9—罐体

和膜分离设备。以下介绍过滤设备和离心设备。这两种设备依靠机械作用力,对固-液非均相的混合物进行分离,故又称机械分离设备。

1. 过滤设备

按过滤助推力,可将过滤设备分为常压过滤设备、加压过滤设备和真空过滤设备三类。常压过滤设备仅适用于易过滤的物料,加压过滤设备和真空过滤设备广泛应用于生物发酵产业中悬浮液的固液分离。

(1) 加压过滤设备 加压过滤设备有间歇式加压过滤机和连续式加压过滤机,其中间歇式加压过滤机分为:板框式压滤机、厢式压滤机及加压过滤机。加压过滤机主要用于悬浮液中固体含量较少(≤1%),且需要液相而废弃固相的场合;若发酵液等悬浮液黏度高,成分复杂,一般使用板框式压滤机和厢式压滤机。

板框式压滤机如图 4-25 所示,由尾板、滤框、滤板、头板、主梁和压紧装置等组成。两根主梁把尾板和压紧装置连接在一起构成机架,机架上紧靠压紧装置端放置头板,在头板和尾板之间依次交替排列着滤板和滤框,滤框间夹着滤布。

厢式压滤机又称板式压滤机,它与板框式压滤机相似,但只有滤板没有滤框。每块滤板均有凸起的周边代替滤框作用,故滤板表面呈凹形,如图 4-26 所示,两块滤板的凸缘相对配合,构成滤室。厢式压滤机,滤板的中央多开有圆孔,作为料液供料通孔。滤液从

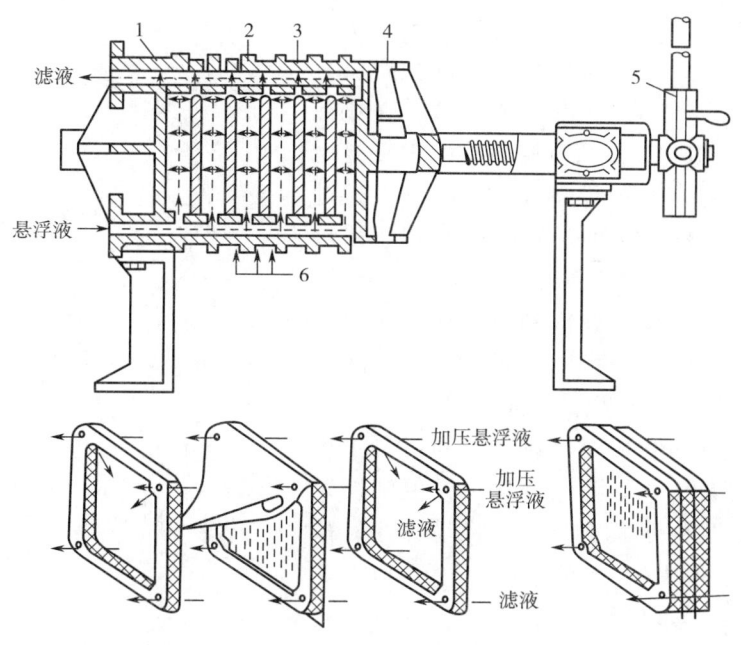

图 4-25 板框式压滤机
1—料液出口　2—尾板　3—滤框　4—滤板　5—头板　6—压紧装置

各滤板边角处开孔引出。厢式压滤机与板框式压滤机相比，结构简单，价格低，过滤面积大，耐受压力大，动力消耗小，适用于较难处理物料的过滤，故使用广泛。但这种压滤机不能连续操作，劳动强度大，辅助操作时间长，滤布易破坏。

（2）真空过滤机　真空过滤机是用抽真空的方法抽取滤室内的气体，使滤室与大气之间产生压差，作为过滤操作的推动力，迫使滤液穿过过滤介质，固体颗粒被介质截留，以达到固液分离的目的。生物发酵产业中，用得较多的是转鼓真空过滤机。

转鼓真空过滤机是一种连续操作过滤设备，设备的主体是由筛板组成的能转动的水平圆鼓，简称转鼓（筒），筒上钻有许多孔，外面包上金属网和滤布。圆筒内沿径向被筋板分隔成若干空间，每个空间都以单独通道至筒轴颈端面的分配头上，分配头内沿径向分离成 3 个室，它们分别与真空和压缩空气管路相通（图 4-27）。

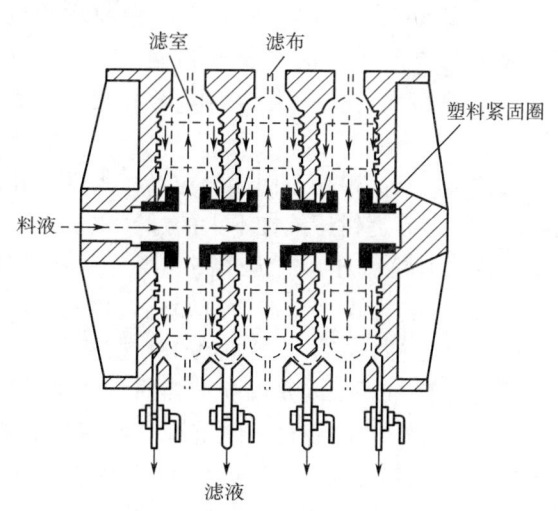

图 4-26 厢式压滤机

转鼓下部进入浆槽中，浸没角 90°~130°，圆筒以 0.5~2r/min 转速旋转，可顺序进行过滤、洗涤、吸干、吹松、卸饼等操作。整个圆筒分为过滤区、洗涤及脱水区、卸饼及再生区 3 个区域。

转鼓真空过滤机的过滤面积有 1、5、20 及 40m² 等不同规格,目前,国产的最大过滤面积为 50m²,直径 0.3～4.5m,长度 0.3～6m,型号有 GP 及 GP-X 型,GP 型为刮刀卸料,GP-X 型为绳索卸料。滤饼厚度一般保持在 40mm 以内,对于难过滤的胶状料液,厚度小于 10mm,对于菌丝体发酵液,过滤前在滚筒上预涂一层 50～60mm 厚的硅藻土过滤时,可调节滤饼刮刀将滤饼连同一薄层硅藻土一起刮去,每转一周,硅藻土刮去 0.1mm,以保证过滤正常顺利地进行。

转鼓真空过滤机可吸滤、洗涤、卸饼再生连续化操作,生产能力大、劳动强度小,但辅助设备多,投资大,且由于真空过滤,推动力小,最大真空度不超过 80kPa,一般为 0.27～67kPa,滤饼湿含量大,通常为 20%～70%。

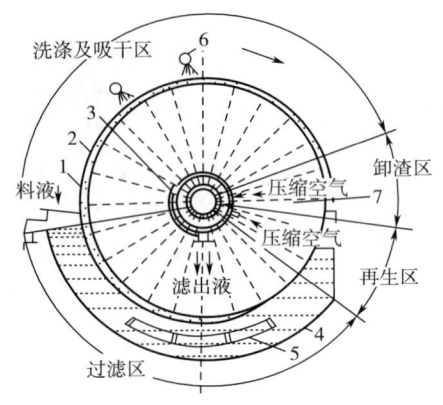

图 4-27 转鼓结构及工作流程
1—转鼓 2—过滤室 3—分配阀 4—料液槽
5—摇摆式搅拌机 6—洗涤液喷嘴 7—刮刀

转鼓真空过滤机的最大优点是操作自动化,单位过滤面积的生产能力大,通过改变过滤机的转速便可调节滤饼厚度。缺点是过滤面积远小于板框过滤机,设备结构比较复杂,滤渣的湿含量比较高。

转鼓真空过滤机适用于颗粒不太细、黏度不太大的悬浮液。不宜用于温度太高的悬浮液,以免悬浮液的蒸汽压过大而使真空失效。

2. 离心设备

利用离心力作为推动力分离液相非均相的过滤称为离心分离,其设备称为离心机。用作固液分离的离心机一般分为两类:一类是过滤离心机,固相截留在可渗透过滤介质上,而液相通过;一类是沉降离心机,它利用两相存在密度差,固相或浓相沉降而分离。

过滤离心机一般用于固体颗粒尺寸大于 10μm 至数毫米的粒径,固含量 5%～8% 的液-固两相的悬浮液,滤饼压缩性不大的过滤。

过滤离心机可分为三足式离心机、上悬式离心机、卧式刮刀卸料离心机(含虹吸刮刀卸料离心机)、卧式活塞推料离心机、离心力卸料离心机和螺旋卸料过滤离心机等。

过滤离心机分离操作的推动力为惯性离心力,常采用滤布作为过滤介质。它的分离原理和工艺计算与压力过滤机基本相同,这里主要讨论沉降式离心机。沉降式离心机可分为碟式离心机、管式离心机、螺旋卸料沉降离心机和室式离心机等。

(1) 碟式离心机 碟式离心机的转鼓直径一般为 150～1000mm,转速为 4000～12000r/min,分离因数为 5000～15000,常用于高度分散物系的分离,如密度相近的液体组成的乳浊液、高黏度液相中含有细小颗粒的液-固两相悬浮液等。

工作原理:图 4-28、图 4-29 所示分别为澄清型碟式离心机原理、中性层半径。碟片之间用定隙板隔开,间隙大小应根据悬浮液的颗粒大小和浓度加以调整。两片碟片之间形成分离通道,清液从碟片内径(r_{min} 处)离开。碟片以一定的速度旋转,固体颗粒在离心力场作用下,从液相中分离出来,由碟片外半径(r_{max} 处)排出。

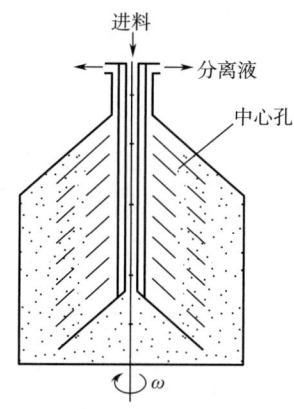
图 4-28 澄清型碟式离心机原理

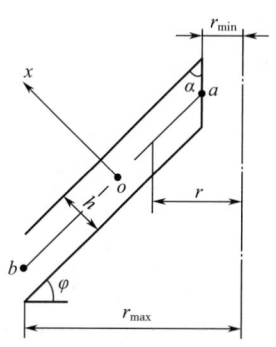
图 4-29 中性层半径

碟式离心机的品种较多，按排渣方法可分为：①人工排渣碟式离心机：每一循环工作结束后，需人工方法排除机内的沉渣。劳动强度大，常用于固含量低的乳浊液和悬浮液的澄清，一般固相的质量分数小于 1%，固相颗粒大于 0.5μm。②活塞排渣碟式离心机：其排渣原理是通过沿转鼓周壁可上下移动的活塞，在液压作用下启闭转鼓壁上的排渣口实现排渣。按液压作用方式可分为间接泄压式和直接作用式两种。适用于固含量为 1%~5% 的悬浮液分离，可分离的固相颗粒直径为 1~15μm。③喷嘴排渣碟式离心机：转鼓形状为圆锥形，喷嘴位于转鼓锥端部位，数量为 4~12 个，均布分布在圆周上，沉渣通过喷嘴连续排出。一般作为浓缩用，浓缩率为 5~20 倍，为提高浓缩率，可采用沉渣再循环形式。它适用于固相质量分数不大于 10% 的乳浊液分离和固相浓缩，可分离的固相颗粒粒径为 1~15μm。

选型原则：①碟式离心机适用于高度分散的物料分离，如密度相近的液体所组成的乳浊液分离、黏液相中含有细小固体颗粒的悬浮液分离。②根据物料的分离要求，碟式离心机可用于乳浊液的提纯、悬浮液的浓缩、含有微量固体杂质的液相澄清等。③碟式离心机可以分离的固体（液滴）粒径为 0.5~500μm。各种碟式离心机对悬浮液固相质量分数适用范围分别为：人工排渣碟式离心机为 1%，活塞排渣碟式离心机为 1%~5%，喷嘴排渣碟式离心机为 5%~10%。

碟式离心机型号含义如下：第一位字母 D 表示碟式离心机；第二位字母表示排渣方式，R 是人工排渣，B 是环阀部分排渣（习惯称活塞部分排渣），H 是环阀全排渣（习惯称活塞全排渣），P 是喷嘴排渣；第三位字母表示典型工艺用途，D 是蛋白质，F 是淀粉类，J 是酵母类，M 是羊毛脂类，N 是乳品类，P 是啤酒或果汁类，Q 是油漆类，R 是乳胶类，S 是生物制品类，Y 是矿物油类，Z 是植物油。

根据各类离心机的分类性能选择需要的离心机，表 4-3 列举了用于生物产业分离的离心机。

表 4-3　　　　　　　　　　　用于生物产业分离的离心机

发酵产物	微生物名称	颗粒大小/μm	相对生产力/%	离心机类型
面包酵母	酵母菌	5~8	100	喷嘴碟片式
啤酒、果酒	酵母菌	5~8	50~80	喷嘴碟片式
单细胞蛋白	假丝酵母	3~7	50	喷嘴碟片式、螺旋式
柠檬酸	黑曲霉	3~10	30	螺旋式、间歇排渣式
抗生素	霉菌	1~10	20	螺旋式
抗生素	放线菌	10~20	7	间歇排渣式、喷嘴碟片式
酶	枯草杆菌	1~3	7	间歇排渣式
疫苗	梭状芽孢杆菌	1~3	5	间歇排渣式

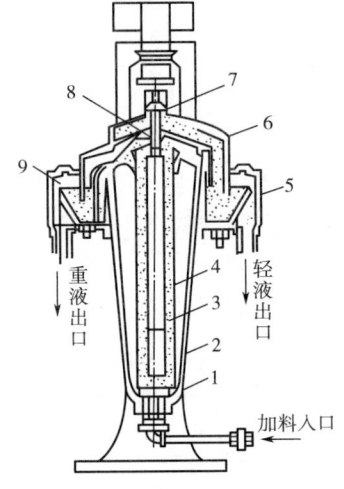

图 4-30　管式离心机
1—折转器　2—固定机壳　3—十字形挡板
4—转鼓　5—轻液室　6—排液罩
7—驱动轴　8—环状隔盘　9—重液室

（2）管式离心机　管式离心机属于高速运转的沉降式离心机，由于离心机的转鼓的直径较小，而长度较长，形如管状，故称管式离心机，如图 4-30 所示。

管式离心机转速高，一般 15000r/min，分离因数大，可达 50000，为普通离心机的 8~24 倍，能分离一般离心机难于分离的物料。在沉降离心机中，管式离心机的分离因数最高，分离效果好，适用于处理固体颗粒直径 0.1~100μm、固液相密度差大于 10kg/m³、固相的质量分数小于 1% 的难分离的悬浮液，处理量为 200~2000L/h。

国产管式离心机有 GF 型和 GQ 型两种，GF 型管式离心机适用于乳浊液的分离。GQ 型管式离心机适用于含固相物料小于 1% 的悬浮液澄清，特别适用于固相的质量分数小、黏度大、颗粒细、固液两相密度差较小的固液分离，其主要技术参数见表 4-4。

表 4-4　　　　　　　　　　　管式离心机的主要技术参数

型号	技术参数						电动机型号功率/kW
	转鼓直径/mm	有效高度/mm	有效容积/L	转速/(r/min)	分离因数	生产能力/(L/h)	
GF105-N	105	723	5.3	15000	13000	200~1000	Y100L-2B (3.3)
GF105-NB	105	725	5.3	15000	13000	200~800	Y90S-2B (1.5)
GF105-NA	105	730	5.5	16000	15000	1200	Y90L-3 (2.2)
GQ105-N	105	750	5.9	15000	13200	2000	Y112M-2 (4.0)
GQ105-NA	105	730	5.5	16000	15000	1000	Y90L-2 (2.2)

注：GQL105 型机内有冷却装置。

（3）螺旋卸料沉降离心机　主要由高转速的转鼓、与转鼓转向相同且转速比转鼓略高或略低的螺旋和差速器等部件组成。

工作原理：图4-31所示为卧式螺旋卸料沉降离心机结构示意图，悬浮液经进料管连续输入离心机，经螺旋输送器的内筒出料口进入转鼓，在离心力作用下，悬浮液在转鼓内形成一环液流，固体粒子在离心力的作用下沉降到转鼓内壁，由于差速器的差动作用，使螺旋输送器与转鼓之间形成转速差，把沉渣推送到转鼓小端的干燥区进一步脱水，然后经出渣口排出。液相形成一个内环，环形液层深度由转鼓大端的溢流挡板进行调节。分离后的液体经溢流孔排出，沉渣和分离液分别被收集在机壳内的沉渣和分离液隔仓内，最后由重力卸出机外。

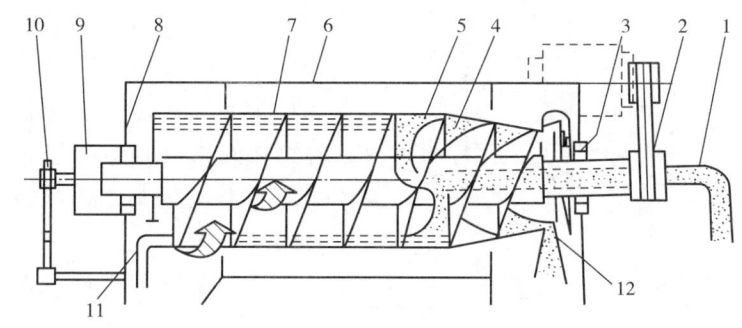

图4-31　卧式螺旋卸料沉降离心机结构示意图

1—进料管　2—皮带轮　3—右轴承　4—螺旋输送器　5—进料孔　6—机壳　7—转鼓
8—左轴承　9—行星差速器　10—过载保护装置　11—溢流孔　12—排渣孔

选型原则：①对于固相浓度低、固体粒子细、固液两相密度差较小的物料，且要求液相澄清度高时，一般选用柱/锥形转鼓，转鼓长径比$L/G \geqslant 3$的并流型螺旋卸料离心机。②对于固相浓度高、固液两相密度差较大的悬浮液的分离，当要求沉渣的产率高，且分离所得的沉渣含湿率低时（如PVC的分离等），一般选用$L/D \geqslant 2$的柱/锥形转鼓的逆流型螺旋卸料离心机。③对于粗颗粒物料的脱水（如尾煤回收等），不但要求离心机要有较高的沉渣生产能力，而且要求沉渣的湿含量越低越好，可选用有过滤直段的沉降过滤复合型螺旋卸料离心机。

螺旋卸料离心机适用的物料参数范围为：悬浮液固相质量分数为2%~70%，固液密度差大于0.05g/cm³，固体颗粒粒径0.005~5mm，进料温度-10~90℃，液相黏度不大于0.01Pa·s。

螺旋卸料离心机出料情况：干基产量50~2500kg/h，沉渣湿含量20%~85%，分离液固含量0.001%~1%，固相回收率80%~99.9%。

（二）萃取设备

萃取（Extraction）法是20世纪40年代兴起的一项分离技术，是生物发酵产业中一种重要的分离提取方法。它广泛应用于抗生素、有机酸、氨基酸、维生素、激素、生物碱等小分子物质工业生产的分离和纯化。萃取法有以下优点：比化学沉淀法分离纯度高；比离子交换法选择性好、传质快；比蒸馏法能耗低。另外，它还有生产能力大、周期短、便于连续化操作、容易实现自动化控制等优点。

1. 分离方法

（1）溶剂萃取 溶剂萃取操作是将一种溶剂加入到料液中，使溶剂与物料充分混合，则要分离的物质能够较多地溶解在溶剂中，并与剩余的料液分层，从而达到分离的目的，如图 4-32 所示。萃取实质上是利用欲分离组分在溶剂与原料液中溶解度的差异来实现的，在溶剂萃取中，要提取的物质称为溶质，用于萃取的溶剂称为萃取剂，溶质转移到萃取剂中得到的溶液称为萃取液，剩余的称为萃余液。溶剂萃取是以分配定律为基础的。

工业上萃取操作包括三个步骤：①混合，料液和萃取剂混合成乳状液，使溶质自料液中转移到萃取剂中；②分离，将乳状液分成萃取相和萃余相；③溶剂回收。

工业上萃取方法按其操作可分为单级萃取和多级萃取，后者又可分为错流萃取和逆流萃取，还可将错流和逆流结合起来操作。

（2）双水相萃取 溶剂萃取是最常用的一种液液分离方法，在制药和化工行业应用极为普遍，但是普通的有机溶剂萃取法由于以下原因难以应用于蛋白

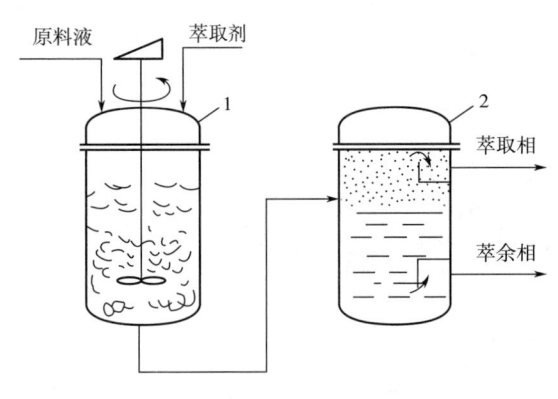

图 4-32 萃取工作原理
1—萃取器 2—分离器

质等分离：①许多蛋白质都有极强的亲水性，很难溶于有机溶剂中；②蛋白质在有机溶剂相易变性失活。对于这类物质的萃取通常采用双水相萃取法。

双水相萃取法是利用物质在互不相溶的两水相分配系数的差异来进行萃取的方法。双水相萃取的重要优点是可以直接从细胞破壁浆液萃取蛋白质而无需将细胞碎片分离，一步操作可达到利用固液分离和纯化两个目的。

2. 设备

液-液萃取设备应包括三个部分：混合设备、分离设备和溶剂回收设备。混合设备是真正意义上进行萃取的设备，它要求料液与萃取剂充分混合形成乳浊液，欲分离的产品自料液转入萃取液中。分离设备是将萃取后形成的萃取溶剂分离并加以回收。混合通常在搅拌罐中进行，也有将料液与萃取剂在管内以很高的速度混合，称为管道萃取；也有利用喷射泵进行涡流混合，称为喷射萃取。分离多采用分离因数较高的离心机，也可将混合与分离同时在一个设备内完成，称为萃取机。大多数生物产品在 pH 变化较大时不稳定，就要求混合分离能够快速进行，还有的料液中常含可溶性蛋白质和糖，萃取过程中会产生乳化现象而影响分离。因此，各类型的萃取分离塔是不适用的。溶剂回收利用各种浓缩设备来完成，这里不做介绍。

（1）混合设备

①混合罐：混合罐的结构类似于带机械搅拌的密闭式反应罐，如图 4-33 所示。采用螺旋桨式搅拌器，转速为 400~1000r/min，若用涡轮式搅拌器，转速为 300~600r/min，罐壁设有挡板，罐顶有萃取剂、料液、调 pH 的酸（碱）液及去乳化剂进口管，底部有排料

管。料液在罐内的平均混合停留时间 1~2min。

②混合管：通常采用混合排管。萃取剂和料液在一定流速下进入管道一端，混合后从另一端排出，为了保证较高的萃取效果，料液在管道内应维持足够的停留时间，并使流动呈完全湍流状态，强迫料液充分混合。一般要求 $Re = (5~10) \times 10^4$，流体在管内的平均停留时间 10~20s。混合管萃取效果高于混合罐，且为连续操作。

③喷射式混合器：图 4-34 所示为三种常见的喷射式混合器。其中图 4-34（1）所示为器内混合过程，即萃取剂及料液由各自导管进入器内进行混合。图 4-34（2）、图 4-34（3）则为两液相已在器外汇合，然后进入器内经喷嘴或孔板后，加强了湍流程度，从而提高了萃取效率。喷射式混合器是一种体积小、效率高的混合装置，特别适用低黏度、易分散的料液。这种设备投资小，但料液需在较高的压力下进入混合器。

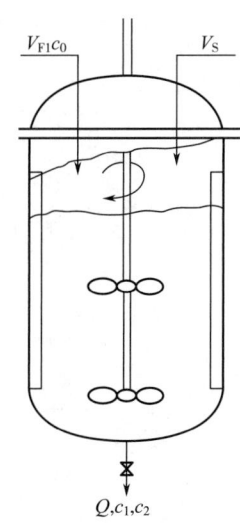

图 4-33 混合罐

另外，若两液相容易混合时，可直接利用离心泵在循环输送过程中进行混合。

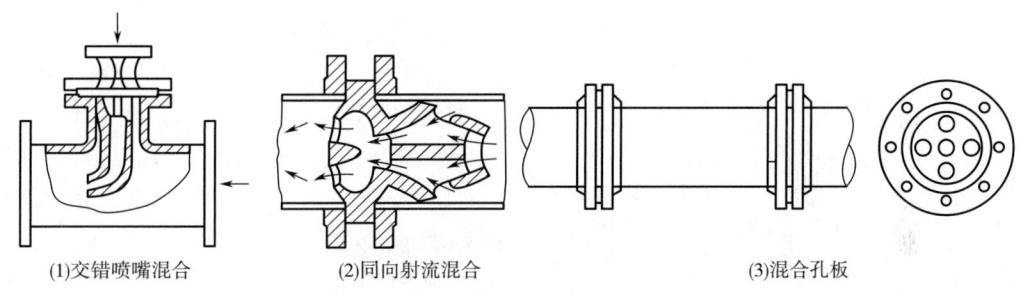

(1)交错喷嘴混合　　(2)同向射流混合　　(3)混合孔板

图 4-34 三种常见的喷射式混合器

（2）分离设备　生物发酵产业中，在欲萃取分离的料液中常含有一定量的蛋白质等表面活性物质，致使混合后形成相当稳定的乳浊液，这些乳浊液即使加入某些去乳化剂，也很难在短时间内靠重力进行分离，一般采用分离因数很大的碟式离心机和管式超速离心机进行分离操作。

①管式离心机：一般采用的管式超速离心机转速在 10000r/min 以上，有国产的 GF-105 型、1280 型离心机。

②碟式离心机：常用的液-液分离碟式离心机是国产的 DRY-400 型，转鼓转速 6650r/min，分离因数 9800。

（3）离心萃取机

①多级离心萃取机：多级离心萃取机是一台设备中装有两级或三级混合及分离设备的逆流萃取设备。图 4-35 所示为 Luwesta EK10007 三级逆流离心萃取机结构，分上、中、下三段，下段是第一级混合和分离区，中段是第二级，上段是第三级，每一段的下部都是混合区域，中部是分离区域，上部是重液相引出区域。新加的萃取剂由第三级加入，待萃取

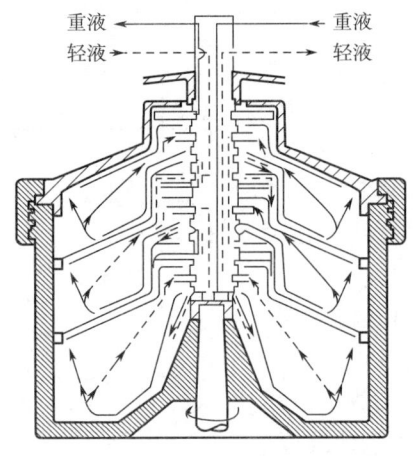

图 4-35 Luwesta EK10007 三级逆流离心萃取机结构

料液则由第一级加入。萃取轻液相在第一级引出，萃余重液则在第三级引出。

②立式连续逆流离心萃取机：立式连续逆流离心萃取机是将萃取剂与料液在逆流情况下进行多次接触和多次分离的萃取设备，图 4-36 所示为 α-Laval ABE-216 型离心机结构。其主要部件是由 11 个不同直径的同心圆筒组成的转鼓，每个圆筒上均在一端开孔，作为料液和萃取剂流动的通道，由于相邻筒之间的开孔位置上下错开，使液体上下曲折流动。从中心向外数第 4~11 筒的外壁上均焊有螺旋形导流板，这样就使两个液相的流动路程大为加长，从而延长了两液相混合和分离的时间，在螺旋形导板上又开设大小不同的缺口，使螺旋形长通道中形成很多短路，增加了两液相之间的接触机会。

操作时，重液相（料液）由底部轴周围的套管进入转鼓后，沿螺旋形通道由内向外顺次流经各筒，最后由外筒经溢流环进入向心泵室排出。轻液（萃取剂）则由底部的中心管进入转鼓，流入第 10 圆筒，从下端进入螺旋形通道，由外向内顺次流入各筒，最后从第一筒经出口排出。图 4-37 所示为 ABE-216 型离心萃取机液体流向示意图。

③三相倾析式离心机：三相倾析式离心机可同时分离重液、轻液及固液三相。图 4-38 所示为 20 世纪 80 年代德国 Wesffalia 公司研制的三相倾析式离心机的结构。它由圆柱-圆锥形转鼓、螺旋输送器、驱动装置、进料系统等组成。该机在螺旋转子柱的两端分别设有调节环和分离盘，以调节轻、重液相界面，轻液相出口处配有向心泵，在泵的压力作用下，将轻液排出。出料系统上设有中心套管式复合进料口，中心管和外套管出口端分别设有轻液相分离器和重液相布料孔，其位置是可调的。从而把转鼓柱端分为重液相澄清区、逆流萃取区和轻液相澄清区。

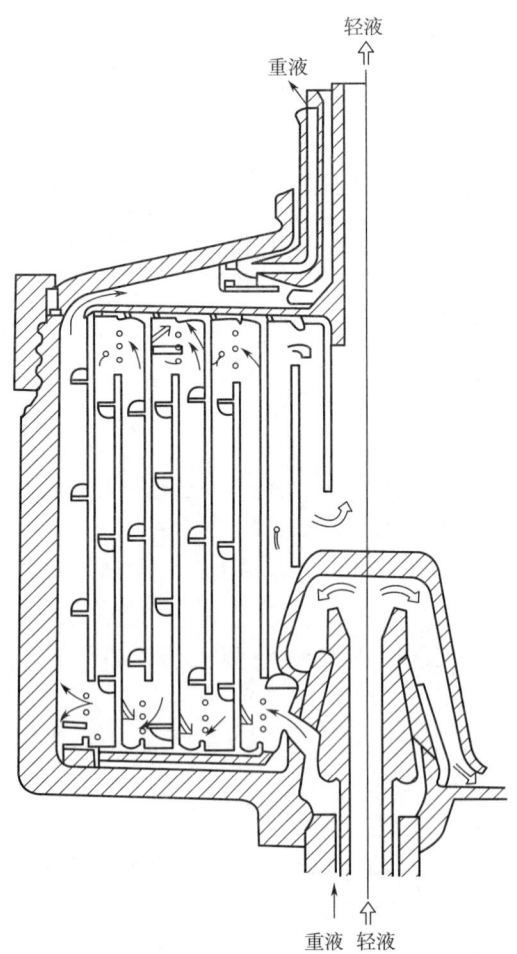

图 4-36 α-Laval ABE-216 型离心机结构

操作时，料液从重液相进管进入转鼓的逆流萃取区后受到离心力场作用，与中心管进入的轻液相（萃取剂）接触迅速完成相之间的物质转移和液-液-固分离。固体渣滓沉积于转鼓内壁，借助于螺旋转子缓慢推向转鼓锥端，并连续地排出转鼓；而萃取液则由转鼓柱端经调节环进入向心泵室，借助向心泵的压力排出。

（4）设备选择 萃取设备的种类较多，特点各异，物料性质对操作的影响错综复杂。因此对具体的萃取过程，选择萃取设备的原则是：在满足工艺条件和要求的前提下，使设备费和操作费趋于最低。通常选择萃取设备时需考虑以下因素。

①需要的理论级数：当需要的理论级数不超过2~3级时，各种萃取设备均可满足要求；当需要的理论级数较多（如超过4~5级）时，可选用有外加能量的设备，如混合澄清器等。

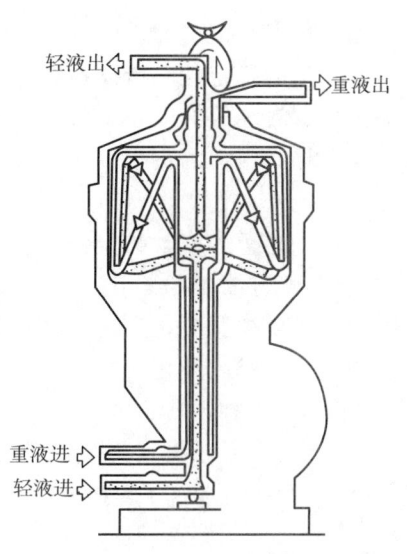

图4-37 ABE-216型离心萃取机液体流向示意图

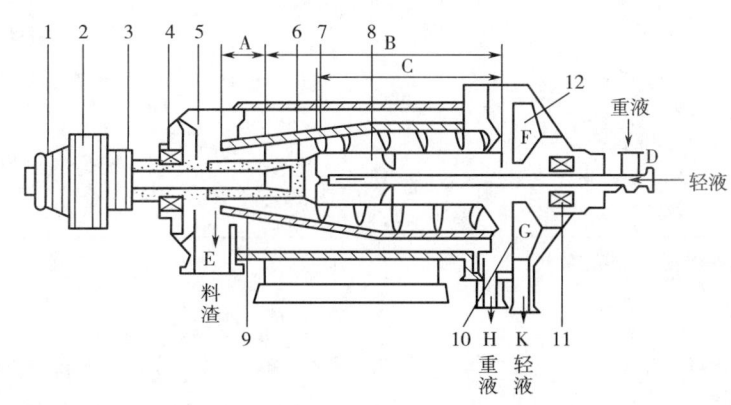

图4-38 三相倾析式离心机的结构
1—V带 2—差速变动装置 3—转鼓皮带轮 4—轴承 5—外壳 6—分离盘 7—螺旋输送器
8—轻相分布器 9—转鼓 10—调节环 11—转鼓主轴承 12—向心泵 A—干燥段
B—澄清段 C—分离段 D—入口 E—排渣门 F—调节盘 G—调节管
H—重液出口 K—轻液出口

②生产能力：处理量较小时，可选用填料塔、脉冲塔，但对生物发酵产业中，料液中含有可溶性蛋白质和糖，或产品在pH变化较大时不稳定的均不能选用各种类型的萃取分离塔，可选用混合澄清器等。离心萃取器的处理能力也相当大。

③物系的物性：对密度差较大、界面张力较小的物质，宜选用外加能量设备；对密度差甚小、界面张力小、易乳化的物系，应选用离心萃取器；对有较强腐蚀性的物系，混合澄清器用得较多。物料中有固体悬浮物或在操作过程中产生沉淀物时，需要定期清洗，此

时一般选用混合澄清器。

④物系的稳定性和液体在设备内的停留时间：对生产中要考虑物料的稳定性，要求在设备内停留时间短的物系，如酶制剂、抗生素等的生产，宜选用离心萃取器；反之，若萃取物系中伴有缓慢的化学反应，要求有足够长的反应时间，则宜选用混合澄清器。

⑤其他：在选用设备时，还应考虑其他因素，如能源供应情况，在电力紧张地区，应尽量选用依靠重力流动的设备；而当生产场地受到限制时，则宜选用混合澄清器。

（三）离子交换设备

离子交换树脂法在生物发酵产业被广泛应用于纯水设备、氨基酸和抗生素的提取，以及其他生物制品的纯化，目前已成为生物发酵产业提取分离的主要方法之一。

1. 种类与性能

离子交换树脂法按其活性基团的电离程度分类，有强酸性阳离子交换树脂、弱酸性阳离子交换树脂、强碱性阴离子交换树脂和弱碱性阴离子交换树脂，四类树脂性能比较见表4-5。

表 4-5　　　　　　　　　　　　四类树脂性能比较

性能	强酸性阳离子交换树脂	弱酸性阳离子交换树脂	强碱性阴离子交换树脂	弱碱性阳离子交换树脂
活性基团	磺酸	羧酸	季胺	伯胺、仲胺、叔胺
pH 对交换能力的影响	无	在酸性溶液中交换能力小	无	在碱性溶液中交换能力小
盐的稳定性	稳定	洗涤时水解	稳定	洗涤时水解
再生①	用3～5倍再生剂	用1.5～2倍再生剂	用3～5倍再生剂	用1.5～2倍再生剂，可用 Na_2CO_3 和 $NH_3 \cdot H_2O$
交换速度	快	慢（除非离子化）	快	慢（除非离子化）

注：①再生剂用量指树脂交换容量的倍数。

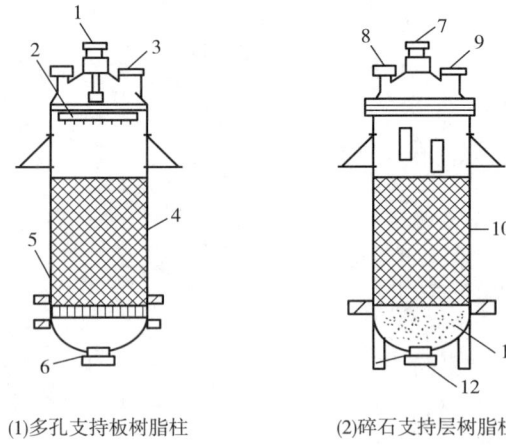

图 4-39　交换树脂柱

1，7—进料口　2—分布器　3，9—手孔　4，10—树脂层　5—多孔板　6，12—出液口　8—排污口　11—石块

2. 设备

离子交换法所用的设备是离子交换柱（罐），常用的类型较多，可分为单柱、混合柱等。

（1）单离子交换柱　如图 4-39 所示，常规阴阳离子交换柱的结构比较简单，由圆柱形壳体、承重板、水帽、分布器、进料管、出料管、进气口、反冲水进口管等部件组成。在壳体中装填阳离子交换树脂的柱称为阳离子柱，装填阴离子交换树脂的柱称为阴离子柱。

为省去料液中的菌丝过滤，可用反吸附的方法进行交换，其树脂柱称为反吸附离子交换罐，它的结构如图 4-40 所示。料液由罐的下部以一定的速度导入，使树脂在罐内呈沸腾状态，交换后的废液则从罐顶排出。为了减少树脂由出口溢出，罐上部变成扩口形的反吸附交换罐（图4-41），可降低废液流速而减少对树脂带出的损失。这种反吸附交换，固液两相接触部分不产生短路、死角，因此，生产周期短，解吸后得到的生物产品质量高。但反吸附式树脂的饱和度不及正吸附的高，且罐内树脂层高度比正吸附时要低，即为了防止树脂外溢。

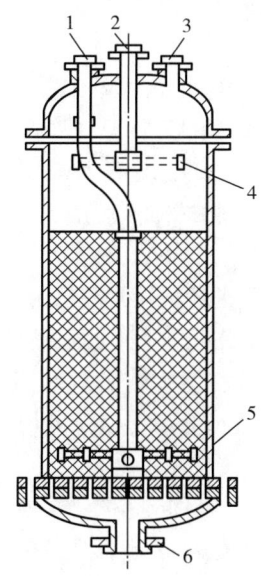

图4-40 反吸附离子交换罐
1—被交换溶液进口 2—淋浇水、解吸液及再生剂进口 3—废液出口
4，5—分布器 6—淋浇水、解吸液及再生剂出口，反洗水进口

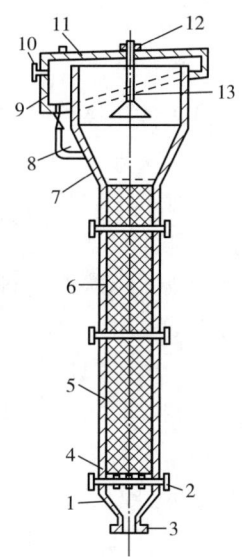

图4-41 扩口式离子交换器
1—底 2—液体分布器 3—底部液体进、出管
4—填充层 5—壳体 6—离子交换树脂层
7—扩大沉降段 8—回流管 9—循环室
10—液体出口管 11—顶盖 12—液体加入管
13—喷头

（2）混合床交换罐　混合床内的树脂是由阴、阳两种树脂混合而成的，脱盐较为完全，因此制备无盐水时常用此设备，混合床制备无盐水的流程如图4-42所示。操作时料液由上而下流动；再生时，先用水反冲，使阴、阳树脂借密度差分层，然后将碱液由罐的上部引入，酸液则由罐底部引入，废酸、废碱液在罐中部排出。再生及洗涤完成后压缩空气将两种树脂重新混合，达到两树脂体积比1∶1，制备无盐水时流速为25~30m/h。

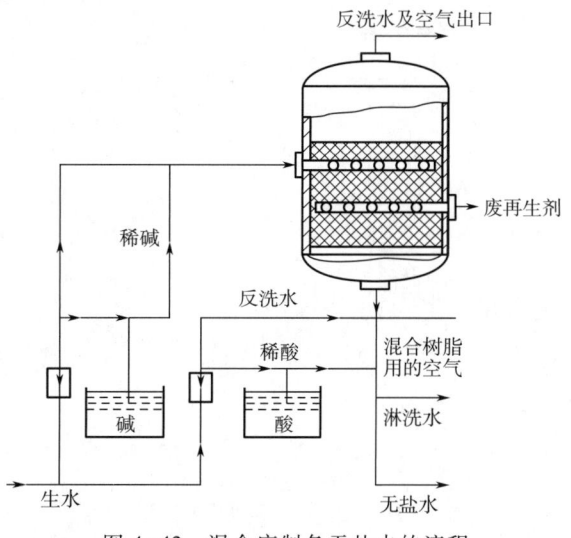

图4-42 混合床制备无盐水的流程

（四）蒸发设备

蒸发是将溶液加热到沸腾，使其中部分溶剂气化并除去，从而提高溶液浓度的操作。其目的是使溶液浓缩或回收溶剂。

生物发酵产业中广泛采用蒸发操作，使料液浓缩，以便进行产品加工，获得液态或固态的产品。

以下将对生物发酵产业中常用的蒸发设备及选型进行讨论。

1. 蒸发设备的要求

工业上应用蒸发设备通常在沸腾状态下进行。根据物料特性及工艺要求，采用了类型众多的蒸发设备以强化传热措施，提高蒸发浓缩的经济性，又要保证产品收率和质量。

不管哪种类型的蒸发设备都必须满足以下基础要求：①充足的加热源，以维持溶液的沸腾和补足溶剂气化所带走的热量；②保证溶剂蒸气（即二次蒸汽）的迅速排除；③一定的热交换面积，以保证传热量。

蒸发可以在常压或减压状态下进行，在减压状态下进行的常称为真空蒸发。在生物发酵产业中通常采用真空蒸发，因为它具有以下优点：①物料沸腾温度降低，避免或减少物料受高温发生质变；②沸腾温度降低，提高了加热蒸汽和溶液热交换的温度差，增加了传热强度；③为二次蒸汽的利用创造了条件，可采用双效或多效蒸发，以提高热能利用率；④操作温度低，热损失少。

在真空状态下溶液沸点下降，真空度越高，沸点下降得越多。虽然真空蒸发温度较低，但如果蒸发浓缩时间过长，对热敏性物料仍有较大影响。为了缩短受热时间，并达到所要求的蒸发浓缩量，通常采用膜蒸发，让溶液在蒸发器的加热表面以很薄的液层形式流过，溶液很快受热升温、气化、浓缩，浓缩液迅速离开加热表面。膜蒸发浓缩时间很短，一般为几秒或几十秒，因受热时间短，较好地保证了产品质量，因此非常适用于生物发酵产业。

2. 蒸发设备的类型

（1）管式薄膜蒸发器　这类蒸发器的特点是液体沿加热管壁成膜而进行蒸发。按液体的流向可分：升膜式、降膜式等。

①升膜式蒸发器：升膜式蒸发器是指在蒸发器中形成的液膜与蒸发的二次蒸汽气流方向相同，由下而上并流上升，如图4-43所示。

在升膜式蒸发器操作中关键是使料液成膜上升。要使料液成膜，有三点非常重要：a. 将原料液预热到沸点或接近沸点；b. 列管的长径比一定要严格遵守规定；c. 要控制加热蒸汽流量，使得列管内蒸汽冲出管口时速度在加压下大于10m/s，在常压下为20~

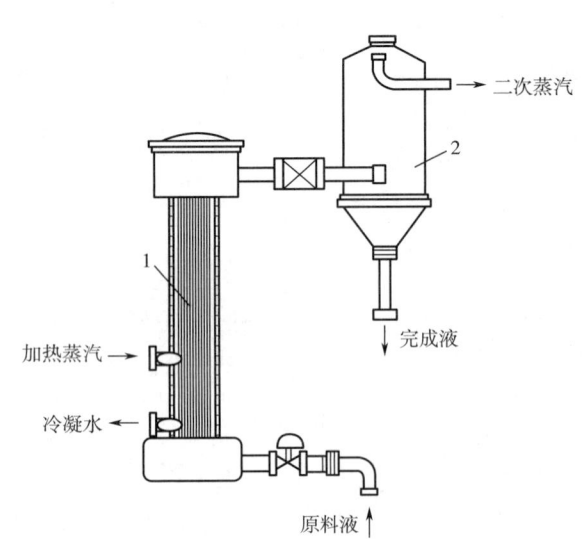

图4-43　升膜式蒸发器
1—加热室　2—分离室

50m/s，在减压下为 100~160m/s。

升膜式蒸发器适用于蒸发量大、热敏性及易产生泡沫的料液，不适用于处理浓度较大、易结晶、易结垢和黏度大于 0.06Pa·s 的料液。

②降膜式蒸发器：降膜式蒸发器的结构与升膜式蒸发器大致相同，如图 4-44 所示。区别是在上管板的上方装有液体分布器或分布头将料液分配均匀，料液成膜均匀连续。常见的分布器结构如图 4-45 所示。

蒸发器操作的关键在于料液的分批是否均匀，料液成膜是否均匀连续。

降膜式蒸发器的应用：蒸发器消除了由静压引起的有效传热温差损失问题，蒸发器

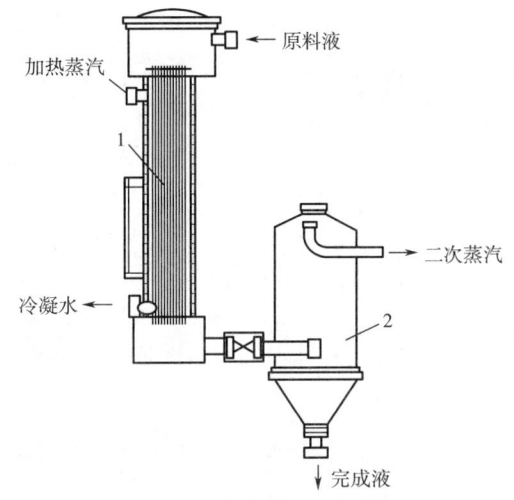

图 4-44　降膜式蒸发器
1—加热室　2—分离室

的降压也很小，在低温差下有较高的传热速率，且宜用于多效蒸发系统；可用于浓度和黏度大的物料；由于物料在蒸发器内停留时间较升膜式蒸发器短，故更适用于热敏性物料的蒸发。

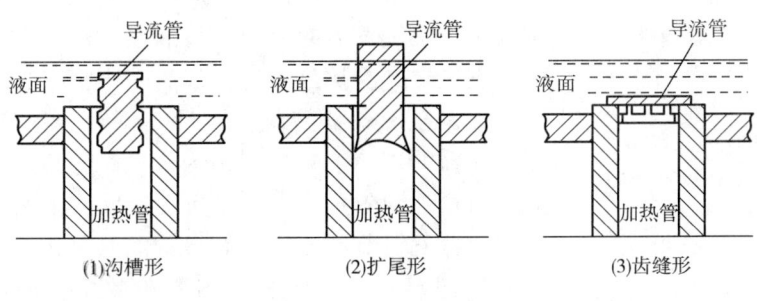

图 4-45　分布器结构

（2）刮板式蒸发器　刮板式蒸发器是通过旋转的刮板使物料形成液膜的蒸发设备，蒸发器的结构如图 4-46 所示。它是由转动轴、物料分配盘、刮板、轴承、轴封、蒸发室和夹套加热室等部分构成的。

原料液由蒸发器上部沿切线方向加入，在刮板旋转带动下，料液均匀地分布在壳体内壳上，并形成下旋的液膜。液膜在下降过程中不断被加热、蒸发和浓缩，产生的二次蒸汽沿壳体向上在二次蒸汽出口排出，浓缩液从底部排出。

刮板式蒸发器具有传热系数高 [一般可达 4000~8000kJ/（m²·h·℃）]、料液停留时间短（一般为几秒至几十秒）、适应的物料广等优点，可用于高黏度、易结晶、易结垢和热敏性料液的蒸发浓缩。缺点是结构复杂，不易维修，动力消耗大，传热面积小，产量低。

3. 蒸发设备的选型要求

蒸发设备的选型是蒸发工艺和蒸发设备结合的过程，在完成了蒸发设备选型的同时，

也就确定了蒸发工艺。好的设备选型和结构设计是工艺和设备很好结合的基础，是蒸发操作成功的关键。因此蒸发设备的选型，应考虑以下因素。

（1）料液性质　包括成分组成、黏度变化范围、热稳定性、发泡性、腐蚀性、是否易结垢、结晶，是否含有固体、异物等。

（2）工程技术要求　包括处理量、蒸发量、料液进出口的浓度和温度、安装现场的面积和高度、设备投资限额、要求连续或间歇生产等。

（3）公用系统情况　包括可以利用的热源、蒸汽供应量及压力，能利用的冷却水的水量、水质和温度。

4.蒸发浓缩过程的节能方法

料液蒸发时节约能源的方法目前主要有以下几种。

（1）多效真空蒸发　多效真空蒸发是一些产品生产中的一个化工过程，也是降低能耗最有效的方法之一。其原理是生蒸汽（新鲜蒸汽）只需在一个蒸发器内加热，被加热液体沸腾产生的二次蒸汽进入第二个蒸发器的加热室去加热该蒸发器的料液，第二个蒸发器中的蒸发料液产生的蒸汽再去加热蒸发第三个蒸发器的料液，料液蒸发产生的蒸汽又可进入下一个蒸发器作为加热能量。最后一个蒸发器产生的蒸汽由真空泵抽走至冷凝器冷凝，不凝气体则随真空泵抽出排走。根据蒸发器的连接个数分别称为二效、三效或四效，最多用五效，再增加则效益不大，设备投资反而不太经济。

多效蒸发器节约蒸汽，如果扣除其他因素，二效比单效节约一半的蒸汽，三效则只需要单效1/3的蒸汽。但实际上，加热蒸汽的消耗往往超过理论值，一般多效蒸发器的实际蒸发效率比较见表4-6。

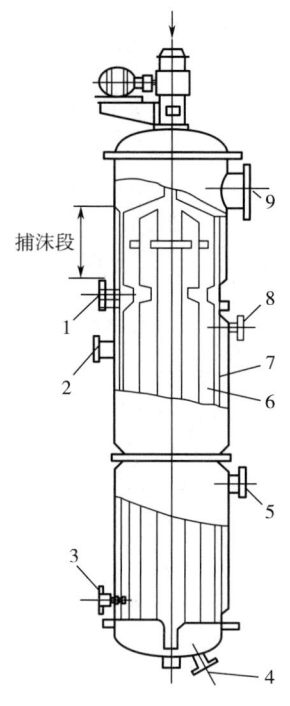

图4-46　刮板式蒸发器
1—原液入口　2—加热蒸汽
3—冷凝水出口　4—浓缩液出口
5—不凝性气排出口　6—刮板
7—加热面　8—不凝性气排出口
9—二次蒸汽出口

表4-6　　　　　　　　　　多效蒸发器的蒸发效率比较

蒸发效数	单位蒸汽蒸发水量/（kg水/kg蒸汽）	单位面积蒸发水量/［kg水/（m²·h）］
单效	1.1	70~80
双效	0.57	30~36
三效	0.40	20~25
四效	0.30	18~20
五效	0.27	15~18

（2）二次蒸汽再压缩　将蒸发器中正常的二次蒸汽用压缩机压缩以提高压力，使它的饱和温度提高到溶液的沸点以上，然后进入蒸发器的加热室作为加热蒸汽，二次蒸汽压缩机为热泵，这种方法称为热泵蒸发。采用热泵蒸发后，蒸发用蒸汽用量进一步节省，见表4-7。

表 4-7　　　　　　　　　　　　多效蒸发与热泵蒸发单位蒸汽消耗量

蒸发器	双效	五效	双效热泵	五效热泵
单位蒸汽消耗量/（t蒸汽/t水）	0.57	0.27	0.43	0.125

（3）冷却水显热的利用　蒸发器排出的冷却水温度较高，可以用来预热料液或加热其他物料。

（五）干燥设备

干燥操作的目的是除去某些物料中的水分或溶剂（湿分），以便于储存、运输、加工和使用。在生物发酵产业中，干燥通常是固体生物产品在生产过程中的最后一道加工工序，因此往往与最终产品的质量密切相关。为保证产品品质，选择合乎产品性状的干燥方法至关重要。在生物发酵产业中，常用的干燥方法有箱式干燥、对流干燥（包括气流干燥、流化床干燥和喷雾干燥）、真空干燥、冷冻升华干燥等。本节主要介绍上述有关设备。

1. 选型

生物产品大多数是热敏性的，对微生物和纯度有严格要求。因此，干燥设备的选型必须要结合这些因素来考虑。具体地讲，可按下列原则选型。

（1）物料的性能及干燥过程

①被干燥物料的形态：颗粒状、滤饼状、浆状等水分的含量不同，应选择不同的干燥设备。如颗粒状物料的干燥可考虑选择流化床干燥或气流干燥，结晶状则应选择固定床干燥，浆状可选择滚筒干燥或喷雾干燥。

②物料的物理特性：如物料的堆积密度、粒径分布、比热容、黏附性等。

③物料的干燥特性：根据物料的热敏性、物料与水分的结合状态等不同，选择不同的干燥设备。瞬间干燥设备可以选用滚筒干燥设备、气流干燥设备等。如干燥物结合水分较多的物料，气流干燥就不合适，应选流化床干燥设备，其可以调节停留时间，将物料干燥至较低的水分。

（2）对干燥产品提出的要求

①产品的形态：形态及外观往往涉及产品的品质，如有些药品往往对形态和外观有具体的规定。若对产品有结晶形态及光泽方面的要求，用流化床干燥时会产生相应的摩擦，此方法就不一定适合选用。又如，要求产品为颗粒状的，则可选沸腾造粒干燥或喷雾干燥与振动床干燥。

②产品的速溶性、可流动性：对要求速溶的产品可选喷雾-振动流化床干燥机组。

③无菌要求：有时药物在干燥的同时要求考虑无菌，可选频率为 915MHz 和 2.450MHz 的微波干燥设备。

④保持产品内部的物理结构：可选冷冻干燥设备。

总之，对产品提出要求进行选型时，首先要满足产品的品质要求。

（3）其他影响因素　包括气候条件、工艺过程对干燥物料湿含量大小等因素，对设备的选型都有影响。设备的投资费用以及维修能力、劳动条件等也应作为考虑的因素。表 4-8 所示为生物工业中常用的干燥设备。

表 4-8　　　　　　　　　　　　　生物工业中常用的干燥设备

设备类型	干燥物料	设备类型	干燥物料
固定床干燥	啤酒酿造用绿麦芽	压力式喷雾干燥	酵母
卧式沸腾干燥	柠檬酸晶体、酵母、抗生素	离心式喷雾干燥	酶制剂、酵母
沸腾造粒干燥	葡萄糖、味精、酶制剂（颗粒状）	喷雾干燥与振动流化床干燥	酶制剂（颗粒状）
气流干燥	味精、抗生素、葡萄糖	滚动干燥	酵母、单细胞蛋白
旋风式气流干燥	四环素	真空干燥	青霉素钾盐、土霉素等
气流式喷雾干燥	蛋白酶、核苷酸、抗生素	冷冻干燥	抗肿瘤抗生素、乙肝疫苗等

2. 通用设备

通用干燥设备有箱式干燥设备、洞式干燥设备、流化床干燥设备和喷雾干燥设备等。以下介绍气流干燥设备、流化床干燥设备及真空冷冻干燥设备。

(1) 气流干燥设备

①原理及特点：气流干燥设备是一种气流输送式连续干燥设备。气流干燥操作中，气流输送细粉或颗粒状湿物料分散悬浮于热空气中，与热空气做并流流动，在运动过程中完成干燥操作，随后进行固气分离，即取得干燥固体物料。气流干燥适用于潮湿的分散状态的颗粒物料或细粉的干燥，如生物工业中的味精、柠檬酸、四环类抗生素等的干燥。气流干燥有以下特点。

a. 干燥强度大。干燥管内气体流速大，一般为 10~20m/s，气-固相间存在一定的响应速度，使固体物料与气体之间产生剧烈的相互运动，使物料表面的气膜不断更新，大大降低了传热和传质的气膜阻力。一般干燥器全管的平均体积传热系数为 4200~13000 kJ/($m^2 \cdot h \cdot ℃$)。

b. 干燥时间短。物料在干燥管内仅停留 1~5s 即可达干燥要求。适用于热敏性物料的干燥，如用 140℃ 的热空气干燥赤霉素，用 130℃ 热空气干燥四环素均能获得优质产品。

c. 适用范围广。可对各种粉末状、碎块状湿物料干燥，粒径范围 0.1~10mm，湿含量可大至 30%~40%。

d. 结构简单。占地面积小、散热面积小、生产能力大、能连续操作，便于自动化控制。

但气流干燥，气体流动阻力大，一般在 300~400mmH_2O（3~4kPa），必须选用高、中压离心式风机，因而动力消耗大，系统的气固分离负荷也很大，对结合水（如细胞内水分）要干燥到 2%~3% 以下很困难。

目前使用的气流干燥器形式有长管气流干燥器（长 10~20m），短管气流干燥器（长 4m 左右）和旋风气流干燥器等。

②设备：气流干燥器是一根几米至十几米的垂直管，物料及热空气从管的下端进入，干燥后的物料从顶端排出，进入分离器与空气分离。图 4-47 所示为长管气流干燥器的工作流程，由空气过滤器、加热器、鼓风机、加料器、干燥管、分离器等组成。为了充分加强传热、传质作用，可采用管径交替缩小与扩大的脉冲式干燥管，如图 4-48 所示。

另一类气流干燥器，类似于旋风式干燥器，如图 4-49 所示。热气流带着固体颗粒从切线方向进入外套，按螺旋方向下旋至底部又进入内管，并沿着内管上升。由于切向运动，气流与颗粒间的相对速度大大增加，传热、传质阻力减小，干燥过程强化。它具有结构简单、体积小的特点，对不怕破碎的热敏性物料尤为合适。

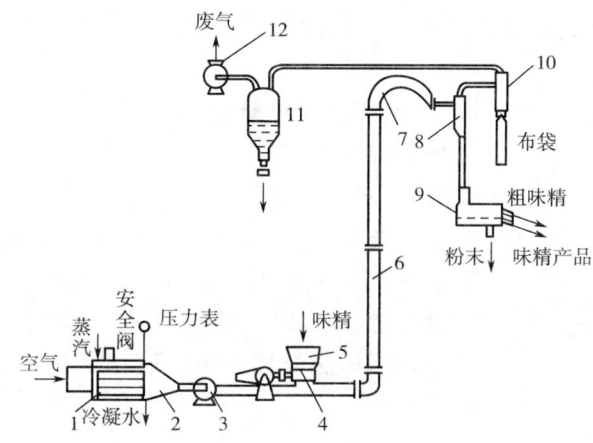

图 4-47　长管气流干燥器的工作流程

1—空气过滤器　2—空气加热器　3—鼓风机　4—加料器
5—料斗　6—干燥管　7—缓冲管　8—分离器　9—振动筛
10—二次分离器　11—湿式收集器　12—排风机

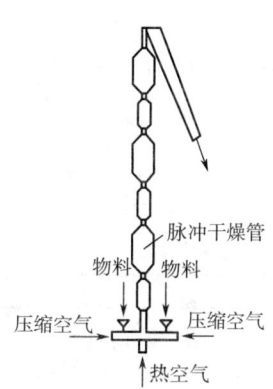

图 4-48　脉冲式干燥管

（2）流化床干燥设备

①原理及特性：流化床干燥（也称沸腾干燥），是 20 世纪 60 年代发展起来的一种干燥技术。流化床干燥是利用流态化技术，即利用热空气使置于筛板上的颗粒状湿物料呈沸腾状态的干燥过程。流化床干燥中，热空气的流速与颗粒的自由沉降速度相等，当压力降近似等于流动层单位面积的质量时，床层便由固定态变为流化态，床层开始膨胀，颗粒悬浮于气流中，并在气流中呈沸腾状翻动，但仍保持一个明确的床界面，颗粒不会被气流带走，干燥过程处在稳定的流态化阶段，流化床干燥流程如图 4-50 所示。

流化床干燥的特点：a. 颗粒与热干燥介质在沸腾状态下进行充分的混合与分散，减少了气膜阻力，且气固接触面积相当大，其体积传热系数大；b. 流化床内温度均一并能自由调节，

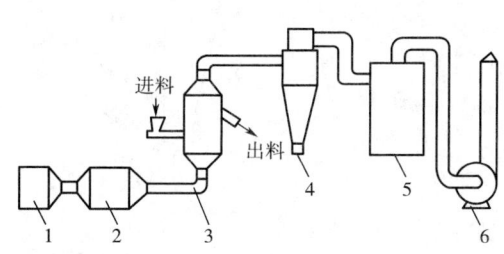

图 4-50　流化床干燥流程

1—过滤器　2—加热器　3—沸腾干燥器
4—旋风分离器　5—袋滤器　6—风机

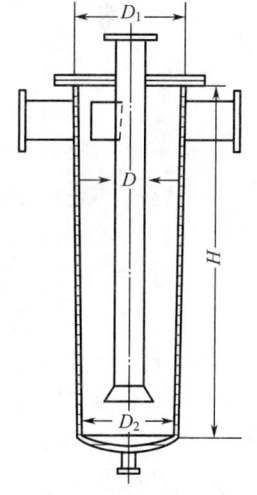

图 4-49　旋风式干燥器

故可得到均匀的干燥产品；c. 物料在床层内的停留时间为几分钟至几小时，可任意调节，故对难干燥或要求干燥产品湿含量低的物料特别适用；d. 由于体积传热系数大，干燥强度大，故在小装置中可处理大量的物料；e. 结构简单，造价低廉，没有高速转动部件，维修费用低，物料由于流化而输送方便；f. 对散粒状物料，其粒径与形状有一定的限制，如粒径范围从 20~30μm 至 5~6mm 是适宜的，形状以类似球形为佳；g. 流化床干燥装置密封性好，传动机械不接触物料，因此无杂质混入，这对纯洁度要求高的生物工业来说也十分重要。

② 设备：目前，国内流化床干燥装置，从类型上主要有单层、多层（2~5层）、卧式和喷雾流化床等。一般多层流化床由于控制要求高，且流动阻力大，在生产中较少应用。单层流化床干燥器又分为单室、多室两种。单层流化床干燥器结构简单、操作方便，但物料在流化床中停留时间差异较大。因此，着重介绍单层卧式多室流化床干燥器和沸腾造粒干燥器。

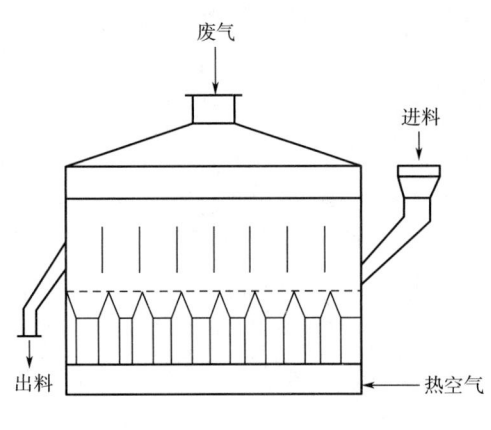

图 4-51　卧式多室流化床干燥器

a. 单层卧式多室流化床干燥器。卧式多室流化床干燥器又称箱式流化床干燥器，结构如图 4-51 所示，它具有长方形的箱式流化床，底部为多孔筛板，开孔率一般 4%~13%，孔径 1.5~2.0mm，筛板上方有若干（一般为 4~7）块竖立的挡板把流化床隔成若干个室，挡板可以上下移动，以调节与筛板的间距。每一小室的下部有热空气进口支管，支管上有调节气流的阀门。

操作时，湿料连续加入干燥器的第一室，床层中的颗粒借助于床层位差，通过流化床分布板与隔板之间的间隙向出口侧移动，被干燥的物料最后通过出口堰溢流连续排出。这种干燥器对各种物料的适应较大，但热效率较低。在生物工业中，常用于柠檬酸晶体和活性干酵母等的干燥。

b. 沸腾造粒干燥器。干燥器的形状为倒圆锥形，锥角 30°，结构如图 4-52 所示。由于是锥形流化床，流化床气体流速不断变化，致使大小不同的颗粒能在不同的截面上达到均匀良好的沸腾状态，并使颗粒在床中分级，增大的颗粒先从下部排出，而较小的颗粒在床体中继续长大，并留在床层内，以保持一定的粒度分布。

操作开始时，应先在干燥器内加入一定的晶核，然后开车，料液与压缩空气一起经喷嘴喷入流化床（即采用气流式喷嘴），热风从干燥器底部的风帽上升，与雾化的液体相遇进行传热、传质，废气从上部由排风机经旋风分离器排出。操作时，料液边雾化，边加晶核。加入的晶核颗粒大小与产品粒度

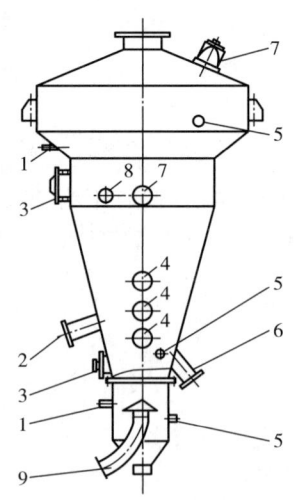

图 4-52　沸腾造粒干燥器
1—测压器　2—喷嘴　3—人孔
4—窥镜　5—测温口　6—出料口
7—灯孔　8—加料口
9—热空气入口

相关，晶核大者，产品颗粒大；返料量小时，则产品颗粒大。按此，可用调节返料量来控制床层的粒度分布。

沸腾造粒过程有三种情况，一种是料液在接触晶核前，水分已完全蒸发，本身形成一个较大的固体颗粒；另一种是料液附在晶核的表面，然后水分蒸发，在种子表面形成一层薄膜，而使颗粒长大；第三种是雾滴附着在种子表面并与其他种子碰撞粘在一起而成的大颗粒。生产上以第二种造粒机理最为理想。

五、有机酸发酵辅助设备

（一）培菌设备

1. 灭菌锅

灭菌锅又称高压灭菌釜，是培菌室的主要设备之一，一般为立式圆柱形，容积较小，仅用于实验室。生产上常用的是卧式的高压灭菌釜。

2. 显微镜

常用的显微镜有：2×AⅢ型生物显微镜，放大倍数为64~1600倍；44×多用途生物显微镜，放大倍数为4~1600倍。随着科技的不断进步，带摄像机和微电脑的生物显微镜也不断出现，对提高培菌和发酵水平帮助极大。

3. 摇瓶机

（1）往复式摇瓶机　往复式摇瓶机（图4-53），冲程为100~120mm，频率为90~100次/min，往复式摇瓶机噪音和振动都较大，维修量也较大。

（2）旋转式摇瓶机　旋转式摇瓶机（图4-54），偏心距为25mm，转速在200~300r/min范围内可调，也有240r/min固定转速的。

工厂在配置摇瓶机时，除一台为可调速供试验用外，其余的均选恒速的为宜，既降低了造价，又避免了因调速不准而带来的麻烦。

4. 洁净工作台

洁净工作台分为单人和双人两种。工厂选双人的为多，其结构如图4-55所示。其工作面空气洁净度均为100级。

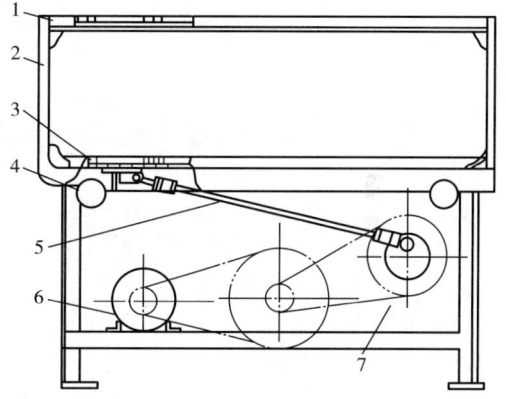

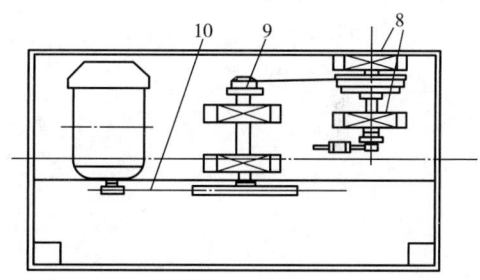

图4-53　往复式摇瓶机

1—上托盘　2—框架　3—下托盘　4—托轮
5—连杆　6—电动机　7—偏心轮　8—轴承
9—调速皮带轮　10—三角皮带

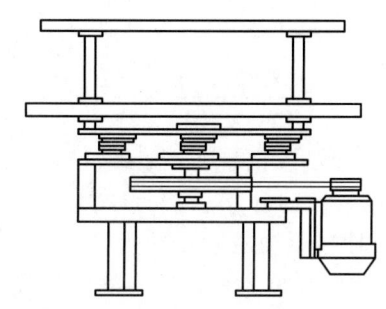

图4-54　旋转式摇瓶机

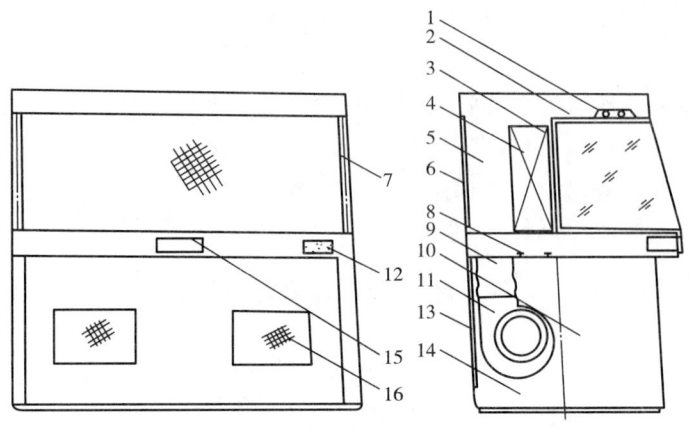

图 4-55 双人洁净工作台
1—照明灯箱 2—顶箱体 3—匀风孔板 4—高效过滤器 5—上箱体
6—上后门板 7—两侧玻璃 8—上下箱体连接螺钉 9—风机软连接
10—前侧腿 11—送风机 12—开关板 13—下后门板
14—下箱体 15—工具箱 16—中效过滤器

（二）空气压缩机

发酵工业一般要求提供 0.2~0.3MPa（表压）的压缩空气来通气发酵，常采用离心式（透平式）空压机、螺杆式压缩机、往复式空压机。另外，自动化仪表需用 0.6~0.8MPa（表压）的压缩空气作动力。提取工段需用大于 0.3MPa（表压）的压缩空气。

1. 离心式空压机

离心式空压机，具有供气量较大、出口压力稳定、不含油雾、占地小和功率消耗较小的优点，但技术管理要求高。离心式空压机的型号及有关参数见表 4-9。

表 4-9　　　　　　　　　　离心式空压机型号及参数

型号	EI120—6.35/0.95 型	F130—3.5/0.95 型	进口离心式空压机
进口温度/℃	20	20	35
出口压力（不包括末端冷却器损失）/MPa	0.635	0.35	0.2
需用功率/kW	660	577	726 (1±4%)
主轴转数/(r/min)	13900	13643	30000
压缩机质量/kg	5000	2785（机组总重 12000）	—
产地	国产	国产	英格索兰公司（美）

进口的离心式空压机性能目前要优于国产的，流量在 $125m^3/min$ 以上，压力在 0.2MPa 以上任选。

2. 螺杆式压缩机

螺杆式压缩机为容积式压缩机，发酵工厂均选用无油润滑型的，其技术性能见表 4-10 和表 4-11。

表 4-10　　　　　　　　　　　　　螺杆压缩机技术性能

产品型号		LGFD-1.5/7-X	LGD-3/7-X	LGⅡ12B-6/7-D	LGD-6/10-X	LGⅢ20A-12/7-D	LGD-15/7-X	LGD-20/8-X
压缩介质		空气						
容积流量/（m³/min）		1.5	3.0	6.36	6.2	12	15	20
吸气压力		大气压						
排气压力/MPa		0.7	0.7	0.7	1.0	0.7	0.7	0.8
供气温度/℃		≤40	≤40	≤40	40	40	40	40
冷却方式		风冷	水冷	水冷	水冷	水冷	水冷	水冷
冷却水耗量/（m³/h）		—	0.7	3.6	3.6	6.2	7.5	10.5
传动方式		皮带	皮带	齿轮	齿轮	齿轮	齿轮	齿轮
噪声值/dB		76±3	76±3	73±3	73±3	82±3	82±3	82±3
配套电动机	功率/kW	11	22	45	55	75	110	132
	转速/（r/min）	2940	2940	2970	2970	1480	1487	1487

表 4-11　　　　　　　　　　低噪声无油螺杆式压缩机技术性能

型号	LGⅡ16-30/2.5-DG	LGⅡ25/16-50/3.5-DG
排气量/（m³/min）	30	50
排气压力/MPa	2.5	3.5
转速/（r/min）	—	—
电机功率/kW	130	265

注：空压机排气量是指单位时间内测得压缩机排出气体的容积，换算成进气条件为标准状态（0.1MPa，0℃）下的供气量。

3. 往复式空压机

发酵厂使用 L 型往复式空压机较普遍，由于发酵用气压力不需太高，所以都将两只串联的气缸改为并联的，或将第二级小缸换成第一级缸，排气量能增加 30%～50%。为解决出口空气中含油雾的缺点，目前绝大多数工厂用含有 MoS_2 的氟塑料活塞环替代原来的金属环作无油润滑，但由于氟塑料弹性比金属环差，使气缸的泄漏量加大，排气量要减少 10% 左右。常用往复式无油润滑空压机的排气量为 10～80m³，比功率为 2.6～3.0kW/m³。

（三）空压机入口空气的处理设备

1. 空气过滤器

使用空气过滤器可减小压缩机内部运动部件表面的磨损，保证空气质量，使含尘量少于 0.1mg/m³。过滤器的阻力不得超过 300Pa。

（1）YUD-B 型袋式过滤器　采用金属框架，主要捕集 5μm 以上的大颗粒灰尘和悬浮物,为初级过滤,如图4-56所示。滤袋可用水清洗多次反复使用。

(2) TJ-3型自动卷绕式空气过滤器 以化纤卷材为介质,以过滤器前后压差为传感信号而进行自动更换滤材的初级空气过滤器,结构简单,尤其适用于大流量进风的空气过滤,其结构如图4-57所示。

图4-56 YUD-B型袋式过滤器

2. 消声滤清器

消声滤清器又称消声过滤器,适用于L型往复式压缩机,具有进气过滤和消声两种功能,安装在压缩机进口处,YXL型消声过滤器如图4-58所示。

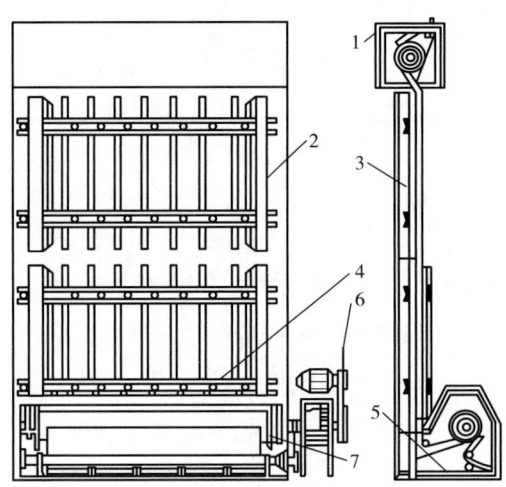

图4-57 TJ-3型自动卷绕式过滤器
1—上箱 2—立柱 3—挡料板 4—压料栏 5—下箱 6—传动机构 7—滤材

(四) 压缩空气的净化设备

压缩空气的净化(本文仅指液滴和杂质微粒的去除)设备有旋风分离器、丝网除沫器。工业生产上常将上述两种联合使用。

1. 旋风分离器

压缩空气以较高速度从切线方向进入做强烈旋转,在离心力的作用下,杂质迅速向筒壁集结、沉淀下来,再定期排出。进口速度范围选取10~25m/s,空塔流速取1~2m/s,通常可分离>20μm的颗粒。

2. 丝网除沫器

可按化工部标准HB 5—1404—146选取,其计算经验公式见式(4-7)。

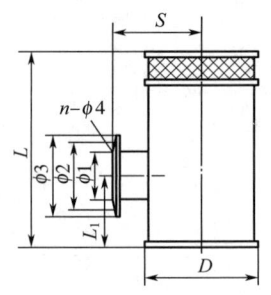

图4-58 YXL型消声过滤器外形

$$V_{\max} = K\sqrt{\frac{\rho_L - \rho_G}{\rho_G}} \tag{4-7}$$

式中，$V_{\max}$——最大允许流速，m/s

　　　K——常数，高穿透型丝网取 0.128；标准型取 0.116；高效型取 0.108

　　　ρ_L——液体密度，kg/m³

　　　ρ_G——气体密度，kg/m³

发酵工业用 $V_{\max}$ 常取 1.5~1.8m/s。

丝网除沫器的结构和丝网规格见图 4-59 和表 4-12。

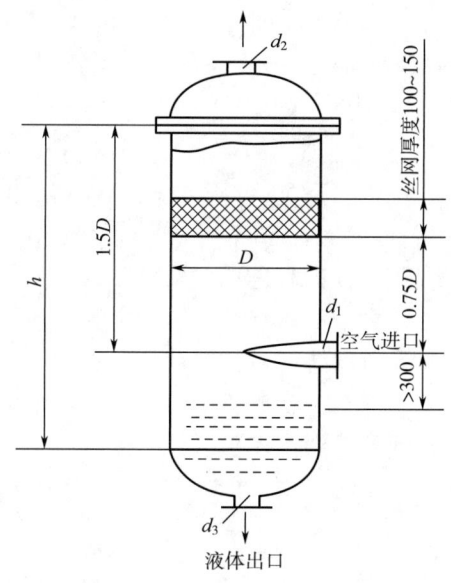

图 4-59　丝网除沫器

表 4-12　　　　　　　　　　　　　　气液过滤丝网

网号	丝径/mm	材质	备注
40—100	0.1×0.4（扁）	化纤	标准型
80—100	Φ0.2~0.25（圆）	18-8 不锈钢	高效型
40—120	—	紫铜	—
60—150	—	镍	—

注：网号含义：40—100 指网宽 100mm 上有 40 个孔眼。

（五）过滤器

1. 纤维质及颗粒介质过滤器

如图 4-60 所示。由于大直径的设备，介质不易均匀而走短路，所以直径一般不超过 2m。多孔板由于加工费时而且开孔率不高、阻力大，现多为栅板所替代。空气的进出口为装拆方便，均置于筒身上，空气切向进入。介质过滤器也有制成中间进气、两端出气的具有两个过滤面的过滤器，如柠檬酸行业中普遍采用的维尼纶过滤器。通过过滤器的压缩空气流速一般如下。

①棉花、玻璃纤维：0.05~0.5m/s；
②棉花加活性炭：0.05~0.3m/s；
③维尼纶：0.1~0.15m/s；
④石棉除菌板：未涂膜，0.2~0.5m/s；
　　　　　　　涂膜，0.8~1.0m/s。

为降低流速、减少压力降，一般取较小值。

2. 平板滤纸过滤器

如图4-61所示，一般用作分过滤器，介质夹在两块开孔率20%，孔径5~10mm的法兰之间，超细纤维纸常用树脂增强型，孔径1~1.5μm，厚0.25~0.4mm，3~6张叠合。

3. 滤膜过滤器

滤膜过滤器是一种近年来得到广泛应用的新型过滤器。它的两种滤芯结构如图4-62和图4-63所示。根据过滤物料的不同和对过滤精度的要求不同，可选用不同材质、不同精度的滤膜，也可采用多级过滤来达到极高的过滤精度（包括能过滤掉噬菌体）。将滤膜制成折叠型后，使单位体积中的过滤面积得到许多倍的增加。折叠型膜过滤器过滤元件的技术性能见表4-13。

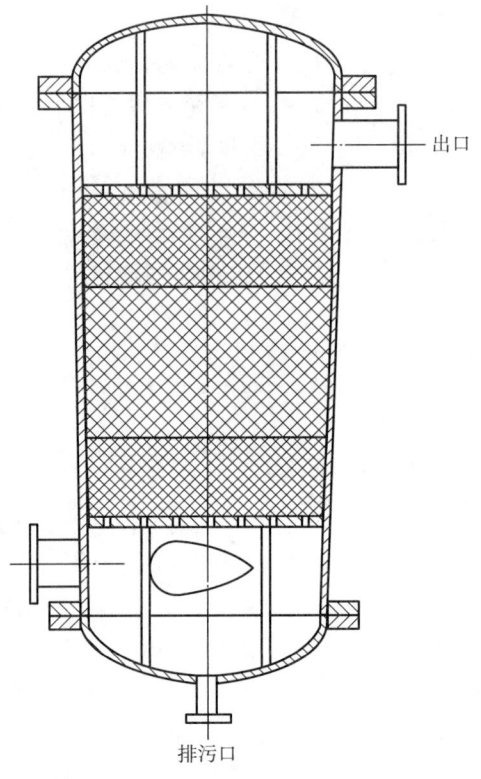

图4-60　介质过滤器

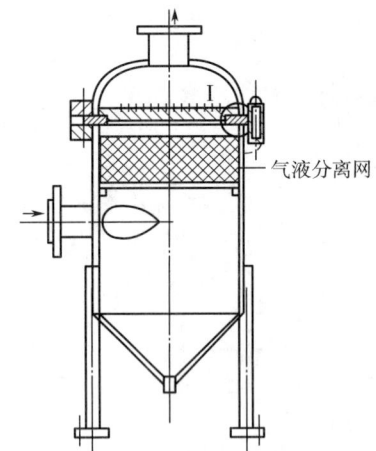

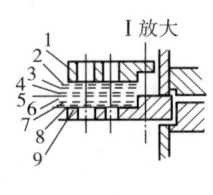

图4-61　平板滤纸过滤器

1—上孔板　2,8—垫圈　3,7—铜丝网　4,6—麻布　5—滤纸　9—下孔板

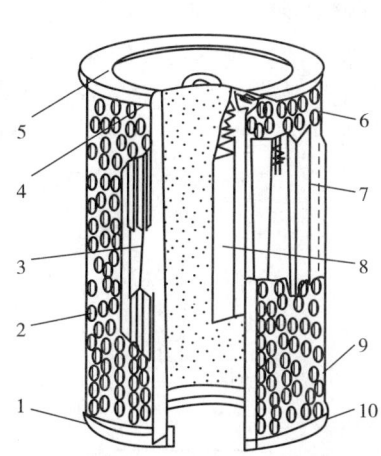
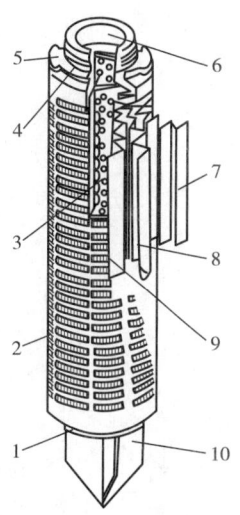

图 4-62 YUD-Z 型滤芯
1—金属端盖 2—金属外网筒 3—金属内网筒
4,9—密封胶 5—金属端盖 6,10—密封圈
7—支衬层 8—过滤层

图 4-63 JPF 型过滤器滤芯
1—端盖 2—外筒 3—不锈钢芯柱 4—密封端盖
5—卡锁 6—不锈钢衬圈 7—外支撑层 8—微孔滤膜
9—内支撑层 10—翅片

表 4-13 折叠型膜过滤器过滤元件技术参数

项目	数据	项目	数据
过滤材质	化纤、尼龙、氟塑料	单支过滤面积/m²	0.63~2.52
公称精度/μm	0.1~5.0	最大工作压力/MPa	0.5
单支长度/mm	250~1000	最大压差/MPa	3
直径/mm	70	适应 pH	14

折叠型膜过滤器的结构见图 4-64 和图 4-65。

有机酸发酵使用的折叠型膜过滤器常分为三级：第一级为初过滤器，又称预过滤器，过滤效率（对 0.5μm 的颗粒）为 75%~95%，初始压降≤0.005MPa，工作温度≤80℃，不需进行蒸汽消毒。第二级过滤器的过滤效率为 99%~99.9%，初始压降≤0.005MPa，工作温度≤80℃，可进行蒸汽消毒。第三级为精过滤器，又称绝对过滤器。它是用氟塑料加工而成，过滤效率为 99.9999%，初始压降≤0.005MPa。对有机酸二级发酵而言，种子罐可选三级过滤，而主发酵罐用二级过滤已满足工艺要求。

4. 金属微孔过滤器

金属微孔过滤器（图 4-66）是一种精密的气体净化设备。适用于好气发酵工业的空气过滤。

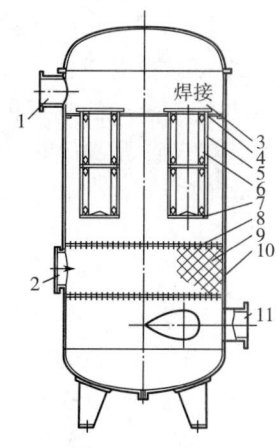

图 4-64 折叠型膜过滤器
1—出气口 2—人孔 3—花板 4—座圈 5—拉杆
6—滤芯 7—底圈 8—网板 9—滤材
10—器体 11—进气口

它具有过滤效率高、气体阻力小、强度高、耐湿性好、占地面积小、能再生、使用寿命长等特点。由JLS型高效金属过滤器、JLS-YU预过滤器和JLS-F蒸汽过滤器组成的完整系统与发酵罐一对一配套使用。预过滤器的功能是保护JLS型高效过滤器，延长使用寿命。正确的使用方法可使高效过滤器使用1~2年。当通过过滤器的空气压力差达到0.03~0.05MPa时，需要对金属过滤器进行再生处理。经再生处理后，金属过滤器可重新投入使用。

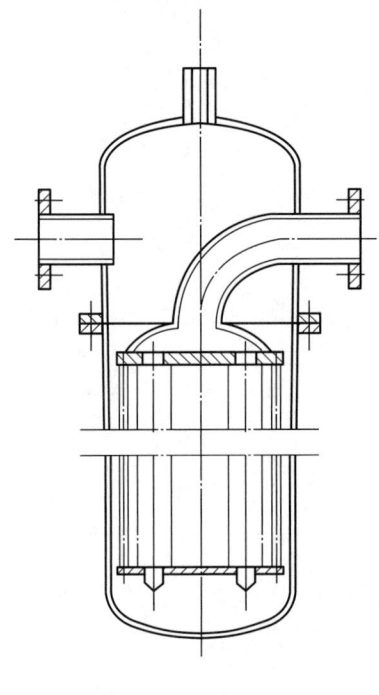

图4-65　JPF型过滤器

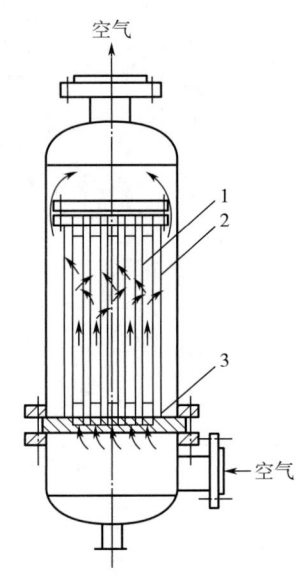

图4-66　金属微孔过滤器
1—金属微孔管　2—固定支柱　3—滤网层

5. 测量净化后空气质量的仪器

（1）露点仪　国产的露点仪的测量温度为-100~+110℃，精确度为1~2℃。

（2）尘埃粒子计数器　尘埃粒子计数器可检测到0.3~10μm的尘埃颗粒，由于检测时，采集的空气量比较小（一般只有30L/min），所以，检测结果并不能完全代表发酵用气的洁净程度。

第三节　酶催化反应器

一、酶反应器分类

酶反应器通常遵循化学反应工程的分类方法，可按操作方式、设备结构及反应器中的物相进行分类。

（1）按反应器操作方法分类　分批式或间歇式反应器、连续式反应器。

（2）按反应器几何构型和结构特征分类

①罐式反应器：主要特征是外形圆柱形，高度与直径比（H/D）为 1~3。
②管式反应器：与罐式相比细长，长度与直径比（L/D）>30。
③塔式反应器：外形不定，竖立高度与直径之比>10。
④膜式反应器：反应器内部有各种不同类型的薄板或膜构成的膜件。
（3）按反应器中的物相分类
①均相反应器：通常以溶液酶为催化剂，底物也是溶液态的反应器，反应系统只有均一的液相。
②非均相反应器：通常以固定化酶或固定化细胞为催化剂的酶反应器底物是溶液态，也有固、液两相。

二、常用的酶反应器

根据操作方式和结构特点进行综合分类，一般分为以下几类：分批式反应器、连续流搅拌反应器、填充床反应器、流化床反应器、膜型反应器、鼓泡塔式反应器和喷射式反应器，如图 4-67 所示。下面分别介绍。

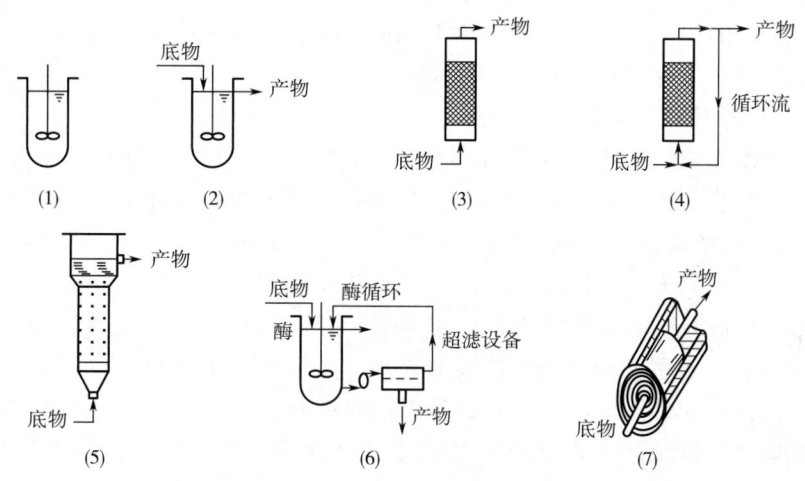

图 4-67　各种不同类型的酶反应器
（1）分批式反应器　（2）连续流搅拌反应器　（3）填充床反应器　（4）循环流填充床反应器
（5）流化床反应器　（6）连续流搅拌罐-超滤膜反应器　（7）螺旋卷膜式反应器

（一）分批式反应器（BSTR）

分批式搅拌罐反应器又称为间歇式反应器，简称分批式反应器［图 4-67（1）］。其操作特点是：反应器内的底物和酶（游离或固定化酶）都是一次性投入，反应完毕，一次取出，并用过滤或超滤的方式分离酶和产物。游离酶一般不回收，而用加热或其他方法处理使其变性；固定化酶留作下批使用。其优点是结构简单、造价较低、搅拌传质方便均匀，反应能迅速达到稳定。缺点是操作烦琐、酶使用半衰期短。适用于产品品种多、产量小、酶源廉价的生产。

（二）连续流搅拌反应器（CSTR）

连续流搅拌反应器是分批式反应器的一种发展，先向反应器内投入固定化酶和底物溶液,搅拌均匀后,再以恒定的流速连续流入底物溶液,同时以同样的流速流出含产物的溶液。液流方向通常为反应器下方进、上方出,也有相反[图4-67(2)]。CSTR的优点:传质阻力小、能处理胶状底物和不溶性底物、固定化酶易于更换。CSTR的缺点为:酶易于破损流失、用酶量较填充床反应器大。为了克服酶流失,在出口处安装过滤器;或将固定化酶用尼龙网袋装上,固定在搅拌器轴上;或是做成磁性固定化酶颗粒,在反应器出口处借助于磁吸滞留之。CSTR适用于存在底物抑制的酶反应。

(三) 填充床反应器 (PFR)

填充床反应器也称活塞流反应器,两个名称各反映了这种反应器的一个侧面:填充床,表明通常是将固定化酶或固定化细胞装填于反应器的柱管中,而形成反应柱床;活塞流,表明反应器在运行过程中,底物和产物液连续流动是呈平推流,即活塞状态[图4-67(3)]。填充床所用固定化酶(或细胞),可以是颗粒状、片状或膜状的,分层装填,还可以用半透明性中性中空纤维固定化酶,竖直平行装填反应器柱管。PFR液体流动的方式,有下向流、上向流和循环流[图4-67(4)]之分,工业上通常多用上向流,可避免下向流的液压对柱床的影响,对反应产生气体的,尤应注意。PFR的优点是:结构简单、操作容易、效率高、已实现自动化,对于存在产物抑制的反应较为适宜,故目前工业上较为普遍地采用。它的缺点是:传质和传热不太好,温度和pH控制较难,更换催化剂相当麻烦,不适于不溶性或黏稠性底物。

(四) 流化床反应器 (FBR)

流化床反应器和连续流搅拌反应器一样,将适量的粉状或小颗粒状固定化酶(或细胞)悬浮于反应器中,不设搅拌,而由向上的底物液流的冲击作用,达到混合的目的[图4-67(5)]。控制好流速是关键,应使固定化酶颗粒保持悬浮状态,又不溢出反应器为原则,这样虽然达不到CSTR的全混状态,但混合程度、传质、传热良好,适用处理高黏度和粉末状不溶性底物,也可用于有气体参与反应或反应过程产生气体的酶反应操作。由于流化床液流的冲击作用,固定化酶颗粒易破损,反应器中酶浓度不高,运行成本高,同时也不适用于存在产物抑制的酶反应。上述的缺点改进办法:①使底物进行循环;②将几个流化床串联成反应器组;③将反应器做成分区进口底物液的结构;④设计锥体反应器;⑤可以改进固定化酶制备方法,如磁性化等。

(五) 膜型反应器

膜型反应器是由膜状(包括半透膜)或薄片状固定化酶(细胞)组装的酶反应器总称。反应器结构有多种形式(图4-68)。一种简单的组合是超滤膜装置与连续流搅拌反应器组合成连续搅拌罐—超滤膜反应器(CST-UFR)。超滤膜起到阻留酶的作用,无论游离酶或者是固定化酶(细胞),都可以利用这个组合的酶反应器,生产有用的物资。

利用超滤膜制备固定化酶(细胞),然后装填于柱形反应器中而成超滤膜反应器(UFR)。又有各种不同形式,将酶固定化于中空纤维膜的腔内或外面的基质层上,集束装于管式反应器中,构成中空纤维膜反应器[图4-68(5)]。底物液可以压入中空纤维膜内腔,向膜外流动,与外固定化酶反应后流出(外循环式);也可以从中空纤维外壁压入腔内,与内固定化酶反应后,从膜内流出(反冲式);还有在中空纤维上部由腔内外流,下部又由外向内流,再溢出反应器。

将酶固定化于膜状惰性支持物上,将其卷成螺旋状填于柱中,称为螺旋卷膜式反应器

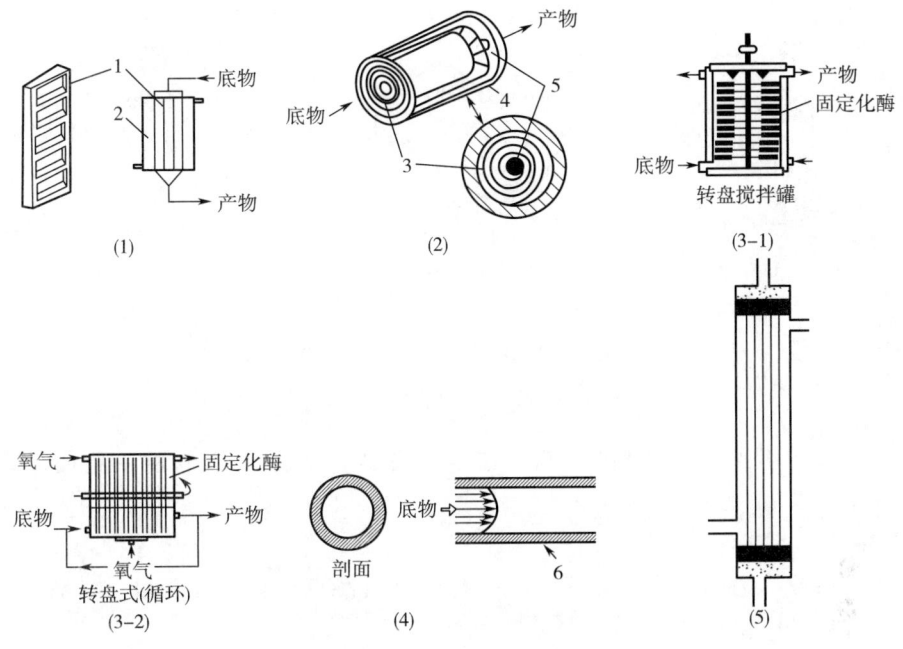

图 4-68 几种膜型固定化酶反应器
(1) 立型平板式　(2) 螺旋卷式　(3) 转盘式　(4) 空心管式　(5) 中空纤维式
1—凝胶板　2—套管　3—酶膜衬垫交错层　4—壳体　5—中心棒　6—固定化酶管膜

[图 4-68（2）]。

以包埋法制备的凝胶薄片固定化酶圆盘，叠装在旋转轴上，把整个装置浸泡在底物液中，即成转盘型酶反应器［图 4-68（3-1）、（3-2）］。此反应器结构简单，容易放大，但反应器单位体积的催化剂的有效面积较小。

空心酶管反应器［图 4-68（4）］是将酶固定化于内径约 1mm 的细管内壁，组装而成，底物流经管内与酶接触进行反应，这类反应器在自动分析仪中应用较多。

膜型反应器，特别是真空纤维膜反应器，结构复杂，制作麻烦，成本高，传质阻力大，不适用于黏稠和不溶性底物应用。其优点是反应器的酶损失小，反应器的操作、消毒及反应条件的控制都比较容易，一般没有酶的底物抑制和产物抑制（转盘型反应器除外）。

（六）鼓泡塔式反应器

此类反应器是气、液、固三相反应器，工作原理与流化床反应器相似，外形有柱状的、鼓状的、多鼓串联或塔状的（图4-69）。用于需氧反应时，一般由塔下方输入加压气体，气体进入塔内，在液固相中分散会鼓泡而得名。对于固定化细胞是有效设备，用于厌氧发酵时，通入二氧化碳鼓泡。

鼓泡塔式反应器设计较为复杂，但设备投资和操作费用不高，总费用比传统生产法低，故得到应用发展。

（七）喷射式反应器

喷射式反应器是利用高压蒸汽的射流作用原理，当蒸汽喷射流经管道狭窄部位时，所生成的负压将酶和底物溶液吸入反应器，在高温下短时间（几秒钟）完成反应，并喷出反

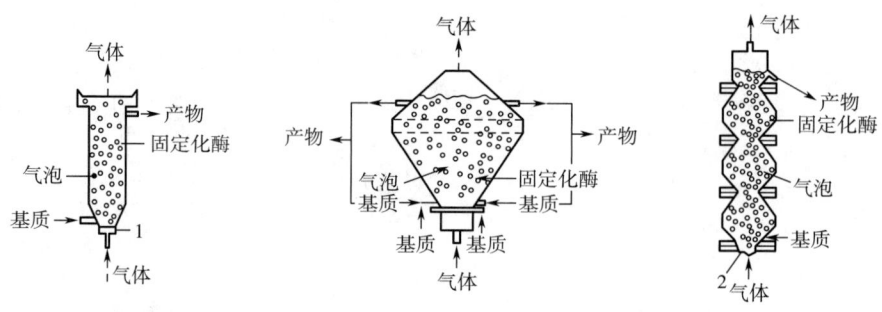

图 4-69 几种鼓泡塔式反应器
1，2—气体分散板

应器。结构简单，体积小，转化效率高，这是为耐热的高温 α-淀粉酶液化而设计且广泛应用的一种反应器。

（八）辅酶再生系统

辅酶再生系被称为第二代反应器，是一类组合式酶反应器，如 NAD、NADP、ATP 的再生系统，有的已应用于工业生产。

三、酶反应器的选型

酶反应器多种多样，选择反应器时，一般要考虑以下几个方面。

（一）酶的应用形式

酶的应用形式不外乎三种：溶液酶、固定化酶和固定化细胞。而固定化酶又有各种不同形态，如颗粒状、粉状、片状、板状、螺旋卷状、微管状、微胶囊状、中空纤维膜状等。固定化细胞主要是颗粒状、块状、板状等。

溶液酶回收一般比较困难，通常只适用于 BSTR；颗粒状、片状、板状固定化酶，对于 CSTR 和 PBR 都适用；小颗粒状、粉状、细小块状固定化酶，可选用 FBR，以利于增大有效催化面积，如用填充床反应器，则往往会产生较大的液体压降，或运行过程中发生壅塞，床层被压密，因此可采用流化床反应器；微管状、螺旋卷膜状、中空纤维固定化酶只适用于 PBR 型；有气体参与反应的系统，可用鼓泡塔反应器，也可用流化床反应器。

固定化酶与固定化细胞还有一个机械强度问题，凝胶包埋酶和微胶囊包埋酶，机械强度较差，在搅拌式反应器中，会被搅拌桨的剪切作用破坏；凝胶包埋酶在 FBR 中，若床层太厚，会因其质量而使凝胶压缩变形，以致破损，因而，应用或设计有分层筛板的填充床。总的来说，搅拌型反应器远比其他类型的酶反应器更容易造成酶的切变损失，而超滤膜反应器的操作半衰期比其他类型的酶反应器长。

（二）底物的物理状态

反应器的底物存在的状态不外乎三种：溶液态、不溶的浑浊态或乳浊液态、胶体态，在物性上主要考虑黏度不同，会影响反应器的效率。可溶性底物显然适用于所有的反应器；底物颗粒较粗的悬浮性底物，或者是胶态黏稠的底物，因为底物容易使床层阻塞，则不适用于选用填充床反应器，一般选用 CSTR、FBR 或者循环流反应器（RCR）为宜，这几种类型的反应器，或可采用较高的搅拌速度，或采用高流速运行，以减少颗粒的集结沉淀和阻塞，使底物处于悬浮状态。但是，高的搅拌速度或高流速都会造成固定化酶的破损流失和酶切变失活。因此，应适当地控制搅拌速度。当反应过程需要控制温度、调节 pH 时，选用 CSTR 更为方便。

（三）酶促反应动力学

从酶促反应速率来看，一般地说，搅拌型反应器的反应速率随搅拌速率加快而增大；流加型反应器的反应速率随流速加大而增大。从三种典型反应器的操作方式比较可知，当 $c_s \gg K_m$ 时，三者趋同；当 $c_s \ll K_m$ 时，为了达到相同的转化率，若选用 CSTR 就必须增加酶用量，或在用酶量相同的条件下，就需要加大反应器的体积，这就表示，在这种情况下，选用 FBR 更好一些。如果反应存在产物抑制，由于在相同转化率的前提下，底物在 PFR 的停留时间比在 CSTR 内停留的时间短，故选用 PFR 更显优越；但在存在底物抑制的情况下，由于搅拌可以降低固定化酶的扩散限制，因而，选用 BSTR 和 CSTR 受到的影响小于 PFR。

（四）操作要求

酶反应器在运行过程中常需要补充底物、调节 pH、补充催化剂或更新催化剂等，有时还需要供氧，这些操作对 BSTR 和 CSTR 来说，是不成问题的，其他类型的酶反应器要满足这些操作要求，就必须要有特殊设计来解决。如鼓泡塔类型反应器，就提供了需氧或产气反应的一种选择。近年来 PFR 也有一些特殊设计，可以解决一些问题。

（五）反应器应用的可塑性和制造运行成本

一般而言，BSTR 和 CSTR 应用的可塑性较大，而且结构简单，制造成本低，但这类反应器运行时的用酶量比其他反应器多，因此，当酶成本低廉时，不失为一种有益的选择，当存在底物抑制时更是如此。对于不溶性酶而言，用 BSTR 更方便。

综上所述，酶反应器的选择主要取决于酶的特性和操作方式特性。影响选择酶的特性包括酶的成本，操作过程中酶重复使用的能力，酶的稳定性和酶促反应的速率。影响选择操作方式的特性包括反应条件是否容易控制、该操作方式对底物的适合程度、产物的产率、底物和产物的纯度、劳动力和投资的绝对和相对成本、操作方式是否易于实现自动化等。

参 考 文 献

[1] 宫锡坤. 生物制药设备 [M]. 北京：化学工业出版社，2007.

[2] 王博彦. 发酵有机酸生产与应用手册 [M]. 北京：中国轻工业出版社，2000.

[3] 尤新. 玉米的综合利用及深加工 [M]. 北京：中国轻工业出版社，1993.

[4] 姜锡瑞. 生物发酵产业技术 [M]. 北京：中国轻工业出版社，2016.

[5] 袁庆辉. 发酵生产设备 [M]. 北京：中国轻工业出版社，1985.

[6] 陆宁洲，岑文学，陆飞浩. 基于空气过程控制的发酵节能增产装备技术研究 [J]. 发酵科技通讯，2016，45（1）：27-32.

[7] 邱立友. 固态发酵工程原理及应用 [M]. 北京：中国轻工业出版社，2008.

[8] 禹邦超，周念波. 酶工程 [M]. 武汉：华中师范大学出版社，2007.

第五章 有机酸分析方法与提取工艺

第一节 概 述

下游加工过程也称为发酵后处理,是指从发酵液或反应液中分离、纯化目的产物并加工成成品的过程。在多数情况下是从稀的发酵液中回收目的产物,整个过程由多项单元操作组成,其中有许多是经典的化工单元操作。

下游加工过程是微生物发酵工程产品研发和生产的重要环节之一。许多微生物发酵产品(如药品等)必须经过分离纯化制成高纯度的制品才能供人们使用。没有优质、高效的下游加工工艺,产物的纯度和回收率达不到一定的要求,就无法进行规模生产。更为重要的是在发酵产品的生产过程中,下游加工所需的费用占成本的很大部分,如传统小分子产品(抗生素、柠檬酸、乙醇等)的生产工艺已十分成熟,其分离纯化部分的费用约占总投资的60%,而一些基因工程药物的这个比例则高达80%~90%。因此,优化下游加工工艺,提高产品品质,降低生产成本,不仅会对实验室成果的转化起决定性作用,而且还会对产品的市场竞争力产生重大影响。

微生物产品种类繁多,它们的性质不同,用途各异,对纯度的要求不一,要求用不同的分离技术来回收和纯化。但总体而言,下游加工过程有其明显的共同特点,这主要是由发酵液(或培养液)和发酵产物的特点决定的:①发酵液是复杂的多相系统,使液体与固体的分离颇为困难;②目的产物在发酵液中的含量通常很低,而对纯度的要求却很高,有的还很不稳定,遇热、酸、碱、有机溶剂等易变性失活,这就要求分离纯化操作的收率要高,并应在尽可能温和的条件下进行,以获得足量的有活性的产物;③发酵液中还存在大量杂质,有些杂质的理化性质与目的产物很相近,这更增加了目的产物分离纯化的难度;④发酵过程复杂,很难做到批次间完全一致,每批发酵液都不尽相同,故要求下游加工工艺应具有相当的适应性,以确保最终产品的纯度和品质。

由此可知,目的产物的分离纯化不可能经一步或少数几步操作完成,整个下游加工流程常常由相当多个操作步骤组成。由于发酵产物的分离、纯化步骤多,若每个步骤的收率过低,把它们组合起来后,最终将得到有限的目的产物,故必须优化工艺使操作步骤减至最少,并尽可能提高各步操作的收率。优化工艺时应对整个流程作统筹考虑,以求生产过程的总效率最优。初步优化的工艺还必须经小试、中试乃至大规模试验等实践考核和进一步优化,才能投入生产。

第二节 有机酸分析方法

一、高效液相色谱法

高效液相色谱法(High Performance Liquid Chromatography,HPLC)又称"高压液相

色谱""高速液相色谱""高分离度液相色谱""近代柱色谱"等。高效液相色谱是色谱法的一个重要分支，以液体为流动相，采用高压输液系统，将具有不同极性的单一溶剂或不同比例的混合溶剂、缓冲液等流动相泵入装有固定相的色谱柱，在柱内各成分被分离后，进入检测器进行检测，从而实现对试样的分析。该方法已成为化学、医学、工业、农学、商检和法检等学科领域中重要的分离分析技术，常用 HPLC 检测有机酸、氨基酸、糖类等有机化合物。

（一）色谱分离原理

高效液相色谱法，按分离机制的不同分为液固吸附色谱法、液液分配色谱法（正相与反相）、离子交换色谱法、离子对色谱法及分子排阻色谱法。

1. 液-固色谱法

借助固体吸附剂，迫使被分离组分在色谱柱上进行分离，其原理是根据固定相对组分吸附力大小不同而分离。分离过程是一个吸附-解吸附的平衡过程。常用的吸附剂为硅胶或氧化铝，粒度 5~10μm。适用于分离相对分子质量 200~1000 的组分，大多数用于非离子型化合物，离子型化合物易产生拖尾，常用于分离同分异构体。

2. 液-液色谱法

使用特定的液态物质涂于载体表面，或化学键合于载体表面而形成的固定相，分离原理是根据被分离的组分在流动相和固定相中溶解度不同而分离，分离过程是一个分配平衡过程。涂布式固定相应具有良好的惰性，流动相必须预先用固定相饱和以减少固定相从载体表面流失，温度的变化和不同批号流动相的区别常引起柱子的变化。另外，在流动相中存在的固定相也使样品的分离和收集复杂化。由于涂布式固定相很难避免固定液流失，现在已很少采用。现在多采用的是化学键合固定相，如 C_{18}、C_8、氨基柱、氰基柱和苯基柱等。液-液色谱法按固定相和流动相的极性不同，可分为正相色谱法（NPC）和反相色谱法（RPC）。

（1）正相色谱法 采用极性固定相（如聚乙二醇、氨基与腈基键合相），流动相为相对非极性的疏水性溶剂（烷烃类，如正己烷、环己烷等，常加入乙醇、异丙醇、四氢呋喃、三氯甲烷等）以调节组分的保留时间。常用于分离中等极性和极性较强的化合物（如酚类、胺类、羰基类及氨基酸类等）。

（2）反相色谱法 一般用非极性固定相（如 C_{18}、C_8），流动相为水或缓冲液，常加入甲醇、乙腈、异丙醇、丙酮、四氢呋喃等与水互溶的有机溶剂以调节保留时间。适用于分离非极性和极性较弱的化合物。RPC 在现代液相色谱中应用最为广泛，据统计，它占整个 HPLC 应用的 80% 左右。

随着柱填料的快速发展，反相色谱法的应用范围逐渐扩大，现已应用于某些无机样品或易解离样品的分析。为控制样品在分析过程的解离，常用缓冲溶液控制流动相的 pH。但需要注意的是，C_{18} 和 C_8 使用的 pH 通常为 2.5~7.5，太高的 pH 会使硅胶溶解，太低的 pH 会使键合的烷基脱落。

（3）离子交换色谱法 固定相是离子交换树脂，常用苯乙烯与二乙烯交联形成的聚合物骨架，在表面末端芳香环上接上羧基、磺酸基（称阳离子交换树脂）或季铵基（称阴离子交换树脂）。被分离组分在色谱柱上的分离原理是根据树脂上可电离离子与流动相中具有相同电荷的离子及被测组分的离子进行可逆交换，各离子与离子交换基团具有不同的电荷吸引力而分离。离子交换色谱法主要用于分析有机酸、氨基酸、多肽及核酸。

（4）离子对色谱法 又称偶离子色谱法，是液-液色谱法的分支。它是根据被测组分离子与离子对试剂离子形成中性的离子对化合物后，在非极性固定相中溶解度增大，从而使其分离效果改善。主要用于分析离子强度大的酸碱物质。分析碱性物质常用的离子对试剂为烷基磺酸盐，如戊烷磺酸钠、辛烷磺酸钠等。

（5）排阻色谱法 固定相是有一定孔径的多孔性填料，流动相是可以溶解样品的溶剂。小分子质量的化合物可以进入孔中，滞留时间长；大分子质量的化合物不能进入孔中，直接随流动相流出。它利用分子筛对分子量大小不同的各组分排阻能力的差异而完成分离。常用于分离高分子化合物，如组织提取物、多肽、蛋白质、核酸等。

（二）高效液相色谱法的特点

高效液相色谱法的特点有以下几点。

（1）高压 流动相为液体，流经色谱柱时，受到的阻力较大，为了能迅速通过色谱柱，必须对载液加高压；

（2）高速 分析速度快、载液流速快，较经典色谱法速度快得多，通常分析一个样品在 15~30min，有些样品甚至在 5min 内即可完成，一般小于 1h；

（3）高效 分离效能高。可选择固定相和流动相以达到最佳分离效果，比工业精馏塔和气相色谱的分离效能高出许多倍；

（4）高灵敏度 紫外检测器灵敏度可达 0.01ng，进样量在 μL 数量级；

（5）应用范围广 70%以上的有机化合物可用高效液相色谱分析，特别是对高沸点、大分子、强极性、热稳定性差的化合物的分离分析显示出优势。

（三）高效液相色谱法的应用

1. HPLC 分析对象

HPLC 几乎在所有学科领域都有广泛应用，可以用于绝大多数物质成分的分离分析，它和气相色谱都是应用最广泛的仪器分析技术，HPLC 在部分领域的主要分析对象物质列于表 5-1。

表 5-1   HPLC 应用举例

应用领域	分析对象举例
环境	常见无机阴/阳离子、多环芳烃、多氯联苯、硝基化合物、有害重金属及其形态、除草剂、农药、酸沉降成分
农业	土壤矿物成分、肥料、饲料添加剂、茶叶等农产品中无机和有机成分
石油	烃类组成、石油中微量成分
化工	无机化工产品、合成高分子化合物、表面活性剂、洗涤剂成分、化妆品、染料
材料	液晶材料、合成高分子材料
食品	有机酸、无机阴/阳离子、氨基酸、糖、维生素、脂肪酸、香料、甜味剂、防腐剂、人工色素、病原微生物、霉菌毒素、多核芳烃
生物	氨基酸、多肽、蛋白质、核糖核酸、生物胺、多糖、酶、天然高分子化合物
医药	人体化学成分、各类合成药物成分、各种天然植物和动物药物化学成分

2. HPLC 分析有机酸

（1）流动相比例调整　由于我国药品标准中没有规定柱的长度及填料的粒度，因此每次检测样品时都须调整流动相（按经验，主峰一般应调至保留时间为 6～15min 为宜）。不同色谱柱所使用的流动相不同，如 C_{18} 柱使用的流动相为磷酸盐缓冲溶液，有机酸柱使用的是稀硫酸溶液。

（2）样品配制
①样品：将样品用过滤膜过滤，去除样品溶液中的杂质。
②容器：塑料容器常含有高沸点的增塑剂，可能释放到样品液中造成污染，而且还会吸附某些药物，引起分析误差。某些药物特别是碱性药物会被玻璃容器表面吸附，影响样品中药物的定量回收，因此，必要时应将玻璃容器进行硅烷化处理。

（3）进样量　有机酸样品通常注入 10 μL，而目前多数 HPLC 系统采用定量环（10、20、50 μL），因此，应注意进样量是否一致。

（4）计算
①制作标准品标准曲线：选取一个含有 10～15 个浓度点的标准品的浓度梯度，处理样品后，上机跑液相，以标准品浓度为横坐标，峰面积为纵坐标绘制标准曲线。
②单个标准品浓度计算：根据绘制的标准品标准曲线，由单标的峰面积计算得出其浓度。
③样品有机酸浓度的计算：根据样品的液相色谱图，找到有机酸（如苹果酸、柠檬酸、丙酮酸、琥珀酸、α-酮戊二酸等）的色谱峰，积分得到峰面积后，根据标准品标准曲线得出相应有机酸浓度。

二、紫外分光光度法

紫外分光光度法，又称紫外-可见分光光度法，是根据物质分子对波长为 200～760nm 这一范围的电磁波的吸收特性所建立起来的一种定性、定量和结构分析方法。此方法操作简单、准确度高、重现性好。

（一）分光光度法的原理

1. 光的基础概念

由于不同分子的原子团和原子，其发射光谱和吸收光谱不同，因此，可以根据其光谱的特征和强度研究化合物的结构和测定其含量，称为光谱分析法，这也是比色分析的原理。根据发射光谱分析的有火焰发射光谱法（又称火焰光度法，分析 Na、K、Ca）、荧光光度和荧光分光光度法（根据荧光的发射强度进行分析）。

2. 朗伯-比尔定律

朗伯-比尔定律是光吸收的基本定律，适用于所有的电磁辐射和所有的吸光物质，包括气体、固体、液体、分子、原子和离子。朗伯-比尔定律是分光光度法、比色分析法和光电比色法的定量基础。一束单色光照射于一吸收介质表面，在通过一定厚度的介质后，由于介质吸收了一部分光能，透射光的强度就要减弱（图 5-1）。吸收介质的浓度越大，介质的厚度越大，则光强度的减弱越显著，其关系式见式（5-1）：

$$A = -\lg \frac{I_t}{I_0} = \lg \frac{1}{T} = K \cdot l \cdot c \tag{5-1}$$

式中，A——吸光度；

I_0——入射光的强度

I_t——透射光的强度

T——透射比，或透光度

K——系数，可以为吸收系数或摩尔吸收系数

l——吸收介质的厚度，cm

c——吸光物质的浓度，g/L 或 mol/L

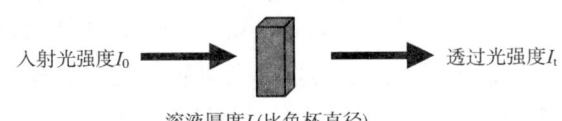

图 5-1　光透过示意图

（二）分光光度法的分类

根据吸收光谱分析的方法又称吸光光度法，如：用可见光的吸收光谱进行分析的方法称之为分光光度法；用紫外光的吸收光谱进行分析的方法称之为紫外分光光度法；用原子的吸收光谱进行分析的方法称之为原子吸收分光光度法。

1. 紫外-可见光分光光度法

紫外-可见分光光度法是在 200~780nm 波长范围内测定物质的吸光度，用于鉴别、杂质检查和定量测定的方法。当光穿过被测物质溶液时，物质对光的吸收程度随光波长不同而变化。因此，通过测定物质在不同波长处的吸光度，并绘制其吸光度与波长的关系图即得被测物质的吸收光谱。

2. 原子吸收分光光度法

原子吸收分光光度法的测量对象是呈原子状态的金属元素和部分非金属元素，是由待测元素灯发出的特征谱线通过供试品经原子化产生原子蒸气时，被原子蒸气中待测元素的基态原子所吸收，通过测定辐射光强度减弱的程度，求出供试品中待测元素的含量。

（三）分光光度法的应用

1. 分光光度法测定莽草酸

（1）标准品溶液制备　称取烘干至恒重的莽草酸标准品 0.100g，溶于 80mL 蒸馏水，然后定容至 100mL，配制 1.000g/L 莽草酸标准液备用。

（2）对羟基苯甲醛-硫酸溶液的配制　取浓硫酸 750mL 缓慢加入 200mL 蒸馏水中，混匀冷却后加入 0.500g 羟基苯甲醛，定容至 1000mL。

（3）标准曲线的绘制　取 6.0mL 对羟基苯甲醛-硫酸溶液分别加入已编号的刻度试管中，按顺序加入一系列浓度的莽草酸标准品稀释液各 1mL，并用水定容至 10mL，混匀后放入沸水浴中加热 20min 至紫红色出现；冷却至室温后用分光光度计在 550nm 处测样品的吸光度，并绘制莽草酸测定标准曲线，得出线性回归方程。

（4）样品的检测　取 6.0mL 对羟基苯甲醛-硫酸溶液加入 10mL 刻度试管中，取无菌发酵液各 4mL，混匀后沸水浴 20min；冷却后用 722 分光光度计在 550nm 处测各样品的吸光度。并利用标准曲线方程计算莽草酸含量。

2. 分光光度法的其他应用

(1) 分光光度法检测苹果酸　取 1mL 样品溶液（苹果酸浓度控制在 0.05~0.80mg/L）放入试管中，同时加入 6mL 硫酸与 0.1mL 2,7-萘二酚溶液，并在 100℃ 水浴中加热 15~20min，待冷却至室温后利用分光光度计在 385nm 处进行比色测定，并以蒸馏水作为对照。再利用标准品制作吸光值与标准品浓度的标准曲线（以苹果酸浓度为横坐标，385nm 处吸光值为纵坐标绘制而成），通过检测样品在 385nm 处的吸光值即可通过标准曲线得到相应的苹果酸浓度。

(2) 分光光度法检测富马酸　准确称取 1~2g 待检测的样品，用 0.02mol/L 磷酸缓冲溶液（pH 7.0）准确配制 10mg/mL 浓度的待测溶液，准备吸取 1mL 待测溶液在 280nm 波长处检测其吸光值，最后利用标准曲线得到对应吸光值处的富马酸浓度。

三、毛细管电泳法

电泳是电解质中带电粒子在电场作用下向电荷相反方向迁移的现象，利用这种现象对物质进行分离分析的方法，称之为电泳法。毛细管电泳（Capillary electrophoresis，CE）是在散热效率很高的毛细管内进行的电泳，可以应用高压电，可极大地改善分离效果。研究表明，毛细管电泳柱效与电场强度成正比，与分子扩散系数成反比，这样意味着外加高电压可以获高柱效，而且分离扩散系数小的分子，如生物大分子可以更有效。

(一) 毛细管电泳的基本概念

1. 毛细管电泳的原理

毛细管电泳是以毛细管为分离通道，以高压电场为驱动力的一种高效液相分离技术。在电场作用下，电解质溶液中带电粒子会以不同的速度向异性电极方向迁移。当毛细管内充满缓冲溶液时，毛细管壁上的硅羟基发生解离，生成氢离子溶解在溶液中，这样就使毛细管壁带上负电荷与溶液形成双电层，在毛细管的两端加上直流电场后，带正电的溶液就会整体地向负极移动，这就形成了电渗流。毛细管在操作缓冲溶液中，带电粒子的运动速度等于电泳速度和电渗速度的矢量和，电渗速度一般大于电泳速度，因此即使是阴离子也会从阳极端流向阴极端。所以在毛细管电泳过程中，阳离子最先出来，它的速度是电泳速度加电渗速度；其次是中性离子，它的速度是电渗流速度；最后是阴离子，它的运动方向与电渗流方向相反，速度为电渗流速度减去电泳速度。因此，毛细管电泳过程能够一次性把阳离子、中性离子、阴离子全部分离并分析完成。

2. 影响毛细管电泳的主要因素

(1) 毛细管　毛细管一般是由石英加工而成，而石英的硅羟基是构成吸附和产生电渗流的主要原因。

(2) 电泳缓冲液　缓冲溶液应该比被分离分析的物质的等电点高或者低一个 pH 单位，尽可能使用酸性缓冲液，以使以石英为材质的毛细管的硅羟基质子化，从而减少解离的硅羟基，降低电渗流。

(3) 电压　具体的电压和进样电压根据不同的实验条件有所不同，需根据实验具体情况进行优化。

(4) 电泳温度　一般工作温度设置在 15~50℃。

（二）毛细管电泳的特点和分类

1. 毛细管电泳的特点

毛细管电泳和高效液相色谱一样，同是液相分离技术，它们可以互为补充，但无论从效率、速度、样品用量和成本来说，毛细管电泳都显示了一定的优势。毛细管电泳柱效更高，可达 $10^5 \sim 10^6 \, m^{-1}$，故也称为高效毛细管电泳（High performance capillary electrophoresis, HPCE），分离速度更快，几十秒至几十分钟内即可完成一个试样的分析；溶剂和试样的消耗极少，试样用量仅为纳米级；毛细管电泳没有高压泵输液，因此仪器成本更低；通过改变操作模式和缓冲溶液的成分，毛细管电泳有很大的选择性，可以对性质不同的各种分离对象进行有效的分离。毛细管电泳的特点可以概括为"高效、低耗、快速、应用广泛"。

2. 毛细管电泳的分类

按毛细管中填充物质的性状，可分为自由溶液和非自由溶液毛细管电泳；按机制可分为电泳型、色谱型和电泳/色谱型三类。常用于药物分析的毛细管电泳的分离模式详见表5-2。

表5-2　　　　　　　　　　毛细管电泳主要分离模式

名称	缩写	管内填充物	说明
毛细管区带电泳	CZE	pH缓冲的自由电解质溶液，可含有一定功能的添加剂	属自由溶液电泳型，但可通过加添加剂引入色谱机制
胶束电动毛细管色谱	MECC	CZE载体+带电荷的胶束	CEZ扩展的色谱型
微乳液电动毛细管色谱	MEECC	由缓冲液、不溶于水的有机液体和乳化剂构成的微乳液	CEZ扩展的色谱型
毛细管凝胶电泳	CGE	各种电泳用凝胶或其他筛分介质	属非自由溶液电泳，含有"分子筛"效应
毛细管等电聚焦	CIEF	建立pH梯度的两性电解质	按等电点分离，属电泳型，要求完全抑制电渗流
毛细管电色谱	CEC	CEC载体+液相色谱固定相	属非自由溶液色谱型
非水毛细管电泳	NACE	含电解质的非水体系	属自由溶液电泳型

（三）毛细管电泳的应用

毛细管电泳是一种高效的电泳技术，最初主要用于蛋白质和核酸的分离分析，现在也用于有机酸类、糖类、手性分子、细胞等物质的研究。

1. 有机酸类

目前，分析有机酸的方法为比色法、分光光度法、色谱法等，其中色谱法是分析有机酸最常见的方法。HPLC在有机酸的分析中应用最为广泛，但它们在使用过程中也面临着消耗的溶剂量大、分析时间长、色谱柱昂贵等缺点。近年来，毛细管电泳技术被越来越广泛地应用于有机酸的分离分析过程中。毛细管电泳技术具有分离效率高、分析速度快、样品和溶剂量少、经济且操作简单的优点。

2. 蛋白质和多肽

毛细管电泳技术的最早应用之一就是分析分离蛋白质和多肽，主要是分析蛋白质的物化常数、鉴定蛋白质、构建蛋白质肽图等。目前，常使用毛细管电泳技术进行蛋白质结构动力学的研究，检测蛋白质的折叠与伸展构象变化等。

3. 细胞的分析

毛细管电泳主要应用于细胞颗粒电泳、大量细胞提取物分析、单细胞分析等。使用毛细管电泳技术可以分选不同时期的细胞（如凋亡细胞、死细胞、正常细胞）；对于细胞提取物来说，主要是分析细胞内的蛋白质、核酸、糖类等。

四、酶 法

酶是一类具有催化能力的生物大分子，大部分的酶类都是蛋白质，但有少部分酶为核酸类物质，此类酶称为核酶。借助酶高效、高度专一的催化作用，以酶作为分析试剂或分析工具进行的一类分析，可用以检测食品以及药物中某种物质（如有机酸）的含量。测定的范围很广，凡是与酶反应有关的物质，如酶的底物、辅助因子，甚至酶的抑制剂等都可以采用这类分析方法。

与一般化学分析方法相比，酶法分析的特点是它反应条件温和、具有较高的选择性，在待分析对象与其他相似物质混杂的复杂系统中能直接通过酶的专一性选择地催化待测组分进行反应，可以免去一般化学分析需要事先进行的一系列前处理过程，同时不受类似物质的干扰，能简便地获得可靠的结果。

（一）酶法分析的基本概念

1. 酶的概念

酶是指具有生物催化功能的生物大分子物质。在酶的催化反应体系中，反应物分子称为底物，底物通过酶的催化转化为另一种分子。几乎所有的细胞活动进程都需要酶的参与，提高效率。与其他非生物催化剂相似，酶通过降低化学反应的活化能来加快反应速率，大多数酶可以将其催化的反应速率提高上百万倍。

2. 酶分析方法的概念

将酶促反应的高度专一性与分析化学的研究思路相结合，所建立的酶分析方法，已经得到了广泛的应用。酶法分析基于酶催化的反应。酶活力及催化的反应受各种因素的影响，只有对它们的一般规律有较深的理解，才能很好地控制酶催化的反应，以得到可靠的分析数据。

（1）酶活力的概念　酶是一种蛋白质催化剂，它的催化活力易受环境因素的影响，在储存过程中会失活，所以一般很难得到非常纯的酶。酶量一般用酶活力单位或酶活力（Activity）来表示。酶活力单位（Activity Unit）指的是在一定条件下，单位时间内底物的减少量或产物的增加量。酶活力的测定是研究酶特性、进行酶制剂生产及研究其应用时的一项必不可少的指标。

酶比活力（Specific Activity）又称比活力，定义为每毫克酶蛋白所具有的催化活力，即 IU/mg（蛋白质）。比活力越高，酶纯度越高或酶的活性结构保持得越好。

（2）酶催化反应的特性　酶作为一种催化剂，它只加速反应的进程，而不改变反应平衡的位置。酶可以使反应至少加速一百万倍。

(3) 酶高效催化的原因

①活性中心的化学结构：它可以诱导致使底物的化学键变形或极化，结果使底物基态的能量提高，因而具有更高的反应活力。

②底物与酶的结合部位对底物的固定化作用：使底物与其他参与化学反应的基团接近，使底物分子进入酶的活性中心区域，因而使很多反应类似于分子内反应，这称之为接近效应（Proximity Effect），其结果是大大提高了活性中心区域的底物有效浓度，使参与反应的基团的有效浓度非常高，因而比一般的分子间反应的速率要高得多。

③使底物正确而有利的定向：这使得进行每一步反应时底物的键只发生最小程度的移动或旋转，因而使反应只需要最低的活化能，另外活性部位合适的电荷分布和有利的几何形状也是影响过渡态能量的两个因素。

④多功能基因间的协同催化作用。

（二）酶法分析的检测技术

在酶法分析中，被分析的对象可以是酶、底物、底物类似物、酶的活化剂或抑制剂等。总之，凡是可以影响酶催化反应的各种物质都有可能被分析。根据被分析对象是对反应速度的影响，还是对反应平衡的影响，其分析方法也有所不同。对酶活力的测定，只能采用与动力学相关的方法，而对底物的测定既可以采用动力学方法，也可以采用平衡法。常用的分析方法，包括初速度法、固定时间分析法、固定变化分析法及平衡分析法等。有时还可以采用酶偶联分析法，使分析测定简单化。

1. 初速度法

酶催化反应速度与酶和底物的浓度相关。但随着反应时间的增加，反应速度会逐渐减小。所以，酶活力的准确信息必须通过测定反应的初速度来确定。反应初速度恒定的时间一般很有限，初速度的测定必须在此时间范围内进行。一般采取过量底物的方法来保证能够真实地反映酶活力。

2. 固定时间分析法

间隔一定的时间，分几次取出一定体积的反应液，使酶终止作用，然后分析产物的生成量或底物的消耗量。这是最经典的方法，至今仍很常用。但应注意，所选的时间段内酶活力不应有大的变化。

3. 固定变化分析法

这种方法与固定时间法的原理相同，把酶活力与要产生一定的反应量所需的时间关联起来，即酶的活力与产生一定的变化量所需的时间成反比。这种方法对于反应中产生 pH 变化的体系非常有用，因为这可以通过电位法方便地进行测定。

4. 偶联法测定酶活力

有时需要将两个酶反应偶联起来以获得可被检测的信号。例如，葡萄糖在己糖激酶和 ATP 的存在下生成葡萄糖-6-磷酸及 ADP，由于这一个反应中没有明显的光谱性质的变化，所以无法对酶的活力进行直接的检测。生成的葡萄糖-6-磷酸可以作为葡萄糖-6-磷酸脱氢酶的底物，并且在 $NADP^+$ 存在下发生第二个酶反应，反应所生成的 NADPH 的紫外吸收在 340nm 处，而 $NADP^+$ 的最大吸收在 280nm 处。据此可以对己糖激酶进行测定。

$$葡萄糖 + ATP \xrightarrow{己糖激酶} 葡萄糖-6-磷酸 + ADP$$

$$\text{葡萄糖-6-磷酸} + \text{NADP}^+ \xrightarrow{\text{G6PD}} \text{6-磷酸葡萄糖酸} + \text{NADPH} + \text{H}^+$$

（三）酶法分析的检测方法

1. 分光光度法

分光光度法是利用底物与反应产物在紫外和可见光部分光吸收的不同，连续或固定时间测定反应一定时间内吸光度的变化。连续测定法适合于反应速度较快的体系，而固定时间测定法则适合于一些反应速度较慢的体系。许多氧化还原酶都可以根据反应过程中混合物吸光度的变化测定其活力。如脱氢酶以 NAD$^+$ 或 NADP$^+$ 作为辅酶，反应中形成 NADH 或 NADPH，在 340nm 处可以观察到吸光度的变化。

2. 荧光法

只要酶反应的底物或产物之一有荧光或二者的荧光光谱不发生重叠就可以根据荧光的变化来测定酶的活力。如 NADPH 在 340nm 处吸收光后在 460nm 处会发出荧光。

3. 电化学法

有多种电化学方法已经被用于酶活力的检测，其中应用最广泛的是电位计技术，由于溶液的电势取决于被测物的浓度和性质，如 pH 电极可测定酶反应过程中反应液的 pH 的变化，从而得知参与反应的酶的活力。

（四）酶法的应用

1. 酶法检测苹果酸

（1）检测原理　苹果酸在苹果酸脱氢酶（MDH）的催化作用下，被 NAD$^+$ 氧化生成草酰乙酸。在这个过程中生成的 NADH，可通过紫外分光光度计在 340nm 波长处测得其吸光值，进而计算其含量，最终得到样品中苹果酸的浓度。

$$\text{L-苹果酸} + \text{NAD}^+ \xleftrightarrow{\text{MDH}} \text{草酰乙酸} + \text{NADH} + \text{H}^+$$

（2）测定方法　在 20~25℃ 条件下，选取 1cm 石英比色皿，按顺序依次加入 1000μL 缓冲液，200μL 工作液，1000μL 蒸馏水、10μL GOT（谷草转氨酶）工作液，100μL 样品（其中对照组加 100μL 蒸馏水）。将上述试剂加至试管中后，轻微混匀，静置 3min 后读取吸光值 A_1，再加入 10μL MDH 工作液，混匀静置 10min，读取吸光值 A_2，得到样品的净吸光值 $= A_2 - A_1$。

（3）结果计算　首先，计算空白、标准品和待测样品的净吸光度 A_N，$A_N = A_2 - A_1$；其次，通过净吸光度和实测吸光度，计算样品的吸光度修正值 A_C，$A_C = $ 样品 $A_N -$ 空白 A_N；最终苹果酸浓度计算公式为：$C_{苹果酸}$（g/L）$= 0.4275 A_C \times$ 稀释倍数。

2. 酶法检测的其他应用

（1）酶法检测柠檬酸　酶法测定柠檬酸含量具有灵敏度高、专一性强、快速简便的优点。与常用的高压液相色谱法相比，酶法检测使用和维护费用低，操作简便，易于掌握。酶法测定柠檬酸的原理是：柠檬酸在酶的作用下裂解，其裂解产物通过 NADH 被还原，然后通过测定吸光度的降低来测量 NADH 的消耗量，即相当于柠檬酸的量。

（2）酶法检测乳酸　乳酸酶法检测原理是在 NAD$^+$ 的存在下乳酸脱氢酶（LDH）催化乳酸生成丙酮酸，同时生成 NADH。在碱性条件下显色剂与丙酮酸生成复合物，并使平衡偏向乳酸氧化为丙酮酸方向，驱动反应完成，生成的 NADH 与乳酸为等摩尔。通过分光光度比色法测定 340nm 波长处的吸光度，据此通过比色法分析就可以计算出乳酸的水平。

第三节 有机酸提取工艺

一、沉淀法

沉淀法是最原始的分离和纯化生物物质的方法，沉淀是溶液中溶质由液相变为固相析出的过程，是分离和纯化一些生物物质常用的经典方法，目前仍广泛应用于工业上和实验室中。有机酸在水中形成稳定的溶液是有条件的，也就是溶液的理化参数，任何能够影响理化参数的因素都会破坏溶液的稳定性。

使用沉淀技术分离纯化物质具有选择性，即有选择地沉淀杂质或有选择地沉淀所需成分。对于有机酸的沉淀，不仅要考虑能否发生沉淀，还要注意所用的沉淀剂或沉淀条件对有机酸的结构是否有破坏作用，沉淀剂是否易于去除；特别地，提取作为某些食品添加剂的有机酸时，还须注意所用的沉淀剂对人体是否有害。目前常用的沉淀方法主要有：盐析法、有机溶剂沉淀法、等电点沉淀法、非离子多聚体沉淀法、生成盐类复合物沉淀法、选择性变性沉淀以及亲和沉淀等。

（一）盐析法

一般地，低浓度的中性盐离子作用于电解质类物质（蛋白质、酶类等）时，其分子表面极性基团会增加这些物质与溶剂的相互作用力，从而增大其溶解度，这种现象称为盐溶；当离子强度增加到足够高时，例如饱和或者半饱和时，很多电解类物质可以从水溶液中沉淀出来，此现象称为盐析。

1. 盐析基本原理

溶液中加入了大量的中性盐离子降低了水的活度，使得溶液中的绝大多数的自由水转变成为了与盐离子结合的水化水。与此同时，那些与电解质类物质表面结合的水分子成为了最自由的可被利用的水分子，值得注意的是这些水分子并不是参与电解质类物质表面极性基团溶剂化的成分。因此，电解质物质表面的水分子被移去以溶剂化盐离子，从而露出疏水基团。随着盐离子溶度的不断增加，电解质类物质疏水表面进一步的暴露，最终通过疏水作用使得电解类物质聚集而沉淀。

2. 盐析操作要点

（1）盐析剂的要求　①盐析作用强，盐析效果好；②溶解度较大；③化学惰性，不与目标产物（有机酸、蛋白质等）发生化学反应；④经济、环保。

（2）常用盐析剂

盐的种类：$(NH_4)_2SO_4$、Na_2SO_4、$MgSO_4$、Na_3PO_4、醋酸钠、柠檬酸钠、硫氰酸钾等，其中$(NH_4)_2SO_4$最受欢迎，因为它具有溶解度大、密度小、溶解度受温度的影响小、对目的物稳定性好以及盐析效果好等优点。

3. 影响盐析的因素

（1）离子强度　通常来说，离子强度越大，被提取组分的溶解度越低。每一个组分被盐析出来后，经过过滤或冷冻离心收集，再在溶液中逐步提高中性盐的饱和度，使另一种组分被分离出来。

（2）离子种类　离子种类对被提取组分的溶解度也有一定的影响。其中，离子半径小、电荷多的离子在盐析方面的影响较大；而离子半径大、电荷少的离子其对盐析效应的影响小。几种盐的盐析能力的排序为：磷酸钾>硫酸钠>磷酸铵>柠檬酸钠>硫酸镁。

（3）温度和pH　一般来说，蛋白质所带净电荷越多溶解度越大，净电荷越少溶解度越小，在等电点时蛋白质溶解度最小。为提高盐析效率，多将溶液pH调到目的蛋白的等电点处。但必须注意在水中或稀盐液中的蛋白质等电点与高盐浓度下所测的结果是不同的，需根据实际情况调整溶液pH，以达到最好的盐析效果。

温度是影响溶解度的重要因素，对于多数无机物质的盐类和小分子有机物，温度升高溶解度加大，但对于蛋白质、酶和多肽等生物大分子，在高离子强度溶液中，温度升高，它们的溶解度反而减小。

（4）被分离物质的原始浓度　中性盐沉淀蛋白质时，溶液中蛋白质的实际浓度对分离的效果有较大的影响。通常高浓度的蛋白质用稍低的硫酸铵达到最高限度便可将其沉淀下来，但若蛋白质浓度过高，则易产生各类蛋白质的共沉淀作用，去除杂蛋白的效果会明显下降。

（二）有机溶剂沉淀法

有机溶剂沉淀法是向溶液中加入水溶性的有机溶剂如丙酮、乙醇后，水的活度降低，水对被提取物质表面电荷基团或亲水基团的水化程度降低，溶液介电常数下降，被提取组分分子间静电引力增加，最终导致凝胶沉淀。

1. 有机溶剂沉淀法基本原理

亲水性有机溶剂加入溶液后降低了介质的介电常数，溶质分子之间的静电引力增加，聚集形成沉淀。根据库伦公式：带电质点间的静电作用力在质点电量不变，质点间距离不变的情况下与介质的介电常数成反比。

水溶性有机溶剂本身的水合作用降低了自由水的浓度，压缩了亲水溶质分子表面原有水化层的厚度，降低其亲水性，导致脱水凝集。以上两个因素相比较，脱水作用可能较静电作用占更主要的地位。

2. 常用的沉淀用溶剂

有机溶剂沉淀生物高分子的特点是：分辨率高于盐析；因溶剂沸点较低，除去及回收方便。但有机溶剂沉淀法比盐析法易使蛋白质变性失活。

（1）乙醇　沉淀作用强，无毒，挥发性适中，常用于蛋白质、核酸、多糖等生物大分子的沉淀。

（2）丙酮　沉淀作用强，使用量少，但毒性大，应用范围不广。

（3）甲醇　沉淀作用与乙醇相当，但对蛋白质的变性作用比乙醇、丙酮都小，由于毒性较强，限制了其使用范围。

（4）二甲基甲酰胺　沉淀作用较强，但其具有毒性，应用范围小。

（5）异丙醇　沉淀作用较强，应用范围不广。

（6）二甲基亚砜　沉淀作用较强，具有毒性，应用范围不如乙醇、丙酮广。

3. 操作条件的控制

（1）溶剂的选择　沉淀用有机溶剂的选择主要考虑以下几个方面的因素：①介电常数小，沉淀作用强；②对生物分子的变性作用小；③毒性小，挥发性适中；④沉淀用溶剂一般需要能与水无限混溶，一些与水部分混溶或微溶的溶剂如氯仿、乙醚等也可使用。

(2) 温度的控制

①有机溶剂沉淀时，温度是重要的因素：有机溶剂存在时，大多数蛋白质的溶解度随温度降低而显著减少，因此低温下（最好低于0℃）沉淀的完全。

②有机溶剂会引起蛋白质分子空间结构变形：如果这种变形超过一定程度，就会导致蛋白质变性，变性的程度随温度升高而增大。为了防止蛋白质变性，应在低温下沉淀。

③实际操作中，还要考虑有机溶剂与水混合时热量的驱散。

(3) pH的控制　等电点时蛋白质溶解度最低，因此有机溶剂沉淀时，溶液pH应尽量在蛋白质等电点附近，但是pH的控制还必须考虑蛋白质的稳定性。例如很多酶的等电点在pH 4~5，比其他蛋白质的稳定pH范围低，因此pH应首先满足蛋白质稳定性的条件，不能过低。另外，应避免让目的物与主要杂质带呈现相反电荷，不然将导致严重共沉淀作用。

(4) 离子强度的控制　较低离子强度的存在往往有利于沉淀作用，甚至还有保护蛋白质，防止变性，减少水和溶剂相互溶解及稳定介质pH的作用。用溶剂沉淀蛋白质时离子强度以0.01~0.05mol/L为好，通常不应超过5%。常用的所谓助沉剂多为低浓度的单价盐，有NaAc、NH_4Ac、NaCl。

(5) 样品浓度的控制　与盐析相似，样品较稀时增加了溶剂投入量和损耗，降低了溶质收率，还易产生稀释变性，但共沉淀作用小，分离效果好。反之，浓的样品会增加共沉淀作用，降低分辨率，变性的危险性也小于稀溶液。

(三) 生成盐类复合物沉淀法

生物分子可以生成多种盐类复合物沉淀，一般分为：金属复合盐类、有机酸复合盐类、无机复合盐类。这三种复合盐类都具有很低的溶解度，极容易沉淀析出。

1. 金属复合盐

常用的能够与生物分子形成金属复合盐的金属离子有：Mn^{2+}、Fe^{2+}、Co^{2+}、Ni^{2+}、Cu^{2+}、Zn^{2+}、Cd^{2+}、Ba^{2+}、Mg^{2+}、Pb^{2+}、Hg^{2+}、Ag^+等。金属复合盐中的金属离子可通H_2S气体使得金属变成硫化物而除去。金属离子复合盐可以用于沉淀有机酸、蛋白质，同时也适用于核酸和其他小分子物质。

2. 有机酸类复合物

含氮有机酸（比如苦味酸、鞣酸、苦酮酸等）能够与有机分子的碱性功能基团形成复合物而沉淀析出，但是某些有机酸与蛋白质形成盐类复合物后会使蛋白发生不可逆的沉淀，因此常采取温和的条件，有时还加入一定的稳定剂，以防止蛋白质变性。

(四) 沉淀法提取的应用

由于沉淀法提取工艺成熟，常用于有机酸的提取，如柠檬酸、乳酸等。

1. 钙盐法提取柠檬酸

在柠檬酸的提取过程中，我们普遍使用钙盐法加离子交换的方法提取柠檬酸。20世纪60年代，科学家们把离子交换树脂脱盐工艺与钙盐沉淀相结合提取柠檬酸，从而解决了钙盐沉淀法提取过程中的一些缺点，此后，随着工艺与提取设备的不断升级，使得总的回收率达到80%~90%，因此，钙盐离子交换提取工艺至今不衰。

(1) 提取工艺流程　具体流程见图5-2。

(2) 提取工艺操作

①预处理：将发酵液加热至75~90℃，灭活柠檬酸产生菌及其他杂菌，终止发酵，同

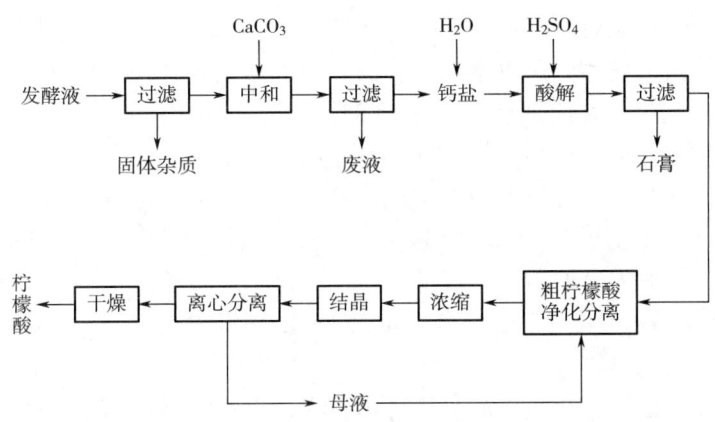

图 5-2　钙盐沉淀法回收柠檬酸流程图

时使发酵液中部分蛋白质变性、絮凝，降低发酵液黏度而有利于过滤。此外也可以使菌体内部分柠檬酸释放出来。预处理加热时间不能太长，若破坏菌丝球则影响过滤。

②过滤：目的是为了除去发酵液中各种悬浮的固形物。目前最常用的是各种板框压滤机和真空带式过滤机。

③中和：Ca^{2+} 在一定温度和 pH 条件下可与柠檬酸作用生成柠檬酸钙。由于形成的 $Ca_3(C_6H_5O_7)_2 \cdot 4H_2O$ 在水中的溶解度极小，因而能形成沉淀而与其他杂质分离。CaO、$Ca(OH)_2$、$CaCl_2$ 以及 $CaCO_3$ 等均可作为中和剂，但最常用的是 $CaCO_3$。由于柠檬酸钙在不同温度下的溶解度差异也很大，特别是在 80℃ 热水中它们的溶解度远比 20℃ 或 50℃ 小得多，故中和反应的温度和中和后洗涤温度都需控制在 80℃。中和终点的控制可用测量 pH 法或滴定酸度的方法来确定。中和终点一般控制在酸度 0.1%～0.2%，若测量 pH 则以 4.4～4.8 为宜（以碳酸钙为中和剂）。中和终点的 pH 对柠檬酸钙的质量有决定性影响，处于偏酸范围时柠檬酸钙质量好，但酸性下溶解度大，损失也大。

④酸解：酸解是指柠檬酸钙与 H_2SO_4 等强酸作用，在强酸作用下使柠檬酸钙转变为柠檬酸游离出来，同时形成 $CaSO_4$。由于后者的溶解度极小，难溶于水而形成沉淀，从而达到进一步的分离纯化作用。由于硫酸钙存在二水、半水和无水三种形态，温度低时易形成 $CaSO_4 \cdot 2H_2O$，但它是一种易于折断的针状结晶，不利于过滤；80℃ 以上形成较多的 $2CaSO_4 \cdot H_2O$，呈片状结晶，形成的滤饼疏松易过滤和洗涤。因此，国内酸解温度多采用 80～90℃。酸解终点可用双管法或测定 SO_4^{2-} 含量检测。但为了保证分解完全和减少 $CaSO_4$ 的溶解度，需要多加一定量的 H_2SO_4，用测定 SO_4^{2-} 的方法较为准确。

⑤净化：净化工艺包括脱色和离子交换树脂除去杂质离子。酸解液中含有色素物质，可用活性炭脱色去除。若用粉末活性炭，可直接加到酸解液中，用量为柠檬酸的 1%～3%，然后通过抽滤除去活性炭。但是目前多数工厂都用颗粒活性炭柱进行脱色，炭柱可再生重复使用。离子交换树脂是用来去除柠檬酸液中各种杂质离子的。通过阳离子交换柱可除去 Ca^{2+}、Fe^{2+} 等阳离子，最常用的阳离子交换树脂是 732 树脂，柠檬酸液进入阳离子交换柱后应控制一定流速并定时用亚铁氰化钾和酒精分别检测流出液中有无 Fe^{2+} 和 Ca^{2+}，若出现 Ca^{2+} 或 Fe^{2+} 则应立即停止进料。如果柠檬酸液中含有较多的 SO_4^{2-} 等阴离子，可用阴离子交换树脂除去，用硝酸银试剂检测流出液的 Cl^- 作为阴离子交换柱进料的控制终点。

⑥蒸发浓缩：将净化后的柠檬酸液加热蒸发除去一定水分，使柠檬酸浓度提高至定值，为结晶柠檬酸创造条件。过去采用单效的真空浓缩设备耗用蒸汽大，目前采用双效或三效蒸发浓缩设备。双效蒸发时料温一效为88℃，二效小于60℃。最终液中柠檬酸浓度为75%~82%，相对密度为1.342~1.350（60℃）。

⑦结晶：蒸发浓缩至规定浓度的柠檬酸液可进行结晶。一水柠檬酸与无水柠檬酸结晶的临界温度为36.6℃。低于36.6℃时结晶得到的是一水柠檬酸，高于36.6℃结晶得到的是无水柠檬酸。可根据需要控制结晶温度。蒸发浓缩至一定浓度的溶液进入结晶罐后降低温度就出现结晶。一水柠檬酸的结晶温度控制在10℃左右，无水柠檬酸的结晶温度为40℃。

⑧干燥、筛分、包装：结晶后的晶体需用离心机甩水，除去结晶母液。然后把结晶放入流化床进行气流干燥。气流温度要注意，对一水柠檬酸，温度太高有可能导致失去结晶水，所以干燥品温度应在36℃以下，而无水柠檬酸结晶的干燥品温度则应在40℃以上。干燥后应进行过筛；除去巨大颗粒和细小颗粒，取符合成品要求的部分包装、入库。

2. 沉淀法提取的其他应用

（1）钙盐法分离乳酸　传统的乳酸分离方法有乳酸钙前结晶工艺和乳酸钙直接酸解工艺。乳酸钙前结晶工艺是用$CaCO_3$将乳酸转化为乳酸钙，生成的乳酸钙再经精制、酸化、沉淀、过滤、蒸馏后，用活性炭、离子交换树脂脱去微量杂质得到成品乳酸。

（2）钙盐法分离苹果酸　操作过程与钙盐法提取柠檬酸基本一致。

二、萃 取 法

萃取是利用物质在两种互不相溶（或微溶）的溶剂中溶解度或分配比的不同来达到分离、提取或纯化目的的一种单元操作。近20年来，研究者将溶剂萃取技术与其他技术相结合，不断创新，涌现出了一系列新的分离技术，如双水相萃取、超临界流体萃取、逆胶束（或反胶团）萃取、液膜萃取等，以适应DNA重组技术和遗传工程等技术的发展，用于生物制品如有机酸、酶、蛋白质、核酸、多肽和氨基酸等的提取、精制。根据萃取机理，萃取可分为物理萃取和化学萃取；又根据参与溶质分配两相的不同而分为液-固萃取和液-液萃取；根据萃取剂的不同又可分为溶剂萃取、双水相萃取、超临界流体萃取。

（一）溶剂萃取

1. 溶剂萃取的概念

萃取是利用溶质在互不相溶的两相溶剂之间分配系数的不同而使溶质得到纯化或浓缩的方法。在萃取操作中至少有一相为流体，一般称该流体为萃取剂。以液体为萃取剂时，如果含有目的产物的原料也为液体，则为液-液萃取；如果含有目标产物的原料为固体，则为液-固萃取。以超临界流体为萃取剂时，则为超临界流体萃取，含有目的产物的原料可以是液体，也可以是固体。根据萃取剂的种类和形式，液-液萃取又分为有机溶剂萃取、双水相萃取等。

图5-3（1）为互不相溶的两个液相，密度较小的在上相，密度较大的在下相。两相之间以一界面接触，在相间浓度差的作用下，料液中的溶质向萃取相扩散，溶质浓度不断降低，而在萃取相中溶质浓度不断升高，如图5-3（2）所示。

在此过程中，料液中溶质浓度的变化速率即萃取速率，可用式（5-2）表示。

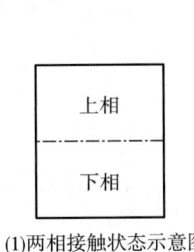 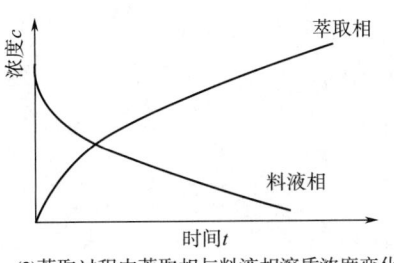

(1)两相接触状态示意图　　(2)萃取过程中萃取相与料液相溶质浓度变化

图 5-3　液-液萃取

$$-\frac{\mathrm{d}c}{\mathrm{d}t} = ka(c - c^*) \tag{5-2}$$

式中，c——料液相溶质浓度，mol/L

c^*——与萃取相中溶质浓度相平衡的料液相溶质浓度，mol/L

t——时间，s

k——传质系数，m/s

a——以料液相体积为基准的时间接触比表面积，m^{-1}

当萃取速率为零时，两相中的溶质达到分配平衡（即 $c=c^*$），各相中的溶质浓度不再改变。溶质在两相中的分配平衡与萃取操作形式或者两相接触状态无关，它是状态的函数，而达到分配平衡所需的时间与萃取速率有关。萃取速率受两相性质和相间接触方式（即萃取操作形式）的影响。

2. 溶剂萃取的方式

一般溶剂萃取的方式有：单级萃取、多级错流萃取和多级逆流萃取。

（1）单级萃取　单级萃取只包括一个混合器和一个分离器。料液 F 和溶剂 S 加入混合器中经接触达到平衡后，用分离器分离得到萃取液 L 和萃余液 R，如图 5-4 所示。

（2）多级错流萃取　多级错流萃取是指料液经萃取后，萃余液再与新加入的萃取剂混合进一步萃取。如图 5-5 所示为三级错流萃取过程，第一级的萃余液进入第二级作为料液，并加入新鲜萃取剂进行萃取；第二级的萃余液再作为第三级的料液，操作同前。其特点是每级萃取中都加新鲜溶剂，溶剂消耗量大，得到的萃取液平均浓度较稀，但萃取完全，总收率高。

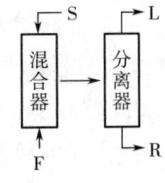

图 5-4　单级萃取工艺

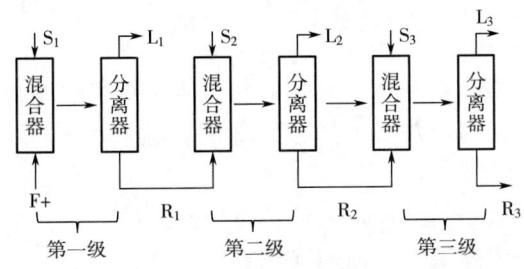

图 5-5　三级错流萃取工艺

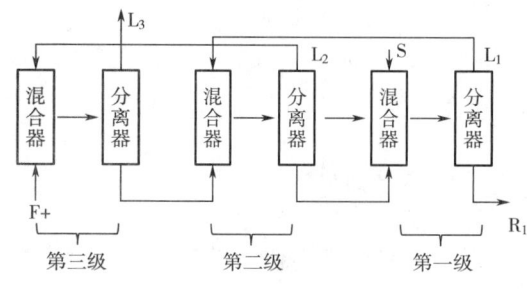

图 5-6 多级逆流萃取工艺

（3）多级逆流萃取 多级逆流萃取流程如图 5-6 所示。多级逆流萃取时，在第 n 级中加入料液，萃余液依次向前一级移动作为前一级料液，而在第一级中加入萃取剂，萃取液依次向后一级移动作为后一级的萃取剂。由于料液移动的方向和萃取剂移动的方向相反，故称为逆流萃取。此法与错流萃取相比，萃取剂耗量较少，因而萃取液平均浓度较高。

（二）双水相萃取

1. 双水相萃取的概念

双水相萃取是利用物质在不相溶的两水相中的分配系数的不同来达到萃取分离的方法。传统的双水相萃取体系是指两种高分子化合物混合后分层形成的双水相体系，其主要机理是高分子化合物的空间阻碍作用使得它们不能相互渗透，不能形成均一相。

2. 双水相萃取的操作

（1）双水相的形成 当两种高聚物分子在水溶液中相互混合时，它们之间的相互作用有三种。

①互不溶：两种高聚物分子之间存在很强的作用力，互相排斥，两种高聚物分别富集于上下相；

②复合凝聚：两种高聚物分子存在很强的引力，相互吸引，平衡后两种高聚物分子分配在一相，溶剂水基本上在另一相；

③互溶：两种高聚物分子互相混合，形成均相。

（2）影响双水相萃取的因素 ①成相高聚物分子的浓度；②成相高聚物分子的分子质量；③电化学分配；④疏水作用；⑤生物亲和分配；⑥温度及其他因素。

（3）典型的双水相体系 聚乙二醇（PEG）/葡聚糖（Dex），聚丙二醇/聚乙二醇，甲基纤维素/葡聚糖。

（三）超临界流体萃取

1. 超临界流体的概念

超临界流体是一种介于气体和液体之间的流体，它处于临界温度和临界压力以上。超临界流体具有液体和气体的双重特性，它的密度和液体相近，黏度与气体相近，扩散系数约比液体大 100 倍。因为上述特征，超临界流体对许多物质有很强的溶解能力。

2. 超临界流体萃取的原理

利用超临界流体具有液体和气体的双重特性，使其在超临界状态下与待分离的物质接触，萃取出目的产物，再通过降压升温的方式将萃取物分离出来。

3. 超临界流体萃取的特点

①超临界流体萃取相较于其他萃取方法具有更高效的传质速率，能更快地达到萃取平衡；②超临界流体萃取技术萃取后溶质与溶剂易于分离，且绿色环保，节约资源；③超临界流体萃取技术具有萃取和精馏的双重特性，能够分离一些较难分离的物质；④超临界流体萃取剂化学性质稳定、无毒、无腐蚀性、不会污染待萃取的物质，特别适合热敏性和易

氧化物质的分离和纯化。

（四）萃取法提取的应用

1. 萃取法提取衣康酸

从含杂质较多，成分复杂的溶液中提取衣康酸常采用有机溶剂萃取法，且效果明显。但萃取剂、稀释剂的选择对萃取效果影响较大。常用于有机酸萃取的萃取剂有两类：磷类和胺类。

（1）萃取剂的选择　常用的磷类萃取剂有磷酸三酯（TBP）、三辛基氧磷（TOPO）、三烷基氧磷（TRPO）等，它们的结构特点是含有 P=O 键，具有较强的 Lewis 碱性，且可通过氢键与羧酸缔合，从而达到萃取目的。常用的胺类有伯胺、仲胺、叔胺和季铵盐四种，最常见的是三辛胺（TOA）。胺类萃取剂主要是依靠 N 上的孤电子对，与有机酸发生类似成盐反应，从而达到萃取目的，由于含 N 萃取剂碱性较强，萃取能力要优于含磷萃取剂。用胺类萃取剂萃取有机酸的水溶液反萃研究中，主要是用水热蒸发有机萃取剂。

（2）衣康酸提取工艺　衣康酸发酵液经板框过滤后除去菌丝体，得到了衣康酸溶液，经真空浓缩，冰水结晶，离心分离，便获得了衣康酸一次结晶母液。一次结晶母液经再次浓缩、结晶，获得二次结晶体以及二次结晶母液。一次结晶母液用活性炭脱色过滤得滤液，取一定量的滤液与溶剂加入到分液漏斗中，常温或水浴恒温条件下，振荡 3min，达到萃取平衡后，静置分层，取出水相和有机相，分别检测水相和有机相中的衣康酸浓度。然后进行反萃取。

①萃取剂的选取：一次结晶母液中衣康酸的浓度较低，要求萃取剂有较大的分配比和分离系数、良好的分相性能、水溶性小、挥发度低、价廉易得、无毒和容易再生等特性，才能为工业所运用。表 5-3 所示为各种萃取剂对衣康酸萃取能力的比较。

表 5-3　　　　　　　　　　不同萃取剂对衣康酸萃取能力

萃取剂	乙酸乙酯	醋酸丁酯	三氯甲烷	二氯甲烷
分配比	0.81	0.76	0.02	0.03

②温度对衣康酸萃取的影响：测定不同温度的条件下，反应时间为 3min，乙酸乙酯萃取体系中温度对衣康酸萃取率的影响，结果见表 5-4。结果表明，在同一有机相浓度的条件下，分配系数随温度的升高而下降，此萃取反应为放热反应。

表 5-4　　　　　　　　　　不同温度对分配比的影响

温度/℃	20	23	26	30
分配比	0.82	0.78	0.76	0.72

③水相中衣康酸浓度与 pH 的关系：用去离子水配制所需要的衣康酸标准料液，用 pH 计测定 pH，在 20℃下检测数据见表 5-5。

表 5-5　　　　　　　　　　衣康酸浓度与 pH 的关系

衣康酸浓度/%	7.99	6.98	6.01	5.02	4.01	3.98	2.02	1.01
pH	0.82	0.78	0.76	0.72	2.14	2.19	2.23	2.4

④总结:溶剂萃取法用于衣康酸的分离提取,筛选了适宜的萃取剂,其中尤以乙酸乙酯萃取效果更好。实验发现,萃取分配系数随着温度的升高而降低,即衣康酸的反应过程是放热反应,低温有利于萃取。在低浓度下更有利于萃取。经过三次萃取,萃取率为84%左右,再进行反萃取,反萃取率为85%,总收率72%左右。

2. 萃取法提取的其他应用

（1）溶剂萃取法萃取乳酸　依据相似相溶的原理,利用乳酸在互不相溶的两相中的分配系数不同而使乳酸得到纯化或浓缩的方法。具体过程是:先使用不溶或微溶于水的有机溶剂,从粗乳酸中萃取乳酸,然后再把乳酸从萃取相中反萃取出来。

（2）溶剂萃取法萃取丙酮酸　利用丙酮酸和其他物质在有机溶剂中分配系数的不同,通过在发酵液中加入特定的有机溶剂萃取,从而实现丙酮酸和其他物质的分离。提取法使用的有机溶剂有乙醚、磷酸三丁酯和三辛胺等。

（3）溶剂萃取法萃取柠檬酸　利用柠檬酸与其他杂质在萃取剂中的溶解度不同,从而达到分离纯化的目的。直接用萃取技术提取柠檬酸的效果不高,一般萃取和反萃取过程都采取连续多级逆流萃取工艺提取柠檬酸。

三、离子交换法

离子交换现象于18世纪中期由汤普森发现,后来霍姆斯对此现象进行了全面研究。1935年亚当斯和霍尔姆斯研究合成了具有离子交换功能的高分子材料——第一批离子交换树脂。随后又发展了多种类型离子交换树脂并在水处理和金属回收等方面得到了应用。近年来,由于离子交换法分辨率高、工作量大且易于操作,其已成为有机酸、蛋白质、多肽、核酸、抗生素、氨基酸及大部分发酵产物分离纯化的一种重要方法,在生化分离中大部分的工艺都采用了离子交换法。

（一）离子交换法的概念

离子交换法是利用离子交换剂中的活性基团与溶液中的带电粒子之间的结合能力的差异来进行物质的分离或纯化的技术手段。离子交换剂与溶液中的带电粒子通过静电力相互作用,这样的结合是可逆的,即当条件改变的时候,两者之间的结合关系将会瓦解。

1. 离子交换法的原理

（1）核心部件　离子交换法的核心部件是离子交换树脂,离子交换树脂是由三部分组成:①三维立体空间结构的交联网状骨架（一般用R表示）;②联接骨架上的活性基[或功能基,例如$-SO_3^-$、$-N(CH_3)_3^+$];③与活性基所带电荷相反的活性离子（即可交换的离子,如H^+、OH^-）。

（2）交换机理　在离子交换树脂中,网状骨架与活性基是连接在一起的,不能自由移动,而活性离子可以在三维立体空间结构中自由地移动。当树脂处在待分离或纯化的溶液中时,树脂表面的活性离子可与溶液中的同性离子进行交换,这个交换过程是根据树脂活性基与活性离子化学亲和力不同产生的。

（3）交换过程　离子交换过程为:①被交换离子（A^+）自溶液中扩散到树脂表面;②A^+从树脂表面进入树脂内部的活性中心;③A^+与RB在活性中心上发生复分解反应;④解吸附离子B^-自树脂内部扩散至树脂表面;⑤B^-离子从树脂表面扩散到溶液中（图5-7）。离子交换速率的限速步骤是扩散速率,个别的分离体系可能由内部扩散或外部扩散控制。

2. 离子交换法的介质

离子交换介质具有三维空间立体结构的网络骨架，即母体结构；连接在骨架上的活性基团是带电基团，标志着离子交换介质的基本性能；活性基团所带的相反电荷的活性离子为可移动、能进行交换的活动离子。按介质材料不同，离子交换介质可分为：纤维素离子交换剂、交联葡聚糖离子交换剂、琼脂糖离子交换剂。

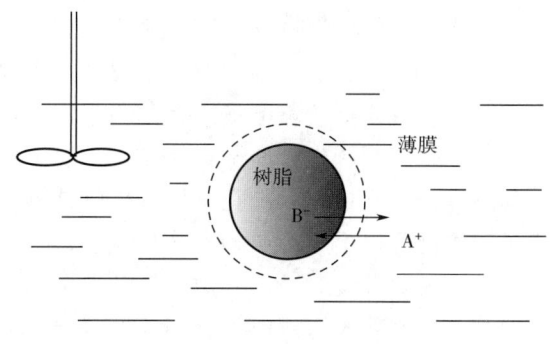

图 5-7 交换机理示意图

（1）纤维素离子交换剂　离子交换纤维是最早用于生物大分子分离的介质，具有松散的亲水网络、大孔隙，表面积大等优点。纤维素离子交换剂是以微晶纤维素为载体，借助化学方法引入电荷基团构成的。

（2）交联葡聚糖离子交换剂　交联葡聚糖离子交换剂是以交联葡聚糖 G-25 和 G-50 为载体，通过化学方法引入相应电荷基团制成。这类交换剂的外形呈珠状，流速比无定型纤维素离子交换剂快，对蛋白质和核酸等大分子物质具有较高的结合容量。

（3）琼脂糖离子交换剂　琼脂糖离子交换剂主要是以交联葡聚糖 CL-8B 等为载体，通过化学方法引入电荷基团制成的。这类离子交换剂的外形呈珠状颗粒，又分细（高压型）、中粗（快速型）和粗（大颗粒型）3 种，加之网孔大，故特别适合分离高相对分子质量的蛋白质和核酸等物质，即使在快流速下操作时，也不影响分辨率。

（二）离子交换树脂

离子交换树脂是一种不溶于酸、碱和有机溶剂的固态高分子化合物。它的化学稳定性良好，并具有离子交换能力。

1. 离子交换树脂的分类

（1）按活性基团分类　按活性基团分类，离子交换树脂可分为阳离子交换树脂（含酸性基团）和阴离子交换树脂（含碱性基团）。具体可细分为强酸性阳离子交换树脂、弱酸性阳离子交换树脂、强碱性阴离子交换树脂和弱碱性阴离子交换树脂。

（2）按骨架结构分类　按骨架结构分类，离子交换树脂可分为凝胶型和大孔型树脂。凝胶型树脂是以苯乙烯或丙烯酸与交联剂二乙烯苯聚合得到的具有交联网状结构的聚合体。大孔型离子交换树脂以苯乙烯或丙烯酸与交联剂二乙烯苯的异构体聚合，再经特殊的物理处理形成大孔而得到的新型离子交换树脂。这类树脂适用于大分子生物物质的分离。

2. 主要离子交换树脂

（1）强酸性阳离子树脂　这类树脂含有大量的强酸性基团，如磺酸基 $-SO_3H$，容易在溶液中解离出 H^+，故呈强酸性。树脂解离后，本体所含的负电基团，如 SO_3^-，能吸附结合溶液中的其他阳离子。这两个离子交换树脂反应使树脂中的 H^+ 与溶液中的阳离子互相交换。强酸性树脂的解离能力很强，在酸性或碱性溶液中均能解离和产生离子交换作用。树脂在使用一段时间后，要进行再生处理，即用化学药品使离子交换反应以相反方向进行，使树脂的官能团恢复原来状态，以供再次使用。如上述的阳离子树脂是用强酸进行再生处理，此时树脂放出被吸附的阳离子，再与 H^+ 结合而恢复原来的组成。

（2）弱酸性阳离子树脂　这类树脂含弱酸性基团，如羧基能在水中解离出 H^+ 而呈酸性。树脂解离后余下的负电基团，如 $R-COO^-$（R 为碳氢基团），能与溶液中的其他阳离子吸附结合，从而产生阳离子交换作用。这种树脂的酸性即解离性较弱，在低 pH 下难以解离和进行离子交换，只能在碱性、中性或微酸性溶液中（如 pH 5~14）起作用。这类树脂也是用酸进行再生（比强酸性树脂更易再生）。

（3）强碱性阴离子树脂　这类树脂含有强碱性基团，如季胺基（也称四级胺基），—NR_3OH（R 为碳氢基团），能在水中解离出 OH^- 而呈强碱性。这种树脂的正电基团能与溶液中的阴离子吸附结合，从而产生阴离子交换作用。这种树脂的解离性很强，在不同 pH 下都能正常工作。它用强碱（如 NaOH）进行再生。

（4）弱碱性阴离子树脂　这类树脂含有弱碱性基团，如伯胺基（也称一级胺基）、仲胺基（二级胺基）或叔胺基（三级胺基），它们在水中能解离出 OH^- 而呈弱碱性。这种树脂的正电基团能与溶液离子交换树脂中的阴离子吸附结合，从而产生阴离子交换作用。这种树脂在多数情况下是将溶液中的整个其他酸分子吸附。它只能在中性或酸性条件（如 pH 1~9）下工作。它可用 Na_2CO_3、NH_4OH 进行再生。

（三）离子交换法操作

利用离子交换法对生物大分子进行分离纯化，可采用以下两种方式：一种是将目的产物离子化交换到介质上，杂质不被吸附而从柱中流出，称为正吸附；另一种是将杂质离子化后被交换，而目的产物不被交换直接流出，这种方式称为负吸附。

1. 树脂预处理

树脂在使用前必须经过预处理，预处理方式有物理处理和化学处理两种。物理处理是经过水洗、过筛、去杂等过程，获得粒度均匀的树脂颗粒；化学处理是指运用化学方法使树脂发生转型，例如 732 树脂，有氢型或钠型两种形式。对于阳离子树脂，可以经过酸洗、碱洗、酸洗使树脂发生转型；而对于阴离子树脂，可以经过碱洗、酸洗、碱洗，最后用去离子水或缓冲液平衡，从而使树脂发生转型。

2. 离子交换吸附

离子交换法按操作方法可分为间歇式分批操作和柱式分批操作。间歇式操作又称静态处理，将离子交换剂浸泡于工作液中达到平衡后滤出介质进行洗脱。此法操作简单，但交换不完全；柱式操作又称动态法，交换、洗脱、再生等步骤均在柱内进行，此法操作连续、交换完全，适宜多组分分离。

3. 洗脱

离子交换完成后，将树脂吸附的物质重新转入溶液的过程称为洗脱。洗脱时，应遵循以下原则：①洗脱条件与吸附条件相反；②应用弱性树脂时，应使用缓冲液洗脱；③用水、稀酸、盐等充分洗涤树脂。洗脱方法主要有改变溶液 pH 法和改变溶液离子强度法。

4. 再生

再生是指离子交换树脂重新具有交换能力的过程。对于酸性阳离子树脂，可以将树脂在酸液中浸泡使其再生，再经过缓冲溶液淋洗；对于碱性阴离子树脂，可以将树脂在碱液中浸泡再生，再用缓冲溶液淋洗。

(四) 离子交换法的应用

1. 离子交换法提取苹果酸

(1) 树脂预处理　称取一定量的树脂，先用去离子水洗涤去除杂质，后用 5 倍体积的 1.0mol/L NaOH 洗涤，去离子水洗至中性；5 倍体积的 1.0mol/L HCl 洗涤，去离子水洗至中性；最后再用 5 倍体积的 1.0mol/L NaOH 洗涤，用去离子水洗至接近中性，浸泡于去离子水中备用。

(2) 发酵液初步纯化　发酵液经离心（8000r/min×20min）除去菌体和沉淀，取一定体积的上清液加入 1/10 体积的甲醇，过滤去除沉淀。随即加入 3~4 倍体积甲醇抽提，搅拌过夜，过滤取沉淀。将沉淀溶于一定体积超纯水并且除去不溶物，待上柱吸附。

(3) 静态吸附实验　准确称取经处理且去除表面水的各型号树脂 0.5g 于 25mL 试管中，加入经初步提取的发酵液 10mL，30℃下 150r/min 恒温振荡 8h，达到吸附平衡。高效液相色谱法（HPLC）测定上清液中苹果酸平衡浓度 C（g/L），按式（5-3）计算各树脂平衡吸附量 Q（mg/g）:

$$Q = \frac{C_0 - C}{V}W \tag{5-3}$$

式中，C_0——起始溶液中苹果酸浓度，g/L
　　　V——溶液体积，mL
　　　W——树脂质量，g

(4) 吸附动力学实验　准确称取 0.5g 经处理去除表面水的 D296 湿树脂于 25mL 试管中，加入经初步提取的发酵液 10mL，30℃下 150r/min 恒温振荡，于 t 时刻从管中取上清液，测量苹果酸浓度 C_t（g/L），直至吸附平衡，根据 $Q_t = (C_0 - C_t)V/W$ 计算 t 时刻的吸附量 Q_t（mg/g）。

(5) 动态吸附和洗脱　动态吸附实验采用玻璃层析柱规格为 2cm×40cm，准确称取已预处理用去离子水浸泡的 D296 湿树脂 40.0g（60mL）于层析柱中，湿法装柱。将经过处理的发酵液调 pH 至 9.5，以不同流量上柱吸附，用自动部分收集器收集柱底流出液，每管收集 12mL 并测定其苹果酸含量 C。绘制穿透曲线，以确定最佳上柱流量。待树脂吸附饱和后，用 5 倍柱体积去离子水洗树脂，将附在树脂表面的杂质清洗干净。在最佳流量下，将经初步纯化的发酵液（pH9.5）上柱，吸附达到饱和后，以一定浓度的氨水、NaOH 和 NaCl 溶液进行洗脱，以确定最佳的洗脱条件。

(6) 苹果酸含量测定　利用 HPLC 法测定溶液中的苹果酸含量。

2. 离子交换法的其他应用

(1) 离子交换法提取丙酮酸　利用丙酮酸与其他物质在离子交换树脂上面的吸附能力的不同，从而使得丙酮酸与其他物质分离，提取丙酮酸。

(2) 离子交换法提取柠檬酸　提取柠檬酸主要用阴离子交换树脂，这些树脂大多数是都具有叔胺和吡啶官能团的弱碱性树脂。

四、膜 分 离 法

早在 18 世纪中叶，人们就发现自然界中存在半透膜（分离膜）。后来，进一步认识到，人体与各种动植物体内广泛存在半透膜。食物与水进入人体并经过消化后，人体分离膜迅速分离出其中的有害物质，而将氧气、蛋白质、脂肪、无机盐等有益物质溶进血液输往身体各部分。其实，"膜"与我们每个人的生活都息息相关，而现代膜技术能够将海水制成淡水，使污水变成清水，已成为一项功效神奇、应用广泛的高新技术。目前，膜分离技术已广泛应用于生物工程、食品、医药、化工等领域。

（一）膜分离的基本概念

1. 膜分离的实质

所谓"膜"，实际上是一种具有特殊选择性分离功能的有机高分子或无机材料，它能把液体分隔成不相通的两部分，使其中一种或几种物质能透过，而将其他物质分离出来。目前，商品化的膜品种有醋酸纤维、聚砜、聚酰胺、聚丙烯、聚四氯乙烯、聚酯、多孔铝膜、陶瓷膜与金属复合膜等。膜的分离机理或者基于渗透物分子大小不同（筛分效应），或者基于被分离物质电荷上的差别（电化学效应），或者依赖于被分离物质的物理化学特征（溶解度反应），用隔膜分离溶液时，使溶质通过膜的方法称为渗析，使溶剂通过膜的方法称为渗透。溶质或溶剂透过膜的推动力是电动势、浓度差或压力差等。

膜在分离过程中可发挥以下3类功能：一是物质的识别与透过；二是相界面；三是反应场。物质的识别与透过是使混合物中各组分之间实现分离的内在因素；作为界面，膜将透过液和截留液分为互不混合的两相；作为反应场，膜表面及孔内表面含有与特定溶质具有相互作用能力的官能团，通过物理作用、化学反应或生化反应提高膜分离的选择性和分离速度。

2. 膜分离的特点

各种膜分离过程尽管具有不同的机理和适用范围，但是与传统分离过程相比，具有以下特点：①大多数膜分离过程都不发生"相"的变化，能耗低；②膜分离过程一般无需引入新的物质，从而可以节约资源和保护环境；③膜分离过程的工作温度在室温附近，特别适用于对热敏物质的处理；④膜分离设备本身没有运动的部件，结构简单，易自控和维修，易于放大。

（二）膜分离技术

1. 膜分离技术的类型

根据推动力的不同，可以将膜分离技术分为透析、电透析（渗析）、微滤、超滤和反渗透等，它们的推动力分别为浓度差、电场力差、静压力差等。

（1）透析　透析是利用具有一定孔径大小、高分子溶质不能透过的亲水膜将含有高分子溶质和其他小分子溶质的溶液（左侧）与纯水或缓冲液（右侧）分隔，由于膜两侧的溶质浓度不同，在浓度差的作用下，左侧高分子溶液中的小分子溶质（例如无机盐）透向右侧，右侧中的水透向左侧，这就是透析。图5-8所示的透析操作中，通常将右侧纯水或缓冲液称为透析液，所用亲水膜称为透析膜。透析过程中透析膜内无流体流动，溶质以扩散的形式移动，物质透过通量N的计算按式（5-4）进行。

$$N = K_0(c_1 - c_2) \tag{5-4}$$

式中，K_0——包括膜内扩散和膜两侧表面液膜传质阻力在内的总传质系数

c_1和c_2——膜两侧的溶质浓度

透析膜一般为孔径5~10nm的亲水膜，如纤维素膜、聚丙烯腈膜和聚酰胺膜等。生化实验室中经常使用的透析袋直径为5~80nm，将料液装入透析袋中，封口后浸入到透析袋

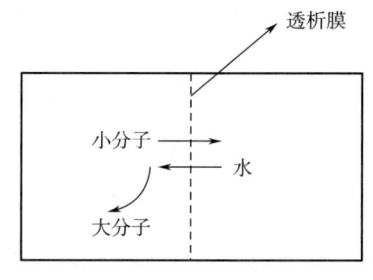

图 5-8 透析原理

中,一定时间后即可完成透析,必要时需要更换透析袋。

透析法在生物分离方面,主要用于生物大分子溶液的脱盐。由于透析过程以浓度差为传质推动力,膜的透过量很小,不适于大规模生物分离过程,在实验室中应用较多。

(2) 电渗析 利用分子的荷电性质和分子大小的差别进行分离的膜分离法,可用于小分子电解质(例如氨基酸、有机酸)的分离和溶液的脱盐。电渗析操作所用的膜材料为离子交换膜,即在膜表面和孔内共价键合有离子交换基团,如磺酸基等酸性阳离子交换基和季铵基等碱性阴离子交换基。键合阳离子交换基的膜称作阳离子交换膜,键合阴离子交换基的膜称作阴离子交换膜。在电场的作用下,前者选择性透过阳离子,后者选择性透过阴离子。

(3) 超滤与微滤 超滤与微滤都是利用膜的筛分性质,以压差为传质推动力,主要用于截留高分子溶质或固体微粒。超滤膜的孔径较微滤膜小,主要用于处理不含固形物的料液,其中相对分子质量较小的溶质和水分透过膜,而相对分子质量较大的溶质被截留。因此,超滤是根据高分子溶质之间或高分子与小分子溶质之间相对分子质量的差别进行分离的方法,操作压力一般为 0.1~1.0MPa。微滤一般用于悬浮液(粒子粒径为 0.1 至数微米)的过滤,在生物分离中,广泛用于菌体的分离和浓缩。微滤过程中膜两侧的渗透压差可忽略不计,由于膜孔径较大,操作压力比超滤更小,一般为 0.05~0.5MPa。超滤法适用于分离或浓缩直径为 1~50nm 的生物大分子(蛋白质、病毒等)。微滤法则适用于细胞、细菌和微粒子的分离,目标物质的大小为 0.01~10μm。

(4) 反渗透 在一个容器中间用一张可透过溶剂(水),但不能透过溶质的膜隔开,两侧分别加入纯水和含溶质的水溶液。若膜两侧压力相等,在浓度差的作用下,作为溶剂的水分子从溶质浓度低(水浓度高)的一侧(纯水)向浓度高的一侧(水溶液)透过,这种现象称为渗透。促进水分子透过的推动力称为渗透压,溶质浓度越高,渗透压越大。如果欲使水溶液中的溶剂(水)透过到纯水一侧,则需在水溶液一侧施加大于渗透压的压力,这种操作称为反渗透。一般反渗透的操作压力常达到几十个大气压(1个大气压=0.1MPa)。

(5) 渗透汽化 渗透汽化原理图如图 5-9 所示。疏水膜的一侧通过料液,另一侧(透过侧)抽真空或通入惰性气体,使膜两侧发生汽化,汽化的溶质被膜装置外设置的冷凝器冷凝回收。因此,渗透汽化法根据溶质间透过膜的速度不同,使混合物得到分离。膜与溶质的相互作用

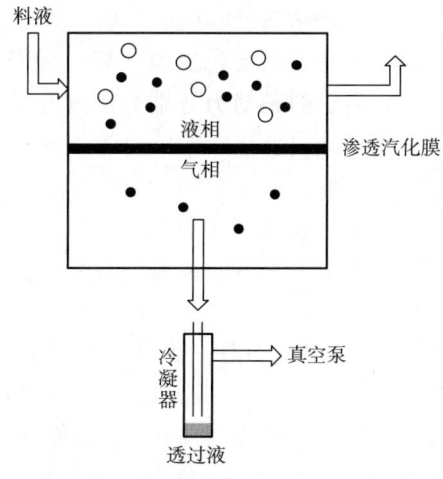

图 5-9 渗透汽化示意图

决定溶质的渗透速度,根据相似相溶的原理,疏水性较大的溶质容易溶于疏水膜,因此渗透速度高,在透过一侧得到浓缩。汽化所需的潜热用外部热源供给。

与反渗透相比,渗透汽化过程中溶质发生相变,透过侧溶质以气体状态存在,因此消除了渗透压的作用,从而使渗透汽化在较低的压力下进行,适于高浓度混合物的分离。渗透汽化法利用溶质之间膜透过性的差别,特别适用于共沸物和挥发度相差较小的双组分溶液的分离。

渗透汽化膜主要为多孔聚乙烯膜、聚丙烯膜和含氟多孔膜等。由于膜材料的进步,20世纪80年代以后渗透汽化技术实现了产业化,对乙醇、丁醇等挥发性发酵产物的发酵-分离耦合应用开发研究非常活跃。

(6) 液膜技术　液膜是液体固定成的膜状物,液膜技术是液液萃取与膜技术的结合。液膜的传质是萃取与反萃取相结合的过程,物质分离依赖于在膜内溶解度的差别,并且液膜分离过程有化学反应参与,它能显著影响吸收容量和渗透物在膜相中的溶解度,使其浓缩,产物浓度较高,能耗较小。

液膜按照其结构可分为乳化液膜和支撑液膜两大类。乳化液膜技术在有机酸分离过程中已有研究。

2. 膜分离技术的膜材料

膜是膜技术的核心,而膜材料的化学性质和膜的结构对膜分离的性能起着决定性的影响。对膜材料的要求是:具有良好的成膜性、热稳定性、化学稳定性,耐酸、碱、微生物侵蚀和耐氧化性能。反渗透、超滤、微滤用膜最好为亲水性,以得到高水通量和抗污染能力。电渗析用膜则特别强调膜的耐酸、碱性和热稳定性。气体分离,特别是渗透汽化,要求膜材料对透过组分有优先溶解、扩散能力。若用于有机溶剂分离,还要求膜材料具有耐溶剂性能。一般来说,膜材料主要分为天然高分子材料、合成高分子材料、无机材料和复合材料。

(1) 天然高分子材料　主要是硝酸纤维素、醋酸纤维和再生纤维等纤维衍生物。

(2) 合成高分子材料　该类材料优点是耐高温、pH耐受范围广、耐氧化能力强等。主要为聚砜、聚酰胺、聚丙烯腈、聚烯类。

(3) 无机材料　主要有陶瓷、微孔玻璃、碳素等,其中陶瓷材料中的微滤膜最常用。

(4) 复合材料　将水化金属氧化物等或者聚丙烯酸类沉淀在陶瓷管的多孔介质表面形成膜,从而得到具有分离作用的膜材料。

(三) 膜分离技术的应用

1. 膜分离技术提取乳酸

膜分离技术是当代最具有发展前景的分离技术之一。使用膜分离技术处理乳酸发酵液,可有效地除去发酵液中的残留物。膜分离技术处理乳酸发酵液一般包括以下几个操作:絮凝-沉淀→酸解→脱色→超滤→反渗透。

(1) 絮凝-沉淀　乳酸发酵法是使用还原糖类或者牛乳为原料,在微生物(如根霉属、乳酸菌属、链球菌属等)的作用下发酵产生乳酸。但发酵液中成分比较复杂,除L-乳酸钙外还有菌体、色素、蛋白质、残糖、发酵副产物等,这些物质严重影响了乳酸产品的品质。因此,首先对发酵液进行预处理,使用离心技术去除比较大的悬浮物,再通过往发酵液中加入一定量$Ca(OH)_2$、活性炭、$MgSO_4$并混匀。再将装有发酵液的容器放入

60℃恒温水浴锅中，以100r/min的转速反应30min，最后抽滤获得清液。

（2）酸解
①浓缩：将预处理过的澄清滤液打入蒸发器中，浓缩至乳酸钙含量达30%~35%；
②酸解：适量的淡乳酸及适量的硫酸，乳酸钙溶液温度控制在70℃以下，45%~50%的稀硫酸，酸解温度控制在80±1℃；
③酸解终点：酸解2~3h后取样检测，判断反应终点；
④抽滤：真空抽滤。

此工艺适用于粗淀粉质原料的发酵液。优点是提取收率高，可达70%以上，不用结晶，使生产周期缩短了3~4d，同时也节省了大量结晶设备和厂房面积，并且大量减轻了工人的劳动强度。缺点是发酵液残糖过高，无法得到有效分离。

（3）脱色　经过絮凝-沉淀处理过的乳酸发酵清液中含有色素等杂质，这些杂质严重影响到了乳酸产品的外观、品质和产品的稳定性。因此，脱色环节是乳酸制备过程中必不可少的。一般使用活性炭对乳酸发酵液进行脱色，活性炭具有多孔网状骨架、发达的孔隙结构和极大的比表面积，并且活性炭有化学性质稳定，耐酸碱、高温高压等特点。脱色主要包括三个步骤。
①脱色原液的制备：待发酵液酸解完全后，离心去除硫酸钙，从而得到脱色原液；
②活性炭预处理：活性炭→1%盐酸→热去离子水洗涤→滤干→去离子水洗涤→干燥（120℃，8h）→冷却至室温备用；
③活性炭脱色：在60℃恒温水浴锅中，以150r/min的转速脱色反应30min，抽滤得到脱色液。

（4）超滤　经过以上絮凝-沉淀、酸解、脱色等步骤后，在发酵液中还残留着部分蛋白质及其他杂质。使用膜分离技术将影响产品品质、美观的杂质除去，在实际应用中常使用微滤和超滤相结合的方式去除发酵液中的残留的菌体、蛋白质和其他杂质。实验前，用清水冲洗设备管道，保证各管道的清洁。将膜安装妥当后，加入适量蒸馏水，在0.5MPa的压力下，测定超滤前纯水渗透通量。然后放掉蒸馏水加入料液，采用开路循环的操作方式进行超滤实验（建立超滤模型时，透过液回流）。每隔5min测量透过液体积并记下所用时间，计算膜通量。超滤结束后，用清水冲走各管道内残余料液，加水测定超滤后的纯水渗透通量后对膜进行清洗。

（5）反渗透浓缩　实验前，用清水冲洗设备管道，保证各管道的清洁。将膜安装妥当后，加入适量蒸馏水，在0.5MPa的压力下，测定反渗透前纯水渗透通量。随后放掉蒸馏水加入超滤透过液，采用开路循环的操作方式进行浓缩实验。每隔5min测量透过液体积并记下所用时间，计算膜通量J_t。实验结束后，用清水冲走各管道内残余料液，加水测定试验后的纯水渗透通量并用由0.75% EDTA·2Na、0.75%多聚磷酸钠和NaOH组成的复合清洗剂对受污染的膜进行清洗。

2. 膜分离技术的其他应用

（1）反渗透法分离丙酮酸　反渗透法提取丙酮酸是利用其与高分子杂质之间存在的分子质量差，从而得到分离。

（2）超滤法提取柠檬酸　通过外加压力形成压力差，待分离的发酵液通过特定的膜，从而使得不能通过膜的杂质与柠檬酸分离，进而得到提取分离的目的。液膜分离技术利用与水不相溶的有机溶剂形成的液膜,以浓度差为推动力,来选择分离水溶液中待分离的溶质。

五、分子蒸馏法

分子蒸馏法是一种在高真空条件下进行的液液分离技术,又称为短程蒸馏,具有蒸馏温度低、真空度高、物料受热时间短、分离程度高等特点,且分离过程为不可逆过程,不存在沸腾和鼓泡现象,因而特别适合于高沸点、热敏性和易氧化物质的分离。

(一) 分子蒸馏法的基本概念

1. 分子蒸馏法的原理

分子蒸馏法是依靠不同物质分子运动平均自由程的差异来实现物质分离的。所谓分子运动平均自由程,就是一个分子在相邻两次分子碰撞间隔内所走的路程的平均值。Langmuir 根据热力学原理推导出分子运动平均自由程的定义式见式(5-5):

$$\bar{\lambda} = \frac{1}{\sqrt{2}\pi d^2 n} = \frac{KT}{\sqrt{2}\pi d^2 p} = \frac{RT}{\sqrt{2}\pi d^2 N_A P} \tag{5-5}$$

式中,$\bar{\lambda}$ ——分子平均自由程

d ——分子有效直径

T ——分子所处环境温度

P ——分子所处环境压强

K ——玻尔兹曼常数

R ——气体常数,为 8.314

N_A ——阿伏伽德罗常数,为 6.02×10^{23}。

从上式可看出,不同的分子由于有着不同的分子有效直径,故它们的平均自由程也不相同。分子蒸馏法就是利用不同物质分子受热逸出液面后的平均自由程大小的不同来实现分离纯化的。具体方法是在液面上方大于重分子平均自由程而小于轻分子平均自由程处设置冷凝面,使得重分子达不到冷凝面而返回液面并保持原有的平衡;而轻分子则不断地在冷凝面上冷凝,从而破坏了轻分子的动态平衡,结果是混合液中的轻分子不断从液面逸出,最终达到分离的目的。

2. 分子蒸馏法的特点

(1) 蒸馏温度低　常规蒸馏是依靠物料中不同物质的沸点差进行分离的,因此料液必须加热至沸腾。而分子蒸馏是利用不同种类的分子受热逸出液面后的平均自由程的不同来实现分离的,只要蒸气分子由液相逸出就可实现分离,可在远低于沸点的温度下进行操作,是一个没有沸腾的蒸发过程。由此可见,分子蒸馏法更有利于节约能源,特别适用于一些高沸点热敏性物料的分离且可以分离常规蒸馏中难以分离的共沸混合物。

(2) 蒸馏压强低　常规蒸馏装置存在填料或塔板的阻力而难获得较高的真空度,而分子蒸馏本身是必须降低蒸馏体系的压强来获得足够大的分子运动平均自由程。分子蒸馏装置内部结构比较简单,整个体系可以获得很高的真空度(一般只有 0.133~1Pa),物料不易氧化受损且有利于沸点温度降低。此外,分子蒸馏可以通过调节真空度选择性地蒸出目的产物去除其他杂质。

(3) 受热时间短　由分子蒸馏原理可知，受加热的液面与冷凝面间的距离要求小于轻分子的平均自由程。而由液面逸出的轻分子几乎未经碰撞就到达冷凝面，所以受热时间很短。除此，混合液体呈薄膜状使液面与加热面的面积几乎相等，这样物料在蒸馏过程中受热时间就变得更短。对真空蒸馏而言，受热时间约为1h，而分子蒸馏仅为十几秒。

(4) 分离程度高　分子蒸馏常常用来分离常规蒸馏不易分开的物质。对用两种方法均能分离的物质而言，分子蒸馏的分离程度更高。常规蒸馏的相对挥发度见式（5-6）：

$$\alpha = \frac{P_1}{P_2} \tag{5-6}$$

而分子蒸馏的相对挥发度见式（5-7）：

$$\alpha' = \frac{P_1}{P_2}\sqrt{\frac{M_2}{M_1}} \tag{5-7}$$

式中，M_1——轻分子相对分子质量

M_2——重分子相对分子质量

P_1——轻分子饱和蒸汽压，Pa

P_2——重分子饱和蒸汽压，Pa

对比可以看出，由于$M_2>M_1$，因此分子蒸馏的相对挥发度α'大于常规蒸馏的相对挥发度α。这就表明分子蒸馏较常规蒸馏更易分离，且随着轻重分子相对分子质量相差越大，这种差别越显著。

(5) 不可逆性　普通蒸馏是蒸发与冷凝的可逆过程，液相与气相间形成平衡状态。而分子蒸馏过程中，轻分子从蒸发表面逸出直接飞射到冷凝面上，中间不与其他分子发生碰撞，理论上没有返回蒸发面的可能性，为不可逆过程。

(6) 清洁环保　分子蒸馏法被认为是一种温和的绿色技术，具有无毒、无害、无污染、无残留等优点。

（二）分子蒸馏法

1. 分子蒸馏设备

分子蒸馏器的发展历程主要经历了四种类型：从最初的间歇釜式分子蒸馏器、降膜式分子蒸馏器，再到目前应用较为广泛的刮膜式分子蒸馏器和离心式分子蒸馏器，其结构型式不断完善，物料操作温度进一步降低，受热时间进一步缩短。

(1) 间歇釜式分子蒸馏器　该类蒸馏器出现最早，结构最简单，由蒸馏釜和内置冷凝器组成，类似于简单蒸馏实验装置；其特点是有一个静止不动的水平蒸发表面。间歇釜式分子蒸馏器分离能力低、分离效果差，物料停留时间长，热分解危险性大，目前已经不再采用。

(2) 降膜式分子蒸馏器　降膜式分子蒸馏器在实验室及工业生产中有广泛应用。它由具有圆柱形蒸发面的蒸发器和与之同轴且距离很近的冷凝器组成，物料靠重力在蒸发表面流动时形成一层薄膜。与间歇釜式分子蒸馏器相比，其优点是液膜的厚度小，停留时间短，热分解几率大大降低，蒸馏过程可连续进行且生产能力大。但其液膜厚度不均匀，液体流动时常发生翻滚现象，容易形成过热点使组分发生分解，所产生的雾沫也常溅到冷凝面上；液膜呈层流流动，传质和传热阻力大，降低了分离效率。

(3) 刮膜式分子蒸馏器　刮膜式蒸发器是降膜分子蒸馏器的一个特例，在降膜分子蒸馏装置内设置一个转动的刮膜器,当物料在重力作用下沿加热面向下流动时,借助刮膜器的机械作用将物料迅速刮成厚度均匀、连续更新的液膜分布在加热面上,从而强化传热和传质过程,提高了蒸发速率和分离效率。

(4) 离心式分子蒸馏器　离心式分子蒸馏装置是将物料输送到高速旋转的转盘中央,并在旋转面扩展形成液膜,同时加热蒸发使之在对面的冷凝面上冷凝。该装置由于离心力的作用,液膜分布均匀且薄,分离效果好,停留时间更短,处理量更大,可处理热稳定性很差的混合物,是目前较为理想的一种装置型式。与其他方法相比,由于有高速旋转的圆盘,真空密封技术要求更高。

2. 分子蒸馏设备的特点

归纳起来,分子蒸馏设备主要有以下特点:①采用了能适应不同黏度物料的布料结构,使液体分布均匀,有效地避免了返混,显著提高了产品质量;②独创性地设计了离心力强化成膜装置,有效减少了液膜厚度,降低了液膜的传质阻力,从而大幅度提高了分离效率与生产能力,并节省了能源;③成功解决了液体飞溅问题,省去了传统的液体挡板,减少了分子运动的行程,提高了装置的分离效率;④设计了独特新颖的动、静密封结构,解决了高温、高真空下密封变形的补偿问题,保证了设备在高真空度下能长期稳定运行的性能;⑤开发了能适应多种不同物料温度要求的加热方式,提高了设备的调节性能及适应能力;⑥彻底解决了装置运转下的级间物料输送及输入输出的真空泄漏问题,保证了设备的连续性运转;⑦优化了真空获得方式,提高了设备的操作弹性,避免了因压力波动对设备正常操作性能的干扰;⑧设备运行可靠,产品质量稳定;⑨适应多种工业领域,可进行多种产品生产,尤其对于高沸点、对热敏感及易氧化物料的分离有传统蒸馏方法无可比拟的优点。

(三) 分子蒸馏系统及其应用

1. 分子蒸馏系统

分子蒸馏全套装置由以下系统组成:①蒸发系统:以分子蒸馏蒸发器为核心,可以是单级,也可以是两级或多级。该系统中除蒸发器外,往往还设置一级或多级冷阱。②物料输入、输出系统:由计量泵、级间输料泵和物料输出泵等组成,主要完成系统的连续进料与排料功能。③加热系统:根据热源不同而设置不同的加热系统。目前有电加热、加热油及微波加热等。④真空获得系统:分子蒸馏是在极高真空下操作,因此,该系统也是全套装置的关键之一。真空系统的组合方式多种多样,具体的选择需要根据物料特点。⑤控制系统:通过自动控制或电脑控制。从图5-10可以看出,分子蒸馏的分离过程是一个复杂的系统工程,其分离的效率取决于许多组成单元的共同作用。

2. 分子蒸馏法的应用

(1) 分子蒸馏法制取高纯度乳酸技术　聚合级乳酸、耐热级乳酸、仪器分析用乳酸标准品等对乳酸纯度的要求比较严格。为了生产出这些更高质量的乳酸,国内外一些公司开发了乳酸分子蒸馏技术,分子蒸馏的特点是真空度高(空载时绝对压力小于1Pa),操作温度低,可有效脱除乳酸中的高分子杂质,分离程度高,能有效地保护乳酸不被污染和破坏。在分子蒸馏器中乳酸分子的平均自由程大于蒸发表面至冷凝表面垂直距离,汽化的乳酸分子不与其他分子碰撞,直接到达冷凝表面而被冷凝,从而得到高纯度的乳酸。

(2) 分子蒸馏法制备烷基多苷　在烷基多苷合成生产中,由于缩醛化反应是可逆的,

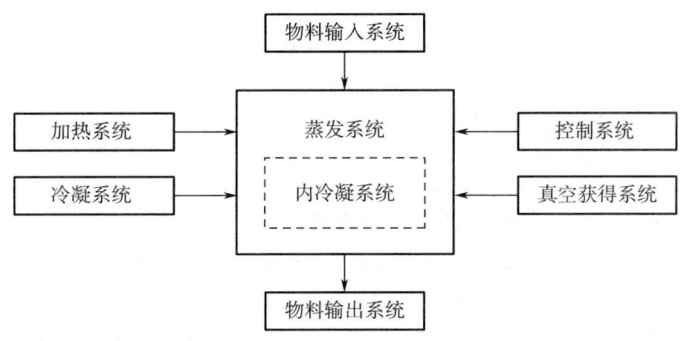

图 5-10 分子蒸馏系统组成图

烷基多苷合成工艺中,脂肪醇过量有利于合成反应,因此正常情况下反应物中有大量未反应的高碳醇,这些高碳醇必须要蒸发掉,否则就会影响产品纯度和品质。如果没有有效的脱除醇的方法,前面合成过程中的醇的用量就受到极大的限制,这样就难以合成出聚合度低而又分布窄的产品。若采用分子蒸馏法进行脱醇,则不必限制合成过程中醇的过量情况,从而促进了产品合成工艺的优化,提高了产品品质。

(3)分子蒸馏法脱除产品中的重物质及颜色 乳酸精制精细化学品中常常有一些重分子物质、甚至金属离子等难以分离,往往需要采用分子蒸馏法,其他如亚油酸、亚麻酸、二聚酸、芥酸酰胺、硬脂酸单甘酯、高碳醇等的精脱色,也需要采用分子蒸馏法。

(4)分子蒸馏法脱除热敏性物质中的轻分子物质 在工业产品的提纯中,大量采用溶剂萃取法,而其后果是产品中残存溶剂(绝大多数是有毒有机溶剂)。而采用常规蒸馏法清除这些溶剂时,又面临着因操作温度高、受热时间长而使产品在高温下分解或聚合的危险,因此给清除残留溶剂带来困难。由于常用的有机溶剂相对于大多数产品是轻分子物质,用分子蒸馏法很容易将其彻底清除。

(四)分子蒸馏法的局限性

分子蒸馏法作为一种新型的分离法,理论研究和实践过程中仍然存在一些问题,主要体现在以下几个方面。

(1)理论研究少 国内在分子蒸馏法和装备方面的研究起步比较晚,对其相关过程的基础理论研究非常少,应用研究在20世纪90年代才得到较大发展。因此,很难准确地了解分子蒸馏器内的真实状况,在分子蒸馏器的最佳设计方面也存在相当的困难,今后加强基础理论方面的研究是分子蒸馏法发展的一个重要方向。

(2)生产能力小 物料在蒸发壁面上呈膜状流动,受热面积与蒸发壁面几乎相等,传热效率较高;但由于蒸发壁面积受设备结构的限制,远远小于常规精馏塔受热面积。而且,分子蒸馏是在远低于常压沸点条件下操作的,汽化量相对于常规蒸馏在沸腾状态时要少得多。在相同的生产能力下,分子蒸馏的设备体积要比常规蒸馏设备大得多。

(3)设备投资高 分子蒸发器是分子蒸馏法的核心,对设备的密封和真空系统要求都很高,设备投资相对较大,适合于高附加值物系的分离;但相对于产品的产值而言,仍然具有投资价值。

参 考 文 献

[1] 韩德权. 微生物发酵工艺学原理 [M]. 北京：化学工业出版社，2013.
[2] 焦瑞身. 微生物工程 [M]. 北京：化学工业出版社，2003.
[3] 刘辰. 木薯原料生产柠檬酸工艺的研究 [D]. 江南大学，2005.
[4] 刘杰. 发酵液中衣康酸的提取纯化研究 [D]. 哈尔滨工业大学，2010.
[5] 柳畅先，庹浔，吴士筠. 酶法测定乳酸 [J]. 分析试验室，2005，24（9）：75-77.
[6] 路敏. 离子交换法分离提取发酵液中柠檬酸的研究 [D]. 广西大学，2006.
[7] 毛忠贵. 生物工程下游技术 [M]. 北京：科学出版社，2013.
[8] 欧阳平凯. 生物分离原理及技术 [M]. 北京：化学工业出版社，2010.
[9] 唐萍. 毛细管电泳用于有机酸及牛奶蛋白的分析及应用 [D]. 吉林大学，2005.
[10] 唐晓明. 膜分离技术在 L-乳酸分离中的应用 [D]. 合肥工业大学，2010.
[11] 田亚平. 生化分离技术 [M]. 北京：化学工业出版社，2006.
[12] 王静怡. 大肠杆菌 NZN111 发酵液中琥珀酸的提取 [D]. 华东理工大学，2014.
[13] 王晓林. 电渗析技术在有机酸生产和剩余污泥氮磷资源化中的应用研究 [D]. 中国科学技术大学，2014.
[14] 吴卫彦. 维生素 C 生产中古龙酸回收工艺研究 [D]. 天津大学，2009.
[15] 徐长法，王朱. 生物化学（第 3 版）（上）[M]. 北京：高等教育出版社，2010.
[16] 杨淼. 超临界流体色谱提纯柠檬酸实验研究 [D]. 天津大学，2010.
[17] 连锦花，孙果宋，雷福厚. 分子蒸馏技术及其应用 [J]. 化工技术与开发，2010，39（7）：32-38.

第六章　柠檬酸发酵生产技术

第一节　概　　述

柠檬酸，又名枸橼酸，它是一种三元羧酸，分子式为 $C_6H_8O_7$，相对分子质量为 192.13，物理性状为无色半透明晶体或粉末，无臭，属强酸。柠檬酸含有羧基和羟基，易溶于水，溶解度随着温度的升高而增大。柠檬酸也可溶于乙醇，微溶于乙醚，不溶于苯、甲苯、CS_2、CCl_4。柠檬酸是生物体主要代谢产物之一，在自然界中分布广泛，天然存在于柠檬、柑橘、菠萝、梅等果实中。具有令人愉快的酸味，最低呈酸味浓度仅为 0.0019%，且无后酸味。柠檬酸安全无毒，是发酵法生产的最重要的有机酸。

柠檬酸应用广泛，在食品工业中，柠檬酸是第一大有机酸酸味剂，它可以赋予食品和饮料纯正舒适、柔和可口的酸味。在医药工业中，柠檬酸及其衍生品主要用作凝血剂、输血剂、营养强化剂。在化妆品工业中，柠檬酸可用于配制多种护肤品，如乳液、润肤霜、面膜、洗发液等。此外，柠檬酸还在纺织、建筑材料、环保行业有着广泛应用。

在柠檬酸的工业生产中都采用微生物发酵法，优良的菌种对柠檬酸发酵起着决定性的作用。目前报道的产柠檬酸微生物有很多，例如黑曲霉（*A. niger*）、棘孢曲霉（*A. aculeatus*）、炭黑曲霉（*A. carbonarius*）、泡盛曲霉（*A. awamori*）、臭曲霉（*A. foetidus*）、海藻曲霉（*A. phoenicis*）、微紫青霉菌（*Penicillium janthinellum*）、热带假丝酵母（*Candida tropicalis*）、高里假丝酵母（*C. guilliermondii*）、异常汉逊酵母（*Hansenula anamola*）、解脂耶氏酵母（*Yarrowia lipolytica*）、地衣芽孢杆菌（*Bacillus licheniformis*）和棒状杆菌（*Corynebacterium*）等。在上述微生物中，应用于实验研究与工业化生产的主要是黑曲霉和解脂耶氏酵母。由于酵母发酵生产柠檬酸时，会积累大量的异柠檬酸，导致柠檬酸的产率下降，产品纯度较低。因此，在柠檬酸发酵法工业化生产中，黑曲霉发酵生产柠檬酸占主导地位。对高产柠檬酸菌株黑曲霉的选育一直是国内外研究的热点。

目前，国际上主要的柠檬酸生产地区集中在中国、欧洲和美国，三地的生产能力约占全球柠檬酸产能的 80% 以上。全球每年的柠檬酸需求市场约在 150 万~160 万 t，消费市场主要集中于欧洲和美国，两地的消费市场约占总消费市场的 50% 以上。由于柠檬酸行业具有资金、技术和劳动力密集型的特点，中国目前已成为了世界上最大的柠檬酸生产国，同时也是最大的出口国。柠檬酸在我国医药原料药出口额排行榜中排名第三，仅次于维生素 C 和维生素 E。国内柠檬酸年产能占世界的 68% 左右，年产量占世界的 80% 左右。

第二节　柠檬酸发酵机制及代谢调控

一、柠檬酸生物合成途径

1953 年，Jagnnathan 等人证实了黑曲霉中存在糖酵解（EMP）途径的所有酶。1954 年，Cleland 和 Johnson 以及 Martin 和 Wilson 等人采用示踪法证明了柠檬酸的积累主要是通过 EMP 途径来实现的。柠檬酸的合成是一个非常复杂的生理生化过程，现在普遍认为柠檬酸是经过 EMP 途径、丙酮酸羧化和三羧酸循环（TCA）形成的。葡萄糖主要经过 EMP 途径降解生成丙酮酸，一方面丙酮酸氧化脱羧生成乙酰 CoA，另一方面丙酮酸固定 CO_2 羧化生成草酰乙酸，草酰乙酸与乙酰 CoA 缩合生成柠檬酸。

（一）EMP 途径

在柠檬酸生产菌株黑曲霉的生长期，葡萄糖是由 EMP 和 HMP 途径共同消耗的，其比例为 EMP：HMP＝2：1，在柠檬酸产酸期，其比例为 EMP：HMP＝4：1。因此，EMP 途径在柠檬酸生产菌黑曲霉中起主要作用。HMP 途径存在于大多数好氧和兼性厌氧微生物中，其主要生理意义是为细胞产生 NADPH、结构分子（如核糖和芳香族氨基酸前体）的来源等。在柠檬酸发酵中，HMP 途径的碳流只占总代谢通量的很少一部分。随着培养时间的延长，HMP 途径所占的比例会越来越低。

（二）TCA 循环和乙醛酸循环

1954—1955 年，Ramakishman 和 Martin 等的研究发现黑曲霉中存在三羧酸循环的酶系，即黑曲霉中存在 TCA 循环。1954 年，Olsen 证明了黑曲霉中存在异柠檬酸裂解酶，此酶将异柠檬酸裂解为乙醛酸和琥珀酸。1958 年 Kornberg 发现生长在醋酸和异柠檬酸上的黑曲霉，生成了标记的苹果酸，有力地证明了黑曲霉中存在乙醛酸循环。由此可见，柠檬酸生产菌黑曲霉中存在 TCA 循环和乙醛酸循环。

（三）丙酮酸羧化支路

以糖质原料发酵，当柠檬酸积累时，TCA 和乙醛酸循环被阻断或减弱。在此过程中，需要其他的途径提供草酰乙酸。通过连续测定柠檬酸发酵过程中气体的代谢，结果表明：在主发酵阶段，柠檬酸生成的速度与 CO_2 的固定量具有密切的化学计量关系，从而证明了 CO_2 固定反应对柠檬酸积累具有重要的生理学意义。Johnson 研究发现黑曲霉中有两个 CO_2 固定系统，这两个系统都需要 Mg^{2+} 和 K^+，其一是丙酮酸在丙酮酸羧化酶（PYC）作用下生成草酰乙酸：

$$\text{丙酮酸} + CO_2 + ATP \xrightarrow{PYC} \text{草酰乙酸} + ADP + Pi$$

其二是磷酸烯醇式丙酮酸（PEP）在 PEP 羧化酶（PPC）的作用下羧化生成草酰乙酸：

$$\text{磷酸烯醇式丙酮酸} + CO_2 + ADP \xrightarrow{PPC} \text{草酰乙酸} + ATP$$

PYC 的反应平衡常数为 0.818，而 PPC 仅为 0.049，因此，在柠檬酸生产菌黑曲霉中 CO_2 固定主要是通过 PYC 催化的。

（四）柠檬酸理想合成途径

由葡萄糖发酵生产柠檬酸的理想途径，如图 6-1 所示。在葡萄糖生物合成柠檬酸的过程中，经过碳架断裂及重组，并没有碳损失，柠檬酸对葡萄糖的理论转化率为 106.7%，且在乙酰 CoA 与草酰乙酸缩合时还从水中引入一

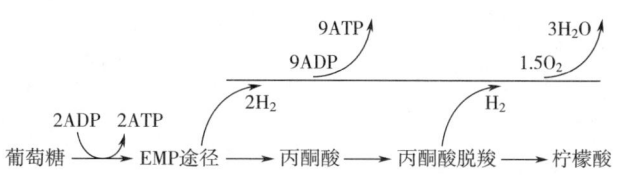

图 6-1 由葡萄糖发酵柠檬酸的理想路径

个氧原子。在能量平衡方面，在 EMP 途径中由底物水平磷酸化产生 2 个 ATP，由氧化磷酸化可产生 9 个 ATP，但部分经侧系呼吸链而没有产生 ATP，实际产生 ATP 数少于此数，所生成的 ATP 可供菌体维持渗透功能，不必通过 TCA 循环消耗碳源，产生能量。

二、柠檬酸发酵的代谢调控

柠檬酸是中心代谢途径 TCA 循环的一员，是许多组织和微生物中广泛存在的一种重要有机酸，它不仅为许多微生物同化利用，而且是一种重要的代谢调节因子。通常微生物细胞中合成的柠檬酸进一步经 TCA 循环，生成其他有机酸，提供合成细胞物质的中间体或彻底氧化产生能量，为细胞活动和合成代谢提供能量。因此，正常生长的细胞中柠檬酸是不会过量积累的。柠檬酸产生菌黑曲霉能够大量积累柠檬酸，主要原因在于柠檬酸代谢调控机制的多样化。

（一）代谢路径调节

黑曲霉柠檬酸积累的代谢调控如图 6-2 所示，代谢过程中相关酶的调节性质如表 6-1 所示。

表 6-1 　　　　　　　　黑曲霉柠檬酸生物合成中相关酶的调节性质

酶	底物亲和力/（mmol/L）	激活剂/（mmol/L）	抑制剂/（mmol/L）
磷酸果糖激酶	F-6-P：$K_m=1.7$	NH_4^+、AMP、Pi	柠檬酸：$K_i=0.25$ PEP：$K_i=0.25$ ATP（浓度较高时）
丙酮酸激酶	ATP：$K_m=0.05$ PEP：$K_m=0.026$	NH_4^+：$K_m=26$ K^+：$K_m=20$	
丙酮酸羧化酶	ADP：$K_m=0.07$ PYP：$K_m=0.28$ CO_2：$K_m=1.33$ ATP：$K_m=0.28$	K^+	Asp：$K_i=1.9$ Pi：$K_i=40-140$
柠檬酸合成酶	乙酰 CoA：$K_m=0.01$ 草酰乙酸：$K_m=0.0045$	NH_4^+、K^+	CoA：$K_i=0.15$ ATP-Mg：$K_i=6$
异柠檬酸脱氢酶	异柠檬酸：$K_m=0.01$ NADP：$K_m=0.05$		柠檬酸：$K_i=0.15$ NADPH：$K_i=0.04$ α-酮戊二酸：$K_m=1$
琥珀酸脱氢酶			草酰乙酸：$K_i=0.001$

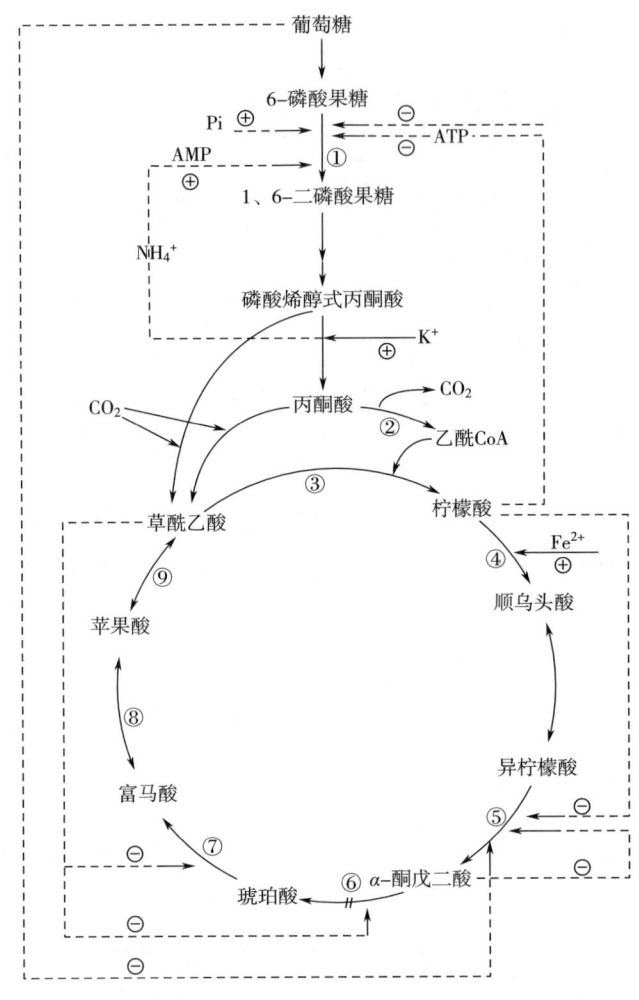

图 6-2　黑曲霉柠檬酸积累的代谢调节

①磷酸果糖激酶；②丙酮酸脱氢酶；③柠檬酸合成酶；④顺乌头酸酶；⑤异柠檬酸脱氢酶；
⑥α-酮戊二酸脱氢酶；⑦琥珀酸脱氢酶；⑧延胡索酸酶；⑨苹果酸脱氢酶；⊖抑制；⊕激活

1. 糖酵解及丙酮酸代谢的调节

（1）磷酸果糖激酶的调节　磷酸果糖激酶（PFK）是糖酵解途径中第一个调节酶，也是决定 EMP 途径代谢流量的关键酶。生理浓度范围的柠檬酸和 ATP 可以抑制 PFK 活力，AMP、Pi、NH_4^+ 等物质可以激活 PFK 活力，NH_4^+ 还能有效地解除柠檬酸和 ATP 对 PFK 的抑制。在胞内正常 NH_4^+ 浓度下，PFK 对柠檬酸不敏感，但是在 Mn^{2+} 缺乏与充足条件下，PFK 活力具有显著的差别，如表 6-2 所示。结果表明，锰离子的效应是通过 NH_4^+ 浓度升高而减弱了柠檬酸对 PFK 的抑制。

表 6-2　　　　　　锰离子充足和锰离子缺乏对黑曲霉 PFK 活力的影响

条件因子	柠檬酸/（mmol/L）	铵离子/（mmol/L）	活力/U
Mn^{2+} 缺乏	4	15	1.1
Mn^{2+} 充足	1	3	1.0

(2) 丙酮酸激酶的调节　丙酮酸激酶（PK）催化 PEP 与 ADP 的反应生成丙酮酸和 ATP，在真菌中是糖酵解途径中的第二个调节酶，但在黑曲霉中尚未证实。铵离子、钾离子可以激活 PK 活力。通过测定柠檬酸发酵时糖酵解的中间代谢物浓度，推断流经 PK 的代谢通量增加。

(3) 丙酮酸羧化酶的调节　丙酮酸是真菌糖代谢的一个重要分叉点，丙酮酸既可以由丙酮酸脱氢酶催化生成乙酰 CoA，也可以由丙酮酸羧化酶（PYC）催化，经 CO_2 固定反应生成草酰乙酸。CO_2 固定反应的强度对柠檬酸积累非常重要。保持丙酮酸这两个反应的平衡是获得柠檬酸高产率的一个重要条件。在 TCA 循环中 PYC 是供给草酰乙酸的主要补充反应，为一种变构酶。与其他真菌相反，此酶不受乙酰 CoA 抑制，α-酮戊二酸仅有微弱的抑制作用，即该酶是组成性酶，调节性很差。

2. 三羧酸循环的调节

(1) 柠檬酸合成酶的调节　柠檬酸合成酶（CS）是 TCA 循环的第一个酶。在许多细胞中该酶是一种调节酶。然而根据柠檬酸合成与 CO_2 固定之间的化学计算关系，可以推测黑曲霉的柠檬酸合成酶没有调节作用。CS 仅对 CoA 和 ATP 敏感，而 ATP-Mg 络合物只是一种弱抑制剂，其他有调节作用的化合物不起作用。由于细胞中的 ATP 是以 Mg 络合物形式存在，所以 ATP 的影响并不显著。CS 对乙酰 CoA 的亲和力取决于草酰乙酸的浓度，在柠檬酸积累的情况下，草酰乙酸浓度可提高此酶对乙酰 CoA 的亲和力。

(2) 顺乌头酸水合酶、异柠檬酸脱氢酶的调节　研究表明，顺乌头酸水合酶失活，TCA 循环阻断是积累柠檬酸的必要条件。在柠檬酸产生和不产生的两种情况下，均存在顺乌头酸水合酶、NAD^+-异柠檬酸脱氢酶和 $NADP^+$-异柠檬酸脱氢酶三种酶。在柠檬酸发酵中，顺乌头酸水合酶需要 Fe^{2+}，但是无论培养基中是否存在 Fe^{2+}，顺乌头酸水合酶催化的反应总是趋向柠檬酸一侧，保证柠檬酸得到充分积累。一旦柠檬酸积累到一定水平，细胞内的 pH 下降，就能抑制顺乌头酸水合酶和异柠檬酸脱氢酶的活力，就抑制了柠檬酸自身的进一步分解。在 Cu^{2+} 0.3mg/L、Fe^{2+} 2mg/L 和 pH 2.0 情况下，这三种酶均不出现活力，而发酵中柠檬酸正是在这个酸度下积累的。因此，当细胞内 pH 下降为 2.0 时，上述三种酶失活，柠檬酸开始积累。

顺乌头酸水合酶是催化柠檬酸、顺乌头酸、异柠檬酸之间相互转化的酶。研究表明，黑曲霉中有一种位于线粒体上的顺乌头酸水合酶，它在催化时能建立如下的平衡（摩尔比）：

$$n（柠檬酸）：n（顺乌头酸）：n（异柠檬酸）= 90：3：7$$

黑曲霉中的 NAD^+-异柠檬酸脱氢酶只有一种，且活力很低。$NADP^+$-异柠檬酸脱氢酶却有两种：一种在细胞质中，不受柠檬酸抑制；另一种在线粒体中，与 TCA 循环有关，受生理浓度的柠檬酸抑制，所以当柠檬酸积累到一定水平时，此酶的活力就会受到抑制，进一步抑制柠檬酸的分解，从而促进柠檬酸的积累。在碱性 pH 和 30mmol/L Mn^{2+} 时，可以解除 $NADP^+$-异柠檬酸脱氢酶的抑制作用。

(3) α-酮戊二酸的调节　在柠檬酸产生菌黑曲霉中，TCA 循环的一个显著特点是 α-酮戊二酸脱氢酶的合成，受高浓度葡萄糖和 NH_4^+ 的阻遏。因此，当使用葡萄糖为碳源时，在柠檬酸生产期，菌体内不存在 α-酮戊二酸或 α-酮戊二酸脱氢酶活力很低。当碳源为乙酸时，此酶才有活力。α-酮戊二酸脱氢酶催化的反应是 TCA 循环中唯一的不可逆反应，若α-酮戊二酸脱氢酶的活力丧失，就会引起：①TCA循环中苹果酸、富马酸、琥珀酸由草酰乙酸反向TCA循化生成；②α-酮戊二酸抑制异柠檬酸脱氢酶的活力。

（二）Mn^{2+}的调节

比较Mn^{2+}丰富和Mn^{2+}缺乏的分批培养物的最大活力时发现，在缺Mn^{2+}的产柠檬酸培养基中，黑曲霉菌体的组成代谢（戊糖磷酸途径）的酶和三羧酸循环的脱氢酶活力显著降低。不论Mn^{2+}丰富或缺乏，都未检出α-酮戊二酸脱氢酶活力。乙醛酸循环的脱氢酶也几乎无活力。当缺乏Mn^{2+}时，HMP和TCA循环水平低，生长期菌丝的蛋白质、核酸和脂肪含量显著减少，而氨基酸和NH_4^+水平升高，丙酮酸和草酰乙酸水平升高，柠檬酸大量积累。

当黑曲霉生长在缺Mn^{2+}的高浓度培养基中，细胞内NH_4^+异常高，达25mmol/L，随之出现谷氨酸、谷氨酰氨、鸟氨酸、精氨酸的积累和分泌，解除NH_4^+浓度对细胞的毒性。这些氨基酸的积累是由于蛋白质合成受到干扰，导致蛋白质分解增加，细胞内蛋白质和核酸的减少所致。当Mn^{2+}充足时，添加环己酰亚胺，可促进NH_4^+和氨基酸积累。由此可知，NH_4^+积累是由于蛋白质和RNA转换过程中细胞蛋白质的再合成受损伤引起的。Mn^{2+}是催化核糖核酸形成聚合阶段所需要的，若缺乏Mn^{2+}，核酸、蛋白质合成会受阻，使细胞内的NH_4^+水平升高。NH_4^+水平升高解除了柠檬酸和ATP对PFK酶的抑制，从而增加了EMP代谢流量，丙酮酸和草酰乙酸水平升高，而使柠檬酸大量积累，这就是Mn^{2+}的调节效应。

（三）氧浓度的调节

乙酰CoA和草酰乙酸缩合生成柠檬酸过程中要引进一个氧原子，因此氧也可以看作柠檬酸生物合成底物。它对柠檬酸发酵的作用主要体现在：①氧是发酵过程（EMP途径和丙酮酸脱氢）生成的NADH重新氧化的氢受体；②在黑曲霉中除了具有一条标准呼吸链以外，还有一条侧系呼吸链（图6-3）。

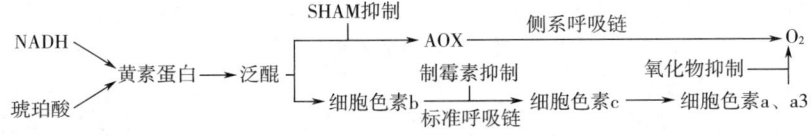

图6-3 黑曲霉的标准呼吸链和侧系呼吸链

侧系呼吸链对水杨酸酰异羟肟酸（SHAM）敏感，在黑曲霉生长期，此侧链不受SHAM的抑制；在柠檬酸发酵产酸期，受SHAM的强烈抑制。通过标准呼吸链氧化时产生ATP，会反馈抑制PFK酶；通过侧系呼吸链不产生ATP，而当缺氧时，只要中断供氧很短时间，就会导致此侧系呼吸链不可逆失活，从而导致柠檬酸产酸急剧下降。当恢复供氧时，标准呼吸链复活，不影响菌的生长，但侧系呼吸链却不能恢复，故对产酸速率有很大影响。因此，在柠檬酸发酵过程中，特别是产酸期，一定要有充足的氧供给，以保证更多的NADH通过侧系呼吸链将H_2交给O_2生成CO_2和H_2O，使呼吸产生的ATP减少，解除ATP对PFK酶的反馈抑制，促使EMP代谢流增大，提高丙酮酸和草酰乙酸生成水平，提高柠檬酸的产率。

三、柠檬酸发酵机制

综上所述,高产柠檬酸黑曲霉大量积累柠檬酸的机制可归纳如下。

(1) 严格限制供给锰离子等金属离子,或筛选耐高浓度 Mn^{2+}、Zn^{2+}、Fe^{3+} 等金属离子的菌株,降低菌体中糖代谢转向合成蛋白质、脂肪酸、核酸的能力,使细胞中形成高水平的 Fe^{3+}。从而解除柠檬酸和 ATP 对 PFK 酶的反馈抑制,使 EMP 途径的代谢流增大。

(2) 存在一条呼吸活动性强的侧系呼吸链,对氧敏感,但不产生 ATP,这样使细胞内的 ATP 浓度下降。因而减轻了 ATP 对 PFK 酶、CS 酶的反馈抑制。促进了 EMP 途径的畅通,增加柠檬酸的合成。

(3) 丙酮酸羧化酶是组成性酶,不受代谢调节控制,可源源不断地提供草酰乙酸,平衡丙酮酸氧化脱羧生成乙酰辅酶 A 和 CO_2 固定反应,保证前体物乙酰 CoA 和草酰乙酸的提供,柠檬酸合成酶又基本上不受调节或极微弱,增强了柠檬酸的合成能力。

(4) α-酮戊二酸脱氢酶受葡萄糖和铁离子阻遏,使黑曲霉中的 TCA 循环变成"马蹄形"的代谢方式,减弱 TCA 循环,降低细胞内 ATP 浓度,使 α-酮戊二酸浓度升高。反过来,又反馈抑制异柠檬酸脱氢酶,降低柠檬酸的自身分解。

(5) 顺乌头酸水合酶催化时建立柠檬酸:顺乌头酸:异柠檬酸=90:3:7 的平衡,顺乌头酸水合酶的作用总是趋向于合成柠檬酸,即柠檬酸分解活力低。一旦柠檬酸浓度升高到某一水平,就抑制异柠檬酸脱氢酶活力,从而进一步促进柠檬酸自身积累,pH 降至 2.0 以下。顺乌头酸水合酶和异柠檬酸脱氢酶失活,更有利于柠檬酸积累并排出体外。

第三节 柠檬酸高产菌株选育与生理特征

一、高产柠檬酸黑曲霉的选育

柠檬酸生产菌的选育可分为自然选育和诱变选育。在生产过程中不经人工处理,利用菌种自身的突变或直接从自然界中分离筛选的过程称自然选育或自然分离筛选;通过诱变剂处理来提高菌种的突变频率,扩大变异幅度,从中选出具有优良性状的突变株称为诱变育种。

(一) 生产菌株的分离选育

柠檬酸生产菌的分离筛选与其他微生物相同,一是收集相当数量的现有菌种,经分离纯化,从中挑选出合适的菌株;二是采集大量的含菌样品,分离筛选出优良菌种。若收集现有菌种,则可直接活化、分离、纯化,并测定每个菌株的性能,从中选出最优良的菌株;若是通过采集含菌样品来分离选育,可根据糖质发酵。柠檬酸高产菌主要是黑曲霉,它们具有强大的分解淀粉、蛋白质、果胶、脂肪等物质的酶系特征,可从腐烂植物、水果表皮,也可从含有腐烂未熟水果的酸性土壤中分离。一般将采集的含菌样品经适当的增殖培养,或将样品浸出稀释液 100mL 和 10% 薯干粉、10% 柠檬酸混合,在振荡摇床上于 33~35℃ 下"富集"培养 3~5d,然后进行分离筛选。

1. 分离筛选/纯化培养基

分离筛选柠檬酸生产菌黑曲霉的常用培养基如表 6-3。

表 6-3　　　　　　　　　　　分离纯化黑曲霉柠檬酸生产菌的常用培养基

培养基	组成	用途
麦芽汁琼脂	12°Bx 麦芽汁添加 2% 琼脂	适用于霉菌、酵母的分离
米曲汁琼脂	10~12°Bx 米曲汁添加 2% 琼脂	适用于霉菌、酵母的分离
马铃薯琼脂	马铃薯 200g 切成小块，加 1000mL 水煮沸 1h，用双层纱布滤成清液，清液中加蔗糖 20g，琼脂 20g，定容至 1L	适用于霉菌、酵母的分离
察氏-多氏琼脂	蔗糖 3%，$NaNO_3$ 0.3%，KCl 0.05%，K_2HPO_4 0.1%，$MgSO_4 \cdot 7H_2O$ 0.05%，$FeSO_4 \cdot 7H_2O$ 0.001%，琼脂 2%	适用于所有霉菌，能分离较多的菌株
酸性蔗糖琼脂	蔗糖 15%，NH_4NO_3 0.3%，KH_2PO_4 0.1%，$MgSO_4 \cdot 7H_2O$ 0.25%，1mol/L 盐酸 1.7%，琼脂 2%	适用于耐酸的黑曲霉分离纯化
酸性薯干粉平板	薯干液化液 10%，柠檬酸 10%，琼脂 2%	分离直接利用薯干粉的耐酸黑曲霉
酸性淀粉平板	淀粉液化液 10%，柠檬酸 10%，琼脂 2%	分离直接利用淀粉的耐酸黑曲霉
酸性玉米粉平板	玉米粉液化液 10%，柠檬酸 10%，琼脂 2%	分离直接利用玉米粉的耐酸黑曲霉

2. 分离筛选/纯化方法

分离筛选（纯化）柠檬酸生产菌常采用平板划线分离和平板稀释分离。这两种方法不易一次就分离到纯的柠檬酸生产菌株，需要反复进行数次。必要时也可以采用单孢子移植法分离纯化柠檬酸生产菌。

3. 摇瓶筛选与性能测定

采用上述的分离培养基和分离筛选方法，参考高产菌的形态特征，从分离筛选平板上挑出单一菌落，移接于麦芽汁琼脂斜面上，培养 6~7d。孢子长好后，分别接入三角瓶，摇瓶发酵试验（初筛、复筛），从中筛选出产柠檬酸高、糖转化率高、且产酸稳定性强的菌种作为生产用菌株。摇瓶筛选培养基可以参考表 6-4 培养基配方。

表 6-4　　　　　　　　　　　摇瓶筛选培养基

序号	原料	配方
1	薯干粉	25% 薯干粉蒸煮后，用液化型淀粉酶液化，升温灭酶灭菌后，加入 α-萘酚 1mg/L 或氯化十六烷基吡啶胺 1mg/L
2	水解糖	水解糖稀释至含葡萄糖 150g/L，加入 NH_4NO_3 2g/L，$MgSO_4 \cdot 7H_2O$ 0.5g/L，单氟乙酸钠 50mg/L
3	葡萄糖母液	母液稀释至含葡萄糖 150g/L，加入 NH_4NO_3 1~2g/L，单氟乙酸钠 50mg/L
4	糖蜜	糖蜜稀释至含蔗糖 150g/L，灭菌后加入 30mL/L 甲醇或乙醇
5	淀粉	20% 淀粉（粗制淀粉），添加 2%~4% 麸皮或米糠

将上述培养基以每瓶 50mL 分装到 250mL 三角瓶内，灭菌后接入二环孢子，在 35~37℃下培养，控制摇床转速 300r/min，往复摇床冲程为 6cm，频率为 120 次/min；瓶内装液量不能太多，以保证溶氧。摇瓶不能中途中断，发酵 60~70h 后，用细针头注射器抽取发酵液 1mL，用 0.1mol/L NaOH 滴定酸度，产酸高者，再进一步用纸层析法测定、草酸定性

检验及高效液相色谱分析仪测定柠檬酸的产量。

（二）生产菌株的诱变育种

诱变育种是以物理及化学因子处理微生物细胞群体或孢子，促使微生物细胞中遗传物质结构发生变化，引起诱发突变，进而设法从大量的变异群体中筛选出优良突变株的过程。诱变育种具有速度快、收效大、方法简单等特点，是柠檬酸生产育种常采用的一种方法。突变可分为点突变和染色体突变。点突变又可分为碱基对的置换（包括转换和颠换 A：T 与 G：C）和在基因中添加或缺失一个或几个碱基的突变（移码突变）。染色体突变包括染色体结构的变化（如缺失、倒位、重叠、易位）及染色数目的变化。

1. 诱变剂

凡能提高菌种突变率的物质称为诱变剂，诱变剂的种类很多，依其性质可分为：物理诱变剂、化学诱变剂与生物诱变剂三大类（表6-5）。

化学诱变剂种类很多，其中不少化合物能诱发高产酸菌株，效果明显。使用最普遍的是烷化剂。化学诱变剂一般都有毒，而且很多还有致癌作用，使用时必须注意，不能直接口吸，要避免与皮肤直接接触。

表 6-5　　常用诱变期及其类别

物理诱变剂	碱基类似物	化学诱变剂（与碱基作用的物质）	向 DNA 中插入或缺失碱基的物质	生物诱变剂
紫外线；快中子（FN）；X 射线；γ 射线（^{60}Co）；激光；N^+ 注入	2-氨基嘌呤；5-溴尿嘧啶；8-氮鸟嘌呤	硫酸二乙酯（DES）；甲基磺酸乙酯（EMS）；亚硝基胍（NTG）；亚硝基甲基脲、亚硝基乙基脲、亚硝酸、氮芥、4-硝基喹啉-1-氧化物；乙烯亚胺；羟胺	吖啶类物质；吖啶类氮芥衍生物	噬菌体

2. 菌株诱变育种的步骤和方法

经国内有关研究所、大专院校、工厂多年来对柠檬酸菌种的诱变育种实践，得出下列合理且有效的步骤（图6-4）。

（1）出发菌株的选择　出发菌株需要有一定的产柠檬酸能力，并不一定要求采用产酸最高者，而应根据育种的目的来选择，主要看出发菌在产物积累上存在哪些缺点。有些菌株产酸虽较低，但其他性状（如对氧的要求，对原料的适应性等方面）是良好者也可以作为出发菌株。因此，一般选择具有一定的产酸能力而缺陷较多的菌株为出发菌株。出发菌株通常需要预先进行单菌落分离纯化，得到纯种斜面，若菌种不纯，将难获得预期效果。

（2）孢子悬浮液的制备　因变异是发生在核中的 DNA 上，若一个细胞中含有许多核或许多细胞聚集成团，那么经诱变处理后，同一个菌落中就可能含有发生变异的和不发生变异的成分，不利于选育。因此，一般采用分散的单核细胞或孢子，而不是菌丝。

不论采用何种诱变方法，柠檬酸产生菌的诱变都采用活化状态的分散孢子进行处理。具体操作为：将出发菌株的孢子转接于麦芽汁斜面上于 35~37℃ 培养 7~8d，长好孢子后，用生理盐水将孢子洗下，接到营养丰富的培养基中（例如麦芽汁加少量酵母），振荡培养 4~5h，使孢子萌发，离心分离。用 pH 6.0 的 Tris 缓冲液或磷酸盐缓冲液洗涤一次，再用同样的缓冲液从离心管中洗出，转到小三角瓶中，用玻璃珠振荡打散，然后通过一层宣纸或脱脂棉过滤，滤去菌丝断片和没有打散的孢子团，制成单孢子悬浮液。

(3) 诱变处理方法

①γ射线诱变处理法：常用γ射线源是放射性同位素^{60}Co，国内许多柠檬酸育种工作者的经验证明，γ射线照射得到变异株居多，且获得的遗传性状稳定，可长期用于生产，是改良柠檬酸生产菌种的高效方法。γ射线处理剂量常用Gy或致死率（%）表示，辐射剂量与菌种细胞（孢子）的致死率具有正向的对应关系。对于活化的黑曲霉孢子照射800~1200Gy，相当于致死率为90.0%~99.9%。将上述制得的柠檬酸产生菌黑曲霉的孢子悬浮液（含量为10个/mL）20mL置于25mL比色管中于射线下照射，剂量为800~1200Gy，照射后的孢子悬浮液稀释成10^{-4}，取0.1mL涂平板。采用的培养基为加富培养基，即在察氏-多氏培养基和酸性平板培养基中添加10g/L蛋白胨和酵母膏。

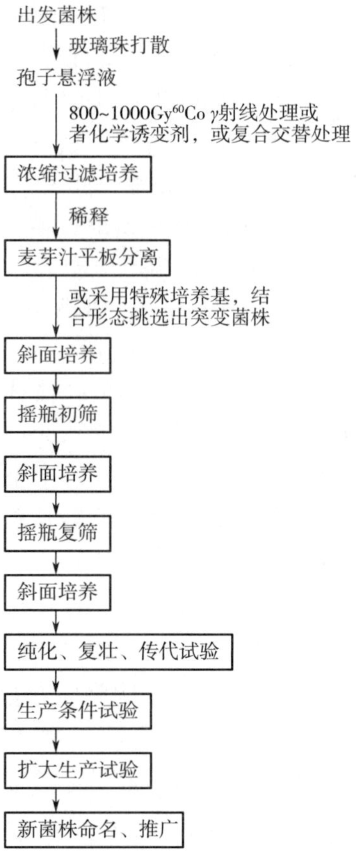

②硫酸二乙酯诱变处理方法：将上述的柠檬酸产生菌黑曲霉的孢子悬浮液（孢子含量为1×10^6个/mL）4.5mL加入2%硫酸二乙酯0.5mL于

图6-4 高产柠檬酸菌株诱变育种的步骤

30℃下振荡处理5min，再加入75%的$Na_2S_2O_3$ 10mL解毒10min或稀释10倍后涂平板。

③亚硝基胍（NTG）诱变处理方法：因NTG不易溶于水，可先按0.1mL/mg的比例先加丙酮使之溶解，再加4倍柠檬酸盐缓冲液制得2mg/mL溶液。也可以将NTG用pH 5.0 HAC缓冲液或pH 5.0柠檬酸盐缓冲液配制成2mg/mL溶液。取上述制得的孢子悬浮液0.9mL，于37℃恒温水浴中预热5min，加入0.1mL浓度为2mg/mL的NTG溶液，在水浴中保温处理30min，取出后3000r/min离心分离，弃去上清液，用预先冷却的无菌生理盐水或缓冲液进行洗涤离心10次以上，最后用生理盐水恢复到原有体积后，进行平板分离。处理之后，凡接触过的物品都要用2mol/L NaOH溶液浸泡2d解毒，并用水大量冲洗。

④高温诱变处理方法：将上述孢子悬浮液置于高温下处理，处理强度以致死率为基准，一般采用80%~95%的致死率，可采用85℃、15min，90℃、5min，100℃、1~2min，处理后进行稀释平板分离。

⑤诱变处理的新方法

a. 复合诱变。为增加突变机率，提高柠檬酸产酸能力和稳定性，可采用复合诱变处理的方法。就柠檬酸产生菌黑曲霉的野生菌株来说可采用：^{60}Co γ射线处理→高温处理→亚硝基胍处理等低剂量多次复合处理的方法，效果较为明显。

b. 原生质体的诱变处理。采用蜗牛酶、纤维素酶、溶壁酶，先除去柠檬酸生产菌的细胞壁，再采用^{60}Co γ 射线等诱变剂直接作用于原生质体上，可增加突变率，再通过原生质体的再生，获得优良性状的菌株。

（4）高产柠檬酸突变菌株的筛选　将上述经诱变处理后的孢子悬浮液直接（或适当稀释后）涂布在加富的察氏-多氏培养基平板上（图6-5），在35~37℃下培养，挑选长出的小菌落且孢子穗大而稀少者，转接于8°Bé麦芽汁斜面上，35~37℃培养7~8d，长满孢子后，制成孢子悬浮液。将此孢子悬浮液转接于30mL以柠檬酸钠为唯一碳源的合成培养基中，35℃下静止培养18~24h，经两层宣纸过滤，滤去菌丝，将获得的滤液适当稀释（10^{-4}~10^{-6}），分别涂布到如下筛子（标记）培养基上。

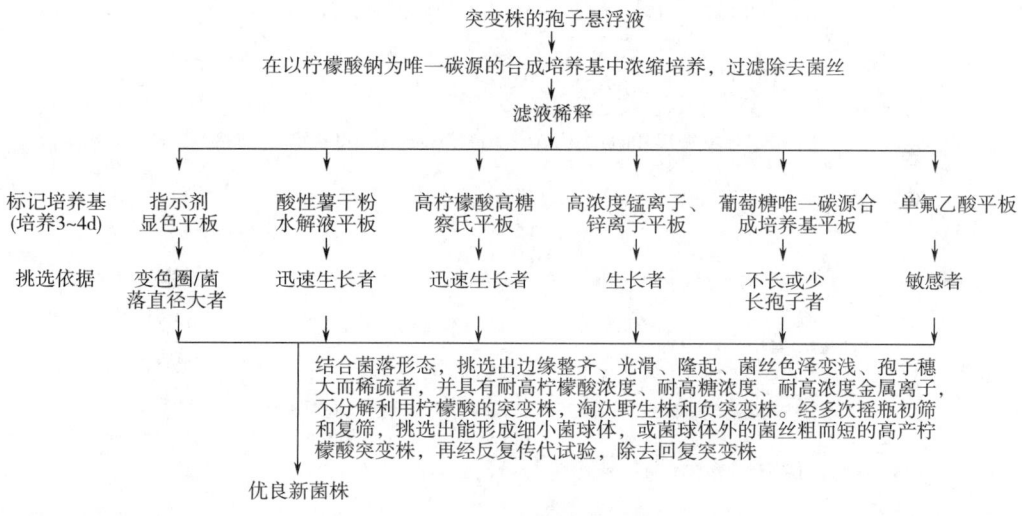

图6-5　高产柠檬酸突变株的筛选过程

（三）高产柠檬酸菌种选育实例

我国先后选育出了五代薯干原料高产菌株和适应淀粉、木薯、葡萄糖母液、蜜糖等原料的优良菌株。下面从我国典型柠檬酸生产菌株中选取3个实例进行介绍。

1. 黑曲霉 TD-01 菌株的选育

天津工业微生物研究所从148个土样中分离筛选出1220支单株菌，产酸2%以上的有88株。选择其中数株经多次^{60}Co γ 射线的诱变处理，获得以淀粉为原料的高产柠檬酸菌株黑曲霉 TD-01，在2500L和4000L发酵罐中连续5批中试，平均产酸19.56%，周期4d，转化率达97.28%。其诱变流程如下所示。

土壤 $\xrightarrow{\text{酸性平板分离}}$ T56-26 $\xrightarrow{\text{γ 射线+800Gy}}$ T576 $\xrightarrow{^{60}\text{Co γ 射线+1200Gy}}$ TD-01 菌株

2. 黑曲霉 Co827 菌株的选育

上海工业微生物研究所以土壤中经酸性平板分离获得的野生黑曲霉628作为出发菌株，经多次^{60}Co γ 射线和硫酸二乙酯等复合诱变，获得了高产柠檬酸菌株黑曲霉 Co827。该菌株可直接利用薯干粉发酵，产酸达12%~13%，平均转化率为95%，发酵周期54~64h，发酵指数1.8~2.0kg/（m^3·h）。菌株黑曲霉 Co827 是我国柠檬酸生产工艺史上非常重要的代表菌株之一，其诱变流程如下所示。

土壤 $\xrightarrow{平板分离}$ 黑曲霉 628 $\xrightarrow{DES}$ 黑曲霉 3008 $\xrightarrow{DES}$ 黑曲霉 D147 $\xrightarrow{^{60}Co}$ 黑曲霉 Co827

3. 黑曲霉 HQL-601 菌株的选育

菌种黑曲霉 HQL-601 是江南大学以黑曲霉 H-142 为出发菌株（图 6-6），通过 γ 射线、DES、高温、单独或复合诱变处理，通过高温、高酸及高渗培养条件的加压定向筛选，从 600 多株突变株中筛选出来的。它的发酵温度为 40~41℃，周期 60~64h，20%薯干粉摇瓶产酸 13%，其产酸纯度明显优于现有生产菌。其诱变过程如下。

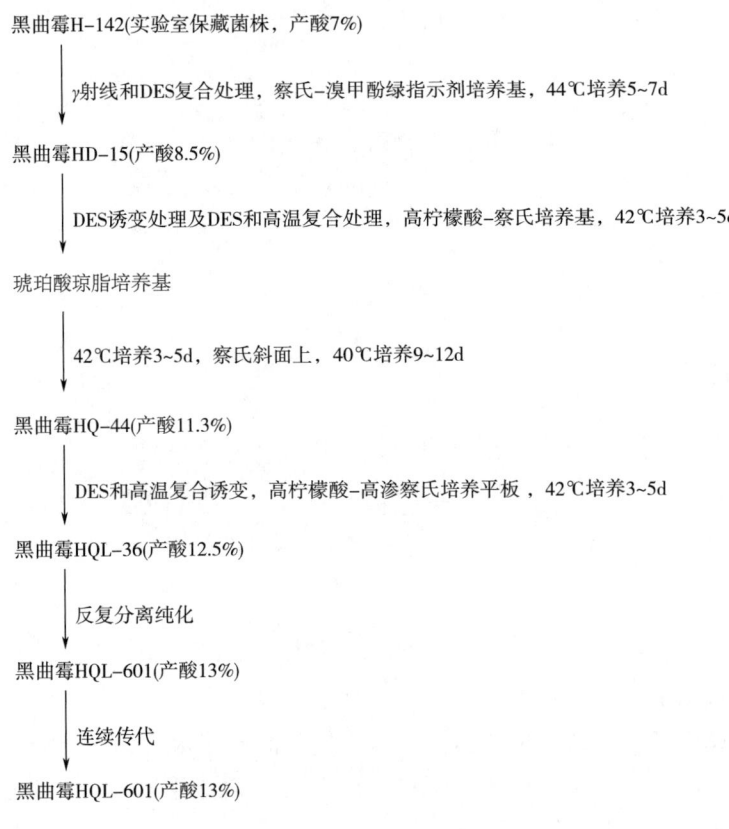

图 6-6　黑曲霉 HQL-601 筛选流程

二、柠檬酸高产菌株的生理特征

（一）形态特征

（1）在米曲汁或麦芽汁培养基上菌丝为白色，不是绒球状，凸起，边缘整齐，菌落较小，带皱褶。在麦芽汁培养基上生长 4d 成熟的孢子呈黑褐色。

（2）在察氏培养基上生长较慢，菌落边缘整齐，分生孢子梗短，分生孢子着生较密。

（3）菌丝顶端着生稀疏的大型的黑褐色孢子穗，成熟后呈开花状而崩裂。

（4）孢子柄（14~15）μm×（1.5~2）μm。

（5）顶囊球形，直径为 50~72μm。

（6）小梗分二层，初生小梗和次生小梗区别明显，初生小梗（30~31）μm×7μm，次生小梗大多是3根，也有2根的，大小为（9~13）μm×3.8μm。

（7）分生孢子串珠状着生，黑褐色，表面粗糙且有明显的刺状突起，平均直径为 4.7~5.2μm，成熟后遇振动易散落。

（二）生理特征

（1）能耐高浓度的柠檬酸（15%以上），而不利用和分解柠檬酸。

（2）耐高浓度葡萄糖，能产生和分泌大量的酸性淀粉酶和酸性糖化酶。α-淀粉酶在 pH 2.0 仍能保持原活力的 80% 以上。在 pH 2.5，40℃下作用 30min 尚不失活。糖化酶最适作用 pH 在 4.0~4.6，最适温度为 60~65℃。在柠檬酸发酵条件下，当培养 pH 下降至 2.0 以下时，仍能保持大部分活力。

（3）能抗金属离子，尤其能抗较高浓度的 Mn^{2+}、Zn^{2+}、Cu^{2+}。天津工业微生物研究所于云岭等人选育的高产柠檬酸菌株黑曲霉 TD-01 菌能在 0.02% Mn^{2+}、0.01% Zn^{2+}、0.01% Cu^{2+}、0.1% Fe^{2+} 条件下不影响产酸。

（4）在深层液体发酵培养时，能形成大量的细小菌球体，菌球体直径为 0.1mm，菌球量达 10^4 个/mL 以上。

（5）在以葡萄糖为唯一碳源的合成培养基上，生长不好，生成小菌落，孢子形成能力弱。

（6）在生长、繁殖期，细胞内具有较高水平的氨基酸、NH_4^+，即 NH_4^+ 水平高。

（7）菌丝体中含有低水平的甘油三酯和磷酸酯。

（8）细胞壁几丁质含量高，但 β-葡聚糖和聚半乳糖含量低。

（9）在生长和产酸期，细胞内蛋白质、核酸水平低。

（10）具有很强的侧系呼吸链活性，此侧系呼吸链不产生 ATP。

第四节　柠檬酸深层发酵工艺

深层发酵法具有如下优点：①发酵体系是均一的液体，传热、传质良好，不存在死区；②设备占地面积小，生产规模大；③发酵速度快，若采用预先培养的小球状菌丝体接种，只需 50~70h 即可发酵完毕；④产酸率高，产酸率几乎可接近理论产率；⑤菌体生成量少，从而用于合成菌体的营养物质消耗少，也减轻了后续菌体分离工序的工作量；⑥发酵设备密闭，杂菌污染的可能性减小，管理方便；⑦发酵副产物少，有利于产品提纯；⑧完全实现了机械化或自动化操作，因此，劳动强度低而劳动生产率高。尽管我国柠檬酸深层发酵所用原料有所不同，但发酵工序的工艺流程，都基本如图 6-7 所示。

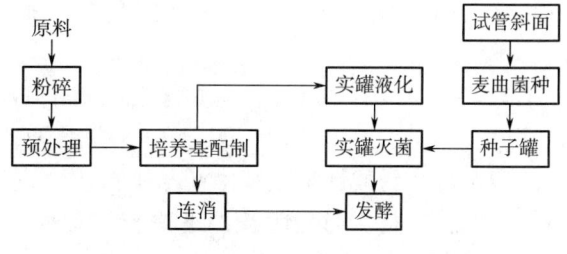

图 6-7　深层发酵工艺

一、发酵原料及预处理

从广义上讲,凡是能通过黑曲霉发酵代谢而产生柠檬酸的物质,都可作为生产柠檬酸的原料,包括任何含糖农产品及其副产品(表6-6)。糖类物质在自然界分布十分广泛,属于可再生资源,其分类主要包括淀粉质类、糖质类、纤维素类及其加工后的下脚料等。由于柠檬酸是一种大规模生产的产品,因此原料的成本是生产成本的主要部分。除此之外,原料转化为柠檬酸的效率决定了柠檬酸发酵工艺的可获利性。

工厂采用表面发酵法进行柠檬酸发酵的基本原料是甜菜糖蜜或甘蔗糖蜜,而采用深层发酵的工厂不仅能用甜菜糖蜜或甘蔗糖蜜做原料,而且可以利用较高纯度的原料,例如水解淀粉、经一定工艺加工的葡萄糖和纯化的葡萄糖、精制蔗糖或粗蔗糖、纯化和浓缩的甜菜汁或甘蔗汁。采用纯化的原料可以促使产量增加,减少发酵时间。

表6-6 柠檬酸发酵可使用的原料

类别	原料名称
淀粉质类	甘薯、木薯、马铃薯、甘薯干、木薯干、马铃薯干、薯渣、玉米、小麦或小麦面粉、大米、各种谷类、薯类等加工成的淀粉
糖质类	白砂糖、赤砂糖、糖蜜。此外还包括由淀粉水解而得到的各种单糖、双糖、饴糖、葡萄糖母液
纤维素	葡萄、菠萝、柑橘、苹果等果实加工的残渣、残汁;各种粮食加工的下脚料

(一)糖蜜原料的预处理

1. 糖蜜组成

糖蜜是一种广泛应用的原料,品质参差不齐。甜菜糖蜜由65%~80%的干物质、20%~35%的水组成。其主要成分是蔗糖,占总重44%~54%。其他的糖(碳水化合物)为0.40%~1.5%的转化糖,0.50%~2.0%的棉籽糖,0.6%~1.6%的蔗果三糖和异蔗果三糖。棉籽糖是甜菜糖的天然组成部分,而蔗果三糖是甜菜糖在处理过程中微生物作用的产物。甘蔗糖蜜在化学组成上不同于甜菜糖蜜。甘蔗糖蜜蔗糖含量低,转化糖含量高;氮含量和棉籽糖含量较低,具有更浓的颜色和更低的缓冲能力。

2. 预处理方法

糖蜜预处理最基本的操作是金属离子的去除,一般有如下几种预处理方法。

(1)黄血盐法 黄血盐的化学名称为亚铁氰化钾($K_4[Fe(CN)_6]$),它是一种淡黄色、片状八面晶体,是处理糖蜜常用的化工原料,在不同的条件下,它能起到不同的作用。

① 与 Fe^{3+} 普鲁士蓝沉淀,这是除去糖蜜中 Fe^{3+} 的有效方法,其反应式如下:

$$4FeCl_3 + 3K_4[Fe(CN)_6] \rightarrow Fe_4[Fe(CN)_6]_3 \downarrow + 12KCl$$

② 黄血盐在弱酸性培养基中能与蛋白质形成不溶性化合物,故黄血盐也能除去少量的蛋白质,但反应是在弱酸性条件下进行,如酸性太强,特别是受热后,黄血盐会按下式分解:

$$[Fe(CN)_6]^{4-} + H_2O \rightarrow [Fe(CN)_5OH_2]^{3-} + HCN$$

③ 黄血盐在水中也可能发生部分水解,其反应式为:

$$[Fe(CN)_6]^{4-}+H_2O \rightarrow H[Fe(CN)_5OH_2]^{3-}+OH^-$$

如果 $H[Fe(CN)_6]^{3-}$ 与金属离子结合形成不溶物时，将使溶液变碱性。

④在中性和碱性条件下，有氧存在时黄血盐的水解产物 $[Fe(CN)_5OH_2]^{4-}$ 会形成 $Fe(OH)_3$ 沉淀，其反应式为：

$$4[Fe(CN)_6]^{4-}+10H_2O+O_2 \rightarrow 4Fe(OH)_3+8HCN+16CN^-$$

因此，用黄血盐处理糖蜜时，必须注意控制 pH。一般认为在 pH6.5~6.8 微酸性条件下，更有利于除去糖蜜中对柠檬酸发酵的有害成分。黄血盐的用量，主要应根据糖蜜中金属离子量和总氮量来确定，一般的参考用量为 0.06%~0.30%。研究表明，黄血盐可和 21 种微量元素中的 18 种发生反应，因此在除去重金属的同时还会除去部分微量元素；另外，在经黄血盐处理过的糖蜜中仍然存在微量的铁、锌、铜等金属离子，但同时也存在微量的游离黄血盐（一般不超过 40~50mg/L）。

黄血盐也可与其他化合物配合使用，如与 EDTA（乙二胺四乙酸钠）、季铵碱、活性炭、皂土等，这些化合物都是在加入黄血盐加热后再加入的，其效果远比单独添加黄血盐好。

关于黄血盐处理糖蜜后能促进柠檬酸产率问题，过去认为 Fe^{2+} 是黑曲霉三羧酸循环中乌头酸酶的激活剂，乌头酸酶活力高不利于柠檬酸积累，因此要除去 Fe^{2+}，故黄血盐能促进产酸。现在看来其作用机理并非如此简单。在有些不受 Fe^{2+} 影响的菌株中，黄血盐也同样有利于柠檬酸积累，所以在柠檬酸发酵过程中，黄血盐对糖蜜所起的作用可能是多方面的。

（2）EDTA 处理法　EDTA 较为贵重，一般不单独使用，而是配合黄血盐使用，用量根据试验而定。处理方法是，先加入部分黄血盐，煮沸后加入 EDTA 水溶液，继续煮沸 20min，用试纸检测黄血盐，呈阴性反应时再加入预定用量 10% 的黄血盐，沸腾 5min 后再检，直至呈阳性反应。这样做可以调节无机盐和痕量元素含量在适当水平，促进后来的柠檬酸发酵产率。

（3）离子交换法　糖蜜的离子交换处理一般只要通过阳离子柱，可以除去大部分金属离子，但也有用阴离子交换的报道，目的是除去 PO_4^{3+}。现在认为，柠檬酸发酵并不需要对这方面都加以控制，所以只通过阳离子交换处理已能满足要求。处理前，要用 4mol/L 盐酸将离子交换柱转换成 H 型，再洗至中性。糖蜜溶液先用 1~2 倍水稀释，通过离子交换柱后，pH 可能下降到 3 左右，用氨水回调至 4.5~5，配制培养基发酵。

（4）其他处理方法　除了上述几种方法之外，糖蜜还可用活性炭处理，以吸附除去色素和胶体物质。有报道称活性炭能使难以供菌体生长的低品质糖蜜用于发酵，并且缩短发酵时间。此外，糖蜜还可以用交互沉淀法处理。将糖蜜用水（1:1.5）稀释后，加入 H_2SO_4 或 H_3PO_4 使 pH 降到 2.8~2.0，室温下放置过夜，加入新配制的石灰乳调至 pH 7.2~7.4，保温 65~70℃，搅拌 30min，同时加入活性炭（糖蜜质量的 0.8%），继续搅拌 30min，过滤，加水稀释至含糖量 16%，再用 HCl 调到 pH 4.0，加营养盐灭菌发酵，必要时结合黄血盐法处理。

（二）淀粉原料的预处理

淀粉能直接被许多微生物利用，并经常作为部分成分加入到发酵培养基中。在食品和酿造工业中，淀粉作为主要原料广泛用于淀粉酶和直链淀粉的生产。在柠檬酸生产中，玉米、小麦、木薯和马铃薯作为淀粉来源而被广泛使用。制备用于发酵的淀粉原料是建立在酶液化和糖化基础上，糖化水解要达到一个界定水平，需根据何种淀粉添加辅助成分。

1. 淀粉液化

利用化学催化或生物催化剂，在具有一定量的水和一定的温度条件下使淀粉分子断裂而变成较小的分子，使淀粉糊的黏度显著下降而成为流动性较好的流体，工业上称为"淀粉液化"。淀粉液化实质上是在淀粉颗粒因受热吸水膨胀、糊化破坏了其结晶结构之后导致的。因为淀粉颗粒对于酶作用的抵抗力较强，很难直接液化，因此淀粉糊化是酶法液化的第一个重要的步骤。淀粉被糊化后，体积膨胀很大，黏度增强，流动性很差，搅拌困难，影响传热，难以糊化均匀。因此淀粉质的柠檬酸发酵培养基在灭菌前必须先进行液化，使料液的流动性好，有利于料液的输送、灭菌完全、发酵初期菌的生长、糖化，提高产酸率和淀粉的利用。

目前，淀粉液化有酸法、酶法和机械液化法三种，而工业上常用的为酸法和酶法。对柠檬酸工业适用的则是酶法液化。这是因为酸法液化是以强酸为催化剂，在酸性溶液中，高温、高压的条件下进行的，其液化程度较难掌握。酶法液化是用 α-淀粉酶在中性溶液中常温常压下进行的，其液化程序易于掌握。这两种方法所得到的产物与糖化程度的关系，其结果是一致的。液化的 DE 值（葡萄糖值）越低，越有利于糖化 DE 值的提高。对于柠檬酸工业而言，淀粉的转糖率提高，有利于糖转酸率的提高。但液化 DE 值低于 15%，则淀粉的凝沉性强，易于重新结合，影响过滤速度。一般控制液化 DE 值在 15%~20%较好。

淀粉酶在其合适的作用条件下，可以任意切开淀粉分子中的 α-1,4-糖苷键，使淀粉分子断裂，淀粉糊黏度迅速下降，碘呈色反应消失。钙离子对淀粉酶有激活和保护作用。因此在使用时，常用氯化钙调节钙离子浓度到 0.01mol/L，钙离子也有助于杂质凝集，改善过滤性质。调整 pH 常用 Na_2CO_3 溶液。对柠檬酸工业而言，可用稀石灰乳补充钙离子，兼调整 pH。用薯干和玉米原料时，用高温 α-淀粉酶溶液，可以不用外加钙离子。

2. 酶法液化淀粉的方法

酶法液化淀粉方法、按工艺条件可分为：间歇法、半连续法、连续法；按设备条件可分为：罐式、管式、喷射式；按加酶方式可分为：一次、二次、三次加酶多段液化工艺。

（1）间歇液化法　此法最为简单，但液化效果较差。具体操作是：在淀粉调浆罐中将物料调成浆乳，调整 pH 和加钙离子，搅拌升温至 50℃左右，加入适量的 α-淀粉酶，继续升温到 80~85℃，恒温保持 30~60min，至碘不呈蓝色为止，然后升温至沸。使蛋白质凝固，酶完全失活。移后续工段处理。此法与柠檬酸行业常用的罐内液化、灭菌合一的工艺相类似。由于柠檬酸生产没有深入研究液化对糖酸转化率的影响，因而操作更加粗放，但此法对淀粉的液化不完全均匀。

（2）半连续液化法　此法是针对间歇液化法存在的缺陷而进行改进的工艺。操作是在一只装有中间套筒的锥底液化罐中进行，其目的是控制液化料液先进先出，力求淀粉受热和酶作用的时间一致。实践证明，虽然液化效果明显优于直接升温法，但仍有液化不均现象。

（3）连续液化法　此法被认为是当前较好的淀粉液化工艺。喷射液化可以一次加酶一次喷射，也可以二次加酶二次喷射。主要取决于所用原料性质和要求液化程度。

喷射液化是在喷射器中进行瞬间液化，喷射液化器有高压蒸汽喷射器，其结构是根据文丘里管的原理设计的。当高压蒸汽通过喷嘴，使喷射器的内腔形成真空，混有 α-淀粉酶的淀粉乳，在此力的吸引和泵的推动力作用下，呈薄膜状进入喷射器内腔，随即与蒸汽混合形成湍流，料温骤升至 100~120℃，瞬间完成了糊化、液化，淀粉糊黏度迅速下降，形成流体从喷射器下部出料口排至保温系统，恒温 90℃维持 30~60min，达到需要的液化程度。此法的优点是，液化均匀完全、已切断的淀粉链不易重新聚合、蛋白质类杂质凝固好、过滤性能佳、设备体积小、可连续化操作。喷射液化最适合用耐高温 α-淀粉酶。但这类喷射液化器，要求在稳定的 0.4~0.6MPa 的饱和蒸汽条件下操作。柠檬酸工业用于玉米粉的液化是采用二次加酶二次喷射工艺。

二、柠檬酸发酵条件控制

柠檬酸发酵过程可分为生长期和产酸期，两个阶段的生理活动及代谢途径有所不同。菌体处于生长期时，EMP 和 TCA 循环非常活跃，菌体大量增殖，但是这个阶段需要消耗大量的能源，且阻碍向产酸期的转化。所以当进入主发酵期后应控制各种营养因子浓度，使菌体生长受限制，处于半饥饿和代谢失调状态，代谢路径中柠檬酸再循环被阻断。除此之外，两阶段的供氧、pH、温度等也会有所差异，需要对相应的发酵条件进行优化。

（一）营养物质

1. 碳源

从柠檬酸生产角度看，葡萄糖、蔗糖和糊精是黑曲霉的良好碳源，工业上为降低生产成本，多采用廉价的甘薯、玉米、小麦及其淀粉、糖蜜等。据报道，黑曲霉发酵中利用糖的有关酶系与糖浓度有关，糖浓度低时，细胞内这些酶就少，它们处于饱和状态。当初始糖浓度低于 2.5%时发酵过程将不产生柠檬酸，这可能和高糖浓度下 α-酮戊二酸脱氢酶被抑制有关。关于碳源的最适浓度，目前都认为高糖浓度是柠檬酸发酵的一大特征。我国采用薯干粉的深层发酵，粉浆浓度为 16%~20%，若采用淀粉质的深层发酵，粉浆浓度则可达到 25%。

2. 氮源

氮源的作用是合成细胞物质和调节代谢，这是因为细胞中 NH_4^+ 浓度的升高能解除 ATP 和柠檬酸对关键酶——磷酸果糖激酶的反馈抑制，使 EMP 代谢流增强，有利于柠檬酸生成与积累。

菌体生长优劣完全取决于培养液的氮源。黑曲霉偏好无机氮，其中以 $(NH_4)_2CO_3$ 形成色素及黏稠物最少，有利于发酵液的后处理，同时也对草酸的形成有抑制作用。根据不同铵盐代谢后对发酵液 pH 的影响，选用适当的氮源来控制发酵液 pH。若原料中有机氮含量过分丰富，菌体生长代谢加快，对缩短发酵周期有利。但是产酸率不高，因此不能利用蛋白质含量丰富的粗玉米粉直接发酵。

3. 无机盐

无机盐是构成微生物生命活动不可缺少的物质，在柠檬酸发酵中，有的构成菌体，有的促进代谢，有的促进产酸等。因此，对黑曲霉的生长和柠檬酸的产出具有重要的作用。由于大部分的菌株对发酵体系中 Fe^{2+}、Zn^{2+}、Mn^{2+}、Cu^{2+} 等离子敏感，因此在发酵中控制微量金属离子水平是极为重要的。

（1）Mn^{2+} 效应　柠檬酸发酵时对 Mn^{2+} 极端敏感，Mn^{2+} 可以影响黑曲霉中 HMP 途径和

TCA 循环的各种酶。当黑曲霉生长期时缺乏 Mn^{2+}，HMP 和 TCA 循环酶酶活力下降，生长期菌丝体蛋白质、核酸、脂类含量明显下降，说明 Mn^{2+} 缺乏时黑曲霉的组成代谢受损，抑制了柠檬酸的积累。

黑曲霉产酸期缺乏 Mn^{2+}，丙酮酸和草酰乙酸含量升高，甘油三酯和磷脂水平下降，糖酵解和 TCA 循环代谢物含量却增高，氨基酸和 NH_4^+ 水平升高。经测定其胞内 NH_4^+ 浓度可达 25mmol/L，可解除柠檬酸和 ATP 对磷酸果糖激酶的抑制，同时谷氨酸、谷酰胺酸的积累又可作受 NH_4^+ 毒害的细胞解毒剂。

（2）Fe^{2+} 效应　在积累柠檬酸时，顺乌头酸水合酶和异柠檬酸脱氢酶活力降低。因此为了积累柠檬酸，需要进行 TCA 循环阻断。然而从原料或设备中带入的 Fe^{2+} 是顺乌头酸水合酶专一性激活剂，不利于黑曲霉柠檬酸的积累。顺乌头酸水合酶是含铁的非血红素蛋白，以 Fe_4S_4 作为辅基，催化底物发生脱水、加水反应。因此，添加络合剂可使铁离子生成络合物，降低体系的 Fe^{2+} 浓度，从而使该酶活力降低甚至失活。

（3）Zn^{2+}、Cu^{2+} 效应　一定量的 Zn^{2+} 和微量的 Fe^{2+} 同时存在时能提高柠檬酸的产量。通过控制 Zn^{2+} 浓度可以控制产酸期的开始，当浓度低于 $1\mu mol/L$ 时，菌体生长受到抑制并开始产酸。此外，Cu^{2+} 有缓冲 Fe^{2+} 毒害的作用，还可以阻止青霉素的污染。许多研究表明，Cu^{2+} 可以控制柠檬酸裂解酶活力，向培养基中加入微量硫酸铜可以促进产酸，提高柠檬酸产量。

（二）温度控制

黑曲霉是嗜热微生物，最适生长温度为 33~37℃。一般认为深层发酵时温度低于 28℃，导致长菌和产酸缓慢，而高于 37℃，导致菌体和杂酸形成过量，呼吸作用加强，影响糖酸转化率。采用淀粉质原料的浓醪发酵，由于培养基中固形物较多，对菌起保护作用，一般温度控制为 35℃。若采用孢子接种，在孢子发芽和菌球体形成阶段，可采用 40℃ 高温培养，促进其发育，进入产酸期时再降到 35℃ 左右。

（三）pH 控制

pH 不仅影响菌体生长及产酸，而且对细胞的通透性有影响。一般认为产柠檬酸的黑曲霉生长的最适 pH 为 4.5 左右，孢子萌发时，可略微调高 pH。而柠檬酸积累时，最适 pH 控制在 2.0~3.0 较好，黑曲霉可在培养基 pH2.0 左右仍以较高速度利用葡萄糖合成柠檬酸，相关酶酶活力仍保持较高。当体系 pH 高于 3.0 时，容易产生草酸且基质中柠檬酸也会被细胞吸收利用；当系统 pH>5.0 时，容易生成葡萄糖酸，所以控制 pH<3.0 是柠檬酸积累的条件。

采用淀粉或薯干粉等原料的柠檬酸发酵过程中，淀粉的糖化和柠檬酸的积累是处在同一个环境中。随着产酸的增加，培养基 pH 将不断下降，下降到一定程度就会影响糖化酶的作用，同时加速菌株的老化，不利于产酸，因此解决问题的关键在于兼顾糖化和产酸。添加碳酸钙的方法可以使体系的 pH 保持在 2.5~3.0，也可以采用离子交换膜透析法将体系内不断积累的柠檬酸分离出去，以保证糖化速度和产酸速度之间的衔接与平衡。

（四）接种量和接种方式

柠檬酸发酵接种量多少，直接决定于进入培养系统的孢子数量。众多文献报道，由于孢子相互吸附，以及孢子在发酵液中萌发时菌丝互相缠绕等物理作用，大多数菌丝球是由几个孢子乃至一团孢子形成的。因此,接入孢子数与形成菌丝球仅为正比关系,而与孢子数量相差很远。

实验证明,孢子接种(斜面孢子、麸曲孢子)产酸高于菌丝接种。其主要原因是接种孢子数量大于斜面孢子。在发酵罐实验中,用同样数量的孢子进行孢子接种和二级培养后的菌丝接种,结果发现,孢子接种虽然初期产酸缓慢,但发酵24h后,生酸速率明显提高,最终产酸率高于菌丝种子。

(五) 溶氧的控制

柠檬酸产生菌黑曲霉是严格的好氧微生物,不管生长、繁殖,还是产酸,均需要氧气。实验结果表明,产酸速率与溶氧分压成正比。当溶氧分压下降到10kPa时,产酸速率下降不大。当溶氧分压下降到3.2kPa时,产酸能力基本丧失。降至1.8kPa(即临界溶氧分压)时,产酸能力完全丧失。这种低溶氧下产酸能力的丧失,很少能重新恢复。因此,柠檬酸发酵时必须供给充足的氧,在生长期溶氧分压不得低于1.8kPa。

黑曲霉产酸期由于菌丝体浓度很大,发酵液黏度增加,大大增加了氧的传递阻力,因此需要加大通气量,尤其是刚进入产酸期的细胞对氧十分敏感,若中途终止氧的供应,尽管时间很短,也会对后期产酸造成严重的影响,甚至可能导致完全停止产酸。

(六) 各种添加剂

从微生物生长和产酸的不同角度看,促进剂与毒害剂具有相对意义。对于生长的毒害剂不一定是产酸的毒害剂,反之亦然。从现有资料看,许多产酸促进剂正是菌体生长的毒害剂,它们的作用包括抑制过度长菌、调节代谢和改变细胞结构等方面。但是,应用这些物质的前提是它们要与产品易于分离或在发酵结束前被分解掉,以不影响产品品质为原则。另外,也要考虑应用这些物质的经济性。

1. 低级醇类

研究发现,黑曲霉只是在菌丝体生长阶段才生产柠檬酸,在形成孢子阶段基本上不产酸,适量添加1%~5%的低级醇可以有效地抵消痕量金属元素存在时对柠檬酸发酵的不良影响。目前,最常见的添加到发酵培养基中的低级醇是甲醇。在研究黑曲霉95以玉米淀粉为原料生产柠檬酸时,发现向发酵培养基外源添加3%甲醇时,柠檬酸的产量有明显的提高。甲醇的主要作用机理可能是其抑制了α-酮戊二酸脱氢酶的活力,提高了丙酮酸羧化酶的活力。此外,外源添加甲醇还可以提高菌体对环境中微量金属离子的耐受性和影响细胞的通透性,有利于产物扩散到发酵体系中,降低胞内柠檬酸的浓度。但是,高浓度的甲醇对细胞有毒害作用,因此要根据需要控制甲醇的添加量。

2. 络合剂

由于柠檬酸发酵对微量元素如Fe^{2+}、Zn^{2+}、Mn^{2+}、Cu^{2+}等相当敏感,加入金属离子络合剂对柠檬酸发酵一定有不同程度的影响。黄血盐是最常用的糖蜜培养基处理剂,据报道,在80~100℃下其可以在15min内将大量Fe^{2+}、Mn^{2+}盐沉淀。在糖蜜培养基中被检出的21种微量元素中,有18种可被黄血盐不同程度地沉淀下来。乙二胺四乙酸(EDTA)是一种金属离子络合剂。研究发现,在传统的糖蜜培养基中用黑曲霉发酵时,加入EDTA钠盐可以增加柠檬酸产率。除上述络合剂外,在培养基中含有1~2mol/L的1,2-二氨基环己烷一氮、氮一四乙酸、二亚乙基三胺五乙酸等时,也能促进黑曲霉合成柠檬酸。

3. 脂类

脂类常在发酵中作消泡剂。但很多脂类还具有改良发酵条件、增加产酸率和提高发酵速率等作用。柠檬酸产率与菌体内合成的总脂及某些脂类的相对比例失调有关，特别与总脂中存在的磷脂和不饱和脂肪酸有关。添加一些不饱和脂肪酸和富含这些脂的天然油类可使柠檬酸产率增加约1倍。促进柠檬酸生产的添加剂的优劣次序为：大豆油>花生油>磷脂>亚麻籽油和油酸，而硬脂酸、麦角固醇和棉籽油无效。研究人员在研究不同脂类对黑曲霉 MNNG-115 产柠檬酸的影响时发现，椰子油对产酸有明显的促进效果。

4. 酰胺和胺类

添加季胺化合物或胺肟类化合物可以促进柠檬酸的生产。这些化合物可能起着金属拮抗剂的作用，用量约在 20mg/L。效果较好的有：氯化十六烷基吡啶铵、氯化十八烷基二甲基苄基铵、丙氧基铵乙基硫酸酯等。

5. 抗菌素类

抗菌素除了具有抗菌作用，用于防治发酵污染之外，有些还能促进柠檬酸发酵，但有些对柠檬酸的生产和产酸均无影响。

6. 表面活性剂

表面活性剂有不同的作用，包括降低溶液表面引力、吸附在分生孢子和菌体表面改变细胞膜渗透性、破坏细胞内酶系配位。它还能提供霉菌细胞结构成分、改善底物与酶的接触、调节 pH 等。这些效应的协同作用可以抑制菌体生命活动、调节代谢和刺激柠檬酸的积累。

7. 天然高分子化合物

微量明胶及其他胶体物质（如甲基纤维素、蛋白质、琼脂等）可以缩短柠檬酸发酵时间。具有增产效果的还有黑曲霉菌体本身的自溶液、酒花浸出汁、面包酵母、米糠等。但小麦麸皮及其浸出汁只能产生大量菌体。

三、薯干原料发酵工艺

（一）生产工艺

1. 菌株

当前生产上使用的代表性菌株，包括黑曲霉 Co827、黑曲霉 γ-130、黑曲霉 γ-144-130 和黑曲霉 T419 等。

2. 麸曲

麸曲培养基需用大片的白麸皮，质轻、蓬松、含淀粉少，有利于孢子繁殖，其制备工艺如表 6-7。

表 6-7　　麸曲三角瓶种曲的制备工艺

序号	程序	操作要求
1	拌水	麸皮∶水，冬季为 1∶(1.0~1.05)；夏季为 1∶(1.1~1.3)。手感：抓一把拌好水的麸皮，用力挤可在指缝中有水渗出，但是不能滴下
2	装瓶	1L 三角瓶中装麸皮 30~40g

续表

序号	程序	操作要求
3	灭菌	121℃灭菌1h
4	培养	（35±1）℃，开始时每天早晚各翻动一次，以降低温度，3d后静置培养5~7d，验证品质达到要求即可使用。温度低于33℃生长缓慢，孢子生长不健壮，高于40℃孢子数减少。如不翻动，温度可能超过50℃
5	检查	每批抽样2瓶，摇瓶产酸达到15%以上，平板培养60h无杂菌生长方可使用
6	环境	麸曲培养间要保持适度湿度，室温35℃，相对湿度60%~70%，干燥地区最简单的保持适度的方法是在室内放一盆水

3. 种子罐培养基

甘薯干粉 16%~20%，$(NH_4)_2SO_4$ 0.5%，0.1MPa 蒸汽灭菌 30min，接入 1L 三角瓶麸曲菌种 20~50 只（根据发酵罐容积而定）。35℃培养 16~24h。

4. 发酵培养基

甘薯干粉 16%~20%，中温 α-淀粉酶 0.1%，115℃灭菌 10~15min，培养温度 35℃，通风量 0.08~0.15m^3/（$m^3 \cdot min$）（视接种方式及培养情况而定）。

5. 发酵罐

（1）通用式 体积 50m^3，六箭叶搅拌器 3 挡，转速 90~110r/min。

（2）底搅拌通风式 体积 100m^3，自吸式浆叶 1 挡，转速 135r/min。

6. 实例

50m^3 发酵罐一级接种工艺结果如表 6-8 所示。黑曲霉 Co827 发酵液中杂酸含量极微，约 2g/L。100m^3 底搅拌发酵罐中糖发酵二级接种工艺：产酸率 11.48%，平均转化率 103.42%，平均发酵周期 82h，发酵罐单产 1.26kg/（$m^3 \cdot h$）。

表 6-8　　　　　　　　　　Co827 与 3008 菌株发酵 6 批次平均值比较

测定项目	产酸率/%	转化率/%	发酵周期/h	发酵罐单产/[kg/（$m^3 \cdot h$）]
Co827	14.96	103.5	77.33	1.74
3008	10.67	87.3	74.83	1.28

注：发酵罐单产=产酸率/发酵周期×1000×0.9（发酵罐有效利用系数），此为行业统一计算标准。

（二）实践经验

1. 碳氮比

薯类原料由于产地等客观条件不同，其组织中各种物质的含量各异，尤以蛋白质含量相差较大，一般甘薯干蛋白质含量在 6%~7%，用这种薯干发酵，用现有生产菌种，可不需调节含氮量，而西北产区的甘薯干蛋白质高达 8%~9%，则超出现菌种所需。木薯干含蛋白质仅 1.7%~2.6%，则需用玉米粉、米糠、麸皮等有机氮源和适量的无机氮源来补充。

2. 温度

据报道，黑曲霉发酵柠檬酸温度控制在 28~30℃时，柠檬酸产率最高，发酵速度也最快,超过35℃时,虽初期产酸较高,但最终产酸率下降15%以上。为了节约降温能耗,我国在选育薯干发酵菌种时,有意地提高驯育温度,故可在37±1℃的条件下发酵。但超过42℃的时间过长,则影响发酵,且杂酸生成较多。

3. pH

发酵的最适pH,分为起始和过程中的pH,试验证明:薯干发酵培养基灭菌前将pH降到4.0,灭菌后pH为5.0时,发酵效果较好,低于此值效果下降,见表6-9。

表6-9 薯干发酵培养基起始pH对产酸量的影响

灭菌前pH	1.5	2.0	2.5	3.0	3.5	4.0	自然
灭菌后pH	2.2	2.5	3.0	3.6	4.0	5.0	5.2
发酵产酸量/%	2.84	6.49	7.8	8.95	9.1	10.3	9.7

在薯干粉的柠檬酸发酵中。初始pH不加调节约为5.5。当接入菌种后,菌种生长繁殖,消耗氮源和NH_4^+,使培养基的pH下降,前期12h下降较快,活力强的菌种培养12h,pH可以降至2.5~3.0,24h可以降至2.2~2.3。这时候会有少量的柠檬酸产生,但是由于发酵醪液固形物较多,原料成分繁杂,其中金属离子含量较多,缓冲作用大,再加上柠檬酸是三羧基有机酸,氢离子释放是逐步的,所以有时培养至48h才使pH降至2.0以下。这样就有充分时间让酸性糖化酶作用,使原料中的淀粉糖化较彻底,进而转化为大量的柠檬酸。当柠檬酸产量和残糖含量之和等于或接近起始还原糖时,才提高通风量,迅速进入产酸期,使pH迅速降至2.0以下,保证柠檬酸发酵的正常进行。

4. 控制生物量

正常的发酵液中生物量应控制在12~20g/L,过多的生物量会影响氧的溶解,增加发酵罐搅拌功率,且消耗了大量葡萄糖(一般认为每增加1g生物量,要消耗1g以上的葡萄糖)。薯干粗粮发酵,因本身有大量粗纤维,所以生物量要达到22g/L。随着培养液中生物量的增加、溶氧也逐步降低,生物量的过度增长,会使柠檬酸的生成速度迅速下降。当生物量过低时,虽然溶氧较高,但柠檬酸的合成速度也较缓慢。以菌球体形式生长的菌体,可限制生物体大量繁殖,对溶氧的影响也较菌丝形式的菌体低。

5. 严防缺氧

柠檬酸发酵是典型的好氧发酵,对氧十分敏感。当发酵进入产酸期时,只要有几分钟的缺氧时间,就会对发酵造成严重影响,甚至完全失败。在生产中遇到停电或因设备故障而造成通风中断时,要采取紧急措施;关闭进出空气阀;迅速启动备用电源恢复供气;防止发酵罐中料液逆流到空气过滤器中;用灭菌后的$CaCO_3$或石灰乳中和发酵液pH至2.5~3.5,然后恢复正常操作。如事故发生在发酵液pH>3.0时,恢复期较快,产酸稍有影响,如发生在pH<3.0时,恢复期会拖长到10余小时,甚至难以恢复。

6. 孢子接种数与菌球体的特征

柠檬酸发酵液中的菌球体,是由一个或数个孢子在生长过程中因物理作用而形成的。菌球体的大小和数量关系到发酵的成败。一般来说,菌球体越小、越多,产酸就越高,发酵周期也越短。菌球体的大小和数量与孢子接种量有关。发酵液中菌球体大小和数量与发酵产酸量的关系,见表6-10。

表 6-10　　　　　　　　　　　　　菌球体大小和数量与发酵产酸量的关系

菌球体		分析项目/%	5000L 发酵罐发酵时间/h					
数量/（个/mL）	直径/mm		0	32	48	72	96	120
1094	0.1	产酸量	—	2.4	5.2	8.4	11.8	14.5
		总糖含量	14.5	—	—	—	—	—
750	0.75	产酸量	—	1.0	3.1	5.1	6.8	9.0
		总糖含量	14.0	—	—	—	—	—
		还原糖含量	9.7	10.0	7.0	5.8	3.0	2.0
305	1.0	产酸量	—	—	1.0	2.7	3.5	5.6
		总糖含量	13.5	—	—	—	—	—
		还原糖含量	—	—	10.0	9.4	8.0	4.4

接种孢子数与菌球体量成正比，与菌球体直径成反比。实践证明，种子罐菌球体直径平均在 0.2~0.5mm，移入大罐后菌球直径增长至 1.0~2.0mm 为较佳值。菌球体最佳浓度为 280 个/mL，小于 120 个/mL 柠檬酸积累速度和转化率都下降。浓度大于 360 个/mL 时前期产酸快，后期缓慢，孢子数无限多，则醪液呈浆糊状，不利于发酵。

薯干原料深层发酵大罐菌球体直径<0.1mm，菌球体浓度>1000 个/mL，而且以表面毛糙的菌球体为佳。可用破碎菌球体的办法解决接入孢子数不足的问题。

菌球体的特征首先是与种属和菌株有关，其次与接种量、培养基组分和培养器的结构以及其他客观条件有关，并非所有黑曲霉菌都能形成菌球体，同一菌株也因培养条件不同而异。例如：高溶氧条件下形成的菌球体较紧密，反之则疏松甚至成丝状；高搅拌速度形成的菌球体较紧密且小而光滑，以及某些离子的含量都可影响菌球体的形态和表面特征，小而紧密的菌球体则是高产菌株的特征。可以从宇佐美曲霉（*Asp. usamii*）N-558 的纺锤状生长，以及黑曲霉 D353、5016、3008、Co827、Co860 菌种分别以大球、中球、小球、极小球、微小球的形态得到证实。菌球体随着直径的缩小而产酸能力越来越高，伸出球体外的菌丝体也变得越来越短粗，但单位生物量几乎相等，发酵罐的黏度相对下降，与培养基接触的表面积相应增加，溶氧效率相应提高。

多数黑曲霉的菌球体是由菌球中心向四周辐射的分支菌丝所构成，N-558 菌体是由菌丝体缠绕形成的。菌丝体的空隙充满了培养液。其外部的一个区域，可区分出一个较强韧的层次。外层由幼龄的分支菌丝组成，由此向里就变得越来越疏松或紧密。核心部呈高度空心状，可以观察到退化的细胞和孢子座的存在。用同位素 ^{32}P 来研究菌球体，证实只有外层幼龄菌丝体有 ^{32}P 的积累，说明外层是生物合成的活泼区，所以，在相等单位生物量下，菌球体越小，菌球体总的表面积越大，也即增加了生物合成的活泼区。

7. 通风量

柠檬酸发酵通风量不是一个固定值，应根据培养基的质量、菌种生长需要、发酵罐的结构及其搅拌桨叶的型式和周线速度以及罐压而定。一般规律是发酵罐容积越大、培养液层越厚、搅拌转速越快，则通风量越小。通风量过大，菌体过早进入衰老期，也不利于 CO_2 的固定，且动力浪费过多。氧的溶解与搅拌转速、罐压成正比关系；与温度和培养基黏度成反比关系。掌握这些原则，根据菌体的代谢规律来调控适宜的通风量以取得最佳发酵效果。

在同等条件下，一般通风量：机械搅拌式发酵罐<喷环式搅拌发酵罐<内循环无搅拌发酵罐。

8. 孢子直接接种的优缺点

孢子直接接种，即一级接种工艺，可作为当种子罐种子（二级种子）出现质量问题或因生产中的突发事件而二级种子不能及时供应时的一个补救措施。实际上孢子直接接种完全可以作为正常生产工艺使用，其优点如下。

（1）直接接入发酵罐培养液中孢子数与接进种子罐的孢子数相同，则与二级接种所产生的生物量基本相当，因为在种子罐内不会再繁殖新孢子。

（2）我国现用菌种、种子罐与发酵罐培养基配方基本一致，一级接种从孢子开始一直处于同一生长条件，生长环境随孢子的成长而变化，即始终为菌体生长创造一个有利的环境。

（3）如培养基或培养条件出现不可预见的异常因素，则孢子比菌球体更能适应。

（4）能保持较幼的种龄，前期产酸稍慢，培养基 pH>3.0 的时间延长，有利淀粉的充分糖化，后期产酸较快，后劲较足，则残糖较低。

（5）减少一次接种操作也就减少了一次染菌机会，同时节约了相应设备的投资及能耗。

但一级接种发酵前期，容易染菌，一旦发现染菌，或菌种出现质量问题时，则培养基必须重新灭菌，而种子罐则灵活得多。

9. 斜面培养基与菌种传代的关系

目前各厂通常用自制的 4-68°Bé 麦芽汁或米曲汁、琼脂斜面培养基，常因原料或制作方法上出现问题，导致培养基品质不稳定，使菌种生长不良。例如：浓度过高或营养过剩则斜面下端不生孢子或孢子生得细小、菌膜增厚出现皱纹。反之则菌膜变薄、孢子细小。这种斜面菌种属不良菌种。生产上要求有优质斜面菌种且能稳定传代。斜面培养基的筛选工作中，用薯干粉察氏斜面培养基代替麦芽汁斜面培养基效果较好（表 6-11）。

表 6-11　　　　　　　　　　斜面培养基与菌种产酸的关系

代数	1	2	3	4	5	6	7	8	9
	产酸率/%									
麦芽汁[①]	7.6	9.0	7.9	7.9	8.5	7.7	6.9	—	7.6
薯干粉察氏[②]	—	8.3	10.0	9.7	8.9	9.8	9.0	—	8.7
酸性薯干粉察氏[③]	9.3	9.6	7.5	7.2	7.8	7.5	7.6	7.7	7.4

注：①啤酒厂麦芽汁稀释至 4~6 加 2%琼脂；
②4%薯干粉取代察氏培养基中的蔗糖。
③薯干察氏培养基中加入 10%柠檬酸。

10. 促进发酵的其他因素

我国薯干发酵菌种较粗放，适应性很强，因此发酵较稳定。下面列举的一些促进发酵的方法，可供生产中参考。

（1）种子罐培养基配方　①薯干粉浓度高比浓度低好，最高可到22%。②添加0.5% $(NH_4)_2SO_4$、0.3%尿素或0.3% NH_4NO_3 比较好。③对19种表面活性剂进行试验，促进作用不明显。④P、Mg、Fe、Mn、Cu、Zn等微量金属离子对发酵无明显促进作用。

（2）发酵培养基发酵　培养基中不需添加促进剂和微量金属离子。氮量要控制适当，过多的氮源则导致菌体疯长而产酸下降。

四、玉米原料发酵工艺

我国从20世纪70年代开始研究用玉米原料发酵柠檬酸。与其他工艺相比，以玉米为原料的发酵工艺更成熟和简便，所以玉米发酵柠檬酸工艺已逐步推广，在产量上也已超过以薯干为原料的发酵工艺。

（一）工艺路线

目前应用最多的是玉米干磨去渣发酵工艺。

（二）工艺中的关键问题

1. 菌种的驯化

采用薯干原料的菌种比较粗放，用玉米粉培养基将现有菌株驯化，容易获得优良菌株。

2. 玉米粉的液化

谷类淀粉比薯类淀粉较难液化。因此，要用耐高温α-淀粉酶，二次喷射液化。此外，玉米粉的细度要求至少60%能通过40目筛孔。

3. 控制氮碳比

发酵培养基中蛋白质含量控制在0.2%～0.4%，目前除玉米深加工工艺外，其他均以添加玉米滤渣，或留出部分不过滤的液化液来平衡氮碳比，一般在10%～20%。但液化液过滤不清则料液中的蛋白质含量忽高忽低，很难按常规配比来配制培养基以达到稳定的发酵结果。特别是罐式液化中用带式过滤机过滤的料液，尤难控制。

4. 其他问题

玉米液化液发酵的其他操作和注意事项与薯干粉发酵基本相似。由于培养基含渣少，可采用"连消"工艺，对生产更为有利。玉米粉也可与薯干粉混合发酵或薯干粉采用玉米液化去渣工艺用玉米粉调整氮源，以此来提高薯干粉原料的总收率。玉米发酵液颜色浅，杂质含量比薯干少，容易净化，产品洁白而光亮。

（三）玉米粉直接发酵

菌种黑曲霉 ASP.HZ528 具有适应高氮源发酵的性能，对金属离子不敏感，直接以玉米粉发酵产酸比黑曲霉 Co827 高。$75m^3$ 发酵罐试验结果：产酸13%，周期68h，转化率96.3%，放罐体积 $65m^3$。但这个工艺把玉米中的其他可利用物质都与菌体混在一起，使搅拌能耗大，周期较长，滤渣含水量高，干燥耗能高，最终创造的经济效益如何以及总收率和废渣利用价值比去渣发酵是高是低，都需通过生产实践的检验来下结论。

五、淀粉原料发酵工艺

为了使我国柠檬酸发酵水平再上一个台阶，国家在"七五"期间下达了浓醪发酵淀粉新菌种的选育工作,进一步提高产酸率和设备利用率,降低发酵能耗。1989年天津工业微生物研究所完成了黑曲霉TD-01的中试工作;1990年上海工业微生物研究所完成了黑曲霉Co8-60-7的中试工作。2支菌种的产酸水平和转化率基本接近,黑曲霉TD-01的发酵周期为96 h,黑曲霉Co8-60-7为120h。由于我国的淀粉价格相对较高,加之薯干发酵工艺成熟,因而这2只优良菌种未能在国内发挥作用,倒是法国ADM和美国的Cargill公司先后买走了天津工业微生物研究所的黑曲霉TD-01菌株,为国家增加了一笔可观的外汇。

(一) 菌种特征

1. 菌株黑曲霉TD-01

①形态特征:在麦芽汁培养基上生长4d成熟的孢子呈橄榄色。

②生长:在察氏培养基上生长缓慢,菌落边缘不整齐,分生孢子梗短,分生孢子着生较致密。

③小梗分两层,初生和次生小梗区别分明。分生孢子串珠状着生,成熟后遇振动易散落。

④分生孢子平均直径$4.7~5.2\mu m$,表面有明显刺状突起。

⑤菌丝有隔膜,未见菌核。

2. 菌株黑曲霉Co8-60-7

①基本形态:在察氏培养基上生长相当局限,28℃培养4~5d直径1.5~2.0cm。

②外观形态:边缘不规则,沉埋菌丝生长期相当茂盛。菌落是不规则皱褶,中央隆起。分生孢子穗轻度繁殖,稀疏着生,穗头大小很不一致,小者$80~200\mu m$,大者$350~500\mu m$,表面有较多小滴状分泌液,背面淡黄色,基质无色,无菌核。顶囊圆形,直径$50~70\mu m$。孢子柄光滑无色,但在上半段处呈褐色。

③小梗两层,大型穗头的初层小梗或梗基$(40~70)\mu m\times(8~10)\mu m$,顶端膨大如有小顶囊状,形状很不规则。小型穗头的初生小梗$(15~30)\mu m\times(5~7)\mu m$。次层小梗$(6~11)\mu m\times(3.5~6)\mu m$。

④分生孢子:成熟的呈典型球型,壁厚粗糙,有刺面,棕褐至黑色,直径$3~5.5\mu m$。

(二) 实验情况

1. 不同碳源产酸情况

(1) 菌株黑曲霉TD-01 分别用玉米淀粉和马铃薯淀粉、葡萄糖为碳源,在同等条件下摇瓶产酸结果如图6-8所示。

(2) 菌株黑曲霉Co8-60-7 在相同条件下分别用玉米、小麦、甘薯、木薯、马铃薯淀粉和蔗糖、葡萄糖为碳源,摇瓶产酸结果基本一致。

2. 添加不同氮源对产酸的影响

菌株黑曲霉TD-01在玉米淀粉培养基中加入1.0%~1.5%的玉米蛋白粉,摇瓶产酸没有影响。因此,该菌种可以利用蛋白质含量高的廉价二级淀粉作为发酵培养基,以降低成本。黑曲霉Co8-60-7菌株添加不同的氮源对产酸的影响如图6-9所示。

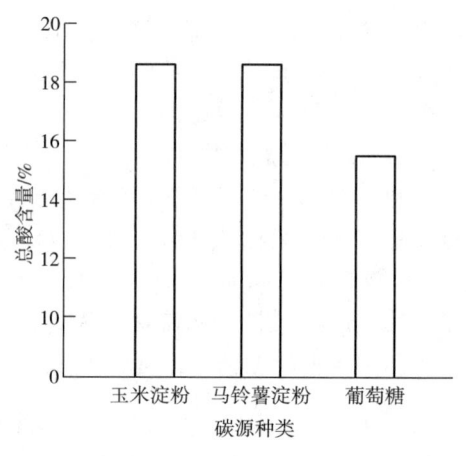

图6-8 TD-01对各种碳源的产酸比较

3. 通风量对产酸的影响

菌株黑曲霉 TD-01 在用液化淀粉液做培养基时,由于杂质量少,虽然提高淀粉浓度,但培养基仍较薯干原料培养基稀薄。同时菌种的成球性强,所以发酵液的黏度很低,因而有利于提高溶氧系数,加快产酸速度,摇瓶试验以 250mL 三角瓶装 40mL 产酸最佳,装 50mL 稍差,说明黑曲霉 TD-01 需氧量与薯干原料基本相同。

4. 金属离子对产酸的影响

除向培养基中加入 ≥1g/L 硫酸铜时,对产酸有影响外,培养基中添加的硫酸亚铁、硫酸锌、硫酸镁、硫酸铜、磷酸二氢钾、碳酸钙等试剂均不影响或干扰菌株黑曲霉 Co8-60-7 的发酵。

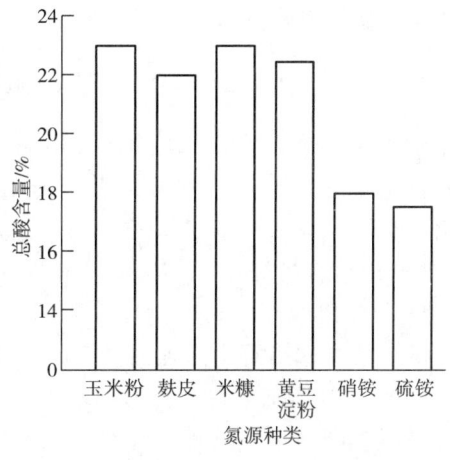

图 6-9 Co8-60-7 添加各种氮源对产酸的影响

5. 中型试验发酵结果

(1) 菌株黑曲霉 TD-01 以玉米淀粉为原料,按 2U/g 原料加中温淀粉酶进行液化。培养基灭菌,0.1MPa,10min。发酵温度 35℃,罐压 0.1MPa,搅拌转速 180r/min,通风量 0.4m³/(m³·min),培养 4d。连续 5 批平均结果如表 6-12 所示。结果表明,一级接种和二级接种的发酵结果,除发酵的前 24h 二级种子产酸速度较快外,其发酵最终水平基本相似,因此一级接种工艺可以用于正式生产。

表 6-12   TD-01 2.5m³、4m³ 发酵罐发酵 5 批次平均值

项目	初糖/%	初还原糖/%	残糖总量/%	残还原糖量/%	产酸率/%	转化率/%	发酵周期/h	接种方式
2.5m³ 罐 4 批次	20.5	1.8	1.74	0.88	19.56	95.4	97.6	一级种子
4m³ 罐 1 批次	20.6	4.4	2.0	1.1	19.7	95.6	96	二级种子

(2) 菌株黑曲霉 Co8-60-7 经 6m³ 发酵罐连续 4 批发酵试验,平均产酸 19.44%,平均转化率 93.72%,平均发酵周期 120h。发酵过程曲线见图 6-10。发酵液纯度经上海轻工业研究所用高效液相色谱分析仪测定发酵液中杂酸:24h,0.2%;48h 和 72h 未测出;96h 和 120h 均为 0.2%。纸上层析图谱显示柠檬酸位置上一个斑点。用 15% 氯化钙定性草酸,3℃下静置 12h 无白色沉淀。在 60m³ 发酵罐一级接种连续 4 批,平均结果为起始总糖 19.16%;残还原糖 0.76%;产酸 18.7%;转化率

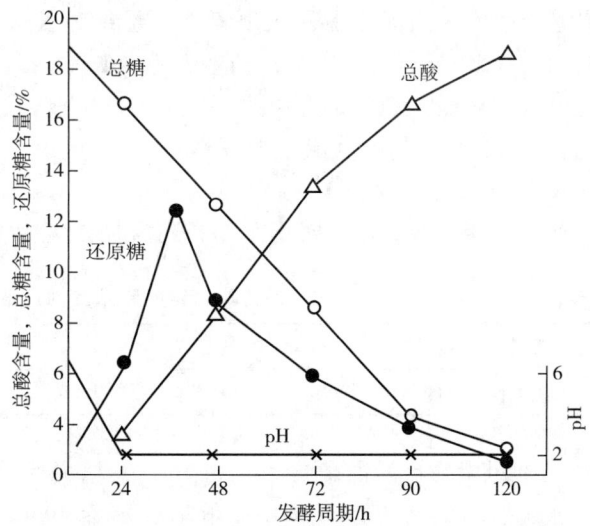

图 6-10 Co8-60-7 6m³ 发酵罐发酵过程(一级种子)

97.6%，发酵周期121h。

六、糖蜜原料发酵工艺

糖蜜是发酵工业的廉价原料。但糖蜜的成分相当复杂，目前用于发酵柠檬酸的糖蜜都是经过预处理后使用。发酵工艺以浅盘法为主，深层发酵产酸在8%~10%，转化率在75%~80%。

（一）菌种特征

1. 菌株黑曲霉313

从土壤中选出野生型黑曲霉13-1，经反复理化方法处理得变异株黑曲霉313。

（1）菌落形态　在察氏培养基上，生长缓慢，35℃培养6d，菌落直径为1.0~1.1cm，外观呈不规则皱褶，隆起，菌丝白色，生长局限，不长孢子。在糖蜜琼脂培养基上，生长扩展，35℃培养6d，菌落直径为1.3~1.4cm，中央厚绒状，边缘平坦，平板后面可见放射状沟纹。在察氏加5%麸皮浸出液的培养基上，生长局限，35℃培养6d，菌落直径为1.2~1.3cm，外观呈不规则皱褶，隆起，菌丝白色，分生孢子着生较致密，黑褐色。

（2）显微结构　黑曲霉313的营养菌丝有横隔，无色，直径为1.3~1.4μm。分生孢子梗自基质生出，表面光滑，在顶囊下不缢缩，长0.5~1.1mm，直径为10~15μm。顶囊椭圆形，无色，直径为20~30μm。小梗单层，梗基无色，长5~10μm，直径为4~6μm。分生孢子团形，黑褐色，表面粗糙，呈刺状，直径为4~6μm，以串珠式排列。

2. 菌株黑曲霉F9035

从土壤中选出野生菌黑曲霉F9035。

（1）菌落形态　在察氏培养基上，生长较缓慢，35℃培养4d，菌落直径为1.4~1.6μm。外观呈不规则皱褶，隆起，菌丝白色，生长局限，中央着生少许分生孢子。在糖蜜琼脂培养基上，生长非常迅速，35℃培养4d，菌落直径为4~5μm。中央絮绒状，边缘平坦，菌丝白色，分生孢子着生致密，呈黑褐色。

（2）显微结构　黑曲霉F9035的营养菌丝有横隔，无色，直径为5~10μm。分生孢子梗自基质生出，表面光滑，在顶囊下不缢缩，长2~3mm，直径为10~18μm。顶囊球形，直径为40~50μm。小梗单层，梗基无色，长10~12μm，直径为3μm。分生孢子球形，黑褐色，表面粗糙，刺状，直径为4~7μm，以串珠式排列。

（二）发酵工艺的确定

1. 糖蜜的稀释度

通过摇瓶试验，原糖蜜用水稀释到含糖浓度为16%左右较好，见表6-13。

表6-13　原糖蜜稀释浓度对产酸的影响　　　　单位:%

稀释糖浓度	14.6	15.7	16.7	17.8	18.9	19.9	20.9
摇瓶发酵产总酸	14.4	14.8	16.0	14.4	12.9	12.2	10.1

2. 通风量对产酸的影响

通过摇瓶试验，以250mL三角瓶装液量40mL较适当，这与薯干发酵通风量基本相似。依此确定工艺条件：①发酵培养基总糖16%左右。添加氮源和无机盐，115℃灭菌

10min。②二级种子，接种量10%。③50m³罐通风量 0~35h，0.16m³/（m³·min）；36~66h，0.18m³/（m³·min）；67h~结束，0.2m³/（m³·min）。连续发酵3批的平均值列于表6-14，发酵过程曲线见图6-11。

表6-14　　　　　　　　　　50m³发酵罐糖蜜发酵3批次平均值

总糖/%	发酵性糖/%	总酸/%	柠檬酸/%	发酵周期/h	糖转化率/%	单产/[kg/(m³·d)]
16.5	14.8	13.5	13.4	103	87.1	30.65

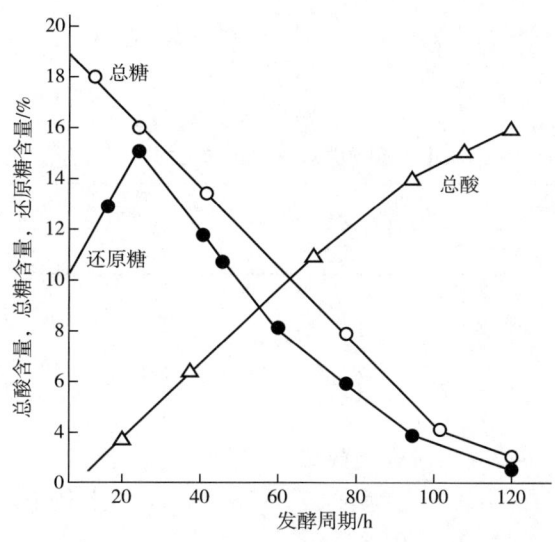

图6-11　50m³发酵罐糖蜜发酵过程

七、葡萄糖发酵工艺

由淀粉经酶或酸法水解生产结晶葡萄糖过程中，分离出注射用葡萄糖后的一号母液，再浓缩结晶分离出口服葡萄糖后的母液，称为葡萄糖二母。酸法水解产生的母液，含有较多的水解过程中产生的副产物及灰分，其质量远不如酶法水解的母液，因此给柠檬酸发酵带来一些不利因素。

酸法水解葡萄糖二母，外观为深黑色黏稠状液体。

（一）生产菌种

黑曲霉 γ-130 为上海工业微生物研究所从筛选薯干菌种时得到的突变菌株，再经DES和 ^{60}Co 诱变处理获得适宜葡萄糖二母发酵柠檬酸的高产菌株。

（二）生产工艺的确定

1. 培养基配方

通过优选确定二级种子和发酵培养基的配方如表6-15所示。

2. 二级种子种龄及接种量

通过试验证实，二级种子种龄12~30h对产酸基本上不影响。但产酸随接种量的增加而提高，接种量10%比6%产酸可提高3%。为此确定接种量为10%。

表6-15　种子和发酵培养基配方

培养基	二母量/%	麸皮量/%	胚芽油饼粉量/%	消泡剂/L
二级种子培养基	2	2	0.4	2
发酵培养基	14	2	0.4	12

接种量大小与接进种子罐的孢子数有关。只要达到一定的孢子数，一级接种照样可取得最佳发酵效果。试验用麸曲孢子加水1L，逐级稀释成不同浓度的孢子悬液，分别接入摇瓶培养基中。做同等条件的发酵试验，其结果如表6-16所示。可以看出稀释倍数超过10^{-4}，产酸明显下降。

表6-16　接种孢子数对发酵产酸的影响

稀释倍数	10^{-3}		10^{-4}		10^{-5}		10^{-6}	
产酸率/%	14.4	14.4	15.8	13.7	9.5	8.8	4.1	3.8

3. 发酵温度对产酸的影响

黑曲霉γ-130具有较广的温度适应范围，在28~40℃范围内，产酸水平相差不大，但以34℃左右为最适温度。

4. 发酵培养基中添加碳酸钙对产酸的影响

葡萄糖二母pH为3.5~4.0，发酵前期pH下降较快，不利于后期发酵，为此做在培养基中添加不同量碳酸钙的试验，其结果如表6-17所示。由表可以看出，添加一定量的碳酸钙对产酸是有利的，特别在高糖浓度时，更为明显。但此工艺正式投产时未使用。

表6-17　培养基添加不同量碳酸钙对产酸率的影响　　　　　单位：%

初糖/(g/L) \ 碳酸钙/(g/L)	0	5	10	15	20
150	14.4	14.5	14.8	14.6	14
180	15.2	15.6	16.9	16	15.4
200	14.5	15.8	17.6	16.4	15.6

（三）生产水平

1. 工艺条件

种子罐和发酵罐培养基配方按表6-15；灭菌温度121℃，20min（种子罐）；接种量10%；种龄12~28h；通风量0.1~0.15m^3/($m^3 \cdot min$)；罐压0.1MPa；培养温度(35±1)℃；发酵罐连续灭菌，其他条件与种子罐相同；定容系数80%。

2. 发酵结果

1982年5—12月连续8个月重庆第五制药厂50m^3发酵罐的发酵平均水平见表6-18。从表可以看出黑曲霉γ-130利用葡萄糖二母发酵柠檬酸，生产基本上稳定。

表 6-18　　　　　　　　　　重庆第五制药厂连续 8 个月的平均发酵水平

发酵总罐数	平均产酸率/%	平均转化率/%	平均发酵周期/h
217	11.16	75.53	79

(四) 工艺的优缺点

(1) 葡萄糖二母含悬浮固形物极少。因此培养基总含渣量低，发酵液黏度低，流动性好，有利于氧的溶解和利用。发酵液易过滤，所以压滤机的过滤强度及过滤收率较高。

(2) "二母"中杂质不影响柠檬酸钙质量，故钙盐晶型好，色泽较白，易洗涤。

(3) 结晶后母液质量较好，返回中和的母液总酸比薯干原料低 60%。

(4) "二母"总糖中含有异麦芽糖、龙胆二糖等非发酵性糖，故导致糖酸转化率较低，残糖偏高 2% 左右，但不影响提取收率。

(5) "二母"贮存期较短，一般 30d 左右就易发酵酸败，夏天尤甚，酸败的"二母"对发酵影响很大。最好的解决措施是柠檬酸生产能力要与"二母"的产量相适应。低温或加防腐剂虽可延长保存期，但费用相应增加，且效果不如新鲜"二母"。

(6) 在过程中流加葡萄糖二母的试验，流加后总糖均为 16%，对产酸有一定作用，以发酵中期流加为好，但未做生产性试验。

参 考 文 献

[1] 高年发, 杨枫. 我国柠檬酸发酵工业的创新与发展 [J]. 中国酿造, 2010, (7): 1-6.

[2] 姚汝华, 周世水. 微生物工程工艺原理 [M]. 广州: 华南理工大学出版社, 2013.

[3] 李文友. 复合诱变柠檬酸菌种的选育及发酵条件和培养基的优化 [D]. 天津: 天津大学, 2007.

[4] 王博彦, 金其荣. 发酵有机酸生产与应用手册 [M]. 北京: 中国轻工业出版社, 2000.

[5] 代真真. 黑曲霉柠檬酸发酵过程研究及其优化 [D]. 上海: 华东理工大学, 2011.

[6] 罗立新. 微生物发酵生理学 [M]. 北京: 化学工业出版社, 2009.

[7] 石忆湘, 刘祖同. 黑曲霉发酵玉米淀粉生产柠檬酸 [J]. 清华大学学报 (自然科学版), 1998, (6): 53-56.

[8] 何国庆. 食品微生物学 [M]. 北京: 中国农业出版社, 2011.

[9] Sikander Ali, Ikram-ul Haq. Role of different additives and metallic micro minerals on the enhanced citric acid production by *Aspergillus niger* MNNG-115 using different carbohydrate materials. [J]. Journal of basic microbiology, 2005, 45 (1): 3-11.

第七章 苹果酸发酵生产技术

第一节 概 述

L-苹果酸,又称为羟基琥珀酸,是广泛存在于自然界中的一种酸性较强且具有特殊愉快酸味的有机酸。L-苹果酸是一种重要的四碳化合物,不仅被世界经合组织(OECD)列为着重发展的C4化合物,同时也是美国能源部所列出的1,4-二羧酸组的其中一种化合物。苹果酸作为生物体TCA循环的重要中间体,广泛应用于食品、化工和医药等工业领域(图7-1):①在食品领域的应用:可作为酸味添加剂、食品保鲜保色剂、食品抗氧化剂、蛋黄酱稳定剂等;②在化工领域的应用:L-苹果酸可作为牙膏及烟草的调味剂、除腥除垢剂、工业清洗剂及焊锡助焊剂等,同时其聚合物可用于合成可降解生物塑料等;③在医药领域的应用:可作为抗癌药物前体、补钾补钙剂、血管吻合剂等。

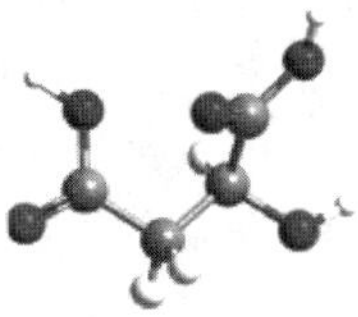

图 7-1 L-苹果酸的主要用途

苹果酸的生产方法主要有直接提取法、化学合成法、酶转化法和微生物发酵法。其中,微生物发酵生产L-苹果酸被认为是最有前途的方法,因此日益受到重视,它具有原料来源丰富、产品成本低廉、杂酸含量低、食用安全性高,产品质量稳定等特点。自然界存在的许多微生物,在发酵过程中会可以产生一定量的苹果酸,如:黄曲霉(*Aspergillus flavus*)、黑曲霉(*Aspergillus niger*)、米曲霉(*Aspergillus oryzae*)、鲁氏酵母(*Zygosaccharmyces rouxxi*)、毕赤酵母(*Pichia*)、短乳杆菌(*Lactobacillus brevis*)、变形杆菌(*Proteus vulgaris*)等。Battat等首次发现黄曲霉可以利用糖质原料直接发酵生产L-苹果酸,并对其发酵条件进行优化,L-苹果酸产量达到113 g/L,产率达到1.26mol/mol葡萄糖。然而该菌株在发酵过程中会产生黄曲霉毒素而限制了其应用。除了黄曲霉外,黑曲霉ATCC10577和米曲霉NRRL3488也能分别积累L-苹果酸17g/L和30.27g/L。此外,酵母属中的鲁氏酵母也能大量积累L-苹果酸,产量为74.9 g/L、糖酸转化率为32.8%;但是,野生型菌株存在发酵周期长、发酵条件难以控制以及霉菌的菌丝易结团等问题,限制了其在工业上的应用。

经过代谢工程改造的工业模式菌株酿酒酵母(*Saccharomyces cerevisiae*)包括酿酒酵母RWB525、酿酒酵母W4409等,大肠杆菌(*Escherichia coli*)包括大肠杆菌WGS-10、大肠杆菌 KJ073、大肠杆菌 XZ658、大肠杆菌 GL2306、大肠杆菌 F0931、大肠杆菌 B0013-47、大肠杆菌 2040 等。在改造酿酒酵母方面：Zelle 等以酿酒酵母为出发菌株，过量表达胞内丙酮酸羧化酶和苹果酸脱氢酶，并结合苹果酸转运蛋白（SpMAE1）的表达，使得苹果酸产量达到 59g/L，产率为 0.42mol/mol。类似的策略也被用于改造光滑球拟酵母（*Torulopsis glabrata*）和毕赤酵母（*Pichia pastoris*），L-苹果酸产量分别为 8.5g/L 和 42.28g/L。在改造大肠杆菌方面：Guo 等在大肠杆菌的胞质和周质空间中构建 rTCA 途径，并精细化调控这两个空间的路径分布，从而提高苹果酸生产能力，L-苹果酸产量达 25.9g/L，转化率为 0.53mol/mol。另外，Gao 等采用体外路径模块优化可以有效提高苹果酸路径合成效率，L-苹果酸产量达到 36g/L，转化率为 0.74mol/mol。此外，Dong 等在大肠杆菌中构建了一步还原途径合成苹果酸，L-苹果酸产量 21.65g/L。Moon 等在缺失 *pta* 基因的大肠杆菌中过量表达来源于曼海姆产琥珀酸菌（*Mannheimia succiniciproducens*）的 PEP 羧激酶，L-苹果酸产量达到 9.25g/L。Ingram 课题组在琥珀酸生产菌株大肠杆菌 KJ073 基础上对参与 L-苹果酸代谢路径进行阻断，L-苹果酸产量提高到 34g/L，转化率为 1.42mol/mol，生产强度为 0.48g/L/h。

第二节　苹果酸发酵机理与生产方法

一、苹果酸发酵机理

L-苹果酸在生物体内的糖代谢过程中是处在一个枢纽的位置，是乙醛酸循环和三羧酸循环的重要中间代谢产物。在微生物体内，L-苹果酸的产生与多条代谢途径相关，不仅出现于三羧酸循环和乙醛酸循环中，也是 CO_2 固定反应的产物。由于 L-苹果酸在一般生物中只参加代谢循环而不会大量积累，否则会造成代谢流的阻塞，用葡萄糖直接发酵法生产 L-苹果酸时，只有存在其他补充四碳酸的途径，才可能积累苹果酸，如：乙醛酸循环、丙酮酸（或磷酸烯醇式丙酮酸）羧化支路。因此，生产 L-苹果酸的途径可能存在多条代谢途径。微生物利用葡萄糖底物，经糖酵解途径和三羧酸循环合成 L-苹果酸，这一过程中，L-苹果酸积累的方式可总结为 6 种（图 7-2）。

（1）首先，丙酮酸（或磷酸烯醇式丙酮酸）羧化为草酰乙酸（OAA），草酰乙酸再经苹果酸脱氢酶（MDH，EC 1.1.1.37，可逆催化草酰乙酸和苹果酸之间的氧化还原反应）还原为 L-苹果酸，葡萄糖经这一途径每合成 1 分子 L-苹果酸需固定 1 分子 CO_2，其最大理论得率为 2 mol 苹果酸/mol 葡萄糖。此途径的总反应式为：

$$C_6H_{12}O_6 + 2 CO_2 \rightarrow 2 C_4H_6O_5$$

（2）首先，草酰乙酸和乙酰辅酶 A 生成柠檬酸，再经 TCA 循环氧化为 L-苹果酸，如果乙酰辅酶 A 经丙酮酸脱氢酶产生，且草酰乙酸经丙酮酸羧化酶形成，则经该途径 1 分子葡萄糖合成 L-苹果酸需释放 2 分子 CO_2，其最大理论转化率仅为 1mol 苹果酸/mol 葡萄糖。此途径的总反应式为：

$$C_6H_{12}O_6 + 3 O_2 \rightarrow C_4H_6O_5 + 2 CO_2 + 3 H_2O$$

（3）首先，丙酮酸羧化为草酰乙酸，再利用循环型乙醛酸循环的 2 分子乙酰辅酶 A 进行 L-苹果酸的氧化合成，需释放 2 分子 CO_2，其最大理论转化率为 1mol 苹果酸/mol 葡

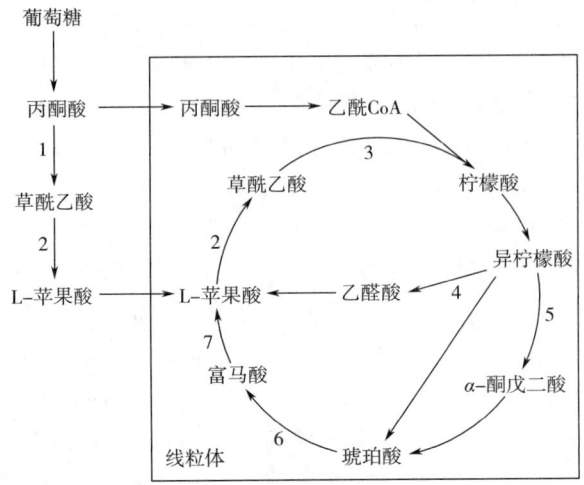

图 7-2 霉菌线粒体和细胞质中与 L-苹果酸合成的相关代谢路径
1—丙酮酸羧化酶 2—苹果酸脱氢酶 3—柠檬酸合酶 4—异柠檬酸裂解酶
5—异柠檬酸脱氢酶 6—琥珀酸脱氢酶 7—富马酸酶
注：富马酸即延胡索酸。

萄糖。此途径的总反应式为：

$$C_6H_{12}O_6+3O_2 \rightarrow C_4H_6O_5+2CO_2+3H_2O$$

（4）首先，丙酮酸羧化为草酰乙酸，再经非循环型乙醛酸循环形成 L-苹果酸，其最大理论转化率为 1.33mol 苹果酸/mol 葡萄糖。此途径的总反应式为：

$$1.5C_6H_{12}O_6+3O_2 \rightarrow 2C_4H_6O_5+CO_2+3H_2O$$

（5）丙酮酸经苹果酸酶催化直接合成 L-苹果酸（EC 1.1.1.38-40，苹果酸酶，以区别于催化草酰乙酸底物的苹果酸脱氢酶），需固定 1 分子 CO_2，其最大理论转化率为 2mol 苹果酸/mol 葡萄糖。

$$C_6H_{12}O_6+2CO_2 \rightarrow 2C_4H_6O_5$$

（6）以富马酸为底物，借助富马酸酶转化生成 L-苹果酸，其最大理论转化率为 1.33mol 苹果酸/mol 富马酸。此途径的总反应式为：

$$1.5C_4H_4O_4+3H_2O+0.5O_2 \rightarrow 2C_4H_6O_5$$

二、苹果酸一步发酵法

目前工业生产 L-苹果酸多采用化学合成法，但此法成本高、工艺复杂，所获得的产物为 DL-型苹果酸，目前精制技术有待提高。而黄曲霉作为发酵法高产 L-苹果酸菌种，能获得"天然"的 L-苹果酸，在工业化生产 L-苹果酸上有着巨大潜力。

（一）高产菌株的选育

金其荣等以黄曲霉 T2803 为出发菌种，经 γ 射线处理、硫酸二乙酯处理，然后再用这两种诱变剂联合处理，最后经亚硝基胍处理，获得一株产酸较稳定的菌种黄曲霉 TH5007。吴清平等人以曲霉菌 LMO2 为出发株，经复合诱变，选育出黄曲霉 Nl-14、NE1412、NU1416 和 NU1419，选育流程如图 7-3。

(二) 菌株的培养基

(1) 平板分离培养基 (g/L)　NaNO$_3$ 3, K$_2$HPO$_4$ 1, KCl 0.5, MgSO$_4$·7H$_2$O 0.5, FeSO$_4$·7H$_2$O 0.01, 蔗糖 30, 琼脂 20, 自然 pH, 为确保单菌落, 可向琼脂平板中加入 OP 乳酸剂, 以限制菌落大小。

(2) 生孢子培养基 (g/L)　葡萄糖 4, 乳糖 6, 甘油 100, 尿素 0.6, 蛋白胨 1.6, 玉米浆 1, K$_2$HPO$_4$ 0.4, MgSO$_4$·7H$_2$O 0.3, FeSO$_4$·7H$_2$O 0.25, 以及其他无机离子, 琼脂 20, 自然 pH。

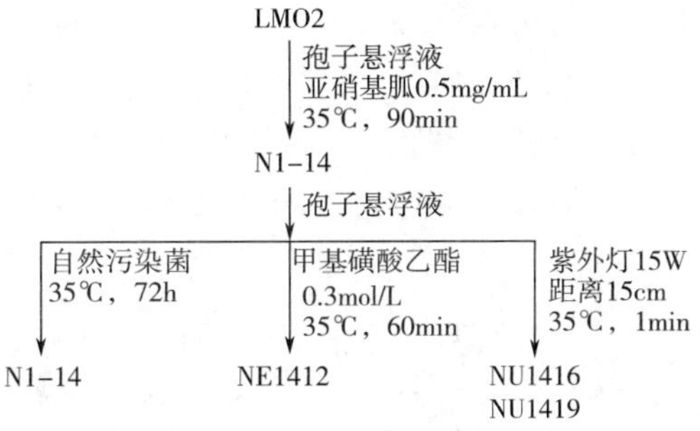

图7-3　黄曲霉高产L-苹果酸菌株选育流程

(3) 产酸指示平板 (g/L)　葡萄糖 80.0, (NH$_4$)SO$_4$ 2, KH$_2$PO$_4$ 0.1, K$_2$HPO$_4$ 0.5, MgSO$_4$·7H$_2$O 0.01, MnSO$_4$·H$_2$O 0.01, FeSO$_4$·7H$_2$O 0.05, CaCO$_3$ 10.0, 琼脂 20.0, 溴甲酚绿 0.02, 自然 pH。其中 CaCO$_3$ 分开灭菌。

(4) 制霉素平板　在上述平板培养基中, 加入含制霉素的 75% 乙醇溶液。

(5) 麸曲培养基　新鲜麸皮, 过筛 (60目), 加水适量, 一般是 $m_\text{水} : V_\text{麸} = 1 : 1$, 装入三角瓶, 灭菌条件 0.1 MPa, 30min。

(6) 发酵培养基　一是用葡萄糖做碳源; 二是用经 α-淀粉酶液化、碘反应合格的各种淀粉水解液做碳源, 再配以无机盐、氮源 (玉米浆、豆饼粉等)。补加糖时可用另灭菌的 50% 葡萄糖溶液。CaCO$_3$ 分开灭菌, 接种前与其他培养基混合。

(三) 培养基成分对产酸的影响

1. 氮源

不同菌种对氮源的要求不同。例如金其荣等用的氮源对产 L-苹果酸的影响结果列于表 7-1 中。结果表明: 无机氮源 (如: NaNO$_3$ 和 NH$_4$NO$_3$), 不利于产酸; 0.05% 豆饼粉产酸效果较好, 且较为经济。经进一步研究表明, 当豆饼粉用量为 0.3%~0.5% 时, 产 L-苹果酸最为理想, 发酵液中总酸达 7.0% 左右。

表7-1　不同氮源及其浓度对产酸及菌体量的影响

氮源浓度/%	NH$_4$Cl			尿素				(NH$_4$)$_2$SO$_4$			豆饼粉		
	0.05	0.1	0.15	0.02	0.06	0.1	0.2	0.06	0.1	0.2	0.25	0.5	1
产酸/%	2.8	3.2	2.9	2.6	3.4	3.8	1.8	3.3	3.6	3.8	4.2	4.7	3.8
菌体量/mL	2.5	2.3	2.4	1.2	1.4	1.7	1.9	1.3	1.7	1.9	1.9	2.2	2.3
残糖量/%	2.4	2	2.4	2.3	1.8	1.5	2.5	1.4	1.3	1.9	0.6	0.5	0.4

2. 无机盐

对于用薯干为碳源的发酵培养基来说, 因薯干含无机盐成分有波动, 故在生产中需要预先进行小试。经实验证明, KH$_2$PO$_4$、K$_2$HPO$_4$、FeSO$_4$、MnSO$_4$、MgSO$_4$ 等对产酸有一定的影响, 在正交试验中, 用高效液相色谱进行发酵液的分析时, 初步认为 KH$_2$PO$_4$ 及 K$_2$HPO$_4$ 浓度为 0.015%~0.02%, 以 0.015% 时为最佳, 磷酸盐多加后, 发酵液中残留磷酸盐也多, 这会给后提取带来不利。另外, 不加锰盐, 产酸明显减少, 当 MnSO$_4$ 用量为 0.04%

时，产酸效果较好。

提高 $MnSO_4$ 为 0.04% 时，改变 $FeSO_4 \cdot 7H_2O$ 用量，情况较为复杂。当 $FeSO_4 \cdot 7H_2O$ 用量从 0 到 0.03% 时，产 L-苹果酸量下降，柠檬酸产量增加；当增至 0.07% 时，产 L-苹果酸增加，杂酸产量下降；再增加 $FeSO_4$ 用量，则产酸下降；当用量增加至 0.1% 左右，发酵液中苹果酸纯度较高，产酸也较理想。

3. 碳源种类

对黄曲霉 TH5007 而言，大多数碳源均能使用。金其荣更倾向使用薯干粉液化醪为碳源，菌株有糖化酶活力，可省去制糖工序，有利于降低生产成本。

在补料分批发酵时，初糖为 10%，发酵 72h 时流加葡萄糖液，使发酵总糖为 13%，产酸（7.33%）及转化率（63.51%）最高。在薯干粉液化醪分批发酵时不加糖，发现初糖浓度为 9.7% 时产酸最高。初糖浓度过高或过低，都不利于发酵产酸和转化率。

4. $CaCO_3$

在一步发酵法生产 L-苹果酸时，加入 $CaCO_3$ 不仅是作为调控发酵 pH 的手段，更重要的是在 L-苹果酸合成时，外源的 CO_2 是羧基碳源的不可或缺的物质，这在很多科学家的实验中已得到了证实。Battat 对黄曲霉以标记 ^{14}C 的葡萄糖作为碳源，发酵生产 L-苹果酸，用核磁共振的办法测定，结果发现从葡萄糖来源的 ^{14}C 标记进入苹果酸中，并且都集中在 C 链第二位上。Battati 等将此菌在 16L 发酵罐中发酵，转速 350r/min，Fe^{2+} 为 12mg/L，底氮 271mg/L，磷酸盐 1.5mmol/L，获得高转化率效果，L-苹果酸为 128%，总四碳酸糖的转化率为 155%（L-苹果酸、琥珀酸、富马酸）。当碳酸钙为 9% 时，耗糖 120g/L，获得最高 L-苹果酸为 113g/L，发酵糖的转化率高于 100%，这说明部分碳源是外源获得的，而不是从葡萄糖来的。

（四）发酵工艺放大

由于目前国内尚无一步发酵法生产 L-苹果酸的成熟经验，因此本文仅介绍一些大型试验数据。以黄曲霉 N1-14 为菌种，20m³ 发酵罐的试验数据如下文。

1. 培养基配方

各种培养基配方见表 7-2～表 7-4。

表 7-2　　　　　　　　　　　马铃薯斜面培养基

名称	马铃薯/(mL/L)	葡萄糖/(g/L)	KH_2PO_4/(g/L)	$MgSO_4 \cdot 7H_2O$/(g/L)	pH	琼脂/(g/L)
A	800	20	3	2	6.5	18
B	500	10	2	1	5.0	15
C	1000	30	5	3	7.5	20

表 7-3　　　　　　　　　　　种子培养基

名称	碳源/(g/L)	$(NH_4)_2SO_4$/(g/L)	KH_2PO_4/(g/L)	$MgSO_4 \cdot 7H_2O$/(g/L)	$MnSO_4 \cdot H_2O$/(g/L)	$FeSO_4 \cdot 7H_2O$/(g/L)	$CaCO_3$/(g/L)	pH
G	蔗糖 50	2.0	0.3	0.5	0.5	0.5	40	自然
H	淀粉 70	1.8	0.1	0.2	0.2	0.3	20	自然
I	葡萄糖 30	5.0	1.0	1.2	1.2	1.5	60	自然

表 7-4　　　　　　　　　　　　　　　　发酵培养基

名称	碳源 /(g/L)	$(NH_4)_2SO_4$ /(g/L)	KH_2PO_4 /(g/L)	$MgSO_4 \cdot 7H_2O$ /(g/L)	$MnSO_4 \cdot H_2O$ /(g/L)	$FeSO_4 \cdot 7H_2O$ /(g/L)	$CaCO_3$ /(g/L)	pH
J	蔗糖 115	2.0	0.3	0.5	0.5	0.5	90	自然
K	淀粉 135	2.8	0.1	0.2	0.2	0.3	70	自然
L	葡萄糖 125	5.0	1.0	1.2	1.2	1.5	120	自然

2. 发酵条件

斜面和麸曲菌种在 25~35℃ 培养 5~7d。培养基灭菌温度 121℃。灭菌时间（min）：种子罐 25，繁殖罐 20，发酵罐 10。种龄（h）：一级种子 20~23，二级种子 18~30。罐压 0.01~0.1MPa，罐装料系数 0.80。其他条件和试验结果见表 7-5。

表 7-5　　　　　　　　　　　　　菌种 20m³ 发酵罐数据

项目 \ 培养基配方	蔗糖（J）	淀粉（K）	葡萄糖（L）
温度/℃	33~35	30~34	35~38
搅拌转数/(r/min)	80~100	50~70	140~150
通风量/(m³/m³/min)	0.1	0.05	0.3
发酵时间/h	107	115	120
残糖量/(g/L)	5	5	5
L-苹果酸量/(g/L)	76.10	75.08	85.80
转化率/%	66.17	58.26	68.64
发酵强度/(g/L/h)	0.71	0.65	7.47

三、苹果酸二步发酵法

苹果酸的二步发酵法（或称转换发酵法）是指以糖类为原料，采用两种具有不同功能的微生物，先由根霉发酵生成富马酸（延胡索酸）或富马酸与 L-苹果酸的混合物，再由酵母或细菌等转化生成单一的 L-苹果酸，前一步称为富马酸发酵，后一步称为转化发酵。由于发酵周期较长，产酸率相对较低、副产物较多，因此，目前还尚未见有应用于大规模工业生产的报告。日本佐佐木等普查了假丝酵母属、酵母属和球拟酵母属的 23 株酵母菌，发现膜醭毕赤酵母的转化率最高。

田三德等采用华根霉和毕赤酵母菌株混合培养发酵生产 L-苹果酸，通过正交实验确定了最优发酵条件：葡萄糖浓度 140g/L，先以 10.0% 的接种量接入华根霉，在往复摇床上培养 3d，再在旋转摇床上培养 2d，然后接入毕赤酵母继续培养 5d，聚乙二醇的添加量为 10.0%。在最优条件下，L-苹果酸产酸水平达 78.9g/L，摩尔转化率为 0.87%。山西省生物研究所筛选的无根根霉 R25 和普通变形菌 P1 能够混合发酵生产 L-苹果酸，无根根霉 R25 在含有 120g/L 葡萄糖的培养基中，31℃ 振荡培养 3d，完成了富马酸的发酵，然后接入在液体培养基中 31℃ 培养 2d 的普通变形菌 P1，在同样的条件下发酵 2d，L-苹果酸的产量可达 54.8g/L。

（一）富马酸酶活力细菌的筛选

（1）通过比较不同菌株转化富马酸为 L-苹果酸能力，结果发现普通变形菌和奇异变形杆菌均具有富马酸酶活力，其中普通变形菌的酶活力较高，富马酸浓度为 4% 时，L-苹果酸产量可达 35.1g/L，转化率为 87.3%。富马酸酶活力高的菌种较多，如产氨短杆菌和黄色短杆菌，它们的酶活力远高于普通变形菌。但是二步法发酵是双菌发酵，这就要求具有富马酸酶活力的菌种，在无根根霉发酵液中，能适应此环境，并能发挥富马酸酶的作用，从而产生 L-苹果酸。

（2）适合普通变形菌产酶的种子培养基成分为（%）：葡萄糖 0.5，蛋白胨 1.0，牛肉膏 0.3，$MgSO_4 \cdot 7H_2O$ 0.3。用此培养基培养的种子，接种量 16% 进行发酵，其富马酸转化成 L-苹果酸的转化率为 87.3%。

（3）种子培养时间的长短与富马酸酶活力有密切关系。24h 前，菌体生长未达到高峰，所以酶活力也未达到高峰。24h 以后，菌体数量稳定，酶活力也稳定，但移种时间以 24~28h 为宜。

（二）菌株的培养基

（1）发酵菌株　无根根霉 R25 和普通变形菌 P1。

（2）根霉平板分离培养基　马丁氏培养基。

（3）根霉斜面保藏培养基　马铃薯葡萄糖培养基。

（4）根霉种子培养基（g/L）　葡萄糖 20，尿素 1，玉米浆 3，K_2HPO_4 0.3，$MgSO_4 \cdot 7H_2O$ 0.25，$ZnSO_4 \cdot 7H_2O$ 0.066，$FeCl_3 \cdot 6H_2O$ 0.01，玉米粉 30，琼脂 1，自然 pH。

（5）根霉筛选发酵培养基（g/L）　葡萄糖（或淀粉）80，尿素 1，玉米浆 0.5，K_2HPO_4 0.3，$MgSO_4 \cdot 7H_2O$ 0.4，$ZnSO_4 \cdot 7H_2O$ 0.044，$FeCl_3 \cdot 6H_2O$ 0.01，甲醇 15，琼脂 1，$CaCO_3$ 50，自然 pH。

（6）根霉发酵培养基（g/L）　葡萄糖 120，尿素 1.5，玉米浆 0.75，K_2HPO_4 0.3，$MgSO_4 \cdot 7H_2O$ 0.4，$ZnSO_4 \cdot 7H_2O$ 0.044，$FeCl_3 \cdot 6H_2O$ 0.01，甲醇 15，琼脂 1，$CaCO_3$ 75，自然 pH。尿素和 $CaCO_3$ 分别灭菌，甲醇接种前加入。

（7）细菌斜面保藏培养基（g/L）　牛肉膏 3，蛋白胨 10，NaCl 5，琼脂 2，pH 6.7。

（8）细菌种子培养基（g/L）　葡萄糖 5，牛肉膏 3，蛋白胨 10，酵母膏 3，$MgSO_4 \cdot 7H_2O$ 3，pH 6.7。

（9）细菌发酵培养基（g/L）　富马酸 40，尿素 1，K_2HPO_4 0.3，$MgSO_4 \cdot 7H_2O$ 0.4，玉米浆 0.5，$ZnSO_4 \cdot 7H_2O$ 0.044，$FeCl_3 \cdot 6H_2O$ 0.01，甲醇 15，$CaCO_3$ 75，自然 pH。尿素和 $CaCO_3$ 分别灭菌，甲醇接种前加入。

（三）混合发酵生产 L-苹果酸

1. 普通变形菌 P1 接种量对 L-苹果酸产量的影响

在 25 mL 无根根霉 R25 发酵液中加入普通变形菌 P1 接种量为 1、2、4、6mL 时，L-苹果酸产量分别为 41.0、45.9、50.2、54.1g/L。普通变形菌 P1 的接种量越大，L-苹果酸产量越高。

2. 普通变形菌 P1 接种时间对 L-苹果酸产量的影响

普通变形菌 P1 与无根根霉 R25 同时接入根霉发酵培养基中进行混合发酵，对产 L-苹果酸不利,发酵5d,仅产L-苹果酸23.5g/L,但根霉发酵1d后,在1~4d内接入细菌混合发酵,对产L-苹果酸无不利影响,L-苹果酸产量均能达到51.0g/L。

3. 用薯干代替葡萄糖混合发酵L-苹果酸

薯干经α-淀粉酶液化后,可代替葡萄糖产生L-苹果酸。当薯干粉浓度为18%时,L-苹果酸产量相当于12%葡萄糖时的产量,L-苹果酸达54.7g/L。

4. 混合发酵生产L-苹果酸的过程

从图7-4中可以看出,在细菌接入前,根霉迅速利用葡萄糖构建菌体,在72h内葡萄糖几乎全部被耗尽。随着葡萄糖的消耗,延胡索酸大量产生,与此同时L-苹果酸也有所积累,发酵液pH略有下降。细菌接入后,延胡索酸量急剧减少,L-苹果酸量迅速增加,产量可达54.7g/L。发酵液pH有所回升。

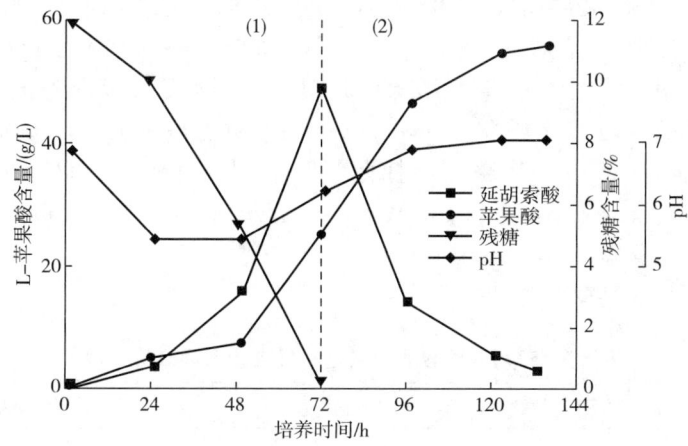

图7-4 混合发酵生产L-苹果酸
(1) 无根根霉R25延胡索酸发酵过程
(2) 无根根霉R25和普通变形菌P1混合培养发酵L-苹果酸发酵过程

四、生物转化法生产苹果酸

(一) 固定化细胞生产苹果酸的原理

1. 基本方法

细胞的固定化方法为:菌种经过扩大培养,并具有较高富马酸酶活力时,用离心机从培养液中分离出菌体细胞,再移入1~2倍生理盐水,使细胞成悬浮液,再离心分离出细胞使其悬浮于生理盐水中。另将2.5%~3.0%的卡拉胶(或其他可固定细胞的材料)溶化,然后在凝固温度以上(45℃左右),将细胞悬浮液在保温容器中混匀,用机械设备制粒,粒子滴入有固化剂的溶液中,同时降温使卡拉胶粒凝固。另一简便办法是将此混合液倾倒在一高3mm的平板框内,待凝固后,用刀切成3mm×3mm×3mm的小方块,然后放入有固化剂的溶剂中使其固化,用0.3mol/L氯化钾溶液浸泡4h,最后放在含有富马酸盐和1%脱氧胆酸(或用牛胆汁)的生理盐水中浸泡(激活富马酸酶)过夜即成。操作时要注意卫生,防止污染。

2. 基本原理

富马酸酶分子质量为 680000u，最适 pH7.0~9.0，此酶等电点为 pH4.3。

将具有高富马酸酶活力的固定化细胞装入固定化反应柱中，保持反应温度，将含有富马酸盐（FuS）的溶液以最适流速流过反应柱，通过富马酸酶作用，使富马酸盐转化成 L-苹果酸盐（MaS）流出柱外，反应方程式如下：

$$H_2O + FuS \xrightarrow[pH7.0~7.2]{酶, 37℃} MaS$$

在工业化生产中，要求单位时间产 L-苹果酸的量多、固定化细胞使用寿命和富马酸酶活力的半衰期要长，而且一定要使富马酸盐一次性 100% 转化成 L-苹果酸，这样才能降低生产成本，因而涉及固定化材料的选用和固定化技术问题。

（二）固定化细胞生产苹果酸的菌种

1962 年日本协和发酵公司北原觉雄申请的专利技术是以富马酸为原料，在富马酸酶的作用下把富马酸转化为 L-苹果酸。在我国，富马酸原料丰富，加上生产的方法比较成熟，因此我国的工厂采用此法生产 L-苹果酸。到目前为止，筛选出来具有较高富马酸酶活性的菌种有产氨短杆菌（*Brevibacterium ammoniagenes*）、黄色短杆菌（*Brevibacterium flavum*）、大肠杆菌（*Escherichia coli*）、普通变形杆菌（*Profeus valgaris*）、短乳杆菌（*Latobacillus brevis*）、假单胞菌（*Pseudomonas sp.*）、皱褶假丝酵母（*Candida rugosa*）、解脂假丝酵母（*Candida lipolytica*）及温特曲霉（*Aspergillus wentii*）等。在工业生产上，多采用产氨短杆菌及黄色短杆菌中的富马酸酶催化富马酸一步转化生产 L-苹果酸（表 7-6）。

表 7-6　用于生产 L-苹果酸的固定化和反应分离耦合微生物

应用固定化细胞的菌株	应用于反应分离耦合技术的菌株
产氨短杆菌、黄色短杆菌、大肠杆菌、马棒状杆菌、黄色细杆菌（*Microbacterium flavum*）、普通变形杆菌、短乳杆菌、假单胞菌、脱氮副球菌、副肠道菌、粉状毕赤酵母、皱褶假丝酵母、解脂假丝酵母、温特曲霉	产氨短杆菌、黄色短杆菌、短乳杆菌

（三）固定化细胞生产苹果酸的方法

固定化细胞的制备方法从理论上讲，任何一种限制细胞自由流动的技术，都可以用于细胞的固定化。一般认为，理想的细胞固定化方法应具备以下 8 个特点：①能够控制固定化细胞的大小和孔隙度；②使用的原料应该便宜、易得，固定化成本应尽量低；③方法应简单、易行，固定化过程应尽可能温和，尽量少损伤细胞；④固定化细胞应具有稳定的网状结构，在使用的 pH 和温度下，不会被破坏；⑤固定化细胞应具有良好的机械稳定性和化学稳定性；⑥用于制备固定化细胞的载体，对细胞应该是惰性的，即不损伤细胞；⑦固定化细胞应使底物、产物和其他代谢能够自由扩散；⑧单位体积的固定化细胞应该拥有尽可能多的细胞数。

目前，用于制备固定化细胞的方法种类繁多，新方法也层出不穷。加上不同的研究者采用不同的分类方法，对此很难作出精确的分类。考虑细胞与载体间的作用力、固定化细胞的状态、载体的来源及固定化细胞的制备过程等因素，并参照 Knndey 等对酶固定化方法及王建龙对生物催化剂固定化方法的分类，对细胞固定化方法进行分类。

（1）结合法　主要分为载体结合法和交联法。载体结合法包括：物理吸附法、离子结合法、共价结合法和生物特异性吸附法。交联法包括：物理交联法和化学交联法。

（2）物理分隔法　分为系统截流法和载体分隔法。其中，载体分隔法又分为包埋法和微胶囊法。系统截流法利用各种半透膜（如渗析膜、超滤膜、反渗透膜、中空纤维膜等）将细胞限定在空间范围内，或将过滤、离心、沉淀后的细胞返回到生物反应器中循环使用，如图7-5所示。

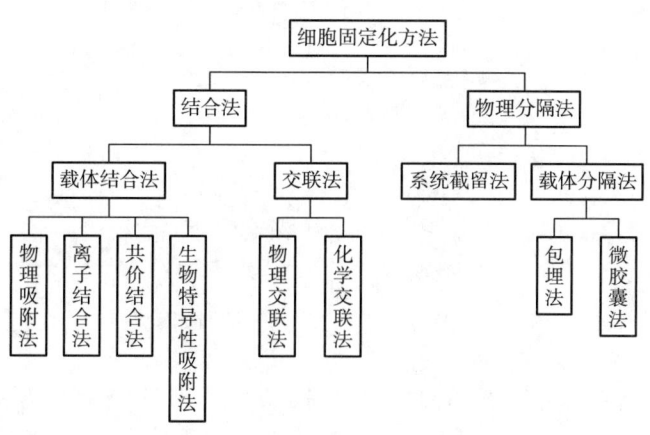

图7-5　细胞固定化方法

（四）固定化细胞生产苹果酸的载体

固定化细胞技术的关键是所采用固定化载体材料的性能。选择载体的标准是：①对细胞无毒，不影响细胞的代谢；②具有良好的传质性能；③具有高的载体活性，即固定化细胞的活性回收率要高；④载体固定化细胞的容量要大，即要有高的细胞负载量和活性；⑤载体材料要容易获得，价格便宜；⑥操作制备方便，能适于大规模生产；⑦有较高的机械强度，能较长时间使用和重复使用；⑧生物、化学及热力学稳定性。在选择载体时，还应该考虑到固定化方法：具有离子交换基团和蛋白质吸附能力的DEAE-纤维素、硅藻土、磷灰石等均可作为物理吸附和离子结合法的载体；能形成凝胶或进行凝聚的琼脂、角叉菜聚糖、海藻酸盐、明胶、聚丙烯酰胺等，可作为包埋法的载体。

目前，制备固定化细胞的常用载体材料主要分为3类。

（1）有机高分子载体　如天然高分子凝胶载体和合成高分子凝胶载体。

（2）无机载体　如多孔陶珠、红砖碎粒、砂粒、活性炭等。

（3）复合载体　如甲壳素和壳聚糖、亲水性和疏水性单体共聚物、磁性载体、高分子复配物等。

（五）固定化黄色短杆菌生产苹果酸

1. 工艺流程

固定化细胞生产L-苹果酸工艺流程如图7-6所示。

2. 菌株培养

（1）菌种　黄色短杆菌，在普通肉汤琼脂培养基上，菌落呈金黄色，圆形，直径1mm，表面光滑、湿润。

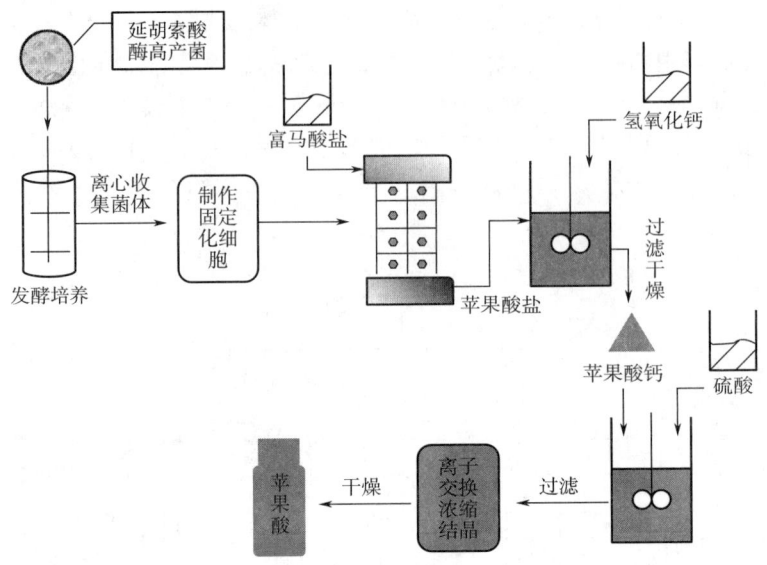

图 7-6 固定化细胞生产 L-苹果酸流程图

（2）摇瓶培养 将冰箱内保存的菌种转接到普通肉汤琼脂培养基试管斜面上，于 30℃培养 16~24h 后，用无菌水将斜面上的菌体洗脱下来，并转接到肉汤琼脂平板上（50~100cm），于 30℃培养 16~24h 后，用无菌水洗脱菌体，转接到 1000mL 三角瓶中，装液量 300mL。摇瓶培养基组成（g/L）：柠檬酸二铵 20~30，玉米浆 20~40，KH_2PO_4 2，$MgSO_4 \cdot 7H_2O$ 0.5，pH7.0，于 121℃灭菌 30min。于 30℃在往复式摇瓶机上振荡培养 16~24h 后，接入发酵罐内培养。

3. 发酵方法

发酵罐可用标准式发酵罐，装料系数取 0.60~0.70。发酵泡沫过多，搅拌转速不宜过快，$5m^3$ 发酵罐转速为 110~120r/min。发酵罐及其连接管路先用 120℃饱和蒸汽灭菌 30min，然后加入培养基（配比同摇瓶培养基）和 1%~3% 的豆油或消泡剂。实罐灭菌温度为 115℃，维持 20~30min（视罐容积而定灭菌时间）。温度降至 30℃时，将种子液移至发酵罐内，保持罐温 30℃，罐压 0.02~0.05MPa。通风量 0.2~0.25m^3/min，培养 12h 后，每隔 2~4h，取样测定浑浊度和酶活力。

4. 菌体收集

发酵培养结束后，发酵液用超速离心机 16000r/min 离心 15min，然后用生理盐水洗涤活菌体 2 次，每次洗涤都离心 15min。菌体收率约为 3%~4%，每 1g 湿菌体的酶活力为 2.0 万~2.5 万单位。

5. 活菌固定

以 8g 湿菌体加 8mL 蒸馏水的比例将湿菌搅拌制成悬浮液，放在温水浴内加温，使品温达到 40~45℃，备用。取 1.5g 卡拉胶加 34mL 蒸馏水，放在 70~80℃热水浴中搅拌，待卡拉胶充分溶胀后，慢慢冷却至品温 45℃，立即将保温的细胞悬浮液迅速倒入卡拉胶浆中，不断搅拌 10min，待其冷却成型后，放置于 2~10℃冰箱中，2h 后取出，用 0.3mol/L KCl 浸泡 4h，再切成边长 3~4mm 的正方体小块。要注意卫生，防止污染。

6. 固定化细胞酶活力

每 1g 湿菌体，经卡拉胶固定后，可得 6g 固定化细胞，加 15mL 由 1mol/L 富马酸钠内含 0.3% 的胆酸组成的活化液，在 37℃ 下保温 20~24h 进行活化，其目的是激活富马酸酶的活力和抑制琥珀酸副产物的产生。活化后的固定化细胞颗粒滤除清液，再用 0.1mol/L KCl 洗涤 2~3 次，最后用无离子水洗至无胆酸为止，装柱待用。

7. 固定化细胞酶转化

以 Fu 代表富马酸根，以 Ma 代表苹果酸根，EF 代表富马酸酶，则转化反应如下：

$$Na_2Fu \overset{EF}{\Longleftrightarrow} Na_2Ma$$

（1）反应底物配制　将工业级富马酸加 NaOH 配制成 1.1~1.3mol/L 的富马酸钠溶液，pH 为 6.9~7.2（最佳 pH 7.0）。保温 37~40℃，然后将溶液上柱转化。

（2）上柱酶转化　使底物溶液以恒速流过装有固定化细胞的反应柱，底物通过富马酸酶转化成 L-苹果酸。流出液中 L-苹果酸钠浓度以 0.85mol/L 为标准，大于此值可适当加快流速，小于此值则反之。流出液中已转化好的 L-苹果酸钠占大部分，未转化的富马酸钠占小部分。在整个反应过程中底物和柱的温度要始终保持在 37~40℃，这是该富马酸酶的最适反应温度。

（六）反应分离耦合技术生产苹果酸

1. 技术原理

生物反应和产物分离过程耦合可以实现高底物浓度的发酵或酶转化，消除或减轻产物对生物催化剂的抑制，提高反应速率。同时，还可以起到降低产物分离能耗、简化产物分离过程、降低生产成本的作用，具有十分广阔的应用前景。作为近年来兴起的集反应过程和产物分离过程于一体的新颖技术，将其应用于 L-苹果酸生产的研究，也取得了重大突破。传统 L-苹果酸生产工艺中，富马酸钠在延胡索酸酶的作用下，转化生成苹果酸钠是典型的可逆反应，转化率为 70%~80%，反应液中苹果酸含量为 10%，虽然采用优化的高浓度富马酸铵体系，可以提高转化率达 88%~90%，酶转化液中苹果酸含量达 20%，较普遍采用的富马酸钠体系提高了 1 倍。但操作步骤仍然达 23 步，成本仍然无法与化学合成法生产 DL-苹果酸抗衡。经反应与分离耦合优化后的工艺也存在诸多问题。

富马酸钙在水中的溶解度很小，40℃ 时为 $9.121×10^{-2}$ mol/L，但苹果酸钙在同样条件下的溶解度更小，只有 $6.756×10^{-2}$ mol/L，它们均与液相中的酸根离子存在平衡转化关系。北原觉雄等以富马酸钙为原料，用短乳杆菌作为酶的来源进行了实际生产试验，获得的 L-苹果酸钙可达理论产率的 99%。若底物直接加入短乳杆菌培养液中，发现得到的固体部分仍然只含有 L-苹果酸钙，用纸色谱法分析发现转化液中只有 L-苹果酸、富马酸和乳酸，而乳酸的量没变化，也就是说形成的 L-苹果酸基本上不再被酶分解。这表明，富马酸钙与苹果酸钙之间的溶解度之差可以用于手性苹果酸的生产。

根据反应与分离耦合原理，以富马酸钙作为反应的原料，利用溶解度的差别，将固定细胞转化反应过程与分离方法有机结合起来，反应式如下：

$$CaFu \underset{\text{固相}}{\Longleftrightarrow} \underset{\text{液相}}{Ca^{2+}+Fu^{2-}} \xrightarrow[\text{（富马酸酶）}]{\text{延胡索酸酶}} \underset{\text{液相}}{Ca^{2+}+Ma^{2-}} \Longleftrightarrow \underset{\text{固相}}{CaMa}$$

上式中 Fu^{2-} 代表富马酸根，Ma^{2-} 代表苹果酸根。在游离延胡索酸酶的催化下，将生物反应过程中生成的 L-苹果酸通过钙盐的形式不断地从溶液中析出，打破固有的化学平衡，反应不断地向着生成产物的方向移动，从而提高反应转化率及对富马酸钙的转化量。

以富马酸钙为原料固定化转化，由于受到内外扩散限制的影响，只有位于固定化颗粒表面的酶参与转化，效率低。若采用异位结晶耦合体系，则底物富马酸的纯度要求很高，结晶体系不能有杂质存在。采用原位转晶和反应耦合则解决了这个问题，且操作方便，条件粗放，保持反应的高活性及简化后续工艺过程，可以明显缩短流程，提高设备利用率，显著降低生产成本，适合产业化。

由于富马酸钙和苹果酸钙的溶解行为在反应与分离耦合中也十分重要，因此有必要建立相应的动力学模型，考察不同 pH、不同温度对溶解过程的影响，对富马酸钙与苹果酸钙的溶解行为进行研究，为确定工业化最佳工艺条件提供可靠的理论依据。

2. 菌株培养

（1）菌株　产氨短杆菌（*B. ammoniagene*）MA-2 和黄色短杆菌 MA-3。

（2）培养基

①斜面培养基：上述两株菌均于普通肉汤培养基中培养，其成分为：蛋白胨 1%，牛肉膏 0.5%，氯化钠 0.5%。

②产氨短杆菌 MA-2 发酵培养基：柠檬酸氢二铵 3%，KH_2PO_4 0.2%，$MgSO_4 \cdot 7H_2O$ 0.05%，玉米浆 4.5%，用 30%NaOH 调节 pH 至 7.5 左右，灭菌后备用。

③黄色短杆菌 MA-3 发酵培养基：丙二酸 2%，KH_2PO_4 0.2%，$MgSO_4 \cdot 7H_2O$ 0.05%，玉米浆 2%，用 30%NaOH 调节 pH 至 7.5 左右，灭菌后备用。

（3）培养条件　产氨短杆菌 MA-2 于 32~34℃下培养 24~36h，摇瓶接种量为 10%，培养时间为 24h，摇床转速 180r/min。黄色短杆菌 MA-3 培养温度为 30~32℃，其余条件同产氨短杆菌 MA-2。

3. 生产条件

在 10L 的生物反应结晶器中装入 2.5kg 延胡索酸酶，加入富马酸钙 6.25kg，进行酶反应与分离耦合，30h 后平均转化率为 98.5%，每千克（升）酶能转化生产 2.5kg 左右的 L-苹果酸，然后进行分离、纯化，制备出 L-苹果酸成品。

在 20L 的生物反应结晶器中装入 3kg 的延胡索酸酶，加入 12kg 富马酸钙进行酶反应与分离耦合，30h 后平均转化率达 99%，然后进行分离、纯化，制备出 L-苹果酸 9.6kg。

在 2000L 的生物反应分离耦合器中装入 250kg 的延胡索酸酶液，以一定速度加入富马酸钙 800kg，进行酶反应与分离耦合，36h 后平均转化率达 99%，然后进行分离、纯化，制备出 L-苹果酸 669kg。

4. 影响因素

（1）反应温度对耦合转化率的影响　延胡索酸酶的催化作用本质上是一种化学反应，化学反应均以分子运动为基础。延胡索酸酶催化反应与底物富马酸钙分子运动以及分子和酶的活性有关，以基团的碰撞-络合-解离为基础。分子动能与温度高低直接相关。因此，温度对产氨短杆菌 MA-2、黄色短杆菌 MA-3 游离细胞中延胡索酸酶的催化反应速度起着极为重要的作用。

温度对该酶促反应的影响颇为复杂，一方面随着温度的升高，底物能量增加，分子碰撞概率增加，溶解度也相应增加，从而使延胡索酸酶反应速度加快；另一方面，随着温度上升超过某一界限，酶蛋白逐步变性，酶活力降低，从而影响延胡索酸酶转化率及延胡索酸酶反应速度。因此，产氨短杆菌 MA-2、黄色短杆菌 MA-3 细胞中延胡索酸酶反应的最适温度就是这几种效应平衡的结果。

胡永红等考察了不同温度对游离产氨短杆菌 MA-2、黄色短杆菌 MA-3 反应与分离耦合生产 L-苹果酸的影响，结果如图 7-7 所示。由图可知，在研究的温度范围内，随着反应温度的升高，其转化率增大，40℃时为最大，25℃及 50℃下均较小。这是由于在较高的温度下，产氨短杆菌 MA-2、黄色短杆菌 MA-3 细胞中延胡索酸酶失活速率加快，细胞中的延胡索酸酶蛋白发生变性而失去催化活力，最终使转化率降低；相反，在较低反应温度下，由于两菌细胞中延胡索酸酶活力较低，因

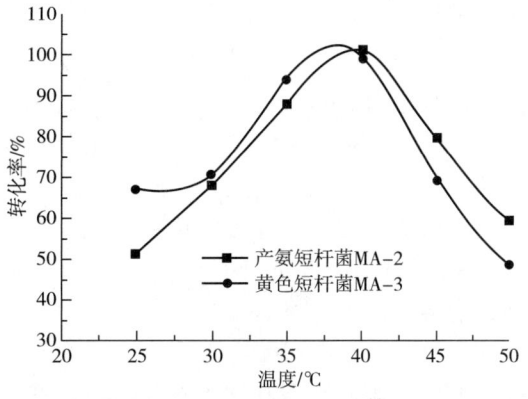

图 7-7 温度对转化反应的影响

此，最终酶反应转化率也较低。在 40℃时，延胡索酸酶转化反应处于最佳状态。这比固定化细胞转化富马酸钠、富马酸铵生成苹果酸的最佳温度略高，由于底物富马酸钙溶解度较小，温度的升高有利于提高其溶解度，从而促进这一反应转化率的提高，表明产氨短杆菌 MA-2、黄色短杆菌 MA-3 细胞所产生的延胡索酸酶具有一定的耐温性，可操作范围较大，有利于工业化过程控制。

（2）pH 对酶转化反应的影响　延胡索酸酶同所有的蛋白质一样是可解离的，其在水溶液环境中的解离状态和行为均受到氢离子的左右。氢离子对酶的催化反应有明显的影响，而且其影响机理十分复杂，这是由于延胡索酸酶分子上有许多酸性、碱性氨基酸的侧链基团，可随 pH 的变化处于不同的解离状态，从而直接影响与底物结合的亲和力或影响延胡索酸酶空间结构以影响其酶活力，导致延胡索酸酶催化反应速度的变化；pH 也会改变底物富马酸钙分子的解离状态，甚至可能会影响中间产物 ES 的解离状态。总之，pH 是决定酶催化活力的重要参数之一，pH 的变化能使游离产氨短杆菌 MA-2、黄色短杆菌 MA-3 细胞中的延胡索酸酶失去活力或提高活力，降低或提高反应转化效率。因此，在反应与分离耦合技术生产 L-苹果酸过程中必须选择合适的 pH，使产氨短杆菌 MA-2、黄色短杆菌 MA-3 游离细胞中的延胡索酸酶处于最佳解离状态，使活力保持最高。实验结果如图 7-8 所示。

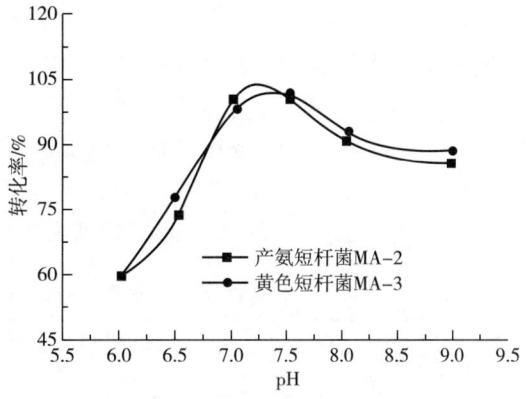

图 7-8 pH 对转化反应的影响

由图 7-8 可知，当 pH 为 7.0~7.5

时,该酶的平均转化率为最大值,超过这一范围,转化率下降,这说明游离细胞中的延胡索酸酶在不同氢离子浓度下催化活力有显著变化,只有在最佳离解状态下才能与底物结合而表现出最大酶活力。这一体系下的pH最佳操作范围较固定化颗粒中延胡索酸酶的最佳操作范围略小。

(3) 不同酶量对分离耦合反应的影响　在酶促反应中,根据中间产物学说,催化反应可分成两步进行,其反应式为:

$$\text{延胡索酸酶} + Fu^{2-} \longrightarrow \text{延胡索酸酶} - Fu^{2-} \longrightarrow \text{延胡索酸酶} + Ma^{2-}$$

即:
$$E + S \longrightarrow ES \longrightarrow E + P$$

酶促反应的转化率通常以反应物之一的苹果酸的生成量来表示。根据质量守恒定律,产物L-苹果酸的生成量由中间产物延胡索酸酶-富马酸根(即ES)的浓度决定,其浓度越高,酶转化率就越高。

在底物富马酸钙大量存在时,形成中间产物的量取决于延胡索酸酶的浓度,延胡索酸酶分子越多,则底物富马酸钙转化为产物苹果酸钙的量就会相应地增加,研究中取16只三角瓶分别分批加入320g富马酸钙,并在瓶中各加入产氨短杆菌MA-2、黄色短杆菌MA-3的发酵液20、40、60、80、90、100、110、120mL,pH为7.0~7.5,在40℃下反应20h后取样分析。实验结果表明,在一定范围内,随着两菌发酵液体积的增加,转化率不断上升,当两菌发酵液体积增至一定值后,其转化率即为恒定值,如图7-9所示。在该试验体系中取产氨短杆菌MA-2、黄色短杆菌MA-3发酵液体积为100mL,此时两菌酶转化率达99.9%,即相当于1L产氨短杆菌MA-2、黄色短杆菌MA-3发酵液能将3.2kg富马酸钙转化成相应摩尔数的苹果酸钙。

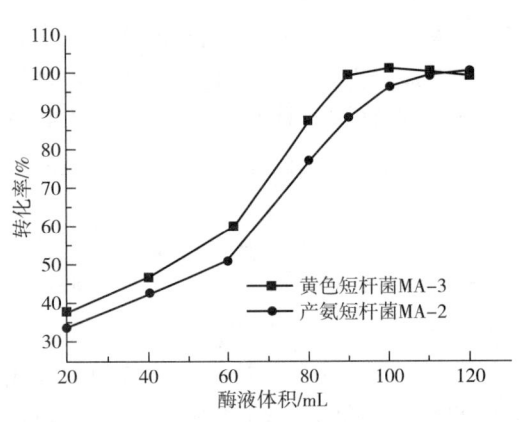

图7-9　酶液体积对转化反应的影响

5. 生产工艺比较

采用固定化酶和固定化细胞生产转化率一般为70%~80%;底物富马酸的残留量在1.0%左右,生产流程长,所需原辅材料多,投入产出比为1.7:1,L-苹果酸总收率仅为60%。优化的富马酸铵固定化工艺可以提高转化率,使其达88%~90%,但操作步骤与传统的富马酸钠体系相似,仅能在一定程度上降低生产成本。反应与分离耦合技术与固定化工艺生产L-苹果酸技术经济指标比较见表7-7。

表7-7　反应与分离耦合技术与固定化工艺生产L-苹果酸技术经济指标比较

项目	国内外传统固定化工艺	优化的富马酸铵固定化工艺	反应与分离耦合工艺体系
富马酸转化率/%	70~85	88~90	99.9
产品启动时间/d	100	100	3
反应液中苹果酸盐浓度/(g/L)	80~150	200~218	3200

续表

项目	国内外传统固定化工艺	优化的富马酸铵固定化工艺	反应与分离耦合工艺体系
L-苹果酸收率/%	60~70	70~80	87
工艺操作步骤/个	22~24	20~24	11
操作控制难易程度	难	中等	易
质量控制难易程度	难	易	易
富马酸残留/%	0.1~1	<0.1	≤0.1

采用反应与分离耦合技术生产L-苹果酸，可以使L-苹果酸生产流程明显缩短40%，省去了离心收集菌体（或絮凝、凝聚收集菌体细胞）、菌体悬浮、卡拉胶加热溶解、固定化、活化及颗粒装柱、富马酸钠配制、固定化细胞转化生成苹果酸钠等8步操作，对富马酸钙转化率高达320%（质量体积分数），投入产出比为（1~1.1）:1，减少了设备的投入，提高了设备的利用率。另外，其他原辅材料、水、电、煤等消耗显著降低。用该法生产L-苹果酸启动时间只需3d，比传统固定细胞生产法启动时间缩短很多。该法生产的产品质量符合美国USP23版标准，富马酸残留量低于0.1%，L-苹果酸总收率达87%，生产成本约为传统固定化生产工艺的60%。基本与采用化学合成方法生产的DL-苹果酸相当。由此可见，反应与分离耦合技术非常适合于L-苹果酸工业化生产。

第三节 代谢工程改造大肠杆菌生产苹果酸

一、微生物中苹果酸合成路径及关键酶

（一）微生物中苹果酸合成路径

微生物利用葡萄糖底物，经糖酵解途径和三羧酸循环（TCA）合成L-苹果酸。其中，借助代谢工程策略进行改造的代谢路径主要包括如下。

（1）首先，丙酮酸（或磷酸烯醇式丙酮酸）羧化为草酰乙酸（OAA），草酰乙酸再经苹果酸脱氢酶（MDH，EC 1.1.1.37，可逆催化草酰乙酸和苹果酸之间的氧化还原反应）还原为L-苹果酸，葡萄糖经这一途径每合成1分子L-苹果酸需固定1分子CO_2，其最大理论得率为2mol苹果酸/mol葡萄糖。此途径的总反应式为：

$$C_6H_{12}O_6 + 2CO_2 \Longrightarrow 2C_4H_6O_5$$

（2）丙酮酸经苹果酸酶催化直接合成L-苹果酸（EC 1.1.1.38-40，苹果酸酶，以区别于催化草酰乙酸底物的苹果酸脱氢酶），需固定1分子CO_2，其最大理论转化率为2mol苹果酸/mol葡萄糖。

$$C_6H_{12}O_6 + 3O_2 \Longrightarrow C_4H_6O_5 + 2CO_2 + 3H_2O$$

（3）首先，丙酮酸羧化为草酰乙酸，再经非循环型乙醛酸循环形成L-苹果酸，其最大理论转化率为1.33mol苹果酸/mol葡萄糖。此途径的总反应式为：

$$1.5C_6H_{12}O_6 + 3O_2 \Longrightarrow 2C_4H_6O_5 + CO_2 + 3H_2O$$

(二) 苹果酸代谢路径的关键酶

苹果酸合成途径中的关键酶主要包括：①三羧酸循环途径中的丙酮酸羧化酶（PYC）、苹果酸脱氢酶（MDH）、富马酸酶（FUM）、柠檬酸合成酶（CS）、顺乌头酸酶（ACN）；②糖酵解途径中的磷酸烯醇丙酮酸羧激酶（PCK）、磷酸烯醇丙酮酸羧化酶（PPC）；③乙醛酸循化途径中的异柠檬酸裂解酶（ICL）、苹果酸合成酶（MS）；④苹果酸酶（ME），是调控苹果酸代谢的关键酶，可以催化苹果酸氧化脱羧的可逆反应。

1. 丙酮酸羧化酶

Zelle 等以耐糖酿酒酵母（*Saccharomy cerevisiae*）为出发菌株，过量表达自身丙酮酸羧化酶（PYC），并通过敲除 C 端的过氧化物酶体定位序列来高水平表达胞质苹果酸脱氢酶（MDH3），使得 L-苹果酸合成水平显著提高。进一步过量表达裂殖酵母（*Schizosaccharomyces pombe*）来源的苹果酸运转蛋白（SpMAE1），结果 L-苹果酸的产量大幅度提高至 59g/L，其转化率达到 0.42mol 苹果酸/mol 葡萄糖。经发酵罐优化后，L-苹果酸转化率提高至 0.48mol 苹果酸/mol 葡萄糖，是目前以重组酿酒酵母菌株合成 L-苹果酸的最高产量。

2. 苹果酸脱氢酶

Pines 等发现了存在于酿酒酵母胞质中的苹果酸脱氢酶。通过高效表达该酶，可将细胞质中糖酵解途径和丙酮酸羧化酶产生的草酰乙酸直接转化为 L-苹果酸，不需进入线粒体来合成 L-苹果酸。与出发菌株相比，L-苹果酸积累量提高了 3.7 倍，达到 11.8g/L。

吴亚斌等在敲除了副产物合成代谢途径的大肠杆菌菌株中，克隆表达了黄曲霉来源的苹果酸脱氢酶基因，并优化了基因拷贝数。表明与用高拷贝质粒相比，较低的苹果酸脱氢酶基因拷贝量可更有效促进 L-苹果酸的积累，将该基因整合于重组大肠杆菌的染色体上，L-苹果酸的转化率提高了 15.7%，达到 60.3%，产量达到 14g/L，生产强度达到 0.47g/L/h。

近年来，研究者还发现了其他来源的苹果酸脱氢酶，并对其进行了深入研究。例如，从天蓝色链霉菌（*Streptomyces coelicolor*）A3 和链霉菌（*Streptomyces avermitili*）来源的苹果酸脱氢酶，可高效、高专一性地催化以 NAD^+ 为辅酶的草酰乙酸还原反应，其逆向反应速率低，且该酶热稳定性好。这也为强化 L-苹果酸合成代谢途径提供了可能。

3. 富马酸酶

由于枯草芽孢杆菌（*Bacillus subtilis*）中分解苹果酸的富马酸酶（*fumC* 编码），在厌氧条件下活性远低于好氧条件，且该菌株溶剂耐受性强，因此枯草芽孢杆菌是较有潜力的 L-苹果酸生产菌株。首先对其改造、进行 L-苹果酸合成的是 Mu 等研究者。他们在枯草芽孢杆菌中同时表达了来源于大肠杆菌的磷酸烯醇式丙酮酸羧化酶（PPC）和来源于酿酒酵母的苹果酸脱氢酶（MDH），使 L-苹果酸积累量提高为 6.04mmol/L（野生型菌株不能积累 L-苹果酸）。进一步在乳酸合成途径敲除的重组枯草芽孢杆菌中表达这两个酶，L-苹果酸的积累量提高为 9.18mmol/L，经微好氧-厌氧两阶段发酵，产量可达 15.65mmol/L。

4. 磷酸烯醇式丙酮酸羧激酶

代谢流分析表明增加磷酸烯醇式丙酮酸羧化酶（PPC）途径流量可促进 L-苹果酸的合成。由于 PPC 途径不积累 ATP，导致磷酸烯醇式丙酮酸高能磷酸键的浪费，而磷酸烯醇式丙酮酸羧激酶（PCK）在羧化合成草酰乙酸的同时积累 ATP，PCK 途径的强化对于 L-苹果酸合成代谢过程更有利。然而，PCK 可同时催化逆向反应，大肠杆菌自身 PCK 主要催化以草酰乙酸为底物形成磷酸烯醇式丙酮酸方向的反应。Moon 等在删除 pta 基因的大肠杆菌中表达了来源于曼海姆产琥珀酸菌（*Mannheimia succiniciproducens*）的 PCK，该酶主要催化形成草酰乙酸方向的反应，使得 L-苹果酸合成量提高到 9.25g/L（出发菌株发酵液中不能检测到 L-苹果酸）。

5. 柠檬酸合成酶

柠檬酸合成酶（CS）又称柠檬酸缩合酶，是合成柠檬酸的关键酶，在三羧酸循环第一步反应中，催化乙酰辅酶 A 的乙基与草酰乙酸的酮基结合生成柠檬酰 CoA，以便后续高能磷酸键水解，释放出 CoA，得到柠檬酸。草酰乙酸和乙酰 CoA 为代谢起点，通过合成柠檬酸后进入 TCA 循环氧化为 L-苹果酸，柠檬酸也可以转化为异柠檬酸，经乙醛酸循环合成 L-苹果酸。CS 是一个调控酶，NADH、琥珀酰 CoA 是抑制剂，但是它的底物乙酰 CoA 和草酰乙酸不是它的激活剂。CS 几乎存在于所有活细胞中并且是催化三羧酸循环第一步的一个限速酶。刘等通过过量表达来源于本源的 CS，在大肠杆菌中构建了基于乙醛酸循环的苹果酸代谢合成路径，并采用体外路径模块优化结合体内多重组合优化可以有效提高苹果酸路径合成效率，L-苹果酸产量达到 36g/L，转化率为 0.74mol/mol。

6. 异柠檬酸裂解酶

在乙醛酸循环中异柠檬酸裂解酶（ICL）催化异柠檬酸裂解成琥珀酸和乙醛酸。它和苹果酸合酶（催化乙醛酸和乙酰 CoA 缩合生成苹果酸）以及三羧酸循环中的部分反应共同组成乙醛酸循环。在乙醛酸循环中 ICL 位于异柠檬酸下游，通过裂解异柠檬酸改变碳源的流向，使其进入乙醛酸循环，以绕过三羧酸循环中的 2 个脱羧基步骤，生成草酰乙酸和乙酰 CoA，补充三羧酸循环的中间产物，在新一轮反应中重新合成柠檬酸，故 ICL 可通过裂解副产物异柠檬酸为苹果酸的合成提供原料，从而促进苹果酸的积累。乙醛酸在乙酰 CoA 参与下，由苹果酸合成酶催化生成苹果酸。通过乙醛酸途径，每消耗 2mol 的乙酰 CoA 和 1mol 的草酰乙酸产生 1mol 的丁二酸和 1mol 的苹果酸，丁二酸进一步转换为苹果酸，既能提高苹果酸产率，又能减少乙酸形成。1mol 葡萄糖通过乙醛酸途径最优代谢流分布，有可能实现生成 1.33mol 苹果酸的理论产率。刘等通过过量表达来源于本源的 ICL，在大肠杆菌中构建了基于乙醛酸循环的苹果酸代谢合成路径，通过体外路径模块优化提高苹果酸产量。

7. 苹果酸酶

以 NAD(P)$^+$ 为辅酶的苹果酸酶可催化丙酮酸羧化合成 L-苹果酸：丙酮酸+NAD(P)H+CO_2→苹果酸+NAD(P)$^+$，是最简洁的 L-苹果酸合成途径。然而，从热动力学角度看该反应过程难以进行（$\Delta G^{o'}=+7.3kJ/mol$），已发现的苹果酸酶都催化苹果酸与丙酮酸之间的可逆反应，其主要产物是丙酮酸。

Stols 等发现，在重组大肠杆菌（Δpfl，$\Delta ldhA$）中，高效表达以 NAD$^+$ 为辅酶的苹果酸酶（*maeA*），可提高苹果酸下游产物琥珀酸的积累量。Kwon 等在大肠杆菌 K12 菌株中，过量表达以 NADP$^+$ 为辅酶的苹果酸酶（*maeB*），也可提高 C4 代谢产物尤其是琥珀酸的合成水平。因此，在还原型辅酶高度积累且苹果酸分解代谢途径受阻的重组菌株中，高效表达苹果酸酶也有可能提高体内 L-苹果酸的积累量，Liu 等在重组大肠杆菌中，高效表达了来源于拟南芥的苹果酸酶（*me2*），在大肠杆菌中构建了一步还原途径合成苹果酸，经过代谢工程改造和发酵优化后，L-苹果酸产量为 21.65g/L。

二、非循环乙醛酸路径合成苹果酸

以大肠杆菌 B0013 为出发菌株，通过体外代谢工程策略和 CRISPR（规律成簇的间隔短回文重复序列）干扰技术，构建了从丙酮酸经乙醛酸路径合成 L-苹果酸的代谢途径。通过构建体外苹果酸合成路径，获得了路径酶的最适催化比例；进一步地，构建并筛选出靶向路径酶不同抑制强度的 gRNA，通过元件组装，在胞内转录水平，利用 CRISPR 干扰技术对路径酶比例进行理性调控，实现了 L-苹果酸产量的大幅度提升；最后通过对培养条件进行优化，进一步增加了 L-苹果酸产量。本研究的调控靶点如图 7-10 所示，主要研究思路如下。

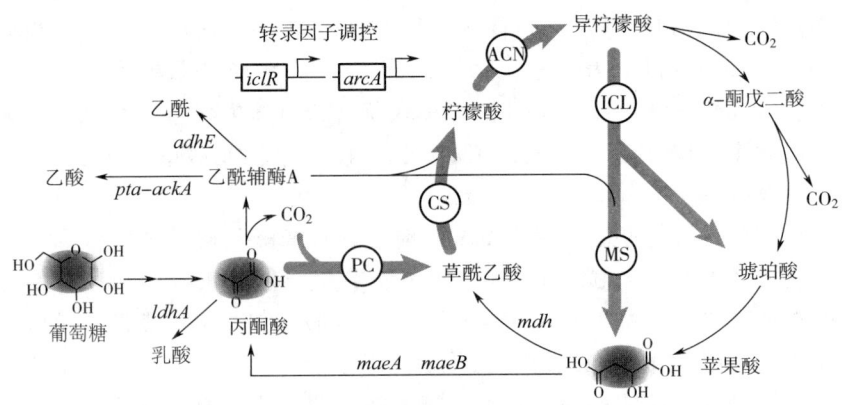

图 7-10　苹果酸乙醛酸合成路径

ldhA—乳酸脱氢酶　maeA—NAD 依赖型苹果酸酶　maeB—NADP 依赖型苹果酸酶
ackA—乙酸激酶　pta—磷酸转乙酰酶　adhE—乙醇脱氢酶　mdh—苹果酸脱氢酶
iclR—IclR 家族转录调控因子　arcA—OmpR 家族转录调控因子　PC—丙酮酸羧化酶
CS—柠檬酸合成酶　ACN—顺乌头酸合成酶　ICL—异柠檬酸裂解酶　MS—苹果酸合成酶

（1）乙醛酸合成路径的设计与体外构建　针对乙醛酸合成路径中的五种关键酶，借助数据库和异源表达策略，以酶催化效率为指标，纯化、筛选、制备最优路径酶。在体外环境中混合多种路径酶，确定 L-苹果酸体外合成可行性。

（2）乙醛酸体外路径的评估及优化　以初始反应速率为指标，建立了以柠檬酸为节点的双模块优化体系。通过研究单个路径酶对模块反应速率的影响，确定苹果酸合成的瓶颈模块和限速酶。通过调整路径酶摩尔比例平衡模块内及模块间的反应速率，获得了体外条件下最优的路径酶催化摩尔比例。

（3）苹果酸合成菌株的构建　利用基因组合敲除的方式，以大肠杆菌 B0013 为出发菌株，理性设计乙醛酸路径的改造靶点，构建了一株能少量积累苹果酸（5.3g/L）的 8 基因缺失大肠杆菌 B0044。

（4）CRISPR 干扰技术优化路径酶表达水平　构建具有路径酶不同抑制强度的靶向 gRNA，以体外最优的路径酶催化摩尔比例为指导，组装构建出具有不同路径酶表达强度的工程菌株。

（5）体内优化效果验证及发酵放大实验　比较不同菌株发酵过程参数和酶学数据，并对发酵过程进行优化,实现了L-苹果酸产量的大幅度提升。

(一)乙醛酸合成路径的设计与体外构建

1. 路径的设计和酶的筛选纯化

好氧发酵条件下,大肠杆菌合成苹果酸有两条主要路径,第一条路径是经氧化三羧酸循环,此路径中,乙酰CoA经丙酮酸脱氢酶产生,草酰乙酸经丙酮酸羧化酶形成,两者形成柠檬酸,并最终氧化为苹果酸,苹果酸最大理论转化率为1mol苹果酸/mol葡萄糖;第二条路径是非还原型乙醛酸路径,丙酮酸羧化为草酰乙酸,再经乙醛酸循环形成L-苹果酸,苹果酸最大理论转化率为1.33mol苹果酸/mol葡萄糖,该路径共涉及五种酶,分别是丙酮酸羧化酶、柠檬酸合成酶、顺乌头酸合成酶、异柠檬酸裂解酶和苹果酸合成酶(图7-11)。

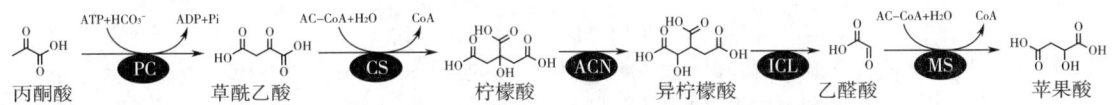

图7-11 苹果酸合成的非循环型乙醛酸路径示意图

PC—丙酮酸羧化酶　CS—柠檬酸合成酶　ACN—顺乌头酸合成酶　ICL—异柠檬酸裂解酶　MS—苹果酸合成酶

为了将碳流从丙酮酸经乙醛酸路径引向L-苹果酸,根据相关文献调研以及Brenda数据库,对乙醛酸路径中的关键酶进行了分析,其中大肠杆菌本源的顺乌头酸合成酶和异柠檬酸裂解酶催化活力较好,因此针对丙酮酸羧化酶(大肠杆菌本源不存在)、柠檬酸合成酶和苹果酸合成酶进行了筛选,在BL21(DE3)宿主菌中,检测不同宿主菌来源的上述三种酶的粗酶活,结果见图7-12所示,根据酶比活力大小,来源于黄曲霉的丙酮酸羧化酶分别是来源于谷棒杆菌、枯草芽孢杆菌、乳酸乳杆菌的1.16倍、2.93倍和6.7倍。类似地,最终三种酶分别选择来源于黄曲霉的丙酮酸羧化酶、大肠杆菌本源的柠檬酸合成酶和来源于天蓝色链霉菌的苹果酸合成酶进行构建苹果酸乙醛酸合成路径。

2. 苹果酸的体外合成

为了构建体外苹果酸合成路径,首先,表达纯化获得了前文所述五种电泳级纯度的路径酶[图7-13(1)],体外反应体系在1.5mL离心管中进行,依次加入底物丙酮酸、辅因子、金属离子和等摩尔比的路径酶,在37℃反应1h后进行阳离子质谱检测,结果如图7-13(2)、(3)所示。未加入路径酶的体系中,可以明显检测到底物丙酮酸的存在(M/Z=89.10),未检出苹果酸;而加入路径酶的催化体系中,丙酮酸峰几乎检测不出,而可以检出苹果酸物质的存在(M/Z=135.10)。该结果说明,在体外系统中,底物丙酮酸在路径酶和辅因子等物质的催化参与下被消耗,底物苹果酸能获得积累,苹果酸体外合成路径可行。本研究也尝试针对体外系统进行液相检测,由于底物浓度较低,未能获得较为可信的苹果酸峰。

(二)乙醛酸体外路径的评估及优化

1. 体外模块化

由于体外合成系统涉及五种酶,为了对路径整体催化效率进行优化,首先,对合成路径进行模块化划分(图7-14)。本研究选择以柠檬酸作为两个模块的节点代谢物,主要因

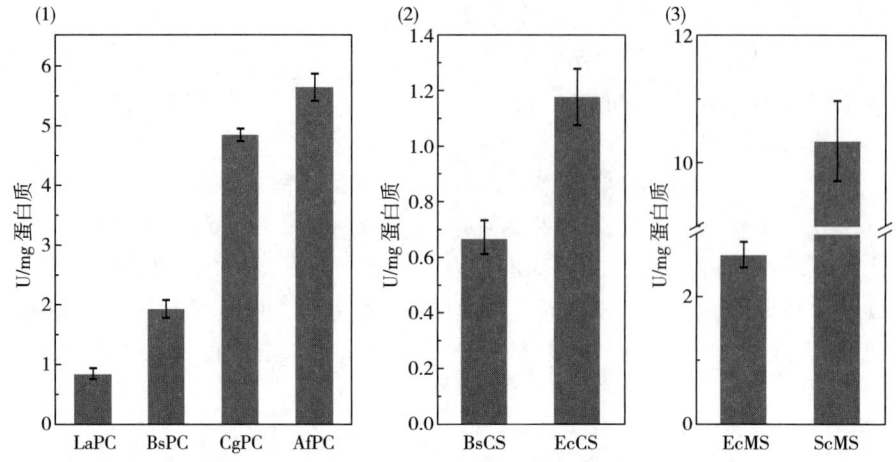

图 7-12 不同来源路径酶比酶活比较

LaPC—乳酸乳杆菌来源丙酮酸羧化酶　BsPC—枯草芽孢杆菌来源丙酮酸羧化酶
CgPC—谷棒杆菌来源丙酮酸羧化酶　AfPC—黄曲霉来源丙酮酸羧化酶
BsCS—枯草芽孢杆菌来源柠檬酸合成酶　EsCS—大肠杆菌来源柠檬酸合成酶
EcMS—大肠杆菌来源苹果酸合成酶　ScMS—天蓝色链霉菌来源苹果酸合成酶

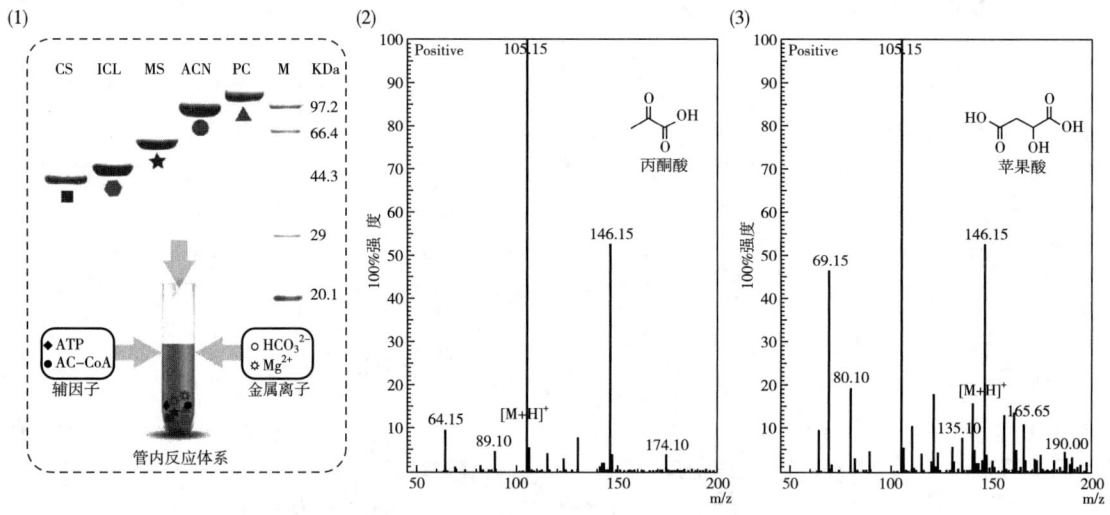

图 7-13 苹果酸合成路径的体外构建

(1) 路径酶的电泳级纯化及苹果酸合成路径的体外构建　(2) 未添加路径酶的体外重构系统质谱检测图
(3) 含有路径酶参与的体外重构系统的质谱检测图

体外重构系统包含 20mmol/L 丙酮酸，20mmol/L ATP，20mmol/L NaHCO$_3$，5mmol/L MgCl$_2$，
0.8mmol/L 乙酰 CoA，五种纯酶各 5μmol/L

为：①柠檬酸作为三羧酸循环的标志代谢物，可以表征碳流进入三羧酸循环的流量大小；②柠檬酸节点前后的两个模块，均有游离 CoA 的释放，可较为方便地进行反应动力学检测。

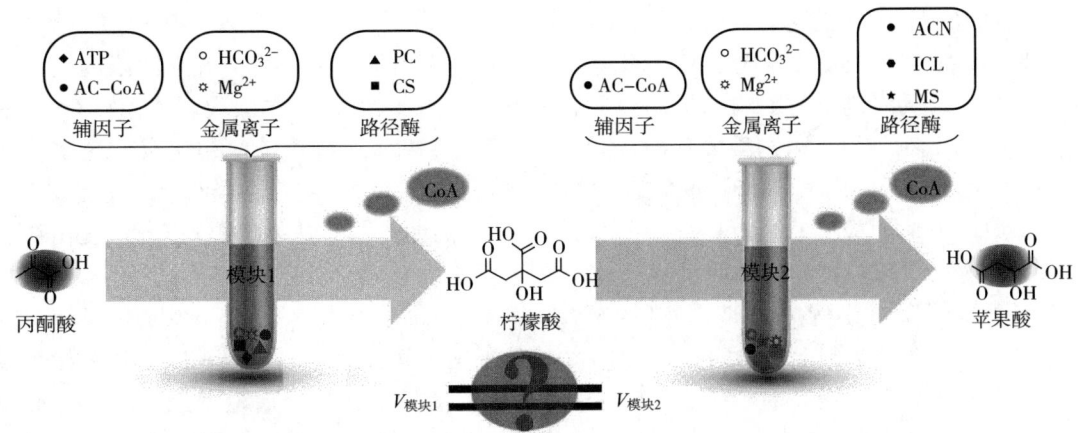

图 7-14 体外合成路径的模块化划分

2. 辅因子浓度优化

首先对模块的辅因子浓度进行了优化。模块 1 共涉及两种辅因子。乙酰 CoA 的浓度优化结果如图 7-15（1）所示，当控制乙酰 CoA 浓度在 0.2~0.4mmol/L 时，在反应前 30s 内，随着乙酰 CoA 浓度的增加，游离 CoA 释放量也增加，提高浓度并未明显增加 CoA 的释放量。然而反应超过 60s 后，0.5mmol/L 的乙酰 CoA 在反应体系中可以释放更多的游离 CoA。考虑到成本因素，最终确定乙酰 CoA 浓度为 0.5mmol/L。ATP 浓度优化结果如图 7-15（2）所示，0.1~2.5mmol/L ATP 浓度范围内，在反应前 30s 内，提高 ATP 的浓度，可以增大 CoA 的释放，进一步加大 ATP 浓度至 5mmol/L 时，CoA 的释放量出现了抑制。反应超过 60s 后，2.5mmol/L 和 5mmol/L ATP 浓度所对应的 CoA 释放量差异不明显，考虑到成本因素，最终确定 ATP 浓度为 2.5mmol/L。模块 2 仅涉及辅因子乙酰 CoA 的参与。在反应的 30min 内，随着乙酰 CoA 浓度的提高，CoA 的释放量也逐步增加，当浓度控制为 0.8mmol/L 时，CoA 的释放量趋于稳定，最终确定乙酰 CoA 浓度为 0.8mmol/L［图 7-15（3）］。

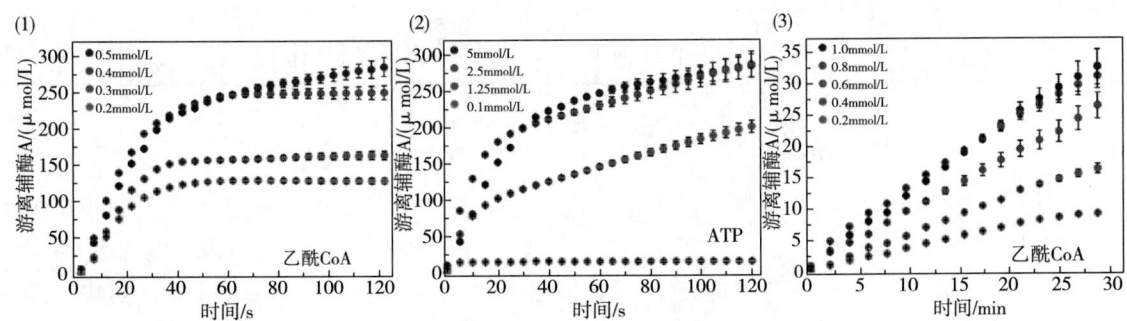

图 7-15 体外合成系统的辅因子优化

（1）模块 1 中乙酰 CoA 浓度对 CoA 生成的影响　（2）模块 1 中 ATP 浓度对 CoA 生成的影响
（3）模块 2 中乙酰 CoA 浓度对 CoA 生成的影响

3. 路径酶比例优化

为了确定每个模块中,是否存在限速酶。首先,优化了每个模块中单个酶浓度变化对模块整体初始反应速率的影响(图7-16)。在模块1中,当固定柠檬酸合成酶(CS)浓度为1μmol/L时,提高丙酮酸羧化酶(PC)浓度,可以增加模块1的初始反应速率,提高PC浓度至初始浓度2倍时,可以提高模块初始反应速率至1.3倍;类似地,固定PC浓度为1μmol/L时,提高CS浓度,也可以增加模块1的初始反应速率,提高CS浓度至初始浓度2倍时,可以提高模块初始反应速率至1.3倍。在模块2中,首先优化了检测条件,确定三种酶的摩尔比例为ACN：ICL：MS=6：4：4时,初始反应速率约为0.5μmol/L CoASH/min。在此基础上,单独提高ACN浓度至原有浓度2倍时,可以提高模块初始反应速率至2.9倍。单独提高MS浓度至3倍时,可以提高模块初始反应速率至2.5倍。而单独提高ICL(异柠檬酸裂解酶)浓度至3.5倍时,可以大幅提高模块初始反应速率至11.1倍。本研究说明,以初始反应速率为评价指标时,优化前模块1(约200μmol/L CoASH/min)远高于模块2(0.5μmol/L CoASH/min),模块2是体外合成路径中的限速模块。在模块2涉及的三种路径酶中,ICL浓度的改变更加显著影响了模块整体初始速率,说明ICL是模块2中的限速酶。

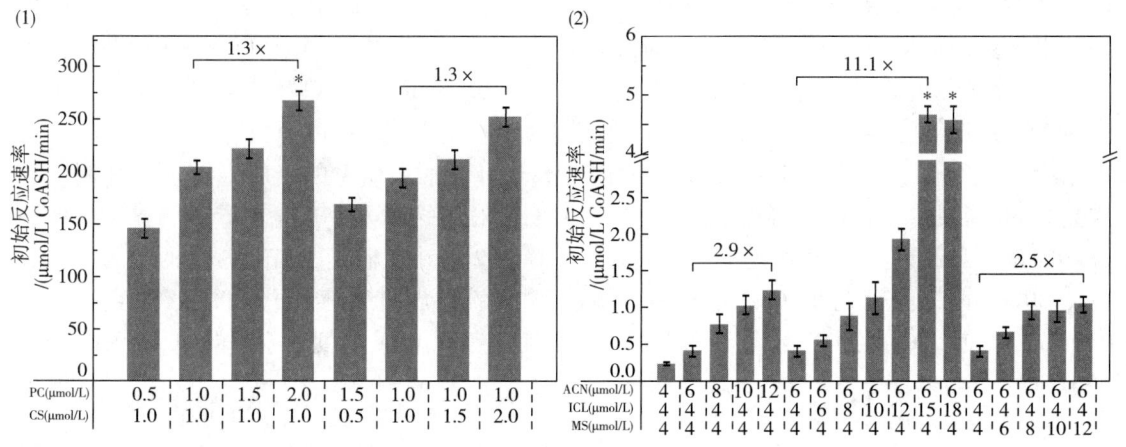

图7-16 单因素优化酶浓度对模块初始反应速率的影响
(1) 模块1中酶浓度对初始反应速率的影响　(2) 模块2中酶浓度对初始反应速率的影响
*代表显著性差异,$P<0.05$

为了研究模块2中三种酶是否存在协同作用,本研究固定了单因素条件优化后确定的ICL浓度(15μmol/L),并分别设置ACN浓度梯度(6、9、12μmol/L)和MS浓度梯度(4、8、12μmol/L)。采用正交实验测试,具体结果见图7-17(1)。由图可知,模块2确实存在协同作用,当ACN：ICL：MS=4：5：4(12μmol/L：15μmol/L：12μmol/L)时,模块2的初始反应速率可达7.76μmol/L CoASH/min,是优化前的15.5倍。由图7-17(2)可知,经过系统优化,体外乙醛酸合成路径的苹果酸生产强度达到了2.2mmol/h,是优化前的3.5倍。尽管模块2初始反应速率经过组合优化有了大幅提高,其单个合成单元的反应初始速率仅约为模块1的0.05,因此两个模块在柠檬酸节点处仍存在数量级上的差异，这种差异会造成节点代谢物的大量积累，进而降低整体路径的催化反应效率，因此需要对两个模块的反应速率进行调控。CRISPR 干扰技术作为近年来新兴发展起来的一种转录水平调控技术，具有操作简单，调控范围大，多靶点同时作用等优势，在动植物/微生物生理调控、代谢改造、疾病治疗等领域逐步发展成熟。本研究拟采用 CRISPR 干扰技术调控大肠杆菌胞内代谢流，以体外合成路径酶优化摩尔比例，指导体内代谢改造，提高苹果酸产量。

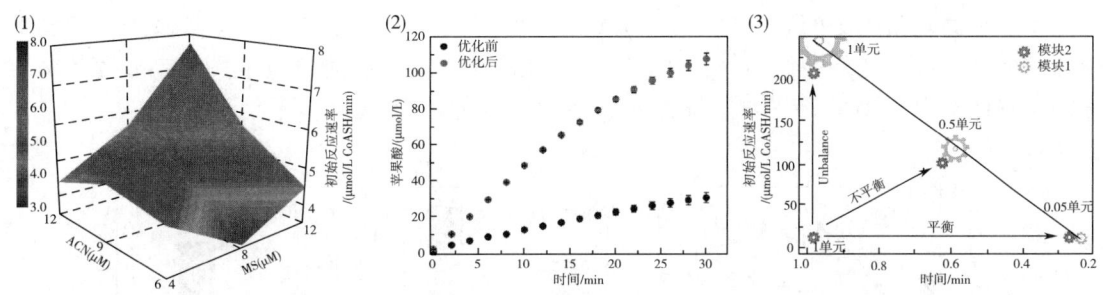

图 7-17　模块 2 的组合优化及路径催化协同性分析

（三）苹果酸合成菌株的构建

1. 工程菌株的构建

为了驱使代谢流经乙醛酸路径至苹果酸方向，本研究分别敲除了以下基因（图 7-18）：①副产物阻断：包括乙酰 CoA 向乙醇方向转化的关键基因 *adhE*，乙酰 CoA 向乙酸转化的关键基因 *pta* 和 *ackA*，丙酮酸向乳酸转化的关键基因 *ldhA*；②产物的去路阻断：包括苹果酸向丙酮酸的转化的两个关键基因 *maeA* 和 *maeB*，苹果酸向草酰乙酸转化的关键基因 *mdh*；③转录因子调控：包括调控乙醛酸代谢流的局部转录调控因子 *iclR* 和好氧条件下负责碳代谢全局转录调控因子 *arcA*。最终改造菌株被命名为 B0013-44。

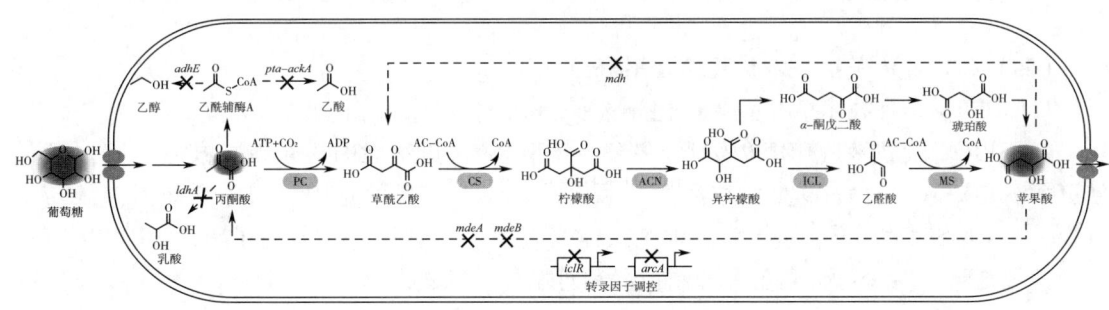

图 7-18　乙醛酸合成路径工程菌株改造示意图

PC—丙酮酸羧化酶　CS—柠檬酸合成酶　ACN—顺乌头酸合成酶　ICL—异柠檬酸裂解酶　MS—苹果酸合成酶

2. 基因改造对苹果酸合成的影响

为了检测敲除图 7-19 所示 8 个基因型的工程菌株 B0013-44 是否具有理性改造效果，在无机盐 M9 发酵培养基条件下，分别检测了野生型菌株和工程菌株的发酵参数。如图 7-

19所示，在菌体生长方面，野生型菌株和工程菌株差异不显著（$OD_{600} = 4.5$），工程菌株发酵48h的糖耗更多。副产物方面，工程菌株的主要的代谢副产物为丙酮酸，较野生型菌株提高32倍，达到100.36mmol/L。乙酸和α-酮戊二酸积累量分别降低至野生型的22.9%和14.9%，乳酸和乙醇未检出。目标产物苹果酸的积累量在工程菌株B0013-44中可达39.3mmol/L，野生型难以积累苹果酸。

根据发酵数据可以看出，伴随着副产物基因的敲除，乙酸、乳酸等副产物积累大幅下降，同时丙酮酸的积累出现了显著增加，说明苹果酸去路的阻断，则有效地促进了苹果酸的积累。全局转录因子的调节使进入TCA循环的碳流增加，促进了工程菌株的生长和对葡萄糖的摄入。而乙醛酸循环局部转录因子的调控使得异柠檬酸节点中进入乙醛酸的碳流增加，降低了氧化TCA循环下游代谢物α-酮戊二酸的积累。

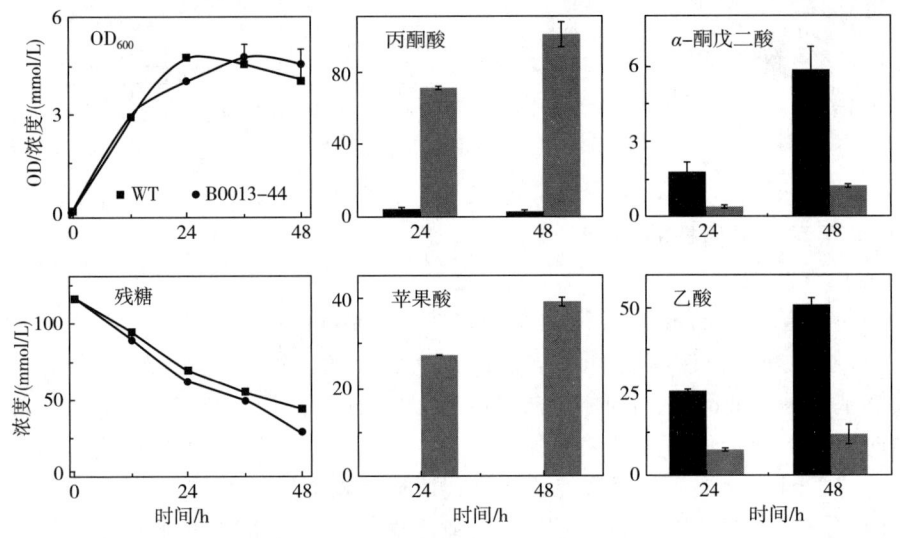

图7-19 野生型菌株WT和工程菌B0013-44的发酵参数比较

（四）CRISPR干扰技术优化路径酶表达水平

1. CRISPR干扰技术的建立与优化

CRISPR干扰技术（CRISPRi）是基于CRISPR/Cas9发展的转录调控技术，其原理是使原本剪切靶基因的Cas9蛋白核酸内切酶失活，使其与目的基因紧密结合而阻滞了转录过程，当CRISPRi系统被移除后，细胞又能恢复正常。首先，本研究了引入CRISPRi后，不同诱导剂组合对绿色荧光蛋白抑制情况和对菌株生长的影响。由图7-20（1）、（2）可知，当外源添加1mmol/L脱水四环素（ATC）和0.4mmol/L异丙基硫代半乳糖苷（IPTG）时，系统对靶蛋白的抑制较佳，且不影响菌株生长。同时，测试了距离转录起始位点相近位置，分别靶向模板链（CS-7、CS-8、CS-9）和非模板链（CS-1、CS-2、CS-3）的向导RNA（gRNA）对靶蛋白表达的影响。如图7-20（3）所示，相较于对照组，无论gRNA作用于模板链还是非模板链，CRISPRi系统对绿色荧光蛋白表达均有抑制作用，且靶向非模板链对绿色荧光蛋白表达的抑制作用远强于作用于模板链。

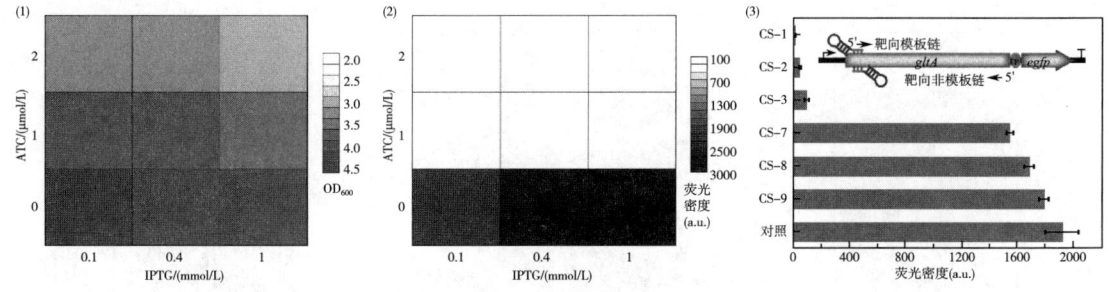

图 7-20 CRISPRi 系统的优化

2. 靶向 RNA 的筛选与组装

由于模块 2 需要较高的表达量,而模块 1 需要较低的表达量。因此,针对模块 2,设置靶向模板链的 gRNA,针对模块 1,设置靶向非模板链的 gRNA。在模块 2 中,由于体外优化的结果确定,当 ACN:ICL:MS=4:5:4 时,有最佳的催化反应速率。因此,本研究在 ACN、ICL、MS 等过表达路径酶的 C 末端分别融合绿色荧光蛋白,规定 ICL 的绿色荧光强度为 100%,分别设置、筛选能控制 ACN-GFP、MS-GFP 荧光密度值为 ICL-GFP 荧光密度值 80% 的 gRNA。如图 7-21(1)、(2) 所示,由于 ACN-GFP 对照组的表达量约为 ICL-GFP 荧光密度值的 80%,因此不设置 gRNA,最终模块 2 选择的 gRNA 为 MS-2。在模块 1 中,为了检测体外苹果酸合成系统优化结果是否对体内理性调控具有指导作用,本研究设置了四个不同调控水平的 gRNA(A:PC-1+CS-2;B:PC-2+CS-4;C:PC-3+CS-5;D:PC-4+CS-6)。将 MS-2 分别与 A、B、C、D 四个水平 gRNA 进行组装,构建出同时靶向三个靶蛋白的 gRNAs。

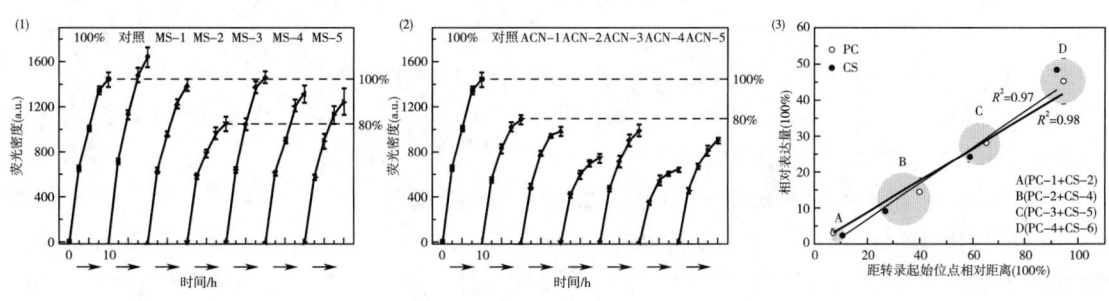

图 7-21 向导 RNA 的构建

3. 路径酶的组装与评价菌株构建

采用 BioBricks 技术分别组装过表达路径酶,表达质粒中每个路径酶具有单独表达框(T5 启动子-B0034RBS-T7 终止子),质粒大小达到 16.2kbp,其双酶切核酸胶验证结果如图 7-22(1) 所示。由图 7-22(2)、(3) 可知,路径酶均能正常表达,引入 CRISPRi 系统后,模块 1 中的 PC 和 CS 蛋白胶条带明显变弱,模块 2 路径酶的相对表达水平明显提高,说明 CRISPRi 系统中 gRNAs 的引入,可以有效调节路径酶的表达比例。

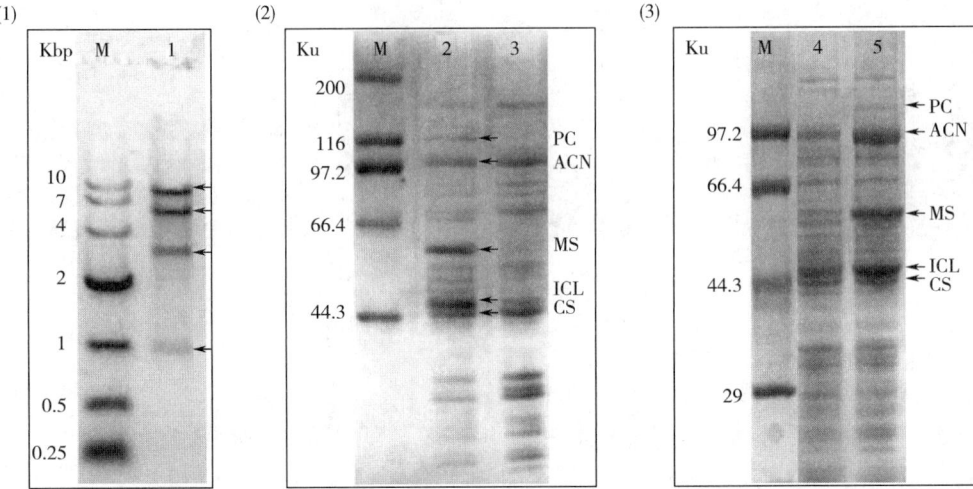

图 7-22 路径酶组装与表达调控验证

(1) 路径酶质粒 pETM7-PGNAB 的双酶切验证　(2) 泳道 2 为路径酶表达蛋白胶验证，泳道 3 为对照
(3) 泳道 5 为引入 CRISPRi 系统后路径酶表达量的蛋白胶验证，泳道 4 为对照

（五）体内优化效果验证及发酵放大实验

1. 体内优化效果验证

分别将四种调控水平 CRISPRi 系统和路径酶系统导入工程大肠杆菌 B0013-44 中 [图 7-23（1）]，构建出 B0013-46、B0013-47、B0013-48、B0013-49 菌株 [图 7-23（2）]，将上述四种菌株与无靶向抑制作用的对照菌株 B0013-45 进行苹果酸生产比较。由图 7-23（2）、(3)可知，单纯过表达路径酶，工程菌 B0013-45 的丙酮酸产量下降至菌株 B0013-44 的 37%，说明过表达路径酶后，丙酮酸被驱动至下游路径，最终使其苹果酸产量提高 13%。同时，对路径酶表达比较进行优化后，苹果酸的产量分别提高了 24.4%~100.2%，其中，菌株 B0013-47 的苹果酸产量达 90mmol/L，得率为 0.85mol/mol，达到理论最大得率的 63.9%。

为了进一步说明 CRISPRi 系统对路径酶表达的调控作用，本研究测定了上述工程菌株三种路径酶比酶活的变化情况，如图 7-23（4）所示，相较于未调控对照菌株 B0013-45，随着对 PC 和 CS 抑制作用的增强，对应菌株的比酶活也出现了相关联的比酶活下降（B0013-49 到 B0013-46）的现象。而对 MS 具有弱调控作用的菌株，MS 比酶活则仅有部分下调。

CRISPRi 系统的引入，容易造成菌株生长负荷。本研究也分析了不同工程菌株在无机盐发酵培养基发酵过程中，菌株生长、葡萄糖摄入和生产强度等指标。具体参数见表 7-8，苹果酸最优生产菌株 B0013-47 的平均细胞生长速率（0.04g 菌体干重/h），较对照菌株下降 20%。葡萄糖比摄入速率较对照菌株下降 10%，但是其苹果酸生产强度却提高 103%。

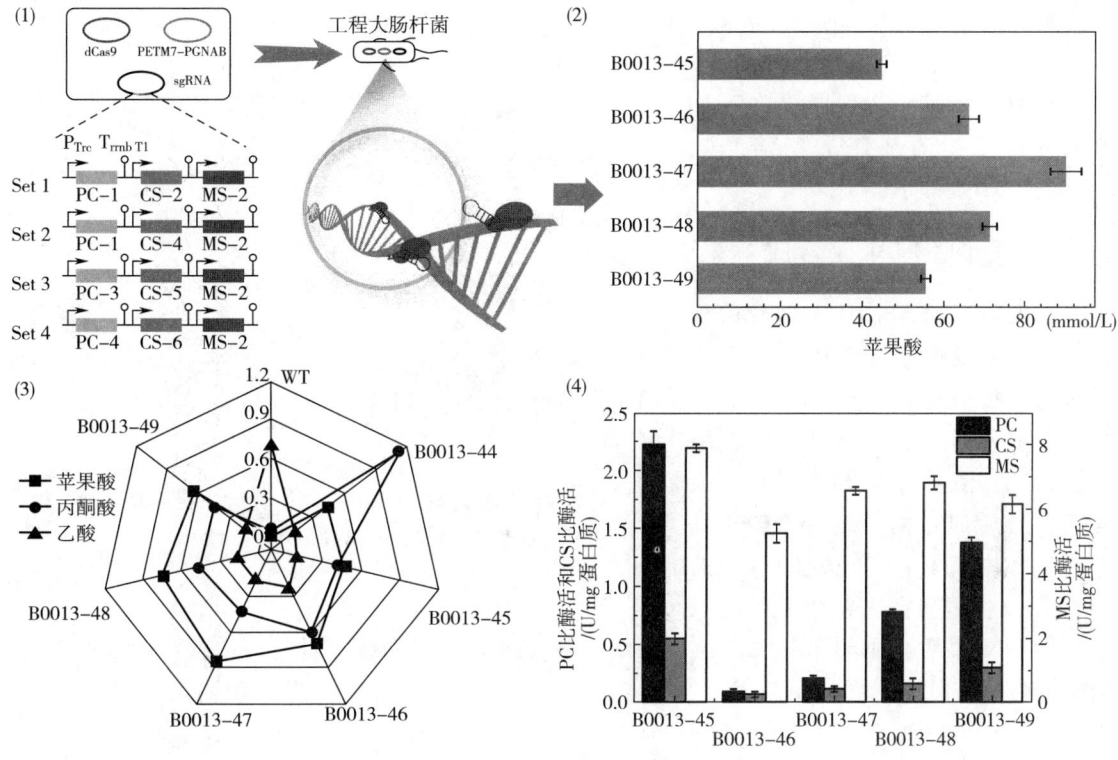

图 7-23 CRISPRi 的体内优化效果验证

（1）CRISPRi 系统示意图　（2）工程菌株苹果酸生产情况　（3）工程菌株的有机酸得率分析
（4）关键路径酶的酶活分析

表 7-8　　工程菌株发酵参数

菌株	平均生长速率 /（g菌体干重/h）	比葡萄糖摄入速率 /（g/L·g菌体干重/h）	比生产强度 /（g/L·g菌体干重）
B0013-44	0.05	0.31	2.82
B0013-44	0.05	0.28	2.49
B0013-45	0.05	0.30	3.55
B0013-46	0.03	0.21	5.93
B0013-47	0.04	0.27	7.21
B0013-48	0.04	0.26	5.84
B0013-49	0.05	0.26	4.28

2. 补料分批发酵

为了验证系统的稳定性，选择最优苹果酸生产菌株 B0013-47 进行发酵罐放大研究。一级种子体系为 50mL LB 培养基，37℃过夜培养后以 2% 的接种量，接种至二级种子（M9 培养基）中继续培养 10h。发酵罐体系为 3.6L INFORS 发酵罐，装液量 2L，诱导 OD=10，诱导温度30℃，葡萄糖浓度低于10g/L后进行补加。采用2mol/L KHCO$_3$维持pH在7左右。通气1m^3/（m^3·min），溶氧（>30%）与搅拌速率（200~500 r/min）关联。

由图7-24可知，诱导50h后，菌株B0013-47可发酵生产苹果酸269mmol/L，苹果酸产量约为摇瓶的3倍，得率为0.74mol/mol葡萄糖。

三、一步还原途径合成苹果酸

以大肠杆菌w3110为出发菌株，通过代谢工程策略和蛋白质工程策略构建了从丙酮酸一步合成L-苹果酸的代谢途径，并结合辅因子工程策略优化胞内辅因子水平，使L-苹果酸产量得到大幅度提升，最后通过对培养条件进行优化，进一步增加了L-苹果酸产量，如图7-25所示。主要研究思路如下所述。

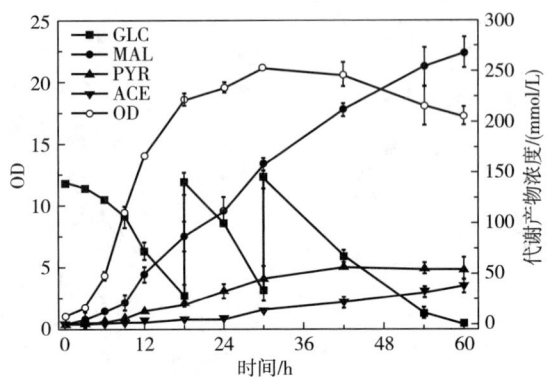

图7-24 工程菌株B0013-47的补料分批发酵过程参数
GLC—葡萄糖 MAL—苹果酸 PYR—丙酮酸 ACE—乙酸

（1）苹果酸合成前体库的构建 采用多基因组合敲除策略，对大肠杆菌w3110中参与丙酮酸进一步代谢的关键酶删除，实现丙酮酸的高效积累，为L-苹果酸一步合成途径的构建提供充足前体。

（2）苹果酸合成途径的优化 通过体外转化实验筛选高效催化丙酮酸转化生产L-苹果酸的苹果酸酶，在此基础上借助蛋白质工程策略进行改造，进一步提高其催化丙酮酸合成L-苹果酸的能力，并将突变酶引入工程菌中构建一步合成路径，实现L-苹果酸生产。

（3）苹果酸代谢去路的阻断 阻断碳流从L-苹果酸流向琥珀酸，进一步提高L-苹果酸产量。

（4）辅因子循环系统的优化 优化胞内辅因子形式和浓度，实现L-苹果酸的高效合成。

（5）发酵条件优化提高苹果酸产量 通过对细胞浓度和发酵过程进行优化，实现了L-苹果酸产量的大幅度提升。

（一）苹果酸合成前体库的构建

1. 丙酮酸高产菌株的构建

以丙酮酸为直接前体，借助苹果酸酶直接转化丙酮酸生产L-苹果酸的一步合成路径。因此，为了进一步提高前体丙酮酸的产量，首先对大肠杆菌w3110中以丙酮酸为代谢起点的相关代谢副产物合成路径进行敲除，包括：乳酸脱氢酶（*ldhA*）、丙酮酸氧化酶（*poxB*）、丙酮酸甲酸裂解酶（*pflB*）、磷酸乙酰转移酶-乙酸激酶（*pta-ackA*）和乙醇脱氢酶（*adhE*）等。基于此，构建了：①*ldhA*基因缺失菌株大肠杆菌w3110/Δ*ldhA*，命名为大肠杆菌F0201；②*ldhA*和*poxB*基因缺失的大肠杆菌w3110/Δ*ldhA*Δ*poxB*菌株，命名为大肠杆菌F0301；③*ldhA*、*poxB*和*pflB*基因缺失的大肠杆菌w3110/Δ*ldhA*Δ*poxB*Δ*pflB*菌株，重新命名为大肠杆菌F0401；④*ldhA*、*poxB*、*pflB*、*ackA-pta*基因缺失的大肠杆菌w3110/Δ*ldhA*Δ*poxB*Δ*pflB*Δ*ackA-pta*菌株，命名为大肠杆菌F0501；⑤*ldhA*、*poxB*、*pflB*、*ackA-*

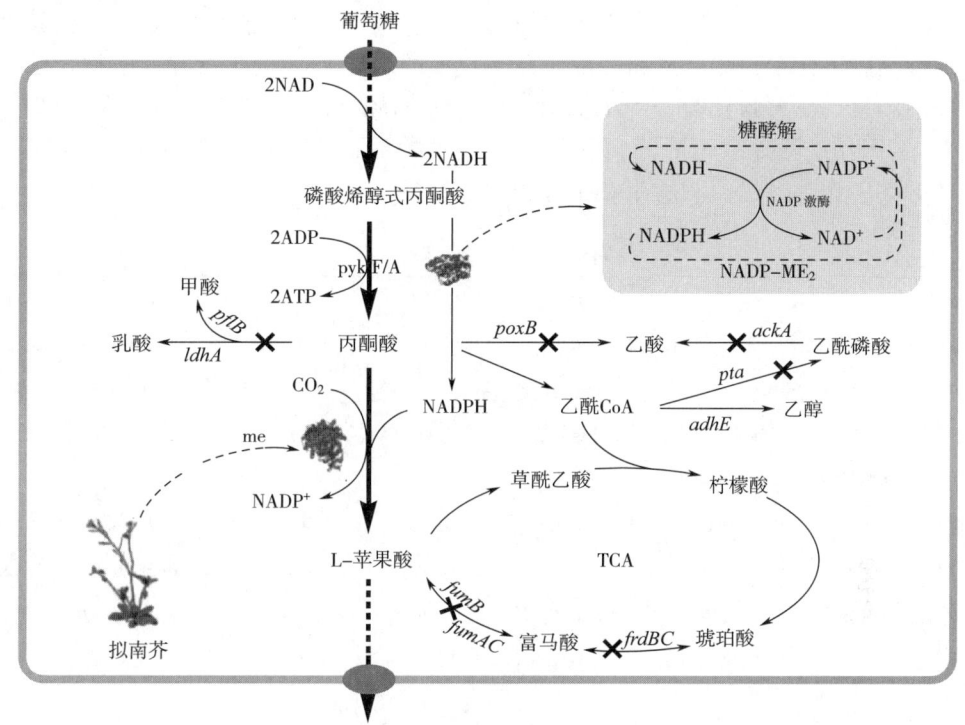

图 7-25 苹果酸一步合成途径的设计、构建和优化

pykF/A—丙酮酸激酶　pflB—丙酮酸甲酸裂解酶　ldhA—乳酸脱氢酶　me—苹果酸酶
poxB—丙酮酸氧化酶　ackA—乙酸激酶　pta—磷酸转乙酰酶　adhE—乙醇脱氢酶
fumAC・fumB—富马酸酶　frdBC—富马酸还原酶　TCA—三羧酸循环

pta、$adhE$ 基因缺失菌株大肠杆菌 w3110/$\Delta ldhA \Delta poxB \Delta pflB \Delta ackA$-$pta \Delta adhE$ 菌株,命名为大肠杆菌 F0601。

2. 基因敲除对丙酮酸积累的影响

为了考察基因敲除对大肠杆菌 w3110 积累丙酮酸的影响,比较了对照菌和工程菌在好氧发酵条件下的产酸性能,结果如表 7-9 所示。野生型菌株大肠杆菌 w3110 能够积累 5.54 g/L 的丙酮酸,此外乳酸、乙酸和甲酸作为主要代谢副产物,其积累量也比较多。首先,在大肠杆菌 w3110 基础上对参与乳酸合成的 $ldhA$ 进行敲除,获得菌株大肠杆菌 F0201,该菌株的丙酮酸产量达到 12.35g/L,较对照菌株提高了 122.9%,与此同时发酵液中不再有乳酸的积累。随着乳酸的减少,乙酸含量相应地增加了 16.1%。为了进一步减少乙酸的生成,在大肠杆菌 F0201 基础上对直接参与丙酮酸代谢生成乙酸的 $poxB$ 进行了敲除,获得菌株大肠杆菌 F0301。由于 $poxB$ 基因的敲除,大肠杆菌 F0301 的丙酮酸产量达到 15.16g/L,乙酸产量减少了 32.3%。为了消除甲酸的合成,在大肠杆菌 F0301 基础上敲除 $pflB$,结果菌株大肠杆菌 F0401 的甲酸产量减少了 78.8%,但丙酮酸产量并无明显增加。

相关研究表明,pta-$ackA$ 基因参与的乙酸合成路径是大肠杆菌中合成乙酸的另一条关键路径,为此在大肠杆菌 F0401 基础上敲除 pta-$ackA$ 基因获得菌株大肠杆菌 F0501,结果乙酸产量减少到0.22g/L，丙酮酸产量增加到20.9g/L。伴随着乙酸的减少，乙醇的产量相应增加，其原因在于乙酸合成路径的阻断，更多的乙酰CoA用于乙醇的生物合成。为了减少乙醇的产量，在大肠杆菌F0501基础上敲除了adhE基因，得到大肠杆菌F0601菌株，虽然adhE基因的敲除导致乙醇不再积累，然而丙酮酸产量也出现明显降低。综上所述，大肠杆菌F0501作为最优丙酮酸生产菌株用于后续研究。

表7-9　　　　　　　　　　　　　基因敲除菌株发酵性能比较

发酵参数	w3110	F0201	F0301	F0401	F0501	F0601
细胞干重/（g/L）	2.23±0.05	2.53±0.05	2.59±0.07	2.34±0.05	2.35±0.03	2.23±0.04
葡萄糖消耗量/（g/L）	40.92±1.2	40.34±1.8	46.21±1.32	41.43±1.54	47.02±1.03	39±1.25
丙酮酸产量/（g/L）	5.54±0.15	12.35±0.12	15.16±0.14	15.3±0.09	20.9±0.18	16.08±0.12
乳酸产量/（g/L）	6.34±0.08	—	—	—	—	—
乙酸产量/（g/L）	4.72±0.04	5.48±0.07	3.71±0.05	3.48±0.05	0.22±0.02	0.39±0.01
甲酸产量/（g/L）	2.34±0.03	2.25±0.02	2.64±0.02	0.56±0.01	0.52±0.01	0.52±0.01
乙醇产量/（g/L）	1.43±0.02	1.67±0.03	1.23±0.04	1.25±0.03	2.54±0.03	—
得率/（g/g菌体干重）	0.14	0.31	0.33	0.37	0.45	0.39

（二）苹果酸合成途径的优化

1. 苹果酸酶的筛选

苹果酸酶作为一种氧化还原酶催化丙酮酸羧化生成苹果酸，同时伴随着NADPH消耗和CO_2固定。为了将碳流从丙酮酸引向L-苹果酸，根据相关文献调研以及Brenda数据库，选取5种不同来源苹果酸酶，以考察其催化丙酮酸生成L-苹果酸的能力，如表7-10所示。

表7-10　　　　　　　　　　不同来源的苹果酸酶酶学性质比较

名称	辅因子	K_m 丙酮酸/（mmol/L）	K_m 苹果酸/（mmol/L）	来源
sfcA	NAD/NADH	16	0.26	*E. coli*
ME_1	NADP/NADPH	5.9	0.12	*Homo sapiens*
ME_2	NADP/NADPH	0.54	3.33	*A. thalina*
ME_4	NADP/NADPH	10.8	0.23	*A. thalina*
maeB	NADP/NADPH	13.8	3.8	*C. glutamicum*

2. 苹果酸酶的体外评价

为了筛选用于L-苹果酸生产的苹果酸酶，采用体外转化策略比较了上述5种不同来源苹果酸酶转化丙酮酸生产L-苹果酸的能力（逆向反应）以及转化L-苹果酸生产丙酮酸的能力（正向反应），结果如图7-26所示。发现：苹果酸酶ME_2是唯一能够转化丙酮酸生成L-苹果酸的酶，反应2h，L-苹果酸产量为43.6mg/L。此外，ME_2转化L-苹果酸生成丙酮酸的能力也是最弱，比sfcA、maeB和ME_4分别降低了10%、20%和30%，因此选择ME_2用于后续研究。但是ME_2逆向反应能力明显低于正向反应能力，正向反应能力约为逆向反应能力的 6.42 倍,这也表明为了进一步提高 L-苹果酸的高效生产,需要进一步提高 ME_2 的逆向反应能力。

3. 工程改造苹果酸酶

为了提高苹果酸酶 ME_2 的逆向催化能力,借助蛋白质工程策略对 ME_2 进行改造,首先根据 $NADP-ME_2$ 的 3D 模拟结构(含有底物丙酮酸),以底物丙酮酸为中心筛选出 10Å 范围内的氨基酸残基 108 个,并通过对 1000 条苹果酸酶氨基酸序列进行比对,确定了该 108 个氨基酸残基

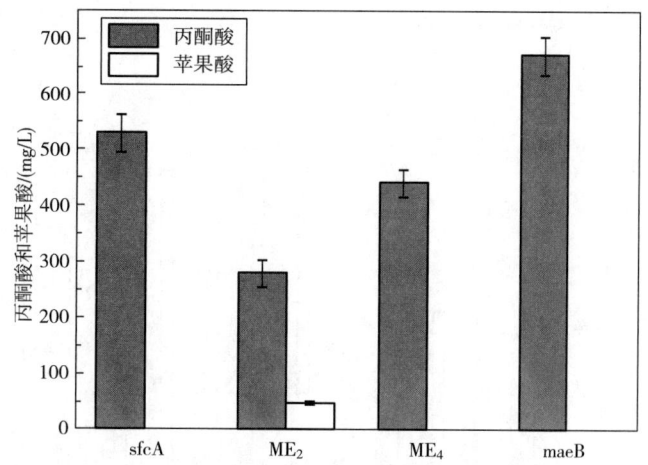

图 7-26 苹果酸酶催化效率比较

中有 96 个为保守位点,12 个为非保守位点。为此根据非保守位点的变化情况确定了 20 个突变体,构建并测定了这些突变体的酶活力,结果如图 7-27 所示。结果发现:①尽管上述氨基酸残基在 $NADP-ME_2$ 中为非保守氨基酸,然而对其突变后还是会导致 ME_2 正逆向酶活力大幅度下降,其中突变体 V134I、R470Y 和 C490A 几乎失活;②少数突变体在正向酶活力下降的同时其逆向酶活力也随之提高了,其中突变体 C490S 其逆向酶活力增加最为明显,较 ME_2 提高了 56% 达到 0.039 U/mg 蛋白质,同时其正向酶活力降低了 18.3%;③进一步分析 C490S 和 ME_2 的逆向反应动力学参数可以发现,C490S 对丙酮酸和 HCO_3^- 的 K_m 分别为 1.25mmol/L 和 10.92mmol/L,分别比 $NADP-ME_2$ 降低了 6.7% 和 48.8%,这也表明,导致 C490S 逆向酶活力提高的主要原因可能是由于半胱氨酸突变成丝氨酸后增加了酶对底物 HCO_3^- 的亲和力所导致的,结果列于表 7-11。

表 7-11 ME_2 和 C490S 的酶学性质比较

	E_1 /(U/mg)	E_2 /(U/mg)	E_2/E_1	K_m 丙酮酸 /(mmol/L)	K_m HCO_3^- /(mmol/L)
ME_2	0.109±0.02	0.025±0.003	0.23	1.34±0.12	21.34±1.33
C490S	0.098±0.01	0.039±0.005	0.38	1.25±0.15	10.92±0.94

注:E_1 代表正向酶活力,E_2 代表逆向酶活力。

4. 苹果酸酶突变体对苹果酸积累的影响

为了改变丙酮酸代谢流分布,实现 L-苹果酸的积累,利用代谢工程策略在大肠杆菌 F0501 中构建了 L-苹果酸一步合成路径。通过将质粒 pTrcHisA-C490S 导入到大肠杆菌 F0501 中,获得含有相应基因的工程菌株大肠杆菌 F0511。比较了两阶段发酵条件下菌株大肠杆菌 F0501 和大肠杆菌 F0511 的发酵特性,结果如表 7-12 所示。结果表明:①由于突变体 C490S 的表达,工程菌大肠杆菌 F0511 胞内苹果酸酶的酶活力达到 0.034 U/mg 蛋

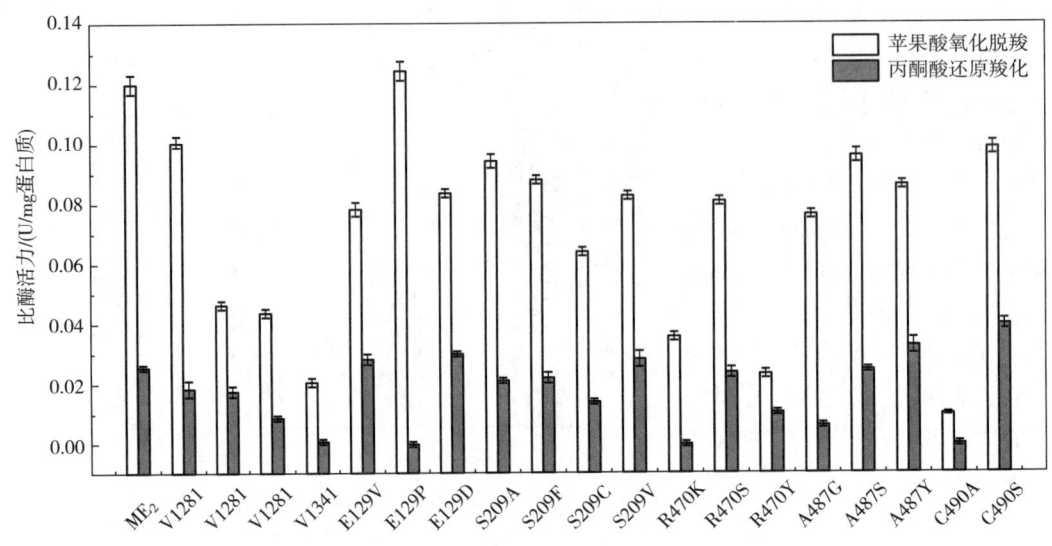

图 7-27 突变体酶活力测定

白质,而对照菌株大肠杆菌 F0501 没有检测到苹果酸酶酶活力;②C490S 的表达使工程菌大肠杆菌 F0511 细胞干重比对照菌株大肠杆菌 F0501 降低了 26.2%,原因在于苹果酸酶的过量表达增加了细胞的代谢负担,然而葡萄糖消耗速率并没有因细胞生长量的减少而降低;③当工程菌大肠杆菌 F0501 和大肠杆菌 F0511 经过 12h 好氧培养进入微好氧发酵产酸阶段后,L-苹果酸开始逐渐积累。72h 时工程菌大肠杆菌 F0511 的 L-苹果酸产量比对照菌株大肠杆菌 F0501 提高了 74.2%;④在单位细胞生产 L-苹果酸能力方面,突变体 C490S 的表达显著提高了细胞的 L-苹果酸合成能力,比大肠杆菌 F0501 提高了 155.2%;⑤在代谢副产物方面,L-苹果酸的下游代谢产物琥珀酸也较大肠杆菌 F0501 提高了 31.6%,伴随着 L-苹果酸和琥珀酸的增加,丙酮酸产量相应地减少了 12.9%。综上实验结果表明,利用突变体 C490S 来构建胞内 L-苹果酸合成路径以实现 L-苹果酸的生产是可行的,消除副产物琥珀酸的合成也可能会实现 L-苹果酸产量的提高。

表 7-12 突变体 C490S 的表达对 L-苹果酸积累的影响

发酵参数	大肠杆菌 F0501 (A)	大肠杆菌 F0511 (B)	增加比率 (B/A-1)%
菌体干重/(g/L)	2.67±0.05	1.97±0.04	-0.26
葡萄糖消耗/(g/L)	16±1.21	15±1.13	-0.06
丙酮酸产量/(g/L)	5.05±0.13	4.4±0.11	-0.13
L-苹果酸产量/(g/L)	0.78±0.06	1.46±0.09	0.87
细胞产率/(g/g 菌体干重)	0.29	0.74	1.55
C490S 比酶活/(U/mg 蛋白质)	—	0.034	—
琥珀酸浓度/(g/L)	2.47±0.14	3.25±0.18	0.32
柠檬酸浓度/(g/L)	1.83±0.12	2.12±0.12	0.16
α-酮戊二酸浓度/(g/L)	0.034±0.01	0.038±0.01	0.12

(三) 苹果酸代谢去路的阻断

1. 去路代谢缺失菌株的构建

为了阻断碳流从 L-苹果酸流向琥珀酸，对厌氧琥珀酸合成路径中的富马酸还原酶（$frdBC$）和富马酸酶（$fumB$ 和 $fumAC$）进行敲除，构建了：①$frdBC$ 基因缺失菌株大肠杆菌 F0501/$\Delta frdBC$，命名为大肠杆菌 F0701；②$fumB$ 基因缺失菌株大肠杆菌 F0701/$\Delta fumB$，命名为大肠杆菌 F0801；③$fumAC$ 基因缺失菌株大肠杆菌 F0801/$\Delta fumAC$，命名为大肠杆菌 F0901。

2. 去路代谢缺失对苹果酸积累的影响

工程菌大肠杆菌 F0511 在生产 L-苹果酸时，发酵液中积累一定量的琥珀酸，因此，如能有效地阻断碳流从 L-苹果酸流向琥珀酸，则有可能进一步提高 L-苹果酸的产量。因此，考察了 $frdBC$、$fumB$ 和 $fumAC$ 基因敲除对大肠杆菌 F0511 积累 L-苹果酸的影响，结果如图 7-28 所示。从图 7-28（1）可以看出，敲除 $frdBC$ 基因使工程菌大肠杆菌 F0711 琥珀酸产量降低了 68.6%，同时 L-苹果酸的产量增加了 42.9%。由于 $fumB$ 在厌氧条件下参与 L-苹果酸向富马酸的转化，为此，在大肠杆菌 F0711 基础上进一步敲除了 $fumB$ 基因，结果表明 L-苹果酸产量达到 3.03g/L，比对照菌株大肠杆菌 F0711 提高了 19.3%，琥珀酸产量降低了 15.1%。然而，敲除 $fumAC$ 基因对琥珀酸和 L-苹果酸的影响不明显。综上实验结果表明，敲除 $frdBC$、$fumB$ 和 $fumAC$ 基因可有效阻断碳流从 L-苹果酸流向琥珀酸，从而提高了 L-苹果酸产量。

尽管通过上述代谢工程策略实现了 L-苹果酸的有效积累，然而 L-苹果酸的生产强度仅为 0.045g/（L·h），原因在于，微好氧条件下工程菌株对葡萄糖消耗速率较低。如图 7-28（2）所示，当大肠杆菌 F0911 从好氧阶段进入微好氧阶段后，葡萄糖消耗速率也随之从 1.16g/（L·h）降低到了 0.15g/（L·h）。此外，随着葡萄糖消耗速率的降低，L-苹果酸生产强度和最终产量显著降低。

(四) 辅因子循环系统的优化

1. 辅因子循环系统的构建

借助大肠杆菌表达载体 pTrcHisA，构建重组表达质粒 pTrcHisA-C490S-$ldhA$ 和 pTrcHisA-C490S-$pos5$，并分别导入到菌株大肠杆菌 F0901 中，获得工程菌大肠杆菌 F0901（pTrcHisA-C490S-$ldhA$），命名为大肠杆菌 F0921 和大肠杆菌 F0901（pTrcHisA-$C490S$-$pos5$），命名为大肠杆菌 F0931。

2. 辅因子循环系统对生长性能的影响

工程菌大肠杆菌 F0911 在微好氧条件下，葡萄糖消耗缓慢，进而影响了 L-苹果酸的合成。因此，若能有效地提高葡萄糖消耗速率，则会增加 L-苹果酸的生产强度，并能显著提高 L-苹果酸的最终产量。相关研究表明，大肠杆菌 NZN111 菌株因 $ldhA$ 和 $pflB$ 敲除导致厌氧条件下胞内 NADH/NAD^+ 水平升高，从而使其丧失了在厌氧条件下代谢葡萄糖的能力。为此，测定了菌株在不同阶段下的胞内 NADH/NAD^+ 比率，结果表明，大肠杆菌 F0911 从好氧阶段转入微好氧阶段后，胞内 NADH/NAD^+ 比率上升到 0.73。基于胞内 NADH/NAD^+ 水平的变化，采用两种策略降低胞内 NADH/NAD^+ 水平，提高葡萄糖消耗速率：①通过表达乳酸脱氢酶（$ldhA$）实现 NADH 的再氧化；②通过表达 NADH 激酶

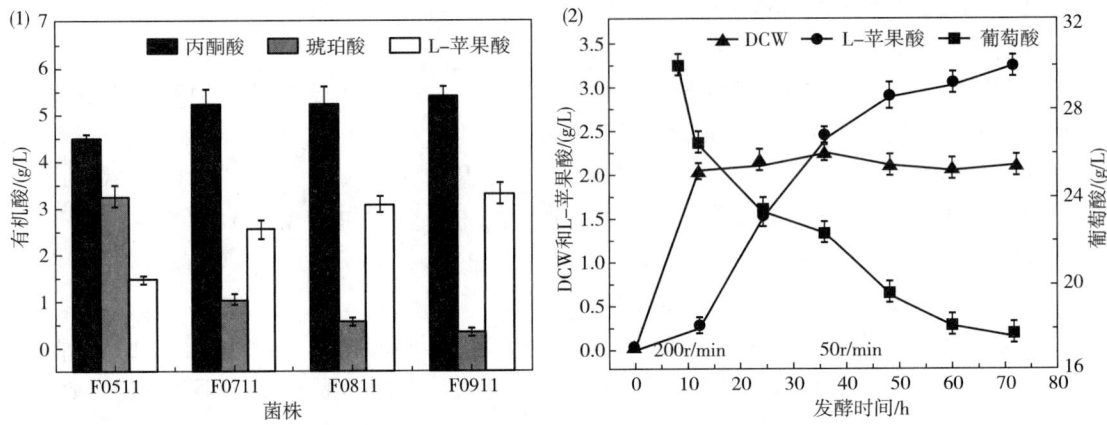

图 7-28 基因敲除对苹果酸发酵的影响
(1) *frdBC*、*fumB* 和 *fumAC* 基因敲除对大肠杆菌 F0511 产酸性能的影响
(2) 大肠杆菌 F0911 两阶段发酵参数过程曲线

(*pos5*) 将 NADH 转化为 NADPH,在降低胞内 NADH/NAD$^+$ 的同时,也为苹果酸酶 C490S 反应补充了 NADPH。表 7-13 结果表明,表达 *ldhA* 基因的工程菌大肠杆菌 F0921 在微好氧发酵阶段胞内 NAD$^+$ 和 NADH 水平分别比对照菌株大肠杆菌 F0911 提高了 90.4% 和 21.4%,相应地,胞内 NADH/NAD$^+$ 比率也从 0.74 降低到 0.47。然而,在工程菌大肠杆菌 F0931 表达 *pos5* 基因,则使胞内 NADH 水平降低了 18.2%,胞内 NAD$^+$ 水平增加了 58.8%,此时,胞内 NADH/NAD$^+$ 比率为 0.38,比对照菌株大肠杆菌 F0911 降低了 47.9%。

表 7-13 *ldhA* 和 *pos5* 表达对胞内辅因子变化的影响

发酵参数	大肠杆菌 F0911	大肠杆菌 F0921	大肠杆菌 F0931
胞内 NAD$^+$ 含量/(μmol/g 菌体干重)	2.09±0.38	3.98±0.54	3.32±0.47
胞内 NADH 含量/(μmol/g 菌体干重)	1.54±025	1.87±0.19	1.26±0.28
胞内 NADH/NAD$^+$ 比率	0.73	0.47	0.38
胞内 NADPH 含量/(μmol/g 菌体干重)	0.98±0.08	1.04±0.11	1.57±0.13

随着胞内 NADH/NAD$^+$ 比率的降低,工程菌大肠杆菌 F0921 和大肠杆菌 F0931 在微好氧发酵阶段的葡萄糖消耗速率得到明显加强,分别比菌株大肠杆菌 F0911 提高了 133.3% 和 98% [图 7-29 (2)]。随着工程菌代谢葡萄糖能力的提高,工程菌株大肠杆菌 F0921 和大肠杆菌 F0931 的细胞生长量分别比菌株大肠杆菌 F0911 提高了 27.6% 和 54.2% [图 7-29 (1)]。综上所述,表达 *ldhA* 和 *pos5* 基因均可降低胞内 NADH/NAD$^+$ 水平,有效地提高微好氧发酵条件下工程菌的葡萄糖消耗速率和细胞生长量。

3. 辅因子循环系统对苹果酸积累的影响

进一步考察表达 *ldhA* 和 *pos5* 对工程菌生产 L-苹果酸的影响,结果如表 7-14 所示。工程菌大肠杆菌 F0931 的 L-苹果酸产量、L-苹果酸生产强度以及单位细胞生产 L-苹果酸

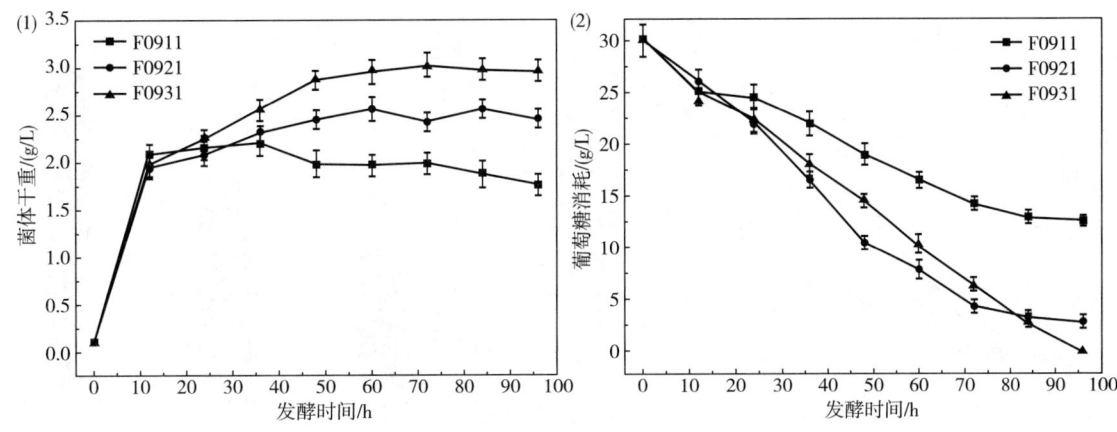

图 7-29　*ldhA* 和 *pos*5 表达对细胞生长（1）和葡萄糖消耗（2）的影响

的能力分别为 9.34g/L、0.097g/L/h 和 3.16g/g 菌体干重，较对照菌大肠杆菌 F0911 分别提高了 188.3%、183.5% 和 86.9%。通过对胞内苹果酸酶活力分析发现，共表达 C490S 和 *pos*5 使胞内苹果酸酶酶活力从 0.03U/mg 降低到 0.012U/mg，然而其 L-苹果酸产量和生产强度均要高于大肠杆菌 F0911 的 3.24g/L 和 0.034g/L/h，这表明可能存在其他限制性因素阻碍了 L-苹果酸的合成，如表 7-14 所示。进一步分析胞内 NADPH 水平发现，大肠杆菌 F0931 胞内 NADPH 含量比对照菌大肠杆菌 F0911 增加了 60.2%，因此胞内 NADPH 供应是影响苹果酸酶合成 L-苹果酸的一个重要因素，也是致使大肠杆菌 F0931 L-苹果酸产量提高的主要原因，如图 7-30（2）。然而工程菌大肠杆菌 F0921 菌株因 *ldhA* 的表达致使 L-苹果酸产量降低了 67.9%，只有 1.04g/L，而乳酸产量达到 15.43g/L，这表明乳酸脱氢酶更有利于催化丙酮酸生成乳酸。此外，胞内高水平的 NADH 也是促使碳流从丙酮酸流向乳酸的一个重要原因。

表 7-14　　　　　*ldhA* 和 *pos*5 基因表达对工程菌产酸的影响

发酵参数	大肠杆菌 F0911	大肠杆菌 F0921	大肠杆菌 F0931
菌体干重/（g/L）	1.92±0.12	2.45±0.23	2.96±0.25
葡萄糖消耗/（g/L）	17.5±1.23	27±1.42	29±0.87
C490S 比酶活/（U/mg 蛋白质）	0.03±0.004	0.014±0.004	0.012±0.004
丙酮酸产量/（g/L）	6.03±0.54	3.07±0.35	5.45±0.43
L-苹果酸产量/（g/L）	3.24±0.23	1.04±0.12	9.34±0.65
乳酸产量/（g/L）	—	15.43±1.14	—
L-苹果酸生产强度/（g/L/h）	0.034	0.011	0.097
细胞产率/（g/g 菌体干重）	1.69	0.42	3.16

（五）发酵条件优化提高苹果酸产量

1. 细胞浓度对苹果酸积累的影响

从上述研究可以看出，工程菌大肠杆菌 F0931 的 L-苹果酸产量仍然较低，其原因在

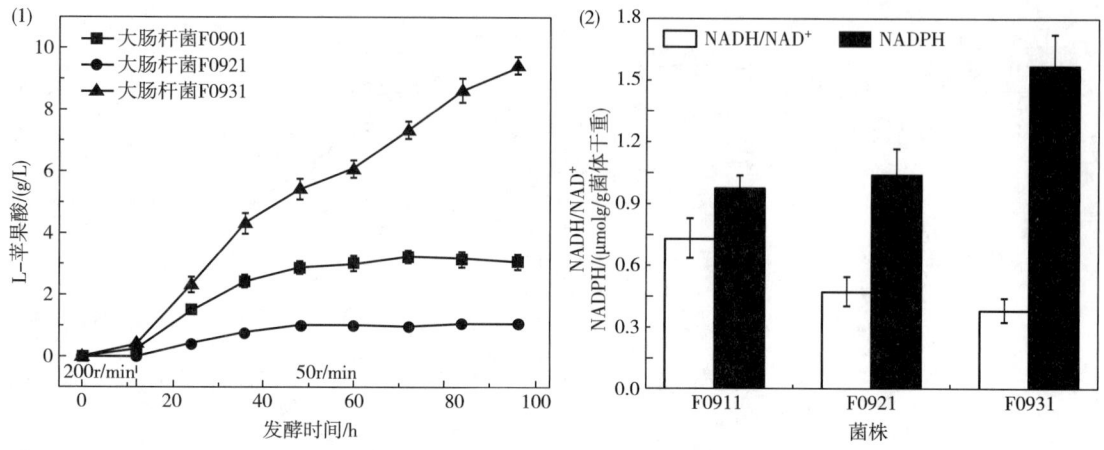

图 7-30 胞内 NADPH 水平变化和 L-苹果酸发酵过程曲线

于转入微好氧产酸阶段时的菌体浓度只有 2.0g/L 菌体干重,因此提高菌体浓度可能会增加 L-苹果酸产量。为此,考察了不同菌体浓度对工程菌大肠杆菌 F0931 生长和产酸性能的影响,在微好氧发酵产酸阶段开始时控制起始菌体浓度分别为 2、4、6、8、10、12 和 14g/L 菌体干重,结果如图 7-31 所示。从图 7-31 可以看出,随着菌体浓度的增加,葡萄糖消耗速率、丙酮酸浓度和 L-苹果酸产量也显著提高,当菌体浓度为 12g/L 菌体干重时,L-苹果酸产量最高为 16.56g/L,比对照组提高了 136.2%,然而继续增加细胞浓度并无明显效果。进一步分析 L-苹果酸生产强度发现,工程菌大肠杆菌 F0931 在刚转入微好氧发酵阶段的前 24h(12~36h)的 L-苹果酸生产强度达到 0.45g/L/h,而发酵后期的 36h(36~72h)的 L-苹果酸生产强度只有 0.18g/L/h,如图 7-31(4)所示。经分析,原因在于微好氧发酵产酸阶段的前 24h 菌体的活力较强,因而具有更强的 L-苹果酸生产能力,然而随着发酵时间的延长,细胞活力在微好氧条件下快速降低,从而导致 L-苹果酸生产强度下降。因此,通过在发酵过程中恢复菌体活力,有望实现 L-苹果酸产量的大幅提高和缩短发酵周期。

2. 控制方式对苹果酸积累的影响

为了验证上述猜想,以期进一步提高 L-苹果酸的产量,在微好氧发酵产酸阶段的 36~48h 阶段将转速从 50r/min 调为 200r/min,让细胞进行好氧生长,而后再转入微好氧发酵产酸阶段,结果如图 7-32 所示。从图 7-32 可以看出,工程菌大肠杆菌 F0931 在发酵 24h 时菌体浓度开始出现明显地减少,然而由于在发酵 36h 时细胞转入了好氧生长阶段,致使菌体浓度在 36~48h 阶段保持恒定状态,此时丙酮酸也快速积累,这也表明细胞在一定程度上得到了生长和恢复。基于此,工程菌大肠杆菌 F0931 在 36~72h 阶段的 L-苹果酸生产强度提高了 28%,达到了 0.25g/L/h,随着 L-苹果酸生产强度的增加,L-苹果酸最终产量达到 21.65g/L。综上实验结果表明,增强细胞活力有助于提高 L-苹果酸的生产速率,并最终提高 L-苹果酸产量。

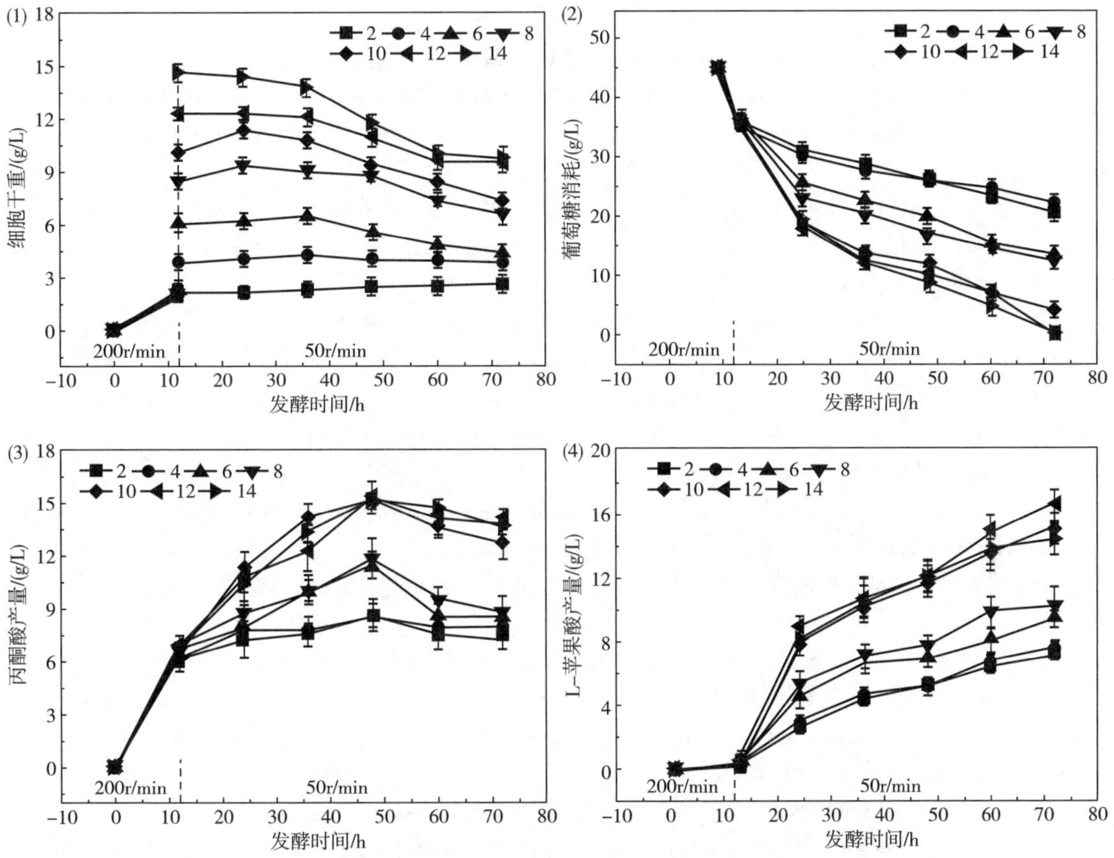

图 7-31 不同菌体浓度对大肠杆菌 F0931 发酵性能的影响

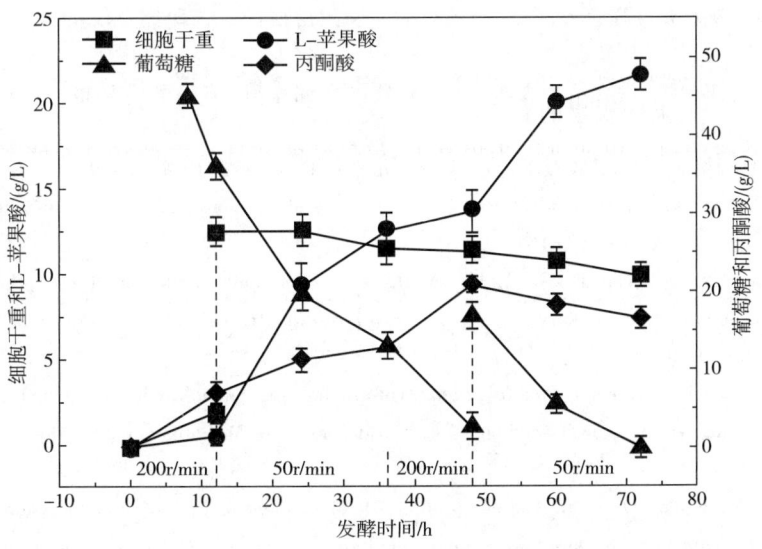

图 7-32 发酵过程控制提高 L-苹果酸产量

参 考 文 献

[1] 董晓翔. 代谢工程改造 *Escherichia coli* 生产 L-苹果酸 [D]. 江南大学, 2016.

[2] Knuf C, Nookaew I, Brown S H, et al. Investigation of Malic Acid Production in *Aspergillus oryzae* under Nitrogen Starvation Conditions [J]. Applied and Environmental Microbiology, 2013, 79 (19): 6050-6058.

[3] Zelle R M, de Hulster E, van Winden W A, et al. Malic acid production by *Saccharomyces cerevisiae*: Engineering of pyruvate carboxylation, oxaloacetate reduction, and malate export [J]. Applied and Environmental Microbiology, 2008, 74 (9): 2766-2777.

[4] Guo L, Zhang F, Zhang C, et al. Enhancement of malate production through engineering of the periplasmic rTCA pathway in *E. coli* [J]. Biotechnology and Bioengineering, 2018. 115 (6): 1571-1580.

[5] Gao C, Wang S, Hu G, et al. Engineering *Escherichia coli* for malate production by integrating modular pathway characterization with CRISPRi - guided multiplexed metabolic tuning [J]. Biotechnology and Bioengineering, 2018, 115 (3): 661-672.

[6] Dong X, Chen X, Qian Y, et al. Metabolic engineering of *Escherichia coli* W3110 to produce L-malate [J]. Biotechnology and Bioengineering, 2017, 114 (3): 656-664.

[7] 吴亚斌, 张梁, 石贵阳. 产 L-苹果酸重组大肠杆菌的构建 [J]. 生物加工过程, 2014 (03): 12-18.

[8] 金其荣, 张继民, 徐勤. 有机酸发酵工艺学 [M]. 北京: 中国轻工业出版社, 1988.

[9] Ohno Y, Nakamori T, Zheng H, et al. Reverse reaction of malic enzyme for HCO_3^- fixation into pyruvic acid to synthesize L-malic acid with enzymatic coenzyme regeneration [J]. Bioscience Biotechnology and Biochemistry, 2008, 72 (5): 1278-1282.

[10] 金其荣. 苹果酸的性质、生产与用途 [J]. 食品科学, 1988, 9 (3): 12-19.

[11] 刘建龙, 刘建军, 杨连生. 酶转化法及微生物发酵法生产 L-苹果酸的研究进展 [J]. 中国酿造, 2005 (07): 5-8.

[12] 蒋明珠, 白照熙, 张俊贤, 等. 无根根霉 R25 和普通变形杆菌 P1 混合培养发酵 L-苹果酸的研究 [J]. 微生物学报, 1989 (02): 129-136.

[13] 田三德, 吴艳娜, 解尚云, 等. L-苹果酸一步发酵法的工艺研究及浅析 [J]. 食品科技, 2008 (06): 106-108.

[14] 胡纯铿, 王国川. 混合培养发酵 L-苹果酸的研究 [J]. 华侨大学学报 (自然科学版), 2000 (01): 76-79.

[15] 胡永红, 欧阳平凯. 苹果酸工艺学 [M]. 北京: 化学工业出版社, 2009.

[16] Chen X, Xu G, Xu N, et al. Metabolic engineering of *Torulopsis glabrata* for malate production [J]. Metabolic Engineering, 2013, 19: 10-16.

[17] Wang Z D, Wang B J, Ge Y D, et al. Expression and identification of a thermostable malate dehydrogenase from multicellular prokaryote *Streptomyces avermitilis* MA-4680 [J]. Molecular Biology Reports, 2011, 38 (3): 1629-1636.

[18] Mu L, Wen J. Engineered *Bacillus subtilis* 168 produces L-malate by heterologous biosynthesis pathway construction and lactate dehydrogenase deletion [J]. World Journal of Microbiology and Biotechnology, 2013, 29 (1): 33-41.

[19] Kwon, Y, Kwon, O, et al. The effect of NADP-dependent malic enzyme expression and anaerobic C4 metabolism in *Escherichia coli* compared with other anaplerotic enzymes [J]. Journal of Applied Microbiology, 2007, 103 (6), 2340-2345.

［20］Hu G, Zhou J, Chen X, et al. Engineering synergetic CO_2-fixing pathways for malate production [J]. Metabolic Engineering, 2018, 47: 496-504.

［21］Hsieh J Y, Li S Y, Chen M C, et al. Structural characteristics of the nonallosteric *human* cytosolic malic enzyme [J]. Biochimica Et Biophysica Acta-Proteins and Proteomics, 2014, 1844 (10): 1773-1783.

第八章 丙酮酸发酵生产技术

第一节 概　　述

丙酮酸（Pyruvic acid），又称 2-氧代丙酸、α-酮基丙酸或乙酰基甲酸，为无色至淡黄色液体，呈醋酸香气和愉快酸味，是最重要的 α-氧代羧酸之一。丙酮酸不仅在生物能量代谢中具有十分重要的作用，而且是多种有机化合物的前体。因此，它在化工、制药和农用化学品等工业及科学研究中都有广泛的用途，如表 8-1 所示。

表 8-1　　　　　　　　　　　　丙酮酸的主要用途

用途	实例	用途	实例
制药工业	酶法合成 L-色氨酸、L-酪氨酸、L-多巴；合成 L-半胱氨酸、L-亮氨酸、维生素 B_6 和维生素 B_{12} 等	生化研究	用于伯醇及仲醇的检定；转氨酶的测定；脂肪族胺的显色剂等
农用化学品	合成乙烯系聚合物、氢化阿托酸、谷物保护剂等多种农药的起始原料	细胞培养	与乳酸组成抗氧化剂，降低对细胞的伤害；动物细胞培养的重要底物
食品工业	GB 2760—2014《食品添加剂使用卫生标准》规定为酸味添加剂。近年来由于在减肥上有特效而受到西方消费者青睐	传感器	与乳酸、锂构成人工胰脏，作为体外传感器测定葡萄糖的含量

丙酮酸生产方法主要为化学合成、酶转化和生物发酵。化学合成法一般以乳酸酯（或酒石酸）为原料，在液相或气相中将乳酸酯氧化为丙酮酸酯，再加水分解为丙酮酸。酶转化法主要是利用微生物细胞中的酶将底物乳酸脱氢氧化为丙酮酸。直接发酵法即以微生物直接发酵糖质原料或其他碳源生成丙酮酸。目前，工业上生产丙酮酸的方法主要是化学合成法和生物发酵法。相比于化学合成法，发酵法具有原料成本低、产物纯度高、反应条件温和、对环境友好的优势，更为人们所青睐。

硫胺素、烟酸、吡哆醇和生物素四种维生素的营养缺陷型光滑球拟假丝酵母（*Torulopsis glabrata*）CCTCC M202019，是丙酮酸发酵法生产的首选菌株。长期以来，从光滑球拟假丝酵母生理学角度研究丙酮酸发酵生产的关键影响因素，从而提出相应的调控策略，强化生产菌株的生理功能，从而实现丙酮酸生产高产量、高产率和高生产强度的相对统一，一直是研究者们努力的方向。

第二节 丙酮酸的发酵机理

一、光滑球拟假丝酵母代谢特征分析

(一) 全基因组测序及基本特征

光滑球拟酵母 CCTCC M202019 全基因组测序在二代测序平台 Illumina Solexa HiSeq 2000 上完成,通过构建 2 个 PE 文库包含 22645461 个片段和 1 个 MP 文库包含 6492803 个片段,产生 5.8Gb 的数据量。其中 150bp 和 300bp 的 PE 文库和 6Kb 的 MP 文库的基因组覆盖率分别为 208 倍、165 倍和 106 倍。经检测光滑球拟酵母 CCTCC M202019 的基因组大小约 12.1Mb,平均 GC 含量为 38.47%。高质量片段被组装成 111 个 contigs 和 74 个 scaffolds,contigs 和 scaffolds N50 大小分别为 659495 和 775409bp。如表 8-2 中,预测的 5345 个基因中,3088 个基因有 KOG 分类、4788 个基因有 GO 注释、961 个基因有酶号。此外,还注释出 191 个 tRNA 和 6 个 rRNA。

表 8-2　　　　光滑球拟酵母 CCTCC M202019 基因组基本特征

总体特征		基因注释特征	
基因组大小/Mb	12.1	编码蛋白	5345
GC 含量/%	38.47	tRNA	191
Contigs 数目	111	rRNA	6
Contig N50	659495	有 EC 号基因	961
Scaffolds 数目	74	有 GO 分类基因	4788
Scaffold N50	775409	有 KOG 分类基因	3088

(二) 代谢模型构建流程

光滑球拟酵母的 GSMM 构建大致包括三个步骤 (图 8-1)。

(1) 粗模型的搭建　利用 KEGG converter 自动化建模,得到与光滑球拟酵母代谢相关的 1146 个反应;利用 KAAS 工具获得 2036 个基因催化的 1802 个反应;利用与酿酒酵母 iMM904、黑曲霉 iMA871 和毕赤酵母 PpaMBEL1254 同源比对得到的包含 704 个基因、1118 个反应和 1344 个代谢物的模型。整合这三种来源,得到光滑球拟酵母的粗模型包括 784 个基因、1265 个反应和 1544 个代谢物。

(2) 模型的修正和精细化　通过对模型中的基因、反应、代谢物、酶号、代谢途径等内容逐一修正、补充;同时对光滑球拟酵母生理和代谢相关文献挖掘,共获得 83 个有酶号的生化反应,其中 40 个反应已存在于粗模型中,在一定程度上说明粗模型的准确性;另外 43 个反应被添加到模型中,包括海藻糖和葡萄糖等碳源转运、NADH 的合成和麦角固醇的合成等。

(3) 填补代谢漏洞以调试模拟"生长"　综合文献报道和实验结果确定光滑球拟酵母生物量组分为 0.4% DNA、6.3% RNA、47% 蛋白质、5.4% 脂质、40% 碳水化合物和 0.9% 小分子,并运用 Matlab 平台 COBRA 工具箱,进行模型调试和模拟。

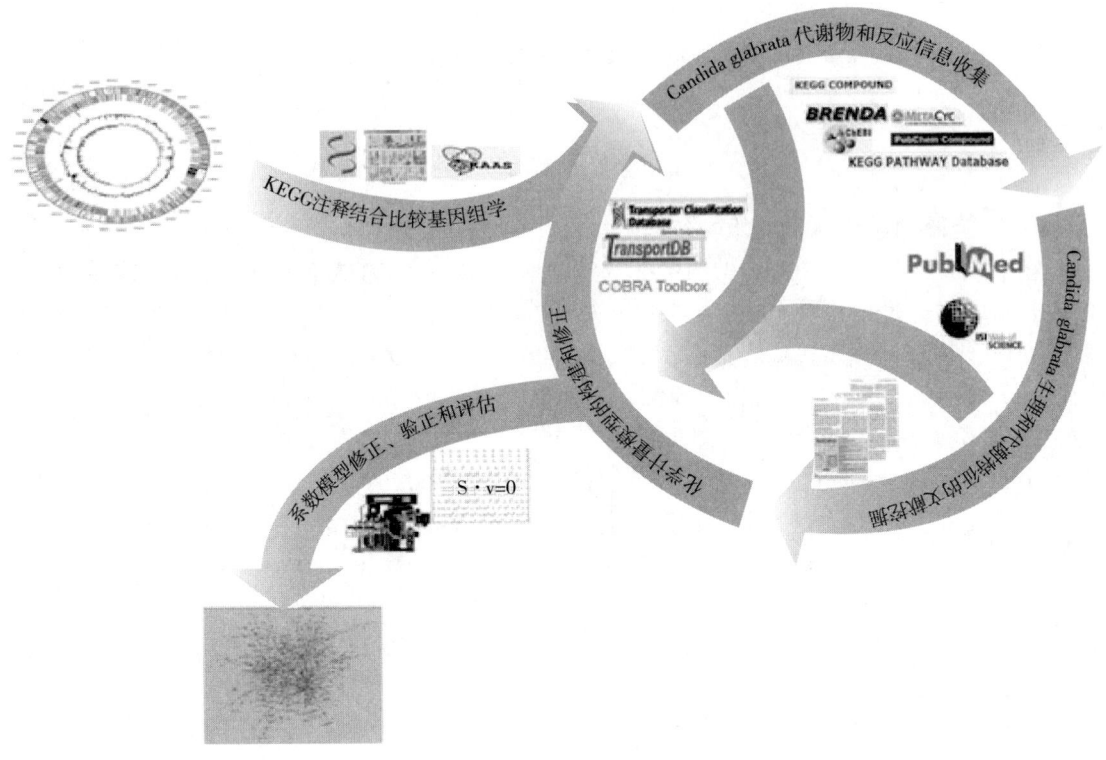

图 8-1 光滑球拟酵母基因组规模代谢模型的重建过程

(三) 模型 iNX804 的基本特征

模型 iNX804 包含 804 个基因、1287 个反应和 1025 个代谢物,分布在 6 个细胞区间:细胞质、线粒体、细胞外、过氧化物酶体、高尔基体和液泡。模型 iNX804 共包括 630 种独立代谢物,其中 92% 在细胞质中,细胞质和其他区间的物质交换依靠 214 个转运反应完成(表 8-3)。细胞质、线粒体、过氧化物酶体和胞外这四个区间占总模型中反应的 96%,虽然只有 4% 的反应在高尔基体和液泡中,但其在细胞生长和代谢中作用不可忽视。

表 8-3　　　　模型 iNX804 中各个区间的反应、代谢物和基因分布　　　　单位: 个

细胞器	反应	代谢物	基因
细胞质	645	579	523
线粒体	165	238	154
胞外区间	216	108	82
过氧化物酶体	39	62	32
高尔基体	2	12	2
液泡	3	25	3
交换空间	217	—	121

选取三种丙酮酸生产菌种,光滑球拟酵母、酿酒酵母和大肠杆菌的 GSMMs 比较发现(图 8-2):①三个模型(iNX804,iMM904,iAF1260)中基因占全基因组的比例依次是

15.4%、13.7%、28.6%；②三个模型（不考虑 tRNA-charging 和细胞壁合成代谢）包含独立代谢物数目分别是 597、664 和 900。三个模型共有 346 种代谢物，484 种代谢物为两种酵母模型 iNX804 和 iMM904 共有，表明了光滑球拟酵母和酿酒酵母亲缘关系更近；③三个模型中氨基酸、核苷酸、辅因子和能量代谢的化合物具有高度的一致性；④iMM904 中参与丙酮酸代谢的化合物是其在 iNX804 中的子集，表明光滑球拟酵母具有更丰富的丙酮酸代谢途径。例如，乙偶姻合成前体双乙酰仅存在于模型 iNX804 中。

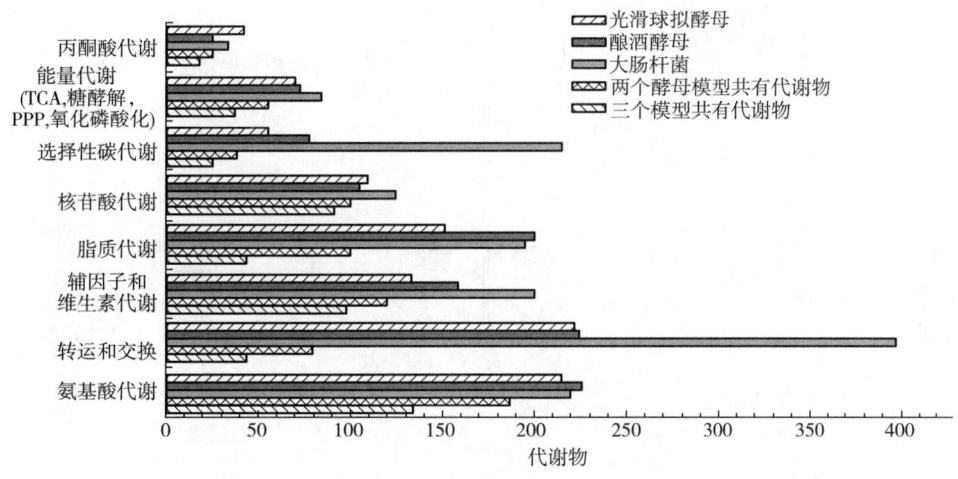

图 8-2　三种丙酮酸典型生产微生物 GSMMs 的代谢物分布

（四）代谢模型准确性评价

根据光滑球拟酵母利用 60 种唯一碳、氮源的生长实验和丙酮酸发酵实验，分别对模型 iNX804 预测能力进行定性和定量评估，在细胞表型和流量分配上，FBA 结果与实验数据基本一致（表 8-4、表 8-5），表明模型 iNX804 能够反映光滑球拟酵母生理、代谢功能。

表 8-4　　　　　　　　光滑球拟酵母在 60 种底物下生长表型验证

	底物	实验结果	模拟结果		底物	实验结果	模拟结果
碳源-糖类	葡萄糖	+	+	碳源-氨基酸	丙氨酸	+	+
	乳糖	-	-		谷氨酸	+	+
	半乳糖	-	-		天冬氨酸	+	+
	蜜二糖	-	-		天冬酰胺	-	+
	棉籽糖	-	-		苯丙氨酸	-	-
	海藻糖	+	+		苏氨酸	-	+
	果糖	+	+		精氨酸	+	+
	甘露糖	+	+		脯氨酸	+	+
	山梨糖	-	-	碳源-有机酸	苹果酸		
	木糖	-	-		琥珀酸		

续表

	底物	实验结果	模拟结果		底物	实验结果	模拟结果
	蔗糖	-	-		丙酮酸	+	+
	麦芽糖	-	-		乳酸	+	+
	鼠李糖	-	-		水杨酸	-	-
	淀粉	-	-		柠檬酸	-	-
	纤维二糖	-	-		乙酸	+	+
碳源-醇类	甘露醇	-	-	碳源-醇类	阿拉伯糖醇	-	-
	半乳糖醇	-	-		肌醇	-	-
	甲醇	+	+		甘油	+	+
	乙醇	+	+				
碳源-其他	油酸	+	+	碳源-其他	2-酮基-L-古龙酸	-	-
	羟基苯	-	-	氮源	赖氨酸	-	-
氮源	尿素	+	+		苏氨酸	+	+
	氯化铵	+	+		亮氨酸	+	+
	谷氨酸	+	+		异亮氨酸	+	+
	谷氨酰胺	+	+		丝氨酸	+	+
	天冬氨酸	+	+		缬氨酸	+	+
	酪氨酸	+	+		半胱氨酸	+	-
	苯丙氨酸	+	+		酪氨酸	+	+
	精氨酸	+	+		甘氨酸	+	+
	脯氨酸	+	+		组氨酸	+	+
	丙氨酸	+	+				

注:"+"代表生长、"-"代表不生长。

表 8-5 不同实验条件下光滑球拟酵母模拟值和发酵数据比较

约束条件/(mmol/g 干重/h)						生长速率/h^{-1}	
GUR	OUR	CER	PPR	EPR	GPR	实验值	模拟值
4.15	13.61	10.02	0.74	0.36	—	0.31	0.32
6.43	21.77	9.37	0.54	5.15	—	0.44	0.44
8.71	14.31	10.04	2.84	6.81	—	0.40	0.42
11.02	6.31	18.93	0.007	18.33	1.62	0.12	0.13

注:"—"表示没有检测甘油。

基于模型 iNX804 模拟光滑球拟酵母在 40 种唯一碳源上的生长情况（表 8-4），在消除模型调试过程中不一致情况后，模拟结果与实验结果一致性高达 95%。以苏氨酸和天冬酰胺为唯一碳源时光滑球拟酵母不能生长，但模拟结果为"细胞生长"，可能与化学计量模型 iNX804 缺少调控机制有关。模型 iNX804 能够预测各种碳源的代谢路径，包括常用糖类、氨基酸、醇类、羧酸等。在 15 种糖类测试结果中，11 种糖类由于缺失相关转运蛋白或代谢酶，不能作为唯一碳源支持细胞生长；只有葡萄糖、海藻糖、甘露糖、果糖可以维持细胞生长，由此可见光滑球拟酵母的碳源利用谱相对较窄。此外，基于模型 iNX804 模拟光滑球拟酵母在 20 种唯一氮源（18 种氨基酸、铵盐、尿素）的合成培养基上生长情况（表 8-4）结果如下：①模型模拟和实验值完全一致；②发酵实验证实光滑球拟酵母能够利用组氨酸生长，而光滑球拟酵母基因组未注释出相关代谢的功能基因，因此模型 iNX804 中组氨酸代谢反应提取自枯草芽孢杆菌的 GSMM；③20 种氮源中仅赖氨酸和半胱氨酸不能支持光滑球拟酵母生长。

为了定量评价模型 iNX804 的准确性，以文献中光滑球拟酵母对数生长中期发酵参数为计算数据，在葡萄糖摄取率（GUR）、氧摄取率（OUR）、二氧化碳释放率（CER）、丙酮酸生产率（PPR）、乙醇生产率（EPR）和甘油生产率（GPR）为可行性解空间的约束条件，模拟细胞生长。生长速率的模拟与实验中生长速率具有高度一致性，再次表明模型 iNX804 能够模拟光滑球拟酵母的生理代谢（表 8-5）。

（五）生长必需基因分析

运用单基因敲除程序，对光滑球拟酵母在全合成培养基（M1）和类血清培养基（M2）上的必需基因进行预测，结果发现：①在不同培养基上生长必需基因数量不同，如 M1 上为 130 个、M2 上为 74 个，分别占 iNX804 基因数的 16.1% 和 9.2%；②进一步分析发现，M2 上的必需基因是 M1 上的子集，这是因为 M2 具有更为丰富的营养成分；③根据 KEGG 代谢亚系统分类，发现大多数必需基因参与氨基酸、辅因子、核苷酸和脂类代谢，而能量代谢中必需基因较少，因此调节细胞能量代谢是一种常见的菌株改造手段；④单基因敲除模拟实验结果与文献报道的光滑球拟酵母的药物靶点一致性高，表明模型 iNX804 能够准确地预测杀菌、抑菌的药物靶点（表 8-6）。

表 8-6　　　　　　　　光滑球拟酵母毒性代谢和药物靶点分析

代谢途径	药物靶点	基因	M1	M2	药物
	几丁质合成酶	CAGL0 B04389g	NE	NE	
		CAGL0 I04840g			
		CAGL0 A02904g			
	1,3-葡聚糖合成酶 FKS1 组分	CAGL0 G01034g	NE	NE	米卡芬净
					卡泊芬净
					阿尼芬净
	1,6-葡聚糖合成酶	kre9, knh1			
叶酸代谢	二氢叶酸还原酶	CAGL0 J00385g	NE	NE	联苯的抗叶酸剂
		CAGL0 J03894g			
		CAGL0 L11044g			
	二氢叶酸合成酶	CAGL0 J07920g	E	E	磺胺

续表

代谢途径	药物靶点	基因	M1	M2	药物
类固醇合成	麦角固醇代谢	CAGL0F01793g	NE	NE	硝酸布康唑
		CAGL0E04334g	E	NE	杀念菌素
		CAGL0M07656g	NE	NE	两性霉素B
		CAGL0M07095g	E	NE	纳他霉素
		CAGL0D05940g	NE	NE	制霉菌素
		CAGL0H04653g	NE	NE	
		CAGL0L00319g	E	E	
	细胞色素P450 51	CAGL0E04334g	E	NE	泊沙康唑
		CAGL0D04114g			噻康唑
					舍他康唑
					伊曲康唑
					肾上腺素
	角鲨烯单加氧酶	CAGL0D05940g	NE	NE	萘替芬
					盐酸布替萘芬
核苷酸代谢	胸苷酸合成酶	CAGL0K05467g	E	E	氟胞嘧啶
艾利希途径	色氨酸上调芳香氨基转移酶	CAGL0G01254g	NE	NE	
其他	胞质和线粒体CoA合成酶	CAGL0L00649g	NE	NE	腺苷
		CAGL0B02717g			一磷酸
	过氧化氢酶	CAGL0K10868g	NE	NE	

注:"NE"代表非必需基因,"E"代表必需基因。

二、光滑球拟假丝酵母丙酮酸高产机制

(一)丙酮酸代谢途径解析

根据模型 iNX804 解析光滑球拟酵母高产丙酮酸的机制,发现主要是由于其存在高效的葡萄糖吸收和利用能力,多种丙酮酸合成途径,以及被"弱化"的丙酮酸代谢(图 8-3)。具体包括:①光滑球拟酵母细胞膜上具有 16 个葡萄糖转运蛋白,其中 CAGL0C01771g、CAGL0M01672g 和 CAGL0K12716g 被基因表达数据证实;此外,光滑球拟酵母对葡萄糖亲和力是酿酒酵母葡萄糖吸收速率的 2~10 倍;②光滑球拟酵母包含 3 条由葡萄糖到丙酮酸的代谢途径:a. 糖酵解途径(Embden-Meyerhof-Parnas pathway,EMP):由约 40 个基因组成,将葡萄糖催化为磷酸烯醇式丙酮酸,最终转化为丙酮酸;b. 磷酸戊糖途径(Pentose phosphate pathway,PPP):由近 30 个基因组成,催化葡萄糖-6-磷酸转化为丙酮酸;c. 丙酮醛降解途径:由约 15 个基因组成,催化甘油酮磷酸转化为丙酮酸,包括 I 和 IV 两个分支,该途径的注释打破了以往认为丙酮酸合成仅与 EMP 和 PPP 有关的限制;③进一步负责丙酮酸降解的辅酶(维生素 B_6、维生素 B_1、NA、Bio)的合成途径受阻:光滑球拟酵母不能利用中心碳代谢中的 D-甘油醛-3-磷酸和 D-核酮糖-5-磷酸合成 5-磷酸-吡哆醛;不能从嘧啶代谢和半胱氨酸代谢合成二磷酸硫胺素;不能利用喹啉酸合成烟酸 D-核糖核酸;光滑球拟酵母完全缺失生物素合成途径。

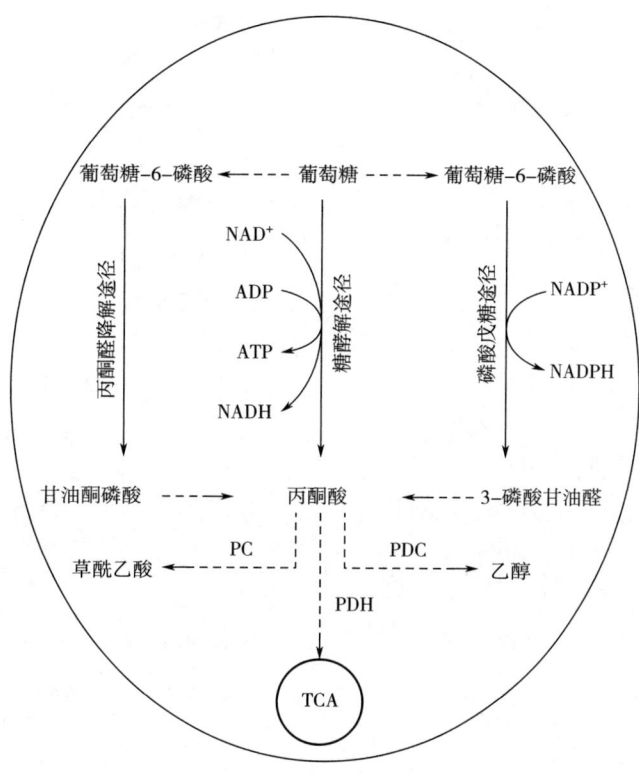

图 8-3 光滑球拟酵母丙酮酸合成途径
PC—丙酮酸羧化酶 PDH—丙酮酸脱氢酶系 PDC—丙酮酸脱羧酶

（二）丙酮酸碳代谢流分布

基于模型 iNX804 分析光滑球拟酵母在细胞生长阶段［图 8-4（1）］和丙酮酸形成阶段［图 8-4（2）］，三条丙酮酸合成途径的碳流分布情况。流量分布的模拟值与文献值高度吻合，再次证明了模型 iNX804 的准确性。总体而言，在细胞生长阶段和丙酮酸合成阶段，来源于葡萄糖的碳流大量进入 EMP 途径，而 PPP 和 TCA 循环中流量较少，丙酮醛途径中没有流量，即糖酵解途径是丙酮酸合成的主要途径。在生长阶段，33.3%的碳流量通过 EMP 途径流向乙醇，10%流向丙酮酸；在丙酮酸形成阶段，92.5%的碳流量从葡萄糖经过 EMP 途径合成丙酮酸，不产生乙醇。

（三）关键基因敲除靶点分析

为了增强丙酮酸在糖酵解途径的积累，选择丙酮酸三条合成途径连接处（图 8-3）的非必需基因作为模拟敲除靶点，结果见表 8-7。上述基因缺失对细胞生长几乎没有影响，但对丙酮酸和乙醇生成作用显著。葡萄糖-6-磷酸脱氢酶（由 *zwf* 编码）和转酮醇酶（由 *tkl* 编码）的敲除模拟是为了阻断 PPP 和 EMP 的连接，在单独敲除 *zwf* 或 *tkl* 时，光滑球拟酵母会产生乙醇而不产丙酮酸，而同时敲除 *zwf* 和 *tkl* 时丙酮酸产生速率比对照组增加 27.8%。三种敲除均导致 PPP 产生的 NADPH 减少，可由 TCA 循环中异柠檬酸脱氢酶催化的反应弥补；光滑球拟酵母 Δ*ldhL*Δ*ldhD* 的丙酮酸生产速率为对照菌的 1.6 倍，且不产乙醇。光滑球拟酵母 Δ*ldhL*Δ*ldhD* 中丙酮酸脱氢酶（PDH）和 PDC 的碳流量降低，氧化磷酸化碳流增强，大量 NADH 通过电子传递链被消耗而未转移到副产物（如乙醇）中。

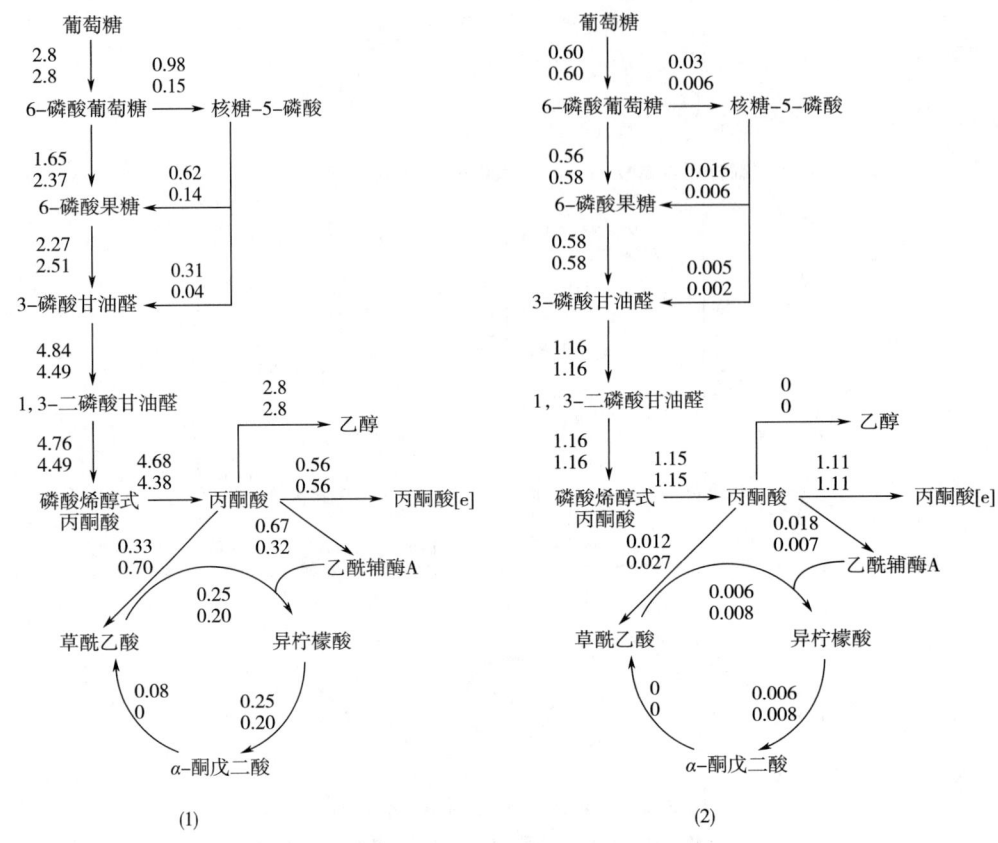

图 8-4 中心碳代谢模型预测和文献报道中代谢流分布比较
(1) 菌体生长期 (2) 丙酮酸生成期

表 8-7　　丙酮酸合成途径中基因扰动对细胞生长和丙酮酸生产影响

菌株	比生长速率/h^{-1}	丙酮酸/(mmol/g 干重/h)	乙醇/(mmol/g 干重/h)
对照	0.19	10.66	5.19
Δzwf	0.19	0	16.98
Δtkl	0.19	0	15.59
$\Delta zwf\Delta tkl$	0.19	13.62	2.94
$\Delta ldhL\Delta ldhD$	0.19	16.89	0

第三节　丙酮酸发酵生产方法

一、发酵培养条件优化技术

(一) 酵母粉对丙酮酸发酵的影响

酵母粉是一种常用的氮源和生长因子的来源，但并不适合菌株 WSH-IP12 发酵生产丙酮酸。如图 8-5 所示，随着发酵培养基中酵母粉质量浓度的增大，细胞干重不断增加而丙酮酸产量（质量浓度）却迅速下降。

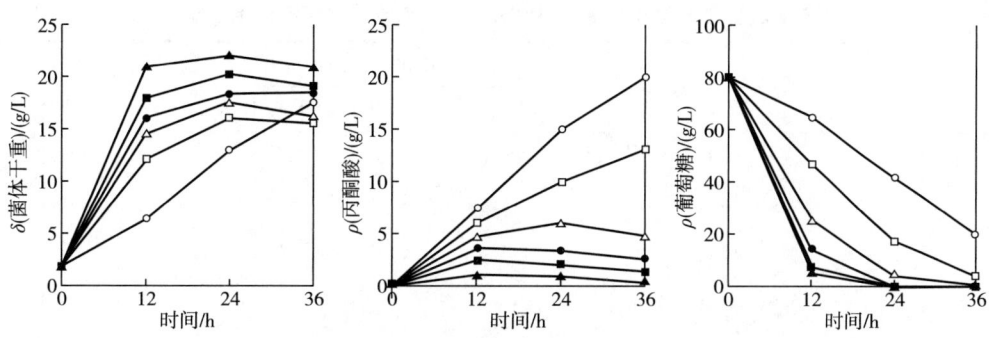

图 8-5　酵母粉质量浓度对菌株 WSH-IP12 发酵生产丙酮酸的影响
○—0（对照）　□—1g/L　△—3g/L　●—5g/L　■—8g/L　▲—10g/L

（二）蛋白胨对丙酮酸发酵的影响

由图 8-6 可知，当初始葡萄糖质量浓度为 80g/L 时，培养基中的蛋白胨质量浓度选择在 15g/L 较为适宜，此时，丙酮酸产量为 23.4g/L。蛋白胨质量浓度低于 15g/L 时，葡萄糖消耗速度较慢，细胞干重和丙酮酸产量也较低；而若高于此值，则丙酮酸产量明显下降。

（三）氮源对丙酮酸发酵的影响

1. 豆饼水解液对丙酮酸发酵的影响

如图 8-7 所示，豆饼水解液质量浓度为 5g/L 时，发酵液中丙酮酸产量达到 18g/L。这一水平虽然不及以蛋白胨为氮源的结果，但由于豆饼水解液来源广、价格低，所以仍是一种有潜力的氮源。

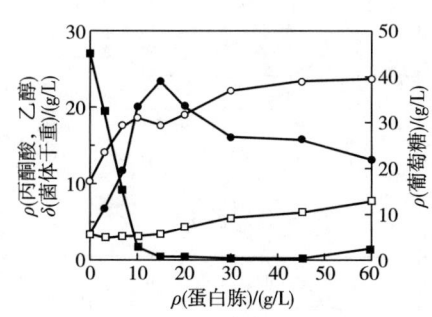 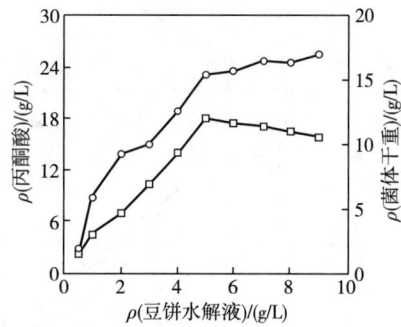

图 8-6　蛋白胨质量浓度对菌株　　　　图 8-7　豆饼水解液质量浓度对菌株
WSH-IP12 发酵生产丙酮酸的影响　　　　WSH-IP12 发酵生产丙酮酸的影响
●—丙酮酸　□—乙醇　○—细胞干重　■—葡萄糖　　　○—菌体干重　□—丙酮酸

2. 无机氮源及其质量浓度对丙酮酸发酵的影响

如表 8-8 所示，尽管光滑球拟酵母 WSH-IP12 可以利用 $(NH_4)_2SO_4$、NH_4Cl、$(NH_4)_2HPO_4$ 和尿素为唯一氮源生长，但丙酮酸产量均不及以蛋白胨和豆饼水解液为氮源的情况。

表 8-8　无机氮源及其浓度对菌株 WSH-IP12 发酵生产丙酮酸的影响

ρ（氮）/(g/L)	ρ（丙酮酸）/(g/L)			
	$(NH_4)_2SO_4$	NH_4Cl	$(NH_4)_2HPO_4$	尿素
0.32	4.1	5.4	2.5	5.0
0.64	10.0	10.0	4.3	10.0
1.27	15.6	11.8	6.7	12.0
1.91	16.3	12.8	7.5	11.8
2.54	16.0	12.3	5.7	10.9
3.18	14.7	11.3	5.8	10.8

（四）供氧方式和碳氮比对丙酮酸发酵的影响

1. 供氧方式对丙酮酸发酵的影响

由于丙酮酸处于 EMP 途径和 TCA 循环的交点位置，溶氧水平直接影响碳流的走向，因此，考察了溶氧浓度对丙酮酸生产的影响。在实验中采用了两种不同的供氧方式，以使发酵体系处于不同的溶氧水平。供氧方式 I 为搅拌转速恒定在 700r/min，供氧方式 II 为搅拌转速按 DOT（溶氧）不低于 30% 的要求逐渐升高。由这两种供氧方式控制的发酵过程曲线如图 8-8 所示，过程主要参数列于表 8-9。

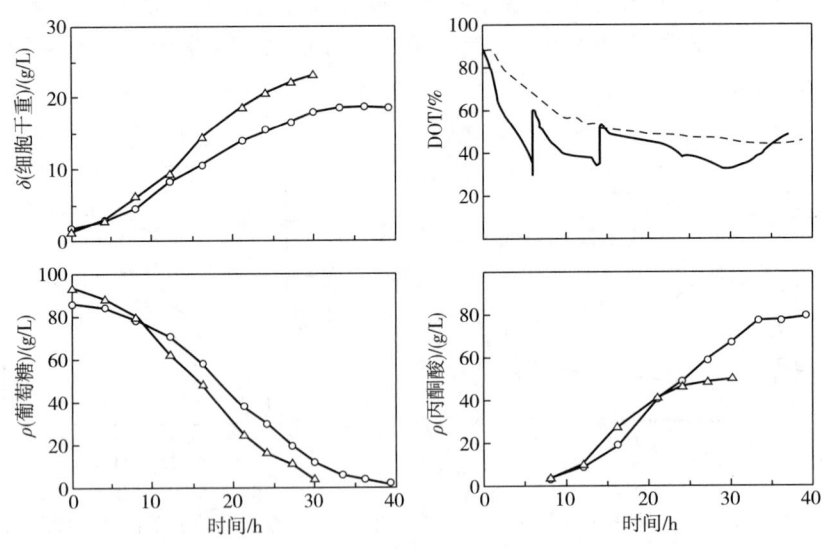

图 8-8　不同供氧方式下的丙酮酸发酵过程

注：图中—○—和溶氧图表示整个过程 0~39h 搅拌转速均为 700r/min；—△—和溶氧图则表示其搅拌转速的变化过程为 0~6h，400r/min；6~14h，500r/min；14~17h，600r/min。

表 8-9　　　　　　　　　　　不同供氧方式控制的发酵过程主要参数比较

搅拌方式	ρ(初始葡萄糖)/(g/L)	t/h	ρ(残糖)/(g/L)	ρ(丙酮酸)/(g/L)	δ(细胞干重)/(g/L)	生产强度/(g/L/h)	产率/(g/g)
搅拌转速恒定	86.9	40	2.3	39.5	18.5	0.99	0.47
搅拌转速变化	93.7	30	1.6	27.0	25.2	0.90	0.29

由图 8-8 可知，供氧方式 II 控制下的发酵过程，总体上溶氧水平低于供氧方式 I，尽管细胞生长和葡萄糖消耗速度明显快于供氧方式 I，然而丙酮酸产率和产量却较低（表 8-9），表明相对较高的溶氧水平有利于光滑球拟酵母发酵生产丙酮酸。

2. 培养基碳氮比对丙酮酸发酵的影响

在小型发酵罐中进一步考察了培养基的初始葡萄糖质量浓度和/或碳氮比对丙酮酸发酵的影响。结果发现，如果葡萄糖和蛋白胨的质量浓度按碳氮比相同的原则（25:1）同时提高，则丙酮酸生产也会得到促进；然而，若蛋白胨质量浓度保持不变，在此基础上再提高葡萄糖的质量浓度（即 C/N 增大），则发酵后期（40h 后）细胞生长速度和葡萄糖消耗速度明显下降（图 8-9），丙酮酸产率也显著降低（表 8-10）。

（五）氮供给对丙酮酸发酵的影响

由于较高的初始葡萄糖质量浓度对丙酮酸生产存在一定的抑制作用，因此，可以考虑采用适宜的葡萄糖流加方案来提高丙酮酸的生产水平。在进行小型发酵罐流加培养实验前，先在摇瓶培养中考察了简单的补糖操作对 WSH-IP12 发酵生产丙酮酸的影响。如图 8-10 所示，在葡萄糖总质量浓度均为 80g/L 的前提下，初始葡萄糖质量浓度为 20g/L、分三次补足 80g/L 的方式（48h 丙酮酸产量 30.2g/L），其丙酮酸产量和产率均优于初始葡萄糖质量浓度为 80g/L（48h 丙酮酸产量 23.5g/L）的操作方式，表明流加培养能提高丙酮酸的生产水平。

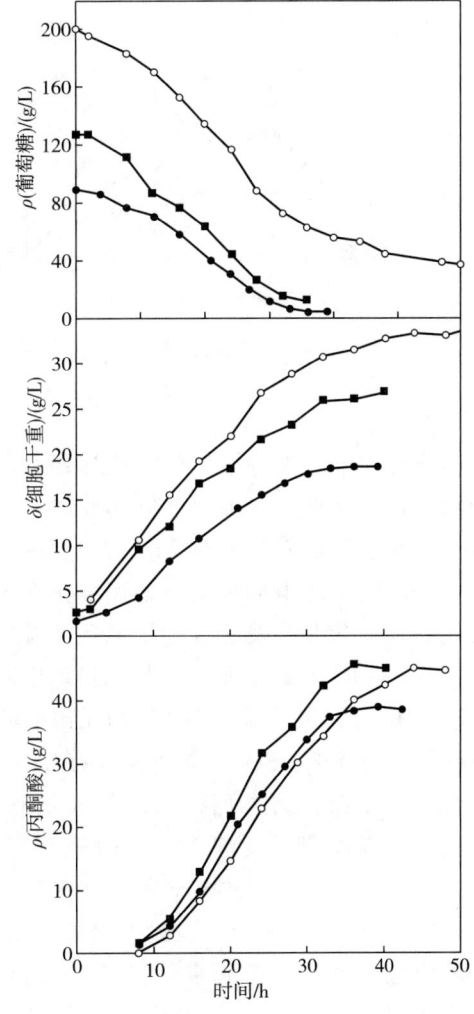

图 8-9　分批培养中初始葡萄糖质量浓度和/或碳氮比对丙酮酸发酵的影响
●—葡萄糖 92g/L，蛋白胨 15g/L
■—葡萄糖 127g/L，蛋白胨 20g/L
○—葡萄糖 201g/L，蛋白胨 20g/L

表 8-10　不同初始葡萄糖质量浓度和/或碳氮比下的分批培养过程参数

ρ(初始葡萄糖)/(g/L)	ρ(蛋白胨)/(g/L)	C:N/(g/g)	t/h	ρ(剩余葡萄糖)/(g/L)	ρ(丙酮酸)/(g/L)	δ(细胞干重)/(g/L)	生产强度/(g/L/h)	丙酮酸产率/(g/g)	细胞产率/(g/g)	ρ(乙醇)/(g/L)
92	15	25:1	39	4.5	38.5	18.5	0.99	0.44	0.216	3.0
127	20	25:1	36	10.8	47.9	25.6	1.33	0.41	0.220	4.5
201	20	40:1	44	52.9	46.2	32.2	1.05	0.31	0.217	5.7

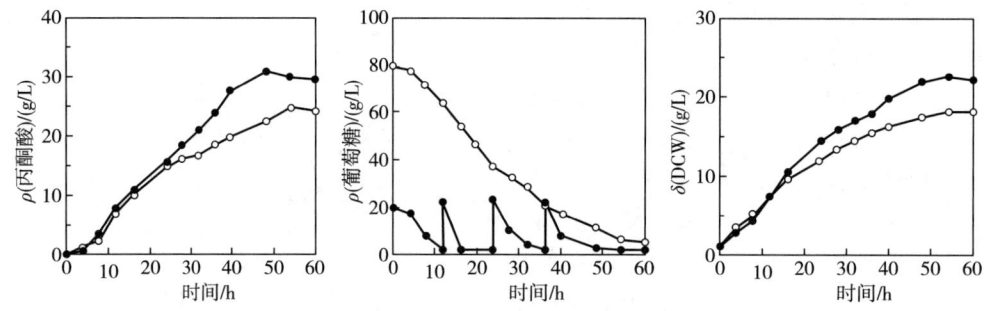

图 8-10　摇瓶培养中补糖操作对丙酮酸发酵的影响
●—丙酮酸　○—葡萄糖　DCW—细胞干重

在小型发酵罐中进行了数次流加培养实验，从图 8-11 中可以发现，发酵 13h 后由于葡萄糖消耗速度低于流加速度，因此罐内葡萄糖质量浓度有所升高，但对丙酮酸生产没有造成不利影响。然而，发酵 24h 后，丙酮酸积累速度明显下降，与此同时，葡萄糖浓度迅速上升，表明细胞消耗葡萄糖的速度正在急剧下降（因为葡萄糖流加速度也在下降）。计算发现，发酵 25h 时发酵罐内的葡萄糖总质量浓度已达到 110g/L，而初始蛋白胨质量浓度为 15g/L，即 C/N 已达到 30:1，且随着葡萄糖的加入，C/N 还在不断升高（33h 时达到 34:1）。由于 C/N 过高会使细胞消耗葡萄糖的能力降低。因此，分别在 34h 和 40h 补入 10g 蛋白胨和 5g $(NH_4)_2SO_4$，使培养基的 C/N 下降到 25:1 左右，结果葡萄糖消耗和细胞生长能力均得以恢复，发酵 64h 时丙酮酸产量达到 54.5g/L（对葡萄糖产率为 0.47g/g）（图 8-11）。由此表明，要在流加培养中获得高的丙酮酸产率和生产强度，氮的有效供给是非常重要的。

根据以上分析，为了进一步提高丙酮酸的产量和产率，在相同的培养条件下，不补加氮源，而改用氨水代替 KOH 控制发酵过程的 pH（相当于连续提供氮源）进行流加培养实验，结果发现，整个发酵过程中细胞均表现出很强的丙酮酸合成能力，55h 丙酮酸

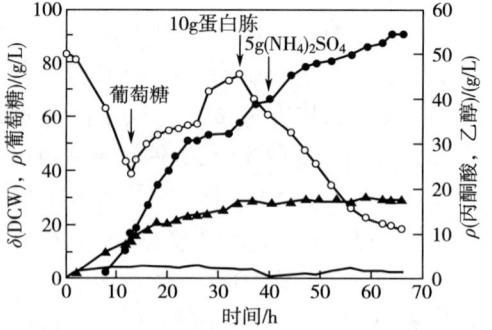

图 8-11　典型的光滑球拟酵母 WSH-IP12 流加培养过程曲线
●—丙酮酸　○—葡萄糖
▲—细胞干重　〰—乙醇　DCW—细胞干重

产量达到 57.3g/L（对葡萄糖产率 0.50g/g），丙酮酸产量、产率、生产强度均高于图 8-11 所示的流加培养过程（图 8-12）。此外，检测发现，发酵结束时 NH_4^+ 质量浓度为 10.3g/L，表明发酵过程中氮的供给是充分的，细胞代谢正常进行。因此，尽管 34h 后由于糖流加速率过快，造成罐内葡萄糖也有所积累，但对产酸并没有负面影响。

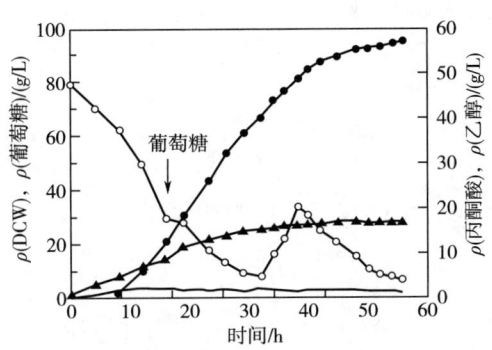

图 8-12 以氨水代替 KOH 控制 pH 的光滑球拟酵母 WSH-IP12 流加培养过程曲线
●—丙酮酸　○—葡萄糖　▲—细胞干重　〰—乙醇　DCW—细胞干重

二、发酵分阶段溶氧优化技术

球拟酵母（*Torulopsis*）的维生素营养缺陷型以葡萄糖为底物积累丙酮酸时，溶氧是一个很重要的影响因素。已经有学者研究过溶氧对光滑球拟酵母 IFO 0005 产酸性能的影响。如 Miyata 和 Yonehara 发现供氧不足会造成该菌株丙酮酸产量下降，而乙醇产量显著增加；Hua、Shimizu 和 Hua 等则报道了不同溶氧水平下该菌株胞内的代谢流分配。前期研究发现，较高的溶氧有利于光滑球拟酵母积累丙酮酸。但是，若要实现丙酮酸发酵过程高产量、高产率和高生产强度的统一，在发酵过程中又应当采用何种控制策略，这是已有文献尚未阐明的问题。在下文，首先分析了不同体积传氧系数下（溶氧均高于 50%）WSH-IP303 分批发酵的动力学特征，根据主要动力学参数（μ、q_s 和 q_p）的变化特性提出了分阶段供氧控制模式。然后，实验验证了该模式在实现丙酮酸高产量和高产率的统一上的有效性，并对不同供氧方式下细胞的代谢活性进行了讨论。

（一）丙酮酸分批发酵过程的溶氧变化

参照以前的研究方法，在 k_La 恒定的条件下考察了发酵过程中溶氧的变化特征。如图 8-13 所示，在控制不同 k_La 的发酵过程中，溶氧均表现出相似的变化规律，但发酵的不同阶段对氧的需求却并不相同。在发酵初期（0~16h），菌体耗氧速率明显快于供氧速率，表现为溶氧的迅速下降；而 16h 后，耗氧速率和供氧速率则基本保持平衡。

（二）丙酮酸发酵生产的动力学特征

图 8-14（1）~（3）为不同 k_La 下 WSH-IP303 发酵生产丙酮酸过程中细胞干重、葡萄糖质量浓度和丙酮酸质量浓度的变化曲线。根据 μ、q_s 和 q_p 的定义如式（8-1）：

$$\mu = \frac{dx}{x \cdot dt} \quad q_s = -\frac{ds}{x \cdot dt} \quad q_p = \frac{dp}{x \cdot dt} \tag{8-1}$$

当时间间隔很小时，可以近似用式（8-2）直接计算得到 μ、q_s 和 q_p：

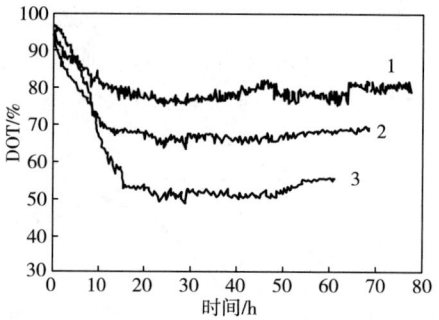

图 8-13 不同 $k_L a$ 下发酵过程中 DOT（溶氧）的变化

$k_L a$ （h^{-1}）：1—450　2—300　3—200

$$\mu = \frac{\Delta x}{x \cdot \Delta t}, \ q_s = -\frac{\Delta s}{x \cdot \Delta t}, \ q_p = \frac{\Delta p}{x \cdot \Delta t} \tag{8-2}$$

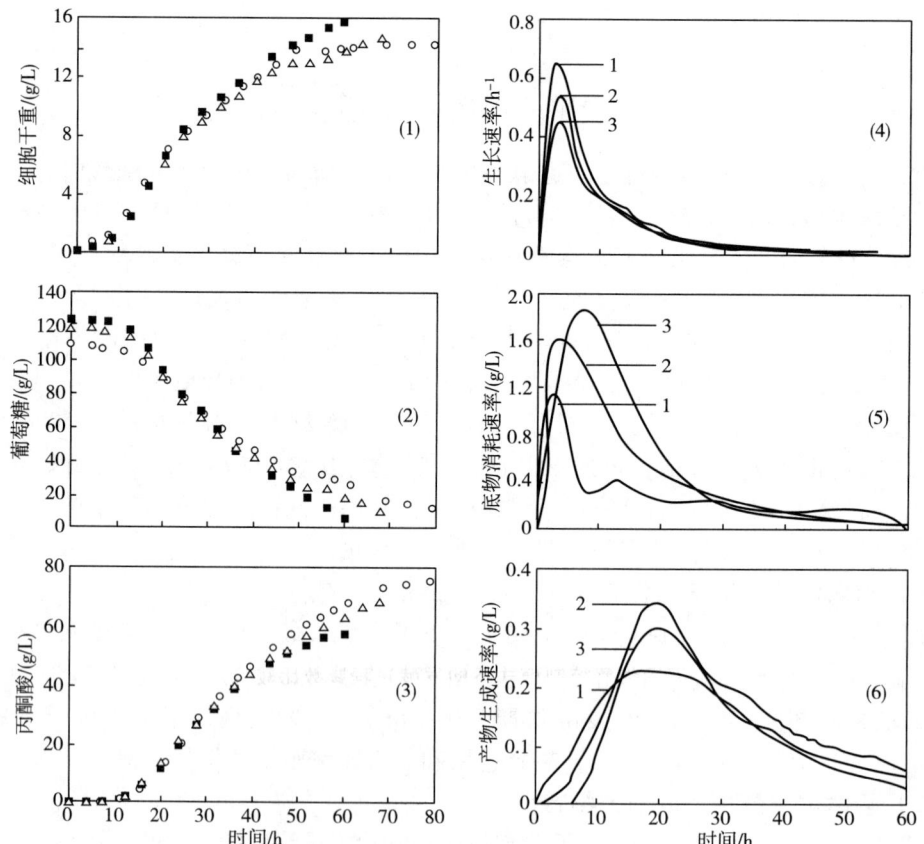

图 8-14 不同 $k_L a$ 下的发酵过程动力学曲线

$k_L a$ （h^{-1}）：○和1—450　△和2—300　■和3—200

因此，利用GRAFTOOL图形软件，对图8-14（1）~（3）中的数据进行插值计算（时间间隔为0.1h），再利用EXCEL软件，求解得到发酵过程中不同时刻的μ、q_s和q_p，经平滑处理，得到不同k_La下WSH-IP303发酵过程动力学参数的变化曲线［图8-15（4）~（6），0~60h数据］。类似地，根据式（8-3），可计算得到发酵过程中丙酮酸产率和细胞产率的变化曲线［图8-15（1）和（2）］。

$$Y_{x/s} = \frac{dx}{ds} \approx \frac{\Delta x}{\Delta s} \quad Y_{p/s} = \frac{dp}{ds} \approx \frac{\Delta p}{\Delta s} \tag{8-3}$$

综合分析图8-14（1）~（6），可以发现：①在较高的k_La下（450h^{-1}），细胞在发酵前期（0~16h）具有较高的μ和q_p［图8-14（4）和（6）］。整个过程中细胞消耗葡萄糖的速率虽然相对较低［图8-14（2）和（5）］，但能长时间维持合成丙酮酸的能力［图8-14（3）］，且丙酮酸产率相当高［图8-15（1）］；②细胞消耗葡萄糖的速率随着k_La的降低而增大［图8-14（2）和（5）］，而丙酮酸产率则反之［图8-15（1）］。

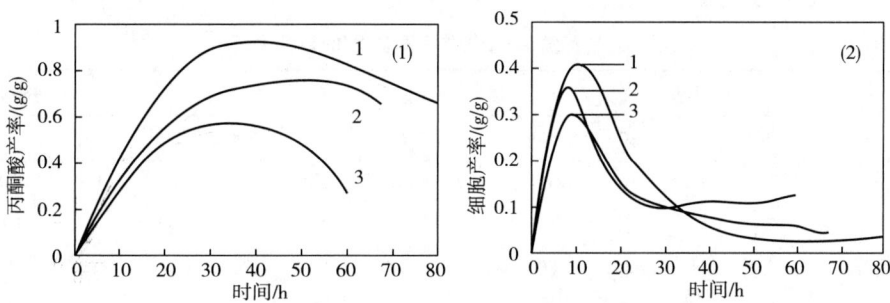

图8-15　不同k_La下丙酮酸产率和细胞产率的变化

k_La（h^{-1}）：1—450　2—300　3—200

（三）分阶段供氧控制模式的应用

为了进一步理解不同k_La下发酵过程的特点，表8-11给出了不同k_La下发酵过程的主要参数。结合图8-14和图8-15，认为，在发酵过程中控制恒定的k_La，很难实现高产量、高产率和高生产强度的统一。尽管在适中的k_La下（300h^{-1}），丙酮酸产量（69g/L）和产率（0.649g/g）已经超过了Yonehara、Miyata和Hua等的研究。采用光滑球拟酵母IFO 0005的最佳研究结果，但仍存在残糖较高（13.2g/L）和发酵时间较长（68h）等不足。

表8-11　　不同供氧控制模式下的发酵过程参数比较

参数	k_La控制模式（h^{-1}）			
	450	300	200	450（0~16h）→（16h）后
ρ（初始葡萄糖）/(g/L)	118.6	119.4	124.8	112.0
ρ（剩余葡萄糖）/(g/L)	11.9	13.2	6.4	2.8
总发酵时间/h	85	68	60	56
葡萄糖消耗速率/(g/L·h)	1.14	1.56	1.97	1.95
葡萄糖利用率/%	90.0	88.9	94.6	97.5

续表

参数	k_La 控制模式（h^{-1}）			
	450	300	200	450 (0~16h) → (16h) 后
ρ（丙酮酸产量）/(g/L)	77.3	69.0	57.2	69.4
生产强度/(g/L/h)	0.91	1.01	0.95	1.24
丙酮酸产率/(g/g)	0.724	0.649	0.483	0.636
ρ（细胞干重）/(g/L)	13.2	14.5	15.6	19.5
前16h平均比生长速率/(μ/h)	0.238	0.190	0.139	0.222
过程平均比生长速率/(μ/h)	0.047	0.073	0.084	0.087
ρ（NH_4Cl 消耗）/(g/L)	5.66	5.88	6.06	6.72
ρ（KH_2PO_4 消耗）/(g/L)	1.35	1.23	1.12	1.20
ρ（乙醇）/(g/L)	1.34	1.55	1.67	1.60

表 8-12　　　　　恒定 k_La 发酵过程中不同阶段的碳平衡

k_La (h^{-1})	0~16h			16~32h			32~48h			48h 后		
	450	300	200	450	300	200	450	300	200	450	300	200
葡萄糖①	100	100	100	100	100	100	100	100	100	100	100	100
细胞生长②	47	30	27	17	13	16	13	13	11	3	10	11
丙酮酸	44	41	32	80	60	55	83	70	57	82	78	41
乙醇	2	2	2	0	0	0	0	0	0	0	0	0
剩余碳	7	27	39	3	27	29	5	17	32	14	12	48

注：①所有数据换算为以消耗葡萄糖中的碳为基准的百分数。
　　②假设细胞分子式为 $C_{3.93}H_{7.07}O_{1.96}N_{0.79}$。

不同发酵阶段的碳平衡表明（表 8-12），在 0~16h，底物中的碳主要用于合成细胞，16h 后碳流则转向积累丙酮酸。鉴于：①丙酮酸分批发酵过程前期（0~16h）溶氧迅速下降（图 8-15），且控制较高的 k_La（450h^{-1}）在 0~16h 有利于合成细胞（表 8-13）；②16h 后细胞耗氧速率基本恒定（图 8-13），且降低 k_La 可明显提高细胞的丙酮酸生成速率［图 8-14（6）］，为了探讨是否存在能够尽可能实现丙酮酸高产量、高产率和高生产强度的相对统一的供氧控制模式，采用 0~16h 控制较高的 k_La（450h^{-1}），16h 后将 k_La 降低到 200h^{-1} 的方法进行分批发酵，主要过程参数列于表 8-11，发酵过程曲线和碳平衡则分别见图 8-16 和表 8-13。

表 8-13　　　　　分阶段供氧控制模式下的碳平衡

	0~16h	16~32h	32~48h	48h 以后		0~16h	16~32h	32~48h	48h 以后
葡萄糖①	100	100	100	100	乙醇	2	0	0	0
细胞生长②	44	21	15	16	剩余碳	9	6	25	31
丙酮酸	45	73	60	53					

注：①所有数据换算为以消耗葡萄糖中的碳为基准的百分数。
　　②假设细胞分子式为 $C_{3.93}H_{7.07}O_{1.96}N_{0.79}$，其中灰分的含量为 3.35%。

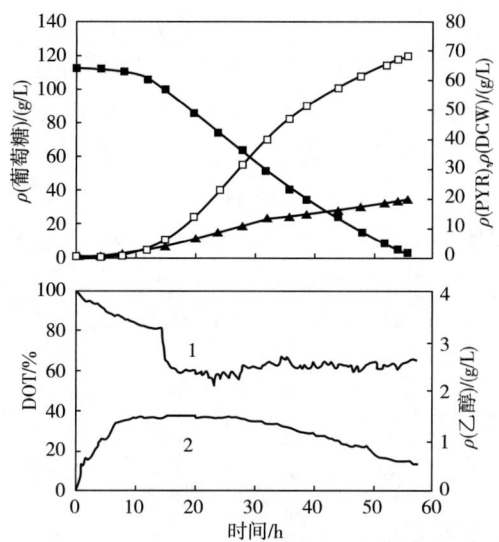

图 8-16　采用分阶段供氧控制模式的分批发酵过程曲线
■—葡萄糖　□—丙酮酸　▲—细胞量　1—DOT　2—乙醇

由表 8-13 可知，采用分阶段供氧控制模式，既能够保持较高的产率（0.636g/g），又能保持较高的耗糖速度（1.95g/L/h），发酵 56h 丙酮酸产量就达到了 69.4g/L，生产强度（1.24g/L/h）比 k_La 恒定为 450、300 和 200h^{-1} 的分批发酵过程分别提高了 36%、23% 和 31%。比较发酵过程的碳平衡（表 8-13 和表 8-13）可以发现，与 k_La 恒定为 200h^{-1} 的分批发酵过程相比，采用分阶段供氧控制模式，16h 后通往细胞合成和丙酮酸积累的碳流平均提高了 35% 和 20% 左右。

在分批发酵实验中，通过控制不同的 k_La 导致细胞处于不同的溶氧水平，结果发现，尽管细胞处于供氧良好状态（因相对溶氧均高于 50%），但细胞的代谢活性（特别是葡萄糖消耗）仍出现了明显差异（图 8-14）。而采用分阶段供氧控制模式，能够兼取高 k_La 下丙酮酸产率高和低 k_La 下葡萄糖消耗速度快的优点，从而实现丙酮酸发酵过程高产量、高产率和高生产强度的相对统一。

三、发酵维生素浓度优化技术

对于营养缺陷型菌株来说，保证其过量积累目标代谢产物的充分必要条件是维持培养基中限制性成分处于亚适量水平。以四种维生素营养缺陷菌株光滑球拟酵母 CCTCC 202019 积累丙酮酸为例，其高效积累丙酮酸的原因在于负责丙酮酸进一步降解的关键酶的活力受培养基中适量的维生素所限制。

针对营养缺陷型菌株发酵生产中存在的发酵后期细胞生长和产物积累发生停滞的现象，下文以多重营养缺陷型菌株光滑球拟酵母 CCTCC 202019 发酵生产丙酮酸为研究模型，通过阐释发酵过程中限制性营养因子（维生素）的丰度对细胞生长和丙酮酸积累的影响，从而发展一种具有广泛应用价值的营养缺陷型菌株限制性营养因子添加模式，促进目标代谢产物的高效生产。

(一) 补加维生素

图8-17(1)为初始糖浓度为120g/L及初始维生素浓度为10mL/L时的丙酮酸分批发酵过程曲线。分析图8-17发现：在0~64h有大量的细胞和丙酮酸生成，64h之后细胞生长和丙酮酸合成逐渐减缓至停止。通过图8-17(1)计算出细胞比生长速率(μ)和丙酮酸比合成速率(π)随时间的变化曲线发现：（I）发酵起始(0~16h)，营养物质充分而且主要用于细胞生长，16h左右时，μ和π逐渐从0增加到0.079h^{-1}和0.165h^{-1}；（II）当营养物质被消耗到一个合适的水平时，π保持在0.15h^{-1}，μ保持在0.03h^{-1}以上(17~34h)，然后二者有所下降，但分别高于0.01h^{-1}和0.02h^{-1}(35~64h)；与此同时，丙酮酸对葡萄糖的得率逐渐从16h的0.43g/g增加到64h的0.72g/g；（III）发酵末期，营养物质被消耗殆尽，μ和π降低至0。

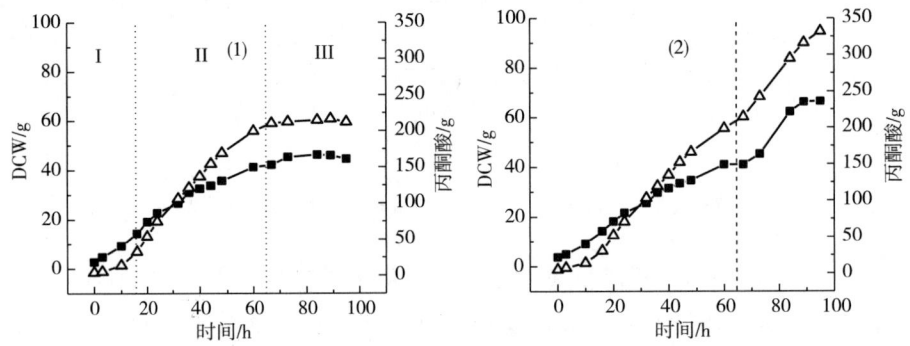

图8-17 丙酮酸的分批发酵过程及添加维生素对丙酮酸发酵的影响
(1) 分批发酵 (2) 流加发酵
■—细胞浓度 △—丙酮酸

究竟是什么因素导致64h后细胞生长和丙酮酸合成的停滞呢？为此，在发酵进行到64h后采用以下策略补加：①20g/L 葡萄糖；②2g/L NH_4Cl；③1mL/L 维生素；④20g/L 葡萄糖和2g/L NH_4Cl；⑤20g/L 葡萄糖和1mL/L 维生素；⑥2g/L NH_4Cl 和1mL/L 维生素；⑦20g/L 葡萄糖，2g/L NH_4Cl 和1mL/L 维生素。结果列于表8-14，当单独或者同时添加20g/L 葡萄糖和2g/L NH_4Cl 时，并不影响细胞的生长和丙酮酸合成。当添加1mL/L 维生素时，细胞浓度则增加了1.9g/L。当同时添加20g/L 葡萄糖，2g/L NH_4Cl 和1mL/L 维生素时，细胞浓度和丙酮酸产量则分别增加3.8g/L和12.2g/L。

表8-14 分批发酵结束后添加不同营养物质对细胞生长和丙酮酸合成的影响

补加的营养物质	①	②	③	④	⑤	⑥	⑦
增加的DCW/(g/L)	0.6±0.05	0.2±0.01	1.2±0.10	0.9±0.07	3.2±0.31	0.8±0.06	3.8±0.21
增加的丙酮酸/(g/L)	1.5±0.08	-0.1±0.01	4.6±0.06	2.3±0.12	10.9±0.8	4.7±0.13	12.2±0.8

注：①20g/L 葡萄糖；②2g/L NH_4Cl；③1mL/L 维生素；④20g/L 葡萄糖和2g/L NH_4Cl；⑤20g/L 葡萄糖和1mL/L 维生素；⑥2g/L NH_4Cl 和1mL/L 维生素；⑦20g/L 葡萄糖，2g/L NH_4Cl 和1mL/L 维生素。

在发酵至64h时，细胞的比生长速率降至0.01h^{-1}以下，当向培养体系中添加40g/L 葡萄糖，4g/L NH_4Cl 和2mL/L 维生素（共12mL/L）后，明显观察到细胞恢复活力，细胞的比产酸速率（0.042h^{-1}）和比生长速率（0.008h^{-1}）迅速增大至0.083h^{-1}和0.031h^{-1}，分别是添加前的287.5%和97.6%。最终，发酵液中丙酮酸总量达到330g，比添加前高46.7%，比仅添加葡萄糖的对照组高37.5%。以上结果表明，在细胞活力较低的状况下，添加维生素能有效恢复细胞的活力。

（二）优化维生素浓度

图8-18为发酵起始阶段培养基中不同维生素浓度（6mL/L，10mL/L和14mL/L）对细胞生长和丙酮酸积累的情况（初始葡萄糖浓度为120g/L）。最终细胞浓度、平均比生长速率和耗糖速率随维生素浓度的增大而增大，然而，丙酮酸对葡萄糖和细胞的得率则随维生素浓度的增大而减小。当初始维生素浓度为14mL/L时，最终细胞浓度（20.03g/L），平均比生长速率（0.086h^{-1}）和耗糖速率（1.93h^{-1}）均达到最高。但丙酮酸对葡萄糖和细胞的得率分别比维生素浓度为10mL/L时低27.1%和52.5%。

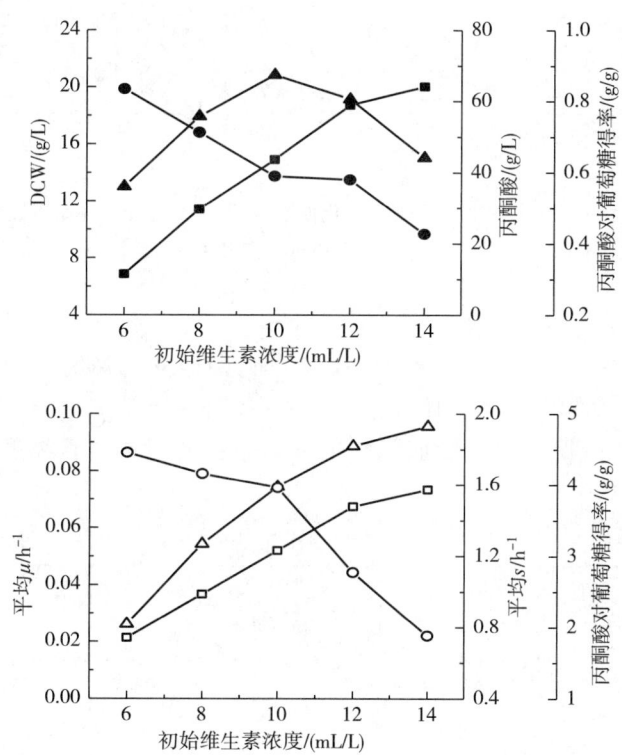

图8-18 初始维生素浓度对细胞生长和丙酮酸合成的影响
■—细胞生长 ▲—丙酮酸 ●—丙酮酸产率 □—平均比生长速率
△—平均比产物合成速率 ○—单位细胞合成丙酮酸能力

图8-19（1）为不同初始维生素浓度下细胞生长比速率随时间变化的曲线图。当发酵起始添加6mL/L的维生素时，μ在发酵进行至40h降至0.01h^{-1}以下，而添加10mL/L的维生素时，μ在发酵进行至64h降至0.01h^{-1}以下，此时，发酵液中尚有10g/L的残糖。而发酵进行到80h时，14mL/L维生素则可将细胞的比生长速率维持在0.02h^{-1}左右。

不考虑延滞期（0~8h）的影响，图8-19（2）为不同维生素添加量下μ和π之间的关系：①较高初始维生素浓度时（10mL/L 和 14mL/L），μ 大于 $0.08h^{-1}$，且 π 随 μ 的减小而逐渐增大；②较低的维生素浓度时，在发酵的起始阶段则可获得较大的 π（$0.19h^{-1}$）；③当维生素浓度降至临界水平时，碳流逐渐从细胞生长转向丙酮酸积累，μ 缓慢的从 $0.08h^{-1}$ 降低至 $0.05h^{-1}$，同时，π 保持在 $0.15h^{-1}$ 以上；④当 μ 降低至 $0.04h^{-1}$ 以下时，曲线斜率为丙酮酸对细胞的得率，是一恒定值，这一定值随初始维生素浓度的升高而逐渐降低。上述结果表明，在利用光滑球拟酵母发酵生产丙酮酸的过程中，控制维生素浓度在适当水平能有效提高单位细胞合成丙酮酸的能力。

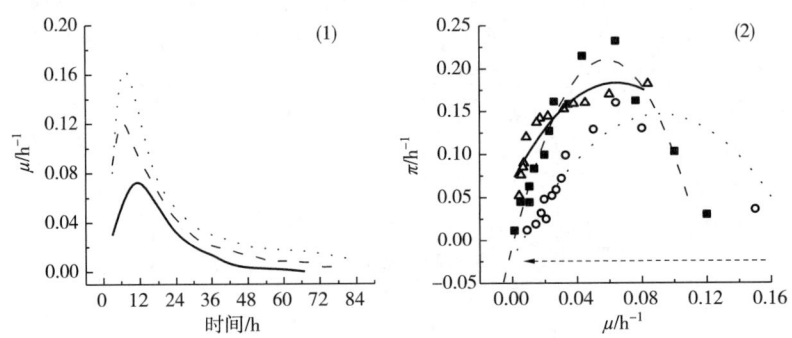

图 8-19　不同初始维生素浓度下比生长速率变化曲线及丙酮酸比合成速率随比生长速率的变化曲线
虚线和○—14mL/L 维生素液　虚线和■—10mL/L 维生素液　实线和△—6mL/L 维生素液

（三）指数流加维生素

分析总结了丙酮酸发酵的不同阶段维生素及葡萄糖变化情况，列于图 8-20。阶段 Ⅰ（0~16h）为主要分批发酵阶段，细胞生长占主导，葡萄糖和维生素浓度较高。选择初始葡萄糖浓度为 40g/L 以提高初始的细胞比生长速率；初始维生素浓度为 6mL/L 以提高初

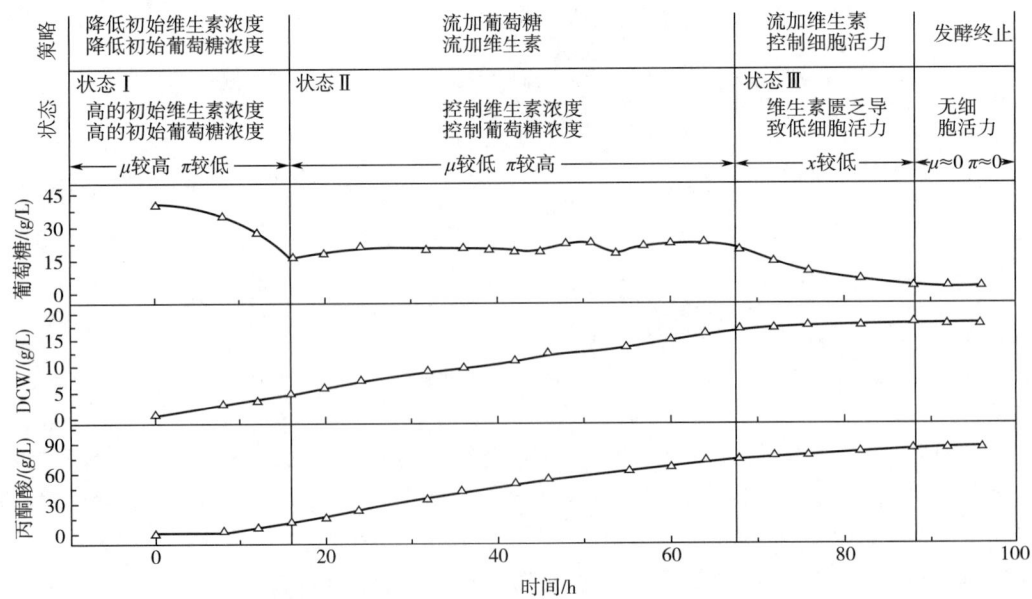

图 8-20　在最优操作模式下的不同发酵阶段分析

始的丙酮酸比合成速率。在阶段Ⅱ（17~64h）中，丙酮酸逐渐积累，细胞比生长速率逐步降低，根据葡萄糖的消耗速率流加葡萄糖来控制其浓度为20g/L左右；通过指数流加维生素将其浓度控制在限制性水平以维持丙酮酸的高得率和细胞的高生理活性。在阶段Ⅲ（64h以后）中，仅低速添加维生素至细胞不能合成丙酮酸为止。

阶段Ⅱ中，通过流加维生素控制三个恒定的比生长速率（$\mu_{恒}$=0.05、0.02、0.01h^{-1}）以考察维生素浓度控制水平对丙酮酸发酵的影响，结果如表8-15所示，不同比生长速率下丙酮酸发酵的变化为：①随$\mu_{恒}$的增加，最终细胞浓度逐步增加，但丙酮酸对葡萄糖的得率逐渐降低；②当$\mu_{恒}$为0.05h^{-1}，最终细胞浓度达到最高值（24.8g/L），而丙酮酸产量（81g/L）和丙酮酸对葡萄糖的得率（0.67g/g）在$\mu_{恒}$为0.01h^{-1}时最高。

表8-15　　　　　　　不同维生素流加模式下的丙酮酸发酵参数比较

参数	培养模式				
	F_1	F_2	F_3	F_4	B
培养时间/h	85	68	52	92	68
总糖/g	540	540	540	540	410
总维生素/mL	42	42	42	42	30
总体积/L	4.2	4.1	4.0	4.4	3.5
残糖/(g/L)	7.8	3.9	1.8	2.1	6.9
最终细胞浓度/(g/L)	17.6	20.1	24.8	18.9	14.9
丙酮酸浓度/(g/L)	81	72	64.4	91.2	67.5
丙酮酸得率/(g/g)	0.67	0.56	0.48	0.75	0.61
丙酮酸生产强度/(g/L/h)	0.91	1.05	1.20	1.00	0.99

（四）分步指数流加维生素

在不同发酵阶段，细胞活力并不相同，因而恒定的$\mu_{恒}$并不能带来丙酮酸产量、得率和生产强度的较优的统一。基于此，研究者提出了比生长速率的多步控制策略，μ的控制轨迹如图8-21（1）所示：在16~34h时将$\mu_{恒}$定为0.05h^{-1}，在34h和64h分别切换到0.02h^{-1}和0.01h^{-1}。此控制策略下的丙酮酸发酵结果如图8-21（2）所示：①维生素的指数流加有效地将比生长速率控制在设定轨迹附近；②16~64h，设定轨迹下细胞平均比生长速率比分批发酵高19.6%。发酵至77h仍有细胞生长，最终发酵液中细胞总量为82.4g，比分批操作模式下高67.2%，而分批发酵64h之后，细胞生长和丙酮酸合成基本停滞；③与分批发酵比较，丙酮酸合成总量（401.3g）提高了75.3%，而残糖则从6.7g/L降至2.1g/L；④丙酮酸生产强度[1.00g/(L·h)]与分批发酵接近。

四、发酵能量调控技术

利用源于生物质的己糖或戊糖为原料生产重要生物基化学品的工业发酵，是工业生物技术的核心研究领域之一。在利用微生物过量合成生物基化学品的过程中，需要考虑的问题是：如何优化或改变微生物的代谢网络和表达调控网络，以提高目标代谢产物的产量和

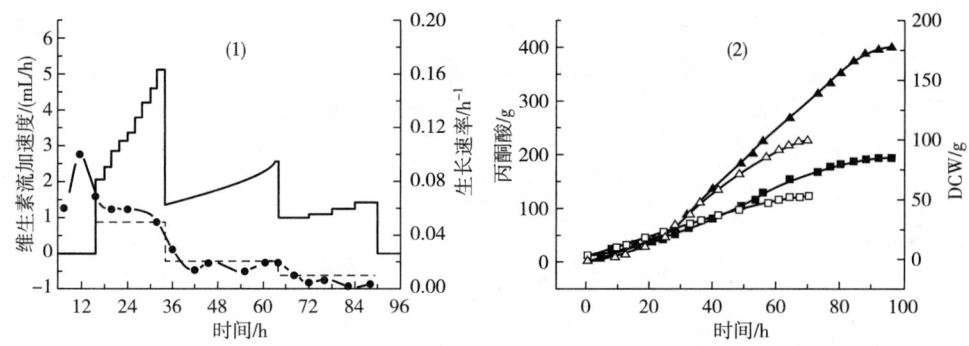

图 8-21 维生素流加轨迹、比生长速率控制轨迹和实际比生长速率曲线
以及维生素流加发酵与分批发酵的比较
(1) 实线—维生素流加轨迹 虚线—细胞比生长速率控制轨迹 间断线—细胞实际比生长速率曲线
(2) 维生素流加发酵（■—干重，▲—丙酮酸）与
分批发酵（□—干重，△—丙酮酸）的比较

积累速度或合成新的代谢物？基因工程所采取的主要手段是：①阻断目标代谢产物的降解途径；②强化目标代谢产物的生物合成途径；③解除生物合成途径的代谢调节。

辅因子工程是采用分子生物学的手段，改造细胞内辅因子的再生途径，改变微生物细胞内辅因子的形式和浓度，定向改变和优化微生物细胞代谢功能，实现细胞代谢流最大化、快速化地导向目标代谢产物的合成。辅因子工程所涉及的辅因子有：ATP/ADP/AMP、NADH/NAD$^+$、NADPH/NADP$^+$、乙酰 CoA 及其衍生物、维生素和微量元素。

（一）ATP 浓度调控糖酵解速度

为了提高微生物利用碳水化合物发酵生产目标代谢产物的生产强度，需要加速碳水化合物中心代谢途径（糖酵解途径）的代谢通量。但是怎样设计基因操作才能提高糖酵解速度？糖酵解是研究最为透彻的生化途径之一，己糖激酶、磷酸果糖激酶和丙酮酸激酶已被证实是多种微生物糖酵解途径中的限速酶。即便如此，无论在酵母还是在细菌中，单独或者共同过量表达这三种酶的基因，并不能显著提高糖酵解速度。代谢控制分析（MCA）的结果表明，控制糖酵解速度的因素除了糖酵解本身的酶含量外，还在于糖酵解途径之外，如胞内辅因子 ATP 和 NAD$^+$ 的浓度。

尽管在原核生物中的研究表明，降低 ATP 水平能有效地提高葡萄糖代谢速度，但在真核生物中还存在着两个问题：①真核生物能量代谢如何调控糖酵解途径？②降低真核生物细胞的 ATP 水平能否有效地提高糖酵解速度？

在好氧条件下，真核生物通过氧化磷酸化（Oxidative phosphorylation）和底物水平磷酸化（Substrate level phosphorylation）两条途径合成细胞所需的 ATP，其中绝大部分的 ATP 源于由 ETC 和 F_0F_1-ATPase 构成的氧化磷酸化途径，磷酸化途径对维持胞内 ATP 水平起着关键作用；而底物水平磷酸化（糖酵解途径）则作为 ATP 合成的补充途径，参与一部分胞内 ATP 的合成。为了降低胞内 ATP 水平，一种策略是利用外源抑制剂降低电子传递链的活性；一种是利用外源抑制剂或内源突变降低 F_0F_1-ATPase 的活力。在下文中，借助外源氧化磷酸化抑制剂（鱼藤酮、抗霉素 A 和寡霉素）和内源突变降低 F_0F_1-ATPase 活力，研究调控氧化磷酸化途径对光滑球拟酵母能量代谢和糖酵解途径的影响。

鱼藤酮是电子传递链中复合体 I 的专一抑制剂，能阻断电子由 NADH 向 CoQ 传递。其对能量代谢和糖酵解途径的影响如图 8-22 所示。当培养液中含有 10mg/L 鱼藤酮时，相应的细胞干重为对照组（未添加鱼藤酮）的 77.6%。随着鱼藤酮浓度的继续增加，胞内 ATP 水平从对照组的 25.3mmol/g DCW 逐渐下降至 14.3mmol/g DCW，下降了 43%［图 8-22（1）］。而单位细胞的葡萄糖消耗速度和丙酮酸生成速度比对照组分别提高了 360% 和 17%［图 8-22（2）和（3）］，此时磷酸果糖激酶（PFK）和丙酮酸激酶（PK）的活力分别提高了 340% 和 32%［图 8-22（4）和（6）］。然而，鱼藤酮的添加使得己糖激酶（HK）的活力略有降低［图 8-22（5）］。图 8-22 表明由于 PFK 活力的显著提高，导致葡萄糖消耗速度相应地成倍提高。但由于 PK 活力提高幅度不大，导致了丙酮酸生成速度并没有特别明显的提高。

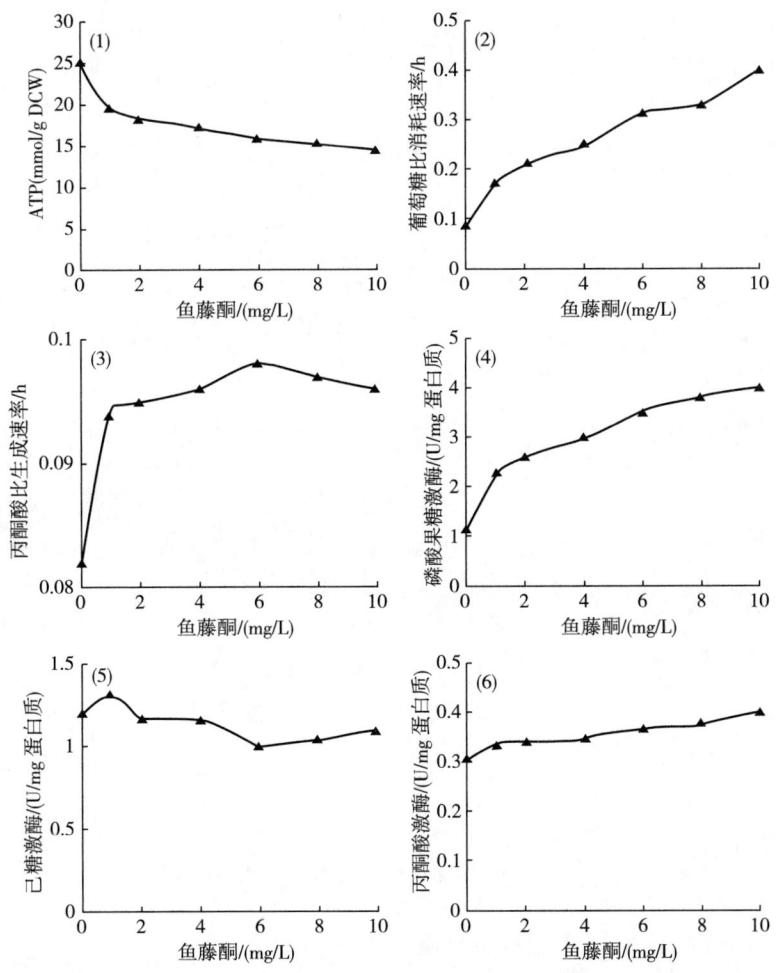

图 8-22　鱼藤酮浓度对糖酵解途径及胞内 ATP 水平的影响

注：鱼藤酮在发酵 24h 时加入发酵培养基。

抗霉素A是电子传递链中复合体Ⅲ的专一抑制剂，抑制电子从细胞色素b向细胞色素c传递，使ATP合成受阻。其对能量代谢和糖酵解途径的影响如图8-23所示。

随着发酵液中抗霉素A浓度的增加，细胞生长减弱了22.3%，胞内ATP含量下降了27.7%〔图8-23（1）〕，而且胞内ATP的含量随着培养液中抗霉素A浓度的增加而降低。胞内ATP含量的下降，使葡萄糖消耗速度提高了240%〔图8-23（2）〕，但丙酮酸生产速度仅增加了8.5%〔图8-23（3）〕。当培养液中抗霉素A的浓度为10mg/L时，PFK的活力增加了233%〔图8-23（4）〕，改变培养液中抗霉素A的浓度并不影响糖酵解途径中的其他关键酶，如HK和PK活力〔图8-23（5）和（6）〕。

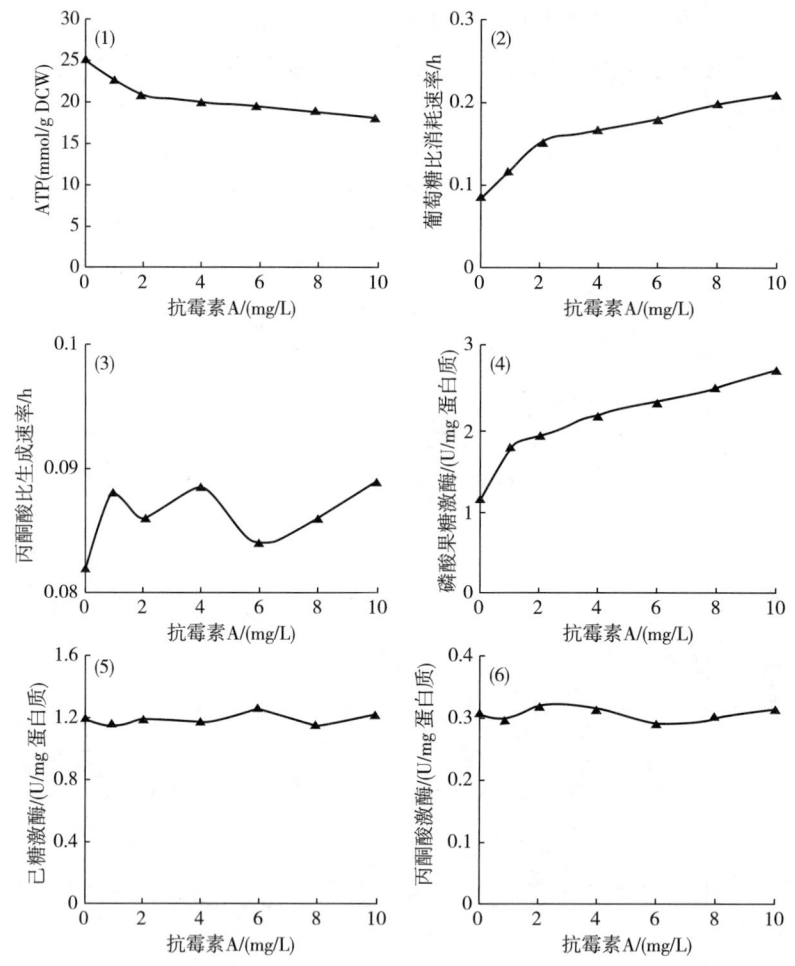

图8-23 抗霉素A浓度对糖酵解途径及胞内ATP水平的影响
注：抗霉素A在发酵24h时加入发酵培养基。

（二）F_0F_1-ATPase活力突变株的筛选

1. 新霉素抗性菌株的选育

已有研究表明，在含有高浓度新霉素培养基上生长的菌株表现出一定的F_0F_1-ATPase活力下降，因此可利用新霉素抗性筛选缺失ATP合成能力的突变株。另一方面，缺失

ATP 合成能力的突变株仅能利用葡萄糖生长，而不能利用非发酵性底物（如甘油、琥珀酸、柠檬酸等）为唯一碳源生长。基于上述前人的研究成果，可以认为，能在以葡萄糖为唯一碳源的培养基上生长而不能利用非发酵性底物生长的新霉素抗性突变株可能表现出 F_0F_1-ATPase 活力的下降。出发菌株经 NTG 诱变后，将诱变后的菌液经适当稀释后涂布在含有 500mg/L 新霉素的平板上，选取能在新霉素抗性平板上生长的菌株 1500 株。将 1500 株菌株分别对应点种于以琥珀酸、苹果酸、α-酮戊二酸和葡萄糖（浓度均为 5g/L）为唯一碳源的平板上。其中 136 株抗性突变菌能利用葡萄糖为唯一碳源生长而不能利用非发酵性底物生长。将这 136 株菌接种于发酵培养基中，发现 20 株菌株的丙酮酸产量和单位细胞消耗葡萄糖的能力均高于原种。检测 20 株菌的 F_0F_1-ATPase 活力、丙酮酸产量、单位细胞消耗葡萄糖能力，获得一株 F_0F_1-ATPase 活力降低 65%、丙酮酸产量高于 48g/L 且单位细胞消耗葡萄糖能力提高 38% 的突变株 N07。经传代实验证实该菌株具有良好的遗传稳定性。

2. 抑制剂的应用

F_0F_1-ATPase 典型抑制剂（二环己基碳二亚胺 DCCD 和 NaN_3）对出发菌株和突变株 N07 F_0F_1-ATPase 活力的影响如图 8-24 所示。图 8-24 表明，无论何种抑制剂或何种浓度都不能降低突变株中 F_0F_1-ATPase 的活力，但却对出发菌株中 F_0F_1-ATPase 酶活力有着强烈抑制作用，且随着抑制剂浓度的增加而活力逐渐降低。在出发菌株的对数生长中期添加 1mmol/L DCCD 使 F_0F_1-ATPase 活力降低 53.3%[图 8-24（1）]，而添加 0.1mmol/L 的 NaN_3 就使出发菌株的 F_0F_1-ATPase 下降 75%[图 8-24（2）]。在培养基中添加一定浓度的新霉素同样不能抑制突变株中 F_0F_1-ATPase 活力，但能降低出发菌株的 F_0F_1-ATPase。如图 8-25 所示，当在培养基中添加 10mmol/L 新霉素使出发菌株的细胞生长[DCW 3.63g/L，8-25（1）]和胞内 F_0F_1-ATPase 活力[8.1U/mg 蛋白质，图 8-25（2）]达到最低。这一结果表明，通过选育新霉素抗性突变菌株能有效地降低胞内 F_0F_1-ATPase 的活力。

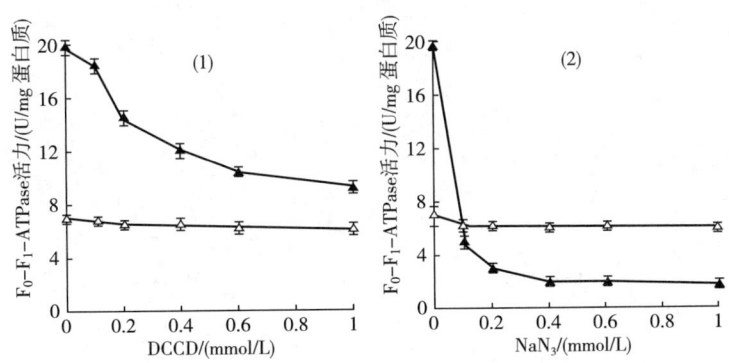

图 8-24 F_0F_1-ATPase 典型抑制剂对出发菌株和突变株 F_0F_1-ATPase 活力的影响
△—突变株　▲—出发菌株　（1）—DCCD　（2）—NaN_3

（三）F_0F_1-ATPase 活力调控能量代谢和糖酵解

1. 寡霉素抑制 F_0F_1-ATPase 活力

寡霉素是磷酸化抑制剂，可与 F_0F_1-ATPase 中 F_0 部分的寡霉素敏感蛋白（OSCP）结合，阻塞氢离子通道，从而抑制磷酸化的进行，使 ATP 的合成受到抑制。当培养液中含

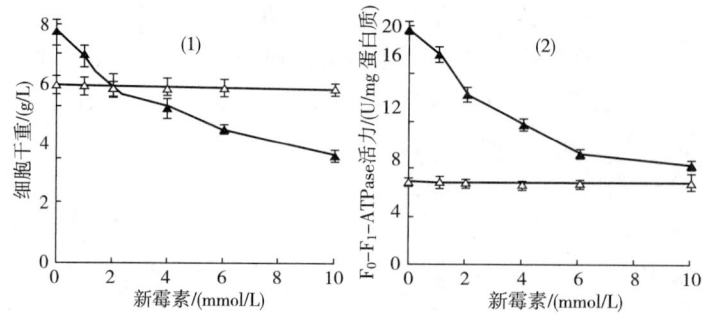

图 8-25 新霉素对出发菌株和突变株细胞生长及 F_0F_1-ATPase 活力的影响

△—突变株　▲—出发菌株

有 0.05mg/L 寡霉素时，胞内 ATP 含量下降为对照组的 64.3%［图 8-26（1）］。当培养液中寡霉素浓度达到 0.4mg/L 时，胞内 ATP 浓度下降为 9.6mmol/g DCW，此时，细胞不能继续生长（DCW 维持在 9.1g/L）。而葡萄糖消耗速度和丙酮酸的生成速度却随着寡霉素浓度（小于 0.6mg/L）的增加而增加［图 8-26（2）和（3）］。在培养液中含有 0.6mg/L

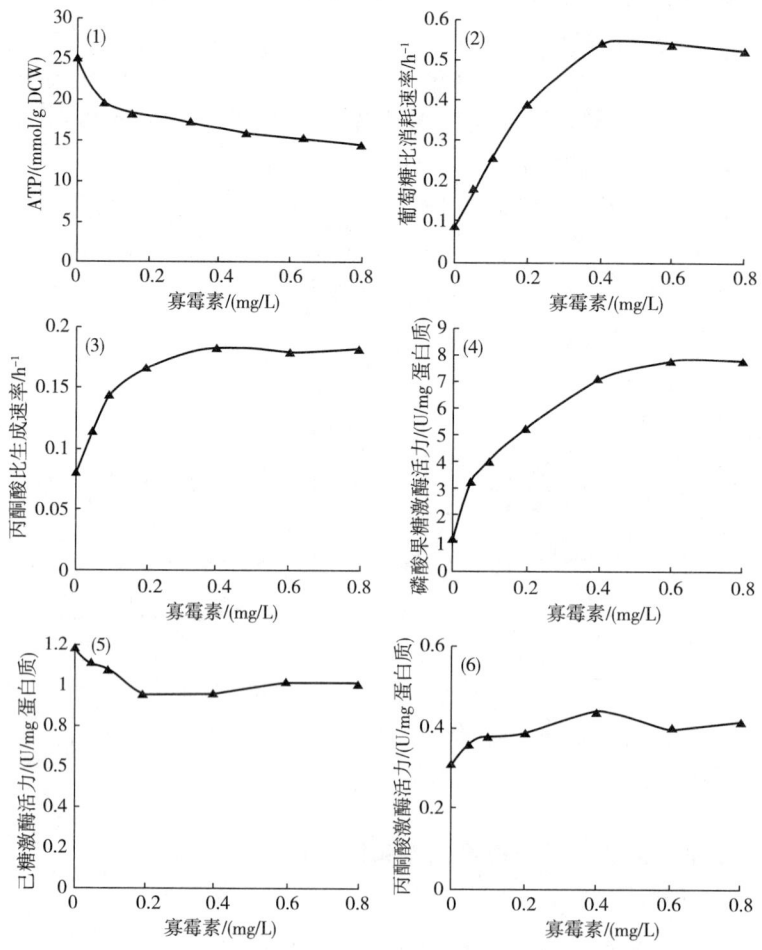

图 8-26　寡霉素浓度对糖酵解途径及胞内 ATP 水平的影响

注：寡霉素抗霉素 A 在发酵 24h 时加入发酵培养基。

寡霉素时的 PFK 活力为对照组的 67%［图 8-26（4）］，改变培养液中寡霉素的浓度并不影响 HK 和 PK 的活力［图 8-26（5）和（6）］。图 8-26 表明，当培养液中寡霉素浓度超过 0.6mg/L 时，继续增加寡霉素的浓度并不改变胞内 ATP 含量和糖酵解关键酶的活力，也不影响葡萄糖消耗速度和丙酮酸的产生速度。

2. 内源突变降低 F_0F_1-ATPase 活力

图 8-27（1）~（3）为突变株和出发菌株发酵生产丙酮酸过程中细胞干重、葡萄糖质量浓度和丙酮酸质量浓度的变化曲线。根据 q_s 和 q_p 的定义得式（8-4）。

$$q_s = -\frac{ds}{x \cdot dt} \quad q_p = \frac{dp}{x \cdot dt} \tag{8-4}$$

当时间间隔很小时，可以近似用上述公式直接计算得到 μ、q_s 和 q_p ［式（8-5）］：

$$q_s = -\frac{\Delta s}{x \cdot \Delta t} \quad q_p = \frac{\Delta p}{x \cdot \Delta t} \tag{8-5}$$

因此，利用 GRAFTOOL 图形软件，对图 8-27（1）~（3）中的数据进行插值计算（时间间隔为 0.1h），再利用 EXCEL 软件，求解得到发酵过程中不同时刻的 q_s 和 q_p，经平滑处理，得到两株菌发酵过程动力学参数 q_s ［图 8-27（4）］，根据不同时刻的 q_s 和 q_p 值，计算了平均葡萄糖比消耗速率和平均丙酮酸比生成速率。

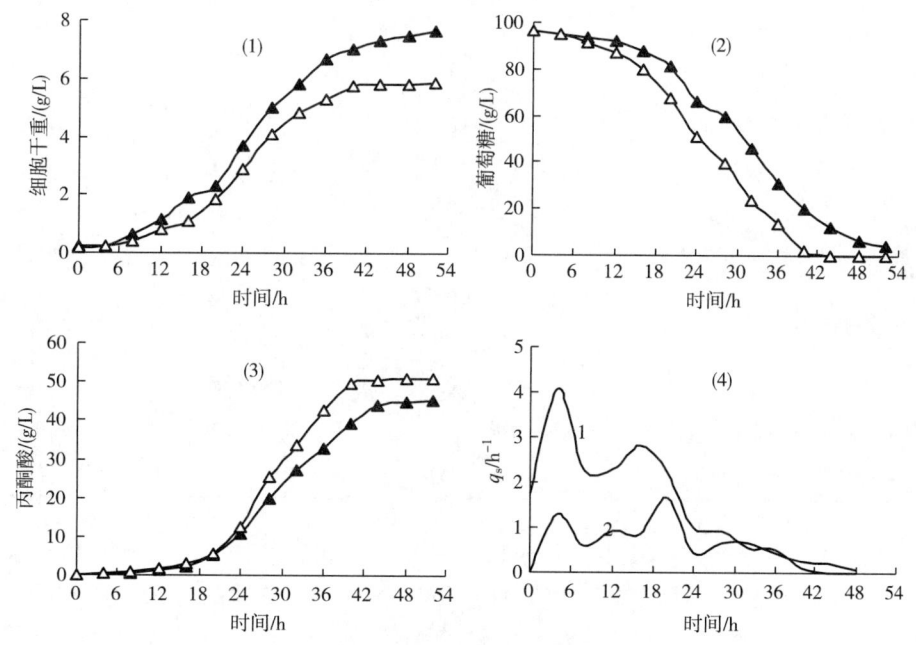

图 8-27 出发菌株和突变株 N07 发酵生产丙酮酸的过程比较
1 和 △—突变菌株 N07　2 和 ▲—出发菌株

分析突变株和出发菌株能量代谢，发现突变株中 F_0F_1-ATPase 活力的降低使胞内 ATP 水平下降 23.7%，导致突变株的生长缓慢。当生长在 100g/L 葡萄糖培养基上，突变株的细胞平均生长速度仅为出发菌株的 82.4% 和 76.6%［图 8-27（1）］，最终菌体浓度为 5.85g/L，仅为出发菌株的 76%。但平均葡萄糖比消耗速率［图 8-27（2）］

和平均丙酮酸比生成速率分别比出发菌株［图8-27（3）］高出34%和42.9%。突变株N07与出发菌株在葡萄糖消耗、丙酮酸产量及丙酮酸生产强度的差异如表8-16所示。

表8-16　　出发菌株与突变株N07特征发酵参数的比较

参数	菌株		变化（%） （B/A-1）×100
	出发菌株（A）	突变株N07（B）	
F_0F_1-ATPase活力/(U/mg蛋白质)	19.8±0.3	6.93±0.12	-65%
胞内ATP浓度/(mmol/g DCW)	25.27±0.22	19.15±0.24	-23.7%
发酵时间/h	52	40	-23.0%
消耗葡萄糖/(g/L)	92.2±1.3	95.6±1.7	3.7%
细胞干重/(g/L)	7.63±0.11	5.85±0.08	-23.3%
丙酮酸产量/(g/L)	45.3±0.3	49.8±0.6	9.9%
平均葡萄糖比消耗速率/h^{-1}	0.083±0.003	0.122±0.005	46.9%
平均丙酮酸比生成速率/h^{-1}	0.081±0.003	0.108±0.007	33.3%
丙酮酸产率/(g/g)	0.49±0.01	0.52±0.02	6.1%
单位细胞消耗葡萄糖能力/(g/g)	12.08±0.21	16.34±0.13	35.2%
葡萄糖消耗速度/(g/L/h)	1.773±0.03	2.39±0.04	34.8%
单位细胞生产丙酮酸能力/(g/g)	5.94±0.12	8.51±0.10	43%
丙酮酸生产强度/(g/L/h)	0.871±0.02	1.245±0.02	42.9%
己糖激酶活力/(U/mg蛋白质)	1.0±0.02	1.03±0.01	3%
磷酸果糖激酶活力/(U/mg蛋白质)	1.35±0.03	2.21±0.03	63.7%
丙酮酸激酶活力/(U/mg蛋白质)	0.45±0.02	0.58±0.02	28.8%
3-磷酸甘油醛脱氢酶活力/(U/m蛋白质)	2.43±0.05	2.78±0.03	14.4%
复合体Ⅰ活力/(U/mg蛋白质)	4.36±0.03	4.98±0.06	14.2%
复合体Ⅰ+Ⅲ活力/(U/mg蛋白质)	36.54±0.07	42.66±0.05	16.7%
复合体Ⅱ+Ⅲ活力/(U/mg蛋白质)	35.36±0.05	41.73±0.03	18.0%

与出发菌株相比，突变株N07在F_0F_1-ATPase活力下降65%、胞内ATP水平下降23.7%时表现出较高的葡萄糖消耗速度。这一结果表明，突变株的能量代谢和葡萄糖代谢途径上发生了一定的改变。分析糖酵解关键酶活力发现，突变株中糖酵解关键酶PFK、GADPH和PK活力分别提高了63.7%、14.4%和28.8%（表8-16）。同时分析电子传递链关键酶活力发现，突变株N07中复合体Ⅰ、复合体Ⅰ+Ⅲ和复合体Ⅱ+Ⅲ等电子传递链关键酶的活力分别提高了14.2%、16.7%和18.0%（表8-16）。

（四）ATP水平调控糖酵解途径

在获得内外源抑制氧化磷酸化途径对ATP水平和糖酵解途径影响等实验数据的基础上，为了进一步分析ATP浓度对糖酵解途径的影响，将不同ATP浓度下糖酵解速率和关键酶活力数据作图8-28。

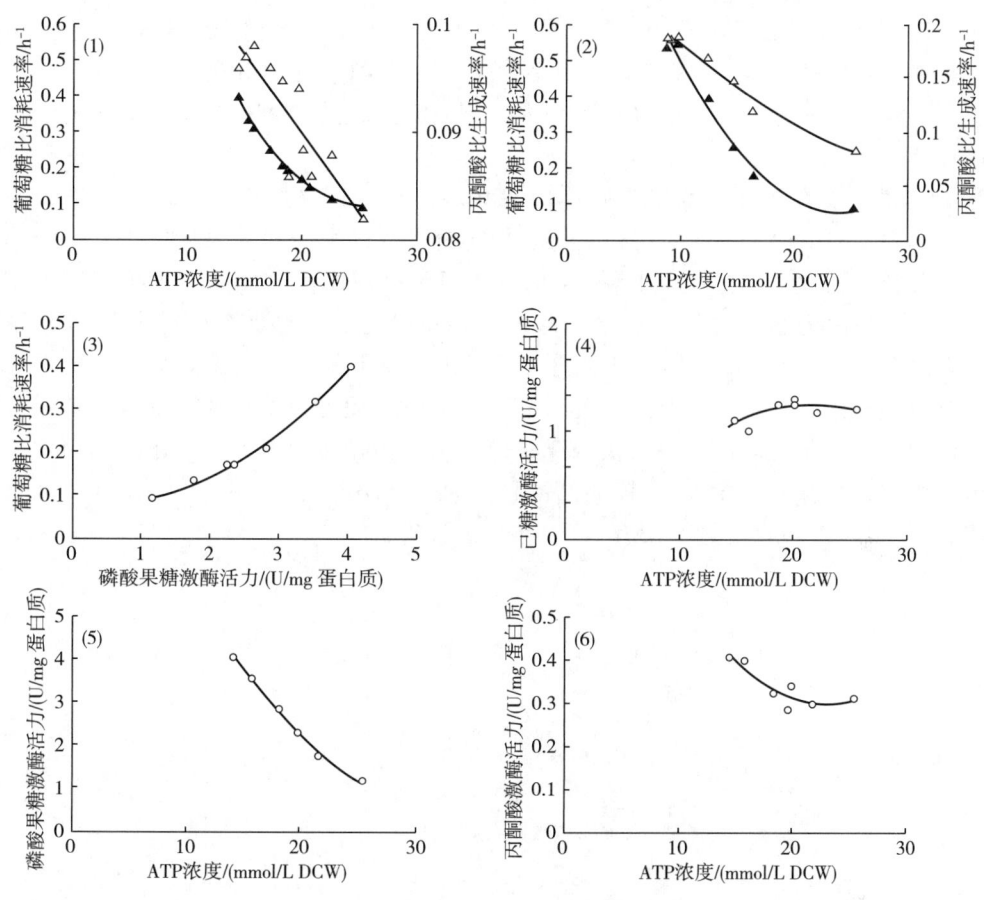

图 8-28　胞内 ATP 水平对光滑球拟酵母糖酵解途径的影响

（1）$y = 0.0026x^2 - 0.1288x + 1.7149$，$R^2 = 0.9967$（抑制氧化磷酸化途径）　（2）$y = -0.0001x^2 + 0.0037x + 0.0709$，$R^2 = 0.965$（抑制 ATP 合成酶）　（3）$y = 0.0241x^2 - 0.0202x + 0.0824$，$R^2 = 0.9958$　（4）$y = -0.0038x^2 + 0.1634x - 0.5185$，$R^2 = 0.5099$　（5）$y = 0.0102x^2 - 0.6709x + 11.58$，$R^2 = 0.9971$　（6）$y = 0.0018x^2 - 0.0796x + 1.1986$，$R^2 = 0.8706$　▲—葡萄糖比消耗速率　△—丙酮酸比生成速率

图 8-28 表明，葡萄糖消耗速度和丙酮酸生产速度随着胞内 ATP 水平的增加而降低，呈现负相关 [图 8-28（1）和（2）]。光滑球拟酵母中 PFK 活力的增加可以明显提高葡萄糖消耗速度 [图 8-28（3）]，这一结果表明，在光滑球拟酵母的糖酵解途径中，PFK 的活力可能是影响糖酵解速度的最关键因素。此外，从胞内不同 ATP 水平时糖酵解三个关键酶活力的变化 [图 8-28（4）~（6）] 可以看出，随着胞内 ATP 水平的增加，PFK 的活力逐渐降低 [图 8-28（5）]，二者之间呈负相关，多项式关系为 $y = 0.0102x^2 - 0.6709x + 11.58$，相关系数 $R^2 = 0.9971$；而 ATP 与 HK（$R^2 = 0.5099$）、PK（$R^2 = 0.8706$）的相关系数均小于 0.9 [图 8-28（4）、（5）]，这一结果表明 ATP 主要是通过影响 PFK 的活力影响糖酵解速度的。

（五）NADH 浓度调控丙酮酸生产强度

对于工业生物技术来说，为提高源于生物质（己糖或戊糖）的目标代谢产物的生产强度，关键是强化糖酵解途径的代谢速率。为了阻止 NADH 通过氧化磷酸化途径充分氧化所产生的大量 ATP 对糖酵解途径的抑制，一种策略是在高溶氧条件下，降低电子传递链活性；另一种策略是降低溶氧水平，在氧限制条件下 NADH 通过氧化磷酸化途径氧化的能力也相应地减弱；第三种策略是直接将细胞内的 NADH 氧化为 NAD^+，而不使其通过氧化磷酸化途径。

NAD^+ 作为重要辅因子参与了生物体内 300 多个氧化还原反应，是糖酵解途径的关键辅因子。胞内 $NADH/NAD^+$ 比率在微生物的葡萄糖代谢过程中起着关键作用，在糖酵解过程中，葡萄糖利用 NAD^+ 作为辅因子被氧化为丙酮酸，而 NAD^+ 则还原成等量的 NADH。为了进一步提高糖酵解途径的代谢通量，来源于糖酵解途径、脂肪酸氧化和三羧酸循环的 NADH 必须充分氧化为 NAD^+ 以维持细胞内的氧化还原平衡，以满足糖酵解需要。好氧情况下，酵母细胞内有两条 NADH 再生途径：第一条途径是通过线粒体内的电子传递链利用分子氧作为最终电子受体，产生大量 ATP；第二条途径是通过乙醇发酵途径利用乙醛作为外源电子受体，乙醛在 NADH 依赖的乙醇脱氢酶（ADH）作用下生成乙醇，与此同时，NADH 氧化为 NAD^+，这一过程没有 ATP 产生（图 8-29）。

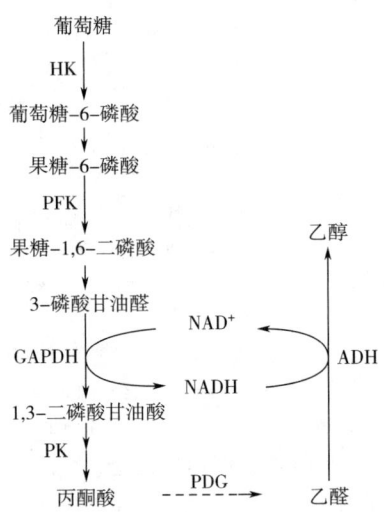

图 8-29　光滑球拟酵母中 NAD^+ 再生与糖酵解的关系
HK—己糖激酶　GAPDH—甘油醛-3-磷酸脱氢酶　PFK—磷酸果糖激酶
PK—丙酮酸激酶　PDC—丙酮酸脱羧酶　ADH—乙醇脱氢酶
NAD^+—烟酰胺腺嘌呤二核苷酸（氧化态）　NADH—烟酰胺腺嘌呤二核苷酸（还原态）

（六）提高 ADH 活力加速葡萄糖消耗

1. 乙醇利用型突变株的选育

在乙醇发酵途径中，乙醛在依赖 NADH 的乙醇脱氢酶（ADH）作用下生成乙醇，与此同时，NADH 氧化为 NAD^+。为了提高 NADH 通过乙醇途径氧化为 NAD^+ 的能力，需要进一步提高 ADH 的活力。将出发菌株经 NTG 诱变处理后置于以乙醇为唯一碳源的培养基中培养 24h，将富集的细胞离心洗涤后涂布于含有 5g/L 乙醇的平板上。乙醇平板上出现的菌落点种于含有 TTC 指示剂的平板上于 30℃ 培养 48h 后，约有 2500 个红色菌落出现在

TTC 平板上（24 个平板）。将 2500 红色菌落对应点种于含有 100mg/L 吡唑（乙醇脱氢酶抑制剂）和 TTC 的乙醇平板上，此时只有 97 个菌落出现在含有吡唑和 TTC 的平板上。挑取 97 个菌株于发酵培养基中培养并检测其乙醇脱氢酶活力，与出发菌株相比，有 18 株的乙醇脱氢酶活力提高了 60%~110%。其中突变株 WSH-13 的乙醇脱氢酶活力提高了 110%，且表现出较强的丙酮酸生产能力和良好的遗传稳定性。故选取 WSH-13 留作后续研究用。

2. 乙醛浓度对突变株丙酮酸发酵的影响

乙醛浓度对出发菌株和突变株 WSH-13 的影响如图 8-30 所示。随着葡萄糖培养基中外源电子受体——乙醛浓度的增加，突变株 WSH-13 和出发菌株的生长逐渐下降，这可能是乙醛的毒性所致。当突变株 WSH-13 培养体系中添加 4mg/L 乙醛时，葡萄糖消耗速度 [2.06g/(L·h)] 和丙酮酸生产强度 [0.98g/(L·h)] 达到最大值，比未添加乙醛的对照组分别提高 26.3% 和 22.5%。随着外源电子受体的添加，突变株 WSH-13 中 $NADH/NAD^+$ 比率从 0.46 下降到 0.22。然而，对于出发菌株，添加乙醛并不能改变葡萄糖消耗速度和丙酮酸生产强度 [图 8-30（2）和（3）]。同时这一研究结果表明，对于突变株 WSH-13 来说，最适乙醛添加浓度为 4mg/L。

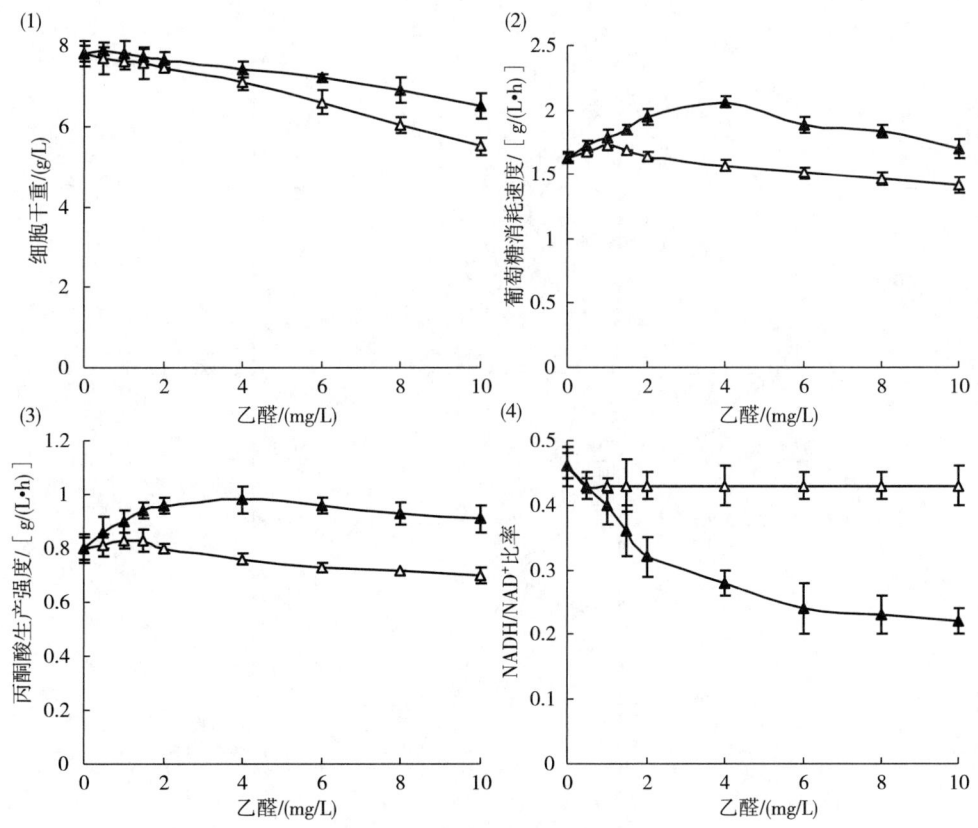

图 8-30　乙醛浓度对突变株和出发菌株发酵生产丙酮酸的影响

△—出发菌株　▲—突变菌株 WSH-13

3. 乙醛对葡萄糖代谢的影响

在前期研究中,高溶氧(DO=85%)下丙酮酸产量(77.9g/L)和丙酮酸对葡萄糖的产率(0.797g/g)均达到最大,但葡萄糖消耗速度却最小,仅为1.14g/(L·h)。而低溶氧条件下(DO=50%),尽管葡萄糖消耗速度提高到1.97g/(L·h),但丙酮酸产率仅为0.483g/g。两阶段溶氧控制策略在一定程度上结合了高溶氧下的高产率和低溶氧下的高葡萄糖消耗速度的优势,实现了提高丙酮酸产量、产率和生产强度的相对统一。但两阶段溶氧控制策略提高丙酮酸的生产强度是以降低丙酮酸产率为代价,难以同时使丙酮酸生产强度和产率达到最高水平。

不同溶氧条件下(图8-31),在发酵初始时添加一定浓度的乙醛能使细胞生长的延滞期缩短70%。实验发现,添加乙醛并不能提高高溶氧(DO=85%)条件下的葡萄糖消耗速度和丙酮酸合成速度。然而当溶氧浓度降到DO=20%时,在突变株WSH-13培养体系中添加并维持乙醛浓度在4mg/L,与未添加乙醛的对照组相比,葡萄糖消耗速度、丙酮酸生成速度、丙酮酸产率系数和丙酮酸浓度分别提高了16.2%、68%、44%和45%[图8-31,(2-1)~(2-3)];比出发菌株在高溶氧条件下分别提高了76.2%、15.8%、-5.0%和70.1%;与出发菌株的两阶段溶氧控制策略比较,则分别提高了6%、10.8%、11.6%和19.3%。

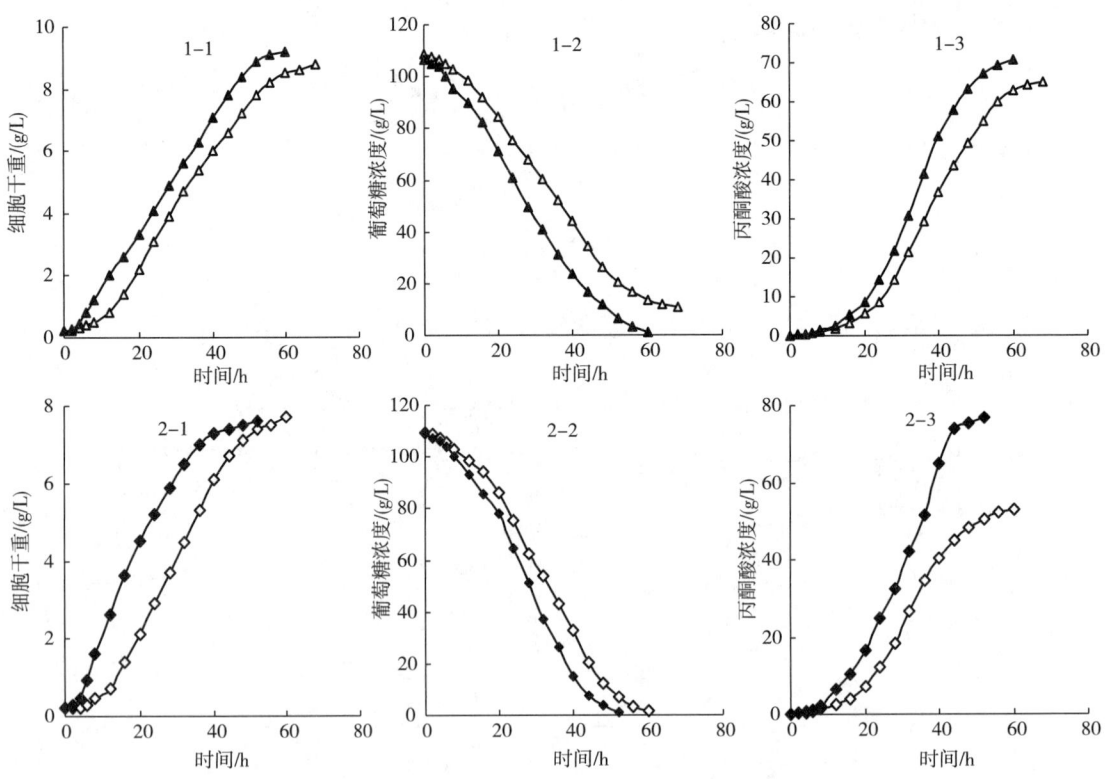

图8-31 不同溶氧浓度下乙醛对突变株葡萄糖代谢速度的影响

溶氧浓度:1—DO 50%　2—DO 20%

▲,◆—添加乙醛　△,◇—不添加乙醛

分析不同溶氧条件下乙醛对突变株能量代谢的影响发现（表 8-17），高溶氧（DO=85%）条件下添加乙醛并不能改变胞内 ATP 含量和 NADH/NAD$^+$ 比率；在低溶氧（DO=20%）条件下添加一定浓度的乙醛则使胞内 ATP 水平和 NADH/NAD$^+$ 比率分别下降 12.6% 和 63.9%。与高溶氧条件下突变株 WSH-13 胞内 ATP 水平相比，低溶氧条件下添加乙醛时胞内 ATP 水平下降了 50.5%。另一方面，不同溶氧条件下乙醛对葡萄糖代谢途径的影响如表 8-17 所示。当溶氧为 20% 时，与未添加乙醛的对照组比较，糖酵解关键酶，如磷酸果糖激酶（PFK）、3-磷酸甘油醛脱氢酶（GADPH）和丙酮酸激酶（PK）的活力分别提高了 23.1%、13.5% 和 7.89%。当溶氧为 50% 时，在突变株 WSH-13 培养体系中添加乙醛也能导致突变株产生类似的能量和葡萄糖代谢途径的变化 [图 8-31，(1-1)～(1-3) 和表 8-17]。

表 8-17　不同溶氧下乙醛对突变株 WSH-13 糖酵解途径和能量代谢的影响

	DO 85%		DO 50%		DO 20%		两阶段策略
	C	A	C	A	C	A	
消耗葡萄糖/(g/L)	89.7±1.2	91.2±0.7	97.8±1.7	105.3±1.3	107.4±1.5	108.3±1.2	109.2
发酵时间/h	76	76	68	56	60	52	56
葡萄糖消耗速度/[g/(L·h)]	1.18±0.02	1.20±0.01	1.44±0.03	1.88±0.02	1.79±0.03	2.08±0.02	1.95
丙酮酸浓度/(g/L)	66.4±1.6	66.5±1.8	65.1±2.1	70.6±1.7	52.8±1.9	76.9±2.3	69.4
丙酮酸产率/(g/g)	0.74±0.02	0.73±0.2	0.665±0.01	0.670±0.01	0.491±0.02	0.71±0.03	0.636
丙酮酸生产强度/[g/(L·h)]	0.87±0.02	0.87±0.02	0.96±0.02	1.26±0.02	0.88±0.03	1.48±0.04	1.24
乙醇浓度/(g/L)	N	N	N	1.36±0.3	N	1.78±0.4	1.6
甘油浓度/(g/L)	N	N	4.0±0.4	N	7.6±0.7	N	5.3
胞内 ATP 浓度/(mmol/g DCW)	36.84±2.7	37.42±3.4	33.53±1.5	29.17±1.3	21.32±2.1	18.64±1.7	DN
NADH/NAD$^+$ 比率	0.29	0.28	0.57	0.31	0.83	0.30	DN
磷酸果糖激酶/(U/mg 蛋白质)	1.07±0.08	1.06±0.06	1.13±0.04	1.24±0.05	1.86±0.12	2.29±0.07	DN
3-磷酸甘油醛脱氢酶/(U/mg 蛋白质)	2.38±0.13	2.36±0.15	2.34±0.07	2.57±0.16	2.36±0.11	2.68±0.13	DN
丙酮酸激酶/(U/mg 蛋白质)	0.29±0.01	0.29±0.01	0.32±0.02	0.33±0.01	0.35±0.03	0.41±0.04	DN
丙酮酸脱羧酶/(U/mg 蛋白质)	9.07±0.24	9.08±0.17	9.12±0.36	9.04±0.23	9.05±0.32	9.07±0.12	DN
乙醇脱氢酶/(U/mg 蛋白质)	2.83±0.21	2.79±0.13	2.85±0.17	2.87±0.22	2.87±0.14	2.95±0.20	DN

注：N，没检测到；DN，没做检测。

五、发酵温度控制技术

（一）不同温度下丙酮酸分批发酵过程

前期摇瓶实验表明光滑球拟酵母的生长温度上限为 37℃。图 8-32 所示的是在 26～34℃ 范围内，光滑球拟酵母 CCTCC M202019 分批发酵生产丙酮酸过程中细胞生长（1）、丙酮酸合成（2）、葡萄糖消耗（3）和氮源消耗（4）情况。结果表明，温度对各个因素均有较显著影响。

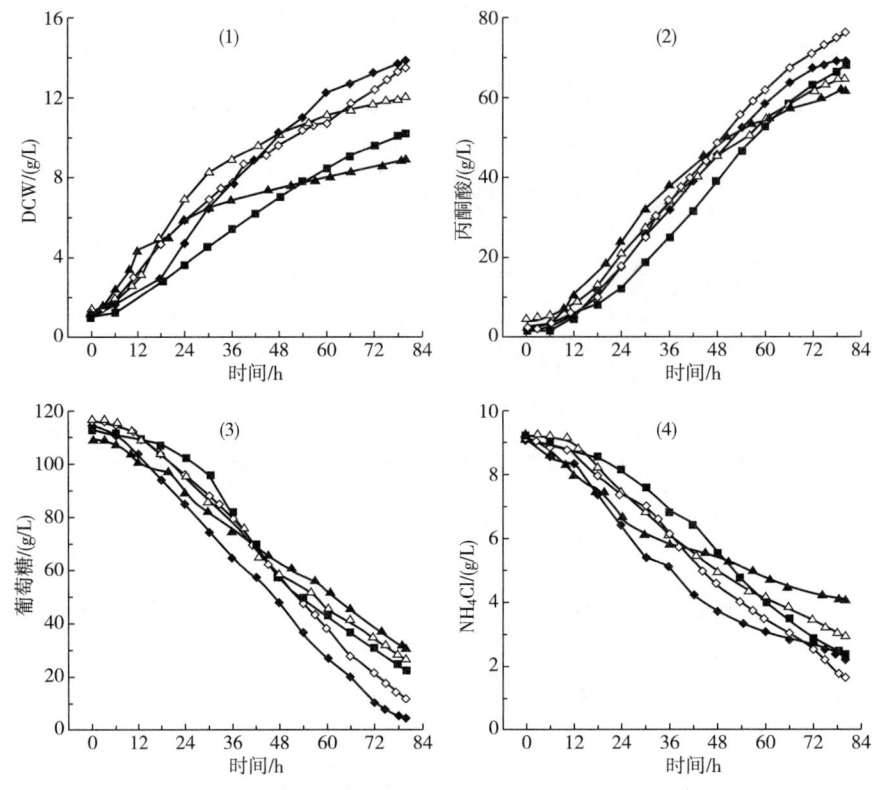

图 8-32 温度对细胞生长（1）、丙酮酸合成（2）、葡萄糖消耗（3）和 NH_4Cl 消耗（4）的影响
▲—34° △—32℃ ◆—30℃ ◇—28℃ ■—26℃

随着温度的升高，发酵初期胞内的能荷水平较高，保证了菌体合成代谢所必需的能量，葡萄糖消耗速度明显加快，氮源 NH_4Cl 的消耗规律与葡萄糖类似。但随着发酵的进行，较高的温度使细胞提早进入稳定期，造成细胞的后继产酸耗糖能力不足。相对而言，较低发酵温度下发酵初期细胞生长和产酸的延滞期较长，而发酵后期细胞可以维持较强的产酸能力。为了进一步了解温度对于丙酮酸发酵过程的具体影响，需要建立丙酮酸发酵的动力学模型，并且找到各模型参数之间的内在联系。

（二）不同温度下的丙酮酸分批发酵动力学方程的建立

30℃时丙酮酸（钠盐形式）对细胞生长的影响如图 8-33 所示。随着发酵培养基中丙酮酸浓度的增加，最终细胞浓度逐渐降低，当丙酮酸达到 100g/L 时，菌体生长完全受到抑制。以下研究分批发酵，不考虑底物葡萄糖的影响作用，但考虑高浓度丙酮酸（在实际发酵过程为丙酮酸钠）对光滑球拟酵母生长具有抑制作用。

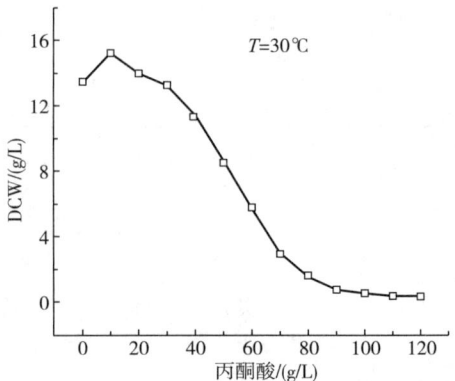

图 8-33 丙酮酸（钠）对细胞生长的影响

结合 Logistic 方程得到式（8-6）描述光滑球拟酵母 CCTCC M202019 发酵过程：

$$\frac{dX}{dt} = \mu_m X \left(1 - \frac{X}{X_m}\right)\left(1 - \frac{P}{P_m}\right) \tag{8-6}$$

式中，μ_m——最大比生长速率，h^{-1}

X_m——最大细胞干重，g/L

P_m——产物抑制常数，g/L

针对分批发酵，将上章中产物形成方程简化为式（8-7）：

$$\frac{dP}{dt} = Y_{px}\frac{dX}{dt} + m_P X \tag{8-7}$$

式中，Y_{PX}——与细胞生长相关的产物合成系数，g/g

m_P——与菌体浓度相关的产物合成系数，h^{-1}

基质葡萄糖的消耗简化为式（8-8）描述：

$$-\frac{dS}{dt} = Y_X \frac{dX}{dt} + m_p X \tag{8-8}$$

式中，Y_X——与细胞生长相关的基质消耗系数，g/g

m_X——与菌体浓度相关的基质消耗系数，h^{-1}

基于上述描述，共有 7 个参数待估。X_m、P_m、Y_{PX}、Y_X、m_X 和 m_P 与温度之间关系采用多项式描述；m 与温度之间关系用多项式（8-9）描述：

$$\mu_m = [B(T - T_{min})]^2 \tag{8-9}$$

式中，B——经验常数，$\sqrt{h}/K$

T_{min}——细胞生长的最低理论温度，℃

（三）不同温度下丙酮酸发酵动力学模型的求解及验证

采用不同温度下（26℃、28℃、30℃、32℃和34℃）丙酮酸分批发酵结果结合模型。拟合计算，得到各温度下分批发酵动力学模型参数（m、X_m、P_m、Y_{PX}、Y_X、m_X 和 m_P），其与温度的关系如图 8-34 和表 8-18 所示。其中温度与最大比生长速率 μ_m 之间的关系由 Ratkowsky 模型描述，其他模型参数与温度之间的关系采用多项式描述。

表 8-18　　　　　　　　　　温度与动力学参数关系及模型表示

参数	方程	R^2	参数	方程	R^2
m	$m = [0.02(T-14.09)]^2$	0.992	Y_X	$Y_X = 0.09T^2 - 5.09T + 79.51$	0.989
X_m	$X_m = -0.35T^2 + 20.87T - 292.29$	0.998	m_x	$m_x = -0.0009T + 0.060$	0.984
P_m	$P_m = -0.71T^2 + 37.33T - 383.49$	0.997	m_p	$m_p = -0.0014T + 0.068$	0.965
Y_{PX}	$Y_{PX} = 0.18T^2 - 11.02T + 169.64$	0.957			

将表中关系式代入式（8-7）~式（8-9），得到依赖于温度的光滑球拟酵母 CCTCC M202019 分批发酵生产丙酮酸的动力学模型：如式（8-10）~式（8-12）所示：

$$\frac{dX}{dt} = [0.02(T-14.09)]^2 X \left(1 - \frac{X}{-0.35T^2 + 20.87T - 292.29}\right)\left(1 - \frac{P}{-0.71T^2 + 37.33T - 383.49}\right) \tag{8-10}$$

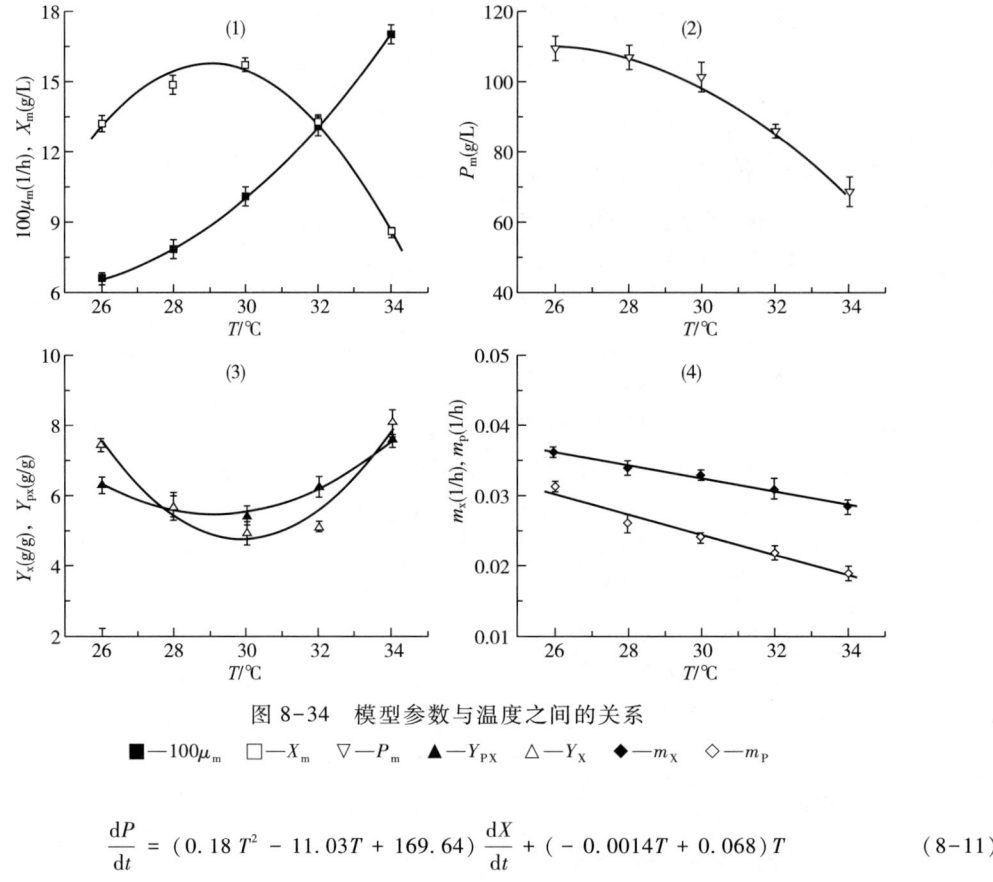

图 8-34 模型参数与温度之间的关系

■—$100\mu_m$ □—X_m ▽—P_m ▲—Y_{PX} △—Y_X ◆—m_X ◇—m_P

$$\frac{dP}{dt} = (0.18T^2 - 11.03T + 169.64)\frac{dX}{dt} + (-0.0014T + 0.068)T \quad (8-11)$$

$$-\frac{dS}{dt} = (0.087T^2 - 5.09T + 79.51)\frac{dX}{dt} + (-0.0009T + 0.060)X \quad (8-12)$$

为了验证式（8-10）~式（8-12）在 26~34℃的适用性，分别取 $T=29℃$ 及 33℃，将式（8-10）~式（8-12）积分得到 29℃ [图 8-35（1）] 及 33℃ [图 8-35（2）] 下丙酮酸发酵过程曲线，然后与实际实验结果进行比较（图 8-35），发现：模型计算结果与实际丙酮酸分批发酵过程具有一致性（29℃下最大相对误差 7.8%，平均相对误差为 4.3%；33℃下最大相对误差为 9.6%，平均相对误差为 3.2%）。表明所拟合的模型较好地描述 26~34℃丙酮酸分批发酵过程。

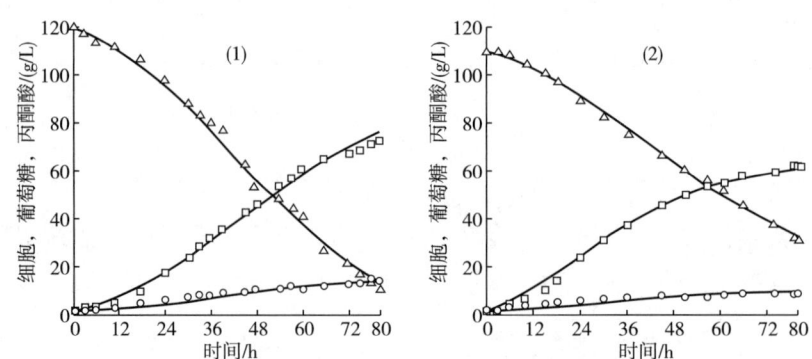

图 8-35 光滑球拟酵母 CCTCC M202019 分批发酵生产丙酮酸动力学模型的验证

△—Glucose □—Pyruvate ○—DCW ------模拟曲线

（四）温度对丙酮酸发酵动力学参数影响分析

对所拟合的动力学模型及相关参数分析发现：①在所研究的温度范围内，μ_m 随温度升高而增大 [图 8-34（1）]，发酵起始，$X = X_m$，$P = P_m$，因而有

$$1 - \frac{X}{X_m} \approx 1, \quad 1 - \frac{P}{P_m} \approx 1, \quad \begin{cases} \dfrac{dX}{dt} = \mu_m X + \left(1 - \dfrac{X}{X_m}\right)\left(1 - \dfrac{P}{P_m}\right) \approx \mu_m X = [0.02(T - 14.09)]^2 X \\ \dfrac{dP}{dt} = Y_{px}\dfrac{dX}{dt} + m_p X \approx Y_{px}\mu_m X + m_p X = (Y_{px}\mu_m + m_p)X = \pi_m X \end{cases}$$

所考察温度条件下（26~34℃）初始菌体量 X 相同，因而细胞生长速率正比于 μ_m，即细胞生长延滞期随着温度的升高而不断缩短。同理，可以通过表 8-18 计算得到 π_m 随温度升高而增大，即产酸延滞期随着温度的升高而不断缩短；②在 20~30℃ X_m 随温度的增加而增加；当温度超过 30℃，X_m 随温度的增加而降低。发酵温度为 30℃时的 X_m 较 26℃ 和 34℃时分别高 36.9% 和 48.2% [图 8-34（1）]；计算得到光滑球拟酵母 CCTCC M202019 的理论最低生长温度为 14.09℃；③P_m 随温度的增加而逐步降低 [图 8-34（2）]，表明较高的温度下丙酮酸对菌体生长的抑制作用较强，当丙酮酸积累至较高浓度时，应降低发酵温度以减轻其抑制作用；④Y_X 和 Y_{PX} 随温度的增加先降低后升高 [图 8-34（3）]，表明合适的温度有利于丙酮酸的合成；⑤m_X 和 m_p 随温度升高而呈线性递减 [图 8-34（4）]，表明较高的温度导致发酵后期单位细胞消耗葡萄糖和生产丙酮酸的能力逐渐下降。

（五）丙酮酸发酵过程中温度控制策略

基于以上分析并结合式（8-10）~式（8-12）和表 8-18，取最优控制的目标函数为丙酮酸浓度 P 最大。其他数值条件如下：初始菌体浓度 $X_0 = 1$g/L，初始丙酮酸浓度 $P_0 = 0$，初始葡萄糖浓度 $S_0 = 120$g/L，发酵时间 $t \leq 80$h，积分时间步长为 1h。鉴于实际发酵过程的可操作性，取 26℃≤T≤34℃，且为整数。计算得到丙酮酸分批发酵温度控制轨迹如图 8-36 所示，发现：①在发酵前期（0~8h）适当提高发酵温度，可缩短细胞生长延滞期，提高细胞生长速度和丙酮酸积累速度；②发酵中期（9~42h）逐步降低发酵温度，可继续维持较高的细胞生长速率和丙酮酸合成速率；③发酵后期（42h 以后）将温度维持在 27℃，不仅可以提高 P_m、m_X 和 m_P，进而减轻高浓度丙酮酸对细胞生长的抑制作用并提高细胞催化产酸能力。30℃恒温和最优控制条件下丙酮酸分批发酵过程曲线如图 8-36 所示。

采用图 8-36 所示的温度控制策略对丙酮酸分批发酵过程进行控制，与 30℃恒定温度分批发酵结果进行比较，发现：在发酵初始时维持较高的发酵温度，细胞不经过延滞期而进入快速生长期，调控温度后丙酮酸一直维持较高的增长速度至发酵结束，整个过程葡萄糖和氯化铵的消耗速率明显加快（图 8-37），具体结果列于表 8-19。最终发酵周期缩短 12h，丙酮酸产量（80.4g/L）、葡萄糖产率（0.70g/g）和生产强度（1.32g/L/h）则分别提高了 12.9%、6.9% 和 32.8%。

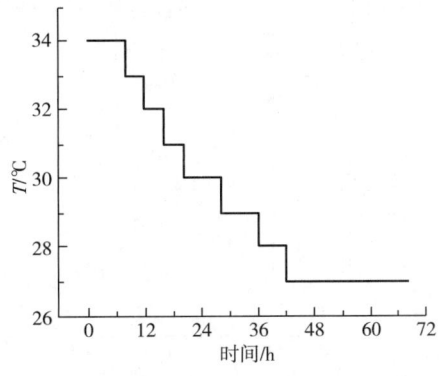

图 8-36　基于模型的丙酮酸发酵温度控制轨迹

表 8-19　　　　　　　　不同温度下丙酮酸分批发酵过程参数比较

参数	温度/℃					
	34	32	30	28	26	T[①]
初始葡萄糖/(g/L)	119.1	116.3	113.3	114.9	111.3	118.9
残糖/(g/L)[②]	30.4	26.5	4.4	12.1	22.5	2.6
发酵时间/h	80	80	80	80	80	68
细胞干重/(g/L)	8.8	12.0	14.3	13.5	10.2	18.9
丙酮酸浓度/(g/L)	61.9	64.9	71.2	72.8	67.8	80.4
平均耗糖速率/(g/L/h)	0.98	1.12	1.36	1.29	1.11	1.59
平均比耗糖速率/h^{-1}	0.11	0.093	0.095	0.096	0.11	0.84
平均比生长速率/h^{-1}	0.026	0.036	0.030	0.033	0.029	0.052
平均丙酮酸比生成速率/h^{-1}	0.092	0.068	0.062	0.070	0.083	0.070
细胞对葡萄糖得率/(g/g)	0.099	0.13	0.13	0.13	0.11	0.17
丙酮酸对葡萄糖得率/(g/g)	0.76	0.70	0.62	0.73	0.75	0.70
细胞生产强度/(g/L/h)	0.098	0.14	0.18	0.17	0.13	0.28
丙酮酸生产强度/(g/L/h)	0.77	0.81	0.89	0.95	0.85	1.18

注：①根据最优控制策略控制温度。
　　②数据是在分批发酵结束时得到的。

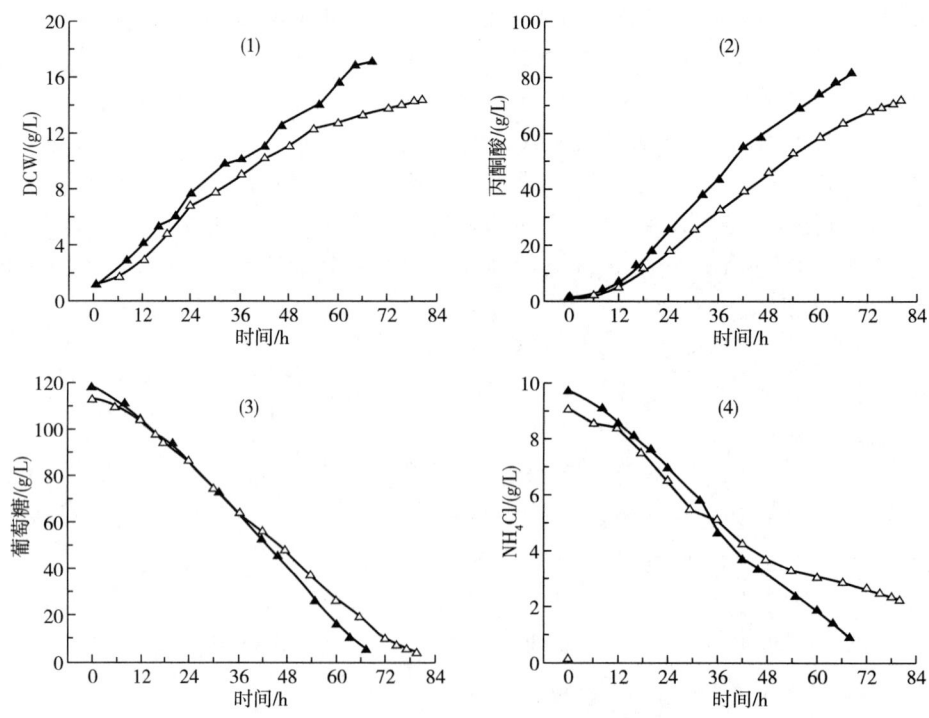

图 8-37　最优温度控制条件下和恒定 30℃下的丙酮酸发酵过程比较
▲—最优温度控制策略　　△—对照

（六）温度控制策略的生理解析

前期研究发现，丙酮酸发酵过程中会形成两种主要的副产物：α-酮戊二酸（α-KG）和甘油。由图 8-38（1）可以看出，较高的发酵温度会导致 α-酮戊二酸的提前积累，温度为 34℃ 时 α-KG 的积累量（5.41g/L）为 26℃ 时（0.6g/L）的 9 倍。甘油的积累总量和积累速度也同样显著依赖于温度 [图 8-38（2）]，不同温度下发酵结束时培养基中的甘油积累量相差达 6.53 倍。发酵中后期，高温使菌体进入稳定期的时间提前，相应表现为葡萄糖消耗速度提前下降，丙酮酸合成能力提前减弱，而副产物 α-酮戊二酸和甘油则一直维持高速积累。最优控温策略下，丙酮酸发酵的代谢流分布发生了改变，发酵副产物甘油和 α-酮戊二酸的最终生成量仅 2.10g/L 和 1.57g/L，分别为 30℃ 恒温发酵过程的 59.2% 和 44.7%。

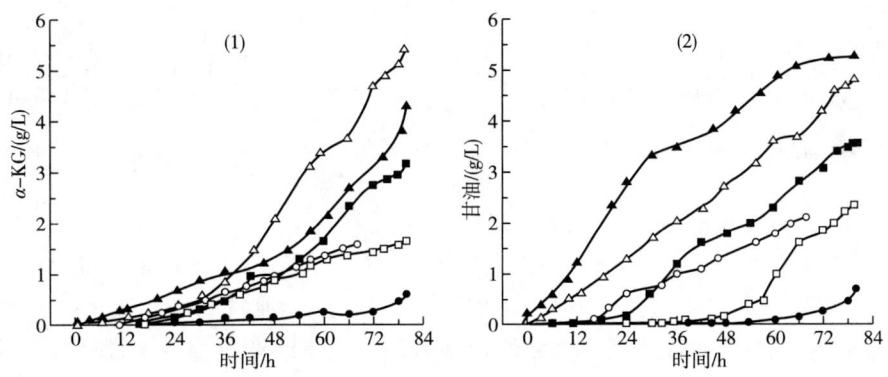

图 8-38　温度对代谢副产物 α-酮戊二酸（1）和甘油合成（2）的影响
▲—34°　△—32℃　■—30℃　□—28℃　●—26℃　○—T^a，根据最优控制策略控制温度

六、发酵环境适应性提升技术

在利用微生物发酵生产目标代谢产物的过程中，目标代谢产物的抑制是生物反应中限制产物生产强度和产物浓度进一步提高的主要因素。由于目标代谢产物或某些副产物的抑制，发酵过程的反应速率随着目标代谢产物或副产物的积累而下降，导致生物细胞及酶的潜力不能充分发挥。如何有效地消除或减轻这种由代谢产物引起的抑制是提高生产效率的关键因素之一。

在利用光滑球拟酵母发酵生产丙酮酸过程中发现，当发酵液中丙酮酸浓度大于 45g/L 时，光滑球拟酵母进一步合成丙酮酸的能力明显受到限制，表现为典型的代谢产物抑制过程。为了进一步提高丙酮酸产量和产率，需要消除发酵过程中丙酮酸的抑制或者提高细胞耐受高浓度丙酮酸的能力。下文在充分了解高浓度丙酮酸抑制生理学机制的基础上，通过选育耐受高浓度氯化钠的突变菌株，解除了丙酮酸产量进一步提高的限制性因素。

（一）脯氨酸保护光滑球拟酵母抵御渗透压胁迫

1. 渗透压对光滑球拟酵母的抑制作用

利用 7L 发酵罐研究光滑球拟酵母在发酵生产丙酮酸过程中，发酵液渗透压的变化如图 8-39 所示。在发酵初始阶段发酵液渗透压为 860mOsmol/kg，随着丙酮酸的合成和

NaOH 的添加，渗透压逐渐升高。发酵 48h 丙酮酸产量为 64.0g/L 时，发酵液渗透压达到最高（2603mOsmol/kg）。

在摇瓶中研究渗透压对光滑球拟酵母生长的影响。当渗透压从 860mOsmol/kg 提高到 3324mOsmol/kg，细胞量从 9.4g/L 下降到 0.2g/L（图 8-40）。

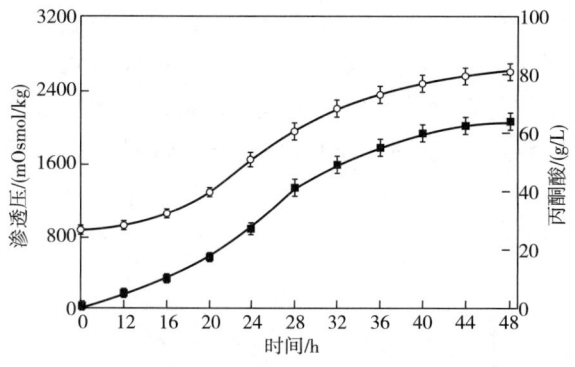

图 8-39　丙酮酸发酵过程中渗透压的变化　　　　图 8-40　不同渗透压条件下的细胞量

2. 高渗胁迫影响光滑球拟酵母细胞内氨基酸含量

在不同渗透压条件下（860mOsmol/kg、1765mOsmol/kg 和 2603mOsmol/kg），光滑球拟酵母在 7L 发酵罐中培养至稳态（$D=0.05h^{-1}$），胞内 18 种氨基酸的浓度变化如表 8-20 所示。随着发酵液渗透压的升高，非极性氨基酸和极性氨基酸的总含量都有一定程度的提高。当渗透压达到 2603mOsmol/kg，与对照条件（860mOsmol/kg）相比较，非极性氨基酸和极性氨基酸含量分别提高 44.7% 和 12.4%。在所检测的氨基酸中，脯氨酸含量变化最为明显，当发酵液渗透压分别为 1765mOsmol/kg 和 2603mOsmol/kg 时，脯氨酸的浓度与对照组（860mOsmol/kg，1.41g/L）相比分别增加了 170.2% 和 222.8%。其次是丙氨酸和半胱氨酸，分别增加了 32.8%、32.0%（1765mOsmol/kg）和 26.3%、33.3%（2603mOsmol/kg）。这一结果表明，光滑球拟酵母细胞可以过量合成氨基酸等相容性溶质，尤其是非极性氨基酸（如脯氨酸等）以抵御高渗透压的毒害作用。

表 8-20　不同渗透压条件对光滑球拟酵母细胞氨基酸库组成的影响

氨基酸		氨基酸浓度/(mg/g)		
		860mOsmol/kg	1765mOsmol/kg	2603mOsmol/kg
非极性氨基酸	脯氨酸	1.14±0.03	3.08±0.05	3.68±0.06
	甘氨酸	1.35±0.03	1.49±0.03	1.53±0.02
	丙氨酸	2.01±0.02	2.67±0.02	2.54±0.03
	苯丙氨酸	1.26±0.02	1.42±0.03	1.48±0.03
	异亮氨酸	1.40±0.04	1.65±0.05	1.73±0.05
	亮氨酸	2.08±0.04	2.30±0.04	2.41±0.04
	总量	9.24	12.61	13.37

续表

氨基酸		氨基酸浓度/(mg/g)		
		860mOsmol/kg	1765mOsmol/kg	2603mOsmol/kg
极性氨基酸	天冬氨酸	2.77±0.03	3.07±0.03	3.17±0.04
	丝氨酸	1.53±0.05	1.64±0.03	1.63±0.04
	苏氨酸	1.29±0.04	1.42±0.03	1.41±0.03
	胱氨酸	0.30±0.03	0.396±0.03	0.40±0.02
	总量	5.90	6.53	6.63
碱性氨基酸	赖氨酸	2.33±0.03	2.42±0.04	2.59±0.04
	精氨酸	1.51±0.04	1.58±0.05	1.69±0.03
	总量	3.84	4.00	4.28

3. 脯氨酸促进高渗胁迫下细胞的生长

脯氨酸对不同渗透压条件下（860mOsmol/kg，1765mOsmol/kg，2603mOsmol/kg），细胞生长的影响如图8-41所示。在非高渗条件下（860mOsmol/kg），细胞干重为9.2g/L。在高渗条件下，细胞量分别下降到5.7g/L（1765mOsmol/kg）和2.2g/L（2603mOsmol/kg）。

在高渗胁迫下（1765mOsmol/kg，2603mOsmol/kg），随着培养基中脯氨酸浓度的增加（0.2～1.2g/L），细胞浓度不断增加。如图8-41（1）所示，在非高渗条件下（860mOsmol/kg）添加脯氨酸并不会促进细胞生长，而在高渗条件下，情况则刚好相反。当脯氨酸浓度为1.0g/L，比对照组（未添加脯氨酸）分别提高了31.6%（DCW=7.5g/L，1765mOsmol/kg）[图8-41（2）]和59.0%（DCW=3.5g/L，2603mOsmol/kg）[图8-41（3）]。但是，当1.2g/L脯氨酸被添加到发酵液中，细胞干重没有明显增加，可能是因为脯氨酸透过酶的运输能力在特定的渗透压条件下已经达到了极限。

高渗透压条件下脯氨酸对细胞生长的促进作用机理在于：①作为氮源或碳源被光滑球拟酵母利用，有研究表明酿酒酵母可以利用脯氨酸作为唯一氮源生长；或②作为相容性溶质保护细胞。但是，在非高渗条件下添加脯氨酸光滑球拟酵母的生长并不会得到提高[图8-41（1）]。上述结果表明，脯氨酸是作为相容性溶质保护光滑球拟酵母抵御渗透压胁迫，促进酵母生长。

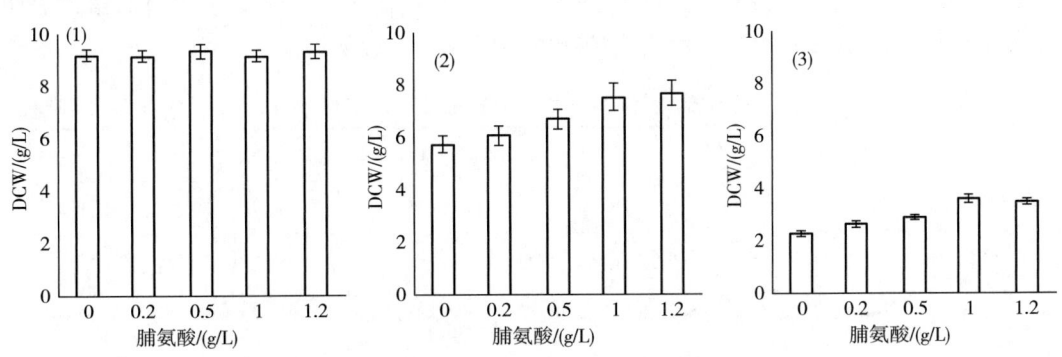

图8-41 不同渗透压下脯氨酸浓度对细胞生长的影响
（1）—860mOsmol/kg （2）—1765mOsmol/kg （3）—2603mOsmol/kg

4. 高渗条件下胞外氨基酸浓度的变化

发酵液渗透压随着丙酮酸的合成和 NaOH 的添加逐渐从 860mOsmol/kg 升高到 2603mOsmol/kg，因此光滑球拟酵母在发酵中期（28h，1950mOsmol/kg）开始受到渗透压胁迫的影响。试验研究了在 28h 添加脯氨酸和渗透压胁迫对对数生长中期光滑球拟酵母的影响，进一步证明了脯氨酸对光滑球拟酵母高渗保护作用（图 8-42）。

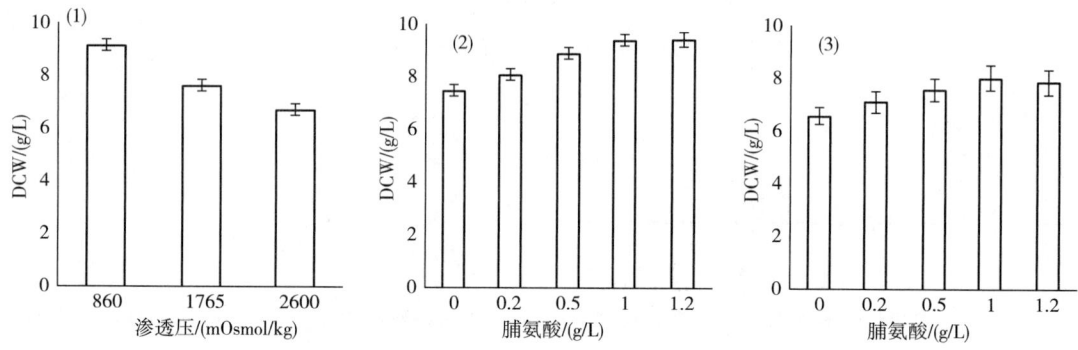

图 8-42　对数生长中期添加脯氨酸对高渗胁迫条件下细胞生长的影响
(1) 当渗透压升高时，细胞的生长减少　(2) 当脯氨酸在渗透压为 1765mOsmol/kg 时被添加到培养基中时，对细胞生长的抑制部分减轻　(3) 渗透压为 2603mOsmol/kg

当酵母细胞在对数生长中期处于高渗胁迫时，最终细胞浓度下降到 7.5g/L（1765mOsmol/kg），接近发酵培养基在光滑球拟酵母对数生长中期时的渗透压（1950mOsmol/kg）和 6.6g/L（2603mOsmol/kg），而在非高渗条件（860mOsmol/kg）下细胞浓度为 9.0g/L［图 8-42（1）］。加入脯氨酸后，高渗胁迫对细胞生长抑制被部分缓解了。添加 1.0g/L 脯氨酸，细胞生长分别提高到 9.4g/L（1765mOsmol/kg）和 8.1g/L（2603mOsmol/kg）。

与此同时，试验检测了稳定期不同盐浓度下胞内中游离脯氨酸的浓度，结果如表 8-21 所示。在添加相同浓度脯氨酸时，随着渗透压的提高，胞内脯氨酸含量逐渐增加；另一方面，在相同的渗透压条件下，随着添加脯氨酸浓度的增加，细胞吸收脯氨酸的绝对量不断提高。以渗透压 1765mOsmol/kg 为例，添加 1g/L 脯氨酸时胞内脯氨酸含量比添加量为 0.2g/L 时提高了 147.8%，比添加量为 0.5g/L 时提高了 35.5%。上述研究结果表明，细胞为了抵御不断增长的渗透压所造成的伤害而吸收更多脯氨酸。

表 8-21　不同盐浓度下胞内游离脯氨酸浓度的变化　　　　单位：mg/g

渗透压 /(mOsmol/kg)	脯氨酸添加量/(g/L)				
	0	0.2	0.5	1	1.2
860	1.17±0.03	—	—	—	—
1765	3.06±0.04	20.35±0.06	37.21±0.03	50.42±0.07	52.33±0.03
2603	3.71±0.04	26.41±0.09	44.76±0.04	64.07±0.04	65.42±0.06

5. 脯氨酸保护光滑球拟酵母促进丙酮酸的生产

上述研究结果表明,脯氨酸对于高渗胁迫下的光滑球拟酵母细胞生长具有良好的保护作用。为了进一步了解添加脯氨酸对丙酮酸生产的影响,试验在 7L 发酵罐中 28h 添加 1.0g/L 脯氨酸,结果如图 8-43 和表 8-22 所示。

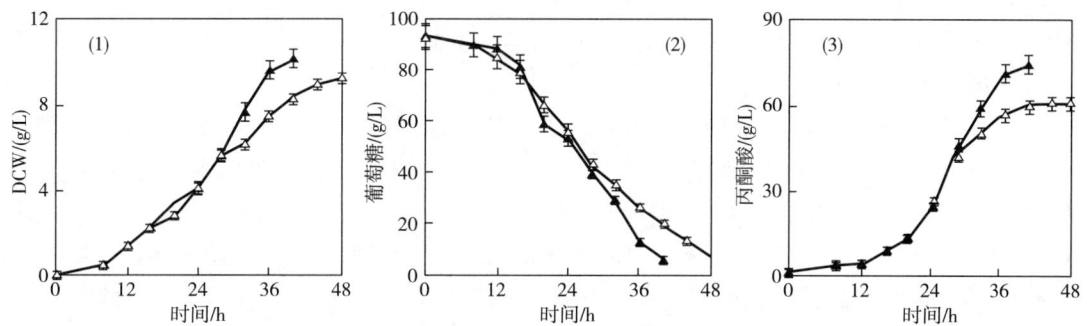

图 8-43 发酵 28h 时添加脯氨酸与未添加情况比较
△—对照　▲—在 28h 添加脯氨酸

表 8-22　　发酵参数的比较

发酵参数	对照（A）	添加 1g/L 脯氨酸（B）	(B/A-1)×100%
发酵时间/h	48	40	—
最大细胞干重/(g/L)	9.3±0.2	10.2±0.4	9.7%
总葡萄糖消耗/(g/L)	84.8±3.2	87.7±4.7	3.4%
28h 之前葡萄糖的消耗率/(g/h/L)	1.7	1.9	—
28h 之后葡萄糖的消耗率/(g/h/L)	1.8	2.8	55.6%
平均葡萄糖消耗率/(g/h/L)	1.8	2.2	22.2%
丙酮酸浓度/(g/L)	60.3±2.7	73.6±4.1	22.1%
28h 之前丙酮酸的产率/(g/h/L)	1.5	1.6	—
28h 之后丙酮酸的产率/(g/h/L)	1.0	2.4	140.0%
丙酮酸的产率/(g/h/L)	1.3	1.8	38.4%
丙酮酸对葡萄糖的收率/(g/g)	0.7	0.8	14.3%

与未添加的对照组比较:①细胞生长得到显著改善,最终菌体浓度提高了 9.7%;②发酵时间从 48h 缩短到 40h,这在降低有机酸工业生产的成本方面有一定的作用;③添加 1g/L 脯氨酸使葡萄糖的消耗率提高 22.2%。④丙酮酸产量、生产强度和产率分别提高了 22.1%、38.4% 和 14.3%。因此,可以得出这样的结论:1g/L 的脯氨酸的添加可以显著改善光滑球拟酵母的丙酮酸发酵动力学参数。

(二) 中介体亚基保护光滑球拟酵母抵御酸胁迫

1. 中介体亚基对菌株耐受性的影响

为了研究亚基 CgMed3p 功能,下文构建了 $Cgmed3A\Delta$、$Cgmed3B\Delta$、$Cgmed3AB\Delta$ 突变菌

株和回补菌株 $Cgmed3AB\Delta/CgMED3AB$，通过平板生长实验分析出发菌株 wt、$Cgmed3A\Delta$、$Cgmed3B\Delta$ 和 $Cgmed3AB\Delta$ 菌株对不同环境的适应性［如图 8-44（1）］，环境条件包括 H_2O_2（10mmol/L）、NaCl（1.5mol/L）、乙醇 8%、pH3.0、博来霉素 0.1% 和二硫苏糖醇 DTT（30mmol/L）。在添加 NaCl、乙醇、DTT 的 YNB 培养基上，突变菌株 $Cgmed3A\Delta$、$Cgmed3B\Delta$、$Cgmed3AB\Delta$ 与出发菌株 wt 生长情况相同；而在 H_2O_2、pH3.0、博来霉素的 YNB 培养基中，$Cgmed3A\Delta$、$Cgmed3B\Delta$ 菌株与出发菌株 wt 性状相同，突变菌株 $Cgmed3AB\Delta$ 的生长受到抑制。

酸胁迫是光滑球拟酵母在工业生产丙酮酸时经常遇到的问题，为本试验重点研究菌株在酸胁迫条件下的生理特性。首先，研究 pH2.0~6.0 条件下菌株生长情况，发现当 pH 为 4.0~6.0 时，突变菌株 $Cgmed3A\Delta$、$Cgmed3B\Delta$、$Cgmed3AB\Delta$ 与出发菌株 wt 生长性状相同［图 8-44（2）］；pH2.0 时，仅突变株 $Cgmed3AB\Delta$ 的生长情况比出发菌株 wt 显著降低，$Cgmed3A\Delta$、$Cgmed3B\Delta$、回补菌株 $Cgmed3AB\Delta/CgMED3AB$ 与出发菌株 wt 生长表型相同。结果表明，基因 $CgMED3AB$ 在光滑球拟酵母抵御酸胁迫中发挥重要作用。

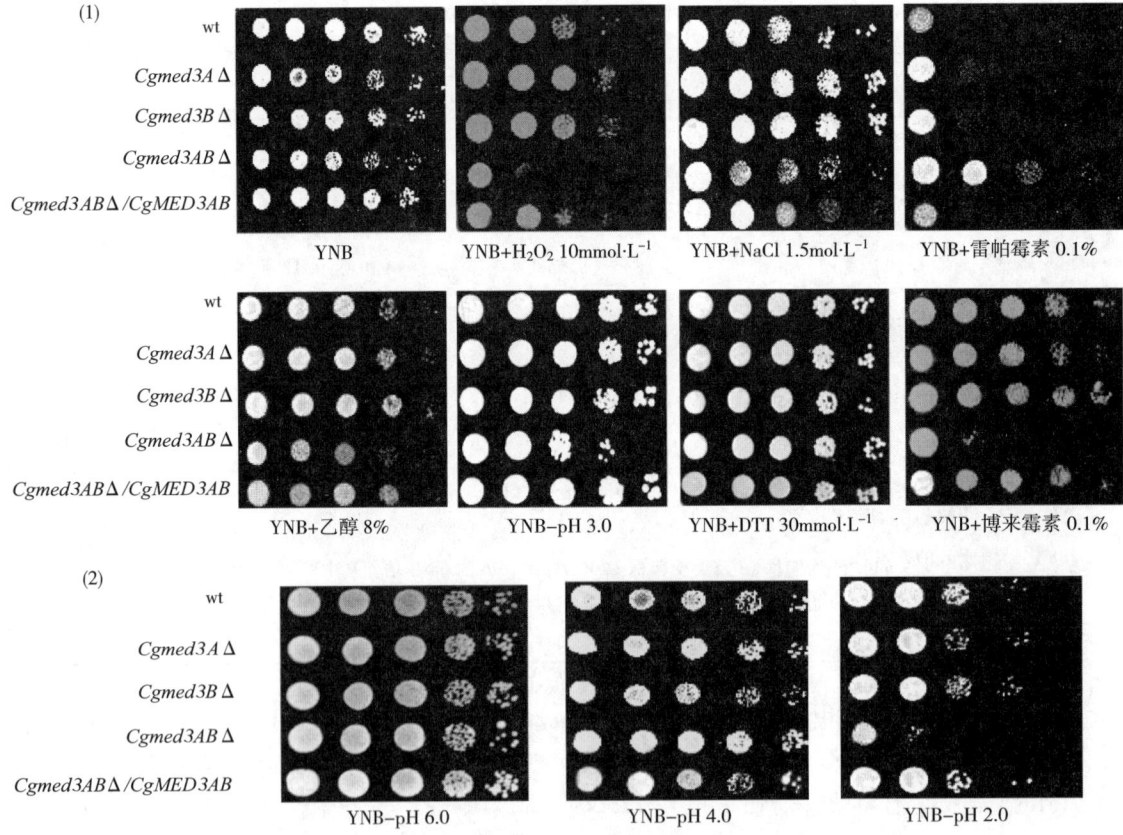

图 8-44 酸胁迫条件与不同 pH 条件下对突变菌株 $Cgmed3AB\Delta$ 生长的影响

（1）在不同压力条件下菌株 $Cgmed3A\Delta$，$Cgmed3B\Delta$，$Cgmed3AB\Delta$ 和 $Cgmed3AB\Delta/CgMED3AB$ 的生长

（2）在不同 pH 条件下菌株 $Cgmed3A\Delta$，$Cgmed3B\Delta$，$Cgmed3AB\Delta$ 和 $Cgmed3AB\Delta/CgMED3AB$ 的生长。每个光滑球拟酵母菌的对数期细胞调整到 2×10^7 个/mL，然后在相应的 YNB 培养基上加入 4μL 连续 10 倍稀释液

2. 中介体亚基缺失降低菌株酸胁迫下的生存能力

对比出发菌株 wt 与突变菌株 $Cgmed3A\Delta$、$Cgmed3B\Delta$ 和 $Cgmed3AB\Delta$ 在 pH2.0 与 pH6.0 条件下的生长能力，绘制生长曲线图 8-45：当 pH6.0 时，所有菌株都表现出相似的生存能力 [图 8-45（1）]，平均比生长速率在 0.096~0.103h^{-1}（表 8-23）；当 pH2.0 时，突变菌株 $Cgmed3A\Delta$ 和 $Cgmed3B\Delta$ 的生物量较出发菌株 wt 分别降低 39% 和 33% [图 8-45（2）]，平均比生长速率为 0.076 和 0.081h^{-1}，较出发菌株 wt 分别降低 11% 和 6%，$Cgmed3AB\Delta$ 菌株的平均比生长速率为 0.052h^{-1}，较出发菌株 wt 降低 40% [图 8-45（4）]。对比菌株在 pH6.0 与 pH2.0 条件下的生长情况，发现 pH2.0 条件下的平均比生长速率较 pH6.0 时低：在 pH6.0 时，出发菌株 wt 的平均比生长速率是 pH2.0 下的 1.2 倍；$Cgmed3A\Delta$ 和 $Cgmed3B\Delta$ 菌株的平均比生长速率均是 pH2.0 时的 1.3 倍；$Cgmed3AB\Delta$ 菌株的平均比生长速率是 pH2.0 下的 1.85 倍；回补菌株 $Cgmed3AB\Delta/CgMED3AB$ 的生长表型均与出发菌株 wt 相同。研究表明，$CgMED3A$ 与 $CgMED3B$ 亚基参与酸胁迫响应且功能部分互补，$CgMED3AB$ 对光滑球拟酵母在酸胁迫条件下的生存起着至关重要的作用。

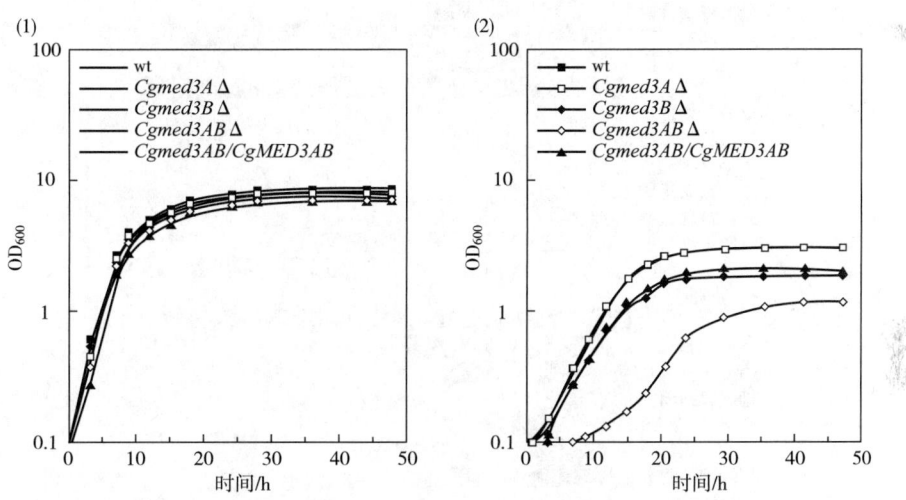

图 8-45　不同 pH 条件下 $Cgmed3$ 突变菌株生长曲线的测定
（1）原始菌株 wt 及突变菌株 $CgMED3$ 在 pH6 的 YNB 培养基中的生长曲线
（2）原始菌株 wt 及突变菌株 $CgMED3$ 在 pH2 的 YNB 培养基中的生长曲线

表 8-23　不同 pH 条件下菌株生长参数测定

参数		菌株				
		wt	$Cgmed3A\Delta$	$Cgmed3B\Delta$	$Cgmed3AB\Delta$	$Cgmed3AB\Delta/CgMED3AB$
细胞干重 DCW/(g/L)	pH6.0	1.93±0.2	1.73+0.15	1.66+0.23	1.58±0.12	1.98±0.22
	pH2.0	0.72+0.15	0.45+0.13	0.48+0.08	0.25+0.05	0.71+0.14
平均比生长速率/h^{-1}	pH6.0	0.103±0.013	0.099±0.01	0.1±0.01	0.096±0.02	0.101±0.02
	pH2.0	0.086±0.005	0.076±0.006	0.081±0.014	0.052±0.013	0.09±0.027

3. 中介体亚基缺失突变菌株的转录组分析

（1）转录组分析酸胁迫下菌株的基因表达差异　为解析 pH2.0 条件下 *Cgmed3AB*Δ 菌株生存能力降低的原因，利用 RNA 测序（RNA-sequencing，RNAseq）分析 pH6.0 和 pH2.0 条件下出发菌株 wt 与 *Cgmed3AB*Δ 菌株的基因表达差异，测序数据已上传至 NCBI 的 Sequence Read Archive（SRA）（http://www.ncbi.nlm.nih.gov/sra/?term=SRP068331），通过 GO 功能注释和层次聚类对不同表达水平的基因（≥2 倍，且 FDR<0.01）进行分析，结果如图 8-46 所示。

在 pH6.0 时，通过对突变菌株 *Cgmed3AB*Δ 和出发菌株 wt 的转录谱比较发现共有 1829 个基因表达发生不同程度的变化，其中 1182 个基因上调，647 个基因下调［图 8-46（2）和（3）］；在 pH2.0 时对突变菌株 *Cgmed3AB*Δ 和出发菌株 wt 的转录谱比较发现共有 1538

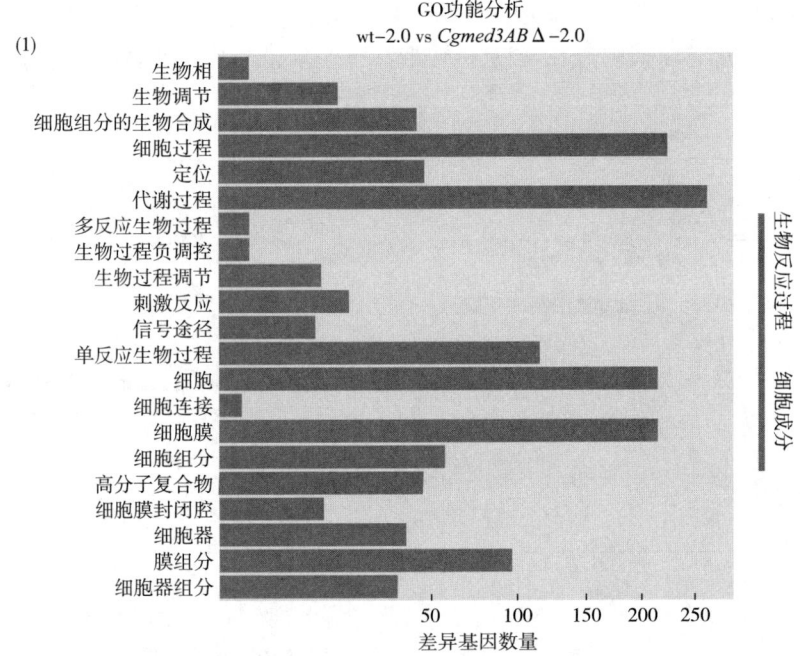

图 8-46　出发菌株 wt 与突变菌株 *Cgmed3AB*Δ 响应于酸胁迫的差异表达基因分析
（1）表达基因差异的 GO 富集分析　（2）在 pH6.0 或 2.0 条件下，菌株 *Cgmed3AB*Δ 上调基因的 Venn 图分析　（3）在 pH6.0 或 2.0 条件下，菌株 *Cgmed3AB*Δ 下调基因的 Venn 图分析　（4）在 pH2.0 条件下，菌株 wt 和 *Cgmed3AB*Δ 上调基因的 Venn 图分析　（5）在 pH2.0 条件下，菌株 wt 和 *Cgmed3AB*Δ 下调基因的 Venn 图分析

个基因表达发生不同程度的变化，其中 1042 个基因上调，496 个基因下调 [图 8-46（2）和（3）]；对比分析出发菌株 wt 和 Cgmed3ABΔ 在 pH2.0 和 pH6.0 条件下的基因表达变化程度，发现出发菌株 wt 在 pH2.0 时与 pH6.0 相比，有 908 个基因表达发生变化，其中 421 个基因上调，486 个基因下调 [图 8-46（4）和（5）]；突变菌株 Cgmed3ABΔ 在 pH2.0 时较 pH6.0 时共有 711 个基因表达发生变化，其中 377 个基因上调，334 个基因下调 [图 8-46（4）和（5）]。

通过 GO 注释与 KEGG 分析出发菌株 wt 与 Cgmed3ABΔ 菌株的基因表达差异。相对于出发菌株 wt，在 pH6.0 时 Cgmed3ABΔ 菌株的上调基因主要包括磷酸戊糖途径相关基因（*PGI1*、*FBP1*、*SOL3* 等）、嘌呤代谢途径相关基因（*PPX1*、*PRS1*、*RPA43* 和 *PUR5* 等）、嘧啶核苷酸代谢途径相关基因（*URA2*、*FUR1*、*RPA1* 等）；在 pH2.0 时，Cgmed3ABΔ 菌株的上调基因主要包括叶酸合成相关基因（*CAGL0M09713g*、*FOL1*、*CAGL0F03553g* 等）和萜类物质合成路径相关基因（*ERG10*、*HMG1*、*ERG8* 等）；在 pH6.0 时，Cgmed3ABΔ 菌株的下调基因主要包括氨基酸合成相关基因（*CAGL0J04554g*、*ARO7*、*PHA2* 等）、酪氨酸代谢途径相关基因（*AAT2*、*ARO8*、*CAGL0I06578g* 等）、糖酵解途径相关基因（*PFK2*、*TDH3*、*ENO1* 等）；在 pH2.0 时，Cgmed3ABΔ 菌株中下调基因主要包括糖酵解途径相关基因（*PGM2*、*TDH3*、*GPM2*、*CDC19* 等）、磷脂合成代谢途径相关基因（*DGK1*、*TGL2*、*CHO1* 等）、脂肪酸代谢相关基因（*FAS1*、*CAGL0H10450g*、*POX1* 等）和固醇代谢相关基因（*ERG1*、*ERG7*）。

（2）转录组解析酸胁迫下菌株的生长能力　通过 KEGG、CGD 等数据库对转录组分析发现在 pH2.0 条件下，Cgmed3ABΔ 菌株的萜类合成基因显著上调，而糖酵解、脂肪酸合成、磷脂合成基因显著下调。

①合成脂肪酸途径的基因表达水平分析：当 pH2.0 时 Cgmed3ABΔ 菌株与出发菌株 wt 相比，脂肪酸合成基因（*FAS1*，*FABD*）、延伸基因 *ELO2*、乙酰 CoA、水解酶 *TES1* 都发生显著下调，分别下调 130%、120%、430% 和 100%。其中 *FAS1*、*FABD* 与 *ELO2* 基因参与脂肪酸的合成与碳链延伸，*TES1* 基因是将饱和脂肪酸转换为不饱和脂肪酸的关键基因，脂肪酸合成途径关键基因的下调可能导致细胞中脂肪酸链合成受阻，长链脂肪酸与不饱和脂肪酸含量降低；另外，脂肪酸是合成细胞膜磷脂重要组分，脂肪酸含量下降可能导致磷脂合成受到抑制，进而影响细胞在酸环境下的适应能力（图 8-47）。

②磷脂合成途径的基因表达水平分析：光滑球拟酵母中不同的甘油磷脂是可以相互转化的。通过对比分析 Cgmed3ABΔ 与出发菌株 wt 在 pH2.0 时的转录数据，甘油磷脂合成过程中关键基因 *CHO1*、*INO1*、*INM2*、*CPT1*、*CHO2*、*CKI1* 等均发生下调，表达水平分别下调 370%、420%、270%、390%、160%、170% 和 180%。*INO1*、*INM2* 主要参与磷脂酰肌醇（Phosphatidyl inositols，PI）合成，*CHO1*、*CHO2*、*CPT1* 和 *CKI1* 主要参与磷脂酰胆碱（Phosphatidyl cholines，PC）和磷脂酰乙醇胺（Phosphatidyl ethanolamines，PE）合成（图 8-48），作为细胞膜最主要的膜脂质，磷脂酰胆碱的含量下降会导致脂肪酸链变短，同时饱和链增多，均不利于细胞在酸胁迫环境下生长。另外，磷脂含量的减少可能导致细胞生长缓慢，胞内脂质代谢不平衡，内质网与线粒体形态缺陷。

③糖酵解途径的基因表达水平分析：与出发菌株 wt 相比，当 pH2.0 时 Cgmed3ABΔ 菌株的糖酵解途径基因 *HXT2*、*HXT5*、*PCK1*、*ALD4*、*GLK1*、*HXK2*、*PGM2*、*HFD1* 和 *PDC1* 等分别下调 190%、170%、130%、220%、230%、200%、110%、230%、330%。其中 *HXT* 系

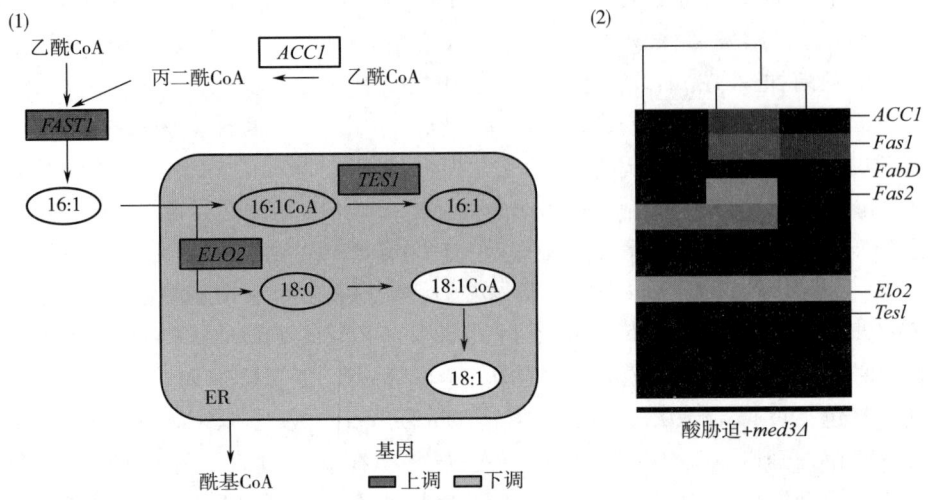

图 8-47 脂肪酸合成途径差异分析

(1) 与 wt 相比 Cgmed3ABΔ 在低 pH 条件下脂肪酸的变化。红色表示基因表达水平增加，蓝色表示基因表达水平下降

(2) 从左到右分别表示 Cgmed3AΔ，Cgmed3BΔ 和 Cgmed3ABΔ 与 wt 相比在 pH2.0 时的集群图

列基因编码葡萄糖转运子参与细胞葡萄糖摄取运输，GLK1、HXK2、PGM2 等主要参与葡萄糖分解生成丙酮酸，PDC1 编码丙酮酸脱羧酶参与丙酮酸分解代谢，由此推断缺失 CgMED3AB 基因菌株的糖代谢途径受阻，糖酵解途径受阻可能导致菌株能量产生减少，生长减弱。

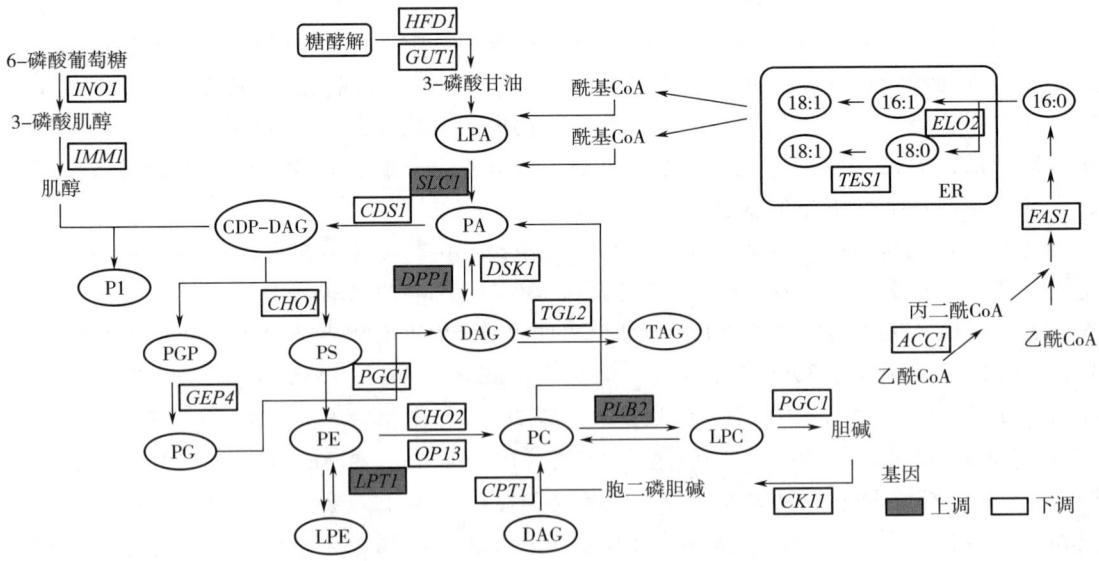

图 8-48 甘油磷脂合成途径差异分析

④固醇合成途径的基因表达水平分析：在 pH2.0 时，对比 Cgmed3ABΔ 与出发菌株 wt 的转录数据，发现缺失 CgMED3AB 导致萜类物质合成途径基因显著上调，如 ERG10、

ERG13、*ERG12*、*ERG8*、*ERG19* 和 *ERG20* 等基因参与表达调控，分别上调 1.8、1.5、1、1.2、1 和 1.2 倍。*HMG1* 基因是 HMG-CoA 转化生成甲瓦龙酸的关键限速基因，上调 2.1 倍 [图 8-49（1）]。菌株 *Cgmed3AB*Δ 中固醇途径关键基因 *ERG9*、*ERG1*、*ERG27* 表达水平是出发菌株 wt 的 170%、50%、45% [图 8-49（2）]。上述萜类合成途径基因主要参与角鲨烯前体焦磷酸法尼酯的合成，固醇合成途径基因可将固醇前体角鲨烯转化为麦角固醇。考察角鲨烯的合成与代谢途径基因 *ERG10*、*ERG12*、*HMG1*、*ERG20*、*ERG1* 和 *ERG27* 等的转录水平变化，发现突变菌株 *Cgmed3AB*Δ 角鲨烯合成途径基因被激活，分解途径基因受到抑制发生下调，不能合成足够的麦角固醇来应对环境胁迫，角鲨烯可能发生积累，据文献报道，角鲨烯的积累会对细胞产生毒性，限制细胞脂质的合成，抑制胞内脂质颗粒形成，另外在酸性条件下，角鲨烯的积累也会导致细胞生长缓慢。

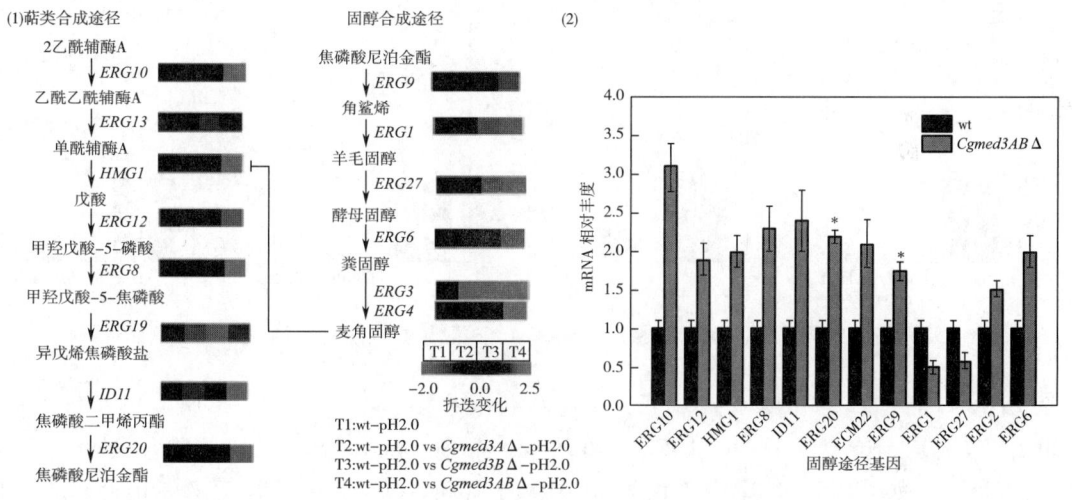

图 8-49　萜类与固醇合成途径差异分析
(1) 固醇生物合成途径中的转录水平
(2) *Cgmed3AB*Δ 和原始菌株 wt 在 pH2.0 时固醇生物合成途径中从 RNA 数据中选择的基因的相对表达水平

（3）qPCR 验证 RNA-seq 的准确性　分别选取固醇、糖酵解、磷脂、脂肪酸和叶酸途径基因 *ERG20*、*ERG9*、*ERG1*、*ELO2*、*HXK2*、*PDC1*、*INO1*、*FAS1* 等通过 qPCR 分析验证 RNA-seq 结果的准确性。图 8-50 所示结果表明这些 qPCR 的数据与 RNA-seq 的结果具有较好的一致性，证明了 RNA-seq 的结果准确。

4. 中介体亚基缺失对细胞膜成分及功能的影响

（1）缺失中介体亚基影响细胞膜脂肪酸组成　光滑球拟酵母中主要的脂肪酸成分是 C16：1、C16：0、C18：1 和 C18：0。通过气质联用测定细胞膜脂肪酸，发现：在 pH6.0 条件下，突变菌株 *Cgmed3AB*Δ 的脂肪酸 C15：0、C15：1、C18：0、C18：1 和 C18：2 含量分别是出发菌株 wt 的 2.6、2.3、3.4、1.2 和 1.1 倍，而 C16：0 和 C16：1 仅为出发菌株 wt 的 43% 和 89% [图 8-51（1）]；在 pH2.0 条件下，突变菌株 *Cgmed3AB*Δ 的脂肪酸较出发菌株 wt 大幅度下降，其中主要脂肪酸 C16：0、C16：1、C18：0、C18：1 和 C18：2 含量分别仅为出发菌株 wt 的 55%、54%、29%、39% 和 41% [图 8-51（2）]。另一方面，对于

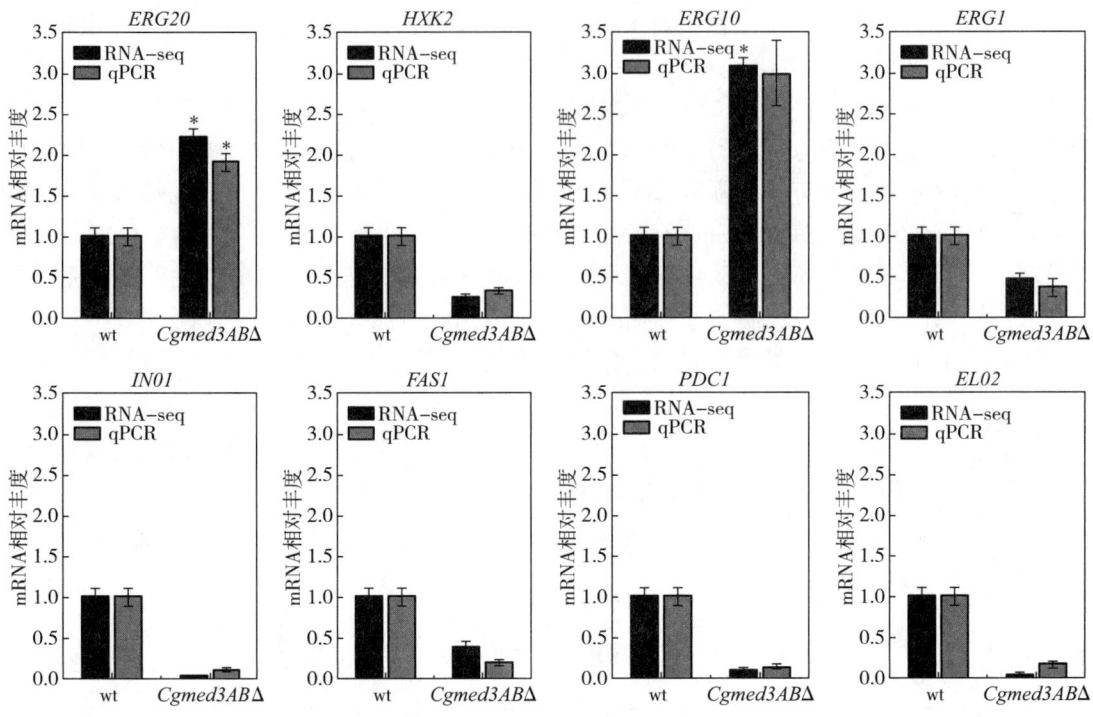

图 8-50 qPCR 验证 Cgmed3ABΔ 菌株 RNA-seq 准确性

出发菌株 wt 而言,在 pH2.0 条件下,长链脂肪酸增多,如 C17:0、C18:1、C19:1 和 C20:1 分别是 pH6.0 时的 11、1.5、7 和 30 倍;菌株 Cgmed3ABΔ 的脂肪酸含量减少,C16:1、C18:1、C19:1 和 C20:1 仅为 pH6.0 时 46%、50%、45% 和 15%。由此可见,缺失 CgMED3AB 基因导致细胞膜脂肪酸组分含量降低,可能导致甘油磷脂合成受阻。

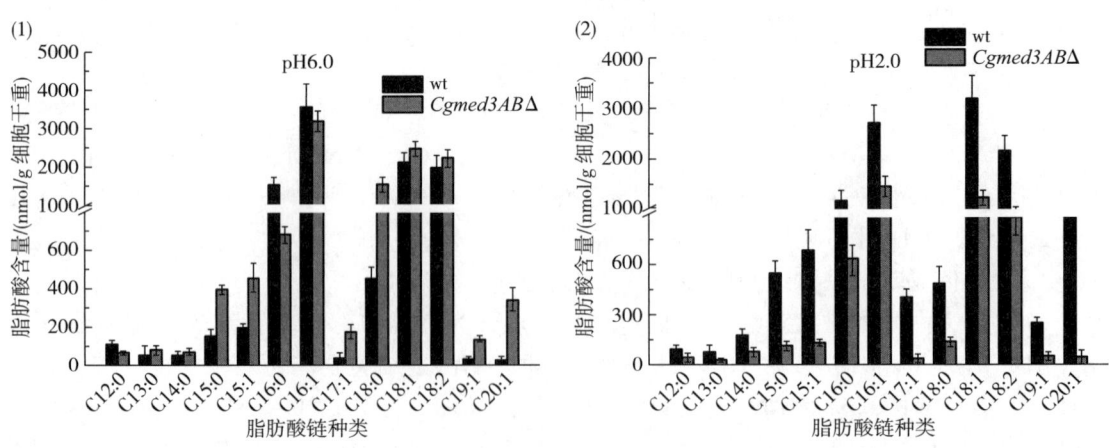

图 8-51 不同 pH 条件对菌株脂肪酸含量的影响

(1) pH6.0 时原始菌 wt 和 Cgmed3ABΔ 的脂肪酸含量 (2) pH2.0 时原始菌 wt 和 Cgmed3ABΔ 的脂肪酸含量

（2）缺失中介体亚基影响细胞膜固醇组成　在pH6.0条件下，突变菌株$Cgmed3AB\Delta$的角鲨烯含量是出发菌株wt的2.8倍，羊毛固醇是wt菌株的4.7倍，而酵母固醇含量基本一致，粪固醇与麦角固醇分别比wt菌株降低71%和47%（图8-52）。在pH2.0条件下，突变菌株$Cgmed3AB\Delta$的固醇含量较出发菌株wt大幅度下降，其中羊毛固醇、酵母固醇、粪固醇、麦角固醇分别较出发菌株wt降低88%、88%、93%和82%，角鲨烯含量积累至野生型的30倍。另一方面，对于出发菌株wt而言，在pH2.0条件下，固醇的含量相对于pH6.0时基本不变，而菌株$Cgmed3AB\Delta$相比于pH6.0时角鲨烯含量提高了4.2倍，羊毛固醇含量下降了92%，酵母固醇与粪固醇几乎检测不到，麦角固醇含量降低了57%。由此可见，缺失CgMED3AB基因会导致角鲨烯大量积累，抑制麦角固醇生成，影响细胞膜固醇组成。

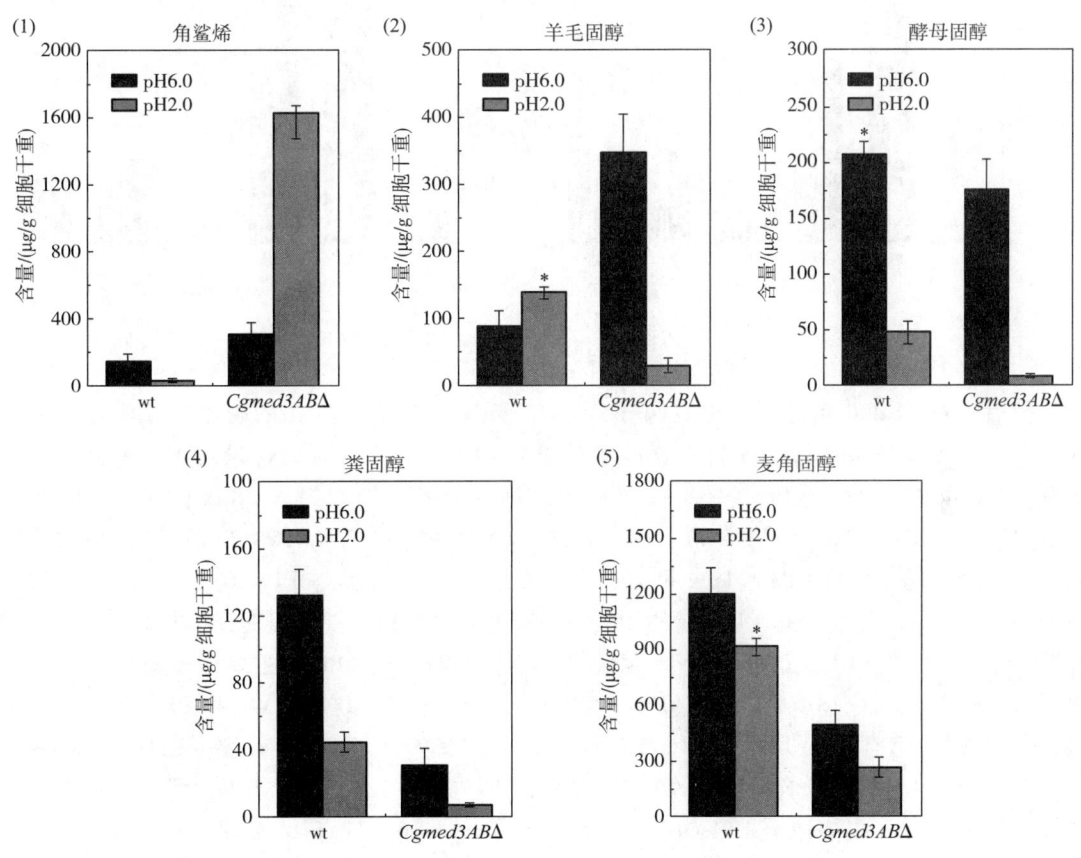

图8-52　不同pH条件对菌株固醇含量的影响

（3）缺失中介体亚基影响细胞膜磷脂组分　在pH6.0条件下，突变菌株$Cgmed3AB\Delta$的磷脂酸（PA）、磷脂酰胆碱（PC）、磷脂酰乙醇胺（PE）和磷脂酰丝氨酸（PS）分别是wt菌株的2、1.1、1.5、2.7倍，其中PC与PE含量最多，两者共占总磷脂含量的90%，而磷脂酰甘油（PG）、磷脂酰肌醇（PI）分别较wt菌株降低35%和54%［图8-53(1)］。在pH2.0条件下，突变菌株$Cgmed3AB\Delta$的PA、PC、PE、PI和PG分别比出发菌株wt降低了80%、60%、73%、30%和38%，而PS较wt菌株提高了1倍［图8-53

(2)]。另一方面，对于野生型 wt 菌株而言，在 pH2.0 条件下，PA 和 PE 的含量分别较 pH6.0 时提高了 3 和 2.8 倍，PI、PG、PS 含量基本不变，而 PC 含量降低了 28%；菌株 Cgmed3ABΔ 的 PI 和 PG 的含量分别较 pH6.0 时提高了 69% 和 14%，PS 的含量基本不变，但 PA、PC 和 PE 含量分别较 pH6.0 时降低了 57%、73% 和 31%。结论表明，在 pH2.0 环境下 CgMED3AB 基因参与调节磷脂合成，缺失 CgMED3AB 能降低膜磷脂含量，导致细胞脂质失衡，影响细胞生长。

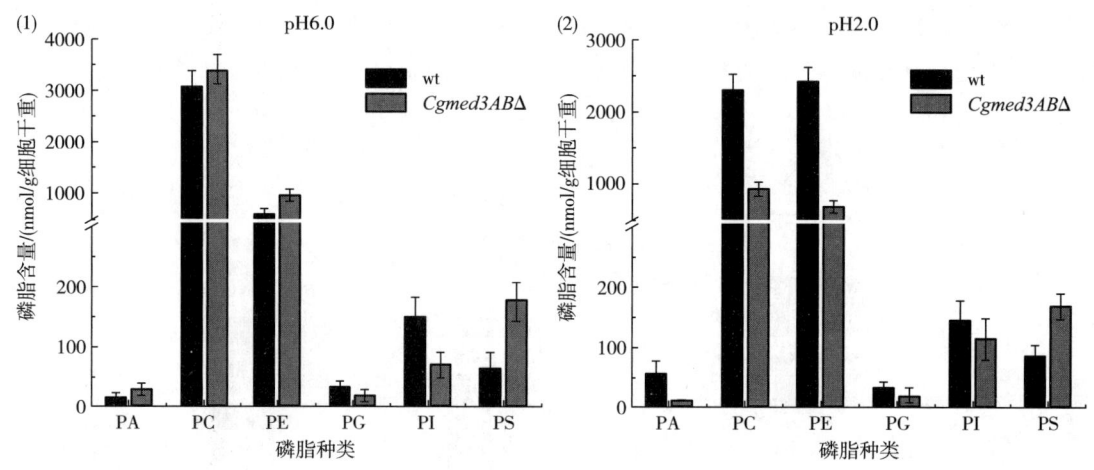

图 8-53　不同 pH 条件对菌株磷脂含量的影响

随后，对 pH2.0 条件下的出发菌株 wt 与突变菌株 Cgmed3ABΔ 的磷脂组成类型进一步分析。在出发菌株 wt 中，PA 的主要类型是 PA（16∶1/16∶1），含量占 PA 总量的 70% 左右；PG 的主要类型是 PG（16∶1/16∶1），每克干酵母细胞约含 28μg 的 PG；PC 的种类最多，其中 PC（16∶0/18∶2）、PC（16∶1/16∶1）和 PC（16∶1/18∶1）所占含量最多，分别占总 PC 的 17%、10% 和 16%；PI 的主要组成种类是 PI（16∶1/16∶1）和 PI（18∶1/18∶1），分别占总 PI 含量的 51% 和 27.6%；PS 的主要类型是 PS（16∶0/18∶2）和 PS（16∶1/18∶1），分别占总 PS 含量的 30.8% 和 29.6%；PE 的主要种类是 PE（16∶0/18∶2）、PE（16∶1/18∶1）、PE（18∶0/18∶2）、PE（18∶1/18∶1）和 PE（20∶1/18∶1），分别占总 PE 含量的 16.3%、16.2%、10.2%、11.6% 和 28.3%。在突变菌株 Cgmed3ABΔ 中，PA（16∶1/16∶1）含量比 wt 降低了 82%；PG（16∶1/16∶1）比 wt 降低了 43%；PC 含量大幅度降低，主要成分 PC（16∶0/18∶2）、PC（16∶1/16∶1）和 PC（16∶1/18∶1）含量分别比出发菌株 wt 降低了 35%、43% 和 12%，另外 PC（15∶0/18∶2）、PC（16∶1/19∶1）、PC（17∶1/18∶1）、PC（20∶1/15∶1）含量较出发菌株 wt 分别降低 84%、91%、91% 和 92%；PI 的组分 PI（16∶1/16∶1）含量较出发菌株 wt 降低了 77%，但 PI（16∶1/16∶1）、PI（18∶1/18∶1）和 PI（19∶1/24∶2）含量分别较 wt 菌株增加了 49% 和 45%；PS 含量较出发菌株 wt 有所提高，其中 PS（16∶0/18∶1）、PS（16∶0/18∶2）、PS（16∶1/18∶1）、PS（18∶1/18∶1）和 PS（16∶1/16∶1）含量分别是出发菌株 wt 的 4.9、1.7、1.6、2 和 2.5 倍；PE 的主要类别 PE（16∶0/18∶2）、PE（16∶1/18∶1）、PE（18∶0/18∶2）、PE（18∶1/18∶1）和 PE（20∶1/18∶1）含量均大幅度下降，分别较出发菌

株 wt 降低了 57%、57%、64% 和 95%。由此可见，pH2.0 条件下缺失 *CgMED3AB* 基因影响细胞膜磷脂组分的类型，主要涉及 PA（16∶1/16∶1）、PG（16∶1/16∶1）、PC（15∶0/18∶2）、PC（16∶0/18∶2）、PC（20∶1/15∶1）、PI（16∶1/16∶1）、PE（16∶0/18∶2）、PE（16∶1/18∶2）和 PE（20∶1/18∶1）的合成（图 8-54）。

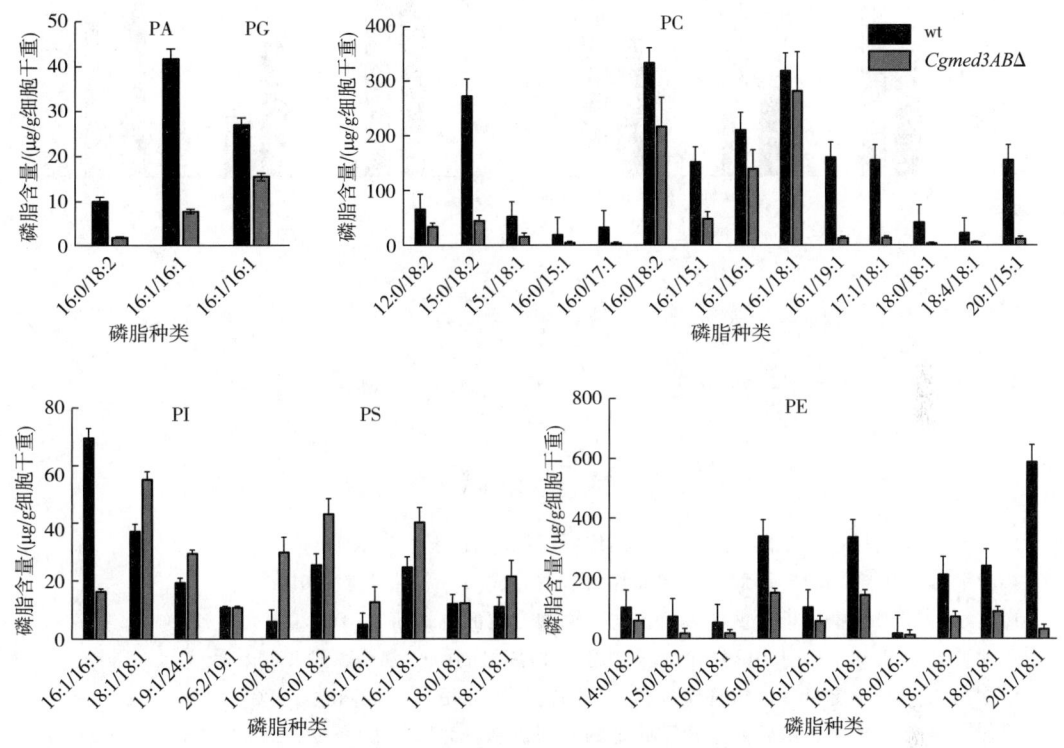

图 8-54　不同菌株在 pH2.0 下的磷脂含量

（4）缺失中介体亚基降低酸胁迫下细胞膜刚性　为了进一步研究 *CgMED3AB* 基因对细胞膜功能的影响，通过荧光各向异性检测细胞膜刚性，发现：在 pH6.0 条件下，突变菌株 *Cgmed3AB*Δ 的细胞膜刚性比出发菌株 wt 降低了 7%；在 pH2.0 条件下，突变菌株 *Cgmed3AB*Δ 的细胞膜刚性较出发菌株 wt 降低了 12%［图 8-55（1）］。另一方面，对于出发菌株 wt 而言，在 pH2.0 条件下，细胞膜刚性相比于 pH6.0 时增强了 15%。但菌株 *Cgmed3AB*Δ 在 pH2.0 条件下，细胞膜刚性相比于 pH6.0 时增强 13%。结论表明：细胞膜的刚性增强，但缺失 *CgMED3AB* 基因会降低酸胁迫下细胞膜的刚性。

（5）缺失中介体亚基降低酸胁迫下细胞膜质子泵活力　通过对质子泵 H^+-ATPase 活力检测，发现 *CgMED3AB* 基因参与调控细胞膜质子泵 H^+-ATPase 的活力。在 pH6.0 条件下，突变菌株 *Cgmed3AB*Δ 的质子泵活性比出发菌株 wt 降低了 18%。在 pH2.0 条件下，突变菌株 *Cgmed3AB*Δ 的质子泵活性较出发菌株 wt 降低了 75%［图 8-55（2）］。对于出发菌株 wt 而言，在 pH2.0 条件下，质子泵活性相比于 pH6.0 时增强了 20%。但菌株 *Cgmed3AB*Δ 在 pH2.0 条件下，质子泵活性相比于 pH6.0 时降低了 67%。由此可见，酸性条件下质子泵活性会增强，但缺失 *CgMED3AB* 基因会导致质子泵活性降低。

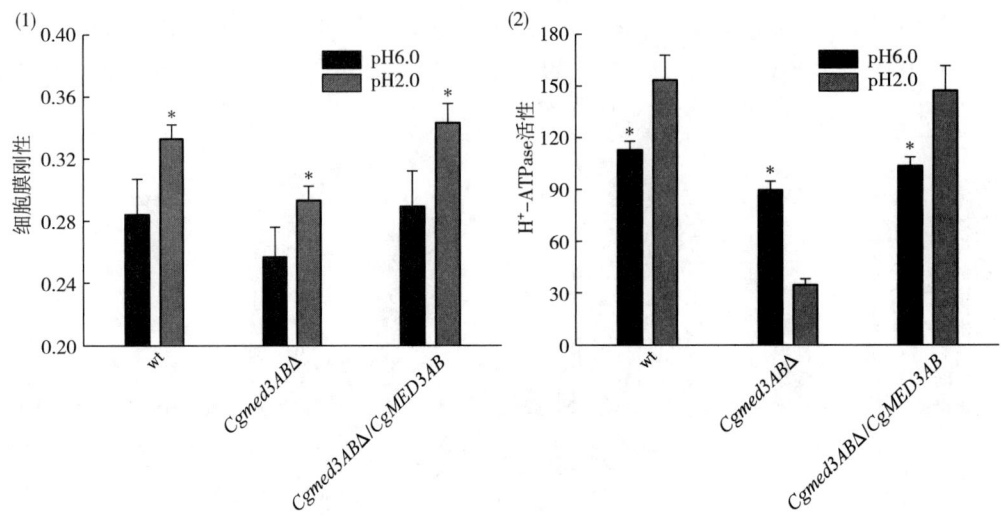

图 8-55 不同 pH 条件下缺失菌株的细胞膜刚性和 H^+-ATPase 活力

参 考 文 献

[1] 李寅.微生物过量合成丙酮酸及代谢网络分析[D].江南大学,2000.

[2] 汪军.提升光滑球拟酵母酸耐受性加强丙酮酸合成[D].江南大学,2010.

[3] 刘立明.光滑球拟酵母中糖酵解效率与丙酮酸合成的调控研究[D].江南大学,2006.

[4] 周景文.光滑球拟酵母中 ATP 的生理功能与作用机制[D].江南大学,2009.

[5] 徐楠.光滑球拟酵母基因组规模生物模型的构建与应用[D].江南大学,2017.

[6] 徐沙.光滑球拟酵母耐受高渗透压胁迫的生理机制研究[D].江南大学,2011.

[7] 秦义.光滑球拟酵母发酵生产丙酮酸中 NADH 的生理功能解析[D].江南大学,2011.

[8] 许庆龙,许晓鹏,刘立明,等.氨基酸强化 Torulopsis glabrata 发酵生产丙酮酸[J].过程工程学报,2008(06):1200-1203.

[9] 闫冬妮.转录因子 Crz1p 调控光滑球拟酵母应答酸胁迫的生理机制[D].江南大学,2016.

[10] 林小宝.中介体亚基 CgMED3 调控光滑球拟酵母适应酸环境的生理机制[D].江南大学,2016.

第九章 乳酸发酵生产技术

第一节 概　述

乳酸，又名 α-羟基丙酸，是一种天然存在的有机酸，广泛存在于人体、动物、植物和微生物中。乳酸是世界上公认的三大有机酸之一，主要用于酿酒、医药、食品、化妆品、卷烟、制革等领域，其衍生品乳酸盐、乳酸酯及共聚物的用途也十分广泛（图 9-1）。

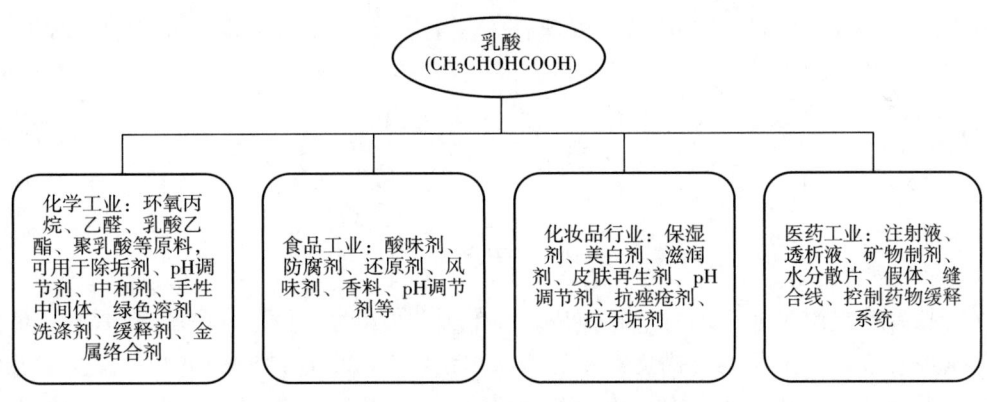

图 9-1　乳酸和乳酸盐的应用

（1）在化学工业中的应用　乳酸可用于许多化工原料的生产，如丙二醇、丙烯酸和 2,3-戊二酮等。此外，聚乳酸被认为是最有前途的可生物降解材料，有望代替传统塑料如聚乙烯、聚丙烯、聚苯乙烯等。

（2）在食品工业中的应用　目前在世界乳酸总消费中，食品工业约占 60%，由于乳酸的酸性柔和且稳定，有助于食品的风味，广泛用作酸味剂、防腐剂和还原剂。

（3）在日化工业中的应用　乳酸作为保湿剂用于各种浴洗用品，如沐浴液、肥皂和润肤乳。

（4）在医药工业中的应用　乳酸具有亲水性，能溶解蛋白质，角质及许多难溶药物，且对病变组织腐蚀作用相当敏感，能增加药物吸收量，防止副作用，可用于治疗喉头结核、白喉、狼疮等病。

自然界中可产生 L-乳酸的微生物很多，但产酸能力强、可应用于工业生产的菌种有霉菌中的根霉属及细菌中的乳杆菌属、链球菌属及芽孢杆菌属。另外，通过基因工程改造的菌株主要包括：酿酒酵母、假丝酵母、大肠杆菌等。通过单孢子分离技术，从根霉菌（*Rhizopus* sp.）MK-96 菌落中选择出根霉菌 MK-96-1，并将其作为亲代菌株进行 NTG 诱变，通过氨浓度梯度平板筛选，成功获得了一株根霉菌 MK-96-1196，其 L-乳酸的产量达到 90g/L。通过对干酪乳杆菌（*Lactobacillus casei*）CICC6028 进行氮离子注入突变，筛选获得了一株突变株,在 40℃的最适温度下,L-乳酸的产量达到 136g/L。产光学纯 D-乳酸的乳酸细菌主要分布在乳杆菌属、芽孢杆菌属、芽孢乳杆菌属和明串珠菌属 4 个属。其中,乳杆菌属和芽孢乳杆菌属的菌种都是专性或兼性厌氧菌,发酵耗能少,产量高,适合大规模化发酵生产 D-乳酸。另外,Zhou 等敲除了大肠杆菌 W3110 中编码延胡索酸还原酶、乙醇/乙醛脱氢酶和丙酮酸甲酸盐裂解酶的基因,构建了一株除乳酸外其余代谢产物明显减少的菌株大肠杆菌 SZ58,在此基础上又进一步通过插入失活的方法使乙酸激酶基因失活,切断产乙酸途径,构建了一株产纯 D-乳酸的菌株大肠杆菌 SZ63。该菌株在无机盐培养基中的 D-乳酸产量达到 48.5g/L,糖酸转化率达到 98%,光学纯度在 99%以上。

传统的乳酸发酵是通过添加中和剂（$CaCO_3$、$NaOH$、$NH_3 \cdot H_2O$ 等）维持最适 pH。但是由于产物乳酸盐在水中溶解度大,分离时有一部分产物仍残留在结晶母液中,不能析出。同时,浓度过高的乳酸盐对乳酸菌的生长也有抑制作用,导致乳酸菌活性下降,延长发酵周期。采用发酵与分离耦合技术——原位分离（或原位消除,ISPR）可以有效地解决这一问题。目前,常用的发酵与分离耦合方法有：膜法发酵、电渗析发酵、萃取（提取）发酵、吸附发酵等。

第二节 乳酸生产菌种选育与改造

一、乳酸生产菌株的选育

菌种选育在发酵工业中占有重要地位。为了改善发酵工业产品的产量和质量、提高发酵过程的经济效益,选用具有优良特性的菌株作为生产菌株也是十分重要。发酵工业中使用的生产菌株很少是从自然界中直接分离得到的,它们大部分是以分离得到的菌株作为出发菌株,对它们的遗传特性进行多次改良和选育或者通过基因工程技术进行改造之后,才成为具有工业价值的生产菌株。因此,工业微生物育种对于提高发酵工业产品的产量和品质,进一步开发利用微生物资源,增加工业产品的品种具有重大意义。

工业菌株生产特性与发酵工业的生产关系十分密切。一般来说,生产菌株应该具备如下特性：①在较短的发酵过程中能产生大量的发酵产品；②发酵过程中应不产或少产副产物；③菌株生长旺盛；④发酵过程中能高效地把原料转化为产品的生产能力；⑤对发酵原料化学组成波动的敏感性要小；⑥对添加的前体物质具有耐受性,而且不能以前体物质作为碳氮源生长；⑦发酵过程产生的泡沫要少；⑧遗传特性应稳定。

乳酸高产菌株,除了具备上述生产菌株的特性以外,更要特别注重以下生化特征：①高效的乳酸脱氢酶活力,弱化的丙酮酸脱氢酶系；②能耐高浓度的乳酸盐,不具有以乳酸为唯一碳源而生长的能力,不能利用丙酮酸作为碳氮源生长。基于此,通过理化诱变、原生质体融合与基因工程技术等方法进行育种,提高菌种产乳酸的能力。

（一）选育方法

对于微生物发酵工业,一般野生型菌株的代谢物直接生产能力较低,不能满足大规模工业生产的需求,此时,高产菌株的选育和改良就显得十分重要。目前,最常用的育种方法为诱变育种,主要环节为：以合适的诱变剂处理大量而均匀分散的微生物细胞悬浮液,在引起绝大多数细胞死亡的同时,使存活个体中结构变异频率大幅度提高；然后,采用简便、快速和高效的筛选方法，从中挑选少数符合育种目的的突变株，以达到培育优良变异株的目的。通过诱变育种，不仅可以提高菌株的生产能力，而且还可以改进产品的品质，扩大品种，简化工艺。工业化生产菌株大多都是经过诱变的改良菌种。诱变育种具有方法简单、投资少、收获大等优点，但它最大缺点是缺乏定向性。对此，除了深入开展诱变机制研究外，在诱变育种过程中应注意出发菌株特性、诱变剂及诱变剂量的选择、诱变处理方式方法的应用、有效的筛选方法等来弥补不足，提高诱变育种的效率。

1. 物理诱变

物理诱变剂包括：紫外线、X 射线、γ 射线、快中子、激光和超声波等。

（1）紫外线诱变　紫外线的波长为 136~390nm，波长为 260nm 的紫外线杀菌能力最强。人工制作的紫外诱变灯发出的紫外线波长为 253.7nm，杀菌能力强且稳定，诱变效果较好。DNA 分子强烈吸收紫外线，可引起 DNA 链的断裂，DNA 分子内部和分子间交联、核酸与蛋白质交联、嘧啶水合作用以及形成嘧啶二聚体。DNA 两条链间胸腺嘧啶形成二聚体，会妨碍 DNA 链的正常解开与复制；同一条链相邻胸腺嘧啶形成二聚体，会妨碍碱基的正常配对，从而引起生物体基因突变或死亡。二聚体的生成位置和频率并非完全随机，而是与侧翼的碱基序列有关。

（2）电离辐射诱变　电离辐射诱变有 X 射线、γ 射线和快中子等。射线具有穿透力，能产生几万伏至几百万伏的电磁辐射能量。快中子是由中子穿过物质的原子时，把原子核中的质子撞击出来而产生的，由于快中子能产生较大的电离密度，能有效地导致基因突变和染色体畸变。比较理想的射线源有 ^{60}Co 和 ^{137}Cs。

（3）新型物理诱变剂　近年开发的新型物理诱变剂有微波、红外射线、激光、高能电子流和离子注入等。应用于 L-乳酸高产菌株诱变选育的主要是低能离子注入诱变技术。离子束生物工程主要研究低能离子，即能量在 100keV 以下的离子，与生物体的相互作用。当离子束注入生物体时，可同时向生物体某个局部输入能量、物质和电荷，这种物理、化学和生物学的联合作用将强烈地影响生物细胞的生理和生化性能，其诱发突变率明显高于物理诱变或化学诱变的单独作用。

2. 化学诱变

化学诱变剂包括碱基类似物、烷化剂、脱氨剂、移码诱变剂、羟化剂和金属盐类等。化学诱变所用诱变剂量小，突变频率高，且具有较强的专一性，突变遗传性状稳定，可以缩短育种进程。目前经常采用的化学诱变剂主要是 HNO_2、DES 和 NTG。化学诱变剂对 DNA 的作用方式可分为 3 种。

（1）渗入诱变剂　这种诱变剂可以通过细胞代谢活动渗入到 DNA 分子中，而不妨碍 DNA 的正常复制。互变异构会引起碱基错配，从而引起突变。核酸碱基类似物就是最常见的此类诱变剂，又分为嘌呤类似物和嘧啶类似物，常用的嘌呤类似物有 2-AP、6-MP、8-NG 等；常用嘧啶类似物有 5-BU、5-FU、6-NU 等。

（2）与核酸中碱基直接作用的诱变剂　这类化合物中有一个或多个活性烷基，能与核苷酸分子中的磷酸基、嘌呤和嘧啶等碱基发生烷化作用或与 DNA 分子作用而造成 DNA 的损伤。最常见的有 HNO_2、羟氨和烷化剂。烷化剂的诱变作用是由次级作用引起的，一种可能是被烷化剂的碱基电离或互变异构；另一种是嘌呤 NT 位烷化，活化了 β-糖苷键而造成脱嘌呤作用，从而导致 G：C→A：T 转换或导致 G：C→T：A 和 G：C→C：G 颠换突变。

（3）引起码组移动诱变剂　通过插入 DNA 分子碱基对之间，使得相邻碱基对分开，从而造成 DNA 分子在复制过程中的滑动，这种滑动增加了一小段 DNA 缺失和插入的概率，引起移码突变，导致突变率的增加。南开大学生命科学学院徐子钧等利用紫外线、亚硝基胍（NTG）和硫酸二乙酯（DES）等理化因子，对从自然界筛选到的乳酸菌进行复合诱变，再用高浓度乳酸钙平板、纯乳酸平板和琥珀酸平板，筛选得到高产 L-乳酸的正向突变株 M7，平均发酵 L-乳酸产量为 90g/L，比出发菌株提高了 30%。Demirci 等用甲基磺酸乙酯（EMS）诱变 D-乳酸生产菌株德氏乳杆菌 ATCC 9649，获得耐受产物乳酸能力增强、生长速率快、转化率高的突变株 DP3，其 D-乳酸产量为 117g/L，比野生型菌株提高了 74.6%，且产酸性状稳定。

3. 原生质体融合

原生质体融合又称体细胞杂交，即通过物理化学或生物学方法，将两个亲本菌株的原生质体进行融合成为异核体，经过繁殖、复制、再融合后形成杂合二倍体，染色体交换重组之后，经筛选得到将遗传性状不同的两个细胞的优良性状集于一体的融合子。原生质体融合无细胞壁障碍，细胞融合频率高，从而使基因重组的频率升高；原生质体融合不受种、属的限制，融合杂交既可发生在种内，也可发生在种间和属间。采用紫外诱变选育，获得带有不同抗性标记的乳酸产生菌突变株，以这两个菌株为亲本进行原生质体融合，在 pH 为 6.8，42℃下，使用终浓度为 30% 的促融剂 PEG6000，进行原生质体融合 10min。经初步平板筛选筛及发酵产物测定复筛后，选育的出融合株在发酵 60h 时 L-乳酸的产量达到 142.5g/L。

（二）选育流程

乳酸生产菌株的基因诱变育种是乳酸工业生产菌株重要来源。一般而言，产乳酸菌种的诱变育种，选育流程主要包括：出发菌株选择、单细胞悬浮液制备、诱变剂处理、富集培养、快速检出营养缺陷型、初筛和复筛等步骤（图 9-2）。

（三）选育实例

将干酪乳杆菌 CICC6028 接种于斜面培养 36h，转接至液体摇瓶中培养至对数生长中期，用生理盐水将培养液梯度稀释，制成菌悬液。取 0.1mL 稀释到 1×10^6 的菌悬液涂布平板后，在黑暗环境中，放于 15W 紫外灯下 15cm 处辐照 15s。洗脱诱变平板，将菌悬液稀释到适当浓度后，涂布于溴甲酚紫培养基上，34℃培养 36~48h，取出培养皿并观察，平板上长出的菌落呈橘红色，且菌落周围有大小不等的柠檬黄色的变色圈，用直尺测量菌落及变色圈的直径，计算出后者与前者的比值，即 HC 值，对 HC 值大的菌落加以挑选并保藏于斜面上，置于

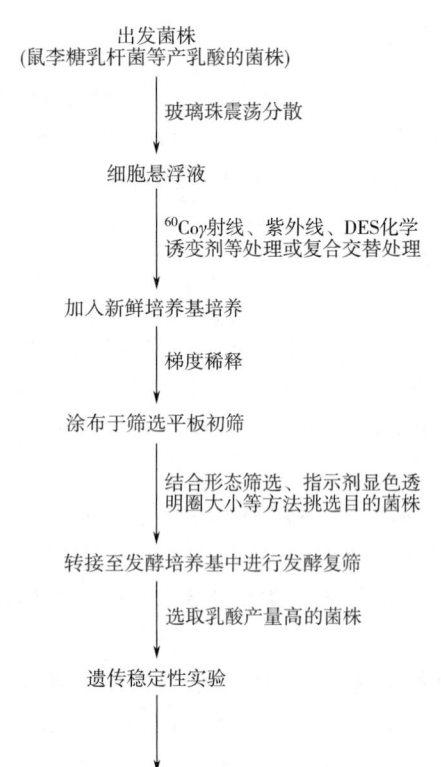

图 9-2　产乳酸菌种选育流程

4℃冰箱中，保存备用。

将初筛得到的菌株接种到种子培养基中，34℃摇床转速100r/min培养36h左右，以一定的接种量转接到发酵培养基中，发酵完毕后测定乳酸产量，选取产量较高的突变菌株。取5mL稀释到$1×10^6$的菌悬液加入到无菌平皿中，将平皿去盖放置于微波炉中，480W作用40s，在该过程中每隔5s把平皿从微波炉里取出，冷却后再放入，再使用以上的筛选方法进行初筛，再经复筛后得到最大乳酸产量的菌株，再重复进行紫外和微波诱变。

将反复诱变得到的乳酸产量最多的突变株菌悬液中加入终浓度为1%的硫酸二乙酯，30℃，100r/min震荡30min，加入25% $Na_2S_2O_4$溶液0.6mL终止诱变。使用前述初筛和复筛方法，再次筛选乳酸产量较高的菌株，将菌悬液均匀涂布吹干、形成单菌膜。放入离子注入机注入剂量为$50×2.6×10^{13}$的N^+，处理完成后，各处理平皿分别用1mL无菌生理盐水冲洗，将贴附于平板上的细胞全部洗脱下来，洗脱液经培养后，再进行初筛、复筛，得到最终的突变菌株，乳酸产量可达121.3g/L。

二、乳酸生产菌株的改造

基因工程是指将一种或多种生物体的基因在体外进行拼接重组，然后转入另一种生物体内，使之按照人们的意愿遗传并表达出新的性状。随着分子生物学的进一步发展，通过改变菌株的代谢途径，基因工程技术也被用于构建D/L-乳酸生产菌株。以大肠杆菌或酵母菌为改造对象，通过分子生物学手段可以实现各种目标产品的大量生产。

（一）改造机理

乳酸菌（*Lactobacillus*）是发酵糖类且主要产物为乳酸的一类无芽孢、革兰阳性细菌的总称。乳酸菌发酵原理是在酶的催化作用下将葡萄糖转化为乳酸，同时放出能量，提供给其自身生命活动。根据乳酸生成途径和生成产物的不同，乳酸发酵可分为同型乳酸发酵、异型乳酸发酵和混合乳酸发酵。

1. 同型乳酸发酵

同型乳酸发酵中，乳酸是葡萄糖代谢的唯一产物，葡萄糖经糖酵解途径生成丙酮酸，丙酮酸在乳酸脱氢酶作用下生成乳酸。

同型乳酸发酵总反应式为：

$$C_6H_{12}O_6 + 2ADP + 2Pi \Longrightarrow 2CH_3COCOOH + 2ATP$$

经过这种途径，1mol葡萄糖可以生成2mol乳酸，理论转化率为100%，但由于发酵过程中微生物有其他生理活动存在，如细胞生长、蛋白质合成等，实际转化率不可能达到100%。一般认为转化率在80%以上者，即为同型乳酸发酵（图9-3）。

2. 异型乳酸发酵

异型乳酸发酵是某些乳酸细菌利用HMP途径，将葡萄糖转化为5-磷酸核酮糖，再经差向异构酶作用生成5-磷酸木酮糖，然后经磷酸酮解酶催化作用分解为乙酰磷酸和3-磷酸甘油醛。乙酰磷酸经磷酸转乙酰酶作用转化为乙酰CoA，再经乙醛脱氢酶和乙醇脱氢酶作用最终生成乙醇。3-磷酸甘油醛经EMP途径一半生成丙酮酸，再经乳酸脱氢酶的催化作用转化为乳酸（图9-4）。

异型乳酸发酵总反应式为：

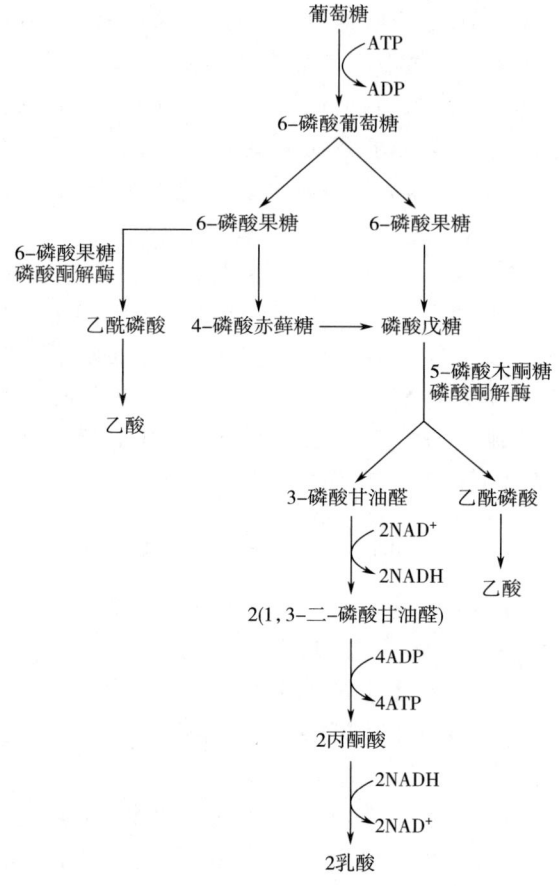

图 9-3 同型乳酸发酵途径

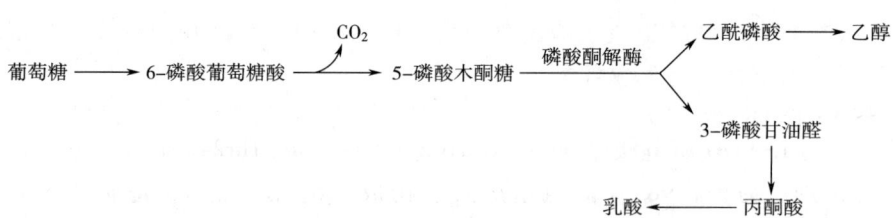

图 9-4 异型乳酸发酵途径

$$C_6H_{12}O_6+ADP+2Pi \Longleftrightarrow CH_3COCOOH+CH_3CH_2OH+CO_2+ATP$$

异型乳酸发酵微生物经 HMP 途径将 1mol 葡萄糖转化为 1mol 乳酸、1mol CO_2 和 1mol 乙醇，其中产物乙醇与乙酸的比例取决于微生物体系中的氧化还原反应作用，从而得出乳酸对糖的理论转化率为 50%。

3. 双歧发酵途径

双歧发酵是两歧双歧杆菌（*Bifidobacterium bifidum*）发酵葡萄糖产生乳酸的一条途径。此途径中有两种酮解酶参与反应，即 6-磷酸果糖磷酸酮解酶和 5-磷酸木酮糖磷酸酮解酶，分别催化6-磷酸果糖和5-磷酸木酮糖的裂解反应,产生乙酰磷酸、4-磷酸赤藓糖和3-磷酸甘油醛。3-磷酸甘油醛经EMP途径生成丙酮酸,再经乳酸脱氢酶的催化作用转化为乳酸(图9-5)。

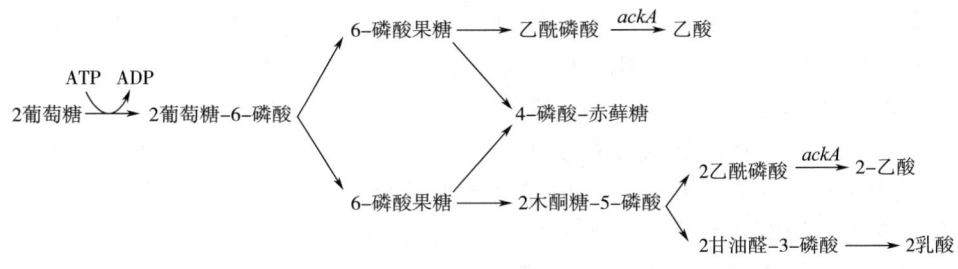

图9-5 双歧发酵途径

双歧发酵总反应式为:

$$C_6H_{12}O_6 \Longrightarrow CH_3COCOOH + 1.5CH_3COOH$$

在这个途径中,1mol葡萄糖可以生成1mol乳酸和1.5mol乙酸,整个过程中也不需要O_2,乳酸对糖的转化率理论上只有50%。

(二)改造的关键酶

乳酸是一种重要的生物基平台化合物,广泛应用于农业、食品、医药、化工和环保等领域。根据其旋光性的不同可分为D-乳酸和L-乳酸,分别由D-乳酸脱氢酶(D-LDH,EC:1.1.1.28)和L-乳酸脱氢酶(L-LDH,EC:1.1.1.27)催化。

1. L-乳酸脱氢酶

NAD^+依赖型L-乳酸脱氢酶(L-LDH)能够催化丙酮酸合成L-乳酸。大多数乳酸菌中存在L-LDH,但是大肠杆菌中不存在L-LDH。L-LDH分为2种类型:一类可被果糖-1,6-二磷酸(FDP)激活,属于别构酶;另一类不需要FDP激活,不具有别构效应。据Hiroyuki Uchikoba报道,戊糖乳杆菌(*Lactobacillus pentosus*)的L-LDH是一个非异构酶,但是它的氨基酸序列和一些细菌的别构LDH有很高的相似性。该酶的四聚体由相同亚基组成对称的酶结构。它的活性构象和别构LDH的构象相似。Kazuhito Arai等的研究表明,乳杆菌的L-LDH氨基酸序列中,Glu102、Asp197和Thr246是高度保守的,它们参与了底物的识别;另外,98~110氨基酸残基构成了活性位点环,它们参与催化反应。Arg171的胍基和丙酮酸的羧基形成双氢键,从而使丙酮酸在催化位点处于正确的结合方向。研究表明,在L-LDH的氨基酸序列中同样存在一个与辅酶NADH结合的结构域Gly-Xaa-Gly-Xaa-Xaa-Gly-(17Xaa)-Asp,该结构域中的Asp决定了L-LDH的辅酶是NADH,而不是NADPH。戊糖乳杆菌中L-LDH的活性位点和其他LDH相似,包括了参与催化与底物结合的保守氨基酸残基,如Asp168、Arg171和His195。其中,Arg171在底物的结合中起着重要作用;另外,His195在催化过程中主要作为质子供体和受体。

2. D-乳酸脱氢酶

NAD^+依赖型D-乳酸脱氢酶(D-LDH)能够催化丙酮酸合成D-乳酸。大多数乳酸菌中存在D-LDH,大肠杆菌中也存在D-LDH。大多数D-LDH催化是可逆反应,极少数不可逆；对于可逆的 D-LDH 来说，只有环境中乳酸浓度较高时才催化逆反应，即催化乳酸合成丙酮酸，来参与细菌的代谢。D-LDH 的一级结构比对表明，不同种属的 D-LDH 的氨基酸序列存在较大的差异，但是参与丙酮酸的结合与催化的氨基酸残基却十分保守。Kochhar 等的研究显示保加利亚乳杆菌（*Lactobacillus bulgaricus*）的 D-LDH 是一个由相同亚基组成的二聚体，每个亚基由 332 个氨基酸残基组成，经化学修饰发现位于催化中心的 3 个组氨酸（His205、His296 和 His303）和 Asp259 对底物的催化具有十分重要的作用。Razeto 等对保加利亚乳杆菌的 D-LDH 构象进行了研究，结果发现保加利亚乳杆菌的 D-LDH 是一个由两个相同的亚基构成的不对称酶，A 亚基的酶蛋白是典型的"开放"构象，而 B 亚基是典型的"闭合"构象。其中 NADH 的结合位点主要存在于 B 亚基中，而在 A 亚基中仅有 30%，同时在底物结合口袋中有一个硫酸根离子。另外，该研究还建立了丙酮酸分子在活性位点的模型。在闭合域中，存在一簇疏水的氨基酸残基紧紧围绕着丙酮酸分子的甲基，在这个疏水氨基酸簇中至少有 3 个氨基酸残基（Tyr52、Phe299 和 Trp135）决定底物的专一性。研究表明该底物结合位点有利于闭合域的稳定和酶的激活。

（三）改造思路

1. 代谢工程改造生产 D-乳酸

D-乳酸是一种重要的手性中间体和聚乳酸合成的原料。利用微生物代谢廉价底物，高效合成具有极高光学纯度和极高化学纯度的 D-乳酸，是实现其工业应用的基本要素。大肠杆菌可以作为 D-乳酸合成的重要微生物，但野生型菌株进行 D-乳酸发酵时，发酵液中副产物含量较高、乳酸转化率和合成速率低，必须通过有效的代谢途径改造或修饰，以提高 D-乳酸发酵生产的化学纯度。主要研究思路如下所述（图 9-6）。

（1）删除 D-乳酸合成的竞争性代谢途径　采用多基因组合敲除策略，对大肠杆菌 B0013 的发酵副产物代谢路径关键酶进行删除，降低碳流的损失，提高 D-乳酸的积累量。

（2）优化 D-乳酸脱氢酶的表达水平　通过启动子工程，精细化调节 D-LDH 的基因表达水平，提高丙酮酸到 D-乳酸这一途径的代谢速率，实现 D-乳酸的快速积累。

（3）调节 D-乳酸合成与细胞生长的关系　通过构建温控开关，实现对菌体生长和 D-乳酸高效合成的合理控制，实现 D-乳酸的高效合成。

2. 代谢工程改造生产 L-乳酸

L-乳酸是一种重要的有机酸，广泛应用于食品、医药和化工领域，作为合成可生物降解、环境友好新材料——聚乳酸（PLA）的主要原料，L-乳酸已成为目前最重要的有机酸之一。微生物发酵法生产乳酸因其原料来源广泛、生产成本低、产品光学纯度高、安全性高等优点已成为生产乳酸的主要方法。近年来，国内外开始研究使用大肠杆菌基因工程菌发酵生产 L-乳酸。然而，天然的大肠杆菌没有 L-乳酸脱氢酶（L-LDH），只具有 D-乳酸脱氢酶（D-LDH），许多研究者利用分子生物学技术敲除编码 D-LDH，将外源 L-LDH 引入大肠杆菌，使其能转化葡萄糖生产 L-乳酸，主要研究思路如下所述（图 9-7）。

（1）阻断 D-乳酸合成代谢途径　采用多基因组合敲除策略，对大肠杆菌 B0013-070 中的 D-乳酸合成途径的关键酶进行删除，降低碳流的损失，提高 L-乳酸的积累量。

（2）阻断 L-乳酸分解代谢途径　采用多基因组合敲除策略，对大肠杆菌 B0013-070 中的 L-乳酸分解代谢途径的关键酶进行删除，进一步降低碳流的损失，实现 L-乳酸的高效合成。

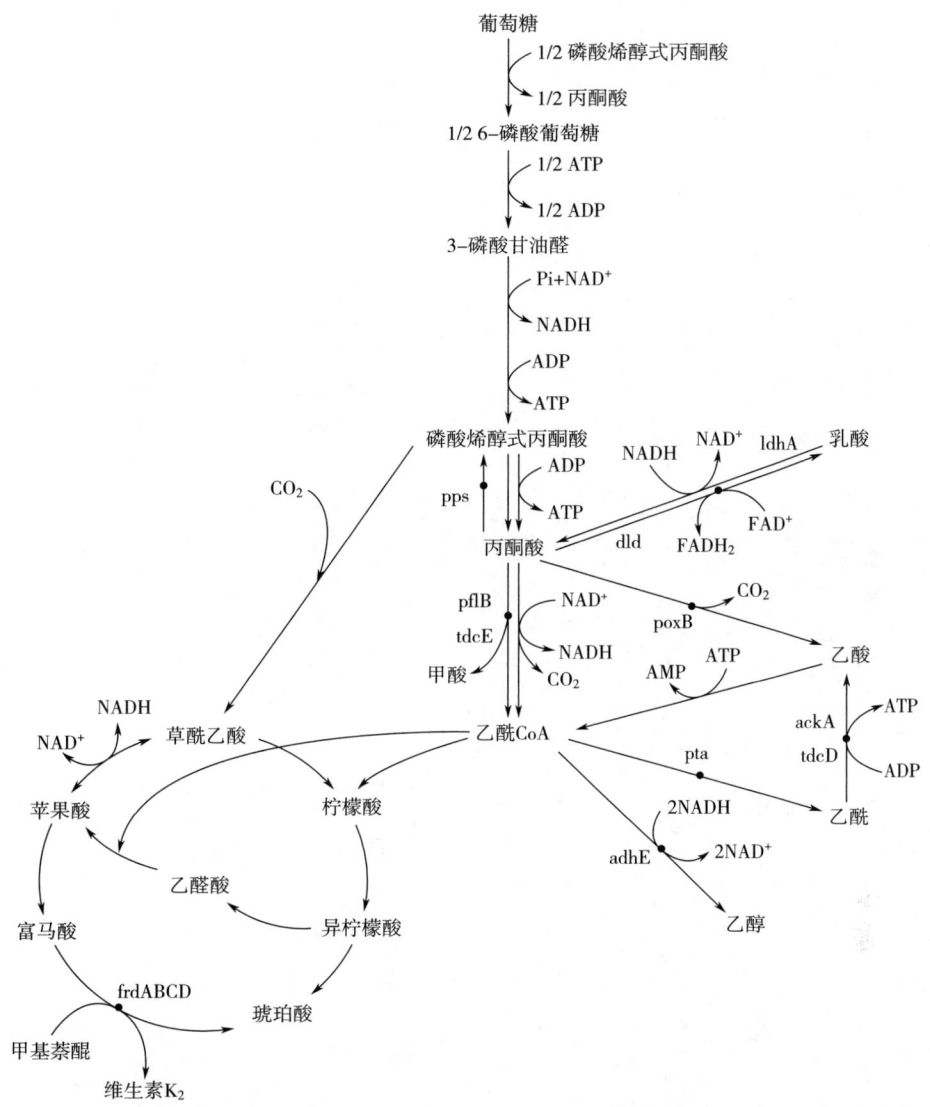

图 9-6　大肠杆菌合成 D-乳酸的代谢途径的改造靶点

pps—磷酸烯醇式丙酮酸合酶　pflB—丙酮酸甲酸裂解酶　tdcE—丙酮酸甲酸裂解酶
ldhA—NAD 依赖发酵型 D-乳酸脱氢酶　dld—FAD 依赖型 D-乳酸脱氢酶　poxB—丙酮酸氧化酶
pta—磷酸转乙酰酶　ackA—乙酸激酶　tdcD—丙酸激酶/乙酸激酶 C　adhE—乙醇脱氢酶　frd—富马酸还原酶

（3）引入异源 L-乳酸脱氢酶　通过筛选不同来源的 L-乳酸脱氢酶，确定适合于大肠杆菌中表达的 L-LDH，提高 L-乳酸合成的可能性。

（四）改造实例

代谢工程改造大肠杆菌 B0013-070 生产 L-乳酸。

1. 阻断 D-乳酸合成代谢途径

大肠杆菌自身存在 4 条 D-乳酸合成途径。第一条是 D-乳酸脱氢酶以 NADH 为辅因子，将丙酮酸还原为 D-乳酸，这是大肠杆菌形成 D-乳酸的主要途径，特别是厌氧条件

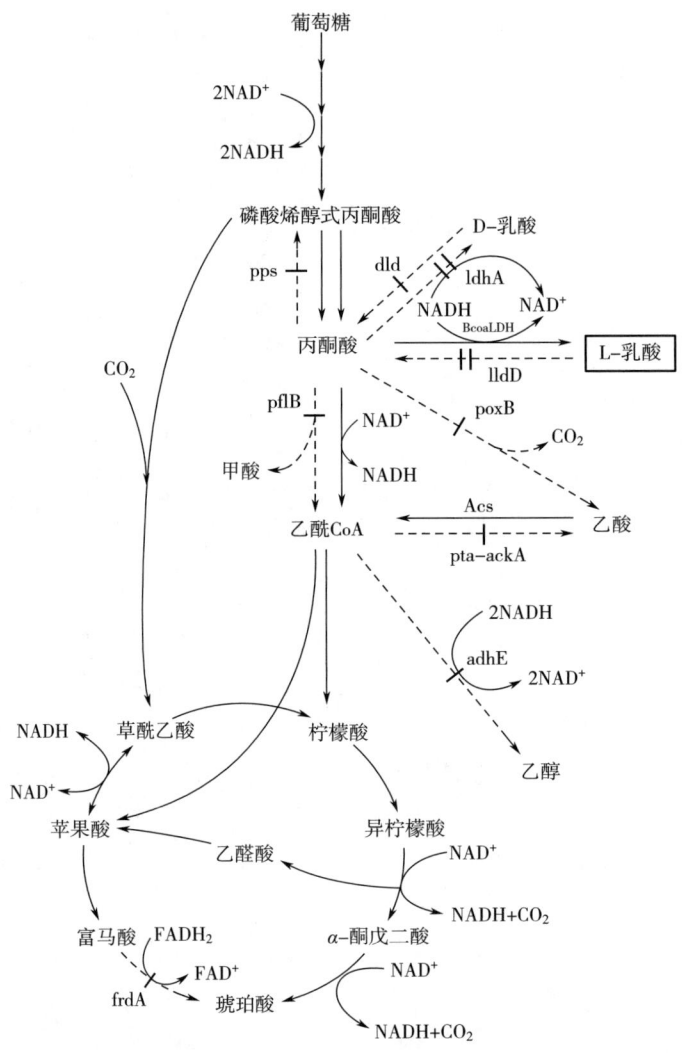

图 9-7 L-乳酸高产菌 B0013-090B 的构建过程与途径改造

pps—磷酸烯醇式丙酮酸合酶　dld—FAD 依赖型 D-乳酸脱氢酶　ldhA—NAD 依赖发酵型 D-乳酸脱氢酶
lldD—FAD 依赖型 L-乳酸脱氢酶　pflB—丙酮酸甲酸裂解酶　poxB—丙酮酸氧化酶
Acs—乙酰辅酶 A 合成酶　ackA—乙酸激酶　adhE—乙醇脱氢酶　frdA—富马酸还原酶

下，以丙酮酸为底物合成 D-乳酸的途径可以通过删除 D-乳酸脱氢酶的编码基因（$ldhA$）进行阻断。第二条是还原型谷胱甘肽首先与丙酮醛结合形成羟基酰谷胱甘肽，后者再脱去还原型谷胱甘肽，乙二醛酶以还原型谷胱甘肽为辅助因子，经过半硫代缩醛中间体把丙酮醛转化成 D-乳酸。第三条是丙酮醛直接加水形成 D-乳酸。第四条是丙酮醛首先在甘油脱氢酶（$gldA$）的作用下还原成 D-乳醛，进而形成 D-乳酸。以丙酮醛为直接或间接底物的 D-乳酸合成途径可以通过删除丙酮醛合酶的编码基因（$mgsA$）进行阻断。通过删除 $mgsA$ 基因，可以同步阻断通过此途径进行 L-乳酸的合成。基于上述分析，敲除大肠杆菌 B0013-070 中的 $ldhA$ 基因，构建菌株大肠杆菌 B0013-080C。

2. 阻断 L-乳酸分解代谢途径

L-乳酸的分解途径主要是在以 FMN 为辅因子的 L-乳酸氧化酶作用下形成丙酮酸。L-乳酸分解途径的阻断通过删除 L-乳酸氧化酶的编码基因（*lldD*）即可实现。Suman 等在构建产 L-乳酸的代谢过程菌株过程中，通过删除 L-乳酸分解代谢相关基因，阻断本体内 L-乳酸的代谢，重组菌发酵生产 L-乳酸的理论转化率达到 93%、光学纯度达到 99.9%，化学纯度达到 97%（实际底物转化率为 89.3%），避免了 D-乳酸和 L-乳酸消旋混合物的合成。基于上述分析，敲除大肠杆菌 B0013-080C 中的 *lldD* 基因可构建菌株大肠杆菌 B0013-090B。

3. 引入异源 L-乳酸脱氢酶

大肠杆菌自身合成 L-乳酸的过程需要前体物质丙酮醛的积累和生成，但其合成效率低、丙酮醛还对细胞有较强的毒害。因此，一般研究通过引入外源的 L-LDH，以丙酮酸为前体物质用于 L-乳酸的过量积累。不同来源的 L-乳酸脱氢酶由于酶源菌株的差异性，其催化效率、最适温度、最适 pH 等均有差异，进而在 L-乳酸合成效率方面也不尽相同。Suman 等借助基因重组技术将源自于牛链球菌的 L-LDH 替换本体的 D-LDH；对 L-乳酸合成途径关键点进行分析，阻断丙酮醛旁路途径，敲除 *mgsA* 基因，也减少了细胞内丙酮醛含量增加，削弱了该物质的积累对菌体的毒害作用；阻断了大肠杆菌中可能形成消旋乳酸发酵的所谓"甲基乙二醛支路"。基于上述分析，引入凝结芽孢杆菌 L-LDH（BcoaLDH），构建菌株大肠杆菌 B0013-090B、大肠杆菌 B0013-070/pHY-P43-BcoaLDH。

（1）大肠杆菌 B0013-070/pHY-P43-BcoaLDH 的发酵性能　采用"好氧菌体生长和限氧发酵产酸"两阶段发酵法在 7L 发酵罐体系中考察了重组大肠杆菌 B0013-070/pHY-P43-BcoaLDH 合成乳酸的情况。如图 9-8 所示，发酵 40h，获得的重组菌积累总乳酸 106.8g/L，总乳酸最大产酸速率 10.30g/L/h，平均产酸速率 2.67g/L/h，总乳酸转化率为 91.0%。丙酮酸、丁二酸和乙酸等副产物总和为 0.40g/L。重组菌产酸过程中几乎没有副产物生成，说明来源于凝结芽孢杆菌 CICIM B1821 的 BcoaLDH 的表达强度较强，导致丙酮酸流向 TCA 循环及副产物生成途径的代谢通量减少，后被阻断。

通过检测重组菌发酵过程中乳酸光学纯度的变化，发现厌氧发酵初期 L-乳酸的光学纯度仅为 72.31%，随着发酵过程的进行，L-乳酸的光学纯度不断升高，发酵结束时的 L-乳酸光学纯度为 97.32%（图 9-8）。分析认为来源于凝结芽孢杆菌 CICIM B1821 的 BcoaLDH 的表达强度高于宿主菌大肠杆菌 B0013-070 原有的 D-LDH 的表达强度。同时，由于 P43 启动子启动下的 BcoaLDH 的表达不受宿主菌代谢网络的调控，随着乳酸的不断积累 BcoaLDH 的表达未被抑制，而宿主菌原有的 D-LDH 的启动子在代谢网络的调控下，降低了 D-LDH 的表达强度。最终使得 L-乳酸的光学纯度不断升高。

（2）大肠杆菌 B0013-090B 的发酵性能

①以葡萄糖为碳源的发酵性能：采用"37℃菌体好氧生长和 42℃限氧发酵产酸"两阶段发酵工艺，在 7L 发酵罐体系中考察了重组菌大肠杆菌 B0013-090B 以葡萄糖为碳源合成 L-乳酸的情况。结果如图 9-9 所示，42℃下，细胞在整个产酸阶段均保持较高的产酸活性，平均产酸速率达到 6.77g/L/h，葡萄糖到 L-乳酸的转化率为 97.0%。大肠杆菌 B0013-090B 菌株以葡萄糖为碳源最终获得的 L-乳酸积累量高达 142.2g/L，这是目前已报

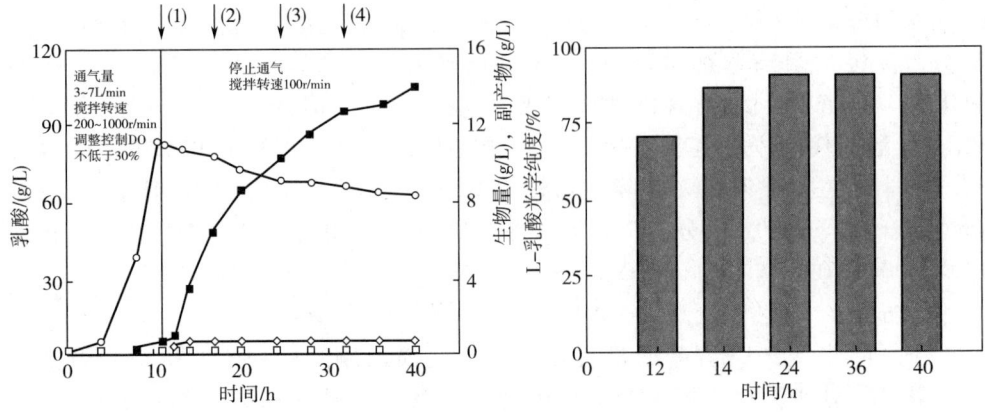

图 9-8　大肠杆菌 B0013-070（pHY-P43-BcoaLDH）发酵葡萄糖产酸进程
■—乳酸（L-乳酸和 D-乳酸）　◇—乙酸　△—琥珀酸　□—丙酮酸　○—生物量

道的大肠杆菌合成 L-乳酸的最高终浓度。

②以甘油为碳源的发酵性能：采用"37℃菌体好氧生长和 42℃低供氧发酵产酸"两阶段发酵工艺，在 7L 发酵罐体系中考察了重组菌大肠杆菌 B0013-090B 以甘油为碳源合成 L-乳酸的情况。结果如图 9-10 所示。发酵 27h，积累 L-乳酸 132.4g/L，产酸强度 4.90g/h/L。L-乳酸的光学纯度达到 99.95%，甘油到 L-乳酸的转化率为 93.7%，成功实现了甘油到 L-乳酸的高效转化。

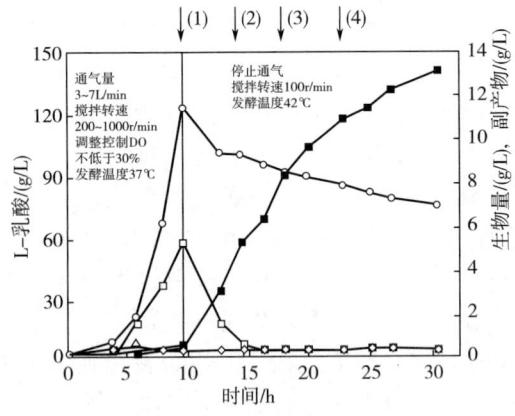

图 9-9　大肠杆菌 B0013-090B
发酵葡萄糖产酸进程
■—L-乳酸　◇—乙酸　△—琥珀酸
□—丙酮酸　○—生物量

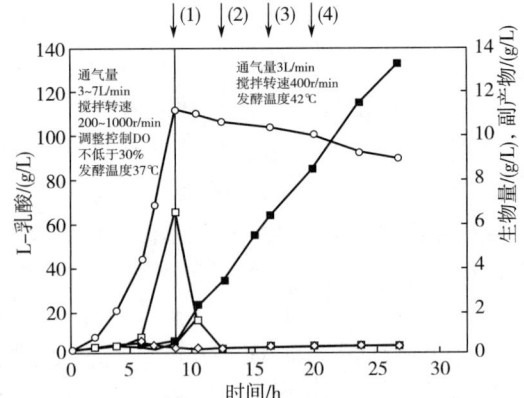

图 9-10　大肠杆菌 B0013-090B
发酵甘油产酸进程
■—L-乳酸　◇—乙酸　△—琥珀酸
□—丙酮酸　○—生物量

第三节 乳酸发酵生产技术

一、细菌发酵生产乳酸工艺

以淀粉、淀粉质为主要原料大规模生产乳酸的方法，已经被世界各国广泛采用。从降低成本考虑，我国各大乳酸厂普遍采用玉米、大米、红薯等含淀粉含量高的原料进行乳酸生产。

（一）水解糖发酵技术

用水解糖为原料生产乳酸的工艺流程，如图 9-11 所示。

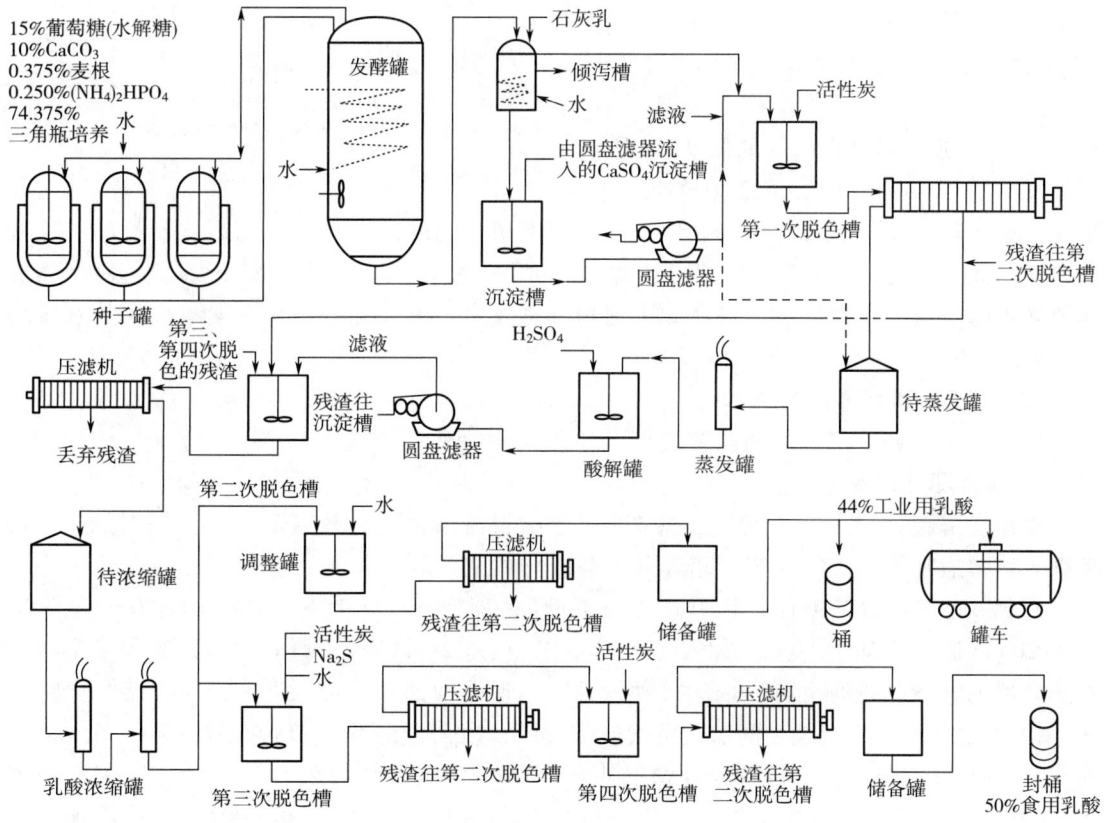

图 9-11　水解糖生产 DL-乳酸工艺流程图

1. 培养基配方

种子培养基与发酵培养基配方相同，即：葡萄糖 150g/L，麦根 3.75g/L，$(NH_4)_2HPO_4$ 2.5g/L，$CaCO_3$ 100g/L。

2. 发酵种子的制备

在种子罐中装入按上述配方的种子培养基，填充系数为 0.80。若是刚从 60℃降温至 50℃的培养基不必灭菌，直接接入三角瓶中培养合格的德氏乳杆菌种子液，接种量为

1%~10%，在（50±1）℃培养24h。

3. 发酵操作

发酵罐用温水（40~60℃）洗净，在发酵罐内按上述配方配制发酵培养基，填充系数为0.80左右。一般液面离罐顶为30~40cm，防止发酵过程中泡沫溢出。培养基无需灭菌，直接接入上述培养好的种子液，接种量为5%~10%。发酵温度控制在（50±1）℃。如采用分批添加$CaCO_3$的工艺，应注意不要使pH降到5.0以下，否则会影响发酵速度。发酵过程中，每个班次要检查2~3次pH和残糖，观察发酵过程是否正常。发酵罐口敞开，以利CO_2自由逸出。当残糖降至1g/L时就视为发酵完成。由于初糖浓度较高，整个过程需5~6d，水解糖发酵过程曲线如图9-12所示。

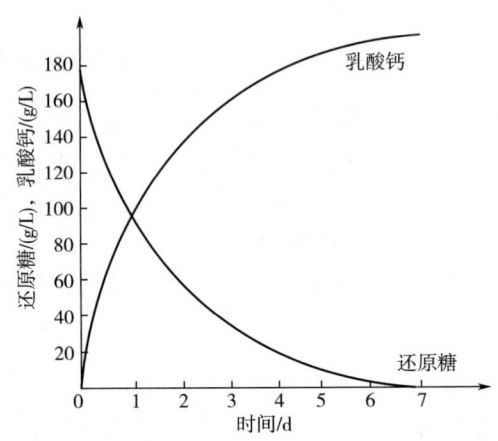

图9-12 水解糖发酵过程曲线

发酵快结束时，乳酸菌活力降低，料液温度开始下降，发酵醪带有一定黏性，有时丙酸菌可能开始活动，从而影响产品的纯度和产率。因此应及时加入石灰乳，将pH提高到10左右。同时升高温度至90℃，使菌体和其他悬浮物下沉，澄清后将上清液和沉淀物分别放出，进入提取工序。发酵罐用热水洗净后再使用。

（二）蔗糖和糖蜜发酵技术

用糖蜜为原料生产乳酸的工艺流程，如图9-13所示。

1. 蔗糖发酵技术

洗净发酵罐，加入2/3工作容积的自来水，再流入糖蜜，升温至70℃，同时加入甘蔗粗糖，溶解后加入$CaCO_3$粉浆，培养基中各成分的浓度如下。

总糖60g/L（以蔗糖计，其中糖蜜约30g/L；蔗糖约30g/L）；$CaCO_3$ 10~20g/L。70℃维持20min后，冷却至50℃，加入麦根18g/L，接入20%的种子培养物，或其他发酵罐中发酵旺盛的醪液，进行发酵。因为接种量很大，迟滞期很短，可以迅速进入旺盛发酵期。

接种发酵6h后，定期、间歇通空气鼓泡搅拌。发酵过程中，流加蔗糖液和补充$CaCO_3$粉浆。每隔2h检测一次pH，视pH情况补充$CaCO_3$，使pH维持在5.0以上。当糖浓度降到30g/L时，流加50%的浓粗糖溶液，维持发酵培养液中糖浓度在30~40g/L。总添加糖量（包括最初加糖量）不得超过130g/L。使发酵结束时乳酸钙的含量不超过150g/L。发酵时间一般为5~6d，当残糖降至2g/L以下时，可视为发酵完成。

2. 糖蜜发酵技术

将发酵罐用水洗净，打入经预处理的糖蜜至规定的液位，再加入辅料和中和剂。培养基组成为：总糖100g/L，$CaHPO_4$ 10g/L，$CaCO_3$ 15g/L，玉米浆或麦根10g/L。

培养基配好后不再灭菌，直接接入德氏乳杆菌培养物5%~10%。维持温度（50±1）℃发酵，间歇缓慢搅拌。pH由$CaCO_3$调节，维持在5.0以上，每隔2h检测一次。一般发酵时间为4~6d，当残糖降至5g/L以下时，即视为发酵完成。

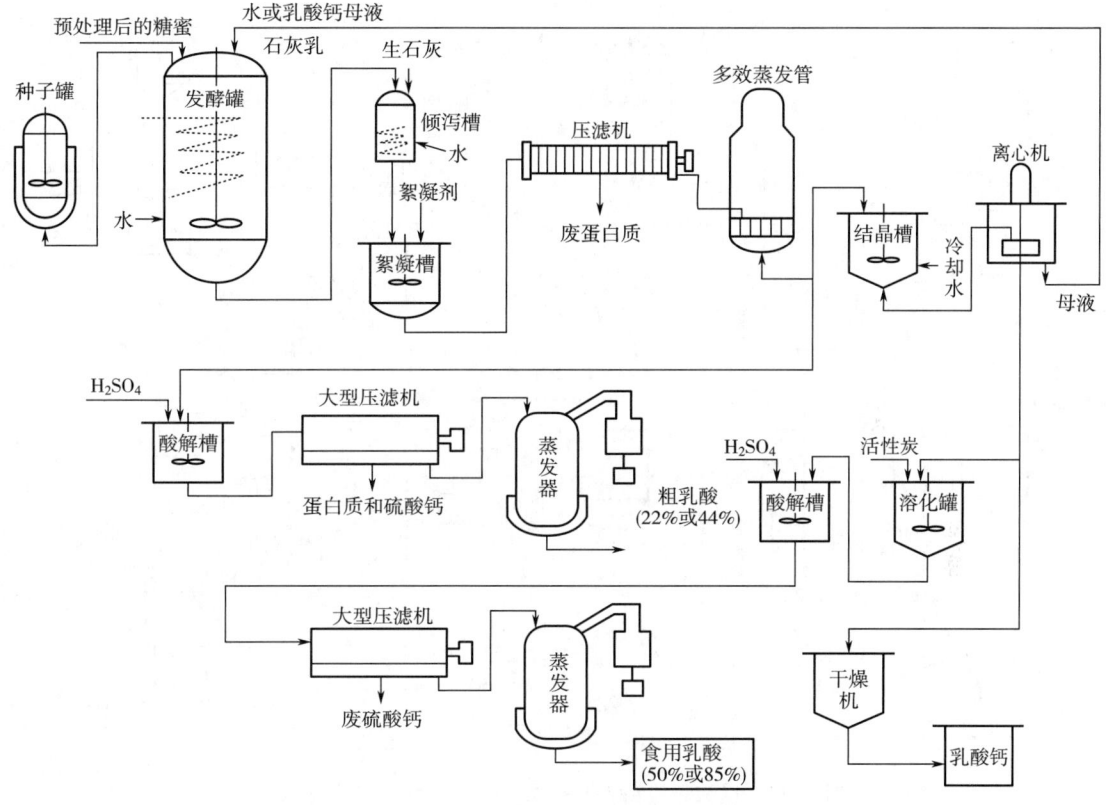

图 9-13 用糖蜜生产乳酸的工艺流程

(三) 大米原料发酵技术

用淀粉质原料（如：大米、玉米、薯干粉等）生产乳酸的工艺流程，如图 9-14 所示。

将大米粉碎（粒径<0.25mm），先在糊化罐内放一定量的底水，开始搅动，将大米粉与米糠按 10∶1 的比例送入罐内，按淀粉计加入 5~10U/g 耐高温淀粉酶。加水调成米∶糠∶水＝10∶1∶12.5（质量比）的醪液。搅拌均匀后，直接通入蒸汽，排尽冷空气，罐压 0.1~0.2MPa，温度 120℃，维持 15~20min。糊化醪的要求是大米充分膨胀，无夹生。糊化完毕，降罐压至 0MPa，放出多余蒸汽，夹套中通入冷却水。使糊化醪液温度降至 60℃以下，放入发酵罐（池）中。

发酵罐（池）中先放入一定量的底水，水温在 50~55℃，放入糊化醪并加水至规定容积。发酵培养基的总糖浓度为 100g/L 左右，往罐（池）中通入压缩空气，使料液翻匀。同时加乳酸调 pH 至 4.8~5.0。温度在 50~52℃时，按淀粉计加入糖化酶 120U/g，再接入 10%合格的菌种培养物，搅匀。

由于乳酸菌不能耐很高的酸度，因此在发酵过程中不能使 pH 降至 4.0 以下。发酵开始后约 6h，开始加入 $CaCO_3$ 进行中和，必须要通入压缩空气翻匀。发酵过程中醪温维持在（50±1）℃，每 2h 检测调节一次。当残糖降至 1g/L 以下时，表明发酵已经结束，总发酵时间约 70h。

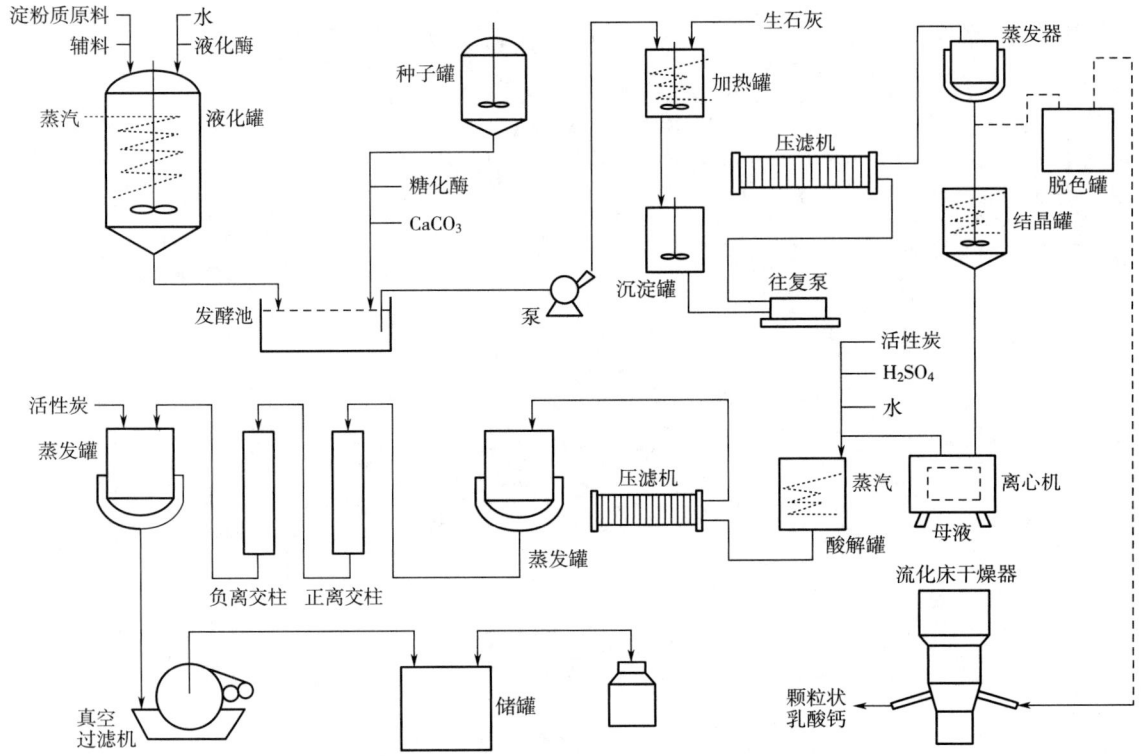

图 9-14 以淀粉质原料并行发酵生产乳酸的工艺流程

(四) 薯干粉原料发酵技术

用薯干粉为原料生产乳酸的工艺流程,如图 9-14 所示。

先将薯干在糖化罐中调浆,其比例为:薯干粉:麸皮:水 = 1:0.05:10,其总糖浓度为 70~80g/L。加入液化型淀粉酶 100U/g,升温至 80~90℃,搅匀,液化至常规碘法试验达到合格。再升温至 100℃灭菌、灭酶 20min。

将液化醪冷却至 50~52℃,打入发酵罐中。用乳酸调 pH 至 5.0~5.5,按淀粉计加入糖化酶 100U/g。同时接入乳酸菌种子培养物 10%,通气搅拌均匀。在 50~52℃下发酵。发酵过程必须分批加入 $CaCO_3$ 以中和生成的乳酸,以维持发酵醪 pH 在 5.5 以上。当残糖降至 1g/L 以下时,表明发酵已经完成。发酵时间约 70h。

(五) 玉米原料发酵技术

用淀粉为原料生产乳酸的工艺流程,如图 9-14 所示。

将经高压喷射液化及糖化所获得的糖化醪泵入板框压滤机进行过滤。过滤残渣留作饲料,清液打入发酵罐。调整好糖度,使糖含量为 80~100g/L,添加玉米量的 10%的麦根或米糠,冷却降温至 50℃,接入已培养好的乳酸菌种子液,接种量为 10%,接种 4h 后测 pH,若 6h 内 pH 降不到 4.0,应及时查找原因,采取补救措施。待 pH 降至 3.8 以下时,继续维持 2h,以消灭或抑制其他杂菌的生长。在缓慢搅拌状态下,添加石灰粉,中和至 pH4.8~5.0。再加 $CaCO_3$,继续发酵。整个发酵过程保持温度 (50±1)℃,pH4.0~5.5;每隔 2h 搅拌一次,每次 5~10min;每 4h 根据 pH 添加 $CaCO_3$,$CaCO_3$ 的添加量应前期稍大些，后期稍小些。发酵周期控制在 50~70h 为宜。转化率应不低于 90%。

（六）葡萄糖发酵技术

目前大多数乳酸生产厂采用德氏乳杆菌等生成 DL-乳酸。由于生物降解塑料需要高纯度 L-乳酸，因此人们十分重视 L-乳酸发酵生产的研究。除了采用根霉生产 L-乳酸外，目前正开发乳酸细菌的 L-乳酸发酵生产研究。下文介绍日本采用乳酸细菌，以葡萄糖为碳源的 L-乳酸发酵。

1. 菌种

从热带椰子果的花粉汁中分离获得的干酪乳酸菌（*Lactobacillus casei*）B12-2 菌株，此菌生成的乳酸中 L-乳酸占 95%。

2. 种子培养基

葡萄糖 50g，酵母膏 10g，蛋白胨 10g，乙酸钠 0.5g，$MgSO_4 \cdot 7H_2O$ 200mg，$MnSO_4 \cdot 4H_2O$ 10mg，$FeSO_4 \cdot 7H_2O$ 10mg，NaCl 10mg，水 1L，pH7.0，115℃灭菌 20~30min。

3. 接种物培养

将干酪乳杆菌 B12-2 接入上述培养基中，于 30℃ 培养 2d。离心沉淀菌体，将上清液除去，换入新鲜培养基，继续培养 2d。离心沉淀菌体，将菌体接入发酵培养基中。

4. 发酵培养

发酵培养基组成：葡萄糖 150g/L，酵母膏 10g/L，蛋白胨 10g/L，乙酸钠 0.05g/L，$MgSO_4 \cdot 7H_2O$ 200mg/L，$MnSO_4 \cdot 4H_2O$ 10mg/L，$FeSO_4 \cdot 7H_2O$ 10mg/L，NaCl 10mg/L，pH7.0，115℃灭菌 20~30min。

将上述培养基的接种物接入发酵培养基中，于 30℃ 下进行高浓度培养。连续不断地添加氨水中和，调节 pH，使整个培养过程 pH 保持为 7.0。在 24h 内将葡萄糖全部消耗完，在培养基中积累近 150g/L 的乳酸。为了有利于 L-乳酸的提纯，也可以利用玉米浆来代替培养基中的酵母膏、蛋白胨和有机盐类，即以葡萄糖加适量玉米浆进行乳酸发酵是可能的。

二、米根霉发酵生产乳酸工艺

米根霉半连续发酵产 L-乳酸的发酵强度受到很多因素的影响，其中包括补料培养基组分、温度、搅拌转速、通气量等。补料培养基中的葡萄糖质量浓度是影响半连续发酵效率的直接因素，一些研究者直接采用首批发酵培养基进行半连续补料发酵，菌体重复利用次数少，重复发酵 3 批后发酵强度降低很大。近年来对半连续发酵产 L-乳酸的研究主要集中在首批发酵条件优化上，缺乏对半连续发酵工艺条件的优化研究。

（一）菌种

米根霉（*Rhizopus oryzae*）AS3.819（合肥工业大学生物与食品工程学院发酵试验室保藏菌种），保存在 PDA 培养基上，每 2 月转移一次斜面。孢子由 PDA 培养基产生，用无菌蒸馏水洗下孢子制成悬液。

（二）培养基

PDA 斜面培养基：取新鲜马铃薯，去皮后称取 200g，加入 1000mL 自来水，煮沸 20min 后，用纱布过滤，清液中加入 20g 葡萄糖和 20g 琼脂，煮沸，补足失水。115℃灭菌 15min。

种子培养基：葡萄糖 120g/L、$(NH_4)_2SO_4$ 4g/L、KH_2PO_4 0.50g/L、$ZnSO_4 \cdot 7H_2O$ 0.22g/L、$MgSO_4 \cdot 7H_2O$ 0.45g/L。115℃灭菌 15min。

首批发酵培养基：葡萄糖 120g/L、$(NH_4)_2SO_4$ 2g/L、NaH_2PO_4 0.14g/L、KH_2PO_4 0.16g/L、$MgSO_4 \cdot 7H_2O$ 0.26g/L、$ZnSO_4 \cdot 7H_2O$ 0.19g/L、$CaCO_3$ 60g/L，115℃灭菌 15min。

补料培养基：葡萄糖 80g/L、$(NH_4)_2SO_4$ 2g/L、KH_2PO_4 0.10g/L、$ZnSO_4 \cdot 7H_2O$ 0.33g/L、$MgSO_4 \cdot 7H_2O$ 0.15g/L、$CaCO_3$ 40g/L。115℃灭菌 15min。

（三）发酵条件

种子培养：500mL 三角瓶，装液量 20%，接种孢子悬液（浓度为 1×10^7 个/mL）10%，摇床转速 200r/min，32℃恒温培养 24h。

3L 发酵罐首批发酵：工作体积 2.5L，接种量 250mL 种子液，发酵 0~30h，温度 32~34℃，搅拌转速 400r/min，通气量 1.5L/min；发酵 30~42h，温度 34~36℃，转速 300r/min，通气量 0.5L/min。

3L 发酵罐重复批次发酵：首批发酵结束，停止通气及搅拌，保持罐压 0.1 个大气压，静置发酵液 10min，待所有菌丝球沉淀在发酵罐底部，取出发酵上清液 2L，添加灭菌补料培养基 2L，重复发酵 24h，搅拌转速为 400r/min，发酵温度 32℃，通气量 1.0L/min。

7L 发酵罐首批发酵：工作体积 5L，接种 500mL 种子液，发酵 0~30h，温度 32~34℃，搅拌转速 400r/min，通气量 1.5L/min；发酵 30~60h，温度 34~36℃，转速 300r/min，通气量 0.5L/min。

7L 发酵罐重复批次发酵条件为：首批发酵结束，停止通气及搅拌，保持罐压 0.1 个大气压，静置发酵液 10min，待所有菌丝球沉淀在发酵罐底部，取出发酵上清液 4L，添加灭菌补料培养基 4L；补料培养基中葡萄糖质量浓度为 100g/L，温度 36℃，转速 300r/min，通气量 0.5L/min。

（四）培养条件对米根霉半连续发酵生产 L-乳酸的影响

1. 葡萄糖质量浓度对 L-乳酸发酵强度的影响

以补料培养基为基本培养基，设定葡萄糖质量浓度为 80、100 及 120g/L 三个梯度（$CaCO_3$ 质量浓度分别为葡萄糖质量浓度的一半），分别进行半连续发酵 5 批，每批发酵从 16h 开始每隔 2h 取样测定 L-乳酸质量浓度（LAC）及葡萄糖质量浓度（RSC），直至发酵终点，其他条件同 3L 发酵罐发酵条件，其结果见表 9-1 及图 9-15。

由图 9-15、表 9-1 分析，葡萄糖质量浓度对重复批次发酵强度影响较大。当 RSC 为 80g/L 时，加入到发酵液中稀释后 RSC 为 63g/L，发酵周期 16~18h，18h 内 L-乳酸累积量为 61g/L，重复批次发酵阶段平均发酵强度为 3.42g/L/h，每批发酵终点发酵液中 LAC 为 80g/L；RSC 为 100g/L 时，加入到发酵液中稀释后 RSC 为 80g/L，发酵周期 18~22h，20h 内 L-乳酸累积量为 75g/L，每批发酵终点发酵液中 LAC 为 94g/L，平均发酵强度为 3.64g/L/h；RSC 为 120g/L 时，加入到发酵液中稀释后 RSC 为 96g/L，发酵周期 30~34h，34h 内 L-乳酸累积量 80g/L，每批发酵终点发酵液中 LAC 为 100g/L，但是高质量浓度的葡萄糖对发酵产生了底物抑制，发酵周期延长，平均发酵强度降低 2.62g/L/h。因此选择补料培养基中优化葡萄糖质量浓度为 100g/L。

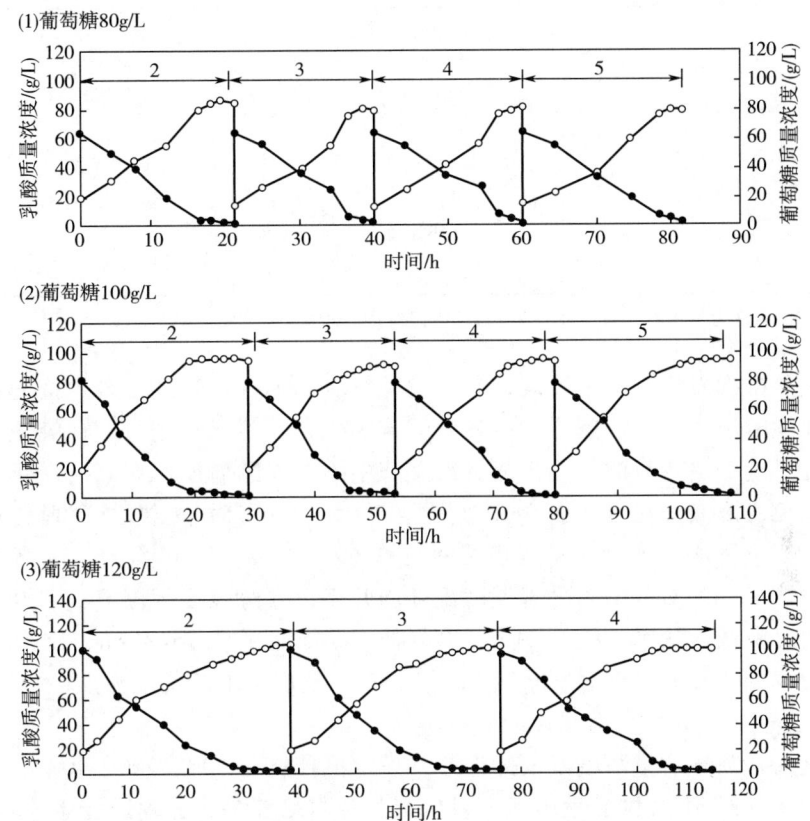

图 9-15　葡萄糖质量浓度对米根霉重复批次发酵产 L-乳酸的影响
○—乳酸质量浓度　●—葡萄糖质量浓度　2—第 2 批　3—第 3 批　4—第 4 批　5—第 5 批

表 9-1　　　　　　　　　　　　葡萄糖质量浓度对重复批次发酵强度的影响

葡萄糖质量浓度 /(g/L)	发酵强度/(g/L/h)				
	第 2 批	第 3 批	第 4 批	第 5 批	平均值
80	3.46	3.49	3.31	3.41	3.42±0.079
100	3.45	3.72	3.72	3.67	3.64±0.129
120	2.62	2.65	2.58		2.62±0.035

注：葡萄糖质量浓度为 80g/L 时取发酵时间 18h 为发酵终点，葡萄糖质量浓度为 100g/L 时取发酵时间 20h 为发酵终点，葡萄糖为 120g/L 时发酵时间 30h 为发酵终点，计算发酵强度。

2. 温度对 L-乳酸发酵强度的影响

采用优化的葡萄糖质量浓度，设定重复批次发酵温度 32、34、36 及 38℃ 四种情况，其他条件同 3L 发酵罐发酵条件及以上补料培养基，分别进行半连续发酵 5 批，其结果见表 9-2。

表 9-2　　　　　　　　　　　温度对重复批次发酵强度的影响

温度/℃	发酵强度/(g/L/h)				
	第2批	第3批	第4批	第5批	平均值
32	3.63	3.71	3.72	3.69	3.69±0.041
34	3.68	3.71	3.67	3.72	3.69±0.023
36	3.73	3.78	3.79	3.74	3.76±0.028
38	3.21	3.10	2.90	2.75	2.99±0.205

注：葡萄糖质量浓度为100g/L，取发酵时间20h为发酵终点，计算发酵强度。

在进行重复批次发酵过程中发现，每批发酵终点并不一定达到了理论发酵终点，而是因为乳酸钙在发酵液中质量浓度增加，使发酵液固化，发酵无法进行。研究温度对重复批次发酵过程的影响，主要目的是在重复批次发酵中缩短发酵周期，提高乳酸钙在发酵液中的溶解度，避免发酵液固化。由表9-2可见，32、34、36℃时重复批次发酵强度分别变化不大，三种温度下平均半连续发酵强度分别为3.69、3.69、3.76g/L/h，且各批次发酵强度变化较小。在32~36℃范围内随着发酵温度的升高，发酵强度逐渐升高。38℃时重复批次发酵强度明显降低，从第2批3.21g/L/h降低到第5批的2.75g/L/h，比36℃时第5批的发酵强度低0.99g/L/h。由此分析34~36℃为重复批次发酵的优化温度。

3. 搅拌转速对L-乳酸发酵强度的影响

采用优化的葡萄糖质量浓度及发酵温度，设定搅拌转速200、300、400及500r/min四种情况，其他条件同3L发酵罐发酵条件及以上的补料培养基，分别进行半连续发酵5批，其结果见表9-3。

表 9-3　　　　　　　　　搅拌转速对重复批次发酵强度的影响

搅拌转速/(r/min)	发酵强度/(g/L/h)				
	第2批	第3批	第4批	第5批	平均值
200	3.73	3.70	3.74	3.64	3.70±0.047
300	3.81	3.78	3.81	3.82	3.80±0.016
400	3.65	3.58	3.61	3.54	3.60±0.047
500	3.32	3.31	3.02	2.92	3.14±0.203

注：葡萄糖质量浓度为100g/L，取发酵时间20h为发酵终点，计算发酵强度。

从表9-3可知，搅拌转速为200、300、400r/min，平均重复批次发酵强度分别为3.70、3.80、3.60g/L/h，其中300r/min时各批次发酵强度变化稳定；500r/min时，很多菌丝球被剪切破碎，发酵强度明显降低，第2、3、4、5批发酵强度分别为3.32、3.31、3.02、2.92g/L/h，且各批次发酵强度变化幅度较大。在重复批次发酵试验过程中发现，过高的转速容易使重复利用的菌丝球被强剪切力打碎破裂；过低的转速不利于营养物质的传递，同时对新生菌丝体的剪切力过小使其不能形成合适的菌丝球。因此选择300r/min为重复批次发酵优化搅拌转速。

4. 通气量对 L-乳酸发酵强度的影响

在优化的葡萄糖质量浓度、温度及搅拌转速的情况下,设定通气量 0.5、1.0、1.5 及 2.0L/min 四种情况,其他条件同 3L 发酵罐发酵条件及以上补料培养基,分别进行半连续发酵 5 批,其结果见表 9-4。

表 9-4　　　　　　　　　通气量对重复批次发酵强度的影响

通气量/(L/min)	发酵强度/(g/L/h)				
	第 2 批	第 3 批	第 4 批	第 5 批	平均值
0.5	3.83	3.88	3.84	3.80	3.84±0.032
1.0	3.75	3.76	3.71	3.72	3.74±0.024
1.5	3.63	3.62	3.61	3.64	3.62±0.012
2.0	3.45	3.46	3.52	3.41	3.46±0.045

注:葡萄糖质量浓度为 100g/L 时取发酵时间 20h 为发酵终点,计算发酵强度。

由表 9-4 可见,随着通气量的增大,重复批次发酵强度逐渐降低,当通气量由 0.5L/min 升高到 2.0L/min 时,平均发酵强度由 3.84g/L/h 降低到 3.46g/L/h。对于米根霉发酵产 L-乳酸,发酵的前期主要是菌体生长积累时期,需要相对大的通气量,后期发酵产酸阶段对通气量要求不高,过大的通气量会加快菌体的生长,降低营养物质转化为乳酸的比例。由此分析,选重复批次发酵中优化通气量为 0.5L/min。根据单因素试验优化结果可知,半连续发酵 5 批,重复批次发酵 4 批发酵强度大于 3.80g/L/h。

(五) 培养基对米根霉半连续发酵生产 L-乳酸的影响

在试验中发现,随着半连续发酵的进行,发酵液中菌体量不断增大,在 3L 发酵罐中发酵进行到第 5 批时发酵液中生物量已经达到 10g/L 左右,如此大的生物量在发酵罐中占有很大的体积,在发酵终点进行取料时必须取出一些菌体,才能保证半连续发酵的继续进行。本试验利用 7L 发酵罐,在半连续发酵中根据具体情况不断地调整补料培养基中营养物质的质量浓度,使半连续发酵顺利进行,研究氮源、无机盐浓度对半连续发酵过程的影响,其结果见图 9-16。

图 9-16 中半连续发酵分为 5 个阶段,第 1 阶段菌体生长及产物生成无延滞期,L-乳酸快速积累,直至发酵结束,说明米根霉发酵产 L-乳酸发酵能力很强,首批发酵强度为 2.39g/L/h,优于其他根霉分批发酵的发酵强度 (2.04g/L/h)。

第 2 阶段,半连续发酵中菌体量不断增加,增加幅度较第 1 阶段小,首批在 42h 积累了 7.56g/L 的生物量,第 2 阶段 42~186h 的 144h 生物量增加到 14.90g/L,平均菌体生长速度由第 1 阶段的 0.180g/L/h 降低到第 2 阶段的 0.051g/L/h。重复批次发酵中,菌体以生产 L-乳酸为主,菌体生长非常缓慢。此阶段中每批发酵 20h 达到发酵终点,每批发酵过程中产酸 70g/L 左右,发酵开始便进入对数期,无菌体生长及产物生产延滞期,发酵过程曲线近似直线,发酵强度为 3.39~3.61g/L/h,发酵强度比首批提高了 41.84%~51.05%。

第 3 阶段类似第 2 阶段,在第 2 阶段与第 3 阶段的过渡处,由于生物量加大,占据了发酵罐内的有效发酵体积,影响每批发酵终点的取料及补料操作的进行,因此在第 2 阶段

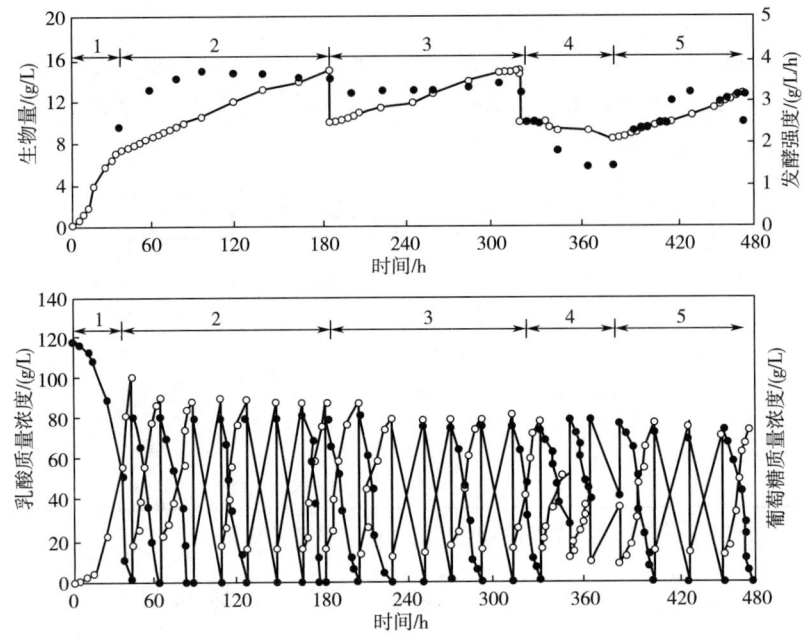

图 9-16 氮源及无机盐质量浓度对米根霉半连续发酵产 L-乳酸的影响
○—乳酸质量浓度　●—葡萄糖质量浓度　1—第 1 批　2—第 2 批　3—第 3 批　4—第 4 批　5—第 5 批

末期,将 30%的菌体取出,减少发酵罐内的生物量。第 3 阶段降低了补料培养基中氮源的浓度,对重复批次发酵过程有一定的影响。降低氮源浓度 50%时,生物量的积累为 4.96g/L,平均菌体生长速度为 0.034g/L/h,比第 2 阶段降低了 33.33%;每批的 L-乳酸生产降低了 5~10g/L,此阶段发酵强度平均值比第 2 阶段低,每批发酵强度变化幅度不大,最小值为 3.25g/L/h,最大值为 3.43g/L/h。由此说明降低氮源及无机盐质量浓度能够降低菌体生长速度,同时也降低了 L-乳酸产量及发酵强度。

第 4 阶段,培养基中不添加氮源及无机盐离子对半连续发酵过程影响很大,此阶段生物量有略微降低,菌体生长速度出现负值;乳酸质量浓度最大为 57g/L,产酸速率降低,发酵 3 批,发酵强度逐渐降低,分别为 1.99、1.58、1.59g/L/h。由此可见补料培养基中的氮源及无机盐是米根霉半连续发酵生产 L-乳酸必不可少的因素。

第 5 阶段,此阶段发酵条件与第 2 阶段发酵条件相同,在第 4 阶段的营养饥饿过程之后,菌体发酵产 L-乳酸的能力已经受到一定程度的损伤,由图 9-16 可知,恢复补料培养基中营养成分,生物量恢复增长,但是增长幅度较第 2 阶段缓慢,从发酵 368h 到 474h 生物量增加 2.93g/L,平均菌体生长速度为 0.037g/L/h。该阶段开始时,发酵第 19 批中,L-乳酸生产及发酵强度快速恢复,发酵强度第 20 批比第 19 批略有增加,分别为 3.19、3.09g/L/h;但第 22 批发酵进行 24h,L-乳酸产量为 62g/L,发酵强度降低为 2.58g/L/h。

综合分析,氮源和无机盐是米根霉半连续发酵过程中菌体生长及 L-乳酸合成不可缺少的条件。适合的氮源及无机盐浓度可以维持米根霉半连续高强度发酵生产 L-乳酸,同时生物量不与发酵强度成正比,可以在半连续发酵过程中取出菌体,保持生物量约为 10g/L,以维持半连续发酵强度。

(六) 米根霉半连续发酵生产 L-乳酸稳定性

米根霉半连续发酵高强度罐发酵产 L-乳酸，其结果见图 9-17 所示。由图 9-17 分析，米根霉首批发酵生产 L-乳酸，乳酸质量浓度为 103g/L，发酵强度为 2.47g/L/h；重复批次发酵从第 2 批到第 20 批发酵强度始终保持在 3.40~3.85g/L/h，发酵液中 LAC 大于 81g/L；从第 21 批开始发酵强度降低，从第 21 批的 3.37g/L/h 降低到第 25 批的 2.91g/L/h。

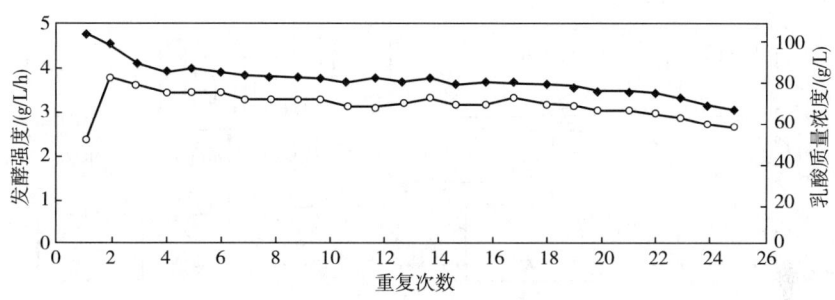

图 9-17　米根霉半连续发酵生产 L-乳酸的稳定性
○—发酵强度　◆—乳酸质量浓度

第四节　乳酸发酵生产方法

一、乳酸膜法发酵技术

为了提高生产效率，有必要采用高细胞密度并及时从反应体系中移除抑制性产物的方法。膜基细胞循环生物反应器可以显著提高发酵过程的生产效率，该反应装置将发酵和分离相结合，使发酵过程中保持了较高的细胞浓度，细胞可循环使用，同时有机酸产物可以从发酵罐中及时连续移除。细胞循环可以使用不同类型的膜：渗析（依靠扩散排阻）、电渗析（依靠离子排阻）、微滤、超滤（依靠分子排阻）和纳滤等（图 9-18）。

R. Jeantet 等研究了生物反应器中乳酸的半连续生产与纳米滤膜耦合技术，使用该技术实现的最高体积生产率为 7.1g/L/h，乳酸浓度为 55g/L，比生产率为 $3.54h^{-1}$。发酵 44h 后超过 99% 的膜污染是可逆的，并且通过水冲洗容易恢复到初始渗透通量，该技术在乳酸膜法发酵中获得不错的效果。下文将详细阐述这一技术。

（一）菌种

在整个研究过程中，运用了瑞士乳杆菌 CNRZ 303，它是一种同型发酵 D/L-乳酸生产菌。菌种在 -70℃ 含有 15% 甘油的 MRS 培养基中保藏。在接种到生物反应器之前，将其两次连续接种 1% 制成发酵液。

（二）培养基

用去离子水从一种乳制品粉末中提取甜干酪乳清，然后进行超滤处理。收获渗透物加 2% 自溶酵母提取物，并加入 40g/L 乳糖。在高压蒸汽灭菌后（121℃，20min），培养基在 4℃ 玻璃桶中保存并置于正在运行的发酵罐的旁边。所补充的渗透液中含有 75g/L 的乳糖

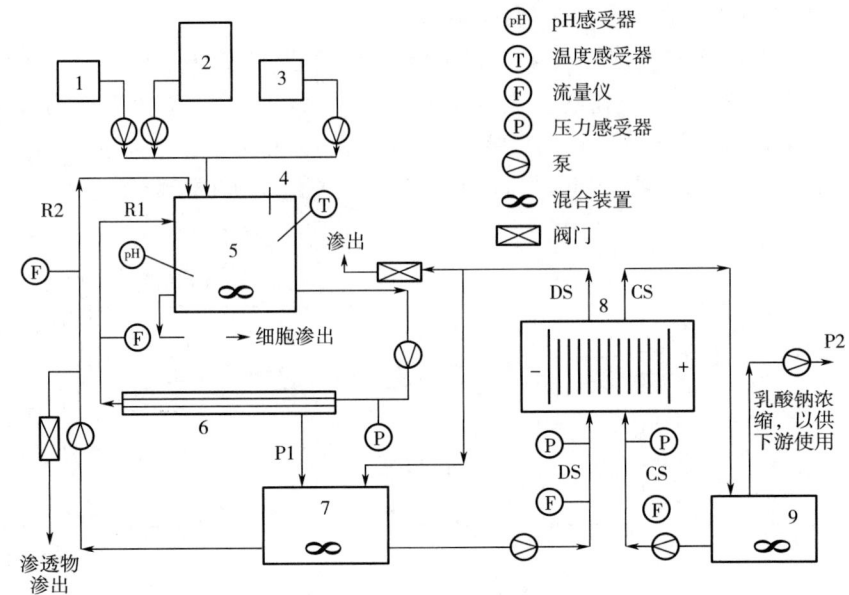

图 9-18 超滤膜细胞循环及集成电渗析产物回收——膜生物反应器-
单极电渗析（MBR-ED）系统在乳酸发酵生产中的应用流程
1—NaOH添加瓶 2—底物（葡萄糖）补充瓶 3—添加物补充品 4—反应水平感应器 5—反应器
6—超滤管状膜模块 7—滤出物接收器/稀释液 8—单极电渗析装置 9—电渗析浓缩液（产物）
R1—细胞循环流 R2—LA废弃渗出物循环流 P1—超滤渗出物流 P2—浓缩产物流 DS—稀释流 CS—浓缩流

和 11.2g/L 氮源，干酪渗透物中的初始乳酸浓度小于 3.5g/L。

（三）实验设备

发酵罐容积 2L，温度为 42℃，转速 130r/min。通过 NaOH 溶液自动控制 pH=6。

纳米滤膜部分是 MSP006239 Prolab 系统配备 R76A Millipore 纳米滤膜，其面积为 3000cm² 且截留分子的分子量为 400u。当纳米滤膜装置与生物反应器耦联时，膜为 Nanomax50 Millipore 纳米滤膜，其总面积为 3700cm²。通过泵来实现循环渗透物所需的过滤速度。管道和生物反应器在内的总工作体积为 2.9L（图 9-19）。

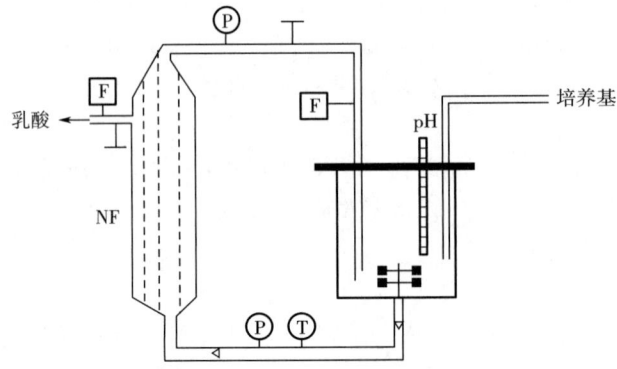

图 9-19 纳米滤膜-生物反应器装置流程图
F—流量计 T—温度传感器 P—压力计

（四）分析方法

通过与干重相关的光密度测量（650nm，Beckman Acta M IV，San Ramon，CA）测定总细胞质量。通过在 MRS 培养基上注入适当的细胞悬液，在厌氧培养 48h 后计数，测定其细胞活力。乳酸含量通过配备紫外检测器（214nm）的 HPLC 测定。离子交换柱在室温情况下用 0.005mol/L H_2SO_4 洗脱，流速为 1mL/min。

根据 Brule 等人描述的方法，在 Varian AA 300 设备（Sunny ale，USA）上通过原子吸收光谱法定量矿物质（Na^+，K^+，Mg^{2+}）。用分光光度计测定了纳米过滤前后发酵培养基的吸光值。

（五）纳米过滤膜装置的预实验

在第 1 次纳米过滤之前，清洗滤膜是使用以下溶液在 30℃ 下进行，整个过程具有 10±0.2bar 的跨膜压力，切向速度（0.75±0.03）m/s 保持 30min：①$2.5×10^{-3}$mol/L 的 NaOH 溶液；②蒸馏水冲洗至容器和渗透物呈中性 pH；③$1×10^{-2}$mol/L 的 HNO_3 溶液；④蒸馏水冲洗至容器和渗透物呈中性。

对于纳米滤膜过滤试验，切向流速设定为 0.75±0.03m/s，然后跨膜压力以 1bar/min 的速率升至（15±0.2）bar。在达到这些运行条件后，渗透通量在开始渗透萃取前需要稳定 15min（1bar=100kPa）。

1. 纳米滤膜脱酸性能和保持性能的评价参数

乳酸的降低率 D（%）计算如式（9-1）：

$$D = \frac{C_i - C_f}{C_i} \times 100 \tag{9-1}$$

式中，C_i 和 C_f——分别是过滤前后乳酸浓度

通过膜后的滞留率 R 计算如式（9-2）：

$$R = \frac{C_r - C_n}{C_n} \times 100 \tag{9-2}$$

式中，C_r 和 C_n——分别是滞留物浓度和滤过液浓度

2. 纳米滤膜污染的评价参数

用清水冲洗膜后，在操作条件不变的情况下，通过测量两种不同跨膜压力（10bar 和 20bar）下的渗透通量（J）来评价纯水渗透性。根据达西定律，渗透通量对跨膜压力的曲线的斜率给出了膜对水的阻力。再计算清洁膜阻力 R_m，不可逆污垢阻力 R_{if} 和可逆结垢阻力 R_{rf}。总污染量 R_f 计算如式（9-3）：

$$R_f = \frac{(TP - \sigma \cdot \Delta\Pi)}{\mu \cdot J} - R_m \tag{9-3}$$

式中，T——温度，℃

P——压强，bar

$\Delta\Pi$——穿过膜的渗透压差，用 Roebling 渗透压计测量流体渗透压

σ——膜反射系数，聚酰胺聚砜膜的 σ 值可以认为是 0.95

μ——纳米过滤物的动态黏度，假定其与纯水没有显著差异

3. 纳米滤膜的性能评价

（1）纳米滤膜对有机物滞留的影响　图 9-20 表示在溶液中，乳酸和乳糖的保留量与跨

膜压力（10~30bar）有关。在 pH 为 3.3 或者 6.0 时，乳糖的滞留量维持在（97±2）%，而乳酸的滞留量随着跨膜压力的增加而增加。当 pH 变得更低时，乳酸保留率更低，从 36%~72% 降到 12%~35%。

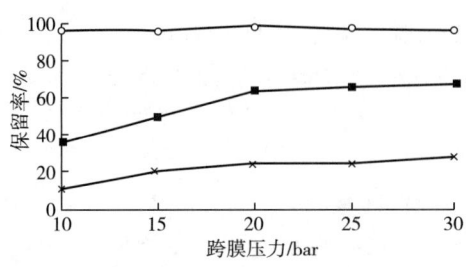

图 9-20　保留率与跨膜压力

×—乳酸在 pH 为 3.3 的保留率　■—乳酸在 pH 为 6.0 的保留率　○—乳糖在两者 pH 的保留率

（2）纳米滤膜对矿物质滞留的影响　Mg^{2+} 保留在滞留液中［保留率为（91~96）± 2%］，而 K^+ 的保留率随着体积浓度比的增加而降低（从 25% 降到 9±1%）。在乳酸培养物中添加了 Mg^{2+} 以增强细胞活力，然后与细胞一起保留发酵液中的 Mg^{2+} 是该过程的另一个重要点。

（3）纳米滤膜对发酵液脱色的影响　发酵液呈深黄褐色，但纳米滤膜过滤液呈半透明。两种液体的吸收光谱如图 9-21 所示。两种纳米过滤液的主要吸收波长均为 272nm，但纳米过滤液的最大吸收波长降低了 350%。这种吸收可能是由于核黄素含量的渗透。

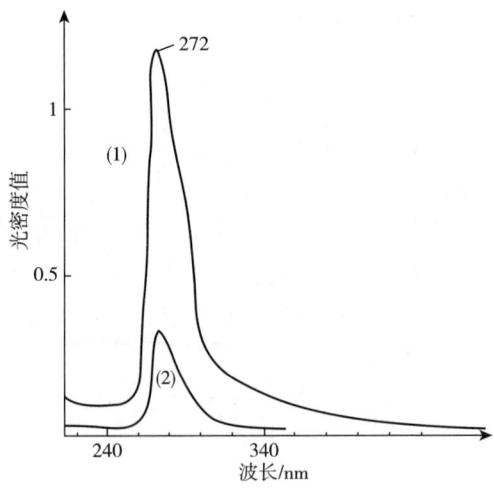

图 9-21　发酵液在纳米过滤之前（1）和之后（2）吸收光谱的比较

（六）连续发酵运行

1. 连续发酵运行过程

首先进行分批发酵，直到在生物反应器中达到所需的乳酸水平。然后，对发酵液进行过滤，直到收集 1L 的渗透物，对应的体积浓度比为 1.5。体积浓度比（VCR）的计算如式

(9-4):

$$VCR = \frac{V_i}{V_i - V_n} \tag{9-4}$$

式中，VCR——体积浓度比

V_i——生物反应器中的初始体积，L

V_n——纳米滤膜萃取的体积，L

将滞留物回收到发酵罐中再循环，然后加入 1L 新鲜培养基。然后开始一个新的发酵周期。当达到所需的乳酸水平时，再进行一次纳米滤膜过滤。此研究中运行过程实现了 7 次纳米滤膜过滤。在最后一次过滤时，3h 内以 $0.3h^{-1}$ 的稀释率进行连续处理。

2. 连续发酵生产乳酸

图 9-22 表示在 44h 内乳清半连续发酵生产乳酸的典型过程。很明显，每次纳米过滤都会导致生物反应器中乳酸水平的降低，从而引起更高的乳酸生产速率。由于第一个过滤步骤可能进行得偏早，导致了乳酸减少量较低。1600min 后乳酸水平达到 59g/L 以上，该浓度对细胞有很强的抑制作用，降低了纳米滤膜 400%~500% 的产酸率。发酵期间第 3 和 4 次的纳米过滤能让乳酸的生产强度达到 7.1g/L/h，相当于比生产速率 $3.54h^{-1}$。

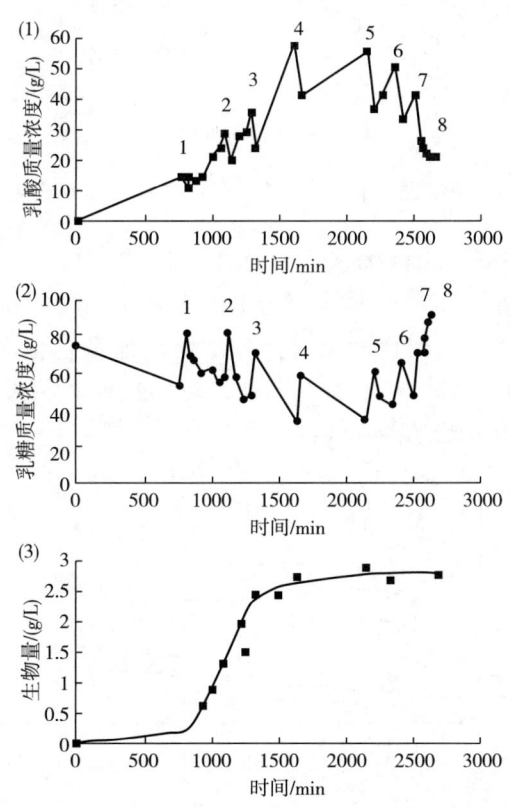

图 9-22 纳米滤膜-生物反应器半连续生产乳酸的典型过程
(1) 乳酸 (2) 乳糖 (3) 生物反应器中的生物量

在生物反应器运行期间，乳糖浓度主要保持在 50~60g/L。即使当生物反应器中的乳糖浓度达到90g/L时，渗透滤出液也低于6g/L。但在此水平，乳糖浓度可以通过抑制细胞而对乳酸生产产生负面影响。因此，间歇性地向生物反应器提供必需营养液而不是完全培养基可能是有意义的。

发酵1400min后，生物量达到2.5±0.1g/L，此后整个过程都会维持在这个水平。最后4次的纳米过滤步骤使生物反应器中的乳酸浓度从57g/L以上降低到小于30或20g/L。该浓度可以部分消除乳酸对细胞的抑制作用，从而提高细胞生产能力。但是，第8次纳米过滤对该过程没有明显的影响。

3. 连续发酵对膜性能的影响

通过纳米过滤除去的乳酸，使得培养基的毒性得到有效的解除（图9-23），而且乳酸的降低率也从28%增加到36%。第1次纳米过滤在pH=3.6±0.1进行，接下来的6次过滤在pH=5.4±0.7。在第1次纳米过滤时，乳酸主要以酸的形式被去除（67%），而在其他6次过滤中，乳酸含量占总乳酸含量的95%以上。

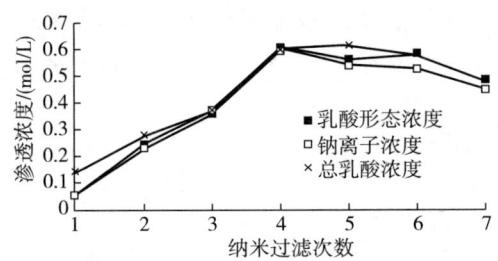

图9-23 纳滤过程中乳酸形态、钠离子和总乳酸浓度的变化

重复纳米过滤步骤降低了膜的渗透通量性能（图9-24），因为在每次纳米过滤后的R_f/R_m值都比初始值更低。在第1次纳米过滤开始时和最后1次纳米过滤结束时，渗透通量分别是20.21h^{-1}和3.91h^{-1}。每次纳米过滤的结垢增加量是相同的。在运行过程中，穿过膜的$\Delta \Pi$几乎没有变化（12.4±1.4bar）。在运行结束时，污垢的可逆部分占总污染的99%以上：$R_f/R_m = 15.96$ 和 $R_{if}/R_m = 0.14$。

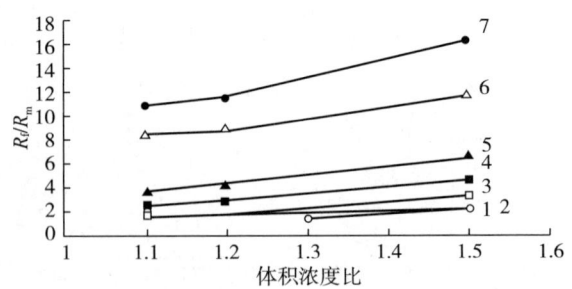

图9-24 纳米过滤过程中的污垢变化
R_f—总污染量 R_m—清洁膜阻力

二、乳酸电渗析发酵技术

电渗析发酵系统主要由发酵罐、电渗析装置、pH 控制装置、直流电源、精密过滤装置、浓缩液储存罐、循环泵等组成，如图 9-25 所示。pH 由 pH 控制装置控制，电渗析装置由直流电源转换器控制。由于有机酸产物被连续地从反应体系中移除，发酵液中有机酸保持了较低水平。同时，某些带负电荷的离子，特别是磷酸根离子，也同有机酸根离子一样从发酵液中移除。因此，可将磷酸供给装置和 pH 控制装置相连接，在电渗析操作期间供给磷酸溶液，将发酵液 pH 控制在合理的范围。

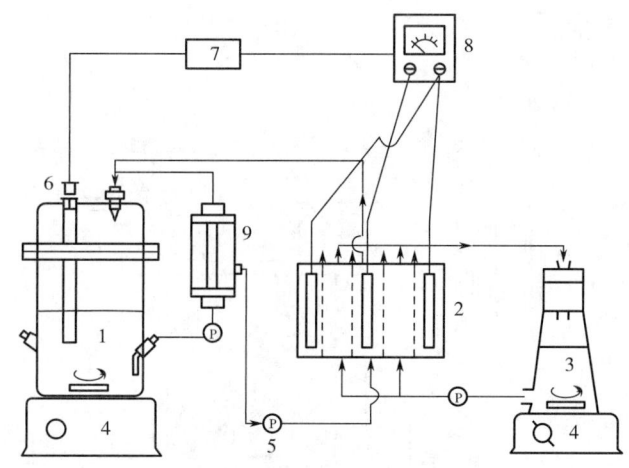

图 9-25 电渗析发酵系统
1—发酵罐 2—电渗析装置 3—浓缩液存储槽 4—磁力搅拌器 5—循环泵
6—pH 电极 7—pH 控制器 8—直流电源 9—微过滤装置

Gao Min-tian 等人在鼠李糖乳杆菌发酵中运用连续电渗析发酵系统生产乳酸。在此研究中设置了提高乳酸发酵生产率的实验装置，并采用液位计控制发酵液的体积，采用连续式电渗析发酵-补料培养基进行了实验研究。经验证，补料培养基中 175g/L 葡萄糖浓度为最佳。在这种情况下，连续电渗析发酵保持在 350h 以上，200h 以上表现稳定。最高产量、得率和转化率分别为 8.18g/(L·h)、68.8%和 71%。与其他电渗析发酵相比，连续电渗析发酵是一种连续的生产技术，其生产效率最高。由于最长的发酵时间和最高的生产率，连续电渗析发酵产生的乳酸量大约是常规电渗析发酵的 19.5 倍，是间歇电渗析发酵的 9.7 倍。接下来，将详细阐述这一技术。

（一）菌种

鼠李糖乳杆菌 IFO 3863 用于乳酸生产并储存在 $-80℃$。在无菌恒温箱中 $37℃$，48h 将其活化。

（二）培养基

本研究使用了两种发酵培养基。分批发酵培养基：葡萄糖 100g/L 或者 200g/L，酵母膏 15g/L，NaCl 0.1g/L，K_2HPO_4 0.50g/L，$MgSO_4$ 2.0g/L；连续电渗析发酵培养基：葡萄糖 50g/L，酵母膏 7.0g/L，NaCl 0.05g/L，K_2HPO_4 0.25g/L，$MgSO_4$ 1.0g/L。除了葡萄糖

浓度外，连续电渗析发酵的补料培养基与连续电渗析发酵的培养基相同。补料培养基中的葡萄糖浓度设置为100、150、175、200和250g/L。

（三）实验设备

本研究用透析器进行了实验，实验装置如图9-26。在2L罐式发酵罐中进行发酵，工作体积为1L。发酵液的体积用液位计来控制。实验使用电压为15V，在整个电渗析过程中，所有的发酵都是在恒定电压下进行的。将少量体积的N_2注入到发酵罐中以除去发酵液中的溶解氧，转速为100r/min，发酵液的温度为42℃。通过添加10%的氨水来控制pH等于6。

实验结束后，按以下顺序依次清洗膜：0.1mol/L HCl 30min，超纯水10min，0.1mol/L NaOH 30min，超纯水10min。

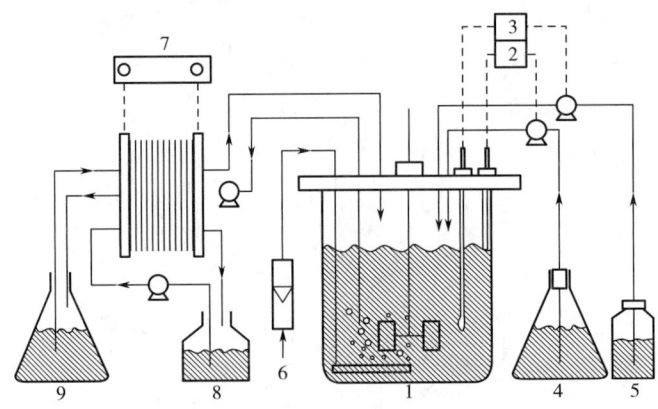

图9-26 连续电渗析发酵系统示意图
1—发酵罐 2—液面控制器 3—pH控制器 4—补料瓶 5—碱性溶液
6—N_2 7—电渗析装置 8—$(NH_4)SC_4$溶液 9—回收溶液

（四）分析方法

采用高效液相色谱法测定葡萄糖和乳酸浓度，液相色谱系统装配Tosoh AS-8020自动采样器，Jasco DG-980-50脱气装置，Jasco PU-980泵，Jasco CO-965柱温箱，Jasco RI-930 RI检测器，Jasco UV-975 UV-Vis检测器。样品在40℃的Tosoh TSKgel Oapak-P（6.0mm×40mm）+Oapak-A（7.8mm×300mm）色谱柱中用0.75mmol/L H_2SO_4硫酸洗脱。样品用Barnstead/Thermolyne模块化干浴加热10min，然后用台式离心机离心5min。最后，用0.45μm的醋酸纤维素过滤器对渗透物进行微过滤，以分析葡萄糖和乳酸。

供应的原料数量通过式（9-5）计算。

$$A + B = C + D \tag{9-5}$$

式中，A——原料供给量，L

B——氨溶液添加量，L

C——回收溶液增加量，L

D——样品量，L

产率、得率、转化率分别由以下等式计算：

产率/(g/L/h)=[每体积发酵液中产生的乳酸(g/L)]/发酵时间(h)

得率=乳酸回收量(g)/总葡萄糖量(g)

其中，

总葡萄糖量=初始葡萄糖量+补充葡萄糖量

转化率=乳酸产量(g)/葡萄糖消耗量(g)

（五）分批发酵对乳酸生产的影响

为了与电渗析发酵进行比较，实验进行了常规的分批发酵，将初始葡萄糖浓度设定为 100g/L 和 200g/L。在初始葡萄糖浓度分别为 100g/L 和 200g/L 时，发酵在 50h 和 100h 内结束（图 9-27）。当葡萄糖浓度为 200g/L 时，乳酸的总产率比葡萄糖浓度为 100g/L 时降低了 75% 左右（表 9-5）。两种葡萄糖浓度下，乳酸的产率在 40h 内基本相同，但葡萄糖浓度为 200g/L 时乳酸的产率在 50h 后变慢。这可能是发酵液中乳酸的积累抑制了发酵，从而降低了生产效率。因此，从发酵液中回收乳酸以降低乳酸对发酵的抑制作用是非常重要的。

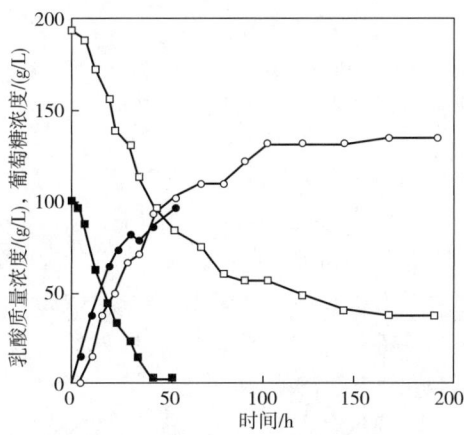

图 9-27 初始葡萄糖浓度为 100g/L 和 200g/L 时分批发酵的过程

■ 和 □—葡萄糖　● 和 ○—乳酸

表 9-5　　　　　　　　常规分批培养中葡萄糖浓度对乳酸生产的影响

	葡萄糖浓度	
	100g/L	200g/L
总生产强度/(g/L/h)	1.92	0.52
得率/(g/g)	0.96	0.73
偏差最大值	7.62	6.84

（六）连续电渗析发酵对乳酸生产的影响

为了确定补料培养基中最佳的葡萄糖浓度，连续电渗析发酵实验中补料培养基中分别含有 100、150、175、200 和 250g/L 的葡萄糖。随着补料培养基中葡萄糖浓度的增加（100~175g/L），最大产率和最大偏差值均增加，但是当葡萄糖浓度为 200g/L 时开始下降，主要原因在于发酵液中积累了过量的葡萄糖，抑制了细菌的生长（图 9-28）。另外，除了葡萄糖浓度为100g/L之外，最大得率和转化率是在葡萄糖浓度为175g/L时获得的，其中最大产率为8.18g/L/h，总得率为0.68，最大转化率为0.71。因此，补料培养基中175g/L的葡萄糖浓度是最佳值。

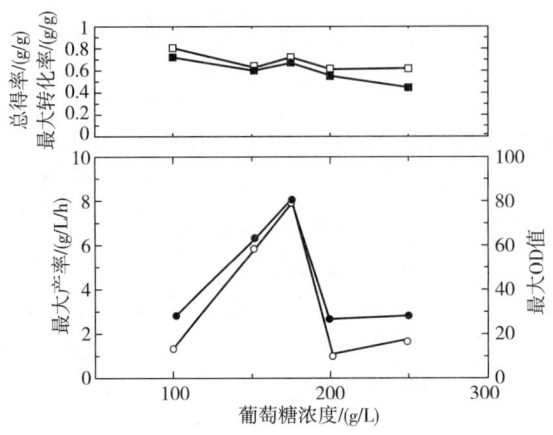

图 9-28　补料培养基中葡萄糖浓度的影响
■—总得率　□—最大转化率　●—最大产率　○—最大OD值

在含有175g/L葡萄糖的补料培养基中，连续电渗析发酵过程曲线如图9-29所示，电渗析发酵可以维持350h以上的运行时间，并在上述情况下保持稳定200h。在200h时，获得最大产率为8.18g/L/h，最大得率为0.71。然而，由于发酵液中葡萄糖含量从100h左右开始不足，引起细菌的活性在200h后开始下降，导致200h后发酵液中葡萄糖开始过量。因此，控制发酵液中的葡萄糖浓度是实现更稳定的发酵过程所必需的。

（七）电渗析发酵模式对乳酸生产的影响

通过比较不同的电渗析发酵模式，结果表明连续电渗析发酵具有最高的产率和最长的发酵时间，用这种方法用4000g葡萄糖可生产2637g乳酸（表9-6）。由于具有最长的发酵时间和最高的产率，乳酸产量大约是分批电渗析发酵的19.5倍。因此，连续电渗析发酵是生产乳酸的一种有效方法。与间歇式电渗析发酵相比，连续电渗析发酵生产乳酸的产率和产量分别是间歇式电渗析发酵的2.43倍和9.7倍。然而，由于连续电渗析发酵操作时间较长，其乳酸的得率会低于间歇电渗析发酵。因此，当将发酵液中的葡萄糖浓度控制在较低水平时，葡萄糖的损耗量会随着发酵液中葡萄糖浓度的降低而降低。

表 9-6　　不同电渗析发酵模式的对比

	分批电渗析发酵	间歇式电渗析发酵	连续电渗析发酵
最大产率/(g/L/h)	2.90	4.78	8.18
最大得率/(g/g)	0.53	0.85	0.68
最大偏差值	16.5	14.8	79.2
乳酸产量/(g/L)	135	272	2637
终止时间/h	60	81	350

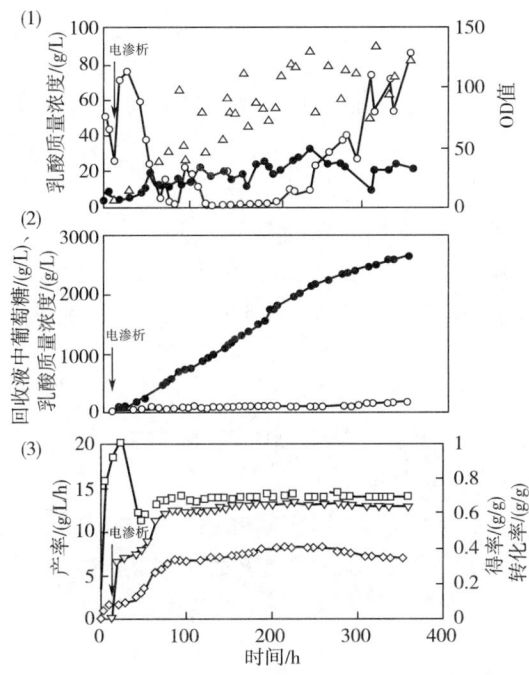

图 9-29　连续电渗析发酵过程曲线（175g/L 葡萄糖的补料培养基）
○—葡萄糖　●—乳酸　△—偏差值　◇—产率　▽—得率　□—转化率

三、乳酸萃取发酵技术

萃取发酵是在发酵过程中利用有机溶剂连续萃取发酵产物，消除乳酸抑制的耦合发酵技术。其具有耗能低、选择性好、无细菌污染等优点。十二烷醇、油醇是常用的萃取剂。Yabannavar 使用叔胺 Alamine336（一种含 8~10 个碳的脂肪族胺）和油醇的混合物来萃取乳酸。Alamine336 是一种很好的萃取剂，但有轻微毒性。萃取剂与细胞直接接触会产生毒害作用，导致细胞活性下降。将细胞固定在 K-卡拉胶中可以减轻溶剂对细胞的毒害。可以用来减轻溶剂毒性的方法有：使用膜将溶剂和细胞分开；细胞固定化；在固定化载体中包埋植物油，如豆油等。

Yun 等测试了由聚合阳离子、聚乙基亚胺（PEI）和不带电聚合物（羟乙基）纤维素（HEC）组成的双水相体系萃取乳酸发酵的潜力。在没有外部 pH 控制的情况下，乳酸乳球菌在两相培养基中使用 20g/L 葡萄糖进行分批发酵，与常规单相培养基相比，乳酸产量和细胞生物量分别提高了 3~4 倍。乳酸优先分布到富含 PEI 的底相。然而，发酵结束后，在新鲜培养基中分布在富含 HEC 顶相的细胞，将会被显著地分布到底相。发酵结束后，pH 调节至 6.5 将导致更少的细胞移动至底相。在外部 pH 控制下，正常和两相培养基中的发酵结果显示，葡萄糖消耗和乳酸产量没有显著差异，但是在两相培养基中获得了更高的细胞密度。在 50g/L 葡萄糖的两相培养基中，分批发酵时使用高浓度的磷酸盐，使得乳酸产量提高了 15%，但细胞的生长速度降低了接近 50%，从而影响了产量。接下来，将详细阐述这一技术。

(一) 菌种

采用乳酸乳球菌 65.1 菌株。储存在 -20℃ 的石蕊乳中。

(二) 培养基

用于接种培养和发酵的常规培养基每升包含：葡萄糖 20~100g，酵母膏 5g，胰蛋白胨 5g，酪蛋白氨基酸 1g，KH_2PO_4 2.5g，K_2HPO_4 2.5g，$MgSO_4 \cdot 7H_2O$ 0.5g。葡萄糖和镁离子溶液在接种前分别用高压蒸汽处理并与其他介质成分混合。培养基的 pH 为 6.5。制备 10 倍浓缩的培养基，用于水溶液双相体系的实验。

乳酸乳杆菌的接种是从石蕊乳中取 0.2mL 接种到 100mL 三角瓶中，装液量为 50mL。将培养基在 30℃、150r/min 的摇床下培养。10h 之后，将分离得到的细胞重新悬浮在同样体积的蒸馏水中。

(三) 萃取基材料

聚乙烯亚胺、(羟乙基)纤维素、D/L-乳酸、酵母膏、胰蛋白胨、酪蛋白氨基酸。所有其他使用的化学品都是分析纯级的。

9%（质量分数）的聚乙烯亚胺（PEI）贮备液，6%（质量分数）的（羟乙基）纤维素（HEC），25%（质量分数）的聚乙二醇（PEG）水溶液。用稀释的 H_2SO_4（20%体积分数）滴定 PEI 标准溶液至 pH 为 6.5。随后给出的所有聚合物浓度按质量分数计算。

(四) 分析方法

乳酸浓度的测定通过 Sigma Diagnostics Kit，也可以通过高效液相色谱法。高效液相色谱配备紫外检测器，使用 Rezex ROA 柱（300×7.8mm，Phenomenex，CA），流动相为 0.013mol H_2SO_4，流速为 0.6mL/min，pH=3，室温下进行。葡萄糖浓度的测定用二硝基水杨酸法。通过测量 600nm 处细胞悬浮液的吸光度并使用吸光度与细胞干重的校准曲线转换成干重（g/L）来测定细胞密度。

(五) 双相体系对乳酸分配的影响

1. 双相体系中乳酸分配的测定方法

将单相组分（PEI 和 HEC 或 PEI 和 PEG）的储备溶液、缓冲液（1mol/L Na_3PO_4，pH=6.5）或培养基（10 倍浓缩的普通培养基）、乳酸三者混合。用蒸馏水稀释上述混合液，形成两相系统中所需的最终浓度。将分级试管中的相系统在室温下静置直至发生相分离。每个相系的体积通过肉眼读取。提取顶部和底部相系的样品用于乳酸测定。乳酸分配系数（K）定义为其上相浓度与下相浓度之比。

2. 双相体系对乳酸分配的影响

采用基于 PEI 的双相系统提取乳酸发酵产物的目的是将产物最大程度地提取至含 PEI 的底相。研究表明，与聚电解质有强烈相互作用的阴离子（如磷酸盐和硫酸盐）会影响 PEI/HEC 系统的性质，包括蛋白质的分配系数等。由于乳酸乳球菌的培养基主要含有 PO_4^{3-}，需要考察它们对 PEI/HEC 和 PEI/PEG 双相体系中乳酸分配的影响。

图 9-30 显示，4%PEI/1%HEC 系统中磷酸盐离子浓度的增加导致了相体积比（Vr/Vh）的增加，同时也引起了乳酸分配系数（K）（1%质量体积分数）的下降。磷酸盐的加入引起了底部相体积的减小和 PEI 浓度的升高，这有利于保持乳酸的高浓度。当磷酸盐缓冲液被不同浓度的培养基（0.5~1.5 倍）所取代时，其相体积比和分配系数的变化趋势与图 9-30 所示相差不大。在普通培养基浓度下，乳酸分配系数约为 0.5，表明乳酸在底相

中得到了相对浓缩（约占总量的 75%）。

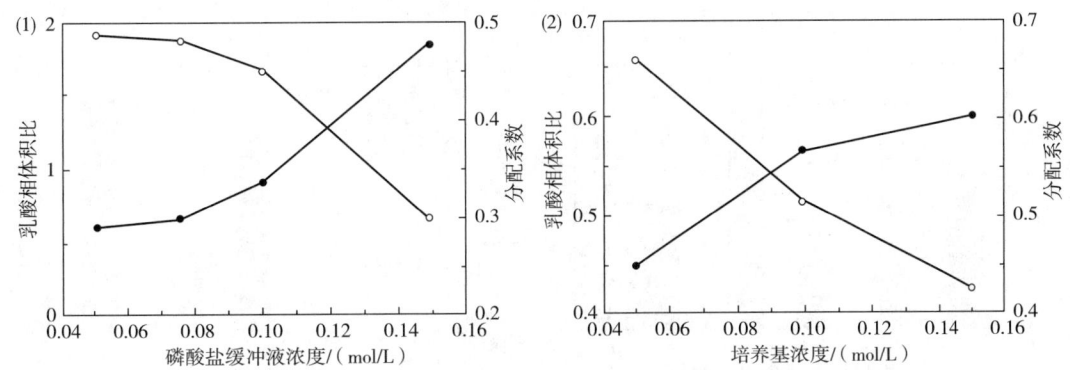

图 9-30　磷酸盐缓冲液（1）和培养基浓度（2）对 4% PEI/1% HEC 两相体系中
乳酸相体积比 V_f/V_b 和分配系数 K 的影响
○—乳酸相体积比（V_f/V_b）　●—分配系数（K）

在 PEI/PEG（4%/4%）两相体系中，不同的磷酸盐浓度对乳酸的相体积比和分配系数没有显著影响（图 9-31）。由于乳酸的分配对培养基中离子浓度的变化不敏感，这将有利于乳酸发酵。虽然乳酸在 PEI/PEG 体系中的分配系数低于 PEI/HEC 体系，但更高的相体积比意味着，顶相中乳酸的含量更高。在底相中获得约 55% 的总乳酸量，而在之前描述的 PEI/HEC 体系（具有 0.05mol/L 磷酸盐）中最大为 78%。

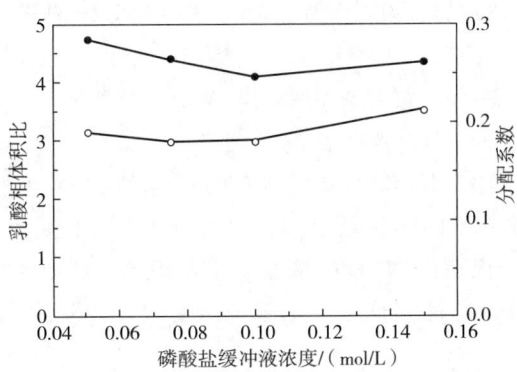

图 9-31　磷酸盐缓冲液浓度对 4%PEI/4%PEG 两相体系中乳酸相体积比和分配系数的影响
●—乳酸相体积比　○—分配系数

在 PEI/HEC 两相体系中，使用普通培养基将聚合物浓度从 4%/1% 改变为 5%/1.3%，降低了 V_f/V_b 和乳酸的分配系数 K（2% 质量体积分数）（图 9-32）。结果表明，富含 PEI 的底相（L_b）中乳酸的比例从 71% 上升到 82%。在 5% PEI/1% HEC 的系统中，其相体积比进一步降低，导致底相中乳酸的比例更高（85%）。

在含有普通培养基的 PEI/PEG 两相体系中，4%/4% 的聚合物浓度下没有发生相分离，但是在 1.5 倍的培养基浓度下，形成了具有更高相体积比 V_f/V_b（4.4）的两相体系。底相（L_b）

中的乳酸含量约为总量的32%。当聚合物浓度进一步增加至6%/4%和6%/6%时，无论介质浓度如何，底相中的乳酸含量约为65%，甚至增加的乳酸水平也远低于PEI/HEC两相系统。

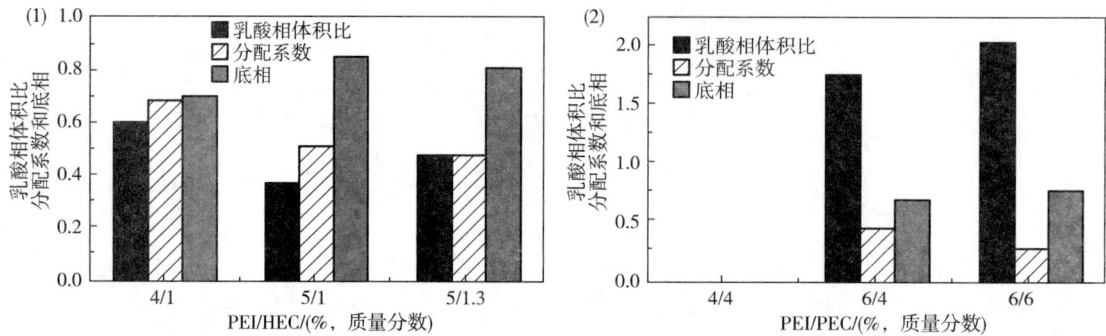

图9-32　（1）PEI（聚乙基亚胺）/HEC（不带电聚合物羟乙基纤维素）中乳酸的分配情况和（2）具有普通培养基的PEI（聚乙基亚胺）/PEG（聚乙二醇）两相系统中乳酸分配情况

（六）无pH控制的分批发酵对乳酸生产的影响

1. 无pH控制的发酵运行过程

乳酸发酵分别在50mL/100mL正常培养基和两相培养基中进行，发酵条件为30℃水浴、转速150r/min。通过高温高压灭菌PEI和HEC的储备溶液以及蒸馏水，然后与灭菌的储备培养基混合，得到50mL的两相培养基。将制备的乳酸乳球菌悬浮液接种（5%）至各上述培养基。将在发酵期间定期取出的3~4mL样品离心，并将细胞沉淀重悬于0.9% NaCl溶液中用于细胞质量测定。将上清液储存在冰箱中，用于进一步分析葡萄糖和乳酸。在两相培养的情况下，将上清液充分混合冷冻。发酵结束后，将10mL的两相培养基转移到分级试管中进行相分离。从底层相取出3~4mL样品，并采用与其他样品相同的处理方式进行处理分析。

2. 无pH控制的分批发酵对乳酸生产的影响

在普通培养基和含有PEI/HEC双水相体系的培养基中分别进行无pH控制的乳酸发酵。乳酸乳球菌在普通培养基中的生长受到抑制并在5~6h内停止，并且所得到的发酵液pH降至4.3（图9-33）。仅在添加HEC培养基中的发酵有类似的趋势。但在只有PEI存在的情况下，由于聚阳离子的抑制作用，细胞经历了很长的延迟期。

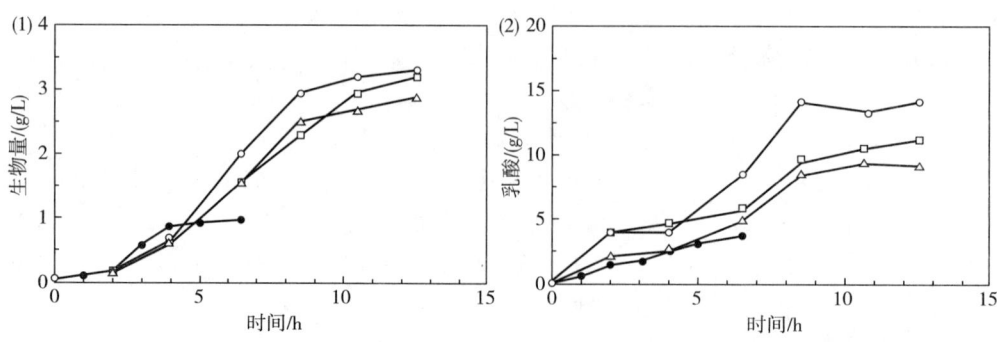

图9-33　没有pH控制的情况下乳酸乳球菌的生长（1）和乳酸的产量（2）
注：在普通培养基中（●），在双相体系中PEI/HEC浓度4%/1%（△），5%/1%（□），5%/1.3%（○）。

在 PEI/HEC 两相系统中，乳酸乳球菌倾向于富含 HEC 的顶相，并且 PEI 的抑制作用也会减弱。与单相培养基相比，细胞生长时间更长，葡萄糖消耗更多，乳酸产量更高（包括乳酸盐）（图 9-33，表 9-7）。在两相发酵过程中，乳酸量产量提高了 3~4 倍，其中在 5%PEI/1.3%HEC 两相系统中最高。聚电解质的缓冲效果明显，主要体现在含有较高浓度酸的两相培养基具有较高的 pH（表 9-7）。

表 9-7　无 pH 控制的 PEI/HEC 双水相体系中进行乳酸发酵结果

PEI/HEC /（%,质量分数）	最终 pH	最大细胞密度/（g/L）	残糖浓度/（g/L）	总乳酸产量/（g/L）	产率/（g/L/h）	体积比（V_t/V_b）	C_b/%	L_b/%
普通	4.35	0.96	14.9	3.5	0.54			
4/1	4.80	2.89	8.1	9.9	0.95	0.67	41	70
5/1	4.90	3.21	6.0	12.1	0.96	0.44	30	79
5/1.3	4.78	3.30	4.6	13.9	1.12	0.59	28	70

注：PEI 为聚乙基亚胺，HEC 为不带电聚合物羟乙基纤维素，C_b 为总细胞分布到底部相的百分比，L_b 为总乳酸分布到底部相的百分比。

在发酵开始后，细胞促进了所有两相系统中的两相分离，并且在小于 1h 内完成。发酵生产的大部分乳酸被分配到富含 PEI 的底相。然而，在发酵结束时改变了细胞的分布，其主要被分布到新两相系统的 HEC 顶相中，而增加的细胞被分配到 PEI 底相（表 9-7）。可能的原因是在发酵过程中细胞表面电荷与聚合物碱的相互作用增强。

（七）pH 控制的分批发酵对乳酸生产的影响

1. pH 控制的发酵运行过程

在容积为 2L、装液量为 1L 的发酵罐中进行正常和两相介质的 pH 控制发酵。对于两相发酵，将 100g 50% PEI 和 13g HEC 溶解在水中，在发酵罐中用 H_2SO_4 滴定至 pH 为 6.5，并使其体积为 700mL。高压蒸汽灭菌后，将灭菌的储备培养基和葡萄糖溶液加入到聚合物溶液中，使总体积达到 1L。

通过将 3mL 在普通培养基中经过 12h 培养的乳酸乳球菌转移至另外 50mL 普通培养基或 50mL 5% PEI/1.3% HEC 两相培养基中来接种发酵，将 30℃培养 12h 后获得的细胞离心并重悬浮于蒸馏水中。细胞悬浮液以 5%（体积分数）的浓度接种到相应的 1L 培养基中。

2. pH 控制的分批发酵对乳酸生产的影响

在两相培养基中，通过控制 pH 进行乳酸发酵。采用在普通培养基中生长的细胞接种到两相培养基中进行乳酸发酵，引起了较长的延滞期和较慢的细胞比生长速率（$0.21h^{-1}$），与采用两相培养基培养的接种物直接接种（$0.38h^{-1}$）相比，比生长速率较为缓慢（图 9-34）。两种培养基发酵的最终细胞密度和乳酸产量基本相同。

营养物质的质量传递受到培养基黏度变化的影响，而黏度的增加是由于形成两相的聚合物引起的。两相培养基的搅拌对于实现微需氧乳酸乳球菌最佳的细胞生长速率和乳酸产量是非常重要的。在含有 100g/L 葡萄糖的双相培养基中，将搅拌速度从 50r/min 增加到 150r/min，导致乳酸乳球菌的最大比生长速率从 $0.17h^{-1}$ 增加到 $0.37h^{-1}$，发酵时间从 70h

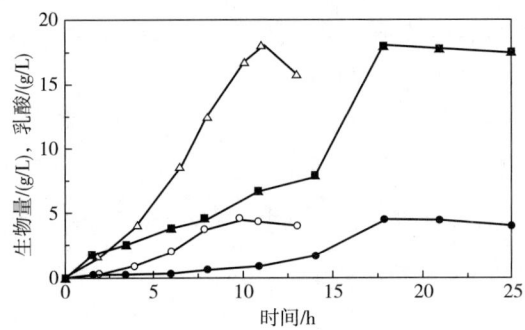

图 9-34 普通培养基（封闭系统）和双水相两相培养基（开放系统）中接种对 5% PEI 和 1.3% HEC 两相培养基中乳酸乳球菌的生长和乳酸产量的影响

○—封闭系统中乳酸乳球菌的生长　●—开放系统中乳酸乳球菌的生长
△—封闭系统中乳酸产量　▲—开放系统中乳酸产量

减少到43h（图9-35）。进一步提高搅拌速度至300r/min则对发酵产生不利的影响，细胞生长速率和乳酸产量降低到低搅拌转速时的水平。

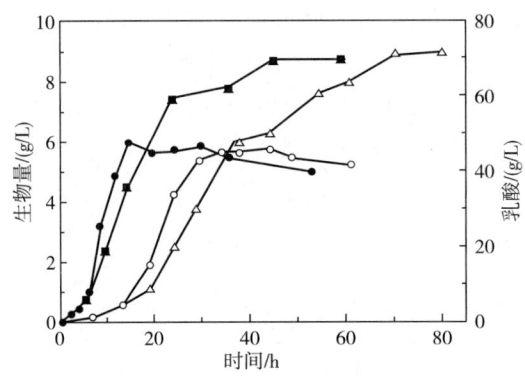

图 9-35　搅拌速率对 5% PEI/1.3% HEC 两相培养基中乳酸乳球菌的生长和乳酸产量的影响

在 5% PEI/1.3% HEC 两相培养基中，控制葡萄糖浓度分别为 20、50 和 100g/L，pH6.5，30℃和150r/min条件下，进行乳酸发酵，并与在相似条件下普通培养基中的乳酸发酵进行比较，结果如表9-8所示。在相同葡萄糖浓度下，两种培养基中乳酸最大产量相似，但在两相培养基中的细胞生长速率和乳酸产率相对较慢。由于 PEI 是一种弱聚合物，对乳酸的缓冲能力有限，因此，当通过外部强碱来控制 pH 以促进发酵时，PEI 的作用变得无关紧要。尽管如此，当初始葡萄糖浓度为 50g/L 和 100g/L 的两相培养基中，细胞密度相对较高（表9-8），这可能是由于细胞附近乳酸浓度降低导致产物抑制降低所引起的。然而，这对于提高产率没有任何影响。在初始葡萄糖浓度为 100g/L 的两相培养基中发酵完成后，最终实现相分离需要约 3h，最可能的原因是当 NaOH 用于 pH 控制时，过度地稀释了整个发酵系统。同样在这个系统中，大量的细胞进入底相，成为絮凝物。

表 9-8　　　　　　　　　　　　　　外部 pH 控制的乳酸发酵

培养基	初始葡萄糖浓度/(g/L)	发酵时间/h	最大细胞密度/(g/L)①	残糖浓度/(g/L)	总乳酸产量/(g/L)	产品得率/(g/g)	产率/(g/L·h)	分配系数 K	L_b/%	C_b/%
普通	23.58	10	4.20	0.3	19.1	0.82	1.91			
双相②	22.37	11	4.41	0.44	17.75	0.81	1.61	0.53	75	12
普通	52.13	14.5	4.86	0.98	38.95	0.76	2.69			
双相②	51.01	14.5	6.17	1.21	37.35	0.75	2.58	0.71	63	9
普通	96.81	54	4.57	2.62	69.64	0.74	1.29			
双相②	94.32	60.5	6.00	2.47	69.62	0.75	1.15	1.1	57	③

注：①在最终发酵结束之前获得的最大细胞密度。
②补充正常培养基的 5% PEI/1.3% HEC 双水相系统。
③由于大多数细胞沉淀，很难估计细胞分布。
C_b 为总细胞分布到底部相的百分比，L_b 为总乳酸分布到底部相的百分比。

（八）连续发酵对乳酸生产的影响

1. 连续发酵运行过程

在容积为 2L、装液量为 1L 的发酵罐中进行正常和两相介质的 pH 控制发酵。对于两相发酵，将 100g 50% PEI 和 13g HEC 溶解在水中，在发酵罐中用 H_2SO_4 滴定至 pH 为 6.5，并使其体积为 700mL。高压蒸汽灭菌后，将灭菌的储备培养基和葡萄糖溶液加入到聚合物溶液中，使总体积达到 1L。

通过将 3mL 在普通培养基中经过 12h 培养的乳酸乳球菌转移至另外 50mL 普通培养基或 50mL 5% PEI/1.3% HEC 两相培养基中来接种发酵，将 30℃培养 12h 后获得的细胞离心并重悬于蒸馏水中。细胞悬浮液以 5%（体积分数）的浓度接种到相应的 1L 培养基中。

除非特别说明，否则所有培养均在 30℃，pH6.5，搅拌速度为 150r/min 下进行。通过加入 8mol/L NaOH 进行连续发酵，使 pH 保持恒定。在发酵过程中取出的样品以与上述相同的方式处理，用于测量细胞密度、葡萄糖和乳酸。

连续发酵是在分批培养达到指数期结束后通过泵入新鲜培养基开始。稀释率逐步提高。改变稀释率后，培养物停留 3 次，以建立稳定状态。

2. 连续发酵对乳酸生产的影响

PEI/HEC 两相系统可以在一定的乳酸浓度范围内进行萃取分批发酵。通过连续发酵，可以控制发酵罐中的产物浓度维持在较低的水平。因此，在普通和两相培养基中分别以 50g/L 葡萄糖和磷酸盐进行乳酸连续发酵。对于普通培养基，稀释率从 $0.19h^{-1}$ 变到 $0.7h^{-1}$；对于两相系统，稀释率从 $0.11h^{-1}$ 变到 $0.39h^{-1}$。在两种体系中，乳酸产量和葡萄糖消耗均随稀释率的增加而降低（图 9-36）。在两相体系中，相同的稀释率范围内，获得了较高的细胞密度和乳酸产量［图 9-36（2）］。在 $0.2h^{-1}$ 的稀释率下，两相培养基中的乳酸产量为 34.2g/L，然而在 $0.19h^{-1}$ 的稀释率下，普通培养基的乳酸产量为 28.2g/L。两种情况下消耗的葡萄糖分别为 72% 和 78%，这意味着两相体系中每克葡萄糖转化成乳酸的产量更高。

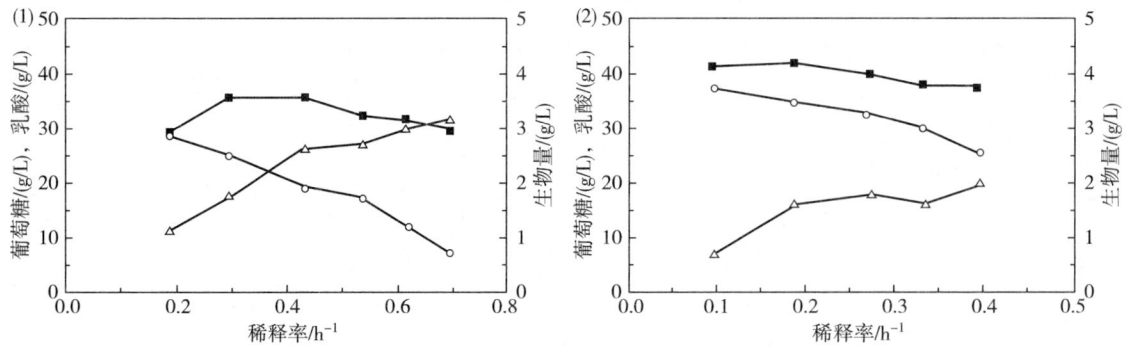

图 9-36 在正常生长培养基（1）和 5% PEI/1.3% HEC 两相培养基（2）
连续发酵时总生物量稳定浓度、乳酸和葡萄糖的变化
■—总生物量　○—乳酸　△—葡萄糖

在普通培养基中，以 0.19~0.54h^{-1} 的稀释率获得 0.7~0.77g/g 的最大乳酸得率。当继续增加稀释率（>0.54h^{-1}）时，稀释率越高，乳酸得率越低。在两相系统中，当稀释率为 0.28h^{-1} 时，获得 0.95g/g 的最高乳酸得率，并且在稀释率为 0.39h^{-1} 时降至 0.77g/g ［图 9-37（1）］。在普通培养基中，随着稀释率的增加，乳酸的产率也逐渐提高。在稀释率为 0.54h^{-1} 时，达到最大的产率为 9.3g/L/h。在较高的稀释率下，乳酸产率急剧下降 ［图 9-37（2）］。另一方面，在两相培养基中，随着稀释率的逐步增加，乳酸产率增加得更加明显。直到稀释率为 0.3h^{-1} 时，乳酸产率达到最大值为 10.2g/L/h。因此，两相发酵在乳酸生产效率方面有轻微的提高。

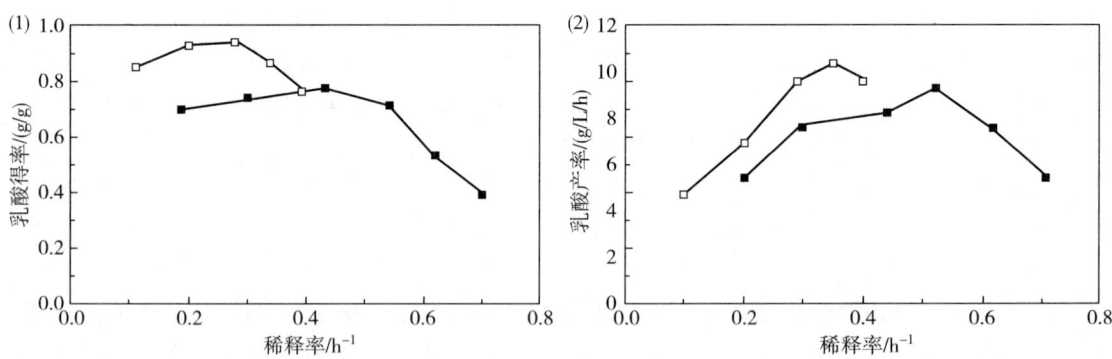

图 9-37 普通培养基和两相培养基中连续发酵时乳酸的得率（1）和产率（2）与稀释率的关系
■—普通培养基　□—两相培养基

四、乳酸吸附发酵技术

吸附发酵过程中常用的吸附剂有活性炭、离子交换树脂等。Davison 等将活性炭加入到 K-卡拉胶固定化德氏乳杆菌柱形流化床生物反应器中，控制了发酵液的 pH。但是活性

炭作为吸附剂有许多缺点：吸附量小；吸附选择性差，不但吸附乳酸还吸附一定量的葡萄糖，使发酵受到了明显影响；可重复性差等。

从工业化生产的角度来看，离子交换树脂法以选择性强、交换（吸附）容量大、操作简单、易于自动化控制等优点具有较强的竞争力（图 9-38）。Srivastava 把离子交换树脂 Amberlite IRA-400 用于乳酸吸附发酵过程，其转化率为 92%，产酸速率为 1.665g/L/h。但其工艺也有缺点：在提取乳酸前用碱调节 pH，显著影响了树脂的交换容量；在 pH=5.0 时开始提取，造成发酵过程中提取次数过多，发酵液中营养物质和菌体被树脂过多吸附或滞留，从而影响了产酸速率，延长了发酵周期。使用琥珀酸杆菌菌种进行分批发酵，当发酵液中琥珀酸浓度达到 25g/L 时，即出现产物抑制现象。杨冰等在发酵过程中加入筛选后的弱碱性阴离子树脂 D301R 进行原位吸附分离发酵，可以很好地解决发酵过程的产物抑制问题，使琥珀酸浓度在发酵液中始终保持较低水平。相对于葡萄糖分批发酵，该发酵工艺将琥珀酸产量由 36.87g/L 提高到 49.46g/L，转化率由 61.45% 提高到 82.43%。此外，该工艺的应用还减轻了下游产物回收纯化的压力。

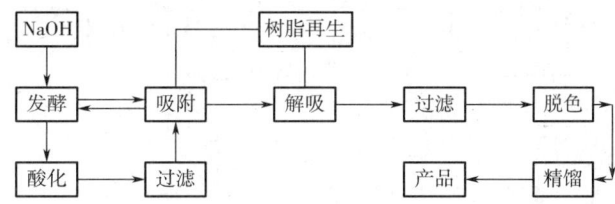

图 9-38　吸附发酵法工艺流程

Monteagudo 等在连续铁离子交换树脂体系中，借助德氏乳杆菌 CECT 286 以甜菜糖蜜为底物，发酵制备 L-乳酸，并与常规化学恒温法进行了比较。该方法的原理是在发酵过程中通过吸附碳酸盐型阴离子交换树脂（Amberlite IRA-420）来去除乳酸，并通过在培养基中维持低浓度乳酸来克服其对乳酸菌的抑制作用。乳酸铵是由 $(NH_4)_2CO_3$ 溶液通过该树脂形成的，经氢型阳离子交换树脂（Amberlite IR-120）处理后转化为乳酸。与传统的化学恒温器相比，该发酵-离子交换树脂体系提高了发酵速度，控制了 pH，并且由于完全利用了蔗糖，使乳酸和菌体生物量都得到了显著的提高。

以下详细介绍乳酸吸附发酵技术。

（一）菌种

从西班牙典型培养物保藏中心获得的德氏乳杆菌 CECT 286 用于所有发酵实验。将细菌在 20%（质量体积浓度）甘油溶液中保持冷冻直至准备使用。

（二）培养基

稀释甜菜糖蜜（50%蔗糖质量分数）以获得 30g/L 的蔗糖浓度。酵母提取物 5.31g/L，蛋白胨 5.08g/L，吐温 3mL/L，KH_2PO_4/K_2HPO_4 0.40g/L，$MgSO_4 \cdot 7H_2O$ 0.60g/L，$MnSO_4 \cdot 4H_2O$ 0.030g/L，$FeSO_4 \cdot 7H_2O$ 0.030g/L。

在含有 250mL 液体 MRS 培养基的 500mL 锥形瓶中制备用于连续培养的种子，并在 49℃下温育 15h。然后，将 150mL 生长的种子悬浮液注入含有糖蜜培养基的发酵罐中以启动发酵过程。种子中的生物量浓度为 6g/L，通过在 3200r/min 离心测定。

(三) 吸附基材料

使用 Amberlite IRA-420 (Rohm and Haas, USA) 碳酸盐型强酸性阴离子交换树脂和 Amberlite IR-120 (Rohm and Haas, USA) 氢型凝胶强阳离子树脂，将已知量的 Amberlite IRA-420 树脂包装于双柱系统中 (图 9-39)，以便从无菌体的发酵液中连续除去乳酸。以相同的方式，用 Amberlite IR-120 树脂处理来自该树脂的乳酸铵流出物以产生乳酸。

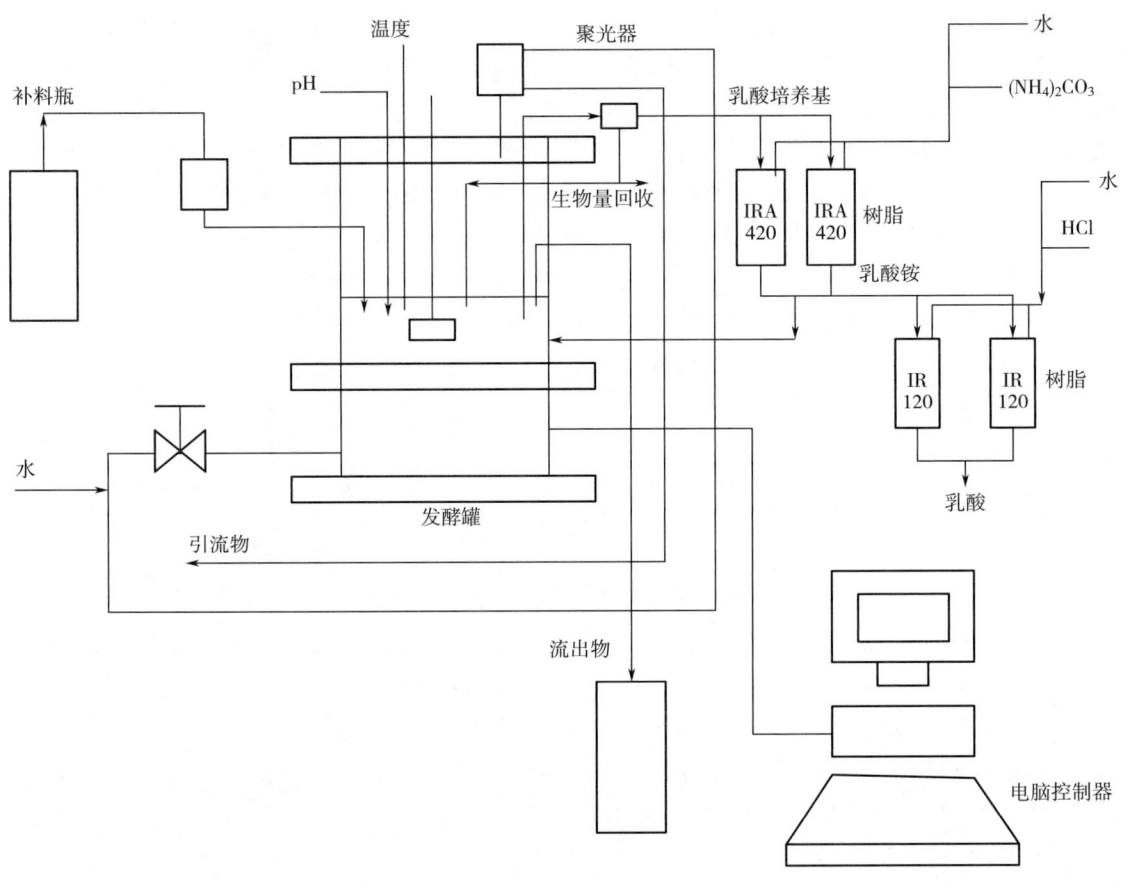

图 9-39 乳酸吸附发酵实验装置示意图

(四) 连续设备和程序

发酵系统如图 9-39 所示，在 5L 发酵罐 (New Brunswick) 中进行连续培养，该发酵罐配备有用于控制温度、pH、搅拌、营养物进料和流出物的微处理器。液体体积保持在 2L，泵用于进料和流出物。

温度和搅拌速率分别控制在 49℃ 和 100r/min。在没有缓冲液或 pH 控制的条件下进行连续发酵，因为形成的乳酸盐会被吸附在阴离子树脂 (Amberlite IRA-420) 上。

采用与分批发酵相同的方式开始连续发酵。向发酵罐中加入培养基，并接种对数生长期的种子。当细菌密度达到连续发酵所需水平时，开始将营养培养基流向发酵罐，同时开启释放发酵流出物。

将进料培养基在 Autester-G（P-Selecta）型高压锅中 $1.11×10^5$ Pa 蒸汽压下灭菌 20min。将发酵罐和培养基灭菌 15min。在使用前先将进料管线灭菌，用 0.01mol/L 的四甲基溴化铵溶液冲洗管道，然后用 0.1mol/L 乙醇-水溶液彻底清洗。在将进料管与发酵罐连接和断开的过程中，用乙醇溶液彻底擦拭输入口周围的区域。

培养基的补充是借助蠕动泵（501U，Watson-Marlow）以一定的速率进行，该速率决定了恒化培养的稀释率 D。因此，通过操纵两个蠕动泵的补料速率，可以有效地控制相关的发酵参数，如：D 和生物量回收。

通过微滤模块将含有细胞的发酵液从发酵罐中放出，并用于生物量的分离和循环再利用。发酵液分离装置是 $0.2\mu m$ 陶瓷横流微过滤器。陶瓷过滤器具有较多的优点，如可加热灭菌、能够耐受清洁过程中使用的化学品等。通过 Bourdon 型压力计监测过滤器发酵液入口压力。不含细胞的发酵液流经 Amberlite IRA-420 树脂床后，流出阴离子树脂的发酵液重新导入发酵罐中。

Amberlite IRA-420 树脂固定的乳酸盐，可以用 1mol/L $(NH_4)_2CO_3$ 溶液进行洗脱，之后自动再生树脂。树脂经水洗涤后可以直接再利用。该方法对乳酸具有选择性，并且需要无菌操作。当用 $(NH_4)_2CO_3$ 溶液再生阴离子树脂时，树脂流出物中乳酸铵的浓度必须实时监测，不能中断。乳酸铵溶液经 Amberlite IR-120 树脂处理，得到乳酸。树脂可用水和 1mol/L HCl 溶液连续洗涤，再生使用。

阴离子交换树脂（Amberlite IRA-420）经蒸馏水洗涤后，用甜菜糖蜜培养基平衡。该平衡处理排除了由树脂引起的不良影响，如：细胞生长所需营养物质的吸附和 pH 变化的干扰。

通过蠕动泵（502/S，Watson-Marlow，Falmouth，Cornwall，UK）实现无细胞发酵液的再循环流经离子交换树脂床。不含乳酸盐的发酵液通过浸没式入口返回发酵管道，以减少管道内的泡沫。发酵液循环回路的总体积为 0.2L（发酵罐总体积的 10%），循环速率为 0.01L/min。在整个过程中，滤液流速是恒定的。在发酵过程中，实时监测细菌、蔗糖和乳酸浓度。每隔 30min 取样并立即分析。

（五）离子交换树脂的平衡

Amberlite IRA-420 阴离子交换树脂和 Amberlite IR-120 阳离子树脂的选择，分别可以根据它们对乳酸和铵的载荷进行选择。由于离子交换剂使用的一个关键控制因素是在任何给定的系统中树脂相和溶液相之间的离子平衡分布，因此，需要研究 Amberlite IRA-420 和 Amberlite IR-120 的离子交换平衡。

图 9-40 显示了借助 Amberlite IRA-420 对无细胞发酵液进行乳酸盐离子交换的实验平衡等温线。图 9-41 显示了借助 Amberlite IR-120 对乳酸铵进行 NH_4^+ 交换的实验平衡等温线。结果表明，树脂的离子交换平衡对于树脂的吸附能力是非常有利的。

为了拟合实验平衡数据，使用 Langmuir 方程式（9-6）：

$$n^* = (n^\infty K_1 C^*)/[C_0 + (K_1 - 1)C^*] \tag{9-6}$$

式中，　　n^∞——最大渐近固相溶质浓度，mEq/g 干树脂

　　　　　K_1——平衡常数

C_0、n^* 和 C^*——分别为溶液中初始溶质浓度、平衡固相和液相的溶质浓度

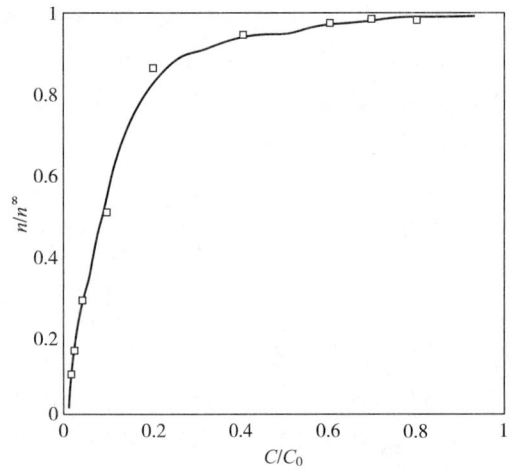
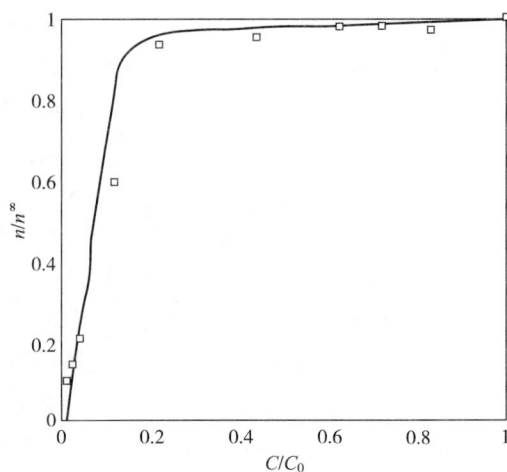

图 9-40　Amberlite IRA-420　　　　　　　图 9-41　Amberlite IR-120
吸附乳酸盐的平衡等温线　　　　　　　　　吸附铵的平衡等温线

□—实验数据　——模型　C_0—乳酸初始浓度　C—乳酸平衡浓度
n—乳酸的树脂相平衡浓度　n^∞—最大渐近固相溶质浓度

图 9-43 和图 9-44 中的实线表示无量纲化的 Langmuir 等温线见式 (9-7)，式 (9-8)：

$$Y^* = X^*/[R + (1-R)X^*] \tag{9-7}$$

其中，

$$R = 1/K_1;\ X^* = C^*/C_0;\ Y^* = n^*/n^\infty \tag{9-8}$$

从这些图中可以看出，Langmuir 方程能够很好地将数据相关联。

表 9-9 列出了方程式 (9-6) 的参数，平衡常数 (K_1)、饱和容量 (n^∞) 和平均偏差 (s)。通过使用非线性回归方法将实验数据与 Langmuir 方程进行拟合，来确定这些参数。

表 9-9　　　　　　　　　　　　　　树脂的吸附参数

树脂	饱和容量/(mEq/g)	平衡常数	平均偏差/%
Amberlite IRA-420	4.60	20.44±5.10	0.361
Amberlite IR-120	5.15	23.10±4.14	0.250

平衡常数 K_1 的值证实了等温线对两种树脂都非常有利，而且树脂显示出较高的交换能力，n^∞。当 pH 升高时，Amberlite IRA-420 的交换能力增加（表 9-10）。研究表明，德氏乳杆菌发酵甜菜糖蜜生产 L-乳酸的最佳 pH 为 5.92。在该系统中，保持 pH 恒定（≈6），无需缓冲液或进行 pH 控制。当乳酸盐在 Amberlite IRA-420 上形成时，即被吸附。

表 9-10　　　　**Amberlite IRA-420 在 49℃时对乳酸盐的吸附能力**

pH	Amberlite IRA-420 饱和容量/(mEq/g)	pH	Amberlite IRA-420 饱和容量/(mEq/g)
4.5	4.31	5.5	4.56
5.0	4.44	6.0	4.60

(六) 离子交换树脂的再生和回收

为了测试 Amberlite IRA-420 和 Amberlite IR-120 在半连续操作过程中的有效性，采用离子交换步骤与再生循环相结合的方法，实现树脂的多轮循化利用。将发酵液（或乳酸铵溶液）泵入新鲜树脂柱（0.003m/s，含60g干树脂）中，得到图9-42和图9-43所示的穿透曲线。对于实际应用，Amberlite IRA-420 的有效容量为 4.10mEq/g 干树脂，Amberlite IR-120 的有效容量为 4.60mEq/g 干树脂。在穿透实验中，有效的平衡等温线需要达到有效容量。之后，用水冲洗柱子，并结合 1mol/L $(NH_4)_2CO_3$ 溶液（对于 Amberlite IRA-420）和 1mol/L HCl 溶液（对于 Amberlite IR-120），直至达到恒定的 pH，再用冷水冲洗。重复穿透曲线，载荷曲线表明树脂已经实现了有效的再生。

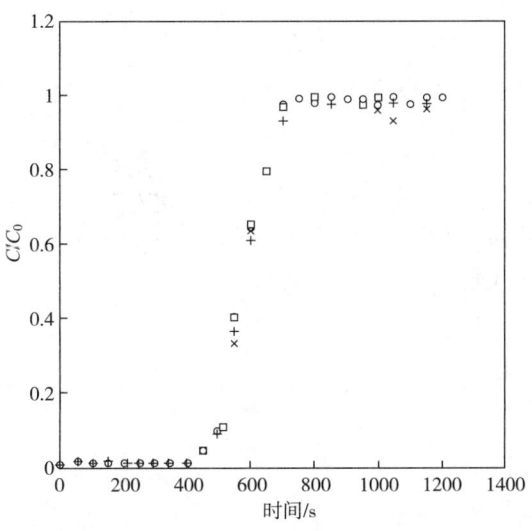
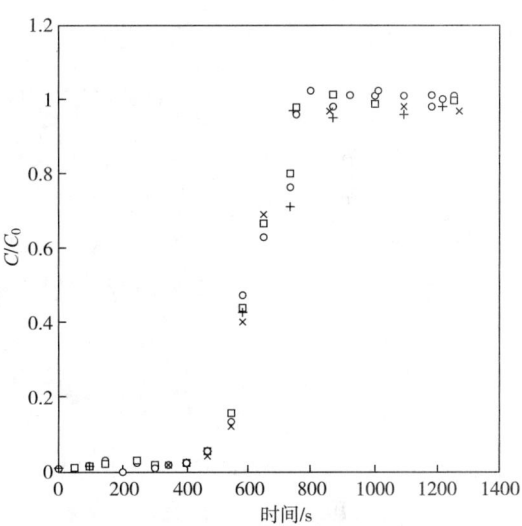

图 9-42 Amberlite IRA-420 回收系列穿透曲线　　图 9-43 Amberlite IR-120 回收系列穿透曲线

□—纯树脂　○—首次再生　+—第二次再生　×—第三次再生

C/C_0 值为乳酸平衡浓度/乳酸初始浓度

(七) 发酵罐-离子交换树脂系统生产乳酸

图9-44是经典恒化器和发酵罐-离子交换树脂系统的发酵过程曲线图。在没有树脂床的发酵过程中，生物量浓度增加至12g/L左右。在活细胞增加过程中，乳酸的积累量逐渐增加，并达到最大浓度40g/L左右。当发酵液循环通过 Amberlite IRA-420 树脂床时，发酵罐中的生物量浓度达到50g/L左右，并保持稳定。由于乳酸被吸附到树脂上，导致其在发酵罐中的浓度降低，并保持在较低水平。因此，乳酸对细菌的抑制作用可以忽略不计，并且 pH 也得到了有效控制。在不使用传统 pH 控制策略的情况下，通过增强葡萄糖转化可以达到这一目的。为了使发酵过程有效地发挥作用，必须严格控制 pH，通常可以通过添加碱形成乳酸盐的方式来实现。

发酵初期，由于蔗糖的快速转化和乳酸的快速积累，导致 pH 下降。然后，将无生物量的发酵液循环通过 Amberlite IRA-420 阴离子树脂，并将 Na_2CO_3 加入到发酵罐中，使 pH

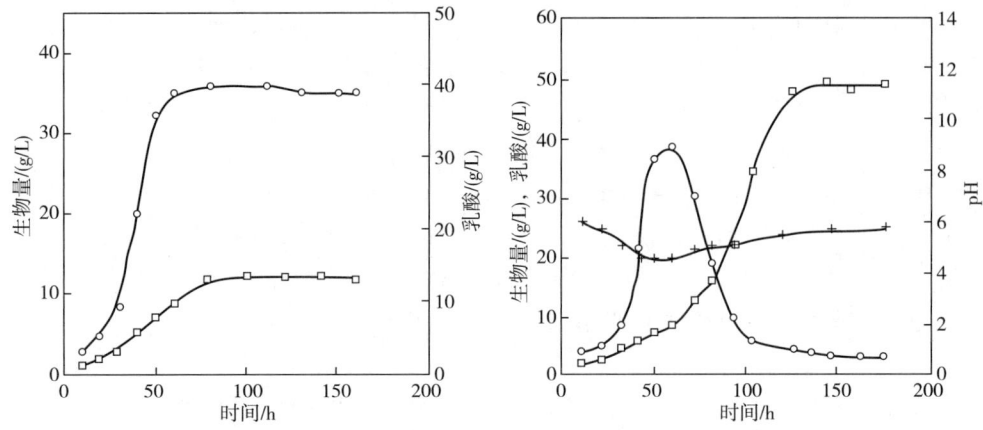

图 9-44　经典恒化器和离子交换恒化器的发酵时间过程
□—生物量　○—乳酸　+—pH

高于 6，以便于进一步的转化。以发酵过程中 60、80、100、120 和 150h 点处洗脱的乳酸总量绘制乳酸形成过程曲线图 9-45，结果表明，发酵过程受到产物抑制，而不是底物的限制。如果从培养系统中除去抑制产物（乳酸），则发酵可以进一步进行。

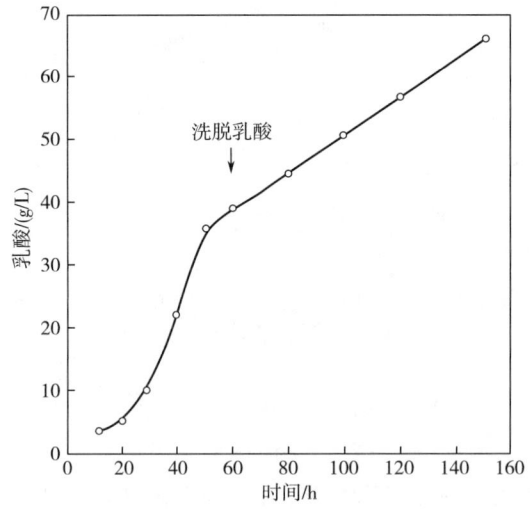

图 9-45　乳酸形成过程曲线

表 9-11 展示了在经典恒化器和发酵罐-离子交换树脂系统的 5 个稀释率（D）下，单位生物量的乳酸得率（$Y_{P/X}$）、单位蔗糖的生物量得率（$Y_{X/S}$）、单位蔗糖的乳酸得率（$Y_{P/S}$）和残留蔗糖浓度（C_S）。在发酵罐-树脂系统中，发酵液中没有检测到残留的蔗糖。在经典恒化器中，当 $D>0.1h^{-1}$ 时，蔗糖利用不完全。由于在发酵罐-树脂系统中可以完全利用蔗糖，因此，在相同 D 值情况下，$Y_{P/S}$ 和 $Y_{P/S}$ 都大于经典恒化器中的相应值。然而，乳酸浓度的增加与生物量的增加不成比例。因此，引起发酵罐-树脂系统中 $Y_{P/X}$ 降低。

表 9-11　经典恒化器和发酵罐-离子交换树脂系统的发酵性能比较

稀释率 /h^{-1}	经典恒化器				离子交换树脂系统			
	$Y_{P/X}$	$Y_{X/S}$	$Y_{P/S}$	C_S/(kg/m^3)	$Y_{P/X}$	$Y_{X/S}$	$Y_{P/S}$	C_S/(kg/m^3)
0.1	4.44	0.18	0.80	0	2.67	0.34	0.91	0
0.2	4.41	0.17	0.75	1.5	2.78	0.32	0.89	0
0.4	5.00	0.14	0.70	2.9	3.34	0.26	0.87	0
0.6	5.50	0.12	0.66	4.1	4.25	0.20	0.85	0
0.8	6.10	0.10	0.69	5.5	4.61	0.18	0.83	0

注：$Y_{P/X}$为单位生物量的乳酸得率，$Y_{X/S}$为单位蔗糖的生物量得率，$Y_{P/S}$为单位蔗糖的乳酸得率，C_S为残留蔗糖浓度。

以蔗糖比消耗速率（$q_{蔗}$）为 Y 轴、D 值为 X 轴，绘制图 9-46。$q_{蔗}$在 D 轴上的截距非常小（$-0.02×10^{-3}$ mol/g/h），表明在恒化器培养过程中，用于维持代谢和其他非合成代谢所引起的蔗糖消耗速率（q_m）可以忽略不计。在图 9-46 中，$q_{蔗}$与 D 值呈线性增加趋势，这是对于初级代谢物生产的可预期响应，同时也证明了乳酸的产生与细胞生长相关。对于每一种稀释率，发酵罐-树脂系统中的 $q_{蔗}$都比常规恒化器中高。

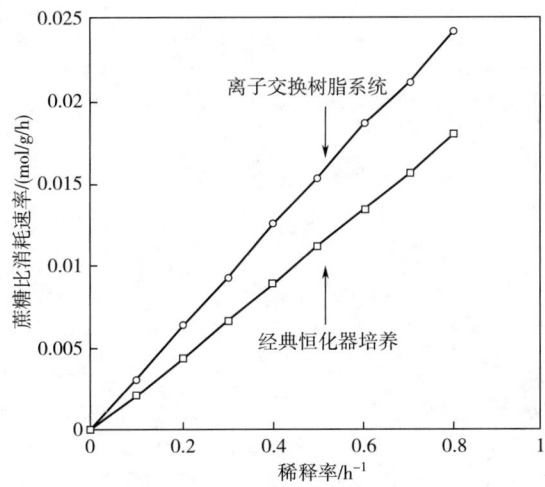

图 9-46　蔗糖的比消耗速率 $q_{蔗}$与在稳定状态的稀释率 D 的曲线
○—离子交换树脂系统　□—传统的恒化器培养

参 考 文 献

[1] Grabar T B, Zhou S, Shanmugam K T, et al. Methylglyoxal bypass identified as source of chiral contamination in L(+) and D(-)-lactate fermentations by recombinant *Escherichia coli*[J]. Biotechnology Letters, 2006, 28(19):1527-35.

[2] Subedi K P, Kim I, Kim J, et al. Role of GldA in dihydroxyacetone and methylglyoxal metabolism of Escherichia coli K12[J]. FEMS Microbiology Letters, 2008, 279(2):180-7.

[3] Mazumdar S, Blankschien M D, Clomburg J M, et al.Efficient synthesis of L-lactic acid from glycerol by metabolically engineered Escherichia coli[J].Microbial Cell Factories, 2013, 12(7):10.1186.

[4] 吴学凤.米根霉半连续高强度发酵生产 L-乳酸研究[D].合肥工业大学,2009.

[5] 王博彦,金其荣.发酵有机酸生产与应用手册[M].北京:中国轻工业出版社,2000.

[6] 陈坚,周景文,刘龙.新型有机酸的生物法制造技术[M].北京:化学工业出版社,2015.

[7] Jeantet, R., J.L.Maubois, P.Boyaval, Semicontinuous production of lactic acid in a bioreactor coupled with nanofiltration membranes[J].Enzyme and Microbial Technology, 1996, 19(8): 614-619.

[8] Min-tian, G.Koide, Michiteru.Gotou, Rie.et al., Development of a continuous electrodialysis fermentation system for production of lactic acid by Lactobacillus rhamnosus[J].Process Biochemistry, 2005, 40(3-4): 1033-1036.

[9] Yun Joong Kwon, Rajni Kaul, Bo Mattiasson.Extractive Lactic Acid Fermentation in Poly(ethyleneimine)-Based Aqueous Two-Phase System[J].Biotechnology and Bioengineering,1996,50: 280-290.

[10] Jose M Monteagudo, Maria Aldavero. Production of L-lactic acid by Lactobacillus delbrueckii in chemostat culture using an ion exchange resins system[J].Journal of Chemical Technology and Biotechnology, 1999, 74: 627-634.

第十章 衣康酸发酵生产技术

第一节 概 述

衣康酸,又称为甲叉丁二酸、亚甲基琥珀酸,它是一种不饱和二元酸。在反应能力方面,衣康酸能够发生酯化反应、聚合反应、加成反应等。在应用范围方面,衣康酸可应用于涂料、除臭剂、黏合剂、合成树脂、药物、腈纶等的生产,以及丝绸、毛织物的处理等众多领域。

目前,已经发现的可以积累衣康酸的菌株有很多,主要包括:土曲霉(A. terrus)、衣康酸曲霉(Asp. itaconicus)、假丝酵母(Candida)、红酵母(Rhodotorula)、黑粉菌(smut or bunt)、桑卷担菌(Helicobasidium)、查尔斯青霉(Penicillium Charles)、黑曲霉(Asp. niger)等。但这些微生物并不是都能适合工业化生产,有的仅仅是作为科研用的微生物。目前,国内外几乎所有深层发酵生产衣康酸的工厂均采用土曲霉,它具有产量高、遗传性能稳定等特点。土曲霉发酵生产衣康酸的研究进展主要集中于以下几方面。

(1) 高产衣康酸菌株的筛选 通过对土曲霉 IFO6365 进行 NTG 诱变,以衣康酸浓度梯度为筛子,成功筛选到一株衣康酸产量达 82g/L 的高产菌株,衣康酸产量为出发菌株的 1.3 倍;通过对土曲霉 SKR10 进行紫外和 NTG 诱变,以衣康酸浓度梯度为筛子,筛选到 2 株衣康酸产率为出发菌株 2 倍的高产菌株。

(2) 衣康酸菌株的基因组改组 采用土曲霉 IFO 6123 和 A. usamii IAM 2185 的原生质体进行融合,获得融合子 F-112 利用淀粉发酵生产衣康酸的产量达到 35.9g/L;采用衣康酸高产菌株土曲霉 T-730 的原生质体与葡萄糖淀粉酶产生菌株黑曲霉 Ni-5 的原生质体进行融合,发酵 6d 衣康酸产量达到 40.9g/L。

(3) 衣康酸菌株的代谢工程改造 将土曲霉的顺乌头酸脱羧酶(CAD)基因导入大肠杆菌 BL21(DE3)中,发现在营养丰富的培养基和全合成培养基中的衣康酸产量分别为 83mg/L 和 56mg/L;将土曲霉的 CAD 基因和衣康酸转运蛋白(MTT)基因同时导入黑曲霉 AB 1.13 时,单位细胞合成衣康酸的能力为 2.2mg/g。

形态工程是在细胞形态形成的阶段整合了生化工程和代谢工程的概念和技术,通过优化和创建微生物细胞工厂生产目标化学品,在微生物行业已经取得重大进展。目前,形态工程技术在丝状真菌生产目标化学品中发挥了重要作用,主要体现在:①发酵条件控制,作为控制菌株形态的重要手段之一,能够获得丝状真菌生产目标化学品的最佳形态。高倩等以土曲霉为出发菌株,通过控制发酵过程的接种量、温度、pH 等条件获得土曲霉生产衣康酸的最佳菌体形态,其衣康酸产量达到 28.2g/L,比初始产量提高了 2 倍;②微颗粒培养,添加固形物控制丝状真菌的不同形态特征,提高目标产物的产量。Habib Driouch 等在黑曲霉的发酵液中添加钛酸盐微粒控制菌球尺寸在 500μm 左右,葡萄糖淀粉酶的酶活达到 190U/mL,比对照提高 9.5 倍;Gao difeng 等在深黄被孢霉的发酵液中添加 10g/L 微颗粒控制真菌菌丝形态,脂质含量达到 0.75g 脂质/g 干重,比对照提高 2.5 倍;Lukas Veiter 等阐述了丝状真菌的形态与生产强度的潜在关系。所以,根据目标产品来控制不同菌丝、菌团和菌球形态以及发酵过程的特性是提高丝状真菌生产化学品产量的关键。

第二节 衣康酸发酵机理及高产菌株选育

一、衣康酸的发酵机理

葡萄糖经 EMP 途径合成丙酮酸,再由丙酮酸转化生成衣康酸。但是,从丙酮酸到衣康酸的生物合成途径尚未完全阐明,假设的三条途径如图 10-1 所示。Shimi 等认为的途径 3 由 1,2,3-三丙酸氧化生成顺乌头酸后脱羧形成衣康酸,但已报道的衣康酸得率超过了该途径的理论得率,且发酵过程中并未检测到 1,2,3-三丙酸。Nowakowska-Waszczuk 等将从土曲霉中分离的线粒体培养在含 174mmol/L(高出生理浓度)TCA 循环的中间产物中,发现其不能氧化 TCA 循环的中间产物,从而推断衣康酸合成不经过 TCA 循环,而是通过途径 2 形成柠苹酸后脱氢生成衣康酸,但是添加的 TCA 循环中间产物浓度超出生理浓度,不能反映菌体体内的生理代谢,且柠苹酸从未被检测到。Winskill 等推测的途径 1,得到了学者的普遍认可,主要原因在于:①从土曲霉中分离出顺乌头酸脱羧酶(CAD);②鉴定出了 CAD 基因;③将 CAD 基因在酿酒酵母中过量表达,在发酵液中检测到衣康酸;④采用转录组学方法鉴定出土曲霉中合成衣康酸的基因簇,其中包括 CAD 基因。

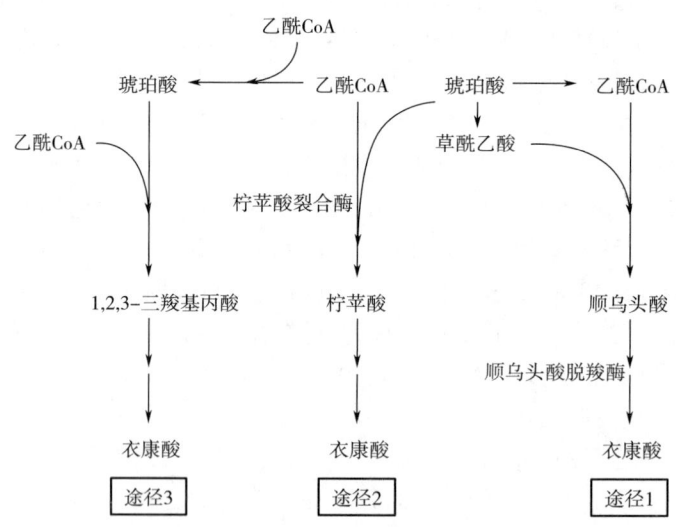

图 10-1 衣康酸的生物合成途径

在途径 1 和 2 中,对糖的理论转化率为 72%,总反应式均为:
$$C_6H_{12}O_6 + 1.5O_6 \longrightarrow C_5H_6O_4 + CO_2 + 3H_2O$$

在途径 3 中,对糖的理论转化率为 48%,总反应式为:
$$1.5C_6H_{12}O_6 + 4.5O_6 \longrightarrow C_5H_6O_4 + 4CO_2 + 6H_2O$$

近年来，用$^{14}C_1$-乙酸及$^{14}C_2$-乙酸培养产衣康酸的曲霉，通过分析产物衣康酸中各碳原子的标记，推断衣康酸由柠檬酸衍生而来。结果表明，当培养基含$^{14}C_2$-乙酸时，90%的衣康酸亚甲基被标记，说明衣康酸是经 TCA 循环而合成。在上述研究中还发现产衣康酸阶段菌丝体内的 $NADP^+$ 依赖型异柠檬酸脱氢酶活力只有生长期的 1/8，因此，异柠檬酸分解被阻断可能导致柠檬酸向衣康酸合成。

按 TCA 途径合成的同位素分布（○●分别表示 C_1、C_2 位 C 标记同位素^{14}C）：

$$\begin{array}{c}\dot{C}H_3-\dot{C}OOH\\ 乙酸 \\ O=C-COOH\\ |\\ CH_2COOH\\ 草酰乙酸\end{array} \longrightarrow \begin{array}{c}\dot{C}H_2-\dot{C}OOH\\ |\\ HOC-COOH\\ |\\ CH_2COOH\\ 柠檬酸\end{array} \xrightarrow{H_2O} \begin{array}{c}\dot{C}H_2-\dot{C}OOH\\ |\\ C-COOH\\ ||\\ CHCOOH\\ 顺乌头酸\end{array} \xrightarrow{CO_2} \begin{array}{c}\dot{C}H_2\\ ||\\ C-COOH\\ |\\ CH_2COOH\\ 衣康酸\end{array}$$

按柠苹酸途径合成的同位素分布（○●分别表示 C_1、C_2 位 C 标记同位素^{14}C）：

$$\begin{array}{c}CH_3\\ |\\ O=C-COOH\\ 丙酮酸 \\ \dot{C}H_3-\dot{C}OOH\\ 乙酸\end{array} \longrightarrow \begin{array}{c}CH_3\\ |\\ HOC-COOH\\ |\\ \dot{C}H_2-\dot{C}OOH\\ 柠苹酸\end{array} \xrightarrow{H_2O} \begin{array}{c}CH_2\\ ||\\ C-COOH\\ |\\ \dot{C}H_2COOH\\ 衣康酸\end{array}$$

二、衣康酸高产菌株的选育

发酵菌株的选育，首先是选，其次是育。挑选符合生产要求的菌种是发酵工业中最重要的环节，遵循的原则是：首先，产量要高，能大量产生需要的产品；其次，产物要单一，尽可能减少副产物，使提取工艺简单化，产品质量稳定；再次，遗传性能要稳定，适应工业生产的长期性；最后，生长适应性要粗放，对发酵条件和发酵原料的要求不能过于苛刻。但是，即使是在大自然中挑选出最好的菌种，往往也难以达到工业化生产的要求，因此，改造现有的菌种就显得十分重要。

（一）诱变育种的一般步骤

衣康酸菌种的诱变育种一般遵循以下步骤（图 10-2）。

1. 出发菌株的选择

出发菌株要求有一定的产衣康酸能力，对诱导剂比较敏感，既可以从土壤或者易于衣康酸生产菌生长的天然环境中筛选获得，也可以从国内外菌种保藏机构购买。但是，随着生产技术的进步，原有菌株的生产能力已经不能满足需求，而且还存在许多不适合发酵工艺的缺点。因此，需要进一步通过筛选育种，改良生产菌株的发酵性能，获得高性能的生产菌株，具备产酸高、产孢子多、生产迅速、降糖能力强、产色素及胶体少等特点。

2. 孢子悬浮液的制备

采用灭菌的玻璃珠将结成团的孢子进行振荡分散，然后再用脱脂棉过滤，除去菌丝断片和未分散的孢子团。在孢子悬浮液中，加入数滴吐温等表面活性剂可以阻止已分散的孢子重新聚集，这样得到的孢子悬浮液，其中 90% 以上的孢子呈分散状态。在诱变处理前，先将孢子培养一段时间，使孢子处于新鲜、幼龄状态，或者使用孢子刚刚成熟的斜面，这

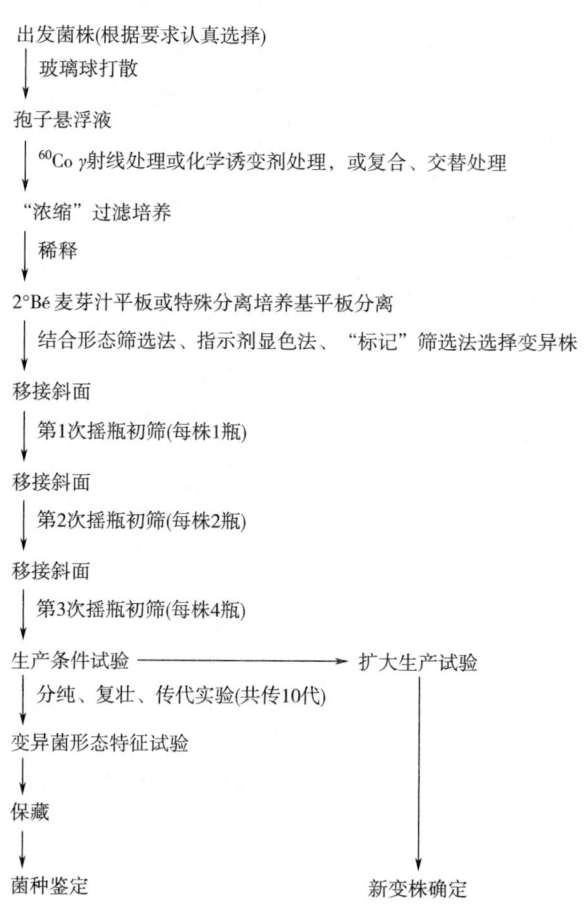

图 10-2 衣康酸菌种诱变筛选过程

样诱变效率较高。

3. 诱变处理

诱变处理,即以强烈的物理或化学因子处理微生物,促使其遗传物质发生突变,再从大量菌株中选出优良的变异菌株。常用的诱变剂有化学诱变剂和物理诱变剂两大类。其中,化学诱变剂有氮芥、硫酸二乙酯、甲基硝基亚硝基胍、甲基磺酸乙酯、过氧化氢等。物理诱变剂有紫外线、X 射线、$^{60}Co\ \gamma$ 射线、快中子等。这些诱变剂可以单独使用,也可以交替处理。实践证明,紫外诱变、$^{60}Co\ \gamma$ 射线诱变、NTG 诱变、紫外线-高温复合诱变、$^{60}Co\ \gamma$ 射线-紫外线复合诱变,比较适合于衣康酸菌株的选育,具有较高的正向突变率。

(1) 紫外诱变 用无菌生理盐水制成的孢子悬浮液,稀释成孢子数 10^6 个/mL,吸取 0.2mL 于分离初筛培养基平板,置于 15W 紫外灯下照射,距离 30cm,分别照射 10、15、20、25s。用黑纸包好平板于 30~35℃下培养 2~3d,进行突变株筛选。

(2) $^{60}Co\ \gamma$ 射线诱变 用无菌生理盐水制成的孢子悬浮液,稀释成孢子数 10^6 个/mL,取 5~10mL 置于 15×150mm 的无菌试管中,置 $^{60}Co\ \gamma$ 射线下辐射处理,辐射剂量为 800~1000Gy,经稀释后进行突变株筛选。

(3) NTG 诱变　用 0.05mol/L、pH5.6 醋酸缓冲液制成的孢子悬浮液 20mL，孢子数约为 10^6 个/mL，置于无菌的 250mL 三角瓶中，加入 NTG 制成 200～400μg/mL 溶液。于 37℃摇床上振荡 30min，离心除去上清液。用生理盐水反复洗涤、离心 2～3 次，置于带玻璃珠的生理盐水中振荡分散后，经稀释进行突变株筛选。

(4) 紫外线-高温复合诱变　用无菌生理盐水制成孢子悬浮液，置 15W 紫外灯下照射，距离 30cm，分别照射 3、4、5min，取孢子悬浮液各 0.5mL 于 4 支小试管中，于恒温水浴中处理，条件分别为：70℃，15min；80℃，10min；90℃，5min；100℃，1min。处理完毕立即取出冷却。处理液经稀释后，进行突变株筛选。

(5) ^{60}Co γ 射线-紫外线复合诱变　用无菌生理盐水制成的孢子悬浮液，稀释成 10^6 个/mL，取 5～10mL 置于 15×150mm 的无菌试管中，置 ^{60}Co γ 射线下辐射处理，辐射剂量为 800～1000Gy。经稀释后进行突变株筛选。吸取处理液 0.2mL 于分离初筛培养基平板，置于 15W 紫外灯下照射，距离 30cm，分别照射 10、15、20、25s。用黑纸包好平板于 30～35℃下培养 2～3d，进行突变株筛选。

4. 突变株的筛选

经诱变处理后，如何从大量的突变株中筛选所需要的优良菌株是整个育种工作中最重要的环节。尽管随机筛选方法简单实用，但工作量大、效率低。实践证明，形态筛选法、指示剂显色法、浓缩过滤筛选法、标记筛选法，比较适合于衣康酸菌株的诱变筛选。但是，所有的筛选方法最终必须经过摇瓶来验证，甚至通过生产试验来验证。

(1) 形态筛选法　根据突变菌落形态进行有针对性的筛选，有一定的主观性，容易遗漏优良的突变株。

(2) 指示剂显色法　将诱变株转移到含有 0.01%溴甲酚绿指示剂的琼脂平板上进行培养，根据透明圈直径的大小来筛选突变株。这种方法适用于育种工作的初期，到后期菌种产酸能力得到一定程度提升之后，这种方法的区分度变得不再明显。

(3) 浓缩过滤筛选法　将经诱变的细胞悬浮液转移到以衣康酸为唯一碳源的合成培养基中，30～37℃，静置培养 18～24h，经两层薄宣纸过滤，滤去菌丝，滤液经稀释后在琼脂平板上进行分离、筛选。这种方法的主要目的是筛选不能利用衣康酸的突变株，从而提高衣康酸的产量。

(4) 标记筛选法　利用单氟乙酸为乌头酸水合酶的专一性抑制剂，在单氟乙酸抗性平板中挑选出的菌落，乌头酸水合酶活性较高，从而获得高产衣康酸菌种。另外，在含 1% LiCl 抗性平板中，也筛选出了优良的突变菌株。

(二) 衣康酸高产菌株选育实例

以菌株土曲霉 NO.201 为出发菌株，通过物理化学诱变处理，随机筛选和定向筛选，获得高产衣康酸突变株土曲霉 HAT418。

1. 出发菌株的选择

土曲霉 NO.201。

2. 单孢子悬液的制备

将土曲霉 NO.201 移接到斜面培养基上，36℃恒温培养 5d 以后，用生理盐水将孢子洗下，接到 5°Bé 的麦芽汁培养基中，36℃振荡培养 4h 使孢子活化萌发，离心分离，用 pH6.0 的 Tris 缓冲液洗涤一次，制成孢子悬液，转移到含玻璃球的 100mL 三角瓶中，振荡打散，无菌脱脂棉过滤，用血球计数板计数并调整孢子浓度到 10^6 个/mL 数量级备用。

3. 诱变方法

(1) 紫外线诱变处理　取孢子悬液 8mL，置入 9cm 的预先干热灭菌的培养皿中，用 15W 紫外灯照射，照射距离 30cm，照射时间分别为 3、5、7、9、11、13、15min，适当稀释后涂布平板，36℃ 避光培养 3d，挑取单菌落，进行摇瓶发酵初筛。

(2) 亚硝基胍诱变处理　取 0.1% 的 NTG 处理液 10mL，加入 10mL 孢子悬液，30℃ 保温振荡处理 25～60min，每 5min 取样一次，先稀释 1000 倍终止反应，然后再经适当稀释后涂布平板，36℃ 保温培养 3d，挑取单菌落，进行摇瓶发酵初筛。

(3) 高温诱变处理　吸取 5mL 孢子悬液和 5mL 生理盐水，分别放入两支 15×150mm 的试管中，在装有生理盐水的试管中插入温度计，两支试管同时放入预先调至恒温的水浴锅中，作用温度分别为 5、80、58℃，作用时间分别控制在 3、6、9、12、15min，处理完毕立即冷却，稀释 $10\sim10^8$ 倍，涂布平板，36℃ 恒温培养，挑取单菌落，进行摇瓶发酵初筛。

(4) 硫酸二乙酯诱变处理　吸取 50% 的硫酸二乙酯乙醇溶液 0.2mL，放入 250mL 碘量瓶中，加入 pH7.2 的磷酸缓冲液 5mL、单孢子悬液 5mL，于 36℃ 振荡处理 50、60、70min，处理完毕后加入 1mL 25% 的 $Na_2S_2O_4$ 溶液终止反应，适当稀释后涂布平板，恒温培养 5d，挑取单菌落进行初筛。

(5) UV-LiCl 复合诱变处理　吸取单孢子悬液 8mL，置入 9cm 的预先灭菌干燥的培养皿中，在培养皿中加入 LiCl 使其浓度达到 10g/L，用 15W 紫外灯照射，照射距离 30cm，照射时间 10min，适当稀释后涂布于 LiCl 平板培养基上，36℃ 避光培养 2h 后，在平板培养基上贴入浸有 5g/L 的 2-脱氧-D-葡萄糖的无菌滤纸片，36℃ 继续避光培养。

4. 突变株筛选方法

(1) 形态筛选法　在平板培养基上生长形成的菌落小、分生孢子稀少且平板背面分泌色素颜色浅的菌株为产酸较优菌株，根据这一形态特点挑取菌落，进行摇瓶筛选。

(2) 高酸高渗平板筛选法　将平板培养基灭菌后冷却至 55℃ 左右时，加入 8%～10%（质量体积浓度）的衣康酸或衣康酸钠盐，溶解后倒平板，立即冷却凝固，制备成高酸或高渗透压平板，涂布处理后的孢子悬液，36℃ 恒温培养，长出的菌落即为耐高浓度自身代谢产物的菌株，挑取单菌落，进行摇瓶筛选。

(3) 显色平板筛选法　在平板培养基中加入 0.001% 的溴甲酚绿和 1% 的 $CaCO_3$（预先干热灭菌），灭菌后倒平板，将处理过的孢子悬液，涂布于显色平板上，36℃ 培养 3d，挑取变色圈直径与菌落直径比值较大的菌落，移接至斜面，36℃ 恒温培养 5d，进行摇瓶筛选。

(4) 抗葡萄糖结构类似物突变株的筛选　挑取在 LiCl 平板培养基上纸片周围长出的菌落，移接至斜面，36℃ 恒温培养 5d，进行摇瓶发酵初筛。

(5) 定向平板筛选法　将 NTG 诱变处理、离心洗涤后的土曲霉孢子接种到合成培养基中，36℃ 摇瓶培养 24h，用无菌脱脂棉过滤，去除孢子萌发形成的菌丝，滤液适当稀释后，涂于含有 0.1g/L 的单氟乙酸的高酸高渗平板培养基上，36℃ 培养 7d。该方法的原理为：利用衣康酸为唯一碳源的合成培养基培养孢子，其中衣康酸氧化酶活性强的菌株，能够利用衣康酸为唯一碳源生长萌发成菌丝，过滤去处菌丝后，未萌发的孢子是同化衣康酸能力较弱的菌株；单氟乙酸是乌头酸酶的抑制剂，而乌头酸酶是催化乌头酸向衣康酸转化的酶，用含有单氟乙酸的高酸高渗平板培养后，由于单氟乙酸对乌头酸酶活力的抑制作用，乌头酸酶活力低的菌株被抑制，基于此，可以淘汰乌头酸酶活力低、不能耐受高浓度自身代谢产物的菌株。因此，在上述培养基上长出的菌落为衣康酸氧化酶活力低、乌头酸酶活力强、能耐受高浓度自身代谢产物和高浓度底物的衣康酸突变株。挑取单菌落移接斜面，培养成熟后进行摇瓶筛选。

（6）摇瓶发酵初筛　将培养成熟的斜面孢子接种到摇瓶培养基中，500mL 三角瓶装液量 50mL，每株接一瓶，36℃、200r/min 摇瓶发酵 96h，测定产酸率，结合纸层析结果，挑选较优菌株，进行摇瓶发酵复筛。

（7）摇瓶发酵复筛　摇瓶发酵初筛获得的较优突变菌株经传代后，进行平行摇瓶发酵，挑选产酸率高、性能稳定、纸层析结果杂酸斑点小、平行实验结果好的菌株。

5. 突变结果

（1）衣康酸高产突变株土曲霉 HAT418 选育谱系　提高微生物发酵产物产量的工作涉及很多环节，但最关键的一步就是突破微生物自身代谢调控机制，从遗传学角度来讲，就是要改变菌种原有的遗传特性，常用的手段有基因诱变、基因工程等。但是，采用基因工程手段改良衣康酸生产菌株的研究仍然比较少，而且效果也不明显，原因可能与丝状真菌的基因结构比较复杂有关。国内外在衣康酸生产菌的改良方面仍以传统的菌株诱变为主。

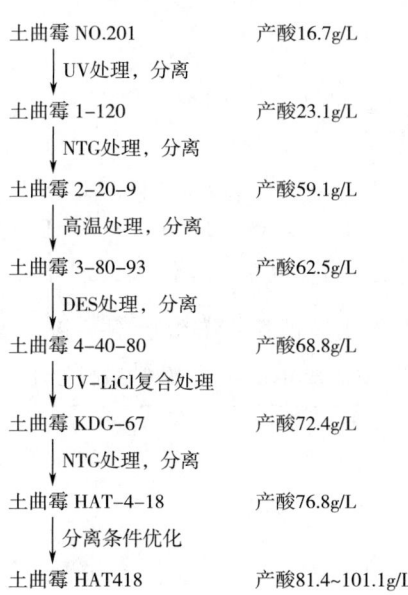

图 10-3　衣康酸高产突变株土曲霉 HAT418 选育谱系

（2）紫外线诱变处理结果　紫外线是一种非电离辐射，其波长范围为 136～360nm，而诱变最有效的波长为 265nm，此时 DNA 吸收能量最大，突变发生的频率就越大，15W 紫外灯发出的光谱波长主要集中在 253.7nm，与 DNA 最大吸收波长相当。紫外线诱发基因突变的机制比较清楚，其主要是引起 DNA 分子结构变化而造成的，这种变化包括 DNA 分子链的断裂、DNA 分子内和分子间交联、核酸与蛋白质的交联、胞嘧啶和鸟嘌呤的水合作用、胸腺嘧啶二聚体的形成等,尤其是胸腺嘧啶二聚体的形成对 DNA 的变化起关键的作用。

采用 15W 的紫外灯,通过控制照射时间来获得不同剂量。经紫外线诱变处理后,涂布高酸高渗分离平板培养基、显色平板培养基,36℃恒温避光培养 24h 后,可以看到有小菌落长出,挑取单菌落移接斜面,共获得 992 支(即 992 株菌),36℃恒温恒湿培养 5d 后,进行摇瓶初筛。紫外线诱变致死率及正突变率随处理时间变化情况见图 10-4。结果表明,15W 紫外灯、距离 30cm 照射处理时,正突变率随致死率的上升而上升,在致死率小于 85% 时,正突变率随剂量的提高而提高,但剂量提高到一定的程度,也就是致死率达到一定程度时,正突变率反而下降。

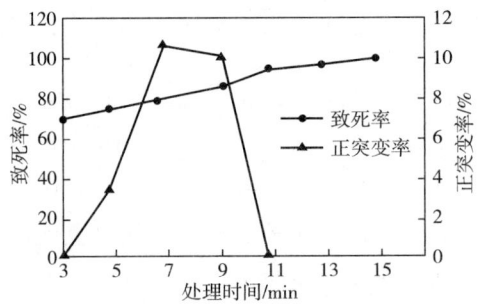

图 10-4　处理时间对致死率与正突变率的影响

经过摇瓶发酵初筛,有 18 支突变株产酸率比对照菌株土曲霉 NO.201 提高了 10% 以上,其摇瓶复筛发酵结果见表 10-1。结果显示,有 12 支菌株产酸高于出发菌株,其中突变株土曲霉 1-120、土曲霉 1-282 复筛产酸率分别达到 23.1g/L 和 22.4g/L,较出发菌株产酸率分别提高了 38.32% 和 34.13%,且纸层析检测不到杂酸斑点。为避免分离延迟现象,在进行下一轮诱变以前,进行了大量的分离、纯化工作,考查其产酸性能稳定性,其中土曲霉 1-120 的衣康酸产率稳定在 22g/L 以上,选择其作为下一轮诱变的出发菌株。

表 10-1　　　　　　　　　　土曲霉 NO.201 紫外线处理结果

菌号	初筛产酸/(g/L)	复筛产酸/(g/L)	纸层析
1-9	20.1	17.2	—
1-18	21.1	16.3	—
1-51	20	18.7	+
1-60	21.5	15.1	—
1-120	22.7	23.1	—
1-241	23.1	14.1	—
1-278	20.5	19.1	—
1-282	22.7	22.4	—
1-283	20.4	19.2	—
1-289	21.6	20.7	—

续表

菌号	初筛产酸/(g/L)	复筛产酸/(g/L)	纸层析
1-353	23	21	—
1-459	20	17.2	+
1-821	19.7	15.2	—
1-892	18.8	19.3	—
1-947	18.6	18.4	—
N201		16.7	—

注："+"表示层析结果有杂酸斑点，"—"表示层析结果无杂酸斑点。

（3）亚硝基胍诱变处理结果　亚硝基胍（NTG）是一种烷化剂，诱发基因突变的功能基团是烷化剂的主要成分，对微生物的致死及诱变作用主要与它们的烷化作用有关。DNA分子结构中的磷酸、脱氧核糖和碱基都可以被烷化，如磷酸—脱氧核糖键的分解、DNA分子复制的差错、碱基对的错配而出现的碱基转换或颠换都是由烷化作用造成的，而烷化剂除了诱发基因突变以外还能够诱发染色体畸变等。

土曲霉1-120经NTG处理后，涂于高酸高渗平板培养基和显色平板培养基上，36℃恒温恒湿培养。在高酸高渗平板上培养72h，没有菌落长出，说明经NTG处理后，没有突变株可以耐受8%的衣康酸。在显色平板上，挑取单菌落移接斜面，共获得1528支（即1528株菌），进行摇瓶发酵初筛、复筛。NTG诱变处理致死率及正突变率结果见图10-5。结果表明，500μg/mL的NTG处理土曲霉1-120的孢子，作用时间25~60min，致死率由71.91%增加到79.76%，说明NTG对土曲霉1-120孢子的诱变致死率随时间变化不大，而正突变率由6.19%上升到26.31%，增幅较大，但作用时间超过50min以上，正突变率变化则较小。NTG有"超诱变剂"之称，它对每一个细胞或孢子可以有诱变一次至多次突变的功效，具有致死率低、突变率高等特点。

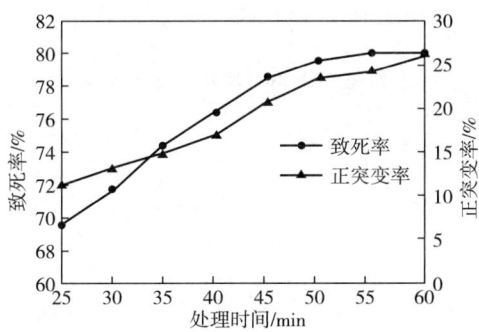

图10-5　亚硝基胍处理土曲霉1-120致死率和正突变率

经摇瓶发酵初筛，有119支菌株产酸率高于对照组，占挑取菌落数的7.8%，其中有6支产酸率高于30g/L的突变株，将该菌株进行摇瓶复筛，结果见表10-2。结果显示突变株土曲霉2-20-9的产酸率达59.1g/L，比出发菌株提高2.6倍，糖酸转化率达到了49.25%，发酵液纸层析检测不到杂酸斑点，菌株产酸性能优越，NTG诱变处理效果非常明显。经多次分离后，菌株突变性状稳定，继续做下一轮诱变处理。

表 10-2　　　　　　　　　　　　土曲霉 1-120 菌株 NTG 处理结果

处理时间/min	菌号	初筛产酸/(g/L)	复筛产酸/(g/L)	转化率/%	纸层析	残糖/(g/L)
35	2-23-5	46.5	48.6	40.5	—	34.2
40	2-17-7	31.5	29.5		—	
40	2-4-7	46.8	42.1	35.08	—	38.4
50	2-86-4	30.5	19.3		—	
60	2-20-9	58.6	59.1	49.25	—	25.2
60	2-14-8	31.8	29.7		—	
对照	1-120		22.1			

（4）高温诱变处理结果　适当的高温处理可以诱变突变，主要机制是一般情况下高温可以引起 DNA 链上 GC-AT、GC-CG 的转换和颠换，DNA 在低于临界温度（T_m）下，双螺旋的两条链经变性分离后，在一定条件下可以重新组合而复原（退火处理），但这种复原是以互补的碱基排列为基础的，在复原过程中，可能发生碱基对的错配，造成生物遗传形状的改变，这是高温处理应用于诱发菌种突变的基础。

高温处理菌株土曲霉 2-20-9 的致死率见表 10-3。结果表明，在以纯水为介质时，土曲霉 2-20-9 的分生孢子 80℃下、处理 15min 和 85℃下、处理 9min 致死率为 100%。突变株土曲霉 2-20-9 经高温处理后，挑取单菌落移接斜面，共获得 287 支（即 287 株菌）。

表 10-3　　　　　　　　　　高温处理土曲霉 2-20-9 菌株致死率

处理温度/℃	处理时间/min	致死率/%
75	3	52.12
	6	78.21
	9	83.72
	12	88.01
	15	92.43
80	3	80.07
	6	91.05
	9	96.17
	12	98.42
	15	100
85	3	94.3
	6	98.42
	9	100
	12	100
	15	100

经初筛，有 3 支菌株产酸高于对照株，摇瓶复筛结果见表 10-4。菌株土曲霉 3-80-39 的产酸率达到了 62.5g/L，比对照组菌株土曲霉 2-20-9 提高了 3.5g/L，经多次分离以后，产酸性能稳定，作为进一步研究对象。

表 10-4　　土曲霉 2-20-9 高温处理后的产酸情况

菌号	初筛产酸/(g/L)	复筛产酸/(g/L)	转化率/%	残糖/(g/L)
3-75-18	59.4	58.9	49.08	23
3-75-81	59.7	59	49.17	23.4
3-80-93	61.1	62.5	52.08	19.8
2-20-9	—	59	49.17	—

（5）硫酸二乙酯诱变处理结果　硫酸二乙酯（DES）诱变作用机理是由烷化剂引起 DNA 分子结构中某些基团的烷化作用而引起 DNA 突变，但 DES 的诱变作用比 NTG 要弱得多。DES 处理致死率见表 10-5。菌株土曲霉 3-80-93 经 DES 处理后，在含 8% 的衣康酸高酸高渗平板上，有少量菌落长出，菌落生长缓慢、且较小，不产孢子，共挑取 12 支（即 12 株菌）；在显色平板上，挑取单菌落移接斜面，共获得 479 支（即 479 株菌）。

表 10-5　　土曲霉 3-80-93 经硫酸二乙酯处理致死率

处理时间/min	致死率/%
50	88.53
60	90.08
70	93.93

经初筛，共获得 11 支产酸高于对照菌株土曲霉 3-80-39 的正突变株（表 10-6），其中有 2 支土曲霉 4-37-08 和土曲霉 4-37-04 是在高酸高渗平板上挑取的，由于挑取菌落太少，不能很好地说明耐高酸、耐高渗与产酸率的相关性。土曲霉 4-40-80 突变株经多次自然分离以后，发酵产酸率稳定在 66g/L 以上，以此作为今后研究的对象。

表 10-6　　土曲霉 3-80-93 经硫酸二乙酯处理结果

菌号	初筛产酸/(g/L)	复筛产酸/(g/L)	残糖/(g/L)	转化率/%	衣康酸占比/%
4-40-80	68.07	66.10	15.4	55.08	97.21
4-68-01	63.17	62.03	17.8	51.69	96.13
4-28-68	64.32	60.15	18.1	50.13	95.07
4-29-07	63.12	62.81	19	52.34	96.01
4-37-08	64.03	63.10	18.1	52.58	96.93
4-37-04	66.10	64.27	17.3	52.7	96.63
4-42-46	69.74	63.24	19.4	53.35	96.25
4-34-26	66.18	65.01	19	51.93	97.32
3-80-93	—	62.18	—	—	96.8

（6）紫外线-氯化锂复合处理结果　2-脱氧-D-葡萄糖是葡萄糖的结构类似物，它可以抑制丝状真菌的生长。在以丝状真菌发酵生产酶制剂的研究过程中，通过2-脱氧-D-葡萄糖抗性菌株的筛选，取得了较好的效果。Anuradha Ghosh等报道了2-脱氧-D-葡萄糖抗性土曲霉生产葡萄糖淀粉酶的研究情况，由于抗性菌株解除了葡萄糖对酶合成的阻遏作用，酶的产量比出发菌株提高了1.8倍。在黑曲霉生产柠檬酸工业中，通过2-脱氧-D-葡萄糖抗性黑曲霉突变株的筛选，缩短了柠檬酸的发酵周期，降低了发酵残糖。目前，国内外应用的衣康酸生产菌株具有耐高糖能力弱、生长速率慢、发酵周期长、发酵残糖偏高等缺点。因此，通过筛选2-脱氧-D-葡萄糖抗性土曲霉突变株，可以改善衣康酸生产菌的耐高糖能力，进一步缩短发酵周期，降低发酵残糖。

经UV-LiCl复合处理后，挑取在UV-LiCl平板上滤纸片周围长出的单菌落，移接斜面，共获得134支（即134株菌），分别进行摇瓶发酵，考察其产酸情况，结果见表10-7。突变株土曲霉KDG-67产酸达到72.4g/L，比对照菌株土曲霉4-40-80提高了7.4%。

表10-7　土曲霉4-40-80紫外线-氯化锂复合处理结果

菌号	初筛产酸/(g/L)	复筛产酸/(g/L)	转化率/%	残糖/(g/L)
KGD-11	71.2	67.9	56.58	16.8
KGD-19	69.6	68.4	57	14.8
KGD-48	72.6	70	5833	13.4
KGD-67	73.5	72.4	60.03	11.9
KGD-112	70.4	69.3	57.75	13.6
KGD-124	71.6	67.6	56.33	15
4-40-80	—	67.4	—	14.8

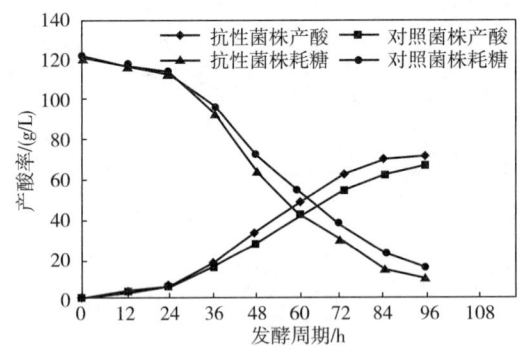

图10-6　抗性菌株的摇瓶发酵进程

图10-6可以看出，抗性突变株土曲霉KDG-67的耗糖速率及产酸速均高于对照菌株土曲霉4-40-80。在相同条件下，抗性菌株土曲霉KDG-67的发酵残糖也低于对照菌株土曲霉4-40-80，说明通过2-脱氧-D-葡萄糖抗性土曲霉突变株的筛选，达到了提高出发菌株的发酵速率、降低发酵残糖的目的，关于抗性菌株提高初始糖度以后的发酵情况有待进一步研究。

（7）定向筛选高产衣康酸突变株　在衣康酸的生物代谢途径中存在两个重要的酶，一个是乌头酸水合酶，催化顺乌头酸向衣康酸的转化，与衣康酸的合成有关；另一个是衣康酸氧化酶，催化衣康酸向衣酒酸的转化，与衣康酸的消耗有关。土曲霉过量积累衣康酸的先决条件是菌株的乌头酸水合酶活力越高越好，而衣康酸氧化酶缺失或活力越低越好，也就是说，高产衣康酸的菌株应具有高活力的乌头酸水合酶和缺乏或低活力的衣康酸氧化酶，才能保证大量积累衣康酸。

突变菌株土曲霉 KDG-67 是经 NTG 处理后，再经合成培养基培养后，去除同化衣康酸能力较强的菌株（即衣康酸氧化酶活力较高的菌株），培养液不做稀释，直接涂布于定向筛选平板上，36℃恒温培养 7d，挑取单菌落移接斜面。通过摇瓶发酵初筛、复筛，考查其衣康酸产酸率、糖酸转化率及产酸范围分布情况，共挑取菌落 242 支（即 242 株菌），经摇瓶发酵，产酸率范围分布情况见图 10-7。

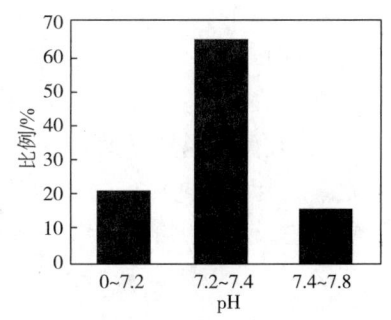

图 10-7 定向选育突变株产酸率的分布

选取产酸率高于 74g/L 的菌株进行复筛，结果如表 10-8 所示。选出的土曲霉 HAT-4-18 产酸率为 76.8g/L，比对照菌株土曲霉 KDG-67 提高了 6.52%，并且菌株产杂酸较少，衣康酸占发酵液滴定总酸的 97.39%，经多次分离纯化，获得一支性能稳定的衣康酸生产菌株，编号并命名为土曲霉 HAT418，通过条件优化后，菌株以玉米淀粉为原料，发酵产酸率达 81.4~101.1g/L（与起始糖浓度有关），糖酸转化率达 63.18%~67.80%。

表 10-8		定向筛选突变株的复筛结果			
菌号	初筛产酸/(g/L)	复筛产酸/(g/L)	转化率/%	残糖/(g/L)	衣康酸/%
HAT-1-07	74.1	73.2	—	—	97.21
HAT-1-19	75.9	74	—	—	96.13
HAT-1-22	78	76.7	—	—	95.07
HAT-2-04	75.3	75.4	62.03	9.7	96.10
HAT-2-56	76.2	75.1	—	—	96.93
HAT-3-79	77.1	74.7	—	—	97.03
HAT-3-81	74.4	73.1	—	—	96.25
HAT-4-11	75.4	72.6	62.67	9.1	97.32
HAT-4-18	77.1	72.9	—	—	97.39
HAT-4-55	74.8	73.9	64.83	7.1	95.04
HAT-4-69	76.4	74.6	—	—	94.96
KGD-67	—	72.1	—	—	97.05

第三节 衣康酸深层发酵工艺

一、衣康酸深层发酵工艺流程及特点

自 20 世纪以来，很多学者对衣康酸的深层发酵进行了细致的研究，使衣康酸对糖转化率不断提高，发酵周期大大缩短，并在开发发酵新原料方面也取得了可喜的成果，

如糖蜜、木材水解液等廉价原料用于衣康酸的生产。另外，关于衣康酸深层发酵主要影响因素的研究也非常活跃，主要包括：pH、金属盐类、搅拌与溶氧等。深层发酵突出的优点是发酵速度快、转化率高、易于实现连续化、自动化，是重要的衣康酸发酵生产工艺。

（一）衣康酸深层发酵工艺流程

衣康酸发酵工艺应用于实际的和正在研究的主要有表面发酵工艺，深层发酵工艺半连续发酵工艺，固定化细胞生产工艺。其中土曲霉深层发酵工艺是目前工业上最流行，最经济的衣康酸生产方法，其工艺流程如图10-8所示。

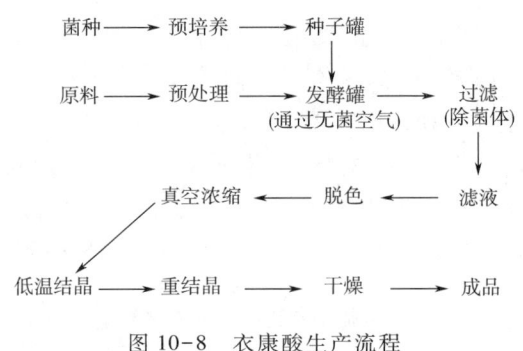

图10-8 衣康酸生产流程

（二）衣康酸深层发酵工艺特点

土曲霉生产衣康酸常用方法是深层发酵，它是目前发酵工业上常用的一种发酵方法。该方法在发酵罐内完成，使用的培养基是液态的发酵液，在向发酵罐中投入培养液后，经历灭菌、接种、发酵等过程，在发酵中，还可以根据需要向发酵罐中补充 O_2 或底物，使微生物的生长代谢达到极致，大大提高了生产效率。土曲霉生产衣康酸的工艺流程中影响最大的因素是培养基和培养条件。

1. 接种量

接种量对于深层发酵的影响是非常显著的。接种量为1%时的平均产酸速率只是10%时的1/2~1/3。生产罐的接种量以8%~10%为宜。

2. 碳源及其浓度

土曲霉能够利用的碳源非常广泛。对于衣康酸发酵而言，以蔗糖和葡萄糖为最佳。深层发酵的糖浓度一般在60~80g/L。糖浓度过高，会增加发酵液的黏度，降低溶氧，增加搅拌和通气的动力消耗。另外，还会导致泡沫过多等问题。

3. 温度

对于土曲霉 NRRL 1960，可以在34~37℃范围内进行发酵。温度高于37℃时，菌体与衣康酸合成的酶系统发育不良，发酵速率大大下降。虽然有报道在39~42℃可以进行衣康酸发酵，但不多见。

4. pH

Batti等指出衣康酸发酵的pH与杂酸的形成关系重大。当pH高于5.0时，无杂酸产生；当pH低于3.0时，土曲霉所产的酸就有15%是杂酸。为了生产较纯的衣康酸，必须将pH维持在3.0~5.0范围内。控制pH对菌体生成量的影响并不明显，但体系中衣康酸的生成速率较低。

5. 罐压

衣康酸发酵最初是在常压下进行的,但 Pfeifer 等发现,当罐表压升到 70~100kPa 时,产酸速率显著增加。再将罐表压升到 200kPa 时,则无多大变化。升高罐压可减少泡沫的生成,从而可降低消泡剂的用量,并且还可以提高溶氧效率。

6. 通气与搅拌速度

通气与搅拌的最适速度随发酵容器的大小而异。Pfeifer 等试验发现,对于 750L 发酵罐,搅拌转速以 115r/min 为宜,通气速度以 0.25VVm 为宜。对于装液量 1500L 的 2270L 发酵罐,搅拌转速以 125r/min 为宜,通气速率为 0.13VVm 就已足够。增加搅拌转速,虽然会使发酵速率有所增加,但消泡剂的用量也要相应增加,而过多的消泡剂又会抑制发酵。对于很高的搅拌速率,甚至无法消泡。另外,过高的剪切速率对霉菌的形态也有影响。因此,增加搅拌转速时必须慎重考虑上述多种因素。

7. 氮源

深层发酵的最适氮源是 $(NH_4)_2SO_4$,可能是因为发酵需要一定的 SO_4^{2-}。$(NH_4)_2SO_4$ 的用量以 2.7g/L 为宜,过少则发酵速率大幅度下降,稍多一些也可以。用尿素代替 $(NH_4)_2SO_4$ 则发酵速率降低,产率也降低。玉米浆作为辅助氮源,可以促进长菌,一般用量为 1.8g/L。如果发酵速度仍然较慢,可适当增加用量,但以 3.5g/L 为限,如仍不能达到正常发酵速度,必须检查其他原因。

8. 其他盐类

深层发酵的 $MgSO_4 \cdot 7H_2O$ 用量在 0.8g/L 为宜,它不仅是营养源,也是产衣康酸的促进剂,能提高土曲霉产酸的稳定性。Lockwood 等也认为,$MgSO_4 \cdot 7H_2O$ 用量在 0.75g/L 最好。微量的 Fe^{2+}(2~20mg/L)能促进产酸,添加量为 0.15g/L 酒石酸铁,超过此量则显毒性。NaCl 能显著促进菌体发育,但产酸率随其增加而急剧下降。添加锌盐对深层发酵影响不明显。Batti 等在一份专利中报道,添加 0.5mg/kg Cu^{2+} 和 0.5mg/kg Zn^{2+},可使衣康酸对糖的转化率提高至 55.4%,而不加铜和锌时只有 16%。

二、深层发酵形态控制工艺

丝状真菌在工业化生产中应用十分广泛,其在发酵过程中一般存在球状、絮状、团块状三种形态,不同代谢产物所适宜的形态不同。在不同形态下,代谢产物的积累差异明显,球状菌体能降低发酵黏度,改善传质,传氧功能。丝状真菌的形态受诸多环境因素的影响,如 pH、接种孢子量、培养基成分、搅拌等。而土曲霉深层发酵的形态也是至关重要的,所以控制反应条件获得理想的形态是丝状真菌发酵过程中的重要工作。

(一)菌体形态对发酵的影响

丝状真菌菌体形态影响发酵液流变性能和营养物质转运效率,最终影响目标产物产率。菌丝能够保证绝大部分菌丝与营养物质充分接触,而蛋白质通常从菌丝尖端分泌出来,因此菌丝利于大部分酶制剂合成。但菌丝相互缠绕增加发酵液黏稠度,呈现出非牛顿型流体性质,致使营养物质和 O_2 传递不均匀、热量扩散不及时,增加机械搅拌和下游产物提取的难度。菌球能显著降低发酵液的黏度,使发酵液接近牛顿型流体,物料传递在"液体-菌球"外围较快,利于大部分有机酸的合成。借助共聚焦激光显微镜和图像分析软件测得黑曲霉 AB 1.13 发酵生产葡萄糖淀粉酶的临界半径为 $0\sim200\mu m$，即从菌球外围至 $200\mu m$ 的菌丝参与代谢反应。增加菌球内部参与代谢反应菌丝的比率，有助于提高目标产物的产率。借助向培养基中添加钛酸盐颗粒使黑曲霉由原来的紧实菌球变成松散菌团，临界半径由 $0\sim200\mu m$ 增加至 $0\sim500\mu m$，使呋喃果糖苷酶和葡萄糖淀粉酶活力分别提高至不添加颗粒的 3.7 倍和 9.5 倍。

(二) 菌体形态的影响因素

丝状真菌的菌体形态受内外因素共同影响。内因即自身遗传特性，在对已完成全基因组测序的丝状真菌中，已经鉴定出控制形态的基因有 *hypA/podF*、*swoA* 和 *sepA* 等，其编码的蛋白质主要控制细胞大小、菌丝极性或细胞间隔膜的间距等，而且菌体形态发育受多基因调控。外因即菌株所处的营养（培养基组成）与环境条件，对丝状真菌形态的影响如下。

1. 培养基

（1）碳源和氮源　初始葡萄糖浓度及大豆蛋白胨浓度对黑曲霉（*A. niger*）发酵生产富马酸时菌球大小的影响如下：初始葡萄糖浓度从 10g/L 增加至 20g/L，菌球直径从 0.75mm 降低至 0.55mm，但初始葡萄糖浓度从 20g/L 继续增加至 30g/L，菌球直径从 0.55mm 增加至 0.63mm；大豆蛋白胨浓度从 2g/L 增加至 6g/L，菌球直径从 0.69mm 降低至 0.55mm，但大豆蛋白胨浓度从 6g/L 增加至 10g/L，菌团直径从 0.55mm 增加至 0.59mm。初始葡萄糖浓度对黑曲霉发酵生产柠檬酸过程中菌体形态的影响表明初始葡萄糖浓度为 60g/L 和 100g/L，菌团大小均随发酵时间呈增加趋势且两者数值相近；当初始葡萄糖浓度增加至 150g/L，菌团大小随发酵时间呈下降趋势，但发酵过程中菌团大小（0.75mm）均高于初始葡萄糖浓度为 60g/L 和 100g/L 的数值（0.65mm）。

（2）磷元素和金属离子　培养基中磷元素浓度对黑曲霉菌体形态的影响为：当 KH_2PO_4 浓度从 0.1g/L 增加至 0.5g/L，菌团直径变为对照的 3 倍；同时发现培养基中添加 $2\mu g/kg$ 的 Mn^{2+}，黑曲霉由菌球转变为菌丝，柠檬酸产率下降。德氏根霉（*R. delemar*）发酵生产富马酸过程中发现添加无机金属离子（Mg^{2+}、Zn^{2+}、Fe^{2+}）不利于 *R. delemar* 形成菌球。

2. 环境条件

（1）孢子接种量　孢子接种量对丝状真菌的形态具有至关重要的影响。孢子接种量对黑曲霉菌体形态的影响为：孢子接种量为 $10^4\sim10^5$ 个/mL 时菌体形态主要为菌球；孢子接种量为 $10^6\sim10^7$ 个/mL 时菌体形态主要为菌团；孢子接种量增大至 $10^8\sim10^9$ 个/mL 时菌体形态主要为菌丝。

（2）培养温度　培养温度在 22~33℃对米根霉发酵过程中菌球形成率的影响不大，均在 12% 左右；但温度升高至 38℃时，菌球形成率下降至 8%。培养温度从 37℃降低至 30℃，米根霉的菌球直径从 0.87mm 降低至 0.57mm，但培养温度从 30℃继续降低至 26℃，菌球直径从 0.57mm 增加至 0.72mm。

（3）培养基 pH　培养基 pH 可能影响孢子表面带电性质从而影响孢子的聚集状态。pH 低于 2.5 时，米曲霉生长缓慢且菌丝形成较多空泡；pH 为 3.0~3.5 时，米曲霉主要呈菌丝状；pH 为 4.0~5.0 时，菌丝和菌球均有；pH 高于 6.0 时，仅有菌球存在，且菌球直径随 pH 增加而增大。

（4）机械力　搅拌和通气量是影响菌体形态的重要因素，也是较容易控制的因素。研究搅拌转速对土曲霉发酵生产洛伐他汀的影响表明：搅拌转速高于600r/min，菌团直径从1.2mm下降至0.9mm，而转速为300r/min时菌团直径约为2.5mm；类似的变化趋势在黑曲霉发酵生产柠檬酸和产黄青霉（P. chrysogenum）发酵生产青霉素同样存在。溶氧对丝状真菌形态的影响因菌种而异，Kubicek等和Gomez等大部分研究发现溶氧对丝状真菌的菌体形态没有影响；当转速为300r/min时，菌团直径随O_2浓度增加而增大，同样的研究结果存在于产黄青霉发酵生产青霉素。

(5) 无机微粒子　微粒子对丝状真菌形态的影响有以下两个方面。

①微粒子通过与孢子之间相互碰撞从而减少孢子聚集，利于形成菌丝。向培养基中添加氧化铝颗粒将黑曲霉控制成菌丝，使得葡萄糖淀粉酶和呋喃果糖苷酶活力提高为不添加颗粒的4倍。

②微粒子由于具有不规则形状从而产生剪切力，降低菌球大小，同时菌球内部包裹的微粒子聚集物使得内部菌丝由紧实变得松散，利于O_2等营养物质向内部传递，增大临界半径，即增加具有代谢活性菌丝的比率，从而增加目标产物产量。向培养基中添加钛酸盐颗粒将黑曲霉控制成松散菌团，使呋喃果糖苷酶和葡萄糖淀粉酶活力分别提高至不添加颗粒的3.7倍和9.5倍。

(6) 渗透压　向培养基中添加NaCl来增加渗透压，发现菌体形态依赖于渗透压高低，且在一定渗透压范围内呋喃果糖苷酶和葡萄糖淀粉酶的比酶活随渗透压升高而增加。

(三) 菌体形态的控制策略

由于丝状真菌的生长形态和目标产物生产效率密切相关，因此，如何控制丝状真菌形态并发挥其最大生产性能是丝状真菌发酵过程优化与控制的研究热点。大量的分子生物学研究表明，丝状真菌的形态发育受多基因调控，且目前利用基因工程手段难以获得最佳菌体形态。因此，从生化工程学角度控制丝状真菌形态，即从营养与环境条件角度来控制形态，优化发酵过程、增加目标产物产量，仍然是形态控制策略研究的重点。

1. 环境条件对菌体形态的影响

在液体深层发酵过程中，丝状真菌的孢子接种量影响接种后孢子聚集特性，从而影响菌体的宏观形态。虽然土曲霉和黑曲霉等曲霉属丝状真菌属于聚集型，倾向于形成菌团或菌球。但是孢子聚集与否受菌株遗传特性和环境条件共同影响。在摇瓶水平上，通过改变摇床转速和摇瓶类型（三角摇瓶或双刺摇瓶）来改变溶氧和机械剪切力，从而使华根霉（Rhizopus chinensis）主要呈现出松散菌丝体、缠绕菌丝体和菌球三种宏观形态。

采用摇瓶发酵培养方法，通过调节孢子接种量和摇瓶类型，将环境条件控制在：①500mL三角摇瓶，孢子接种量为10^9个/mL；②500mL三角摇瓶，孢子接种量为10^8个/mL；③750mL双刺摇瓶，孢子接种量为10^8个/mL，土曲霉培养至对数生长中期（8h）时发酵液中开始呈现出对应的宏观形态（表10-9）。发酵结束时三种环境条件下得到的菌体形态如图10-9所示：当孢子接种量大、机械剪切力低、溶氧低时，发酵液中主要是菌丝 [图10-9(1)]；当孢子接种量小、机械剪切力低、溶氧低时，发酵液中主要是菌团 [图10-9(2)]；当孢子接种量小、机械剪切力高、溶氧高时，发酵液中主要是菌球 [图10-9(3)]。结果表明，接种量是影响土曲霉菌体形态的重要因素，黑曲霉发酵生产柠檬酸及葡萄糖苷酶过程中也有类似的发现，这可能是由于接种后孢子的聚集与散开处于动态平衡，孢子接种量较少时聚集现象占优势，易形成菌团或菌球聚集体，孢子接种量较多时散开现象占优势，易形成菌丝。带挡板的双刺摇瓶影响溶氧和机械剪切力，而机械剪切力是影响菌体形态的主要因素。在三角摇瓶中，孢子接种量为10^9个/mL或10^8个/mL时，均不能出现球状菌体形态，但使用双刺摇瓶后，剪切力显著增大，从而形成光滑、紧实、肉眼可见的菌球。

表10-9　　　　　　　　　三种菌体形态对衣康酸发酵的影响

环境条件	菌体形态
500mL 三角瓶：10^9个/mL 孢子	菌丝为主
500mL 三角瓶：10^8个/mL 孢子	菌团为主
750mL 双刺三角瓶：10^8个/mL 孢子	菌球为主

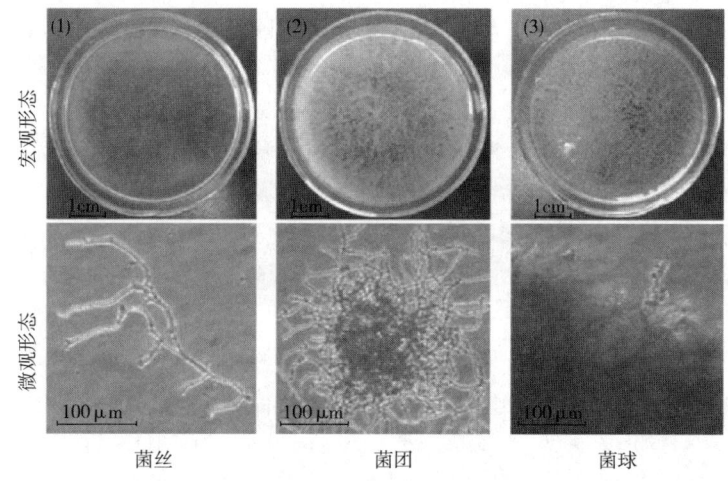

图10-9　培养条件对土曲霉菌体形态的影响

2. 菌体形态与发酵液流变性能的关系

在上述菌体形态下，研究了不同菌体生长时期8h（对数生长中期）、32h（对数生长末期）和48h（发酵结束）时菌体形态与发酵液流变性能的关系，测定时控制同一个生长阶段时三种发酵液的生物量一致。从图10-10可知：①发酵液中主要为菌团时，稠度指数（K）从对数生长中期到对数生长末期时增加290.4%，但流动性指数（n）则降低了18.8%。而从对数生长末期到发酵结束时稠度指数仅增加了29.9%，流动性指数则保持不变。发酵液中主要为菌丝时，变化趋势与菌团为主的发酵液相似；②发酵液中主要为菌球时，稠度指数（K）从对数生长中期到对数生长末期以及从对数生长末期到发酵结束时分别增加了17.2%和22.0%，流动性指数则相应地降低了8.3%和0%；③在发酵结束时，菌丝为主的发酵液的稠度指数分别比菌团为主的发酵液（$0.31Pa \cdot s^n$）和菌球为主的发酵液（$0.06Pa \cdot s^n$）提高了83.8%和844.3%；菌球为主的发酵液的流动性指数分别比菌丝为主的发酵液（$0.36s^{-1}$）和菌团为主的发酵液（$0.56s^{-1}$）提高了95.6%和28.1%。

3. 菌体形态对衣康酸发酵的影响

土曲霉菌体形态对衣康酸发酵的影响如图10-11所示，可以得出：菌团为主的发酵液的单位细胞合成衣康酸的能力（3.22g/g）和单位细胞消耗葡萄糖的能力（6.38g/g）分别比菌

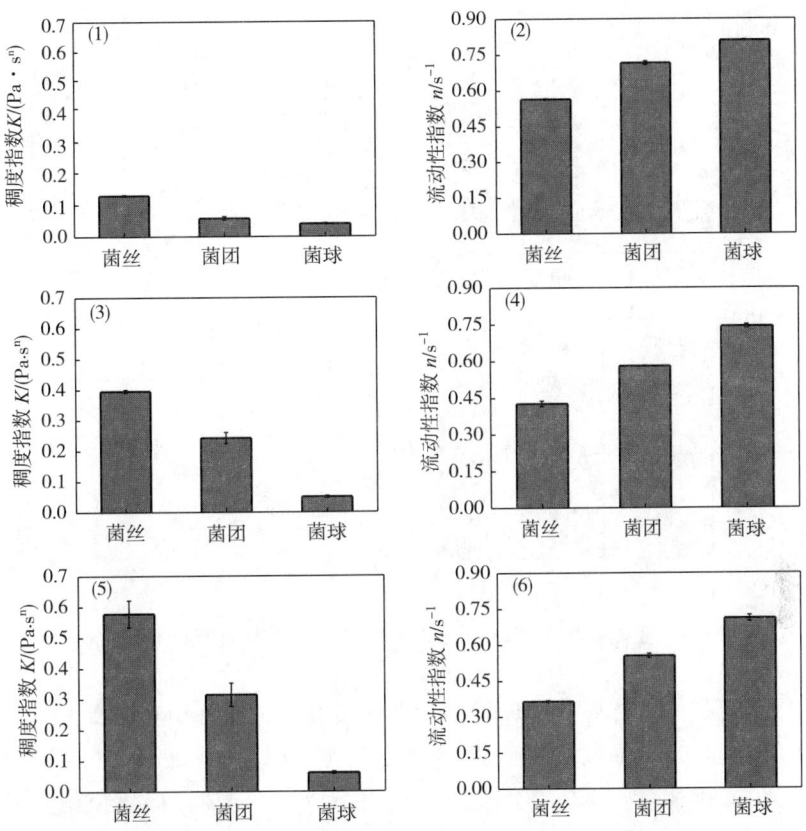

图 10-10 菌体形态与发酵液稠度指数（K）和流动性指数（n）的关系

丝为主的发酵液和菌球为主的发酵液提高 318.2%、98.8%（菌丝为主）和 45.7%、10.6%（菌球为主）。因此，控制土曲霉主要为菌团时最利于积累衣康酸，其次是土曲霉主要为菌球的发酵液，最后是土曲霉主要为菌丝的发酵液。出现这种现象的原因可能在于：①具有较高稠度指数和较低流动性指数的菌丝为主的发酵液严重阻止了单位细胞对葡萄糖等底物的吸收；②菌体形态主要为菌球时，虽然稠度指数（K）显著低于菌团为主的发酵液、流动性指数（n）显著高于菌团为主的发酵液，发酵液的流动性较好，但紧实的内部结构 [图 10-11（3）] 阻止了葡萄糖等营养物质的传递。这与黑曲霉菌球内部结构阻止 O_2 传递，由菌球表面至中心出现 O_2 浓度逐渐降低的结果类似；③生物量相同时，菌丝为主的发酵液流动性远不如菌球为主的发酵液好，而且菌丝为主的发酵液的最大生物量比菌球为主的发酵液高 23.0%，使得菌丝为主的发酵液比菌球为主的发酵液更不利于葡萄糖等底物传递。

4. KH_2PO_4 浓度对菌团大小和衣康酸发酵的影响

培养基中添加 KH_2PO_4 对菌团大小和衣康酸发酵的影响如图 10-12、表 10-10 所示，当 KH_2PO_4 浓度从 0g/L 增加到 0.2g/L，菌体直径从 0.53mm 增加到 0.75mm；而单位细胞合成衣康酸的能力和单位细胞消耗葡萄糖的能力分别下降 44.7% 和 36.2%。图 10-13 所示为选取 KH_2PO_4 最佳添加浓度（0g/L）和对照组（0.05g/L）作菌团直径和衣康酸发酵参数的过程曲线，菌团直径从接种开始增大，到 24h 左右时趋于稳定，约 60% 的衣康酸会在菌团直径处于稳定期（24~48h）时合成。单位细胞合成衣康酸的能力随培养基中 KH_2PO_4 浓度增

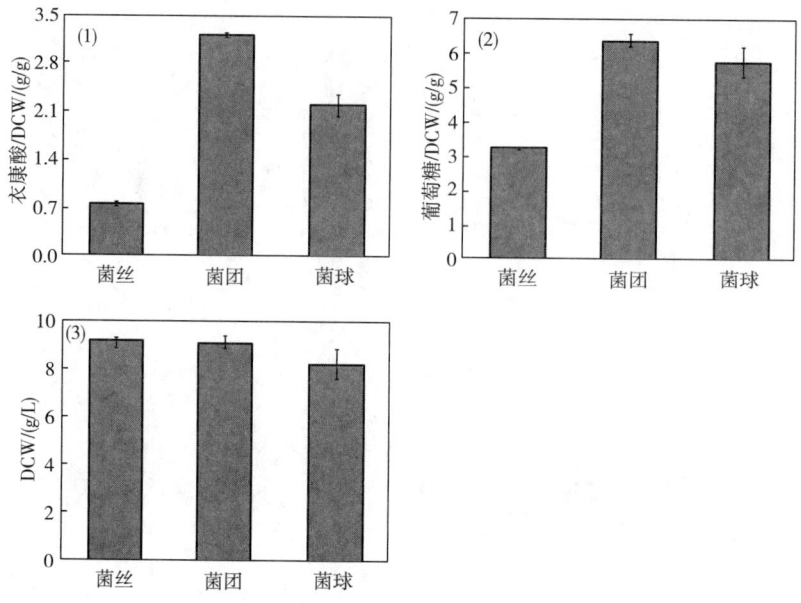

图 10-11　土曲霉形态对单位细胞产酸能力、耗糖能力和 DCW 的影响

大而降低的原因可能是：培养基中 KH_2PO_4 浓度增大促使土曲霉菌团直径变大，类似于 KH_2PO_4 浓度从 0.1g/L 增加至 0.5g/L 时黑曲霉菌团直径变为对照的 3 倍的研究结果。KH_2PO_4 浓度为 0.2g/L 时，虽然生物量比 KH_2PO_4 浓度为 0g/L 时高 22.4%，但单位细胞消耗葡萄糖的能力（5.35g/g）比 KH_2PO_4 浓度为 0g/L（8.39g/g）时低 36.3%，说明菌团直径变大降低

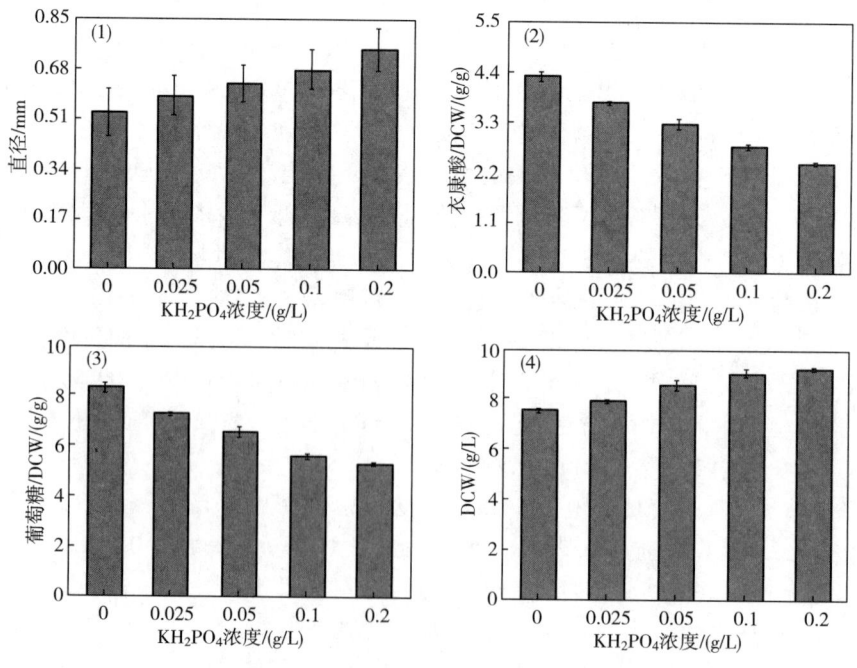

图 10-12　KH_2PO_4 对单位细胞产酸能力、耗糖能力和 DCW 的影响

单位细胞对葡萄糖等的吸收效率。本研究在不添加 KH_2PO_4 的情况下，培养基中玉米浆含有约 30mg/L 磷元素及种子培养基残余的磷元素供菌体生长利用。

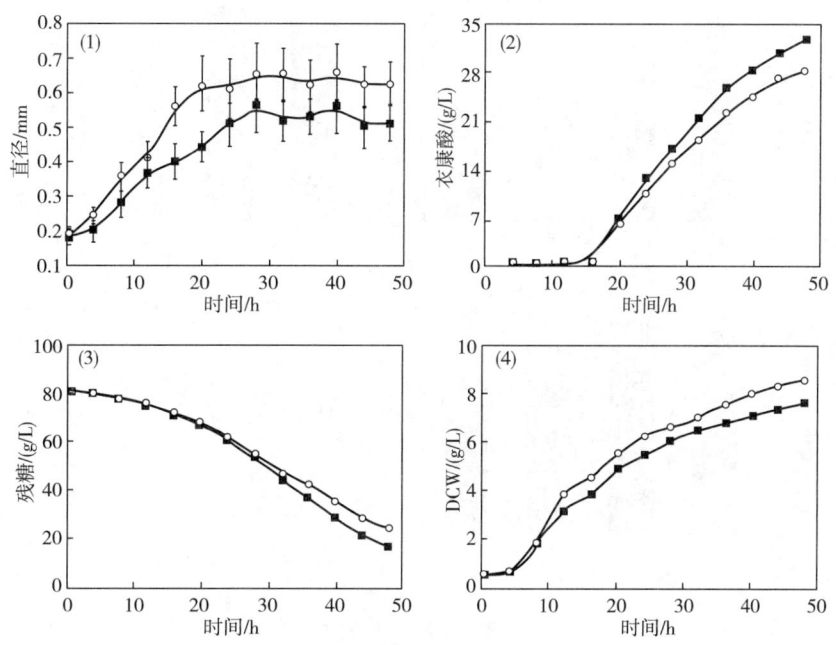

图 10-13　土曲霉形态对菌团直径和生产过程的影响

表 10-10　　　　　　　KH_2PO_4浓度对菌团大小和衣康酸发酵的影响

参数	KH_2PO_4浓度/(g/L)				
	0	0.025	0.05	0.1	0.2
菌团直径/mm	0.53±0.08	0.59±0.07	0.63±0.06	0.68±0.07	0.75±0.07
（A）衣康酸产量/(g/L)	32.7±0.1	29.8±0.2	28.2±0.2	25.2±0.0	22.2±0.2
（B）葡萄糖消耗量/(g/L)	63.8±0.5	59.0±0.7	56.6±0.5	51.5±0.3	49.9±0.7
（C）生物量/(g/L)	7.6±0.1	8.0±0.0	8.6±0.2	9.1±0.2	9.3±0.1
（A）/（C）/(g/g)	4.30±0.10	3.70±0.03	3.27±0.11	2.76±0.07	2.38±0.05
（B）/（C）/(g/g)	8.39±0.18	7.34±0.06	6.57±0.23	5.63±0.15	5.35±0.07

5. 培养温度对菌团大小和衣康酸发酵的影响

培养温度对菌团大小和衣康酸生产的影响如图 10-14、表 10-11 所示：当温度从 37℃下降到 30℃时，菌体直径从 0.53mm 降低到 0.28mm。类似地，当温度从 35℃下降到 30℃时，单位细胞合成衣康酸的能力和单位细胞消耗葡萄糖的能力也随之下降。当温度为 35℃时，菌团直径为 0.43mm，比对照（37℃）的菌团直径减少 18.9%；此时单位细胞合成衣康酸的能力达到最大（4.42g/g），比对照提高了 5.8%。土曲霉菌团直径随温度的变化趋势与温度对德氏根霉菌球直径影响的研究结果类似；但与米根霉发酵生产 α-淀粉酶过程中温度和菌体形态之间没有关系的研究结果不一致，可能是由于菌种不同或目标产物不同所致。

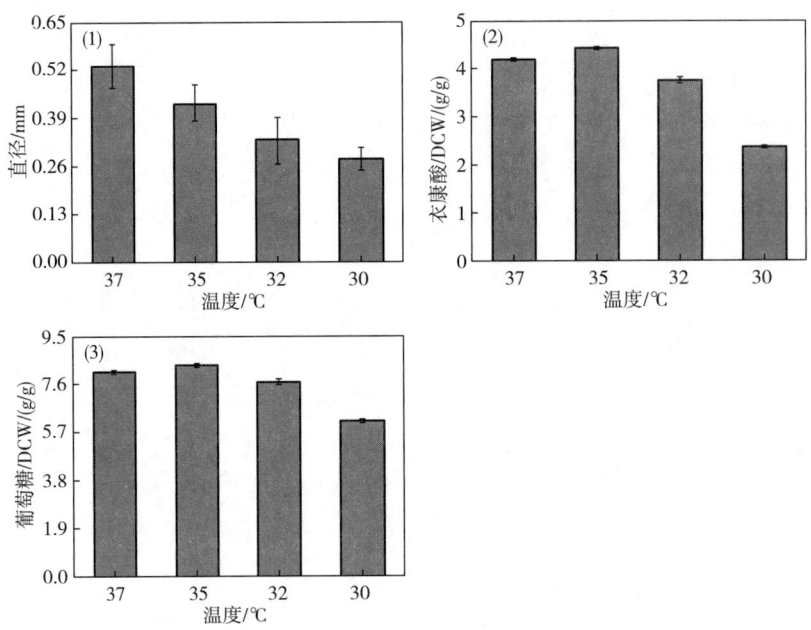

图 10-14　温度对菌团大小、单位细胞产酸能力和单位细胞耗糖能力的影响

表 10-11　　　　　　　　　温度对菌团大小和衣康酸生产的影响

参数	温度/℃			
	37	35	32	30
菌团直径/mm	0.53±0.06	0.43±0.05	0.33±0.06	0.28±0.03
(A) 衣康酸产量/(g/L)	32.7±0.2	35.7±0.0	28.4±0.1	17.4±0.1
(B) 葡萄糖消耗量/(g/L)	63.1±0.6	67.7±0.0	58.4±0.4	44.8±0.3
(C) 生物量/(g/L)	7.8±0.1	8.1±0.1	7.6±0.1	7.3±0.0
(A)/(C)/(g/g)	4.18±0.04	4.42±0.03	3.74±0.07	2.37±0.03
(B)/(C)/(g/g)	8.06±0.07	8.38±0.05	7.69±0.10	6.10±0.05

6. 菌团大小和衣康酸合成能力的关系

根据表 10-11 中数据，可以总结出单位细胞合成衣康酸的能力及单位细胞消耗葡萄糖的能力与菌团直径之间的定量关系。如图 10-15 所示：单位细胞合成衣康酸的能力（$R^2=0.9809$）及单位细胞消耗葡萄糖的能力（$R^2=0.9421$）与菌团直径的关系密切。当菌团直径大于 0.45mm，单位细胞合成衣康酸的能力随菌团直径增加而降低，可能是由于菌团直径偏大时影响葡萄糖等底物的有效传递；当菌团直径小于 0.45mm，单位细胞合成衣康酸的能力并不随菌团直径减小而持续增加，可能是由于菌团外表不如菌球光滑，呈毛发状［图 10-15（2）］，当菌体干重相近时，小菌团数量较多，毛发状的外围相互交织引起发酵液黏度增加，同样不利于葡萄糖等底物的有效传递。最佳菌团直径范围为

0.40~0.50mm，此时单位细胞合成衣康酸的能力和消耗葡萄糖的能力达到 4.42g/g 和 8.38g/g，分别比对照（KH_2PO_4浓度为 0.05g/L，温度为 37℃）提高 35.4% 和 27.5%。本研究发现的最适合衣康酸积累的菌团直径范围比 Gyamerah 的研究结果更为精确、详尽。

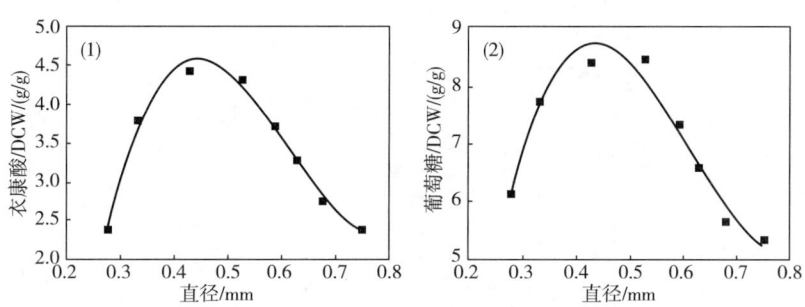

图 10-15　菌团大小对单位细胞产酸能力和单位细胞耗糖能力的影响

7. 控制菌团直径提高衣康酸产量

依据上述摇瓶发酵实验的结果，在 NBS 7-L 发酵罐中，通过改变机械力（转速和通气量）将土曲霉菌体直径控制在最佳范围内。实验结果如图 10-16 所示：当转速为 300r/min，通气量为 0.8VVm 时，菌体直径为 0.45mm，此时，单位细胞合成衣康酸的能力（4.58g/g）

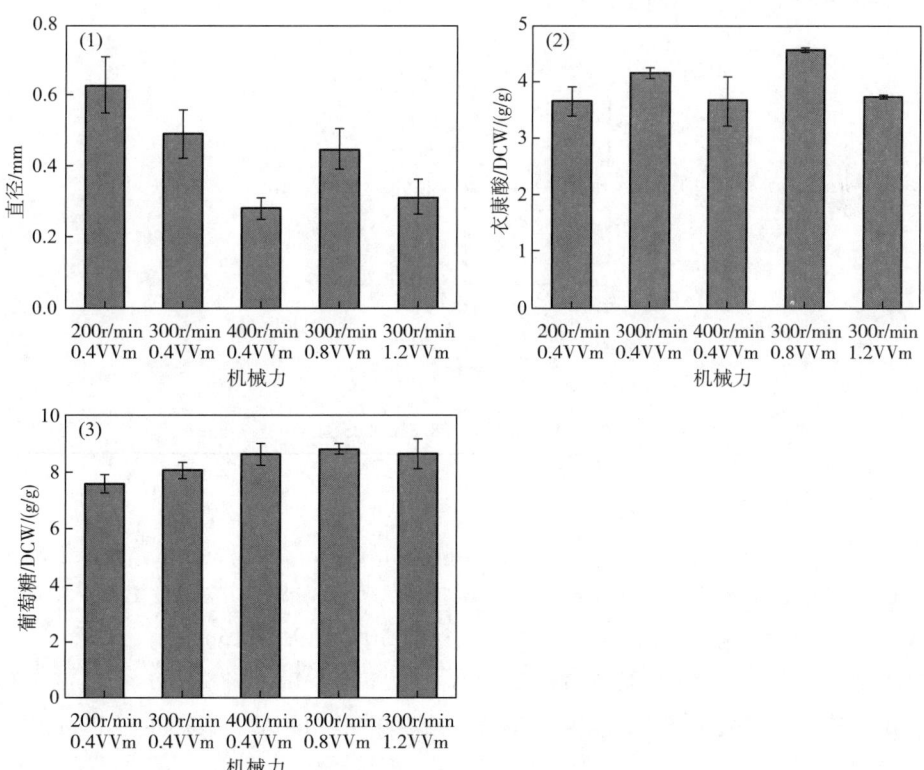

图 10-16　机械力大小对菌团直径、单位细胞产酸和单位细胞耗糖的影响

和消耗葡萄糖的能力（8.90g/g）分别比对照（200r/min，0.4VVm）提高25.1%和16.4%。图10-17为最优菌团直径条件下衣康酸发酵过程曲线。这一研究结果表明，在摇瓶上得到的单位细胞合成衣康酸的能力及单位细胞消耗葡萄糖的能力与菌团直径的定量关系放大至7-L发酵罐时同样适用，说明衣康酸合成与土曲霉菌体形态之间具有密切关系。

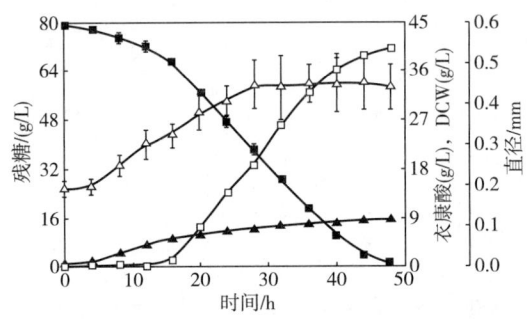

图10-17 最优菌团直径条件下的生产过程曲线

三、蔗糖原料发酵生产衣康酸工艺

（一）蔗糖原料发酵工艺流程

蔗糖原料发酵工艺流程见图10-18。

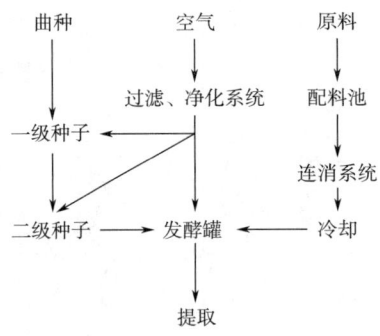

图10-18 蔗糖原料发酵工艺流程

（二）工艺要点

1. 培养基

种子培养基组成（g/L）：蔗糖80.0，NH_4NO_3 3.5，$MgSO_4 \cdot 7H_2O$ 1.0，KH_2PO_4 0.6，玉米浆3mL，其他无机盐，调节pH为3.5，蒸汽120℃，灭菌15min。

发酵培养基组成（g/L）：蔗糖100.0，NH_4NO_3 3.0，$MgSO_4 \cdot 7H_2O$ 4.0，KH_2PO_4 0.2，玉米浆2mL，其他无机盐，调节pH为4.5~5.0，蒸汽95~100℃，灭菌少于20min。

2. 操作步骤

先将空气净化系统灭菌保压待用，然后对种子罐及发酵罐进行灭菌。灭菌后用无菌空气保压。灭菌冷却到35℃的培养液，泵入一级种子罐接入孢子培养约24h，然后接入二级种子罐进行培养,最后接入发酵罐进行发酵。

(三) 发酵过程实例

发酵工艺条件随菌种、原料等不同而异。表 10-12 是以蔗糖为主要原料 300m³ 气升式发酵罐发酵的情况。

表 10-12　　　　　　　　　蔗糖发酵生产衣康酸的情况

序号	初糖/(g/L)	终糖/(g/L)	发酵时间/h	产酸/(g/L)	转化率/%	菌体干重/(g/L)
9501	113.5	6	54	55.5	48.8	8.7
9502	116.7	12	64	62.5	53.6	12.4
9503	100	19	64	36	36	22.9
9504	97.2	0	42	46	47.3	20.1
9505	100	0	44	60.5	60.5	13.3
9506	97.2	0	46	54	55.5	11.1
9507	97.2	0	40	60	61.7	11.0
9508	100	0	42	62	62	11.0

注：发酵条件：35℃,接种量 10%,通气量 0.25m³/(m³·min),罐表压 30~40kPa。

四、影响发酵的重要因素

1. 发酵条件

(1) 温度　土曲霉对温度极为敏感,不但会影响衣康酸的积累,而且还会导致产杂酸。土曲霉孢子培养温度以 33℃ 最佳；一、二级种子培养温度以 34℃ 为宜,虽然温度升高有利于加速孢子的萌发及菌丝生长,缩短培养时间,但也容易引起菌体过早衰老,因此一般不宜采用较高温度培养种子；发酵最适温度为 35℃,在该温度下,不但利于菌体生长,也利于衣康酸的积累。当糖浓度降至 10g/L 时,可升至 37℃ 发酵,有利于缩短发酵周期。土曲霉一般在 28~38℃ 绝大多数可发酵生成衣康酸,温度高于 38℃ 时,发酵速度反而降低。

(2) pH　在深层发酵过程中,pH 对最终衣康酸的产量起着十分重要的作用。pH 在 1.8 以下时,土曲霉几乎不能生长和产酸；pH 在 4.5 以上时,菌丝形成较大菌丝球,直径可达 5~6mm,几乎不产酸。因此,在菌体生长高峰期 pH 应维持在 3.0 左右,以获得最大的生长速率；进入产酸期之后,应控制 pH 在 2.1~2.3 范围内。为了使发酵达到预期目的,必须对培养基的初始 pH 进行调整。调整用酸可以是 H_2SO_4、HCl、HNO_3、衣康酸或柠檬酸。当用 H_2SO_4 时,发酵液颜色会加深,对后提取不利。但由于 NaOH、KOH 会引入 K^+、Na^+ 而影响提取,而 NH_4^+ 则可被菌体作为氮源来利用,所以生产上一般使用氨水来进行控制。

(3) 接种量　一级种子保证培养液内孢子数达 10^8~10^9 个/mL 为宜,二级种子接菌丝悬浮液 12%~14%。

(4) 通气与搅拌速度　在生产中,若通气不足,则严重影响产酸速率及转化率；若通气过量,不但会造成能源浪费,而且会引起大量泡沫,同时也会影响衣康酸的积累及转化率。在生产过程中,若通风增大到 $0.3m^3/(m^3 \cdot min)$ 以上时,立即出现喷罐,即使加消泡剂也无作用;当风量减少至 $0.18m^3/(m^3 \cdot min)$ 以下时,产酸速率随之下降。若中断 15min 以上,几乎是完全停止产酸,即使延长发酵时间 2~3 倍,也不能恢复产酸,故通风量以 $0.25m^3/(m^3 \cdot min)$ 为宜。在无搅拌的气升式发酵罐中,由于罐体结构的改变,不存在由于提高风量而跑料的问题;在与机械搅拌罐相同通气量的情况下,产酸及转化率相当,而发酵周期则可缩短。在机械搅拌罐中,常通过提高转速、增大搅拌叶直径和改变搅拌叶型式来提高罐内溶氧,但在过高的搅拌速率下,菌体易受剪切力损伤,导致菌体自溶、泡沫增多等不正常现象。在正常情况下,$5m^3$ 种子罐的搅拌转速以 110r/min 为宜,$75m^3$ 罐以 125r/min 为宜。

(5) 菌体生长量　菌体总量对发酵影响极大。生长正常时,菌体量过大,转化率显著降低,衣康酸积累少;菌体量过少也会出现同样的结果。菌体干重以 11~14g/L 为宜。

2. 发酵培养基组成

(1) 蔗糖浓度　糖浓度增加不但会增加发酵时间,同时转化率也会随之下降,而且在发酵过程中产生难以控制的泡沫,影响整个生产过程。最适蔗糖浓度为 95~100g/L。

(2) 氮源　在试验中,无机氮源以 $(NH_4)_2SO_4$ 最好,但由于 $(NH_4)_2SO_4$ 是生理酸性盐,随着 NH_4^+ 的利用,会引起发酵液 pH 的剧烈下降。使用尿素时,往往只长菌丝不产酸,发酵液最终呈黑色。NH_4Cl 中的 Cl^- 会加速对罐体的腐蚀。因此,一般采用 NH_4NO_3 较好,用量以 3~4g/L 为适宜。辅助氮源用玉米浆,一般以 0.2% 为宜。

(3) 镁盐　$MgSO_4$ 的加入是必不可少的,一般以 4g/L 为宜。它不仅是营养盐,也是产酸促进剂。其用量对产酸影响不明显,最高达 11g/L 时对发酵也无影响。

(4) 磷酸盐　磷酸盐对菌体生长量的控制起着十分关键的作用,并且衣康酸的合成是在磷耗尽的情况下进行。因此,使用时应注意与氮源相配合,一般以 0.2g/L 的 KH_2PO_4 为宜。

(5) 其他盐类　NaCl 能刺激菌体的生长,在 3g/L 以下使用不会影响发酵产酸,但会增强对设备的腐蚀。微量的 Fe^{2+} 可以促进产酸,一般以 0.15g/L 的 $FeSO_4$ 为宜,过多则显毒害。使用微量的 Cu^{2+} 对提高产酸量有好处,但当达到 1g/L 时,则有明显毒害作用,抑制菌体生长发育。另外,KCl、Zn^{2+}、$M^{2+}o$、Ca^{2+} 等在一定范围内对产酸都有明显促进作用,但过量则起相反的作用。

(6) 消泡剂　加入消泡剂可以降低膜的表面黏度,而使泡沫破裂。同时也可用机械消泡桨打碎泡沫。在衣康酸发酵中,由于糖浓度高,并添加了玉米浆,会产生大量的泡沫。所以在灭菌前,培养液中就必须加入 0.01%(体积分数)的消泡剂,在发酵过程中,当有泡沫产生时,应立即打开消泡桨及流加少量消泡剂,到泡沫很少时为止。消泡剂常用植物油、泡敌、十八烷醇等。

3. 发酵终止判断

发酵终止判断对提高发酵的生产能力、缩短发酵周期有重要意义。在发酵过程中,产物的生产强度是变化的。一般产物的形成是在生长高峰期后开始,随后进入产酸高峰期,一般此阶段维持越长,发酵生产能力也越高。在衣康酸发酵生产中,当罐温度逐渐自然上升,表明进入产酸高峰期,一般这段时间能维持 20~30h,然后温度就开始下降,这时发酵液颜色开始变深,残余还原糖少于 5g/L、产酸很慢或停止时,必须立即终止发酵、放罐，否则酸浓度反而会下降。

4. 异常发酵处理

在发酵生产中经常会由于染菌、停电、中断通气等造成发酵处于不正常状态，为了减少损失，必须立即进行有效的处理。

防止染菌是发酵工业中极为重要的一个问题。如果在发酵前期染菌，可以重新灭菌后调整 pH，补加一定营养性物质，重新接种。在衣康酸发酵中，在产酸高峰期一般不会染菌。若在发酵后期染菌，可添加适量 $CuSO_4$ 或抗菌素来抑制杂菌。

停电、中断通气往往会给衣康酸生产带来重大损失。在发酵过程中中断通气，尤其是在产酸高峰期，菌体处于严重缺氧状态，影响菌体生长和发酵，产酸迟缓。停气发生在发酵开始时，由于菌丝尚未充分生长和产酸，培养基中的成分没有发生多大变化，一般对产酸影响不大，恢复通气后，就会较快地进入正常发酵。停气若发生在产酸阶段，即使几分钟也会使发酵活力大大降低，甚至不再产酸。

五、淀粉原料发酵生产衣康酸工艺

（一）淀粉原料发酵工艺流程

以淀粉为原料发酵生产衣康酸的工艺流程如图 10-19 所示。

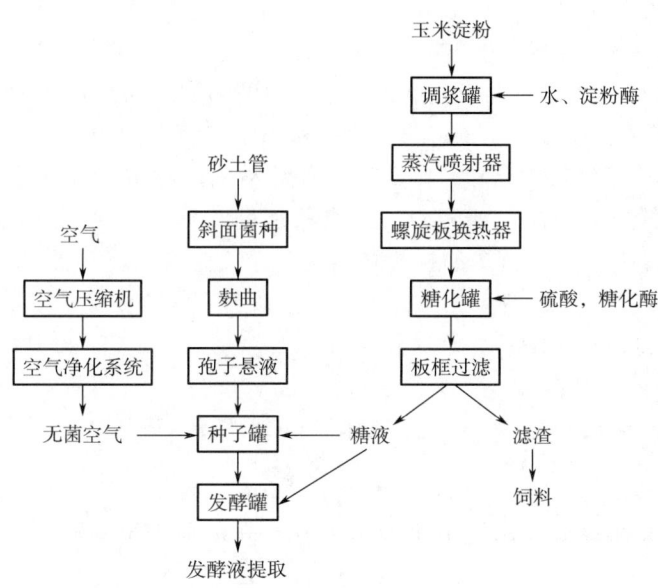

图 10-19 淀粉原料发酵工艺流程

（二）淀粉的液化及糖化

从衣康酸的生物合成机理可以看出，衣康酸发酵的基本物质是葡萄糖，而发酵过程使用的微生物菌种土曲霉并没有分解淀粉的能力。因此，在微生物发酵之前必须将淀粉分解成葡萄糖。

淀粉原料发酵衣康酸采用喷射液化法的双酶法葡萄糖生产工艺，其原理是将加酶的淀粉乳与蒸汽在高压蒸汽喷射器中充分混合、瞬间加热到淀粉酶临界高温，并在最佳温度下进行液化,这有利于防止被切断的淀粉链重新聚合。最终,糖化后的DE值可达98%以上,DX值在97%以上。

1. 工艺流程

玉米淀粉水解工艺流程如图10-20所示。

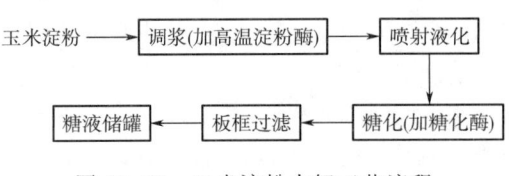

图10-20 玉米淀粉水解工艺流程

2. 操作要点

(1) 调浆 在10~20r/min搅拌下,加入玉米淀粉及工艺水至淀粉浓度25%,升温至50~55℃,以酸或碱调pH至6.0~6.5,加入高温α-淀粉酶,用量为10U/g淀粉。

(2) 液化 将蒸汽通入喷射器及维持柱,将其预热至90~95℃,用泵将淀粉乳打入喷射器,调节物料与蒸汽的压力使其保持平衡。保持出口温度100~105℃,液化的淀粉乳由喷射器下方卸出,引入维持罐。整个维持过程温度控制在95~98℃,时间为30min。最终淀粉乳碘反应呈棕红色,且能迅速扩散。

(3) 糖化 液化后的淀粉乳经螺旋板换热器降温至60~62℃,进入糖化罐后用10% H_2SO_4 调节pH至4.2~4.5,加入糖化酶,用量为100U/g淀粉。糖化时间7~9h,终点以糖化液DE值达到最高为标准,并提前15~20min升温85℃,灭菌5~10min。

(4) 过滤 由于糖化条件温和,因而残存在淀粉中的脂肪、蛋白质基本上没有发生什么变化,以悬浮物的形式存在于糖液中,无须添加助滤剂,可用板框压滤机并配120-16涤纶滤布加以过滤。但必须保持压滤机进口压力稳定。这样过滤出的糖液透光度可达98%以上。

(三) 发酵工艺条件

1. 工艺流程

淀粉原料生产衣康酸的发酵工艺流程如图10-21所示。

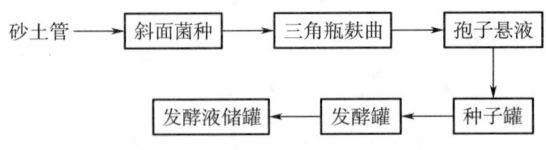

图10-21 淀粉原料发酵工艺流程

2. 培养基组成

(1) 斜面培养基 (g/L) $NaNO_3$ 3,K_2HPO_4 1,$MgSO_4 \cdot 7H_2O$ 5,KCl 0.5,$FeSO_4 \cdot 7H_2O$ 0.01,葡萄糖20,琼脂30,pH自然。

(2) 麸曲培养基 麸曲:水=1:1。

(3) 种子培养基 (g/L) 淀粉糖50,NH_4NO_3 3.5,$MgSO_4 \cdot 7H_2O$ 4,米糠3.5,

KH_2PO_4 0.2，NaCl 0.4，$FeSO_4 \cdot 7H_2O$ 0.01。

（4）发酵培养基（g/L）　淀粉糖 140，NH_4NO_3 3.5，$MgSO_4 \cdot 7H_2O$ 4，米糠 3.5，KH_2PO_4 0.2，NaCl 0.4，$FeSO_4 \cdot 7H_2O$ 0.01。

3. 操作要点

（1）孢子悬浮液制备　在 1L 三角瓶内装新鲜粗片麸皮 40g，加入水 40mL，混匀，121℃灭菌 30min。接种后 30℃培养 4~5d，前 3d 每天混匀两次。待孢子较丰富且完全成熟时不必混合。使用前用无菌水将麸曲中孢子洗下倒入接种瓶，接入种子罐。一般种子培养液麸曲用量折成干麸曲为 0.3~0.5g/L。

（2）种子罐培养　通常，麸曲孢子可以用于发酵，但为了缩短发酵周期、提高发酵罐利用率，可以加一级种子罐。以 50m³ 发酵罐为例，通常配 5m³ 种子罐，种子罐装液系数为 0.75。种子培养基灭菌条件为 121℃、10min。待罐温冷却至 37℃时接入孢子悬浮液，然后按以下条件进行培养：风量 0.3m³/(m³·min)，搅拌速度 140~150r/min，温度 37℃，罐压 0.07MPa。当符合以下 3 个条件时可以移种：培养时间 24h 左右；pH 降至 2.0 以下，产酸 5g/L 左右；镜检菌丝生长良好，无孢子、无杂菌。

（3）发酵罐培养　投料后先用间接蒸汽加热，待罐温升至 80~90℃时改用三路直接蒸汽，121℃保持 10min。若发酵罐连续使用且不染菌，可以不进行空罐灭菌。待料液温度降至 37℃时移入种子，接种量为 10%（体积分数）。然后，按以下条件进行培养：风量 0.18m³/(m³·min)，搅拌速度 80~90r/min，温度 37℃，罐压 0.07MPa。当符合以下两个条件之一即可放罐：发酵后期产酸 2 次测定相近或有下降趋势；还原糖基本耗完（小于 5g/L）或不再消耗。

4. 发酵过程实例

淀粉水解糖发酵生产衣康酸的产酸曲线和耗糖曲线分别见图 10-22、图 10-23。

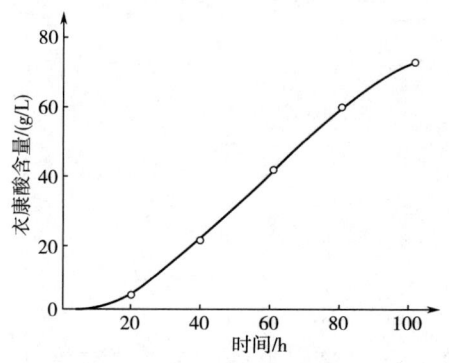

图 10-22　淀粉水解糖发酵产酸曲线

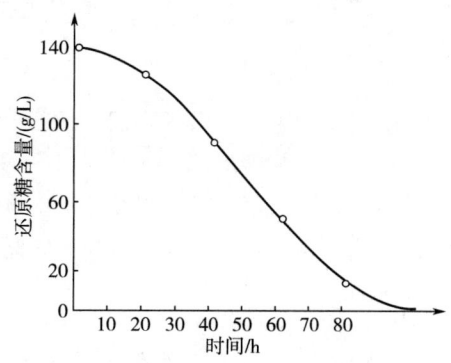

图 10-23　淀粉水解糖发酵耗糖曲线

5. 影响发酵的重要因素

（1）发酵原料　淀粉水解糖中的低聚糊精及其他不可发酵糖对衣康酸的发酵影响较为明显，因此，要严格控制糖化工艺，使淀粉较为彻底地转化为葡萄糖。另外，Cl^- 浓度过高也会影响发酵，因此在整个工艺工程中，包括糖化过程 pH 调节要尽量使用 H_2SO_4、HNO_3 或衣康酸。有机氮含量对发酵的影响也很明显，淀粉原料中有机氮含量要严格控制在0.5%以下。糖化液过滤时应使滤液澄清，以除去大部分有机氮。米糠除提供部分有机氮之外，其中的生物素以及微量元素对提高发酵有较大影响，因此米糠的用量要严格控制。不同批次的米糠有必要进行摇瓶实验以调整其在发酵培养基中的添加量。

（2）温度　菌种土曲霉A9001对发酵温度的要求不是十分严格，30~37℃均可。适当的高温对提高产酸速度较为有利，甚至瞬间达到40℃也不会影响发酵。

（3）pH　低pH对产酸没有影响，因此在发酵过程中不必控制pH，但是发酵初期的pH微酸性（pH4.0~4.5）更有利于菌种更早进入产酸期。

（4）溶氧　淀粉水解糖发酵衣康酸对氧的需求是亚适量的，溶氧过高或过低均对发酵不利。在产酸期一般控制溶氧在10%左右，因此整个过程的溶氧曲线呈V形。发酵过程中的溶氧水平是通过搅拌转速和风量来调节的，但是搅拌对菌丝产生的剪切力对发酵有时是致命的，因此，采用低转速、高风量来维持溶氧对发酵是非常有利的。

六、低脂玉米粉原料发酵生产衣康酸工艺

（一）低脂玉米粉制备工艺

1. 工艺流程

低脂玉米粉制备工艺流程见图10-24。

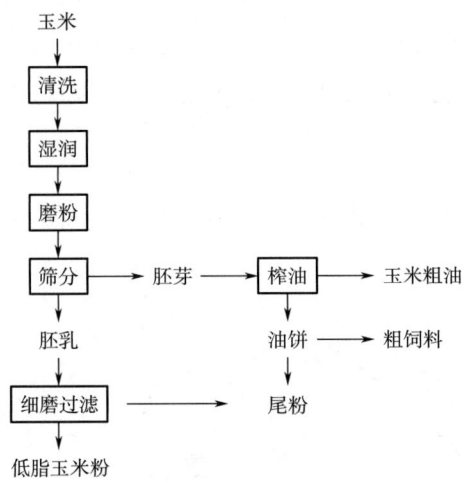

图10-24　低脂玉米粉制备工艺流程

2. 操作要点

（1）玉米清洗　先将玉米进行干法清洗，采用多层筛网组成的振动式清洗机、吸风塔，去除灰尘、砂石等杂物。再经比重式清洗机除去碎粒和瘪谷，然后通过装有磁铁的输送带，得到干净完整的玉米籽粒。

（2）湿洗　经喷淋水洗，除去表皮灰尘、污物等，使表皮湿润，含水分约20%，进入匀湿仓。要达到脱胚和去皮完全，必须掌握适宜的湿润时间和温度。

（3）破碎和脱胚　玉米经湿润后表面含水率提高，具有一定韧性，在进入脱胚机后脱胚率可达到90%以上。一部分胚芽和玉米皮会带入胚乳中，需再通过脱胚机上的筛网进入干燥、冷却、吸风的生产线，将玉米皮除去，经过密度式清洗机将胚芽和玉米糁分离。

(4) 细磨　将脱胚、去皮后的玉米糁经过 3 道细磨、过筛，取细度 40 目以上的玉米粉作为衣康酸发酵的原料。

(5) 各组分的得率　商品玉米经干磨制粉后得主产品为低脂玉米粉，副产品有胚芽和皮的混合物，进一步榨油后的玉米粗油和油渣，油渣与粉碎过程中收集的尾粉混合进一步加工成粗饲料。国内生产上各组分的得率如下：低脂玉米粉为 76%~78%，玉米粗油为 0.8%~1.0%，粗饲料为 19%~20%。

(二) 低脂玉米粉的液化和糖化

1. 液化

低脂玉米粉中含有一定量的蛋白质和少量脂肪酸，采用酶法液化时停留在高温的时间越短越好。因此，在生产上采用瞬时喷射液化，温度控制在 105℃ 左右，并经 40~50m 管道 105℃ 反应后进入维持罐，温度保持在 95~98℃，直至碘反应呈棕红色，DE 值达到 15%~20%，液化终止。

2. 糖化

液化液经板框压滤，过滤速度可达到 $0.2m^3/(m^2 \cdot h)$。滤渣色淡黄，干物质中含蛋白质 35% 左右、碳水化合物约 25%、纤维素 30%、脂肪 1% 左右。经热水洗涤一次，洗水回用于调粉池，滤渣经气流干燥，可作为食品工业用的蛋白粉原料，也可作为酿造优质酱油的原料。液化过滤液泵入糖化罐，调节 pH，加入糖化酶 100U/g 淀粉，在 60℃ 糖化，直至糖化液 DE 值达 97%~98%，升温至 80℃ 灭酶，并进行活性炭脱色，用预涂硅藻土的真空转鼓过滤机连续过滤，获得的糖化液清亮，基本无色。

(三) 发酵工艺条件

发酵采用中糖、大接种量的发酵工艺。采用适宜于以低脂玉米粉糖化液为碳源的衣康酸生产菌株土曲霉 54-S-30。

1. 发酵条件

衣康酸发酵是典型的有机酸发酵类型，分菌丝增殖期和产酸期。由于原料和菌种不同，发酵的 pH、温度、通风量等有所差异，但变化不大。发酵起始 pH2.5~3.0，发酵过程 pH 一般不需控制，便于生产操作，也可用氨水调节 pH。土曲霉斜面菌种培养温度 30~32℃，发酵温度 36℃ 左右。通风量控制在 $0.4~0.5m^3/(m^3 \cdot min)$，发酵产酸高峰阶段发酵液中溶氧不到 10%，发酵过程溶氧曲线呈 V 形。

2. 培养基组成

(1) 斜面培养基　5°Bx 麦芽汁琼脂培养基。

(2) 种子培养基 (g/L)　还原糖 60~80，NH_4NO_3 或 $(NH_4)_2SO_4$ 3，KH_2PO_4 0.1~0.15，$MgSO_4 \cdot 7H_2O$ 2，玉米浆 0.2~0.3，pH3.0。

(3) 发酵培养基　培养基组成基本与种子培养基相同，其中还原糖提高至 140~150g/L，玉米浆和 KH_2PO_4 的用量视玉米浆质量而有所变动，pH2.5~3.0。

3. 操作要点

斜面菌种在 30~32℃ 培养 5~7d，然后在无菌条件下用无菌蒸馏水制成孢子悬浮液，按孢子数 $1 \times 10^8 ~ 5 \times 10^8$ 个/mL 接入摇瓶培养基，在 36℃ 摇床培养 24h。

种子罐及管道预先用 0.1MPa 压力下，灭菌 1h，泵入配制的种子培养液，装液量为罐容积的 70%，在 110℃ 灭菌 20min，冷却至 33~34℃，接入摇瓶种子，接种量为 8%~10%

（体积分数），培养24h，镜检，菌丝生长正常，接入发酵罐。

发酵培养基与种子培养基除糖浓度提高外，其他组成基本相同，接种量10%（体积分数），发酵温度36℃左右，发酵周期80~85h。采用机械搅拌罐时，30L罐最适搅拌转速为280r/min，通风量$0.6~1.0m^3/(m^3 \cdot min)$。采用气升式发酵罐对土曲霉生长更为有利，故衣康酸工业生产选用气升式发酵罐较适宜。

4. 发酵过程实例

以低脂玉米粉糖化液为碳源，土曲霉54-S-30在$3m^3$机械搅拌罐中的发酵过程如图10-25。土曲霉54-S-30在200L气升式发酵罐中的发酵过程，其降糖、产酸和发酵液中溶氧浓度见图10-26。

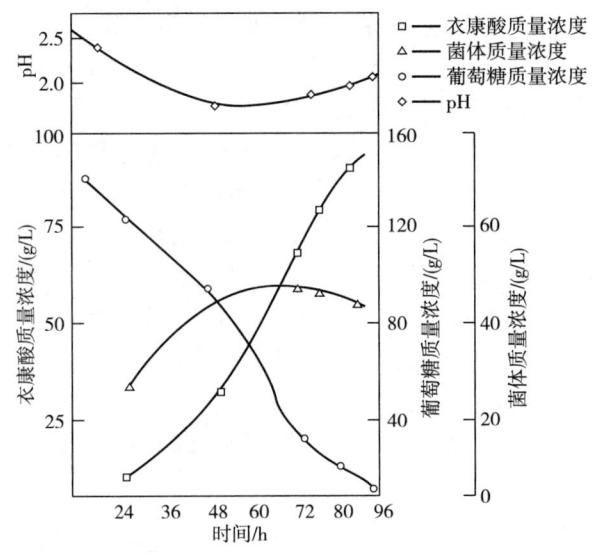

图10-25 土曲霉54-S-30在$3m^3$搅拌式发酵罐中的发酵过程

5. 影响发酵的重要因素

（1）耐高糖高酸衣康酸菌种的选育 土曲霉是公认的衣康酸工业生产菌株，但其主要缺点是不耐高糖。美国Pfeifer等采用土曲霉发酵衣康酸时，蔗糖浓度仅为60~80g/L，提高蔗糖浓度，产酸速率和糖酸转化率急剧降低。后来，通过诱变处理，产酸能力有较大提高，起始糖浓度提高到140g/L左右，发酵液中衣康酸产量也普遍达到70g/L以上。但与柠檬酸发酵水平相比，产酸浓度还是偏低的。因此，进一步选育耐高糖高酸的衣康酸发酵生产菌种是衣康酸生产发展的重要前提。

（2）通气对衣康酸发酵的影响 衣康酸的生物合成机理虽尚无统一认识，但多数研究者支持Bentley等提出的葡萄糖经糖酵解途径进入三羧酸循环合成衣康酸的理论。土曲霉对缺氧十分敏感，即使是短暂的停止供氧，产酸就会立即停止。国内研究者对此种现象进行了多种因子的分析，至今尚未找到有效的方法。

（3）搅拌速率对衣康酸发酵的影响 在过高的搅拌速率下，菌体受剪切力损伤，导致不能正常产酸。研究发现，土曲霉生长阶段搅拌速度过高，菌体生长呈浆状，影响产酸。但进入产酸期，提高转速对产酸有利，由于转速提高增加了发酵液中溶氧浓度，而此时菌

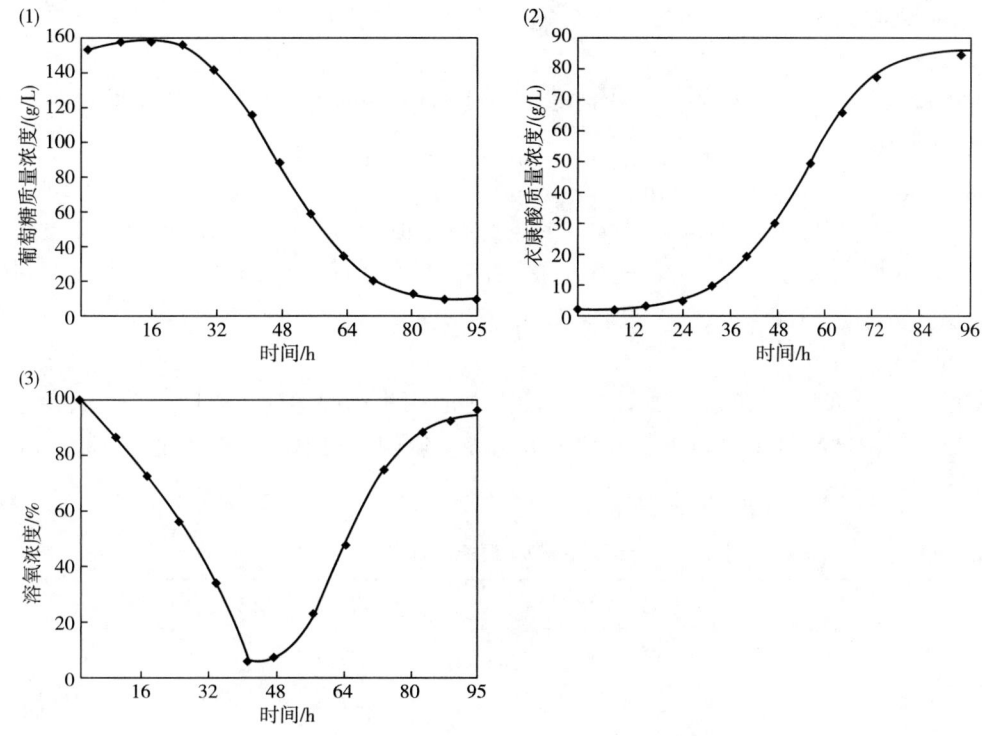

图10-26 土曲霉54-S-30在200L气升式发酵罐中的发酵过程
(1) 耗糖；(2) 产酸；(3) 溶氧

体生长已成熟，不再受到损伤。

七、薯干原料发酵生产衣康酸工艺

我国盛产木薯和山芋等薯类，以其为发酵工业原料，与精淀粉相比，具有价格低的优势。但由于粗原料直接发酵，含灰分高，发酵难度大，要求菌种的抗杂能力强。江南大学已筛选出适用于木薯粉、甘薯粉等粗原料直接发酵生产衣康酸的优良菌种，如土曲霉WX1和土曲霉NTG-1。经$50m^3$发酵罐生产性试验，产酸稳定，发酵3d，衣康酸产量达60~65g/L，发酵液中衣康酸纯度达98.6%。该成果已在国内几家工厂应用。

(一) 薯干原料发酵工艺流程

以薯干原料发酵制取衣康酸工艺流程见图10-27。

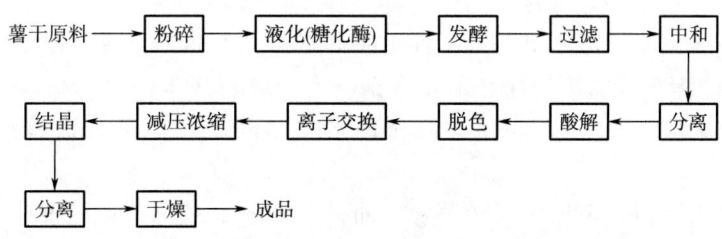

图10-27 薯干原料发酵工艺流程

(二) 摇瓶试验

1. 菌种

土曲霉 WX1 菌株，经 20 代传代试验，产酸稳定，耐 40℃高温。制备成孢子悬浮液，孢子量为 $1×10^7$ 个/mL。

2. 培养基

按双酶法工艺将木薯粉制成糖液，配成含葡萄糖 10%~12%，添加 NH_4NO_3 2.5g/L，玉米浆 1.2g/L，$MgSO_4 \cdot 7H_2O$ 1.8g/L，调 pH 至 3.5~3.6，于 105℃灭菌 15min，冷却至室温，接入孢子悬浮液 1mL，摇瓶转速 230~240r/min。

3. 试验结果

发酵液中衣康酸含量以总酸计，衣康酸纯度用高效液相色谱法测定。试验结果见表 10-13。糖浓度超过 13% 以上，残糖大大增加，影响后提取，故糖浓度以 12% 为宜。发酵液中衣康酸占总酸 98.6%。

表 10-13　　　　　　　　　土曲霉 WX1 摇瓶实验结果

木薯糖液浓度/%	产酸量/(g/L)	转化率/%	残糖量/%
10	59.6	59.6	0.2
12	66.0	55.0	0.35
11.8	66.2	56.1	0.30
12.5	69.0	55.2	0.32
13	72.0	55.3	0.40

(三) 生产性试验

1. 菌种

土曲霉 WX1。

2. 培养基

发酵培养基配方与摇瓶培养基类似，种子培养基含糖 4%，发酵培养基初糖 10%~12%。

3. 发酵条件

种子罐 $5m^3$，发酵罐 $50m^3$，均为通用的搅拌式不锈钢罐。罐压 $1kg/cm^2$，通风量为 $0.3~0.4m^3/(m^3 \cdot min)$，种子罐接种干孢子粉若干，在 40℃培养 24h，转入 $50m^3$ 发酵罐，40℃下发酵。

4. 试验结果

采用木薯粉为原料，筛选出高产菌种土曲霉 WX1，$50m^3$ 发酵罐发酵产酸达 67g/L，转化率稳定在 55%~58%，发酵液中几乎不含杂酸，残糖在 0.2%~0.3%。经重结晶法提取，精制品纯度达 99%~99.5%，符合美国和日本衣康酸质量标准，试验结果如表 10-14 所示。

采用甘薯粉为原料，筛选出高产菌种土曲霉 NTG-1，摇瓶产酸达 90g/L 以上，转化率稳定在 50%~55%，发酵液中几乎不含杂酸，残糖在 0.2% 左右。结晶回收率达 85%~90%，重结晶后产品质量经液相色谱分析纯度为 99%~99.5%。

表 10-14　　　　　　　　　　　　土曲霉 WX1 50m³ 发酵罐结果

初糖量/%	产酸量/(g/L)	发酵周期/h	残糖量/%	转化率/%
10.6	62.0	60	0.15	58.49
11.2	63.0	64	0.20	56.25
11.9	66.4	68	0.35	55.80
12.0	67.0	70	0.35	55.83
11.8	66.0	68	0.35	55.93

参 考 文 献

[1] 叶金宝.衣康酸高产菌株的诱变选育及其发酵工艺的研究[D].浙江工业大学,2009.

[2] 杨静,蒋剑春,张飞,等.复合诱变选育衣康酸高产菌株的研究[J].生物质化学工程,2015,49(03):13-16.

[3] 朱萍,严萍,杨辉,等.衣康酸产生菌——土曲霉 T-730 原生质体的制备和再生[J].广西大学学报(自然科学版),2005(01):63-66.

[4] Kanamasa S, Dwiarti L, Okabe M, et al.Cloning and functional characterization of the cis-aconitic acid decarboxylase(CAD) gene from *Aspergillus terreus*[J].Applied Microbiology & Biotechnology,2008,80(2):223-229.

[5] 高倩.土曲霉发酵生产衣康酸过程中形态控制及低氧毒害原因初探[D].江南大学,2013.

[6] Driouch H, Hänsch R, Wucherpfennig T, Krull R, Wittmann C.Improved enzyme production by bio-pellets of *Aspergillus niger*:Targeted morphology engineering using titanate microparticles[J].Biotechnology and Bioengineering,2012,109(2):462-471.

[7] Gao D. Microbial lipid production by oleaginous fungus *Mortierella isabellina* through morphology engineering[J].Biotechnology and Bioengineering,2014,111(9):15-20.

[8] Veiter L, Rajamanickam V, Herwig C.The filamentous fungal pellet—relationship between morphology and productivity[J].Applied Microbiology & Biotechnology,2018,26(2):1-10.

[9] Shimi I R, Ms N E D.Biosynthesis of itaconic acid by *Aspergillus terreus*[J].Archiv Für Mikrobiologie,1962,44(2):181-188.

[10] Nowakowska-Waszczuk A.Utilization of Some Tricarboxylic-acid-cycle Intermediates by Mitochondria and Growing Mycelium of *Aspergillus terreus*[J].Journal of General Microbiology,1973,79(1):19-29.

[11] Winskill N.Tricarboxylic acid cycle activity in relation to itaconic acid biosynthesis by *Aspergillus terreus*[J].Microbiology,1983,129(9):2877-2883.

[12] Li A, Van N L, Ter M B, et al.A clone-based transcriptomics approach for the identification of genes relevant for itaconic acid production in *Aspergillus*[J].Fungal Genetics & Biology,2011,48(6):602-611.

[13] 金其荣.有机酸发酵工艺学[M].北京:中国轻工业出版社,1989.

[14] 王博彦,金其荣.发酵有机酸生产与应用手册[M].北京:中国轻工业出版社,2000.

[15] 刘建军.衣康酸发酵的研究[D].天津科技大学,2004.

[16] 蔡谨,姚恕.衣康酸生产菌 AT89-4 的选育[J].杭州化工,1996(02):11-13.

[17] 芦国营,张朝晖,洪伟杰.利用水解淀粉高产衣康酸菌株的诱变育种[J].现代食品科技,2005(02):37-39.

[18] 诸丽萍,吴伟群,陈小龙.衣康酸的生产、应用和前景[J].中国生物工程杂志,2008,28(S1):

306-310.

[19]薛福连.衣康酸生产工艺与关键技术[J].精细化工原料及中间体,2006(12):24-26.

[20]高倩,刘杰,刘立明,等.土曲霉菌体形态对衣康酸生产效率的影响[J].过程工程学报,2013,13(02):281-286.

[21]徐建春,李霞,王海英.发酵法生产衣康酸——高产菌株的选育[J].发酵科技通讯,2008(01):30-32.

[22]杨新超.衣康酸清洁生产工艺的初步研究[D].山东轻工业学院,2006.

[23]魏凌云.玉米淀粉直接发酵生产衣康酸[D].广西大学,2003.

[24]李丕武.衣康酸清洁生产工艺的研究[D].中国海洋大学,2008.

第十一章 2-酮基-L-古龙酸发酵生产技术

第一节 概 述

维生素 C,又称 L-抗坏血酸(图 11-1),具有较强的抗氧化性,广泛地用于医药和化妆品行业。工业上生产维生素 C 是先获得其直接前体 2-酮基-L-古龙酸(2-keto-L-gulonic acid,2-KLG),然后经烯醇化和内酯化后再得到维生素 C(图 11-1),目前工业上主要采用"莱氏法"和"二步发酵法"进行生产。1933 年,德国化学家 Rechstein 等首次利用以葡萄糖为原料结合六步化学反应和一步发酵的方法获得维生素 C,此方法被称为"莱氏法"。此生产方法具有路线成熟、原料易于获得,产品质量好等优点,所以通过近 70 年的不断改进和完善,此方法还被国外许多大的制药公司所采用。虽然"莱氏法"经过了不断的完善和改进,但其自身还是存在着许多缺陷和不足。例如,在许多化学合成阶段需要消耗大量的能量,并且必须在高温高压的极端环境下进行;反应需要使用大量有机溶剂,对环境也造成了极大的污染。为了从根本上解决化学合成方法的弊端,世界各国科研工作者都把目光转移到微生物发酵生产维生素 C 上面来。到目前为止,微生物发酵生产维生素 C 的方法中工业化最成熟,也是现在国内主流生产方法的为我国 20 世纪 70 年代由中国科学院北京微生物研究所和北京制药厂开发的维生素 C 生产工艺,即"二步发酵法"。该方法通过两步发酵,将山梨醇转化为维生素 C 前体物质 2-酮基-L-古龙酸,再经过内酯化和烯醇化将其转化成维生素 C。"二步发酵法"不但解决了化学合成法中污染大、危险性高的问题,并且进一步地提高了底物的转化率,简化了生产过程,更有利于工业化连续生产。

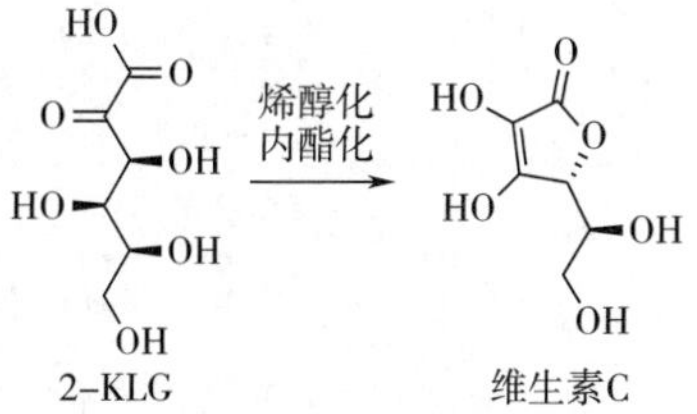

图 11-1 2-KLG 经烯醇化和内酯化转化为维生素 C

第二节 2-酮基-L-古龙酸发酵微生物及其机制

一、2-酮基-L-古龙酸发酵微生物

除了少数几种蓝藻(*Cyanobacterial*),目前已知的原核生物不能直接合成维生素 C,因此微生物发酵生产维生素 C 工作的焦点就集中在寻找/筛选能够合成"莱氏法"中间产物的菌株上,尤其是高产维生素 C 直接前体 2-KLG 的菌株。如表 11-1 所示,截至目前,以下菌株都可以 D-山梨醇、D-果糖、L-山梨糖、L-山梨酮、L-古洛糖酸、L-艾杜糖或 L-艾杜糖酸为底物合成"莱氏法"中间产物:醋酸菌(*Acetobacter*)、产碱杆菌(*Alcaligenes*)、产气杆菌(*Aerobacter*)、固氮菌(*Azotobacter*)、芽孢杆菌(*Bacillus*)、葡糖

杆菌（*Gluconobacter*）、克雷伯菌（*Klebsiella*）、微球菌（*Micrococcus*）、假单胞菌（*Pseudomonas*）和黄单胞菌（*Xanthomonas*）等。

表 11-1　用于维生素 C 发酵的微生物

方法	最终产物	底物	微生物/化学方法	产量/(g/L)	生产强度/(g/L/h)	转化率/%
莱氏法	2-KLG	D-葡萄糖	五步化学反应和一步生物转化	—	—	50
生物技术法	2-KLG	葡糖酸	*Gluconobacter oxydans* ATCC 9937 和 *Corynebacterium* sp. ATCC 31090	9.43	0.13	38
		D-山梨醇	*Gluconobacter melanogenus* Z84	60	0.42	60
			Gluconobacter oxydans NB6939/Psdh-tufB1	88	1.22	88
		L-山梨醇	*Gluconobacter Melanogenus* U13	60	0.42	60
			Gluconobacter oxydans IGO112 和 *Bacillus megaterium* IBM302	75.8	1.58	94.8
			Gluconobacter oxydans SCB329 和 *Bacillus thuringiensis* SCB933	130.92	2.85	90
		L-山梨酮	*Gluconobacter oxydans* U13（p7A6Δ4）	32.7	0.2725	83.6
	Ca-KLG	D-葡萄糖	*Erwinia* sp. SHS 2629001 和 *Corynebacterium* sp. SHS 752001	106.2	1.16	84.6
	L-抗坏血酸	D-葡萄糖	*Xanthomonas campestris* 2286	20.4	0.408	5.1
		D-山梨醇	*Ketogulonigenium vulgare* DSM 4025TP	0.09	0.0038	0.11
		D-山梨糖	*Ketogulonigenium vulgare* DSM 4025TP	0.908	0.045	1.14
		D-山梨酮	*Ketogulonigenium vulgare* DSM 4025TP	1.37	0.34	27.4
		D-半乳糖酸醛	*Candida norvegensis*	1.3	0.027	8.7
		L-半乳糖	*Saccharomyces cerevisiae* 和 *Zygosaccharomyces bailii*	0.1	6.7×10^{-4}	40

注：*Gluconobacter oxydans*（氧化葡萄糖杆菌）；*Corynebacterium* sp.（棒状杆菌）；*Gluconobacter melanogenus*（生黑葡萄糖酸杆菌）；*Bacillus megaterium*（巨大芽孢杆菌）；*Bacillus thuringiensis*（苏云金芽孢杆菌）；*Erwinia* sp.（欧文菌）；*Xanthomonas campestris*（野油菜黄单胞菌）；*Ketogulonigenium vulgare*（普通生酮古龙酸杆菌）；*Candida norvegensis*（挪威假丝酵母）；*Saccharomyces cerevisiae*（酿酒酵母）；*Zygosaccharomyces bailii*（拜氏接合酵母）。

二、2-酮基-L-古龙酸合成路径

目前，2-KLG 的合成途径主要有 2 条：由 D-山梨醇/L-山梨糖经 L-山梨酮生成 2-KLG 的 D-山梨醇途径和由 D-葡萄糖经 D-葡萄糖酸，2-酮基-D-葡萄糖酸和 2,5-DKG 合成 2-KLG 的 2,5-二酮基-D-葡萄糖酸途径（图 11-5）。

（一）2,5-二酮基-D-葡萄糖酸途径

截至目前，尚未发现能直接从 D-葡萄糖高效转化生成 2-KLG 的细菌，而大量的菌株

包括白色假单胞菌（*Pseudomonas albosesamae*）、斑点欧氏杆菌（*Erwinia punctata*）以及生黑醋酸杆菌（*Acetobacter melanogenus*）可供利用来合成 2,5-DKG。2,5-DKG 通过棒状杆菌（*Corynebacterium*）和欧文菌（*Erwinia*）能高效地转化为 2-KLG。因此，最初的做法是通过混合培养（共固定）或两阶段发酵工艺整合上述两类菌株的转化功能，例如 D-葡萄糖首先由欧文菌或醋酸菌氧化为 2,5-DKG，其次棒状杆菌利用 NADPH 依赖性 2,5-DKG 还原酶将 2,5-DKG 催化为 2-KLG。

（二）D-山梨醇途径

目前，已分离到大量能通过一系列膜结合脱氢酶催化氧化 L-山梨糖和/或 D-山梨醇代谢合成 2-KLG 的菌株。对氧化葡萄糖酸杆菌（*G. oxydans*）的研究认为，催化 D-山梨醇生成 2-KLG 的 3 个脱氢酶亚细胞定位（胞质或膜结合）随菌株的不同而有所差异。然而，D-山梨醇途径中间代谢产物由周质转至胞质对细胞产酸来说是不利的，因为胞质中可能有 3 种因素会引起 D-山梨醇途径中间代谢产物的分解，进入戊糖磷酸途径（图 11-5）：①D-山梨醇跨膜进入细胞质，通过 D-葡萄糖酸进入中心循环；②D-山梨醇或中间产物通过胞质 L-山梨酮还原酶（SNR）或 L-山梨糖-5-还原酶（5-SR）作用代谢分解；③2-KLG 还原酶（2-KR）催化 2-KLG 生成 L-艾杜糖酸进入中心代谢。

三、2-酮基-L-古龙酸的发酵机理

2-酮基-L-古龙酸（2-KLG），是维生素 C 的直接前体，经内酯化和烯醇化后得到维生素 C。目前，2-KLG 的生产方法主要有莱氏法和二步发酵法，以及由二步发酵法衍生而来的一步发酵法。二步发酵法是工业生产维生素 C 的主要方法。

（一）莱氏法

1933 年，德国 Reischstein 等用化学合成法成功提取了维生素 C，后来通过改进发展成为一步生物转化和多步化学合成来生产维生素 C，俗称"莱氏法"。在这一过程中，D-葡萄糖通过氢化作用生成 D-山梨醇，在氧化葡萄糖酸杆菌中山梨醇脱氢酶（SLDH）的作用下，D-山梨醇转化为 L-山梨糖，再经过五步化学过程转化成维生素 C 的前体物质 2-KLG，最后经过进一步的酯化作用生成维生素 C（图 11-2）。莱氏法具有生产原料简单易得、工艺技术成熟、产品质量佳、收率高等优点，但该方法工艺程序烦琐、难以实现连续化，且需要消耗大量有毒、易爆、易燃的化学物质，不仅危险而且污染环境。随着各国对环境问题的重视以及能源价格的不断上涨，各国科学家开始探索以微生物合成法代替莱氏法。

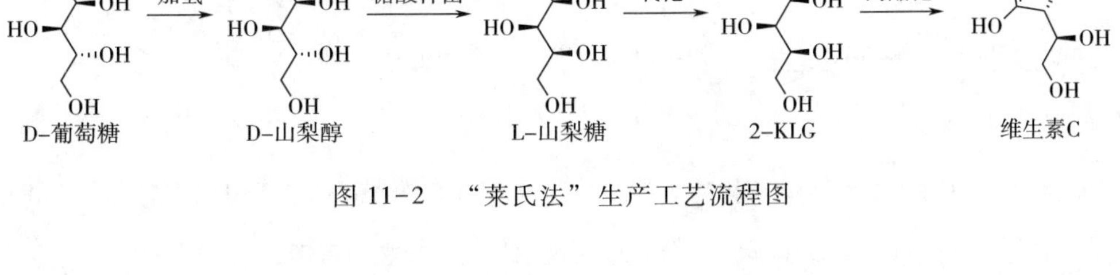

图 11-2 "莱氏法"生产工艺流程图

(二) 二步发酵法

1. 经典二步发酵法

20世纪70年代初，我国科技工作者发明了维生素C二步发酵法，该法很大程度上简化了莱氏法的生产程序，并使产品生产成本降低、转化率提高，因此得到了国内外维生素C生产厂家的大力推广。在这一过程中，氧化葡萄糖酸杆菌借助山梨醇脱氢酶（SLDH）的作用，将D-山梨醇转化为L-山梨糖，L-山梨糖转变为2-KLG的过程是由一个混菌系统完成的，这一混菌发酵系统由普通生酮古龙酸菌（*Ketogulonigenium vulgare*）和巨大芽孢杆菌（*Bacillus megaterium*）组成（图11-3）。其中，普通生酮古龙酸菌为产酸菌，是一种典型的革兰阴性细菌，在发酵过程中，普通生酮古龙酸菌借助山梨糖/山梨酮脱氢酶和山梨酮脱氢酶的作用，将L-山梨糖转化为2-KLG，但是在单独培养普通生酮古龙酸菌时，生长缓慢，几乎不产酸。巨大芽孢杆菌为伴生菌，是一种典型的革兰阳性细菌，在L-山梨糖向2-KLG的转化过程中不直接参与相关酶的催化反应过程，但能在混菌体系中显著促进普通生酮古龙酸菌的生长和2-KLG的积累。

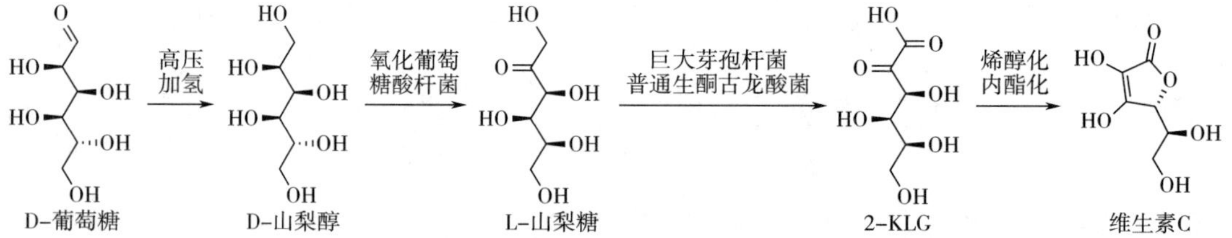

图11-3 "二步发酵法"生产工艺流程图

2. 新二步发酵法

经典的二步发酵法以D-山梨醇为底物，这需要额外加氢步骤的化学过程将D-葡萄糖转化为D-山梨醇。进一步发明的新二步发酵法解决了这个问题。在新二步发酵法过程中，由欧文菌（*Erwinia herbicola*）ATCC 21988及类似菌株，在葡萄糖脱氢酶（GDH）、葡萄糖酸脱氢酶（GADH）和2-酮基-D-葡萄糖酸脱氢酶（2-DKGDH）的作用下，将D-葡萄糖转化为2,5-二酮基-D-葡萄糖酸（2,5-DKG），再经过棒状杆菌（*Corynebacterium*）ATCC 31090及类似菌株，在2,5-DKG还原酶的作用下将2,5-DKG转化为2-KLG（图11-4）。在新二步发酵过程中，D-葡萄糖经过两步发酵生成了2-KLG。然而，中间产物2,5-DKG是高度不稳定的，高温灭菌过程就会完全破坏2,5-DKG，这就意味着第二步发酵必须是一个非加热灭菌过程，所以新二步发酵法很难应用到维生素C的工业生产中。

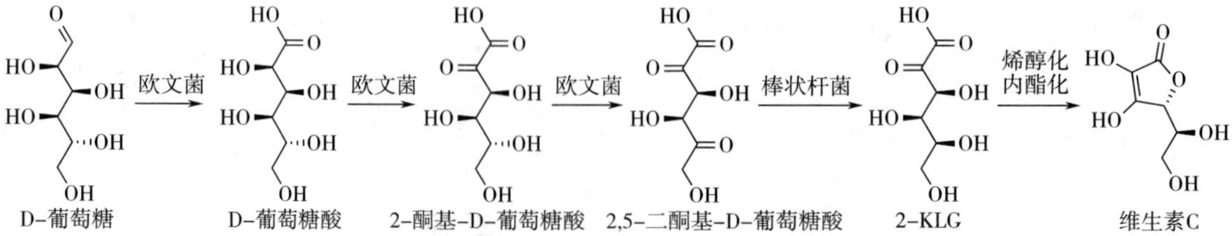

图11-4 "新二步发酵法"生产工艺流程图

(三) 一步发酵法

1. 基于经典二步发酵法的研究

在二步发酵法中，依次在 D-山梨醇脱氢酶 (SLDH)、L-山梨糖脱氢酶 (SDH) 及 L-山梨酮脱氢酶 (SNDH) 的作用下，可以有效地将 D-山梨醇转化为维生素 C 的前体物质 2-KLG。因此，将 3 个关键酶同时表达于一株微生物中，可能会实现单菌一步发酵生产 2-KLG (图 11-5)。在维生素 C 二步发酵法生产中，由 SDH 催化 L-山梨糖转化为 L-山梨酮，再由 SNDH 催化生成 2-KLG。

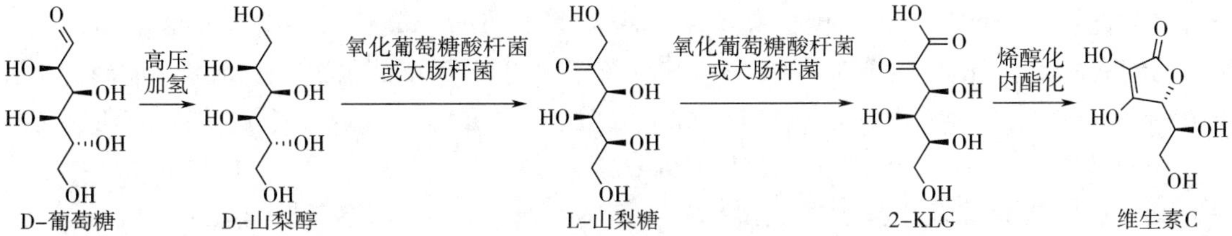

图 11-5 基于"二步发酵法"构建的一步发酵路线
生产工艺流程图

2. 基于新二步发酵法的研究

与经典的二步发酵法相比，新二步发酵法似乎更吸引人。以新二步发酵法为基础的一步发酵路线可以消除从 D-葡萄糖加氢转化为 D-山梨醇的成本，所以相比以经典二步发酵法为基础的构建而言更经济。各国的科研工作者开始致力于由 D-葡萄糖生产 2-KLG 的研究。Anderson 等将来源于棒状杆菌 ATCC 31090 的 2,5-DKG 还原酶基因表达于欧文菌 ATCC 21998 中，得到的产酸工程菌以饱和的 D-葡萄糖溶液为底物进行发酵仅得到 1g/L 的 2-KLG (图 11-6)。此外，林红雨等把欧文菌和棒状杆菌进行了原生质体融合，最终获得的重组菌发酵 D-葡萄糖生产 2-KLG 的产量为 2.07g/L。以上的研究结果表明，基于新二步发酵法构建得到的产酸工程菌转化率低，终产物浓度也很低，实现工业化存在很大难度。因此，以经典二步发酵法为基础的一步发酵路线的构建更具有竞争性。

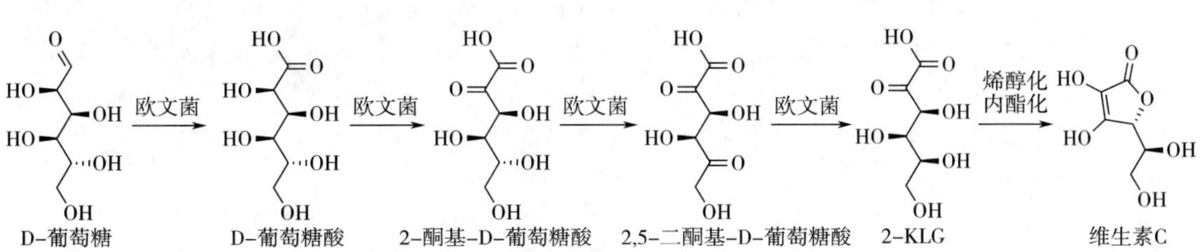

图 11-6 基于"新二步发酵法"构建的一步发酵路线
生产工艺流程图

第三节 2-酮基-L-古龙酸混菌发酵工艺

一、混菌发酵体系的建立

20 世纪 70 年代初期，中国科学院微生物研究所和北京制药厂合作，以 L-山梨糖为碳源采用富集法筛选到了一株能转化 L-山梨糖为 2-KLG 的优良"菌株"N1197A。经研究发现，该"菌株"是包含大、小两种菌落的混合菌株；发酵时只有两种菌株在一起混合培养时，才能正常产酸；大菌落菌株属条纹假单胞菌（*Pseudomonas striata*），小菌落菌株属氧化葡萄糖酸杆菌。Urbance 等在 2001 年将其重新划分到新属酮古龙酸菌（*Ketogulonigenium*）。两菌在 2-KLG 生产过程中的角色已通过静息细胞实验证明：普通生酮古龙酸菌具有转化 L-山梨糖生产 2-KLG 的细胞酶活力，而巨大芽孢杆菌却没有产 2-KLG 的生物酶活力，L-山梨糖的消耗是普通生酮古龙酸菌生长代谢的结果，巨大芽孢杆菌不能利用 L-山梨糖，只起伴生作用。而伴生菌除了条纹假单胞菌和巨大芽孢杆菌（目前工业化常用伴生菌）外，其他属/种的微生物比如蜡状芽孢杆菌（*B. cereus*）、浸麻芽孢杆菌（*B. macerans*）、嗜麦芽黄单胞菌（*Xanthomonas maltophilia*）和掷孢酵母（*Sporoblomyces roseus*）等都可以作为普通生酮古龙酸菌的伴生菌。这些伴生菌与产酸菌混合发酵的效果有所差别，其中使用最为广泛、效果最好的是巨大芽孢杆菌。因此，众多与混菌发酵生产 2-KLG 相关的研究主要是围绕巨大芽孢杆菌与普通生酮古龙酸菌体系展开的。

（一）混菌间关键代谢物关系研究

1. 大小菌单独发酵代谢物

天津大学元英进课题组利用 GC-TOF/MS 分析技术分别得到普通生酮古龙酸菌和巨大芽孢杆菌的胞内代谢谱图，并将其与标准谱库 NIST library 2005 质谱数据库（National Institute of Stands and Technology mass spectral library）比对，依据所给出的代谢物与数据库中化合物的匹配度和可能性的大小，测出 120 余种代谢物，其中已定性物质有 103 种。巨大芽孢杆菌胞内独有的代谢物有 53 种，普通生酮古龙酸菌胞内独有的代谢物有 5 种，两者共有的代谢物有 45 种，具体结果见图 11-7 及表 11-2。由代谢物鉴定结果可以发现，普通生酮古龙酸菌体内氨基酸等营养物质严重匮乏，但有部分糖酸含量较高，磷酸戊糖途径代谢中间产物较完全，而巨大芽孢杆菌单独培养时具有较完整的代谢图谱，体内营养物质种类齐全且含量丰富，碳中心代谢路径（三羧酸循环和磷酸戊糖途径）中各中间代谢产物较齐全，以此可初步解释两种菌单养时小菌生长状态不好而大菌生长状态良好的现象。

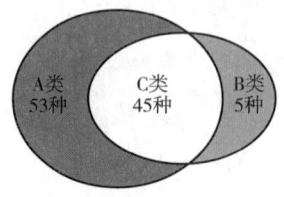

图 11-7 胞内代谢物鉴定分类示意图

表 11-2 单菌胞内代谢物鉴定结果

菌株类型	代谢物名称
巨大芽孢杆菌 A 类	果糖、天冬氨酸、半乳糖酸、6-磷酸-葡萄糖、谷氨酸、赖氨酸、2-氨基-1,3-丙二酸、肌醇、核酮糖、核呋喃糖、6-磷酸-吡喃葡萄糖、鸟嘌呤、胞嘧啶、鸟苷、黄嘌呤、3-氨基-丙酸、尿酸、磷酸葡糖酸、景天庚酮糖、2-羟基-4-甲基-戊酸、3-磷酸-甘油、赤藓糖酸、丁二酸、丝氨酸、3-脱氧-1,6-葡萄二酸、哌啶甲酸、4-氨丁酸、赤藓糖酸内酯、葡萄糖、腺嘌呤、1,5-戊二胺、尿嘧啶、胸腺嘧啶、2-氢尿嘧啶、磷酸乙醇胺、磷酸甘油酸、磷酸核糖磷酸、吡啶二羧酸、核糖、1,2,3,4-丁四醇、苯丙氨酸、3-羟基-丁酸、木糖醇、4-羟基-脯氨酸、丁烯二酸、精眯、半胱氨酸、腺苷、次黄嘌呤、鸟苷、假尿苷、磷酸果糖、磷酸葡糖醇
普通生酮古龙酸菌 B 类	赤藓糖醇、2,3,4-三羟基-戊酸、葡糖酸、2-酮-古龙酸、2-酮-葡糖酸
共有 C 类	1,2-丙二醇、丙氨酸、脯氨酸、苏氨酸、尿素、色氨酸、半乳糖、2-羟基-乙胺、吡咯二羧酸、丙酮酸、磷酸、乳酸、甘油、甘氨酸、羟基乙酸、异亮氨酸、丝氨酸、1-氢-吲哚-3-乙胺、对羟基苯甲酸、硬脂酸、棕榈酸、十六烯酸、羟胺、赤藓糖/甲基-苯乙胺、脯氨酸、乙二酸、1,4-丁二胺、缬氨酸、甘油酸、5-酮基-脯氨酸、山梨糖、山梨吡喃糖、2-氧代-甲丁酸、2-氧代-戊酸、苯丙酮酸、纤维二糖、对羟基苯丙酮酸、2-氧代-己酸、2-氧代-戊二酸、海藻糖、松二糖、蜜二糖、十八烯酸、十四烷酸

2. 混菌发酵代谢物

随后该课题组将混菌细胞胞内代谢物提取经过衍生化后,采用 GS-TOF/MS 研究策略对代谢样品进行分析检测,得到近 150 种小分子代谢物。将分析所得代谢物谱图与标准谱库质谱数据库比对,依据所给出的代谢物与数据库中化合物的匹配度和可能性的大小,准确地鉴定出 90 余种代谢物,将其按参与胞内代谢的途径进行分类,如:参与碳中心代谢的代谢物有 20 种,参与氨基酸代谢途径的代谢物有 24 种,参与核苷酸代谢途径的代谢物有 14 种等,具体结果见表 11-3。最后通过测定维生素二步发酵混菌体系中代谢物含量变化情况,发现混菌体系中存在大量的氨分子异化过程。巨大芽孢杆菌自身氨基酸发生异化,释放酮酸和氨。随着普通生酮古龙酸菌接种量增加,混菌胞外大量积累赤糖酸,可能辅助普通生酮古龙酸菌将胞外的氨和酮酸在体内通过转氨作用重新合成氨基酸。

表 11-3 基于代谢途径的混菌细胞内小分子代谢物的分类表

代谢途径	代谢物名称
碳中心代谢	丙酮酸、果糖、葡萄糖、木酮糖、2-酮戊二酸、半乳糖、乳酸、富马酸、山梨糖、苹果酸、景天庚酮糖、琥珀酸、葡萄糖酸、柠檬酸、甘油赤藓糖、3-磷酸-甘油、核糖、核酮糖

续表

代谢途径	代谢物名称
氨基酸代谢	丙氨酸、赖氨酸、缬氨酸、甲硫氨酸、异亮氨酸、酪氨酸、脯氨酸、天冬酰胺、甘氨酸、色氨酸、丝氨酸、谷氨酸、苯丙氨酸、苏氨酸、半胱氨酸、苯丙酮酸、哌啶甲酸、2-氧代-3-甲基丁酸、2-氧代-3-甲基戊酸、4-氨基-丁酸、2-酮戊二酸、5-酮-脯氨酸、4-羟基-脯氨酸、4-羟基-苯丙酮酸
核苷酸代谢	鸟嘌呤、次黄嘌呤、胸腺嘧啶、腺嘌呤、黄嘌呤、尿嘧啶、尿酸胞嘧啶、鸟苷、腺苷、假尿苷、2-氢尿嘧啶、3-氨基丙酸
其他	2-羟基乙酸、半乳糖酸、2-氧代-3-甲基丁酸、葡糖二酸、乙二酸、肌醇、3-羟基丁酸、蔗糖、磷酸、乳糖、甘油酸、松二糖、吡咯二羧酸、蜜二糖、2,4-二羟基丁酸、纤维二糖、2,5-呋喃二羧酸、尿素、2,6-吡啶二羧酸、2-羟基乙胺、吡喃糖、甲基苯乙胺、4-酮葡萄糖、1,4-丁二胺、6-磷酸-吡喃糖、戊二胺、6-磷酸-吡喃山梨糖、赤藓糖醇、赤藓糖酸、赤藓糖内酯、木糖醇、2-酮-古龙酸、正十二烷酸、正十四烷酸、正十五烷酸、正十六烷酸、正十七烷酸、正十八烷酸、正十八烯酸、正十六烯酸

3. 混菌体系生长动力学分析

通过荧光定量的方法测定并分析了在维生素二步发酵混菌体系中巨大芽孢杆菌的生长动力学,发现在巨大芽孢杆菌接种量为 10^6 个/mL 时,随着酮古龙酸杆菌接种量的增加,巨大芽孢杆菌生长速度加快,且幅度较大。说明在发酵前期,酮古龙酸杆菌对巨大芽孢杆菌有帮助,推测此作用的具体方式为普通生酮古龙酸菌降解培养基中的蛋白质等物质以供巨大芽孢杆菌生长,而在巨大芽孢杆菌接种量为 10^8 个/mL 和 10^{10} 个/mL 时,普通生酮古龙酸菌接种量对巨大芽孢杆菌的生长影响不显著。从另一个角度看,巨大芽孢杆菌接种量越大,则越快进入巨大芽孢杆菌的稳定期。另外,各种接种状态在发酵终期,巨大芽孢杆菌总量差异较小,此现象的发生可能是由于营养的限制,这种营养限制是由培养基成分与普通生酮古龙酸菌协同产生。

同样地,对普通生酮古龙酸菌接种密度为 10^{10} 个/mL、10^8 个/mL 和 10^6 个/mL 时普通生酮古龙酸菌的生长动力学分析表明,同一普通生酮古龙酸菌接种量的情况下,不同巨大芽孢杆菌接种量下的普通生酮古龙酸菌生长状况。可以发现,在普通生酮古龙酸菌接种量一致时,无论巨大芽孢杆菌接种量有多大差异,最终的普通生酮古龙酸菌浓度差异都不大,说明巨大芽孢杆菌的接种量不是影响普通生酮古龙酸菌生长的主要因素。

通过荧光定量的方法测定并分析了维生素二步发酵混菌体系的生长动力学,结果表明混菌发酵体系中虽然前期的接种状态差异很大,但最终的状态主要取决于初期的普通生酮古龙酸菌接种量而非巨大芽孢杆菌接种量,即在普通生酮古龙酸菌接种量一致的情况下,最终状态都趋于相同。这种现象与两者的生长状态有关,巨大芽孢杆菌在发酵后期由于外界营养和小菌的共同作用基本以芽孢形式存在,不再进行增殖,而普通生酮古龙酸菌则在不断生长和繁殖。

（二）渗透压对混菌发酵体系的影响

维生素 C 工业化生产普遍采用二步发酵工艺，即 L-山梨糖到维生素 C 前体 2-KLG 的转化由普通生酮古龙酸菌和巨大芽孢杆菌组成的混菌体系来完成。而在典型 2-KLG 生产的速率模型中，L-山梨糖浓度与产酸速率为拟零级动力学关系，这表明：2-KLG 合成速率与发酵液中底物浓度无关，而与菌体浓度成正比。因此，2-KLG 的生产通常采用发酵液中 L-山梨糖浓度处于最适范围，通过补料分批发酵的模式，以维持较高的 2-KLG 合成速率。类似于有机酸发酵，2-KLG 发酵过程中需流加一定的 NaOH 或 Na_2CO_3 等碱性物质以维持发酵液中 pH 处于合适的范围内。而随着发酵体系中 2-KLG 和 Na^+ 浓度的持续增加，导致渗透压也持续上升，进而影响菌体生长、细胞形态、膜流动性、代谢流分配和目标代谢产物的合成。因此，如能在充分理解 2-KLG 发酵过程中渗透压的变化规律及其对混菌体系生理代谢功能影响的基础上，发展高效合理的调控策略，有望进一步提高 2-KLG 生产效率。

1. 混菌发酵过程中渗透压的变化

2-KLG 工业化生产中相关发酵参数的变化趋势如图 11-8（1）所示。初始 L-山梨糖浓度为 15～25g/L，发酵 4～8h 后通过流加维持发酵过程中 L-山梨糖浓度为 15～30g/L，36～44h 停止流加，直至发酵结束。发酵终点时渗透压与起始点比较，上升了 832mOsmol/kg。结合前述，发酵过程中渗透压的增加并非源于 L-山梨糖浓度的增加，因其浓度始终维持在一定范围，且发酵终点时浓度有所降低。2-KLG 的不断分泌导致发酵体系 pH 不断下降，为了维持 pH 在一定的生理范围内需不断流加 NaOH，使得 2-KLG 的钠盐浓度不断增加，从而导致渗透压不断上升。进一步分析发现，发酵液中 2-KLG 浓度与渗透压的增加呈良好的线性关系［图 11-8（2）］。这一结果表明，导致发酵液中渗透压升高的主要原因在于 2-KLG 的不断积累。

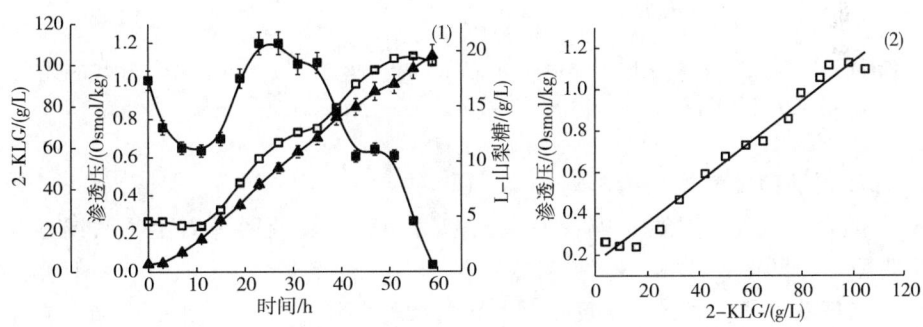

图 11-8 典型 2-KLG 工业发酵过程曲线（1）及渗透压与 2-KLG 含量的关系（2）
■—L-山梨糖 ▲—2-KLG □—渗透压

2. 高渗对 2-酮基-L-古龙酸发酵的影响

不同渗透压（NaCl 诱导）对混菌体系生长和 2-KLG 合成的影响如图 11-9 所示。当渗透压为 1250mOsmol/kg 时，稳定期 OD_{660} 值为 4.51，与对照组（不加 NaCl）比较，下降了 14.9%。相应地，2-KLG 产量（21.6g/L）和生产强度（0.3g/L/h）均比对照组下降了 67.5% 和 69.3%。继续提高发酵液中的渗透压，细胞生长和 2-KLG 合成则进一步受到抑制，如渗透压大于 1400mOsmol/kg 时，2-KLG 产量仅为 10.3g/L。

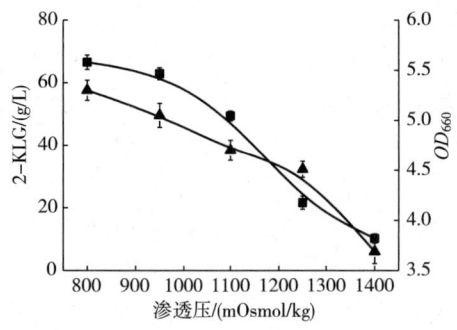

图 11-9 渗透压对混菌生长和
2-KLG 生产的影响
■—2-KLG ▲—OD_{660}

采用显微计数法进一步研究了高渗（以 1250mOsmol/kg 为例）对混菌体系生长的影响，结果如图 11-10 所示。与对照组比较：①巨大芽孢杆菌的延迟期延长了 9h，普通生酮古龙酸菌延长了 11h；②巨大芽孢杆菌对数期平均比生长速率下降了 27.7%，普通生酮古龙酸菌下降了 52.9%；③巨大芽孢杆菌稳定期菌体数量下降了 15.4%，普通生酮古龙酸菌下降了 31.7%。上述结果表明，高渗透压显著抑制了普通生酮古龙酸菌的生长。然而，普通生酮古龙酸菌生长和合成 2-KLG 的能力取决于混菌体系中巨大芽孢杆菌的生长状况。因此，高渗透压抑制普通生酮古龙酸菌生长和 2-KLG 合成的根本原因在于巨大芽孢杆菌生长受到抑制，导致活性物质分泌减少。

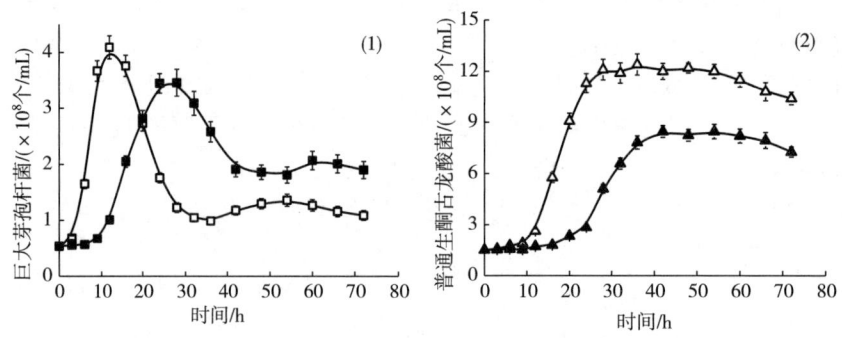

图 11-10 高渗对混菌中巨大芽孢杆菌（1）和普通生酮古龙酸菌（2）生长的影响
A—巨大芽孢杆菌 B—普通生酮古龙酸菌 □△—无 NaCl 添加 ■▲—高渗透压

（三）pH 对混菌发酵体系的影响

2-KLG 的合成过程需普通生酮古龙酸菌与巨大芽孢杆菌两种微生物共同参与才能完成。普通生酮古龙酸菌是 2-KLG 的产生菌，其酶促反应的最适 pH 多处于酸性条件。而伴生菌巨大芽孢杆菌最适生长的 pH 条件为中性偏碱性环境，在巨大芽孢杆菌对数生长期调 pH6.0 会导致菌体发生自溶。

江南大学纪凯等通过对不同 pH 条件下 2-KLG 分批发酵过程参数进行比较发现，在整个发酵过程中，pH 对不同参数的影响是有差异的。其中，普通生酮古龙酸菌最大比生长速率以及最大 2-KLG 比合成速率都出现在 pH8.0 条件下，普通生酮古龙酸菌平均比生长速率及平均 2-KLG 比合成速率的最大值都出现在 pH6.0 条件下。因此，在分批发酵过程中始终维持单一的 pH 是不够的，需要采用一定的 pH 变化和控制策略来实现各种因素的统一。经过对表 11-4 中所列出的各项参数进行分段分析，结果表明，在 2-KLG 发酵进程的前期（16h），普通生酮古龙酸菌与巨大芽孢杆菌平均比生长速率的最大值同时出现在 pH8.0 时，而后期普通生酮古龙酸菌的平均比生长速率最大值出现在 pH6.0（表 11-4）。

表 11-4　　　　　　　　　　　不同 pH 下各阶段菌体生长差异比较

pH	大菌前 16h 平均比生长速率/h^{-1}	小菌前 16h 平均比生长速率/h^{-1}	小菌后 16h 平均比生长速率/h^{-1}
不控制	0.0879	0.125	0.0139
8.0	0.0913	0.138	0.0150
7.0	0.0901	0.134	0.0151
6.0	0.0843	0.106	0.0161
5.0	0.0673	0.100	0.0156

基于上述分析，在 2-KLG 的分批发酵过程中，提出以下的分阶段 pH 控制策略：发酵 0~16h 控制 pH 恒定 8.0，发酵 16h 后切换至 pH6.0 并保持到发酵结束，考察 pH 的变化对细胞生长和 2-KLG 合成的影响。分阶段 pH 控制策略下的发酵过程如图 11-11 所示。在此控制策略下，普通生酮古龙酸菌在发酵进行至 32h 时进入稳定期，最高菌体量达到 1.4g/L。64h 时 2-KLG 合成量达到 72.3g/L，表明分阶段 pH 控制策略的实施，可以进一步促进普通生酮古龙酸菌的生长，提高 2-KLG 的合成能力，同时缩短发酵周期。

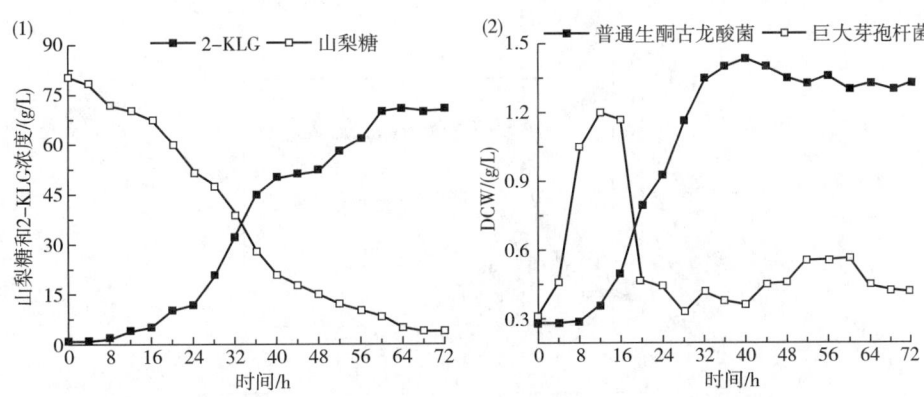

图 11-11　分阶段 pH 控制策略下 2-KLG 发酵过程随时间变化情况

二、两菌之间的相互作用

我国维生素 C 二步发酵法从开发到大规模应用于工业生产，在发酵工艺方面取得了长足的进步。以普通生酮古龙酸菌和巨大芽孢杆菌为生产菌株经过 72h 发酵后 2-KLG 产量和转化率高达 75.8g/L 和 94.8%。尽管 2-KLG 的产量和转化率有了大幅提高，但其生产强度却较低，仅为 1.05g/(L·h)。因此，如何调节两菌在发酵培养中的状态，最大程度地发挥两菌在发酵过程中的作用，提高生产强度，是一个亟待解决的问题。

（一）两菌作用关系的调控

研究表明，巨大芽孢杆菌作为伴生菌能够分泌某些代谢组分促进普通生酮古龙酸菌生长和 2-KLG 生产，在混菌发酵过程中可能是巨大芽孢杆菌在形成芽孢过程中细胞裂解释放的某些蛋白质或氨基酸发挥了关键作用。从巨大芽孢杆菌胞外液中得到两组分子质量不同、但都可以促进 2-KLG 生产的蛋白质，证明巨大芽孢杆菌可能是在蛋白质水平促进普通生酮古龙酸菌的细胞生长和 2-KLG 生产。因此，张静等通过添加溶菌酶使巨大芽孢杆菌的细胞壁裂解释放胞内活性物质，来验证两菌之间的相互作用。

1. 巨大芽孢杆菌对普通生酮古龙酸菌生长和产酸的影响

尽管普通生酮古龙酸菌能在发酵培养基中单独生长，但极其微弱，培养 36h 仅为 8×10^8 个/mL [图 11-12（1）]。当培养体系中巨大芽孢杆菌存在时，可显著促进普通生酮古龙酸菌生长，且在一定范围内普通生酮古龙酸菌生长和产酸随着巨大芽孢杆菌接种量的增加而逐渐增大。当巨大芽孢杆菌接种量为 10% 时，普通生酮古龙酸菌的最大细胞浓度达到 1.25×10^9 个/mL，比普通生酮古龙酸菌单独生长时提高了 59.2%。更重要的是，巨大芽孢杆菌的添加大大缩短了普通生酮古龙酸菌的延滞期 [图 11-12（1）实线] 和达到最大细胞浓度的时间 [图 11-12（1）虚线]。进一步研究巨大芽孢杆菌添加时间对普通生酮古龙酸菌生长的影响发现 [图 11-12（2）]，任何时间添加巨大芽孢杆菌均会显著促进普通生酮古龙酸菌生长，但促进作用随着添加时间的推移而不断下降，在发酵起始添加巨大芽孢杆菌使普通生酮古龙酸菌最大细胞浓度达到最大值。尽管巨大芽孢杆菌对普通生酮古龙酸菌的促进作用随着添加时间的推迟而有所减弱，但普通生酮古龙酸菌细胞浓度仍然高于其单独培养时的细胞浓度。这一结果表明巨大芽孢杆菌在混菌发酵体系中发挥着非常重要的作用。

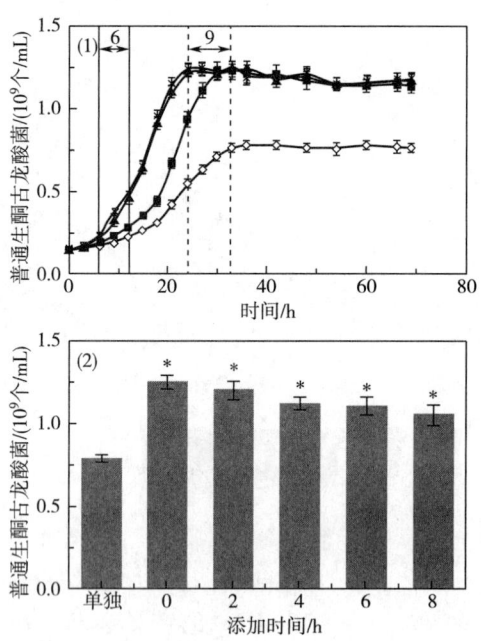

图 11-12 巨大芽孢杆菌接种量（1）和接种时间（2）对普通生酮古龙酸菌细胞生长的影响
◇—无巨大芽孢杆菌 ■—5%（体积分数）巨大芽孢杆菌
▲—10%（体积分数）巨大芽孢杆菌 ×—15%（体积分数）巨大芽孢杆菌

为了确定巨大芽孢杆菌中何种组分是促进普通生酮古龙酸菌生长的关键因素，在

7-L发酵罐中进行了5组实验,其结果列于表11-5。除了在仅添加巨大芽孢杆菌胞外液时对普通生酮古龙酸菌细胞生长的促进作用很小外,其他实验组普通生酮古龙酸菌的细胞浓度都远远高于对照组(普通生酮古龙酸菌单独培养)。当加入巨大芽孢杆菌胞内液时,普通生酮古龙酸菌的最大细胞浓度接近实验(4)和实验(5),达到$1.19×10^9$个/mL(表11-5)。上述结果表明,巨大芽孢杆菌胞内液或其细胞本身均能促进普通生酮古龙酸菌的生长,其中,巨大芽孢杆菌胞内液是促进普通生酮古龙酸菌生长的关键组分。

表11-5 巨大芽孢杆菌各组分对普通生酮古龙酸菌细胞生长和2-KLG生产的影响

序号	参数		普通生酮古龙酸菌浓度 /(10^9个/mL)	2-KLG产量 /(g/L)
(1)	普通生酮古龙酸菌+	—	0.8±0.1	39.8±0.3
(2)	普通生酮古龙酸菌+	巨大芽孢杆菌胞外液	0.8±0.1	48.6±1.1
(3)	普通生酮古龙酸菌+	巨大芽孢杆菌胞内液	1.2±0.2	60.7±1.4
(4)	普通生酮古龙酸菌+	巨大芽孢杆菌胞内液和胞外液	1.2±0.1	68.2±1.2
(5)	普通生酮古龙酸菌+	巨大芽孢杆菌	1.3±0.2	72.5±2.6

2. 溶菌酶对普通生酮古龙酸菌和巨大芽孢杆菌静息细胞的影响

溶菌酶能定向破坏细胞壁中的N-乙酰胞壁酸和N-乙酰氨基葡糖之间的β-1,4糖苷键,使细胞壁肽聚糖分解成可溶性糖肽,导致细胞壁破裂内容物溢出而使细菌溶解。在巨大芽孢杆菌和普通生酮古龙酸菌混菌培养体系中加入溶菌酶可显著降低巨大芽孢杆菌的细胞存活率和菌落总数。然而,即使溶菌酶的浓度高达10000U/mL,几乎不影响普通生酮古龙酸菌生长(图11-13)。其原因可能在于普通生酮古龙酸菌特有的外膜结构不被溶菌酶所破坏。而巨大芽孢杆菌细胞壁主要成分为肽聚糖,极易被溶菌酶破坏,使得巨大芽孢杆菌细胞裂解(图11-14),释放胞内活性物质。结果表明,添加溶菌酶可以在不影响普通生酮古龙酸菌生长的情况下促进巨大芽孢杆菌胞内液释放。

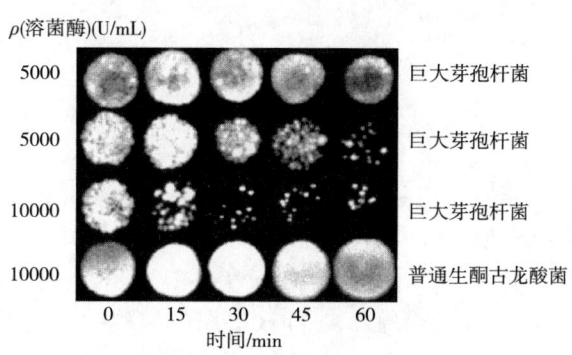

图11-13 不同浓度溶菌酶对普通生酮古龙酸菌和巨大芽孢杆菌细胞生长的影响

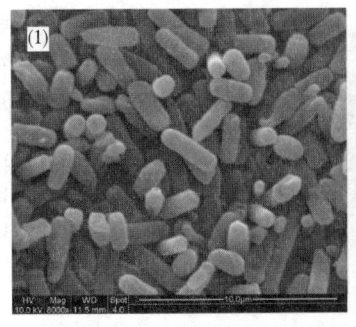  

图 11-14　10000U/L 溶菌酶对巨大芽孢杆菌作用的扫描电镜照片
（1）未经溶菌酶处理的细胞　（2）溶菌酶处理 30min 的细胞　（3）溶菌酶处理 60min 的细胞

3. 溶菌酶对 2-KLG 生产的影响

不同浓度溶菌酶对普通生酮古龙酸菌和巨大芽孢杆菌混菌培养体系中 2-KLG 生产的影响如表 11-6 所示。随发酵液中溶菌酶浓度的不断增加，巨大芽孢杆菌细胞裂解速度也逐渐加快，发酵液中所释放的巨大芽孢杆菌细胞组分明显增加，导致普通生酮古龙酸菌细胞浓度逐渐提高。这一结果表明促进巨大芽孢杆菌胞内液释放是显著提升普通生酮古龙酸菌生长的有效策略。当发酵液中溶菌酶浓度为 10000U/mL 时，普通生酮古龙酸菌的细胞浓度达到最大值（$2.1×10^9$ 个/mL），相应地，L-山梨糖消耗速率和 2-KLG 生产强度分别达到 1.38g/(L·h) 和 1.29g/(L·h)，比未添加溶菌酶的对照组分别提高了 23.0% 和 24.7%。然而，溶菌酶的添加并不能显著提高 2-KLG 产量和转化率（表 11-6）。

表 11-6　溶菌酶添加浓度对混菌 2-KLG 生产的影响

发酵参数	具体情况				
溶菌酶/(U/mL)	0	1000	5000	10000	20000
发酵时间/h	68	60	56	56	56
消耗 L-山梨糖/(g/L)	76.3±1.2	75.2±1.5	76.6±1.1	77.3±1.8	77.4±1.7
普通生酮古龙酸菌浓度/(10^9 个/mL)	1.3±0.1	1.5±0.2	1.9±0.2	2.1±0.2	2.1±0.2
2-KLG 产量/(g/L)	70.6±1.4	68.9±2.1	70.9±3.5	72.5±1.9	72.5±2.8
2-KLG 转化率/(g/g)	0.93±0.01	0.92±0.01	0.93±0.03	0.94±0.01	0.94±0.01
2-KLG 生产强度/(g/L/h)	1.04±0.02	1.15±0.03	1.27±0.06	1.29±0.04	1.29±0.05
L-山梨糖消耗速率/(g/L/h)	1.12±0.02	1.25±0.03	1.37±0.02	1.38±0.03	1.38±0.03

4. 适量添加溶菌酶的分批发酵实验

根据以上实验结果，确定最优的条件为：溶菌酶浓度为 10000U/mL，加入时间为 12h。采用这一最优条件在 7-L 发酵罐上进行分批发酵实验，过程曲线如图 11-15 所示。在发酵前 12h，普通生酮古龙酸菌的生长情况与对照组（未添加溶菌酶）相似，但在 12h 添加溶菌酶后，巨大芽孢杆菌快速裂解，在 2h 内细胞浓度就减少了 70%，而在对照组中巨大芽孢杆菌细胞裂解 70% 需要 20h 左右。添加溶菌酶后，伴随巨大芽孢杆菌细胞的裂解，普通生酮古龙酸菌细胞快速进入对数生长期。培养 19h 后达到最大细胞浓度 $2.1×10^9$

个/mL，比对照组提前了9h，普通生酮古龙酸菌最大细胞浓度也提高了66.4%。应用这一调控策略，显著提高了L-山梨糖消耗速率（37.1%）和2-KLG生产强度（28.2%）。随着L-山梨糖消耗速度的增加，发酵周期也相应地缩短至56h，比对照组缩短20.6%。

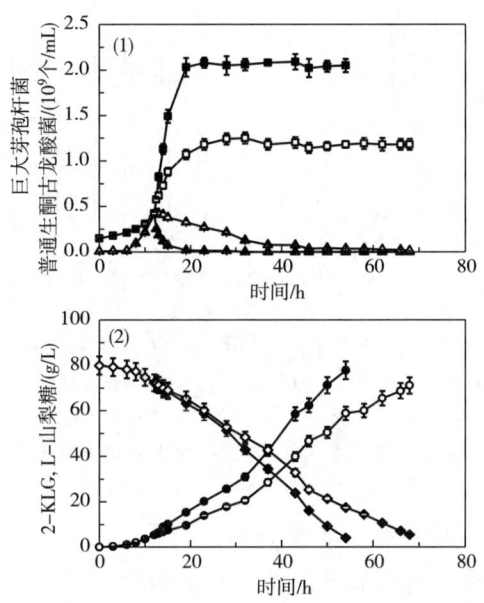

图11-15 普通生酮古龙酸菌和巨大芽孢杆菌分批发酵过程曲线
□—普通生酮古龙酸菌未添加溶菌酶　■—普通生酮古龙酸菌添加10000U/mL溶菌酶
△—巨大芽孢杆菌未添加溶菌酶　▲—巨大芽孢杆菌添加10000U/mL溶菌酶
○—2-KLG未添加溶菌酶　●—2-KLG添加10000U/mL溶菌酶
◇—L-山梨糖消耗未添加溶菌酶　◆—L-山梨糖消耗添加10000U/mL溶菌酶

（二）生长营养谱分析

江南大学樊世存和邹伟等人通过生物信息学模拟分析发现，普通生酮古龙酸菌WSH001不能合成5种氨基酸（L-天冬酰胺、L-甘氨酸、L-半胱氨酸、L-甲硫氨酸与L-色氨酸）、3种碱基（腺嘌呤、鸟嘌呤与胸腺嘧啶）与4种维生素（硫胺素、泛酸盐、吡哆醇与叶酸）。这些物质在玉米浆中的含量较低，因此推测普通生酮古龙酸菌生物量组分合成缺陷是其在玉米浆发酵培养基中单独生长微弱的原因之一。此外，巨大芽孢杆菌的模型 $iMZ1055$ 能够合成所有生物量组分，因此推测在混菌培养时巨大芽孢杆菌通过合成并分泌这些物质促进普通生酮古龙酸菌生长。

1. 利用合成培养基单因子缺失实验对普通生酮古龙酸菌合成缺陷进行验证和分析

为了验证上述模拟结果，利用能够支持普通生酮古龙酸菌生长的全合成培养基进行了单因子缺失实验，结果如图11-16所示。从全合成培养基中分别减去L-甘氨酸、L-半胱氨酸、L-甲硫氨酸、L-色氨酸、腺嘌呤、胸腺嘧啶、硫胺素与泛酸盐后，普通生酮古龙酸菌生长量分别减少为对照的1%、21%、16%、1%、26%、57%、73%与24%，证实了普通生酮古龙酸菌在以上8种物质的合成上存在缺陷。

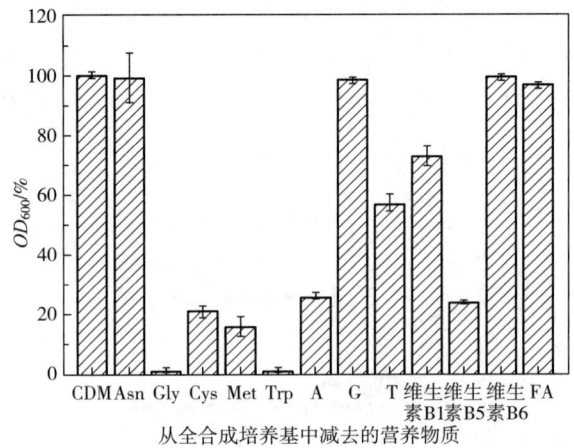

图 11-16 基于全合成培养基的单因子缺失实验

CDM—全合成培养基（对照）　Asn—天冬酰胺　Gly—甘氨酸　Cys—半胱氨酸
Met—甲硫氨酸　Trp—色氨酸　A—腺嘌呤　G—鸟嘌呤　T—胸腺嘧啶
维生素 B1—硫胺素　维生素 B5—泛酸盐　维生素 B6—吡哆醇　FA—叶酸

2. 普通生酮古龙酸菌生长营养谱的建立

针对上述 8 种营养物质，利用基于合成培养基的单因子缺失-添加实验进一步验证其必需性，以建立普通生酮古龙酸菌 WSH001 的营养谱。如图 11-17 所示，将 L-甘氨酸、L-半胱氨酸、L-甲硫氨酸、L-色氨酸、腺嘌呤、胸腺嘧啶、硫胺素与泛酸盐分别添加至相应单缺培养基后，普通生酮古龙酸菌生长量恢复到全合成培养基的 41.9%、107.1%、82.3%、99.4%、81.3%、94.5%、102.9% 与 112.9%。这说明单缺培养基中普通生酮古龙酸菌生长微弱的原因是营养不足，而这 8 种物质是普通生酮古龙酸菌生长所必需的营养物质。

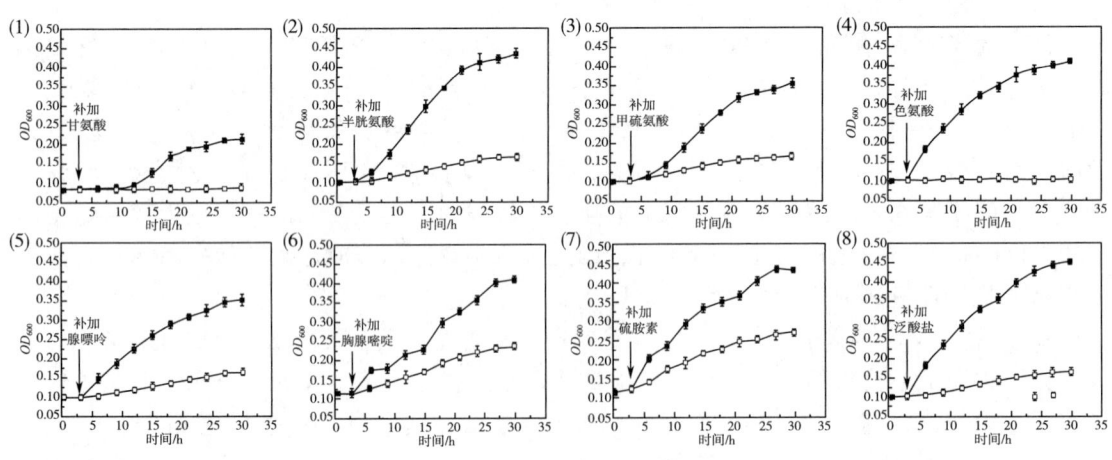

图 11-17 基于全合成培养基的单因子缺失-添加实验

（1）—甘氨酸　（2）—半胱氨酸　（3）—甲硫氨酸　（4）—色氨酸　（5）—腺嘌呤　（6）—胸腺嘧啶
（7）—硫胺素　（8）—泛酸盐　□—单缺培养基　■—单缺培养基中补加所缺物质

三、组学技术解析两菌作用关系

生理生化研究没能深入解析两菌相互作用机制,系统生物学技术的快速发展,为深入解析普通生酮古龙酸菌与巨大芽孢杆菌的生理关系提供了新的契机。目前基因组测序和其他高通量技术的发展使我们能够从系统生物学角度研究两菌相互作用机制。为了全面理解两菌相互作用机制,已开展的研究包括两菌基因组序列的测定与分析,两菌在不同条件下蛋白谱、代谢谱的测定和分析,这些均为进一步理解两菌特性与相互作用机制提供了参考(表11-7)。

表11-7　基于组学技术的两菌生理关系解析

组学技术	研究目的	主要发现
基因组学	比较两菌基因组特性	普通生酮古龙酸菌缺失中心代谢,氨基酸和脂质代谢,辅因子合成等途径中部分关键基因;巨大芽孢杆菌具有相对完整的代谢途径;两菌均含有丰富的氨基酸转运和代谢系统
蛋白组学	比较普通生酮古龙酸菌在巨大芽孢杆菌伴生时的蛋白谱差异	在巨大芽孢杆菌伴生时,普通生酮古龙酸胞内蛋白表达水平上升了30%;上调蛋白中41%属于氨基酸转运与代谢,能量产生与转换,翻译,核糖体结构与再生
蛋白组学	研究普通生酮古龙酸菌在添加谷胱甘肽培养基时的蛋白组学变化	抗活性氧压力相关蛋白表达上调;转运系统特别是硫胺素的转运加强
代谢组学	研究普通生酮古龙酸菌和巨大芽孢杆菌在固体培养环境的代谢合作	两菌关系既有互利共生也有拮抗作用;两菌相互作用通过大量代谢物交换实现;巨大芽孢杆菌为普通生酮古龙酸菌提供了赤藓糖、赤藓醇、鸟嘌呤、肌醇等营养物质
代谢组学	研究普通生酮古龙酸菌和巨大芽孢杆菌组成的群落动态变化	巨大芽孢杆菌通过柠檬酸循环、核苷酸和氨基酸代谢促进普通生酮古龙酸菌生长;普通生酮古龙酸菌既可以通过氨基酸代谢促进巨大芽孢杆菌生长,也可以通过2-KLG抑制其生长
代谢组学	研究普通生酮古龙酸菌在添加硫醇物质时体内代谢物变化	普通生酮古龙酸菌中胞内氨基酸和戊糖磷酸途径中间代谢物含量随硫醇物质添加而上升,推测细胞生长需要高浓度硫醇支持
蛋白质组学结合代谢组学	从分子水平理解普通生酮古龙酸菌和巨大芽孢杆菌的相互作用机制	巨大芽孢杆菌芽孢形成过程在两菌关系中有重要地位:上调了普通生酮古龙酸菌抵抗活性氧压力的相关蛋白;菌体裂解时释放大量嘌呤类营养物质供普通生酮古龙酸菌生长

(一)基于基因组学的两菌关系解析

通过调节混菌发酵体系巨大芽孢杆菌的生长状态,显著促进普通生酮古龙酸菌细胞生长和2-KLG生产。这使我们更加清楚地认识到巨大芽孢杆菌和普通生酮古龙酸菌之间的相互作用对2-KLG生产具有非常重要的意义。尽管已经从巨大芽孢杆菌胞外液中分离出几种促进普通生酮古龙酸菌生长的蛋白,但对于彻底理解两菌关系还远远不够。对巨大芽孢杆菌和普通生酮古龙酸菌的基因组进行序列测定,分析其遗传信息,是阐明维生素C发酵菌株之间伴生关系的一个首要环节。

1. 普通生酮古龙酸菌全基因组测序与功能基因分析

本节内容以江山制药有限公司提供的维生素 C 工业生产菌株普通生酮古龙酸菌 WSH-001 为研究对象，在阐明完整的基因组结构的基础上，进一步对普通生酮古龙酸菌生理生化功能进行分析。

（1）普通生酮古龙酸菌 WSH-001 基因组的基本特性　普通生酮古龙酸菌 WSH-001 染色体大小为 2766400bp，共编码 2604 个 ORF，G+C 含量为 61.69%，ORF 的平均长度为 920bp，编码基因的序列占整个染色体的 86.6%。在预测的 ORF 中，有 2181 个 ORF（83.8%）编码的基因在已知数据库里能够赋予功能，但还有 423 个 ORF（16.2%）在已知数据库中没有发现同源蛋白（表 11-8，图 11-18）。普通生酮古龙酸菌 WSH-001 基因组中含有两个环形质粒，全长分别为 267986bp 和 242715bp。质粒 1 的 G+C 含量平均为 61.33%，包含 246 个 ORF，占全长的 90.8%，其中 80.9% 明确了生物学功能；质粒 2 的 G+C 含量平均为 62.58%，包含 215 个 ORF，占全长的 92.9%，其中 89.3% 有明确的生物学功能，10.7% 功能不明。

表 11-8　普通生酮古龙酸菌 WSH-001 的基因组特征

参数	普通生酮古龙酸菌 WSH-001 染色体	质粒 1（pKVU_100）	质粒 2（pKVU_200）
基因组长度/bp	2766400	267986	242715
G+C 含量/%	61.69	61.33	62.58
ORF 数目	2604	246	215
ORF 长度/bp	920	989	1049
编码百分比/%	86.6	90.8	92.9
与已知蛋白相似的蛋白数目	2181	199	192
未知功能蛋白数目	423	47	23
tRNA	51	—	—
rRNA 操纵子（23S，16S，5S）	3cluster	—	—

普通生酮古龙酸菌 WSH-001 的 ORF 根据 COGs（Clusters of orthologous groups of protein）可分为 19 个功能组和未知功能基因组，共 20 个组（图 11-19）。普通生酮古龙酸菌 WSH-001 基因组中氨基酸的转运与代谢、无机离子的转运与代谢、碳水化合物的转运与代谢这三类功能的蛋白家族在所有 21 类蛋白家族中所占比率分别为 14%、9% 和 7%。表明这三类基因编码的蛋白可能在普通生酮古龙酸菌 WSH-001 细胞生长中发挥重要作用。

（2）复制与修复　普通生酮古龙酸菌 WSH-001 存在不完整的 DNA 复制系统，未发现识别起始序列并在起点特异位置解开双链的 Dna A 基因和帮助 Dna B 结合于起点的 Dna C 基因。普通生酮古龙酸菌 WSH-001 的 DNA 修复系统基本完善，除未找到核酸酶基因 $mut\ H$ 外，其他修复相关的基因均可在基因组中找到。以上结果表明，普通生酮古龙酸菌 WSH-001 生长微弱可能与 DNA 复制系统不够完善有一定关系。基因组中未发现 Dna A（识别复制起始位点）和 Dna C（帮助 Dna B 结合于起始位点）的编码基因，可能会降低 DNA 复制的效率，从而使普通生酮古龙酸菌 WSH-001 的细胞生长受到影响。

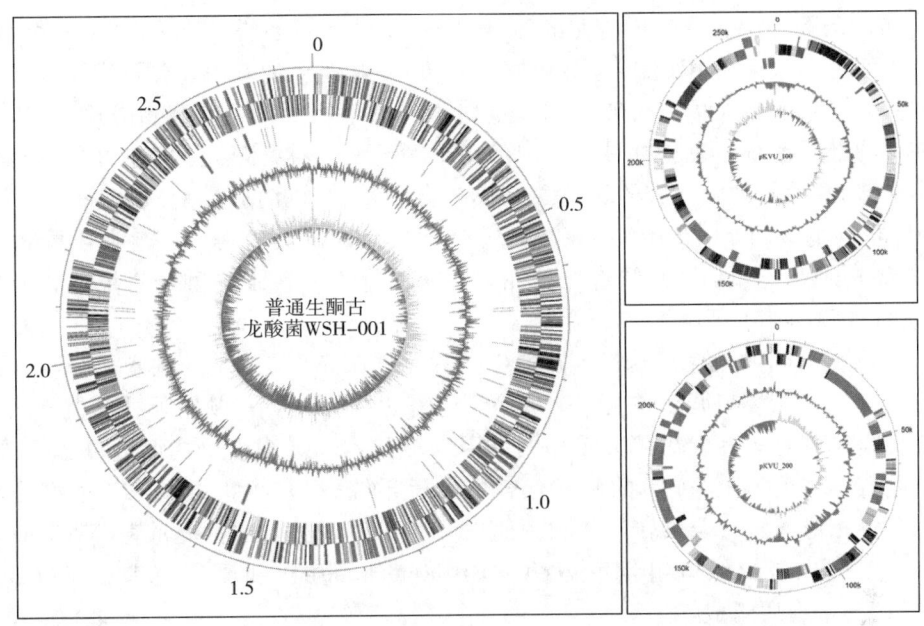

图 11-18　普通生酮古龙酸菌 WSH-001 基因组环状图谱

环（从外到内）：第一个环代表刻度，每个主刻度表示 0.5Mb 的基因长度；第二个和第三个环分别代表前导链和滞后链上预测的巨大芽孢杆菌 WSH-002 染色体图谱编码序列；第四个环代表 tRNA 和 rRNA 编码序列；第五个环代表 G+C 含量；第六个环代表 G+C 偏移。

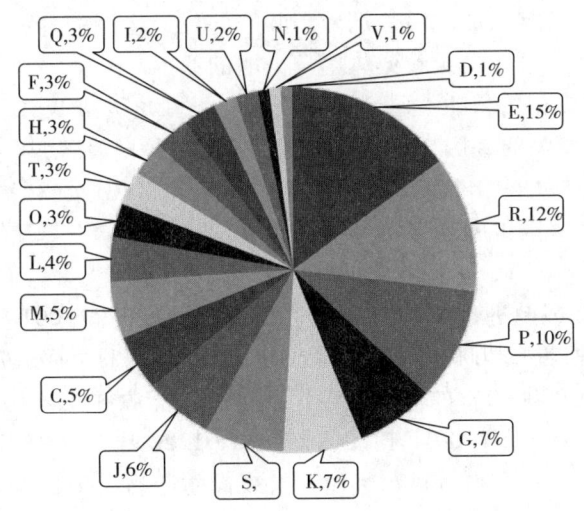

图 11-19　ORF 按 COG 功能分类图

I—脂类化合物转运与代谢　Q—次级代谢产物的生物合成、转运及代谢　C—能量产生与转化
H—辅酶的运输和代谢　L—DNA 复制、重组和修复　K—转录　S—功能未知
U—细胞内运输、分泌和液泡转运　V—防御机制　R—预测的一般功能
O—翻译后修饰、蛋白周转、伴侣　T—信号转导系统　G—碳水化合物的转运与代谢
M—细胞壁、膜、封套的生物合成　D—细胞分裂与染色体分离　E—氨基酸的转运与代谢
P—无机离子的转运与代谢　F—核苷的转运与代谢　J—翻译、核糖体结构和生物合成　N—细胞运动与分泌

(3) 转录与翻译　普通生酮古龙酸菌 WSH-001 的转录系统基本完善，与大肠杆菌转录系统相类似，含有编码 RNA 聚合酶全酶（$\alpha\beta\beta'\sigma\omega$ 亚基）的基因、延伸因子和转录终止子相关的基因，且含有大量的与转录调节蛋白相关的基因。普通生酮古龙酸菌 WSH-001 具有较完善的翻译系统，基因组中共有 162 个与翻译、核糖体结构与生物合成相关的基因，包括全部 20 种基本氨基酸的氨基酰-tRNA 合成酶和能够携带除酪氨酸-tRNA 基因外的 19 种基本氨基酸的 51 个 tRNA 基因。从以上两点分析可以得出，普通生酮古龙酸菌 WSH-001 的转录系统和翻译系统都比较完善，从而排除了转录与翻译系统对普通生酮古龙酸菌 WSH-001 生长的影响。

(4) 碳水化合物的代谢与转运　普通生酮古龙酸菌 WSH-001 的碳水化合物代谢途径很不完善，除编码三羧酸循环和戊糖磷酸途径所需的蛋白（酶）基因外，其他相关的碳水化合物代谢途径都有一种或几种关键酶的基因未被找到，甚至整个代谢途径都未被发现。但普通生酮古龙酸菌 WSH-001 的碳水化合物转运系统较为发达，含有 27 种相关的 ABC 转运蛋白负责相应碳水化合物转运。和其他细菌一样，普通生酮古龙酸菌 WSH-001 的信号传导调节系统也是由供体组氨酸激酶（Histidine kinase）和受体应答因子（Response regulator）两类蛋白质组成。

(5) 氨基酸和辅酶的代谢　普通生酮古龙酸菌 WSH-001 基因组中虽然含有丰富的氨基酸转运与代谢相关蛋白的编码基（421 个），但仔细分析后发现，大部分氨基酸合成与代谢途径都有一个或几个关键酶的基因无法在注释结果中找到。氨基酸代谢途径不完全可能会导致细胞部分蛋白质的合成受阻，细胞生长缓慢。普通生酮古龙酸菌 WSH-001 可以从外界摄取这两种维生素，满足自身生长需求。但在普通生酮古龙酸菌 WSH-001 基因组中未能发现细胞生长所必需的烟碱酸、烟酸和叶酸的代谢途径的多种关键基因，且没有发现相关的转运蛋白，这也可能是导致菌体生长微弱的原因。

(6) 与 2-KLG 合成相关酶的编码基因　普通生酮古龙酸菌 WSH-001 基因组中含有 4 个与 2-KLG 生产密切相关的基因，该菌可以从 D-山梨醇出发经过 D-山梨醇脱氢酶转化成 L-山梨糖，进一步经过 L-山梨糖/L-山梨酮脱氢酶和 L-山梨酮脱氢酶转化为维生素 C 直接前体——2-KLG。基因组中还存在可以把 2-KLG 转化为 L-艾杜糖酸的旁路代谢途径的 2-KLG 还原酶。

(7) 普通生酮古龙酸菌进化关系　普通生酮古龙酸菌 WSH-001 属于 Rhodobacteraceae 科。其亲缘关系最为相近的菌株为脱氮副球菌（*Paracoccus denitrificans*）。脱氮副球菌 PD1222（GenBank：CP000490）的全基因组序列由美国能源部联合基因组研究所公布。

对普通生酮古龙酸菌 WSH-001 与脱氮副球菌 PD1222 基因组 COG 分类进行分析发现，普通生酮古龙酸菌在脂类化合物转运与代谢，次级代谢产物的生物合成、转运和代谢，及能量产生和转化三类基因的含量较少，表明普通生酮古龙酸菌 WSH-001 在进化过程中可能丢失了大量与脂类、次级代谢产物和能量产生相关的基因。而在氨基酸的转运与代谢、无机离子的转运与代谢、核苷的转运与代谢、翻译、核糖体结构和生物合成和细胞运动与分泌等五方面含有较多的基因（图 11-20），表明这五方面的基因在长期进化中得以保留，是其生长和合成 2-KLG 的必需基因。

2. 巨大芽孢杆菌全基因组测序与功能基因组分析

本节内容以江山制药有限公司提供的维生素 C 工业生产菌株巨大芽孢杆菌 WSH-002

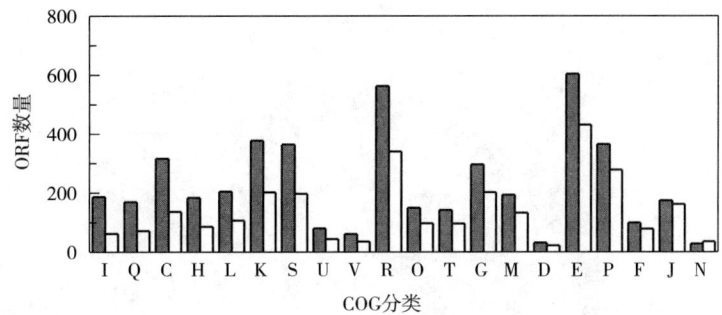

图 11-20 普通生酮古龙酸菌 WSH-001（白）与脱氮副球菌 PD1222（灰）基因组 COG 分类比较

I—脂类化合物转运与代谢　Q—次级代谢产物的生物合成、转运及代谢　C—能量产生与转化
H—辅酶的运输和代谢　L—DNA 复制、重组和修复　K—转录　S—功能未知
U—细胞内运输、分泌和液泡转运　V—防御机制　R—预测的一般功能
O—翻译后修饰、蛋白周转、伴侣　T—信号转导系统　G—碳水化合物的转运与代谢
M—细胞壁、膜、封套的生物合成　D—细胞分裂与染色体分离　E—氨基酸的转运与代谢
P—无机离子的转运与代谢　F—核苷的转运与代谢　J—翻译、核糖体结构和生物合成　N—细胞运动与分泌

为研究对象，利用焦磷酸测序为基础的 454GS FLX 高通量测序法结合传统的 Sanger shotgun 测序技术进行序列测定。以菌株巨大芽孢杆菌 QM B1551 为参照，快速、准确地对菌株巨大芽孢杆菌 WSH-002 进行基因组序列测定。

（1）巨大芽孢杆菌 WSH-002 基因组的基本特性　通过传统 shotgun 法与 454 高通量基因组测序相结合的方法得到一个全长为 4.14Mb 的巨大芽孢杆菌 WSH-002 基因组（染色体+质粒），包括一条长度为 4047912bp 的染色体和长度分别为 74613bp、9699bp 和 7006bp 的三个质粒。巨大芽孢杆菌 WSH-002 染色体 G+C 含量为 39.1%，共编码 5186 个 ORF；三个质粒的 G+C 百分含量分别为 36.0%、32.2% 和 33.2%，分别包括 69、11 和 14 个 ORF（表 11-9，图 11-21）。

表 11-9　巨大芽孢杆菌 WSH-002 的基因组特征

参数	巨大芽孢杆菌 WSH-002	质粒1（pBME_100）	质粒2（pBME_200）	质粒3（pBME_300）
基因组长度/bp	4047912	74613	9699	7006
G+C 含量/%	39.09	36.00	32.22	33.21
ORF 数目	5186	69	11	14
ORF 长度/bp	780	765	647	347
编码百分比/%	81.2	70.7	73.4	69.3
与已知蛋白相似的蛋白数目	3926	34	5	3
未知功能蛋白数目	1260	35	6	11
tRNA	99	—	—	—
rRNA 操纵子（23S，16S，5S）	10	1	—	—

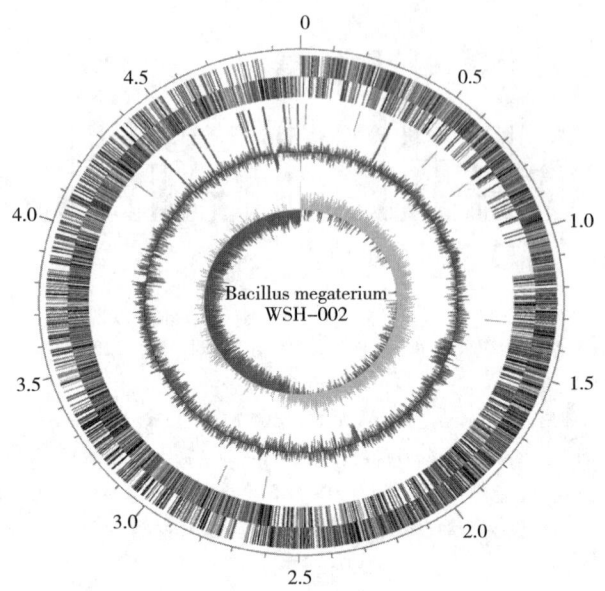

图 11-21　巨大芽孢杆菌 WSH-002 染色体环状图谱

环（从外到内）：第一个环代表刻度，每个主刻度表示 0.5Mb 的基因长度；第二个和第三个环分别代表前导链和滞后链上预测的巨大芽孢杆菌 WSH-002 染色体图谱编码序列；第四个环代表 tRNA 和 rRNA 编码序列；第五个环代表 G+C 含量；第六个环代表 G+C 偏移。

巨大芽孢杆菌 WSH-002 的 ORF 根据 COGs（Clusters of orthologous groups of protein）可分为 20 个功能组、未知功能基因组和未分类组，共 22 个组。由表 11-10 可以得出，氨基酸的转运与代谢、转录、碳水化合物的转运与代谢这三类功能的蛋白家族在所有 22 类蛋白家族中所占的比重较大，分别为 7%、7% 和 6%。

表 11-10　ORF 按 COG 功能分类表

COG 分类号	功能分类	染色体	质粒 1	质粒 2	质粒 3
R	预测的一般功能	599	3	0	0
E	氨基酸的转运与代谢	440	0	0	0
K	转录	407	1	1	0
S	功能未知	367	3	0	0
G	碳水化合物的转运与代谢	299	3	0	0
P	无机离子的转运与代谢	259	0	0	0
C	能量产生与转化	227	1	1	0
T	信号转导系统	212	1	0	0
M	细胞壁、膜、封套的生物合成	171	12	0	0
J	翻译、核糖体结构和生物合成	172	0	0	0
I	脂类化合物转运与代谢	151	0	0	0

续表

COG 分类号	功能分类	染色体	质粒1	质粒2	质粒3
H	辅酶的运输和代谢	142	0	0	0
L	DNA 复制、重组和修复	134	4	1	0
O	翻译后修饰、蛋白周转、伴侣	111	1	2	0
Q	次级代谢产物的生物合成、转运及代谢	107	0	0	0
F	核苷的转运与代谢	79	1	0	0
V	防御机制	63	0	0	0
N	细胞运动与分泌	55	0	0	0
U	细胞内运输、分泌和液泡转运	47	0	0	0
D	细胞分裂与染色体分离	33	0	0	0
B	染色质结构和动力学	1	0	0	0
no COGs	未分类	1759	45	7	14

(2) 复制与修复　与普通生酮古龙酸菌 WSH-001 相比，巨大芽孢杆菌 WSH-002 具有完善的复制系统。但仍然有部分相关基因（θ、χ、ψ 亚基和 Dam 甲基化酶的编码基因）未找到。巨大芽孢杆菌 WSH-002 DNA 修复系统的完善程度低于普通生酮古龙酸菌 WSH-001，主要表现在未找到切除修复相关的 ruv B 和 ruv C 基因。巨大芽孢杆菌 WSH-002 的错配修复系统和 SOS 修复系统与普通生酮古龙酸菌 WSH-001 基本相同。另外，巨大芽孢杆菌 WSH-002 基因组中也含有大量与重组修复相关的基因。

(3) 转录与翻译　巨大芽孢杆菌 WSH-002 与普通生酮古龙酸菌 WSH-001 一样，拥有与大肠杆菌相似的转录系统，共有 409 个与转录相关的基因。含有编码 RNA 聚合酶全酶（$\alpha\beta\beta'\sigma\omega$ 亚基）的基因、延伸因子和转录终止子相关的基因，且含有大量的与转录调节蛋白相关的基因。与普通生酮古龙酸菌 WSH-001 相比，巨大芽孢杆菌 WSH-00 基因组中可以找到全部 20 种基本氨基酸的氨基酰-tRNA 合成酶，它们参与相应的氨基酸-tRNA 合成。巨大芽孢杆菌 WSH-002 中含有 99 个 tRNA，是普通生酮古龙酸菌 WSH-001 的 1.9 倍，且能够携带全部 20 种基本氨基酸。巨大芽孢杆菌中也含有相应的翻译相关蛋白和调节因子。

(4) 碳水化合物代谢与转运　巨大芽孢杆菌 WSH-002 的碳水化合物代谢途径比较完善，其中主要代谢途径糖酵解途径、三羧酸循环、戊糖磷酸途径、果糖代谢途径和丙酮酸代谢途径都基本完全，而甘露糖、半乳糖、丙酸、乙醛酸等代谢途径中大量相关基因未能找到。在巨大芽孢杆菌 WSH-002 基因组中还存在大量与糖转运相关蛋白的编码基因。此外，还发现巨大芽孢杆菌 WSH-002 基因组中存在乳糖/阿拉伯糖转运蛋白的编码基因。这一事实被实际生化实验数据所证实，文献组学研究表明，巨大芽孢杆菌具有广泛的底物谱，能高效利用多种碳源以生长和代谢，且生长速度快。

(5) 氨基酸和辅酶的代谢　与普通生酮古龙酸菌 WSH-001 相比，巨大芽孢杆菌 WSH-002 拥有较完全的氨基酸代谢途径，除色氨酸的代谢途径的基因未找到外，其他氨基酸的代谢途径基本完全。巨大芽孢杆菌 WSH-002 中维生素代谢能力也比普通生酮古龙酸菌 WSH-001 有了大幅提高。除泛醌、维生素 B6 和烟酸代谢途径中大部分基因都未发现外，其他辅因子的代谢途径基本完全。

（6）芽孢形成　巨大芽孢杆菌的芽孢形成对混菌发酵体系中 2-KLG 生产具有重要作用，一方面巨大芽孢杆菌营养细胞形成芽孢以促进细胞裂解释放胞内活性物质，另一方面形成过多芽孢会使部分胞内活性物质滞留于芽孢中，不利于普通生酮古龙酸菌的生长，且芽孢的萌发也会消耗一定的碳源和其他营养物质，使 2-KLG 转化率降低。基因组中含有许多与芽孢形成和萌发相关的基因，其中与芽孢形成相关的基因 59 个，与芽孢萌发相关的基因 39 个。巨大芽孢杆菌 WSH-002 基因组中与芽孢萌发相关的基因主要有：L-丙氨酸响应蛋白和水解酶基因的编码基因及其他与 29 个芽孢萌发相关的基因。

（7）蛋白分泌　有研究表明，巨大芽孢杆菌在代谢过程中释放出分子质量为 30~50ku 和>100ku 的生物活性物质可以促进普通生酮古龙酸菌生长和产酸，且初步证实为蛋白质。所以，巨大芽孢杆菌对普通生酮古龙酸菌的伴生作用与其强大的蛋白分泌能力有直接关系。

（8）巨大芽孢杆菌 WSH-002 进化关系　巨大芽孢杆菌 WSH-002 与已经测序的巨大芽孢杆菌 QM B1551 亲缘关系最近，两者的 16S rDNA 序列的相似性为 100%，全基因组序列相似性为 95%~97%。对染色体进行比较发现，两菌均含有一条染色体，G+C 含量和基因编码百分比基本相同，COG 分类也非常相似。

（9）巨大芽孢杆菌 WSH-002 与普通生酮古龙酸菌 WSH-001 基因组比较　巨大芽孢杆菌 WSH-002 作为伴生菌可以促进普通生酮古龙酸菌 WSH-001 的生长和产酸，对两菌染色体进行比较可以得出，巨大芽孢杆菌 WSH-002 基因组长度和 ORF 数目分别是普通生酮古龙酸菌 WSH-001 的 1.3 倍和 1.7 倍，但巨大芽孢杆菌 WSH-002 中 ORF 的平均长度仅为普通生酮古龙酸菌 WSH-001 的 83%（表 11-11）。对两菌的 COG 分类进行比较发现，巨大芽孢杆菌 WSH-002 染色体中含有较多的一般功能、氨基酸转运与代谢和转录相关基因，而普通生酮古龙酸菌 WSH-001 染色体中氨基酸、无机离子和核苷的转运与代谢和蛋白翻译相关基因的含量更占优势（图 11-22）。分析发现，两菌中含量都较多的 COG 类别是氨基酸转运与代谢，表明氨基酸转运与代谢都非常活跃，在细胞生长中占有重要地位。

表 11-11　巨大芽孢杆菌 WSH-002 与普通生酮古龙酸菌 WSH-001 染色体比较

参数	普通生酮古龙酸菌 WSH-001	巨大芽孢杆菌 WSH-002
染色体长度/bp	3277101	4139230
G+C 含量/%	61.7	39.0
ORF 数目	3065	5280
ORF 长度/bp	935	778
编码百分比/%	87.4	81.0
与已知蛋白相似的蛋白数目	2572	3968
未知功能蛋白数目	493	52
tRNA 数目	51	99
rRNA 操纵子（23S，16S，5S）	3	11

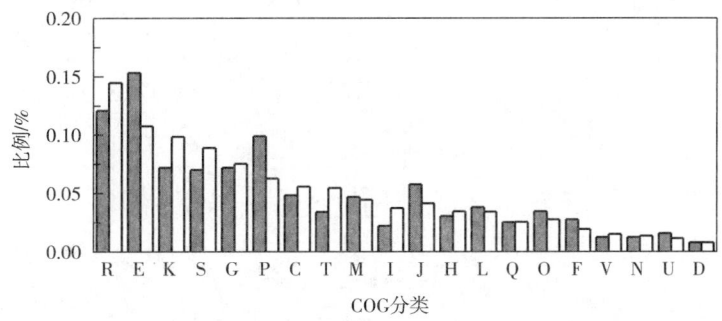

图 11-22 巨大芽孢杆菌 WSH-002（白）和普通生酮古龙酸菌 WSH-001（灰）的 COG 分类比较

R—预测的一般功能　E—氨基酸的转运与代谢　K—转录　S—功能未知　G—碳水化合物的转运与代谢
P—无机离子的转运与代谢　C—能量产生与转化　T—信号转导系统　M—细胞壁、膜、封套的生物合成
J—翻译、核糖体结构和生物合成　I—脂类化合物转运与代谢　H—辅酶的运输和代谢
L—DNA 复制、重组和修复　Q—次级代谢产物的生物合成、转运及代谢
O—翻译后修饰、蛋白周转、伴侣　F—核苷的转运与代谢　V—防御机制　N—细胞运动与分泌
U—细胞内运输、分泌和液泡转运　D—细胞分裂与染色体分离

（二）基于基因组规模代谢网络模型的两菌关系解析

基因组规模代谢网络模型（Genome-scale metabolic model，GSMM）是一种基于生理生化数据与组学数据的数学模型。GSMM 已广泛应用于整合与分析高通量数据、解析与预测生理生化特性（如营养需求、生长表型等）、指导代谢工程、解析多物种互作关系等方面。通过比较两菌 GSMMs 中代谢反应的差异和基于约束的算法分析两菌代谢能力的差异，能够有效揭示两菌的代谢特性差异以及二者发生相互作用关系的基础。

1. 基因组规模代谢网络模型的构建

周冒达和邹伟等以已发表的普通生酮古龙酸菌 WSH001 和巨大芽孢杆菌 WSH-002 全基因组序列为基础，通过代谢网络自动构建服务器（KAAS，Model SEED）、蛋白质序列同源比对（BLASTp）等方法，并结合两菌相关生理生化信息和组学研究结果等构建了两菌的 GSMMs，分别命名为 iWZ663a 与 iMZ1055a（a 表示模型有小的改动）（表 11-12）。构建流程如图 11-23 所示，模型 iWZ663 包含 663 个基因、830 个反应与 649 个代谢物，基因覆盖率为 21.4%，而模型 iMZ1055 包含 1055 个基因、1137 个反应与 1011 个代谢物，基因覆盖率为 19.8%。

表 11-12　　　　　　　　　　　iWZ663a 和 iMZ1055a 基本特征

特征	iWZ663a	iMZ1055a	特征	iWZ663a	iMZ1055a
基因	663	1055	非基因关联反应	120	182
代谢物	673	996	代谢亚系统	52	66
反应①	740	1147	转运反应	158	226
基因关联反应	620	965			

注：①不包含交换反应。

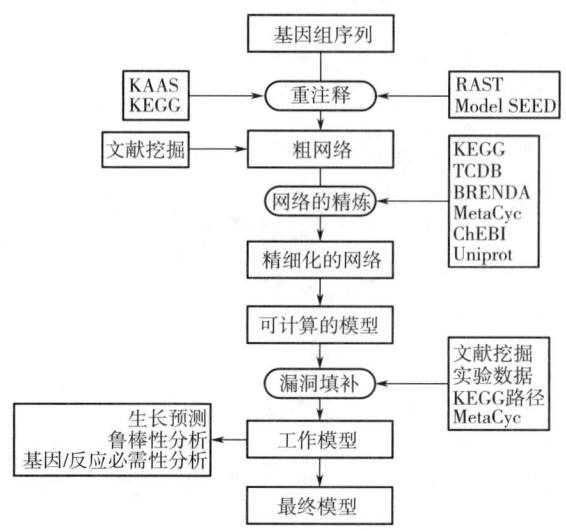

图 11-23 基因组规模代谢网络模型构建流程

2. 基于 GSMMs 比较解析两菌代谢差异

(1) 代谢途径差异比较 模型 iWZ663a 与 iMZ1055a 两者共有 453 个反应和 548 个代谢物。为进一步揭示两者之间代谢差异，将 iWZ663a 与 iMZ1055a 中反应所属的代谢亚系统统一为 KEGG 途径分类，代谢亚系统中反应分为 2 组：共有反应（Shared reaction）和特有反应（Unique reaction）。巨大芽孢杆菌有 15 个特有的代谢亚系统（不包括胞外反应）而普通生酮古龙酸菌只有 1 个，即脂多糖生物合成（Lipopolysaccharide biosynthesis），这些差异直观表明巨大芽孢杆菌代谢功能比普通生酮古龙酸菌更多样，特别表现在碳源代谢、氨基酸代谢、脂肪酸代谢和维生素与辅因子代谢。比较共有反应占该代谢亚系统反应不到 20%的代谢途径显示果糖与甘露糖代谢、泛醌与其他类萜醌生物合成、硫代谢和苯甲酸降解在 iWZ663a 与 iMZ1055a 中存在不同的代谢机制 [图 11-24（1）]。另外，转运系统在两菌 GSMMs 均含有最大的反应数：普通生酮古龙酸菌 159 个转运反应（占 iWZ663a 总反应数 21.5%），巨大芽孢杆菌 227 个转运反应（占 iMZ1055a 总反应数 20.2%）。两者间仅有 65 个共有反应，说明两菌转运胞外物质机制大不相同，普通生酮古龙酸菌转运体系主要依靠 ABC 转运蛋白，而巨大芽孢杆菌转运体系主要依靠质子通道和 PTS 系统。

图 11-24（2）显示的 16 个代谢亚系统中，共有反应至少占其中一个模型该类代谢亚系统反应数的 80%以上。其中两菌中心碳代谢系统（包括糖酵解与糖异生、柠檬酸循环和磷酸戊糖途径）基本相同，主要的差异在普通生酮古龙酸菌缺失 6-磷酸果糖激酶，阻断了其糖酵解过程，可能会影响普通生酮古龙酸菌的能量产生。对于剩下的 13 个代谢亚系统中，有 10 个巨大芽孢杆菌所含特有反应均比普通生酮古龙酸菌多，特别是组氨酸代谢，缬氨酸、亮氨酸和异亮氨酸生物合成，丙氨酸、天冬氨酸和谷氨酸代谢，核黄素代谢这四组，普通生酮古龙酸菌无特有反应；巨大芽孢杆菌的另一个关键代谢亚系统是卟啉与叶绿素代谢，里面含有巨大芽孢杆菌特有的维生素 B_{12} 生物合成途径。

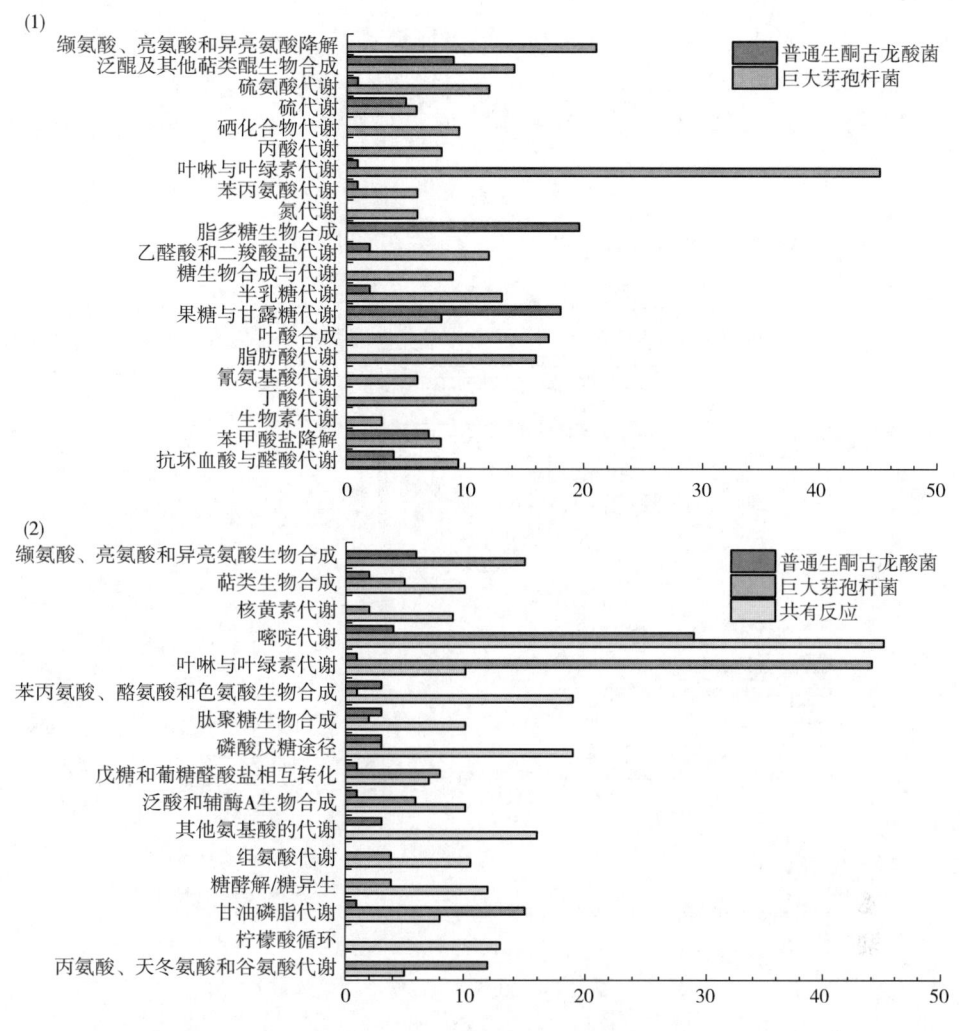

图 11-24 *i*WZ663a 与 *i*MZ1055a 代谢途径比较

(1) 共有反应数占两菌各自代谢亚系统中反应数比例不足 20% 的代谢亚系统；(2) 共有反应数占两菌之一代谢亚系统中反应数 80% 以上的代谢亚系统。反应数低于 5 的代谢亚系统中不计入统计。

（2）必需反应差异比较　在山梨糖-玉米浆培养条件下，必需反应分析预测发现 *i*WZ663a 的必需反应数为 152，占模型中反应总数的 20.3%，其中有 99 个反应为两菌共有反应，占所有共有反应数的 21.9%；而 *i*MZ1055a 的必需反应数为 104 个，占模型总反应数的 9.1%，其中有 60 个两菌共有反应，占所有共有反应数的 13.2%。较多的必需反应显示普通生酮古龙酸菌代谢更加单一、对环境干扰更脆弱。两菌必需反应的共有反应集中有 48 个反应相同，且多与两菌细胞共同的结构组分合成相关，如肽聚糖合成、萜类骨架生物合成、氨基酸合成、脂质合成等（图 11-25）；巨大芽孢杆菌必需共有反应中有 12 个在普通生酮古龙酸菌中是非必需的，除 4 个属于苯丙氨酸、酪氨酸和色氨酸生物合成，其他的较为零散地分布在氨基酸代谢、核苷酸代谢、辅因子代谢、转运系统中；普通生酮古龙酸菌必需共有反应中有 51 个在巨大芽孢杆菌中是非必需的，说明在普通生酮古龙酸菌中这些代谢途径单一，缺乏相应的替代途径，而巨大芽孢杆菌中这些途径则较为丰富。因此这些反应所代表的功能可能是巨大芽孢杆菌代谢促进普通生酮古龙酸菌生长的潜在方式。这类途径主要包括嘌呤代谢、嘧啶代谢、核黄素代谢、泛酸与CoA生物合成等，其中嘌呤代谢、泛酸与辅酶A合成中的部分代谢物已证实对普通生酮古龙酸菌单独生长有促进作用。

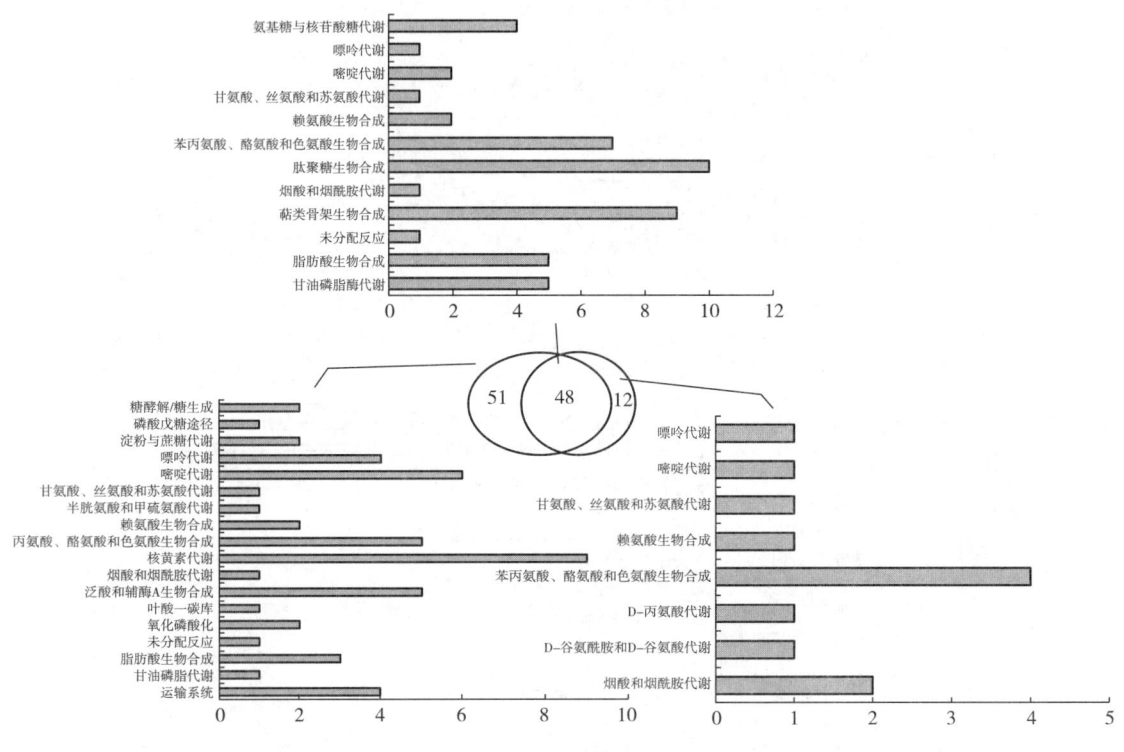

图11-25 iWZ663a与iMZ1055a必需反应中共有反应集比较

（3）代谢物合成与分泌差异比较 普通生酮古龙酸菌缺失部分氨基酸和维生素的合成途径，在MG培养基中不能单独生长，但是巨大芽孢杆菌能够在MG中生长。在L-山梨糖-玉米浆培养基中通过iWZ663a预测普通生酮古龙酸菌生长速率为0.084h^{-1}，通过iMZ1055a预测巨大芽孢杆菌的生长速率为0.275h^{-1}。虽然巨大芽孢杆菌不能代谢山梨糖，但其多样的代谢能力能使其充分利用玉米浆中的营养物质生长，而普通生酮古龙酸菌生长受多种限制条件影响。FBA（流量平衡分析）在该培养条件下iMZ1055a可以合成并转运到胞外78种代谢物，这78种代谢物可以分为6类，其中氨基酸、核苷酸和有机酸共有57种，占总数的73.1%（图11-26）。这78种代谢物中，17种已被前面的代谢组学研究证实，其中嘌呤类物质（腺嘌呤、

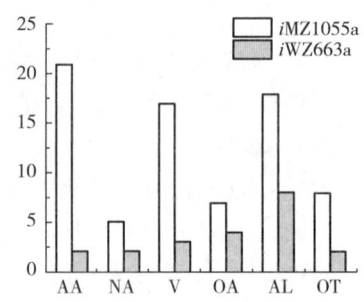

图11-26 iWZ663a与iMZ1055a能合成并分泌的代谢物

AA—氨基酸　NA—核苷酸　V—维生素
OA—有机酸　AL—醇类　OT—其他物质

鸟嘌呤、次黄嘌呤）已被证实促进普通生酮古龙酸菌生长和 2-KLG 生成，而泛酸和半胱氨酸，作为辅酶 A 合成的前体物质也能促进普通生酮古龙酸菌生长。此外，有文献报道普通生酮古龙酸菌也能分泌部分代谢物影响巨大芽孢杆菌生长，FBA 分析显示模型 iWZ663a 可以合成和分泌 22 种代谢物，其中 2-KLG 可以抑制巨大芽孢杆菌的生长并促进其生成芽孢。

3. 基于两菌代谢互作网络模型解析两菌相互作用机理

目前 GSMMs 已被用来在网络水平研究 2 个或多个微生物的代谢差异和相互关系，同时构建微生物系统规模的代谢网络模型也成为一种趋势。微生物系统代谢模型已用于分析种间共生、竞争、寄生与进化等相互关系。

（1）代谢物交换　邹伟等以维生素 C 工业生产菌株普通生酮古龙酸菌 WSH001 和巨大芽孢杆菌 WSH002 组成的人工微生物生态系统为研究对象，结合目前关于两菌生理生化水平和组学水平（基因组学、蛋白组学、代谢组学）研究结果，通过构建 GSMM 和约束算法，从系统生物学水平解析普通生酮古龙酸菌的生理特性及其与巨大芽孢杆菌之间的相互作用机制。以前期构建维生素 C 工业生产菌株普通生酮古龙酸菌 WSH001 和巨大芽孢杆菌 WSH002 的 GSMMs 为出发点，整合两菌代谢模型与环境信息，构建维生素 C 二步发酵两菌生态系统规模的代谢互作网络模型，即两菌代谢互作网络模型 iWZ-KV-663-BM-1055，利用 Cytoscape 程序可视化模型，结果显示普通生酮古龙酸菌与巨大芽孢杆菌之间的相互作用主要通过胞外代谢物和反应相联系。

在此基础上，从代谢物交换、单菌与两菌系统中代谢流量的差异等方面解析两菌相互作用关系。结果显示，以最小培养基（MG）作为培养环境，葡萄糖吸收速率设为 10mmol/gDW/h，借助 iWZ-KV-663-BM-1055 研究普通生酮古龙酸菌和巨大芽孢杆菌之间的代谢物交换。FBA 预测显示巨大芽孢杆菌提供 23 种代谢物给普通生酮古龙酸菌：4 种二肽、4 种氨基酸、3 种核苷酸、6 种维生素与辅因子、4 种有机酸和 2 种其他物质，详见表 11-13。其中甘氨酰天冬酰胺、半胱氨酸和 5 种维生素和辅因子是普通生酮古龙酸菌生长必需营养物质；剩下 16 种代谢物除亚硫酸外，其合成途径在普通生酮古龙酸菌中均是完整的，说明巨大芽孢杆菌促进普通生酮古龙酸菌生长不仅在于提供其生长必需物质，同时也包括一些其他的重要营养物质，多为氨基酸、核苷酸和有机酸，其中腺嘌呤、鸟嘌呤、二肽水解得到的甘氨酸已被实验证实可以促进普通生酮古龙酸菌生长；流量平衡 FBA 分析也显示普通生酮古龙酸菌能利用巨大芽孢杆菌提供的分支酸合成苯丙氨酸和色氨酸，同时分支酸也用于普通生酮古龙酸菌胞内泛醌的合成；甲酸的供给主要用于形成一碳单位参与丝氨酸合成，而乙醇将被代谢为乙醛参与苏氨酸合成或乙醛也可合成 2-脱氧核糖-5-磷酸参与尿嘧啶合成；剩余的代谢物均能被普通生酮古龙酸菌代谢利用或作为生物量组成成分。分析得出普通生酮古龙酸菌因为缺失 6-磷酸果糖激酶，其碳流主要通过 ED 途径和 PPP，且 PPP 水平偏低，造成细胞体内还原力 NADPH 不足，影响物质的合成能力，再加上 CoA、硫胺素合成途径不完整，限制了丙酮酸进入 TCA 循环，导致能量产生效率很低。这些非必需营养物质可以减轻普通生酮古龙酸菌自身代谢的负担，阻断这些非必需代谢物在两菌之间的关联发现，预测生长值从 $0.0774h^{-1}$ 下降到 $0.0735h^{-1}$。此外，普通生酮古龙酸菌也能分泌少量代谢物（富马酸和苯丙氨酸）到巨大芽孢杆菌。

表 11-13　　　　　　　普通生酮古龙酸菌和巨大芽孢杆菌之间交换的代谢物

代谢物	从 b 到 k	从 k 到 b
二肽	**甘氨酰天冬氨酸**、**丙氨酰组氨酸**、甘氨酰天冬酰胺、**甘氨酰谷氨酰胺**	—
氨基酸	**赖氨酸**、**精氨酸**、半胱氨酸、**色氨酸**	苯丙氨酸
核苷酸	腺嘌呤、鸟嘌呤、尿嘧啶	
维生素与辅因子	生物素、烟酸、泛酸、**核黄素**、焦磷酸硫胺素、二氢叶酸	—
有机酸	**丙酮酸**、**琥珀酸**、分支酸	富马酸
其他	亚硫酸、乙醇	

注：b 为模型中巨大芽孢杆菌区间，k 为模型中普通生酮古龙酸菌区间，加粗代谢物表示其合成途径在普通生酮古龙酸菌是完整的。

（2）代谢流分布　FBA 分析 iWZ-KV-663-BM-1055 代谢流分布，发现普通生酮古龙酸菌区间中，普通生酮古龙酸菌自身多数氨基酸、维生素和辅酶的合成无流量通过，依靠巨大芽孢杆菌的合成与转运系统提供相应营养物质；普通生酮古龙酸菌核苷酸合成途径也无流量通过，但在部分不同核苷酸之间的回补反应有流量通过。另外，亮氨酸、异亮氨酸、缬氨酸、脯氨酸的合成在混菌时也有流量通过，但单菌时却无。转录组学数据显示，在混菌培养条件下，亮氨酸、异亮氨酸与缬氨酸合成途径关键酶——酮酸还原异构酶和二羟基酸脱水酶相比于单菌发酵表达量分别上调了 4.96 倍和 2.97 倍，对应的蛋白表达量分别上升了 10 倍和 3 倍，证实巨大芽孢杆菌确实增强了亮氨酸、异亮氨酸与缬氨酸合成途径。

（3）转运反应　目前模型 iWZ-KV-663-BM-1055 的"e"区间共包含 270 个代谢物，可将其分为 3 类：①可转运到普通生酮古龙酸菌和巨大芽孢杆菌胞内的，共 122 种；②仅能转运到普通生酮古龙酸菌胞内的，共 35 种；③仅能转运到巨大芽孢杆菌胞内的，共 113 种。其中，第 3 类多于第 2 类的主要原因在于巨大芽孢杆菌具有其丰富的碳水化合物转运系统。FBA 分析显示两菌相互交流的代谢物仅 31 种，远低于 122 种，其原因为两菌部分代谢物的合成和分泌途径的缺失或这些代谢物的转运系统缺失。为证实转运系统对两菌相互关系的影响，通过添加特定的转运反应研究其对 iWZ-KV-663-BM-1055 生长的影响：添加"e"区间第 2 类代谢物转运到巨大芽孢杆菌中转运反应（共 35 个）；"e"区间第 3 类代谢物转运到普通生酮古龙酸菌中转运反应（共 113 个）；前两种转运反应一起添加到两菌代谢互作网络（图 11-27）。结果显示，普通生酮古龙酸菌或巨大芽孢杆菌转运能力的加强均能提高 iWZ-KV-663-BM-1055 中普通生酮古龙酸菌的生长速率，且前者提升较大（在以葡萄糖为唯一碳源

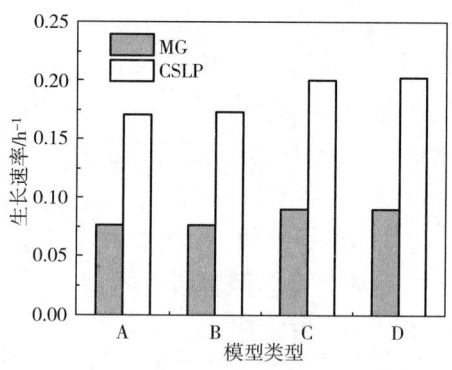

图 11-27　iWZ-KV-663-BM-1055 转运系统对普通生酮古龙酸菌生长的影响

A—模型 iWZ-KV-663-BM-1055　B—模型 iWZ-KV-663-BM-1055 加入 e 区间第二类代谢物到 b 区间的转运反应　C—模型 iWZ-KV-663-BM-1055 加入 e 区间第三类代谢物到 k 区间的转运反应　D—模型 iWZ-KV-663-BM-1055 加入 B 和 C 类反应　MG—以葡萄糖为唯一碳源的最小培养基　CSLP—山梨糖-玉米浆发酵培养基

的最小培养基 MG 和山梨糖-玉米浆培养基 CSLP 中分别为 18.5%和 17.5%），后者略微提升（在 MG 和 CSLP 培养基中分别为 0.5%和 1.2%）。因此，两菌转运系统是连接两菌代谢互作网络的纽带，其完整性能够影响两菌系统代谢相互作用的预测。

（三）基于蛋白质组学的两菌关系解析

前期的研究已经证实了通过调控两菌作用关系调控阐述了大菌胞外液中两种不同分子量范围的组分具有促进普通生酮古龙酸菌转化 L-山梨糖生成 2-KLG 的作用。两菌中均存在大量的 ABC 转运蛋白，分别负责转运离子、氨基酸、核苷酸、多糖、多肽等，表明两菌之间可能存在着频繁的物质交换，以弥补普通生酮古龙酸菌中重要代谢途径的缺失。因此借助双向凝胶电泳技术，通过比较普通生酮古龙酸菌单独生长以及与巨大芽孢杆菌混合培养时胞内蛋白 2-DE 表达图谱，并用 MALDI-TOF 对所有蛋白点进行鉴定，经过生物信息学分析，确定蛋白质的功能和代谢途径，为揭示巨大芽孢杆菌的伴生机制提供依据。

1. 巨大芽孢杆菌伴生与否时普通生酮古龙酸菌胞内蛋白质 2-DE 图谱分析

利用 PDQuest 图像分析软件对巨大芽孢杆菌伴生与否时普通生酮古龙酸菌 2-DE 图谱进行比较，发现两组胶图共 1045 个蛋白点，其中普通生酮古龙酸菌单独培养时有 684±32 个蛋白点 ［图 11-28（1）］，在巨大芽孢杆菌伴生时总蛋白点数上升为 880±11 个 ［图 11-28（2）］，比单独培养时多 30%左右。其中，只存在于普通生酮古龙酸菌单独培养条件下的蛋白点 155 个，只存在于巨大芽孢杆菌伴生条件下的蛋白点 329 个；以表达量增强 2 倍以上为标准，发现有 115 个蛋白点在巨大芽孢杆菌伴生时表达量上调至少 2 倍，其中有 17 个蛋白上调至少 5 倍。

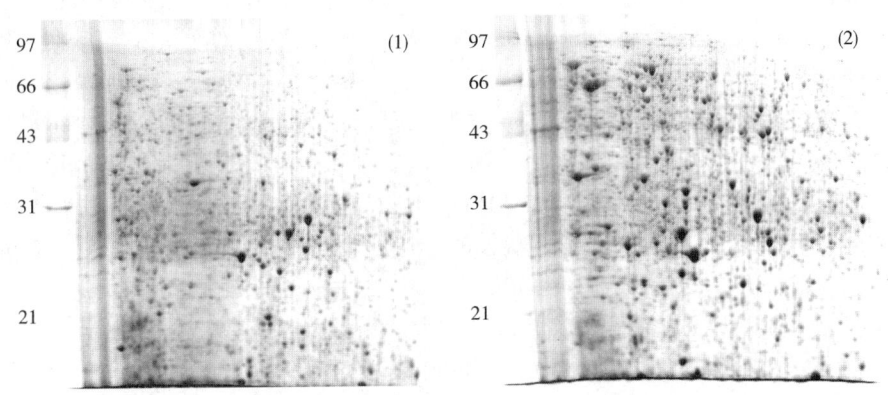

图 11-28 巨大芽孢杆菌伴生与否时普通生酮古龙酸菌细胞的蛋白质组比较
（1）普通生酮古龙酸菌单独生长时的蛋白质组；（2）普通生酮古龙酸菌与巨大芽孢杆菌伴生时的蛋白质组

进一步分析两组胶图中蛋白质点分布情况，无论是普通生酮古龙酸菌单独培养还是在巨大芽孢杆菌伴生时，大部分蛋白点都分布在 pI 4.5~6。两组胶图相比较可以看出：普通生酮古龙酸菌单独培养时，pI 4~5 的蛋白点明显高于混菌培养，而 pI 5~5.5 和 6~6.5 的蛋白点则相对较少 ［图 11-29（1）］。胶内蛋白点的分子质量分布也呈现一定规律：①两胶图中不同分子量分布的比例相似，均是以分子质量范围为 20~30ku 的蛋白点居多，之后随分子量的升高所占比例逐渐降低；②混菌培养时大分子质量蛋白（50~70ku）比普通生酮古龙酸菌单独培养时明显增多，而小分子量蛋白（10~30ku）较少 ［图 11-29（2）］。

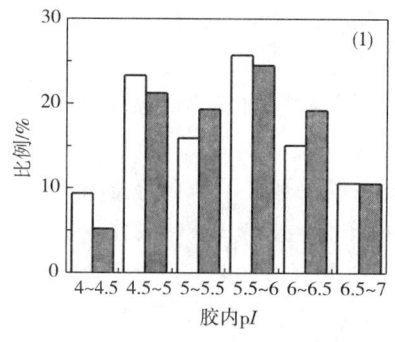 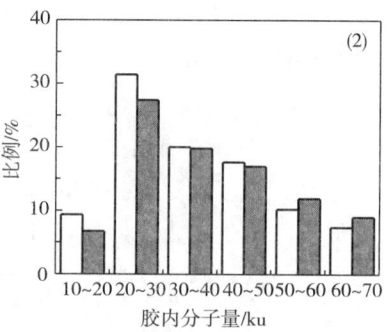

图 11-29 蛋白点在胶图中分布情况
□—普通生酮古龙酸菌单独生长　■—普通生酮古龙酸菌与巨大芽孢杆菌伴生

2. 普通生酮古龙酸菌在巨大芽孢杆菌伴生与否时产酸稳定期的胞内蛋白质组 2-DE 差异表达谱分析

对所有 1045 个蛋白质点进行胶内酶解-肽指纹图谱分析，合并后得到 419 个普通生酮古龙酸菌蛋白。将普通生酮古龙酸菌全基因组蛋白及鉴定的 419 种蛋白根据 COG 蛋白质功能分类进行比较，结果见图 11-30（1）。无论是全基因组蛋白还是在所有鉴定蛋白中，氨基酸转运与代谢相关蛋白所占比例均为最高，分别为 15% 和 20% 左右，表明这类蛋白质在菌体生长中发挥着重要作用。在全基因组蛋白中占比例较大的无机离子转运与代谢相关蛋白却在普通生酮古龙酸菌胞内表达较少，而占比例较小的翻译相关蛋白、能量代谢蛋白、翻译后修饰蛋白在胞内的表达量却很高。这一结果表明，蛋白质组学与基因组学结果之间存在一定的差异。进一步分析了仅存于单菌生长和仅存于混菌生长的蛋白［图 11-30（2）］。结果表明仍然是氨基酸转运与代谢相关蛋白在上述两种条件下表达最多。另外巨大芽孢杆菌伴生还诱导了大量翻译相关蛋白的表达。进一步对普通生酮古龙酸菌单独培养组与混菌培养组胶图中所有蛋白进行 COG 分类［图 11-30（3）］，结果表明在巨大芽孢杆菌伴生时，普通生酮古龙酸菌中氨基酸代谢和蛋白质翻译和核糖体结构相关蛋白的表达量急剧增加。

在巨大芽孢杆菌伴生时表达量显著增加的 188 个蛋白中，共鉴定出 151 个普通生酮古龙酸菌蛋白（图 11-31）。

根据 COG 蛋白质功能分类，将鉴定出的 151 种表达增强蛋白进行功能注释。在所有上调蛋白中，氨基酸代谢、蛋白质翻译、能量代谢三类蛋白所占比最大，约 41%。因此它们可能在普通生酮古龙酸菌生长和产酸中发挥重要作用。巨大芽孢杆菌的伴生还增强了普通生酮古龙酸菌细胞壁和细胞膜合成、辅因子代谢、无机离子代谢和次级代谢产物代谢等相关蛋白表达。

3. 巨大芽孢杆菌对普通生酮古龙酸菌代谢途径的影响

（1）巨大芽孢杆菌对普通生酮古龙酸菌氨基酸代谢途径的影响　巨大芽孢杆菌伴生使氨基酸代谢途径中大部分蛋白（酶）的表达量上调。多种氨基酸合成途径中关键酶的表达水平在巨大芽孢杆菌伴生时显著增强，表明氨基酸在普通生酮古龙酸菌生长和 2-KLG 生产中发挥重要作用。某些氨基酸除了能够合成机体蛋白外，还可以通过糖酵解途径和三羧酸循环为能量代谢提供物质基础。根据基因组学分析，普通生酮古龙酸菌中只有三种氨基酸能够进入能量代谢途径，如丝氨酸和半胱氨酸通过丙酮酸进入糖酵解途径，天冬氨酸通

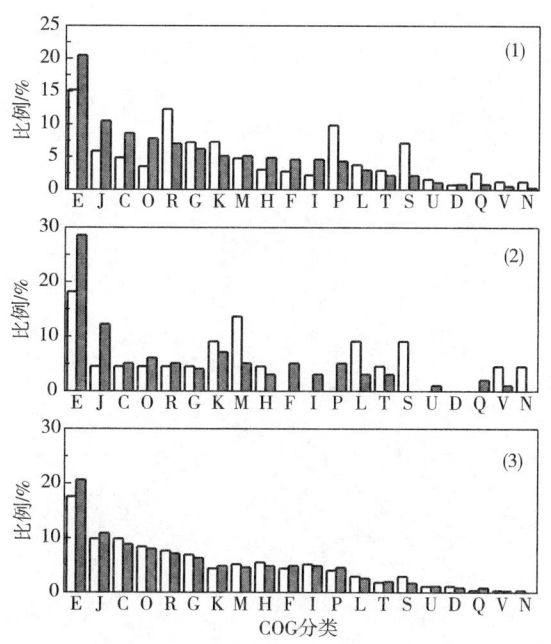

图 11-30 普通生酮古龙酸菌蛋白质功能分类

(1) □—普通生酮古龙酸菌全基因组蛋白 ■—鉴定的蛋白（pI4~7）
(2) □—仅存于普通生酮古龙酸菌单菌生长的蛋白 ■—仅存于混菌生长的蛋白
(3) □—普通生酮古龙酸菌单独培养 ■—混菌培养

注：E—氨基酸的转运与代谢　J—翻译、核糖体结构和生物合成　C—能量产生与转化　O—翻译后修饰、蛋白周转、伴侣　R—预测的一般功能　G—碳水化合物的转运与代谢　K—转录　M—细胞壁、膜、封套的生物合成　H—辅酶的运输和代谢　F—核苷的转运与代谢　I—脂类化合物转运与代谢　P—无机离子的转运与代谢　L—DNA 复制、重组和修复　T—信号转导系统　S—功能未知　U—细胞内运输、分泌和液泡转运　D—细胞分裂与染色体分离　Q—次级代谢产物的生物合成、转运及代谢　V—防御机制　N—细胞运动与分泌

过富马酸和草酰乙酸进入三羧酸循环。巨大芽孢杆菌伴生显著促进了天冬氨酸脱氨酶、腺苷合成酶和腺苷酶的表达，从而使天冬氨酸进入三羧酸循环进入细胞组分的合成代谢。

(2) 巨大芽孢杆菌对普通生酮古龙酸菌能量代谢途径的影响　巨大芽孢杆菌伴生对普通生酮古龙酸菌细胞的能量代谢也有显著影响。对蛋白质组学结果进行分析发现，在巨大芽孢杆菌伴生的情况下，普通生酮古龙酸菌戊糖磷酸途径中的葡萄糖-6-磷酸异构酶和转酮酶表达量显著上升，表明巨大芽孢杆菌可以促进普通生酮古龙酸菌戊糖磷酸途径的代谢。巨大芽孢杆菌伴生大大加强了普通生酮古龙酸菌细胞中的三羧酸循环，其中三羧酸循环关键酶——异柠檬酸脱氢酶的表达量上调了 10 倍以上，琥珀酰辅因子 A 合成酶和延胡索酸水合酶更是在巨大芽孢杆菌伴生时从无到有。另外，普通生酮古龙酸菌中能够直接提供自由能，推动细胞中多种化学反应的核苷酸类分子 GDP、ADP、CTP 的合成，也因巨大芽孢杆菌的伴生而加强。另外，物质代谢的增加也得益于其转运系统的增强，普通生酮古龙酸菌中 3 种 ABC 转运蛋白的表达量在巨大芽孢杆菌伴生时显著上升，表明普通生酮古龙酸菌转运磺酸盐、硝酸盐、牛磺酸、麦芽低聚糖组分和各种糖类的能力显著增强。巨大芽孢杆菌除增强碳水化合物代谢外，对脂类的合成途径也有显著影响。

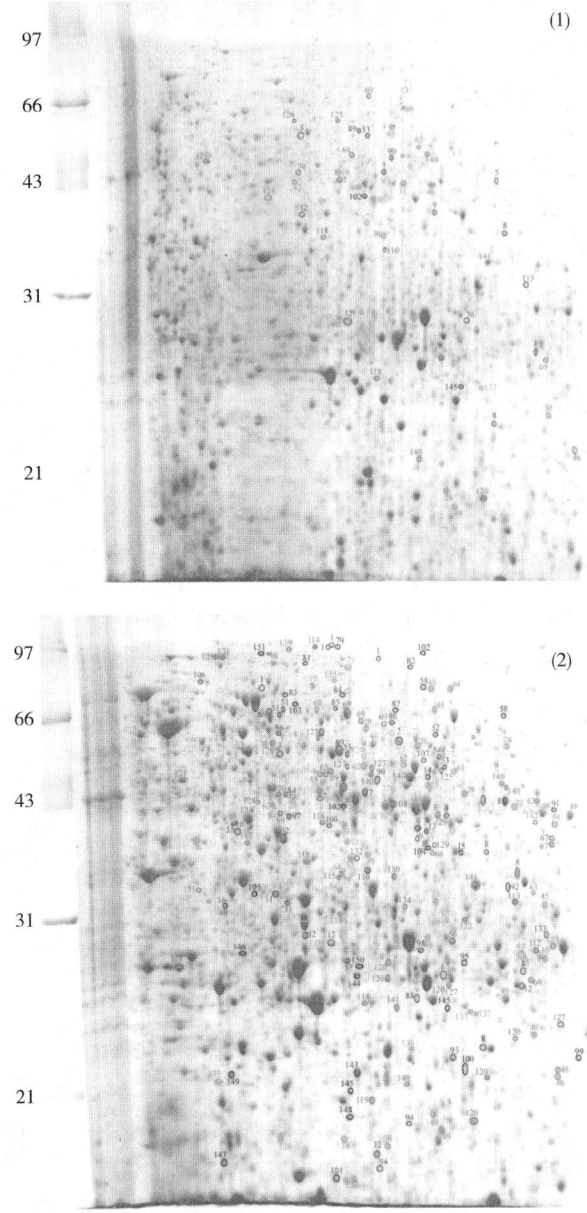

图 11-31　普通生酮古龙酸菌在单菌培养（1）和
巨大芽孢杆菌伴生培养（2）时的 2-DE 图谱（pI 4~7）

（3）巨大芽孢杆菌对普通生酮古龙酸菌辅因子代谢途径的影响　辅因子在普通生酮古龙酸菌细胞代谢中发挥非常重要的作用，细胞中几乎所有的氧化还原酶均需要辅因子的参与，如 2-KLG 合成途径中的 D-山梨醇脱氢酶、L-山梨糖/L-山梨酮脱氢酶、山梨酮脱氢酶都需要辅因子 PQQ 的参与。对普通生酮古龙酸菌中辅因子代谢途径进行分析，发现一碳单位、磷酸吡哆醛（Pyridoxine）、黄素腺嘌呤二核苷酸（FAD）/黄素单核苷酸（FMN）和辅酶 A（CoA）等辅因子的合成在巨大芽孢杆菌伴生时都有所加强。

四、基于两菌相互作用关系的营养供给策略

(一) 巯基代谢物对普通生酮古龙酸菌生长与产酸的影响

黄政等通过对普通生酮古龙酸菌 WSH-001 进行代谢网络模型分析,发现其硫代谢途径上缺失关键还原酶,推测这种缺失导致 CoA 合成受阻进而成为造成普通生酮古龙酸菌单独生长微弱的一个可能原因。在此基础上,通过在合成培养基上的实验对模型推测进行验证,并提出了外源添加含硫化合物促进细胞生长产酸的生化策略。于是选取 L-半胱氨酸和 GSH 进行外源添加实验。如图 11-32 所示,发酵 48h 结束,添加 0.4g/L 的 L-半胱氨酸和 1g/L GSH,普通生酮古龙酸菌细胞生长(OD_{600})分别提高 25.6% 和 38.7%;2-KLG 产量分别提高了 35.8% 和 45.5%。实验结果表明,两种巯基化合物在 CSL 培养基上对普通生酮古龙酸菌的生长和产酸促进效果依然明显。工业上传统的玉米浆(CSL)发酵培养基富含多种维生素,其中就有泛酸;另一方面,L-半胱氨酸含量却十分有限,并不能满足普通生酮古龙酸菌正常生长的需求,这可能是造成 CSL 培养基中添加 L-半胱氨酸、GSH 促进效果明显的原因。

为了进一步研究添加巯基化合物促进普通生酮古龙酸菌生长的作用机制,黄政等对普通生酮古龙酸菌胞内 CoA 含量进行了检测。如图 11-33 所示,在普通生酮古龙酸菌单独培养至对数中后期(24h),添加 L-半胱氨酸和 GSH 的实验组单位细胞内 CoA 含量相比对照组分别提高了 44.8% 和 85.3%。实验结果证明,添加这两种巯基化合物能显著提高普通生酮古龙酸菌胞内 CoA 含量,弥补因代谢缺失造成的 CoA 合成不足,从而通过加强 TCA 循环和脂类合成代谢,全局性地促进细胞生长。

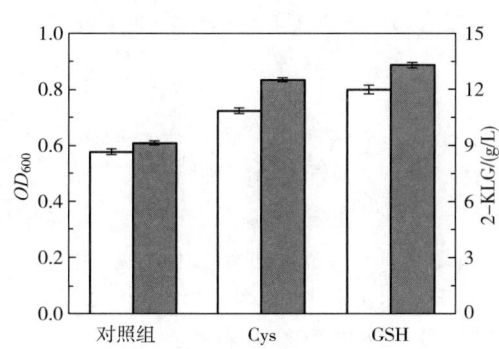

图 11-32 分别添加还原型谷胱甘肽和 L-半胱氨酸对普通生酮古龙酸菌单独培养的影响

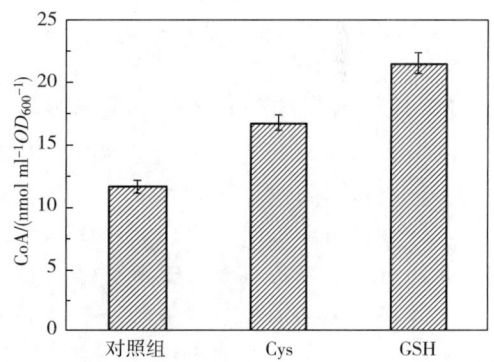

图 11-33 分别添加 L-半胱氨酸和还原型谷胱甘肽对普通生酮古龙酸菌胞内 CoA 含量的影响

如果添加物质只是补充硫元素,促进 CoA 的合成,L-半胱氨酸和 GSH 的促进效果应该是一致的,可结果却并不如此。黄政等经实验发现,添加相同摩尔数的 GSH(1g/L)比 L-半胱氨酸(0.4g/L)对普通生酮古龙酸菌的生长和产酸的促进效果更加明显(图 11-33)。GSH 是由 L-半胱氨酸(Cys)、L-甘氨酸(Gly)和 L-谷氨酸(Glu)构成的三肽。如图 11-34 所示,向 CSL 发酵培养基中分别添加相同摩尔的 GSH 和相应氨基酸,观察对普通生酮古龙酸菌生长和产酸的影响。在发酵 48h 结束时,添加 L-甘氨酸(0.25g/L)、

L-半胱氨酸（0.4g/L）和 GSH（1g/L）时，菌体浓度（OD_{600}）分别比不添加时提高了 14.4%、25.6% 和 38.6%；2-KLG 浓度分别提高了 11.6%、36.8% 和 45.5%；而添加 L-谷氨酸（0.48g/L）对普通生酮古龙酸菌的生长和产酸无明显促进作用。当同时添加 L-甘氨酸、L-半胱氨酸和 L-谷氨酸时，菌体浓度比不添加时提高了 34.3%，2-KLG 浓度提高了 42.2%，均略低于 GSH 的促进效果。进一步对 CSL 中三种游离氨基酸的含量进行检测后发现，CSL 中含有较多 L-甘氨酸（0.043g/L）和 L-谷氨酸（0.039g/L），但 L-半胱氨酸含量只有 0.001g/L。另一方面，根据普通生酮古龙酸菌基因组注释结果可知，细胞内负责 GSH 分解合成代谢的途径是完全的，GSH 在胞内由 γ-谷氨酰转移酶分解成 L-谷氨酸和 L-半胱氨酰甘氨酸，之后 L-半胱氨酰甘氨酸在 L-半胱氨酰二肽酶的作用下分解为 L-半胱氨酸和 L-甘氨酸。有报道显示 L-甘氨酸作为一碳单位供体参与一碳代谢，一碳单位的代谢受阻会阻碍核酸、蛋白质和甲基基团的合成。综合上述结果表明，GSH 分解所产生的 L-甘氨酸，可能是导致 GSH 与 L-半胱氨酸促进效果差异的一个重要原因。

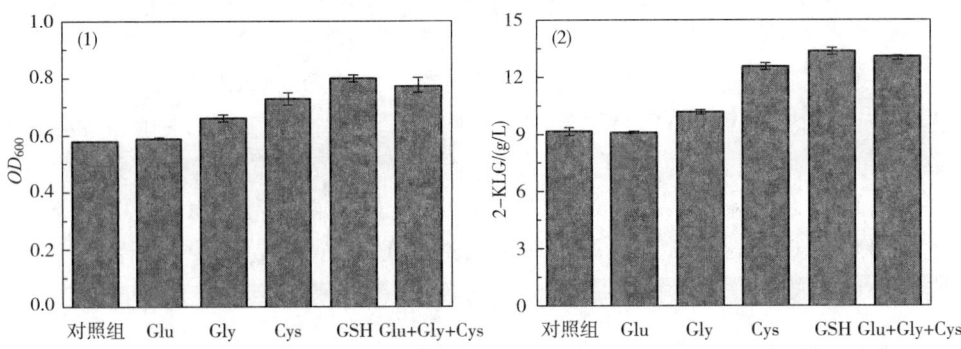

图 11-34　分别添加还原型谷胱甘肽和相关氨基酸对普通生酮古龙酸菌生长和产酸的影响

（二）玉米浆对维生素 C 发酵的影响

维生素 C 工业生产中为了降低生产成本，普遍采用玉米浆作为有机氮源。而玉米浆中含有大量不确定组分，实验重复性差。玉米浆作为一种在玉米淀粉生产过程中所产生的副产品，含有丰富的可溶性蛋白、维生素和金属元素。玉米浆在发酵生产中的应用主要集中在：①作为一种经济有效的氮源；②对特殊生理功能的影响，如促进蜡样芽孢杆菌的孢子形成；③在发酵初期调节耗氧速率；④调节代谢流量，促进目标代谢产物的生产。但是，玉米浆是一种成分复杂的天然有机氮源，其主要组分随生产批次不同而有较大波动。普通生酮古龙酸菌和巨大芽孢杆菌可以以玉米浆为有机氮源，L-山梨糖为碳源来生产维生素 C 的前体物质 2-KLG。因此，为了透彻理解 2-KLG 的合成机制和代谢调控机制，在详尽分析玉米浆主要组分变化及其对 2-KLG 合成影响的基础上，构建适合普通生酮古龙酸菌和巨大芽孢杆菌生长且利于 2-KLG 生产的全合成培养基。

1. 生产批次对玉米浆成分的影响

分析 18 批次玉米浆 40 种组分（17 种氨基酸、9 种维生素和 14 种金属元素）的含量（图 11-35）。结果表明，氨基酸在玉米浆中含量最高，约占玉米浆干重的 30%，其中谷氨酸（6476mg/kg）、丙氨酸（3576mg/kg）、亮氨酸（3453mg/kg）和脯氨酸（3302mg/kg）四种氨基酸占总氨基酸的 47.6%。此外，还对玉米浆中的 8 种水溶性维生素进行检测。其中烟酸的含量最高，占总维生素含量的 80.9%，其次是维生素 B_6（8.6%）、泛酸（7.5%），不含维生素 C。玉米浆中的金属元素含量也不可忽略，其含量约占玉米浆干重的 10%，其中钾的含量最大，占总金属元素含量的 63.8%，其次分别为镁（21.2%）、磷（8.19%）、钠（4.4%）和钙（1.8%）。

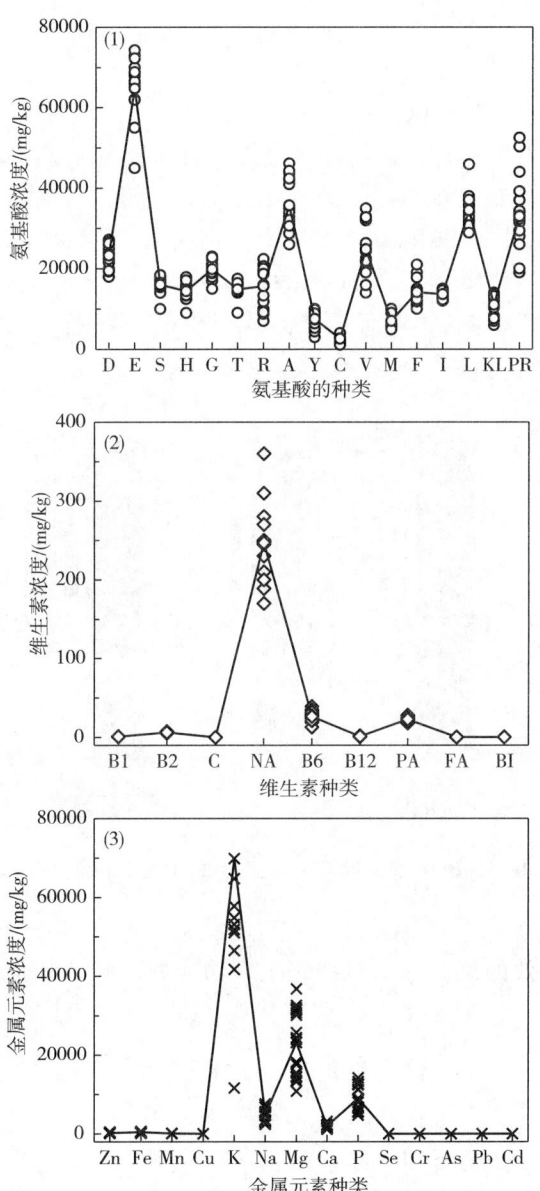

图 11-35　18 批次玉米浆的 40 种组分含量

注：D—天冬氨酸　E—谷氨酸　S—丝氨酸　H—组氨酸　G—甘氨酸　T—苏氨酸　R—精氨酸　A—丙氨酸
Y—酪氨酸　C—半胱氨酸　V—缬氨酸　M—甲硫氨酸　F—苯丙氨酸　I—异亮氨酸　L—亮氨酸　KL—赖氨酸
PR—脯氨酸　B1—维生素 B_1　B2—维生素 B_2　VC—维生素 C　NA—烟酸　B6—维生素 B_6
B12—维生素 B_{12}　PA—泛酸　FA—叶酸　BI—生物素　Zn—锌　Fe—铁　Mn—锰　Cu—铜
K—钾　Na—钠　Mg—镁　Ca—钙　P—磷　Se—硒　Cr—铬　As—砷　Pb—铅　Cd—镉

对检测的 40 种组分进行分析，发现所有组分均随玉米浆批次变化而有不同程度的波动，如图 11-35 所示。特别是金属离子的波动最大，其次是氨基酸，然后是维生素。精氨酸、酪氨酸、甲硫氨酸、半胱氨酸、赖氨酸、脯氨酸、钾、钠、镁和磷在 18 批次玉米浆中浓度变化非常剧烈，变异系数均高于 20%，而天冬氨酸、组氨酸、丙氨酸、缬氨酸、苯丙氨酸、维生素 B_1、维生素 B_2、烟酸、维生素 B_6、维生素 B_{12}、生物素在 18 批次玉米浆中浓度的变异系数也达到 10% 以上。

2. 玉米浆批次对维生素 C 发酵的影响

由于普通生酮古龙酸菌和巨大芽孢杆菌混菌体系在不含玉米浆的培养基上完全不能生长和产酸，表明玉米浆不仅为菌体生长提供氮源，更重要的是能够提供混菌生长所必需的多种生长因子。在其他营养条件和环境条件相同的情况下，考察了 18 个不同批次玉米浆作为有机氮源对普通生酮古龙酸菌和巨大芽孢杆菌合成 2-KLG 的影响，结果如图 11-36 所示。玉米浆批次变化显著影响混菌细胞浓度、2-KLG 生产强度和 L-山梨糖消耗速率，变异系数分别为 6%、8% 和 4%。然而，若要鉴定出玉米浆中何种特定组分对 2-KLG 生产发挥作用还需进一步的研究。

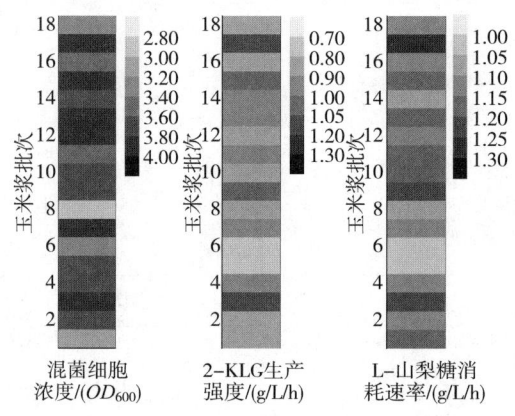

图 11-36　不同批次玉米浆对 2-KLG 发酵的影响

3. 玉米浆主要成分与 2-KLG 生产的线性相关性分析

为了揭示玉米浆各组分与 2-KLG 生产的关系，对 18 批次玉米浆的 40 种组分含量与普通生酮古龙酸菌和巨大芽孢杆菌混菌细胞生长、2-KLG 生产强度和 L-山梨糖消耗速率进行线性相关性分析。由图 11-37 可以得到，玉米浆中的甘氨酸和苏氨酸与普通生酮古龙酸菌和巨大芽孢杆菌混菌细胞生长之间为显著线性正相关（$r>0.7$），天冬氨酸、丝氨酸、谷氨酸、组氨酸、烟酸、生物素和铜元素也与混菌细胞生长呈线性正相关（$0.5<r<0.7$）。2-KLG 生产强度与苏氨酸、甘氨酸、脯氨酸、烟酸和生物素的浓度呈线性正相关（$r>0.7$），苏氨酸、异亮氨酸、维生素 B_1、锰和钾与 2-KLG 生产强度线性正相关（$0.5<r<0.7$）。脯氨酸与 L-山梨糖比消耗速率呈显著线性正相关（$r>0.7$），丝氨酸、甘氨酸和烟酸也与 L-山梨糖比消耗速率呈现线性正相关（$0.5<r<0.7$）。

对 18 批次玉米浆的 40 种组分之间进行线性相关性分析，发现氨基酸与氨基酸之间有最强的线性相关性，其次是金属元素，然后是维生素。17 种氨基酸之间存在 8 对线性正相

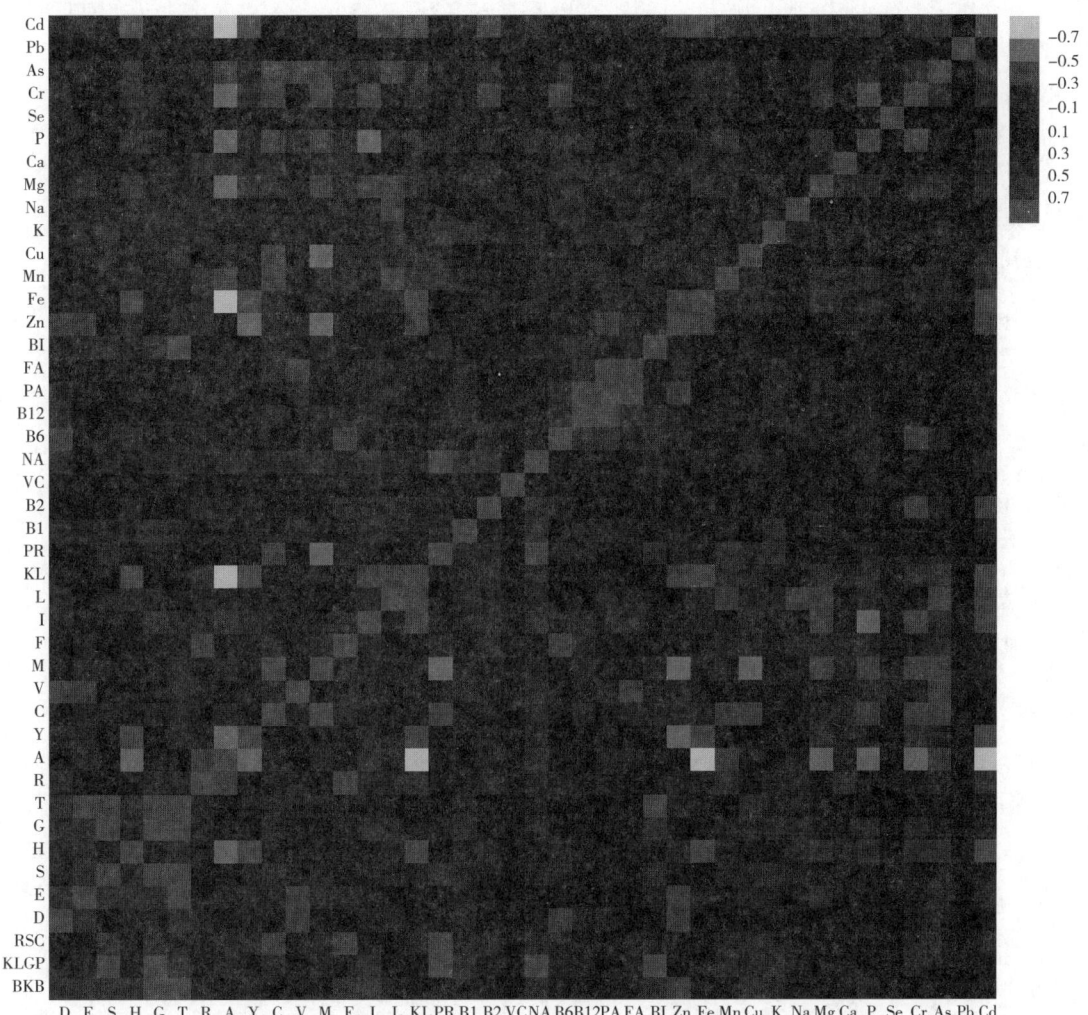

图 11-37 玉米浆组分与 2-KLG 发酵参数的线性相关性分析

关关系（$r>0.7$）和 1 对线性负相关关系（$r<-0.7$），14 种金属元素之间存在 2 对线性正相关关系（$r>0.7$）和一对线性负相关关系（$r<-0.7$），而 9 种维生素之间仅存在 1 对线性正相关关系（$r>0.7$）。在 17 种氨基酸与 9 种维生素之间也存在显著线性相关关系［2 对线性正相关（$r>0.7$）］，氨基酸与金属元素之间也显著线性相关［6 对线性正相关（$r>0.7$）和 2 对线性负相关（$r<-0.7$）］，而维生素与金属元素之间则不存在显著线性相关关系。

4. 关键因素对 2-KLG 生产的影响

基于以上研究，提出了一种用玉米浆 40 种组分代替玉米浆的全合成培养基。40 种组分的初始浓度相当于其在含有 5g/L 玉米浆（以第一批次为基础）的培养基中的浓度。线性相关性分析表明甘氨酸和苏氨酸有可能是影响混菌细胞生长的主要因素，丝氨酸、甘氨酸、脯氨酸、烟酸和生物素 5 种氨基酸可能会对 2-KLG 合成产生重要影响，而 L-山梨糖消耗速率可能与脯氨酸的浓度有关。据此，进一步考察丝氨酸、甘氨酸、苏氨酸、脯氨酸、烟酸和生物素这6种组分在普通生酮古龙酸菌和巨大芽孢杆菌过量合成2-KLG中的生理作用，阐明它们对2-KLG合成途径的影响机制，并得到优化的质量浓度组合，对普通生酮古龙酸菌和巨大芽孢杆菌的生长和2-KLG的合成具有重要的意义。

在实际工作中，采用正交实验来考察这6种组分在2-KLG过量合成中的重要作用及其线性相关关系。按照$L_{25}(5^6)$正交实验因素水平表（表11-14）安排正交实验，其中6种组分的浓度范围是根据其在第一批次玉米浆中的浓度来确定的，而其他组分的浓度不变。具体实验设计及结果见表11-15。

表11-14　　　　　　　　$L_{25}(5^6)$正交实验的因素水平表

因素	水平（相应浓度）				
	1	2	3	4	5
A 丝氨酸/(g/L)	0.07	0.14	0.21	0.28	0.35
B 甘氨酸/(g/L)	0.09	0.18	0.27	0.36	0.45
C 苏氨酸/(g/L)	0.06	0.12	0.18	0.24	0.30
D 脯氨酸/(g/L)	0.14	0.28	0.42	0.56	0.70
E 烟酸/(g/L)	0.09	0.19	0.28	0.38	0.47
F 生物素/(mg/L)	0.16	0.31	0.47	0.62	0.78

表11-15　　　　　　　　正交实验设计及实验结果

A	B	C	D	E	F	细胞浓度 (OD_{660})				2-KLG产量/(g/L)				L-山梨糖消耗/(g/L)				转化率/(g 2-KLG/g L-山梨糖)			
						g1	g2	g3	g4	h1	h2	h3	h4	i1	i2	i3	i4	j1	j2	j3	j4
	水平																				
1	1	1	1	1	1	8.6	8.6	8.4	8.6	11	12	11	12	30	31	29	29	0.36	0.38	0.38	0.42
1	2	2	2	2	2	9.0	9.1	9.5	9.1	28	30	29	31	42	44	42	46	0.67	0.68	0.69	0.67
1	3	3	3	3	3	9.7	10.3	9.9	10.5	34	35	33	32	50	54	51	54	0.68	0.64	0.65	0.60
1	4	4	4	4	4	10.6	10.7	10.5	10.7	45	48	46	48	69	70	67	65	0.66	0.68	0.68	0.74
1	5	5	5	5	5	9.8	10.4	10.0	10.6	19	19	18	18	42	44	43	45	0.45	0.43	0.43	0.39
2	1	2	3	4	5	9.8	9.9	10.4	9.9	17	18	17	18	33	33	32	31	0.51	0.53	0.53	0.58
2	2	3	4	5	1	9.2	9.8	9.4	10.0	40	40	38	37	54	58	56	59	0.73	0.69	0.69	0.63
2	3	4	5	1	2	11.2	11.2	11.0	11.2	27	27	26	25	48	51	49	52	0.57	0.54	0.54	0.49
2	4	5	1	2	3	10.6	10.7	11.2	10.7	47	50	48	51	70	71	68	66	0.67	0.70	0.70	0.77
2	5	1	2	3	4	9.9	10.0	9.6	9.3	37	38	36	35	57	57	55	54	0.65	0.65	0.65	0.65
3	1	3	5	2	4	10.1	10.7	10.3	10.9	45	48	46	49	66	66	64	62	0.68	0.72	0.72	0.79
3	2	4	1	3	5	11.5	11.5	11.3	11.5	28	28	27	26	47	49	48	51	0.61	0.57	0.57	0.52
3	3	5	2	4	1	10.9	11.0	10.6	10.3	36	37	35	34	54	55	53	52	0.67	0.67	0.67	0.66
3	4	1	3	5	2	7.8	7.8	8.2	7.8	47	50	48	51	70	71	68	66	0.67	0.70	0.70	0.77

续表

						细胞浓度 (OD_{660})				2-KLG 产量 /(g/L)				L-山梨糖消耗 /(g/L)				转化率/ (g 2-KLG/g L-山梨糖)			
A	B	C	D	E	F	g1	g2	g3	g4	h1	h2	h3	h4	i1	i2	i3	i4	j1	j2	j3	j4
3	5	2	4	1	3	9.0	9.5	9.1	9.7	40	40	38	37	61	62	59	57	0.65	0.65	0.65	0.65
4	1	4	2	5	3	10.9	11.0	10.5	10.2	34	36	35	37	54	57	55	58	0.64	0.64	0.64	0.64
4	2	5	3	1	4	9.7	9.8	10.3	9.8	43	46	44	47	63	67	64	68	0.68	0.68	0.68	0.68
4	3	1	4	2	5	8.9	9.5	9.1	9.7	49	49	47	46	66	66	63	63	0.73	0.74	0.76	0.73
4	4	2	5	3	1	10.7	10.8	10.4	10.1	55	55	53	52	74	73	67	68	0.74	0.76	0.79	0.75
4	5	3	1	4	2	11.1	11.2	11.8	11.2	44	47	45	48	65	69	66	70	0.68	0.68	0.68	0.68
5	1	5	4	3	2	9.3	9.9	9.5	10.1	21	21	21	23	46	49	46	50	0.46	0.46	0.46	0.46
5	2	1	5	4	3	9.7	9.7	9.6	9.7	26	28	27	29	48	51	49	52	0.55	0.55	0.55	0.55
5	3	2	1	5	4	8.9	9.5	9.1	9.7	34	35	33	32	61	61	57	56	0.56	0.57	0.59	0.57
5	4	3	2	1	5	11.6	11.6	11.4	11.6	31	33	33	31	52	55	52	55	0.61	0.61	0.61	0.62
5	5	4	3	2	1	12.3	13.1	12.6	13.3	37	38	36	35	58	57	56	56	0.64	0.66	0.64	0.63

对正交实验结果进行直观分析，结果如图 11-38 所示。可以看出，在所选择的浓度范围内：①甘氨酸、丝氨酸是影响 L-山梨糖消耗和 2-KLG 生产的最重要因素；②增加苏氨酸、脯氨酸、烟酸和生物素的浓度也对 L-山梨糖消耗和 2-KLG 合成产生显著影响；③苏氨酸是影响普通生酮古龙酸菌和巨大芽孢杆菌混菌细胞生长的最关键因素。

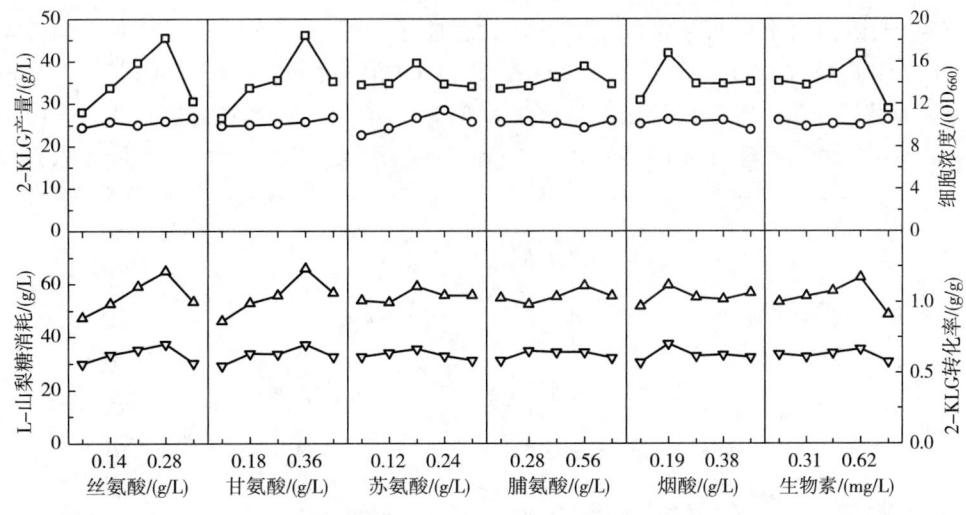

图 11-38 正交实验结果直观分析
△—L-山梨糖消耗　□—2-KLG 产量

对正交实验结果进行极差分析，分别得到了以 2-KLG 高产量和高转化率为目标的 6 种组分质量浓度优化组合（表 11-16）。在这两个优化组合中，除了脯氨酸的质量浓度外，其余5种组分的质量浓度都是相同的。

表11-16　　　　　　　　由正交实验得到的维生素质量浓度优化组合

	丝氨酸/(g/L)	甘氨酸/(g/L)	苏氨酸/(g/L)	脯氨酸/(g/L)	烟酸/(g/L)	生物素/(mg/L)
(1)①	0.28	0.36	0.18	0.56	0.19	0.62
(2)②	0.28	0.36	0.18	0.28	0.19	0.62

注：①最优产量组合。
　　②最优转化率组合。

对表11-16所示的6种组分质量浓度优化组合进行了实验验证。如表11-17所示，采用分别以2-KLG高产量和高转化率为目标的6种组分质量浓度优化组合进行实验，得到2-KLG产量和转化率分别为58g/L和0.76g/g。

表11-17　　　　　　　　维生素质量浓度优化组合的实验验证

组合	细胞浓度（OD_{660}）	2-KLG产量/(g/L)	L-山梨糖消耗/(g/L)	得率/(g/g)
(1)①	8.8±0.5	58±1.2	76±2.3	0.76±0.1
(2)②	9.3±0.7	55±2.0	72±3.1	0.76±0.1

注：①最优产量组合。
　　②最优转化率组合。

5. 关键组分亚适量供给下的分批发酵过程

根据以上实验结果，确定较优的关键组分质量浓度组合为：丝氨酸0.28g/L、甘氨酸0.36g/L、苏氨酸0.18g/L、脯氨酸0.28g/L、烟酸0.19g/L、生物素0.62mg/L。采用这一组合在7-L发酵罐上进行分批发酵实验，过程曲线如图11-39所示。普通生酮古龙酸菌和巨大芽孢杆菌经过28h发酵后2-KLG产量和L-山梨糖转化率分别达到了58g/L和0.76g/g。而普通生酮古龙酸菌最大细胞浓度和2-KLG的生产强度则分别从1.25×10^9个/mL和1.04g/(L·h)提高到4.14×10^9个/mL和2.07g/(L·h)，分别提高了231.2%和99.0%（表11-18）。

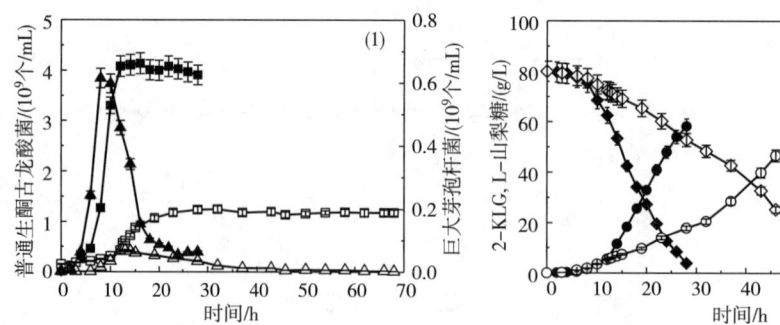

图11-39　普通生酮古龙酸菌和巨大芽孢杆菌分批发酵过程曲线
○—2-KLG　◇—L-山梨糖　□—普通生酮古龙酸菌　△—巨大芽孢杆菌

表 11-18　　　　　　　　　　　不同培养基发酵参数比较

参数	普通培养基	全合成培养基	变化（%）(B/A-1)×100
发酵时间/h	68	28	-58.8
L-山梨糖消耗/(g/L)	75.6	76.1	0.7
$K.\ vulgar$ 最大细胞浓度/(10^9个/mL)	1.25	4.14	231.2
2-KLG 产量/(g/L)	71.2	58.2	-18.3
2-KLG 转化率/(g/g)	0.94	0.76	-18.8
2-KLG 生产强度/[g/(L·h)]	1.04	2.07	99.0
L-山梨糖消耗速率/[g/(L·h)]	1.11	2.72	144.5

（三）氨基酸对 2-KLG 发酵的影响

陈克杰等研究发现外源氨基酸 L-甘氨酸、L-脯氨酸、L-苏氨酸、L-异亮氨酸和 L-丝氨酸能促进普通生酮古龙酸菌细胞生长或产酸。当然，利用这些氨基酸强化 2-KLG 生产强度最合理的做法是通过发酵优化得出各种关键氨基酸的最适浓度，然后根据玉米浆（CSL）氨基酸含量得出需要补加的外源氨基酸浓度。但是这存在几个问题：①对每批 CSL 氨基酸成分进行分析烦琐、费时；②不同批次 CSL 所需关键氨基酸的最适浓度不同；③自由氨基酸价格较高（脯氨酸高达 135 元/kg），不够经济。因此，根本的做法是使巨大芽孢杆菌能大量合成这些氨基酸供普通生酮古龙酸菌利用，或使普通生酮古龙酸菌自身能合成这些氨基酸，最便捷有效的做法是寻找一种富含这几种关键氨基酸且高效、廉价的天然原料代替自由氨基酸。

明胶作为一种从动物皮、肌腱、韧带或骨头中提炼出来的，平均分子质量较高的水溶性蛋白质的非均匀混合物，含有较高比例的两种关键氨基酸——甘氨酸和脯氨酸。因此，考虑是否可用明胶代替上述关键氨基酸的作用强化 2-KLG 生产。分析明胶氨基酸组成，结果如表 11-19 所示。结果表明，明胶中主要氨基酸成分为甘氨酸（21.47%）、脯氨酸（12.74%）、谷氨酸（10.76%）和丙氨酸（9.75%），而组氨酸（0.65%）、酪氨酸（0.58%）、甲硫氨酸（1.03%）和亮氨酸（1.46%）含量较低，不含半胱氨酸和色氨酸，其中主要氨基酸成分占明胶总质量的 54.72%，对"二步发酵"混合菌系产 2-KLG 有显著促进作用的关键氨基酸——甘氨酸和脯氨酸，两者合计达 34.21%。陈克杰等分别在摇瓶水平、3L 发酵罐、1m³ 搅拌罐以及 200m³ 气升罐中对 2-KLG 发酵工艺进行了探索，为 2-KLG 的中试生产奠定了基础。

表 11-19　　　　　　　　　　　明胶中氨基酸含量分布

氨基酸	百分含量/(%，质量分数)	氨基酸	百分含量/(%，质量分数)
L-天冬氨酸	5.26±0.06	L-缬氨酸	2.08±0.10
L-谷氨酸	10.76±0.05	L-甲硫氨酸	1.03±0.06
L-丝氨酸	2.55±0.09	L-苯丙氨酸	2.27±0.07
L-组氨酸	0.65±0.07	L-亮氨酸	1.46±0.11
L-甘氨酸	21.47±0.08	L-异亮氨酸	3.01±0.08
L-苏氨酸	2.14±0.04	L-赖氨酸	3.96±0.10
L-丙氨酸	9.75±0.06	L-脯氨酸	12.74±0.09
L-精氨酸	8.08±0.10	L-鱼氨酸	未检测到
L-酪氨酸	0.58±0.08	L-半胱氨酸	未检测到

1. 摇瓶水平验证实验

陈克杰等首先在摇瓶上考察了不同浓度明胶对 2-KLG 混菌分批发酵的影响（图 11-40）。当明胶浓度为 0.8g/L 时，发酵 62h，2-KLG 浓度达 67.91g/L，L-山梨糖浓度低于 0.3%，发酵结束。相对于对照组，发酵周期缩短 8h，2-KLG 生产强度（1.05g/L/h）、L-山梨糖消耗速率（1.07g/L/h）分别提高 13.1% 和 14.0%。但 2-KLG 生产强度的提高并非随着明胶浓度的增加而相应提高。当明胶浓度达到 1.5g/L 时，虽然摇瓶发酵周期、终点 2-KLG 生产强度和 L-山梨糖消耗速率没有显著改变，但发酵中期明胶对 2-KLG 生产的促进作用已不如 0.8g/L 时。可能原因是高浓度明胶会改变发酵液流体性质（黏度）并伴随大量泡沫的产生，导致培养液 DO 等理化参数的改变，影响菌体生长。

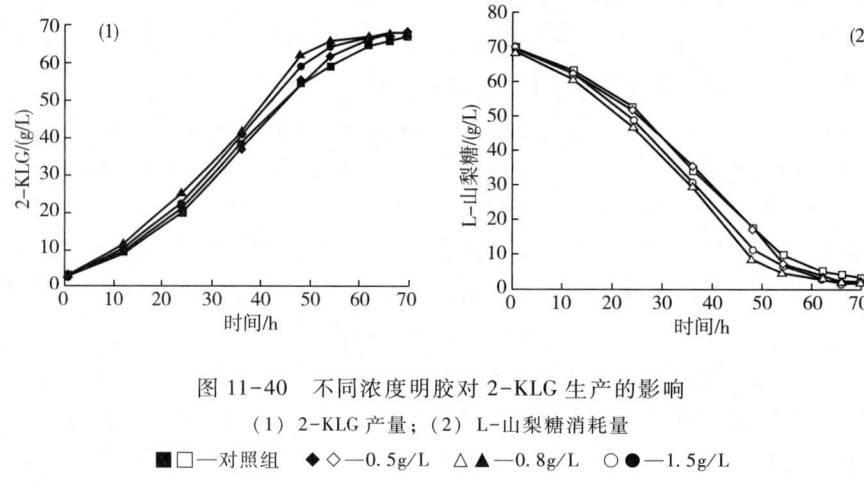

图 11-40　不同浓度明胶对 2-KLG 生产的影响
（1）2-KLG 产量；（2）L-山梨糖消耗量
■□—对照组　◆◇—0.5g/L　△▲—0.8g/L　○●—1.5g/L

2. 1m³ 搅拌罐中试试验

根据上述发酵罐分批发酵关于关键氨基酸和明胶对 2-KLG 发酵影响的实验结果，陈克杰等在 1m³ 搅拌罐上进行补料分批发酵中试试验。不添加氨基酸的对照组［图 11-41（1）］，2-KLG 产量在 51h 时达到 77.09g/L，整个发酵过程中 2-KLG 产酸速率为 1.51g/L/h。当由主要成分为 L-甘氨酸和 L-脯氨酸的明胶代替自由氨基酸的作用时［图 11-41（2）］，2-KLG

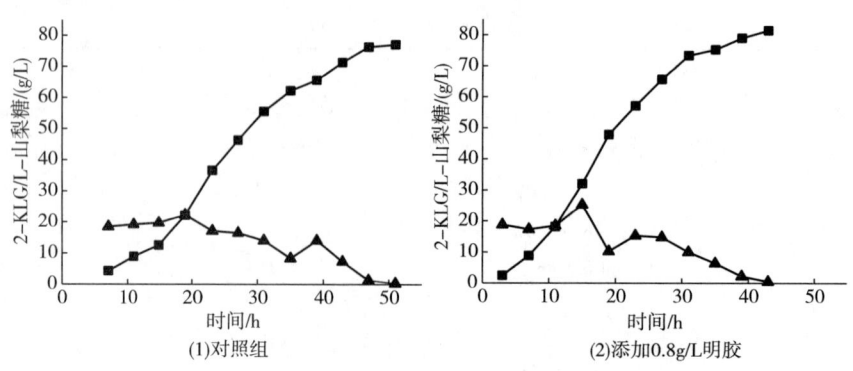

(1)对照组　　(2)添加0.8g/L明胶

图 11-41　1m³ 搅拌罐添加明胶对 2-KLG 发酵的影响
■—2-KLG　▲—L-山梨糖

发酵周期缩短至 43h（缩短 15.6%），2-KLG 产酸速率为 1.89g/L/h（增加 25.2%）。如果继续增加明胶的浓度（1.6g/L，增加一倍），1m³ 搅拌罐中试试验结果显示，发酵周期为 44h（缩短 13.7%），2-KLG 产量为 80g/L，产酸速率为 1.82g/L/h（提高 20.5%），2-KLG 的生产强度并没有随着明胶浓度的增加而提高。"二步发酵"的具体工艺控制和流程见图 11-42。

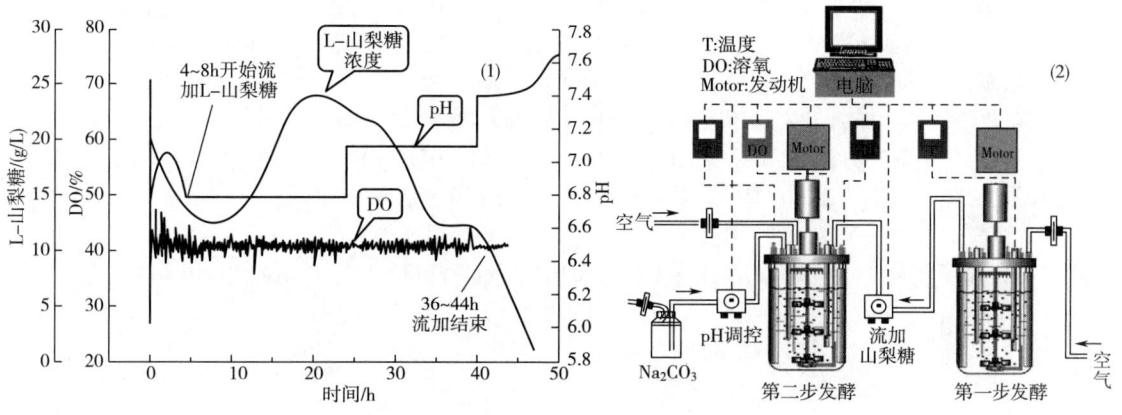

图 11-42 混菌"二步发酵"生产维生素 C 前体
（1）2-KLG 发酵工艺控制；（2）工艺流程示意图

3. 200m³ 气升发酵罐生产试验

1m³ 搅拌罐放大中试试验结果表明，明胶在中试生产规模上仍显示出良好的促进效果。因此，结合江苏江山制药有限公司实际生产工艺条件，在 200m³ 生产用气升发酵罐上对明胶的效果进行生产试验，结果如图 11-43 所示。不添加明胶的对照组，2-KLG 的平均产量为 102.17g/L，平均发酵周期为 60h，平均产酸速率为 1.70g/L/h。当在原发酵培养基中加入 0.8g/L 的明胶时，发酵周期缩短至 55h（缩短 8%），终点 2-KLG 平均产量为 102.28g/L，2-KLG 产酸速率为 1.86g/L/h（增加 9.3%）。

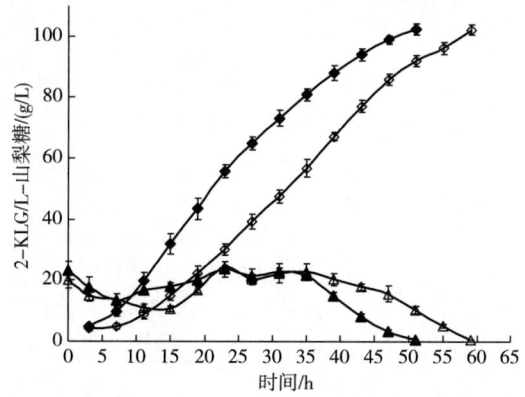

图 11-43 200m³ 气升发酵罐添加明胶对 2-KLG 发酵的影响
◇ △—对照组　◆ ▲—0.8g/L 明胶　◇ ◆—2-KLG　△ ▲—L-山梨糖

参 考 文 献

[1] 陈克杰.基于生理特性解析的 2-酮基-L-古龙酸发酵工艺研究[D].江南大学,2010.
[2] 朱益波.巨大芽孢杆菌与普通生酮基古龙酸菌互生作用研究[D].江南大学,2012.
[3] 邹伟.系统生物学水平解析维生素 C 生产菌株生理特性与相互作用关系[D].江南大学,2013.
[4] 周冒达.巨大芽孢杆菌 WSH-002 全基因组规模代谢网络模型的构建与分析[D].江南大学,2012.
[5] 薛佳.维生素 C 二步发酵中混菌间关键代谢物关系研究[D].天津大学,2010.
[6] 张志雄.维生素 C 前体 2-KGA 发酵过程建模及基质流加优化[D].上海交通大学,2014.
[7] 耿海义.维生素 C 发酵工艺的研究[D].天津大学,2003.
[8] 纪凯.维生素 C 发酵营养与环境条件优化[D].江南大学,2009.
[9] 郑巧双.辅因子与内源质粒对维生素 C 发酵生产的影响[D].江南大学,2010.
[10] 樊世存.维生素 C 生产菌株生理功能解析与发酵优化[D].江南大学,2014.
[11] 张静.基于生化策略与组学技术的维生素 C 生产菌株间生理关系解析[D].江南大学,2010.
[12] 黄政.基于代谢网络模型的维生素 C 生产菌株生理特性的研究[D].江南大学,2014.

第十二章 α-酮戊二酸发酵生产技术

第一节 概 述

α-酮戊二酸（α-ketoglutarate），又称α-胶酮酸，2-氧代戊二酸或α-羰基戊二酸。α-酮戊二酸是三羧酸循环中一种非常重要的二元短链酸，是细胞内氮代谢的主要调控者。α-酮戊二酸作为谷氨酸的前体，与脯氨酸、精氨酸、鸟氨酸、多巴胺的分泌紧密相关，能有效维持胞内的"谷氨酸池"，并在中间代谢过程中决定着氮代谢流走向。α-酮戊二酸还与蛋白质、脂类、维生素合成以及能量代谢紧密相关。此外，α-酮戊二酸可作为膳食营养补充剂、输液药制品中的组成成分以及创伤愈合的化合物。因此，α-酮戊二酸及其盐类在医药、食品、化妆品行业和工、农业等方面都具有重要的应用价值（表12-1）。

表 12-1　　　　　　　　　α-酮戊二酸的主要用途

产品名称	用途
α-酮戊二酸组合物	在治疗免疫性肝损伤、化学系肝损伤、酒精性肝损伤方面有非常显著的药理作用，并可用于治疗营养不良或高血浆葡萄糖症状
α-酮戊二酸铁	对贫血具有明显的治疗作用
α-酮戊二酸钙	治疗血氨过高症；长期治疗纠正甲状旁腺机能亢进症
L-谷氨酰胺-α-酮戊二酸	保健品原料，增加蛋白质合成；提高生长激素分泌；有助于防止肌肉组织的分解；提高免疫系统的功能
α-酮戊二酸壳聚糖	对牛血清蛋白吸附；吸附金属离子，应用于工业水处理
α-酮戊二酸（饲料添加剂）	缓解免疫性应激对畜牧氨基代谢的影响，减轻LPS刺激对肝脏的损伤；与中草药结合，对断奶动物起到保健作用

目前，已经发现的可以积累α-酮戊二酸的菌株有很多，主要包括：假单胞菌属（*Pseudomonas*）、产气杆菌（*Anthraci*）和黏质沙雷菌（*Serratia marcescens*）、石蜡节杆菌（*Arthrobacter paraffineus*）、谷氨酸棒杆菌（*Corynebacterium glutamicum*）等细菌，解脂亚洛酵母（*Yarrowia lipolytica*）、球拟假丝酵母（*Starmerella bombicola*）等酵母。其中，关于硫胺素缺陷型解脂亚洛酵母发酵生产α-酮戊二酸的研究比较多。根据发酵过程中利用的底物不同，可将其整个发展过程分为以下四类。

（1）利用液体石蜡作为底物　Tsugawa等筛得一株解脂亚洛酵母AJ5004，发酵72h后生产46g/L α-酮戊二酸，底物转化率为59%。Maldonado等选取解脂亚洛酵母D1805生产α-酮戊二酸，发酵240h可积累α-酮戊二酸185g/L。

（2）利用乙醇作为底物　Chernyavskaya等研究发现硫胺素和NH_4^+浓度是影响产酸的

关键因素，在最适条件下，解脂亚洛酵母 N1 可积累 α-酮戊二酸 49.0g/L，对乙醇的产率为 42%。

（3）利用植物油和冷榨油作为底物　Aurich 等以菌株解脂亚洛酵母 H355 为研究对象，补料发酵 360h 后，最高生产 α-酮戊二酸 104g/L。

（4）利用甘油作为底物　江南大学的科研人员筛选获得菌株解脂亚洛酵母 WSH-Z06。在 100g/L 甘油的初始条件下，发酵 144h 后 α-酮戊二酸的产量为 39.2g/L。在 7L 发酵罐中采用恒速流加甘油和硫酸铵混合液的补料方式，α-酮戊二酸产量可达 64.2g/L，生产强度提高 19.3%。

虽然微生物发酵法生产 α-酮戊二酸较化学合成法能够减少污染物的生成，从而降低对环境的污染，但是由于发酵过程中副产物过多、发酵周期长、成本高等原因，微生物发酵法还未实现大规模工业化生产。

为了解决上述问题，科研人员开始研究生物转化法生产 α-酮戊二酸。生物转化法具有反应条件温和、对底物的选择性高、催化效率高、底物特异性强、产物纯度高等诸多优点。目前，用于转化法生产 α-酮戊二酸的酶主要有 L-氨基酸脱氨酶、L-氨基酸氧化酶等。

（1）在利用 L-氨基酸脱氨酶转化生产 α-酮戊二酸方面，Liu Long 等用 L-氨基酸脱氨酶转化生产 α-酮戊二酸，产量可达到 1.52g/L。采用固定化细胞催化生产 α-酮戊二酸，产量达到 4.65g/L，转化率 31%。Hossain 等利用枯草芽孢杆菌表达 L-氨基酸脱氨酶，利用全细胞催化 L-谷氨酸生产 α-酮戊二酸，使 α-酮戊二酸产量达到 4.65g/L。随后对该酶进行易错 PCR 突变并消除 α-酮戊二酸消耗途径，使 α-酮戊二酸产量进一步提高到 12.21g/L。

（2）在利用 L-氨基酸氧化酶转化生产 α-酮戊二酸方面，牛盼清等通过诱变、定向筛选获得一株遗传性状稳定的突变株链霉菌属 FMME067，L-谷氨酸氧化酶（LGOX）酶活力达到 0.14U/mL，最终转化 24h，α-酮戊二酸的产量为 38.1g/L，转化率 81.4%。进一步将来源于链霉菌（*Streptomyces ghanaensis*）ATCC14672 的 LGOX 表达于大肠杆菌中，LGOX 酶活力达到 0.59U/mL，24h 时 α-酮戊二酸产量达到 104.7g/L，转化率 96.1%。樊祥臣等通过表达 LGOX 和 KatG（过氧化物酶），并借助启动子工程优化启动子强度、核糖体结合位点强度、基因间隔序列长度等，使 LGOX 和 KatG 酶活力分别为 2.09U/mL 和 1185.3U/mL。利用全细胞催化 110g/L 的 L-谷氨酸 24h，α-酮戊二酸产量达到 103.1g/L，转化率为 94.6%，从而有效简化了 α-酮戊二酸生产工艺流程，降低了生产成本。

第二节　发酵法生产 α-酮戊二酸

一、微生物积累 α-酮戊二酸的代谢途径与调控过程

由于 α-酮戊二酸处于三羧酸循环的关键位置，不仅连接着细胞内碳-氮代谢，而且还表征着细胞内碳-氮代谢平衡状态，并参与细胞内多种调控过程。因此，分析 α-酮戊二酸积累过程，对于揭示碳-氮代谢平衡的生理机制，具有重要的理论意义。

(一) 硫胺素不足引起菌株过量积累 α-酮戊二酸

硫胺素是三羧酸循环中丙酮酸脱氢酶（PDHC）和 α-酮戊二酸脱氢酶（KGDHC）的辅因子，该辅因子的不足会引起细胞生理特性的改变。20 世纪 60 年代，Finogenova 等发现当硫胺素不足时，解脂亚洛酵母能积累 α-酮戊二酸，他们的研究小组发现所有能过量积累 α-酮戊二酸的解脂亚洛酵母菌株都不能合成硫胺素中的嘧啶环，导致了这些菌株对外源添加硫胺素的依赖。Morgunov 等对这一现象进行深入研究发现：解脂亚洛酵母在生产 α-酮戊二酸过程中，菌株过量合成 α-酮戊二酸和丙酮酸（PYR）的过程伴随着菌株的生长速率下降，并且以硫胺素为辅因子的 PDHC 和 KGDHC 活力下降。由此，他们得出结论：硫胺素是菌株积累 α-酮戊二酸的关键因素。硫胺素缺陷导致多种酵母菌株过量积累 α-酮戊二酸。2000 年，Chernyavskaya 等对比研究了在不同硫胺素浓度下 20 株酵母菌株利用乙醇为碳源合成 α-酮戊二酸的情况，这 20 株酵母菌株中，生长不依赖外源添加这一辅因子的酵母也不能过量积累 α-酮戊二酸；低浓度硫胺素（$0.2 \sim 0.5 \mu g/L$）为菌体生长限制因素时，菌体能过量合成 α-酮戊二酸；当硫胺素浓度超过 $500 \mu g/L$ 时，菌体停止合成 α-酮戊二酸。当环境中硫胺素充足时，PDHC 和 KGDHC 能维持较高活力，三羧酸循环能顺利进行；当环境中硫胺素不足时，这些以硫胺素为辅因子的 PDHC 和 KGDHC 活力大幅下降，从细胞外流入三羧酸循环中的碳源物质只能部分氧化成 PYR 和 α-酮戊二酸，菌体停止生长，从而过量积累三羧酸循环中间代谢产物。此外，过量合成 α-酮戊二酸所需的最适硫胺素浓度与培养基中底物种类有关。当葡萄糖为碳源时，酵母细胞合成 α-酮戊二酸需要的最适硫胺素浓度比以烷烃为碳源时对硫胺素需求量高 3~5 倍。

(二) 环境中的碳氮比对 α-酮戊二酸积累的影响

Finogenova 等发现由环境中的氮源不足引起的生长限制能促使解脂亚洛酵母 N1 菌株在硫胺素过量条件下积累柠檬酸和异柠檬酸。Chernyavskaya 等研究发现培养环境中的碳氮比不同对积累产物种类有重要影响，发酵液中过量的碳源和限量的氮源 [C：N = 40：(1~400)：1] 是促使细胞过量合成 α-酮戊二酸的因素之一，当低浓度（3g/L）的 $(NH_4)_2SO_4$ 成为菌体生长限制性因素时，发酵液中主要产物是柠檬酸（30g/L）而非 α-酮戊二酸（5g/L）；当 $(NH_4)_2SO_4$ 浓度提高至 10g/L 时，细胞主要合成 α-酮戊二酸，柠檬酸的合成受到抑制；当 $(NH_4)_2SO_4$ 浓度进一步提高至 12g/L 时，菌体生长和 α-酮戊二酸的合成都受到抑制。类似地，Il'cheko 发现当菌体开始积累三羧酸循环中间代谢产物时，如果维持发酵液中的 $(NH_4)_2SO_4$ 浓度为 0.9~1g/L 时，α-酮戊二酸积累的速率达到最大；当 $(NH_4)_2SO_4$ 完全被消耗后，发酵液中的主要产物是柠檬酸。细胞在过量积累柠檬酸时，细胞中的谷氨酸脱氢酶几乎为 0；而在过量积累 α-酮戊二酸时，谷氨酸脱氢酶活力较高，高浓度的 NH_4^+ 离子能抑制谷氨酰胺合成酶和谷氨酸合酶的活力。然而，上述研究并未揭示培养环境中不同碳氮比影响产物谱的机制和菌体生理特性的改变。

(三) 过量积累 α-酮戊二酸菌株细胞内代谢特点

1. 柠檬酸和 α-酮戊二酸是菌株应对不良环境条件的策略

2002 年，Il'chenko 等对比解脂亚洛酵母 N1 在过量积累 α-酮戊二酸和过量积累柠檬酸条件下，三羧酸循环和乙醛酸循环中酶的活力，在过量合成 α-酮戊二酸条件下，除了柠檬酸合成酶外，三羧酸循环和乙醛酸循环中所有其他酶的活力都要比过量合成柠檬酸条件下的酶活性力高。由此推断：当外界环境中氮源物质完全被消耗完，导致三羧酸循环和乙醛酸循环中酶活力下降，唯独柠檬酸合成酶保持较高的活力，促使细胞过量积累柠檬酸，抵御环境不良条件。另一方面，由于低浓度硫胺素引起的微生物细胞生长限制，菌体通过过量合成 α-酮戊二酸应对外界不良的环境条件，此时，环境中的 NH_4^+ 被用来合成氨基酸。

2. 产酸阶段细胞内氮代谢的改变

2003 年，Il'chenko 等对比解脂亚洛酵母 N1 在过量积累 α-酮戊二酸和柠檬酸时细胞内氮代谢相关酶的活力，当菌株在过量合成 α-酮戊二酸时，以 $NADP^+$ 为辅因子的谷氨酸脱氢酶和以 NAD^+ 为辅因子的谷氨酸脱氢酶都维持较高活力，而在过量合成柠檬酸的菌株细胞内，这两个酶的活力几乎为 0。由于过量积累 α-酮戊二酸的发酵液中 NH_4^+ 浓度接近 20~30mmol/L，而过量积累柠檬酸的发酵液中 NH_4^+ 浓度接近于 0，高浓度 NH_4^+ 能抑制谷氨酰胺合成酶和谷氨酸合酶的活力，因此在过量合成柠檬酸的菌体细胞内的谷氨酰胺合成酶和谷氨酸合酶都维持较高活力，而这两种酶在过量合成 α-酮戊二酸的条件下活力很低，甚至为 0。由此可见，在 α-酮戊二酸过量积累的条件下，细胞利用 NH_4^+ 合成谷氨酸；在柠檬酸积累过程中，谷氨酰胺的酰胺基作为菌体氮代谢的来源。除此之外，在过量积累 α-酮戊二酸的细胞内，天冬氨酸转氨酶和丙氨酸转氨酶活力都很高，而在过量积累柠檬酸的细胞内，只有天冬氨酸转氨酶活力很高。

3. 改变代谢途径对三羧酸循环进行回补

2010 年，Il'chenko 等发现解脂亚洛酵母 N1 在过量积累 α-酮戊二酸的条件下，细胞中的谷氨酸、丙氨酸和 γ-氨基丁酸含量在 17 种氨基酸中含量最高，与之前研究得到的细胞中谷氨酸脱氢酶和丙氨酸转氨酶活力高的结论相吻合，并且细胞匀浆中的谷氨酸脱羧酶、γ-氨基丁酸转氨酶和琥珀酰半醛脱氢酶活力很高。综合之前研究表明：由于硫胺素缺乏导致 α-酮戊二酸脱氢酶系活力低，三羧酸循环中断，细胞过量积累 α-酮戊二酸，细胞无法通过三羧酸循环合成琥珀酰-CoA，在该条件下，谷氨酸脱羧形成 γ-氨基丁酸，在 γ-氨基丁酸转氨酶作用下形成琥珀酰半醛，再由琥珀酰半醛脱氢形成琥珀酸，对三羧酸循环进行回补。

二、微生物法生产 α-酮戊二酸的发酵过程优化与控制

对微生物发酵生产 α-酮戊二酸的影响较大的环境因素主要有：环境 pH、发酵液中溶氧水平和发酵液中辅因子添加等，目前对发酵过程控制的研究主要集中在这三方面。

（一）控制环境中的 pH

Yu 等利用 7L 发酵反应器发酵生产 α-酮戊二酸时，对比研究了 3 种不同维持发酵液 pH 的策略：当利用 4mol/L 的 NaOH 溶液维持发酵液的 pH = 4.5 时，菌体量为 9.6g/L DCW，α-酮戊二酸产量为 22.0g/L，副产物丙酮酸高达 36.9g/L，这现象与之前 Chernyavskaya 等的研究中维持发酵中 pH4.0 有着较大的差别。如果在发酵过程中不使用 pH 中和剂并对发酵全过程 pH 变化解析，发现：菌体生长阶段发酵液中的 pH 从 6.5 下降至 3.5；伴随着 pH 进一步下降至 2.7，有大量的 α-酮戊二酸积累，这一过程 α-酮戊二酸的生产强度达到最大，随后生产强度下降，此时 pH 降至 2.4。因此，在菌体生长阶段用 $CaCO_3$ 维持发酵液中的 pH，在产酸阶段利用 4mol/L 的 NaOH 溶液维持发酵液中 pH = 3.0，α-酮戊二酸的产量达到 53.4g/L，丙酮酸的含量为 21.3g/L。低 pH 不仅有利于发酵生产阶

段积累过量的 α-酮戊二酸,并且由于减少了 pH 中和剂的使用,下游的分离提取步骤减少,有利于降低生产成本。

(二) 控制发酵液中的溶氧水平

1991 年,Finogenova 等在研究发酵生产异柠檬酸时发现:发酵液中高溶氧水平对解脂亚洛酵母产酸有利。这一现象也出现在发酵生产 α-酮戊二酸的过程中,Chernyavskaya 等利用同一菌株以乙醇为碳源发酵产 α-酮戊二酸时,研究了发酵液中的不同溶氧水平下的发酵产酸情况,研究表明:维持低溶氧水平时,不仅发酵液中的菌体浓度比高溶氧水平时的菌体浓度高,达到 15g/L,而且菌体对发酵液中 NH_4^+ 的利用更快、更彻底,与此相对应,维持高溶氧水平的发酵液中的 NH_4^+ 未被完全利用,此时外源添加 NH_4^+ 并维持 20~30mmol/L,比 α-酮戊二酸合成速率达到最大,最高产量达到 49g/L。因此,溶氧水平能影响细胞对 NH_4^+ 的利用速率,从而影响 α-酮戊二酸的积累。

2001 年,Il'chenko 等深入研究了溶氧水平对菌体发酵产酸的影响,由于菌株因低 NH_4^+ 引发柠檬酸积累时,此时,发酵液中的溶氧水平($p_{O_2}=5\%$ 或 $p_{O_2}=50\%$)的变化不会导致细胞内的呼吸速率发生明显的变化,维持相对稳定的水平。由于硫胺素不足而引起的 α-酮戊二酸过量积累时,高溶氧水平($p_{O_2}=50\%$)发酵液中的细胞内的耗氧水平要比低溶氧水平($p_{O_2}=5\%$)发酵液中细胞内耗氧水平高 1.5~2 倍,而过量积累柠檬酸条件下的细胞内呼吸水平要比过量积累 α-酮戊二酸条件下呼吸水平高 2~2.5 倍。与上述研究成果相似,Barth 等利用解脂亚洛酵母 H222 及经过代谢工程改造的基因工程菌在发酵反应器中进行发酵产酸实验时,根据菌株生长-产酸两阶段变化,分阶段控制发酵液中的 pH 和溶氧水平,生长阶段维持发酵液 pH5.0、$p_{O_2}=50\%$,在产酸阶段将这两个参数分别维持在 pH3.8、$p_{O_2}=10\%$,利用菜籽油为底物时,α-酮戊二酸的产量高达 134g/L。

(三) 外源添加辅因子等及控制优化

辅因子的生成及细胞内水平是调节微生物细胞代谢的关键参数,通过调节金属离子、维生素、AMP/ADP/ATP、$NADH/NAD^+$($NADPH/NADP^+$)和 CoA 及其衍生物的细胞内水平,已经实现多种发酵产品的产量提高和生产强度的加大。2003 年,刘立明等利用多重维生素缺陷型的光滑球拟酵母 CCTCC M202019 摇瓶发酵生产丙酮酸时,发现在外源添加 $CaCO_3$ 调节发酵液 pH 时,Ca^{2+} 能使丙酮酸羧化酶(PYC)活力提高 40%,从而调节碳代谢流流向 α-酮戊二酸,使得产量提高 15.8g/L,此时,添加生物素也能促进光滑球拟酵母积累 α-酮戊二酸。在此基础上,Huang 等对外源添加的硫胺素和生物素优化,不仅提高了 α-酮戊二酸的产量,而且发酵液中的葡萄糖耗尽后,延长培养时间,促使前期积累的丙酮酸进一步转化成 α-酮戊二酸。2007 年,Liu 等利用光滑球拟酵母 CCTCCM202019 在 7L 发酵罐中生产 α-酮戊二酸时,通过控制发酵液中的 Ca^{2+}、生物素和硫胺素的含量等手段调控细胞内丙酮酸脱氢酶系、α-酮戊二酸脱氢酶系和 PYC 的活力,将碳代谢流重新分布,有效地促使碳代谢流从丙酮酸代谢节点流向三羧酸循环中 α-酮戊二酸代谢节点,最终 α-酮戊二酸的产量达到 43.7g/L。综上,在发酵生产 α-酮戊二酸过程中,根据菌体在生长和产酸阶段的生理特点的变化,通过在生长阶段维持发酵液中的 pH5.0 和 $p_{O_2}=50\%$,在产酸阶段维持发酵液中的低 pH(pH3.8 甚至 pH3.0)和 $p_{O_2}=5\%$ 有利于菌体发酵产酸,在这过程中维持 20~30mmol/L 的 NH_4^+ 有利于菌体积累 α-酮戊二酸,减少柠檬酸等代谢副产物的积累。通过添加 $CaCO_3$ 调节发酵液 pH，也能提高丙酮酸羧化酶活力，增大流向三羧酸循环的流量。根据菌株生长需要优化添加生物素和硫胺素添加的最优量是菌株过量积累 α-酮戊二酸的重要因素。

三、生产菌株代谢工程改造

目前针对生产菌株的代谢工程改造的工作主要集中于调控辅因子再生和中心代谢途径的改造两方面。

（一）调控辅因子再生

α-酮戊二酸是微生物三羧酸循环中的重要中间代谢产物，受到乙酰 CoA、NAD^+/NADH 和 $NADP^+$/NADPH 等多种辅因子的调控，所以通过调控这些辅因子的再生可直接或者间接调控 α-酮戊二酸的积累。

2012 年，Zhou 等在解脂亚洛酵母 WSH-Z06 细胞中分别过量表达来源于酿酒酵母的乙酰 CoA 合成酶编码基因 *ScACS1* 和来源于小鼠 *Musmusculus* 的柠檬酸裂解酶编码基因 *MmACL*，不仅重组菌株比出发菌株生长更旺盛，而且重组菌株细胞中乙酰 CoA 合成酶的活力和乙酰 CoA 含量大幅提高，经过发酵优化后重组菌株在 3L 发酵罐中积累的 α-酮戊二酸分别提高至 52.6g/L 和 56.5g/L，同时，代谢副产物丙酮酸分别降至 25.4g/L 和 20.2g/L。以上例子通过增强细胞中乙酰 CoA 这一辅因子的再生，成功增大了从丙酮酸流向目标代谢产物 α-酮戊二酸的代谢流，足以说明调控辅因子再生是提高目标代谢产物生产性能的有效手段。

（二）中心代谢途径改造

对目标代谢产物的代谢途径的改造是提高目标产物产量的最直接的方法，主要包括增大流向目标代谢产物的代谢流和削弱目标代谢产物的进一步代谢消耗两种途径。

1. 增大流向目标代谢产物的代谢通量——"开源"

2007 年，Förster 等过量表达和敲除异柠檬酸裂解酶编码基因 *ICL1*，试图改变解脂亚洛酵母 H222 产酸过程中柠檬酸/异柠檬酸比例，过量表达该编码基因的重组菌株细胞内的异柠檬酸裂解酶活力提高了 12~15 倍，随后的发酵试验表明该重组菌株在产酸过程中，菌株总产酸量不仅没有受到影响，而且异柠檬酸占总产酸量的比例由 10%~12% 降低至 3%~6%；*ICL1* 基因敲除的重组菌株，细胞内检测不到异柠檬酸裂解酶的活力，但是异柠檬酸在总产酸中的比例上升了 2%~5%。围绕该问题，Holz 等通过过量表达顺乌头酸酶编码基因 *ACO1*，过量表达 *ACO1* 的重组菌株细胞内该酶的活性是出发菌株的 7.6~8.3 倍，发酵试验表明，异柠檬酸占重组菌株发酵产酸的比例从 35%~49% 提高至 66%~71%。Yin 等以解脂亚洛酵母 WSH-Z06 为出发菌株分别过量表达来源于酿酒酵母和米根霉 PYC 编码基因 *ScPYC1* 和 *RoPYC2* 提高 α-酮戊二酸产量，降低丙酮酸等代谢副产物的含量，摇瓶发酵实验中，重组菌株生产的 α-酮戊二酸分别提高了 24.5% 和 35.3%，与此同时丙酮酸含量降低了 51.9% 和 69.8%。随后的 3L 发酵罐试验中，经过发酵优化，α-酮戊二酸产量高达 69.2g/L。与此相对应的是，Otto 等试图在解脂亚洛酵母 H355 菌株中分别过量表达延胡索酸酶编码基因 *FUM1*、*PYC1* 改变发酵产酸过程中的代谢副产物。过量表达 *FUM1* 使胞内延胡索酸酶水平提高了 27~28 倍，同时延胡索酸、苹果酸、琥珀酸和丙酮酸等代谢杂酸含量降至原出发菌株的 42%；过量表达 *PYC1* 使胞内 PYC 的活力提高 7 倍，但是上述代谢副产物并没有下降,与出发菌株相比,这些副产物的含量提高了 62%;在同时过量表达 *FUM1* 和 *PYC1* 的重组菌株的细胞内这两个酶的活力都上升了,但是这些副产物的含量提高了 51%,过量表达 *FUM1* 降低代谢副产物含量的效果被中和。

2. 削弱目标代谢产物的进一步代谢消耗——"节流"

2009 年,Verseck 等对谷氨酸棒状杆菌谷氨酸脱氢酶编码基因 *gdh* 敲除,*gdh* 缺失的重组菌株在发酵过程中通过维持发酵液中高浓度的 NH_4^+ 浓度,从而抑制谷氨酸合酶和谷氨酰胺合成酶活性,使得发酵液中 α-酮戊二酸浓度达到 5g/L。2011 年,Holz 等以解脂亚洛酵母 H222 为出发菌株,试图过量表达 α-酮戊二酸脱氢酶系中 α-酮戊二酸脱氢酶编码基因 *KGD1*、硫辛酸酰基转琥珀酰酶编码基因 *KGD2* 和硫辛酰胺脱氢酶编码基因 *LPD1*,削弱α-酮戊二酸的代谢消耗,重组菌株细胞内的 α-酮戊二酸脱氢酶的活力是出发菌株的 1.8~2.1 倍,在摇瓶中的发酵试验表明,重组菌株发酵液中 α-酮戊二酸含量降低,而丙酮酸含量提高。

以上研究结果表明,通过代谢工程手段能有效地改变细胞生理特性、提高生产性能和降低代谢副产物,但是通过分子生物学操作对代谢途径的加强或削弱引起的细微扰动会被微生物细胞通过改变代谢途径等精细的调控手段"中和",带有一定盲目性,基于全局考虑的代谢工程改造将是今后研究工作的热点。

第三节 生物转化法生产 α-酮戊二酸

一、L-谷氨酸转化生产 α-酮戊二酸的关键酶

L-氨基酸氧化酶(LAAO)来源不同,则具有不同的空间结构、酶学性质、生物学功能及应用领域:①除了来自海单胞菌(*Marinomonas mediterranea*)的赖氨酸氧化酶,其他氨基酸氧化酶都是以非共价结合的黄素腺嘌呤二核苷酸(FAD)为辅酶;②LAAO 能催化氧化 L-氨基酸生成 α-酮酸,同时生成 NH_3 和 H_2O_2;③通常 60℃ 以下,LAAO 活力相对稳定;④大部分 LAAO 具有较广的底物谱,例如红球菌属(*Rhodococcus opacus*)中的 LAAO 可以氧化 39 种 L-氨基酸,其中包括 20 种常见 L-氨基酸及其衍生物,最适底物为芳香族氨基酸和脂肪族氨基酸。但有些 LAAO 则具有高度的底物专一性,例如聚球藻属(*Synechococcus cedrorum* PCC 6908)中的 LAAO 只能氧化碱性氨基酸。

L-谷氨酸氧化酶(LGOX)是以 FAD^+ 为辅酶的一种黄素酶,在不添加外源性辅助因子的条件下氧化 L-谷氨酸脱氨,生成氨、α-酮戊二酸和 H_2O_2,反应条件温和,催化效率高(图 12-1)。1983 年,Kamei 等首次在浅紫链霉菌中发现了能专一性氧化 L-谷氨酸的 LGOX,该酶对 L-谷氨酸、L-组氨酸和 L-谷氨酰胺均有作用,专一性强,但实用价值不高。Kusakabe 等在链霉菌属 X-119-6 中发现了底物专一性更高且耐热的 LGOX。随后,Bohmer 等首次从内涂链霉菌中分离纯化出对 L-谷氨酸完全特异的两个亚基构成的 LGOX,并对该酶的生物学性质进行了初步研究,该酶稳定性好,实用性较强,只有 Ag^+ 和 Hg^{2+} 会抑制其活性。之后 Arima 等对链霉菌属 X-119-6 中的 LGOX 晶体结构进行了分析,通过与 LAAO 蛋白序列和晶体结构比较发现,蛋白质活性部位在蛋白质中心、底物和产物进出通道较窄以及活性部位残基不同造成底物专一性强。

L-氨基酸脱氨酶（L-AAD）是一类以 FAD^+ 为辅酶的黄素蛋白，可以催化 L-氨基酸脱氨形成相应 α-酮酸和氨。L-AAD 的脱氨反应主要分为 2 步：第一步将氨基酸 Cα-H 上的 H 转移到 FAD 上，氨基酸变成亚氨基酸，在水分子的作用下构象自动发生变化生成 α-酮酸和氨；第二步还原型辅酶 $FADH_2$ 的电子通过细胞膜上的电子传递链传递到细胞色素 b 类蛋白（在 *Proteus* 属内为细胞色素 c），再将 O_2 还原成水。因此在膜结合的 L-AAD 在催化反应过程中，没有 H_2O_2 生成。

来源于变形杆菌的 L-氨基酸脱氨酶能够很好地催化 L-谷氨酸转化为 α-酮戊二酸。L-AAD 都含有一个跨膜区域，这个疏水性的跨膜结构域使得很难将蛋白有活性的表达纯化。在奇异变形杆菌 KCTC 2566 中已经有两种 L-AAD 被发现，其中之一对 L-氨基酸有很高的活性，尤其是对 L-组氨酸、L-精氨酸和 L-谷氨酸。这种 L-AAD 在 7~29 氨基酸位置上也含有一个跨膜结构域。研究发现，通过截断来源于奇异变形杆菌 KCTC 2566 的 L-AAD 的 N 端跨膜区域来表达纯化 L-AAD，但是在大肠杆菌 BL21 中，改造后的 L-AAD 大都形成了包涵体。L-AAD 作为单通道跨膜蛋白通常会在膜上形成二聚体或更好的聚合体形式。尝试通过溶解和复性来得到修饰过的 L-AAD，但是它在长时间的转化和贮藏过程中，仍会形成沉淀。由于直接利用纯酶进行转化面临以上种种限制，所以考虑用可表达全长 L-AAD 的全细胞来做全细胞转化。

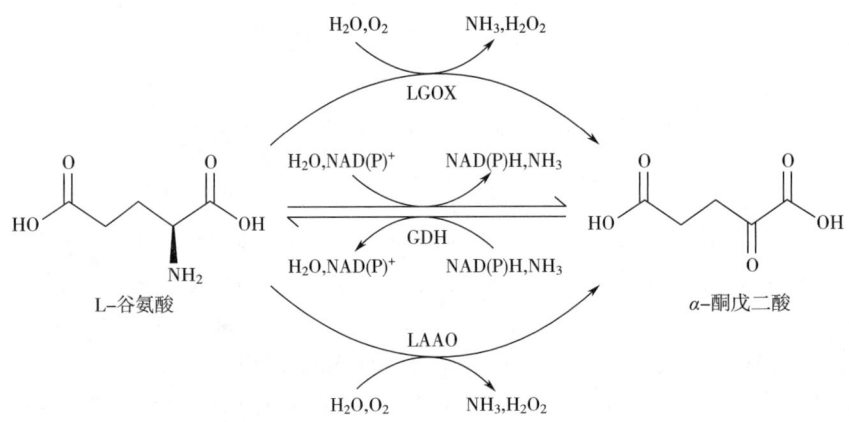

图 12-1 L-谷氨酸转化生成 α-酮戊二酸的途径

二、L-谷氨酸脱氨酶转化谷氨酸生产 α-酮戊二酸的工艺技术

（一）高效表达 L-氨基酸脱氨酶的重组菌株构建

1. 异源表达 L-氨基酸脱氨酶

将来源于奇异变形杆菌 KCTC 2566 的 *pma* 基因分别连接到 pHT43 和 pET-20b（+）质粒中，得到 pHT43-*pma* 和 pET-20b（+）-*pma* 重组质粒。将 pHT43-*pma* 和 pET20b（+）-*pma* 重组质粒分别转化到枯草芽孢杆菌 168 和大肠杆菌 BL21（DE3）细胞中，进行 L-氨基酸脱氨酶的异源表达。在 25℃下 IPTG 诱导 5h 后，分别检测了两株菌的全细胞、细胞质、细胞膜和发酵液中的 *pma* 活性。结果发现，枯草芽孢杆菌 168 中表达的重组 *pma* 在细胞膜和全细胞中的酶活力都比在大肠杆菌 BL21（DE3）中表达的高（表 12-2 和图

12-2)。这可能是由于枯草芽孢杆菌 168 胞内存在的质量控制系统，能够通过去除错误折叠和不完整的蛋白质来促进高质量蛋白质的合成。

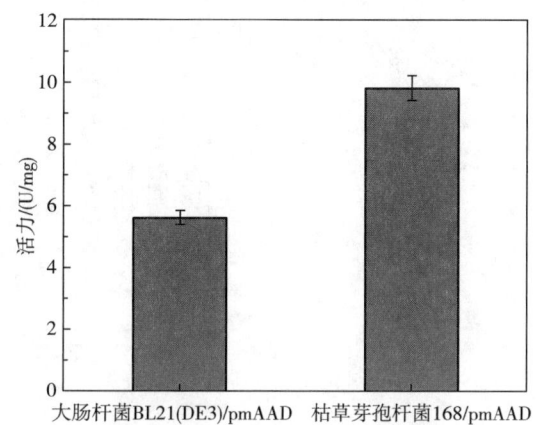

图 12-2　异源表达 pma 的大肠杆菌 BL21（DE3）和枯草芽孢杆菌 168 的全细胞转化活性

表 12-2　在大肠杆菌 BL21（DE3）和枯草芽孢杆菌 168 不同细胞组分中 pma 的酶活分布

宿主和质粒	氨基酸脱氨酶活力		
	发酵液组分	细胞质组分	膜组分
pHT43（枯草芽孢杆菌 168）	ND	3.9±0.08	ND
pHT43-pmAAD（枯草芽孢杆菌 168）	ND	4.1±0.11	55.3±1.73
pET-20b(+)（大肠杆菌 BL21）	ND	2.2±0.09	ND
pET-20b(+)-pmAAD（大肠杆菌 BL21）	ND	2.4±0.13	21.7±0.39

注：ND 指未检出。

2. 过量表达 pma 对枯草芽孢杆菌生长的影响

来源于蛇类的 L-氨基酸脱氨酶具有抗菌、抗癌作用。因此，表达有 pma 的细胞做全细胞转化剂之前，要先考量过量表达 pma 对细胞生长的影响。通过测定大肠杆菌 BL21（DE3）和枯草芽孢杆菌 168 的发酵性能发现，异源表达 pma 的菌体生长较原始菌稍慢（图 12-3）。

（二）全细胞转化生产 α-酮戊二酸的条件优化

通过在 pH 为 5.0~9.0 范围内的 Na_2HPO_4、KH_2PO_4 缓冲体系中测定全细胞转化生产 α-酮戊二酸的产量，确定反应的最佳 pH。如图 12-4（1）所示，当生物转化过程在 pH 为 8.0 的条件下进行时，α-酮戊二酸的产量最高，达到 196mg/L。图 12-4（2）表示，在 25~50℃ 的温度范围内，α-酮戊二酸的最高产量在反应温度为 40℃ 时出现，达到 195.3mg/L。在通过控制不同搅拌转速（50~200r/min）研究生物转化对氧的需求情况时发现，氧的供应量对 α-酮戊二酸产量的影响较大，如图 12-4（3）所示。在转速为 50r/min 时，α-酮戊二酸的产量只有 91mg/L，而当转速提高到 100r/min 时，α-酮戊二酸的产量大幅提

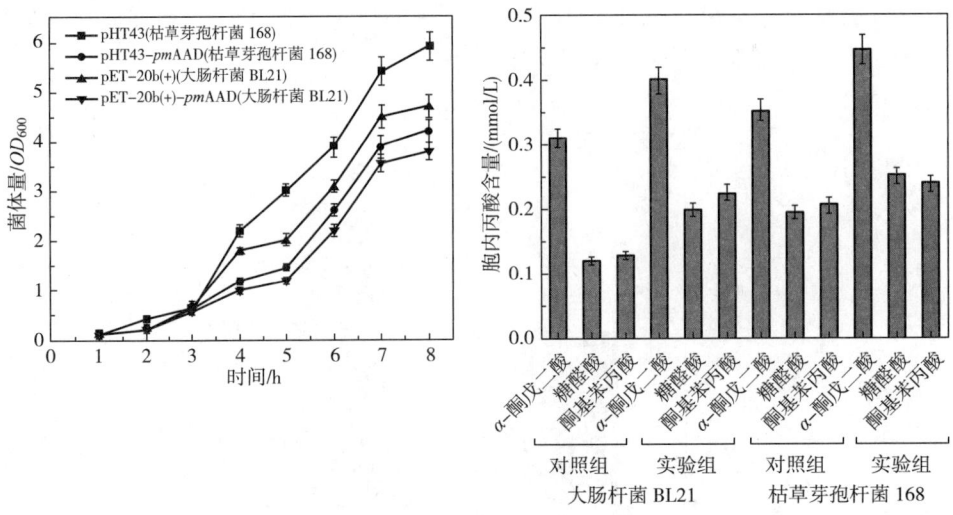

图 12-3 重组菌生长曲线和胞内丙酸含量

高到 194mg/L。

（三）减少细胞催化剂对底物的吸收消耗

蛋白质的功能与蛋白质和膜结合的形式紧密相关。膜蛋白通过其与膜的相互作用模式，可以被分为 5 类：第一类特点是 N 末端在胞外而 C 末端在胞质内的单通道跨膜蛋白；第二类是 C 末端在胞外而 N 末端在胞质内的单通道跨膜蛋白；第三类是多通道跨膜蛋白；第四类是脂链锚定膜蛋白；第五类是糖基锚定蛋白。通过蛋白质的序列信息，运用蛋白质类型预测软件 TMHMM2.0（http://www.cbs.dtu.dk/services/TMHMM2.0）预测发现，来源于奇异变形杆菌的 L-氨基酸脱氨酶 pma 属于第二类跨膜蛋白。其 1~6 位的氨基酸残基位于细胞质内，7~29 位的氨基酸残基形成一个单次跨膜的螺旋结构，而 30~471 位的氨基酸残基暴露在细胞外。

微生物的细胞膜是一道天然屏障，对于 L-谷氨酸和 α-酮戊二酸等代谢物来说，细胞对它们的吸收利用依赖转运系统的转运作用。对于 L-谷氨酸和 α-酮戊二酸在枯草芽孢杆菌和大肠杆菌中的转运方式研究发现，它们的转运系统广泛存在，而且对细胞生长等有显著影响。L-谷氨酸在大肠杆菌中主要通过 H^+-谷氨酸（GltP）和 Na^+-谷氨酸（Glts）系统的同向转运作用进入胞内，而在枯草芽孢杆菌中主要通过 GltP 的同向转运进入胞内。α-酮戊二酸主要通过 HaKG（KgtP）转运系统进行转运。在这些转运系统中，溶质的转运都是通过质子梯度来驱动的，但是在大肠杆菌中，转运过程也可以由向内导向的钠离子梯度来实现。为了避免底物 L-谷氨酸和产物 α-酮戊二酸在全细胞催化过程中被转运进胞内吸收降解，需要阻断 L-谷氨酸和 α-酮戊二酸向胞内的转运。羰基氰化物间氯苯腙（CCCP）是透性或解偶联试剂，可以催化带电质子穿过生物膜，另外还能被用于消除质子梯度，失活质子相关的转运体系。之前研究发现，CCCP 可以强烈抑制负责向囊泡转运 α-酮戊二酸的 KgtP 体系的活力。因此，可以用 CCCP 处理大肠杆菌和枯草芽孢杆菌来抑制 KgtP 和 GltP 转运体。

为了确定 CCCP 对重组大肠杆菌和枯草芽孢杆菌生产 α-酮戊二酸性能的影响，向转

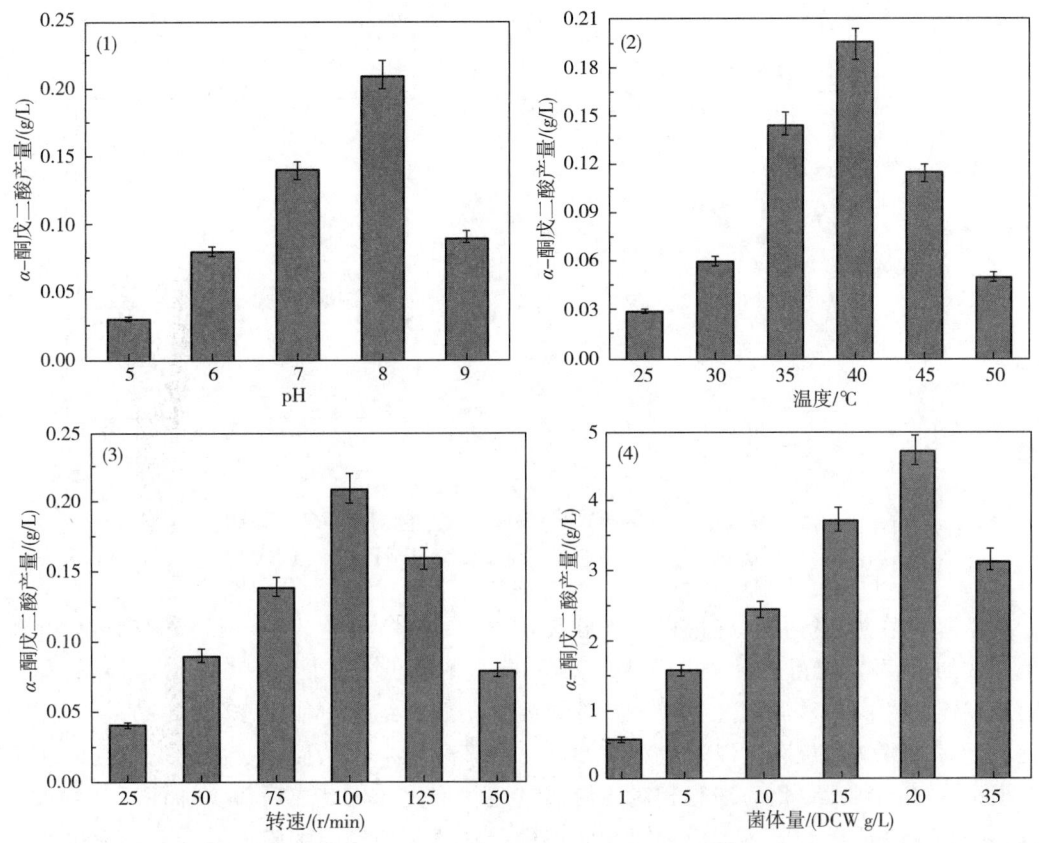

图 12-4　pH、温度、转速、菌体量对全细胞催化活性的影响
（1）pH 对转化率的影响；（2）温度对转化率的影响；
（3）转速对转化率的影响；（4）菌体量对转化率的影响。

化体系中添加了不同浓度的 CCCP。结果发现，CCCP 作用后的重组枯草芽孢杆菌和大肠杆菌产 α-酮戊二酸的性能都有所提高，并且确定在重组大肠杆菌转化体系中 CCCP 的最佳添加量为 15μmol/L，而重组枯草芽孢杆菌转化体系中 CCCP 的最佳添加量为 10μmol/L。这些添加的 CCCP 能取消跨膜电位（$\Delta\psi$）和质子梯度（ΔpH），从而抑制细胞对 L-谷氨酸和 α-酮戊二酸的摄取。

（四）全细胞转化 L-谷氨酸生产 α-酮戊二酸的过程优化

在全细胞转化过程中，产物的产量受诸多因素的影响，如催化剂添加量、底物添加量和转化时间等。首先，在细胞浓度在 1~25g/L 的范围内，考察催化剂添加量对催化转化过程的影响。图 12-4（4）显示，在细胞浓度为 20g/L 时，α-酮戊二酸的产量达到最高，为 4.65g/L，而当细胞浓度继续升高时，α-酮戊二酸的产量急剧下降。该结果表明，高浓度的细胞导致转化体系黏度过大，降低物质传递速率，使得底物与催化剂接触不便，最终导致给 α-酮戊二酸产量带来不利影响。然后，在 L-谷氨酸添加量在 1~25g/L 范围内，研究底物浓度对催化转化过程的影响。图 12-5（1）显示，在底物 L-谷氨酸浓度在 15g/L 时，产物 α-酮戊二酸的产量趋于稳定。这说明过高的产物

α-酮戊二酸浓度可能对 pma 的活力有抑制作用。图 12-5（2）显示，在转化 24h 时，转化率达到最大值。

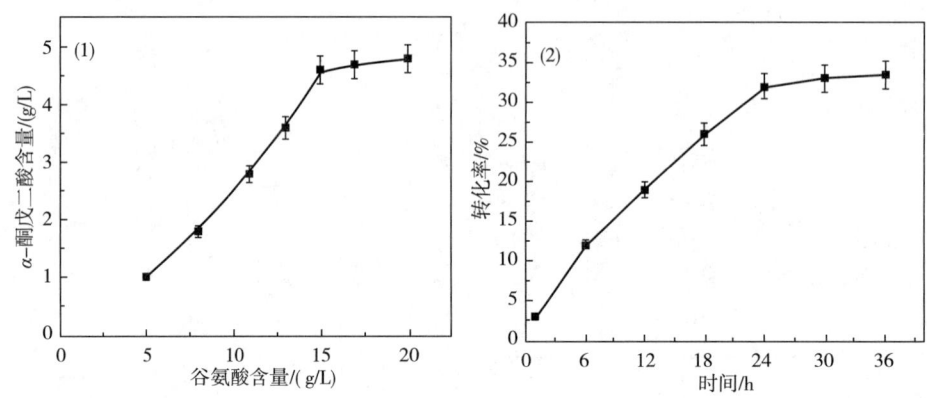

图 12-5　底物浓度和转化时间对生产 α-酮戊二酸的影响
（1）L-谷氨酸浓度对产量的影响；（2）转化时间对转化率的影响。

利用海藻酸钠进行枯草芽孢杆菌细胞固定化后，进行催化转化，结果表明固定化细胞催化生成的 α-酮戊二酸量相对于游离细胞有略微的降低，如图 12-6（1）所示；但固定化细胞在连续 4 次重复催化过程中，其效果要优于游离细胞，如图 12-6（2）所示。这可能是由于海藻酸钠的包裹可以避免细胞裸露于外部环境中，从而减少搅拌剪切力对细胞活性的损害。考虑到固定化的细胞相对于游离细胞在催化转化完成后，更加便于产物的分离提取，有利于降低生产成本，所以海藻酸钠固定枯草芽孢杆菌细胞更适合于工业生产。

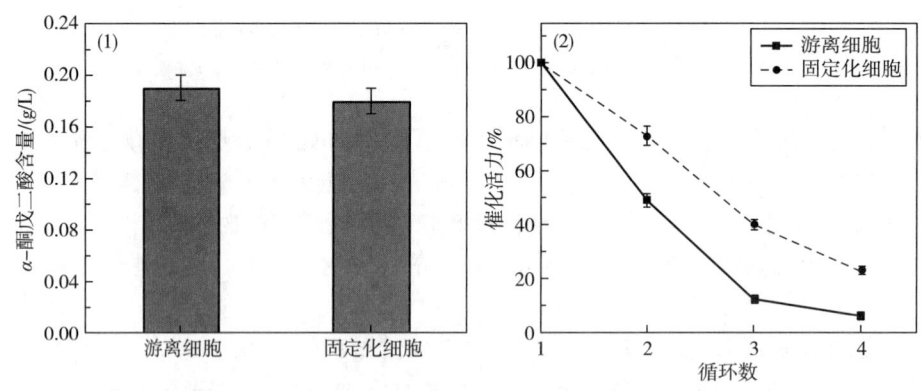

图 12-6　全细胞催化剂的固定化和重复利用
（1）固定化细胞对全细胞转化的影响；（2）游离细胞和固定化细胞重复利用能力的比较。

三、L-谷氨酸氧化酶转化 L-谷氨酸生产 α-酮戊二酸的工艺技术

（一）高产 LGOX 菌株的选育

生物催化生产过程中，生产酶制剂的微生物至关重要，通过筛选、代谢调控、分子改

造等手段获得优良的生产菌株,并进行培养策略的优化来最大限度提高酶制剂的产量,从而降低生产成本;同时,催化条件也是影响产物的产量、生产效率的关键参数。因此,菌株及培养条件和转化体系是生物催化平台建设的两个重要因素。

由于第一步筛选获得 LGOX 生产菌株产酶酶活力较低,采用传统的物理诱变、化学诱变及两者结合的复合诱变可以达到选育高产菌株的目的。为了进一步提高 LGOX 酶活力,需要对其进行营养条件和环境条件优化,包括培养基组成、诱导物、温度和 pH 等因素,Chen 等研究发现,以葡萄糖为碳源时对发酵生产 LGOX 不利。Sukhacheva 等研究发现,添加 0.1%~0.5% 的 Ca^{2+} 不仅可以提高 LGOX 产量,还可以缩短发酵周期。

借助筛选得到的 LGOX 生产菌株链霉菌属 FMME066,通过诱变育种、营养条件和环境条件的优化,从而最大限度提高 LGOX 的生产能力。在此基础上,对 LGOX 转化生产 α-酮戊二酸的温度、pH 及底物浓度进行优化,研究 LGOX 催化生产 α-酮戊二酸的能力。

1. 酶制剂的选择

GDH 转化 L-谷氨酸生产 α-酮戊二酸需要外源添加辅因子 NAD^+ 或 $NADP^+$,并且该转化反应是可逆反应,GDH 更有利于将 α-酮戊二酸中的酮基还原成氨基生成 L-谷氨酸,因此目前对 GDH 的研究主要在其生理功能及酶学研究方面,而在酶法转化生产 α-酮戊二酸方面未见文献报道。LAAO 氧化底物 L-氨基酸不需要外源添加辅因子 FAD^+,但是由于底物专一性不强,L-谷氨酸一般不是 LAAO 的最适底物,并且产物 α-酮戊二酸对 LAAO 活力具有明显的抑制作用;Long Liu 等将 LAAO 用于酶法转化生产 α-酮戊二酸,由于产物 α-酮戊二酸对 LAAO 活力的抑制作用,添加 12g/L 的底物 L-谷氨酸,转化 6h,α-酮戊二酸只有 1.52g/L。LGOX 目前主要由链霉菌生产,还未见文献报道将其应用于转化 L-谷氨酸生产 α-酮戊二酸,但是由于 LGOX 底物专一性强,不需要外源添加辅因子,催化效率高等特点,因此 LGOX 是用于转化 L-谷氨酸生产高附加值产品 α-酮戊二酸的最适酶制剂。

2. 高产 LGOX 菌株的筛选

以一株生产 LGOX 的菌株链霉菌属 FMME066(生产能力 0.002U/mL)为基础,为了提高菌株发酵产酶能力,对其孢子进行 NTG 诱变处理,根据 Trinder 反应,测定菌落 R 值。500 个菌落中 406 株周围产生紫色变色圈,22 株菌产酶能力(R 值)比野生菌株(R 值 1.57)高;对这 22 株菌进行发酵验证,有 5 株产酶能力超过 0.01U/mL,对这 5 株突变株进行传代实验,发现突变株链霉菌属 FMME067 表现出较强的 LGOX 生产能力和良好的遗传稳定性(表 12-3),故选取链霉菌属 FMME067 作为后续研究菌株。

表 12-3　　突变菌株的筛选

传代次数	LGOX 酶活力/(U/mL)					
	FMME066	067	068	069	070	071
1	0.002	0.013	0.021	0.015	0.015	0.010
2	0.002	0.014	0.020	0.010	0.016	0.004
3	0.002	0.014	0.009	0.006	0.006	0.002
4	0.002	0.013	0.005	0.003	0.006	0.002
5	0.002	0.013	0.005	0.003	0.005	0.002

3. 突变株产酶营养条件优化

为了进一步提高突变菌株链霉菌属 FMME067 生产 LGOX 的能力，采用单因素实验对突变株链霉菌属 FMME067 的营养条件进行优化。Chen 等研究发现不同碳源对生产 LGOX 有很大的影响。从图 12-7 可见，①在 8 种不同碳源条件下菌体都能正常生长，而其中只有以葡萄糖、蔗糖、果糖和乳糖为碳源时，发酵液中可以检测到有 LGOX 活力，以果糖为碳源，突变株链霉菌属 FMME067 发酵生产 LGOX 活力最高为 0.018U/mL [图 12-7 (1)]；②进一步对果糖浓度进行研究，发现果糖浓度在 0~15g/L 范围内，随着果糖浓度的增加，LGOX 活力逐渐增加。当浓度为 15g/L，LGOX 活力为 0.022U/mL，菌体干重为 2.7g/L；之后果糖浓度继续增加，菌体干重也不断增加（35g/L 果糖浓度下，菌体干重达到 3.6g/L，增加了 33.3%），而 LGOX 活力开始下降（35g/L 果糖浓度下，LGOX 活力为 0.007U/mL，比最高值下降了 68.2%）。说明菌体干重与 LGOX 活性不成正相关关系，故果糖最适浓度为 15g/L [图 12-7 (2)]。

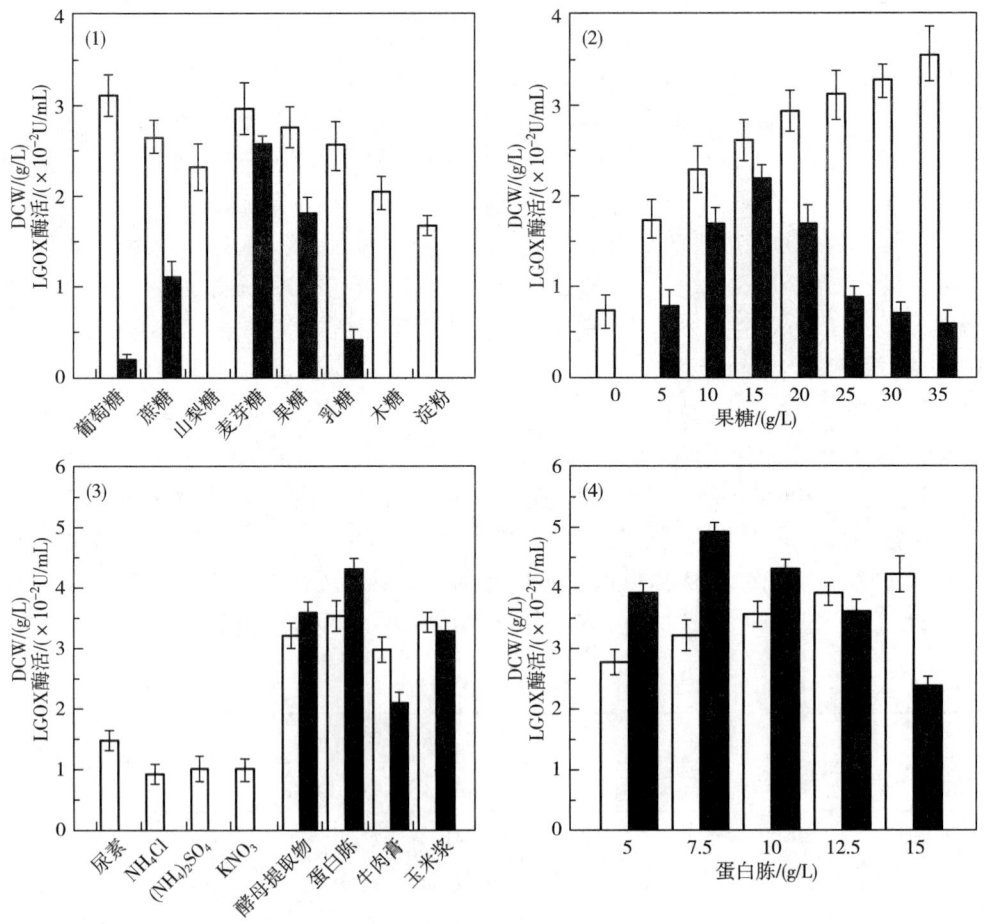

图 12-7 碳氮源对菌体生长和 LGOX 酶活力的影响

(1) 不同碳源；(2) 果糖浓度；(3) 不同氮源；(4) 蛋白胨浓度。

□—DCW ■—LGOX 酶活力

对不同氮源研究发现，①在添加有机氮源的培养基中，菌体干重可以达到 3.0g/L 以上，有 LGOX 产生；无机氮源培养基中菌体生长较差（菌体干重低于 1.5g/L），无 LGOX 产生；有机氮源中以蛋白胨为有机氮源的培养基，菌体干重和 LGOX 活力都达到最高，分别为 3.5g/L 和 0.044U/mL；②进一步对最适蛋白胨浓度进行研究，结果显示，随着蛋白胨浓度的增加，菌体干重不断增大，15g/L 时达到 4.2g/L；而蛋白胨为 7.5g/L，LGOX 活力最高（0.049U/mL），蛋白胨浓度过高或过低均不利于 LGOX 的生产 [图 12-7（3）（4）]。说明高浓度的蛋白胨更有利于菌体生长，而不利于生产 LGOX。

研究不同的金属盐对突变株生产 LGOX 的影响发现，KH_2PO_4 和 Ca^{2+} 对 LGOX 生产有明显促进作用，LGOX 活力分别提高了 20.4% 和 8.2%（图 12-8），对链霉菌属 Z-11-6 菌株的研究也发现 Ca^{2+} 可以促进 LGOX 的分泌；Fe^{2+}、Cu^{2+} 和 Ag^+ 对 LGOX 生产有明显抑制作用，LGOX 活力分别降低了 90.0%、85.7% 和 96.0%；与对照相比 Mg^{2+} 和 Zn^{2+} 作用不明显。通过优化发现，KH_2PO_4 和 $CaCl_2$ 最适添加浓度分别为 0.5g/L 和 0.07g/L，LGOX 活力分别比对照提高了 40.8% 和 14.3% [图 12-8（2）]；而同时添加 0.5g/L KH_2PO_4 和 0.07g/L $CaCl_2$，LGOX 活力为 0.073U/mL，比对照提高了 48.9%。

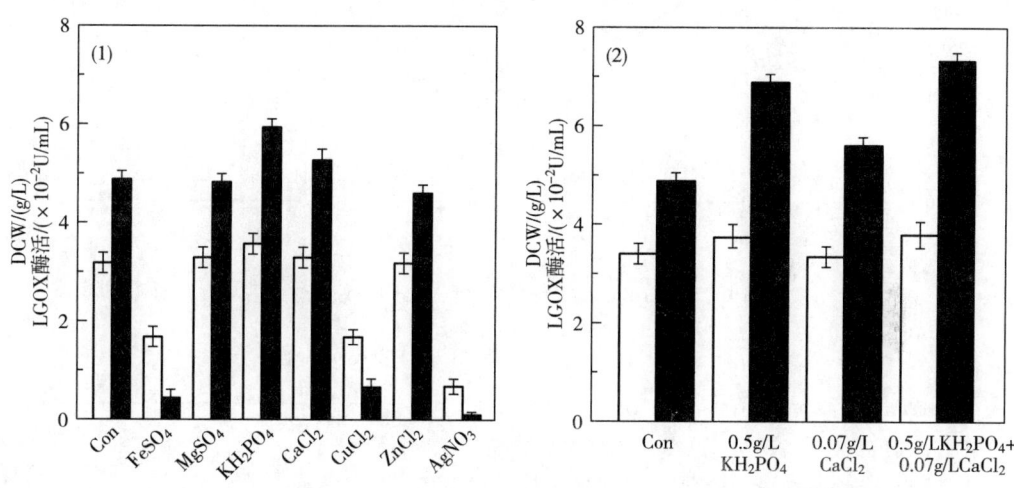

图 12-8　无机盐对菌体生长和 LGOX 酶活力的影响
□—DCW　■—LGOX 酶活力

4. 突变株发酵生产 LGOX

在最优营养条件下（果糖 10g/L，蛋白胨 7.5g/L，KH_2PO_4 1g/L，$CaCl_2$ 0.05g/L），于 7L 发酵罐中研究突变株链霉菌属 FMME067 发酵生产 LGOX 过程中的参数变化特征。结果如图 12-9 所示：①随着菌体的生长，在 30h 内，pH 由初始 7.2 上升至 8.9，之后维持在 8.7~8.9；②随着果糖的不断消耗，菌体干重不断增加，并在 42h 达到最大值 4.21g/L；③LGOX 在 24h 开始生成，酶活力逐渐增加，于 48h 达到最大值（0.14U/mL）。

5. LGOX 转化条件优化

在突变株最优发酵结果的基础上，添加 15g/L 的 L-谷氨酸转化生产 α-酮戊二酸。结果如图 12-10 所示，在 pH6.0~8.5 范围内，随着 pH 的升高，α-酮戊二酸的产量不断增

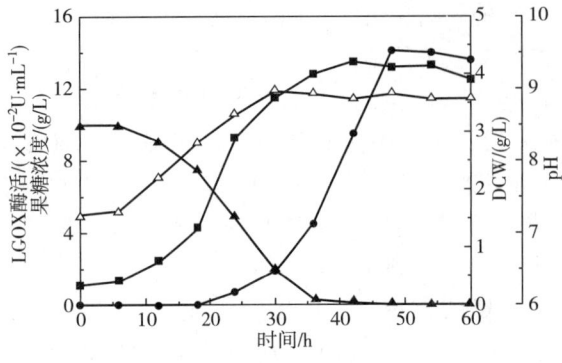

图12-9 7L发酵罐中突变株发酵生产
LGOX的参数变化过程
▲—果糖浓度 ■—DCW ●—LGOX酶活力 △—pH

加，pH为8.5时，α-酮戊二酸产量达到最大值8.1g/L，pH大于8.5时，α-酮戊二酸产量开始下降。在20~35℃范围内，随着温度的升高，转化生成的α-酮戊二酸不断增加；当温度为35℃时，α-酮戊二酸产量达到最大（9.4g/L）；温度大于35℃时，α-酮戊二酸产量明显下降，温度为50℃时，α-酮戊二酸产量为3.5g/L，比最高值下降了62.8%。说明最适转化温度35℃，最适pH8.5。

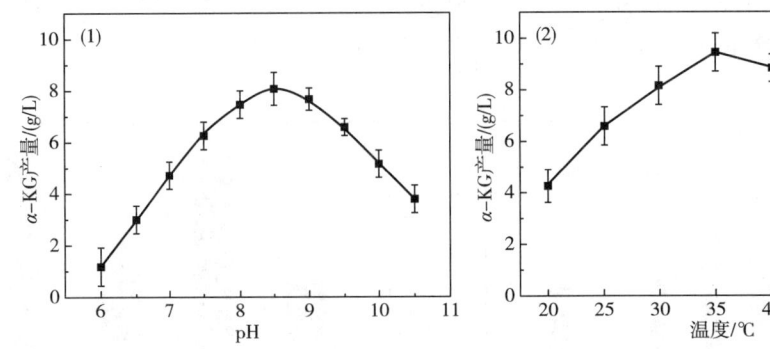

图12-10 不同pH和温度对转化生产α-酮戊二酸的影响
(1) 不同pH；(2) 不同温度。

在pH8.5，35℃转化条件下，研究不同浓度底物L-谷氨酸对生产α-酮戊二酸的影响，结果发现L-谷氨酸在7.8~23.4g/L，随着浓度的增加，α-酮戊二酸产量不断增加；当谷氨酸浓度为23.4g/L时，α-酮戊二酸产量达到最大（16.1g/L）；之后随着L-谷氨酸浓度继续增加，α-酮戊二酸产量不再增加（图12-11），可能是由于转化过程中产生的H_2O_2对LGOX有抑制作用。通过添加20U/mL H_2O_2酶去除H_2O_2，消除H_2O_2对LGOX的影响，结果发现，在47g/L的底物L-谷氨酸条件下，α-酮戊二酸产量达到最大值为32.9g/L，比未添加过氧化氢酶时提高了126.9%，说明高浓度H_2O_2的产生对转化有明显的抑制作用。

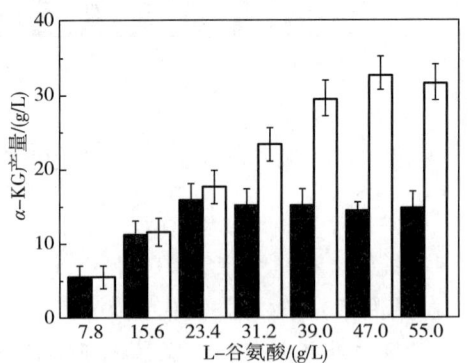

图12-11 L-谷氨酸浓度对转化
生产α-酮戊二酸的影响
■—不加过氧化氢酶 □—添加过氧化氢酶

研究不同金属离子（3mmol/L）对生产α-酮戊二酸的影响，结果如图12-12所示，

发现 Mn^{2+}、Ca^{2+} 和 Mg^{2+} 对转化有促进作用，α-酮戊二酸产量分别提高了 10.9%、9.1% 和 8.7%；Zn^{2+}、Fe^{2+}、Ba^{2+}、Cu^{2+} 和 Ag^+ 则对转化生产 α-酮戊二酸有抑制作用，α-酮戊二酸产量比对照分别下降了 46.5%、58.7%、73.8%、75.8%、83.9%。研究不同浓度 Mn^{2+} 对生产 α-酮戊二酸的影响，发现当添加 5mmol/L 的 $MnCl_2$ 时，α-酮戊二酸产量最高，转化 24h 为 38.1g/L，比对照（未添加 Mn^{2+}）提高了 15.8%。

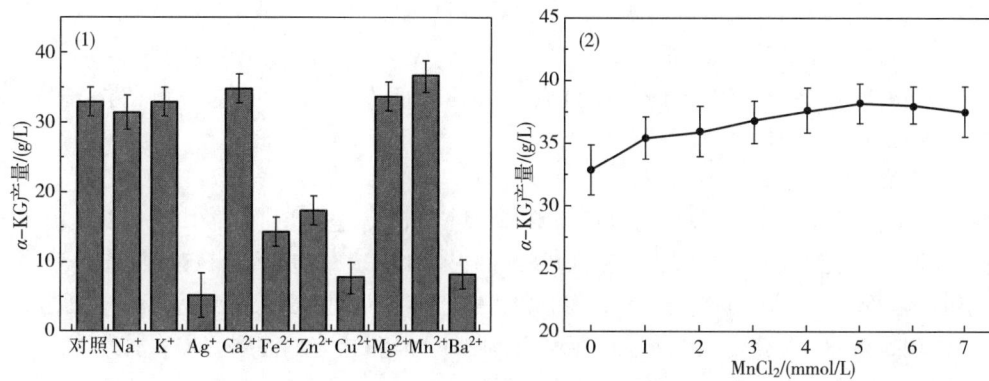

图 12-12　不同金属离子和 $MnCl_2$ 浓度对转化 L-谷氨酸生产 α-酮戊二酸的影响

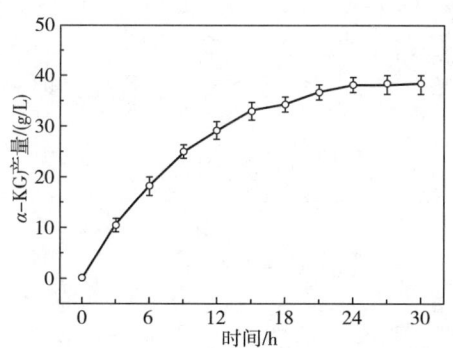

图 12-13　转化时间过程曲线

6. L-谷氨酸转化生产 α-酮戊二酸

在 pH8.5，35℃，添加 20U/mL H_2O_2 酶，5mmol/L $MnCl_2$，47g/L L-谷氨酸和 0.14U/mL LGOX 的条件下，研究 LGOX 转化 L-谷氨酸生产 α-酮戊二酸过程的参数变化。结果如图 12-13 所示，转化 24h，α-酮戊二酸浓度达到最大值（38.1g/L），转化率 81.4%，α-酮戊二酸初始生成速率为 3.53g/(L·h)，平均生成速率为 1.58g/(L·h)。

（二）重组大肠杆菌生产 LGOX

突变株链霉菌属 FMME067 发酵 48h，生产 LGOX 酶活力为 0.144U/L。利用链霉菌属 FMME067 发酵生产的 LGOX，转化生产 α-酮戊二酸产量可以达到 38.1g/L。但是该突变株发酵周期长，酶活力低，从而影响其工业化应用。因此，为了缩短发酵周期，提高酶活力，将链霉菌属中的 LGOX 编码基因异源表达于大肠杆菌中，提高 LGOX 的表达量。

文献报道中 LGOX 基因异源表达产生的是一条简单的肽链或包涵体，没有活力或者活力较低。通常解决的策略有：①改变表达载体；②改变表达菌株；③改变重组菌株的培养参数；④与其他基因共表达；⑤改变基因序列。而为了节省时间和资源，一般选择改变表达载体或改变表达菌株。在大肠杆菌中，带有 His-tag 标签的 pET 系列载体是第一选择，因为该系列载体含有一个强启动子而利于重组蛋白高水平表达，并且 His-tag 标签较小，不会影响蛋白质正确折叠，而有利于进行蛋白质分离纯化。

利用表达载体 pET28a，在大肠杆菌中过量表达 $SSFG\_06931$ 基因，并将重组的 LGOX 进行蛋白纯化，对纯化得到的 LGOX 进行生化特征研究及重组菌株生产条件进行培养基和诱导条件的优化，为转化 L-谷氨酸生产 α-酮戊二酸奠定基础。

1. LGOX 表达菌株的构建

将加纳链霉菌（S. ghanaensis）ATCC14672 中 $SSFG\_06931$ 基因（GenBank：EFE71695.1）使用 SignalP 4.1 Server 软件检测，发现前 38 个氨基酸序列为信号肽，因此设计引物将信号肽除去。同时结合表达质粒 pET28a 的特点，在基因序列后面增加了 His 标签序列，以利于重组蛋白的分离纯化。将 PCR 扩增得到的目的基因 $SSFG\_06931$，连接到表达载体 pET28a，构建重组质粒 pET28a-$SSFG\_06931$，并将其转入大肠杆菌 DE3 中，筛选获得菌株表达 LGOX 的菌株，并命名为大肠杆菌 FMME089。

2. LGOX 的表达验证

将重组菌株大肠杆菌 FMME089 于 LB 培养基中培养 OD_{600} 至 0.6，添加 0.4mmol/L IPTG 诱导 4h，收集发酵液、上清液和菌体进行蛋白质电泳。结果如图 12-14 所示，与对照相比（不含表达质粒大肠杆菌 DE3），大肠杆菌 FMME089 菌株表达生产 LGOX 蛋白质大小约为 65ku，通过 Trinder 反应测定发现重组 LGOX 蛋白质主要集中于胞内，胞外上清液中未检测到 LGOX 蛋白质。

3. 重组菌生产 LGOX 的发酵条件优化

以 TB 培养基为基础，研究不同碳源（葡萄糖、果糖、乳糖、蔗糖、麦芽糖、甘油、山梨醇、甘露醇）对重组菌株大肠杆菌 FMME089 生产 LGOX 的影响。结果如图 12-15 所示，以甘油为碳源时 LGOX 活力最高，为 0.54U/mL，比 LB 培养基（对照）提高了 35.0%；菌体干重为 1.82g/L，比 LB 培养基提高了 136%；而单位菌体产酶能力为 296.7U/g，比 LB 培养基下降了 44.0%。综合考虑选择 TB 培养基为发酵培养基，并进行诱导条件优化，进一步提高 LGOX 酶活力。

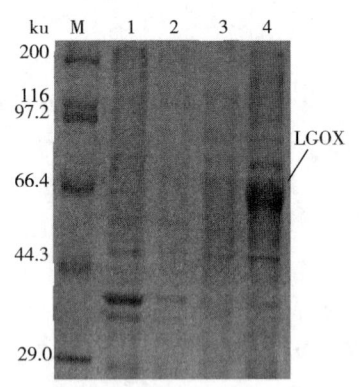

图 12-14 重组 LGOX SDS-PAGE 分析
LM—蛋白 Marker, 200ku
L1—大肠杆菌 BL21 对照
L2—培养液上清 L4—重组 FMME089 细胞

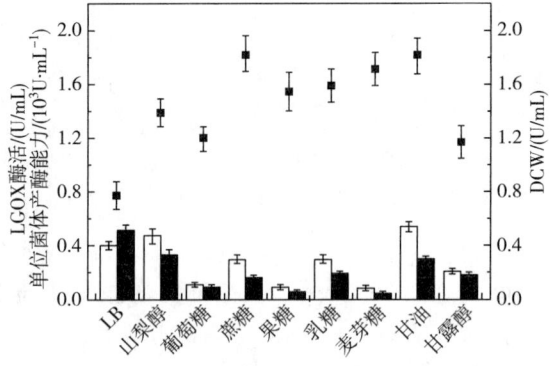

图 12-15 不同碳源对重组菌株 FMME089 生产 LGOX 的影响
■—LGOX 的比生产率
□—LGOX 酶活力 ■—最大干细胞重

在不同菌体浓度下添加 0.4mmol/L 诱导剂 IPTG 进行诱导，研究诱导时间对重组菌株大肠杆菌 FMME089 产酶的影响。结果如图 12-16（1）所示，在菌体 OD_{600} 为 0.6 时添加

IPTG 开始诱导最佳,比 OD_{600} 1.0 时酶活力提高 16.7%,单位菌体产酶能力提高了 54.5%。说明在菌体生长旺盛期(对数期)初期开始诱导产酶最高,因为这个时期菌体分裂最快以及蛋白表达能力最强。研究不同浓度的诱导剂 IPTG(0~0.9mmol/L)对产酶的影响。结果发现,最适诱导剂 IPTG 浓度为 0.4mmol/L,过高过低都不利于重组菌株产酶 [图 12-16(2)]。在最适菌体($OD_{600}=0.6$)和 IPTG 浓度(0.4mmol/L)下 [图 12-16(3)],发现在 1~4h 内随着诱导时间的增加,LGOX 活力不断增加,诱导 4h 时达到最大值 0.59U/mL,之后 LGOX 活力不断下降,诱导 7h 后,LGOX 活力为 0.34U/mL,降低了 42.4%,可能是由于 LGOX 不断被胞内蛋白酶降解的原因。

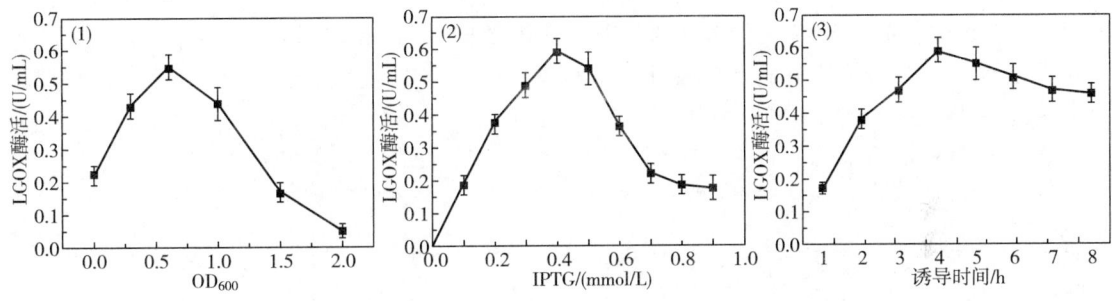

图 12-16 不同诱导条件对重组菌株生产 LGOX 的影响
(1)诱导时机;(2)IPTG 浓度诱导;(3)诱导时长。

大肠杆菌生产重组蛋白过程中,诱导温度是一个重要的影响因素。高温下重组蛋白快速过量合成,导致大量的无活性蛋白来不及进行修饰而形成包涵体;低温条件下菌体生长速率慢,蛋白合成速率较慢有利于蛋白进行修饰;而温度过低会导致菌体生长速率及蛋白合成速率过于缓慢,不利于工业化应用。因此在文献报道的基础上,采用双阶段温度发酵生产 LGOX 策略,研究不同温度对发酵生产 LGOX 的影响(诱导阶段温度分别为 20、25、30 和 37℃)。结果图 12-17 所示,在 30℃下诱导 5h,LGOX 活力达到最大值 1.01U/mL,分别是 20、25 和 37℃的 2.7、1.2 和 1.7 倍。而 37℃下菌体浓度最高为 1.87g/L,分别是 20、25 和 30℃的 2.4、1.5 和 1.2 倍,说明高的菌体浓度并不对应高 LGOX 活力。因此诱导温度选择 30℃最佳,LGOX 活力为 1.01U/mL,单位菌体产酶能力为 664.5U/g。

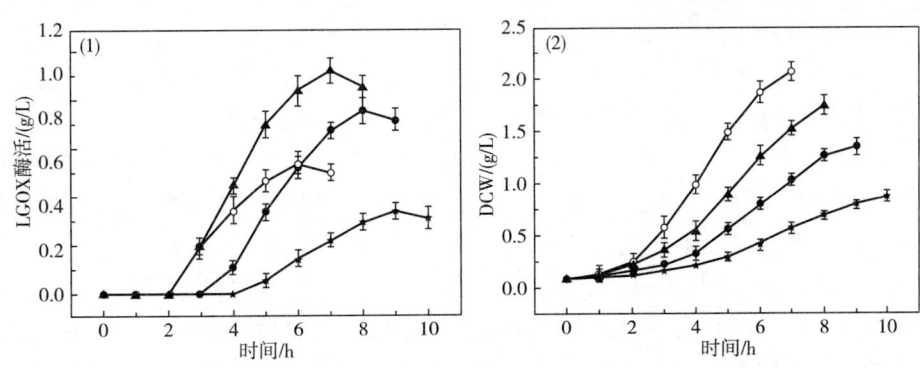

图 12-17 不同诱导温度对重组菌株生长和产酶的影响
○—37℃ ▲—30℃ ●—25℃ ★—20℃

在上述研究的基础上（TB 培养基、30℃），于 5L 发酵罐中研究重组菌株大肠杆菌 FMME089 生产 LGOX 的参数变化过程（溶氧通过转速调节，维持在 30% 以上）。结果如图 12-18（1）所示，①初始阶段菌体生长缓慢，发酵 2h，菌体浓度 OD_{600} 为 0.65（DCW 0.21g/L），之后进入对数生长期，发酵 12h 菌体干重达到最大值 3.42g/L；②初始阶段甘油消耗缓慢，随着菌体不断增长，甘油浓度不断减小，消耗速率增加［图 12-18（2）］，发酵 12h 后，甘油消耗完全；③菌体浓度 OD_{600} 为 0.65 时（发酵 2h）添加 0.4mmol/L IPTG 进行诱导，LGOX 开始产生［图 12-18（3）］，诱导 5h（发酵 7h）后，LGOX 活力达到最大值 1.94U/mL，此时菌体干重为 2.05g/L，单位菌体产酶能力为 946.3U/g；与摇瓶中 LGOX 活力相比（1.01U/mL），发酵罐中 LGOX 活力提高了 93.1%，单位菌体产酶能力提高了 42.4%。这可能是因为重组菌株大肠杆菌 FMME089 产酶过程中需要消耗大量 O_2，而发酵罐中溶氧条件较好，从而更有利于 LGOX 的生产。之后由于 LGOX 被胞内蛋白酶降解的原因，LGOX 活力开始下降，发酵 12h，LGOX 活力为 1.23U/mL，比最高值下降了 55.2%。

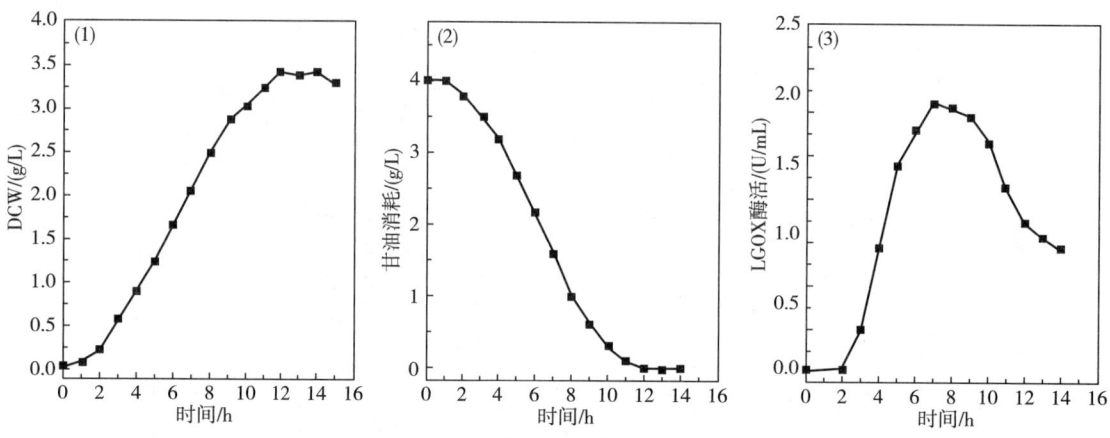

图 12-18　5L 发酵罐中重组菌株发酵参数变化过程
(1) LGOX 活力；(2) DCW；(3) 甘油浓度。

4. 重组菌高密度发酵生产 LGOX

DO-stat 补料策略对细胞浓度的影响如图 12-19 所示。分批生长阶段通过控制转速和通气量将 DO 控制在 25%~35%，每当溶氧高于 30% 即开始补料，当细胞浓度基本不增长或略有下降时加入 5g/L 的乳糖进行诱导。发酵 16h，细胞浓度和 LGOX 活力分别达到 21.4g/L［图 12-19（1）］和 35.6U/mL［图 12-19（2）］，且整个补料阶段中乙酸浓度低于 0.68g/L［图 12-19（3）］。虽然 LGOX 活力得到较大的提高，但是细胞生长速率仅为 1.34g/L/h，且最终的细胞浓度较低。

指数补料对细胞浓度的影响如图 12-20 所示。指数补料从发酵 4h 开始，以比生长速率的设定值 $\mu_{set}=0.25h^{-1}$ 进行指数流加补料，补料过程中通过转速和通气量调控溶氧，直到达到最大限制值（900r/min；6L/min）。当细胞浓度基本不增长或略有下降时加入 5g/L 乳糖进行诱导。发酵 16h 细胞浓度和 LGOX 活力分别达到 33.7g/L 和 33.9U/mL（图

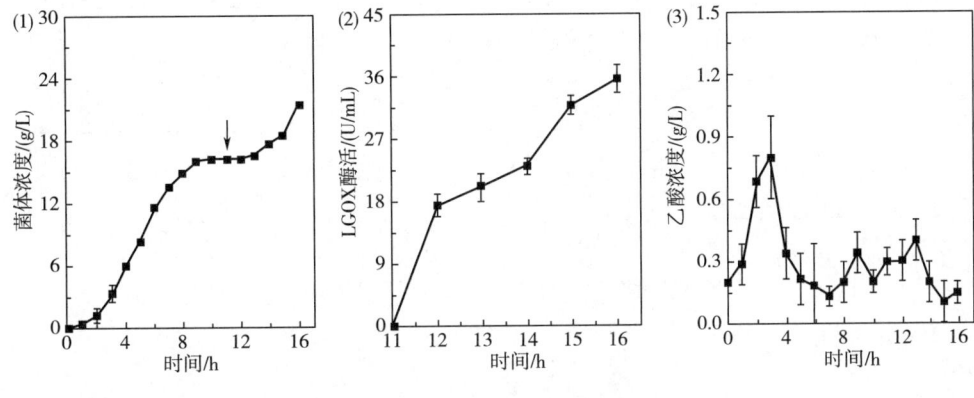

图 12-19 DO-stat 补料策略

注：↓指示诱导点。

12-20），且细胞生长速率达到 2.1g/L/h，但发酵后期副产物乙酸却增加到了 9.5g/L，显著抑制了细胞生长和重组蛋白的生产，LGOX 活力与 DO-stat 相比略有下降。

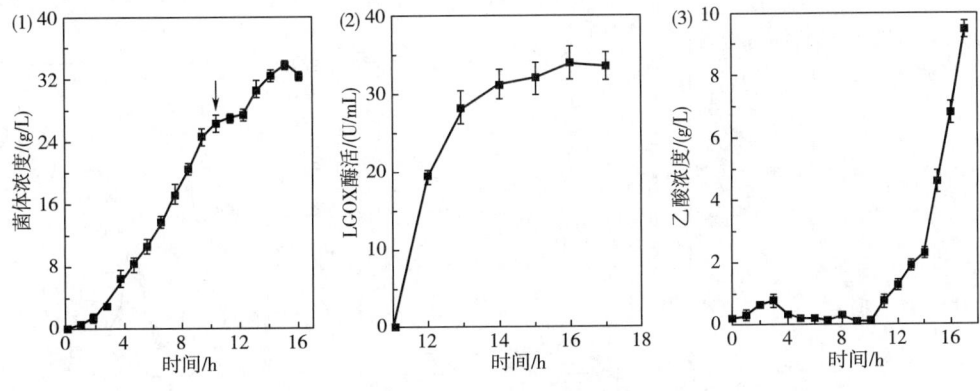

图 12-20 指数补料策略

注：↓指示诱导点。

将 DO-stat 补料和指数补料相关数据整理成表 12-4，发现：①指数补料策略能加快细胞的生长，细胞比生长速率（2.41g/L/h）较 DO-stat（1.45g/L/h）提高了 36%；②但由于乙酸的积累，导致 LGOX 活力（1.0U/mg）较 DO-stat（1.66U/mg）低了 40%。因此提出了分阶段补料策略：发酵 4h 当甘油消耗完毕时（DO 突然上升），以 $\mu_{set}=0.25h^{-1}$ 的设定值进行指数补料，通过转速和通气量调控溶氧，直到达到限定值（900r/min 和 6L/min）后，改为 DO-stat 补料。采用两阶段补料策略（图 12-21）发酵 18h，细胞浓度、LGOX 活力和细胞生长速率达到了 41.6g/L、59U/mL 和 2.31g/L/h，比 DO-stat 分别提高了 94.4%、65.7%、72.4%；比指数补料策略分别提高了 23.4%、74%、10%（表 12-4）。同时，整个补料阶段乙酸浓度低于 0.75g/L，对细胞生长和 LGOX 表达无抑制作用；对比诱导后细胞浓度增加情况，发现采用两阶段补料策略细胞浓度增加了 14.6g/L（27.0g/L 到 41.6g/L），是指数补料策略（26.5g/L 到 33.7g/L）的 2.02 倍。然而，两阶段补料时，

LGOX 的活力仅为 1.42U/mg，比 DO-stat 策略（1.66U/mg）低 14.5%（表 12-4），因此，需要在后续研究中进一步提高单位细胞的 LGOX 表达量。

表 12-4　　　　　　　　　　　　不同补料策略对 LGOX 生产的影响

参数	DO-stat/A	指数补料/B	两阶段补料/C	(C/A-1)×100%	(C/B-1)×100%
发酵时间/h	16	16	18	12.5	12.5
细胞浓度/(g/L)	21.4±0.91	33.7±0.51	41.6±1.36	94.4	23.4
细胞生长速率/(g/L/h)	1.34	2.1	2.31	72.4	10
LGOX 活力/(U/mL)	35.6±2.0	33.9±2.1	59±1.5	65.7	74
比酶活/(U/mg)	1.66	1.0	1.42	-14.5	42
诱导时间点/h	11	11	11	—	—
诱导时细胞浓度/(g/L)	15.9±0.45	26.5±0.60	27.0±0.72	69.8	1.9
诱导前细胞生长速率/(g/L/h)	1.45	2.41	2.46	69.7	2.1
最大乙酸浓度/(g/L)	0.68±0.12	9.5±0.2	0.75±0.15	—	—

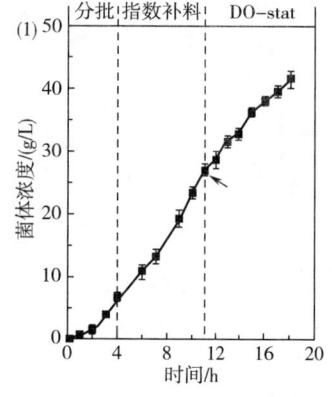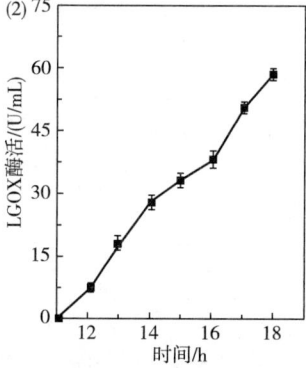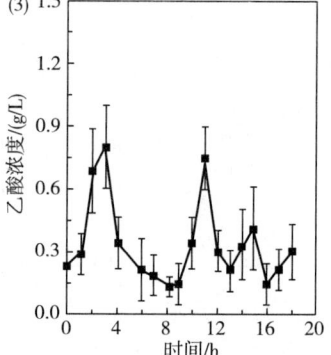

图 12-21　两阶段补料策略

注：↓指示诱导点。

在两阶段补料策略的基础上，对指数补料阶段补料速率进行优化。不同指数流加速率（$0.25h^{-1}$，$0.4h^{-1}$ 和 $0.55h^{-1}$）对 LGOX 生产的影响如图 9-22 所示。指数流加速率为 $0.25h^{-1}$、$0.4h^{-1}$ 和 $0.55h^{-1}$ 时，实际比生长速率分别为 $0.20h^{-1}$、$0.28h^{-1}$ 和 $0.38h^{-1}$，分别在 11h、8h 和 7h 达到发酵罐最大溶氧水平（转速 900r/min 和通气量 6L/min），此时改用 DO-stat 补料方式，当细胞浓度 $OD_{600}=60$ 时添加 5g/L 乳糖诱导。至发酵结束，细胞浓度分别达到 41.6g/L，42.7g/L 和 43.2g/L [图 12-22（1）]；LGOX 活力分别为 50.9U/mL、75.6U/mL 和 70U/mL [图 12-22（2）]；补料阶段最高乙酸含量分别为 0.8g/L、0.9g/L 和 1.6g/L，低于抑制细胞生长和蛋白表达的最小值 [图 12-22（3）]；补料阶段最高甘油浓度分别为 0.43g/L、0.54g/L 和 0.9g/L [图 12-22（4）]，没有造成碳源积累。综上，选取指数流加速率 $0.4h^{-1}$ 进行后续研究，此时 LGOX 活力由摇瓶水平 18.9 倍提高到 24.2 倍。

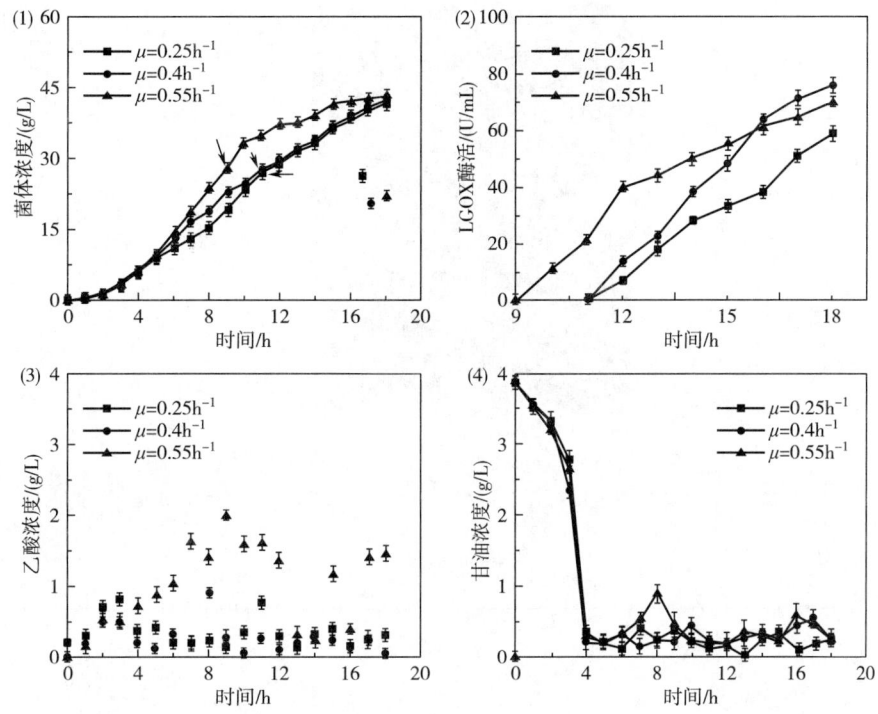

图 12-22 指数补料速率 μ 对细胞生长、LGOX 活力、乙酸和甘油含量的影响

注：↓指示诱导点。

5. 重组 LGOX 的酶学性质研究

由于重组菌株大肠杆菌 FMME089 中表达质粒 pET28a，因此培养重组菌株，收集菌体进行破碎，离心取上清液使用 His Trap™ FF 亲和层析柱进行蛋白纯化（表 12-5）。结果如图 12-23 所示，粗酶液经一步纯化后得到单一的蛋白条带，纯化后 LGOX 比酶活为 9.54U/mg。

表 12-5　　　　　　　　　　　重组 LGOX 纯化步骤

步骤	总蛋白/mg	总酶活/U	比酶活/(U/mg)	收率/%	纯化倍数
1. 发酵液（1L）	860	590	0.69	100	1
2. 浓缩液	685	546	0.80	92.5	1.2
3. 纯酶	39	372	9.54	63.1	12.2

选择在 pH4.0~10.0 测定 LGOX 活力，研究重组 LGOX 最适 pH。结果如图 12-24（1）所示，重组 LGOX 最适 pH 为 6.5；有较宽的 pH 稳定性，在 pH6.0~7.5，LGOX 活力维持在最大值的 80% 以上。在 20~70℃ 测定重组 LGOX 的最适温度［图 12-24（2）］，结果发现在 20~30℃ 范围内，酶活力随着温度的升高而增大，30℃ 达到最大值；而在 30~70℃ 内，LGOX 活力随着温度的升高而降低。因此重组 LGOX 最适温度和最适 pH 分别为 30℃，pH6.5。

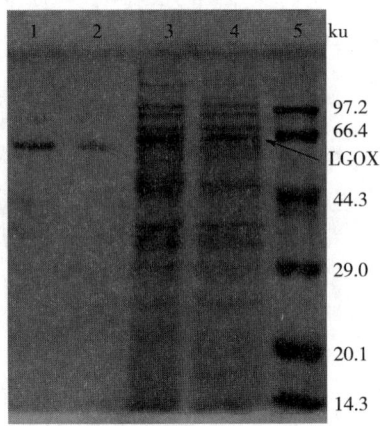

图 12-23 重组 LGOX 纯化及 SDS-PAGE 分析

L1 和 L2—纯化的 LGOX　L3—重组菌细胞　L4—培养液　L5—蛋白 Marker，97.2ku

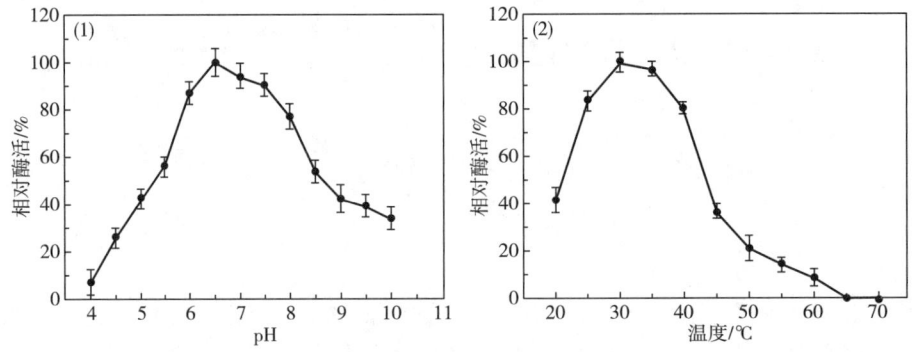

图 12-24 不同 pH 和温度对重组 LGOX 活力的影响

(1) LGOX 的 pH 稳定性；(2) LGOX 的温度稳定性。

在转化体系中外源添加 2mmol/L 金属离子，考察其对 LGOX 活力的影响。结果如图 12-25 (1) 所示，Mn^{2+}、Ca^{2+} 和 Mg^{2+} 对 LGOX 有激活作用，LGOX 活力分别提高了 19.0%、7.6% 和 5.4%；Zn^{2+}、Cu^{2+}、Ba^{2+} 和 Fe^{2+} 对 LGOX 活力有不同程度的抑制作用，LGOX 活力分别降低了 62.6%、53.7%、44.2% 和 28.4%；其他金属离子（Li^+ 和 K^+）无影响。

由于 LGOX 需要辅因子 FAD^+，添加不同浓度的 FAD^+，研究外源流加 FAD^+ 对 LGOX 活力的影响。如图 12-25 (2) 所示，外源添加 FAD^+ 对 LGOX 活力无影响，说明重组 LGOX 不需要外源添加辅因子 FAD^+，这对工业化生产具有重要意义，可以降低生产成本。

以 20 种氨基酸（Ala、Arg、Asn、Asp、Cys、Glu、Gly、Gln、His、Ile、Leu、Lys、Met、Phe、Pro、Ser、Thr、Trp、Tyr 和 Val）以及 D-谷氨酸和谷氨酰胺为底物，对 LGOX 进行底物特异性实验，发现 LGOX 有很高的底物特异性，只对 L-谷氨酸、谷氨酰胺有活力，相对酶活力分别为 100%、31%。

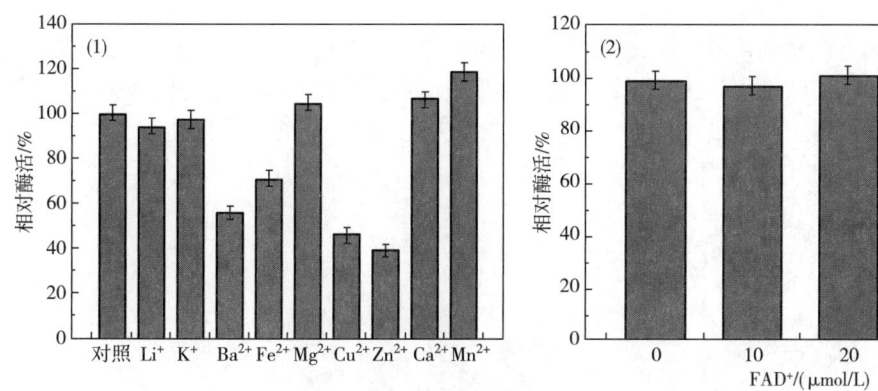

图 12-25　不同金属离子和 FAD^+ 对重组 LGOX 活力的影响

(1) 金属离子；(2) FAD^+ 浓度。

(三) 重组 LGOX 转化生产 α-酮戊二酸

1. 转化体系组成对 α-酮戊二酸生产的影响

在 LGOX 生化特征的基础上 (pH6.5，温度30℃，不添加辅因子 FAD^+)，以 50g/L 的 L-谷氨酸浓度为底物，研究不同浓度的 LGOX 对生产 α-酮戊二酸的影响。结果如图 12-26 (1) 所示，在 0.25~1.0U/mL 范围内，随着 LGOX 活力的增加，α-酮戊二酸产量不断增加，LGOX 活力为 1.0U/mL 时，α-酮戊二酸产量最高，为 10.7g/L，转化率 21.5%，之后 α-酮戊二酸产量不再随着 LGOX 活力增加而增加。

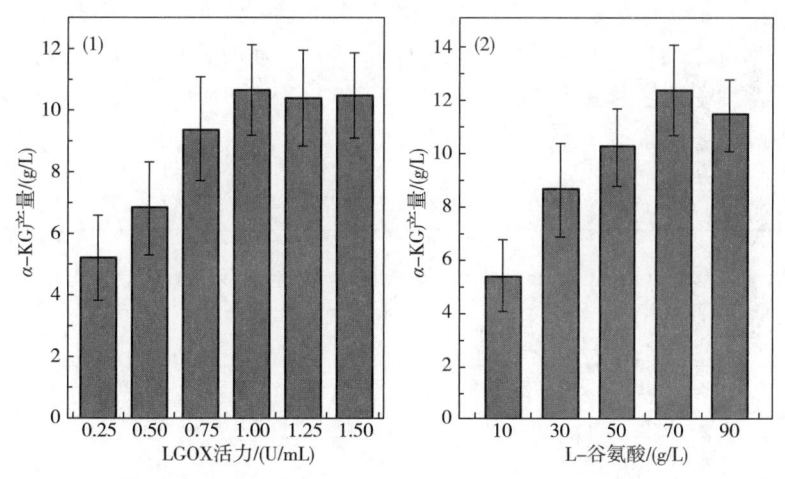

图 12-26　LGOX 和 L-谷氨酸添加量对转化的影响

在添加 1.0U/mL LGOX 的条件下，研究不同浓度的底物 L-谷氨酸对生产 α-酮戊二酸的影响。结果如图 12-26 (2) 所示，在添加 70g/L 的 L-谷氨酸条件下，α-酮戊二酸产量达到最高 (12.4g/L)；而 L-谷氨酸浓度高于 70g/L 后，α-酮戊二酸产量不再增加。α-酮戊二酸产量最高为 12.4g/L，转化率为 17.8%，转化率低的原因可能是在转化 L-谷氨酸生产 α-酮戊二酸的过程中，伴随着 H_2O_2 的生成，而高浓度 H_2O_2 可以氧化 α-酮戊二酸生成其他有机酸。

添加不同浓度的过氧化氢酶除去 H_2O_2，研究 H_2O_2 对转化生产 α-酮戊二酸的影响。结果如图 12-27 所示，以 90g/L L-谷氨酸为底物，在添加 150U/mL 过氧化氢酶的条件下，α-酮戊二酸产量最高，为 67.1g/L，转化率为 75.1%，是未添加过氧化氢酶的 5.4 倍。验证了 H_2O_2 对转化反应有抑制作用的猜测，因此，在转化反应中应除去 H_2O_2。

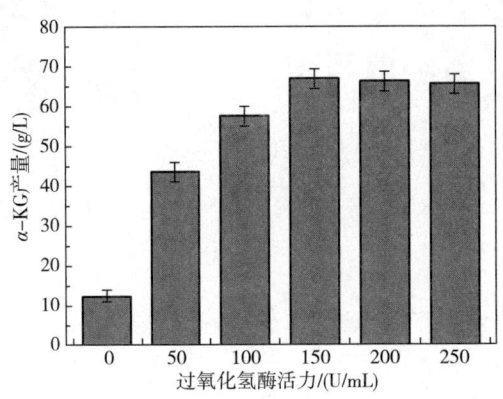

图 12-27 过氧化氢酶添加量对转化的影响

2. 正交实验优化转化体系

为了进一步优化转化条件，提高 α-酮戊二酸产量，对 L-谷氨酸、LGOX 和过氧化氢酶三个因素进行正交实验（表 12-6）。结果发现，在实验组合 6（L-谷氨酸 110g/L、LGOX 1.5U/mL、过氧化氢酶 250U/mL）条件下，α-酮戊二酸产量最高为 95.6g/L，转化率 87.5%，α-酮戊二酸产量比优化前提高了 42.5%。通过对正交实验因素指标分析发现对转化影响因素顺序为：过氧化氢酶>L-谷氨酸>LGOX，其中，过氧化氢酶是影响生产 α-酮戊二酸的最主要因素。

表 12-6 转化条件正交实验

组合	因素水平			A LGOX 酶活力 /(U/mL)	B 过氧化氢酶活力 /(U/mL)	C L-谷氨酸 /(g/L)	α-酮戊二酸 /(g/L)
	A	B	C				
1	1	1	1	1.0	150	90	67.1±3.7
2	1	2	2	1.0	200	110	79.4±4.3
3	1	3	3	1.0	250	130	92.6±3.9
4	2	1	3	1.5	150	130	71.8±3.9
5	2	2	1	1.5	200	90	75.5±4.0
6	2	3	2	1.5	250	110	95.6±4.4
7	3	1	2	2.0	150	110	70.6±4.5
8	3	2	3	2.0	200	130	88.4±4.1
9	3	3	1	2.0	250	90	78.9±3.9

续表

组合	因素水平 A	因素水平 B	因素水平 C	A LGOX 酶活力 /(U/mL)	B 过氧化氢酶活力 /(U/mL)	C L-谷氨酸 /(g/L)	α-酮戊二酸 /(g/L)
均值 1				79.700	69.833	73.833	
均值 2				80.967	81.100	81.867	
均值 3				79.300	89.033	84.267	
极差				1.667	19.200	10.434	
排名				3	1	2	

3. Mn^{2+} 对 α-酮戊二酸生产的影响

根据重组 LGOX 生化特征研究发现,添加 Mn^{2+} 对 LGOX 有激活作用。因此,研究 Mn^{2+} 对生产 α-酮戊二酸的影响。结果如图 12-28 所示,转化过程中添加不同浓度的 $MnCl_2$,α-酮戊二酸产量随着 Mn^{2+} 浓度(0~3mmol/L)的增加而增加,Mn^{2+} 为 3mmol/L 的浓度时,α-酮戊二酸产量最高,为 104.7g/L,转化率 95.8%,比未添加 Mn^{2+} 提高了 9.5%,验证了 Mn^{2+} 的激活作用。

4. 静息细胞转化生产 α-酮戊二酸

由于重组 LGOX 在分离纯化过程中有很大的损失,并且增加工业生产成本;静息细胞转化法克服了 LGOX 分离纯化的问题,并且因在完整的细胞中而更有利于 LGOX 的稳定性,因此对静息细胞转化法生产 α-酮戊二酸进行研究。使用不同浓度的菌体细胞代替纯化得到的 LGOX,在底物 L-谷氨酸 110g/L、过氧化氢酶 250U/mL、Mn^{2+} 3mmol/L、pH6.5、30℃ 条件下进行转化。结果如图 12-29 所示,在菌体浓度为 1.5g/L 时 α-酮戊二酸产量达到最大值,为 42.6g/L,此时转化率为 39.0%。与以纯化 LGOX 为催化剂进行转化的结果相比,α-酮戊二酸产量下降了 57.8%。

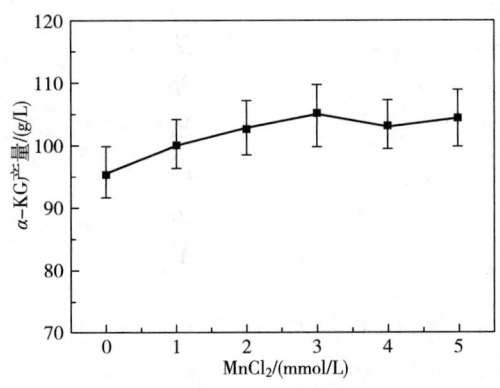

图 12-28 不同浓度 Mn^{2+} 对转化的影响

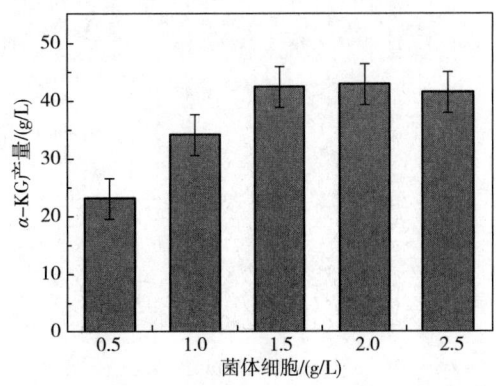

图 12-29 不同浓度菌体细胞对转化的影响

L-谷氨酸通过三种运输途径被大肠杆菌摄取:L-谷氨酸/天冬氨酸转运系统、基于钠离子的特有谷氨酸系统(GltS)和质子同向转运系统($GltP_{Ec}$),三种转运方式因需要能量和载体而影响转运速度，因此静息细胞转化法中细胞通透性差而抑制 L-谷氨酸进入胞内的速率，从而影响 α-酮戊二酸生产。如何选择可以增加通透性的试剂，不仅要求增加细胞通透性，胞内 LGOX 活力也不受影响是关键。为了验证细胞通透性对转化的影响，选择常用于增加大肠杆菌细胞通透性的有机溶剂和洗涤剂，改变细胞通透性来研究对转化的影响。结果如图 12-30 所示，①与对照相比，添加洗涤剂和有机溶剂处理 30min 后，在底物 L-谷氨酸 110g/L、过氧化氢酶 250U/mL、Mn^{2+} 3mmol/L、pH6.5、30℃ 条件下，α-酮戊二酸产量都有明显提高，当选用异丙醇时产量最高，为 67.7g/L，转化率 62.0%，α-酮戊二酸产量相比对照提高了 58.9%；②添加 2%（体积分数）洗涤剂（曲拉通 X-100、吐温 20）的处理条件下效果最好，其中添加曲拉通 X-100 处理菌体 30min，α-酮戊二酸产量达到最大（102.4g/L），转化率为 93.7%，α-酮戊二酸产量是对照的 2.4 倍，是异丙醇处理的 1.5 倍。说明有机溶剂虽然可以增加细胞通透性，但是会对 LGOX 活力造成一定影响，同时还会面临环境问题。因此，选择曲拉通等洗涤剂处理菌体细胞效果最好。

综上，得到最优催化体系：曲拉通 X-100 处理 30min 的菌体 1.5g/L、底物 L-谷氨酸 110g/L、过氧化氢酶 250U/mL、Mn^{2+} 3mmol/L、pH6.5、30℃。在此转化体系下，测定转化过程发现（图 12-31），转化 24h，α-酮戊二酸产量达到最大值 102.4g/L，α-酮戊二酸初始生成速率为 8.6g/L/h，平均生成速率为 4.3g/L/h。与发酵法相比（发酵周期 117h，平均生产速率 1.6g/L/h），酶法转化明显缩短了生产周期，提高了生产强度。

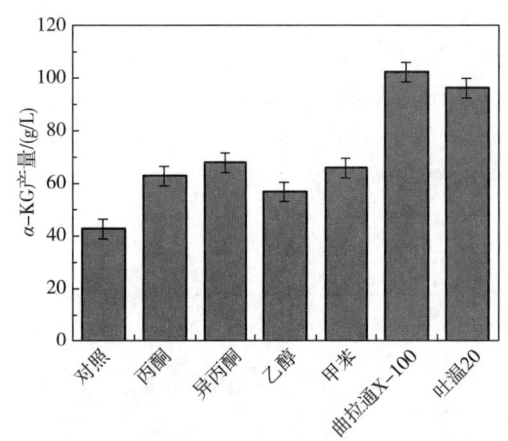

图 12-30 不同试剂处理菌体对转化的影响

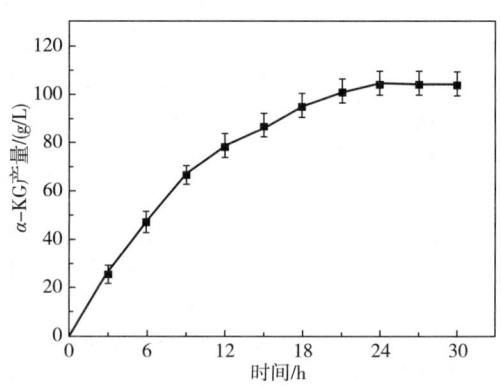

图 12-31 转化过程曲线

（四）共表达 LGOX 和 KatG 转化生产 α-酮戊二酸

L-谷氨酸转化生成 α-酮戊二酸是在 LGOX 作用下，将 L-谷氨酸、O_2、水转化生成 α-酮戊二酸、H_2O_2 和氨的过程。在这一过程中，产生的 H_2O_2 严重抑制了 LGOX 的活力。为了提高 LGOX 的转化效率，通常需要在反应过程中添加过氧化氢酶以除去过量的 H_2O_2。为了减少转化过程中过氧化氢酶的添加和简化工艺过程控制，将来源于大肠杆菌 K12 W3110 的 KatG（具有过氧化氢酶 Catalase 和过氧化物酶 prioxidase 双重活性）与 LGOX 同时过量表达于大肠杆菌中，将 H_2O_2 重新转化为 H_2O 和 O_2，解除 H_2O_2 抑制。但在同时过量表达两个酶的过程中,需要解决的问题是如何调控 LGOX 和 KatG 活力使得目标反应顺利进行。因此,首先研究 LGOX 和 KatG 两种酶的生化性质,结合转录水平调控双酶表达,选出较优的共表达构建方式;然后根据 RBS 强度与所调控蛋白表达量在统计学上的线性关系,设计合适的 RBS 序列,构建单启动子、双顺反子共表达菌株,并根据其产酶效果及转化效果得到合适的共表达菌株;最后,共表达菌株进一步优化全细胞转化条件,以提高 α-酮戊二酸产量。

1. LGOX 和 KatG 的酶学性质

根据标准测活方法,测定不同底物浓度时酶的反应初速度,利用 Lineweaver-Burk 双倒数作图法求得米氏常数 (K_m) 和最大反应速率 (V_{max}),并根据酶浓度 C_E 可以计算 k_{cat},见式(12-1)、式(12-2)和式(12-3)。

$$V = \frac{V_{max} C_S}{K_m + C_S} \quad (12-1)$$

$$\frac{1}{V} = \frac{K_m}{V_{max}} \times \frac{1}{C_S} + \frac{1}{V_{max}} \quad (12-2)$$

$$k_{cat} = \frac{V_{max}}{C_E} \quad (12-3)$$

式中,V——反应速率

C_S——底物浓度

C_E——酶浓度

根据式(12-1)、式(12-2)和式(12-3),绘制 Lineweaver-Burk 双倒数曲线,得到 $1/V$ 与 $1/C_S$ 的关系图,从而求得 K_m 和 V_{max}。根据 V_{max} 及酶浓度 C_E,求得 LGOX 的转化数 k_{cat} 和专一性常数 k_{cat}/K_m。结果如表 12-7 所示,LGOX 对 L-谷氨酸的结合常数 K_m 为 6.32mmol/L,V_{max} 为 40μmol/min/mg,对应的 k_{cat} 为 1.23min^{-1}。同样的方法,测得 KatG 对 H_2O_2 的结合常数 K_m 为 35mmol/L,V_{max} 为 3730μmol/min/mg,对应的 k_{cat} 为 4970min^{-1}。

表 12-7　　LGOX 和 KatG 的动力学参数

酶	V_{max}/(μmol/min/mg)	K_m/(mmol/L)	k_{cat}/min^{-1}	k_{cat}/K_m/(min^{-1}/mmol/L)
LGOX	40	6.32	1.23	0.195
KatG	3730±50	35±2.2	4970±70	142

2. LGOX 和 KatG 共表达方式对 α-酮戊二酸生产的影响

以 pET28a 为表达载体设定了三种不同策略构建共表达菌株,实现同一重组菌株产生 LGOX 和 KatG 表达(图 12-32)。策略 1 采用单启动子模式将 LGOX 和 KatG 串联表达,通过与 LGOX 前相同的 RBS 序列连接 KatG,构建成功的共表达菌株命名为大肠杆菌 F008;策略 2 采用双启动子模式与 LGOX 和 KatG 前面添加同样的启动子及相关序列,构建共表达菌株命名为大肠杆菌 FXC008;策略 3 采用单启动子模式将 LGOX 和 KatG 直接串联在一起,构建成功的共表达菌株命名为大肠杆菌 FXC009。

将采用三种不同构建策略构建的重组菌株于 TB 培养基中培养至 OD_{600} 约 0.6,添

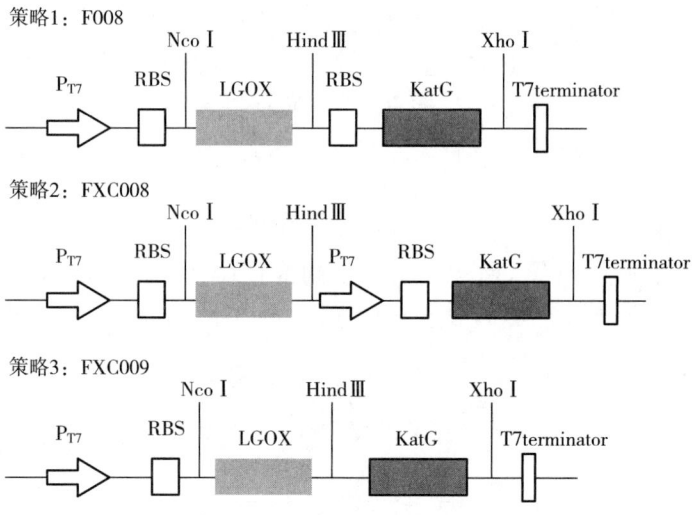

图 12-32 三种菌株构建策略示意图

加 0.4mmol/L IPTG 诱导 5h,测定此时细胞浓度、LGOX 活力及 KatG 活力,并收集细胞进行蛋白电泳以及全细胞转化生产 α-酮戊二酸(110g/L L-谷氨酸、4%~5% 曲拉通 X-114、重组菌全细胞、pH6.5 磷酸盐缓冲液体系、200r/min、30℃ 转化 24h)。SDS-PAGE 结果如图 12-33 所示,其中大肠杆菌 F008 及大肠杆菌 FXC008 均有 LGOX 和 KatG 的蛋白表达,大肠杆菌 FXC009 中重组蛋白约 145ku,为 LGOX 和 KatG 融合表达蛋白。

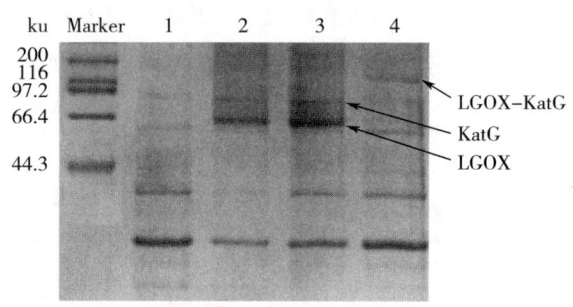

图 12-33 SDS-PAGE 图谱
1—FMME089 2—F008 3—FXC008 4—FXC009

将不同共表达菌株及对照组的细胞浓度、LGOX 活力、KatG 活力及全细胞转化 α-酮戊二酸产量整理成表 12-8,可以发现 KatG 活力:大肠杆菌 FXC008>F008>FXC009,LGOX 活力:大肠杆菌 FXC009>F008>FXC008,α-酮戊二酸产量:大肠杆菌 FXC009>F008>FXC008,且大肠杆菌 F008 与 FXC009 的 α-酮戊二酸产量相差不大。因此,相同启动子串联表达不利于双酶表达,大片段基因融合表达可操作性较差且无法确定双酶活力,单启动子双酶串联表达可以通过 RBS 调控目的基因的表达,可操作性强且能较好保存双酶活力,是下一步优化的基础。

表 12-8　　　　　　　　不同构建方式细胞浓度、产酶及转化效果比较

菌种	OD_{600}	LGOX 活力/(U/mL)	KatG 活力/(U/mL)	α酮戊二酸/(g/L)
FMME089	6.06	3.12±0.20	—	20.1±0.8
F008	7.87±0.38	1.02±0.2	344.7±10.5	54.5±0.1
FXC008	7.79±0.37	0.24±0.08	385.2±26.3	24.2±1.2
FXC009	6.01±0.08	1.48±0.12	200.4±7.7	57.1±1.8

3. LGOX 和 KatG 共表达基因间隔对 α-酮戊二酸生产的影响

按照图 12-34 质粒构建方式构建重组质粒（其中 RBS* 代表不同 SD 与 ATG 间隔的序列），设定间隔分别为 3、6、9 和 12bp，上游引物分别为 KatG-rbs1、KatG-rbs2、KatG-rbs3 和 KatG-rbs4，通过传统的构建方式构建并验证重组菌株，将构建并验证成功的菌株分别命名为大肠杆菌 FXC003、大肠杆菌 FXC004、大肠杆菌 FXC005 和大肠杆菌 FXC006。

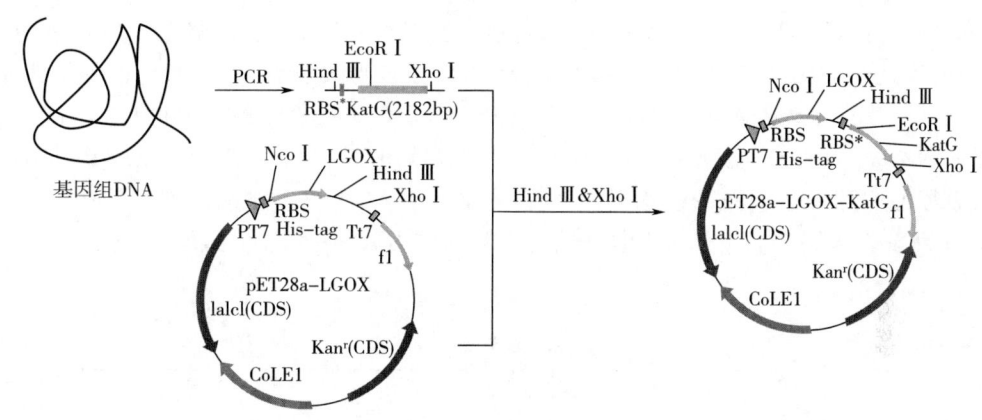

图 12-34　不同间隔共表达质粒的构建

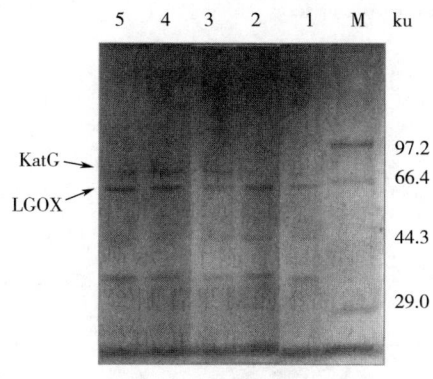

图 12-35　不同间隔共表达菌株 SDS-PAGE

将四株重组菌株于 TB 培养基中培养至 OD_{600} 约 0.6，添加 0.4mmol/L IPTG 诱导 5h，测定此时细胞浓度、LGOX 活力及 KatG 活力，并收集细胞进行蛋白电泳以及全细胞转化生产 α-酮戊二酸（110g/L L-谷氨酸，4%~5% 曲拉通 X-114，重组菌全细胞，pH6.5 磷酸盐缓冲液体系，200r/min，30℃ 转化 24h）。SDS-PAGE 结果如图 12-35 所示，四株共表达菌均有 LGOX 和 KatG 的表达，条带约为 65ku 和 80ku。

将不同重组菌株的细胞浓度 OD_{600}、LGOX 活力、KatG 活力及全细胞转化 α-酮戊二酸产量列于表 12-9，可以看出，LGOX 活力：大肠杆菌

FXC003>FXC005>FXC006>FXC004，且大肠杆菌 FXC004、FXC005、FXC006 相差不大，而 KatG 活力大肠杆菌：FXC005>FXC004>FXC006>FXC003，其中大肠杆菌 FXC003 远低于其他三株，仅为 56U/mL。其中大肠杆菌 FXC005 的 KatG 活力最接近实验预测值 1250U/mL，α-酮戊二酸产量最高为 86.7g/L，转化率为 79.6%。产量虽然有较大的提高，但是仍没有满足完全替代过氧化氢酶的目的，因此需要进一步优化共表达策略。

表 12-9　　不同间隔共表达菌株细胞浓度、产酶及转化效果比较

菌种	SD 与 ATG 间隔	细胞浓度	LGOX 活力/(U/mL)	KatG 活力/(U/mL)	α 酮戊二酸/(g/L)
FXC003	3bp	6.78±0.15	3.07±0.05	56±3.4	42.3±1.5
FXC004	6bp	7.28±0.11	2.63±0.02	787.6±43.4	83.2±0.13
FXC005	9bp	7.7±0.28	2.86±0.13	935.8±66.2	86.7±1.41
FXC006	12bp	6.54±0.2	2.64±0.11	623.2±21.1	68.8±2.1

4. LGOX 和 KatG 共表达 RBS 强度对 α-酮戊二酸生产的影响

由于核糖体结合位点（RBS 序列）会影响核糖体和 mRNA 的结合等，对 mRNA 的翻译速率有着十分重要的作用，进而影响重组蛋白的表达量，因此通过调控 RBS 序列可以调节 KatG 的表达量。结合 The RBS calculator v1.1 评估核糖体与细菌 mRNA 的结合自由能，以及预测目的蛋白序列的翻译起始速率 TIR（0.1~100000 或者更多）。自由能 ΔG_{tot} 与翻译起始速率的关系：$r \propto \exp(\beta \Delta G_{tot})$，并且在大肠杆菌 BL21 中该方法预测的 TIR 与对应报告蛋白表征的实际表达量在系统水平上基本一致（$R^2 = 0.93$）。因此，在已知 ΔG_{tot} 或 TIR 的 RBS 序列菌株大肠杆菌 FXC003 的基础上，对所需 RBS 序列进行预测和优化，结果如表 12-10 所示。

表 12-10　　RBS 及其特征

RBS 序列	mRNA 序列（包括 RBS 和 KatG 前端序列的一部分）	ΔG_{tot}/(kcal/mol)	TIR/au
rbs1	AAGCTTCGCTTAAGGAGGCTatgagcacgtcagacgatatccataacaccacagccac	1.85	1087.31
rbs5	AAGCTTTCTAGAAAAAAAATAAGGAGGTAAAAatgagcacgtcagacgatatccataacaccacagccac	-11.47	436225.98
rbs6	AAGCTTTCTAGAACCCACGACTAAACTATAAAATAAGGAGGTACGCATGGCTGAAGCGCAAAACGATCCCCTGagcacgtcagacgatatcc	-9.37	169536.1
rbs7	AAGCTTTCTAGAAGAACAATACAGGAGGACAATTCGCCCTATGTCCAGATTAGATAAAGTAAAGTTagcacgtcagacgatatcc	-5.31	27239.81
rbs8	AAGCTTTCTAGATTCCCCCGGAAACCAATAAAAGAAGGCCATCGTCATGTCCAGATTAGATAAAGTAAAGTTagcacgtcagacgatatcc	-5.1	24850.31

注：1kcal=4.1868kJ。

将验证成功的共表达菌株于 TB 培养基中培养至 OD_{600} 约 0.6，添加 0.4mmol/L IPTG 诱导 4h，收集细胞进行蛋白电泳。结果如图 12-36 所示，与对照组（大肠杆菌 BL21 和

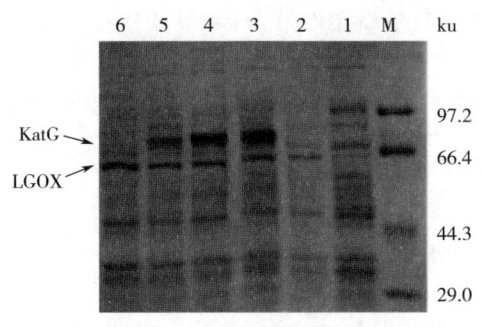

图 12-36 LGOX 和 KatG 共表达蛋白电泳图

FXC001）相比，共表达菌株的 LGOX 蛋白约为 65ku，KatG 蛋白约为 80ku，两种蛋白都有表达。其中，大肠杆菌 F002 和大肠杆菌 F005 的 KatG 条带明显高于 LGOX，大肠杆菌 F006 中 KatG 和 LGOX 相差不大，大肠杆菌 F007 中 LGOX 的条带明显超过 KatG。总体 KatG 的条带亮度：大肠杆菌 F002>F005>F006>F007，符合 TIR 预测。

不同重组菌株的细胞浓度 OD_{600}、LGOX 活力、KatG 活力及全细胞转化 α-酮戊二酸产量见表 12-11。发现 LGOX 活力：大肠杆菌 F007>F006>F002>F005，KatG 活力：大肠杆菌 F005>F006>F002>F007，且大肠杆菌 F005 及 F006 的 KatG 活力接近预测值 1250U/mL，结合 SDS-PAGE 图谱发现 KatG 蛋白表达量与 KatG 活力不成比例，且 TIR 预测有一定的偏差（大肠杆菌 F006 和 F007）。将四株菌进行全细胞转化生产 α-酮戊二酸（110g/L L-谷氨酸，4%~5%曲拉通 X-114，重组菌株全细胞，pH6.5 磷酸盐缓冲液体系，200r/min，30℃转化 24h），发现 α-酮戊二酸产量：大肠杆菌 F006>F005>F002>F007，KatG 活力对转化效果影响较显著，其中大肠杆菌 F006 的转化效果最好，α-酮戊二酸产量达到 103.1g/L，转化率达到 94.6%，较好地实现了双酶转化效果。

表 12-11 重组菌产酶效果

菌种	RBS	细胞浓度	LGOX 活力 /(U/mL)	KatG 活力 /(U/mL)	α-酮戊二酸 /(g/L)
F002	rbs5	6.58±0.22	1.7±0.2	779.8±31.5	71.9±1.6
F005	rbs6	9.33±0.66	1.45±0.06	1241.3±176.4	98.7±0.65
F006	rbs7	8.74±0.08	2.09±0.04	1185.3±132.4	103.1±5.2
F007	rbs8	7.92±0.03	2.4±0.28	140.2±0.3	58.6±1.24

参 考 文 献

[1] 毕春元,李玲,李敬龙.L-谷氨酸氧化酶的研究进展 [J].生命科学,2012(02):169-173.

[2] 郭洪伟,堵国成,周景文,等.微生物发酵生产 α-酮戊二酸研究进展 [J].生物工程学报,2013(02):141-152.

[3] 牛盼清.酶法转化 L-谷氨酸生产 α-酮戊二酸 [D].江南大学,2013.

[4] 牛盼清,张震宇,刘立明.酶法转化 L-谷氨酸生产 α-酮戊二酸 [J].生物工程学报,2014(08):1318-1322.

[5] 殷晓霞.代谢工程改造解脂亚洛酵母产 α-酮戊二酸 [D].江南大学,2012.

[6] 余宗钟.解脂亚洛酵母发酵生产 α-酮戊二酸过程优化和中试放大 [D].江南大学,2012.

[7] 余宗钟,堵国成,陈坚,等.基于细胞代谢调控的 α-酮戊二酸发酵过程放大 [J].工业微生物,2013(03):23-28.

[8] 巩健.解脂耶氏酵母诱变育种及发酵产 α-酮戊二酸条件优化[J].生物技术通报, 2014, 7: 190-195.

[9] Zeng W, Du G, Chen J, et al. A high-throughput screening procedure for enhancing α-ketoglutaric acid production in *Yarrowia lipolytica* by random mutagenesis [J]. Process Biochemistry, 2015, 50: 1516-1522

[10] 樊祥臣.L-谷氨酸酶法生产 α-酮戊二酸的条件优化[D].江南大学, 2016.

第十三章 醋酸发酵生产技术

第一节 概　　述

一、醋酸发酵简史

醋酸发酵可以说是起源于食醋发酵。醋酸发酵目前在工业上的应用是生产食醋，因此醋酸发酵史也是食醋发酵史，而食醋发酵在古代最早只是酿酒受细菌污染的结果，即所谓"酒酸变醋"。因此醋酸发酵的历史几乎与酿酒一样悠久。中国的"醋"一词有陈酒之意；英文 vinegar 一词来源于法语 vin（葡萄酒和其他酒）和 aigre（酸的）；拉丁语 acetum 的字面含义也是酸酒。生产食醋的原料很多，如谷物原料、含糖原料、酒精、麦芽、葡萄、苹果等，相对应的有米醋、糖醋、麦芽醋、葡萄醋、苹果醋、酒精醋等。

我国食醋的酿造据文字记载已有两千多年历史。《周礼·天官》中即有"醯人主作醯醢"的记载，醯即醋和其他各种酸性调味品。历代对醋记载不少。《荀子正名》里有"香臭芳郁腥臊酒酸奇臭以鼻异"。《隋书醋吏传》里有"宁饮三升醋不见崔弘度"，可见当时醋已是很普遍。《齐民要术》记载了酿醋的方法，其大意是：七月初七，汲好水准备酿造。大约用黄衣（麦曲）一斗，水三斤，粟米熟饭（已经摊冷的）三斗。依瓮的大小，按上述比例加入瓮中，瓮满为止。先把麦曲放入瓮内，再把水放下去，最后把饭放下去，然后一直静置到过了第一个七天，汲一碗井水倒进去，第三个七天，再倒进一碗水即成熟。此类老法酿醋要 1 个月左右。此外，一些名醋酿造也比较复杂，如镇江香醋，用黄酒糟，有制醋、倒醅、淋醋等 40 多道工序，历时约 60d。老法酿醋，产品具有色、香、酸、醇、浓五大特点，但酿造时间长，而且自然发酵，产品质量并不稳定。新中国成立前，我国食醋生产沿用古老落后的生产工艺。新中国成立后，食醋生产工艺和设备有了很大改进。1956 年，原轻工部总结推广了济南酿造厂的新固态发酵法，即使用人工培养的纯种曲霉和酵母进行固态糖化和酒精发酵，提高了出醋率。1967 年上海醋厂和上海市粮油工业公司酿造实验工厂（现名：上海市酿造科学研究所）创造了酶法液化自然通风回流的固态发酵工艺，将酿醋的全过程划分为液化、糖化、酒精发酵、醋酸发酵四个生化阶段，使用了纯粹培养的枯草杆菌、曲霉菌、酵母菌和醋酸菌。此工艺解决了历史沿袭下来的人工翻醅的问题，发酵池容积达 $25m^3$，扩大了生产规模，进一步提高了原料利用率，同时缩短了生产周期。此工艺曾在北京、郑州、温州、宁波、平湖等地推广使用，以后天津、石家庄、安阳、青岛、福州等地又改进为酶法液化回流法生产食醋，即将酒醪经过过滤后回流在介质玉米芯上，经醋酸菌作用生成醋酸。1972 年，山西长治市副食品加工厂生料制醋新工艺试产成功，并投入生产。北京龙门醋厂不断完善这一工艺。自 1972 年，石家庄、济南、天津、上海等地先后采用液态深层发酵法新工艺。1977 年上海醋厂和上海市酿造科学研究所首先将自吸式充气发酵罐应用于液醋生产，它的优点是发酵周期短、劳动生产率高、厂房占地面积小、节约辅料、原料利用率高。这是我国近代制醋工业的一项重大技术发展。在保持传统工艺生产的食醋产品风味前提下，也不同程度地减轻了劳动强度，提高了劳动生产率，还改善了产品质量。20世纪80年代以后，我国食醋生产工艺技术不断得到改进和完善，并开发了很多满足市场需要的新产品和新品种。但我国很多用传统工艺生产的食醋，因其特有的风味，一直得到人民群众喜爱。因此，我国一些传统工艺仍有部分得到保留。一些新技术的应用使传统产品不仅保留原有独特风味，而且品质得到进一步提高。

欧美早先获得醋酸的方法有天然发酵醋的蒸馏和木材的分解蒸馏（所谓"木醋"）。真正的醋酸发酵应该是从快速制醋法发展起来的。快速制醋工艺由德国学者舒莱巴赫在1823年首先提出，因此称为"德国工艺"。这种工艺由德国的Frings公司做了较大改进。其发酵罐底部有一个假底构成集酸室，假底上面填充橡胶碎屑（或榉木刨花），醋酸菌附着在碎屑上，发酵罐上设有旋转式布醋管，实行酒醪喷淋，发酵过程中所需空气由分布在假底下面的通风管通入，由热交换器调控发酵温度。这种工艺自发明后一个半世纪，一直是工业化生产食醋的主要方法。

深层发酵醋酸工艺始于20世纪50年代初。德国于1949年和1951年报道了工业化深层发酵醋酸工艺。1954年德国的Frings公司开发了称为"Acetator"的深层醋酸发酵罐，并于1955年获得专利。这种发酵罐类似于我国的自吸式发酵罐。自吸式高速搅拌器装于罐底部，吸入罐内的空气形成细微气泡，直接与含有5%酒精和7%酸度的醪液接触，使其转化成酸度为10%~12%的酒精醋，发酵时间约1~2d。至20世纪80年代末，国外很多酿造企业采用这种自吸式深层发酵法生产食醋。20世纪60年代以来，微生物细胞和酶的固定化技术在醋酸发酵领域中探索试用。该技术具有生产速率快、操作稳定、自动化程度高等优点，但在基质浓度、产酸浓度以及转化率方面还存在着不同程度的问题，目前仍处于工业化研究阶段。

二、我国食醋发酵工业现状

随着科学技术的进步，我国食醋工业得到了很大发展。传统特色工艺在保持产品风味的前提下，不同程度上实现机械化，同时一些新技术、新工艺、新设备得到应用和发展。目前我国食醋发酵工业有以下特点。

（1）各种工艺并存　我国食醋发酵工艺有表面发酵、喷淋发酵、醋化塔发酵、液态深层发酵和固态发酵。

（2）生产企业多、产量高　我国食醋生产企业县级以上厂约有2300家。可统计年产量达200万吨（以3.5%醋酸计）。

（3）生产企业规模小　具有一定规模的食醋生产厂近200家，其中年产100t以下的占5%，100~2500t的占80%，2500t以上的占10%。

（4）技术水平参差不齐　液态发酵主粮出品率最低145kg/100kg，最高855kg/100kg 固态发酵主粮出品率最低380kg/100kg，最高1200kg/100kg。

（5）名、特、优食醋多　2000多年食醋酿造历史所形成的传统特色工艺得到保留和发展。因此，我国名特优食醋品种多，驰名中外，例如镇江香醋、四川保宁醋均在国际食品博览会上获过金奖。

三、我国著名食醋介绍

我国地域辽阔，酿醋历史悠久。各地人民按照本地气候、原料等条件，创造出工艺不同、风格各异的制醋方法，所酿制的产品具有独特的风味，体现鲜明的地方色彩，得到了人民群众喜爱。国内著名的食醋有以下几种。

(1) 山西老陈醋　山西老陈醋是北方最著名的食醋，创始于300多年前的清初顺治年间。其以高粱为主要原料，经磨碎蒸熟后加入大量大曲作糖化剂，低温糖化及酒精发酵，酒醪拌入谷糠、麸皮，进行固态醋酸发酵，发酵周期长，并经"夏晒冬捞冰"陈酿过程。产品色泽黑紫、味清香、质浓稠、酸味醇厚、回味绵长。

(2) 镇江香醋　从1850年开始生产至今已有170年历史。以糯米为主要原料，经浸泡、沥干、蒸熟、冷却、拌入酒药、酿成酒酿；然后分次拌入麸皮谷糠，用固态分层发酵法进行醋酸发酵，先后经过40多道工序，历时60d，再经淋醋、加砂糖、炒米色。产品呈深褐色、有光泽、香味芬芳、口味酸而微甜，为江南最著名食醋之一。

(3) 四川麸醋　以麸皮为主要原料，加入药曲或辣蓼汁制成醋母，进行醋酸发酵，经14d发酵后进行陈酿，陈酿1年后淋醋。产品色泽黑褐、酸味浓厚、稍带鲜、有特殊芳香。四川麸醋以保宁醋最有名。

(4) 福建红曲醋　选用糯米为主要原料，经浸泡、淘洗、沥干、蒸熟、拌入红曲、入缸、堆积发酵，然后分次加入米和水，经70d酒精发酵结束，再接入醋母进行醋酸发酵，1年后分割法取醋。红曲醋呈棕色、液清、香味浓郁、酸中带甜、味醇厚，以福建生产的最为著名。

(5) 玫瑰米醋　以大米为原料，经浸泡、洗净、沥干、蒸熟成饭后装入缸中，使自然界的微生物落入并生长繁殖。5~6d后，米饭上生长各种曲霉，毛霉、根霉，然后加水发酵3~4个月，压榨，配制成品。醋液呈玫瑰红色、透明、香气纯正、口味酸而醇和、略带鲜甜味，是浙江一带普遍生产的食醋。

四、食醋的成分

1. 食醋的一般成分

食醋的质量因原料的种类、配比、制造方法不同而有区别，一般依靠理化分析、卫生检验和感官鉴定来判定。我国酿造食醋的一般成分见表13-1，日本食醋的一般成分见表13-2。

表13-1　　　　　我国酿造食醋的一般成分

种类	密度/(g/dL)	糖度/°Bx	pH	总酸含量/(g/dL)	还原糖含量/(g/dL)	全糖含量/(g/dL)	无盐固形物含量/(g/dL)	食盐含量/(g/dL)	全氮含量/(g/dL)	灰分/(g/dL)
香醋	1.094	21.0	3.68	5.58	2.79	3.45	12.50	3.86	0.71	5.08
米醋	1.072	18.0	3.65	5.13	2.02	8.91	12.79	0.02	0.32	1.14
彰德陈醋	1.128	27.5	3.69	8.95	3.030	3.81	19.34	4.65	0.097	6.62
熏醋	1.056	14.9	3.87	6.15	0.63	0.83	9.73	0.84	0.64	1.87

续表

种类	密度/(g/dL)	糖度/°Bx	pH	总酸含量/(g/dL)	还原糖含量/(g/dL)	全糖含量/(g/dL)	无盐固形物含量/(g/dL)	食盐含量/(g/dL)	全氮含量/(g/dL)	灰分/(g/dL)
镇江香醋	1.086	19.8	3.73	6.82	1.50	1.84	11.91	3.18	0.69	4.39
白米醋	1.012	3.60	2.87	6.33	0.17	0.18	0.25	0.006	0.007	0.003
山西熏醋	1.141	30.8	3.82	7.99	8.51	8.73	21.39	3.97	0.86	6.65
老陈醋	1.194	41.0	3.87	10.38	11.25	12.82	30.47	5.33	1.22	9.42
浙醋	1.060	13.5	3.61	3.62	2.48	3.66	6.95	3.60	0.18	3.56
三汇特醋	1.114	28.0	3.83	7.18	4.50	7.32	21.37	1.47	1.25	3.39

表 13-2 日本食醋的一般成分   单位:g/dL

种类	总酸含量	不挥发酸含量	酒精含量	全糖含量	还原糖含量	全氮含量	氨基酸氮含量	固形物含量	灰分	密度	pH
米醋	4.60	0.37	0.15	4.97	3.0	0.035	0.017	5.86	0.72	1.049	2.70
酒糟醋	4.59	0.22	0.18	1.30	0.018	0.018	0.008	1.70	0.58	1.018	2.65
酒醋	4.73	0.11	0.033	1.14	0.53	0.032	—	1.30	0.02	1.001	—
速酿法酒精醋	5.33	0.21	0.36	1.84	0.69	0.01	0.008	0.64	0.40	1.011	2.61
麦芽醋	4.95	0.37	0.17	1.66	0.70	0.004	0.006	1.36	0.22	1.017	
苹果醋	5.05	0.32	0.17	2.60	1.77	0.009	0.004	5.35	0.10	1.022	
葡萄醋	5.28	0.49	0.31	—	0.92	0.012	0.005	4.02	0.16	1.024	
福山米醋	4.45	0.31	0.31	—	0.09	0.113	—	2.06	0.47	1.013	

2. 食醋中的氨基酸

食醋中存在 18 种游离氨基酸，不同氨基酸产生不同味觉，有鲜、甜、苦、酸味，分别构成食醋的滋味。这些氨基酸来源于原料和微生物菌体蛋白质的降解，氨基酸的种类及各种食醋中的含量因用原料及工艺而有所不同。我国食醋中的游离氨基酸含量见表 13-3。

3. 食醋中的有机酸

食醋是一种酸性调味料，因此酸味是它的主要成分。食醋中的酸主要是醋酸，其次则是种类繁多、含量不同的各种有机酸，如乳酸、苹果酸、琥珀酸、葡萄糖酸、柠檬酸、丙酮酸、酒石酸、甲酸、乙酸、丙酸、丁酸等，它们起调和悦人味感的作用。这些有机酸除小部分来自原料外，大部分是从制曲到发酵过程中各种微生物的代谢产物。用粮谷原料酿成的食醋中大部分是挥发酸，约占总酸的 70%~80%，如甲酸、乙酸、丙酸、丁酸、戊酸、辛酸等。用果汁酿成的水果醋中不挥发酸含量较多，少量的挥发酸中以醋酸为主，其他酸的量很少。不挥发酸含量高的食醋刺激性小，味柔和。我国和日本各种酿造食醋中有机酸的组成见表 13-4。

表 13-3 我国食醋中的游离氨基酸含量

单位：mg/dL

氨基酸\品种	香醋	米醋	彰德陈醋	熏醋	江米香醋	镇江香醋	白米醋	山西熏醋	老陈醋	浙醋	三江特醋
色氨酸	—	—	0.3~7.2	—	0.3~6.2	0.2~2.1	—	0.5~8.8	1.1~26.1	0.4~1.9	0.1~2.4
赖氨酸	10.6~193.5	9.3~62.7	9.0~210.7	7.5~115.9	2.0~10.6	1.99~121.8	0.1~14.3	7.6~144.5	7.9~180.4	9.2~40.2	13.7~356.5
组氨酸	2.2~40.5	0.6~4.1	2.0~46.1	2.0~8.2	5.1~22.5	0.8~8.8	0.2~8.7	1.2~23.2	1.1~25.5	1.5~6.4	1.2~32.4
精氨酸	8.2~149.9	2.5~16.6	2.8~65.2	0.4~5.7	1.3~25.8	6.4~71.1	0.2~8.7	7.8~148.2	7.0~158.5	3.5~15.3	3.7~95.5
天冬氨酸	7.4~134.2	3.4~23.0	5.8~134.8	4.0~62.3	7.6~150.7	8.5~94.6	0.2~8.7	7.5~141.2	7.5~171.4	7.6~33.3	6.3~163.3
苏氨酸	3.2~57.9	4.6~30.9	3.6~84.0	4.2~64.8	3.8~74.7	3.7~41.8	+	3.2~60.8	3.4~76.3	3.6~15.7	3.8~98.7
丝氨酸	5.1~92.2	5.7~38.2	5.4~124.8	6.2~96.2	5.0~100.3	6.2~69.0	0.1~4.3	4.9~92.1	4.7~107.1	5.3~23.1	5.7~148.6
胱氨酸	13.7~249.4	10.0~67.4	17.5~408.7	7.7~118.6	13.8~274.9	7.6~85.3	0.1~4.3	14.4~273.0	12.5~283.1	18.1~79.0	11.4~296.6
脯氨酸	1.6~28.3	1.6~10.6	1.3~31.0	1.6~24.7	1.6~31.0	1.1~12.34	—	2.4~45.0	2.3~51.1	0.2~0.6	1.3~33.2
甘氨酸	4.1~74.7	5.4~36.7	4.5~105.9	6.7~104.4	4.8~96.0	4.0~45.1	+	4.0~76.7	3.8~87.0	4.7~20.5	4.9~128.5
丙氨酸	11.2~204.3	22.6~152.5	5.9~372.5	23.6~364.9	16.3~323.5	14.3~160.1	0.1~4.3	15.4~291.4	16.6~376.0	13.6~59.2	17.1~444.4
缬氨酸	7.3~133.5	8.4~56.3	8.0~187.0	9.9~153.9	8.8~174.6	8.3~12.2	0.2~8.7	7.3~137.8	8.2~85.2	7.9~34.5	8.2~212.9
甲硫氨酸	3.1~56.3	2.9~10.5	2.4~56.3	3.1~47.8	3.0~59.3	2.4~27.2	0.2~8.7	2.4~46.2	2.4~53.8	1.3~5.8	2.6~66.5
异亮氨酸	4.4~80.4	6.2~42.0	5.8~136.4	6.4~99.7	5.5~110.3	5.6~62.0	0.2~8.7	4.4~84.0	5.2~119.1	4.8~20.7	10.5~130.3
亮氨酸	10.6~192.5	11.1~24.5	10.3~239.5	12.9~199.5	10.8~215.6	13.4~150.2	0.2~8.7	10.6~200.3	9.4~236.0	9.7~42.2	1.5~273.0
酪氨酸	2.8~51.0	3.3~22.3	2.6~60.2	1.0~16.2	1.9~37.7	2.9~32.1	0.3~13.0	2.8~53.8	2.5~57.8	3.4~14.8	1.5~39.7
苯丙氨酸	4.5~219	2.5~16.9	2.4~54.5	4.2~64.1	3.9~77.0	3.7~41.0	0.2~8.7	3.6~67.3	3.4~76.3	3.3~14.0	2.9~75.1

注："+" 表示含有但不知道具体的数值，"—" 表示不含。

表 13-4　　我国食醋中的有机酸组成　　单位：mg/dL

种类	香醋	米醋	彰德陈醋	熏醋	江米香醋	镇江香醋	白米醋	山西熏醋	老陈醋	浙醋	三汇特醋
醋酸/（g/dL）	5.58	5.13	8.85	6.15	6.82	6.82	6.33	7.99	10.38	3.62	7.18
乳酸	491.5	479.5	420.5	430.5	277.2	411.8	12.0	516.8	474.2	116.3	427.9
丙酮酸	29.5	84.1	66.8	55.2	42.8	42.5	—	12.8	59.9	11.0	52.6
甲酸	15.4	42.5	34.7	32.7	18.7	27.9	—	49.8	84.9	11.2	28.9
苹果酸	6.5	14.5	19.7	12.0	8.5	11.9	2.4	30.5	26.8	2.3	1.2
柠檬酸	8.7	11.7	8.1	6.0	11.2	28.6	—	16.0	17.9	1.7	18.2
琥珀酸	20.5	40.3	33.0	20.3	2.39	23.4	2.2	48.3	78.7	9.3	37.9
α-氧化戊二酸	12.2	16.3	11.9	5.6	13.6	5.6	—	17.7	23.6	10.9	13.3

4. 食醋中的糖分

食醋中的糖类来自原料。淀粉质原料经过糖化变成可发酵性糖，其中一些葡萄糖为醋酸菌所代谢。如醋酸杆菌（Acetobacter aceti）可将80%葡萄糖变成葡萄糖酸，20%作为能源被消耗掉。醋酸菌氧化葡萄糖的分解途径包括：①生成葡萄糖酸；②生成六碳糖磷酸而降解。大部分发酵性糖经醋酸发酵变成醋酸等发酵产物，但尚有一部分残糖留下来进入成品，食醋中最多的糖类是葡萄糖，其次是果糖，此外还有蔗糖、甘露糖、阿拉伯糖、鼠李糖、半乳糖、纤维二糖。这些糖类的甜度不同，在食醋中含量不同，构成了食醋的甜味。食醋中糖分含量见表13-5。

表 13-5　　我国酿造食醋糖分分析值　　单位：mg/dL

种类	香醋	米醋	彰德陈醋	熏醋	江米香醋	镇江陈醋	白米醋	山西熏醋	老陈醋	浙醋	三汇特醋
鼠李糖	34.5	26.7	229	+	22.3	—	—	27.1	769	7.3	117.1
果糖	327.8	588.7	385.6	148.6	683.6	518.8	78.3	759.5	1012.8	161.0	636.8
α-葡萄糖	662.8	347.5	518.2	9.1	407.3	204.2	33.8	2330.9	3192.2	761.3	1098.0
β-葡萄糖	1142	3564	803.7	16.6	465.9	277.8	39.1	3160.3	4910.1	1109.0	1442.0
蔗糖	556.5	7186.8	22.9	—	8.4	3.7	5.2	—	+	47.6	+
α-麦芽糖	—	—	95.3	—	—	—	—	—	+	84.2	893.0
β-麦芽糖	34.5	—	118.1	—	2.8	—	—	—	—	186.7	1039.4
α-异麦芽糖	—	—	—	—	—	—	—	—	—	47.6	+
β-异麦芽糖	—	—	—	—	—	—	—	—	+	47.6	+
棉籽糖	—	—	—	—	2.8	—	—	—	51.3	7.3	—
其他糖（未知）	696.9	401.8	184.2	655.7	1202.5	835.4	23.4	2453.1	3576.8	1200.5	2093.5
合计	3455	12115	2357	830.0	2795.9	1839.9	179.8	8730.9	13512	3660.1	7319.8

注："+"表示含有但不知道具体的数值，"—"表示不含。

5. 食醋中的香气成分

食醋的香气成分对品质评价起着重要作用，食醋中香气成分来源于酿醋原料及发酵过程，由于发酵工艺不同，其产品香气成分截然不同。食醋香气成分主要包括酯、醇、醛、酸、酚和双乙酰等，它们在食醋中含量极少，但在恰当的配比下，能赋予食醋特殊的芳香。食醋品种不同，组成不同，见表13-6。主要包括以下几类。

（1）酯类　酯类具有果香气味，是形成食醋特有香气的重要成分，一般在名醋中含量较高。酯类中以乙酸丁酯最多，占香气成分60%以上，其次为乙酸乙酯、乙酸异戊酯、乙酸丙酯、乙酸甲酯等。

（2）醇类　乙醇是醋酸发酵前段的成分，是各种食醋的共同成分，也是较多的一种醇。除乙醇外，还有甲醇、丙醇、异丙醇、异丁醇、仲丁醇、异戊醇、正戊醇，但过量高级醇会给人苦涩的感觉。

（3）醛类　食醋中有糠醛、乙醛、异戊醛、乙缩醛、甘油醛、香草醛等，但醛类过多则辛辣味太重，刺激较大，极微量的乙醛所形成的辣味对五味调和有一定作用。

（4）酸类　有机酸有气味。乙酸酸味是愉快的，乳酸香气较弱，脂肪酸从丙酸开始均有异臭味，这些气味自庚酸起随着碳原子增加会逐渐减弱。

（5）酚类　4-乙基愈创木酚含量为1~2mg/kg时呈香气，丁香酚、香草酚能起到呈香、助香作用。

（6）双乙酰　这类物质含量少时赋予蜂蜜样甜香气味，含量多时呈酸奶臭、霉臭或馊饭气味。双乙酰和3-羟基丁酮被认为是由丙酮酸转化而来。食醋中双乙酰含量0.2mg/kg就可觉察到，它与其他成分均衡，构成酿造食醋的特征香气成分。

表13-6　　　　　　　　　我国酿造醋的香气成分

种类	食醋	米醋	彰德陈醋	熏醋	镇江香醋	白米醋	山西熏醋	老陈醋	江米香醋	浙醋	三汇特醋
α-丙醇	544.6	113.2	918.7	271.1	513.5	—	461.8	222.6	610.9	484.9	254.1
异丙醇	758.3	—	2685	14.3	1055	1286	140.8	—	1674	—	7.5
异丁醇	—	—	379.0	214.3	17.2	38.8	—	—	340.8	211.2	+
双乙酰	45.2	38.2	41.7	30.6	34.1	0	51.7	3.7	34.6	34.1	34.1
3-羟基丁酮	368.4	410.5	351.6	444.7	203.4	44	214.8	572.8	746.7	444.3	345.2
2,3-丁二醇	30	45.0	111.5	135.7	219.3	0.7	275.9	446.2	451.6	88.4	107.1
乙醛	149.5	—	—	8.5	19.9					24.9	8.0
醋酸乙酯	265.5	235.7	431.8	191.2	216.3	+	534.3	1209.7	245.0	245.9	168.6
醋酸丙酸	—	419.4						19.7			
己酸乙酯	+	20.6	0.9	50.9	3	13.0	5.2	18.0	0.7	4.5	1.2
己酸异戊酯	111.8	4.3	80.0	630.3	281.7	75.8	98.2	1132.0	1103	60.6	473.9
糠醛	27.1	26.6	104.4	101.0	44.3	—	15.9	—	10.6	20.4	56.3
苯甲酸乙酯	82.0	219.1	85.6	243.7	21.9		2.5	13.6	118.1	4.2	22.6
醋酸丁酯	9634.4	7080.8	6765.2	3127	4240	—	5850	6506.9	4636.2	5928	4239

第二节 醋酸发酵机理及菌种

一、基本概念

用淀粉质原料发酵食醋基本上是分三步进行的，可以简单地用下列反应式表示：

(1) $$(C_6H_{10}O_5)_n + nH_2O \longrightarrow nC_6H_{12}O_6$$
淀粉　　　　　　　葡萄糖

(2) $$C_6H_{12}O_6 \longrightarrow 2C_2H_5OH + 2CO_2$$
葡萄糖　　　　　乙醇

(3) $$C_2H_5OH \longrightarrow CH_3CHO \longrightarrow CH_3COOH$$
乙醇　　　乙醛　　　乙酸（醋酸）

上述三个步骤可以分别单独进行，也可（1）+（2）混合进行（即工艺上的"双边发酵"工艺）。而老法制醋工艺甚至是三个步骤混合在一起进行。由淀粉到葡萄糖是用双酶法水解，即酶法液化和酶法糖化。

二、醋酸发酵机理

醋酸菌是食醋酿造中醋酸发酵阶段的主要菌，它具有氧化酒精生成醋酸的能力。根据许多研究者的细致研究，认为乙醇向醋酸的转化是分两步进行的，中间产物是乙醛：

$$C_2H_5OH \xrightarrow{E_1} CH_3CHO \xrightarrow{E_2} CH_3COOH$$

式中 E_1 是乙醇脱氢酶或乙醇氧化酶，E_2 是醛脱氢酶。有人成功地纯化了弱氧化醋杆菌的一种乙醇脱氢酶，它依赖于 NAD（烟酰胺腺嘌呤二核苷酸），对乙醛不起作用。这些研究者还纯化了一种乙醛脱氢酶，它需要 NADP（烟酰胺腺嘌呤二核苷酸磷酸）作为辅酶。Prieur 1968 年发现木醋杆菌中乙醇的氧化具有两个酶系统，其中之一的最大活力在 pH5.7 处，不需要 NAD；另一个最大活力在 pH8.1 处，依赖于 NAD。

日本学者中山竹义对醋酸发酵机理进行了更细致的研究。他从一种醋杆菌中分离出了高纯度的乙醇氧化酶。酶中含有 1 分子血红蛋白，具有类似于细胞色素 c 的吸收光谱，最大吸收峰在 553nm。在乙醇存在下，此酶能还原几种氧化还原性染料，但不能还原 NAD 和 NADP，它的最适 pH 为 3.8，温度失活曲线平行于血红蛋白的温度变性曲线。用铁氰化物作为电子受体时，此酶的底物专一性较差，它能催化氧化许多饱和（或不饱和）直链一元醇。在醛脱氢酶存在下，这种血红蛋白还能被乙醛所还原。这种醛脱氢酶也能从醋杆菌中被分离出来，它不依赖于辅酶。另外，被分离出来的还有一种依赖于 NADP 的醛脱氢酶，它的专一性范围也较宽。中山竹义得出的结论如下：

乙醇先由醇-细胞色素-553-还原酶（E_1）氧化成乙醛。电子转移到 E_1 的血红蛋白铁上。乙醛由不依赖于辅酶的醛脱氢酶（E_2）或由依赖于 NADP 的醛脱氢酶（E_3）进一步氧化。由 E_2 氧化时，自由电子也转移到 E_1 的血红蛋白铁上。还原型的细胞色素 553 被存在于细胞中的细胞色素氧化酶氧化。由 E_3 氧化乙醛释放出的电子将 NADP 还原成 NADPH。据推测，NADPH 的存在干扰了醋酸通过三羧酸循环的进一步氧化。最适 pH 在酸性范围的 E_1 和 E_2 有利于醋酸积累。细胞代谢的这些反应如按图 13-1 所示。

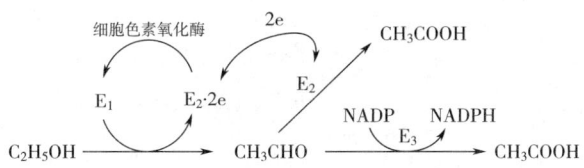

图 13-1 乙醇到乙酸相关代谢路径

有人证实,弱氧化醋酸杆菌中存在戊糖循环。除弱氧化群的醋酸菌外,其他群的菌偏向于其他糖代谢途径。King 等发现巴氏醋杆菌(属氧化群)显示了三羧酸循环的强烈活性,在中氧化群中有 EMP 途径。总之,醋酸杆菌理论上可以将 1mol 乙醇转化成 1mol 醋酸,理论转化率为 130%。

值得注意的是热醋酸梭菌的醋酸发酵的发展势头。这是不同于醋酸杆菌发酵的另一类型生物合成途径。其有趣之处是:它可将 1mol 己糖(六碳糖)转化成 3mol 的醋酸,而酵母和醋酸杆菌只能转化成 2mol;在厌氧条件下(不通风搅拌)由己糖转化成醋酸一步完成,不需经过乙醇发酵;耐高温;也可利用戊糖。但其发酵条件要求严格并要中和发酵生成的酸,菌体营养要求复杂,尚未见工业化生产报道。

利用热醋酸梭菌的发酵可用下列简式表示:

$$C_6H_{12}O_6 + 2H_2O \longrightarrow 2CH_3COOH + 2CO_2 + 8H^+ + 8e$$

$$2CO_2 + 8H^+ + 8e \longrightarrow CH_3COOH + 2H_2O$$

净反应:

$$C_6H_{12}O_6 \longrightarrow 3CH_3COOH$$

如用戊糖:

$$2C_5H_{10}O_5 \longrightarrow 5CH_3COOH$$

这是厌氧发酵。由己糖或戊糖生成醋酸的理论产率都是 100%。

热醋酸梭菌不像某些细菌那样能由 CO_2 和 H_2 产生醋酸,而是在发酵糖类时可以将 CO_2 还原成醋酸。它没有氢化酶活力,不能利用 H_2。1969 年,Ljungdahl 等报道,热醋酸梭菌中 CO_2 是通过甲酰四氢叶酸(THF)和类咕啉蛋白形成醋酸的,其合成途径如图 13-2 所示。

三、食醋工业常用的糖化菌

(一) 米曲霉

常用的米曲霉(*Aspergillus oryzae*)菌株为沪酿 3.042、3.040,AS 3.683。米曲霉多呈黄绿色。但培养在酸度较大或碳源丰富的培养基上呈绿色,培养在酸度小或氮源多的培养基上呈黄色。老化后逐渐变为褐色,发育最适温度 37℃,pH5.5~6.0。它的液化力与蛋白质分解力较强。目前已发现该菌有 50 余种酶。

由于多年培养和生产选种,以及利用各种物理、化学方法人工诱变,所以其变种很多。该菌为多核,容易由菌丝的吻合作用而引起变异。除作糖化剂外,广泛应用于酱、醋、酒及酱油的生产,并能生成曲酸、柠檬酸、延胡索酸。

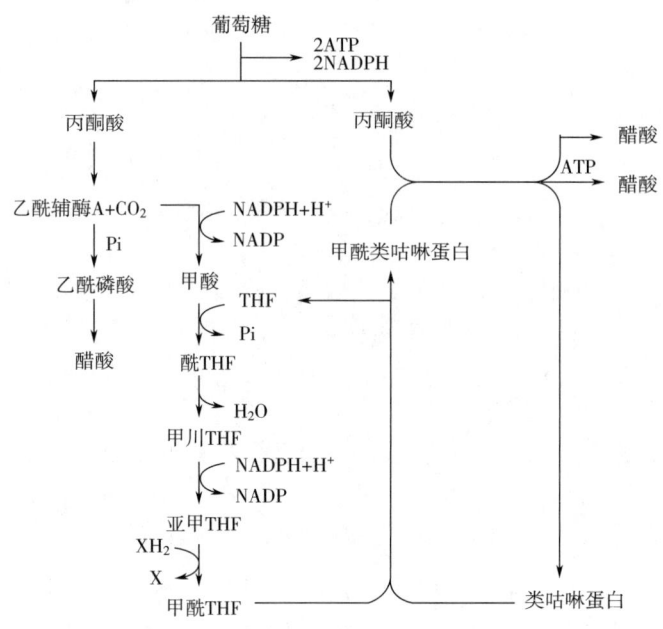

图 13-2 热醋酸梭菌醋酸发酵途径

（二）黄曲霉

常用的黄曲霉（*Aspergillus flavus*）菌株为 AS 3.800，外观形态与米曲霉相似，是东方糖化曲霉应用最早、最广泛的一种。梗和孢子粗糙，能生成曲酸。曲酸在水溶液中，能使氯化高铁生成极强烈的特有红色，发育温度同米曲霉。黄曲霉菌不一定呈黄色，还经常是绿色的。菌落迅速蔓延，最初带黄色，然后为黄绿色，随其菌龄而变暗，最后变成褐色。

（三）甘薯曲霉

常用的甘薯曲霉（*Aspergillus batatae*）菌株为 AS3.324，因适用于甘薯原料而得名。AS3.324 自从全国酿酒酿醋工业推广以来，对提高酒及醋的淀粉利用率有明显的效果，菌丝暗黑色，孢子头球形，孢子为圆球形，老熟后有细刺，菌丝膨大部分类似孢子状体，发育温度 37℃，对有机酸也有生成力，并含有强力的单宁酶，适合于甘薯及野生植物酿醋。

（四）宇佐美曲霉

常用宇佐美曲霉（*Aspergillus usamii*）菌株为 AS3758，它是日本从数千种黑曲霉中选育出来的糖化力极强的菌种。菌丝黑色至黑褐色，小梗为二系列，孢子平滑成粗面。孢子头老熟呈黑褐色，能同化硝酸盐，其生酸能力很强。主要产糖化型淀粉酶，耐酸性很高。对制曲原料适宜性也强，能产强力的单宁酶。

（五）川地曲霉

一般称为白曲霉（*Aspergillus kawachii*）。它的性能和乌沙米曲霉大体相似，唯生长条件较粗放，酶系也可能较乌沙米曲霉纯。培养在麦芽汁琼脂培养基上，菌丛为肉桂色，菌丝无色，有的细胞壁很厚，小梗不分枝，孢子呈球形，成熟时成刺面，颜色也深，发育最适温度 32~35℃。曲种容易结孢子，是甘薯酿酒、酿醋的良好糖化菌种。有生酸能力和液化力，该菌在东北地区广泛使用。

(六) 黑曲霉

常用菌株为 AS3.4309。黑曲霉（*Aspergillus niger*）呈黑褐色，顶囊呈大球形，小梗分枝，孢子为球形，有的菌种为滑面，多数表面有刺，发育适温 37~38℃，最适 pH4.5~5.0。AS3.4309 是目前在糖化剂中广泛使用的菌株。该菌糖化酶活力较强。培养最适温度为 32℃。生长缓慢，菌丝纤细。分生孢子柄短。在制曲时，前期菌丝生长缓慢，结块疏松，当出现分生孢子时迅速蔓延。

(七) 泡盛曲霉

泡盛曲霉（*Aspergillus awamori*）菌丛白色，孢子生成时为由灰褐色到巧克力糖的颜色，孢子柄直立、无色、无隔膜，培养时间长时，孢子柄下部有褐色。顶囊为球形、平滑、小梗分枝，能生成曲酸及柠檬酸。糖化、液化力强，是酿酒、醋的良好糖化菌株。

(八) 东酒 1 号

东酒 1 号是宇佐美曲霉的诱变菌株，菌丛疏松，颜色淡褐，菌丝短密，顶囊较大，在 6~8°Bx 的米曲汁琼脂培养基上培养 3d，颜色呈淡黄，并有皱褶。若孢子颜色深或变黑，即表示菌种退化。东酒 1 号培养生长时要求较高的湿度、较低的温度。制曲时前期生长缓慢，升温慢，但中后期则较快，曲结块较疏松。糖化力、液化力比轻研 2 号强，被上海地区用于制酒、醋。

(九) 变红曲霉

常用的变红曲霉（*Monascus serorubescens*）菌株为 AS3.976，红曲霉菌落初期白色，老熟后变为淡粉色、紫红色或灰黑色等，通常能形成红色色素。菌丝具横隔、多核、分枝甚多，分生孢子着生在菌丝及其分枝的顶端，单生或成链，闭囊壳球形，有柄，子囊球形，含 8 个子囊孢子，成熟后子囊壁解体，孢子留在薄壁的闭囊壳内，生长温度 26~42℃，最适温度 32~35℃，最适 pH 为 3.5~5.0，能耐 pH2.5，耐 10%乙醇，能利用多种糖类和酸类为碳源，能同化无机氮。我国浙江温州、福建地区均用红曲酿醋。

四、食醋工业常用的酵母菌

目前我国食醋工业上常用的酵母菌基本上与酒精、白酒、黄酒生产所用酵母菌相同。从分类系统来讲，淀粉质原料酒精发酵常用的菌种为真酵母属中的啤酒酵母（*Saccharomyces cerevisiae*）及其变种，如拉斯 2 号（Rasse Ⅱ）、拉斯 12 号（Rasse Ⅻ）、K 字以及从我国酒精生产中筛选的南阳 5 号（1300）、南阳混合（1308），还有从黄酒生产中筛选出的工农 501 等酵母菌株。此外，产酯酵母可在食醋酿造中应用，如产生浓香蕉味的 AS2.300、AS2.338、IFFI1295、IFF11312，还有产生熟枣酸味的 IFF1l274，以及汉逊酵母等。

利用淀粉质原料生产酒精所使用的酵母，具有如下特性。

1. 生殖与繁殖

酵母在正常营养状态下，主要以出芽方式生殖；但在缺乏必要的养料时，或生活条件艰难时，即形成孢子，靠孢子来完成生殖作用。酵母细胞不能忍受 65℃ 的温度；但其孢子在潮润环境中能忍受 80℃，在干燥环境中能忍受 110℃，孢子被冷却至 -200℃，尚不失其生殖能力。酵母在环境条件良好时则出芽，迅速繁殖，在短时间内可以成倍数增加。J. Brown 曾经证明酵母在营养液中的繁殖作用只能在某一限度之内；即使在通气良好的条件下，也是不能无限度地繁殖下去。当细胞数目到达了某一阈值，它就不再繁殖，已生成的细胞数量几乎维持在一个常数。

2. 醪液浓度

一般酒精酵母在含 5% 酒精的发酵醪中，发酵能力就减弱，当醪液中酒精含量达到 12% 时，则停止发酵。所以生产中常将糖化醪浓度控制在 15~18°Bx，发酵成熟醪的酒精含量约为 8%~9%。有的酵母菌可在 20°Bx 糖化醪中旺盛发酵，醪液中酒精含量可达 11% 左右，具有较强的耐酒精能力。

3. 培养温度

拉斯 12 号酵母繁殖最适温度 30~33℃，最低为 5℃，最高为 38℃。温度适宜，酵母繁殖速度加快。温度过高或过低，都影响酵母细胞的繁殖，甚至引起酵母的衰老或死亡。生产实践中，为了保证酵母菌顺利繁殖而不被细菌污染，酵母培养温度多控制在 28~30℃，发酵温度控制在 30~33℃。但由于我国南方气候较炎热，尤其是在夏季，发酵醪温度很难控制，往往可以达到 38℃ 以上。目前，有很多酒精厂在设法筛选适合在高温发酵的酵母菌株来解决这个问题。

4. pH

酒精酵母可在 pH4.0~6.0 环境中进行繁殖，如果醪液的 pH 低于 3，则酵母的活力大减。正常的酵母糖化醪 pH 为 5.0~5.5，适合酵母菌的繁殖和发酵。但为了保证酵母菌繁殖，并能抑制杂菌生长，生产中常将糖化的 pH 控制在 4.0~4.5。

五、食醋工业常用的醋酸菌

目前国内常用于食醋生产的菌株主要有以下两种。

（一）棘轮不动杆菌 AS1.41

棘轮不动杆菌（Acetobacterra Tlcens）AS1.41 是中国科学院微生物研究所分离保藏的菌种，已在食醋生产中推广应用多年，产酸率高，质量较好，是较优良的菌株，其特征有以下几点。

1. 菌落形态

培养在固体培养基上，菌落隆起、平滑，呈灰白色。培养在液体培养基上沿瓶壁上升。在液面生长，呈淡青色的极薄平滑菌膜，液体不甚浑浊。

2. 个体形态

细胞为杆形，常呈链锁状，大小为（0.3~0.4）$\mu m \times$（1~2）μm。无运动性，不产生芽孢。若长期培养、高温培养、培养基含盐过多或营养不足时，细胞会出现畸形，呈伸长形、线型或棒形，有时甚至呈管状膨大形。

3. 生理生化特性

好气性菌，最适培养温度为 23~30℃，最适产酸温度为 28~33℃，最适 pH3.5~6.0，耐酒精度<8%，最高产酸量为 7%~9%（醋酸）。转化蔗糖能力很弱，氧化葡萄糖能力也很弱，能氧化醋酸为 CO_2，也能同化铵盐。

（二）沪酿 1.01

此菌是上海市酿造科学研究所和上海醋厂于 1972 年从辽宁丹东酿造厂速醋塔榉木刨花中分离得到的菌种，已在生产中使用多年，产酸率高、性能稳定，也是一个优良菌株，其特征有以下几点。

1. 菌落形态

菌落呈圆形、隆起、边缘波状、表面平滑。在葡萄糖酵母膏培养基上呈油脂状、色乳黄、不透明。培养基内不产生色素，扩散生长。

2. 个体形态

细胞为椭圆或短杆状，大小为（0.75~1.0）μm×（1.4~1.9）μm，单个、成对。幼龄时成链，无芽孢，革兰染色阳性。电子显微镜观察未发现鞭毛。

3. 生理生化特性

能氧化乙醇成醋酸，并能继续氧化醋酸为 CO_2 和 H_2O。最适生长温度为30℃，最适pH5.4~6.3，能耐12%的酒精度，在pH4.5时氧化酒精能力较强，无水解淀粉及明胶的能力。不能以铵盐为唯一氮源。在固体培养基上不产生色素，产葡萄糖酸的能力很弱，产酮能力也很弱。

第三节 醋酸发酵工艺

一、食醋发酵原料及原料处理

（一）原料分类

食醋发酵原料按其工艺要求一般分为主料、辅料、填充料和添加剂。

主料是指能发酵生成醋酸的原料。

辅料是指既可为发酵补充一些有效营养成分，又可对醅醪起到疏松作用的一类原料。个别辅料带有糖化酶并起糖化淀粉的作用，如麸皮含有相当高活力的 β-淀粉酶。

填充料的主要作用是调整淀粉浓度，吸收酒精及液浆，保持料层有一定空隙，使醅醪疏松，有利于发酵。

添加剂可抑制醋酸菌对醋酸的分解作用，如食盐。其他添加剂只赋予成品以不同体态和味感，与发酵关系不大，如蔗糖、香辛料、着色剂等。

辅料和填充料主要用于固态发酵和速酿法工艺。

生产上选择原料要从可利用物质含量高、价格适中、资源丰富、可保证供应、易贮藏、不霉烂变质、符合卫生要求、运输路程近等方面综合考虑。名、特、优产品对原料要求严，如甘薯干原料产率较高，但产品风味欠佳，故生产名、特、优食醋时，不宜采用。各种原料的分类见表13-7。

表13-7　　　　　　　　　　常用食醋生产原料分类

序号	类别		原料名称
1	主料		
		淀粉质类	大米、小米、玉米、高粱、碎米、甘薯、木薯、马铃薯及它们的干料等
		糖类	糖蜜、葡萄糖母液、淀粉水解糖等
		野生植物	橡子仁、菊芋等
		酒类	酒精、果酒等

续表

序号	类别	原料名称
	果蔬类	梨、柿、枣、苹果、草莓、番茄、水果加工残汁、甜菜和甘蔗残渣等
2	辅料	细谷糠、麸皮、饴糖糟、酒精、淀粉渣、甜菜和甘蔗糖渣等
3	填充料	谷糠、稻壳、花生壳、高粱壳、玉米芯、甘薯蔓、木刨花等
4	添加剂	蔗糖、香辛料、着色剂、调味品、食品添加剂、食盐等

(二) 原料组分

各种原料的化学组分，因生长条件、栽培和收获期以及加工方法的不同差异较大（表13-8、表13-9）。了解和掌握原料的化学成分，是研究食醋发酵技术和指导生产的科学依据。

表 13-8　　　　　　各种制醋原料的主要组分　　　　　　单位：%

种类	水分	蛋白质	脂肪	碳水化合物	粗纤维	灰分
甘薯干	14	2.29	0.63	68	6.7	2.15
马铃薯干	12.68	3.78	—	63.48	2.33	2.96
玉米	14.3	9.50	5.0	66.5	1.3	1.3
高粱	13.0	8.28	5.02	58.11	8.56	3.0
大麦	14.3	10.00	2.5	63.9	7.1	2.2
小麦	14.4	13.0	1.5	66.4	3.0	1.7
燕麦	9.7	15.6	3.2	66.7	—	1.7
黑麦	13.6	6.4	1.2	777.5	—	0.9
豌豆	10	24.6	1.0	57	4.5	2.9
青稞	12.6	10.1	1.8	70.3	1.8	3.4
糯米	14.30	8.50	.2	72.10	1.00	0.90
粳米	13.30	8.80	2.20	73.40	1.00	1.30
籼米	10.93	8.20	2.31	74.50	1.08	1.33

表 13-9　　　　　几种酿醋代用料的碳水化合物含量　　　　　单位：%

名称	水分	碳水化合物	名称	水分	碳水化合物
麸皮	9.4~16.9	40~50	橡子	12~16	30~60
细谷糠	10~16	20~30	梨	82~87	8.5~10
脱脂米糠	10~15	27~29	菊芋	79~82	12.5~16
高粱糠	58~62	18~22	柿	80~85	14~18
糖糟	12~16	60~70	红枣	14~28	63~76
干淀粉糟	12~16	60~70	黑枣	15~40	48~67
糖蜜	17~25	48~56			

(三) 原料预处理

原料预处理是指对发酵食醋的主料进行预处理，包括除杂、粉碎、蒸煮、糖化等，其目的是为后续工序创造有利条件。预处理方法主要包括以下几点。

1. 除杂

含淀粉质原料可经分选机筛选和洗涤机洗涤，以除去泥砂、皮壳、金属、杂物及霉变物质等杂质。

2. 粉碎

块、粒较大，即使通过蒸煮也不能全部被糖化曲（酶）所糖化的原料，必须先经过粉碎，才能进入后续工序。粮食类原料常用的粉碎机有：刀片轧碎机、锤式粉碎机和钢磨。钢磨主要用于湿磨工艺，湿磨又称水磨，是首先将原料进行浸泡，然后用钢磨细磨，加水比控制在1:（1.5~2.0）。此工艺常用于米原料的加工。

3. 蒸煮

蒸煮要求达到三个目的：使植物组织和细胞彻底破裂，因而使组织内的淀粉充分吸水受热而膨胀糊化，易于淀粉酶发挥作用；杀灭原料表面附着的大量微生物，防止发酵过程中污染杂菌；软化辅料基质，使其膨胀松软，增加吸水性能。

此工艺主要用于固态食醋发酵。先将干料加一定量的水润湿，搅拌使其均匀。用高粱原料加水50%，润料时间约12h。大米原料先浸泡再捞出沥干。浸泡时间夏季6~8h，冬季10~12h。原料蒸煮一般可在常压下进行，但以98kPa维持30min效果更好。传统的蒸煮工艺是先将主料浸泡于3倍水中约3h，然后煮熟成糊状，冷至要求温度时加曲糖化。

4. 浆乳酶液化

液体深层发酵及酶法液化回流法酿醋是采用液态酶法液化工艺。例如湿磨法先将原料浸泡，然后磨成70目细度（直径<0.184mm）的粉浆，加水调成16~18°Bx的浆乳，用Na_2CO_3调pH6.0~6.4，再按原料量加0.2% $CaCl_2$和0.25% α-淀粉酶，在充分搅拌下将浆乳缓慢泵入有底水（热）的液化桶中，85~90℃流加液化，90℃维持10min，至碘反应不呈蓝色，然后升温煮沸10min灭酶。也可干法粉碎原料（60目，颗粒直径<0.250mm）调成浆乳，依法液化。

5. 其他处理方法

（1）生料法 原料用干法粉碎。大米原料用50目筛，高粱用40目筛，越细越好。加水调浆后加糖化剂直接糖化。

（2）膨化法 原料经挤压膨化或挤压加热膨化时，原料细胞破碎，体积膨大几百倍，淀粉链发生局部分解，被膨化料可直接加水、糖化剂和酒母进行糖化和酒精发酵。我国四川和东北地区进行过此法的研究工作。上海醋厂曾用大米原料经挤压膨化后进行中试规模生产。此法具有工艺简单、设备投资少、卫生状况好等特点，适合小型工厂生产。

二、醋酸发酵工艺

工业上醋酸发酵一直被用来生产食醋。醋酸发酵理论研究以及生物技术的发展促进了食醋生产的现代化。本节对食醋发酵现代工艺作简要的介绍。

（一）糖化工艺

1. 糖化剂种类

通常将淀粉转化为糖的过程称为糖化，所用的催化剂称为糖化剂。食醋生产中应用的糖化剂见表13-10。

表13-10　　　　　　　　　　食醋生产中应用的糖化剂

名称	生产所用原料	含有主要菌种	特点
大曲	大麦、小麦、豌豆	根霉、毛霉、曲霉、酵母	酿制名、特醋
小曲	大米、米糠	根霉、曲霉、酵母	适用于糯米、大米、特定原料
麸曲	麸皮	黑曲霉	糖化酶活力高，原料适应性广
红曲	大米	红曲霉	糖化酶活力高，有红色素产生
液体曲	玉米粉、麸皮、黄豆饼粉等	黑曲霉、泡盛曲霉	糖化酶活力高，原料适应性广
酶制剂	玉米粉、麸皮、黄豆饼粉等	黑曲霉、泡盛曲霉	糖化酶活力高，原料适应性广

2. 糖化剂制备

我国食醋酿造中应用最广的糖化剂是纯种麸曲，而大曲、小曲和红曲糖化剂一般适用于名、特食醋酿造。目前越来越多的生产厂选用由专业酶制厂生产的液体曲和酶制剂。

（1）大曲　大曲的特点是依靠从自然界带入的多种野生菌，在淀粉质原料培养基中富集扩大培养，其菌类复杂，常有数十种菌共同栖息。大曲的生产工艺流程如图13-3所示。

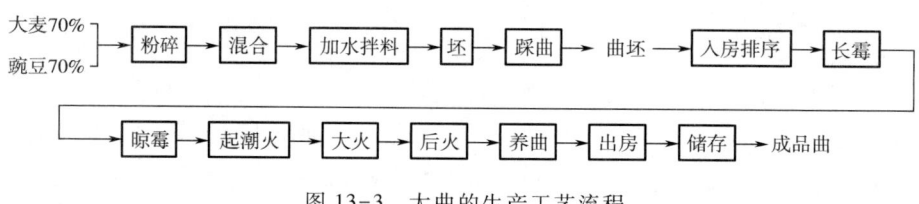

图13-3　大曲的生产工艺流程

（2）小曲　小曲是含霉菌和酵母菌等多种微生物的混合糖化剂。小曲中的霉菌主要是根霉，其次有毛霉、黄曲霉、米曲霉和黑曲霉。

生产小曲时常添加能促进微生物发育繁殖的中草药。如桂林酒曲丸，添加桂林香草；绍兴酒药，添加辣蓼草。小曲的生产工艺流程如图13-4所示。

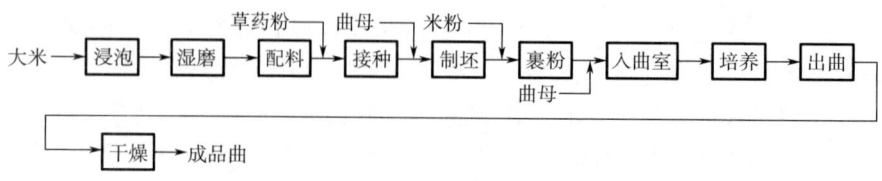

图13-4　小曲的生产工艺流程

（3）红曲　红曲也称红米，是我国的特产。红曲是利用红曲霉繁殖在蒸熟的米饭上制成，其工艺流程如图13-5所示。

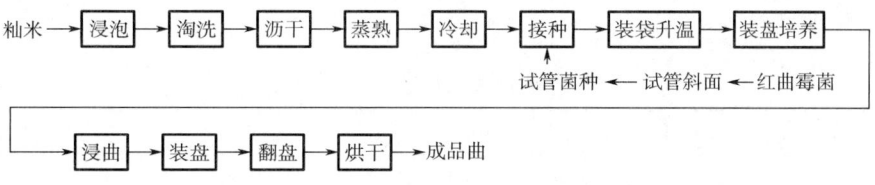

图 13-5　红曲的生产工艺流程

（4）麸曲　麸曲的制备过程是曲霉菌生长繁殖的过程。通常有盘曲、帘子曲和厚层通风曲工艺。目前普遍采用帘子曲制成种曲，用厚层机械通风工艺制成成品曲。

①三角瓶原种曲制备流程如图 13-6 所示。

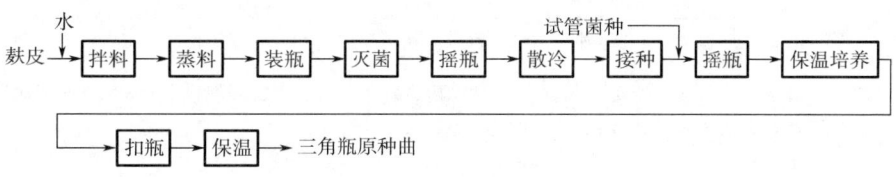

图 13-6　三角瓶原种曲的生产工艺流程

②帘子种曲制备流程如图 13-7 所示。

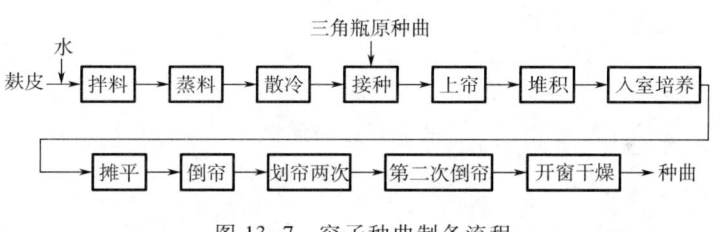

图 13-7　帘子种曲制备流程

种曲质量要求如表 13-11 所示。

表 13-11		种曲质量要求		
感官	杂菌数/(个/50cm^2)	水分/%	孢子数/(个/g)	发酵率/%
有曲香、孢子旺盛、无夹心、无根霉和青霉污染	≤2	≤25	20亿~30亿	90

③厚层机械通风麸曲制备流程如图 13-8 所示。

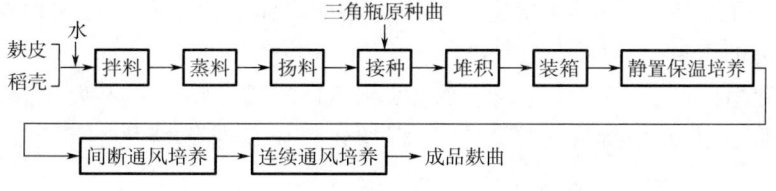

图 13-8　厚层机械通风麸曲制备流程

麸曲质量要求见表 13-12。

表 13-12　　　　　　　　　　　麸曲质量要求

外观	糖化酶活力/(U/g)	酸度（以乳酸计）/%
曲色米黄、无干皮夹心、菌丝粗壮、孢子尚未形成、有正常曲香、无怪味或酸味、曲块结实、用手轻捏松而不硬	1500	5

④麸曲生产异常情况及预防措施见表 13-13。

表 13-13　　　　　　　　　　麸曲生产异常情况及预防措施

异常情况	原因分析	预防措施
干皮	旧曲房，空气湿度小，曲温过高，水分大量蒸发	加强管理．控制曲房空气湿度和适当品温
曲松散不结块	菌丝生长不良，前期水分过大，使品温过高，烧坏了幼嫩的菌丝，或前期水分过少，品温过低，菌丝发育不良	注意控制堆积水分和第一次通风温度
酸味	过热烧曲	正确掌握曲料水分，装箱温度与温度管理
结露	空气中水分冷凝成细小水珠洒落在曲料上	勿使风温与室温相差悬殊
夹心（烧曲）	局部过热，局部水分过高，装箱料松紧不匀，曲箱通风不匀，风走短路或出曲后未及时摊凉	改进设备，精心操作
曲层上下品温相差过大		打循环风

3. 糖化工艺

（1）传统的糖化工艺　此工艺的流程是：熟料、摊冷、拌醅、糖化。其中摊冷是指熟料出锅，机械打碎迅速冷却至30℃以下（冬季40℃）。拌醅是指加入原料50%的麸曲（粉碎），补水至醅的水分为60%~62%（冬季水分为64%），拌匀。糖化是指醅装入发酵池内要填满压实，醅温夏季为24℃，冬季为28℃，池口加盖，室温28℃，品温上升到38~40℃时进行翻醅，控制品温在33~35℃，不得超过37℃，糖化5~7d。

我国传统糖化工艺的特点如下：糖化过程中液化和糖化同步交叉进行；一般在拌醅时，冷却后接入酒母，糖化和酒精发酵同时进行；糖化是在常温下进行，适宜微生物生长繁殖，因此糖化过程中产酸较多，影响原料利用率。

（2）高温糖化工艺　高温糖化工艺已被食醋液体深层发酵和固态回流法广泛应用。其程序是：将酶法液化后的料液冷却至63℃，然后按每克淀粉加6个单位的糖化酶，在60~65℃条件下糖化60min。糖化酶也可用液体曲或固体麸曲取代，按所用糖化剂的酶活力来计算糖化剂的用量。

此工艺糖化醪浓度以 13~15°Bx 为宜，糖化时间不需过长，也不要求过高的糖化率，重要的是保存酶活力，在酒精发酵时进行后糖化。如麸曲作糖化剂要防止污染杂菌和产酸。

（3）生料糖化工艺　此工艺的特点是省去了原料蒸煮工序，但要求原料粉碎越细越好，一般多选用对淀粉水解能力较强的黑曲霉麸曲作糖化剂，用量比传统工艺多50%~100%。糖化过程与传统工艺相似。此工艺能节约大量的蒸煮用蒸汽，工艺较简单，但原料带入的杂菌较多，影响食醋发酵效率，食醋提取有一定难度。

（二）酒精发酵工艺

1. 酵母的制备

酵母扩大培养过程，在食醋生产中称为酒母的制备，其过程见表13-14。

表 13-14　　　　　　　　　　制备酒母的程序

	斜面试管	小三角瓶	大三角瓶	卡氏罐	酒母
容器容量	$d=1.5mm$, $L=16mm$	250mL	1000mL	15L	600L
装液量	4~5mL	150mL	500mL	7.5L	500L
扩大倍数	移种	1~2白金耳	20	15	10
培养基	7°Bé 米曲汁 2%~2.5%琼脂 pH4.1~4.4	糖化醪液稀释至7°Bé pH4.1~4.4	糖化醪液稀释至7°Bé pH4.1~4.4	糖化醪液稀释至8~9°Bé pH4.1~4.4	糖化醪液稀释至8~9°Bé pH4.1~4.4
培养基酸度/%	—	0.1~0.2	0.1~0.2	0.2~0.3	0.2~0.3
培养温度/℃	26~28	26~28	26~28	28~30	28~30
培养时间/h	72	24	18~20	18	8~10
酵母细胞数	—	—	—	—	1亿/mL
出芽率	—	—	—	—	15%~20%
杂菌情况	无	无	无	极少	微量

酒母培养方法可分为间歇培养、半连续培养和连续培养法三种。我国醋厂多采用间歇培养法。这种方法的操作程序简述如下：将酒母罐洗刷干净并对罐体和管道进行杀菌后，将酒母糖化醪打入小酒母罐中，接入已培养成熟的卡氏罐酒母。稍加搅拌后，通无菌空气，以利于酵母繁殖，控制醪温26~28℃（视酵母菌种而定），待醪液糖分下降，液面有大量气泡溢出，酵母细胞数达到1亿/mL时，即培养成熟，制备酒母的技术要点见表13-15。

表 13-15　　　　　　　　　　制备酒母的技术要点

项目	技术要点
调整培养基营养	（1）固体斜面：12~13°Bx 麦芽汁或米曲汁，pH4.5~5.0 （2）三角瓶培养液：12~13°Bx 米曲汁或麦芽汁，pH4.1~4.4 （3）卡氏罐、酒母罐培养液：13~14°Bx 糖化液还原糖控制在8%以上，pH4.1~4.4，加0.05%（NH$_4$）$_2$SO$_4$
控制酵母菌龄	（1）卡氏罐酵母：耗糖率25%~40%，出芽率20%，细胞数0.8亿~1亿/mL （2）酒母罐酒母：耗糖率20%~50%（耗糖率=$\frac{接种前糖度-使用时糖度}{接种前糖度} \times 100\%$）

续表

项目	技术要点
掌握培养条件	（1）培养温度：28~30℃ （2）培养方式：酒母罐采用深层静止培养，适时通风补氧，培养过程通风2~3次，每次1~2min，风量0.5m³/(m³·min)
防止杂菌污染	（1）定期分离纯化菌种，加强无菌管理与操作，使用前对罐体及管道要彻底灭菌 （2）车间环境卫生要高标准，必要时可用食用冰醋酸调节培养pH，但要适当

酒母质量与酒精发酵效果有直接关系。只有培养出优良健壮的酒母，才能提高酒精发酵产率，在生产中要求酒母中酵母细胞形态整齐，健壮，细胞多，杂菌少，降糖快。

酒母的质量指标如下所述。

（1）酵母细胞数　它是观察酵母繁殖能力的主要指标，也是反映酒母培养成熟的指标，成熟的酒母醪中酵母细胞数一般为1亿/mL左右。

（2）出芽率　它是衡量酵母繁殖旺盛与否的指标，出芽率高，说明酵母处于旺盛的生长期。成熟酒母的酵母出芽率要求在15%~30%。

（3）酵母死亡率　用美蓝对酵母细胞进行染色，如果酵母细胞被染成蓝色，说明此细胞已死亡。正常培养的酒母酵母死亡率<1%。

（4）酸度　酒母醪中的酸度高低是判断酒母是否被杂菌污染的一项指标。正常的酒母酸度在0.4%以下（以醋酸计）。

2. 酒精发酵工艺

酒精发酵是食醋生产过程中一道十分重要的工序，食醋生产厂的酒精发酵有液态法和固态法两种。

（1）液态法酒精发酵　食醋生产厂采用间歇液态发酵工艺，工艺流程如图13-9所示。

图13-9　间歇液态发酵生产食醋工艺流程

其主要技术要点包括以下几点。

①制好糖化醪：原料淀粉水解分两步完成，第一步在糖化罐中，第二步即酒精发酵中的后糖化，所以第一步的糖化醪中要保持糖化酶的活力用于后糖化，故只要求糖化DE值25%~35%，酸度<0.2%，浓度在13~16°Bx。

②下罐操作要精细：糖化醪打入一部分后接入酒母开始发酵，隔2~3h再打入一部分糖化醪，总醪分3次加完，总添加时间不超过8h，酒母总接种量为10%，接种温度26~28℃。

③控制发酵温度：发酵前期防止杂菌污染和酵母早衰，控制温度27~30℃；主发酵期要注意冷却，保持温度32~34℃；发酵后期控制温度30~32℃，使糖化酶能继续保持作

用。在夏季为便于控制温度，可采取降低糖化醪浓度（12~14°Bx）还原糖含量、入罐温度和使用嫩酵母等措施。

④防止杂菌污染：做好糖化罐、酒母罐及输送系统的管理和设备的灭菌工作，做好酒精发酵罐的冲洗和用漂白粉灭菌工作，控制麸曲和酒母质量。

（2）酒精发酵醪质量指标　正常成熟发酵醪质量指标见表13-16。

表13-16　　　　　　　　　　正常成熟酒精发酵醪质量指标

酒精体积分数/%	外观糖度/°Bx	残糖/(g/dL)	总酸/(g/dL)
6（主料：水=1:6）	<0.5	<0.3	<0.6

3. 固态法酒精发酵

固态法酒精发酵是我国传统的边糖化边发酵的双边发酵工艺，其特点是采用较低温度使淀粉糖化和酒精发酵同时进行。此工艺发酵周期较长（5~7d），淀粉利用率低，但产品香气足、风味好，当前一部分厂仍在采用。双边发酵的麸曲用量一般为15%~20%，有的甚至达50%，酒母用量为投料量的4%~7%。

固态发酵过程中多采用以下三条措施控温。

①控制入缸淀粉含量：最适淀粉含量（含发酵剂所含淀粉）为12%~15%，冬季可稍高，夏季要稍低。

②发酵前再次补水：补水后主料增重8~8.5倍，醅含水量60%~62%，上层水分要比下层高1%。

③低温入缸。

4. 小曲法酒精发酵

小曲法酒精发酵是镇江香醋特有的酒精发酵工艺，有"先培菌糖化后发酵""边糖化边发酵"的特点。其工艺过程可分为两个阶段：第一阶段为培菌糖化，要求饭粒下缸控温32~34℃，固体培养根霉24h；第二阶段为发酵期，酒醅从固态转为液态发酵，有利于提高发酵率，成熟酒醅含有较高浓度的酒精，且残糖较低。

（三）醋酸发酵工艺

1. 菌种扩大培养

醋酸菌扩大培养因食醋生产工艺不同而不同，其步骤大致如图13-10所示。

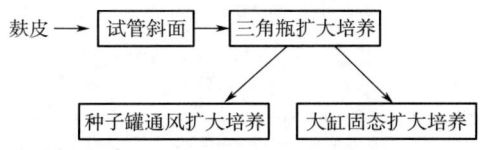

图13-10　醋酸菌扩大培养步骤

（1）纯种三角瓶扩大培养

①培养基成分：三角瓶培养基一般有3种：合成培养基（葡萄糖1g/dL，酵母膏1g/dL）；6%酒精溶液；6°Bé米曲汁（米曲汁的制备方法如下：将大米洗涤后加适量水制成米饭，凉至40℃以下，接入米曲霉菌种，在曲盘中30℃培养20h，待米粒表面菌丝茂盛，呈微黄色即为米

曲。取米曲1份加水3份，于60~65℃糖化至糖化液与碘无呈色反应，煮沸、过滤即得米曲汁。）可根据情况自行选择培养基。1000mL三角瓶装液量100~120mL，98kPa灭菌30min，冷却至70℃加3%~4%酒精。

②接种：斜面菌种最好是刚培养48h的新鲜斜面菌种，每支试管接种2只三角瓶。

③培养：一般采用30℃下振荡培养22~24h。旋转式摇床231r/min，偏心矩为2.4cm。静置培养则需5~7d。

④三角瓶种子质量要求：镜检菌体生长正常，有醋酸清香，无杂菌感染，酸度为1.5~2.0g/mL（以醋酸计）。静置培养液面上可看到薄膜。

（2）大缸固态扩大培养 此法是将纯种三角瓶扩大培养液接入酒醅中进行固态培养，采用自然通风回流法促进醋酸菌大量繁殖。此法的大致步骤如下。

①接种：取生产用的酒精发酵新鲜酒醅，放置于设有假底的大缸中，将培养成熟的三角瓶纯醋酸菌均匀拌入酒醅表面，接种量为原料的2%~3%。

②培养温度：一般加盖使醋酸菌在醅内生长1~2d，品温升高，将假底中醋汁回浇在醅面上，品温以低为宜，最高不超过38℃。

③固态种子质量指标：要求活醋酸菌多，正值旺盛发酵期，酸度4%左右，醋醅无白花和发黏现象，镜检无明显杂菌污染。

（3）种子罐通风扩大培养 这是深层液体发酵醋酸制备菌种的方法，其特点是醋酸菌是在种子罐内液体培养基中通过机械搅拌通风培养而成，无杂菌污染。

①灭菌：种子罐冲洗干净后用98kPa蒸汽空罐灭菌30min，所有与种子罐连接的管道、阀门同时通蒸汽灭菌，不得留有死角。空气过滤器可用甲醛灭菌。然后泵入酒精度为4%~5%的新鲜酒液至规定液位，用夹层蒸汽间接加热至80℃后冷却。

②培养：各级种子罐培养液定容至70%~75%，接种量为5%~10%，接种量大效果较好，通入无菌空气，控制风量0.1m^3/(m^3·min)，温度30~32℃，培养24h。每级醋酸菌种子均是扩大10倍培养。

③种子质量指标：醋酸菌活力强，处于对数生长期，形态正常，无杂菌，酸度2.0%~2.5%。

2. 醋酸发酵

醋酸发酵工艺较多，基本上可分为固态发酵和液态发酵两大类。

（1）固态发酵 固态发酵酿醋工艺多用于名、特食醋生产，如著名的山西老陈醋、镇江香醋、保宁麸醋等。此外，一些一般的陈醋、米醋、麸醋、酶法液化自然通风回流制醋等也用固态发酵。其基本生产工艺流程如图13-11所示

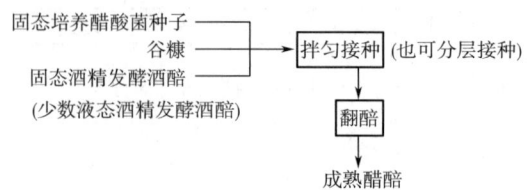

图13-11 固态发酵工艺流程

固态发酵的技术要点如下。

①发酵醅：酒醅的酒精含量为7%~8%（夏季不要低于6%），辅料谷糠用量一般是主料的100%~120%，具体用量根据气温而增减，一般是夏季少、冬季多，醋醅水分含量60%~62%，发酵过程中如发现水分不足、酒精偏高，可适当补水，防止烧醋。

②接种：接入固态培养的纯醋杆菌种，接种量为醋醅总量的2%~3%，醅上下部都要接种。缸面要加大接种量，以抑制杂菌利于发酵。

③发酵温度：醅温最高控制在38~41℃，高温易烧醅，并产生异味。用翻醅来解决控温问题，一般每天翻醅1次，翻醅多则通气量多，故多翻品温反而升高。翻醅后表面要摊平、压实，夏季用塑料薄膜覆盖醋醅表面，利于低温发酵。

（2）液态发酵　采用液态发酵酿醋工艺的有福建红曲醋、浙江玫瑰醋、白醋、深层发酵醋、液态回流醋等，其中液态深层发酵新工艺将是食醋发酵发展方向，其基本工艺流程如图13-12所示。

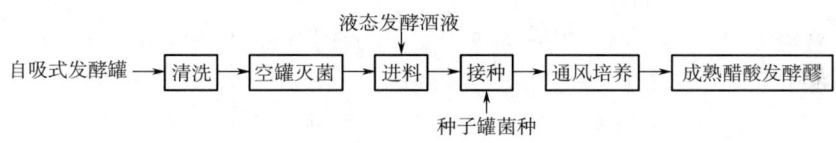

图13-12　液态深层发酵工艺流程

液态发酵工艺的技术要点如下。

①培养液浓度：液态醋酸发酵培养液的浓度常用总浓度表示，它的含义是乙醇的体积分数和醋酸的体积分数之和。在生产上一般认为1%（体积分数）乙醇可转化为1%（体积分数）醋酸。因此总浓度的另一含义是能够达到的最高醋酸浓度。总浓度与醋酸菌比生长速率有关，据报道，总浓度升高会降低醋酸菌比生长速率。醋酸发酵并不希望菌体过度生长，但也不能抑制其生长。一般深层发酵总浓度可以达到12%~15%。总浓度中乙醇浓度高时也能降低比生长速率，故乙醇浓度要慎重考虑。在我国食醋生产中初始乙醇体积分数以5%~6%为宜。假设总浓度为13%则采用乙醇5.5%和醋酸7.5%较好。半连续发酵排出发酵醪后，补充新培养液时，其前期乙醇体积分数仍应控制在5%~6%；如连续发酵，乙醇体积分数一般为2%左右。

②接种量：深层发酵法接种量按10%逐级扩大。半连续发酵留种量应适当加大，一般发酵成熟时放出1/3醋醪，其余2/3作为留种，再添加酒液，控制乙醇浓度继续发酵。当发现菌种老化、产酸速度变慢、酒精转化率降低时，应及时换新菌种。

③发酵温度：接种温度控制在26~32℃，用沪酿1.01醋酸菌，其发酵温度控制在32~34℃，最高不超过36℃。醋酸发酵旺盛期，发酵热达11386kJ/(m^3·h)，此时要特别注意控温。醋酸发酵控温要均衡，即使短时间内变化较大，也会对产酸速率产生不良影响，温度过高能使醋酸菌变形，尤其在醋酸浓度较高时更为严重。沪酿1.06醋酸菌发酵温度高于36℃的时限为0.5h，超过时限菌体严重受损。

④过度氧化作用：过度氧化作用是指发酵过程中当乙醇即将耗尽而有氧存在时，代谢途径发生迁移，将醋酸进一步氧化成CO_2和水的作用。过度氧化作用与细菌的生长相联

系，是与乙醇向醋酸的氧化同时进行的。在酒醪营养充足、总浓度较低、乙醇量将耗尽时过度氧化反应较快。目前国内所用的 AS1.41 和沪酿 1.01 醋杆菌都有氧化醋酸的能力，AS1.41 强于沪酿 1.01。为避免或减少过度氧化，在生产中必须严加管理，防止发酵醪中乙醇枯竭。发酵前期每 4h 测一次总酸，后期酸度升至 4% 以上时，每小时测一次总酸，如总酸上升缓慢，品温渐趋平稳，酒精体积分数降至 0.2% 以下时要立即放罐，以减少醋酸损失。深层发酵中可采用适当的自动化控制措施来防止过度氧化。营养物含量较高的果醋发酵宜采用连续发酵工艺，并对乙醇浓度进行自动控制。粮食原料发酵可适当提高总浓度或选用氧化醋酸能力很弱的醋杆菌类醋酸菌或葡萄糖酸杆菌类醋酸菌，把过度氧化程度减小到最低。

⑤供氧：醋酸发酵是好氧发酵，因此通风供氧对醋酸发酵十分重要。接种初期细胞较少，供氧不需过多。中期细胞数增多，产酸处于高峰，需氧量大。后期酒精含量降低，酸度上升缓慢，需氧逐步下降。根据生产经验，通风量为理论需氧量的 2.8~3.0 倍。故发酵前期通风量 $0.07m^3/(m^3 \cdot min)$，中期 $0.1~0.12m^3/(m^3 \cdot min)$ 时，后期 $0.08m^3/(m^3 \cdot min)$。加大通风量对发酵有利，但它会带走更多易挥发的乙醇和醋酸。提高空气中的氧分压，能提高发酵效率，但电耗增加，应权衡利弊。

醋酸菌是具有代表性的严格好氧菌，在深层发酵中对断氧非常敏感。Hromatka 等进行了中断通气对醋杆菌发酵损害的研究，结果见表 13-17。从表 13-17 中可以看出：当通气中断时间相同时，醋杆菌死亡数随总浓度的增加而急剧增加；当总浓度一定时，它随醋酸浓度和发酵速率（与细胞数成正比）的增加而增加。

表 13-17　通气中断对醋杆菌发酵的损害

序号	醋酸浓度/(g/dL)	乙醇体积分数/%	总浓度/%	临中断时产酸速率/(g/dL/d)	中断时间/s	醋杆菌死亡率/%
1	2.51	2.29	4.80	1.10	120	34.00
2	2.42	2.29	4.71	1.38	300	42.50
3	3.16	1.71	4.87	6.03	480	99.50
4	7.90	3.80	11.70	2.63	15	10.80
5	8.05	3.70	11.75	5.25	30	74.80
6	6.17	5.20	11.37	1.00	45	43.10
7	8.62	2.80	11.42	8.14	45	80.00
8	8.05	3.30	11.35	4.47	60	99.90

三、醋酸生产方法

（一）固态发酵法

固态发酵法是我国食醋生产的传统工艺，目前中、小型醋厂仍在沿用，这种工艺生产设备较简单，多采用陶瓷缸或涂有防腐涂料的水泥池作为酒精和醋酸发酵设备，故投资很省。

1. 生产工艺流程

食醋固态发酵生产工艺流程见图 13-13。

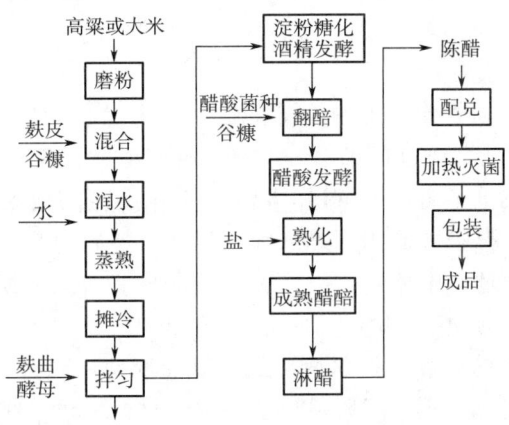

图 13-13　食醋固态生产工艺流程

2. 原料配比

固态法食醋生产原料配比见表 13-18。

表 13-18　　　　　　　　　　固态法食醋生产原料配比

原料名称	质量	原料名称	质量
高粱或大米	100	麸曲	50
谷糠	80	酒母	40
麸皮	120	食盐	7.5~10
原料调水量	275	谷糠（醋酸发酵母）	50
熟料加水量	180	醋酸菌种子醪	40

3. 工艺规程

（1）原料处理　熟料呈黄色并有香气及弹性，无硬心、不黏、无其他不良气味，含水 48%~52%。蒸料温度 110~125℃，以 120℃为最佳，蒸汽压力 0.1~0.18MPa，时间 0.5h。

（2）淀粉糖化剂酒精发酵　酒醅干温适度，不黏，酒香浓郁，酒醅水分 60%左右，酒精度 7%~8%，酸度<0.4%。麸曲为主料的 50%，酒母为主原料的 40%，入缸后酒醅水分 60%~62%；发酵品温 35~37℃，发酵时间 5~7d，在第二天要翻醅调节温度和水分。

（3）醋酸发酵　有正常醋香，略有酒香和酯香，酸度 6%~7%。醋酸菌种子为主料的 40%，发酵品温 38~41℃，最高不超过 42℃；发酵周期 10~20d，每天翻醅一次，通气供氧和调节品温，当品温下降至 35℃，酸度不升，即加盐，其量为主料的 10%。

（4）淋醋　掌握淋醋速度，头醋流速缓慢，控制二、三醋的量，头醋、二醋、三醋色泽为正常红褐色，不浑浊，无异味。醋渣残酸<0.1%。浸泡头醋用上批二醋，浸泡 24h；

淋过头醋的醋渣用上批三醋浸泡；淋过二醋的醋渣用清水浸泡。

(5) 配兑和灭菌　灭菌后成品醋酸浓度3.5%，醋液红褐色，无浑浊，无沉淀，无异味；细菌数≤5000个/mL。灭菌温度80℃，维持适当时间，苯甲酸钠添加量为0.06%~0.1%。

4. 生产过程中应掌握的要点

(1) 严格控制醅的淀粉含量　原料合理配比是整个生产工艺的基础，醋醅的淀粉含量一般控制在16%~18%，过高或过低都会影响产品质量和出品率。

(2) 认真掌握醋醅的含水量　原料加水量与原料熟度和淀粉糊化关系很大。加水量少，部分淀粉粒未能润水膨胀，糊化困难。加水量多，蒸料时局部料层极易压住蒸汽，使原料熟度不均，造成发酵过程中醋醅发黏，影响出品率。所以采用蒸料前后两次加水调整的方法。醋的质量为主料的80%~85%，水分60%~62%。

(3) 严格控制各阶段的温度　熟料摊冷后加麸曲和酒母时，品温控制很重要。入缸适温为25℃左右；糖化与酒精发酵在35~37℃，醋酸发酵在38~41℃，超过42℃易出现烧醅并有异味。

(二) 酶法液化通风回流法

酶法液化通风回流法是食醋生产的新工艺之一。它利用自然通风和醋汁回流代替固态发酵的倒醅操作，革除了劳动强度很大的工序。该工艺在发酵池底层处设假底并开通风孔道，让环境空气自然进入，运用固态醋醅的疏松度，使全部醋醅能均匀发酵，利用醋汁和醋醅的温度差来调节发酵温度，降低表面品温，保证发酵正常进行。另外采用酶法将原料进行预液化，可提高原料利用率。

1. 工艺流程

酶法液化通风回流法工艺流程如图13-14所示。

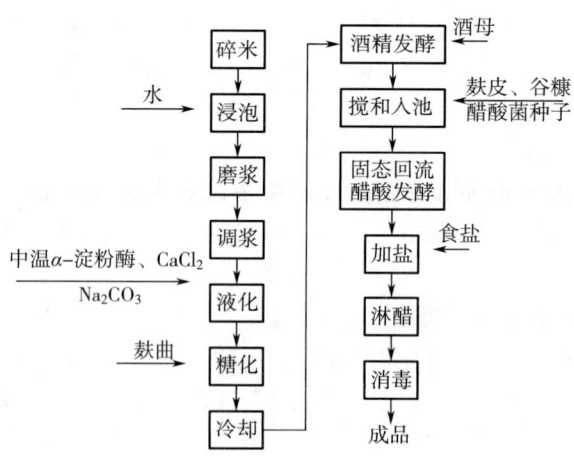

图13-14　酶法液化通风回流法工艺流程

2. 原料配比

酶法液化通风回流法醋酸发酵原料配比见表13-19。

表 13-19　　　　　　　酶法液化通风回流法醋酸发酵原料配比　　　　　　　单位：kg

原料	质量	原料名称	质量	原料名称	质量
碎米	1200	麸曲	60	谷糠	1650
Na_2CO_3	约1.2	酒母	500	醋母	200
$CaCl_2$	2.4	水	3250	食盐	100
中温 α-淀粉酶（酶活力 2000U/g）	3.0	麸皮	1400		

3. 工艺规程

(1) 磨浆和调浆　细度<50目，浓度18~20°Bé，pH6.2~6.4（试纸测定）。加水浸泡1h，用 Na_2CO_3 调pH，加 $CaCl_2$ 0.2%补充 Ca^{2+}；加 α-淀粉酶 0.25%（酶活力2000U/g）。

(2) 液化　液化后的糖浆具有香味，用竹片撩液滴点呈渣水分离状；碘反应呈棕黄色；DE值15%~20%。流加法液化浆温85~90℃，88℃最佳，维持10min；升温煮沸10min。

(3) 糖化　糖化液呈淡橙黄色；DE值25%~35%；酸度0.2%。加捣碎的麸曲5%（酶活力1200U/g）；加曲温度64℃；糖化温度60~62℃；糖化时间30min。

(4) 酒精发酵　酒精含量8.0%~8.5%；酸度0.3%~0.4%；总醪量为原料的5~6倍。酒母4%（原料）；接种温度26~28℃，极限温度30℃，发酵温度30~37℃，最适32~33℃，发酵时间60~68h。

(5) 醋酸发酵　醋醪有正常醋香，略有酒香和酯香，醋汁酸度为6.5%~7.5%。醋母添加16%左右（酸度4%）；进池温度35~38℃，24h检醪1次；发酵醪温前期42~44℃，后期36~38℃。醪温达40℃即可回流，每天回流6次，每次放出醋汁100~200kg回流，发酵时间20~25d，夏季30~40d。

(6) 淋醋　同固态发酵法淋醋工艺。二醋汁分次浇在面层，从醋汁管收集头醋，下面收多少，上面浇多少。三醋淋二醋，清水淋三醋，方法同上。

(7) 配兑和灭菌　技术要求和工艺参数同固态发酵工艺。

4. 生产过程中应掌握的要点

(1) 酶法液化　大米磨浆细度50目，粉浆配料要准确，液化温度>80℃。搅拌效率好。

(2) 麸曲糖化　选用糖化力强的菌种制麸曲，糖化温度要控制好，DE值在30左右，保持糖化酶活力用于酒精发酵后糖化。

(3) 氧气　酵母菌是兼性厌氧微生物，在最初繁殖阶段，尚需补给适量空气，进入酒精发酵阶段则需处于厌氧状态。

(4) 松醪　醋酸发酵24h左右，为使醋酸菌生长繁殖快而均匀，松醪是重要措施，应认真操作。

(5) 品温　回流应在醪温达到40℃以上时进行，在醪温上升过慢时，需增加新鲜空气来促进发酵，调节品温。

(6) 天冷气温低时，醋汁可先加热至38℃再回流。

(7) 夏天气温高，要适当堵塞通风孔道，减少空气流量，使发酵不至于过度旺盛。

(三) 液态深层发酵法

液态深层发酵法制醋是较为先进的技术，其特点是发酵周期短、劳动生产率高、劳动强度低、占地面积少、不用填充料等。它使我国古老的酿醋工业朝着机械化、管道化生产方向前进了一大步，为实现食醋生产自动化创造了条件，也使我国发酵醋酸技术跟上了国际先进水平。但由于酿醋周期短，产品风味欠佳，产品作为调味品食醋尚有不足。

1. 生产工艺流程

本工艺从碎米投料至酒精发酵同固态回流法（图3-15）。

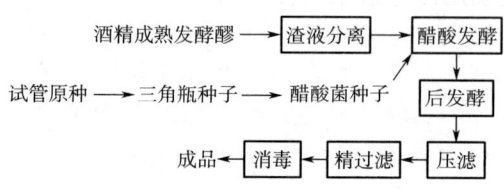

图13-15 液态深层发酵生产工艺流程

2. 原料配比

深层发酵醋酸原料配比见表13-20。

表13-20　　　　　　　深层发酵醋酸原料配比　　　　　　　单位：kg

原料名称	数量	原料名称	数量	原料名称	数量
碎米	1200	中温 α-淀粉酶（2000U/g）	3.0	水	3250
Na_2CO_3	1.2	麸曲	60	醋酸菌种子	14.00
$CaCl_2$	2.4	酒母	500	NaCl	100

3. 工艺规程

本工艺从投料至酒精发酵的规程同固态回流法。

（1）空罐灭菌　种子罐、发酵罐及连接的管道阀门、空气过滤器，用0.1MPa蒸汽灭菌30min。

（2）种子培养　酒液酒精度4%~5%；醋酸种子酸度2.5%~3.0%。接种量5%~10%；通风量0.1m³/(m³·min)；培养温度32~35℃；培养时间24h。

（3）醋酸发酵　酒液酒精度5%~6%；醋酸发酵液酸度4.5%~5.5%。接种温度28~30℃，发酵温度32~34℃，最高不超过36℃，前期通风量0.07m³/(m³·min)、中期0.1~0.12m³/(m³·min)、后期0.08m³/(m³·min)；培养时间65~72h，开始分割法取醋。总发酵期达6~12个月。

（4）压滤　滤渣水分≤70%；酸度≤0.2%。发酵醅预处理，55℃维持24h；压头醋、二醋用泵输送，泵压2×98kPa，压净为止。压清醋用高位槽自然压力。

（5）配兑和灭菌　工艺规程同固态发酵法。

4. 生产过程中应掌握的要点

（1）浓度　发酵初始总浓度控制在5%~6%，待发酵完成用分割法取醋，即放出醋醪量 1/3 再加入酒醪 1/3，维持相同总浓度继续发酵，此后每隔 20~22h 再分割取醋一次，依次连续发酵至菌种衰退为止，正常情况可连续运行 6~12 个月。

（2）消泡　醋酸发酵过程中时有泡沫产生，主要是由死亡醋酸菌菌体蛋白引发。为此发酵温度要严格控制在 36℃ 以下，绝不允许中断通风。偶尔失控，要采取措施，防止泡沫溢出罐外或积累于罐中，在每次分割取醋时要把大部分泡沫除去。食醋是直接食品，不允许用化学消泡剂，必要时可使用少量植物油消泡，也可用机械消泡。

（3）温度　要严格控制发酵温度，发酵旺盛期发酵热高达 $11386kJ/(m^3/h)$。要特别注意冷却降温，必要时夏季用冷冻盐水来控制温度。

（4）供氧　通风量一般为理论需氧量的 2.8~3.0 倍，发酵前、中、后期可根据发酵实际情况进行调节，但绝不能中断供氧，否则会导致菌体死亡。

（5）提高食醋风味　深层液体发酵食醋风味差于固态法的主要原因是不挥发酸含量仅为固态法的 15.7%。香气中作为主要成分的乳酸乙酯含量几乎为 0，因此虽然液体法生产效率高，但食醋的风味必须改进。可采取如下措施：①在酒精发酵中用乳酸菌与酵母菌混合发酵，以增加醋中乳酸含量，为产生乳酸乙酯创造条件；②做好醋酸发酵醪压滤前预处理工作。麸曲用量、后熟温度和时间要严格控制，便于在后熟发酵中蛋白质进一步水解成氨基酸，淀粉水解成单糖，有利于提高食醋的风味。

（四）浇淋法

浇淋法属于液体制醋工艺。此法除可用粮食原料酿酒外，也可用白酒作原料，醋酸发酵是在醋化塔内进行。用白酒速酿醋工艺和设备同德国淋醋工艺。

1．生产工艺流程

（1）丹东白醋（光华醋）工艺流程（图 13-16）

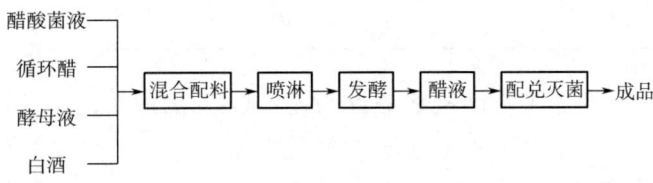

图 13-16　丹东白醋工艺流程

（2）高粱浇淋醋工艺流程（图 13-17）

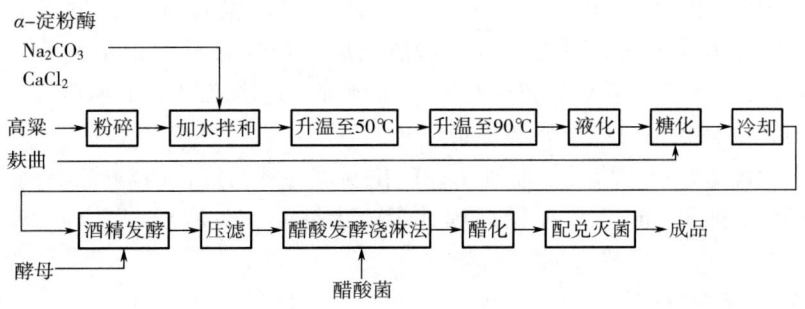

图 13-17　高粱浇淋醋工艺流程

2. 原料配比

丹东白醋原料配比见表 13-21。

表 13-21　　丹东白醋原料配比　　单位：kg

循环醋酸液（含酸9%）	白酒	酵母液	水	醋酸菌
800	50	10	140	适量

3. 工艺规程

（1）酵母液制备　酵母液制备是酒精酵母扩大培养过程，其工艺参数见表 13-22。

表 13-22　　酵母液制备的工艺参数

耗糖率/%	糖化液定容/%	糖化液糖度/%	接种量/%	培养温度/℃	培养时间/h
50	70	10~12	10	26~28	6~8

（2）混合配料　按原料配比配成温度为 32~34℃ 的混合料，混合料醋酸含量 7.0%~7.2%，酒精含量 2.2%~2.5%，酵母液含量 1%。

（3）喷淋发酵　喷淋发酵的技术参数见表 13-23。

表 13-23　　喷淋发酵技术参数

发酵醪含酸量/%	静发酵温度/℃	喷淋操作	
		每天喷淋次数	每次喷淋量/kg
9.0~9.5	34~36	每天喷淋 16 次，早晨 3 时第 1 次，8~22 时，15 次	45

（4）配兑和灭菌　将含酸醋醪配成酸度为 5% 或 9% 的成品醋，其技术工艺参数同固态发酵工艺。

4. 生产过程中应掌握的要点

（1）醋酸菌液培养，可按以下程序扩大培养：醋酸菌试管斜面→三角瓶扩大培养→大缸液体培养。种子酸度为 4% 左右，每周以 2%~5% 量添加 1~2 次。

（2）为了增加醋酸发酵营养，其制备要严格按工艺条件，成熟后要经过灭菌、冷却、过滤后才能配在混合料中。

（3）填充料要选择接触面积大并具有适当硬度的惰性材料，如无芳香气味的树木刨花、木炭、玉米芯、谷壳、浮石、桦树枝、芦苇梗等。进塔之前要用水清洗，再用含醋酸 7% 的食醋浸泡，以除去可溶性杂质和不良气味。

（4）粮食原料如大米、高粱等经液化、糖化制成的酒精液，因营养较好，因此在喷淋生产过程中，填充料中会产生较厚的菌膜，影响出醋率。可取出填充料，清洗、灭菌后再用。

（五）固定化细胞发酵法

固定化细胞发酵是 20 世纪 70 年代发展起来的微生物发酵新技术，但对醋酸发酵而言并不是新鲜概念。德国的 Frings 发生器、我国丹东速酿塔都是固定化细胞发酵的典型例子。

用于酿醋工业的固定化细胞技术分为固定膜发酵和流动膜发酵两类,前者是将细胞固定在载体(如纤维、刨花等)上形成生物膜,不随发酵液流动,其特点是反应器充填率较高,但反应物流动性差,传质、传热不均匀,醋酸发酵速度慢;后者是将细胞固定在载体内和表面上,发酵时带有菌体的载体(如卡拉胶,海藻酸钠等固定剂制成的凝胶珠)在发酵液中流动,其特点是流动供氧和含酒精发酵液流动性好,醋酸发酵效率较高。

醋酸发酵效率与固定在载体上的醋酸菌活性有关,因此提高载体比表面积,对提高醋酸发酵效率至关重要。

目前在深入研究的固定化细胞方法有以下几种。

1. 水合氧化钛($TiO_2 \cdot H_2O$)固定法

Kennedy 等用水合氧化钛吸附或钛纤维螯合物固定醋酸菌细胞,在塔式发酵罐内,用添加培养液的方法使滞留时间超过 13h。连续发酵 88d。从反应器中得到的醋酸菌聚集在水合氧化钛上,最高生产能力为 5.0g/L/h。滞留时间为 13.8h,酸度为 69g/L。不溶于水的钛化合物能与醋酸菌细胞表面和菌体纤维反应,醋酸菌稳定地聚集,可以促进细胞增殖和提高醋酸生产能力。采用这种固定方法,发酵液酸度比其他几种固定方法高,比普通深层发酵工艺生产能力高。

2. 瓷料块固定法

Chornmidh 等在试验中用瓷料块作为固定化载体,在培养器中加入半合成培养基,接入醋酸菌。在固定床反应器中,采用脉动的流动方式进行连续发酵并持续了 9 个月。滞留时间为 5h。从培养开始计算 140h 以后,可以得到稳定的生产能力:4.55g/L/h。最大生产能力是在滞留 11h 时,可达到 10.48g/L/h,酸度为 35g/L。醋酸生产力与供气的氧分压有关。提供的气体可以是空气,也可以是氧气或空气和氧气的混合气体。饱和常数 K_s 计算值为 0.57atm(1atm=1.01325×10^5Pa)。假定数据与 Monod 公式相一致,不受滞留时间的影响,醋酸菌在瓷料块的通道表面形成了稳定的膜。瓷料块尺寸为 1.15mm×1.15mm×110mm,但在膜中的质量传递率相当低。

由于积聚了醋酸,抑制了细胞增殖和引起了细胞失活,在较长的滞留时间条件下,氧的传递不再限制生产能力。这种培养方法有许多方面类似于反应器培养方法。据报道,该固定法生产能力较高,但未提及什么时候该瓷料块通道被醋酸菌膜阻塞以及如何完善和提高这种固定化方法。

3. 中空纤维固定方法

Nanba 等把醋酸菌在减压情况下固定在中空聚丙烯纤维外表面上,让醋酸菌生长并形成菌膜。因而可从外部为固定醋酸菌提供新鲜培养液,在中空聚丙烯纤维内部给固定醋酸菌供氧或空气进行连续发酵,可稳定地产生醋酸并能持续一个月,中空聚丙烯纤维载体体积占总体积 5%,可得到 0.2g/(L·h)醋酸的生产能力,酸度为 30g/L。这种固定方法发酵对氧的依赖性很强。产酸速率受供气中的氧分压的限制[K_s=0.52atm(1atm=1.01325×10^5Pa)]。低的生产能力,反映了中空聚丙烯纤维体积不够大。如果生产能力与中空聚丙烯纤维载体体积成一定比例的话,那么即使用一个大 10 倍的载体体积,醋酸生产能力也不会超过 2g/L/h。他们试验中的 K_s 值与 Glommidh 的 K_s 值基本相同,从而可以得出以下结论：菌体产膜决定于供氧，用中空聚丙烯纤维作醋酸菌载体所出现的低醋酸生产能力，是由于载体上醋酸菌细胞数少而引起。

4. 棉絮状纤维固定法

Okuhara 反复进行了棉絮状聚丙烯纤维固定醋杆菌细胞的试验。直径大约为 40μm 的棉絮状聚丙烯纤维装置在反应器中，在流入培养液的同时，自上而下输入空气，发酵系统是由反应器和培养液储存罐组成，培养液和空气在密闭状态下进行循环发酵，气相中氧浓度控制在 12%~20%，用纯氧气供氧。反应器最大醋酸生产能力可达 38.4g/L/h。由于反应器体积和培养液储存罐体积相比很小，因此系统平均醋酸生产能力仅为 2.6g/L/h，酸度为 75g/L。

5. 卡拉胶固定法

卡拉胶对底物具有良好的渗透性，允许醋酸菌细胞在基质范围内增殖，因而卡拉胶作为醋酸菌载体是较理想的。Mori 等在试验中用 3%的卡拉胶，胶粒直径约 3mm，使很少一部分经过 36h 培养的纹膜醋杆菌 K1006 活细胞［细胞数约为 1×10^7 个/(mL 胶粒)］包埋在里面，颗粒培养由培养基（10g 葡萄糖、10g 蛋白胨、10g 酵母粉、40mL 乙醇、10mL 醋酸加蒸馏水至 1L）在流动床反应器中进行。培养温度为 30℃或 40℃，培养时间为 70h。在 137mL 液体中胶粒为 13mL，流动床反应器工作容积为 150mL，供氧流量为 226mL/min。灭菌后的培养基以 137mL/h 的流速不断输入流动床反应器中，滞留时间为 1h，培养废液按同样流速流出反应器。经过 70h 培养后，以 27~54mL/h 的流速连续输入生产培养基（2g 葡萄糖、2g 蛋白胨、2g 酵母粉、40mL 乙醇、10g 醋酸加蒸馏水至 1L），流动床反应器供氧由改变进气中的空气与氧气的比例来调节，而气流速率和压力（表压 0.1MPa）维持恒定。

这种反应器产酸活力与氧分压的关系也很大。Mori 等求出的 K_s 值为 2.0atm（1atm = 1.01325×10^5Pa），比前述中空聚丙烯纤维反应器的 K_s 值（0.52atm）大得多，说明这种反应器对氧的依赖性更强。

卡拉胶固定细胞的发酵是相当稳定的。采用滞留时间 3.3h，纯氧连续发酵 120d 仍然正常。在培养过程中，凝胶颗粒中活细胞数在生长速率最高时达 1×10^9 个/mL，以后逐渐降到 1×10^8 个/mL。连续发酵时产酸速率达 4g/L/h，在 120d 内一直维持不变。固定化细胞醋酸发酵与其他工艺的比较见表 13-24。

表 13-24　　固定化细胞醋酸发酵与其他工艺比较

发酵方法	载体	流出液浓度/(g/L)	产酸速率/(g/L/h)	稳定操作时间/d
表面发酵方法	奥尔兰法	75	0.045	3650
	方形发酵槽	50	0.085	分批
	连续表面发酵	60	0.6	200
通气搅拌	Frings 醋化器塔形发酵槽	130	1.6	360
		85	2.5	360

续表

发酵方法	载体	流出液浓度/(g/L)	产酸速率/(g/L/h)	稳定操作时间/d
固定化反应器流化床	TiO$_2$·H$_2$O	69	5.0	61
	卡拉胶	45	4.0	460
	海藻酸钙	45	7.2	10
	脱乙酰壳聚糖	33	9.3	52
固定化反应器固定床	棉状纤维	7.5	2.6	—
	中空纤维	3.0	0.2	30
	多孔陶瓷	53	6.5	100
	蜂窝状陶瓷	39.3	4.37	30
	棉布	46	13.6	150
	多孔陶瓷块	35	4.55	270

四、提高现有工艺技术水平的方法

(一) 固态发酵工艺

利用此工艺酿制的食醋色泽深褐、香气浓郁、口感酸而不涩、微甜，产品深受国内消费者欢迎。但是要持续1个月翻醅，劳动强度大，原料出醋率低，产品卫生差，质量不稳定，因此，除特殊要求外，建议采用上海酶法液化自然通风回流制醋工艺。其优点是：液化、糖化和酒精发酵能管道化和机械化，醋酸发酵采用回流法，革除了翻缸倒醋劳动强度大和损失大的工序。但此工艺应改进出渣工艺和设备，并解决醋渣的出路问题。

(二) 静止表面发酵法

此工艺是利用醋酸菌的特性，在接入酵母菌的酒醅表面覆盖醋酸菌膜进行发酵。其优点是：操作容易、设备简单，用耐酸金属或合成树脂制成的罐即可。但占地面积大，发酵周期长（一般2~4周，大型罐要2~3个月），致使酒精和醋酸损失率高，发酵效率低。建议可采用：①多罐串联；②表面静止或适度搅拌；③液面循环等措施。在不破坏表团菌膜的情况下促使发酵液流动，以增加与空气接触机会，提高发酵速度，缩短发酵周期。

(三) 液态深层发酵法

此工艺的要点是：借助强大的气流将酒液和醋酸菌的混合物充分搅拌，加大气、液接触面，使酒精充分氧化生成醋酸，提高转化率。此工艺在我国处于发展阶段，目前需要解决两个主要问题。

(1) 提高发酵效率 利用微机自控加强在线监控，严格控制发酵温度和过程中氧的溶解量；发酵终了，酒精残留量控制在0.3%~0.5%，出料时间控制在1h内，逐步添加新醅。

(2) 提高液化醋风味 液态发酵工艺生产的食醋风味和色泽较差，建议采用表13-25中的措施来弥补不足。

表 13-25　　　　　　　　　　　　　　提高液化醋风味的措施

序号	改进措施	工艺操作	可达到的效果
1	提高氨基酸含量	每 100kg 米增加 15kg 豆粕、2.25kg 麸皮，加水 70%~90%，0.1MPa 蒸 30min 后，冷却，接入沪酿 3.042 米曲霉制曲，然后加水 45kg，于 50~55℃下保温 3d	食醋色泽加深，口味鲜中带甜，氨基酸含量达 0.1% 以上
2	乳酸菌、酵母菌共酵	淀粉液化后，加糖化酶，60℃保温 24h 进行糖化，再加酒精发酵后的沉淀酵母泥少许，保温 18h，然后配制成还原糖 19%、全氮 0.168% 的培养液，接入酵母液 10%、乳酸菌扩大培养液 10%，30℃发酵 72h	不挥发酸提高 41.5%，总酯提高 66.7%，风味显著改善
3	后熟发酵	加含有酸性蛋白酶和糖化酶活力的麸曲 2%，55℃发酵 24~48h	氨基氮、还原糖均有所提高，色泽加深，口味和润

（四）高酸度食醋生产

由于食品加工工业用酿造食醋量增加，因此有必要生产高酸度食醋以满足市场需求。目前，我国醋酸发酵技术不适宜高酒精度和高酸度发酵，醋酸菌易老化，发酵终点酸度一般在 10% 以下。在研究深层发酵培养基的酒精度和酸度对醋酸菌的增殖及产酸能力时发现，降低起始酸度和酒精浓度，以流加酒精的方式可以使发酵液酸度提高到 10% 以上。工业生产采用两步发酵法，第一步为醋酸菌增殖：控制醋酸发酵酸度 <6%；第二步为流加酒精：取出 50% 作为醋母，然后流加酒精，用微量酒精测定仪检测和控制酒精浓度在 0.3%~2.0%，并降低发酵温度在 25℃左右，将产酸持续到醋酸菌全部死亡，酸度一般可超过 10%。据文献报道，深层发酵法的食醋酸度，美国可达到 14%，德国的 Frings 公司达 15%，日本中堃（株）可高达 24%，我国最高为 12%。

（五）醋酸高温发酵

醋酸发酵温度一般控制在 30℃左右。过高的发酵温度会降低产酸速度，而产酸速度越快，单位时间内所产生的热量也越多，放热是醋酸发酵的技术难题之一。固态发酵工艺采用翻醅法降温，劳动强度很大，液态深层发酵工艺采用降低冷却水温度、增加冷却水流量来控制温度，运转费用较高。因此，选育耐高温醋酸菌进行高温醋酸发酵，具有较显著的经济效益。固态发酵品温经常达到 35~37℃，可以从其醋中选育出耐高温醋酸菌，然后加以驯化，使其适应不同的醋酸发酵工艺。

（六）食醋的澄清

醋酸成熟发酵液中，由于醋酸菌体自溶易导致发酵液浑浊，用一般的固态萃取法和液态过滤法难以得到澄清的产品。因此，将发酵液先进行适当的热处理，使蛋白质和胶体物质凝聚，然后加硅藻土作助滤剂进行过滤；或经板式换热器加热至 70~80℃，保持 5min，使蛋白质凝聚后，用聚醚砜超滤膜 PES 700（截留分子质量 7000u），可彻底除尽浑浊物并可达到除菌效果。

（七）其他先进技术

（1）改进和完善现代生物反应器新技术，尽快使其具有工业化的实用价值，彻底改革食醋生产工艺。

（2）通过遗传基因工程改良醋酸菌种，增加乙醇氧化酶活力和提高耐酸、耐高温性能，培育出适应高温发酵、高酸度发酵的新菌株，开发能产生平衡食醋香味成分的醋酸菌。

参 考 文 献

[1]王博彦,金其荣.发酵有机酸生产与应用手册[M].北京:中国轻工业出版社,2000.